全国注册建筑师资格考试丛书

一级注册建筑师资格考试教材

·3·
建筑结构 建筑物理与设备

（上册）

全国注册建筑师资格考试教材编委会　编
曹纬浚　主编

中国建筑工业出版社

图书在版编目(CIP)数据

一级注册建筑师资格考试教材.3，建筑结构、建筑物理与设备：上下册/全国注册建筑师资格考试教材编委会编；曹纬浚主编. —北京：中国建筑工业出版社，2022.11（2023.4重印）
（全国注册建筑师资格考试丛书）
ISBN 978-7-112-28094-0

Ⅰ.①—… Ⅱ.①全…②曹… Ⅲ.①建筑结构—资格考试—自学参考资料②建筑物理学—资格考试—自学参考资料③房屋建筑设备—资格考试—自学参考资料 Ⅳ.①TU

中国版本图书馆CIP数据核字（2022）第202786号

责任编辑：刘 静 张 建 徐 冉
责任校对：刘梦然

全国注册建筑师资格考试丛书
一级注册建筑师资格考试教材
· 3 ·
建筑结构 建筑物理与设备
全国注册建筑师资格考试教材编委会 编
曹纬浚 主编

*

中国建筑工业出版社出版、发行（北京海淀三里河路9号）
各地新华书店、建筑书店经销
北京红光制版公司制版
北京建筑工业印刷厂印刷

*

开本：787毫米×1092毫米 1/16 印张：58¾ 字数：1422千字
2022年12月第一版 2023年4月第二次印刷
定价：179.00元（上下册）（含增值服务）
ISBN 978-7-112-28094-0
(40099)

版权所有 翻印必究
如有印装质量问题，可寄本社图书出版中心退换
（邮政编码 100037）

全国注册建筑师资格考试教材
编 委 会

主 任 委 员　赵春山
副主任委员　于春普　曹纬浚
主　　　编　曹纬浚
副 　主 　编　姜忆南
主 编 助 理　曹　京　陈　璐
编　　　委（以姓氏笔画为序）

于春普　王又佳　王昕禾　叶　飞
冯　东　冯　玲　刘　捷　刘　博
许　萍　孙　伟　李　英　汪琪美
陈　岚　陈　璐　陈向东　赵春山
荣玥芳　侯云芬　姜忆南　贾昭凯
晁　军　钱民刚　郭保宁　黄　莉
曹　京　曹纬浚　穆静波　魏　鹏

序

赵春山

（住房和城乡建设部执业资格注册中心原主任）

我国正在实行注册建筑师执业资格制度，从接受系统建筑教育到成为执业建筑师之前，首先要得到社会的认可，这种社会的认可在当前表现为取得注册建筑师执业注册证书，而建筑师在未来怎样行使执业权力，怎样在社会上进行再塑造和被再评价从而建立良好的社会资源，则是另一个角度对建筑师的要求。因此在如何培养一名合格的注册建筑师的问题上有许多需要思考的地方。

一、正确理解注册建筑师的准入标准

我们实行注册建筑师制度始终坚持教育标准、职业实践标准、考试标准并举，三者之间相辅相成、缺一不可。所谓教育标准就是大学专业建筑教育。建筑教育是培养专业建筑师必备的前提。一个建筑师首先必须经过大学的建筑学专业教育，这是基础。职业实践标准是指经过学校专门教育后又经过一段有特定要求的职业实践训练积累。只有这两个前提条件具备后才可报名参加考试。考试实际就是对大学建筑教育的结果和职业实践经验积累结果的综合测试。注册建筑师的产生都要经过建筑教育、实践、综合考试三个过程，而不能用其中任何一个去代替另外两个过程，专业教育是建筑师的基础，实践则是在步入社会以后通过经验积累提高自身能力的必经之路。从本质上说，注册建筑师考试只是一个评价手段，真正要成为一名合格的注册建筑师还必须在教育培养和实践训练上下功夫。

二、关注建筑专业教育对职业建筑师的影响

应当看到，我国的建筑教育与现在的人才培养、市场需求尚有脱节的地方，比如在人才知识结构与能力方面的实践性和技术性还有欠缺。目前在建筑教育领域实行了专业教育评估制度，一个很重要的目的是想以评估作为指挥棒，指挥或者引导现在的教育向市场靠拢，围绕着市场需求培养人才。专业教育评估在国际上已成为一种通行的做法，是一种通过社会或市场评价教育并引导教育围绕市场需求培养合格人才的良好机制。

当然，大学教育本身与社会的具体应用需要之间有所区别，大学教育更侧重于专业理论基础的培养，所以我们就从衡量注册建筑师第二个标准——实践标准上来解决这个问题。注册建筑师考试前要强调专业教育和三年以上的职业实践。现在专门为报考注册建筑师提供一个职业实践手册，包括设计实践、施工配合、项目管理、学术交流四个方面共十项具体实践内容，并要求申请考试人员在一名注册建筑师指导下完成。

理论和实践是相辅相成的关系，大学的建筑教育是基础理论与专业理论教育，但必须

要给学生一定的时间使其把理论知识应用到实践中去，把所学和实践结合起来，提高自身的业务能力和专业水平。

大学专业教育是作为专门人才的必备条件，在国外也是如此。发达国家对一个建筑师的要求是：没有经过专门的建筑学教育是不能称之为建筑师的，而且不能进入该领域从事与其相关的职业。企业招聘人才也首先要看他们是否具备扎实的基本知识和专业本领，所以大学的本科建筑教育是必备条件。

三、注意发挥在职教育对注册建筑师培养的补充作用

在职教育在我国有两个含义：一种是后补充学历教育，即本不具备专业学历，但工作后经过在职教育通过社会自学考试，取得从事现职业岗位要求的相应学历；还有一种是继续教育，即原来学的本专业和其他专业学历，随着科技发展和自身业务领域的拓宽，原有的知识结构已不适应了，于是通过在职教育去补充相关知识。由于我国建筑教育在过去一段时期底子薄，培养数量与社会需求差距很大。改革开放以后为了满足快速发展的建筑市场需求，一批没有经过规范的建筑教育的人员进入了建筑师队伍。而要解决好这一历史问题，提高建筑师队伍整体职业素质，在职教育有着重要的补充作用。

继续教育是在职教育的一种行之有效的教育形式，它特指具有专业学历背景的在职人员从业后，因社会的发展使得原有知识需要更新，要通过参加新知识、新技术的学习以调整原有知识结构、拓宽知识范围。它在性质上与在职培训相同，但又不能完全画等号。继续教育是有计划性、目标性、提高性的，从整体人才队伍和个人知识总体结构上作调整和补充。当前，社会在职教育在制度上和措施上还不够完善，质量很难保证。有一些人把在职读学历作为"镀金"，把继续教育当作"过关"。虽然最后证明拿到了，但实际的本领和水平并没有相应提高。为此需要我们做两方面的工作，一是要让我们的建筑师充分认识到在职教育是我们执业发展的第一需求；二是我们的教育培训机构要完善制度、改进措施、提高质量，使参加培训的人员有所收获。

四、为建筑师创造一个良好的职业环境

要向社会提供高水平、高质量的设计产品，关键还是要靠注册建筑师的自身素质，但也不可忽视社会环境的影响。大众审美的提高可以让建筑师感受到社会的关注，增强自省意识，努力创造出一个经受得住大众评价的作品。但目前实际上建筑师的很多设计思想受开发商与业主方面很大的影响，有时建筑水平并不完全取决于建筑师，而是取决于开发商与业主的喜好。有的业主审美水平不高，很多想法往往只是自己的意愿，这就很难做出与社会文化、科技、时代融合的建筑产品。要改善这种状态，首先要努力创造尊重知识、尊重人才的社会环境。建筑师要维护自己的职业权利，大众要尊重建筑师的创作成果，业主不要把个人喜好强加于建筑师。同时建筑师自身也要提高自己的素质和修养，增强社会责任感，建立良好的社会信誉。要让创造出的作品得到大众的尊重，首先自己要尊重自己的劳动成果。

五、认清差距，提高自身能力，迎接挑战

目前中国的建筑师与国际水平还存在着一定差距，而面对信息化时代，如何缩小差距

以适应时代变革和技术进步，及时调整并制定新的对策，成为建筑教育需要探讨解决的问题。

我们现在的建筑教育不同程度地存在重艺术、轻技术的倾向。在注册建筑师资格考试中明显感觉到建筑师们在相关的技术知识包括结构、设备、材料方面的把握上有所欠缺，这与教育有一定的关系。学校往往比较注重表现能力方面的培养，而技术方面的教育则相对不足。尽管这些年有的学校进行了一些课程调整，加强了技术方面的教育，但从整体来看，现在的建筑师在知识结构上还是存在缺欠。

建筑是时代发展的历史见证，它凝固了一个时期科技、文化发展的印记，建筑师如果不能与时代发展相适应，努力学习和掌握当代社会发展的科学技术与人文知识，提高建筑的科技、文化内涵，就很难创造出高水平的作品。

当前，我们的建筑教育可以利用互联网加强与国外信息的交流，了解和掌握国外在建筑方面的新思路、新理念、新技术。这里想强调的是，我们的建筑教育还是应该注重与社会发展相适应。当今，社会进步速度很快，建筑所蕴含的深厚文化底蕴也在不断地丰富、发展。现代建筑创作不能单一强调传统文化，要充分运用现代科技发展成果，使建筑在经济、安全、健康、适用和美观方面得到全面体现。在人才培养上也要与时俱进。加强建筑师科技能力的培养，让他们学会适应和运用新技术、新材料去进行建筑创作。

一个好的建筑要实现它的内在和外表的统一，必须要做到：建筑的表现、材料的选用、结构的布置以及设备的安装融为一体。但这些在很多建筑中还做不到，这说明我们一些建筑师在对新结构、新设备、新材料的掌握和运用上能力不够，还需要加大学习的力度。只有充分掌握新的结构技术、设备技术和新材料的性能，建筑师才能够更好地发挥创造水平，把技术与艺术很好地融合起来。

中国加入WTO以后面临国外建筑师的大量进入，这对中国建筑设计市场将会有很大的冲击，我们不能期望通过政府设立各种约束限制国外建筑师的进入而自保，关键是要使国内建筑师自身具备与国外建筑师竞争的能力，充分迎接挑战、参与竞争，通过实践提高我们的设计水平，为社会提供更好的建筑作品。

前　言

一、本套书出版历程介绍

1994年9月，建设部、人事部下发了《建设部、人事部关于建立注册建筑师制度及有关工作的通知》（建设［1994］第598号），决定实行注册建筑师制度，并于1995年组织了第一次全国一级注册建筑师资格考试。北京市规划委员会委托曹纬浚先生主持整个北京市建筑设计行业考生的培训。参加考试培训的老师均来自北京市各大设计院和高等院校，都是在各自的专业领域具有较深造诣的专家。培训班受到广大考生的欢迎，当时在北京市以外，除西藏、台湾两地，其余29个省市自治区均有考生慕名来京参加考前培训。

自2000年起，本套书的主编、作者与中国建筑工业出版社正式合作。主编曹纬浚组织各科目的授课老师将教案整理成书，"一、二级注册建筑师考试教材"和"历年真题与解析"配套出版。本套丛书的编写紧扣考试大纲，正确阐述规范、标准的条文内容，并尽量包含高频试题、典型试题的考点。根据每年新修订、颁布的法律法规、标准规范和当年试题的命题情况进行修订更新，并悉心听取广大考生、学员的建议。自一、二级教材第一版正式出版以来，除2015、2016停考的两年外，每年都修订再版，是目前图书市场上出版最早、流传较广、内容严谨、口碑销量俱佳的一套注册建筑师考试用书。

二十余年来，本套丛书已经帮助几万名考生通过考试，并获得了一、二级注册建筑师执业资格。住房和城乡建设部执业资格注册中心原主任赵春山，盛赞本套书为我国注册建筑师制度的实行作出了贡献，还亲自为本套书撰写了序言。

二、套书架构与使用说明

2021年底、2022年初，住房和城乡建设部与人社部先后发布了全国一、二级注册建筑师资格考试新大纲。一级注册建筑师资格考试2023年过渡，2024年正式执行新大纲；二级注册建筑师资格考试2023年正式执行新大纲。新大纲将一级注册建筑师考试科目由原来的9门改为6门，对二级注册建筑师的4门考试科目进行了调整。

为迎接全新的注册建筑师考试，基于新大纲的变化，整套书包含了"一级注册建筑师资格考试教材"（6本）与专门针对建筑方案设计（作图题）的通关必刷题（1本）、"二级注册建筑师资格考试教材"（4本）、"二级注册建筑师资格考试考前冲刺"（3本），以及一、二级注册建筑师资格考试历年真题与冲刺试卷（2本）。

读者可以利用"注册建筑师资格考试教材"掌握各科、各板块的知识点，且在各科教材上，编写者均对重点复习内容予以标注，以便考生更好地抓住重点。除了要掌握相应的规范、标准外，教材还按板块归纳总结了历年真题，学习与做题互动，有助于考生巩固知识点，加深理解和记忆。

中国建筑工业出版社为更好地满足考生需求，除了出版纸质教材外，还配套准备了一、二级注册建筑师资格考试数字资源，包括导学课程、考试大纲、科目重难点手册、备考指导。考生可以选择适宜的方式进行复习。

值得一提的是，"二级注册建筑师资格考试考前冲刺"是为应对二级注册建筑师资格考试，全新策划的3本书，旨在帮助考生从总体上建立注册建筑师所需掌握的知识体系，并通过结构化的考点与历年真题对应解析，帮助考生达到速记考点的目的。

三、本分册编写说明

本分册除依据新大纲编写外，还依据了自2022年起发布实施的多本强制性工程建设规范（以下简称"通用规范"，通用规范中的全部条文必须严格执行）编写。每章前都列出了该章的考试大纲要求和复习重点。

新大纲将"建筑结构"和"建筑物理与设备"两科合并为一科考核，故本分册由上册"建筑结构"和下册"建筑物理与设备"构成。编写重点如下：

第一章"结构力学"，根据新大纲的要求删除了简单计算等内容。

第二章"建筑结构与结构选型"，根据新大纲，完善了高层及大跨度建筑结构选型与结构布置的基本知识，以及相关概念。

第三章"建筑结构设计的基本概念"，根据《工程结构通用规范》，对相关内容进行了增减；根据新大纲，删除了结构设计计算的内容。

第四章～第七章，结构设计部分，根据新大纲，增加了混凝土结构、钢结构和砌体结构的加固设计，删除了部分计算公式。

第八章"建筑抗震设计基本知识"，以《建筑抗震设计规范》为主，结合《建筑与市政工程抗震通用规范》，对相关内容进行了修订和补充，删除了地震作用计算、构件抗震设计与计算的内容。

第九章"地基与基础"，以《建筑地基基础设计规范》为主，结合《建筑与市政地基基础通用规范》，对相关内容进行了修订和补充，删除了地基变形计算、各类基础设计与计算的内容。

第十章"建筑热工与节能"，根据《建筑环境通用规范》，增加了建筑热工设计的内容；根据《建筑节能与可再生能源利用通用规范》，增加了居住、公共以及工业建筑节能设计的内容。

第十一章"建筑光学"，根据《建筑环境通用规范》和《建筑节能与可再生能源利用通用规范》等，新增室内外照明的重要光学量化指标要求。

第十二章"建筑声学"，根据新大纲、《中华人民共和国环境噪声污染防治法》和《建筑环境通用规范》，新增了对建筑声环境噪声限值和噪声控制的要求，以及建筑隔声、吸声、消声、隔振设计的详细要求；删除了吸声材料计算公式中的繁琐步骤。

第十三章"建筑给水排水"，根据《建筑给水排水与节水通用规范》，补充完善了太阳能生活热水系统以及节水等相关内容。

第十四章"建筑暖通空调与动力"，根据新大纲，增加了可再生能源应用、暖通空调系统节能技术等内容；根据《建筑环境通用规范》和《建筑节能与可再生能源利用通用规范》，增加了节能技术参数规定与限值，并重新编写了燃气供应及安全应用部分。

第十五章"建筑电气"，根据新大纲和《建筑电气与智能化通用规范》，新增"太阳能光伏发电"和"建筑智能化系统两节"两节，以及用电负荷分级等内容。

四、编写分工

"一级注册建筑师资格考试教材"的作者：

第1分册：王昕禾。

第2分册：第一章晁军，第二章刘捷，第三章王又佳，第四章荣玥芳，第五章姜忆南。

第3分册：上册——第一章钱民刚，第二、三章黄莉，第四～七章冯东，第八、九章叶飞；下册——第十章汪琪美，第十一章刘博，第十二章李英，第十三章许萍，第十四章贾昭凯、贾岩，第十五章冯玲。

第4分册：第一章侯云芬，第二章陈岚。

第5分册：第一章陈向东，第二章穆静波，第三章孙伟。

第6分册：黎志涛。

除上述作者外，多年来曾参与或协助本套书编写、修订的人员有：张思浩、翁如璧、耿长孚、王其明、姜中光、何力、任朝钧、曾俊、林焕枢、张文革、李德富、吕鉴、朋改非、杨金铎、周慧珍、刘宝生、李魁元、尹桔、张英、陶维华、郝昱、赵欣然、霍新民、何玉章、颜志敏、曹一兰、徐华萍、周庄、陈庆年、王志刚、张炳珍、何承奎、孙国樑、李广秋、栾彩虹、翟平。

在此预祝各位考生取得好成绩，考试顺利过关！

全国注册建筑师资格考试教材编委会
2022年9月

微信服务号
微信号：JZGHZX

注：本套丛书为一、二级注册建筑师的考生分别建立了交流服务群，用于交流并收集考生在看书过程中发现的问题，以对本丛书进行迭代优化，并及时发布考试动态、共享行业最新资讯；欢迎大家扫码加群，相互交流与促进！

配套增值服务说明

中国建筑工业出版社为更好地服务于考生、满足考生需求,除了出版纸质教材书籍外,还同步配套准备了注册建筑师考试增值服务内容。考生可以选择适宜的方式进行复习。

兑换增值服务将会获得什么?

```
建标知网会员权限                        注册建筑师资格考试
   (6个月)                              知识服务产品

工程建设万种规范                          导学课程
标准在线阅读        全国注册建筑师资格考试丛书    考试大纲
标准资料免费下载      增值服务兑换内容         科目重难点及学习规划手册
标准版本对比                           备考指导
常见问题答疑库
```

如何兑换增值服务?

扫描封面二维码,刮开涂层,输入兑换码,即可享有上述免费增值服务内容。

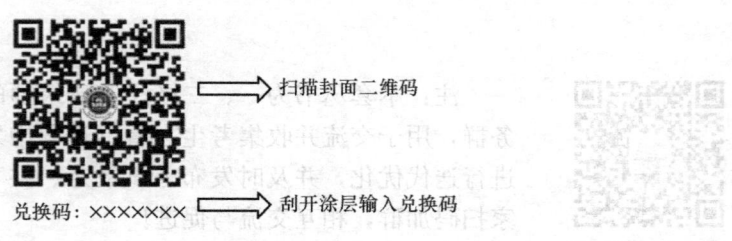

→ 扫描封面二维码

兑换码:××××××× → 刮开涂层输入兑换码

注:增值服务自激活成功之日起生效,如果无法兑换或兑换后无法使用,请及时与我社联系。

客服电话:4008-188-688(周一至周五 9:00~17:00)。

目　录

序 ·· 赵春山
前言
配套增值服务说明

上　册

第一章　结构力学 ·· 1
第一节　静力学基本知识和基本方法 ··· 1
一、静力学基本知识 ··· 1
二、静力学基本方法 ··· 9
三、特殊杆件的内力 ·· 13
第二节　静定梁的受力分析、剪力图与弯矩图 ··· 15
一、截面法求指定 x 截面的剪力 V，弯矩 M ···························· 16
二、直接法求 V、M ··· 17
三、快速作图法 ··· 20
四、叠加法作弯矩图 ·· 20
第三节　静定结构的受力分析、剪力图与弯矩图 ······································· 21
一、多跨静定梁 ··· 21
二、静定刚架 ·· 22
三、三铰刚架 ·· 24
四、三铰拱 ··· 26
五、应力、惯性矩、极惯性矩、截面模量的概念 ·························· 27
六、杆的四种基本变形 ·· 27
七、静定结构的基本特征 ··· 29
第四节　超静定结构 ··· 30
一、平面体系的几何组成分析 ·· 30
二、超静定结构的特点和优点 ·· 34
三、超静定次数的确定 ·· 35
四、用力法求解超静定结构 ·· 37
五、利用对称性求解超静定结构 ··· 39
六、多跨超静定连续梁的活载布置 ·· 41
第五节　压杆稳定 ··· 43
习题 ··· 45
参考答案及解析 ·· 57

第二章　建筑结构与结构选型 …… 65
第一节　概述 …… 65
一、建筑结构的基本概念 …… 65
二、建筑结构基本构件 …… 67
第二节　多层与高层建筑结构体系 …… 70
一、多层砌体结构 …… 71
二、框架结构 …… 71
三、剪力墙结构 …… 73
四、框架-剪力墙结构 …… 75
五、筒体结构 …… 77
六、复杂高层建筑结构 …… 80
七、混合结构 …… 80
八、伸缩缝、沉降缝、防震缝的设置要求 …… 81
第三节　单层厂房的结构体系 …… 82
一、单层工业厂房的结构形式 …… 82
二、单层工业厂房的柱网布置 …… 82
三、单层工业厂房围护墙 …… 82
四、单层工业厂房的屋盖结构 …… 83
五、单层厂房的柱间支撑 …… 83
第四节　大跨度空间结构 …… 84
一、桁架 …… 84
二、拱与薄壳 …… 86
三、空间网格结构 …… 90
四、索结构 …… 96
习题 …… 101
参考答案及解析 …… 102

第三章　建筑结构设计的基本概念 …… 104
第一节　建筑结构设计的基本规定 …… 104
一、术语 …… 104
二、基本要求 …… 106
三、安全等级与设计工作年限 …… 107
四、作用和作用组合 …… 107
第二节　极限状态设计原则 …… 109
一、承载能力极限状态 …… 109
二、正常使用极限状态 …… 109
三、耐久性极限状态 …… 110
四、结构重要性系数 γ_0 …… 110
第三节　建筑结构作用 …… 110
一、永久作用 …… 110

|　　二、楼面和屋面活荷载…… 111
|　　三、雪荷载和覆冰荷载…… 112
|　　四、风荷载…… 112
|　　五、温度作用…… 114
|　习题…… 115
|　参考答案及解析…… 116
第四章　钢筋混凝土结构设计…… 119
　第一节　概述…… 119
　　一、钢筋混凝土的基本概念…… 119
　　二、混凝土材料的力学性能…… 119
　　三、钢筋的种类及其力学性能…… 123
　　四、钢筋与混凝土之间的粘结力…… 129
　第二节　承载能力极限状态计算…… 130
　　一、正截面承载力计算…… 130
　　二、斜截面承载力计算…… 139
　　三、扭曲截面承载力计算…… 143
　第三节　正常使用极限状态验算…… 144
　　一、正常使用极限状态的验算…… 144
　　二、受弯构件挠度的验算…… 146
　　三、裂缝的形成、控制和宽度验算…… 147
　第四节　耐久性及防连续倒塌的设计原则…… 149
　第五节　构造规定…… 152
　　一、伸缩缝…… 152
　　二、混凝土保护层…… 154
　　三、钢筋的锚固…… 155
　　四、钢筋的连接…… 157
　　五、纵向受力钢筋的最小配筋率…… 158
　第六节　结构构件的基本规定…… 158
　第七节　预应力混凝土结构构件…… 163
　　一、预应力混凝土的基本原理…… 163
　　二、预应力混凝土的种类、方法和材料…… 165
　　三、张拉控制应力和预应力损失…… 167
　第八节　现浇钢筋混凝土楼盖…… 169
　　一、混凝土板…… 170
　　二、钢筋混凝土梁…… 172
　第九节　混凝土结构加固设计…… 175
　　一、一般原则…… 175
　　二、加固材料…… 176
　　三、加固方法…… 176

习题 ··· 178
　　参考答案及解析 ··· 181
第五章　钢结构设计 ·· 186
　　第一节　钢结构的特点和应用范围 ·································· 186
　　第二节　钢结构材料 ·· 188
　　　一、钢材性能 ·· 188
　　　二、影响钢材机械性能的主要因素 ································ 189
　　　三、钢材的种类、选择和规格 ····································· 191
　　第三节　钢结构的计算方法与基本构件设计 ························ 194
　　　一、钢结构的计算方法 ·· 194
　　　二、基本构件设计 ··· 195
　　第四节　钢结构的连接 ·· 203
　　　一、钢结构的连接方法 ·· 203
　　　二、焊接连接的构造和计算 ······································· 205
　　　三、螺栓连接的构造与计算 ······································· 211
　　第五节　构件的连接构造 ·· 214
　　第六节　钢屋盖结构 ·· 217
　　第七节　钢管混凝土结构 ·· 220
　　第八节　钢结构加固设计 ·· 220
　　　一、一般原则 ·· 220
　　　二、加固材料 ·· 221
　　　三、加固方法 ·· 221
　　习题 ··· 223
　　参考答案及解析 ··· 225
第六章　砌体结构设计 ··· 227
　　第一节　砌体材料及其力学性能 ···································· 227
　　　一、砌体分类 ·· 227
　　　二、砌体材料的强度等级 ·· 229
　　　三、砌体的受力性能 ··· 230
　　　四、砌体的受拉、受弯和受剪性能 ································ 231
　　第二节　砌体房屋的静力计算 ······································· 233
　　第三节　无筋砌体构件承载力计算 ·································· 239
　　第四节　构造要求 ··· 242
　　第五节　圈梁、过梁、墙梁和挑梁 ·································· 249
　　第六节　砌体结构加固设计 ··· 256
　　　一、一般原则 ·· 256
　　　二、加固材料 ·· 256
　　　三、加固方法 ·· 257
　　习题 ··· 260

参考答案及解析……262

第七章 木结构设计……265
第一节 木结构用木材……265
第二节 木结构构件的计算……269
一、木结构的设计方法……269
二、木结构构件的计算……270
第三节 木结构的连接……273
第四节 木结构防火和防护……275
第五节 其他……279
习题……282
参考答案及解析……283

第八章 建筑抗震设计基本知识……287
第一节 概述……287
一、名词术语含义……287
二、建筑抗震设防分类和设防标准……289
三、抗震设计的基本要求……295
四、场地、地基和基础……306
五、地震作用……311
第二节 建筑结构抗震设计……313
一、多层和高层钢筋混凝土房屋……313
二、多层砌体房屋和底部框架砌体房屋……336
三、多层和高层钢结构房屋……351
四、混合结构设计……358
五、单层工业厂房……364
六、空旷房屋和大跨屋盖建筑……371
七、土、木、石结构房屋……374
八、隔震和消能减震设计……378
九、非结构构件……379
十、地下建筑……383
习题……384
参考答案及解析……390

第九章 地基与基础……401
第一节 概述……401
第二节 地基土的基本知识……402
一、有关名词术语……402
二、地基土的主要物理力学指标……402
第三节 地基岩土的分类及工程特性指标……404
一、岩土的分类……404
二、工程特性指标……408

15

第四节 地基与基础设计 409
  一、地基基础设计 409
  二、山区地基 416
  三、软弱地基 424
  四、基础 428
习题 441
参考答案及解析 443

下 册

第十章 建筑热工与节能 449
  第一节 传热的基本知识 449
    一、传热的基本概念 449
    二、传热的基本方式 450
    三、围护结构的传热过程 453
    四、湿空气 454
  第二节 热环境 455
    一、室外热环境 455
    二、建筑气候区划 457
    三、建筑热工设计区划 458
    四、室内热环境 459
  第三节 建筑围护结构的传热原理及计算 461
    一、稳定传热 461
    二、周期性不稳定传热 467
  第四节 围护结构的保温设计 469
    一、建筑保温综合处理的基本原则 470
    二、冬季热工计算参数 470
    三、围护结构保温设计的依据和目的 470
    四、非透光围护结构的保温设计 470
    五、透光围护结构的保温设计 474
    六、地面的保温设计 477
    七、地下室的保温设计 477
    八、传热异常部位的保温设计 478
  第五节 外围护结构的防潮设计 479
    一、围护结构的蒸汽渗透 479
    二、非透光围护结构热桥部位的防潮设计 480
    三、外围护结构内部冷凝的检验 481
    四、防止和控制冷凝的措施 482
    五、夏季结露与防止措施 483
  第六节 建筑日照 484

一、日照的作用与建筑对日照的要求…………………………………484
　　　二、日照的基本原理…………………………………………………485
　　　三、棒影图的原理及应用……………………………………………487
　　第七节　建筑防热设计……………………………………………………487
　　　一、热气候的类型及其特征…………………………………………487
　　　二、室内过热的原因和防热的途径…………………………………488
　　　三、夏季热工计算参数………………………………………………488
　　　四、非透光围护结构的隔热设计……………………………………489
　　　五、建筑遮阳…………………………………………………………491
　　　六、透光围护结构的隔热设计………………………………………493
　　　七、自然通风的组织…………………………………………………495
　　　八、自然能源利用与防热降温………………………………………497
　　第八节　建筑节能…………………………………………………………498
　　　一、《建筑节能与可再生能源利用通用规范》………………………498
　　　二、居住建筑节能设计………………………………………………509
　　　三、公共建筑节能设计………………………………………………522
　　　四、工业建筑节能设计………………………………………………526
　　　五、建筑节能的检测、评价标准……………………………………530
　　　六、有关绿色建筑评价标准的几个问题……………………………530
　　　七、被动式太阳能建筑………………………………………………531
　　习题…………………………………………………………………………534
　　参考答案及解析……………………………………………………………541
第十一章　建筑光学…………………………………………………………548
　　第一节　建筑光学基本知识………………………………………………548
　　　一、光的特性和视觉…………………………………………………548
　　　二、基本光度单位及应用……………………………………………549
　　　三、材料的光学性质…………………………………………………552
　　　四、可见度及其影响因素……………………………………………555
　　　五、颜色………………………………………………………………557
　　第二节　天然采光…………………………………………………………558
　　　一、光气候和采光系数………………………………………………558
　　　二、窗洞口……………………………………………………………560
　　　三、采光设计…………………………………………………………563
　　　四、采光计算…………………………………………………………570
　　　五、采光节能…………………………………………………………571
　　第三节　建筑照明…………………………………………………………572
　　　一、电光源的种类、特性与使用场所………………………………572
　　　二、灯具………………………………………………………………573
　　　三、室内照明…………………………………………………………577

四、室外照明 590
　　五、照明节能的一般原则和方法 592
　习题 593
　参考答案及解析 596

第十二章　建筑声学 603
　第一节　建筑声学基本知识 603
　第二节　室内声学原理 610
　第三节　材料和结构的声学特性 614
　　一、吸声材料和吸声结构 614
　　二、隔声和构件的隔声特性 618
　　三、反射和反射体 622
　第四节　室内音质设计 623
　　一、音质的主观评价与客观评价指标 623
　　二、音质设计的方法与步骤 624
　　三、室内电声设计 628
　　四、各类建筑的声学设计 628
　第五节　噪声控制 631
　　一、环境噪声的来源和危害 631
　　二、噪声评价 631
　　三、噪声的允许标准 632
　　四、噪声控制的原则与方法 640
　　五、城市噪声控制 641
　　六、建筑中的吸声降噪设计 641
　　七、组合墙的隔声 642
　　八、消声设计 644
　　九、建筑室内降噪设计 644
　习题 645
　参考答案及解析 649

第十三章　建筑给水排水 655
　第一节　建筑给水系统 655
　　一、任务 655
　　二、分类 655
　　三、组成 656
　　四、给水方式 656
　　五、所需水量和水压 658
　　六、增压与贮水设备 662
　　七、管道布置与敷设 665
　　八、管材、附件与水表 667
　　九、特殊给水系统 668

第二节　建筑内部热水供应系统 ………………………………… 669
　　　　一、组成 …………………………………………………… 669
　　　　二、分类 …………………………………………………… 669
　　　　三、热源的选择 …………………………………………… 670
　　　　四、加热设备 ……………………………………………… 671
　　　　五、供水方式 ……………………………………………… 672
　　　　六、设置的具体要求 ……………………………………… 673
　　　　七、热水用水水质、定额与水温 ………………………… 674
　　　　八、饮水供应 ……………………………………………… 675
　　第三节　水污染的防治及抗震措施 …………………………… 676
　　　　一、水质污染的现象及原因 ……………………………… 676
　　　　二、防止水质污染的措施 ………………………………… 677
　　　　三、抗震措施 ……………………………………………… 678
　　第四节　建筑消防系统 ………………………………………… 681
　　　　一、民用建筑类型 ………………………………………… 682
　　　　二、室外消火栓给水系统 ………………………………… 682
　　　　三、室内消火栓给水系统 ………………………………… 684
　　　　四、自动喷水灭火系统 …………………………………… 688
　　　　五、消防排水 ……………………………………………… 691
　　第五节　建筑排水系统 ………………………………………… 692
　　　　一、生活排水系统 ………………………………………… 692
　　　　二、雨水排水系统 ………………………………………… 700
　　第六节　建筑节水基本知识 …………………………………… 702
　　　　一、相关法规 ……………………………………………… 702
　　　　二、建筑节水设备和器具 ………………………………… 703
　　　　三、建筑中水系统 ………………………………………… 707
　　　　四、其他节水措施 ………………………………………… 708
　　习题 …………………………………………………………… 709
　　参考答案及解析 ……………………………………………… 713

第十四章　建筑暖通空调与动力 ………………………………… 723
　　第一节　供暖的热源、热媒及系统 …………………………… 723
　　　　一、供暖热源 ……………………………………………… 723
　　　　二、供暖热媒 ……………………………………………… 728
　　　　三、供暖系统 ……………………………………………… 729
　　第二节　空调冷热源及水系统、可再生能源应用 …………… 735
　　　　一、传统空调冷热源 ……………………………………… 735
　　　　二、可再生能源空调冷热源 ……………………………… 737
　　　　三、空调水系统 …………………………………………… 744
　　第三节　机房主要设备及管道的空间要求 …………………… 748

一、锅炉房、主要设备及管道的空间要求 748
　　二、制冷机房、主要设备及管道的空间要求 749
　　三、空调通风机房、主要设备及管道的空间要求 750
　　四、防排烟机房、主要设备及管道的空间要求 751
　第四节　通风系统、空调系统及其控制 751
　　一、通风系统及其控制 752
　　二、空调系统及其控制 755
　第五节　建筑设计与暖通、空调系统运行节能的关系 762
　　一、一般节能要求 762
　　二、防热、防潮、自然通风、遮阳 765
　第六节　暖通、空调系统的节能技术 768
　　一、节能限定 768
　　二、节能技术 770
　第七节　建筑防火排烟 771
　　一、防排烟概念 771
　　二、防烟设计 772
　　三、排烟设计 779
　　四、燃油燃气锅炉设置 783
　　五、通风空调风管材质 783
　　六、防火阀 783
　　七、通风空调系房间防火要求 785
　第八节　暖通空调系统能源种类及安全措施 787
　　一、暖通空调系统能源种类 787
　　二、能源安全措施 788
　第九节　燃气的供应及安全应用 790
　　一、管道和调压设施 790
　　二、燃具和用气设备 791
　习题 792
　参考答案及解析 800

第十五章　建筑电气 810
　第一节　供配电系统 810
　　一、电力系统 810
　　二、供电的质量 811
　　三、电力负荷分级及供电要求 812
　　四、电压选择 817
　第二节　建筑电气设备用房 818
　　一、建筑电气设备用房组成 818
　　二、配变电设备 819
　　三、变电所位置及配电变压器的选择 819

四、变电所型式和布置 ································· 820
　　　五、变电所对其他专业的要求及设备布置 ················ 820
　　　六、柴油发电机房及蓄电池室 ·························· 822
　第三节　民用建筑的配电系统 ································ 824
　　　一、配电方式 ······································· 824
　　　二、配电系统 ······································· 827
　　　三、配电线路 ······································· 831
　第四节　电气照明 ··· 835
　　　一、照明的基本概念 ································· 835
　　　二、照度标准分级 ··································· 836
　　　三、照明质量 ······································· 836
　　　四、照明方式与种类 ································· 838
　　　五、光源及灯具 ····································· 841
　　　六、照度计算 ······································· 843
　　　七、电气照明系统 ··································· 843
　第五节　电气安全和建筑物防雷 ······························ 845
　　　一、安全用电 ······································· 845
　　　二、建筑物防雷 ····································· 848
　　　三、接地系统 ······································· 851
　　　四、等电位联结 ····································· 852
　第六节　火灾自动报警系统 ·································· 853
　　　一、火灾自动报警系统的组成及设置场所 ················ 854
　　　二、系统形式的选择 ································· 855
　　　三、报警区域和探测区域的划分 ······················· 856
　　　四、消防控制室 ····································· 856
　　　五、消防联动控制 ··································· 857
　　　六、火灾探测器的选择 ······························· 860
　　　七、系统设备的设置 ································· 863
　　　八、住宅建筑火灾报警系统 ··························· 868
　　　九、系统供电 ······································· 869
　　　十、布线 ·· 869
　　　十一、高度大于 12m 的空间场所的火灾自动报警系统 ······ 870
　第七节　建筑智能化系统 ···································· 871
　　　一、系统组成及功能要求 ····························· 871
　　　二、智能化系统设计 ································· 873
　第八节　综合布线 ··· 875
　　　一、综合布线系统 ··································· 875
　　　二、综合布线系统的组成 ····························· 875
　　　三、综合布线电气防护、接地及防火 ···················· 876

四、综合布线的系统配置设计……………………………………878
　　五、综合布线的安装工艺要求……………………………………878
第九节　电气设计基础……………………………………………882
　　一、单相正弦交流电………………………………………………882
　　二、三相交流电路…………………………………………………882
　　三、电功率的概念…………………………………………………883
　　四、变压器与电动机………………………………………………884
　　五、电梯、自动扶梯和自动人行道………………………………886
　　六、低压配电线路保护电器………………………………………887
第十节　太阳能光伏发电…………………………………………889
　　一、太阳能光伏系统………………………………………………889
　　二、太阳能光伏应用………………………………………………891
习题……………………………………………………………………892
参考答案及解析………………………………………………………896

第一章 结 构 力 学

本章考试大纲：对结构力学有基本了解，对常见荷载、一般建筑结构形式的受力特点有清晰概念，能定性识别杆系结构在不同荷载下的内力图及变形形式。

本章复习重点：建筑力学包括静力学、材料力学、结构力学三部分内容。静力学研究物体在力作用下的平衡规律，主要包括物体的受力分析、力系的等效简化、力系的平衡条件及其应用。材料力学主要研究梁和杆的受力分析、内力图、应力和位移的分析，还有压杆稳定问题。结构力学主要研究平面体系的几何组成分析，静定结构和超静定结构的受力分析、内力图和位移的特点等有关问题。

第一节 静力学基本知识和基本方法

静力学研究物体在力作用下的平衡规律，主要包括物体的受力分析、力系的等效简化、力系的平衡条件及其应用。

一、静力学基本知识

（一）静力学的基本概念

1. 力的概念

力是物体间相互的机械作用，这种作用将使物体的运动状态发生变化——运动效应，或使物体的形状发生变化——变形效应。力的量纲为牛顿（N）。力的作用效果取决于力的三要素：力的大小、方向、作用点。力是矢量，满足矢量的运算法则。当求共点二力之合力时，采用力的平行四边形法则：其合力可由两个共点力为边构成的平行四边形的对角线确定，见图 1-1(a)。或者说，合力矢等于此二力的几何和，即

$$F_R = F_1 + F_2 \tag{1-1}$$

显然，求 F_R 时，只需画出平行四边形的一半就够了，即以力矢 F_1 的尾端 B 作为力矢 F_2 的起点，连接 AC 所得矢量即为合力 F_R。如图 1-1(b) 所示三角形 ABC 称为力三角形。这种求合力的方法称为力的三角形法则。

力的三角形法则可以很容易地扩展成力的多边形法则。设一平面汇交力系 F_1，F_2，F_3，F_4，各力作用线汇交于点 A，如图 1-2(a) 所示。

为合成此力系，可根据力的平行四边形法则，逐步两两合成各力，最后求得一个通过汇交点 A 的合力 F_R；还可以用更简便的方法求此合力 F_R 的大小与方向。任取一点 a，将各分力的矢量依次首尾相连，由此组成一个不封闭的力多边形 $abcde$，如图 1-2(b) 所示。此图中的虚线 $\overrightarrow{ac}$ 矢（F_{R1}）为力 F_1 与 F_2 的合力矢，又虚线 $\overrightarrow{ad}$ 矢（F_{R2}）为力 F_{R1} 与 F_3 的合力矢，在作力多边形时不必画出。力多边形的封闭边 ae 即为

合力 F_R 的大小和方向。

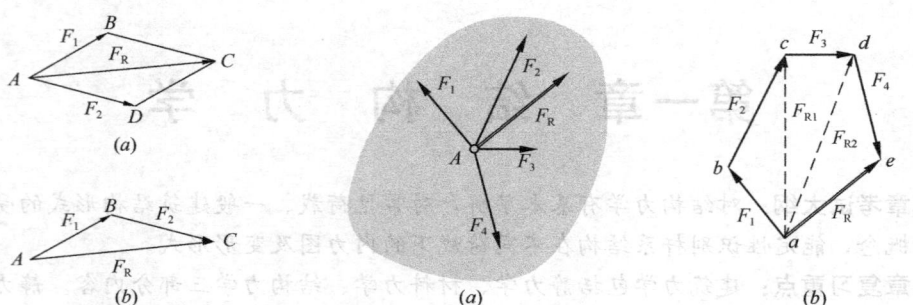

图 1-1　力的平行
四边形法则

图 1-2　力的多边形法则
(a) 平面汇交力系；(b) 力的多边形

例 1-1　（2005）平面汇交力系（F_1、F_2、F_3、F_4、F_5）的力多边形如图 1-3 所示，该力系的合力等于：

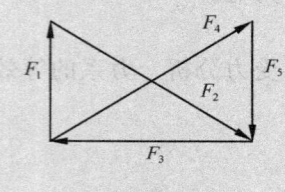

图 1-3

A　F_3　　　B　$-F_3$　　　C　F_2　　　D　F_5

解析：根据力的多边形法则可知，F_1、F_2 和 F_3 首尾顺序连接而成的力矢三角形自行封闭，封闭边为零，故 F_1、F_2 和 F_3 的合力为零。剩余的二力 F_4 和 F_5 首尾顺序连接，其合力应是从 F_4 的起点指向 F_5 的终点，即 $-F_3$ 的方向。

答案：B

2. 刚体的概念

在物体受力以后的变形对其运动和平衡的影响小到可以忽略不计的情况下，便可把物体抽象成为不变形的力学模型——刚体。

3. 力系的概念

同时作用在刚体上的一群力，称为力系。

4. 平衡的概念

平衡是指物体相对惯性参考系静止或作匀速直线平行移动的状态。

（二）静力学的基本原理

1. 二力平衡原理

不计自重的刚体在二力作用下平衡的必要和充分条件是：二力沿着同一作用线，大小相等，方向相反。仅受两个力作用且处于平衡状态的物体，称为二力体，又称二力构件、二力杆，见图 1-4。

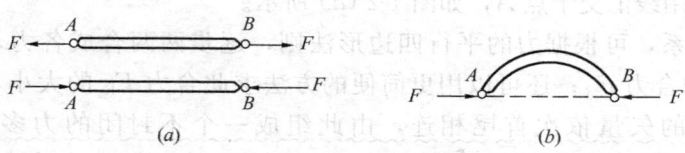

图 1-4　二力平衡必共线

2. 加减平衡力系原理

在作用于刚体的力系中，加上或减去任意一个平衡力系，不改变原力系对刚体的作用效应。

推论 I：力的可传性。 作用于刚体上的力可沿其作用线滑移至刚体内任意点而不改变力对刚体的作用效应；因此，对刚体而言，力的三要素实际上是大小、方向和作用线。

推论 II：三力平衡汇交定理。 作用于刚体上三个相互平衡的力，若其中两个力的作用线汇交于一点，则此三力必在同一平面内，且第三个力的作用线通过汇交点，如图 1-5 所示。

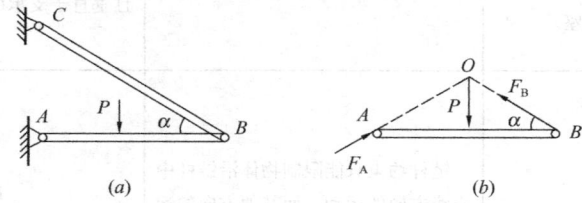

图 1-5 三力平衡必汇交

（三）约束与约束力（约束反力）

阻碍物体运动的限制条件称为约束，约束对被约束物体的机械作用称为约束力（或约束反力）。约束反力的方向永远与主动力的运动趋势相反。

工程中常见的几种典型约束的性质以及相应约束力的确定方法见表 1-1。

几种典型约束的性质及相应约束力的确定方法　　　　　　　　表 1-1

约束的类型	约束的性质	约束力的确定
柔体约束（如绳索、胶带、链条等）	柔体约束只能限制物体沿着柔体的中心线伸长方向的运动，而不能限制物体沿其他方向的运动	约束力必定沿柔体的中心线，且背离被约束的物体
光滑接触约束	光滑接触约束只能限制物体沿接触面的公法线指向支承面的运动，而不能限制物体沿接触面或离开支承面的运动	光滑接触面的约束力通过接触点，沿接触面的公法线并指向被约束的物体

续表

约束的类型	约束的性质	约束力的确定
可动铰支座（辊轴支座）	可动铰支座不能限制物体绕销钉的转动和沿支承面的运动，而只能限制物体在支承面垂直方向的运动	可动铰支座的约束反力通过销钉中心且垂直于支承面，指向待定
链杆约束	链杆约束只能限制物体沿链杆中心线方向的运动，而其他方向的运动都不能限制	链杆约束的约束反力沿着链杆中心线，指向待定
固定铰链支座 圆柱铰链（中间铰）	铰链约束只能限制物体在垂直于销钉轴线的平面内任意方向的运动，而不能限制物体绕销钉的转动	约束反力作用在垂直于销钉轴线的平面内，通过销钉中心，而方向待定
定向支座	定向支座只能限制物体沿支座链杆方向的运动和物体绕支座的转动，而不能限制物体沿支承面的运动	约束力可表示为一个垂直于支承面的力和一个约束力偶，指向与主动力相反
固定端约束	固定端约束既能限制物体移动，又能限制物体绕固定端转动	约束反力可表示为两个互相垂直的分力和一个约束力偶，指向均待定

【口诀】　1，2，3。

即：第 1 类约束，有 1 个约束力；第 2 类约束，有 2 个约束力；第 3 类约束，有 3 个约束力（约束力偶可当作广义力）。

图 1-6 和图 1-7 中给出了可动铰支座和链杆、圆柱铰链（中间铰）与固定铰链支座的实例、简图、分解图和约束力的图示。

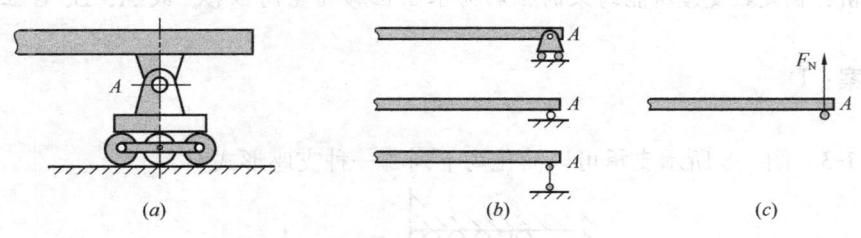

图 1-6　可动铰支座和链杆
(a) 辊轴实例；(b) 简图；(c) 约束力

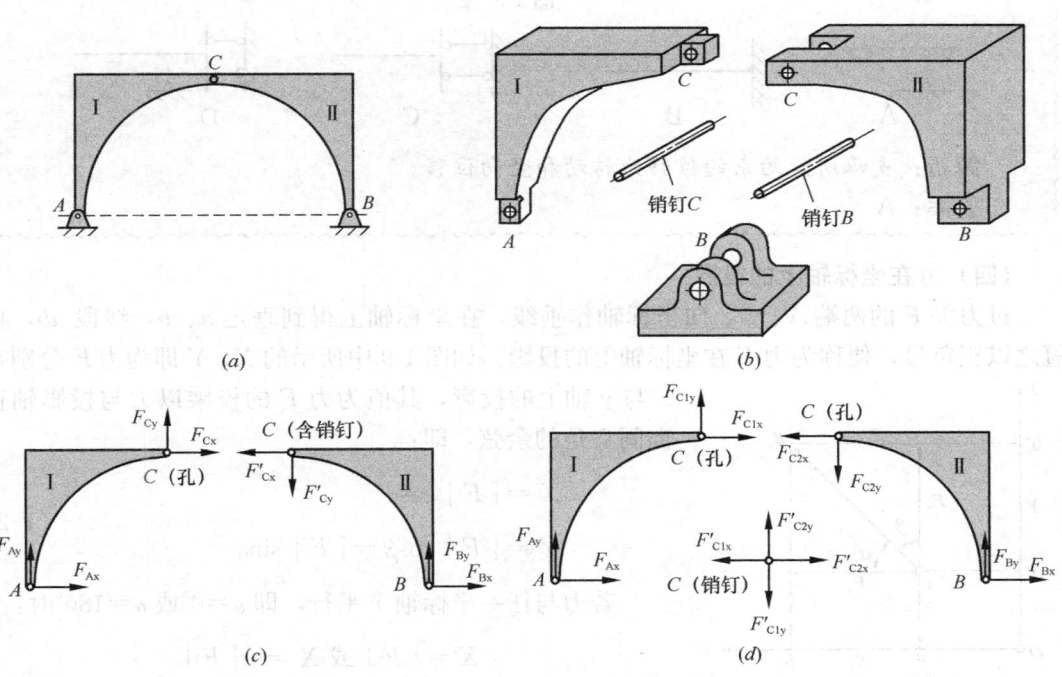

图 1-7　圆柱铰链（中间铰）与固定铰链支座
(a) 拱形桥；(b) 中间铰链 C 和固定铰链 B 分解图；(c) 约束力（不单独分析销钉 C）；
(d) 约束力（单独分析销钉 C）

5

例 1-2 （2010） 题图所示固定铰支座的 4 种画法中，错误的是：

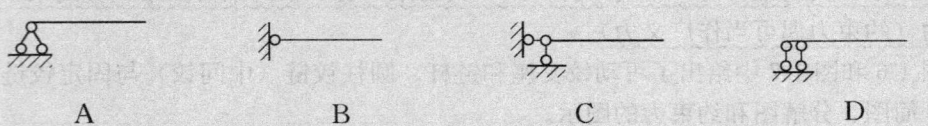

解析： 固定铰支座所能约束的位移为水平位移和竖向位移。故 A、B、C 正确，D 错误。

答案： D

例 1-3 图 1-8 所示支承可以简化为下列哪一种支座形式？

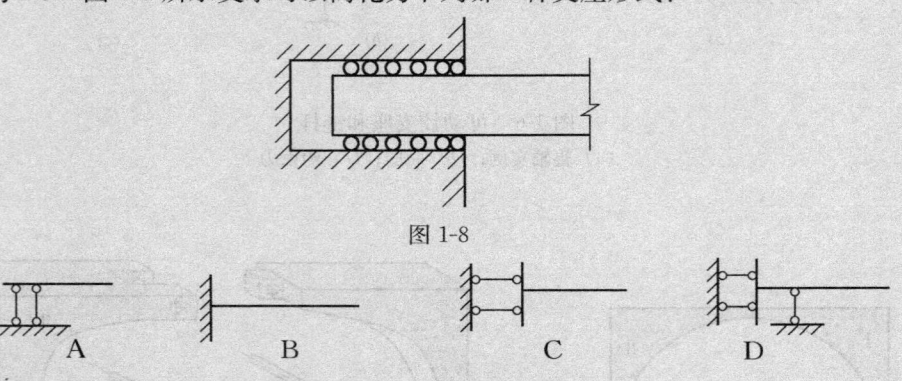

图 1-8

解析： 支承所能约束的位移为转动和竖向位移。

答案： A

（四）力在坐标轴上的投影

过力矢 F 的两端 A、B，向坐标轴作垂线，在坐标轴上得到垂足 a、b，线段 ab，再冠之以正负号，便称为力 F 在坐标轴上的投影。如图 1-9 中所示的 X、Y 即为力 F 分别在 x 与 y 轴上的投影，其值为力 F 的模乘以力与投影轴正向间夹角的余弦，即：

$$X=|F|\cos\alpha$$
$$Y=|F|\cos\beta=|F|\sin\alpha \tag{1-2}$$

若力与任一坐标轴 x 平行，即 $\alpha=0°$ 或 $\alpha=180°$ 时：

$$X=|F| \text{ 或 } X=-|F|$$

若力与任一坐标轴 x 垂直，即 $\alpha=90°$ 时：

$$X=0$$

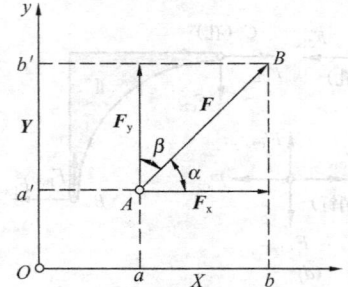

图 1-9 力在坐标轴上的投影

合力投影定理。平面汇交力系的合力在某坐标轴上的投影等于其各分力在同一坐标轴上的投影的代数和。

$$F_x=\sum X_i \quad F_y=\sum Y_i \tag{1-3}$$

例 1-4 （2004） 如图 1-10 所示平面平衡力系中，P_2 的正确数值是（与图 1-10 中方向相同为正值，反之为负值）：

A $P_2=-2$　　　　B $P_2=-4$

C $P_2=2$　　　　D $P_2=4$

解析：因为平衡力系：$\sum F_y = -P_1 - 2P_2 \sin 30° = 0$
所以 $P_2 = -P_1 = -2$

答案：A

思考：画出此三力平衡的力的三角形。

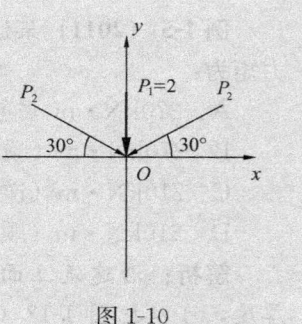

图 1-10

（五）力矩及其性质

1. 力对点之矩

力使物体绕某支点（或矩心）转动的效果可用力对点之矩度量。力矩的单位为 N·m 或 kN·m。

在平面问题中，如图 1-11 所示，力对点之矩为代数量，表示为：

$$M_O(F) = \pm Fd \tag{1-4}$$

式中，d 为力到矩心 O 的垂直距离，称为力臂。习惯上，力使物体绕矩心逆时针转动时，式 (1-4) 取正号，反之取负号。

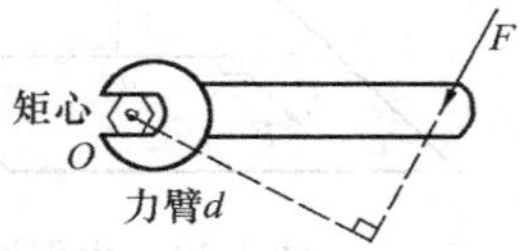

2. 力矩的性质

（1）力对点之矩，不仅取决于力的大小，同时还取决于矩心的位置，故不明确矩心位置的力矩是无意义的。

图 1-11 平面内的力矩

（2）力的数值为零，或力的作用线通过矩心时，力矩为零。

（3）合力矩定理：合力对一点之矩等于各分力对同一点之矩的代数和，即：

$$M_O(R) = M_O(F_1) + M_O(F_2) + \cdots + M_O(F_n) = \sum M_O(F) \tag{1-5}$$

由合力矩定理，可以得到分布力的合力大小和合力作用线的位置，如图 1-12 所示。

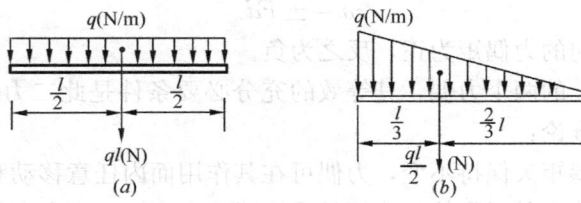

图 1-12　分布力的大小及其作用线位置
(a) 均布荷载的合力；(b) 三角形线性分布荷载的合力

由图 1-12 可见，分布荷载的合力大小等于分布荷载的面积，而分布荷载的合力作用线则通过分布荷载面积的形心。

例 1-5 （2011） 某建筑立面如图 1-13（a）所示，在图示荷载作用下的基底倾覆力矩为：

  A 270kN·m（逆时针）
  B 270kN·m（顺时针）
  C 210kN·m（逆时针）
  D 210kN·m（顺时针）

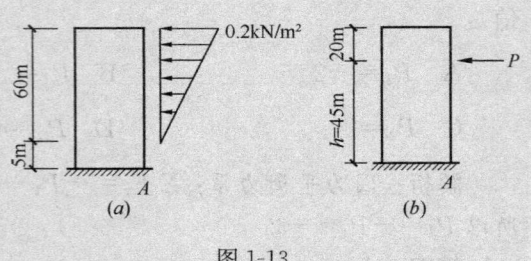

图 1-13

解析： 沿建筑立面纵深方向取 1m 厚度，可以把图 1-13（a）中的面荷载简化为线荷载（0.2kN/m）。这样其合力 P 等于三角形的面积 $\frac{1}{2} \times 60 \times 0.2 = 6$kN，合力 P 的作用线位于三角形的形心处，距顶点为 $\frac{1}{3} \times 60 = 20$m，如图 1-13（b）所示。对基底的倾覆力矩 $M_A(P) = Ph = 6 \times 45 = 270$kN·m，为逆时针方向。

答案： A

（六）力偶、力偶矩

1. 力偶

大小相等、方向相反、作用线平行但不重合的两个力组成的力系，称为力偶。用符号 (F, F') 表示，如图 1-14 所示。图中的 L 平面为力偶作用平面，d 为两力之间的距离，称为力偶臂。

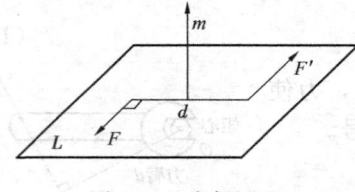

图 1-14 力偶图示

2. 力偶的性质

（1）力偶无合力，即不能简化为一个力，或者说不能与一个力等效。故力偶对刚体只产生转动效应而不产生移动效应。

（2）力偶对刚体的转动效应用力偶矩度量。

在空间问题中，力偶矩为矢量，其方向由右手定则确定，如图 1-14 所示。

在平面问题中，力偶矩为代数量，表示为：

$$m = \pm Fd \tag{1-6}$$

通常取逆时针转向的力偶矩为正，反之为负。

（3）作用在刚体上的两个力偶，其等效的充分必要条件是此二力偶的力偶矩矢相等。

由此性质可得到如下推论：

  推论 I 只要力偶矩矢保持不变，力偶可在其作用面内任意移动和转动，亦可在其平行平面内移动，而不改变其对刚体的作用效果。因此力偶矩矢为自由矢量。

  推论 II 只要力偶矩矢保持不变，力偶中的两个力及力偶臂均可改变，而不改变其对刚体的作用效果。

  由力偶的上述性质可知，力偶对刚体的作用效果取决于力偶的三要素，即力偶矩的大小、力偶作用平面的方位及力偶在其作用面内的转向。

图 1-15(a)、(b) 表示的为同一个力偶，其力偶矩为 $m = Fd$。

在平面力系中，力偶对平面内任一点的力偶矩都相同，与点的位置无关。

（七）力的平移定理

显然，力可沿作用线移动，而不改变其对刚体的作用效果，现在要来研究如何将力的作用线进行平移。

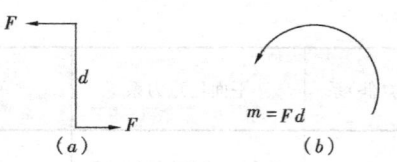

图 1-15 同一力偶的两种表达

如图 1-16 所示，在 B 点加一对与力 F 等值、平行的平衡力，并使 $F=F'=-F''$，其中 F 与 F'' 构成一力偶，称为附加力偶，其力偶矩 $m=Fd=m_B(F)$。这样，作用于 A 点的力 F 与作用于 B 点的力 F' 和一个力偶矩为 m 的附加力偶等效。由此得出结论：<u>作用于刚体上的力 F 可平移至体内任一指定点，但同时必须附加一力偶，其力偶矩等于原力 F 对于新作用点 B 之矩</u>。这就是力的平移定理。

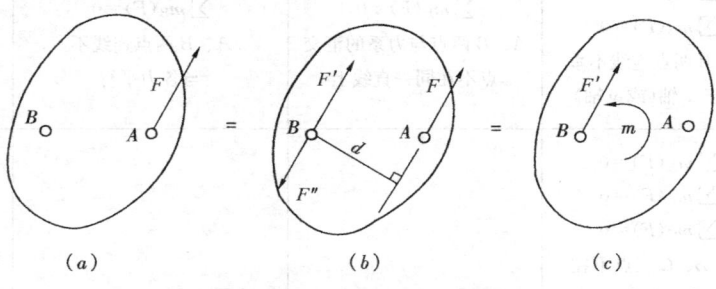

图 1-16 力的平移定理图示

力的平移定理在力系的简化和工程计算中有广泛的应用。

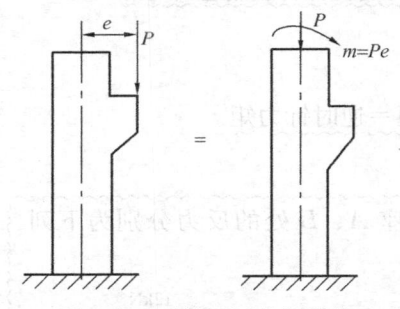

图 1-17 受偏心压力作用的牛腿柱的简化计算

图 1-17 所示为工业厂房中常见的牛腿柱。偏心压力 P 可以平行移动到牛腿柱的轴线上，成为一个轴向压力 P 和一个力偶 $m=Pe$，牛腿柱的计算可简化为轴向压缩和弯曲的组合变形。

利用力的平移定理可以把任意力系简化为一个主矢 F'_R 和一个主矩 M_O 的简化结果。

二、静力学基本方法

【口诀】 取，画，列。

（一）选取适当的研究对象

可以选取整体，也可以选取某一部分。选取的原则是能够通过已知力求得未知力。

（二）画出研究对象的受力图

一般先画已知的主动力，后画未知的约束反力。约束反力的方向永远与主动力的运动趋势相反。只画研究对象的外力，不画其内力。作用力与反作用力大小相等、方向相反，作用在一条直线上，作用在两个物体上。

（三）列出平衡方程求未知力

根据平衡条件 $F'_R=0$，$M_O=0$，可得平面任意力系和平面特殊力系的几种不同形式的平衡方程（表 1-2）。

平面力系的平衡方程　　　　　表 1-2

力(偶)系	平面任意力系	平面汇交力系	平面平行力系 (取 y 轴与各力作用线平行)	平面力偶系
平衡条件	主矢、主矩同时为零 $F'_R=0$, $M_O=0$	合力为零 $F_R=0$	主矢、主矩同时为零 $F'_R=0$ $M_O=0$	合力偶矩为零 $M=0$
基本形式 平衡方程	$\sum F_x=0$ $\sum F_y=0$ $\sum m_O(F)=0$	$\sum F_x=0$ $\sum F_y=0$	$\sum F_y=0$ $\sum m_O(F)=0$	$\sum m=0$
二力矩形式 平衡方程	$\sum F_x=0$(或$\sum F_y=0$) $\sum m_A(F)=0$ $\sum m_B(F)=0$ A、B 两点连线不垂直于 x 轴(或 y 轴)	$\sum m_A(F)=0$ $\sum m_B(F)=0$ A、B 两点与力系的汇交点不在同一直线上	$\sum m_A(F)=0$ $\sum m_B(F)=0$ A、B 两点连线不与各力平行	—
三力矩形式 平衡方程	$\sum m_A(F)=0$ $\sum m_B(F)=0$ $\sum m_C(F)=0$ A、B、C 三点不在同一直线上	—	—	—

<u>重点掌握平面力系基本形式平衡方程的本质，就是要使物体保持静止不动：
$\sum F_x=0$：水平方向合力为零，向左力＝向右力；
$\sum F_y=0$：铅垂方向合力为零，向上力＝向下力；
$\sum M_O(F)=0$：对任选点 O 合力矩为零，顺时针力矩＝逆时针力矩。
掌握了这个本质，就可以融会贯通，灵活运用。</u>

例 1-6　(2009) 如图 1-18(a)所示外伸梁，其支座 A、B 处的反力分别为下列何值？

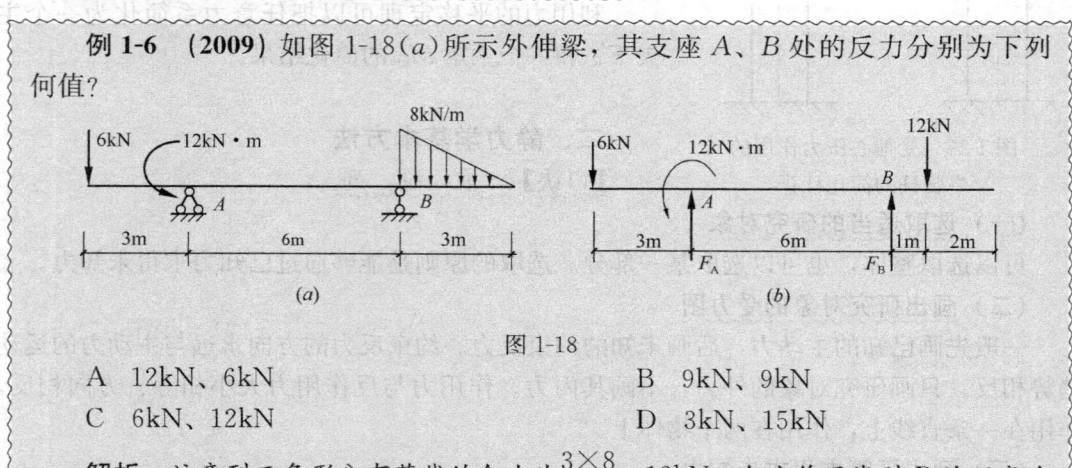

图 1-18

A　12kN、6kN　　　　　　　　　B　9kN、9kN
C　6kN、12kN　　　　　　　　　D　3kN、15kN

解析：注意到三角形分布荷载的合力为 $\dfrac{3\times 8}{2}=12$kN，合力作用线到 B 的距离为 1m，如图 1-18(b)所示。用平衡方程 $\sum M_B=0$，可得：

$$F_A \times 6 + 12 \times 1 = 12 + 6 \times 9 \quad \therefore F_A = 9 \text{kN}$$

再用平衡方程$\sum F_y = 0$，可得：

$$F_A + F_B = 6 + 12 \quad \therefore \quad F_B = 9 \text{kN}$$

答案： B

例 1-7 两圆管重量分别为 12kN 和 4kN，放在支架 ABC 上图 1-19(a) 所示位置。试判断 BC 杆内力为何值？

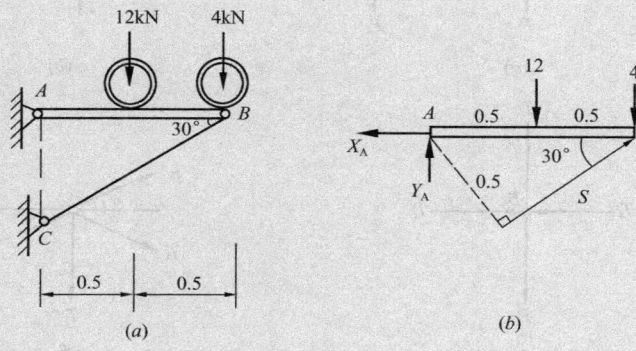

图 1-19

A $20\sqrt{3}$kN   B 10kN

C $10\sqrt{3}$kN   D 20kN

解析： 取 AB 为研究对象，画 AB 杆受力图如图 1-19(b) 所示，对支点 A 取力矩。

$$\sum M_A = 0 : S \times 0.5 = 12 \times 0.5 + 4 \times 1$$
$$S = 20 \text{kN}$$

答案： D

在应用力矩方程时，选未知力的交点（往往是支点）为矩心，计算是最简单、最方便的。静力学创始人阿基米德的名言："给我一个支点，我可以撬起地球"。他讲的就是杠杆原理，也就是力矩方程，这是静力学的精华所在。

节点法解简单桁架，如图1-20（a）所示。

桁架特点为①荷载作用于节点（铰链）处。②各杆自重不计，是二力杆（受拉或受压）。

节点法：以节点为研究对象，由已知力依次求出各未知力。

所选节点，其未知力不能超过两个。

在画节点的受力图和杆的受力图中，既要考虑节点的平衡，又要考虑杆的平衡。在桁架中，杆和节点之间的作用力和反作用力，如果一个是拉力，另一个也是拉力；如果一个是压力，另一个也是压力。

见图 1-20(b)。

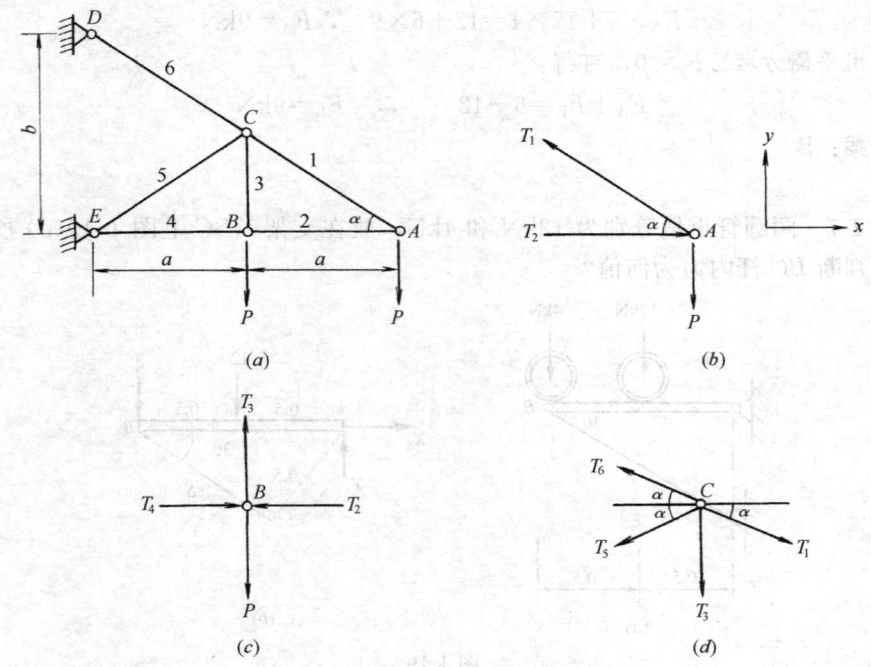

图 1-20 节点法图示

节点 A：

$$\begin{cases} \Sigma X = 0: & T_2 - T_1\cos\alpha = 0 \\ \Sigma Y = 0: & T_1\sin\alpha - P = 0 \end{cases}$$

求出：

$$T_1 = \frac{P}{\sin\alpha}, \quad T_2 = P\cot\alpha$$

见图 1-20(c)。

节点 B：
$$\begin{cases} T_4 = T_2 = P\cot\alpha \\ T_3 = P \end{cases}$$

见图 1-20(d)。

节点 C：

$$\begin{cases} T_1\cos\alpha = T_5\cos\alpha + T_6\cos\alpha \\ T_6\sin\alpha = T_5\sin\alpha + T_1\sin\alpha + T_3 \end{cases}$$

求出：$T_6 = \dfrac{3P}{2\sin\alpha}$，$T_5 = -\dfrac{P}{2\sin\alpha}$（与所设方向相反）

截面法求指定杆所受的力：不需逐一求所有的杆。

例 1-8 (2013) 图 1-21 (a) 所示结构在外力 P 作用下的零杆数为：

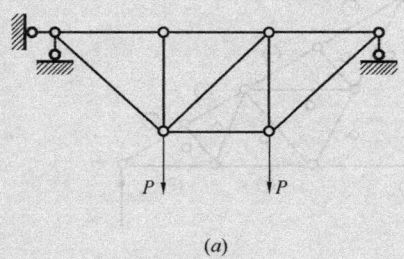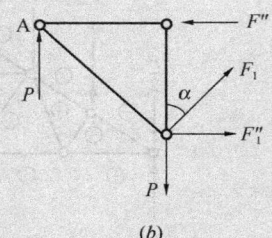

图 1-21

A 无零杆 B 1 根
C 2 根 D 3 根

解析： 首先取桁架整体进行受力分析，由于结构对称、荷载对称、则支座反力是对称的，左右两支座反力都是 P 力向上。然后从中间截开，用截面法求斜杆内力 F_1，如图 1-21 (b) 所示。

由 $\sum F_y = 0$，$P + F_1 \cos\alpha - P = 0$

可知：$F_1 = 0$

最后，由零杆判别法，可知两根竖杆为零杆。

所以，共有 3 根零杆

答案： D

三、特殊杆件的内力

1. 零杆

在桁架的计算中，有时会遇到某些杆件内力为零的情况。这些内力为零的杆件称为零杆。出现零杆的情况可归结如下：

(1) 两杆节点 A [图 1-22(a)]

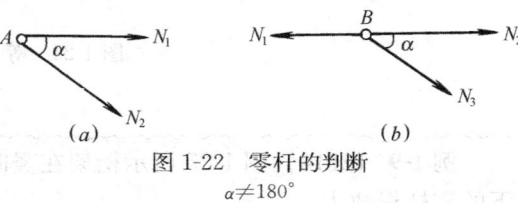

图 1-22 零杆的判断
$\alpha \neq 180°$

两杆节点 A 上无荷载作用时，该两杆的内力都等于零，$N_1 = N_2 = 0$。

(2) 三杆节点 B [图 1-22(b)]

三杆节点 B 上无荷载作用时，如果其中有两杆在一直线上，则另一杆必为零杆，$N_3 = 0$。

上述结论都不难由节点平衡条件得以证实，在分析桁架时，可先利用它们判断出零杆，以简化计算。

以 ⊕ 代表受拉杆，⊖ 代表受压杆，○ 代表零杆，则某桁架在荷载作用下的内力符号如图 1-23 所示。

2. 等力杆

(1) "X" 形节点 C [图 1-24(a)]

在 [图 1-24(a)] 中，四杆中两两共线，则必有 $N_1 = N_2$，$N_3 = N_4$。

(2) "人" 形节点 D [图 1-24(b)]

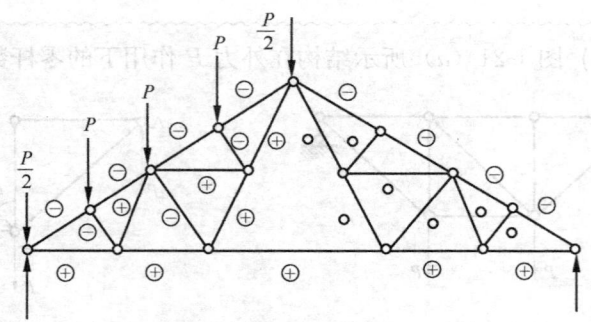

图 1-23 桁架的零杆判断

在图 1-24(b) 中,当 N_3 在 N_1 和 N_2 的角平分线上时,则有 $N_1=N_2$,$N_3=2N_1\cos\alpha$。

(3) 三杆节点 E [图 1-24(c)]

图 1-24(c) 所示三杆节点,N_3 与 N_1 和 N_2 的角平分线垂直,N_1 与 N_2 属于反对称受力,则有 $N_1=-N_2$,$N_3=2N_1\sin\alpha$。

(4) "K" 形节点 F [图 1-24(d)]

如图 1-24(d) 所示,N_1 和 N_2 属于反对称反力,故 $N_1=-N_2$。

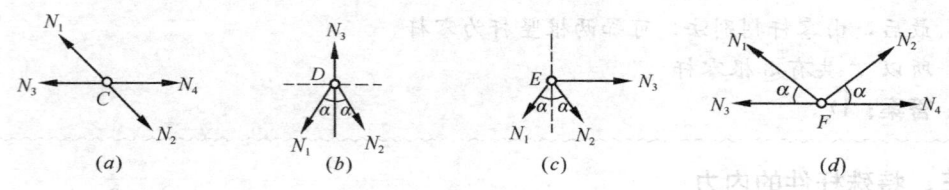

图 1-24 等力杆的判断

例 1-9 (2010) 图 1-25 所示桁架在竖向外力 P 作用下的零杆根数为:

A 1 根   B 3 根
C 5 根   D 7 根

解析: 图示结构为对称结构受对称荷载作用,在对称轴上反对称内力应该为零。由零杆判别法可知,三根竖杆为零杆。三根竖杆去掉后,A 点成为 K 形节点,属于反对称的受力特点,故通过 A 点的两根斜杆内力也是零。

答案: C

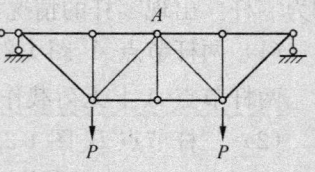

图 1-25

例 1-10 (2021) 图 1-26 轴力最大的是:

A $1/2P$ B P
C $(1+\sqrt{2}/2)P$ D $2P$

14

解析： 图 1-26 可以被分解为图 1-27 中图 (a) 和图 (b) 的叠加。

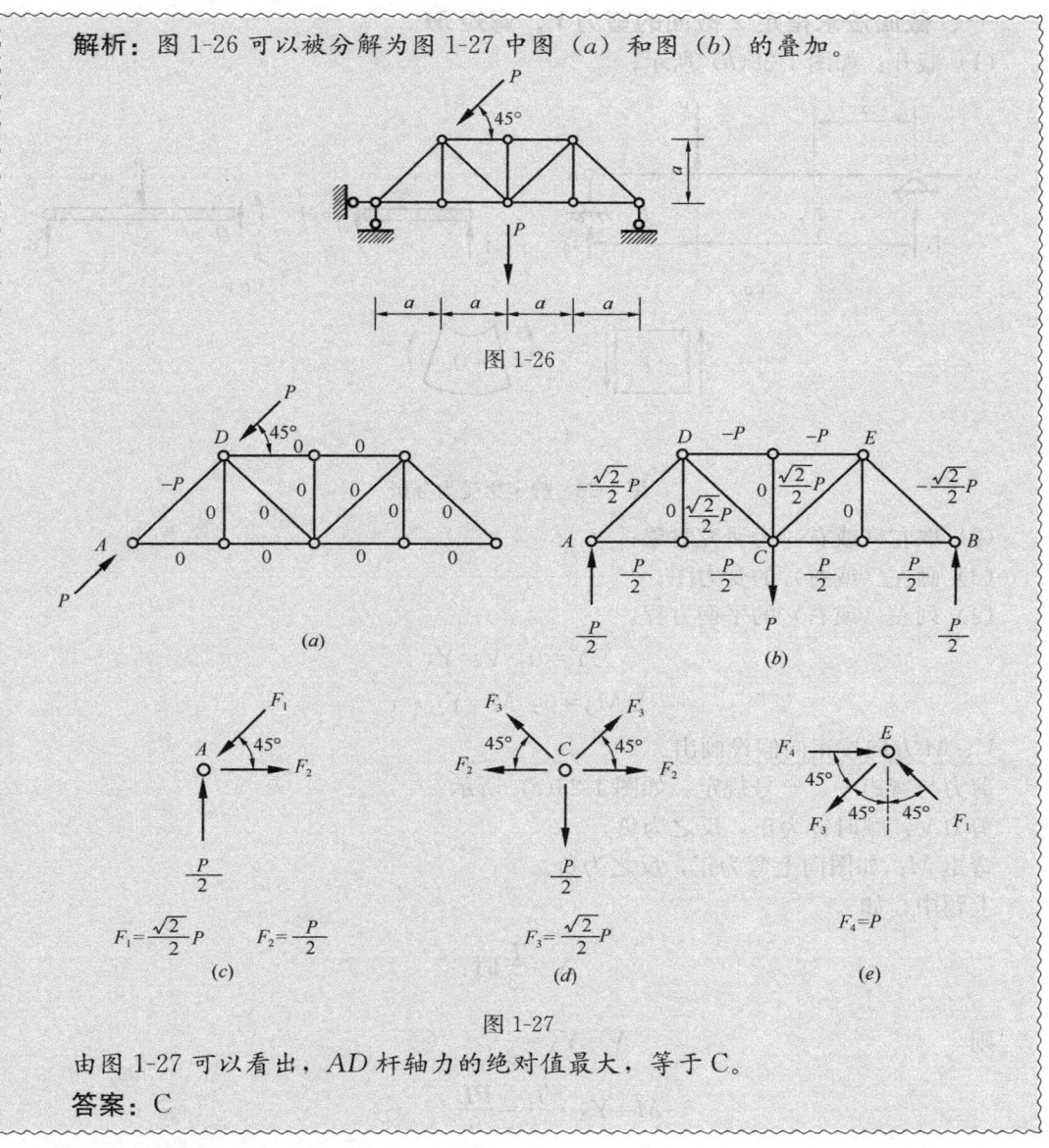

图 1-27

由图 1-27 可以看出，AD 杆轴力的绝对值最大，等于 C。

答案： C

第二节 静定梁的受力分析、剪力图与弯矩图

单跨静定梁分为悬臂梁、简支梁、外伸梁三种形式。
如图 1-28(a) 所示。

$$\begin{cases} \sum m_A = 0: Y_B \cdot L = P \cdot \dfrac{2}{3}L \text{ 得 } Y_B = \dfrac{2}{3}P \\ \sum m_B = 0: Y_A \cdot L = P \cdot \dfrac{L}{3} \text{ 得 } Y_A = \dfrac{P}{3} \\ \sum X = 0: X_A = 0 \end{cases}$$

检验：$\sum Y = Y_A + Y_B - P = 0$。

一、截面法求指定 x 截面的剪力 V，弯矩 M

(1) 截开：如图 1-28(b) 所示；

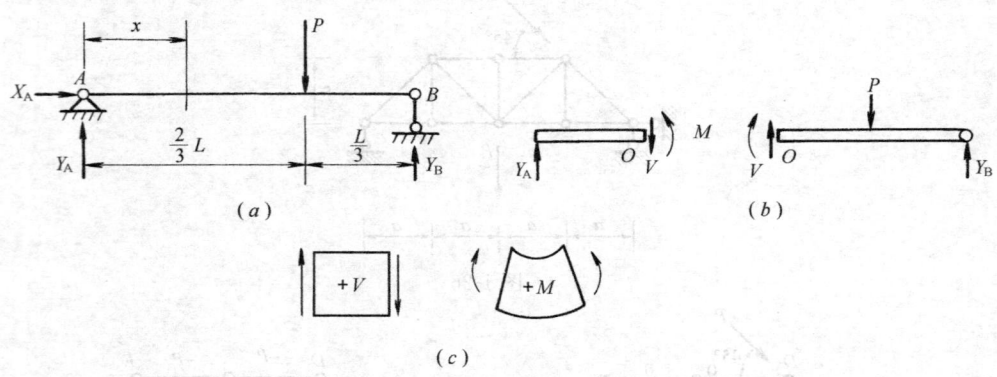

图 1-28 静定梁受力分析

(2) 取左（或右）为研究对象；
(3) 画左（或右）的受力图；
(4) 列左（或右）的平衡方程。

$$\sum Y = 0: V = Y_A$$
$$\sum M_O = 0: M = Y_A \cdot x$$

<u>V、M 方向按正向假设画出。</u>
剪力与弯矩＋、一号规定：如图 1-28(c) 所示。
剪力 V：顺时针为正，反之为负。
弯矩 M：如图向上弯为正，反之为负。
上题中，如

$$X = \frac{L}{3} \text{时：}$$

则
$$V = Y_A = \frac{P}{3} \quad \oplus$$

$$M = Y_A \cdot \frac{L}{3} = \frac{PL}{9} \quad \oplus$$

从左、从右计算结果相同。

例 1-11 外伸梁如图 1-29(a) 所示，求 $V_{C左}$，$M_{C左}$，$V_{C右}$，$M_{C右}$。

$$\sum M_A = 0: qa^2 + qa \cdot 3a = Y_B \cdot 2a + qa \cdot \frac{a}{2}$$

$$Y_B = \frac{7}{4} qa$$

$$\sum M_B = 0: Y_A \cdot 2a + qa^2 + qa \cdot a = qa \cdot \frac{5}{2} a$$

$$Y_A = \frac{1}{4} qa$$

检验：
$\Sigma Y = Y_A + Y_B - qa - qa = 0$

如图 1-29(b) 所示：

$\Sigma Y = 0$：$\dfrac{1}{4}qa = V_{C左} + qa$

$$V_{C左} = \dfrac{1}{4}qa - qa = -\dfrac{3}{4}qa \qquad (1\text{-}7)$$

$\Sigma M_O = 0$：$M_{C左} + qa \cdot \dfrac{3}{2}a = \dfrac{1}{4}qa \cdot a$

$$M_{C左} = \dfrac{1}{4}qa \cdot a - \dfrac{3}{2}qa^2 = -\dfrac{5}{4}qa^2 \qquad (1\text{-}8)$$

如图 1-29(c) 所示：$\Sigma Y = 0$：

$V_{C右} + \dfrac{7}{4}qa = qa$

$$V_{C右} = qa - \dfrac{7}{4}qa = -\dfrac{3}{4}qa \qquad (1\text{-}9)$$

$\Sigma M_O = 0$：$M_{C右} + qa \cdot 2a = \dfrac{7}{4} \cdot qa \cdot a$

$$M_{C右} = \dfrac{7}{4}qa \cdot a - qa \cdot 2a = -\dfrac{1}{4}qa^2 \qquad (1\text{-}10)$$

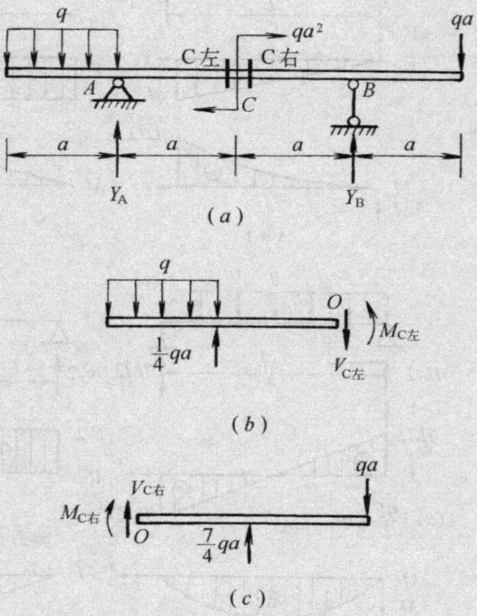

图 1-29

由式(1-7)～式(1-10)可以看出以下求剪力和弯矩的规律。

二、直接法求 V、M

剪力 V = 截面一侧（左侧或右侧）所有竖向外力的代数和。

弯矩 M = 截面一侧（左侧或右侧）所有外力对截面形心 O 力矩的代数和。

式中各项的＋、－号：如图 1-30 所示为＋，反之为－。

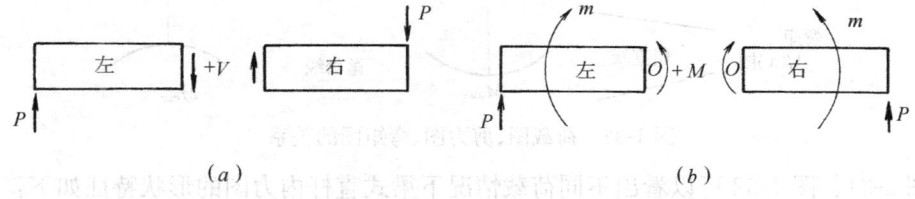

图 1-30　剪力和弯矩图示
(a) 产生正号剪力的外力；(b) 产生正号弯矩的外力和外力偶

剪力图与弯矩图：根据剪力方程 $V = V(x)$，弯矩方程 $M = M(x)$ 画出。在图 1-31 中列出了几种常用的剪力图和弯矩图。

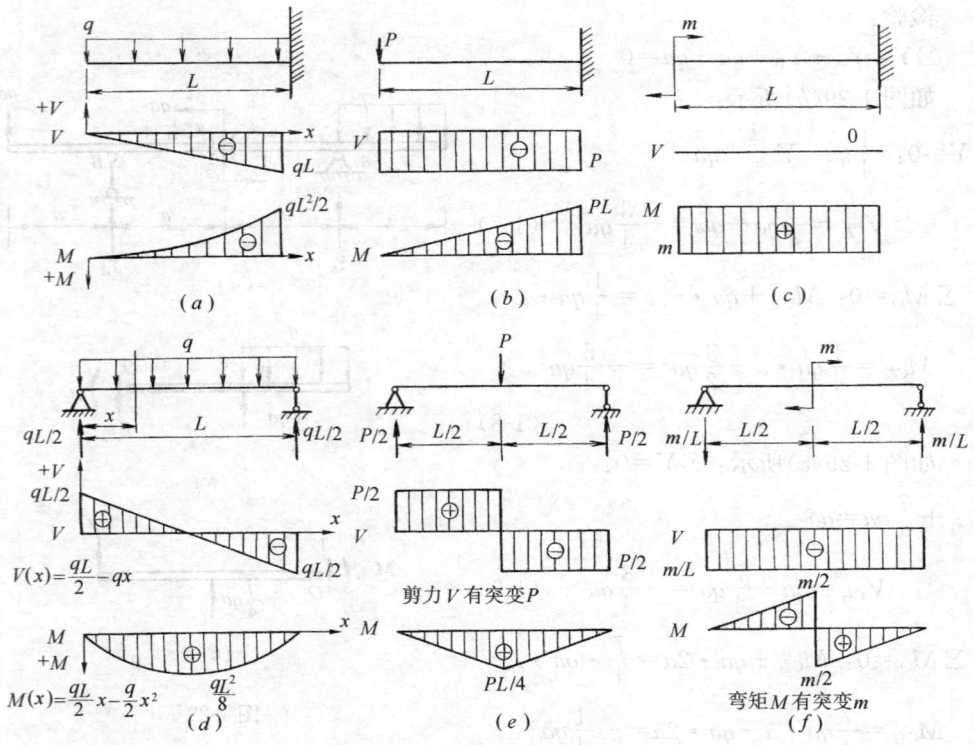

图 1-31 几种常见的剪力图与弯矩图

$q(x)$、$V(x)$、$M(x)$ 的微分关系：$\dfrac{dV}{dx}=q(x)$，$\dfrac{dM}{dx}=V(x)$，$\dfrac{d^2M}{dx^2}=q(x)$。根据微分关系可以得到荷载图、剪力图、弯矩图之间的规律，如图 1-32 所示。

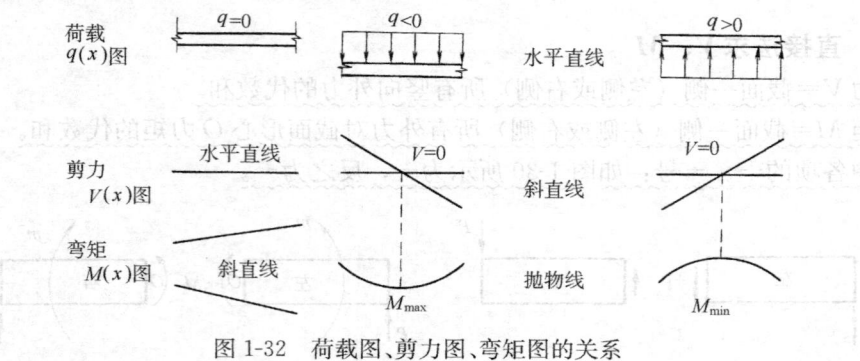

图 1-32 荷载图、剪力图、弯矩图的关系

从图 1-31、图 1-32 可以看出不同荷载情况下梁式直杆内力图的形状特征如下：

【口诀】零、平、斜；平、斜、抛。

(1) 无荷载区段：V 图为平直线，M 图为斜直线；当 V 为正时，M 图线相对于基线为顺时针转（锐角方向），当 V 为负时，为逆时针转，当 $V=0$ 时，M 图为平直线。

(2) 均布荷载区段：V 图为斜直线，M 图为二次抛物线，抛物线的凸出方向与荷载指向一致，$V=0$ 处 M 有极值。

（3）集中荷载作用处：V 图有突变，突变值等于该集中荷载值，M 图为一尖角，尖角方向与荷载指向一致；若 V 发生变化，则 M 有极值。

（4）集中力偶作用处：M 图有突变，突变值等于该集中力偶值，V 图无变化。

（5）铰节点一侧截面上：若无集中力偶作用，则弯矩等于零；若有集中力偶作用，则弯矩等于该集中力偶值。

（6）自由端截面上：若无集中力（力偶）作用，则剪力（弯矩）等于零；若有集中力（力偶）作用，则剪力（弯矩）值等于该集中力（力偶）值。

内力图的上述特征（微分规律、突变规律、端点规律）适用于梁、刚架、组合结构等各类结构的梁式直杆，并且与结构是静定还是超静定无关。

例 1-12 （2013）根据图 1-33 所示梁的弯矩图和剪力图，判断为下列何种外力产生的？

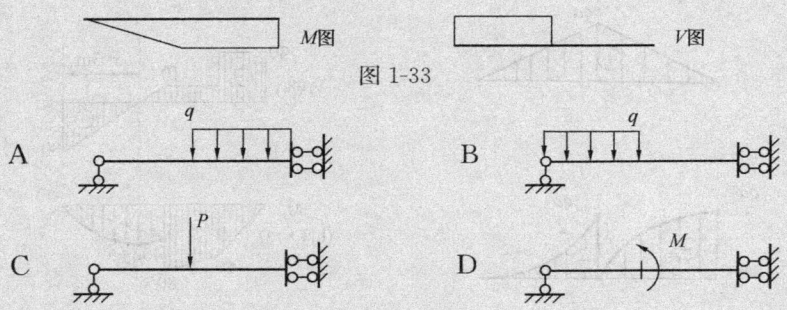

图 1-33

解析：根据"零平斜、平斜抛"的规律，可知外力图中不应有均布荷载，A、B 图不对。又根据剪力图 V 图中间截面上有突变，在外力图上要对应有集中力 P，故只能选 C 图。

答案：C

例 1-13 （2009）关于图 1-34 所示结构的内力图，以下说法正确的是：
A M 图、V 图均正确
B M 图正确，V 图错误
C M 图、V 图均错误
D M 图错误，V 图正确

解析：图 1-34 所示梁上无均布荷载作用，因此根据荷载图、剪力图、弯矩图的关系，应该是"零、平、斜"的规律；剪力图应为水平直线，弯矩图为斜直线，故剪力图是错误的。再计算原图的支座反力为 $\dfrac{M}{a}$，左端支反力向下，右边的支反力向上，可验证 M 图是正确的。

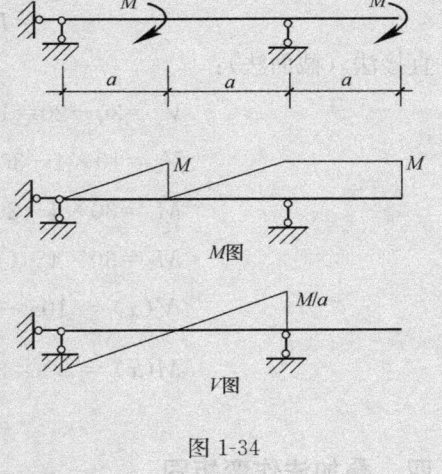

图 1-34

答案：B

三、快速作图法

快速作图法又称简易作图法，如图1-35、图1-36所示，其步骤如下：
(1) 求支反力，并校核。
(2) 根据外力不连续点分段。
(3) 确定各段 V、M 图的大致形状。
(4) 由直接法求分段点、极值点的 V、M 值。

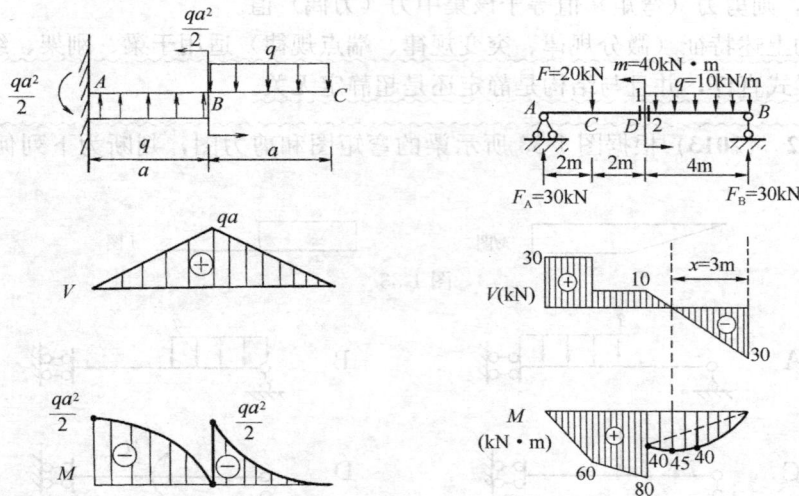

图1-35 快速作图法示例（悬臂梁）　　图1-36 快速作图法示例（简支梁）

取整体：
$$\sum M_A = 0: F_B \times 8 + 40 = 20 \times 2 + (10 \times 4) \times 6$$
$$F_B = 30\text{kN}$$
$$\sum Y = 0: F_A + F_B = 20 + 10 \times 4$$
$$F_A = 30\text{kN}$$

直接法（截面法）：
$$V_1 = 30 - 20 = 10\text{kN}$$
$$V_2 = 10 \times 4 - 30 = 10\text{kN}$$
$$M_1 = 30 \times 4 - 20 \times 2 = 80\text{kN} \cdot \text{m}$$
$$M_2 = 30 \times 4 - (10 \times 4) \times 2 = 40\text{kN} \cdot \text{m}$$
$$V(x) = 10x - 30 = 0, x = 3\text{m}$$
$$M(x) = 30 \times 3 - 10 \times 3 \times \frac{3}{2} = 45\text{kN} \cdot \text{m}$$

四、叠加法作弯矩图

梁上同时作用几个荷载时所产生的弯矩等于各荷载单独作用时的弯矩的代数和，如图1-37、图1-38所示。

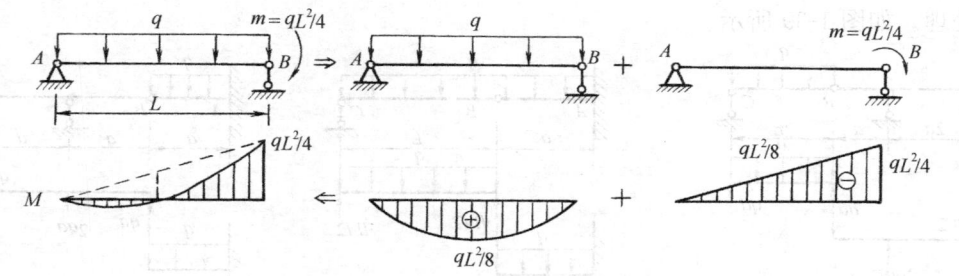

图 1-37 叠加法作弯矩图（一）

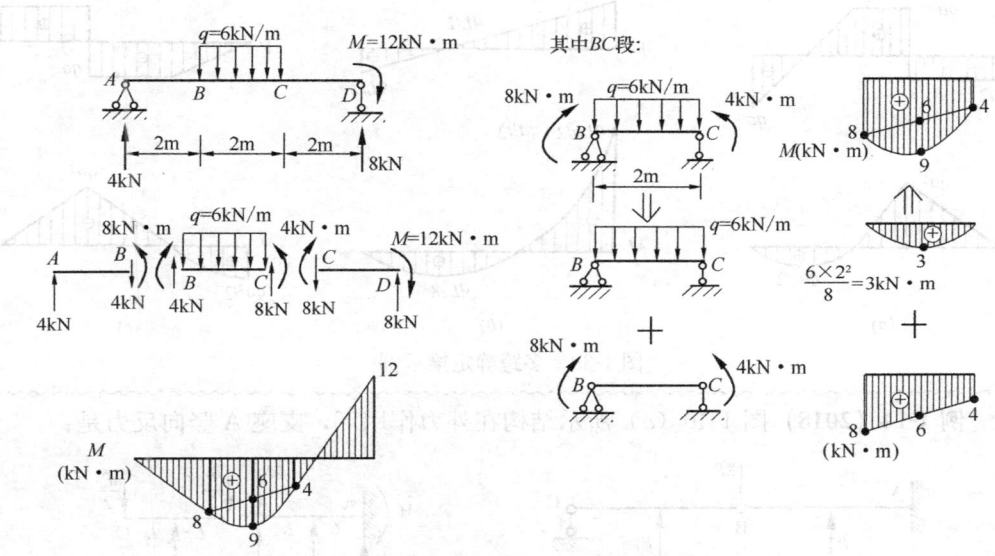

图 1-38 叠加法作弯矩图（二）

求 BC 段弯矩图的方法称为<u>区段叠加法</u>，可推广到求任一杆段的弯矩图：

（1）先求出杆段两端的弯矩值，画出杆段在杆端弯矩作用下对应的直线图形。

（2）再叠加上将杆段视为简支梁在杆段荷载作用下的弯矩图，就可以了。叠加时注意应是对应点处弯矩值代数相加（参见图 1-36 及其说明）。

第三节　静定结构的受力分析、剪力图与弯矩图

静定结构包括静定桁架、静定梁、多跨静定梁、静定刚架、三铰刚架、三铰拱等。

一、多跨静定梁

多跨静定梁是由若干根梁用铰相连，并与基础用若干个支座连接而成的静定结构。例如图 1-39（a）中的多跨静定梁，AB 部分（在竖向荷载作用下）不依赖于其他部分的存在就能独立维持其自身的平衡，故称为基本部分；BC 部分则必须依赖于基本部分才能维持其自身的平衡，故称为附属部分。

受力分析时要从中间铰链处断开，首先分析比较简单的附属部分，然后分别按单跨静

21

定梁处理。如图 1-39 所示。

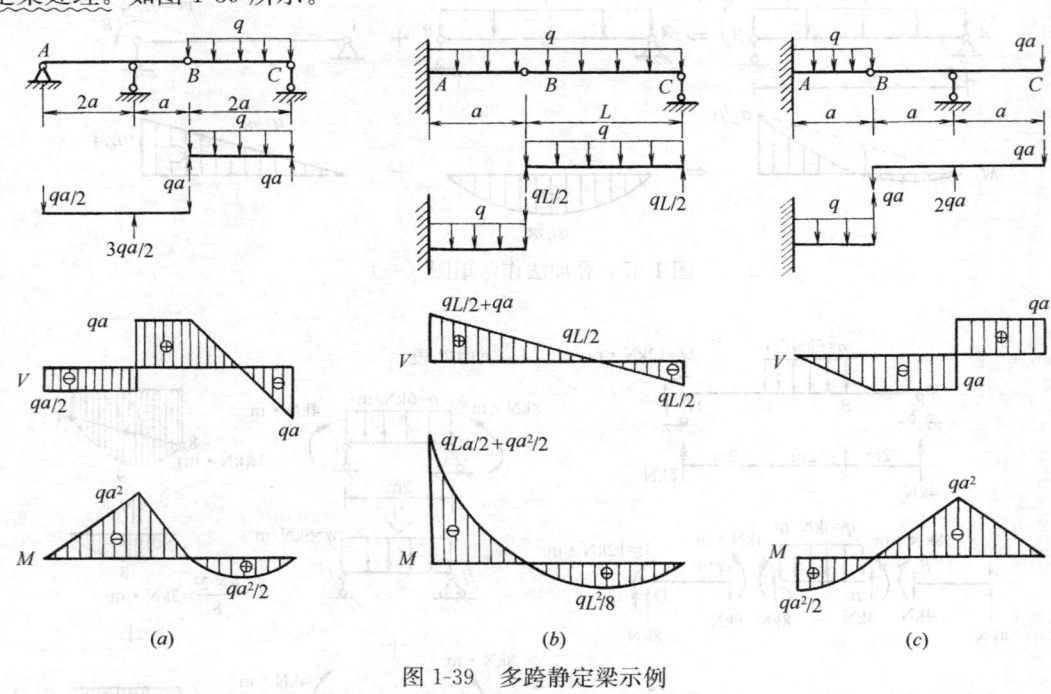

图 1-39 多跨静定梁示例

例 1-14（2018） 图 1-40（a）所示结构在外力作用下，支座 A 竖向反力是：

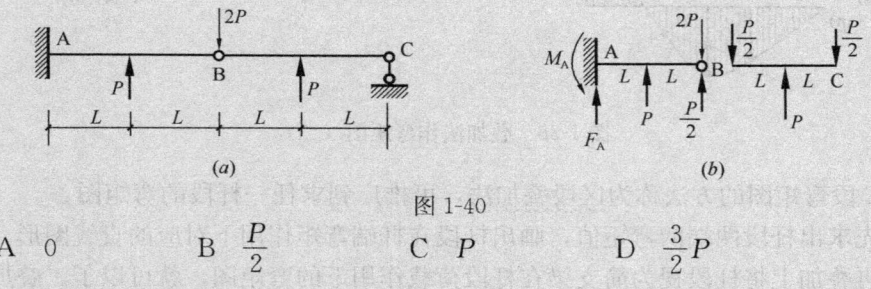

图 1-40

A　0　　　　B　$\dfrac{P}{2}$　　　　C　P　　　　D　$\dfrac{3}{2}P$

解析：首先取 BC 杆为研究对象如图 1-40（b）所示，不难求出 B 点的约束反力为 $\dfrac{P}{2}$，然后取 AB 杆（含中间铰链 B）为研究对象：

由 $\sum F_y = 0$，得：$F_A + P + \dfrac{P}{2} = 2P$

所以 $F_A = \dfrac{P}{2}$

答案：B

二、静定刚架

静定平面刚架的常见形式有悬臂刚架、简支刚架、外伸刚架，它们是由单片刚接杆件与基础直接相连，各有三个支座反力。

刚架的内力计算方法与梁基本相同。即杆件任一截面上的弯矩，等于该截面一侧所有的外力对截面形心力矩的代数和；杆件任一截面上的剪力，等于该截面一侧所有的外力沿杆轴垂直方向投影的代数和；杆件任一截面上的轴力，等于该截面一侧所有的外力沿杆轴方向投影的代数和。刚架的弯矩图仍画在受拉侧，可不必标注正负；横梁的剪力图和轴力图通常把正值画在上方，负值画在下方，立柱的剪力图和轴力图则可以画在柱的任意侧，剪力图和轴力图必须标出正、负记号。

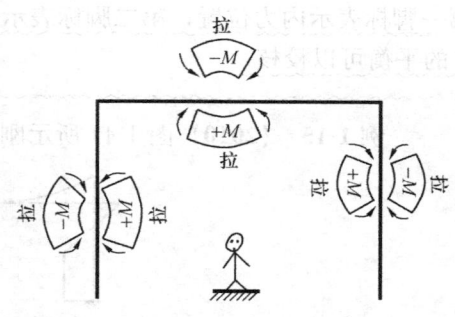

图1-41 观察者视角的弯矩图

实际上，如果观察者站在刚架内侧，把正弯矩画在刚架内侧，把负弯矩画在刚架外侧，那么与弯矩画在受拉一侧是完全一致的。如图1-41～图1-43所示。

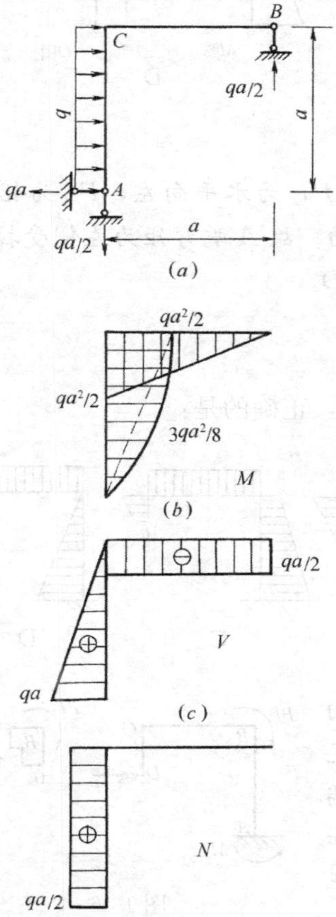

图1-42 静定刚架受力图（一）

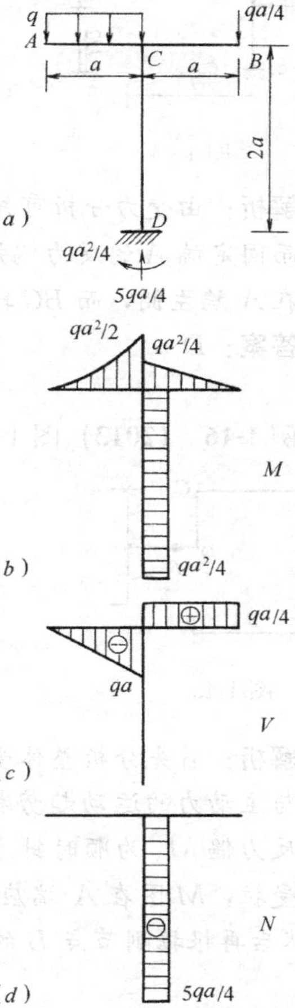

图1-43 静定刚架受力图（二）

由于刚节点连接的杆件数目有时会超过两根，故一个节点可能会有好几个杆端截面，例如图1-43（a）的悬臂刚架结点C就有三个杆端截面，你不能笼统地说截面C，必须要讲清楚是哪一根杆的C端截面。为表达简便和准确，刚架杆端内力一般用双脚标表示：

第一脚标表示内力位置；第二脚标表示杆件的远端，如 M_{CA}、M_{CB}、M_{CD} 等。利用刚节点 C 的平衡可以校核。

例1-15 （2010）图 1-44 所示刚架在外力作用下，下列何组 M、Q 图正确？

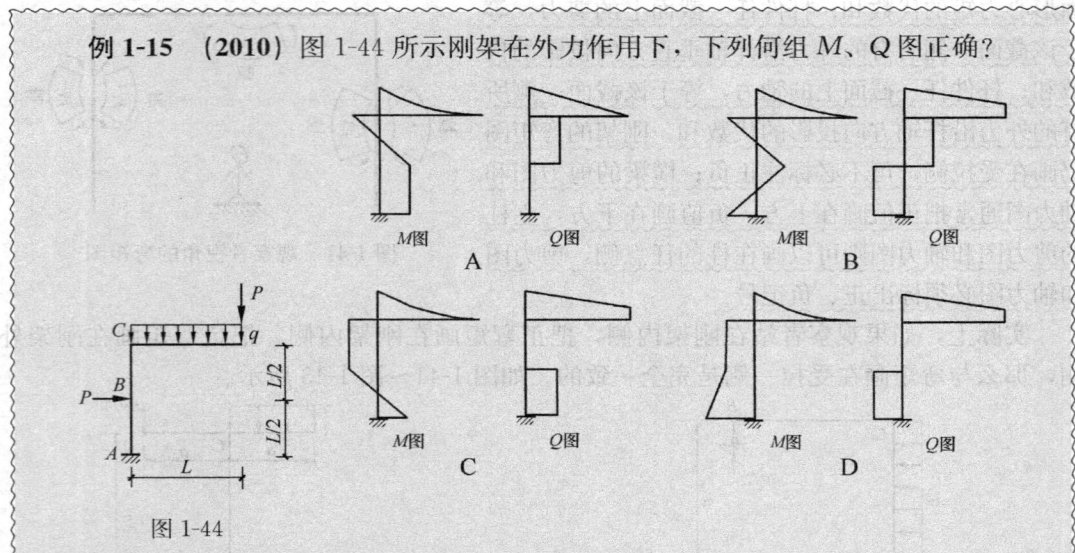

图 1-44

解析：由受力分析可知，A 端的支座反力 $F_{Ax}=P$，为水平向左，F_{Ay} 为铅垂向上，而固定端 A 的反力偶矩 M_A 为绕 A 端逆时针转动。故 A 端弯矩为左侧受拉，M 图画在 A 端左侧，而 BC 段剪力 $Q=0$，因此只能选 D。

答案：D

例1-16 （2013）图 1-45 所示结构的受力弯矩图，正确的是：

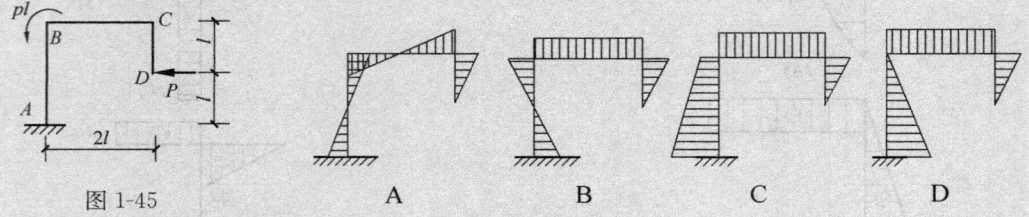

图 1-45　　　　A　　　　B　　　　C　　　　D

解析：首先分析整体受力，根据约束反力的方向永远与主动力的运动趋势相反的规律，可以判断固定端的反力偶 M_A 为顺时针方向；如图 1-46 所示，A 端右侧受拉，M 图在 A 端应画在右侧，故可排除 A 和 C；然后再根据刚节点 B 的平衡关系，可见 D 图是正确的。

答案：D

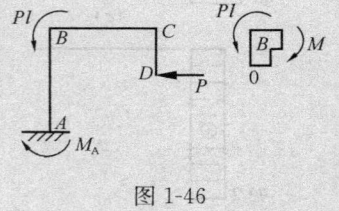

图 1-46

三、三铰刚架

三铰刚架由两片刚接杆件与基础之间通过三个铰两两铰接而成，有 4 个支座反力

(图 1-47)。三铰刚架的一个重要受力特性是在竖向荷载作用下会产生水平反力（即推力）。多跨（或多层）静定刚架则与多跨静定梁类似，其各部分可以分为基本部分[如图 1-48(a) 中的 ACD 部分]和附属部分[如图 1-48(a) 中的 BC 部分]。

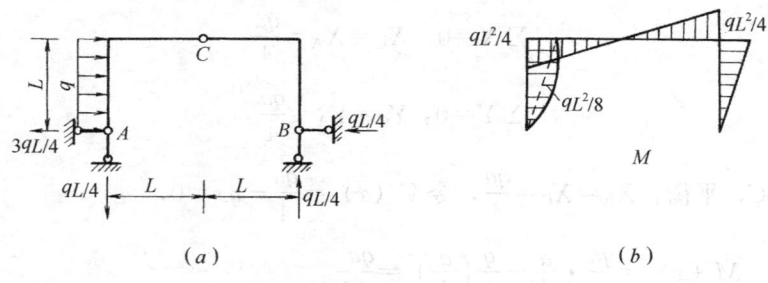

图 1-47 三铰刚架示例（一）

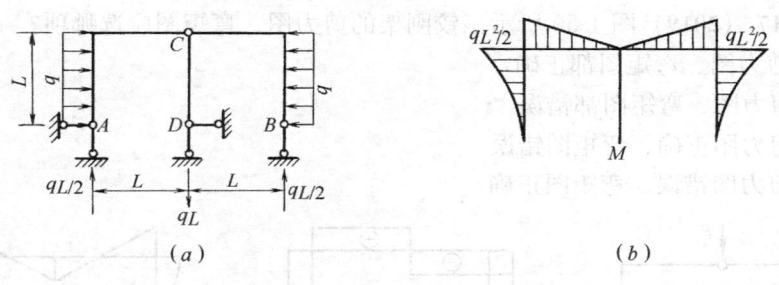

图 1-48 三铰刚架示例（二）

如图 1-49（a）所示的三铰刚架，可先取整体研究平衡：

$$\sum m_A = 0: Y_B \cdot 2a = qa \cdot \frac{3}{2}a, \quad Y_B = \frac{3}{4}qa$$

$$\sum m_B = 0: Y_A \cdot 2a = qa \cdot \frac{a}{2}, \quad Y_A = \frac{qa}{4}$$

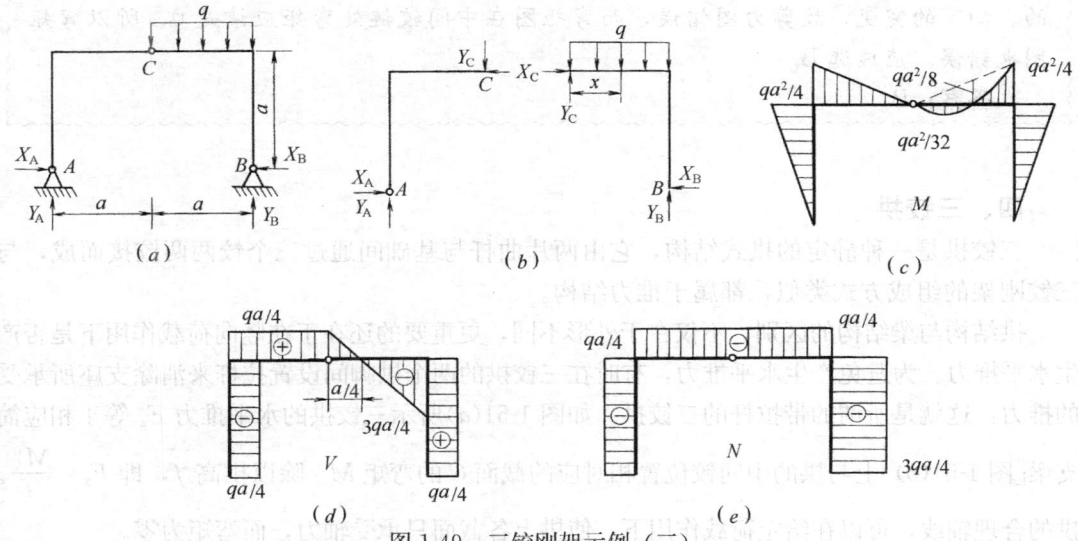

图 1-49 三铰刚架示例（三）

再取 AC 平衡：

$$\sum m_C = 0: \quad X_A \cdot a = Y_A \cdot a, \quad X_A = Y_A = \frac{qa}{4}$$

$$\sum X = 0: \quad X_C = X_A = \frac{qa}{4}$$

$$\sum Y = 0: \quad Y_C = Y_A = \frac{qa}{4}$$

最后取 BC，平衡：$X_B = X_C = \frac{qa}{4}$，令 $V(x) = \frac{qa}{4} - qx = 0$，

得 $x = \frac{a}{4}$ $M(x) = \frac{qa}{4} \cdot \frac{a}{4} - \frac{q}{2}\left(\frac{a}{4}\right)^2 = \frac{qa^2}{32}$

例 1-17 （2019） 图 1-50 所示三铰刚架的剪力图、弯矩图应选哪项？
A 剪力图、弯矩图都正确
B 剪力图、弯矩图都错误
C 剪力图正确、弯矩图错误
D 剪力图错误、弯矩图正确

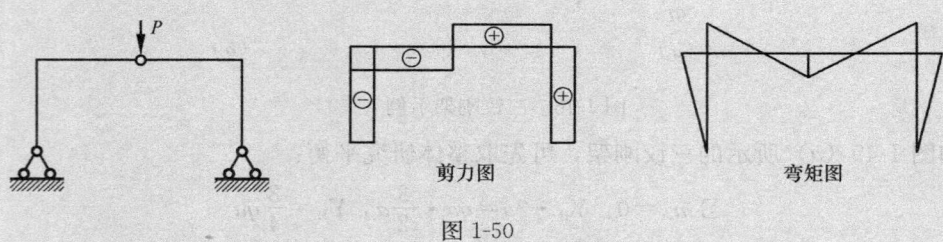

图 1-50

解析：从受力分析和剪力图、弯矩图来看，符合微分规律、端点规律，但是剪力图不符合突变规律：在集中力 P 作用点，应该在剪力图上有一个集中力作用方向的、向下的突变，故剪力图错误，而弯矩图在中间铰链处弯矩应该是 0，所以弯矩图也错误。应该选 B。

答案：B

四、三铰拱

三铰拱是一种静定的拱式结构，它由两片曲杆与基础间通过三个铰两两铰接而成，与三铰刚架的组成方式类似，都属于推力结构。

拱结构与梁结构的区别，不仅在于外形不同，更重要的还在于在竖向荷载作用下是否产生水平推力。为避免产生水平推力，有时在三铰拱的两个拱脚间设置拉杆来消除支座所承受的推力，这就是所谓的带拉杆的三铰拱。如图 1-51(a) 所示三铰拱的水平推力 F_x 等于相应简支梁 [图 1-51(b)] 上与拱的中间铰位置相对应的截面 C 的弯矩 M_C^0 除以拱高 f，即 $F_x = \dfrac{M_C^0}{f}$。

拱的合理轴线，可以在给定荷载作用下，使拱上各截面只承受轴力，而弯矩为零。

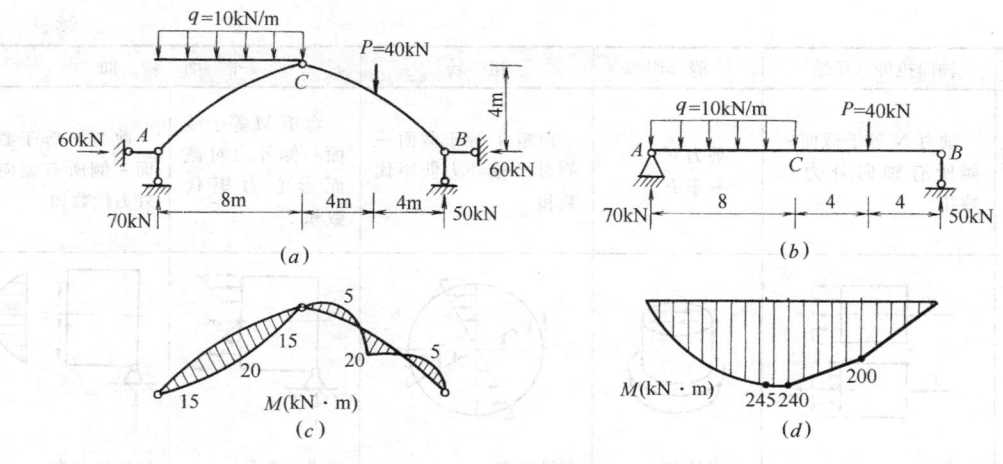

图 1-51 三铰拱与相应简支梁

五、应力、惯性矩、极惯性矩、截面模量的概念

应力是横截面上内力分布的集度，数值上等于单位面积上的内力。应力的单位与压强相同，量纲是 Pa，$1\text{Pa}=1\text{N}/\text{m}^2$，$1\text{kPa}=10^3\text{Pa}$，$1\text{MPa}=10^6\text{Pa}=1\text{N}/\text{mm}^2$，$1\text{GPa}=10^9\text{Pa}$。

正应力 σ 是与横截面垂直（正交）的应力分量，剪应力 τ 是与横截面相切的应力分量。

惯性矩、极惯性矩、截面模量都是只与截面的形状与尺寸有关的截面图形的几何性质，参见图 1-52，图中 A 为截面面积。

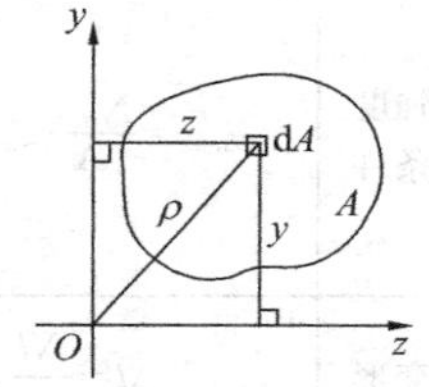

图 1-52 任意截面示意图

惯性矩
$$I_z = \int_A y^2 \mathrm{d}A, \quad I_y = \int_A z^2 \mathrm{d}A \tag{1-11}$$

极惯性矩
$$I_P = \int_A \rho^2 \mathrm{d}A = I_z + I_y \tag{1-12}$$

抗弯截面模量
$$W_z = \frac{I_z}{y_{\max}} \tag{1-13}$$

抗扭截面模量
$$W_P = \frac{I_P}{\rho_{\max}} \tag{1-14}$$

六、杆的四种基本变形（表 1-3）

杆的四种基本变形一览表　　　　　表 1-3

类型	轴向拉伸（压缩）	剪切	扭转	平面弯曲
外力特点	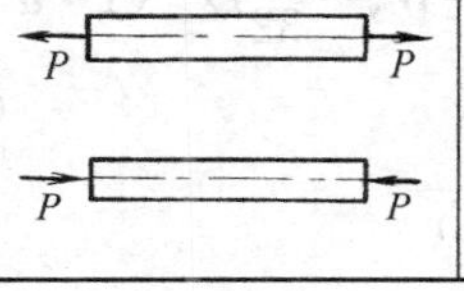	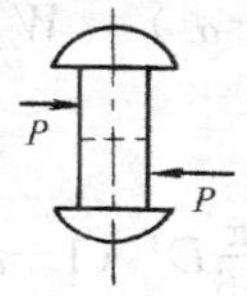	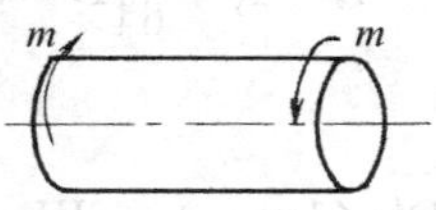	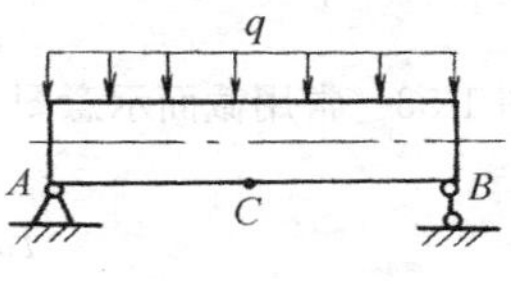

续表

类型	轴向拉伸（压缩）	剪切	扭转	平面弯曲	
横截面内力	轴力 N 等于截面一侧所有轴向外力代数和	剪力 V 等于 P	扭矩 T 等于截面一侧对 x 轴外力偶矩代数和	弯矩 M 等于截面一侧外力对截面形心力矩代数和	剪力 V 等于截面一侧所有竖向外力代数和
应力分布情况	均布	假设均布	线性分布	线性分布	抛物线分布
应力公式	$\sigma=\dfrac{N}{A}$	$\tau=\dfrac{V}{A_s}$ $\sigma_{bs}=\dfrac{P_{bs}}{A_{bs}}$	$\tau_\rho=\dfrac{T}{I_P}\rho$	$\sigma=\dfrac{M}{I_z}y$	$\tau=\dfrac{VS_z}{bI_z}$
强度条件	$\sigma_{max}=\dfrac{N_{max}}{A}\leqslant[\sigma]$	$\tau=\dfrac{V}{A_s}\leqslant[\tau]$ $\sigma_{bs}=\dfrac{P_{bs}}{A_{bs}}\leqslant[\sigma_{bs}]$	$\tau_{max}=\dfrac{T_{max}}{W_P}\leqslant[\tau]$	$\sigma_{max}=\dfrac{M_{max}}{W_z}\leqslant[\sigma]$	$\tau_{max}=\dfrac{V_{max}S_{zmax}}{bI_z}\leqslant[\tau]$ 矩形 $\tau_{max}=\dfrac{3V_{max}}{2A}$
变形	$\Delta l=\dfrac{Nl}{EA}$		$\phi=\dfrac{Tl}{GI_P}$	$f_c=\dfrac{5ql^4}{384EI}$	$\theta_A=\dfrac{ql^3}{24EI}$
刚度条件			$\theta_{max}=\dfrac{T}{GI_P}\leqslant[\theta]$	$\dfrac{f_{max}}{l}\leqslant\left[\dfrac{f}{l}\right]$	$\theta_{max}\leqslant[\theta]$

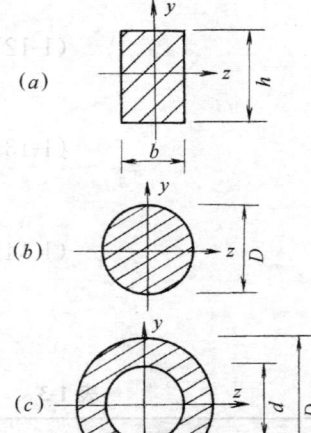

图 1-53 常用截面示意图

其中，矩形截面如图 1-53(a) 所示：

$$I_z=\frac{bh^3}{12} \quad W_z=\frac{bh^2}{6} \quad S_z=\frac{bh^2}{8}$$

$$I_y=\frac{hb^3}{12} \quad W_y=\frac{hb^2}{6} \tag{1-15}$$

圆形截面如图 1-53(b) 所示：

$$I_z=I_y=\frac{\pi}{64}D^4 \quad W_z=W_y=\frac{\pi}{32}D^3 \tag{1-16}$$

$$I_P=\frac{\pi}{32}D^4 \quad W_P=\frac{\pi}{16}D^3 \tag{1-17}$$

空心圆截面如图 1-53（c）所示，设 $\alpha=\dfrac{d}{D}$

$$I_z=I_y=\frac{\pi}{64}D^4(1-\alpha^4) \quad W_z=W_y=\frac{\pi}{32}D^3(1-\alpha^4) \tag{1-18}$$

$$I_P=\frac{\pi}{32}D^4(1-\alpha^4) \quad W_P=\frac{\pi}{16}D^3(1-\alpha^4) \tag{1-19}$$

表1-3中 E 为材料拉压弹性模量，A 为横截面面积，G 为材料剪变模量。EA 为杆件的抗拉（压）刚度，GA 为杆件的抗剪刚度，GI_P 为杆件的抗扭刚度，EI 为杆件的抗弯刚度。

七、静定结构的基本特征

在几何组成方面，静定结构是没有多余约束的几何不变体系。在静力学方面，静定结构的全部反力和内力均可由静力平衡条件确定。其反力和内力只与荷载以及结构的几何形状和尺寸有关，而与构件所用材料及其截面形状和尺寸无关，与各杆间的刚度比无关。

由于静定结构不存在多余约束，因此可能发生的支座支撑方向的位移、温度改变、制造误差，以及材料的收缩或徐变，会导致结构产生位移，但不会产生反力和内力。

常用的几类静定结构的内力特点：

（1）梁。梁为受弯构件，由于其截面上的应力分布不均匀，故材料的效用得不到充分发挥。简支梁一般多用于小跨度的情况。在同样跨度并承受同样均布荷载的情况下，悬臂梁的最大弯矩值和最大挠度值都远大于简支梁，故悬臂梁一般只宜作跨度很小的阳台、雨篷、挑廊等承重结构。

（2）桁架。在理想的情况下，桁架各杆只产生轴力，其截面上的应力分布均匀且能同时达到极限值，故材料效用能得到充分发挥，与梁相比它能跨越较大的跨度。

（3）三铰拱。三铰拱也是受弯结构，由于有水平推力，所以拱的截面弯矩比相应简支梁的弯矩要小，利用空间也比简支梁优越，常用作屋面承重结构（见图1-51）。

（4）三铰刚架。内力特点与三铰拱类似，且具有较大的空间，多用于屋面的承重结构。

例1-18 如图1-54所示桁架结构，正确的是：

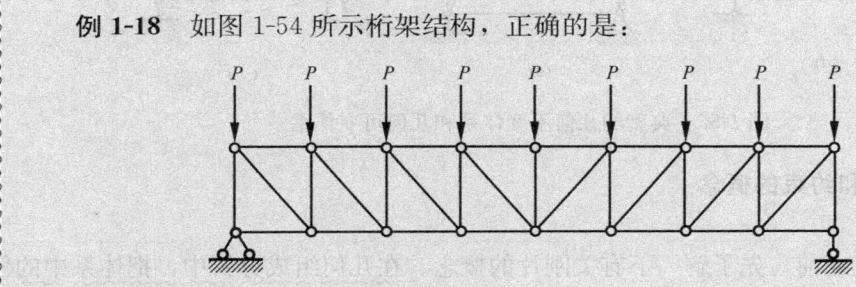

图1-54

A 上弦杆受压力，轴压力中间小两边大
B 下弦杆受拉力，轴拉力中间小两边大
C 竖腹杆受压力，轴压力中间小两边大
D 斜腹杆受拉力，轴拉力中间大两边小

解析：如图1-54所示桁架结构，支座反力为 $\frac{9}{2}P$，弯矩图类似受均布力的简支梁，两边弯矩小、中间弯矩大，而上弦杆和下弦杆的轴力要与整体弯矩平衡，也应该是两边轴力小、中间轴力大，故A、B选项错误。用截面法可以求出竖腹杆压力从左边到中间分别是 $\frac{9}{2}P$、$\frac{7}{2}P$、$\frac{5}{2}P$、$\frac{3}{2}P$、P，故C选项正确。同理很容易证明D选项错误。

答案：C

第四节 超静定结构

一、平面体系的几何组成分析
(一) 几何不变体系和几何可变体系
1. 几何不变体系

在不考虑材料应变的条件下,任何荷载作用后体系的位置和形状均能保持不变[图1-55 (a)、(b)、(c)]。这样的体系称为几何不变体系。

2. 几何可变体系

在不考虑材料应变的条件下,即使在微小的荷载作用下,也会产生机械运动而不能保持其原有形状和位置的体系 [图1-55 (d)、(e)、(f)] 称为几何可变体系(也称常变体系)。

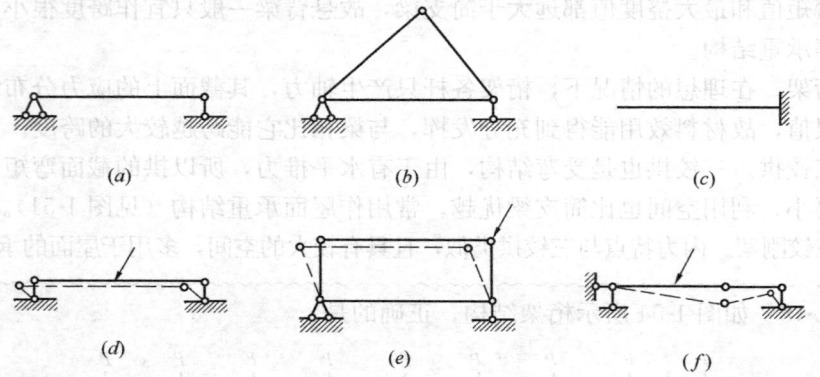

图1-55 典型的几何不变体系和几何可变体系

(二) 自由度和约束的概念
1. 自由度

在介绍自由度之前,先了解一下有关刚片的概念。在几何组成分析中,把体系中的任何杆件都看成是不变形的平面刚体,简称刚片。显然,每根杆件或每根梁、柱都可以看作是一个刚片,建筑物的基础或地球也可看作是一个大刚片,某一几何不变部分也可视为一个刚片。这样,平面杆系的几何组成分析就在于分析体系各个刚片之间的连接方式能否保证体系的几何不变性。

自由度是指确定体系位置所需要的独立坐标(参数)的数目。例如,一个点在平面内运动时,其位置可用两个坐标来确定,因此平面内的一个点有两个自由度[图1-56 (a)]。又如,一个刚片在平面内运动时,其位置要用 x、y、φ 三个独立参数来确定,因此平面内的一个刚片有三个自由度[图1-56 (b)]。由此看出,体系几何不变的必要条件是自由度等于或小于零。那么,如何适当、合理地给体系增加约束,使其成为几何不变体系是以下要解决的问题。

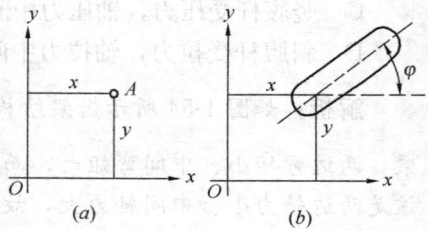

图1-56 自由度

2. 约束和多余约束

减少体系自由度的装置称为约束。减少一个自由度的装置即为一个约束，并以此类推。约束主要有链杆（一根两端铰接于两个刚片的杆件称为链杆，如直杆、曲杆和折杆）、单铰（即连接两个刚片的铰）和刚结点三种形式。假设有两个刚片，其中一个不动，设为基础，此时体系的自由度为3。若用一链杆将它们连接起来，如图 1-57（a）所示，则除了确定链杆连接处 A 的位置需一转角坐标 φ_1 外，确定刚片绕 A 转动时的位置还需一转角坐标 φ_2；此时只需两个独立坐标就能确定该体系的运动位置，则体系的自由度为 2，它比没有链杆时减少了一个自由度，所以一根链杆相当于一个约束。若用一个单铰把刚片同基础连接起来，如图 1-57（b）所示，则只需转角坐标 φ 就能确定体系的运动位置，这时体系比原体系减少了两个自由度，所以一个单铰相当于两个约束。若将刚片同基础刚性连接起来，如图 1-57（c），则它们将成为一个整体，都不能动；体系的自由度为 0，因此刚结点相当于三个约束。

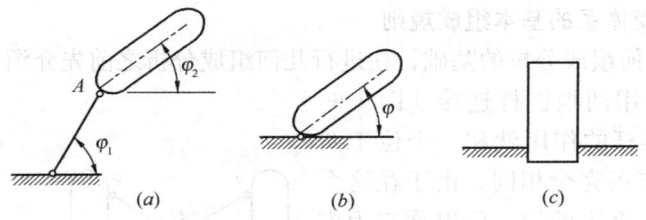

图 1-57 减少自由度（约束）

一个平面体系，通常都是由若干个构件加入一定约束组成的。加入约束的目的是为了减少体系的自由度。如果在体系中增加一个约束，而体系的自由度并不因此而减少，则该约束被称为多余约束。应当指出，多余约束只说明为保持体系几何不变是多余的，但在几何体系中增设多余约束，往往可以改善结构的受力状况，并非真是多余。

如图 1-58 所示，平面内有一自由点 A，在图 1-58（a）中 A 点通过两根链杆与基础相连，这时两根链杆分别使 A 点减少一个自由度，而使 A 点固定不动，因而两根链杆都非多余约束。在图 1-58（b）中，A 点通过三根链杆与基础相连，这时 A 虽然固定不动，但减少的自由度仍然为 2，显然三根链杆中有一根没有起到减少自由度的作用，因而是多余约束（可把其中任意一根作为多余约束）。

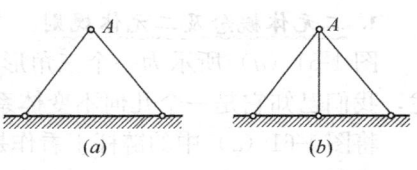

图 1-58 多余约束

又如图 1-59（a）表示在点 A 加一根水平的支座链杆 1 后，A 点还可以移动，是几何可变体系。

图 1-59（b）是用两根不在一条直线上的支座链杆 1 和 2 把 A 点连接在基础上，A 点上下、左右移动的自由度全被限制住了，不能发生移动。故图 1-59（b）是约束数目恰好够用的几何不变体系，称为无多余约束的几何不变体系。

图 1-59（c）是在图 1-59（b）的基础上又增加一根水平的支座链杆 3，这第三根链杆，就保持几何不变而言，是多余的，故图 1-59（c）是有一个多余约束的几何不变体系。

图 1-59（d）是用在一条水平直线上的两根链杆 1 和 2 把 A 点连接在基础上，保持几何不变的约束数目是够用的。但是这两根水平链杆只能限制 A 点的水平位移，不能限制 A 点的竖向位移。在图 1-59（d）两根链杆处于水平线上的瞬时，A 点可以发生很微小的竖向位移到 A' 点处，这时，链杆 1 和 2 不再在一直线上，A' 点就不继续向下移动了。这种本来是几何可变的，经微小位移后又成为几何不变的体系，称为瞬变体系。瞬变体系是约束数目够用，由于约束的布置不恰当而形成的体系。瞬变体系在工程中也是不能被采用的。

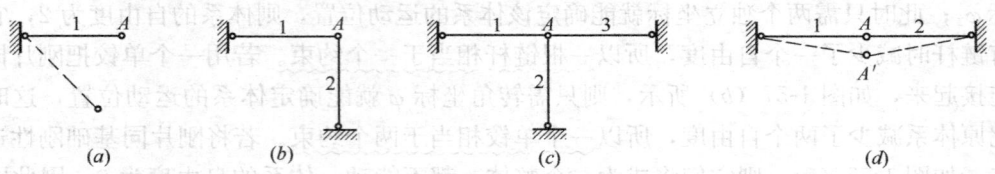

图 1-59　各体系图示

（三）几何不变体系的基本组成规则

基本规则是几何组成分析的基础，在进行几何组成分析之前先介绍一下虚铰的概念。

如果两个刚片用两根链杆连接〔图 1-60（a）〕，则这两根链杆的作用就和一个位于两杆交点 O 的铰的作用完全相同。由于在这个交点 O 处的并不是真正的铰，所以称它为**虚铰**。虚铰的位置即在这两根链杆的交点上，如图 1-60（a）的 O 点。

如果连接两个刚片的两根链杆并没有相交，则虚铰在这两根链杆延长线的交点上，如图 1-60（b）所示。

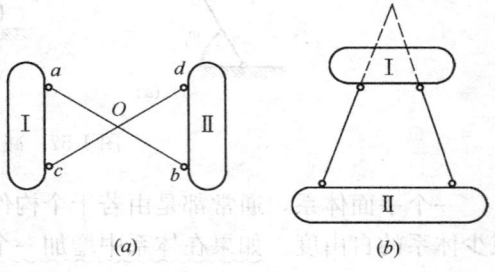

图 1-60　虚铰

下面就分别叙述组成几何不变平面体系的三个基本规则：

1. 二元体概念及二元体规则

图 1-61（a）所示为一个三角形铰接体系，假如链杆 I 固定不动，那么通过前面的叙述，我们已知它是一个几何不变体系。

将图 1-61（a）中的链杆 I 看作是一个刚片，成为图 1-61（b）所示的体系。从而得出：

规则 1（二元体规则）：一个点与一个刚片用两根不共线的链杆相连，则组成无多余约束的几何不变体系。

由两根不共线的链杆连接一个节点的构造，称为二元体〔如图 1-61（b）中的 BAC〕。

推论 1：在一个平面杆件体系上增加或减少若干个二元体，都不会改变原体系的几何组成性质。

如图 1-61（c）所示的桁架，就是在铰接三角形 ABC 的基础上，依次增加二元体而形成的一个无多余约束的几何不变体系。同样，我们也可以对该桁架从 H 点起依次拆除二元体而成为铰接三角形 ABC。

2. 两刚片规则

将图 1-61（a）中的链杆 I 和链杆 II 都看作是刚片，就成为图 1-62（a）所示的体系。从而得出：

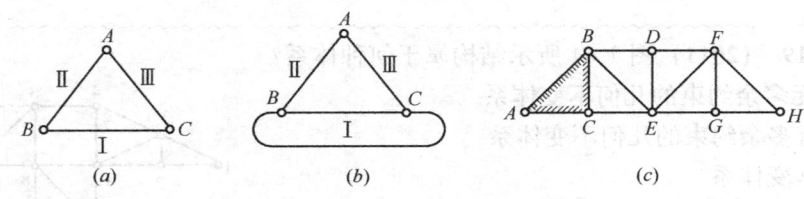

图 1-61 二元体规则示意

规则 2（两刚片规则）：两刚片用不在一条直线上的一个铰（B 铰）和一根链杆（AC 链杆）连接，则组成无多余约束的几何不变体系。例如简支梁、外伸梁就是实例。

如果将图 1-62（a）中连接两刚片的铰 B 用虚铰代替，即用两根不共线、不平行的链杆 a、b 来代替，就成为图 1-62（b）所示体系，则有：

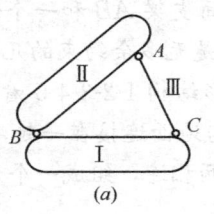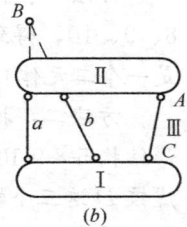

图 1-62 两刚片规则示意

推论 2：两刚片用既不完全平行也不交于一点的三根链杆连接，则组成无多余约束的几何不变体系。

如果三根链杆完全平行或交于一点，则成为可变体系。

3. 三刚片规则

将图 1-61（a）中的链杆Ⅰ、链杆Ⅱ和链杆Ⅲ都看作是刚片，就成为图 1-63（a）所示的体系。从而得出：

规则 3（三刚片规则）：三刚片用不在一条直线上的三个铰两两连接，则组成无多余约束的几何不变体系。例如三铰刚架、三铰拱就是实例。

如果三个铰在一条直线上，则成为瞬变体系。

如果将图中连接三刚片之间的铰 A、B、C 全部用虚铰代替，即都用两根不共线、不平行的链杆来代替，就成为图 1-63（b）所示体系，则有：

推论 3：三刚片分别用不完全平行也不共线的二根链杆两两连接，且所形成的三个虚铰不在同一条直线上，则组成无多余约束的几何不变体系。

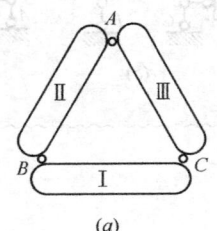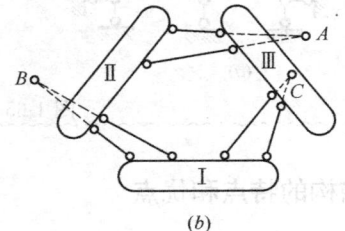

图 1-63 三刚片规则示意

从以上叙述可知，这三个规则及其推论，实际上都是三角形规律的不同表达方式，即三个不共线的铰，可以组成无多余约束的铰接三角形体系。

> **例 1-19** （2011）图 1-64 所示结构属于何种体系？
> A 无多余约束的几何不变体系
> B 有多余约束的几何不变体系
> C 常变体系
> D 瞬变体系
>
>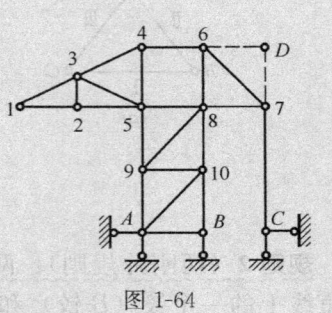
>
> 图 1-64
>
> **解析：**
> 方法一：依次拆除二元体 1、2、3、4、5、6、7、8、9、10，得到一个简支梁 AB 和一个铰链支座 C（也是一个二元体）。显然是无多余约束的几何不变体系。
>
> 方法二：把三角形结构 1-2-3-4-5 看作刚片 I，把三角形 6-7-8 看作刚片 II，把三角形结构 5-8-9-10-A-B 与地面连接在一起，看作刚片 III。这三个刚片用铰链 5、铰链 8 和虚铰 D 这三个铰链两两相连，组成一个无多余约束的几何不变体系。
>
> **答案：** A
>
> **注意：** 从本题可以看到，采用不同的基本组成规则，分析的结果是唯一的。在分析具体问题时，要根据不同情况灵活运用，尽可能采用最简捷的方法。

> **例 1-20** （2012）图 1-65（a）所示平面体系的几何组成为：
> A 几何可变体系
> B 几何不变体系，无多余约束
> C 几何不变体系，有 1 个多余约束
> D 几何不变体系，有 2 个多余约束
>
> **解析：** 如图 1-65（b）所示，如果在 B 点加一个水平支座链杆，则可以逐一去掉二元体 1、2、3，得到一个静定悬臂梁 DE。可惜 B 点少一个水平链杆约束，只能是几何可变体系。
>
> **答案：** A
>
>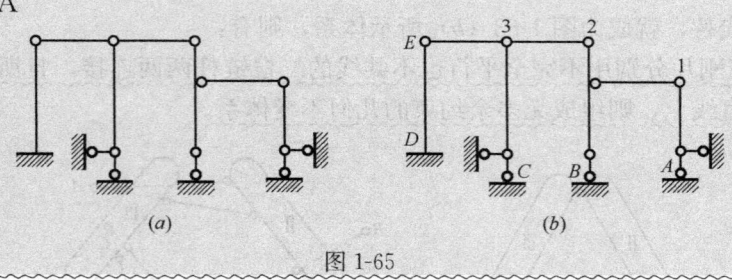
>
> 图 1-65

二、超静定结构的特点和优点

（一）特点

（1）反力和内力只用静力平衡条件不能全部确定。
（2）具有多余约束（多余联系）的几何不变体系。
（3）超静定结构在荷载作用下的反力和内力仅与各杆的相对刚度有关，一般相对刚度较

大的杆，其反力和内力也较大；各杆内力之比等于各杆刚度之比（见例1-21）。

（4）超静定结构在发生支座沉降、温度改变、制造误差，以及材料的收缩或徐变时，可能会产生内力。要看这些因素引起的变形是否受超静定结构多余约束的阻碍，如果有，一般各杆刚度绝对值增大，内力也随之增大；如果没有，可以自由变形，就不会引起内力。

例 1-21 （2011）图 1-66 所示结构中哪根杆剪力最大？

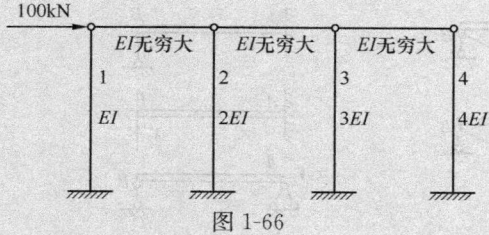

图 1-66

A 杆1　　　B 杆2　　　C 杆3　　　D 杆4

解析：此结构显然是一个超静定结构。100kN 的外力要按照各杆的刚度比来分配。1、2、3、4 各杆所受的外力分别是 10kN、20kN、30kN、40kN，显然杆4的内力最大，剪力也最大。

答案：D

例 1-22 （2009）图 1-67（a）所示排架的环境温度升高 t℃时，以下说法错误的是：

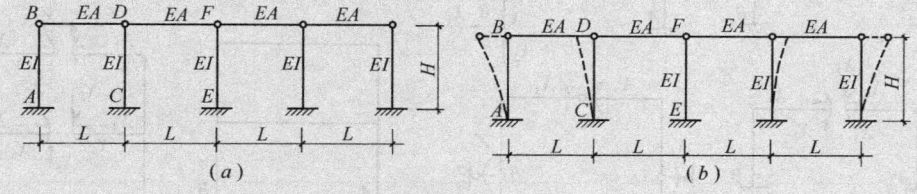

图 1-67

A　横梁中仅产生轴力　　　　　B　柱底弯矩 $M_{AB} > M_{CD} > M_{EF}$
C　柱 EF 中不产生任何内力　　D　柱高 H 减小，柱底弯矩 M_{AB} 减小

解析：排架环境温度升高，横梁、立柱受热膨胀，长度均增大；引起杆件变形，产生内力，柱底弯矩 M_{AB}、M_{CD} 增加，如图 1-67（b）所示。

答案：D

（二）优点

（1）防护能力强。

（2）内力和变形分布较均匀，内力和变形的峰值较小。

三、超静定次数的确定

超静定次数＝多余约束（多余反力）的数目

确定方法：去掉结构的多余约束，使原结构变成一个静定的基本结构，则所去掉的多余约束（联系）的数目即为结构的超静定次数。

在结构上去掉多余约束的方法，通常有如下几种：

(1) 切断一根链杆，或撤去一个支座链杆，相当于去掉一个联系（图1-68）。

(2) 去掉一个固定铰或中间铰，相当于去掉两个联系（图1-69）。

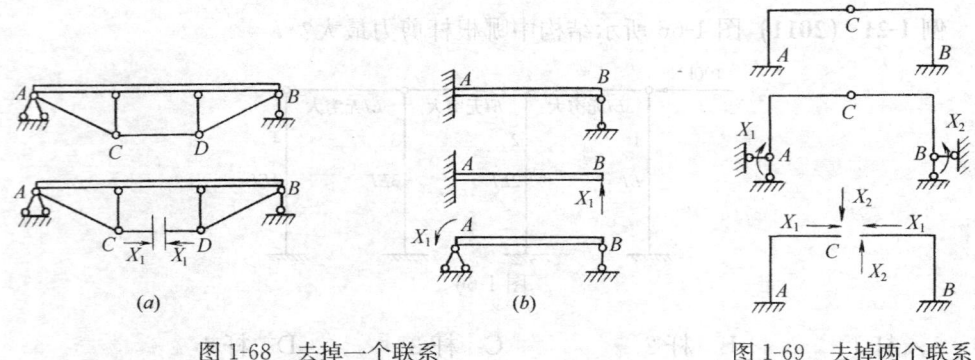

图1-68 去掉一个联系　　　　　图1-69 去掉两个联系

(3) 将一刚接处切断，或者撤去一个固定支座，相当于去掉三个联系（图1-70、图1-71）。

(4) 将一固定支座改成铰支座，或将受弯杆件某处改成铰接，相当于去掉一个联系（图1-70）。

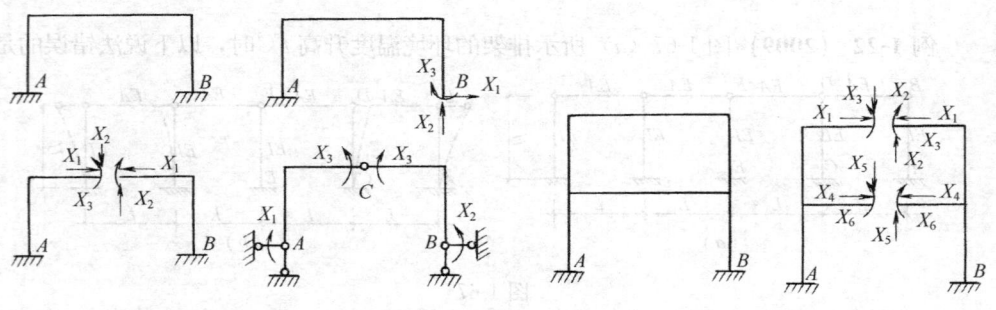

图1-70 去掉三个或一个联系　　　　　图1-71 去掉三个联系

例1-23 （2020）图1-72中多余约束的数量为：
A 1　　　B 2　　　C 3　　　D 4

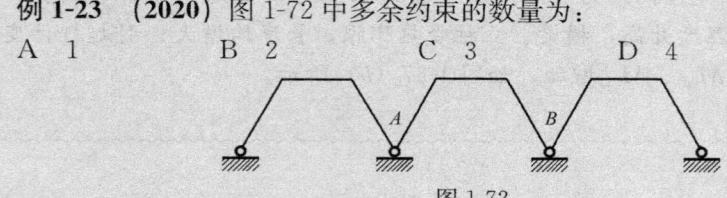

图1-72

解析：方法一：去掉3个折杆，相当于去掉3个多余约束，成为4个固定铰链，每个固定铰支座都可以看作是静定结构。

方法二：在3个折杆中间相当于刚结点处都变成中间铰链，相当于去掉了3个多余约束，成为3个三铰刚架，每个三铰刚架也都是静定结构。

答案：C

例 1-24 (2020)图 1-73 所示结构的超静定次数为：
A 2次　　　　　B 3次　　　　　C 4次　　　　　D 5次

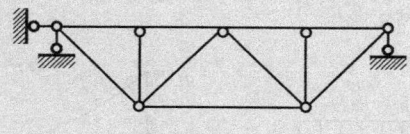

图 1-73

解析：去掉最下面一根横杆以及与其相连的两根竖杆，则原结构成为一根简支梁带两个二元体的静定结构。
答案：B

四、用力法求解超静定结构

步骤：

(1) 确定基本未知量——多余力的数目 n。

(2) 去掉结构的多余联系得出一个静定的基本结构，并以多余力 X_1、X_2……X_n 代替相应多余联系的作用。

(3) 根据基本结构在多余力和原有荷载的共同作用下，在去掉多余联系处（B 点）的位移应与原结构中相应的位移相同的条件，建立力法典型方程：

$$\begin{cases} \Delta_1 = \delta_{11}X_1 + \delta_{12}X_2 + \cdots\cdots + \Delta_{1P} = 0 \\ \Delta_2 = \delta_{21}X_1 + \delta_{22}X_2 + \cdots\cdots + \Delta_{2P} = 0 \\ \cdots\cdots \\ \Delta_n = \delta_{n1}X_1 + \delta_{n2}X_2 + \cdots\cdots + \Delta_{nP} = 0 \end{cases}$$

式中 δ_{11}、δ_{21}、δ_{n1} 分别表示当 $X_1=1$ 单独作用于基本结构时，B 点沿 X_1、X_2 和 X_n 方向的位移；

δ_{12}、δ_{22}、δ_{n2} 分别表示当 $X_2=1$ 单独作用于基本结构时，B 点沿 X_1、X_2 和 X_n 方向的位移；

Δ_{1P}、Δ_{2P}、Δ_{nP} 分别表示当荷载单独作用于基本结构时，B 点沿 X_1、X_2 和 X_n 方向的位移；

Δ_1、Δ_2、Δ_n 分别表示去掉多余联系处（B 点）沿 X_1、X_2、X_n 方向的总位移。

其中各系数和自由项都为基本结构的位移，因而可用图乘法求得。

为此，需要做出基本结构的单位内力图 $\overline{M}_1$、$\overline{M}_2$……和荷载内力图 M_P。

(4) 解典型方程，求出各多余力。

(5) 多余力确定后，即可按分析静定结构的方法，给出原结构的内力图（最后内力图），按叠加原理：$M = X_1\overline{M}_1 + X_2\overline{M}_2 + \cdots\cdots + M_P$。

图 1-74(a) 所示梁超静定次数 $n=1$，力法典型方程：

$$\Delta_1 = \delta_{11}X_1 + \Delta_{1P} = 0$$

图 1-74(c) 中
$$\Delta_{11} = \delta_{11}X_1$$

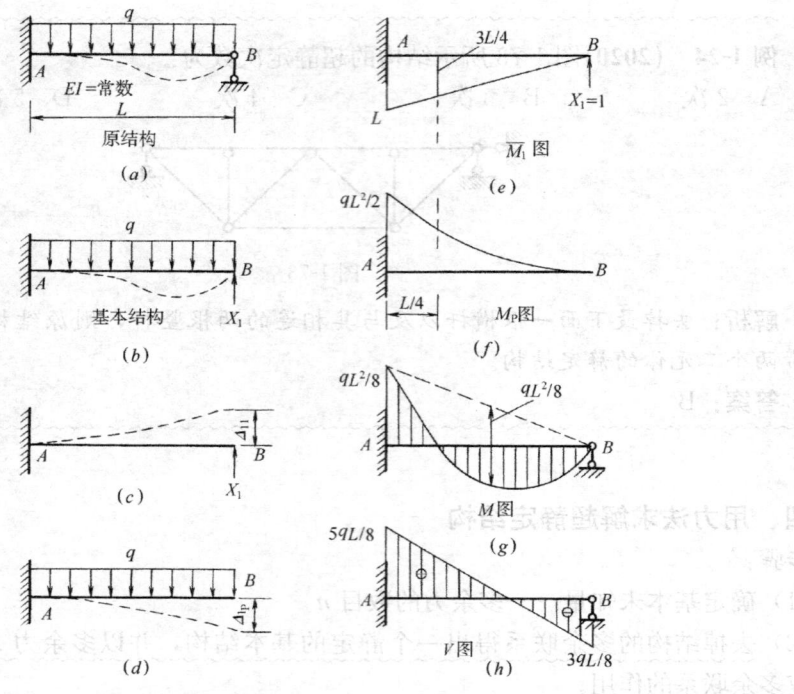

图 1-74 用力法求解超静定结构

可得: $$X_1 = -\frac{\Delta_{1P}}{\delta_{11}} = \frac{3}{8}qL$$

而 $$M_A = X_1\overline{M}_1 + M_P = X_1 L - \frac{qL^2}{2} = \frac{3}{8}qL^2 - \frac{qL^2}{2} = -\frac{1}{8}qL^2$$

例 1-25 如图 1-75 所示。

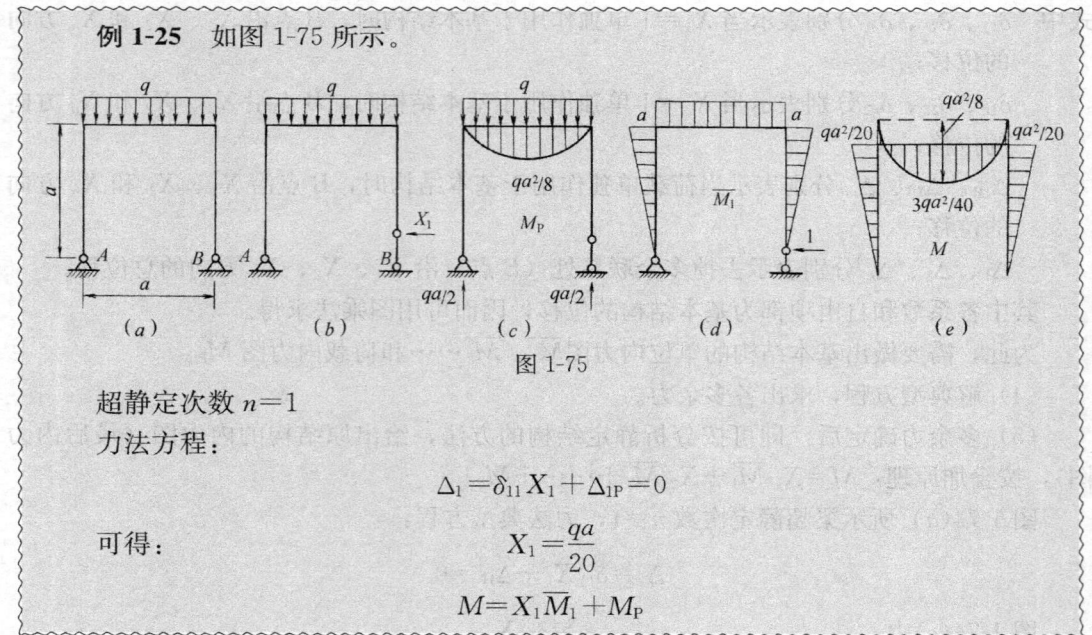

图 1-75

超静定次数 $n=1$

力法方程:
$$\Delta_1 = \delta_{11}X_1 + \Delta_{1P} = 0$$

可得: $$X_1 = \frac{qa}{20}$$

$$M = X_1\overline{M}_1 + M_P$$

五、利用对称性求解超静定结构

图 1-76(a)、(b)对称结构受正对称荷载作用。

图 1-76(c)、(d)对称结构受反对称荷载作用。

不难发现，对称结构在正对称荷载作用下，其内力和位移都是正对称的，且在对称轴上反对称的多余力为零；对称结构在反对称荷载作用下，其内力和位移都是反对称的，且在对称轴上对称的多余力为零。注意：轴力和弯矩是对称内力，剪力是反对称内力。

实际上，如果结构对称、荷载对称，则轴力图、弯矩图对称，剪力图反对称，在对称轴上剪力为零。如果结构对称、荷载反对称，则轴力图、弯矩图反对称，剪力图对称，在对称轴上轴力、弯矩均为零。

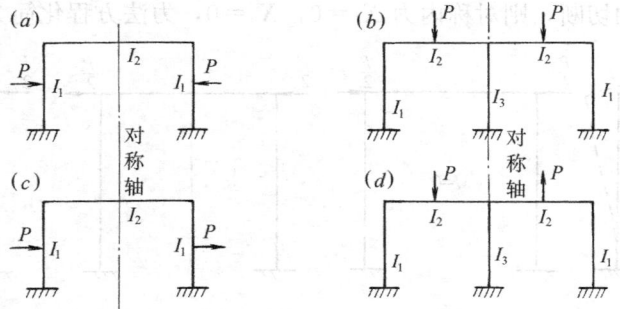

图 1-76 对称结构受力

图 1-77 (a) 所示为3次超静定结构。依对称性取一半为研究对象，如图8-77 (b) 所示，其中反对称力 $X_2=0$。

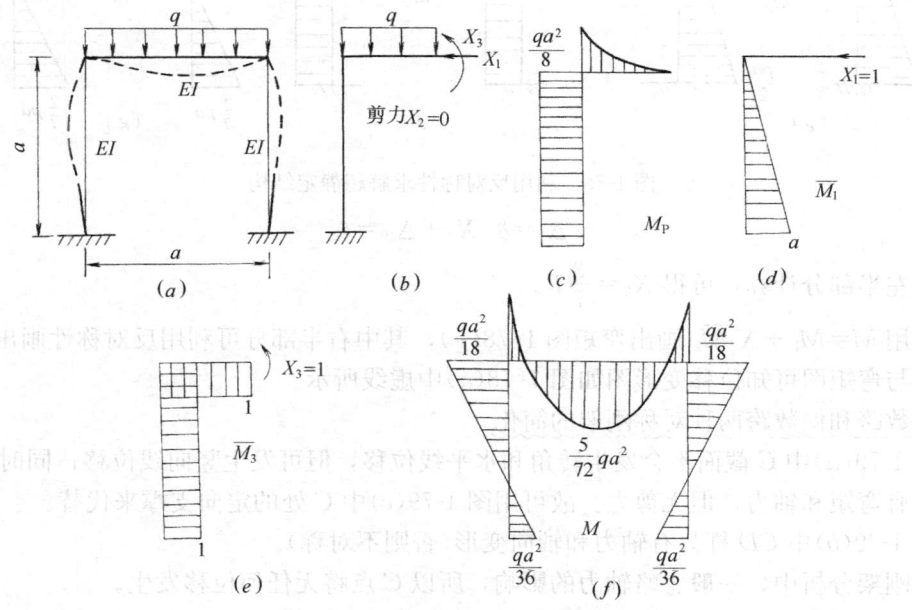

图 1-77 利用对称性求解超静定结构

用 Δ_1 表示切口两边截面的水平相对线位移，Δ_2 表示其铅垂相对线位移，Δ_3 表示其相对转角，由于 $X_2=0$，则力法方程化简为 $\begin{cases}\Delta_1=\delta_{11}X_1+\delta_{13}X_3+\Delta_{1P}=0\\ \Delta_3=\delta_{31}X_1+\delta_{33}X_3+\Delta_{3P}=0\end{cases}$

由图 8-77(c)、(d)、(e)所示 M_P、$\overline{M}_1$、$\overline{M}_3$ 的图形，

可解出 $X_1=\dfrac{qa}{12}$，$X_3=\dfrac{5}{72}qa^2$

由 $M(x)=M_P+X_1\overline{M}_1+X_3\overline{M}_3$ 可得到最后弯矩图 M，如图 1-77(f)所示；根据荷载图与弯矩图可知位移变形图，如图 1-77(a)中虚线所示。

图 1-78(a)原为 3 次超静定结构，但可把它分解成图 1-78(b)和图 1-78(c)的叠加。而图 1-78(b)不产生弯矩，所以图 1-78(a)的弯矩与图 1-78(c)相同。利用图 1-78(c)的反对称性，把它从对称轴切断，则对称内力 $X_1=0$，$X_3=0$，力法方程化简为一次：

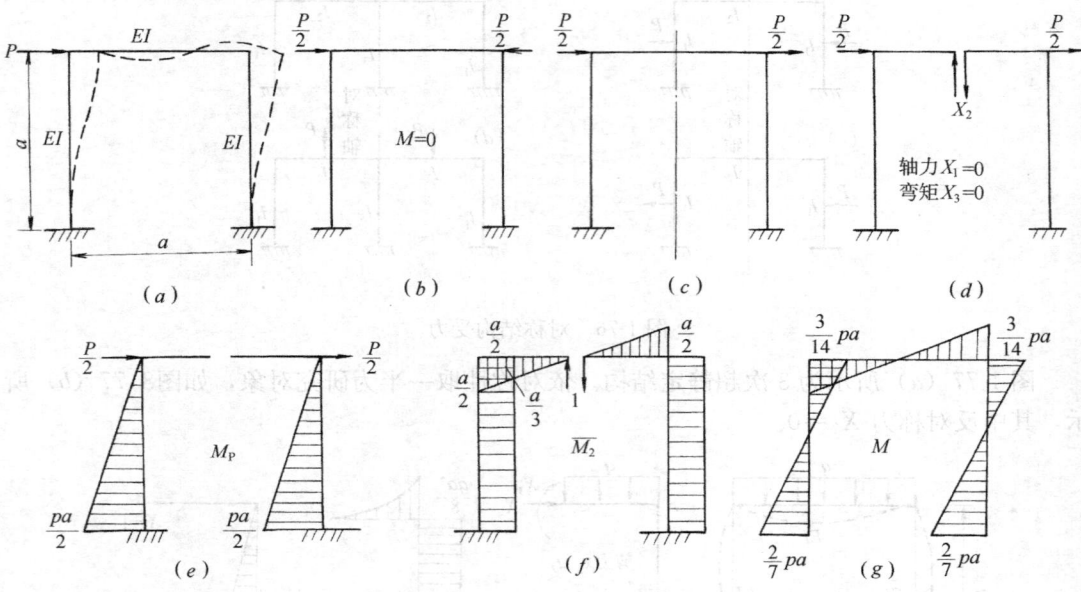

图 1-78 利用反对称性求解超静定结构

$$\Delta_2=\delta_{22}X_2+\Delta_{2P}=0$$

取左半部分计算，可得 $X_2=\dfrac{3}{7}P$。

利用 $M=M_P+X_2\overline{M}_2$ 画出弯矩图 1-78(g)，其中右半部分可利用反对称性画出。根据荷载图与弯矩图可知位移变形图如图 1-78(a)中虚线所示。

奇数跨和偶数跨两种对称刚架的简化。

图 1-79(a)中 C 截面不会发生转角和水平线位移，但可发生竖向线位移；同时在 C 截面上将有弯矩和轴力，但无剪力。故可用图 1-79(c)中 C 处的定向支撑来代替。

图 1-79(b)中 CD 杆只有轴力和轴向变形(否则不对称)。

在刚架分析中，一般忽略轴力的影响，所以 C 点将无任何位移发生。

故可用图 1-79(d)中 C 处的固定支座来代替。

图 1-79(a)、(b)的弯矩图的大致形状如图 1-79(e)、(f)所示。

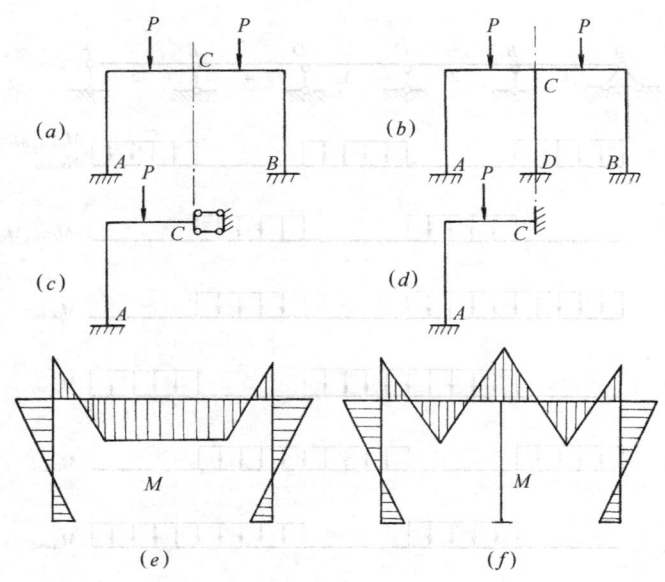

图 1-79 单跨和双跨两种对称刚架

六、多跨超静定连续梁的活载布置

多跨超静定连续梁在均布荷载作用下的弯矩和位移如图 1-80 所示。

应用结构力学的影响线理论，可以找到多跨超静定连续梁相应内力量值的最不利荷载位置。我们以图 1-81(a)所示五跨连续梁有关弯矩的最不利活载的布置为例，说明其规律性。

(1) 从图 1-81(b)、(c)中可知：<u>求某跨跨中附近的最大正弯矩时，应在该跨布满活载，其余每隔一跨布满活载</u>。

(2) 从图 1-81(d)、(e)、(f)、(g)中可知：<u>求某支座的最大负弯矩及支座截面最大剪力时，应在该支座相邻两跨布满活载，其余每隔一跨布满活载</u>（特殊结构除外）。掌握上述规律后，对于有关多跨连续梁的相应问题，就可以迎刃而解了。

对于不同的超静定结构，有时使用位移法和力矩分配法也很方便。由于篇幅所限，兹不赘述。

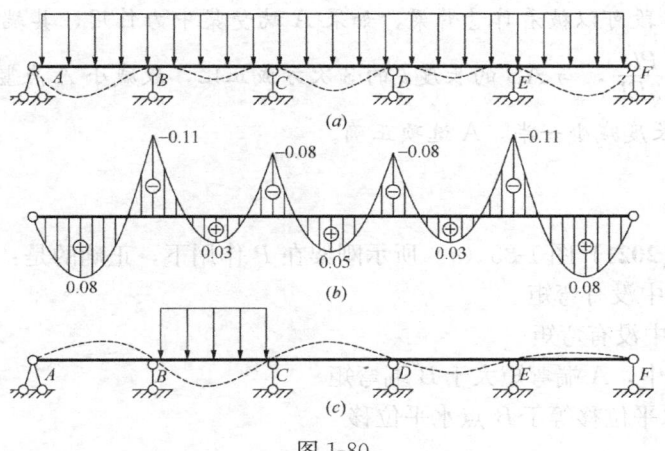

图 1-80

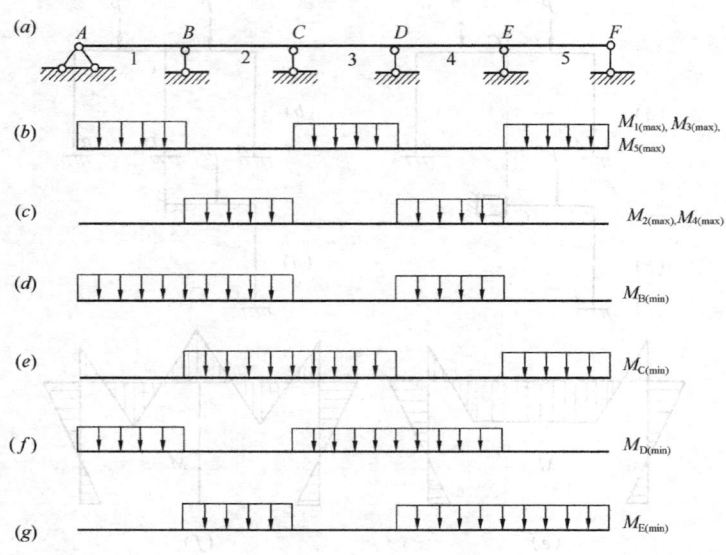

图 1-81

例 1-26　（2021）如图 1-82 所示，减小 A 点的竖向位移，最有效的是：

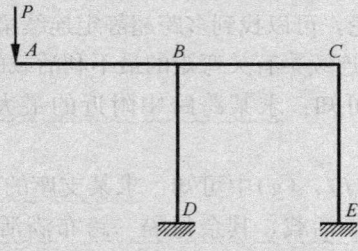

图 1-82

A　AB 长度减小一半　　　　　　B　BC 长度减小一半
C　AB 刚度 EI 增加一倍　　　　D　BC 刚度 EI 增加一倍

解析：AB 段可以被看作悬臂梁，如果 A 端受集中力作用，其端点 A 的竖向位移主要为 $\Delta = \dfrac{Pl^3}{3EI}$，与 AB 的长度 l 的 3 次方成正比，故减小 A 点竖向位移最有效的做法是 AB 长度减小一半。A 选项正确。

答案：A

例 1-27　（2021）图 1-83（a）所示刚架在 P 作用下，正确的是：
A　CF 杆中没有弯矩
B　BC 杆中没有弯矩
C　AB 杆中，A 端弯矩大于 B 端弯矩
D　C 点水平位移等于 B 点水平位移

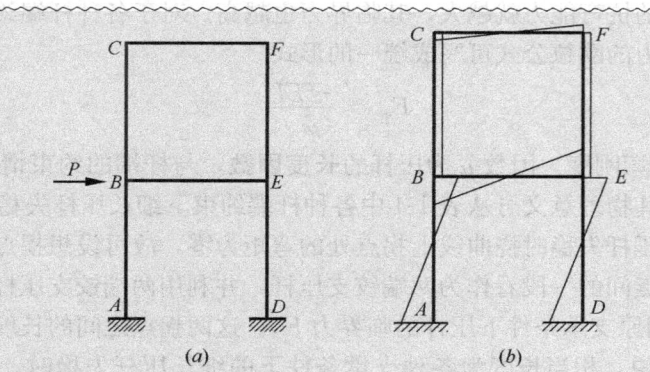

图 1-83

解析： 图 1-83（a）所示结构是对称结构，受水平荷载 P 作用；弯矩图是反对称的，如图 1-83（b）所示。其中刚节点 B、E 连接三个杆，由于刚节点的平衡，BCFE 这部分刚架虽然没有外力，但仍有弯矩，且 C 点的水平位移并不等于 B 点水平位移。因此，A、B、D 选项错误，C 选项正确。

答案： C

第五节 压杆稳定

所谓压杆稳定是指中心受压直杆直线平衡的状态在微小外力干扰去除后自我恢复的能力。压杆失稳是指压杆在轴向压力作用下不能维持直线平衡状态而突然变弯的现象。压杆的临界力 F_{cr} 是使压杆直线形式的平衡由稳定开始转化为不稳定的最小轴向压力。也可以说，临界力 F_{cr} 是压杆保持直线形式的稳定平衡所能够承受的最大荷载。

不同杆端约束下细长中心受压直杆的临界力表达式，可通过平衡或类比的方法推出。本节给出几种典型的理想支承约束条件下，细长中心受压直杆的欧拉公式表达式（表 1-4）。

各种支承约束条件下等截面细长压杆临界力的欧拉公式　　　表 1-4

支端情况	两端铰支	一端固定 另一端铰支	两端固定	一端固定 另一端自由
失稳时挠曲线形状	（图）	（图） C—挠曲线拐点	（图） C、D—挠曲线拐点	（图）
临界力 F_{cr} 欧拉公式	$F_{cr}=\dfrac{\pi^2 EI}{l^2}$	$F_{cr}\approx\dfrac{\pi^2 EI}{(0.7l)^2}$	$F_{cr}=\dfrac{\pi^2 EI}{(0.5l)^2}$	$F_{cr}=\dfrac{\pi^2 EI}{(2l)^2}$
长度因数 μ	$\mu=1$	$\mu\approx 0.7$	$\mu=0.5$	$\mu=2$

由表 1-4 所给的结果可以看出，中心受压直杆的临界力 F_{cr} 受到杆端约束情况的影响。

杆端约束越强，杆的抗弯能力就越大，其临界力也越高。对于各种杆端约束情况，细长中心受压等直杆临界力的欧拉公式可写成统一的形式

$$F_{cr} = \frac{\pi^2 EI}{(\mu l)^2} \tag{1-20}$$

式中，EI 为杆的抗弯刚度。因数 μ 为压杆的**长度因数**，与杆端的约束情况有关。μl 为原压杆的**相当长度**，其物理意义可从表 1-4 中各种杆端约束下细长压杆失稳时挠曲线形状的比拟来说明：由于压杆失稳时挠曲线上拐点处的弯矩为零，故可设想拐点处有一铰，而将压杆在挠曲线两拐点间的一段看作为两端铰支压杆，并利用两端铰支压杆临界力的欧拉公式（式 1-20），得到原支承条件下压杆的临界力 F_{cr}。这两拐点之间的长度，即为原压杆的相当长度 μl。或者说，相当长度为各种支承条件下的细长压杆失稳时，挠曲线中相当于半波正弦曲线的一段长度。

应当注意，细长压杆临界力的欧拉公式（式 1-20）中，I 是横截面对某一形心主惯性轴的惯性矩。若杆端在各个方向的约束情况相同（如球形铰等），则 I 应取最小的形心主惯性矩。若杆端在不同方向的约束情况不同（如柱形铰），则 I 应取挠曲时横截面对其相应方向的中性轴的惯性矩。

例 1-28（2011）对于相同材料的等截面轴心受压杆件，在图 1-84 中的三种情况下，其承载能力 P_1、P_2、P_3 的比较结果为：

A　$P_1=P_2<P_3$　　　B　$P_1=P_2>P_3$
C　$P_1>P_2>P_3$　　　D　$P_1<P_2<P_3$

解析：图中杆 1 的相当长度为 $1\times l=l$；

杆 2 的相当长度为 $2\times \dfrac{l}{2}=l$；

杆 3 的相当长度为 $0.7l$。

由公式 $F_{cr}=\dfrac{\pi^2 EI}{(\mu l)^2}$ 可知，当 EI 相同时，μl 越小，F_{cr} 越大，故杆 3 的临界力 P_3 最大，而杆 1 和杆 2 的临界力 $P_1=P_2$。

答案：A

例 1-29（2021）在图 1-85 所示结构体系中，受压构件 AB 截面比较好的是：

A　角钢 140×10
B　十字型钢 140×140×10
C　H 型钢 140×140×6×8
D　方钢 140×10

解析：压杆的临界力与压杆横截面的最小惯性矩成正比，如果要截面的两个对称轴方向稳定性能相同，就需要两个轴的惯性矩相同且惯性矩尽可能大，显然 D 选项最好。

答案：D

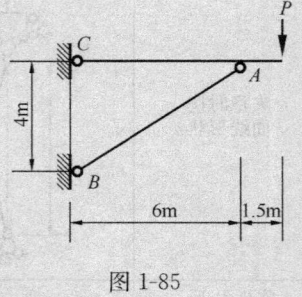

图 1-85

习 题

1-1 (2019)题1-1图结构为几次超静定结构?
A 0次　　　　B 1次　　　　C 2次　　　　D 3次

1-2 (2019)题1-2图结构为几次超静定结构?
A 1次　　　　B 2次　　　　C 3次　　　　D 4次

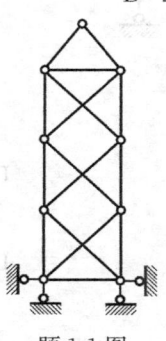
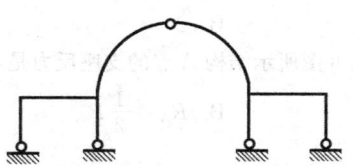

题1-1图　　　　　　　　题1-2图

1-3 (2019)题1-3图结构零杆有几根?
A 0根　　　　B 2根　　　　C 3根　　　　D 4根

1-4 (2019)题1-4图结构内力不为0的杆是:
A AE段　　　B AD段　　　C CE段　　　D BD段

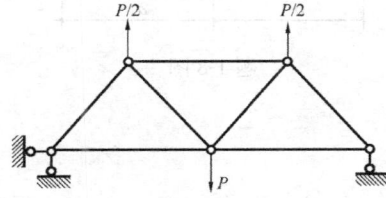
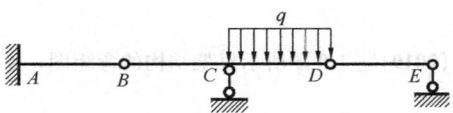

题1-3图　　　　　　　　题1-4图

1-5 (2019)题1-5图A支座处的弯矩值为:

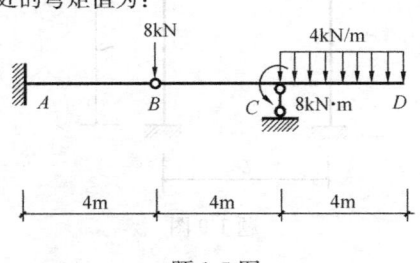

题1-5图

A 8kN·m　　B 16kN·m　　C 32kN·m　　D 48kN·m

1-6 (2019)题图所示结构在外部荷载作用下,弯矩图错误的是:

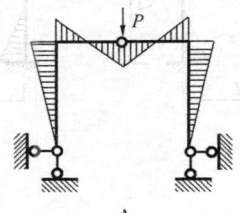

A　　　　　　　　　　　B

45

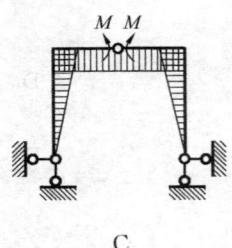
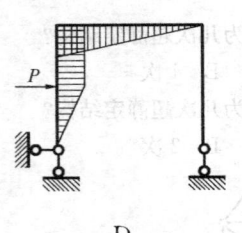

C   D

1-7 **(2019)**题1-7图所示对称结构在外力作用下，零杆的数量是：
A 1   B 2   C 3   D 4

1-8 **(2019)**题1-8图所示结构 A 点的支座反力是（向上为正）：
A $R_A=0$ B $R_A=\dfrac{1}{2}P$ C $R_A=P$ D $R_A=-\dfrac{1}{2}P$

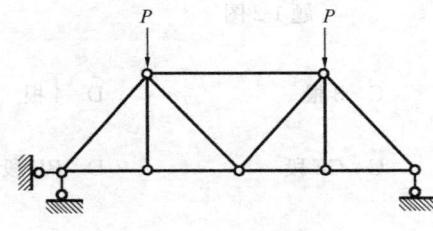
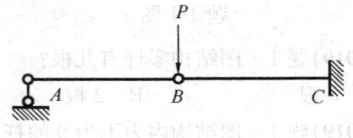

题1-7图   题1-8图

1-9 **(2019)**题1-9图所示框架结构的弯矩图，正确的是：

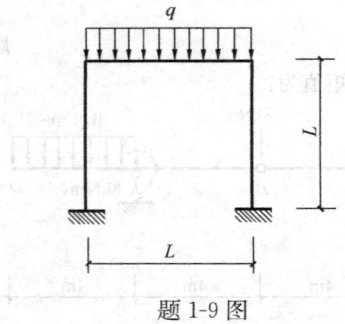

题1-9图

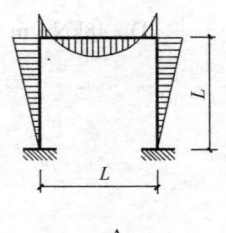
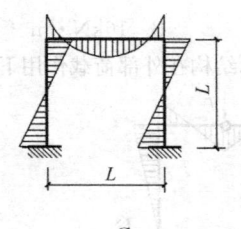
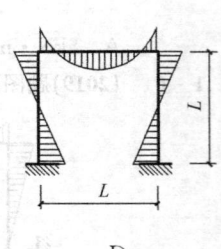

A   B   C   D

1-10 **(2019)**题1-10图所示框架结构的弯矩图，正确的是：

46

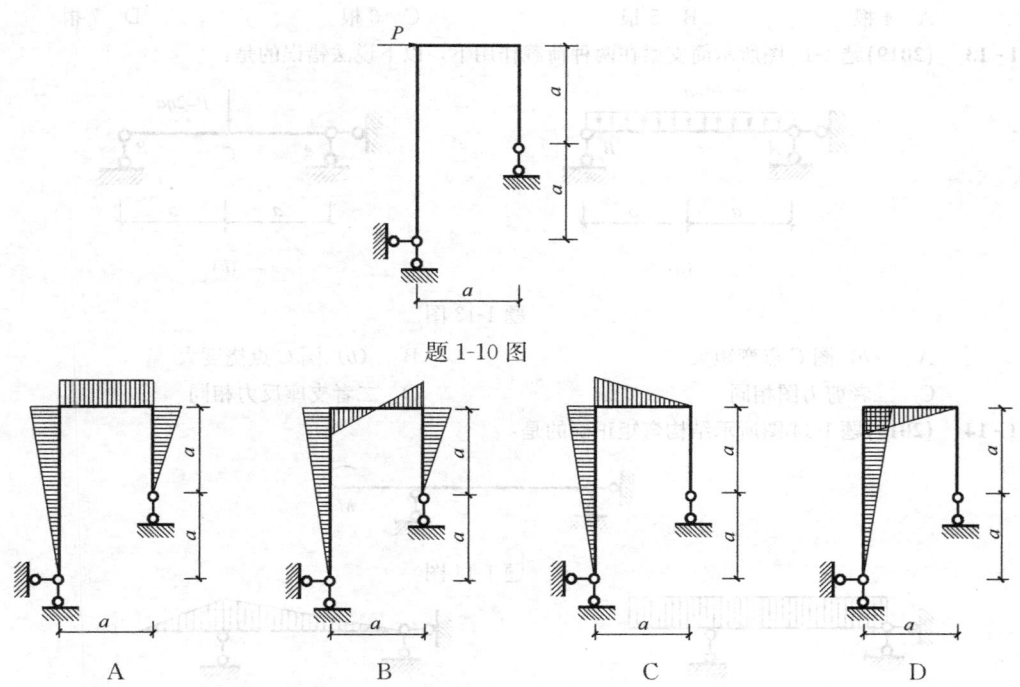

题 1-10 图

A B C D

1-11 **(2019)** 在外力作用下，题 1-11 图所示结构轴力图正确的是：

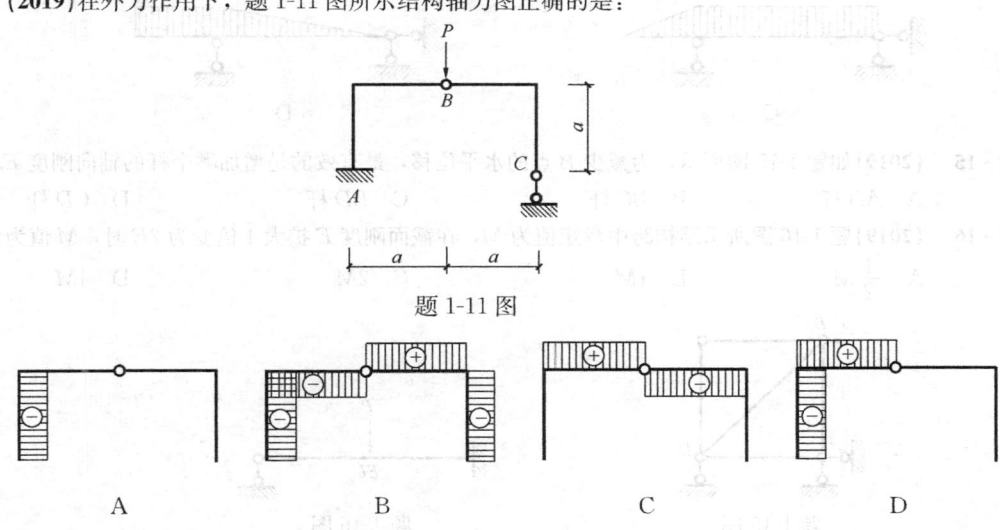

题 1-11 图

A B C D

1-12 **(2019)** 题 1-12 图所示结构有多少根零杆？

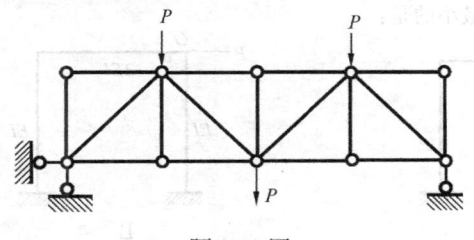

题 1-12 图

A 4根　　　　　B 5根　　　　　C 6根　　　　　D 7根

1-13 **(2019)** 题1-13图所示简支梁在两种荷载作用下，以下说法错误的是：

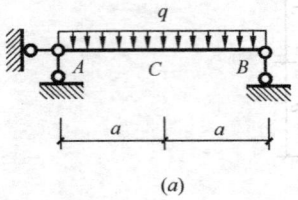 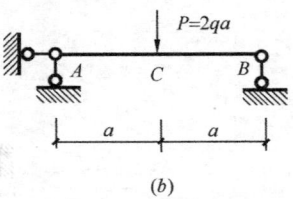

题1-13图

A （b）图 C 点弯矩大　　　　　　　　B （b）图 C 点挠度大
C 二者剪力图相同　　　　　　　　　D 二者支座反力相同

1-14 **(2019)** 题1-14图所示结构弯矩正确的是：

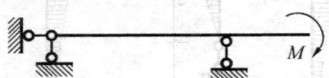

题1-14图

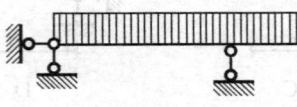 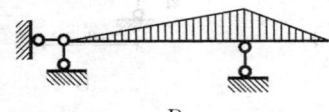
　　　A　　　　　　　　　　　　　　　　B

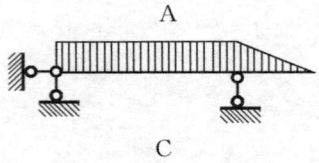 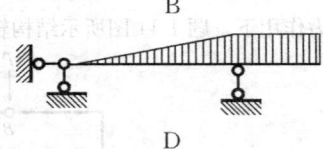
　　　C　　　　　　　　　　　　　　　　D

1-15 **(2019)** 如题1-15图所示，为减少 B 点的水平位移，最有效的是增加哪个杆的轴向刚度 EA？
A AB 杆　　　　B BC 杆　　　　C BD 杆　　　　D CD 杆

1-16 **(2019)** 题1-16图所示结构跨中弯矩值为 M，在截面刚度 E 扩大1倍变为 $2E$ 时，M 值为多少？
A $\frac{1}{2}M$　　　　B $1M$　　　　C $2M$　　　　D $4M$

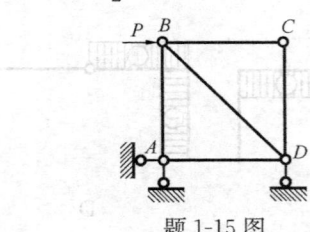 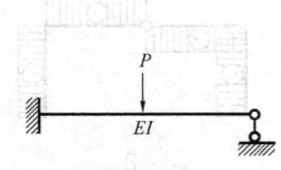

题1-15图　　　　　　　　　　　　题1-16图

1-17 **(2019)** O 点水平位移最小的是：

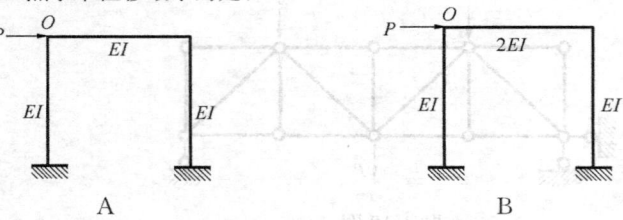

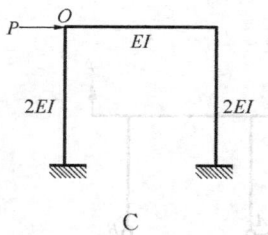
C

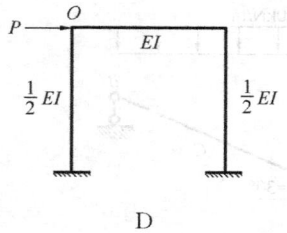
D

1-18 **(2019)** 半径为 R 的圆弧拱结构（题 1-18 图），在均布荷载 q 作用下，下列说法错误的是：

A 减小矢高 H，支座水平推力变大

B $L=2R$，$H=R$ 时，水平推力为 0

C 支座竖向反力比同等条件简支梁的竖向反力小

D 跨中点的弯矩比同条件下的简支梁跨中弯矩小

1-19 **(2019)** 刚架结构发生竖向沉降 ΔL（题 1-19 图），轴力图正确的是：

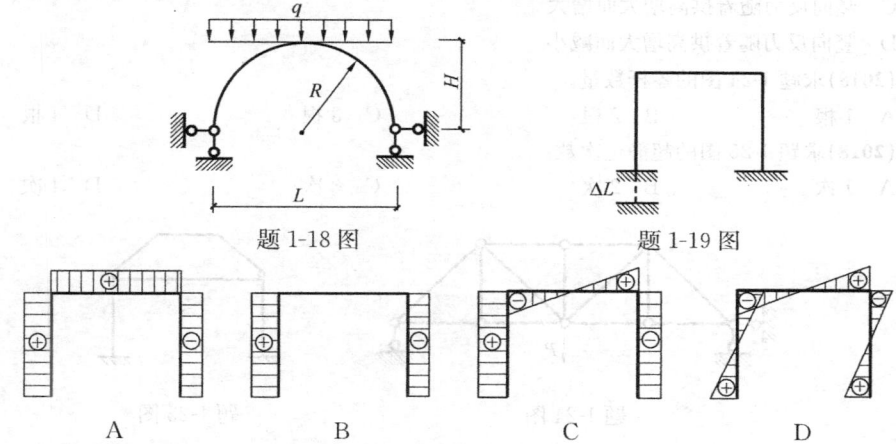

题 1-18 图　　　　　　　　题 1-19 图

A　　　　　B　　　　　C　　　　　D

1-20 **(2019)** 单层多跨框架（题 1-20 图），温度均匀变化（Δt 不等于 0），A、B、C 三点的弯矩大小排序是：

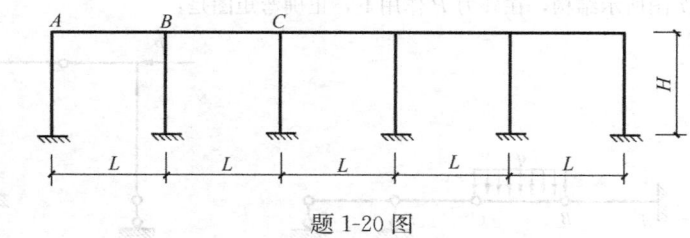

题 1-20 图

A $M_A = M_B = M_C$　　B $M_A > M_B > M_C$　　C $M_A < M_B < M_C$　　D 不确定

1-21 **(2019)** 题 1-21 图所示结构 C 点处的轴力为：

A 40kN　　B $\dfrac{80}{3}\sqrt{3}$kN　　C 10kN　　D $\dfrac{20}{3}\sqrt{3}$kN

1-22 **(2019)** 题 1-22 图所示结构中 C 点内力为：

A 无内力

B 有剪力

C 有剪力、轴力

D 有剪力、弯矩、轴力

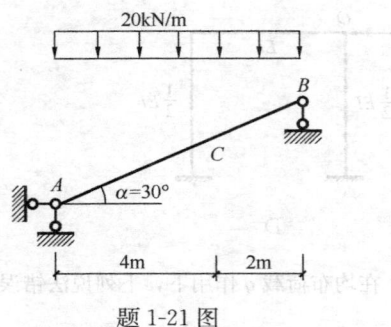
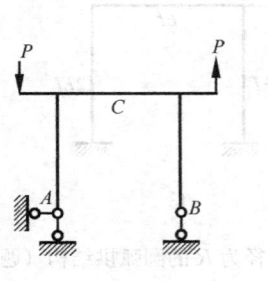

题 1-21 图　　　　　　　　　　　题 1-22 图

1-23　(2019)三铰拱的受力特点是：
　　　A　在竖向荷载作用下，除产生竖向反力外，还产生水平推力
　　　B　竖向反力为 0
　　　C　竖向反力随着拱高增大而增大
　　　D　竖向反力随着拱高增大而减小

1-24　(2018)求题 1-24 图的零杆数量。
　　　A　1 根　　　　B　2 根　　　　C　3 根　　　　D　4 根

1-25　(2018)求题 1-25 图的超静定次数。
　　　A　1 次　　　　B　2 次　　　　C　3 次　　　　D　4 次

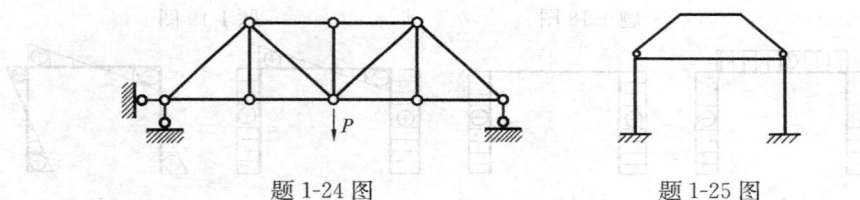

题 1-24 图　　　　　　　　　　　题 1-25 图

1-26　(2018)题 1-26 图所示结构在外荷载 q 作用下，产生内力的杆件是：
　　　A　AE　　　　　B　BC　　　　　C　AC　　　　　D　BE

1-27　(2018)题 1-27 图所示结构，在外力 P 作用下，正确弯矩图是：

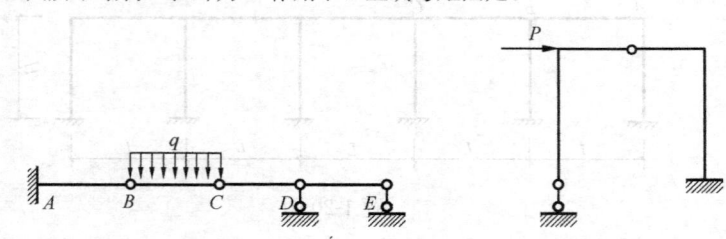

题 1-26 图　　　　　　　　　　　题 1-27 图

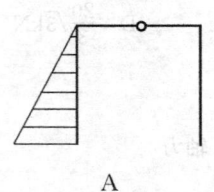
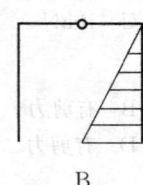
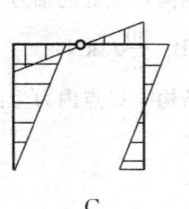
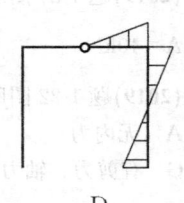

　　A　　　　　　　　B　　　　　　　　C　　　　　　　　D

1-28 (2018)题1-28图所示结构在外力 P 作用下，正确的剪力图为：

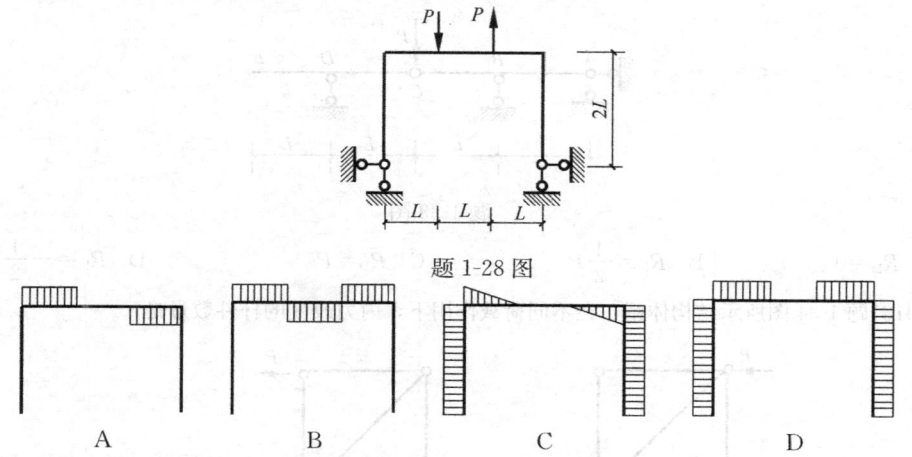

题 1-28 图

1-29 (2018)题1-29图所示简支梁在外力 P 作用下，跨中 A 点左侧的内力是：

A $M_{AB}=PL$ $Q_{AB}=P$ 　　　　　　B $M_{AB}=PL$ $Q_{AB}=\dfrac{P}{2}$

C $M_{AB}=\dfrac{PL}{2}$ $Q_{AB}=\dfrac{P}{2}$ 　　　　D $M_{AB}=\dfrac{PL}{2}$ $Q_{AB}=0$

1-30 (2018)题1-30图所示简支梁在荷载 q 作用下，跨中 A 点的弯矩是：

A $\dfrac{1}{8}qL^2$ 　　B $\dfrac{1}{8}qL^2\left(\dfrac{1}{\cos\alpha}\right)^2$ 　　C $\dfrac{1}{8}qL(L\cdot\cos\alpha)^2$ 　　D $\dfrac{1}{8}\left(\dfrac{qL^2}{\cos\alpha}\right)$

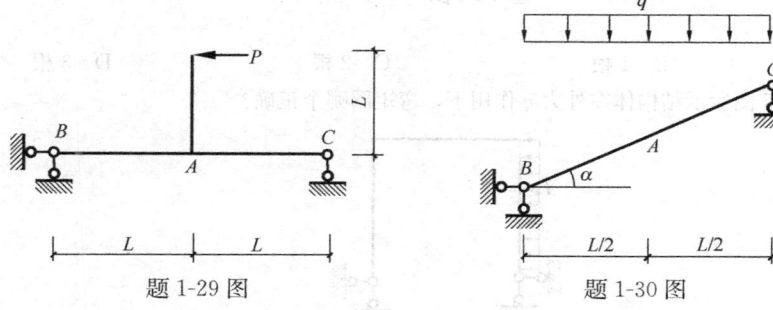

题 1-29 图　　　　　　　　　题 1-30 图

1-31 (2018)题1-31图所示结构在外力作用下，支座 A 的竖向反力是：

A 0 　　　　B $\dfrac{P}{2}$ 　　　　C P 　　　　D $\dfrac{3P}{2}$

1-32 (2018)题1-32图所示结构中，杆 AB 的轴力是：

A $N_{AB}=P$ 　　B $N_{AB}=\dfrac{1}{2}P$ 　　C $N_{AB}=0$ 　　D $N_{AB}=\sqrt{2}P$

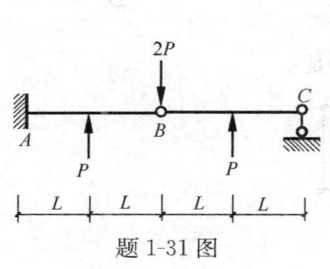 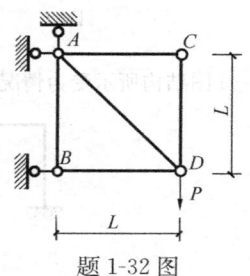

题 1-31 图　　　　　　　　　题 1-32 图

1-33 (2018)题 1-33 图所示结构在外力作用下，支座 D 的反力是：

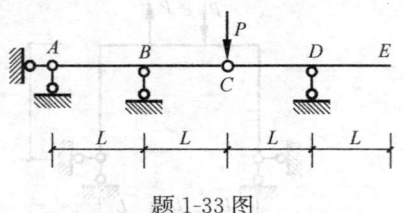

题 1-33 图

A $R_D=0$　　　　B $R_D=\frac{1}{2}P$　　　　C $R_D=P$　　　　D $R_D=-\frac{1}{2}P$

1-34 (2018)题 1-34 图所示结构体系，在不同荷载作用下，内力改变的杆件数量是：

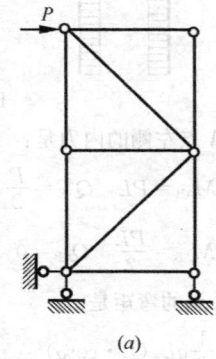 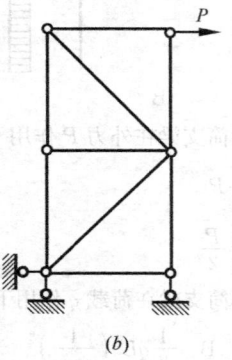

(a)　　　　　　　　　(b)

题 1-34 图

A 0 根　　　　B 1 根　　　　C 2 根　　　　D 3 根

1-35 (2018)题 1-35 图所示结构体在外力 q 作用下，弯矩图哪个正确？

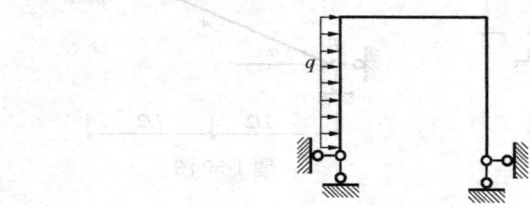

题 1-35 图

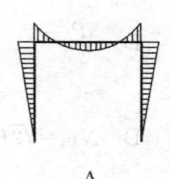 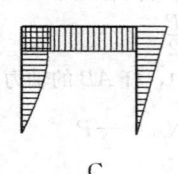 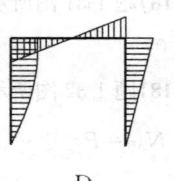

A　　　　　　B　　　　　　C　　　　　　D

1-36 (2018)在题 1-36 图结构所示受力情况下，轴力图正确的是：

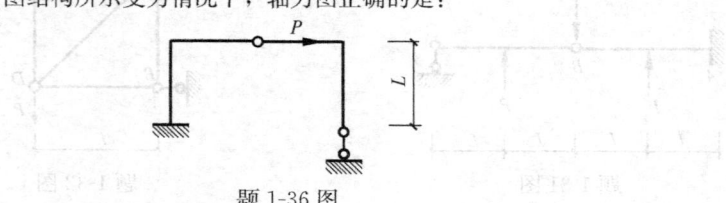

题 1-36 图

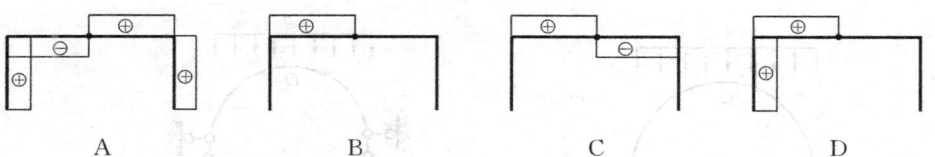

| A | B | C | D |

1-37 (2018)题1-37图所示结构 D 支座处的反力是：

A 0　　　　B ql　　　　C $2ql$　　　　D $\dfrac{ql}{2}$

1-38 (2018)题1-38图所示悬臂梁在不同荷载下，下列说法正确的是：

A 端点 B 的竖向位移相同　　　　B 支座 A 的竖向反力相同

C 两者的剪力图相同　　　　D 两者的弯矩图相同

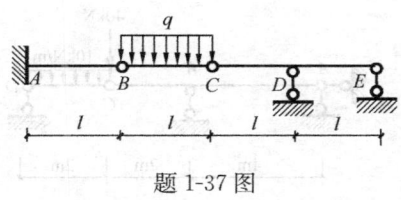

题 1-37 图

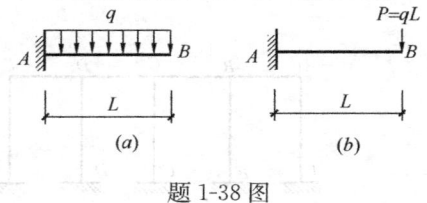

题 1-38 图

1-39 (2018)图示四种刚架中，跨中 A 点位移最小的是：

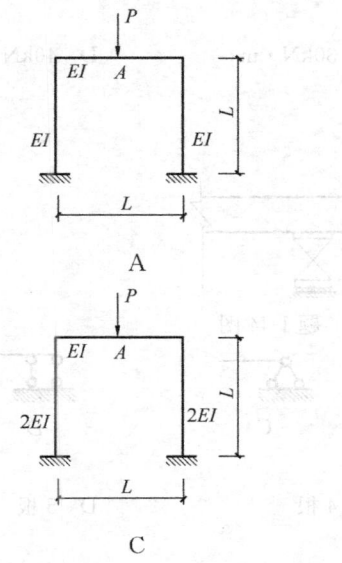

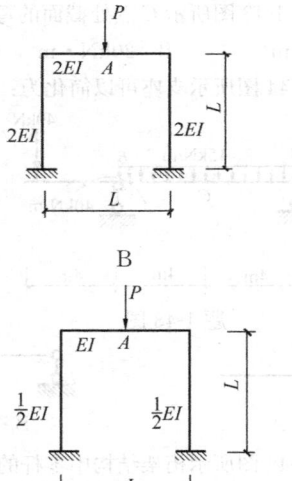

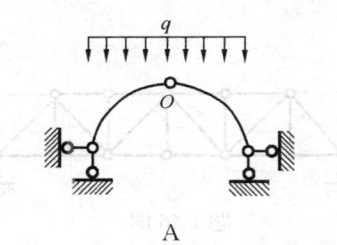

1-40 (2018)图示四种刚架中 O 点位移最大的是：

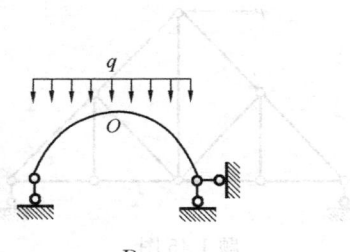

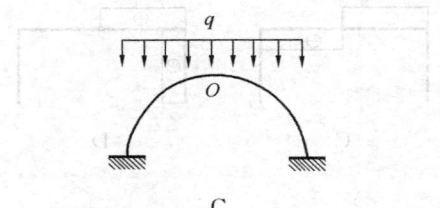
C

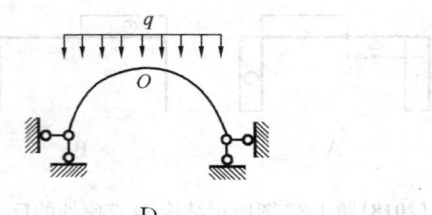
D

1-41 (2018)题 1-41 图所示结构温度变化后引起的内力变化正确的是：
A $M_{C'C}>M_{B'B}$ 且 $N_{BC}>N_{BA}$　　　　B $M_{C'C}>M_{B'B}$ 且 $N_{BC}<N_{BA}$
C $M_{C'C}<M_{B'B}$ 且 $N_{BC}<N_{BA}$　　　　D $M_{C'C}<M_{B'B}$ 且 $N_{BC}>N_{BA}$

1-42 (2018)题 1-42 图所示多跨静定梁，B 支座左侧截面剪应力为：

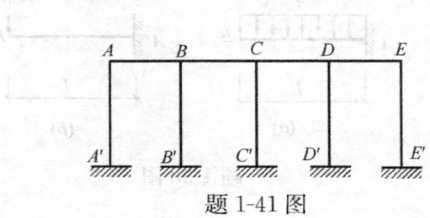

题 1-41 图

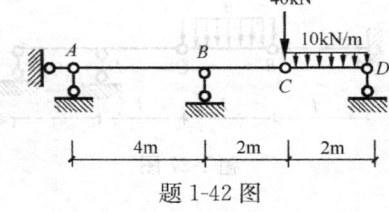

题 1-42 图

A －15kN　　　　B －25kN　　　　C －40kN　　　　D －50kN

1-43 (2018)求题 1-43 图所示 C 点处截面的弯矩：
A 10kN·m　　　B 20kN·m　　　C 30kN·m　　　D 40kN·m

1-44 (2018)题 1-44 图所示支座可以简化为：

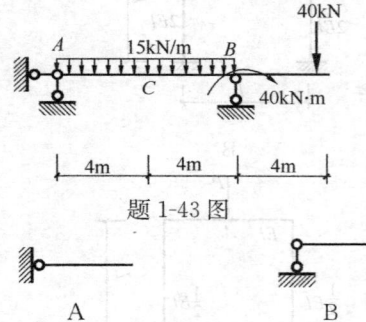

题 1-43 图

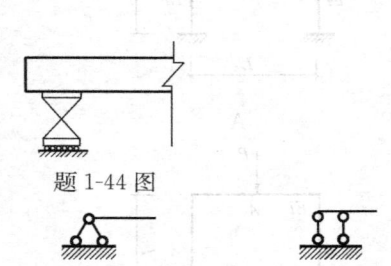

题 1-44 图

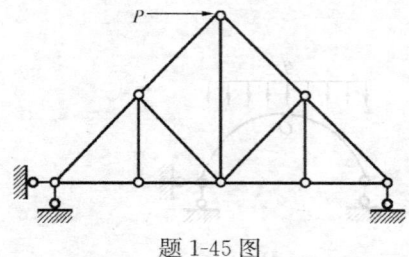
A　　　　　　B　　　　　　C　　　　　　D

1-45 (2017)题 1-45 图所示桁架结构中零杆的个数为：
A 2 根　　　　B 3 根　　　　C 4 根　　　　D 5 根

1-46 (2017)题 1-46 图所示桁架结构中零杆的个数为：
A 5 根　　　　B 9 根　　　　C 15 根　　　　D 17 根

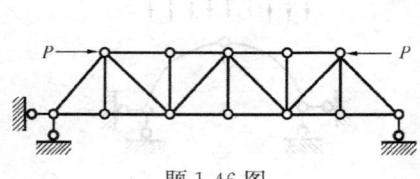

题 1-45 图　　　　　　　　题 1-46 图

1-47 (2017)题 1-47 图所示结构中零杆的个数为：

A 2根　　　　　B 4根　　　　　C 6根　　　　　D 7根

1-48 (2017)题1-48图所示桁架结构中零杆的个数是：

A 3根　　　　　B 5根　　　　　C 7根　　　　　D 9根

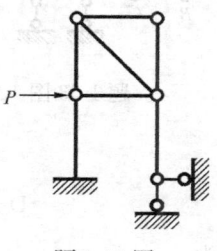
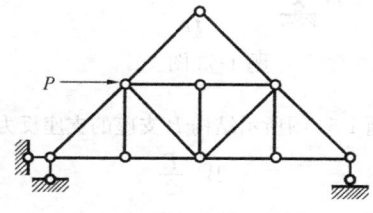

题1-47图　　　　　　　　　　　　　　题1-48图

1-49 (2017)题1-49图所示桁架结构中零杆的个数是：

A 2根　　　　　B 3根　　　　　C 4根　　　　　D 5根

1-50 (2017)题1-50图所示支座属于何种支座简图？

A 辊轴　　　　B 固定铰链　　　C 定向支座　　　D 固定端

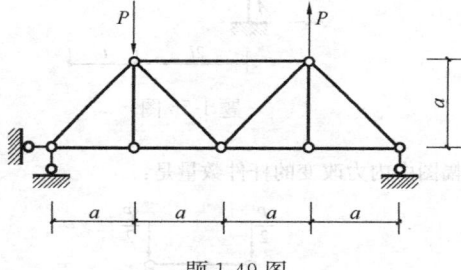
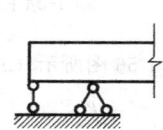

题1-49图　　　　　　　　　　　　　　题1-50图

1-51 (2017)图中斜杆都为拉力的是：

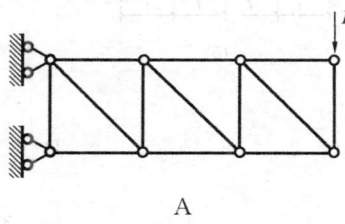

1-52 (2017)题1-52图所示桁架结构中零杆的数量为：

A 2根　　　　　B 3根　　　　　C 4根　　　　　D 5根

1-53 (2017)题1-53图所示结构在P力作用下产生内力的杆件是：

A AB　　　　　B AC　　　　　C AD　　　　　D CD

55

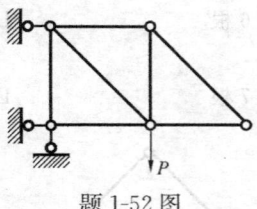
题 1-52 图

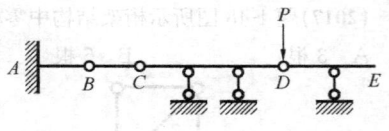
题 1-53 图

1-54 (2017)题 1-54 图所示结构 B 支座的支座反力是：

A $\dfrac{P}{4}$ B $\dfrac{P}{2}$ C P D $2P$

1-55 (2017)题 1-55 图所示结构竖向支座反力 R_A、R_B 的绝对值为：

A $\dfrac{P}{2}, \dfrac{P}{2}$ B $\dfrac{2P}{3}, \dfrac{P}{3}$ C $P, 0$ D $0, P$

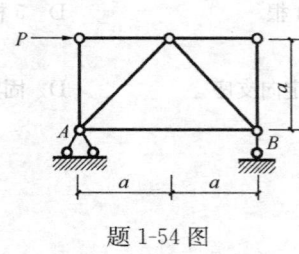
题 1-54 图

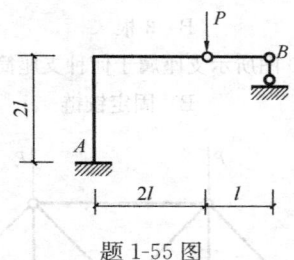
题 1-55 图

1-56 (2017)题 1-56 图所示 (a)、(b) 两幅图中内力改变的杆件数量是：

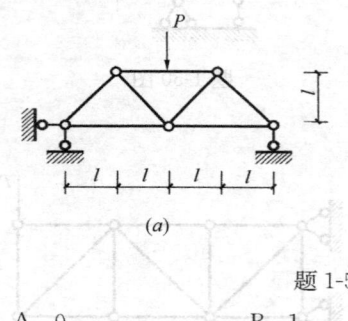
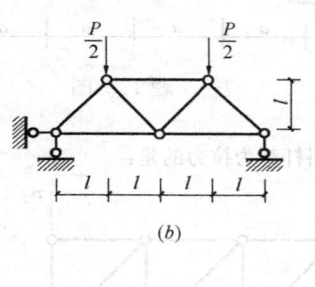
题 1-56 图

A 0   B 1   C 2   D 3

1-57 (2017)题 1-57 图所示简支梁跨中 a 点的弯矩是：

A 0   B $\dfrac{1}{2}PL$ C PL D $\dfrac{3}{2}PL$

1-58 (2017)题 1-58 图所示外伸梁 a 截面处的剪力和弯矩为：

A -9kN，$-28\text{kN}\cdot\text{m}$ B $+3\text{kN}$，$-28\text{kN}\cdot\text{m}$
C -3kN，$+28\text{kN}\cdot\text{m}$ D $+3\text{kN}$，$+28\text{kN}\cdot\text{m}$

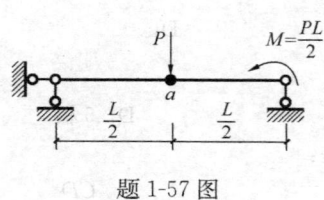
题 1-57 图

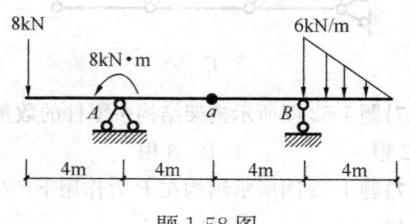
题 1-58 图

参考答案及解析

1-1 **解析**：去掉上、下两根横杆，则成为由7个二元体组成的静定结构，故有两个多余约束，属于2次超静定结构。

答案：C

1-2 **解析**：去掉左、右两端的两个固定铰支座（即去掉4个多余约束）后，成为一个静定的三铰结构；故有4个多余约束，属于4次超静定结构。

答案：D

1-3 **解析**：题1-3图所示桁架受到一组相互平衡的力系作用，根据"加减平衡力系原理"，这一组力系不会产生支座反力。因此，两个端点都可以看作无外力作用的两杆节点，故与这两个端点相连的4根杆都是零杆。

答案：D

1-4 **解析**：首先分析 DE 杆的受力，可知其受力为0。再依次分析 BCD 杆和 AB 杆的受力，可知其受力图如题1-4解图所示，故 AB 杆和 BC 杆受力不为0，内力也不为0。

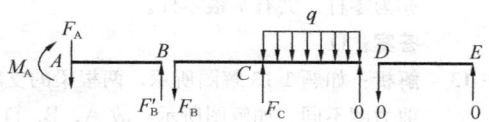

题1-4解图

答案：B

1-5 **解析**：首先从中间铰链处断开，为方便起见，把中间铰链 B 连同其上作用的集中力 8kN 放在 AB 杆上，把均布力的合力用集中力 16kN 代替，作用在 CD 段的中点，如题1-5解图所示。

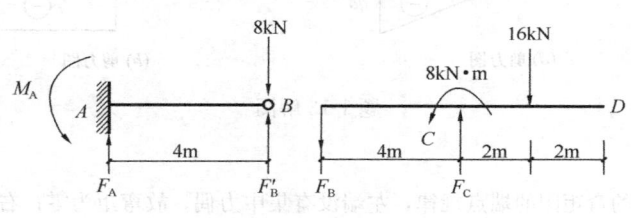

题1-5解图

取 BCD 杆为研究对象，$\sum M_C = 0$，

可得到：$F_B \times 4 + 8 = 16 \times 2$ $\therefore F_B = 6$

再取 AB 杆为研究对象，由直接法可得：

$M_A = 6 \times 4 - 8 \times 4 = -8 \text{kN} \cdot \text{m}$（绝对值为 8kN·m）

答案：A

1-6 **解析**：题目中所列4个结构在外部荷载作用下的弯矩图，图A显然是错误的，因为在中间铰链处，没有集中力偶作用，弯矩应该为0，不是0就是错误的。其他3个弯矩图正确。

答案：A

1-7 **解析**：此题为对称结构受对称荷载作用，对称轴上K形节点的2根斜杆为反对称内力的杆，这2根杆为零杆。再根据三杆节点的零杆判别法可知，2根竖杆也是零杆，故有4根零杆。

答案：D

1-8 **解析**：A 点可以看作是桁架结构中的两杆节点，无外力作用，所以 A 点的链杆支座是零杆，A 点的支座反力是0。

答案：A

1-9 **解析**：根据教材上图1-77利用对称性求解超静定结构的有关分析结果可知，只有D图是正确的。

1-10 解析：根据受力分析可知，右下角的链杆支座只有一个垂直向上的支座反力，所以右侧的杆没有弯矩，故排除 A 和 B 选项；而 C 图不符合把弯矩画在受拉一侧的规律，故应选 D。

答案：D

1-11 解析：根据 BC 段的受力分析，可知 BC 杆上没有任何外力，所以原结构受力相当于一个悬臂刚架 AB 受一个集中力 P 作用，而且横梁上没有轴力，故应选 A。

答案：A

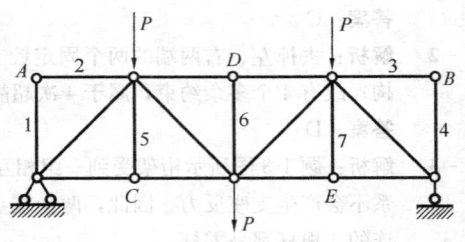

1-12 解析：如题 1-12 解图所示，节点 A 和 B 是属于两杆节点，故杆 1、2、3、4 均为零杆；而 C、D、E 3 个节点均属于三杆节点，故杆 5、6、7 亦为零杆。共有 7 根零杆。

题 1-12 解图

答案：D

1-13 解析：如题 1-13 解图所示，两根梁的支座反力相同，都是 qa；最大剪力相同，也都是 qa，但是剪力图不同，如解图所示；故 A、B、D 都是正确的。

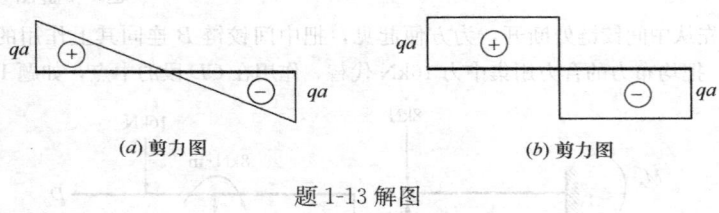

(a) 剪力图　　　　(b) 剪力图

题 1-13 解图

答案：C

1-14 解析：根据梁的弯矩图的端点规律，左端没有集中力偶，故弯矩为零；右端有集中力偶，右端弯矩就是集中力偶的力偶矩 M；故应该选 D。

答案：D

1-15 解析：由节点法，可以从节点 C 求出 $N_{BC}=N_{CD}=0$，从节点 B 求出 $N_{BA}=P$，$N_{BD}=-\sqrt{2}P$；从节点 D 求出 $N_{AD}=P$；可见 BD 杆的轴力最大，杆件最长。由胡克定律可知：$\Delta l=\dfrac{Nl}{EA}$，所以最有效的方法是增加 BD 杆的轴向刚度 EA。

答案：C

1-16 解析：从超静定结构的有关例题可以看出，超静定梁的弯矩大小与其本身的抗弯刚度 EI 的大小无关。

答案：B

1-17 解析：图示刚架 O 点的水平位移和刚架的总体刚度（特别是两个竖杆的刚度）成反比。由于图 C 的总体刚度之和最大，为 5EI，所以 C 图中 O 点的水平位移最小。

答案：C

1-18 解析：题 1-18 图所示两铰拱水平推力不是 0，而且支座竖向反力和同等条件简支梁的竖向反力相同，所以 B、C 的说法都是错误的。

答案：B、C

1-19 解析：图示刚架左侧支座发生沉降，相当于在左侧支座产生一个向下的垂向力，相应地右侧支座也要产生一个向上的垂向力，而水平横梁上则无轴向力，故应选 B。

答案：B

1-20 解析：因为结构对称，环境温度变化 Δt 也是对称的，所以题 1-20 图所示超静定结构的变形也是对称的。由于变形的累积效应，越往外累积的变形越大，相应的弯矩也越大，故应选 B。

答案：B

1-21 解析：首先求支座反力：$F_A=F_B=\dfrac{1}{2}\times 20\times 6=60\text{kN}$。

取 C 截面右侧，见题 1-21 解图可知：
$F_N=60\times\cos 60°-20\times 2\times\cos 60°=10\text{kN}$。

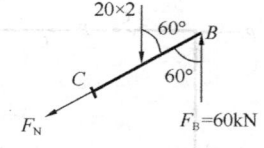

题 1-21 解图

答案：C

1-22 解析：根据结构的对称性和反对称性规律可知，如果结构对称、荷载反对称，则轴力图、弯矩图反对称，剪力图对称；在对称轴上轴力、弯矩均为 0。此题就是结构对称、荷载反对称的情况，所以在对称轴上轴力、弯矩均为 0，只有剪力不为 0。

答案：B

1-23 解析：拱结构与梁结构的区别，在于拱结构在竖向荷载作用下，除产生竖向反力外，还产生水平推力，所以选项 A 是正确的。竖向反力与拱高的值无关，均为竖向荷载值的一半。故 B、C、D 选项都是错误的。

答案：A

1-24 解析：根据桁架结构的零杆判别法，考察题 1-24 解图中的 3 个节点 A、B、C 可知，三根竖杆 1、2、3 是零杆。

答案：C

1-25 解析：原结构去掉右下角的固定端 D 支座（相当于去掉 3 个约束），再把上面 C 点的中间铰链变成链杆支座（相当于去掉 1 个约束），就变成了如题 1-25 解图所示的静定结构——悬臂刚架 AB-CD 加简支钢架 BC。共去掉了 4 个多余约束，为 4 次超静定结构。

答案：D

1-26 解析：首先分析 BC 杆，可知 B、C 两点都有支座反力；再把 B、C 两点的支座反力的反作用力加在 AB 杆和 CDE 杆上，如题 1-26 解图所示，可见各杆上均有力的作用，故各杆都要产生内力。

答案：A

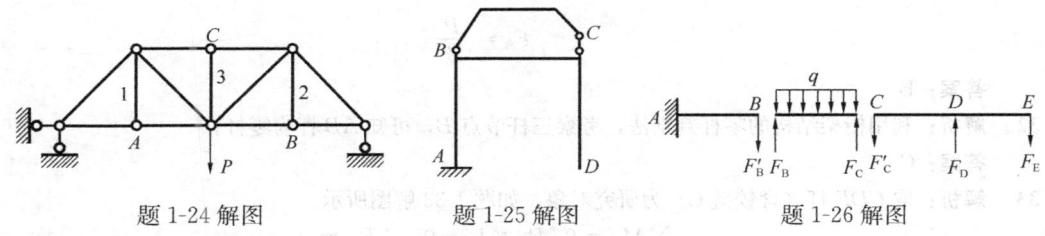

题 1-24 解图   题 1-25 解图   题 1-26 解图

1-27 解析：首先进行左半部分 AC 杆的受力分析，再对右半部分 BC 杆进行受力分析，如题 1-27 解图所示。可见 AC 杆上没有弯矩，正确的弯矩图为 B 图。

答案：B

1-28 解析：首先进行受力分析，画出图示结构的受力图，如题 1-28 解图所示。由于外荷载是一对力偶（逆时针转），所以支座反力为一对反方向的力偶（顺时针转）。

$\sum M=0$：$F_A\times 3L=P\times L$

故 $F_A=\dfrac{P}{3}=F_B$

由此可知正确的剪力图为 B 图。

答案：B

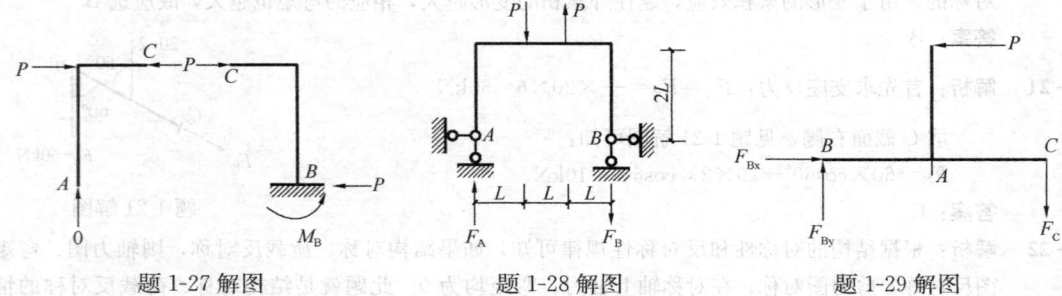

题 1-27 解图 题 1-28 解图 题 1-29 解图

1-29 解析：取整体为研究对象，画其受力图如题 1-29 解图所示。

$$\sum M_C = 0: \quad F_{By} \times 2L = P \times L$$

$$\therefore F_{By} = \frac{P}{2}$$

再用直接法求跨中 A 点左侧的内力：

$$Q_{AB} = F_{By} = \frac{P}{2}$$

$$M_{AB} = F_{By} \cdot L = \frac{PL}{2}$$

答案：C

1-30 解析：此题虽然梁的轴线是斜的，但是荷载分布仍为垂直于水平轴均匀分布，支座反力也是垂向分布的。跨中的弯矩计算和水平轴受均布荷载作用的简支梁相同。

$$M_A = \frac{1}{2} qL \cdot \frac{L}{2} - \frac{1}{2} qL \cdot \frac{L}{4} = \frac{1}{8} qL^2$$

答案：A

1-31 解析：首先取 BC 杆为研究对象如题 1-31 解图所示，不难求出 B 点的约束反力为 $\frac{P}{2}$，然后取 AB 杆（含中间铰链 B）为研究对象：

$$\sum F_y = 0: \quad F_A + P + \frac{P}{2} = 2P$$

$$F_A = \frac{P}{2}$$

答案：B

1-32 解析：利用桁架结构的零杆判别法，考察三杆节点 B，可知 AB 杆为零杆。

答案：C

1-33 解析：取 CDE 杆（含铰链 C）为研究对象，如题 1-33 解图所示。

$$\sum M_C = 0: \quad R_D \times L = 0 \quad \therefore R_D = 0$$

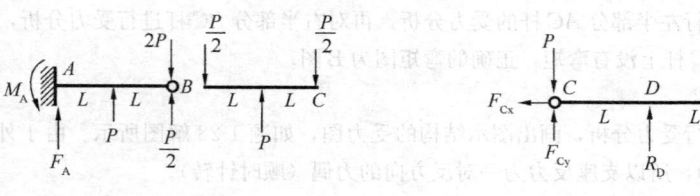

题 1-31 解图 题 1-33 解图

答案：A

1-34　**解析**：两个图的外力作用线相同，所以产生的支座反力也相同。题 1-34 图（a）中可知顶上横杆是零杆。题 1-34 图（b）中可知顶上横杆受拉力 P。只有 P 力作用线上的横杆内力有改变，其余杆内力都不变。

　　　答案：B

1-35　**解析**：A 图横梁弯矩图为抛物线不对，B 图左下角、右下角弯矩不为零错误，C 图右上角弯矩的平衡关系不对；只有 D 图是完全正确的。

　　　答案：D

1-36　**解析**：为了方便分析，把中间铰链和其上作用的集中力 P 放在左侧，首先分析右边的刚架，可知其既无外力又无重力，支座反力为 0，内力亦为 0。而左边的刚架是一个受水平力 P 作用的悬臂刚架，其水平杆上有受拉的轴力，竖杆上无轴力。

　　　答案：B

1-37　**解析**：首先取 BC 杆为研究对象，画出其受力图如解图所示。不难求得：

$$F_B = F_C = \frac{ql}{2}$$

再取 CDE 杆为研究对象，画出其受力图如解图所示。

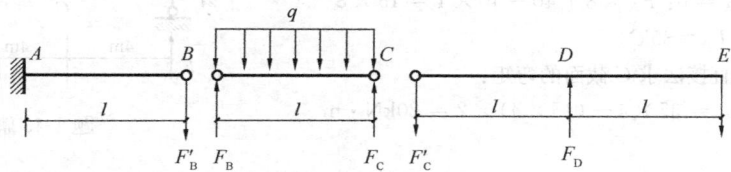

题 1-37 解图

由 $\sum M_E = 0$：$F_D \cdot l = F'_C \cdot 2l$

可知：$F_D = 2F'_C = ql$

　　　答案：B

1-38　**解析**：题 1-38 图所示悬臂梁在均布荷载 q 和集中力 P=ql 作用下，只有支座 A 的竖向反力相同，两者的剪力图、弯矩图和端点 B 的竖向位移都是不同的。

　　　答案：B

1-39　**解析**：图示刚架跨中 A 点位移与刚架的总刚度，尤其是横梁的刚度大小成反比。可以设想刚度 EI 的变化是从零到无穷大。其中 B 图刚架的总刚度和横梁的刚度都是最大的，故 B 图跨中 A 点位移最小。

　　　答案：B

1-40　**解析**：一般来说，超静定次数越低，跨中弯矩越大，跨中 O 点的竖向位移也越大。图示 4 种拱形结构，C 图是 3 次超静定，D 图是 1 次超静定，只有 A 图和 B 图是静定结构。而 A 图是三铰拱，中点铰链弯矩为零，整体结构的弯矩要比 B 图弯矩小；所以 B 图超静定次数最低，弯矩最大，位移也最大。

　　　答案：B

1-41　**解析**：图示超静定结构是对称结构，引起变形的外因——温度变化也是对称的，故其变形也是对称的，而且横杆越接近外侧变形积累越大，故竖杆的底部弯矩也越大。同时，由于横杆越靠近外侧，其所受的约束越少，轴力也越小。故应选 D。

　　　答案：D

1-42　**解析**：首先从中间铰链 C 处断开，为便于分析，把中间铰链 C 及作用在 C 铰链上的集中力 40kN 都放在 ABC 杆上，如解图所示。

　　　从 CD 杆的受力图，不难求出：

61

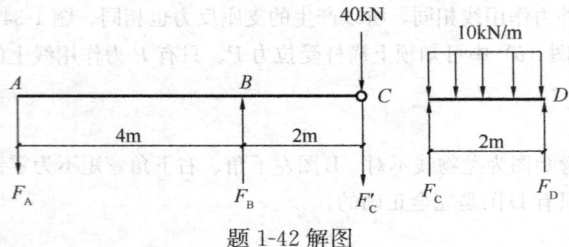

题 1-42 解图

$$F_C = F_D = \frac{1}{2} \times 10 \times 2 = 10 \text{kN}$$

然后把 $F'_C = F_C = 10$ kN 按照图示方向加到 ABC 杆上，$\sum M_B = 0$：$F_A \times 4 = (40+10) \times 2$

∴ $F_A = 25$ kN

最后由直接法，得到：$V_{B左} = -F_A = -25$ kN

答案：B

1-43 解析：首先进行受力分析，由于没有水平力，所以 A 点的水平支座反力为 0，梁的受力图如解图所示。

$\sum M_B = 0$：$F_A \times 8 + 40 + 40 \times 4 = 15 \times 8 \times 4$

得到 $F_A = 35$ kN

再由直接法求 C 截面的弯矩：

$M_C = 35 \times 4 - (15 \times 4) \times 2 = 20$ kN·m

答案：B

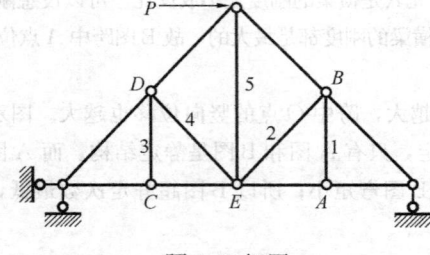

题 1-43 解图

1-44 解析：题 1-44 图所示支座是典型的辊轴支座，只有一个竖直向上的支座反力，故和链杆支座 B 图相同。

答案：B

1-45 解析：如解图所示，运用桁架结构的零杆判别法，依次考察三杆节点 A、B、C、D、E，可以看出 1、2、3、4、5 杆为零杆。

答案：D

1-46 解析：如解图所示桁架结构受一对平衡力作用。根据加减平衡力系原理可知支座反力为 0，再按照解图所示顺序，依次考察 A、B、C、D、E 各点，可知 1、2、3、4、5、6、7、8 杆为零杆。依对称性，左边 8 个杆也为零杆。最后由 F 点可知 9 也是零杆。故有 17 根零杆。

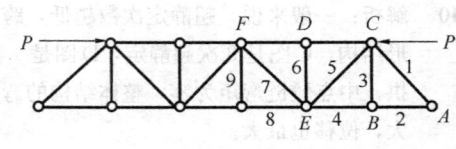

题 1-45 解图　　　　题 1-46 解图

答案：D

1-47 解析：运用桁架结构的零杆判别法，依次考察解图中 A、B、C 三点，可知 1、2、3、4、5、6 杆均为零杆。

答案：C

1-48 解析：如解图所示，从两杆节点 A 可判断 1、2 杆为零杆，从三杆节点 B、C、D 可判断 3、4、5 杆是零杆，故有 5 根零杆。

答案：B

1-49 解析：如解图所示，从三杆节点 A、B 可以判断出 1、2 杆是零杆。再从结构对称、荷载反对称的特点，可以判断出在对称轴上对称力（3 杆的轴力）为 0。这个结论也可以用截面法来验证，故有 3 根零杆。
答案：B

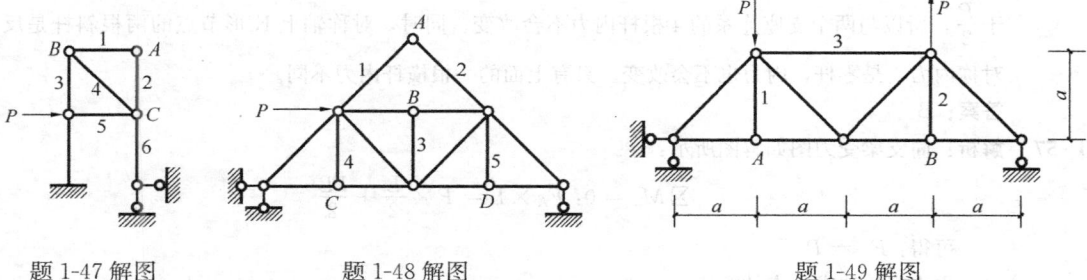

题 1-47 解图　　　　题 1-48 解图　　　　题 1-49 解图

1-50 解析：如题图所示，支座有 3 根约束链杆，相当于固定端支座——左右不能动，上下不能动，也不能转动，故有 3 个约束力。
答案：D

1-51 解析：以图 A 为例，如解图所示，用节点法（位置照抄、箭头相反）依次画出 A、B、C、D、E、F 各节点的受力图，可知 3 根斜杆（1、2、3 杆）均为拉力。

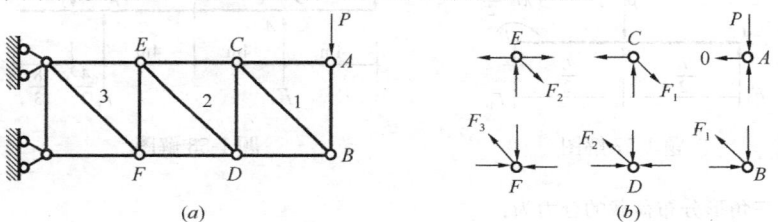

题 1-51 解图

其他各图的分析方法相同：B 图中有 3 根零杆，C 图中有 3 根零杆，D 图中有 2 根零杆。
答案：A

1-52 解析：如解图所示，先看两杆节点 A，可知 1 杆和 2 杆是零杆；再看节点 B，可知 3 杆和 4 杆是零杆；共有 4 根零杆。
答案：C

1-53 解析：先分析 DE 杆，可知 DE 杆无支座反力、无内力；再分析 BC 杆，可知 BC 杆无反力、无内力，从而 AB 杆也无反力、无内力；只有 CD 杆有反力、有内力。各杆受力图如解图所示。
答案：D

1-54 解析：取题 1-54 图所示结构整体为研究对象，画出整体的受力图，如解图所示。
$$\sum M_A = 0: F_B \times 2a = P \times a \quad \therefore F_B = \frac{P}{2}$$
答案：B

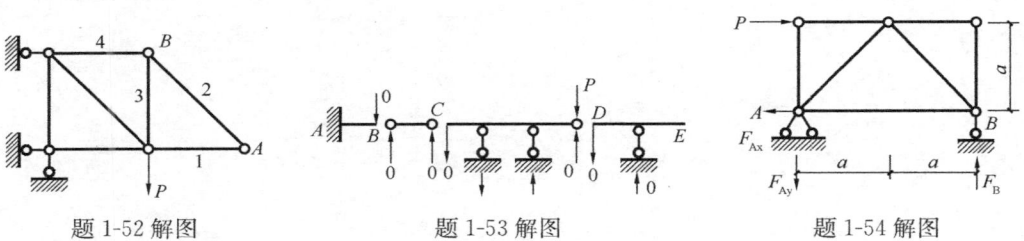

题 1-52 解图　　　　题 1-53 解图　　　　题 1-54 解图

1-55　解析：可以将节点 B 看作是桁架结构的两杆节点，B 点连接的两根杆均为零杆，可以去掉。剩余的悬臂刚架支座 A 的竖向反力为 P。

答案：C

1-56　解析：如题 1-56 图所示，(a)、(b) 两图都是对称结构受对称荷载作用，支座反力也对称，都等于 $\dfrac{P}{2}$，所以与两个支座连系的 4 根杆内力不会改变。同时，对称轴上 K 形节点的两根斜杆是反对称内力，是零杆，内力也不会改变。只有上面的一根横杆内力不同。

答案：B

1-57　解析：简支梁受力图如解图所示：

$$\sum M_B = 0: F_A \times L = P \times \dfrac{L}{2} + \dfrac{PL}{2}$$

可得：$F_A = P$

再由直接法求 a 点的弯矩：

$$M_a = F_A \times \dfrac{L}{2} = \dfrac{PL}{2}$$

答案：B

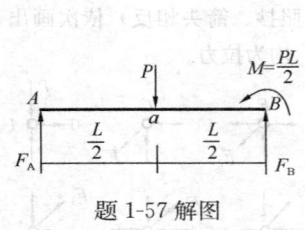

题 1-57 解图

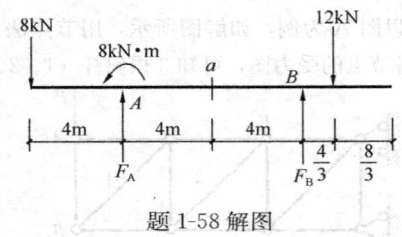

题 1-58 解图

1-58　解析：三角形分布荷载的合力为：

$$F = \dfrac{1}{2} \times 4 \times 6 = 12\text{kN}$$

画出 AB 梁的受力图（题 1-58 解图），

$$\sum M_A = 0: F_B \times 8 + 8 \times 4 = 12 \times 8\dfrac{4}{3}$$

可得：$F_B = 9\text{kN}$

用直接法，取 a 截面的右侧，可得：

$$V_a = +12 - 9 = 3\text{kN}$$
$$M_a = +9 \times 4 - 12 \times 4\dfrac{4}{3} = -28\text{kN} \cdot \text{m}$$

答案：B

第二章 建筑结构与结构选型

本章考试大纲：了解多层、高层及大跨度建筑结构选型与结构布置的基本知识和结构概念设计。

本章复习重点：建筑结构的基本概念；多层、高层及大跨度建筑结构选型与结构布置的基本知识。

第一节 概　述

一、建筑结构的基本概念

（一）基本术语

1. 建筑物

人类建造活动的一切成果，如房屋建筑、桥梁、码头、水坝等。房屋建筑以外的其他建筑物有时也称构筑物。

2. 结构

能承受和传递作用并具有适当刚度的由各连接部件组合而成的整体，俗称承重骨架。

3. 工程结构

房屋建筑、铁路、公路、水运和水利水电等各类土木工程的建筑物结构的总称。

4. 结构体系

结构中的所有承重构件及其共同工作的方式。

5. 建筑结构

组成工业与民用建筑包括基础在内的承重体系，为房屋建筑结构的简称。对组成建筑结构的构件、部件，当其含义不致混淆时，亦可统称为结构。

6. 建筑结构单元

房屋建筑结构中，由伸缩缝、沉降缝或防震缝隔开的区段。

7. 作用

施加在结构上的集中力或分布力和引起结构外加变形或约束变形的原因。前者也称直接作用（荷载），后者也称间接作用。

8. 作用效应

由作用引起的结构或结构构件的反应，如内力、变形等。

9. 结构抗力

结构或结构构件承受作用效应的能力，如承载力、刚度等。

（二）建筑结构的组成

结构构件是指在物理上可以区分出的部分，如柱、墙、梁、板、基础桩等。

建筑结构一般都是由以下结构构件组成（图2-1）：

1. 水平构件

用以承受竖向荷载的构件，一般有梁和板。

2. 竖向构件

用以支承水平构件或承受水平荷载的构件，一般有柱、墙和基础桩。

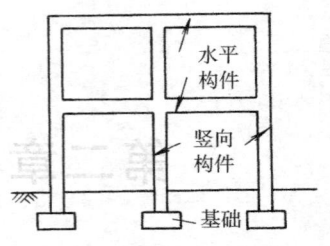

图 2-1　结构骨架简图

（三）建筑结构的类型

1. 按组成建筑结构的主要建筑材料划分

（1）木结构：原木结构、方木结构、胶合木结构。

（2）砌体结构：砖砌体结构、砌块砌体结构、石砌体结构、配筋砌体结构。

（3）钢结构：冷弯型钢结构、预应力钢结构。

（4）混凝土结构：素混凝土结构、钢筋混凝土结构、预应力混凝土结构。

（5）混合结构：对于高层建筑结构，由钢框架（框筒）、型钢混凝土框架（框筒）、钢管混凝土框架（框筒）与钢筋混凝土核心筒组成，并共同承受水平和竖向作用的结构。对于多层房屋建筑，该术语专指一般以砌体为主要承重构件和混凝土楼盖和屋盖（或木屋架屋盖、钢木屋架屋盖）等共同组成的结构。

<u>组合结构是指同一截面或各杆件由两种或两种以上材料制成的结构。</u>

2. 按组成建筑结构的结构形式划分

（1）平板结构体系。一般有：常规平板结构（板式结构、梁板式结构）、桁架与屋架结构、刚架与排架结构、空间网格结构（双层或多层网架、直线形立体桁架结构）、高层建筑结构（框架、剪力墙、框架-剪力墙、筒体、悬挂结构）。

（2）曲面结构体系[①]。一般有：拱结构、空间网格结构（单层、双层或局部双层网壳、曲线形立体桁架结构）、索结构（悬索结构、斜拉结构、张弦结构、索穹顶）、薄壁空间结构（薄壳、折板、幕结构）等。

3. 按建筑结构的承载方式划分[②]

（1）墙承重结构，如砌体结构、砖木结构、剪力墙结构等。

（2）柱结构，如框架结构、排架结构、刚架结构等。

（3）特殊类型结构，这里指不归入前两种类型的结构，如拱结构和大跨度空间结构等。

此外尚可按建筑结构的受力特点划分为：平面结构体系与空间结构体系两大类。

（四）规范对单层、多层、高层建筑的规定

1.《民用建筑设计统一标准》 GB 50352—2019

（1）建筑高度不大于 27.0m 的住宅建筑、建筑高度不大于 24.0m 的公共建筑及建筑高度大于 24.0m 的单层公共建筑为低层或多层民用建筑。

（2）建筑高度大于 27.0m 的住宅建筑和建筑高度大于 24.0m 的非单层公共建筑，且高度不大于 100.0m 的，为高层民用建筑。

---

① 膜建筑是 20 世纪中期发展起来的一种新型建筑形式。膜不是结构，是建筑的围护系统，而真正的结构是那些支承和固定膜的钢结构，可分为充气膜建筑和张拉膜建筑。幕结构是由双曲面壳结构经转化而形成的一种结构形式，也可称其为双向折板结构。

② 参见：樊振和. 建筑结构体系及选型 [M]. 北京：中国建筑工业出版社，2011.

(3) 建筑高度大于 100.0m 为超高层建筑。

2.《建筑设计防火规范》GB 50016—2014（2018 年版）

(1) 建筑高度不大于 27m 的住宅建筑（包括设置商业服务网点的建筑）为单、多层民用建筑。

(2) 建筑高度大于 24m 的单层公共建筑，建筑高度不大于 24m 的其他公共建筑为单、多层民用建筑。

(3) 其他为高层民用建筑，并分为一类与二类。

3.《高层建筑混凝土结构技术规程》JGJ 3—2010

10 层及 10 层以上或房屋高度大于 28m 的住宅建筑和房屋高度大于 24m 的其他高层民用建筑。

（五）规范对大跨度建筑的规定

1.《空间网格结构技术规程》JGJ 7—2010

本规程中大、中、小跨度划分系针对屋盖而言；大跨度为 60m 以上；中跨度为 30～60m；小跨度为 30m 以下。

2.《建筑抗震设计规范》GB 50011—2010（2016 年版）

现浇钢筋混凝土房屋的大跨度框架是指跨度不小于 18m 的框架。

3.《钢结构设计标准》GB 50017—2017

大跨度钢结构体系可分为如下三类，其常见形式为：

(1) 以整体受弯为主的结构：平面桁架、立体桁架、空腹桁架、网架、组合网架钢结构以及与钢索组合形成的各种预应力钢结构；

(2) 以整体受压为主的结构：实腹钢拱、平面或立体桁架形式的拱形结构、网壳、组合网壳钢结构以及与钢索组合形成的各种预应力钢结构；

(3) 以整体受拉为主的结构：悬索结构、索桁架结构、索穹顶等。

二、建筑结构基本构件

组成结构体系的单元体称为基本构件。按受力特征来划分主要有以下三类：轴心受力构件、偏心受力构件和受弯构件。

按其主要受力性质常常又划分为：拉杆、压杆和受弯构件。

（一）轴心受力构件

当构件所受外力的作用点与构件截面的形心重合时，则构件横截面产生的应力为均匀分布，这种构件称为轴心受力构件。可分为：

1. 轴心受拉构件

构件所受的力，使构件横断面仅产生均匀拉应力时即为轴心受拉构件。常用于桁架的下弦杆及受拉斜腹杆，如图 2-2 所示。

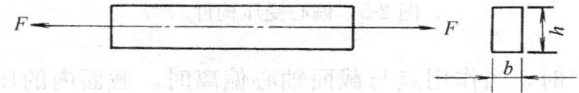

图 2-2 轴心受拉构件

这种构件最能充分发挥材料的强度。

2. 轴心受压构件

外力以压力的方式作用在构件的轴心处，使构件产生均匀压应力时，即为轴心受压构件，如图 2-3 所示。

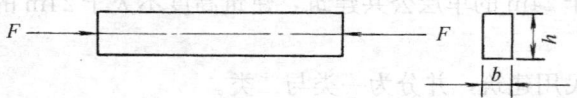

图 2-3 轴心受压构件

(二) 偏心受力构件

偏心受力构件分为两种：偏心受拉和偏心受压构件。

1. 偏心受拉构件

(1) 定义：构件承受的拉力作用点与构件的轴心偏离，使构件既受拉又受弯时，即为偏心受拉构件（亦称拉弯构件）。常见于屋架下弦有节间荷载时。

(2) 构件的受力状态

由图 2-4 可知其截面产生的应力是由两种应力叠加的。

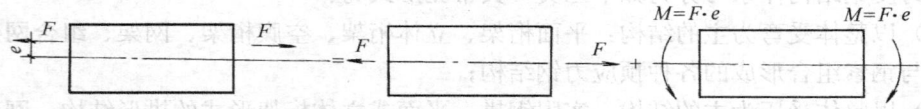

图 2-4 偏心受拉构件

2. 偏心受压构件

(1) 定义：构件承受的压力作用点与构件的轴心偏离，使构件既受压又受弯时即为偏心受压构件（亦称压弯构件）。常见于屋架的上弦杆、框架结构柱、砖墙及砖垛等。

(2) 构件的受力状态（图 2-5）

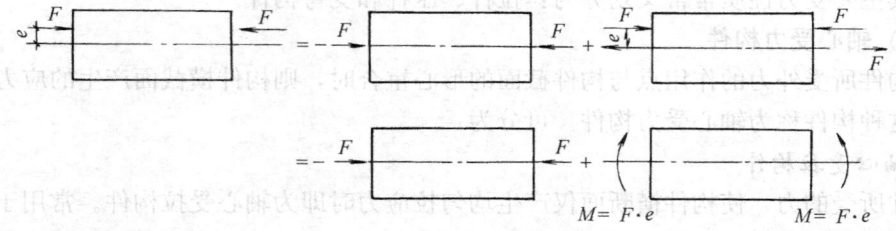

图 2-5 偏心受压构件

在受同样的压力 F 时，当作用点与截面轴心偏离时，截面内的压应力增加甚多，而且当偏心距较大时截面内除压应力外将产生一部分拉应力。

在实践中尚有双向偏心构件。

(三) 受弯构件

1. 定义

当一水平构件在跨间承受荷载，使其产生弯曲，构件将产生弯矩和剪力，截面内将产生弯曲应力和剪应力。这种构件即称为受弯构件。这是结构设计中最常见的构件。

2. 受弯构件的受力状态

（1）简支梁在不同荷载作用下的弯矩和剪力（图2-6）。

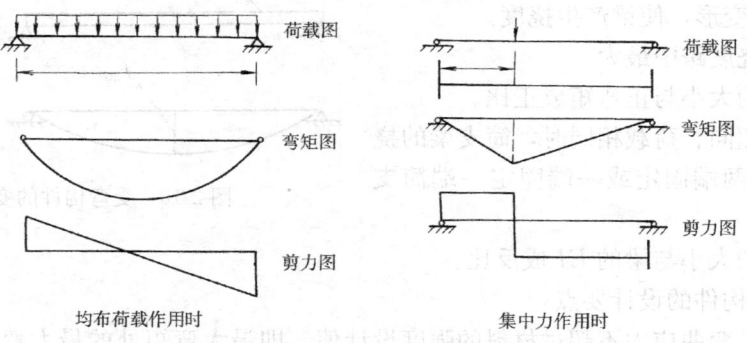

图2-6　简支梁在不同荷载作用下的弯矩和剪力

（2）多跨连续梁在均布荷载作用下的弯矩和剪力（图2-7）。
在跨度范围内弯矩和剪力都是变化的。

（3）梁截面内的应力分布

1）弯曲应力（图2-8）

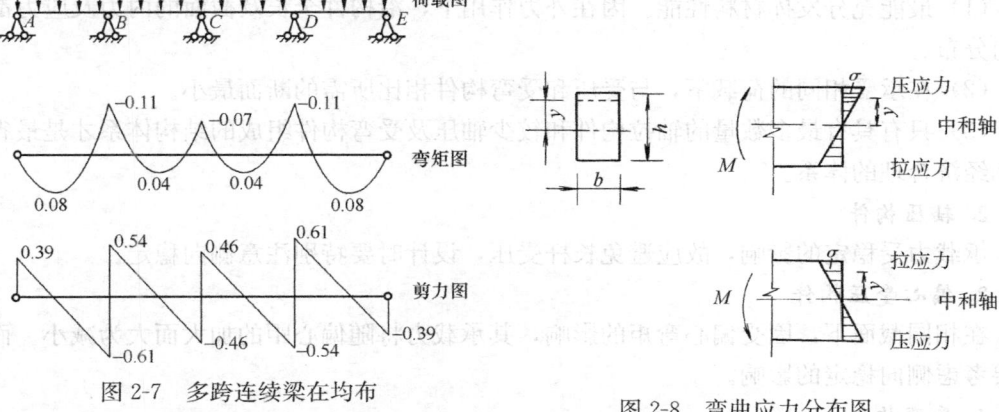

图2-7　多跨连续梁在均布荷载作用下的弯矩和剪力

图2-8　弯曲应力分布图

弯曲应力沿截面高度为三角形分布，中和轴处应力为零；向下弯曲时（⌒）中和轴以上为压应力，中和轴以下为拉应力；向上弯曲时（⌣）中和轴以上为拉应力，以下为压应力。

2）剪应力

剪应力在截面上的分布也是不均匀的，其分布规律见图2-9。

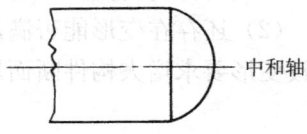

图2-9　剪应力分布规律图

①剪应力在梁高方向的分布是中和轴处最大，以近抛物线的形状分布，在截面边沿处剪应力为零；

②沿梁长度方向，支座处剪力最大，剪应力也最大；

③截面的抗剪主要靠腹板（即梁的截面中部）。

(4) 受弯构件的变形（图2-10）

受弯构件在荷载作用下要产生弯曲，于是将产生弯曲变形，使梁产生挠度。

1) 梁的挠度跨中最大。

2) 挠度的大小与正弯矩成正比。

3) 跨度相同、荷载相同时，简支梁的挠度比连续梁、两端固定或一端固定一端简支的梁要大。

4) 挠度的大小与梁的 EI 成反比。

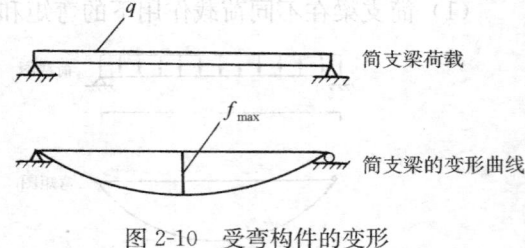

图2-10 受弯构件的变形

(5) 受弯构件的设计要点

1) 要满足弯曲应力不超过材料的强度设计值。即最大弯矩处的最大弯曲应力必须小于强度设计值；

2) 梁内最大剪力的断面平均剪应力不超过材料抗剪的设计值；

3) 梁的最大挠度值不得超过规范规定的限值。

（四）几种基本构件的比较

上述几种基本构件的合理应用，就能取得合理的结构设计。

1. 轴心受拉构件是受力最好的构件

(1) 最能充分发挥材料性能。因在外力作用下，沿构件全长及截面的内力及应力都是均匀分布。

(2) 在承受相同的荷载下，与受压和受弯构件相比所需的断面最小。

(3) 只有具有最多数量的轴拉构件和较少轴压及受弯构件组成的结构体系才是最省材料和经济合理的体系。

2. 轴压构件

承载力受稳定的影响，故应避免长杆受压，设计时要特别注意侧向稳定。

3. 偏心受压构件

在相同截面下，因受偏心弯矩的影响，其承载力将随偏心距的加大而大为减小。而且也要考虑侧向稳定的影响。

4. 受弯构件

(1) 构件内的内力不均匀分布，因此不能充分发挥材料的作用。

(2) 还存在变形能否满足要求的问题，有时虽已满足强度要求，变形不能满足时，则应按变形要求增大构件断面尺寸。

第二节 多层与高层建筑结构体系

在建筑材料的应用上，砌体结构多用于多层建筑结构，而钢筋混凝土结构、钢结构、混合结构常用于多高层建筑结构。随着建筑高度的增加，钢结构的应用比例随之增多。

多高层建筑结构类型有砌体结构、框架结构、剪力墙结构、框架-剪力墙结构、筒体结构、混合结构、复杂高层建筑结构等。

一、多层砌体结构

(一) 概述

砌体结构是由砌块和砂浆砌筑而成的以墙、柱作为建筑物主要受力构件的结构。是砖砌体、砌块砌体和石砌体结构的统称。

在同一房屋结构体系中，砌体结构房屋通常采用两种或两种以上不同材料组成，即由钢筋混凝土楼（屋）盖和砖砌体砌筑而成的承重墙组成。

(二) 砌体结构的特点和应用范围

1. 主要优点

和其他建筑材料相比，砌体材料具有良好的耐火、保温、隔声和抗腐蚀性，且具有较好的大气稳定性；可以就地取材，生产和施工工艺简单。

2. 主要缺点

(1) 砌体结构是墙承重结构，一般宜采用刚性方案，故其横墙间距受到限制，因此不能获得较大的空间，限制了建筑内部空间的灵活使用，这也是墙承重结构共同的局限性。

(2) 砌体结构是脆性材料，抗压能力尚可，但抗拉、抗剪强度都低。与钢筋混凝土结构和钢结构比较，建筑整体性和抗震性能都较差，故建造的层数有限，一般不超过 7 层，主要适用于住宅、公寓、旅馆和中小型病房楼等建筑。

(三) 砌体结构设计及抗震要求

详见"第六章 砌体结构设计"及"第八章 建筑抗震设计基本知识"第二节"二、多层砌体房屋和底部框架砌体房屋"。

二、框架结构

以下内容主要围绕多高层钢筋混凝土框架结构体系展开介绍。钢结构体系原理相同，内容详见第八章第二节"三、多层和高层钢结构房屋"。

(一) 框架结构的特点与优点

1. 基本概念

(1) 框架结构是以梁和柱为主要构件组成的承受竖向和水平作用的结构。

(2) 框架结构采用的材料：

1) 型钢；

2) 钢筋混凝土。

2. 框架结构的特点

(1) 框架的连接点是刚节点，是一个几何不变体。

(2) 在竖向荷载作用下，梁、柱互相约束，从而减小横梁的跨中弯矩，其变形及弯矩图见图 2-11。

(3) 在水平力作用下，梁柱的刚接可提高柱子的抗推刚度减小水平变形，成为很好的抗侧力结构。

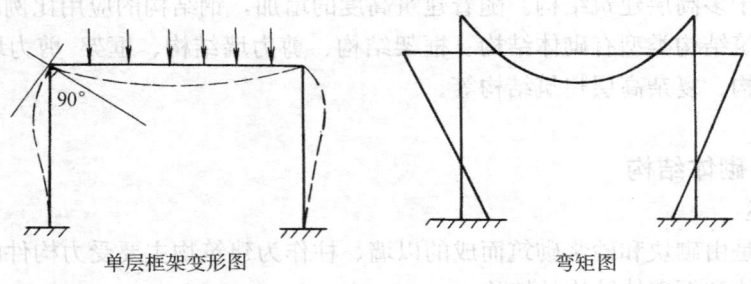

单层框架变形图　　　　　　　　弯矩图

图 2-11　单层框架（刚架）竖向荷载作用下变形及弯矩图

3. 框架结构的优点

（1）框架结构所用的钢筋混凝土或型钢有很好的抗压和抗弯能力，因此，可以加大建筑物的空间和高度。

（2）可以减轻建筑物的重量。

（3）有较好的抗震能力。

（4）有较好的延性。

（5）有较好的整体性。

4. 框架结构的缺点

因构件截面尺寸不可能太大故承载力和刚度受到一定限制，因此房屋的高度受到限制。

（二）框架结构的类型

1. 按构件组成划分为两种类型

（1）梁板式结构。由梁、板、柱三种基本构件组成骨架形成的框架结构。

（2）无梁式结构。由板和柱子组成的结构。

2. 按框架的施工方法划分为四种类型

（1）现浇整体式框架。框架全部构件均在现场现浇成整体。

（2）装配式框架。框架全部构件采用预制装配。

（3）半现浇框架。梁、柱现浇，楼板预制或现浇柱，预制梁板。

（4）装配整体式框架。预制梁、柱，装配时通过局部现浇混凝土使构件连接成整体。

（三）框架结构的平面布置方式

框架结构的平面布置方式如图 2-12 所示。

（1）横向框架承重方案：在横向上设置主梁，在纵向上设置连系梁。楼板支承在横向框架上，楼面竖向荷载传给横向框架主梁。

（2）纵向框架承重方案：在纵向上布置框架主梁，在横向布置连系梁，楼面的竖向荷载主要沿纵向传递。横向连系梁尺寸较小。此承重方案使得建筑净空较大，房间布置灵活。

（3）纵横向框架承重方案：框架在纵横向均布置主梁，楼板的竖向荷载沿两个方向传递。

对于高层建筑，框架结构应设计成双向梁柱抗侧力体系。主体结构除个别部位外，不应采用铰接。

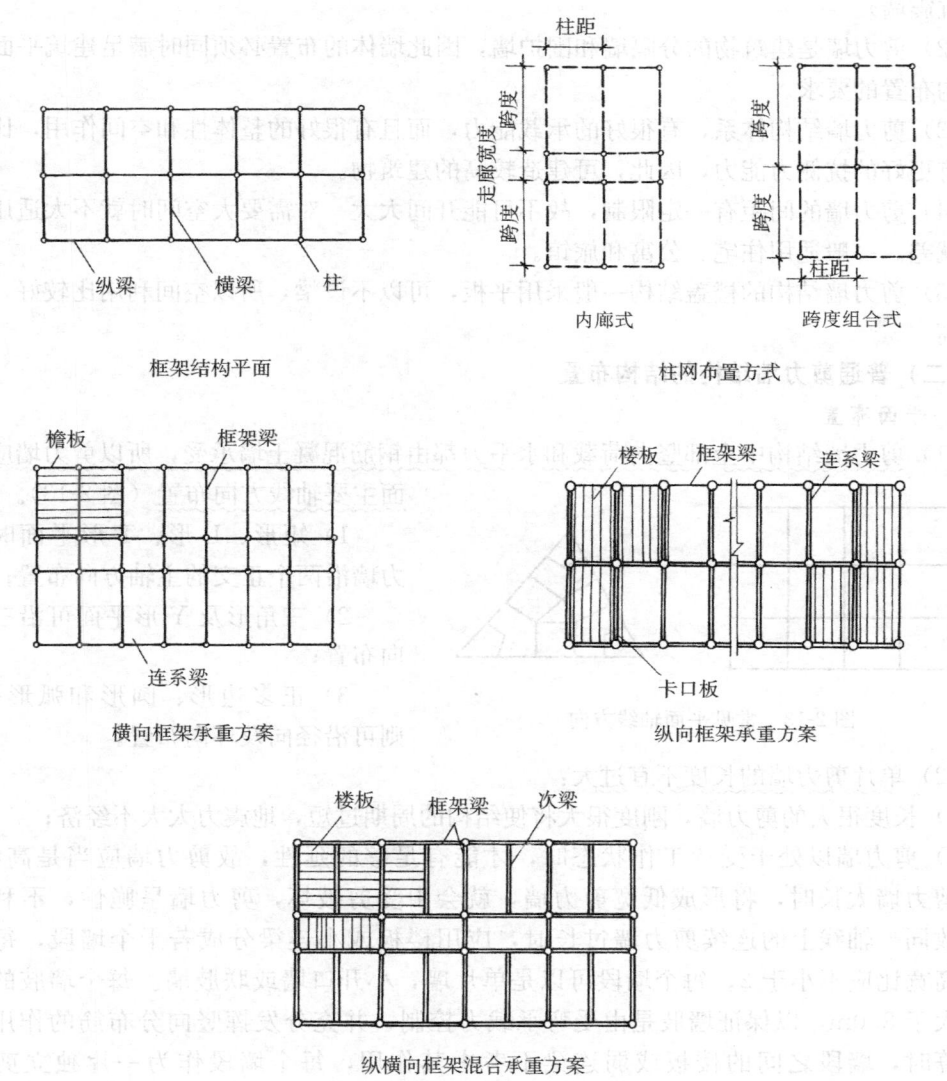

图 2-12 框架结构的平面布置方式

震害调查表明,单跨框架结构,尤其是层数较多的高层建筑震害比较严重。因此,抗震设计的高层框架结构不应采用冗余度低的单跨框架。

单跨框架结构是指整栋建筑全部或绝大部分采用单跨框架的结构,不包括仅局部为单跨框架的框架结构。

三、剪力墙结构

(一)剪力墙的概念和结构效能

(1) 建筑物中的竖向承重构件主要由墙体承担时,这种墙体既承担水平构件传来的竖向荷载,同时承担风荷载或地震作用传来的水平作用。剪力墙即由此而得名(抗震规范定名为抗震墙)。

(2) 剪力墙是建筑物的分隔墙和围护墙,因此墙体的布置必须同时满足建筑平面布置和结构布置的要求。

(3) 剪力墙结构体系,有很好的承载能力,而且有很好的整体性和空间作用,比框架结构有更好的抗侧力能力,因此,可建造较高的建筑物。

(4) 剪力墙的间距有一定限制,故不可能开间太大。对需要大空间时就不太适用。灵活性就差。一般适用住宅、公寓和旅馆。

(5) 剪力墙结构的楼盖结构一般采用平板,可以不设梁,所以空间利用比较好,可节约层高。

(二) 普通剪力墙结构的结构布置

1. 平面布置

(1) 剪力墙结构中全部竖向荷载和水平力都由钢筋混凝土墙承受,所以剪力墙应沿平面主要轴线方向布置(图2-13)。

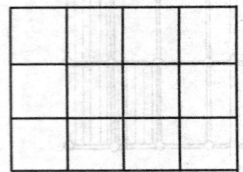 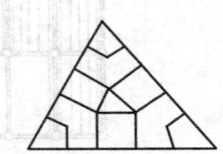

图2-13 常见平面轴线方向

1) 矩形、L形、T形平面时,剪力墙沿两个正交的主轴方向布置;

2) 三角形及Y形平面可沿三个方向布置;

3) 正多边形、圆形和弧形平面,则可沿径向及环向布置。

(2) 单片剪力墙的长度不宜过大:

1) 长度很大的剪力墙,刚度很大将使结构的周期过短,地震力太大不经济;

2) 剪力墙以处于受弯工作状态时,才能有足够的延性,故剪力墙应当是高细的,如果剪力墙太长时,将形成低宽剪力墙,就会由受剪破坏,剪力墙呈脆性,不利于抗震。故同一轴线上的连续剪力墙过长时,应用楼板或小连梁分成若干个墙段,每个墙段的高宽比应不小于2。每个墙段可以是单片墙,小开口墙或联肢墙。每个墙肢的宽度不宜大于8.0m,以保证墙肢是由受弯承载力控制,并充分发挥竖向分布筋的作用。内力计算时,墙段之间的楼板或弱连梁不考虑其作用,每个墙段作为一片独立剪力墙计算。

(3) 剪力墙的数量要在方案阶段合理地确定,以对称,均匀,数量适当为好。

1) 剪力墙的开间通常为6.0~7.0m的大开间,比3.0~3.9m的小开间更为经济合理,降低了材料用量,而且增大建筑使用面积;

2) 剪力墙结构的基本周期控制:若周期过短,地震作用过大时,宜减少墙的数量。

(4) 调整剪力墙结构刚度的方法有:

1) 适当减小剪力墙的厚度;

2) 降低连梁的高度;

3) 增大门窗洞口宽度;

4) 对较长的墙肢设置施工洞,分为两个墙肢。超过8.0m长时都应用施工洞划分为小墙肢。

2. 竖向布置

（1）剪力墙应在整个建筑的竖向延续，上到顶，下到底，中间楼层也不要中断。剪力墙不连续会造成刚度突变，对抗震非常不利。

（2）顶层取消部分剪力墙时，其余剪力墙应在构造上予以加强。

（3）底层取消部分剪力墙时，应设置转换层。

（4）为避免刚度突变，剪力墙的厚度应按阶段变化，每次厚度减小宜为 50~100mm，不宜过大，使墙体刚度均匀连续改变。厚度改变和混凝土强度等级的改变宜错开楼层。

（5）厚度变化时宜两侧同时内收。外墙及电梯间墙可只单面内收。

（6）剪力墙上的洞口宜上下对齐，并列布置，这种墙传力直接，受力明确，内力分布清楚；抗震性能好。错洞口上下不对齐，受力复杂，洞边容易产生应力集中，配筋大，地震时容易破坏。

（7）相邻洞口之间及洞口与墙边缘之间要避免小墙肢。当墙肢的宽度与厚度之比小于 3 的小墙肢，在反复荷载作用下，早开裂，早破坏。

（8）刀把形剪力墙会使剪力墙受力复杂，应力局部集中，而且竖向地震作用会产生较大的影响，宜十分慎重。如图 2-14 所示。

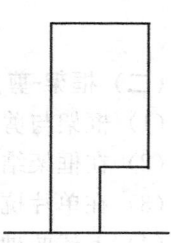

图 2-14 刀把形剪力墙受力复杂

剪力墙结构的一般规定，可参照《高层建筑混凝土结构技术规程》JGJ 3—2010（简称《高层混凝土规程》）第 7.1 条，剪力墙应具有适宜的侧向刚度，其布置应符合下列规定：

（1）平面布置宜简单、规则，宜沿两个主轴方向或其他方向双向布置，两个方向的侧向刚度不宜相差过大。抗震设计时，不应采用仅单向有墙的结构布置。

（2）剪力墙宜自下到上连续布置，避免刚度突变。剪力墙不连续会造成刚度突变，对抗震非常不利。

（3）门窗洞口宜上下对齐、成列布置，形成明确的墙肢和连梁；宜避免造成墙肢宽度相差悬殊的洞口设置；抗震设计时，一、二、三级剪力墙的底部加强部位不宜采用上下洞口不对齐的错洞墙，全高均不宜采用洞口局部重叠的叠合错洞墙。

（4）剪力墙不宜过长，较长剪力墙宜设置跨高比较大的连梁将其分成长度较均匀的若干墙段，各墙段的高度与墙段长度之比不宜小于 3，墙段长度不宜大于 8m。

四、框架-剪力墙结构

框架-剪力墙（或称框-剪结构）由框架构成自由灵活的使用空间，来满足不同建筑功能的要求；同时又有足够的剪力墙，具有相当大的刚度，从而使结构具有较强的抗震能力，大大减少了建筑物的水平位移，避免填充墙在地震时严重破坏和倒塌。所以在有抗震设计要求时，宜优先采用框-剪结构代替框架结构。

（一）框-剪结构的受力特点

（1）水平力通过楼板传递分配到剪力墙及框架（图 2-15）。

（2）水平力产生的剪力在底部主要由剪力墙承担，因剪力墙在水平力作用时，底部变形小。但到顶部时，剪力主要由框架承担。即框架在顶部时变形较小。

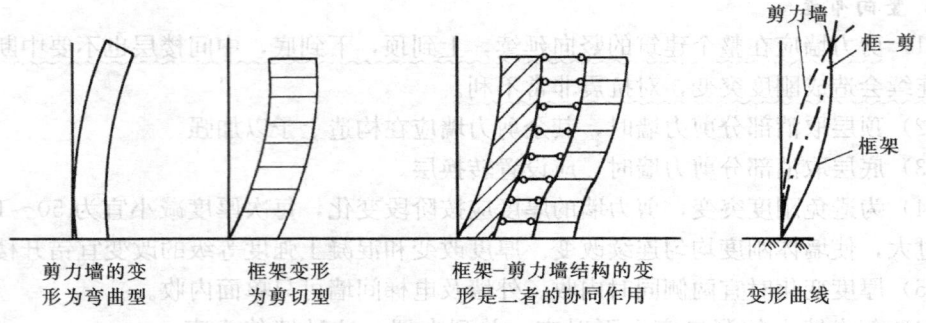

图 2-15 水平力传递至剪力墙及框架的作用效果

（二）框架-剪力墙结构的形式

(1) 框架与剪力墙（单片墙、联肢墙或较小井筒）分开布置。
(2) 在框架结构的若干跨内嵌入剪力墙（带框边剪力墙）。
(3) 在单片抗侧力结构内连续分别布置框架和剪力墙。
(4) 上述两种或三种形式的混合。

（三）框架-剪力墙结构中剪力墙的布置

根据《高层混凝土规程》第 8.1.7 条，宜符合下列规定：

(1) 剪力墙宜均匀布置在建筑物的周边附近、楼梯间、电梯间、平面形状变化及恒载较大的部位，剪力墙间距不宜过大。
(2) 平面形状凹凸较大时，宜在凸出部分的端部附近布置剪力墙。
(3) 纵、横剪力墙宜组成 L 形、T 形和〔形等形式。
(4) 单片剪力墙底部承担的水平剪力不应超过结构底部总水平剪力的 30%。
(5) 剪力墙宜贯通建筑物的全高，宜避免刚度突变；剪力墙开洞时，洞口宜上下对齐。
(6) 楼、电梯间等竖井宜尽量与靠近的抗侧力结构结合布置。
(7) 抗震设计时，剪力墙的布置宜使结构各主轴方向的侧向刚度接近。

框架-剪力墙结构应设计成双向抗侧力体系；抗震设计时，结构两主轴方向均应布置剪力墙。

例 2-1 （2021） 关于框架剪力墙，不正确的是：
A 平面简单规则，剪力墙均匀布置　　B 剪力墙间距不宜过大
C 建筑条件受限时，可仅单向有墙的结构　　D 剪力墙通高，防止刚度突变

解析：《高层混凝土规程》第 8.1.5 条，框架-剪力墙结构应设计成双向抗侧力体系；抗震设计时，结构两主轴方向均应布置剪力墙，故 C 选项"可仅单向有墙"说法错误。第 8.1.7 条第 1 款，框架-剪力墙结构中剪力墙宜均匀布置在建筑物的周边附近、楼梯间、电梯间、平面形状变化及恒载较大的部位，剪力墙间距不宜过大，故 A、B 选项正确。第 8.1.7 条第 5 款，剪力墙宜贯通建筑物的全高，宜避免刚度突变，故 D 选项正确。

答案：C

(四) 板柱-剪力墙结构的布置

板柱-剪力墙结构的布置应符合《高层混凝土规程》第8.1.9的规定：
(1) 应同时布置筒体或两主轴方向的剪力墙以形成双向抗侧力体系，并应避免结构刚度偏心。
(2) 抗震设计时，房屋的周边应设置边梁形成周边框架，房屋的顶层及地下室顶板宜采用梁板结构。
(3) 有楼、电梯间等较大开洞时，洞口周围宜设置框架或边梁。
(4) 无梁板可根据承载力和变形要求采用无柱帽（柱托）板或有柱帽（柱托）板形式。

五、筒体结构

当高层建筑结构层数多、高度大时，由平面抗侧力结构所构成的框架、剪力墙和框剪结构已不能满足建筑和结构的要求，而开始采用具有空间受力性能的筒体结构。

筒体结构的基本特征是：水平力主要是由一个或多个空间受力的竖向筒体承受。筒体可以由剪力墙组成，也可以由密柱框筒构成。

(一) 筒体结构的类型

(1) 筒中筒结构，由中央剪力墙内筒和周边外框筒组成；框筒由密柱（柱距≤4m）、高梁组成 [图2-16 (a)]。
(2) 框架-核心筒结构，由中央剪力墙核心筒和周边外框架（稀柱）组成 [图2-16 (b)]。
(3) 框筒结构 [图2-16 (c)]。
(4) 多重筒结构 [图2-16 (d)]。
(5) 成束筒结构 [图2-16 (e)]。
(6) 多筒体结构 [图2-16 (f)]。

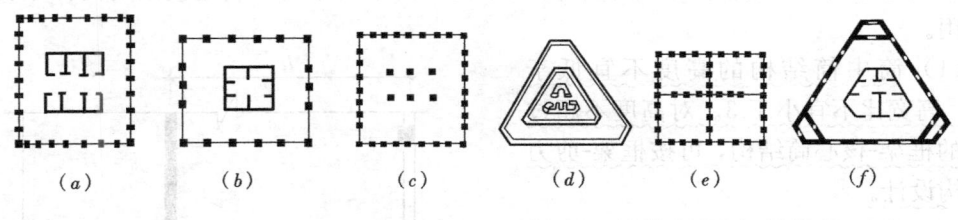

图2-16 筒体结构的类型
(a) 筒中筒结构；(b) 框架-核心筒结构；(c) 框筒结构；(d) 多重筒结构；(e) 成束筒结构；(f) 多筒体结构

应注意区分框架-核心筒结构与框筒结构概念的不同：

框架-核心筒结构是由周边的稀柱框架（通常外围框架柱的间距为8m左右）和剪力墙核心筒组成。

框筒属于筒中筒的一种，由内、外两个筒组成；外筒是由密柱框架组成的框架筒，内筒是由混凝土剪力墙组成的筒体结构；通常外筒框架柱的间距为4m左右。对框筒结构外框柱的要求是密柱深梁，形成一套比外筒和内筒之间框架的刚度明显要大的体系，从而形成具有高刚度的外筒体系,与内筒相得益彰。

(二) 筒体结构的受力性能和工作特点

(1) 筒体是空间整截面工作的,如同一竖在地面上的悬臂箱形梁。框筒在水平力作用下不仅平行于水平力作用方向上的框架(称为腹板框架)起作用,而且垂直于水平方向上的框架(称为翼缘框架)也共同受力。薄壁筒在水平力作用下更接近于薄壁杆件,产生整体弯曲和扭转。

(2) 框筒虽然整体受力,却与理想筒体的受力有明显的差别。理想筒体在水平力作用下,截面保持平面,腹板应力直线分布,翼缘应力相等,而框筒则不保持平截面变形,腹板框架柱的轴力是曲线分布的,翼缘框架柱的轴力也是不均匀分布;靠近角柱的柱子轴力大,远离角柱的柱子的轴力小。这种应力分布不再保持直线规律的现象称为剪力滞后。(图 2-17)。

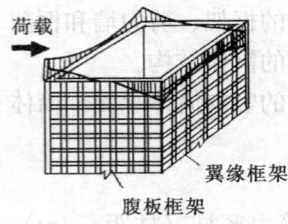

图 2-17 框筒受力简图

(3) 在筒体结构中,剪力墙筒的截面面积较大,它承受大部分水平剪力,所以柱子承受的剪力很小;而由水平力产生的倾覆力矩,则绝大部分由框筒柱的轴向力所形成的总体弯矩来平衡,剪力墙和柱承受的局部弯矩很小。由于这种整体受力的特点,使框筒和薄壁筒有较高的承载力和侧向刚度,而且比较经济。

(4) 当外围柱子间距较大时,则外围柱子形不成框筒,中央剪力墙内筒往往将承受大部分外力产生的剪力和弯矩,外柱只能作为等效框架,共同承受水平力的作用,水平力在内筒与外柱之间的分配,类似框剪结构。

(5) 成束筒由若干个筒体连在一起,共同承受水平力,也可以看成是框筒中间加了一框架隔板。其截面应力分布大体上与整截面筒体相似,但出现多波形的剪力滞后现象,这样,它比同样平面的单个框筒受力要均匀一些。

(三) 筒体结构设计的一般规定

本规定适用于钢筋混凝土框架-核心筒结构和筒中筒结构,其他类型的筒体结构可参照使用。

(1) 筒中筒结构的高度不宜低于 80m,高宽比不宜小于 3。对高度不超过 60m 的框架-核心筒结构,可按框架-剪力墙结构设计。

(2) 当相邻层的柱不贯通时,应设置转换梁等构件。

(3) 筒体结构的楼盖外角宜设置双层双向钢筋(图 2-18)。

(4) 核心筒或内筒的外墙与外框柱间的中距,非抗震设计大于 15m、抗震设计大于 12m 时,宜采取增设内柱等措施。

(5) 核心筒或内筒中剪力墙截面形

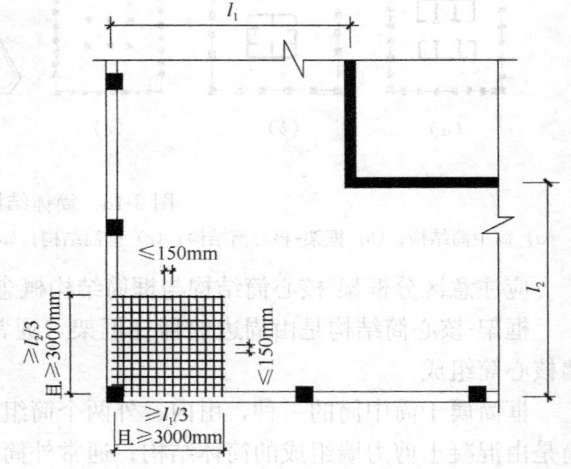

图 2-18 筒体结构楼盖外角双层双向配筋示意

状宜简单。

（6）筒体结构核心筒或内筒设计应符合下列规定：

1）墙肢宜均匀、对称布置；

2）筒体角部附近不宜开洞，当不可避免时，筒角内壁至洞口的距离不应小于500mm和开洞墙截面厚度的较大值；

3）筒体墙应验算墙体稳定，且外墙厚度不应小于200mm，内墙厚度不应小于160mm，必要时可设置扶壁柱或扶壁墙；

4）筒体墙的水平、竖向配筋不应少于两排；

5）抗震设计时，核心筒、内筒的连梁宜配置对角斜向钢筋或交叉暗撑；

6）筒体墙的加强部位高度、轴压比限值、边缘构件设置以及截面设计，应符合《高层混凝土规程》的有关规定；

（7）核心筒或内筒的外墙不宜在水平方向连续开洞，洞间墙肢的截面高度不宜小于1.2m；当洞间墙肢的截面高度与厚度之比小于4时，宜按框架柱进行截面设计。

（8）楼盖主梁不宜搁置在核心筒或内筒的连梁上。

（四）框架-核心筒结构、筒中筒结构的设计要求

框架-核心筒结构和筒中筒结构的设计要求详见本书第八章第二节"一、多层和高层钢筋混凝土房屋"中的"（六）筒体结构抗震设计要求"。[①]

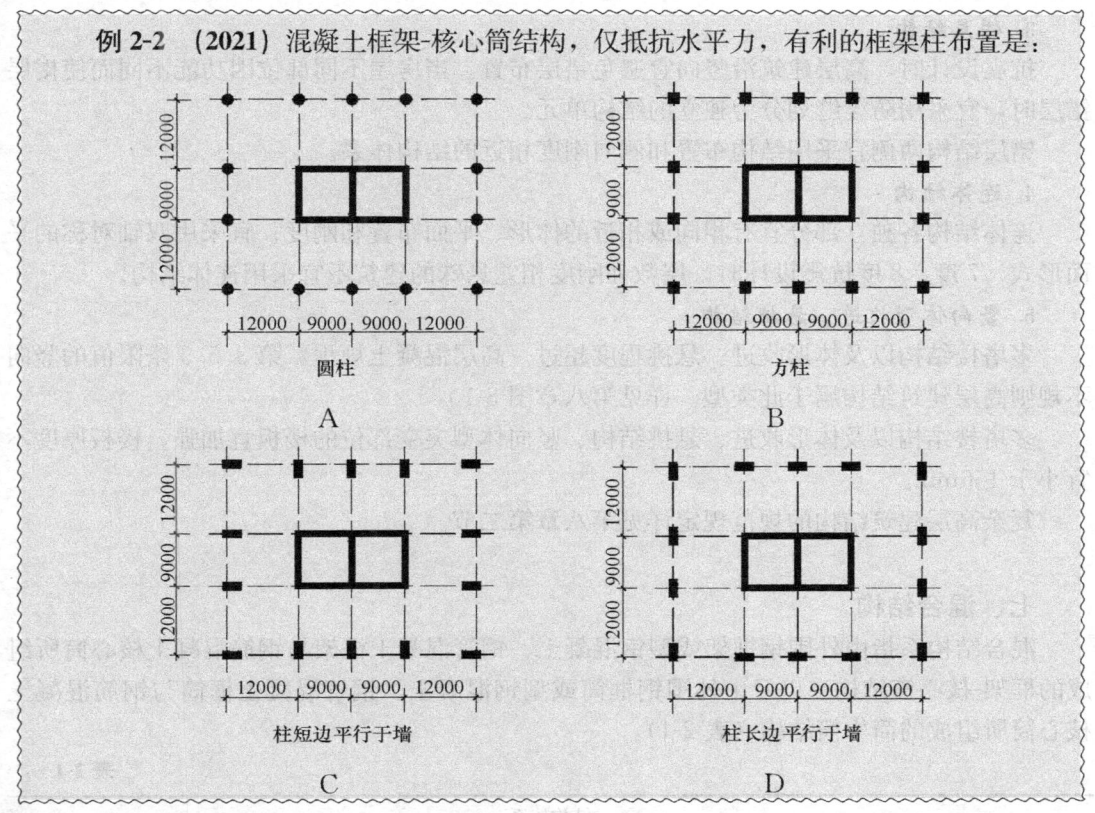

例2-2 （2021）混凝土框架-核心筒结构，仅抵抗水平力，有利的框架柱布置是：

[①] 其他结构体系的设计要求同样详见本书第八章第二节。

> **解析**：框架-核心筒结构是由周边外框架和剪力墙核心筒组成，最有利的框架柱布置是柱长边平行于墙，以增大外框架刚度，故 D 选项为正确答案。
> **答案**：D

六、复杂高层建筑结构

复杂高层建筑结构类型有带转换层的结构、带加强层的结构、错层结构、连体结构以及竖向体型收进、悬挑结构。

1. 带转换层高层建筑结构

在高层建筑结构的底部，当上下部楼层部分竖向构件（剪力墙、框架柱）不能直接连续贯通落地时，应设置结构转换层，形成带转换层高层建筑结构。

转换层构件可采用转换梁、桁架、空腹桁架、箱型结构、斜撑等。

2. 带加强层高层建筑结构

当框架-核心筒、筒中筒结构的侧向刚度不能满足要求时，可利用建筑避难层、设备层空间，设置适宜刚度的水平伸臂构件，形成带加强层的高层建筑结构。必要时，加强层也可以同时设置周边水平环带构件。水平伸臂构件、周边环带构件可采用斜腹杆桁架、实体梁、箱型梁、空腹桁架等形式。

3. 错层结构

抗震设计时，高层建筑沿竖向宜避免错层布置。当房屋不同部位因功能不同而使楼层错层时，宜采用防震缝划分为独立的结构单元。

错层结构两侧宜采用结构布置和侧向刚度相近的结构体系。

4. 连体结构

连体结构各独立部分宜有相同或相近的体形、平面布置和刚度；宜采用双轴对称的平面形式。7度、8度抗震设计时，层数和刚度相差悬殊的建筑不宜采用连体结构。

5. 竖向体型收进、悬挑结构

多塔楼结构以及体形收进、悬挑程度超过《高层混凝土规程》第 3.5.5 条限值的竖向不规则高层建筑结构属于此类型。详见第八章图 8-10。

多塔楼结构以及体形收进、悬挑结构、竖向体型突变部位的楼板宜加强，楼板厚度不宜小于 150mm。

复杂高层建筑结构的规范规定详见第八章第二节。

七、混合结构

混合结构系指由外围钢框架或型钢混凝土、钢管混凝土框架与钢筋混凝土核心筒所组成的框架-核心筒结构，以及由外围钢框筒或型钢混凝土、钢管混凝土框筒与钢筋混凝土核心筒所组成的筒中筒结构（表 2-1）。

表 2-1

结构体系	
框架-核心筒	钢框架-钢筋混凝土核心筒
	型钢（钢管）混凝土框架-钢筋混凝土核心筒

续表

结构体系	
筒中筒	钢外筒-钢筋混凝土核心筒
	型钢（钢管）混凝土外筒-钢筋混凝土核心筒

混合结构的规范要求详见《高层混凝土规程》及本教材第八章第二节。

八、伸缩缝、沉降缝、防震缝的设置要求

（一）伸缩缝

（1）伸缩缝是为减轻温度变化引起的材料胀缩变形对建筑物的影响而设置的间隙，钢筋混凝土房屋伸缩缝的设置要求详见本书第四章第五节表4-18。

（2）对下列情况，表4-18的伸缩缝最大间距宜适当减小：

1）柱高（从基础顶面算起）低于8m的排架结构；

2）屋面无保温或隔热措施的排架结构；

3）位于气候干燥地区、夏季炎热且暴雨频繁地区的结构或经常处于高温作用下的结构；

4）采用滑模类施工工艺的剪力墙结构；

5）材料收缩较大、室内结构因施工外露时间较长等。

（3）对下列情况，如有充分依据和可靠措施，表4-18的伸缩缝最大间距可适当增大：

1）混凝土浇筑采用后浇带分段施工，后浇带的间距30～40m；后浇带的位置，应设置于温度应力较大的部位，构件受力较小的部位，一般在跨距的1/3处；带宽800～1000mm，钢筋采用搭接接头，后浇带混凝土宜在两个月后浇灌，混凝土强度等级应提高一级；

2）采用专门的预应力措施；

3）采用减小混凝土温度变化或收缩的措施。

当增大伸缩缝间距时，尚应考虑温度变化和混凝土收缩对结构的影响。

（二）沉降缝

沉降缝是为减轻地基不均匀沉降对建筑物的影响而设置的从基础到结构顶部完全贯通的竖向缝，沉降缝设置规定详见本书第九章第四节三"（三）建筑措施"。

（三）防震缝

防震缝是为减轻或防止相邻结构单元由地震作用引起的碰撞破坏，用防震缝将房屋分成若干形体简单、结构刚度均匀的独立部分。

（1）钢筋混凝土房屋宜避免采用《建筑抗震设计规范》GB 50011—2010（2016年版）第3.4节规定的不规则建筑结构方案，不设防震缝；当需要设置防震缝时，应符合规范规定［详见本书第八章第二节"一、多层和高层钢筋混凝土房屋"中的"（一）一般规定"第（4）款］。

（2）多层砌体房屋设置防震缝的规定详见本书第八章第二节"二、多层砌体房屋和底部框架砌体房屋"中的"（二）抗震设计的一般规定"第5款。

（3）钢结构房屋设置防震缝的规定详见本书第八章第二节"三、多层和高层钢结构房屋"中的"（一）一般规定"第（4）款。

第三节 单层厂房的结构体系

一、单层工业厂房的结构形式

(1) 单层钢筋混凝土柱厂房：主要承重构件采用钢筋混凝土柱、钢筋混凝土屋架（薄腹梁）或钢屋架。当有吊车时，一般采用钢筋混凝土吊车梁。

(2) 单层钢结构厂房：可采用刚接框架、铰接框架、门式刚架或其他结构体系。

门式刚架轻型厂房：门式刚架是由柱和梁结合在一起，形状像"门"字的结构。有钢筋混凝土门式刚架和钢门式刚架两种。其形状如图 2-19 所示。

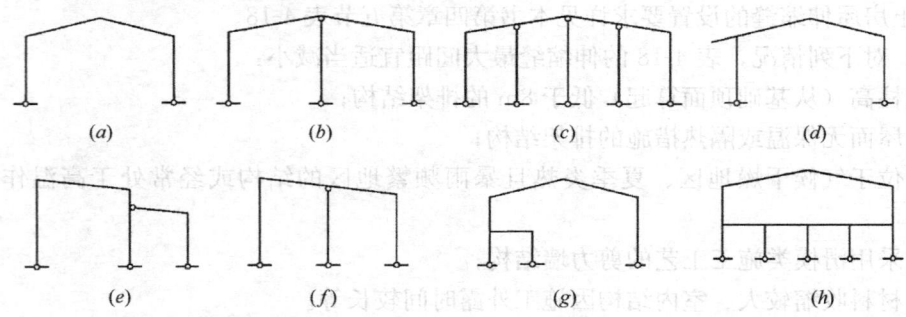

图 2-19　门式刚架形式示例
(a) 单跨刚架；(b) 双跨刚架；(c) 多跨刚架；(d) 带挑檐刚架；(e) 带毗屋刚架；
(f) 单坡刚架；(g) 纵向带夹层刚架；(h) 端跨带夹层刚架

(3) 单层砖柱厂房：是指由烧结普通砖、混凝土普通砖砌筑的砖柱承重的中小型单层工业厂房。

二、单层工业厂房的柱网布置

单层厂房柱子的开间尺寸一般均为 6.0m，当有特殊需要时也可为：9m，12m。厂房的跨度（即柱子的进深间距）一般为：9m，12m，15m，18m，21m，24m，27m，30m等，柱网的尺寸都是 3.0m 的模数。厂房的山墙应布置抗风柱，其间距一般为 6.0m，亦可根据山墙门洞位置，调整确定抗风柱的位置。

三、单层工业厂房围护墙

单层工业厂房的围护墙，宜采用外贴式的轻质墙体（或砖砌体），即外墙体紧贴柱外皮设置，轻质墙体与柱宜采用柔性连接。

1. 单层钢筋混凝土柱厂房

当有抗震设防要求时，单层钢筋混凝土柱厂房的砌体隔墙和围护墙应符合下列要求：

(1) 砌体隔墙与柱宜脱开或柔性连接，并应采取措施使墙体稳定，隔墙顶部应设现浇钢筋混凝土压顶梁。

(2) 厂房的砌体围护墙宜采用外贴式并与柱可靠拉结；不等高厂房的高跨封墙和纵横向厂房交接处的悬墙采用砌体时，不应直接砌在低跨屋盖上。

(3) 砌体围护墙在下列部位应设置现浇钢筋混凝土圈梁：

1) 梯形屋架端部上弦和柱顶的标高处应各设一道，但屋架端部高度不大于900mm时，可合并设置；

2) 8度和9度时，应按"上密下稀"的原则，每隔4m左右在窗顶增设一道圈梁，不等高厂房的高低跨封墙和纵墙跨交接处的悬墙，圈梁的竖向间距不应大于3m；

3) 山墙沿屋面应设钢筋混凝土卧梁，并应与屋架端部上弦标高处的圈梁连接。

2. 单层钢结构厂房

有抗震设防要求的单层钢结构厂房的砌体围护墙不应采用嵌式，8度时尚应采取措施，使墙体不妨碍厂房柱列沿纵向的水平位移。

四、单层工业厂房的屋盖结构

(一) 组成

一般由屋面梁（或屋架）、屋面板、檩条、托架、天窗架、屋盖支撑系统等组成。

(1) 屋面根据材料的不同分为：由轻型板材组成的有檩体系和由大型屋面板（预制）组成的无檩体系。

(2) 有檩体系是在屋面梁（或屋架）上铺设檩条，檩条上放置轻型板材而成。

(3) 无檩体系是指在屋面梁或屋架上，直接放置预制大型钢筋混凝土预制板的屋盖。

(二) 屋盖支撑系统

(1) 屋盖结构的支撑系统，通常由下列支撑组成：

1) 屋架和天窗架的横向支撑；

2) 屋架的纵向支撑；

3) 屋架和天窗架的垂直支撑；

4) 屋架和天窗架的水平系杆。

所有支撑应与屋架、托架、天窗架和檩条（或大型屋面板）等组成完整的体系。

(2) 屋盖结构支撑是屋盖结构的一个组成部分，它的作用是将厂房某些局部水平荷载传递给主要承重结构，并保证屋盖结构构件在安装和使用过程中的整体刚度和稳定性。

五、单层厂房的柱间支撑

(一) 柱间支撑的作用

为确保厂房承重结构的正常工作，应沿厂房纵向在柱子之间设置柱间支撑，其作用是：

(1) 用以保证厂房的纵向稳定与空间刚度；

(2) 决定柱在排架平面外的计算长度；

(3) 承受厂房端部山墙风荷载、吊车纵向水平荷载及温度应力等，在地震区，还将承受厂房纵向地震作用，并传至基础。

柱间支撑各部分组成如图2-20所示。

(二) 柱间支撑的布置原则

布置柱间支撑时应满足下列要求：

(1) 柱间支撑的布置应满足生产净空的要求；

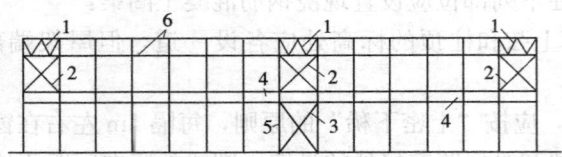

图 2-20 柱间支撑的组成
1—屋架端部垂直支撑；2—上段柱支撑；3—下段柱支撑；
4—吊车梁（或辅助桁架）；5—柱子；6—屋架端部上、下弦水平系杆

(2) 柱间支撑的布置除满足纵向刚度要求外，还应考虑柱间支撑的设置对厂房结构温度变形的影响及由此而产生的附加应力；

(3) 柱间支撑的设置位置应与屋盖支撑的布置相协调；

(4) 每一温度区段的每一列柱，一般均应设置柱间支撑。

第四节 大跨度空间结构

一、桁架

桁架应用极广，适用跨度范围（6～60m）非常大。以受力特点可分为：平面桁架、立体桁架、空腹桁架。通常所指的桁架全是平面桁架，只在强调其与立体桁架或空腹桁架有所区别时，才称之为平面桁架。文艺复兴时期，改进完善了木桁架，解决了空间屋顶结构的问题。10世纪工业大发展，因工业、交通建设需要，进一步加大跨度，出现了各种钢屋架采用桁架。

（一）桁架的基本特点

(1) 平面——外荷与支座反力都作用在全部桁架杆件轴线所在的平面内。

(2) 几何不变——桁架的杆件按三角形法则构成。

(3) 铰接——杆件相交的节点，计算按铰接考虑，木杆件的节点非常接近铰接；钢桁架或钢筋混凝土桁架的节点不是铰接、实际上属于刚架，其杆件除轴向力外，还存在弯矩，会产生弯曲应力，但很小，依靠节点构造措施能解决，故一般仍按节点铰接考虑。

(4) 轴向受力——节点既是铰接，故各杆件（弦杆、竖杆、斜杆）均受轴向力，这是材尽其用的有效途径。

（二）桁架的合理形式

选择桁架形式的出发点是受力合理，能充分发挥材力，以取得良好的经济效益。桁架杆件虽然是轴向受力，但桁架总体仍摆脱不了弯曲的控制，在节点竖向荷载作用下，其上弦受压、下弦受拉，主要抵抗弯矩，而腹杆则主要抵抗剪力。平面桁架的形式与内力，见图 2-21。

由受力分析可以看出，在其他条件相同的情况下，受力最合理，节点构造最简单，用料最经济，自重最轻巧，施工也可行的是多边形或弧形桁架，因其上弦非直线，制作较复杂，仅适用于较大跨度的情况。一般为便于构造与制作，上下弦各采用等截面杆件，其截面按最大内力决定，故内力较小的节间，材料未尽其用；为充分发挥材力，应尽量使弦杆

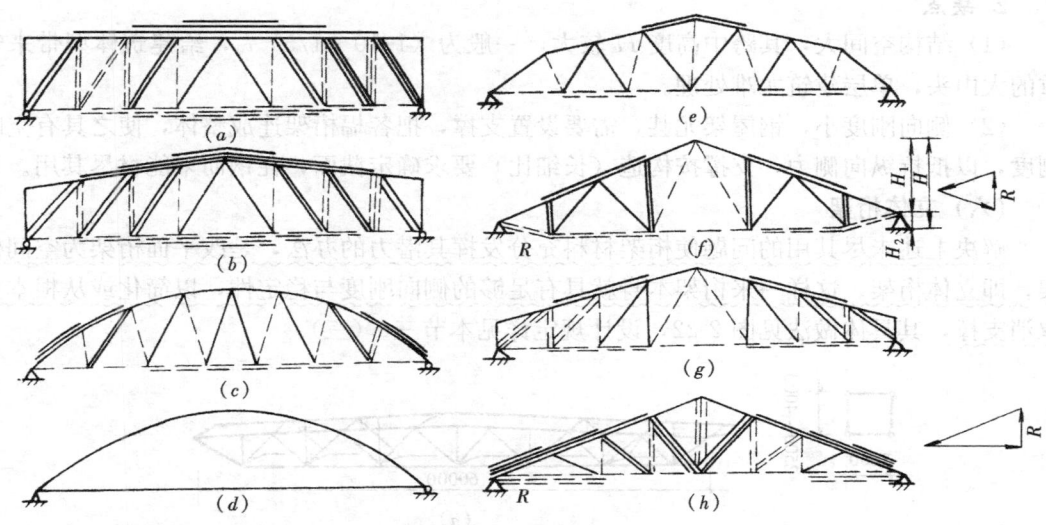

图 2-21 平面桁架的形式与内力

各节点内力值接近。为进一步改进多边形桁架，使其上弦制作方便些，可做成折线形上弦的桁架，其高度变化接近于抛物线，这样适用于中、大跨（$l>18m$），但其制作仍比三角形或梯形桁架复杂，三角形桁架的最大特点是上弦为两根直料，构造与制作最简单，其受力极不均匀，仅适用于小、中跨（$l\leqslant18m$）的桁架情况。

（三）桁架选型

选择桁架形式时，除了要考虑桁架受力与经济合理外，还需要考虑下列问题：

(1) 建筑体型与美观；
(2) 屋面材料及其坡度；
(3) 制作与吊装。

（四）桁架的空间支撑

支撑的位置设在山墙位置两端的第二开间内，对无山墙（包括伸缩缝处）房屋设在房屋两端第一开间内，房屋中间每隔一定距离（一般≤60m）亦需设置一道支撑，木屋架为20～30m。支撑包括上弦水平支撑、下弦水平支撑与垂直支撑，把上述开间相邻两端桁架连接成稳定的整体。在下弦平面通过纵向系杆，与上述开间空间体系相连，以保证整个房屋的空间刚度和稳定性。支撑的作用有三：

(1) 保证屋盖的空间刚度与整体稳定；
(2) 抵抗并传递屋盖纵向侧力，如山墙风荷载、纵向地震作用等；
(3) 保证桁架上弦平面外的压曲，减小平面外长细比，并可以防止桁架下弦平面外的振动。

（五）桁架的优缺点

1. 优点

(1) 桁架的设计、制作、安装均为简便。
(2) 桁架适应跨度范围很大，故其应用非常广泛。

2. 缺点

(1) 结构空间大，其跨中高度 H 较大，一般为 $(1/10\sim1/5)l_0$，给建筑体型带来笨重的大山头，单层建筑尤难处理。

(2) 侧向刚度小，钢屋架尤甚，需要设置支撑，把各榀桁架连成整体，使之具有空间刚度，以抵抗纵向侧力，支撑按构造（长细比）要求确定截面，耗钢而未能材尽其用。

（六）立体桁架

解决上述未尽其用的问题使桁架材料充分发挥其潜力的办法，是改平面桁架为空间桁架，即立体桁架。这样一来桁架本身就具有足够的侧向刚度与稳定性，以简化或从根本上取消支撑，其具体做法见图 2-22，设计规定详见本节三、（三）。

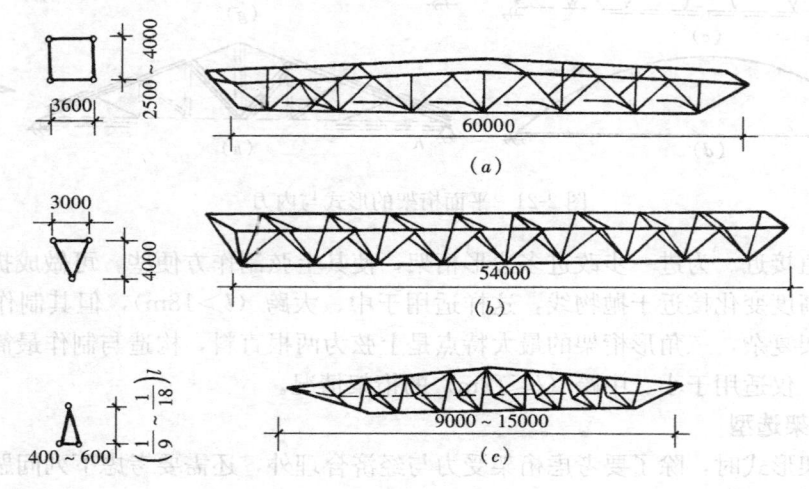

图 2-22 立体桁架
(a) 并联；(b) 倒锥体；(c) 正锥体

（七）空腹桁架

由于使用上的需要或建筑功能上的要求，如在桁架高度范围内开门窗或天窗，或在桁架高度范围内作设备层，或需要穿越管道与人行道，或桁架暴露于室外需要适当美观等原因，不允许桁架有斜腹杆，只有竖杆的桁架，即是空腹桁架。

本节所述的平面桁架、立体桁架与空腹桁架，其总体仍然是受弯构件，本质是格构式梁或梁式桁架。

二、拱与薄壳

拱是抗压材料的理想形式，拱形的土穴、岩洞是自然界存在最多的天然结构。拱是受压的，土与石承压性能好，因此天然结构中拱形的土穴与岩洞占绝大多数。

壳体具有三大功能，即强度大、刚度大和板架合一，这是由于壳能双向直接传力、具有极大空间刚度和屋面与承重合一的面系结构。本节将拱与壳分述如下。

（一）拱

东西方古国，很早就产生了拱结构。如：中国的弧拱；古埃及、希腊的券拱；古罗马的半圆拱；拜占庭的帆拱；罗马建筑的肋形拱；哥特建筑的尖拱等。

现代的拱结构多采用圆弧拱或抛物线拱，其所采用的材料相当广泛，可用砖、石、混凝土、钢筋混凝土、预应力混凝土，也有采用木材和钢材的。拱结构的应用范围很广；最初用于桥梁，在建筑中，拱主要用于屋盖或跨门窗洞口，有时也用作楼盖、承托围墙或地下沟道顶盖。

拱所承受的荷载不同，其压力曲线的线形也不相同，一般按恒载下压力曲线确定；在活载作用下，拱内力可能产生弯矩，这时铰的设置就会影响拱内弯矩的分布状况。与刚架相仿，只有地基良好或两侧拱肢处有稳定边跨结构时才采用无铰拱，这种拱很少用于房屋建筑。双铰拱应用较多，为适应软弱地基上支座沉降差及拱拉杆变形，最好采用静定结构的三铰拱，如西安秦俑博物馆展览厅，由于地基为Ⅰ～Ⅱ级湿陷性土而采用67m跨的三铰拱。拱的形式见图2-23。

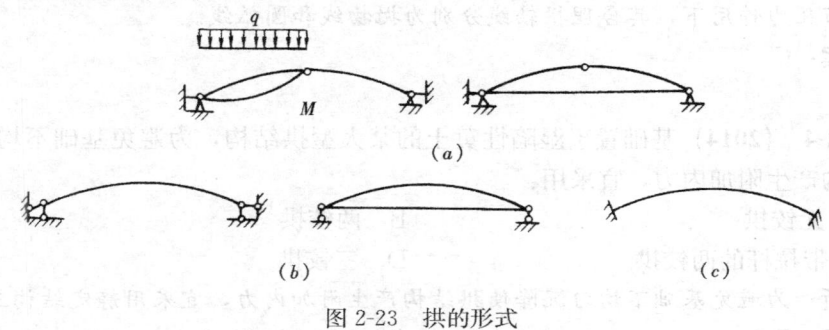

图 2-23 拱的形式
(a) 三铰拱；(b) 双铰拱；(c) 无铰拱

拱身可分为两大类，即梁式拱和板式拱。

1. 梁式拱有两种
①肋形拱；②格构式拱。

2. 板式拱有六种
①筒拱；②凹波拱；③凸波拱；④双波拱；⑤折板拱；⑥箱形拱。

拱以曲杆抗衡并传递外力给支座，故铰支座不仅承受竖向力，并有相当大的水平向外的拱脚推力，其合力就位于拱轴曲线在支座点的切线方向上。拱脚有推力是其主要力学特征之一，矢高 f 越小，推力越大。一次超静定的双铰拱，支座的垂直或水平位移均会引起内力变化，对支座在推力作用下无变位的要求就更严格。由此可见，为了使拱保持正常工作，务必确保其支座能承受住推力而不位移，故拱脚推力的结构处理，是拱结构设计的中心问题。

3. 抵抗推力的一般处理方案
（1）推力由拉杆直接承担。
（2）推力由水平结构承担。

4. 抵抗推力的各部位处理方案
（1）连续拱的中间支座，两侧在恒荷载作用下，拱脚推力相互抵消，故中间各跨可不设拉杆；在非对称活荷载(雪、风荷载等)作用下，两侧不平衡推力可由作为中间支座的梁来抗衡。
（2）边跨拱的边支座处理：
①边圈梁；②挑檐板；③边跨平顶。
（3）推力由竖向结构承担，竖向结构有下列四种形式：
①扶壁墙墩；②飞券；③斜托墩；④边跨结构。

(4) 推力直接由落地拱传递给基础，拱结构布置有下列 6 种：
①并列布置；②径向布置；③环向布置；④井式布置；⑤多叉布置；⑥拱环布置。

例 2-3 （2014）三铰拱分别在沿水平方向均布的竖向荷载和垂直于拱轴的均布压力作用下，其合理拱轴线是：
 A 均为抛物线　　　　　　　　　B 均为圆弧线
 C 分别为抛物线和圆弧线　　　　D 分别为圆弧线和抛物线
解析： 不同荷载作用下三铰拱的合理拱轴线不同，按三铰拱合理拱轴线上的截面弯矩 $M=0$ 的条件，可分别求得三铰拱在沿水平方向均布的竖向荷载和垂直于拱轴的均布压力作用下，其合理拱轴线分别为抛物线和圆弧线。
答案： C

例 2-4 （2014）基础置于湿陷性黄土的某大型拱结构，为避免基础不均匀沉降使拱结构产生附加内力，宜采用：
 A 无铰拱　　　　　　　　　　　B 两铰拱
 C 带拉杆的两铰拱　　　　　　　D 三铰拱
解析： 为避免基础不均匀沉降使拱结构产生附加内力，宜采用静定结构三铰拱。
答案： D

（二）薄壳

人类远在数千年前早已造出了各式各样的日用壳体，如锅、碗、坛、罐……以后工业逐渐发达，造出了灯泡、钢盔、木舟等不胜枚举。壳体结构的主要优点是覆盖面积大，无需中柱，室内空间开阔宽敞、能满足各种功能要求，故其应用极广，如 1959 年建成的北京站采用的就是双曲扁壳（矢高与最小跨度之比不大于 1/5 的壳体）。壳体结构虽逐渐增多，但其应用仍受到一定限制，由于其缺点是缺乏木材与模板，制作复杂。

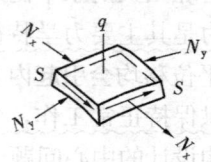

图 2-24　壳的应力

横向受荷传力的梁起"担"的作用，不能材尽其用，并非经济的结构形式；以曲梁承荷传力的拱起"顶"的作用，能进一步发挥材力，是较先进的结构形式；壳体与此相仿，以曲板承荷传力，而且更进一步，它不像拱是单向受荷传力的平面结构，而是双向受荷传力的空间结构，起双向"顶"的作用，见图 2-24，这是空间壳与平面拱的根本区别。

壳体是指由壳板（有时壳板上还有加劲肋）与其边缘构件组成的具有规定承载力的结构。

薄壳是指厚度与中曲面最小曲率半径之比不大于 1/20 的壳体；扁壳是指矢高与最小跨度之比不大于 1/5 的壳体；膜型扁壳是指两个主压应力方向上的截面内力彼此基本相等的扁壳。

壳体的混凝土强度等级不应低于 C25。壳板的厚度不应小于 50mm。

薄壳的造型有：
（1）底面为圆形的壳体形式可采用球面壳、椭球面壳、旋转抛物面壳和膜型扁壳。
（2）底面为矩形的壳体形式可采用双曲面扁壳、圆柱面壳、双曲抛物面扭壳和膜型扁壳。
当壳体上荷载分布变化较大，或圆形底面直径大于 10m、矩形底面边长大于 8m 时，不宜采用膜型扁壳。

1. 双曲扁壳

双曲扁壳应由壳板及竖向边缘构件组成，可采用等曲率或不等曲率壳。

双曲扁壳的矢高与底面最小边长之比不得大于1/5。不等曲率双曲扁壳的较大曲率与较小曲率之比不宜大于2（图2-25）。

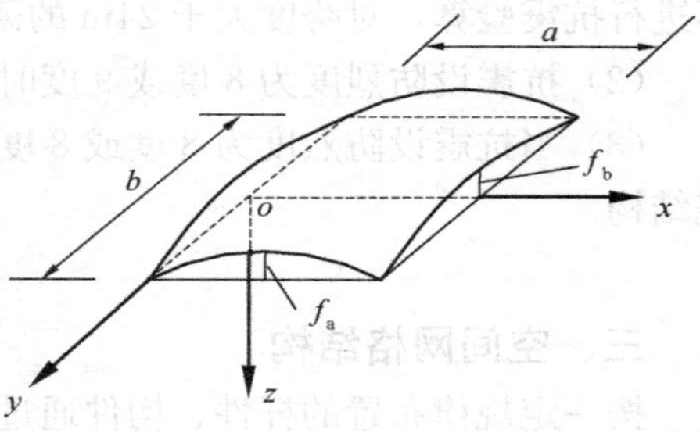

2. 圆柱面壳

圆柱面壳的壳体上应设置边梁和横格。圆柱面壳可按其几何特征和几何形状进行分类，并应符合下列规定：

（1）根据圆柱面壳的几何特征，可分为长壳和短壳。

（2）根据圆柱面壳的几何形状，可分为单波和多波圆柱面壳。

（3）长壳、短壳的壳板矢高 f 不应小于壳体宽度 B 的 1/8，长壳的壳板矢高 f_{tot} 不宜小于壳体跨度 l 的 1/15（图2-26）。

图 2-25 双曲扁壳的坐标和几何尺寸

3. 双曲抛物面扭壳

双曲抛物面扭壳可通过一条曲率中心向下的抛物线沿另一条曲率中心向上的抛物线平移而生成，如图 2-27。

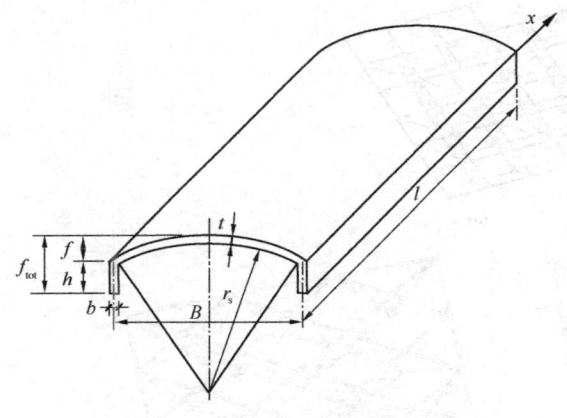

图 2-26 圆柱面壳的几何尺寸

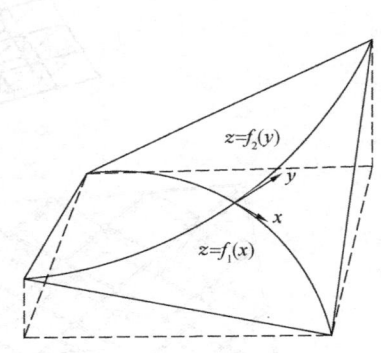

图 2-27 双曲抛物面扭壳

4. 膜型扁壳

（1）抗震设防烈度为9度时，不宜采用膜型扁壳。

（2）矩形底膜型扁壳最大边长不宜大于8m，圆形底膜型扁壳最大直径不宜大于10m。

（3）矩形底膜型扁壳壳板中央的最大矢高宜为矩形底面对角线长度的 1/8～1/12；圆形底膜型扁壳壳板中央的最大矢高宜为圆形底面直径的 1/5～1/10。

5. 圆形底旋转壳

本节不作详细论述，请参阅《钢筋混凝土薄壳结构设计规程》JGJ 22—2012 的有关章节。

6. 薄壳结构的抗震验算

（1）抗震设防烈度低于或等于7度时，对周边支承且跨度不大于24m 的薄壳结构可不进行抗震验算,对跨度大于24m的薄壳结构应进行水平抗震验算。

(2) 抗震设防烈度为8度或9度时,对各种薄壳结构均应进行水平和竖向抗震验算。

(3) 当抗震设防烈度为8度或8度以上时,不宜采用装配整体式薄壳结构,宜采用现浇结构。

三、空间网格结构

按一定规律布置的杆件、构件通过节点连接而构成的空间结构,包括网架、曲面型网壳以及立体桁架等。

(一) 网架

按一定规律布置的杆件通过节点连接而形成的平板型或微曲面型空间杆系结构,主要承受整体弯曲内力。

(1) 网架结构可采用双层或多层形式;网壳结构可采用单层或双层形式,也可采用局部双层形式。

(2) 网架结构可选用下列网格形式:

1) 由交叉桁架体系组成的两向正交正放网架、两向正交斜放网架、两向斜交斜放网架、三向网架、单向折线形网架(图 2-28);

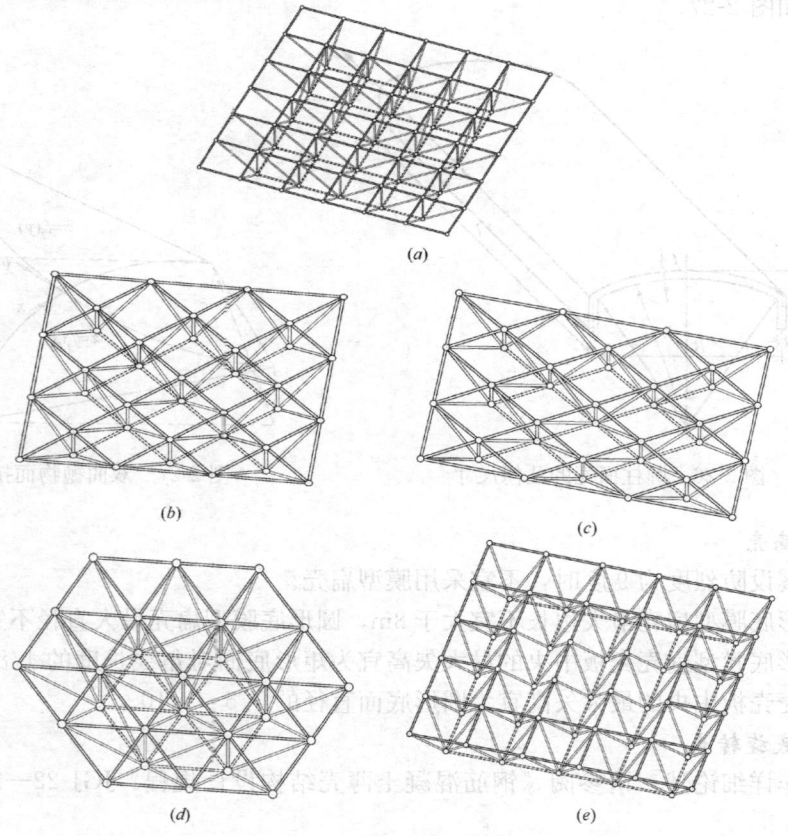

图 2-28 交叉桁架体系

(a) 两向正交正放网架;(b) 两向正交斜放网架;(c) 两向斜交斜放网架;(d) 三向网架;(e) 单向折线形网架

2）由四角锥体系组成的正放四角锥网架、正放抽空四角锥网架、棋盘形四角锥网架、斜放四角锥网架、星形四角锥网架（图2-29）；

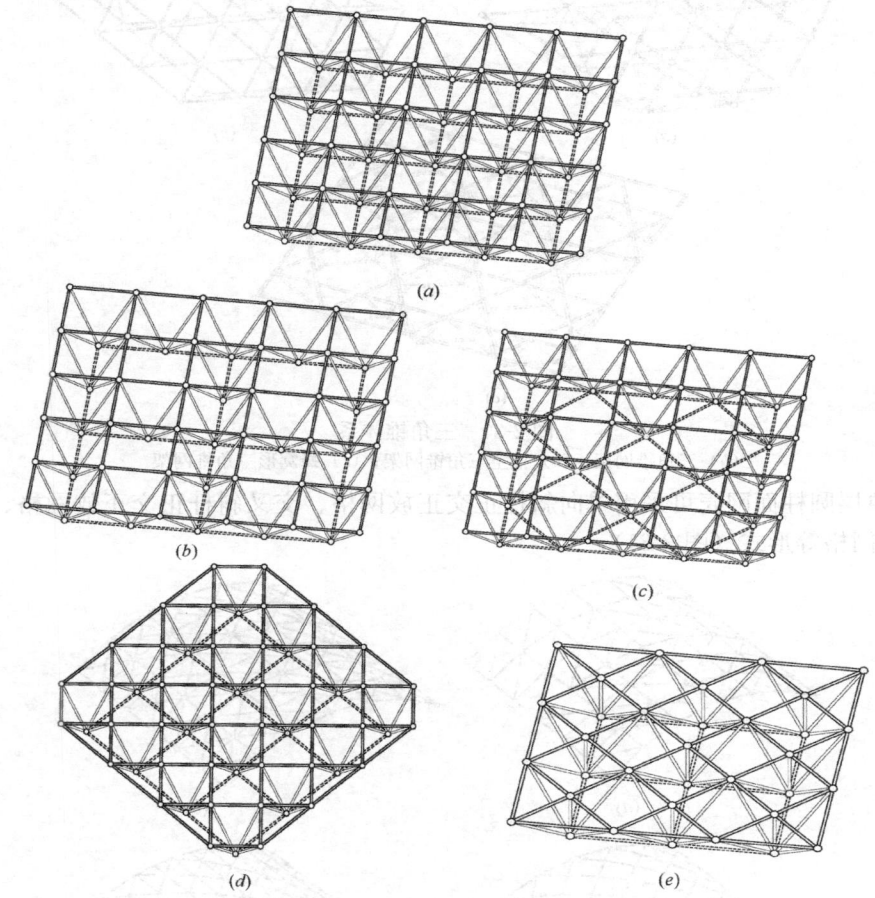

图2-29 四角锥体系
(a) 正放四角锥网架；(b) 正放抽空四角锥网架；(c) 棋盘形四角锥网架；
(d) 斜放四角锥网架；(e) 星形四角锥网架

3）由三角锥体系组成的三角锥网架、抽空三角锥网架、蜂窝形三角锥网架（图2-30）；

4）网架的网格高度与网格尺寸应根据跨度大小、荷载条件、柱网尺寸、支承情况、网格形式以及构造要求和建筑功能等因素确定，网架的高跨比可取 1/10～1/18。网架在短向跨度的网格数不宜小于 5。确定网格尺寸时宜使相邻杆件间的夹角大于 45°，且不宜小于 30°。

（二）网壳

按一定规律布置的杆件通过节点连接而形成的曲面状空间杆系或梁系结构，主要承受整体薄膜内力。

(1) 网壳结构可采用球面、圆柱面、双曲抛物面、椭圆抛物面等曲面形式，也可采用各种组合曲面形式。

(2) 单层网壳可选用下列网格形式：

91

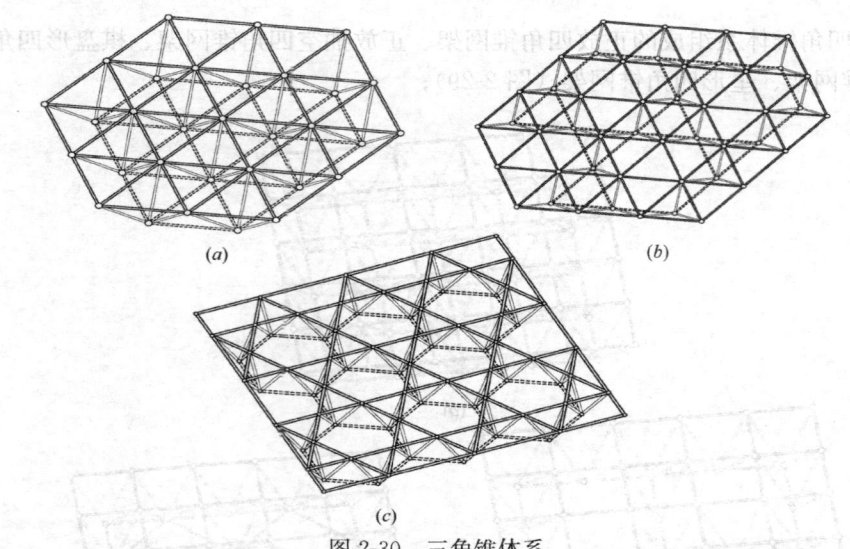

图 2-30 三角锥体系
(a) 三角锥网架；(b) 抽空三角锥网架；(c) 蜂窝形三角锥网架

1) 单层圆柱面网壳可采用单向斜杆正交正放网格、交叉斜杆正交正放网格、联方网格及三向网格等形式（图 2-31）；

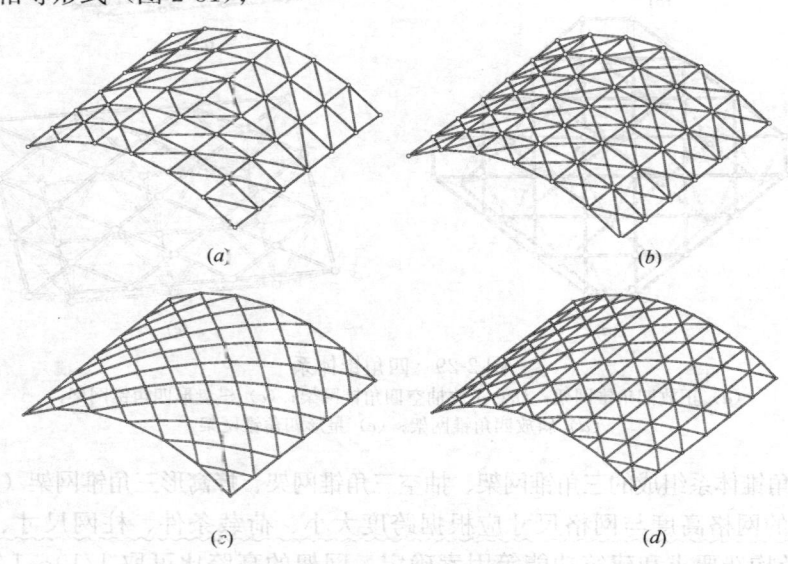

图 2-31 单层圆柱面网壳网格形式
(a) 单向斜杆正交正放网格；(b) 交叉斜杆正交正放网格；(c) 联方网格；
(d) 三向网格（其网格也可转 90°方向布置）

2) 单层球面网壳可采用肋环型、肋环斜杆型、三向网格、扇形三向网格、葵花形三向网格、短程线型等形式（图 2-32）；

3) 单层双曲抛物面网壳宜采用三向网格，其中两个方向杆件沿直纹布置。也可采用两向正交网格，杆件沿主曲率方向布置，局部区域可加设斜杆（图 2-33）；

4) 单层椭圆抛物面网壳可采用三向网格、单向斜杆正交正放网格、椭圆底面网格等形式（图 2-34）。

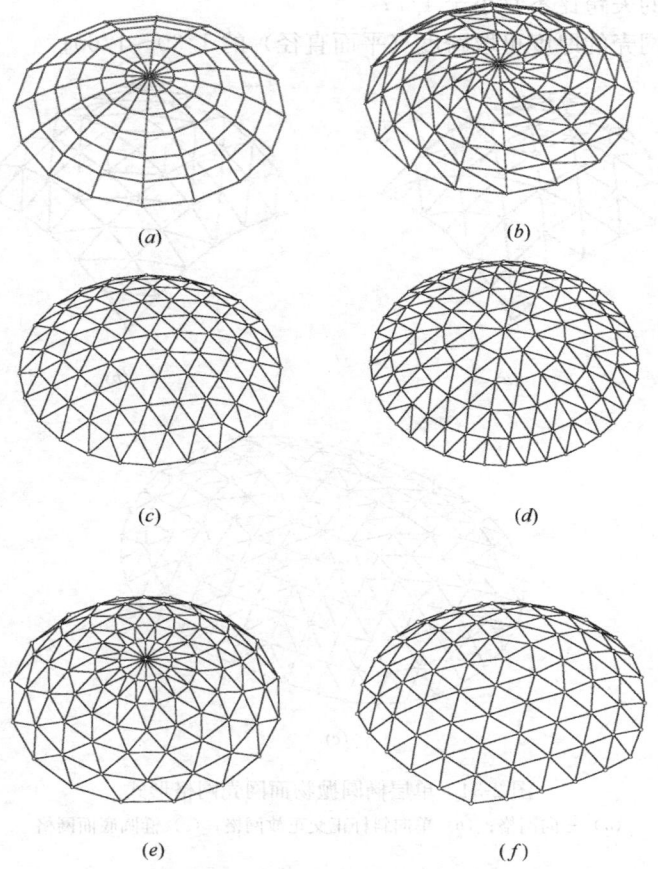

图 2-32 单层球面网壳网格形式
(a) 肋环型；(b) 肋环斜杆型；(c) 三向网格；(d) 扇形三向网格；
(e) 葵花形三向网格；(f) 短程线型

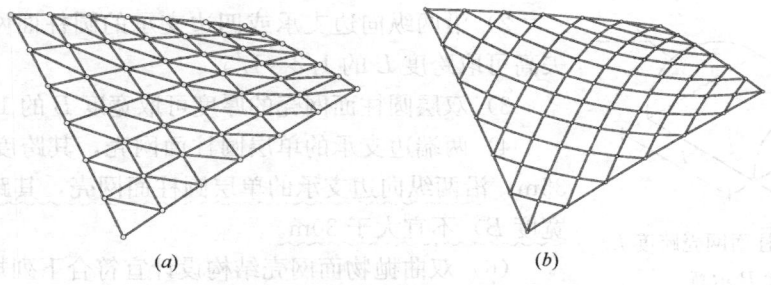

图 2-33 单层双曲抛物面网壳网格形式
(a) 杆件沿直纹布置；(b) 杆件沿主曲率方向布置

(3) 双层网壳可由两向、三向交叉的桁架体系或由四角锥体系、三角锥体系等组成，其上、下弦网格可采用上述第（2）条的方式布置。

(4) 单层网壳应采用刚接节点。

球面网壳结构设计宜符合下列规定：

1) 球面网壳的矢跨比不宜小于1/7；
2) 双层球面网壳的厚度可取跨度（平面直径）的1/30～1/60；

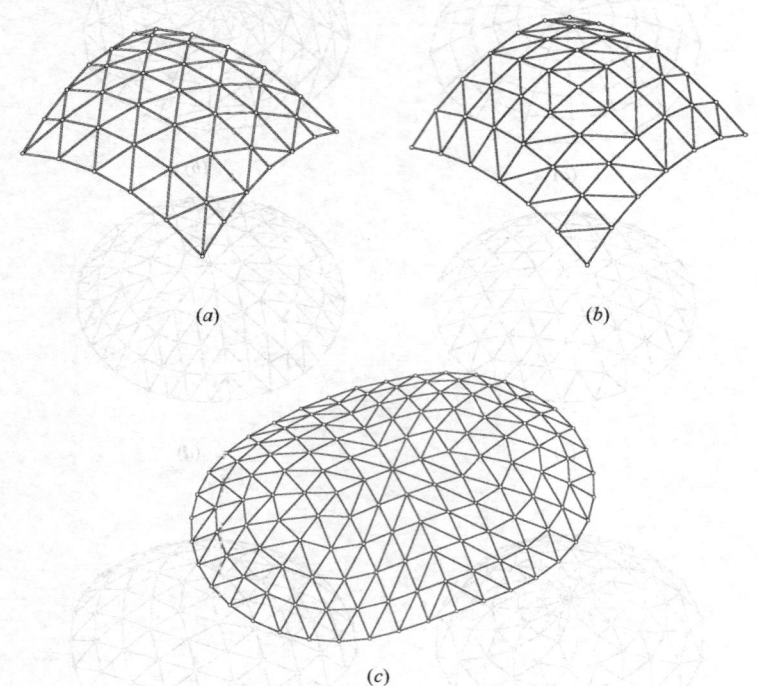

图 2-34 单层椭圆抛物面网壳网格形式
(a) 三向网格；(b) 单向斜杆正交正放网格；(c) 椭圆底面网格

3) 单层球面网壳的跨度（平面直径）不宜大于80m。
(5) 圆柱面网壳结构设计宜符合下列规定：
1) 两端边支承的圆柱面网壳，其宽度B与跨度L之比宜小于1.0（图2-35），壳体的矢高可取宽度B的1/3～1/6；

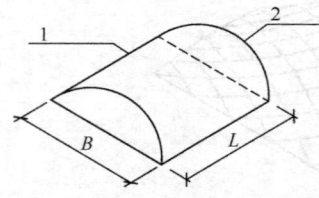

图 2-35 圆柱面网壳跨度L、宽度B示意
1—纵向边；2—端边

2) 沿两纵向边支承或四边支承的圆柱面网壳，壳体的矢高可取跨度L的1/2～1/5；
3) 双层圆柱面网壳的厚度可取宽度B的1/20～1/50；
4) 两端边支承的单层圆柱面网壳，其跨度L不宜大于35m；沿两纵向边支承的单层圆柱面网壳，其跨度（此时为宽度B）不宜大于30m。
(6) 双曲抛物面网壳结构设计宜符合下列规定：
1) 双曲抛物面网壳底面的两对角线长度之比不宜大于2；
2) 单块双曲抛物面壳体的矢高可取跨度的1/2～1/4（跨度为两个对角支承点之间的距离），四块组合双曲抛物面壳体每个方向的矢高可取相应跨度的1/4～1/8；
3) 双层双曲抛物面网壳的厚度可取短向跨度的1/20～1/50；
4) 单层双曲抛物面网壳的跨度不宜大于60m。

(7) 椭圆抛物面网壳结构设计宜符合下列规定：
1) 椭圆抛物面网壳的底边两跨度之比不宜大于 1.5；
2) 壳体每个方向的矢高可取短向跨度的 1/6～1/9；
3) 双层椭圆抛物面网壳的厚度可取短向跨度的 1/20～1/50；
4) 单层椭圆抛物面网壳的跨度不宜大于 50m。

（三）立体桁架

由上弦、腹杆与下弦杆构成的横截面为三角形或四边形的格构式桁架。
(1) 立体桁架可采用直线或曲线形式。
(2) 立体桁架的高度可取跨度的 1/12～1/16。
(3) 立体拱架的拱架厚度可取跨度的 1/20～1/30，矢高可取跨度的 1/3～1/6。当按立体拱架计算时，两端下部结构除了可靠传递竖向反力外，还应保证抵抗水平位移的约束条件。当立体拱架跨度较大时，应进行立体拱架平面内的整体稳定性验算。
(4) 张弦立体拱架的拱架厚度可取跨度的 1/30～1/50，结构矢高可取跨度的 1/7～1/10，其中拱架矢高可取跨度的 1/14～1/18，张弦的垂度可取跨度的 1/12～1/30。
(5) 立体桁架支承于下弦节点时，桁架整体应有可靠的防侧倾体系，曲线形的立体桁架应考虑支座水平位移对下部结构的影响。
(6) 对立体桁架、立体拱架和张弦立体拱架应设置平面外的稳定支撑体系。

例 2-5 （2014）关于立体桁架的说法，错误的是：
A 截面形式可为矩形、正三角形或倒三角形
B 下弦节点支承时应设置可靠的防侧倾体系
C 平面外刚度较大，有利于施工吊装
D 具有较大的侧向刚度，可取消平面外稳定支撑

解析：对立体桁架应设置平面外的稳定支撑体系，D 选项"可取消"说法错误。
答案：D
规范：《空间网格结构技术规程》JGJ 7—2010 第 3.4.4 条、第 3.4.5 条。

例 2-6 （2013）下列四种屋架形式，受力最合理的是：
A 三角形桁架 B 梯形桁架
C 折线形上弦桁架 D 平行弦桁架

解析：在受力条件相同的情况下，受力最合理的屋架形式是与弯矩图形状最符合的抛物线形桁架。但其上弦非直线，制作比较复杂，为使其上弦制作方便，通常做成折线形上弦的桁架，并使其高度变化接近于抛物线；三角形桁架（上、下弦的内力靠近支座递增，腹杆的内力靠近支座递减）与平行弦桁架（上、下弦的内力靠近跨中递增，腹杆的内力靠近跨中递减）的最大特点是受力极不均匀，浪费材料，梯形桁架的受力介于两者之间。综上分析，四种屋架形式中受力最合理的是 C。
答案：C

例 2-7 （2013）跨度为 60m 的平面网架，其合理的网架高度为：

A 3m   B 5m   C 8m   D 10m

解析：网架的网格高度与网格尺寸应根据跨度大小、荷载条件、柱网尺寸、支承情况、网格形式以及构造要求和建筑功能等因素确定，网架的高跨比可取 1/10~1/18。所以跨度为60m的平面网架，其合理的网架高度为3.3~6m。

答案：B

规范：《空间网格结构技术规程》JGJ 7—2010 第3.2.5条。

四、索结构

(一) 术语

1. 索结构

由拉索作为主要受力构件而形成的预应力结构体系。

2. 悬索结构

由一系列作为主要承重构件的悬挂拉索，按一定规律布置而组成的结构体系，包括单层索系（单索、索网）、双层索系及横向加劲索系。

3. 斜拉结构

在立柱（塔、桅）上挂斜拉索到主要承重构件而组成的结构体系。

4. 张弦结构

由上弦刚性结构或构件与下弦拉索以及上下弦之间撑杆组成的结构体系。

5. 索穹顶

由脊索、谷索、环索、撑杆及斜索组成并支承在圆形、椭圆形或多边形刚性周边构件上的结构体系。

6. 索桁架

由在同一竖向平面内两根曲率方向相反的索以及两索之间的撑杆组成的结构体系。

(二) 结构选型

(1) 索结构的选型应根据建筑物的功能与形状，综合考虑材料供应、加工制作与现场施工安装方法，选择合理的结构形式、边缘构件及支承结构，且应保证结构的整体刚度和稳定性。

(2) 当索结构用于建筑物屋盖时，宜选用《索结构技术规程》JGJ 257—2012中所规定的悬索结构、斜拉结构、张弦结构或索穹顶。悬索结构可采用单层索系（单索、索网）、双层索系及横向加劲索系。

(3) 单索宜采用重型屋面。当平面为矩形或多边形时，可将拉索平行布置，构成单曲下凹屋面[图2-36(a)]。当平面为圆形时，拉索可按辐射状布置，构成碟形屋面，中心宜设置受拉环[图2-36(b)]。当平面为圆形并允许在中心设置立柱时，拉索可按辐射状布置，构成伞形屋面[图2-36(c)]。

(4) 索网宜采用轻型屋面。平面形状可为方形、矩形、多边形、菱形、圆形、椭圆形等（图2-37）。

(5) 双层索系宜采用轻型屋面。承重索与稳定索可采用不同的组合方式，两索之间应分别以受压撑杆或拉索相连系。当平面为矩形或多边形时，承重索、稳定索宜平行布置，

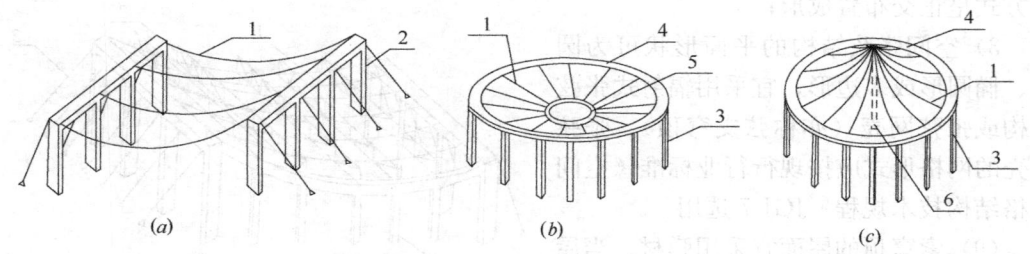

图 2-36 单索
1—承重索；2—边柱；3—周边柱；4—圈梁；5—受拉环；6—中柱

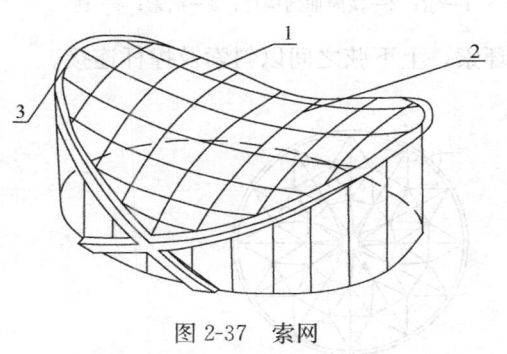

图 2-37 索网
1—承重索；2—稳定索；3—拱

构成索桁架形式的双层索系 [图 2-38（a）]；当平面为圆形时，承重索、稳定索宜按辐射状布置，中心宜设置受拉环 [图 2-38（b）]。

（6）横向加劲索系宜采用轻型屋面。当平面形状为方形、矩形或多边形时，拉索应沿纵向平行布置；横向加劲构件宜采用桁架或梁（图 2-39）。

（7）斜拉结构宜采用轻型屋面，设置的立柱（桅杆）应高出屋面；斜拉索可平行布置，也可按辐射状布置。

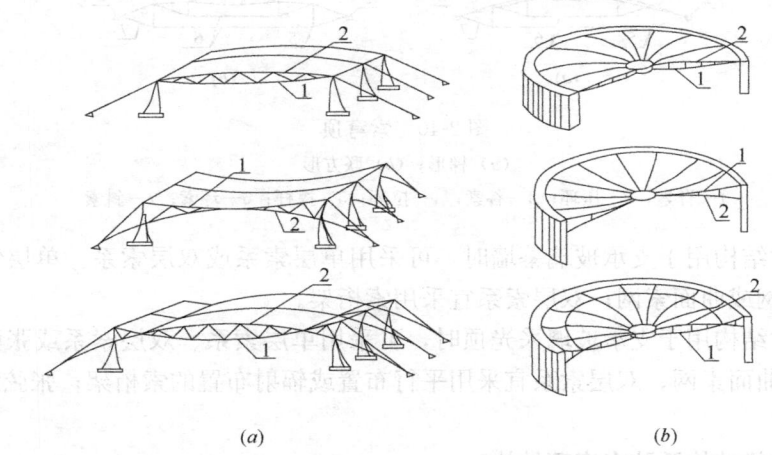

图 2-38 双层索系结构
(a) 矩形平面；(b) 圆形平面
1—承重索；2—稳定索

（8）张弦结构宜采用轻型屋面。张弦结构可按单向、双向或空间布置成形，以适应不同形状的平面，并应符合下列规定：

1) 单向张弦结构的平面形状可为方形或矩形，按照上弦不同的构造方式宜采用张弦梁、张弦拱或张弦拱架等形式；

2) 双向张弦结构的平面形状可为方形或矩形，宜采用如单向张弦结构的各种上弦构造方式呈正交布置成形；

3）空间张弦结构的平面形状可为圆形、椭圆形或多边形，宜采用辐射式张弦结构或张弦网壳（亦称弦支穹顶）。张弦网壳的网格形式应按现行行业标准《空间网格结构技术规程》JGJ 7 选用。

（9）索穹顶的屋面宜采用膜材。当屋盖平面为圆形或拟椭圆形时，索穹顶的网格宜采用梯形［图 2-40（a）］、联方形［图 2-40（b）］或其他适宜的形式。索穹

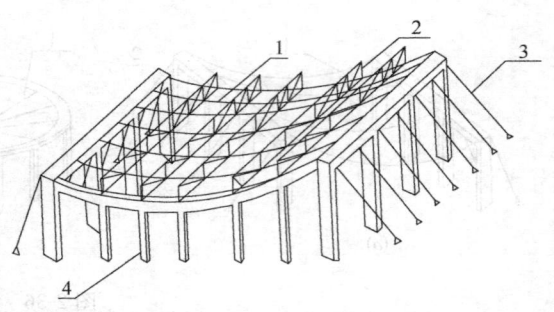

图 2-39 横向加劲索系
1—索；2—横向加劲构件；3—锚索；4—柱

顶的上弦可设脊索及谷索，下弦应设若干层的环索，上下弦之间以斜索及撑杆连接。

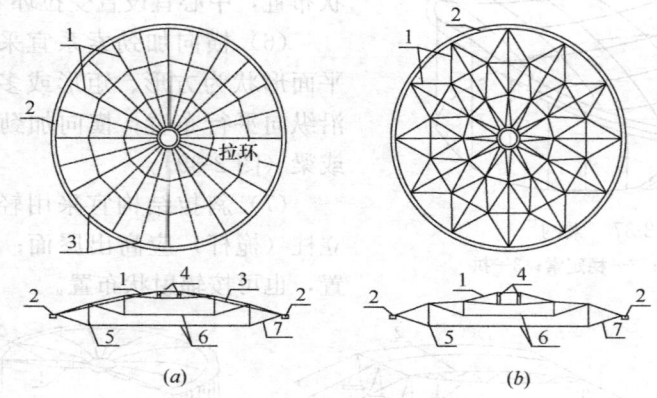

图 2-40 索穹顶
(a) 梯形；(b) 联方形
1—脊索；2—压环；3—谷索；4—拉环；5—撑杆；6—环索；7—斜索

（10）当索结构用于支承玻璃幕墙时，可采用单层索系或双层索系。单层索系宜采用单索、平面索网或曲面索网；双层索系宜采用索桁架。

（11）当索结构用于支承玻璃采光顶时，可采用单层索系、双层索系或张弦结构。单层索系宜采用曲面索网；双层索系宜采用平行布置或辐射布置的索桁架；张弦结构宜采用张弦拱。

（三）张弦梁结构及弦支穹顶结构

1. 张弦梁结构

大跨度张弦梁结构是一种有别于传统结构的新型杂交屋盖体系，是用撑杆连接抗弯受压构件和张拉构件而形成的自平衡体系，是近年快速发展和应用的一种大跨空间结构体系（图 2-41～图 2-43）。

（1）张弦梁结构由以下三类基本构件组成：

1）刚性构件上弦（刚度较大的抗弯构件，通常为梁、拱或桁架）；

2）柔性拉索（高强度的弦，通常为索）；

3）中间连以撑杆。

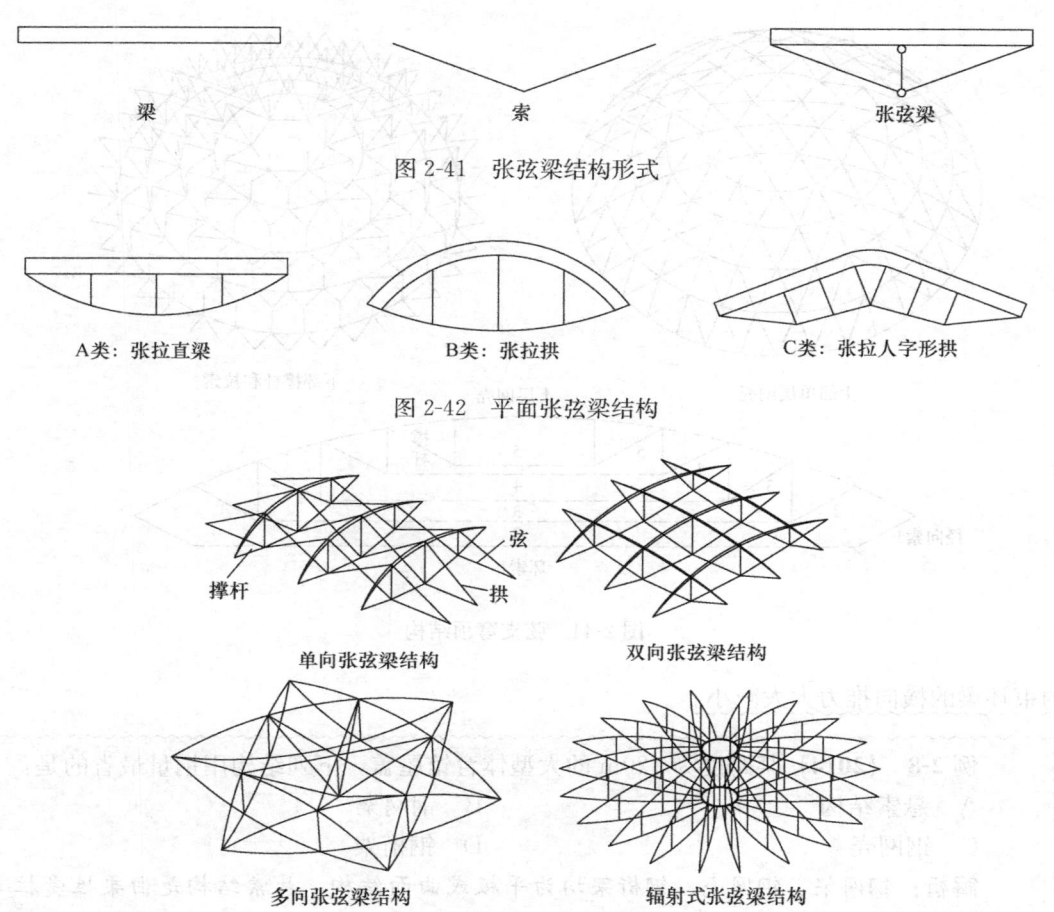

图 2-41 张弦梁结构形式

图 2-42 平面张弦梁结构

图 2-43 空间张弦梁结构

(2) 张弦梁的结构特点：

通过对柔性构件施加拉力，使相互连接的构件具有整体刚度。张弦梁结构体系受力简单明确、结构形式多样，充分发挥了刚性构件抗弯刚度高和柔性构件抗拉强度高的两种材料刚柔并济的优势，使张弦梁结构可以做到自重相对较轻，体系的刚度和形状稳定性相对较大，因而可以跨越很大的空间。

2. 弦支穹顶结构

(1) 弦支穹顶结构体系组成

由上部单层网壳、下部的竖向撑杆、径向拉杆或者拉索和环向拉索组成。其中各环撑杆的上端与单层网壳对应的各环节点铰接，撑杆下端由径向拉索与单层网壳的下一环节点连接，同一环的撑杆下端由环向拉索连接在一起；使整个结构形成一个完整体系，结构的传力路径也比较明确（图2-44）。

(2) 弦支穹顶结构特点

弦支穹顶结构体系传力路径明确，在正常使用荷载下，内力通过上端的单层网壳传到下端的撑杆上，再通过撑杆传给索，索受力后产生对支座的反向推力，使整个结构对下端

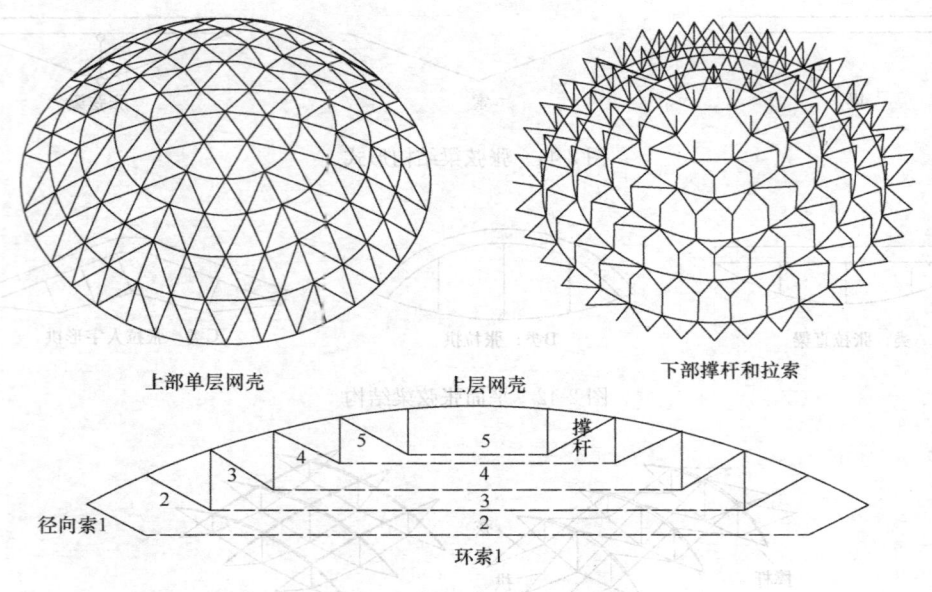

图 2-44 弦支穹顶结构

约束环梁的横向推力大大减小。

> **例 2-8** （2014）某跨度为 120m 的大型体育馆屋盖，下列结构用钢量最省的是：
> A 悬索结构　　　　　　　　　　B 钢网架
> C 钢网壳　　　　　　　　　　　D 钢桁架
> **解析**：钢网架、钢网壳、钢桁架均为平板或曲面结构，悬索结构是由柔性受拉索及其边缘构件形成的承重结构。索的材料可以采用钢丝束、钢丝绳、钢绞线、链条、圆钢，以及其他受拉性能良好的线材，故用钢量最省。
> **答案**：A

关于大跨度空间结构的其他说明：

◆ 大跨屋盖的结构形式多样，新形式也不断出现，在抗震设计时，常用的结构形式包括：拱、平面桁架、立体桁架、网架、网壳、张弦梁、弦支穹顶共 7 类基本形式，以及由这些基本形式组合而成的大跨度钢屋盖建筑。采用非常用形式以及跨度大于 120m、结构单元长度大于 300m 或悬挑长度大于 40m 的大跨度钢屋盖建筑的抗震设计，应进行专门研究和论证，采取有效的加强措施。

◆ 对于悬索结构、膜结构、索杆张力结构等柔性屋盖体系，因抗震设计理论尚不成熟，抗震规范未列入。

◆ 存在拉索的预张拉屋盖结构，总体可分为三类（表 2-2）。

存在拉索的预张拉屋盖结构　　　　表 2-2

结构类型	结构形式
预应力结构	预应力桁架、网架和网壳等

续表

结构类型	结构形式
悬挂（斜拉）结构	悬挂（斜拉）桁架、网架和网壳等
张弦结构	张弦梁结构、弦支穹顶结构

◆ 大跨屋盖体系分单向传力体系和空间传力体系（表2-3）。

大跨屋盖结构传力体系　　　　表 2-3

传力体系	结构形式
单向传力体系	平面拱、单向平面桁架、单向立体桁架、单向张弦梁等
空间传力体系	网架、网壳、双向立体桁架、双向张弦梁和弦支穹顶等

习　题

2-1　(2019) 跨度 48m 的羽毛球场使用平面网架，其合理网架高度是：
　　A　2m　　　　　B　4m　　　　　C　6m　　　　　D　8m

2-2　(2019) 关于立体桁架，说法错误的是：
　　A　截面可为矩形、正三角形或者倒三角形
　　B　下弦节点支撑时，应设置可靠的防侧倾体系
　　C　平面外刚度较大，有利于施工吊装
　　D　具有较大的侧向刚度，可取消平面外稳定支撑

2-3　(2019) 下列屋架受力特性从好到差，排序正确的是：
　　A　拱屋架、梯形屋架、三角屋架　　　　B　三角屋架、拱屋架、梯形屋架
　　C　拱屋架、三角屋架、梯形屋架　　　　D　三角屋架、梯形屋架、拱屋架

2-4　(2019) 下图哪一个剪力墙的布置合理？

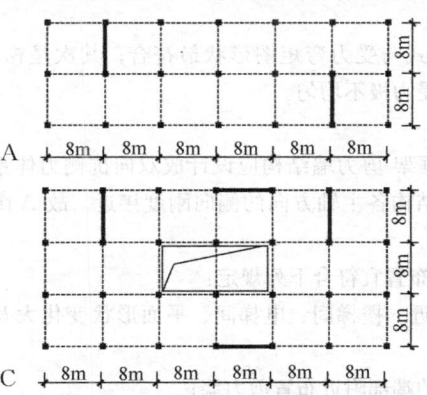
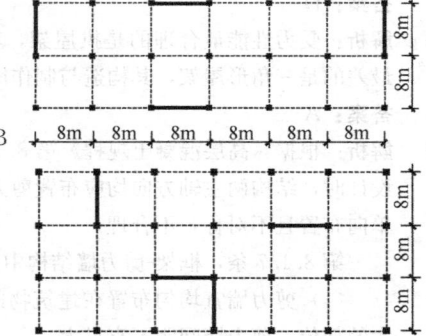

2-5　(2019) 120m 跨度的体育馆采用什么结构，钢用量最省？
　　A　悬索结构　　　B　桁架结构　　　C　网架结构　　　D　网壳结构

2-6　(2018) 确定网架结构的网格高度和网格尺寸与下列哪个因素无关？
　　A　网架跨度　　　B　屋面材料　　　C　荷载大小　　　D　支座材料

2-7　(2018) 某 50m×50m 的篮球馆建筑屋盖宜选用哪种结构形式？
　　A　钢筋混凝土井字梁　　　　　　　　B　平板网架
　　C　预应力混凝土大梁　　　　　　　　D　钢筋混凝土主次梁

2-8 (2018) 以下单层网壳体，跨度从小到大排列正确的是：
A 圆柱壳体＜椭圆壳体＜双曲面壳体＜球面壳体
B 圆柱壳体＜双曲面壳体＜椭圆壳体＜球面壳体
C 球面壳体＜圆柱壳体＜椭圆壳体＜双曲面壳体
D 圆柱壳体＜椭圆壳体＜球面壳体＜双曲面壳体

2-9 (2018) 大跨度屋盖布置的下列说法，错误的是：
A 宜采用轻型屋面系统
B 屋盖及其支承的布置宜均匀对称
C 宜优先采用单向传力体系
D 结构布置宜避免因局部削弱或突变形成薄弱部位

参考答案及解析

2-1 解析：根据《空间网格结构技术规程》JGJ 7—2010 第 3.2.5 条，网架的网格高度与网格尺寸应根据跨度大小、荷载条件、柱网尺寸、支承情况、网格形式以及构造要求和建筑功能等因素确定，网架的高跨比可取 1/10～1/18。题目中的羽毛球场地跨度为 48m，根据规范要求，高度应为 2.6～4.8m，故 B 选项正确。
答案：B

2-2 解析：根据《空间网格结构技术规程》JGJ 7—2010 第 2.1.20 条，立体桁架是由上弦、腹杆与下弦杆构成的横截面为三角形或四边形的格构式桁架。故 A 选项正确。
第 3.4.4 条，立体桁架支承于下弦节点时桁架整体应有可靠的防侧倾体系，曲线形的立体桁架应考虑支座水平位移对下部结构的影响。故 B 选项正确。
第 3.4.5 条，对立体桁架、立体拱架和张弦立体拱架应设置平面外的稳定支撑体系。故 D 选项"可取消平面外稳定支撑"的说法错误。当立体桁架应用于大、中跨度屋盖结构时，其平面外的稳定性应引起重视，应在上弦设置水平支撑体系（结合檩条）以保证立体桁架（拱架）平面外的稳定。
答案：D

2-3 解析：受力性能最合理的是拱屋架，其屋架形式与受力弯矩图形状最符合；其次是梯形屋架；最差的是三角形屋架，其构造与制作简单，但受力极不均匀。
答案：A

2-4 解析：根据《高层混凝土规程》第 8.1.5 条，框架-剪力墙结构应设计成双向抗侧力体系；抗震设计时，结构两主轴方向均应布置剪力墙。使结构各主轴方向的侧向刚度接近。故 A 图剪力墙单向布置且不对称，不合理。
第 8.1.7 条，框架-剪力墙结构中剪力墙的布置宜符合下列规定：
（1）剪力墙宜均匀布置在建筑物的周边附近、楼梯间、电梯间、平面形状变化大及恒载较大的部位，剪力墙间距不宜过大；
（2）平面形状凹凸较大时，宜在凸出部分的端部附近布置剪力墙；
（3）纵、横剪力墙宜组成 L 形、T 形和 ［等形式；
（4）剪力墙宜贯通建筑物的全高，宜避免刚度突变；剪力墙开洞时，洞口宜上下对齐；
（5）楼、电梯间等竖井宜尽量与靠近的抗侧力结构结合布置；
（6）抗震设计时，剪力墙的布置宜使结构各主轴方向的侧向刚度接近。
第 8.1.8 条，长矩形平面或平面有一部分较长的建筑中，其剪力墙的布置尚宜符合下列规定：
（1）横向剪力墙沿长方形的间距宜满足表 8.1.8 的要求，当这些剪力墙之间的楼盖有较大开洞时，剪力墙的间距应适当减小；

（2）纵向剪力墙不宜集中布置在房间的进端。

剪力墙间距（m）　　　　　　表8.1.8

楼盖形式	非抗震设计（取较小值）	抗震设防烈度		
		6度、7度（取较小值）	8度（取较小值）	9度（取较小值）
现浇	5.0B, 60	4.0B, 50	3.0B, 40	2.0B, 30
装配整体	3.5B, 50	3.0B, 40	2.5B, 30	—

从表中看出剪力墙间距还与抗震设防烈度和楼盖形式有关，B图的剪力墙布置在端部，间距过大，不满足抗震设防烈度8度、9度时现浇楼盖剪力墙最大间距的要求，也不满足装配整体式楼盖的剪力墙间距要求（具体抗震条件本题不够明确）；故B选项不合理。

D图的剪力墙布置不对称均匀，导致刚度与质量偏心；故D选项不合理。

C图的洞口位置在中心，剪力墙均匀布置在建筑物的周边附近，纵横方向均有墙，但不够对称。如果将仅有的4道剪力墙布置在洞口，又会带来刚度过于集中在中心而造成的结构扭转刚度不足问题。相比之下，4幅平面图中，C图与规范的符合度更好，较为合理。

答案：C

2-5　解析：120m跨度的体育馆采用悬索结构钢用量最省。根据《索结构技术规程》JGJ 257—2012第2.1.4条，悬索结构是由一系列作为主要承重构件的悬挂拉索按一定规律布置而组成的结构体系。拉索由索体与锚具组成，索体可采用钢丝束、钢绞线、钢丝绳或钢拉杆。

答案：A

2-6　解析：根据《空间网格结构技术规程》JGJ 7—2010第3.2.5条，网架的网格高度与网格尺寸应根据跨度大小、荷载条件、柱网尺寸、支承情况、网格形式以及构造要求和建筑功能等因素确定，与支座材料无关。

答案：D

2-7　解析：50m×50m体育馆跨度较大，若采用钢筋混凝土结构，将导致自重在整个荷载中所占比重过大而不经济，采用钢结构的平板网架结构最合适。

答案：B

2-8　解析：根据《空间网格结构技术规程》JGJ 7—2010第3.3.1条第3款，单层球面网壳的跨度（平面直径）不宜大于80m。

第3.3.2条第4款，沿两纵向边支承的单层圆柱面网壳，其跨度（宽度）不宜大于30m。

第3.3.3条第4款，单层双曲抛物面网壳的跨度不宜大于60m。

第3.3.4条第4款，单层椭圆抛物面网壳的跨度不宜大于50m。

答案：A

2-9　解析：根据《建筑抗震设计规范》GB 50011—2010（2016年版）第10.2.2条第5款，大跨屋盖宜采用轻型屋面系统；故A选项正确。

第10.2.2条第2款，屋盖及其支承的布置宜均匀对称；故B选项正确。

第10.2.2条第3款，屋盖及其支承结构宜优先采用两个水平方向刚度均衡的空间传力体系；故C选项错误。

第10.2.2条第4款，大跨屋盖建筑结构布置宜避免因局部削弱或突变形成薄弱部位，产生过大的内力、变形集中。对于可能出现的薄弱部位，应采取措施提高其抗震能力。故D选项正确。

答案：C

第三章 建筑结构设计的基本概念

本章内容涉及《工程结构通用规范》GB 55001—2021、《建筑结构可靠性设计统一标准》GB 550068—2018（简称《结构统一标准》）和《建筑结构荷载规范》GB 50009—2012（简称《荷载规范》）。其中《工程结构通用规范》为国家标准，自 2022 年 1 月 1 日起实施。本规范为强制性工程建设规范，现行工程建设标准中有关规定与本规范不一致的，以本规范的规定为准。

本章考试大纲：取消了原大纲中的"了解一般建筑物、构筑物的构件设计和计算"，故本章内容主要以建筑结构设计的基本原则和结构作用等基本结构概念为主，以便更好地了解考试大纲中要求的"了解多层、高层及大跨度建筑结构选型与结构布置的基本知识和结构概念设计"。

本章复习重点：了解建筑结构设计的基本规定和结构作用的基本概念。

第一节 建筑结构设计的基本规定

一、术语

需掌握的基本术语详见《结构统一标准》，与《工程结构通用规范》不一致处，以《工程结构通用规范》为准。其中比较重要的部分节选如下：

2.1.1 结构
能承受作用并具有适当刚度的由各连接部件有机组合而成的系统。

2.1.2 结构构件
结构在物理上可以区分出的部件。

2.1.3 结构体系
结构中的所有承重构件及其共同工作的方式。

2.1.5 设计工作年限
设计规定的结构或结构构件不需进行大修即可按预定目的使用的年限。

2.1.11 荷载布置
在结构设计中，对自由作用的位置、大小和方向的合理确定。

2.1.13 极限状态
整个结构或结构的一部分超过某一特定状态就不能满足设计规定的某一功能要求，此特定状态为该功能的极限状态。

2.1.14 承载能力极限状态
对应于结构或结构构件达到最大承载力或不适于继续承载的变形的状态。

2.1.15 正常使用极限状态
对应于结构或结构构件达到正常使用的某项规定限值的状态。

2.1.18 耐久性极限状态
对应于结构或结构构件在环境影响下出现的劣化达到耐久性能的某项规定限值或标志的状态。

2.1.19 抗力
结构或结构构件承受作用效应和环境影响的能力。

2.1.20 结构整体稳固性
当发生火灾、爆炸、撞击或人为错误等偶然事件时，结构整体能保持稳固且不出现与起因不相称的破坏后果的能力。

2.1.21 关键构件
结构承载能力极限状态性能所依赖的结构构件。

2.1.22 连续倒塌
初始的局部破坏，从构件到构件扩展，最终导致整个结构倒塌或与起因不相称的一部分结构倒塌。

2.1.23 可靠性
结构在规定的时间内，在规定的条件下，完成预定功能的能力。

2.1.24 可靠度
结构在规定的时间内，在规定的条件下，完成预定功能的概率。

2.1.36 作用
加在结构上的集中力或分布力和引起结构外加变形或约束变形的原因。前者为直接作用，也称为荷载；后者为间接作用。

2.1.37 外加变形
结构在地震、不均匀沉降等因素作用下，边界条件发生变化而产生的位移和变形。

2.1.38 约束变形
结构在温度变化、湿度变化及混凝土收缩等因素作用下，由于存在外部约束而产生的内部变形。

2.1.39 作用效应
由作用引起的结构或结构构件的反应。

2.1.41 永久作用
在设计所考虑的时期内始终存在且其量值变化与平均值相比可以忽略不计的作用；或其变化是单调的并趋于某个限值的作用。

2.1.42 可变作用
在设计工作年限内其量值随时间变化，且其变化与平均值相比不可忽略不计的作用。

2.1.43 偶然作用
在设计工作年限内不一定出现，而一旦出现其量值很大，且持续期很短的作用。

2.1.44 地震作用
地震动对结构所产生的作用。

2.1.52 作用的标准值
作用的基本代表值。为设计基准期内最大荷载统计分布的特征值。可根据对观测数据的统计、作用的自然界限或工程经验确定。

2.1.53　设计基准期

为确定可变作用代表值而选用的时间参数。

2.1.58　作用的代表值

设计中用以验算极限状态所采用的作用量值。它可以是作用的标准值或可变作用的组合值、频遇值和准永久值。

2.1.59　作用的设计值

作用代表值与作用分项系数的乘积。

2.1.60　作用组合；荷载组合

在不同作用的同时影响下，为验证某一极限状态的结构可靠度而采用的一组作用值。

2.1.61　环境影响

环境对结构产生的各种机械的、物理的、化学的或生物的不利影响。环境影响会引起结构材料性能的劣化，降低结构的安全性或适用性，影响结构的耐久性。

2.1.62　材料性能的标准值

符合规定质量的材料性能概率分布的某一分位值或材料性能的名义值。

2.1.63　材料性能的设计值

材料性能的标准值除以材料性能分项系数所得的值。

2.1.66　结构分析

确定结构上作用效应的过程或方法。

二、基本要求

（1）结构必须满足安全性、适用性和耐久性三方面的要求，即结构在设计工作年限内，必须符合下列规定：

1）应能够承受在正常施工和正常使用期间预期可能出现的各种作用；

2）应保障结构和结构构件的预定使用要求；

3）应保障足够的耐久性要求。

第1）项是对结构安全性的要求，第2）项是对结构适用性的要求，第3）项是对结构耐久性的要求；三者可概括为对结构可靠性的要求。

（2）合理的传力路径，是保证结构能够承载的基本要求，因此结构体系传力路径的合理性是结构设计时必须考虑的重要因素。

结构体系应具有合理的传力路径，能够将结构可能承受的各种作用从作用点传递到抗力构件。

（3）结构的整体稳固性[①]是指结构应当具有完整性和一定的容错能力，避免因为局部构件的失效导致结构整体失效。

当发生可能遭遇的爆炸、撞击、罕遇地震等偶然事件及人为失误时，结构应保持整体稳固性，不应出现与起因不相称的破坏后果。当发生火灾时，结构应能在规定的时间内保

---

① 结构整体稳固性是针对偶然作用的，偶然作用包括爆炸、撞击、火灾、极度腐蚀、设计施工错误和疏忽等。爆炸、撞击等是以荷载的形式直接作用于结构的，而火灾和极度腐蚀是以降低结构的承载力为特征的；虽然同样是偶然作用，但作用的方式不同，设计中采用的措施和方法也不同。

持承载力和整体稳固性。

(4) 结构的耐久性是保证结构在设计工作年限内，能够正常使用的必要条件。而环境条件对耐久性具有重要影响。

根据环境条件对耐久性的影响，结构材料应采取相应的防护措施。

三、安全等级与设计工作年限

(一) 安全等级

结构破坏可能产生的后果可以从危及人的生命、造成的经济损失、对社会或环境产生的影响等方面进行评估。安全等级分三级，分别对应重要结构、一般结构和次要结构。

结构设计时，应根据结构破坏可能产生后果的严重性，采用不同的安全等级。结构安全等级的划分应符合表3-1的规定。结构及其部件的安全等级不得低于三级。

安全等级的划分　　　　　　　　　　　　　　　表3-1

安全等级	破坏后果	安全等级	破坏后果	安全等级	破坏后果
一级	很严重	二级	严重	三级	不严重

(二) 设计工作年限

结构设计时，应根据工程的使用功能、建造和使用维护成本以及环境影响等因素规定设计工作年限，房屋建筑的结构设计工作年限不应低于表3-2的规定。

房屋建筑的结构设计工作年限　　　　　　　　　　表3-2

类别	设计工作年限（年）
临时性建筑结构	5
普通房屋和构筑物	50
特别重要的建筑结构	100

结构的设计工作年限即"设计使用年限"。"设计工作年限"主要是指设计预定的结构或结构构件在正常维护条件下的服役期限，并不意味着结构超过该期限后就不能使用了。《工程结构通用规范》将该术语统一为"设计工作年限"以更准确地表达其含义。

四、作用和作用组合

(一) 作用按时间变化特性分类

结构上的作用按时间变化特性分类是最主要的分类方法，应分为永久作用、可变作用和偶然作用（表3-3）。

(1) 永久作用可分为以下几类：结构自重、土压力、水位不变的水压力、预应力、地基变形、混凝土收缩、钢材焊接变形、引起结构外加变形或约束变形的各种施工因素。

(2) 可变作用可分为以下几类：使用时人员、物件等荷载、施工时结构的某些自重、安装荷载、车辆荷载、起重机荷载、风荷载、雪荷载、冰荷载、多遇地震、正常撞击、水位变化的水压力、温度变化。

(3) 偶然作用可分为以下几类：撞击、爆炸、罕遇地震、龙卷风、火灾、极严重的侵蚀、洪水作用。

(4) 某些作用（如地震作用和撞击）既可作为可变作用，也可作为偶然作用，取决于场地条件和结构的使用条件。

永久作用、可变作用和偶然作用的归类情况如表 3-3 所示。

永久作用、可变作用和偶然作用的归类情况　　　　　　　　　表 3-3

永久作用	可变作用	偶然作用
1　结构自重	1　使用时人员、物件等荷载	1　撞击
2　土压力	2　施工时结构的某些自重	2　爆炸
3　水位不变的水压力	3　安装荷载	3　罕遇地震
4　预应力	4　车辆荷载	4　龙卷风
5　地基变形	5　吊车荷载	5　火灾
6　混凝土收缩	6　风荷载	6　极严重的侵蚀
7　钢材焊接变形	7　雪荷载	7　洪水作用
8　引起结构外加变形或约束变形的各种施工因素	8　冰荷载	
	9　多遇地震	
	10　正常撞击	
	11　水位变化的水压力	
	12　扬压力	
	13　波浪力	
	14　温度变化	

注：在上述作用的举例中，地震作用和撞击既可作为可变作用，也可作为偶然作用，这完全取决于对结构重要性的评估；对一般结构，可以按规定的可变作用考虑。

（二）作用按不同分类特性分类

结构上的作用应根据下列不同分类特性，选择恰当的作用模型和加载方式：

（1）直接作用和间接作用；

（2）固定作用和非固定作用；

（3）静态作用和动态作用。

结构上的作用是指能使结构产生效应（结构或构件的内力、应力、位移、应变、裂缝等）的各种原因的总称。

建筑结构设计中涉及的作用应包括直接作用（荷载）和间接作用。

直接作用是指作用在结构上的力集（包括集中力和分布力）；习惯上统称为荷载；如永久荷载、活荷载、吊车荷载、雪荷载、风荷载以及偶然荷载等。

间接作用是指那些不是直接以力集的形式出现的作用，如地基变形、混凝土收缩和徐变、焊接变形、温度变化以及地震等引起的作用等。

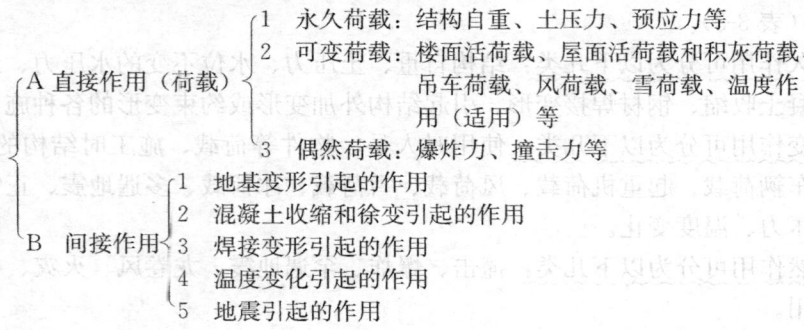

（三）设计基准期

确定可变作用代表值时应采用统一的设计基准期。《工程结构通用规范》采用的设计基准期为 50 年。

在确定各类可变荷载的代表值时，会涉及出现荷载最大值的时域问题，该时域长度即为"设计基准期"。

（四）材料的性能和环境因素影响

在选择结构材料种类、材料规格进行结构设计时，应考虑各种可能影响耐久性的环境因素。

环境因素（如二氧化碳、氯化物和湿度等）会对材料特性有明显影响，进而可能对结构的安全性和适用性造成不利影响。

环境影响可分为永久影响、可变影响和偶然影响三类。环境影响对结构的效应主要是针对材料性能的降低，它是与材料本身有密切关系的。

目前环境影响只能根据材料特点，按其抗侵蚀性的程度来划分等级，设计时按等级采取相应措施。

第二节　极限状态设计原则

结构的可靠性包括安全性、适用性和耐久性，相应的与安全性相关的极限状态为承载能力极限状态，与适用性、耐久性相关的极限状态为正常使用极限状态。建筑结构设计大多采用以概率理论为基础、以分项系数表达的极限状态设计方法。

一、承载能力极限状态

涉及人身安全以及结构安全的极限状态应作为承载能力极限状态。当结构或结构构件出现下列状态之一时，应认为超过了承载能力极限状态：

（1）结构构件或连接因超过材料强度而破坏，或因过度变形而不适于继续承载；
（2）整个结构或其一部分作为刚体失去平衡；
（3）结构转变为机动体系；
（4）结构或结构构件丧失稳定；
（5）结构因局部破坏而发生连续倒塌；
（6）地基丧失承载力而破坏；
（7）结构或结构构件发生疲劳破坏。

二、正常使用极限状态

涉及结构或结构单元的正常使用功能、人员舒适性、建筑外观的极限状态应作为正常使用极限状态。当结构或结构构件出现下列状态之一时，应认为超过了正常使用极限状态：

（1）影响外观、使用舒适性或结构使用功能的变形；
（2）造成人员不舒适或结构使用功能受限的振动；
（3）影响外观、耐久性或结构使用功能的局部损坏。

三、耐久性极限状态

当结构或结构构件出现下列状态之一时，应认定为超过了耐久性极限状态：
（1）影响承载能力和正常使用的材料性能劣化；
（2）影响耐久性能的裂缝、变形、缺口、外观、材料削弱等；
（3）影响耐久性能的其他特定状态。

四、结构重要性系数 γ_0

结构重要性系数 γ_0 是考虑结构破坏后果的严重性而引入的系数。对于安全等级为一级和三级的结构构件分别取 1.1 和 0.9。

结构重要性系数 γ_0 不应小于表 3-4 的规定。

结构重要性系数 γ_0 表 3-4

结构重要性系数	对持久设计状况和短暂设计状况			对偶然设计状况和地震设计状况
	安全等级			
	一级	二级	三级	
γ_0	1.1	1.0	0.9	1.0

结构重要性和结构的抗震类别并不一定完全对应。

例 3-1 （2012）下列对楼梯栏杆顶部水平荷载的叙述，何项正确？
A 所有工程的楼梯栏杆顶部都不需要考虑
B 所有工程的楼梯栏杆顶部都需要考虑
C 学校等人员密集场所楼梯栏杆顶部需要考虑，其他不需要考虑
D 幼儿园、托儿所等楼梯栏杆顶部需要考虑，其他不需要考虑

解析：楼梯、看台、阳台和上人屋面等的栏杆在紧急情况下对人身安全保护有重要作用，规范规定了栏杆荷载的最低取值要求，所有工程的楼梯栏杆顶部都需要考虑。B 选项正确。

答案：B

规范：《工程结构通用规范》第 4.2.14 条。

第三节　建筑结构作用

一、永久作用

《工程结构通用规范》和《荷载规范》规定了结构自重荷载的确定方法。

结构自重的标准值应按结构构件的设计尺寸与材料密度计算确定。对于自重变异较大的材料和构件，对结构不利时自重标准值取上限值，对结构有利时取下限值。

常用材料和构件的自重详见《荷载规范》表 A。常用结构材料的自重值如钢筋混凝土（$25kN/m^3$）、钢（$78kN/m^3$）、砖砌体（$18\sim20kN/m^3$）、木材（以榆、松、水曲柳为例 $7kN/m^3$）、花岗石、大理石（$28kN/m^3$）、铝（$27kN/m^3$）等。

二、楼面和屋面活荷载

《工程结构通用规范》规定了楼面和屋面活荷载的处理原则。

《工程结构通用规范》的规定与《荷载规范》取值有多处变化,以《工程结构通用规范》规定为准。

(1) 一般使用条件下的民用建筑楼面活荷载标准值及其组合值系数、频遇值系数和准永久值系数的取值,不应小于《工程结构通用规范》表 4.2.2 (表 3-5) 的规定。当使用荷载较大、情况特殊或有专门要求时,应按实际情况采用。

民用建筑楼面均布活荷载标准值(表中其他系数的取值未列出) 表 3-5

项次	类别		标准值 (kN/m^2)
1	(1) 住宅、宿舍、旅馆、医院病房、托儿所、幼儿园		2.0
	(2) 办公楼、教室、医院门诊室		2.5
2	食堂、餐厅、试验室、阅览室、会议室、一般资料档案室		3.0
3	礼堂、剧场、影院、有固定座位的看台、公共洗衣房		3.5
4	(1) 商店、展览厅、车站、港口、机场大厅及其旅客等候室		4.0
	(2) 无固定座位的看台		4.0
5	(1) 健身房、演出舞台		4.5
	(2) 运动场、舞厅		4.5
6	(1) 书库、档案库、储藏室(书架高度不超过 2.5m)		6.0
	(2) 密集柜书库(书架高度不超过 2.5m)		12.0
7	通风机房、电梯机房		8.0
8	厨房	(1) 餐厅	4.0
		(2) 其他	2.0
9	浴室、卫生间、盥洗室		2.5
10	走廊、门厅	(1) 宿舍、旅馆、医院病房、托儿所、幼儿园、住宅	2.0
		(2) 办公楼、餐厅、医院门诊部	3.0
		(3) 教学楼及其他可能出现人员密集的情况	3.5
11	楼梯	(1) 多层住宅	2.0
		(2) 其他	3.5
12	阳台	(1) 可能出现人员密集的情况	3.5
		(2) 其他	2.5

(2) 房屋建筑的屋面,其水平投影面上的屋面均布活荷载的标准值及其组合值系数,频遇值系数和准永久值系数的取值,不应小于《工程结构通用规范》表 4.2.8 (表 3-6) 的规定。

屋面均布活荷载标准值及其组合值系数、频遇值系数和准永久值系数 表 3-6

项次	类别	标准值 (kN/m^2)	组合值系数 ψ_c	频遇值系数 ψ_f	准永久值系数 ψ_q
1	不上人的屋面	0.5	0.7	0.5	0.0
2	上人的屋面	2.0	0.7	0.5	0.4
3	屋顶花园	3.0	0.7	0.6	0.5
4	屋顶运动场地	4.5	0.7	0.6	0.4

(3) 不上人的屋面，当施工或维修荷载较大时，应按实际情况采用；当上人屋面兼做其他用途时，应按相应楼面活荷载采用；屋顶花园的活荷载不应包括花圃土石等材料自重。

(4) 对于因屋面排水不畅、堵塞等引起的积水荷载，应采取构造措施加以防止；必要时，应按积水的可能深度确定屋面活荷载。

(5) 楼梯、看台、阳台和上人屋面等的栏杆活荷载标准值，不应小于下列规定值：

1) 住宅、宿舍、办公楼、旅馆、医院、托儿所、幼儿园，栏杆顶部的水平荷载应取 1.0kN/m；

2) 食堂、剧场、电影院、车站、礼堂、展览馆或体育场，栏杆顶部的水平荷载应取 1.0kN/m，竖向荷载应取 1.2kN/m，水平荷载与竖向荷载应分别考虑；

3) 中小学校的上人屋面、外廊、楼梯、平台、阳台等临空部位必须设防护栏杆，栏杆顶部的水平荷载应取 1.5kN/m，竖向荷载应取 1.2kN/m，水平荷载与竖向荷载应分别考虑。

《工程结构通用规范》规定的民用建筑楼屋面标准值的取值相比《荷载规范》有多处提高，以《工程结构通用规范》为准。

三、雪荷载和覆冰荷载

雪荷载是房屋屋面结构的主要荷载之一。在寒冷地区的大跨、轻型屋盖结构，对雪荷载更为敏感。

(1) 屋面水平投影面上的雪荷载标准值应为屋面积雪分布系数和基本雪压的乘积。

(2) 基本雪压应根据空旷平坦地形条件下的降雪观测资料，采用适当的概率分布模型，按 50 年重现期进行计算。对雪荷载敏感的结构，应按照 100 年重现期雪压和基本雪压的比值，提高其雪荷载取值。

对雪荷载敏感的结构，如轻型屋盖，考虑到雪荷载有时会远超结构自重，极端雪荷载作用下容易造成结构整体破坏，因此规定要提高雪压的取值标准。

覆冰对结构物的影响主要体现在四个方面：静力荷载、覆冰对结构风荷载的影响、动力效应和坠冰造成的破坏。

四、风荷载

风荷载是建筑结构上的一种主要的直接作用，对高层建筑尤为重要。

风压随高度而增大，且与地面的粗糙度有关；建筑物体型与尺寸不同，作用在建筑物表面上的实际风压力（或吸力）不同；风压不是静态压力，实际上是脉动风压，对于高宽比较大的房屋结构，应考虑风的动力效应。

1. 风荷载标准值的确定原则

垂直于建筑物表面上的风荷载标准值，应在基本风压、风压高度变化系数、风荷载体型系数、地形修正系数和风向影响系数的乘积基础上，考虑风荷载脉动的增大效应加以确定。

2. 基本风压

基本风压应根据基本风速值进行计算，且其取值不得低于 0.30kN/m^2。基本风速应通过将标准地面粗糙度条件下观测得到的历年最大风速记录,统一换算为离地 10m 高 10min 平均年最大风速之后,采用适当的概率分布模型,按 50 年重现期计算得到。

> **例 3-2 (2010)** 对于特别重要或对风荷载比较敏感的高层建筑,确定基本风压的重现期应为下列何值?
> A 10 年   B 25 年   C 50 年   D 100 年
> **解析:** 根据《工程结构通用规范》第 4.6.2 条,基本风压应根据基本风速值进行计算,且其取值不得低于 $0.30 kN/m^2$。基本风速应通过将标准地面粗糙度条件下观测得到的历年最大风速记录,统一换算为离地 10m 高 10min 平均年最大风速之后,采用适当的概率分布模型,按 50 年重现期计算得到。
> 第 4.6.8 条,对体型复杂、周边干扰效应明显或风敏感的重要结构应进行风洞试验。C 选项正确。
> **答案:** C

3. 风压高度变化系数

风压高度变化系数应根据建设地点的地面粗糙度确定。地面粗糙度应以结构上风向一定距离范围内的地面植被特征和房屋高度、密集程度等因素确定,需考虑的最远距离不应小于建筑高度的 20 倍且不应小于 2000m。标准地面粗糙度条件应为周边无遮挡的空旷平坦地形,其 10m 高处的风压高度变化系数应取 1.0。

4. 风荷载体型系数

体型系数应根据建筑外形、周边干扰情况等因素确定,其取值大小直接影响到结构安全。

5. 风荷载放大系数

当采用风荷载放大系数的方法考虑风荷载脉动的增大效应时,风荷载放大系数应按下列规定采用:

(1) 主要受力结构的风荷载放大系数应根据地形特征、脉动风特性、结构周期、阻尼比等因素确定,其值不应小于 1.2。

(2) 围护结构的风荷载放大系数应根据地形特征、脉动风特和流场特征等因素确定。

6. 地形修正系数

地形修正系数应按规范规定采用。

7. 风向影响系数

建筑结构在不同风向的大风作用下风荷载差别很大,规范规定了风向影响系数的计算原则和最低限值要求。

8. 应进行风洞试验的三种情况

体型复杂、周边干扰效应明显或风敏感的重要结构应进行风洞试验。对风荷载敏感,通常是指自振周期较长,风振响应显著或者风荷载是控制荷载的各类工程结构,如超高层建筑、高耸结构、柔性屋盖、大跨桥梁等。当这类结构的动力特性菜蔬或结构复杂程度超过现有风荷载计算方法的适用范围时,应当通过风洞试验确定其风荷载。

9. 新建建筑的不利影响

当新建建筑可能使周边风环境发生较大改变时，应评估其对相邻既有建筑风环境和风荷载的不利影响并采取相应措施。

《工程结构通用规范》第4.6.1条规定了风荷载的确定方法。此条未直接采用《荷载规范》的计算表达式，而是规定了计算风荷载标准值的基本原则。基本风压 w_0 是计算风荷载最重要的系数。地面粗糙度类别是确定风压高度变化系数的前提条件。体型系数是计算风荷载时的重要参数。

《荷载规范》有关风荷载规定的第8.1.1条、第8.1.2条相关条文已废止。

> **例3-3** （2021）以下平面对抗风最有利的是：
> A 矩形　　　B 圆形　　　C 三角形　　　D 正方形
> 解析：对抗风有利的平面形状是简单规则的凸平面，如圆形、正多边形、椭圆形、鼓形等平面。其中，圆形平面建筑的风荷载体型系数最小，为0.8，因此风压最小，对抗风最有利，故B选项符合题意。
> 答案：B
> 规范：《荷载规范》第8.3.1条，《高层混凝土规程》第3.4.2条及条文说明。

五、温度作用

温度作用指结构或结构构件中由于温度变化所引起的作用。

（1）温度作用应考虑气温变化、太阳辐射及使用热源等因素，作用在结构或构件上的温度作用应采用其温度的变化来表示。

（2）计算结构或构件的温度作用效应时，应采用材料的线膨胀系数 α_T。常用材料的线膨胀系数可按《荷载规范》表9.1.2（表3-7）采用。

常用材料的线膨胀系数 α_T 表3-7

材　料	线膨胀系数 α_T（$\times 10^{-6}$/℃）	材　料	线膨胀系数 α_T（$\times 10^{-6}$/℃）
轻骨料混凝土	7	钢，锻铁，铸铁	12
普通混凝土	10	不锈钢	16
砌体	6～10	铝，铝合金	24

（3）基本气温可采用50年重现期的月平均最高气温和月平均最低气温。对金属结构等对气温变化较敏感的结构，应适当增加或降低基本气温。

> **例3-4** （2012）混凝土的线膨胀系数为：
> A 1×10^{-3}/℃　　　　　　　　B 1×10^{-4}/℃
> C 1×10^{-5}/℃　　　　　　　　D 1×10^{-6}/℃
> 解析：《混凝土结构设计规范》GB 50010—2010（2015年版）第4.1.8条规定：当温度在0～100℃范围时，混凝土的线膨胀系数 α_c 为 1×10^{-5}/℃。
> 答案：C

例 3-5 （2012）下列常用建筑材料中，重度①最小的是：
A 钢　　　　B 混凝土　　　　C 大理石　　　　D 铝

解析：题中材料的重度分别是：钢 78.5kN/m³，混凝土 22～24kN/m³，大理石 28kN/m³，铝 27kN/m³。相比之下，混凝土的重度最小。一般我们感觉混凝土比铝重，是因为我们接触的构件体积相差很大，铝构件一般都很薄；如果同体积下比较，则混凝土较轻。

答案：B

规范：《建筑结构荷载规范》GB 50009—2012 附录 A。

习　题

3-1 （2018）关于结构荷载的表述，错误的是：
　　A 结构自重、土压力为永久荷载　　　　B 雪荷载、吊车荷载、积灰荷载为可变荷载
　　C 电梯竖向撞击荷载为偶然荷载　　　　D 屋顶花园活荷载包括花园土等材料自重

3-2 （2012）下列常用建筑材料中，重度最小的是：
　　A 钢材　　　　B 混凝土　　　　C 大理石　　　　D 铝

3-3 （2017）下列情况对结构构件产生内力，哪一项不属于可变作用？
　　A 吊车荷载　　B 屋面积灰荷载　　C 预应力　　D 温度变化

3-4 （2014）题 3-4 图所示 3 座高层建筑迎风面积均相等，在相同风环境下其所受风荷载合力大小，正确的是：

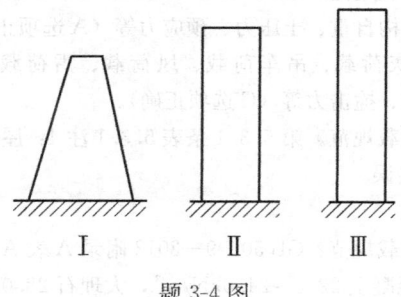

题 3-4 图

　　A Ⅰ＝Ⅱ＝Ⅲ　　B Ⅰ＝Ⅱ＜Ⅲ　　C Ⅰ＜Ⅱ＝Ⅲ　　D Ⅰ＜Ⅱ＜Ⅲ

3-5 （2009）一般情况下用砌体修建的古建筑使用年限为：
　　A 50 年　　　　　　　　　　　　　　B 100 年
　　C 根据使用用途确定　　　　　　　　D 根据环境条件确定

3-6 承重结构设计中，下列哪几项属于承载能力极限状态设计的内容？
　　Ⅰ. 构件和连接的强度破坏；Ⅱ. 疲劳破坏；Ⅲ. 影响结构耐久性能的局部损坏；Ⅳ. 结构和构件丧失稳定，结构转变为机动体系和结构倾覆
　　A Ⅰ、Ⅱ　　B Ⅱ、Ⅲ　　C Ⅰ、Ⅱ、Ⅳ　　D Ⅰ、Ⅱ、Ⅲ、Ⅳ

3-7 （2011）常用钢筋混凝土的重度为下列哪一数值？
　　A 15kN/m³　　B 20kN/m³　　C 25kN/m³　　D 28kN/m³

---

① 重度是指单位体积的重量。

3-8 (2013) 下列常用建筑材料中,自重最轻的是:
   A 钢材　　　　　B 钢筋混凝土　　　　　C 花岗石　　　　　D 普通砖

3-9 (2010) 某屋顶女儿墙周围无遮挡,当风荷载垂直墙面作用时,墙面所受的风压力:
   A 小于风吸力　　　　　　　　　　　　B 大于风吸力
   C 等于风吸力　　　　　　　　　　　　D 与风吸力的大小无法比较

3-10 (2008) 建筑结构的安全等级划分,下列哪一种是正确的?
   A 一级、二级、三级　　　　　　　　　B 一级、二级、三级、四级
   C 甲级、乙级、丙级　　　　　　　　　D 甲级、乙级、丙级、丁级

3-11 (2007) 下列情况对结构构件产生内力,试问何项为直接荷载作用?
   A 温度变化　　　B 地基沉降　　　C 屋面积雪　　　D 结构构件收缩

3-12 (2008) 结构设计时,下列哪一种分类或分级是不正确的?
   A 结构的设计使用年限分类为 1 类（25 年）、2 类（50 年）、3 类（100 年）
   B 地基基础设计等级分为甲级、乙级、丙级
   C 建筑抗震设防类别分为甲类、乙类、丙类、丁类
   D 钢筋混凝土结构的抗震等级分为一级、二级、三级、四级

3-13 (2008) 对于人流可能密集的楼梯,其楼面均布活荷载标准值取值为:
   A 2.0kN/m²　　　B 2.5kN/m²　　　C 3.0kN/m²　　　D 3.5kN/m²

3-14 (2010) 在下列荷载中,哪一项为活荷载?
   A 风荷载　　　B 土压力　　　C 结构自重　　　D 结构的面层

参考答案及解析

3-1 **解析**：根据《建筑结构荷载规范》GB 50009—2012 第 3.1.1 条,建筑结构的荷载可分为下列三类：(1) 永久荷载包括结构自重、土压力、预应力等（A 选项正确）；(2) 可变荷载包括楼面活荷载、屋面活荷载和积灰荷载、吊车荷载、风荷载、雪荷载、温度作用等（B 选项正确）；(3) 偶然荷载包括爆炸力、撞击力等（C 选项正确）。

另根据《建筑结构荷载规范》第 5.3.1 条表 5.3.1 注 4：屋顶花园活荷载不应包括花圃土石等材料自重；故 D 选项错误。

答案：D

3-2 **解析**：根据《建筑结构荷载规范》GB 50009—2012 附录 A 表 A,题中所列 4 种材料的重度分别是：钢 78.5kN/m³,素混凝土 22.0～24.0kN/m³,大理石 28.0kN/m³,铝 27.0kN/m³。相比之下,混凝土的重度最小,故应选 B。

通常我们会觉得混凝土比铝重,那是因为我们日常能够接触到的两种材料的构件体积相差悬殊,铝构件一般都比较薄。在相同体积的情况下作比较,则混凝土更轻。

答案：B

3-3 **解析**：《建筑结构荷载规范》GB 50009—2012 第 3.1.1 条第 2 款,可变荷载（作用）包括楼面活荷载、屋面活荷载和积灰荷载、吊车荷载、风荷载、雪荷载、温度作用等。

预应力是钢筋混凝土构件在使用（加载）前,预先给混凝土施加的长期稳定的预压力,不属于可变荷载。

答案：C

3-4 **解析**：《建筑结构荷载规范》GB 50009—2012 第 8.1.1 条、第 8.2.1 条,垂直于建筑物表面上的风荷载标准值,与基本风压、高度 z 处的风振系数、风荷载体型系数及风压高度变化系数有关。在相同环境下,当迎风面面积相等时,风速随着距离地面高度的增加而增大,即建筑越高,所受的水平风荷载合力越大。因此,3 座高层建筑所受风荷载合力的大小排序正确的是 D 选项。

答案：D

3-5 解析：房屋建筑的设计工作年限应按《工程结构通用规范》GB 55001—2021 第 2.2.2 条表 2.2.2-1（题 3-5 解表）采用。一般情况下用砌体修建的古建筑也按普通房屋的设计工作年限 50 年考虑，特别重要的建筑结构设计工作年限为 100 年。

房屋建筑的设计工作年限　　　　　　　题 3-5 解表

类别	设计工作年限（年）
临时性建筑结构	5
普通房屋和构筑物	50
特别重要的建筑结构	100

注：《工程结构通用规范》将"设计使用年限"统一为"设计工作年限"，以便准确表达其含义。

答案：A

3-6 解析：《建筑结构可靠性设计统一标准》GB 50068—2018 第 8.2.1 条，结构或结构构件按承载能力极限状态设计时，应考虑下列状态：

(1) 结构或结构构件的破坏或过度变形，此时结构的材料强度起控制作用；

(2) 整个结构或其一部分作为刚体失去静力平衡，此时结构材料或地基的强度不起控制作用；

(3) 地基破坏或过度变形，此时岩土的强度起控制作用；

(4) 结构或结构构件疲劳破坏，此时结构的材料疲劳强度起控制作用。

综上所述，Ⅰ、Ⅱ、Ⅳ项属于承载能力极限状态设计的内容，故应选 C。

答案：C

3-7 解析：根据《建筑结构荷载规范》GB 50009—2012 附录 A 表 A，钢筋混凝土的重度为 24.0～25.0kN/m³，故应选 C。

答案：C

3-8 解析：根据《建筑结构荷载规范》GB 50009—2012 附录 A 表 A，题目中 4 种材料的自重分别为：钢材 78.5kN/m³，钢筋混凝土 24.0～25.0kN/m³，花岗石 28.0kN/m³，普通砖 18～19kN/m³；其中，自重最小的是普通砖。

答案：D

3-9 解析：《建筑结构荷载规范》GB 50009—2012 第 8.3.1 条表 8.3.1 第 34 项，屋顶女儿墙周围无遮挡，相当于独立墙壁。当风荷载垂直墙面作用时，墙迎风面的体型系数（$\mu_s=+1.3$）大于背风面的体型系数（$\mu_s=0$），即迎风面所受的风压力大于背风面的风吸力，故 B 选项正确。所谓避风的道理也在于此。

答案：B

3-10 解析：《建筑结构可靠性设计统一标准》GB 50068—2018 第 3.2.1 条表 3.2.1，建筑设计时，应根据结构破坏可能产生的后果，即危及人的生命、造成经济损失、对社会或环境产生影响等的严重性，采用不同的安全等级。建筑结构安全等级的划分应符合表 3.2.1（题 3-10 解表）的规定。

建筑结构的安全等级　　　　　　　题 3-10 解表

安全等级	破坏后果
一级	很严重：对人的生命、经济、社会或环境影响很大
二级	严重：对人的生命、经济、社会或环境影响较大
三级	不严重：对人的生命、经济、社会或环境影响较小

答案：A

3-11 解析：《建筑结构荷载规范》GB 50009—2012 第 1.0.4 条，建筑结构设计中涉及的作用应包括直接作用（荷载）和间接作用。

条文说明第 1.0.4 条，直接作用是指作用在结构上的力集（包括集中力和分布力），习惯上统称为荷载，如永久荷载、活荷载、吊车荷载、雪荷载、风荷载以及偶然荷载等。间接作用是指那些不是直接以力集的形式出现的作用，如地基变形、混凝土收缩和徐变、焊接变形、温度变化以及地震等引起的作用等。由此可知，C 选项属于直接作用，A、B、D 选项属于间接作用。

答案：C

3-12 解析：根据《建筑结构可靠性设计统一标准》GB 50068—2018 第 3.3.3 条表 3.3.3，建筑结构的设计使用年限类别为 5 年、25 年、50 年、100 年；故 A 选项错误。

根据《建筑地基基础设计规范》GB 50007—2011 第 3.0.1 条表 3.0.1，地基基础设计等级分为甲级、乙级、丙级；故 B 选项正确。

根据《建筑工程抗震设防分类标准》GB 50223—2008 第 3.0.2 条，建筑工程应分为 4 个抗震设防类别：特殊设防类（甲类）、重点设防类（乙类）、标准设防类（丙类）、适度设防类（丁类）；故 C 选项正确。

根据《建筑抗震设计规范》GB 50011—2010（2016 年版）第 6.1.2 条表 6.1.2，钢筋混凝土房屋的抗震等级分为一级、二级、三级、四级；故 D 选项正确。

答案：A

3-13 解析：根据《建筑结构荷载规范》GB 50009—2012 第 5.1.1 条表 5.1.1 第 12 项，楼梯的楼面均布活荷载标准值的取值分两种情况：多层住宅取 2.0kN/m²，其他取 3.5kN/m²。题目中的楼梯位于人流可能密集的环境，应该是公共建筑环境，而非住宅环境，故应选 D。

答案：D

3-14 解析：根据《建筑结构荷载规范》GB 50009—2012 第 3.1.1 条，建筑结构的荷载分为三类：

(1) 永久荷载（恒荷载），包括自重、土压力、预应力等。故 B、C、D 选项属于永久荷载。

(2) 可变荷载（活荷载），包括楼面活荷载、屋面活荷载和积灰荷载、吊车荷载、风荷载、雪荷载、温度作用等。故 A 选项属于可变荷载（活荷载）。

(3) 偶然荷载，包括爆炸力、撞击力等。

答案：A

第四章 钢筋混凝土结构设计

本章考试大纲：了解混凝土结构的力学性能、结构形式及应用范围；了解既有建筑结构加固改造。

本章复习重点：①钢筋、混凝土两种材料的力学性能及材料的选用；②受弯构件正截面、斜截面的破坏特征及承载能力的影响因素；③轴心受压、偏心受压构件的特点；④正常使用状态下，受弯构件挠度及裂缝宽度的影响因素；⑤预应力混凝土结构的特点及使用范围；⑥混凝土结构加固设计。[1]

第一节 概 述

一、钢筋混凝土的基本概念

混凝土的抗压强度很高，但抗拉强度很低，在拉应力处于很小的状态时即出现裂缝，影响了构件的使用，为了提高构件的承载能力，在构件中配置一定数量的钢筋，用钢筋承担拉力而让混凝土承担压力，发挥各自材料的特性，从而可以使构件的承载能力得到很大的提高。这种由混凝土和钢筋两种材料组成的构件被称为钢筋混凝土结构。

钢筋和混凝土这两种材料能有效地结合在一起共同工作，主要原因可归纳为三点：①由于混凝土硬结后，钢筋与混凝土之间产生了良好的粘结力，使两者可靠地结合在一起，从而保证了在荷载作用下构件中的钢筋与混凝土协调变形、共同受力。②钢筋与混凝土两种材料的温度线膨胀系数很接近（混凝土：$1.0 \times 10^{-5}/℃$；钢：$1.2 \times 10^{-5}/℃$），$1 \times 10^{-5}/℃$，即温度每升高1℃，每1m伸长0.01mm。因此，当温度变化时，不致产生较大的温度应力而破坏两者之间的粘结。③在钢筋混凝土结构中，钢筋受混凝土的包裹，使其不致很快锈蚀，从而提高了结构的耐久性。

二、混凝土材料的力学性能

（一）混凝土强度标准值

1. 立方体抗压强度 $f_{cu,k}$

混凝土强度等级应按立方体抗压强度标准值确定，立方体抗压强度标准值是混凝土各种力学指标的基本代表值。

立方体抗压强度标准值系指按标准方法制作、养护的边长为150mm的立方体试件，

---

[1] 《混凝土结构通用规范》GB 55008—2021 第2.0.2条对结构混凝土的最低强度等级调整如下：素混凝土结构构件的混凝土强度等级不应低于C20；钢筋混凝土结构构件的混凝土强度等级不应低于C25；预应力混凝土楼板结构的混凝土强度等级不应低于C30，其他预应力混凝土结构构件的混凝土强度等级不应低于C40。采用500MPa及以上等级钢筋的钢筋混凝土结构构件，混凝土强度等级不应低于C30。

在28d或设计规定龄期以标准试验方法测得的具有95%保证率的抗压强度值。

我国《混凝土结构设计规范》GB 50010—2010（2015年版）（简称《混凝土规范》）规定，将混凝土的强度等级分为13级：C20、C25、C30、C35、C40、C45、C50、C55、C60、C65、C70、C75、C80。符号中C表示混凝土，C后面的数字表示立方体抗压强度标准值，单位为N/mm²。

立方体抗压强度无设计值。

2. 轴心抗压强度标准值 f_{ck}

轴心抗压强度亦称为棱柱体抗压强度。设计中通常采用的构件并不是立方体构件，而是长度往往大于边长。根据试验结果，随着长度的增加，抗压强度亦随之降低，但当长宽比大于一定数值后，抗压强度值即趋于定值。试验中取长宽比大于3～4的正方形棱柱体作为试块，按表4-1采用。

混凝土轴心抗压强度标准值（N/mm²） 表4-1

强度	混凝土强度等级												
	C20	C25	C30	C35	C40	C45	C50	C55	C60	C65	C70	C75	C80
f_{ck}	13.4	16.7	20.1	23.4	26.8	29.6	32.4	35.5	38.5	41.5	44.5	47.4	50.2

轴心抗压强度小于立方体抗压强度，$f_{ck} \approx 0.67 f_{cu,k}$。

3. 轴心抗拉强度标准值 f_{tk}

混凝土抗拉强度取棱柱体100mm×100mm×500mm的试件，沿试块轴线两端预埋钢筋（其直径应保证试件受拉破坏时钢筋不被拉断，锚固长度应保证破坏时钢筋不被拔出），通过对钢筋施加拉力使试件受拉，试件破坏时的平均拉应力即为轴心抗拉强度。

混凝土的抗拉强度取决于水泥石（在凝结硬化过程中，水泥和水形成水泥石）的强度和水泥石与骨料间的粘结强度。采用增加水泥用量，减少水灰比，以及采用表面粗糙的骨料，可提高混凝土的抗拉强度，按表4-2采用。

混凝土轴心抗拉强度标准值（N/mm²） 表4-2

强度	混凝土强度等级												
	C20	C25	C30	C35	C40	C45	C50	C55	C60	C65	C70	C75	C80
f_{tk}	1.54	1.78	2.01	2.20	2.39	2.51	2.64	2.74	2.85	2.93	2.99	3.05	3.11

混凝土的抗拉强度很低，大约只相当于立方体抗压强度的1/16～1/8倍。混凝土轴心抗压强度标准值及抗拉强度标准值均可通过立方体抗压强度求得。以上三种强度大小排序为：$f_{tk} < f_{ck} < f_{cu,k}$。

4. 复合应力下的混凝土强度

（1）三向受压。如图4-1所示，在轴向压力 $\sigma_1 A$ 作用下，轴向压缩，侧向膨胀。在 σ_2（压应力）作用下，约束侧向膨胀，减小了压缩变形，提高了混凝土轴心抗压强度。

（2）双向受力。混凝土双向受力的分析过程如图4-2所示。

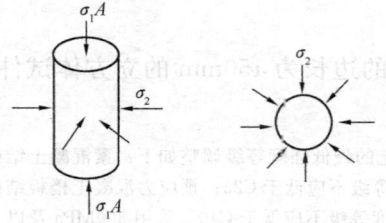

图4-1 混凝土三向受压

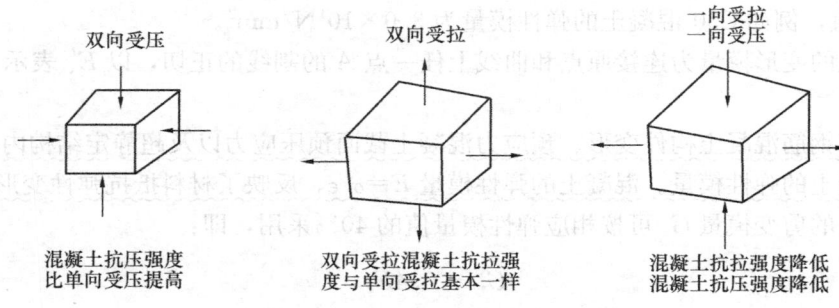

图 4-2 混凝土双向受力

(二) 混凝土强度设计值

1. 轴心抗压强度设计值 f_c

轴心抗压强度设计值等于 $f_{ck}/1.40$，结果见表 4-3；其中 1.40 为混凝土的材料分项系数。

混凝土轴心抗压强度设计值（N/mm²） 表 4-3

强度	混凝土强度等级												
	C20	C25	C30	C35	C40	C45	C50	C55	C60	C65	C70	C75	C80
f_c	9.6	11.9	14.3	16.7	19.1	21.1	23.1	25.3	27.5	29.7	31.8	33.8	35.9

2. 轴心抗拉强度设计值 f_t

轴心抗拉强度设计值等于 $f_{tk}/1.40$，结果见表 4-4。

混凝土轴心抗拉强度设计值（N/mm²） 表 4-4

强度	混凝土强度等级												
	C20	C25	C30	C35	C40	C45	C50	C55	C60	C65	C70	C75	C80
f_t	1.10	1.27	1.43	1.57	1.71	1.80	1.89	1.96	2.04	2.09	2.14	2.18	2.22

(三) 混凝土的变形

混凝土的变形分为两类。一类是在荷载作用下的受力变形，如单向短期加荷、多次重复加荷以及在长期荷载作用下的变形。另一类与受力无关，称为体积变形，如混凝土的收缩、膨胀以及由于温度变化所产生的变形。

1. 混凝土的弹性模量

图 4-3 为混凝土棱柱体受压试验的应力-应变曲线。从应力-应变曲线的原点 O 作曲线的切线，该切线的正切称为混凝土的弹性模量，用 E_c 表示；它反映了混凝土的应力与其弹性应变的关系，即：

$$E_c = \frac{\sigma_c}{\varepsilon_{ce}} \quad (4-1)$$

对于一定强度等级的混凝土，弹性模量

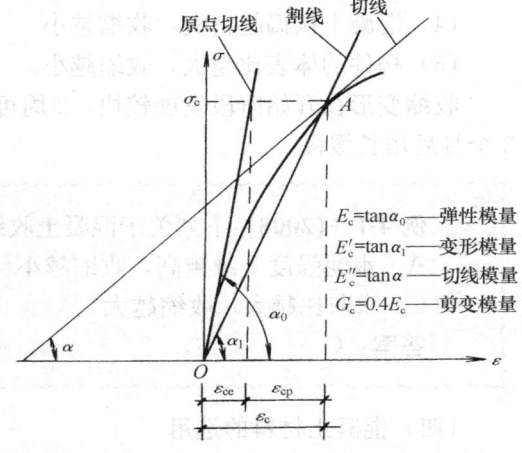

图 4-3 混凝土应力-应变曲线与各种切线图

E_c 是一定值,例如 C30 混凝土的弹性模量为 $3.0 \times 10^4 \text{N/mm}^2$。

混凝土的变形模量为连接原点和曲线上任一点 A 的割线的正切,以 E'_c 表示,也称为割线模量。

在计算钢筋混凝土构件变形、预应力混凝土截面预压应力以及超静定结构内力时,都需引入混凝土的弹性模量。混凝土的弹性模量 $E = \sigma/\varepsilon$,反映了材料抵抗弹性变形的能力。

混凝土的剪变模量 G_c 可按相应弹性模量值的 40% 采用,即:

$$G_c = 0.4 E_c \qquad (4-2)$$

2. 混凝土在长期荷载作用下的变形——徐变

在荷载的长期作用下,即使荷载维持不变,混凝土的变形仍会随时间而增长,这种现象称为徐变。

影响徐变的因素有以下几方面:

(1) 水胶比大,徐变大;水泥用量越多,徐变越大。
(2) 养护条件好,混凝土工作环境湿度越大,徐变越小。
(3) 水泥和骨料的质量好、级配越好,徐变越小。
(4) 加荷时混凝土的龄期越早,徐变越大。
(5) 加荷前混凝土的强度越高,徐变越小。
(6) 构件的尺寸越大,体表比(即构件的体积与表面积之比)越大,徐变越小。

徐变在开始发展很快,以后逐渐减慢,最后趋于稳定。通常在前 6 个月可完成最终徐变量的 70%~80%,在第一年内可完成 90% 左右,其余部分在后续几年中完成。

3. 混凝土的收缩与膨胀

混凝土在空气中结硬体积会收缩,在水中结硬体积要膨胀。但是,膨胀值要比收缩值小得多,由于膨胀对结构往往是有利的,所以一般不需考虑。

影响收缩的因素有以下几方面:

(1) 水泥强度等级越高、用量越多、水灰比越大,收缩越大。
(2) 骨料的弹性模量越大,收缩越小。
(3) 养护条件好,在硬结和使用过程中周围环境湿度越大,收缩越小。
(4) 混凝土振捣越密实,收缩越小。
(5) 构件的体表比越大,收缩越小。

收缩变形在开始阶段发展较快,2 周可完成全部收缩量的 25%,1 个月约完成 50%,3 个月后增长缓慢。

例 4-1 (2008) 下列关于混凝土收缩的叙述,哪一项是正确的?

A 水泥强度等级越高,收缩越小 B 水泥用量越多,收缩越小
C 水灰比越大,收缩越大   D 环境温度越低,收缩越大

答案:C

(四) 混凝土材料的选用

钢筋混凝土结构不宜采用强度过低的混凝土,因为当混凝土强度过低时,钢筋与混凝

土之间的粘结强度太低，将影响钢筋强度的充分利用，请注意区分以下这两本混凝土结构设计规范的要求：

《混凝土结构通用规范》GB 55008—2021[①]

2.0.2 结构混凝土强度等级的选用应满足工程结构的承载力、刚度及耐久性需求。对设计工作年限为50年的混凝土结构，结构混凝土的强度等级尚应符合下列规定；对设计工作年限大于50年的混凝土结构，结构混凝土的最低强度等级应比下列规定提高。

1 素混凝土结构构件的混凝土强度等级不应低于C20；钢筋混凝土结构构件的混凝土强度等级不应低于C25；预应力混凝土楼板结构的混凝土强度等级不应低于C30，其他预应力混凝土结构构件的混凝土强度等级不应低于C40；钢-混凝土组合结构构件的混凝土强度等级不应低于C30。

2 承受重复荷载作用的钢筋混凝土结构构件，混凝土强度等级不应低于C30。

3 抗震等级不低于二级的钢筋混凝土结构构件，混凝土强度等级不应低于C30。

4 采用500MPa及以上等级钢筋的钢筋混凝土结构构件，混凝土强度等级不应低于C30。

《高层建筑混凝土结构技术规程》JGJ 3—2010

3.2.2 各类结构用混凝土的强度等级均不应低于C20，并应符合下列规定：

1 抗震设计时，一级抗震等级框架梁、柱及其节点的混凝土强度等级不应低于C30；

2 筒体结构的混凝土强度等级不宜低于C30；

3 作为上部结构嵌固部位的地下室楼盖的混凝土强度等级不宜低于C30；

4 转换层楼板、转换梁、转换柱、箱形转换结构以及转换厚板的混凝土强度等级均不应低于C30；

5 预应力混凝土结构的混凝土强度等级不宜低于C40、不应低于C30；

6 型钢混凝土梁、柱的混凝土强度等级不宜低于C30；

7 现浇非预应力混凝土楼盖结构的混凝土强度等级不宜高于C40；

8 抗震设计时，框架柱的混凝土强度等级，9度时不宜高于C60，8度时不宜高于C70；剪力墙的混凝土强度等级不宜高于C60。

三、钢筋的种类及其力学性能
（一）钢筋的品种和级别

在钢筋混凝土中，采用的钢材形式有两大类：一类是劲性钢筋，由型钢（如角钢、槽钢、工字钢等）组成。在混凝土构件中配置型钢的称为劲性钢筋混凝土，通常在荷重大的构件中才采用。另一类是柔性钢筋，即通常所指的钢筋。柔性钢筋又包括钢筋和钢丝两类。钢筋按外形分为光圆钢筋和带肋钢筋两种。钢筋的品种很多，可分为碳素钢和普通低合金钢。碳素钢按其含碳量的多少，分为低碳钢（含碳<0.25%）、中碳钢（含碳0.25%~0.6%）和高碳钢（含碳0.6%~1.4%）。低碳钢强度低但塑性好，称为软钢，高碳钢强度高但塑性、可焊性差，称为硬钢。普通低合金钢，除了含有碳素钢的元素外，又加入了少量的合金元素，如锰、硅、矾、钛等，大部分低合金钢属于软钢。

---

① 简称《混凝土通用规范》。

2015年修订版《混凝土规范》对钢筋的牌号、强度级别和应用作了较大的补充和修改（详见第4.2.2、4.2.3条），新规范提倡应用高强度、高性能钢筋。

对热轧带肋钢筋，增加了强度为500MPa级的热轧钢筋；推广400MPa、500MPa级高强度热轧带肋钢筋作为纵向受力的主导钢筋；限制并逐步淘汰335MPa级热轧带肋钢筋的应用；用300MPa级光圆钢筋取代235MPa级光圆钢筋；推广具有较好的延性、可焊性、机械连接性能及施工适应性的HRB系列普通热轧带肋钢筋；列入采用控温轧制工艺生产的HRBF系列细晶粒带肋钢筋。

对预应力钢筋，增补高强度、大直径的钢绞线；列入大直径预应力螺纹钢筋（精制螺纹钢筋）；列入中强度预应力钢丝以补充中等强度预应力筋的空缺，用于中、小跨度的预应力构件；淘汰锚固性能很差的刻痕钢丝；冷加工钢筋不再列入规范。

（二）钢筋的应力-应变曲线和力学性能指标

钢筋混凝土及预应力混凝土结构中所用的钢筋可分为两类：有明显屈服点的钢筋（一般称为软钢）和无明显屈服点的钢筋（一般称为硬钢）。

有明显屈服点的钢筋的应力-应变曲线如图4-4所示。图中，a点以前应力与应变按比例增加，其关系符合胡克定律，这时如卸去荷载，应变将恢复到0，即无残余变形，a点对应的应力称为比例极限；过a点后，应变较应力增长为快；到达b点后，应变急剧增加，而应力基本不变，应力-应变曲线呈现水平段cd，钢筋产生相当大的塑性变形，此阶段称为屈服阶段。b、c两点分别称为上屈服点和下屈服点。由于上屈服点b为开始进入屈服阶段的应力，呈不稳定状态，而下屈服点c比较稳定，因此，将下屈服点c的应力称为"屈服强度"。当钢筋屈服塑流到一定程度，即到达图中的d点，cd段称为屈服台阶，过d点后，应力应变关系又形成上升曲线，但曲线趋平，其最高点为e，de段称为钢筋的"强化阶段"，相应于e点的应力称为钢筋的极限强度，过e点后，钢筋薄弱断面显著缩小，产生"颈缩"现象（图4-5），此时变形迅速增加，应力随之下降，直至到达f点时，钢筋被拉断。

无明显屈服点的钢筋的应力-应变曲线如图4-6所示。这类钢筋的极限强度一般很高，但变形很小。由于没有明显的屈服点和屈服台阶，因此通常取相应于残余应变$\varepsilon=0.2\%$

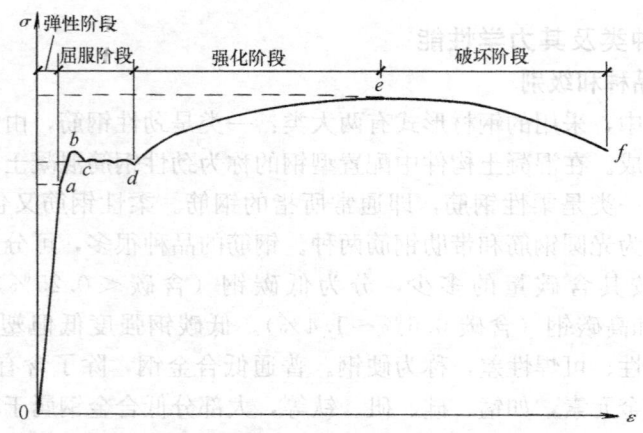

图4-4 有明显屈服点的钢筋的应力-应变曲线
(HPB300、HRB400、HRBF400、RRB400、HRB500、HRBF500)

时的应力 $\sigma_{0.2}$ 作为名义屈服点（或称假想屈服点），而将其强度称为条件屈服强度。无明显屈服点的钢筋在很小的应变状态时即被拉断。

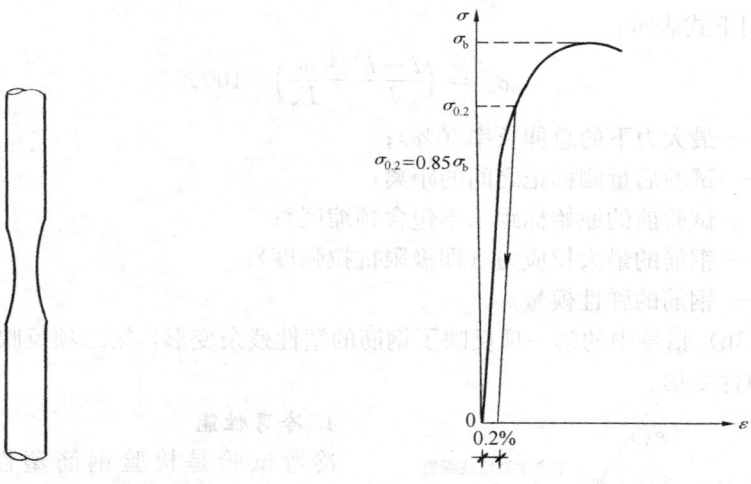

图 4-5　钢筋受拉时的"颈缩"现象　　图 4-6　无明显屈服点的钢筋的应力-应变曲线
（如消除应力钢丝、钢绞线）

钢筋的力学性能指标有 4 个，即屈服强度、极限抗拉强度、伸长率和冷弯性能。

1. 屈服强度

如上所述，对于软钢，取下屈服点 c 的应力作为屈服强度。对无明显屈服点的硬钢，设计上通常取残余应变为 0.2% 时所对应的应力作为假想的屈服点，称为条件屈服强度，用 $\sigma_{0.2}$ 来表示。对钢丝和热处理钢筋的 $\sigma_{0.2}$，规范统一取 0.85 倍极限抗拉强度。

2. 极限抗拉强度

对于软钢，取应力-应变曲线中的最高点 e 为极限抗拉强度；对于硬钢，规范规定，将应力-应变曲线的最高点作为强度标准值的取值依据。

3. 伸长率

钢筋除了要有足够的强度外，还应具有一定的塑性变形能力，伸长率即是反映钢筋塑性性能的一个指标。伸长率大的钢筋塑性性能好，拉断前有明显预兆；伸长率小的钢筋塑性性能较差，其破坏突然发生，呈脆性特征。

(1) 钢筋的断后伸长率（延伸率）

钢筋拉断后的伸长值与原长的比值称为钢筋的断后伸长率 δ，按下式计算：

$$\delta = \frac{l - l_0}{l_0} \times 100\% \tag{4-3a}$$

式中　δ——断后伸长率，%；

　　　l——试件拉断并重新拼合后，量测得到的标距范围内的长度；

　　　l_0——试件拉伸前的量测标距长度，一般可取 $l_0 = 5d$ 或 $l_0 = 10d$（d 为钢筋直径），相应的断后伸长率表示为 δ_5 或 δ_{10}。

断后伸长率只能反映钢筋残余变形的大小，忽略了钢筋的弹性变形，不能反映钢筋受力时的总体变形能力。

(2) 钢筋最大力下的总伸长率（均匀延伸率）

钢筋在达到最大应力时的变形包括塑性残余变形和弹性变形两部分，最大力下的总伸长率 δ_{gt} 可用下式表示：

$$\delta_{gt} = \left(\frac{l - l_0}{l_0} + \frac{\sigma_b}{E_s}\right) \times 100\% \tag{4-3b}$$

式中　δ_{gt}——最大力下的总伸长率（%）；
　　　l——试验后量测标记之间的距离；
　　　l_0——试验前的原始标距（不包含颈缩区）；
　　　σ_b——钢筋的最大拉应力（即极限抗拉强度）；
　　　E_s——钢筋的弹性模量。

式（4-3b）括号中的第一项反映了钢筋的塑性残余变形，第二项反映了钢筋在最大拉应力下的弹性变形。

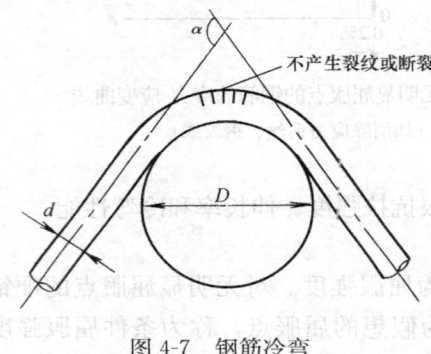

图 4-7　钢筋冷弯

4. 冷弯性能

冷弯试验是检验钢筋塑性的另一种方法（图 4-7）。伸长率一般不能反映钢筋的脆化倾向，而冷弯性能可间接地反映钢筋的塑性性能和内在质量。冷弯试验合格的标准为在规定的 D 和 α 下，冷弯后的钢筋无裂纹、鳞落或断裂现象。

上述钢筋的 4 项指标中，对有明显屈服点的钢筋均须进行测定，对无明显屈服点的钢筋则只测定后 3 项。

（三）钢筋强度的标准值和设计值

1. 钢筋强度的标准值

规范规定，钢筋强度标准值应具有不小于 95% 的保证率。

普通钢筋采用屈服强度作为标志。预应力钢筋无明显的屈服点，一般采用极限强度作为标志。在钢筋标准中，一般取 0.2% 残余应变所对应的应力作为其条件屈服强度标准值。对传统的预应力钢丝、钢绞线，取 $0.85\sigma_b$ 作为条件屈服强度（σ_b 为极限抗拉强度）。

普通钢筋的屈服强度标准值 f_{yk}、极限强度标准值 f_{stk} 应按表 4-5 采用；预应力钢丝、钢绞线和预应力螺纹钢筋的屈服强度标准值 f_{pyk}、极限强度标准值 f_{ptk} 应按表 4-6 采用。

2. 钢筋强度的设计值

将受拉钢筋的强度标准值除以钢材的材料分项系数 γ_s 后即得受拉钢筋的强度设计值。

普通钢筋的抗拉强度设计值 f_y、抗压强度设计值 f'_y 应按表 4-7 采用；预应力筋的抗拉强度设计值 f_{py}、抗压强度设计值 f'_{py} 应按表 4-8 采用。

当构件中配有不同种类的钢筋时，多种钢筋应采用各自的强度设计值。对轴心受压构件，当采用 HRB500、HR3F500 钢筋时，钢筋的抗压强度设计值应取 400N/mm²。横向钢筋的抗拉强度设计值 f_{yv} 应按表 4-7 中 f_y 的数值采用。当用作受剪、受扭、受冲切承载力计算时，其数值大于 360N/mm² 时，应取 360N/mm²。

普通钢筋强度标准值（N/mm²）　　　　　　　　　　　　　　　　　表 4-5

牌　号	符号	公称直径 d（mm）	屈服强度标准值 f_{yk}	极限强度标准值 f_{stk}
HPB300	Φ	6～14	300	420
HRB400	Φ			
HRBF400	Φ^F	6～50	400	540
RRB400	Φ^R			
HRB500	Φ	6～50	500	630
HRBF500	Φ^F			

预应力筋强度标准值（N/mm²）　　　　　　　　　　　　　　　　　表 4-6

种　类		符号	公称直径 d（mm）	屈服强度标准值 f_{pyk}	极限强度标准值 f_{ptk}
中强度预应力钢丝	光面	ΦPM	5、7、9	620	800
	螺旋肋	ΦHM		780	970
				980	1270
预应力螺纹钢筋	螺纹	ΦT	18、25、32、40、50	785	980
				930	1080
				1080	1230
消除应力钢丝	光面	ΦP	5	—	1570
				—	1860
	螺旋肋	ΦH	7	—	1570
			9	—	1470
				—	1570
钢绞线	1×3（三股）	ΦS	8.6、10.8、12.9	—	1570
				—	1860
				—	1960
	1×7（七股）		9.5、12.7、15.2、17.8	—	1720
				—	1860
				—	1960
			21.6	—	1860

注：极限强度标准值为 1960N/mm² 的钢绞线作后张预应力配筋时，应有可靠的工程经验。

普通钢筋强度设计值（N/mm²）　　　　　　　　　　　　　　　　　表 4-7

牌　号	抗拉强度设计值 f_y	抗压强度设计值 f'_y
HPB300	270	270
HRB400、HRBF400、RRB400	360	360
HRB500、HRBF500	435	435

预应力筋强度设计值（N/mm^2）　　　　**表 4-8**

种　类	极限强度标准值 f_{ptk}	抗拉强度设计值 f_{py}	抗压强度设计值 f'_{py}
中强度预应力钢丝	800	510	410
	970	650	
	1270	810	
消除应力钢丝	1470	1040	410
	1570	1110	
	1860	1320	
钢绞线	1570	1110	390
	1720	1220	
	1860	1320	
	1960	1390	
预应力螺纹钢筋	980	650	400
	1080	770	
	1230	900	

注：当预应力筋的强度标准值不符合表 4-8 的规定时，其强度设计值应进行相应的比例换算。

3. 钢筋总伸长率

普通钢筋及预应力筋在最大力下总伸长率 δ_{gt} 作为控制钢筋延性的指标，不应小于表 4-9中的数值。

普通钢筋及预应力筋在最大力下的总伸长率限值　　　　**表 4-9**

钢筋品种	普 通 钢 筋				预应力筋
	HPB300	HRB400、HRBF400、HRB500、HRBF500	HRB400E HRB500E	RRB400	
δ_{gt}（%）	10.0	7.5	9.0	5.0	4.0

4. 钢筋代换

进行钢筋代换时，应符合承载力、总伸长率、裂缝宽度和抗震规定。除此之外，尚应满足最小配筋率、钢筋间距、保护层厚度、钢筋锚固长度、接头面积百分率及搭接长度等构造要求。

5. 混凝土结构对钢筋的要求

在混凝土结构构件中，钢筋应具有：

（1）较高的屈服强度和极限强度。

（2）良好的塑性和韧性。

（3）良好的工艺加工性能。

（4）良好的抗锈蚀能力。

（5）与混凝土良好的粘结力。

6. 并筋的配置方式

为了解决钢筋密集施工不便的问题，可采用加大钢筋直径或并筋方案。并筋可采用二并筋或三并筋方案：二并筋 ∞，钢筋面积取 1.41 倍单根钢筋直径面积；三并筋 ஃ，钢筋面积取 1.73 倍单根钢筋直径面积。

(四）钢筋材料的选用

（1）纵向受力普通钢筋可采用 HRB400、HRB500、HRBF400、HRBF500、RRB400、HPB300 钢筋；梁、柱和斜撑构件的纵向受力普通钢筋宜采用 HRB400、HRB500、HRBF400、HRBF500 钢筋。

（2）箍筋宜采用 HRB400、HRBF400、HPB300、HRB500、HRBF500 钢筋。

（3）预应力筋宜采用预应力钢丝、钢绞线和预应力螺纹钢筋。

（4）<u>常用高强钢筋的品种和牌号</u>：

1）热轧带肋钢筋（HRB），通过添加钒（V）、铌（Nb）等合金元素提高屈服强度和极限强度的热轧带肋钢筋；其后的数字表示屈服强度标准值（MPa），如 HRB400、HRB500、HTRB600 等。

2）细晶粒热轧带肋钢筋（HRBF），通过特殊控轧和控冷工艺提高屈服强度和极限强度的热轧带肋钢筋；其后的数字表示屈服强度标准值（MPa），如 HRBF400、HRBF500 等。

3）余热处理钢筋（RRB），通过轧钢时进行淬水处理并利用芯部的余热对钢筋的表层实现回火，以提高强度、避免脆性的热轧带肋钢筋；其后的数字表示屈服强度标准值（MPa），如 RRB400。

4）牌号带后缀"E"的热轧带肋钢筋，有较高抗震性能的热轧带肋钢筋，如 HRB400E、HRB500E、HRBF400E 和 HRBF500E 等。其抗拉强度实测值与屈服强度实测值的比不应小于1.25，屈服强度实测值与屈服强度标准值的比值不应大于1.3，且钢筋在最大拉力下的总伸长率（均匀伸长率）实测值不应小于9%。

5）高延性冷轧带肋钢筋，经回火热处理具有较高伸长率的冷轧带肋钢筋，如 CRB600H，用于板、墙类构件。

四、钢筋与混凝土之间的粘结力

钢筋混凝土构件在荷载作用下，钢筋与混凝土接触面上将产生剪应力，这种剪应力称为粘结力。

钢筋与混凝土之间的粘结力由以下三部分组成：

（1）由于混凝土收缩将钢筋握裹挤压而产生的摩擦力。

（2）由于混凝土颗粒的化学作用产生的混凝土与钢筋之间的胶结力。

（3）由于钢筋表面凹凸不平与混凝土之间产生的机械咬合力。

上述三部分中，以机械咬合力作用最大，约占总粘结力的一半以上。带肋钢筋比光圆钢筋的机械咬合力作用大。此外，钢筋表面的轻微锈蚀也可增加其与混凝土的粘结力。

粘结力的测定通常采用拔出试验方法（图4-8）。将钢筋的一端埋入混凝土内，在另一端施加拉力将钢筋拔出，则粘结强度为：

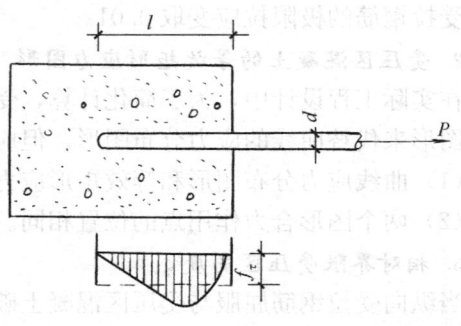

图 4-8 钢筋拔出试验中粘结应力分布图

$$f_\tau = \frac{P}{\pi dl} \tag{4-4}$$

式中 P——拔出力；

d——钢筋直径；

l——钢筋埋入长度。

根据拔出试验可知：

(1) 粘结应力按曲线分布，最大粘结应力在离试件端头某一距离处，且随拔出力的大小而变化。

(2) 钢筋锚入长度越长，拔出力越大，但埋入过长时则尾部的粘结应力很小，甚至为零。

(3) 粘结强度随混凝土强度等级的提高而增大。

(4) 带肋钢筋的粘结强度比光圆钢筋的大；根据试验资料，光圆钢筋的粘结强度为 $1.5 \sim 3.5 \text{N/mm}^2$，带肋钢筋的粘结强度为 $2.5 \sim 6.0 \text{N/mm}^2$，其中较大的值系由较高的混凝土强度等级所得。

(5) 在光圆钢筋末端做弯钩可以大大提高拔出力。

第二节　承载能力极限状态计算

一、正截面承载力计算

(一) 一般规定

1. 正截面承载力计算的基本假定

(1) 截面应变保持平面。

(2) 不考虑混凝土的抗拉强度。

(3) 混凝土受压时的应力与应变关系按有关规定取用。

(4) 纵向钢筋应力等于钢筋应变与其弹性模量的乘积，但其绝对值不应大于其相应的强度设计值。即：

$$-f'_y \leqslant \sigma_{si} \leqslant f_y \tag{4-5}$$

式中 f_y、f'_y——普通钢筋的抗拉、拉压强度设计值；

σ_{si}——第 i 层纵向普通钢筋的应力，正值代表拉应力，负值代表压应力。

受拉钢筋的极限拉应变取 0.01。

2. 受压区混凝土的等效矩形应力图形

在实际工程设计中，为了简化计算，受压区混凝土的应力图形可采用等效的矩形应力分布图形来代替曲线的应力分布图形。但应满足以下两个条件：

(1) 曲线应力分布图形和等效矩形应力分布图形的面积相等，即合力大小相等。

(2) 两个图形合力作用点的位置相同。

3. 相对界限受压区高度 ξ_b

当纵向受拉钢筋屈服与受压区混凝土破坏同时发生时，即达到所谓"界限破坏"。

界限受压区高度 x_b 与截面有效高度 h_0 的比值即为相对界限受压区高度 $\xi_b = x_b/h_0$。经推导，ξ_b 与钢筋抗拉强度设计值 f_y 和钢筋的弹性模量 E_s 有关。

4. 纵向钢筋应力 σ_s

纵向钢筋应力应符合规范的相关规定且应符合式（4-5）。

（二）受弯构件正截面承载力计算

1. 受弯构件破坏的基本特征

根据梁内配筋的多少，钢筋混凝土梁分为适筋梁、超筋梁和少筋梁，它们的破坏形式很不相同。

（1）适筋梁的破坏（拉压破坏）

分三个阶段：

第Ⅰ阶段（未裂阶段）

开始加荷时，纯弯段截面的弯矩很小，混凝土处于弹性工作阶段，截面应力很小，沿截面高度呈三角形分布。当弯矩增加到第Ⅰ阶段末时，受拉区塑性变形明显发展，拉应力分布逐渐变化为曲线。此时所能承受的弯矩 M_{cr} 称为开裂弯矩，其应力分布图是计算构件抗裂能力的依据。

第Ⅱ阶段（开裂阶段）

在裂缝截面处，受拉区混凝土大部分退出工作，拉应力基本上由钢筋承担，是构件正常使用状态下所处的阶段。当对构件的变形和裂缝宽度有限制时，以该阶段的应力图作为计算依据。当到达第Ⅱ阶段末时，钢筋应力达到屈服强度，即 $\sigma_s = f_y$。

第Ⅲ阶段（破坏阶段）

由于钢筋屈服，受拉区垂直裂缝向上延伸，裂缝宽度迅速发展，受压区高度减小，应力图形为曲线分布，最后受压区边缘混凝土到达极限应变值时，构件即破坏，此时弯矩值达到极限弯矩 M_u。我们将第Ⅲ阶段末的应力图形作为构件受弯承载力的依据。

从图 4-9 中可以看出，适筋梁破坏过程经历的三个阶段正截面应力分布的变化特征是：随着荷载的逐步增加，中和轴也逐步上移；同时，受拉区混凝土拉应力逐步转移给纵

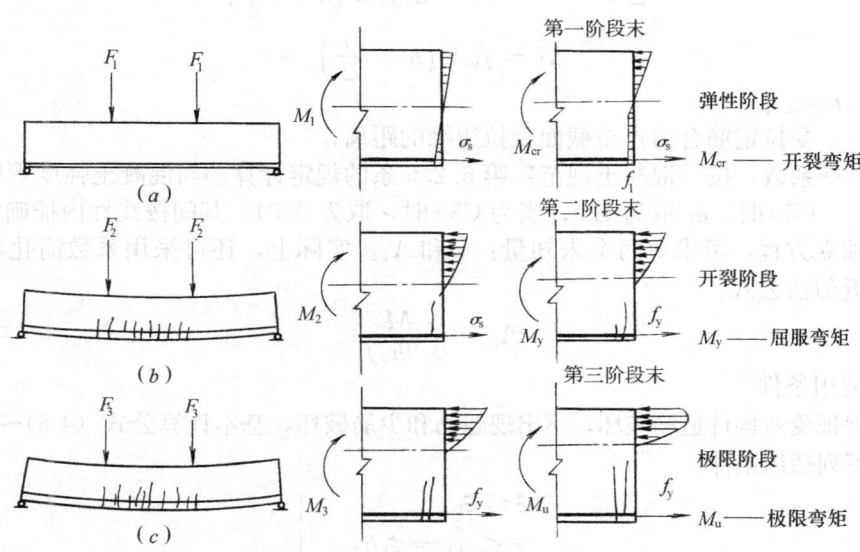

图 4-9 钢筋混凝土梁受弯时各阶段正截面应力分布
(a) 第Ⅰ阶段；(b) 第Ⅱ阶段；(c) 第Ⅲ阶段

向受拉钢筋,使其达到屈服强度;最后,混凝土受压区应力图形面积逐步增大,由三角形分布逐步变成接近于矩形分布。

由上所述,适筋梁的破坏属立压破坏,破坏前纵向钢筋先屈服,然后裂缝开展很宽,构件挠度亦较大,这种破坏是有预兆的,称为塑性破坏。由于适筋梁受力合理,可以充分发挥材料的强度,因此实际工程中都把钢筋混凝土梁设计成适筋梁。

(2) 超筋梁的破坏（受压破坏）

当梁的纵向配筋率 $\rho = \dfrac{A_s}{bh_0}$ 过大时,亦即 $\rho > \rho_{max}$,由于配筋过多,破坏时梁的钢筋应力尚未达到屈服强度,而受压区混凝土先达到极限应变被压坏。破坏时受拉区的裂缝开展不大,挠度也不明显,因此破坏是突然发生的,没有明显的预兆,属于脆性破坏。

(3) 少筋梁的破坏（瞬时受拉破坏）

当梁的纵向配筋率 ρ 低于最小配筋率 ρ_{min} 时,构件只要一开裂,原来由混凝土承受的拉应力全部转移给纵向钢筋承担,钢筋应力骤然增加,但因钢筋数量太少,很快就屈服,甚至被拉断,这种破坏无明显预兆,也属于脆性破坏。

在实际工程中,应当避免出现超筋梁和少筋梁。

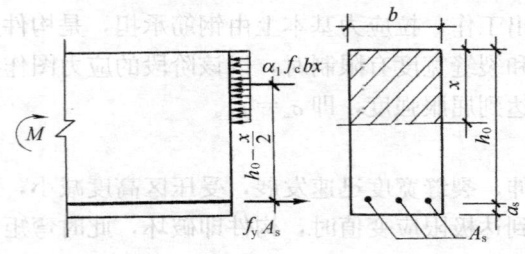

图 4-10 单筋矩形截面梁的受弯承载力计算简图

2. 单筋矩形截面计算

(1) 基本计算公式

对适筋梁,根据前述第Ⅲ阶段末的应力分布图,将混凝土受压区应力图形进一步简化成矩形分布,即图 4-10。

由平衡条件可得基本计算公式为:

$$\Sigma X = 0 \quad \alpha_1 f_c b x = f_y A_s \tag{4-6}$$

$$\Sigma M = 0 \quad M = \alpha_1 f_c b x \left(h_0 - \dfrac{x}{2}\right) \tag{4-7}$$

或

$$M = f_y A_s \left(h_0 - \dfrac{x}{2}\right) \tag{4-8}$$

式中 $h_0 = h - a_s$;

a_s——受拉钢筋合力点至截面受拉边缘的距离;

α_1——系数,按《混凝土规范》第 6.2.6 条的规定计算。当混凝土强度等级不超过 C50 时, α_1 取为 1.0;当为 C80 时,取为 0.94,其间按线性内插确定。

两个独立方程,可求解两个未知量: x 和 A_s。实际上,还可采用系数简化法和近似法求解。近似法公式:

$$A_s = \dfrac{M}{0.9 h_0 f_y}$$

(2) 适用条件

为了保证受弯构件适筋破坏,不出现超筋和少筋破坏,基本计算公式（4-6）～式（4-8）必须满足下列适用条件:

$$\left. \begin{array}{l} \xi \leqslant \xi_b \\ \text{或} \quad x \leqslant x_b = \xi_b h_0 \\ \text{或} \quad \rho \leqslant \rho_{max} = \xi_b \dfrac{\alpha_1 f_c}{f_y} \end{array} \right\} \tag{4-9}$$

为了避免出现少筋破坏，尚需满足：

$$\left.\begin{array}{r}\rho \geqslant \rho_{\min} \\ A_s \geqslant \rho_{\min} bh\end{array}\right\} \quad (4-10)$$

(3) 最大配筋率 $\rho_{\max}$ 和最小配筋率 $\rho_{\min}$

最大配筋率 $\rho_{\max}$ 是保证梁不发生超筋破坏的上限配筋率。其值为：

$$\rho_{\max} = \xi_b \frac{\alpha_1 f_c}{f_y} \quad (4-11)$$

最小配筋率 $\rho_{\min}$ 是根据钢筋混凝土受弯构件破坏时所能承受的弯矩 M 等于同截面的素混凝土受弯构件截面所能承受的弯矩 M_{cr}，并考虑温度、收缩应力、构造要求和设计经验等因素确定的。最小配筋率 $\rho_{\min}$ 见表4-10。

纵向受力钢筋的最小配筋百分率 $\rho_{\min}$（%） 表4-10

受力类型		最小配筋百分率
受压构件	全部纵向钢筋 强度等级500MPa	0.50
	强度等级400MPa	0.55
	强度等级300MPa	0.60
	一侧纵向钢筋	0.2
受弯构件、偏心受拉、轴心受拉构件一侧的受拉钢筋		0.2 和 $45f_t/f_y$ 中的较大值

注：1. 受压构件全部纵向钢筋最小配筋百分率，当采用C60以上强度等级的混凝土时，应按表中规定增加0.10%；
2. 板类受弯构件（不包括悬臂板）的受拉钢筋，当采用强度等级500MPa的钢筋时，其最小配筋百分率应允许采用0.15和 $45f_t/f_y$ 中的较大值；
3. 偏心受拉构件中的受压钢筋，应按受压构件一侧纵向钢筋考虑；
4. 受压构件的全部纵向钢筋和一侧纵向钢筋的配筋率以及轴心受拉构件和小偏心受拉构件一侧受拉钢筋的配筋率均应按构件的全截面面积计算；
5. 受弯构件、大偏心受拉构件一侧受拉钢筋的配筋率应按全截面面积扣除受压翼缘面积 $(b'_f-b)h'_f$ 后的截面面积计算；
6. 当钢筋沿构件截面周边布置时，"一侧纵向钢筋"系指沿受力方向两个对边中一边布置的纵向钢筋。

要提高单筋矩形截面受弯构件承载能力，最有效的办法是加大截面高度，另外，减小跨度（如在梁跨中加设柱）也是有效的办法。

例4-2 钢筋混凝土矩形截面受弯梁，当受压区高度与截面有效高度 h_0 之比值大于0.518时，下列哪一种说法是正确的？

A 钢筋首先达到屈服　　　　　B 受压区混凝土首先压溃
C 斜截面裂缝增大　　　　　　D 梁属于延性破坏

解析：对钢筋混凝土矩形截面受弯梁，当 $x/h_0=\xi>\xi_b=0.518$ 时，属于超筋梁，即钢筋超量配置未达到屈服时，受压区混凝土会先被压溃，属于脆性破坏，设计时应避免。因此B选项说法正确。

答案：B

注：超筋梁与适筋梁的界限值 ξ_b 与材料强度等级有关。当混凝土强度等级<C50，钢筋取HRB400时，ξ_b 为0.518；钢筋取HRB500时，ξ_b 为0.482。

3. 双筋矩形截面计算

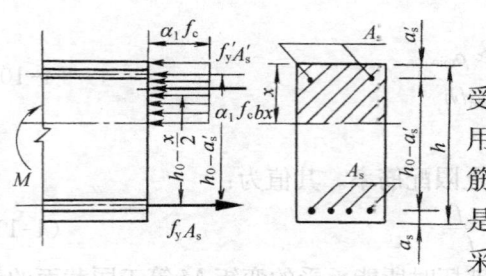

图4-11 双筋截面应力状态

在单筋截面受拉区配置受拉钢筋的同时,在受压区按计算需要配置一定数量的纵向受压钢筋,用来协助受压区混凝土承担一部分压力,称为双筋截面(图4-11)。显然,用钢筋协助混凝土受压是不经济的,所以,只有在下列情况下才考虑采用:

(1) 弯矩很大,按单筋矩形截面计算会出现超筋梁($\xi > \xi_b$),而梁的截面尺寸和混凝土强度等级受到限制。

(2) 在不同荷载组合情况下,梁截面承受变号弯矩作用。

由于受压钢筋的存在,增加了截面的刚度和延性,有利于改善构件的抗震性能,减少在荷载长期作用下产生的徐变,对减小构件在荷载长期作用下的挠度也是有利的。

单筋截面中受压区的架立钢筋是根据构造配置,计算时不参与受力;双筋截面中的受压钢筋是根据计算确定的。双筋截面中配置了受压钢筋,故不需另设架立钢筋。

为了防止构件出现超筋破坏,应满足:

$$\xi \leq \xi_b \text{ 或 } x \leq \xi_b h_0 \tag{4-12}$$

为了保证受压钢筋达到规定的抗压强度设计值,应满足:

$$x \geq 2a'_s \text{(即受压钢筋必须在混凝土受压区压应力合力之上)} \tag{4-13}$$

当 $x < 2a'_s$ 时,为了简化计算,可近似地取 $x = 2a'_s$,即认为混凝土受压区压应力的合力与受压钢筋 A'_s 重合(图4-12)。

4. T形截面计算

受弯构件在破坏时,大部分受拉区混凝土早已退出工作。若将受拉区混凝土的一部分去掉,并将受拉钢筋集中配置,而保持截面高度不变,就形成了T形截面(图4-13)。而截面的承载力计算值与原有矩形截面完全相同。这样既可以节省混凝土、减轻结构自重,又不影响截面的受弯承载力。

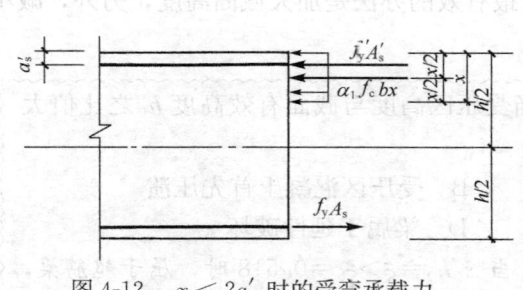

图4-12 $x < 2a'_s$ 时的受弯承载力

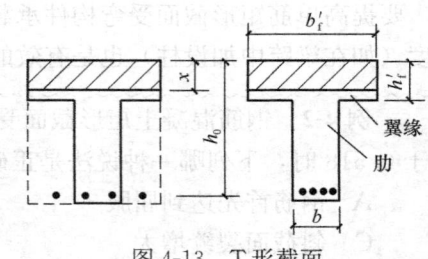

图4-13 T形截面
(王立雄,王爱英. 建筑力学与结构[M].
北京:中国建筑工业出版社,2011.)

T形截面(包括工字形截面)梁应用广泛;如现浇肋梁楼盖,楼板与梁浇筑在一起形成了T形截面梁。预制构件中的槽形板、空心板等,从结构设计的角度讲都是T形截面。

对现浇楼盖和装配整体式楼盖,宜考虑楼板作为翼缘对梁刚度和承载力的影响。考虑到远离梁肋处的压应力很小,故在设计中把翼缘限制在一定范围内,称为翼缘的计算宽度

b'_f（图 4-14）。T 形、工字形及倒 L 形截面受弯构件位于受压区的翼缘计算宽度 b'_f，可按《混凝土规范》表 5.2.4 所列情况中的最小值取用。

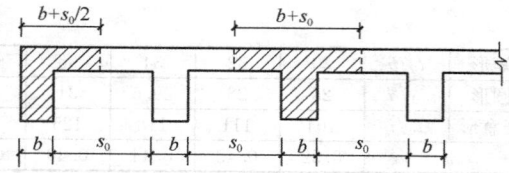

图 4-14　T 形截面梁受压翼缘计算宽度的确定
(宋东，贾建东. 建筑结构基本原理 [M].
北京：中国建筑工业出版社，2014.)

（三）受压构件正截面承载力计算

钢筋混凝土受压构件，分为轴心受压构件和偏心受压构件两大类。其中，当轴向力只在一个方向有偏心时称为单向偏心受压构件；当在两个方向均有偏心时，称为双向偏心受压构件（图 4-15）。

1. 轴心受压构件

轴压柱箍筋配置形式分为普通箍筋和螺旋箍筋（或焊接环式间接钢筋）两种。

（1）配置普通箍筋的轴心受压构件

图 4-16，轴心受压构件的正截面承载力按下式计算：

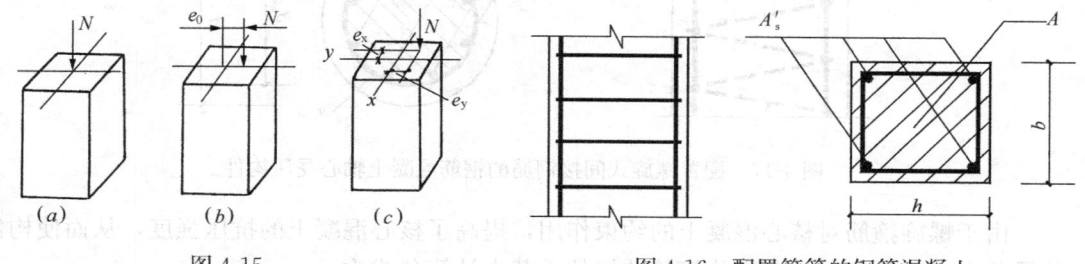

图 4-15
(a) 轴心受压；(b) 单向偏心受压；(c) 双向偏心受压

图 4-16　配置箍筋的钢筋混凝土轴心受压构件

$$N \leqslant 0.9\varphi(f_c A + f'_y A'_s) \tag{4-14}$$

式中　N——轴向压力设计值；

　　　φ——钢筋混凝土构件的稳定系数，按表 4-11 采用；

　　　f'_y——纵向钢筋的抗压强度设计值（$f'_y \leqslant 400 \text{N/mm}^2$）；

　　　f_c——混凝土的轴心抗压强度设计值，按《混凝土规范》表 4.1.4-1 采用；其中在确定构件的计算长度时，按《混凝土规范》第 6.2.20 条取用；

　　　A——构件截面面积。当纵向钢筋配筋率＞3％时，构件截面面积应扣除钢筋面积，即式中 A 项为 A_n（$A_n = A - A'_s$）。

轴心受压构件的受力性能与构件的长细比（矩形截面为 l_0/b）有关。由于材料性质和施工因素造成的偏心影响，使长柱承载能力低于短柱。另外，由于长细比过大，也可能使长柱发生"失稳破坏"。因此，式（4-14）中引入了稳定系数来反映长柱承载力较短柱的降低程度。系数 φ 见表 4-11，φ 越小，承载能力降低越多。

钢筋混凝土轴心受压构件的稳定系数 φ　　　　表 4-11

矩形	l_0/b	≤8	10	12	14	16	18	20	22	24	26	28
圆形	l_0/d	≤7	8.5	10.5	12	14	15.5	17	19	21	22.5	24
任意形	l_0/i	≤28	35	42	48	55	62	69	76	83	90	97
φ		1.00	0.98	0.95	0.92	0.87	0.81	0.75	0.70	0.65	0.60	0.56

续表

矩形	l_0/b	30	32	34	36	38	40	42	44	46	48	50
圆形	l_0/d	26	28	29.5	31	33	34.5	36.5	38	40	41.5	43
任意形	l_0/i	104	111	118	125	132	139	146	153	160	167	174
	φ	0.52	0.48	0.44	0.40	0.36	0.32	0.29	0.26	0.23	0.21	0.19

注:表中,l_0 为构件的计算长度,对钢筋混凝土柱可按表 4-12 和表 4-13 取用;b 为矩形截面的短边尺寸;d 为圆形截面的直径;i 为截面的最小回转半径。

影响轴心受压柱承载力的主要因素是混凝土强度等级和构件截面面积,而用加大受压钢筋数量来提高承载力是不经济的,且钢筋强度不能充分发挥。

(2) 配置螺旋箍筋或焊接环式间接钢筋的轴心受压构件(图 4-17)

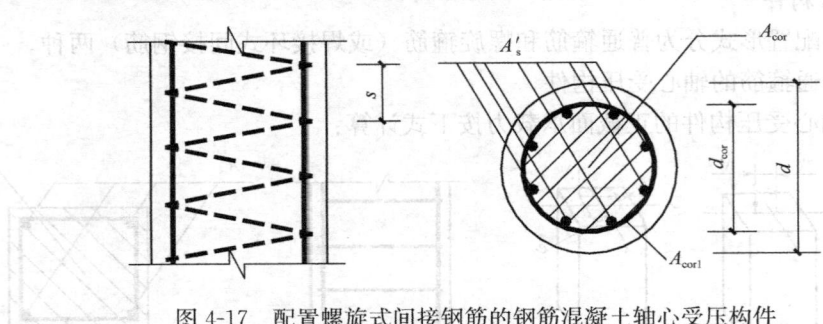

图 4-17 配置螺旋式间接钢筋的钢筋混凝土轴心受压构件

由于螺旋箍筋对核心混凝土的约束作用,提高了核心混凝土的抗压强度,从而使构件的承载力有所提高。配置螺旋箍筋的柱的承载力计算公式为:

$$N \leqslant 0.9(f_c A_{cor} + f'_y A'_s + 2\alpha f_y A_{sso}) \tag{4-15}$$

式中 A_{cor}——构件的核心截面面积:间接钢筋内表面范围内的混凝土面积;

f_y——螺旋筋(或焊接环式间接钢筋)的抗拉强度设计值;

A_{sso}——螺旋式或焊接环式间接钢筋的换算截面面积;

α——间接钢筋对混凝土约束的折减系数:当混凝土强度等级不超过 C50 时,取 1.0,当混凝土强度等级为 C80 时,取 0.85,其间按线性内插法确定。

需要注意的是,规范规定按式(4-15)算得的构件受压承载能力设计值不应大于按式(4-14)算得的构件受压承载力设计值的 1.5 倍,且不得小于 1.0 倍。

例 4-3 (2009) 下列关于钢筋混凝土柱的箍筋作用的叙述中,错误的是:
A 纵筋的骨架 B 增强斜截面抗剪能力
C 增强正截面抗弯能力 D 增强抗震中的延性
解析:钢筋混凝土柱箍筋的作用与正截面抗弯承载力无关。
答案:C

例 4-4 (2021) 关于适宜的轴向力对混凝土柱承载力的影响,正确的是:
A 拉力提高柱的抗剪承载力 B 压力提高柱的抗剪承载力
C 拉力提高柱的抗弯承载力 D 压力不能提高柱的抗弯承载力

> 解析：压力的存在可以抑制斜裂缝的开展；当压力适当时，可以提高柱的抗剪承载力。
> 答案：B

2. 偏心受压构件

偏压柱按受力情况分为大偏压和小偏压两种，按配筋形式分为对称配筋和非对称配筋两种。

(1) 偏心受压构件受力性能及有关规定

1) 偏心受压构件的破坏分两种情况：

大偏心受压破坏（受拉破坏）[图 4-18(a)]：当偏心距较大或受拉钢筋较少时，构件的破坏是由于纵向受拉钢筋先达到屈服引起的，因此，属于受拉破坏。钢筋屈服后垂直裂缝发展，受压区高度减小，压应力值加大，最后导致压区混凝土压坏。这种情况，构件的承载力取决于受拉钢筋的强度。

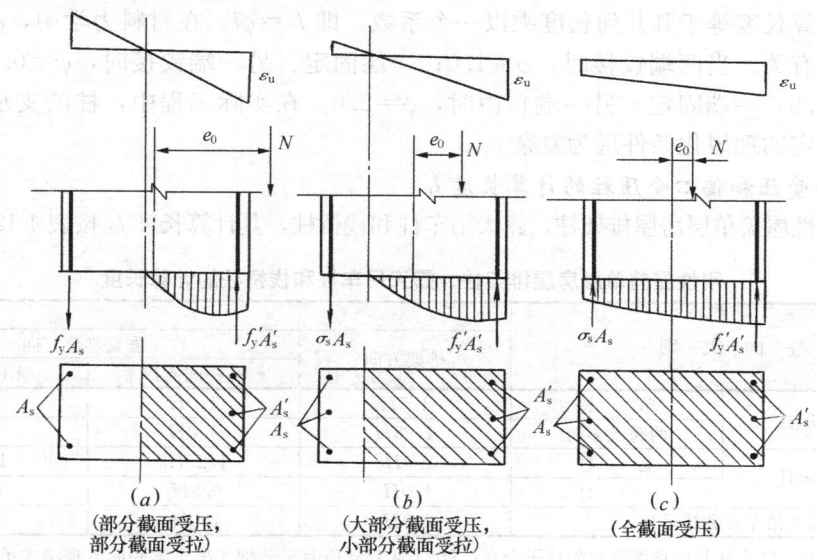

图 4-18 偏心受压构件受力状态示意图
(a) 大偏心受压；(b)、(c) 小偏心受压

小偏心受压破坏（受压破坏）[图 4-18(b)、(c)]：当偏心距较小或偏心距虽然较大但纵向受拉钢筋较多时，构件的破坏是由压区混凝土达到极限应变值 ε_{cu} 引起的。破坏时，距轴向力较远一侧的混凝土可能受压，也可能受拉。受拉区混凝土可能出现裂缝，也可能不出现裂缝，但处于该位置的纵向钢筋不论受拉或受压，一般均未达到屈服。

大、小偏心受压构件按相对受压区高度 ξ 来判别。

当 $\xi \leqslant \xi_b$ 时，属大偏心受压构件；当 $\xi > \xi_b$ 时，属小偏心受压构件。其中，ξ——相对受压区高度；ξ_b——界限相对受压区高度。

2) 三个偏心距：荷载偏心距 e_0、附加偏心距 e_a 及初始偏心距 e_i：

荷载偏心距 e_0 是指轴向压力 N 对截面重心的偏心距，$e_0 = M/N$。

附加偏心距 e_a 是指考虑到荷载作用位置及施工时可能产生偏差等因素，计算时对荷载偏心距进行修正。其值应取 20mm 和偏心方向截面最大尺寸的 1/30 两者中的较大值。

实际设计计算时，规范采用初始偏心距 e_i 代替荷载偏心距 e_0，其计算公式为：

$$e_i = e_0 + e_a \tag{4-16}$$

3) 除排架结构柱外，其他偏心受压构件考虑轴向压力在挠曲杆件中产生的效应后控制截面的弯矩设计值，应将计算弯矩乘以偏心距调节系数和弯矩增大系数，详见《混凝土规范》第 6.2（Ⅲ）节。

(2) 矩形截面偏心受压构件

1) 大偏心受压构件（$\xi \leqslant \xi_b$）

根据假定，受压钢筋应力达到 f'_y，受拉区混凝土不参加工作，受拉钢筋应力达到 f_y。

2) 小偏心受压的构件（$\xi > \xi_b$）

由于距轴向力较远一侧钢筋中心应力值，不论受压或受拉均未达到强度设计值（即 $\sigma_s < f_y$ 或 $\sigma_s < f'_y$）。

柱的计算长度等于其几何长度乘以一个系数，即 $l_0 = \psi l$。在材料力学中，ψ 与柱两端的支承条件有关。当两端铰接时，$\psi = 1.0$；一端固定、另一端铰接时，$\psi = 0.7$；两端固定时，$\psi = 0.5$；一端固定、另一端自由时，$\psi = 2.0$。在实际工程中，柱的支承条件比材料力学中设定的理想化条件远为复杂。

3. 轴心受压和偏心受压柱的计算长度 l_0

(1) 刚性屋盖单层房屋排架柱、露天吊车柱和栈桥柱，其计算长度 l_0 按表 4-12 取用。

刚性屋盖单层房屋排架柱、露天吊车柱和栈桥柱的计算长度　　　　表 4-12

柱 的 类 别		l_0		
		排架方向	垂直排架方向	
			有柱间支撑	无柱间支撑
无吊车房屋柱	单　跨	$1.5H$	$1.0H$	$1.2H$
	两跨及多跨	$1.25H$	$1.0H$	$1.2H$
有吊车房屋柱	上　柱	$2.0H_u$	$1.25H_u$	$1.5H_u$
	下　柱	$1.0H_l$	$0.8H_l$	$1.0H_l$
露天吊车柱和栈桥柱		$2.0H_l$	$1.0H_l$	—

注：1. 表中，H 为从基础顶面算起的柱子全高；H_l 为从基础顶面至装配式吊车梁底面或现浇式吊车梁顶面的柱子下部高度；H_u 为从装配式吊车梁底面或从现浇式吊车梁顶面算起的柱子上部高度；
　　2. 表中，有吊车房屋排架柱的计算长度，当计算中不考虑吊车荷载时，可按无吊车房屋柱的计算长度采用，但上柱的计算长度仍可按有吊车房屋采用；
　　3. 表中，有吊车房屋排架柱的上柱在排架方向的计算长度，仅适用于 H_u/H_l 不小于 0.3 的情况；当 H_u/H_l 小于 0.3 时，计算长度宜采用 $2.5H_u$。

(2) 一般多层房屋中梁柱为刚接的框架结构，各层柱的计算长度 l_0 按表 4-13 取用。

框架结构各层柱的计算长度　　　　表 4-13

楼 盖 类 型	柱 的 类 别	l_0
现浇楼盖	底 层 柱	$1.0H$
	其余各层柱	$1.25H$
装配式楼盖	底 层 柱	$1.25H$
	其余各层柱	$1.5H$

注：表中，H 对底层柱为从基础顶面到一层楼盖顶面的高度；对其余各层柱为上下两层楼盖顶面之间的高度。

例 4-5 （2011）下列关于钢筋混凝土偏心受压构件的抗弯承载力的叙述，哪一项是正确的？

A 大、小偏压时均随轴力增加而增加
B 大、小偏压时均随轴力增加而减小
C 小偏压时随轴力增加而增加
D 大偏压时随轴力增加而增加

解析：大偏心受压构件属于受拉破坏。随着构件轴力的增加，可以减轻截面的受拉程度，截面的抗弯能力也随之提高；故 D 选项正确。

答案：D

（四）受拉构件正截面承载力计算

1. 轴心受拉构件承载力计算

由于混凝土抗拉强度很低，轴心受拉构件按正截面计算时，不考虑混凝土参加工作，拉力全部由纵向钢筋承担。计算公式为：

$$N \leqslant f_y A_s + f_{py} A_p \tag{4-17}$$

式中 N——轴向拉力设计值；
A_s、A_p——纵向普通钢筋、预应力筋的全部截面面积。

2. 偏心受拉构件承载力计算

根据偏心拉力的作用位置不同，偏心受拉构件分为大偏心受拉和小偏心受拉两种。当轴向拉力的作用位置在钢筋 A_s 和 A'_s 之间时，不管偏心距大小如何，构件破坏时，均为全截面受拉，这种情况称为小偏心受拉；当轴向拉力作用在钢筋 A_s 和 A'_s 的范围以外时，受荷后截面部分受压、部分受拉，其破坏形态与大偏心受压构件类似，这种情况称为大偏心受拉。

二、斜截面承载力计算

（一）受弯构件沿斜截面破坏的主要形态

根据试验证明，由于荷载的类别（集中或均布荷载）、加载方式（直接加载或间接加载）、剪跨比、腹筋用量等因素的影响，梁沿斜截面破坏可归纳为三种主要破坏形态，即：斜压破坏、剪压破坏、斜拉破坏。

1. 剪跨比的概念

对于承受两个集中荷载的简支梁（图 4-19），集中荷载至支座的距离 a 称为剪跨，剪跨 a 与截面有效高度 h_0 的比值称为剪跨比，即：

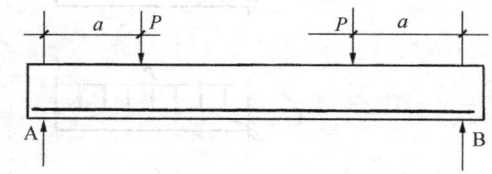

图 4-19 承受两个集中荷载的简支梁

$$\lambda = \frac{a}{h_0} = \frac{Va}{Vh_0} = \frac{M}{Vh_0} \tag{4-18}$$

式（4-18）表明，剪跨比 λ 反映了截面上弯矩与剪力的相对比值。

2. 三种主要破坏形态

（1）斜压破坏。当剪跨比较小，或腹筋配置过多时，可能产生斜压破坏。破坏时，首先在梁腹部出现若干条大体相互平行的斜裂缝；随着荷载的增加，这些大体相互平行的斜裂缝将梁腹部分割成若干个倾斜的受压小柱体；最后，这些小斜柱体的混凝土在弯矩和剪力复合作用下，被压碎而破坏［图 4-20(a)］，破坏时腹筋未达到屈服强度，因而，这种破坏属于脆性破坏，设计时应予避免。

（2）斜拉破坏。当剪跨比较大，或腹筋配置较少时，可能产生斜拉破坏。破坏时，斜裂缝一旦出现，即很快形成一条主斜裂缝并迅速扩展到集中荷载作用点处，梁被分成两部分而破坏［图 4-20(c)］。这种破坏无明显的预兆，危险性较大，属于脆性破坏，设计时应予避免。

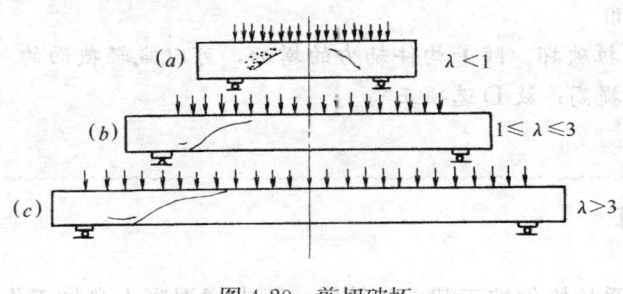

图 4-20 剪切破坏
(a) 斜压破坏；(b) 剪压破坏；(c) 斜拉破坏

（3）剪压破坏。当腹筋配置适当，剪跨比适中时，可能产生剪压破坏。剪压破坏的特征是，随着荷载的增加开始先出现一些垂直裂缝和由垂直裂缝延伸出来的细微的斜裂缝。当荷载增加到一定程度时，在数条斜裂缝中，将出现一条较长较宽的主要裂缝（即称为临界斜裂缝）。荷载再继续增加，临界斜裂缝不断向上延伸，使与其相交的箍筋达到屈服；同时，剪压区混凝土在剪应力和压应力共同作用下达到极限强度而破坏［图4-20(b)］。这种破坏是由于箍筋先屈服而后混凝土被压碎，破坏前虽有一定预兆，但这种预兆远没有适筋梁的正截面破坏明显。同时，考虑到强剪弱弯的设计要求，斜截面受剪承载力应有较大的可靠度，因此，仍将剪压破坏归为脆性破坏。设计时应把构件控制在剪压破坏类型。

规范中给出了梁中允许的最大配箍量以避免形成斜压破坏；同时又规定了最小配箍量以防止发生斜拉破坏。

例 4-6 （2021）施工过程，堆载太多，剪切斜裂缝是：

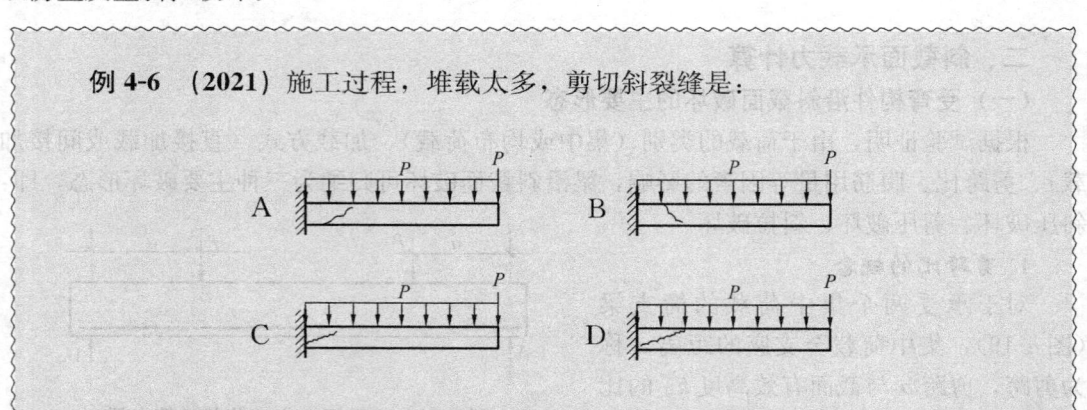

解析：悬臂梁的固定端内力最大，且上部受拉，剪切斜裂缝应由固定端上部斜向悬臂端发展。

答案：B

（二）受弯构件斜截面承载力计算公式

1. 不配置箍筋和弯起钢筋的一般板类受弯构件的斜截面承载力

均布荷载作用下，无腹筋梁的剪切破坏可能发生在支座附近，也可能发生在跨中，只要支座处最大剪力不大于 $0.7\beta_h f_t b h_0$，即能保证梁不发生剪切破坏。因此，规范对均布荷载作用下无腹筋梁的斜截面承载力取为：

$$V_c = 0.7\beta_h f_t b h_0 \tag{4-19}$$

式中　V_c——构件斜截面上的最大剪力设计值；

　　　β_h——截面高度影响系数；

　　　f_t——混凝土轴心抗拉强度设计值，按《混凝土规范》表 4.1.4-2 采用。

2. 仅配置箍筋时矩形、T 形和 I 形截面受弯构件的斜截面受剪承载力

当仅配置箍筋时，矩形、T 形和 I 形截面受弯构件的斜截面受剪承载力应符合下列规定：

$$V \leqslant V_{cs} + V_p \tag{4-20}$$

$$V_{cs} = \alpha_{cv} f_t b h_0 + f_{yv}\frac{A_{sv}}{s}h_0 \tag{4-21}$$

$$V_p = 0.05 N_{p0} \tag{4-22}$$

式中　V_{cs}——构件斜截面上混凝土和箍筋的受剪承载力设计值；

　　　V_p——由预加力所提高的构件受剪承载力设计值；

　　　α_{cv}——斜截面混凝土受剪承载力系数，对于一般受弯构件取 0.7；对集中荷载作用下（包括作用有多种荷载，其中集中荷载对支座截面或节点边缘所产生的剪力值占总剪力的 75% 以上的情况）的独立梁，取 α_{cv} 为 $\dfrac{1.75}{\lambda+1}$；λ 为计算截面的剪跨比，可取 λ 等于 a/h_0；当 λ 小于 1.5 时，取 1.5；当 λ 大于 3 时，取 3；a 取集中荷载作用点至支座截面或节点边缘的距离；

　　　A_{sv}——配置在同一截面内箍筋各肢的全部截面面积，即 nA_{sv1}，此处，n 为在同一个截面内箍筋的肢数，A_{sv1} 为单肢箍筋的截面面积；

　　　s——沿构件长度方向的箍筋间距；

　　　f_{yv}——箍筋的抗拉强度设计值，按《混凝土规范》第 4.2.3 条的规定采用；

　　　N_{p0}——计算截面上混凝土法向预应力等于零时的预加力。

3. 配置箍筋和弯起钢筋时矩形、T 形和 I 形截面受弯构件的斜截面受剪承载力

当配置箍筋和弯起钢筋时，矩形、T 形和 I 形截面受弯构件的斜截面受剪承载力应符合下列规定（图 4-21）：

$$V \leqslant V_{cs} + V_p + 0.8 f_y A_{sb} \sin\alpha_s \\ + 0.8 f_{py} A_{pb} \sin\alpha_p \tag{4-23}$$

式中　V——配置弯起钢筋处的剪力设计值，按《混凝土规范》第 6.3.6 条的规定取用；

　　　V_p——由预加力所提高的构件受剪承载力设计值，按式（4-22）计

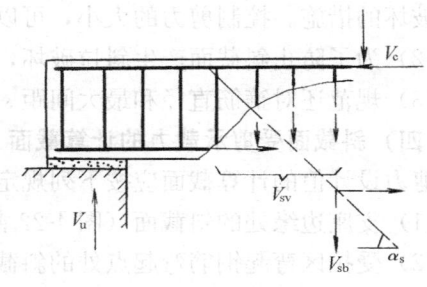

图 4-21

算，但计算预加力 N_{p0} 时不考虑弯起预应力筋的作用；

A_{sb}、A_{pb}——分别为同一平面内的弯起普通钢筋、弯起预应力筋的截面面积；

α_s、α_p——分别为斜截面上弯起普通钢筋、弯起预应力筋的切线与构件纵轴线的夹角。

影响斜截面承载能力的主要因素是混凝土的强度等级，箍筋的直径、肢数和间距，梁的截面尺寸等，而与纵向钢筋无关。

对于承受以集中荷载为主（包括作用有多种荷载，其中集中荷载对支座截面或节点边缘所产生的剪力值占总剪力值的 75%以上的情况）的矩形截面梁，应考虑剪跨比 λ 的影响，按下式计算：

$$V \leqslant V_u = \frac{1.75}{\lambda+1} f_t b h_0 + f_{yv} \frac{A_{sv}}{s} h_0 + 0.8 f_y A_{sb} \sin\alpha_s \qquad (4-24)$$

（三）受弯构件斜截面受剪承载力计算公式的适用条件

(1) 矩形、T 形和 I 形截面受弯构件的受剪截面应符合下列条件：

当 $\dfrac{h_w}{b} \leqslant 4.0$ 时，$V \leqslant 0.25\beta_c f_c b h_0$ $\qquad(4-25)$

当 $\dfrac{h_w}{b} \geqslant 6.0$ 时，$V \leqslant 0.2\beta_c f_c b h_0$ $\qquad(4-26)$

当 $4.0 < \dfrac{h_w}{b} < 6.0$ 时，按线性内插法确定。

式中 V——构件斜截面上的最大剪力设计值；

β_c——混凝土强度影响系数：当混凝土强度等级不超过 C50 时，取 $\beta_c=1.0$；当混凝土强度等级为 C80 时，取 $\beta_c=0.8$；其间按线性内插法确定；

f_c——混凝土轴心抗压强度设计值，按《混凝土规范》表 4.1.3-1 采用；

b——对矩形截面取截面宽度；对 T 形截面或 I 形截面取腹板宽度；

h_0——截面的有效高度；

h_w——截面的腹板高度。对矩形截面取有效高度 h_0；对 T 形截面取有效高度减去翼缘高度；对 I 形截面取腹板净高。

受剪截面条件体现了控制梁的剪压比。剪压比为梁所受的剪力与梁的轴心抗压能力（$f_c b h_0$）的比值。控制剪压比的大小等于控制梁的截面尺寸不能太小，配筋率不能太大和剪力不能太大。当配筋率大于最大配筋率时，会发生斜压破坏；因此，控制剪压比是防止斜压破坏的措施。控制剪力的大小，可以达到限制斜裂缝宽度的作用。

(2) 为了防止斜截面产生斜拉破坏，箍筋配置也不能过少。

(3) 规范还对箍筋直径和最大间距 s 加以限制（详见《混凝土规范》第 9.2.9 条）。

（四）斜截面受剪承载力的计算截面

剪力设计值的计算截面应按下列规定采用：

(1) 支座边缘处的斜截面（图 4-22 截面 1-1）。

(2) 受拉区弯起钢筋弯起点处的斜截面（图 4-22 截面 2-2 和 3-3）。

(3) 箍筋截面面积或间距改变处的斜截面（图 4-22 截面 4-4）。

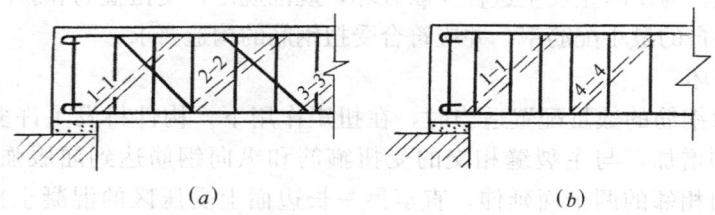

图 4-22 斜截面剪力设计值的计算截面
(a) 弯起钢筋；(b) 箍筋
1-1—支座边缘处的斜截面；2-2、3-3—受拉区弯起钢筋弯起点的斜截面；
4-4—箍筋截面面积或间距改变处的斜截面

(4) 截面尺寸改变处的斜截面。

> **例 4-7** （2014）在钢筋混凝土矩形截面梁的斜截面承载力计算中，验算剪力 $V \leqslant 0.25\beta_c f_c bh_0$ 的目的是：
> A 防止斜压破坏　　　　　　B 防止斜拉破坏
> C 控制截面的最大尺寸　　　D 控制箍筋的最小配箍率
> **提示**：验算剪力 $V \leqslant 0.25\beta_c f_c bh_0$ 的目的是控制剪压比的大小，即控制一定剪力作用下梁的截面尺寸不能过小，防止配箍率过大而发生斜压破坏。
> **答案**：A

三、扭曲截面承载力计算

在钢筋混凝土结构中的一些构件（如吊车梁、雨篷梁、钢筋混凝土框架边梁等），除受弯受剪外，还受到扭矩的作用，称为受扭构件或扭曲构件。扭曲构件分为纯扭、剪扭、弯扭和弯剪扭等受力情况。在实际工程中，一般都是扭转和弯曲同时发生。受扭截面常见的有矩形、T 形、工字形，以及箱形截面。

矩形截面纯扭构件的受扭承载力：

在一般工程中，一般由截面核心部分混凝土、横向箍筋和沿构件截面周边均匀分布的纵向钢筋组成的骨架共同承担扭矩的作用。规范规定，位于梁中部的箍筋（或拉条）不参加抗扭。

1. 受扭构件的破坏特征

试验表明，根据受扭钢筋配筋率的不同，钢筋混凝土矩形截面受扭构件的破坏形态分为少筋破坏、适筋破坏和超筋破坏三种类型。

（1）少筋破坏

当构件受扭箍筋和纵向钢筋配置数量过少时，在扭矩作用下，在长边中点剪应力最大处形成 45°斜裂缝，随后，向相邻的其他两面以 45°角延伸，此时，与斜裂缝相交的受扭箍筋和受扭纵筋超过屈服强度或被拉断。最后，在另一长边上形成受压面，随着斜裂缝的开展，受压面混凝土被压碎而破坏。这种破坏与受剪的斜拉破坏相似，属于脆性破坏。在设计中应当避免。为了防止发生这种少筋破坏,规范规定,受扭箍筋和纵向受扭钢筋的配筋率不得小于各自的最小配筋率,并应符合受扭钢筋的构造要求。

(2) 适筋破坏

当构件受扭钢筋的数量配置适当时,在扭矩作用下,构件将发生许多45°角的斜裂缝。随着扭矩的增加,与主裂缝相交的受扭箍筋和纵向钢筋达到屈服强度,这条裂缝不断开展,并向相邻的两个面延伸,直至另一长边面上受压区的混凝土被压碎而破坏。这种破坏与受弯构件适筋梁相似,属于塑性破坏。受扭构件承载力计算即以这种破坏为依据。

(3) 超筋破坏

当构件的受扭箍筋和受扭纵向钢筋配置过多时,在扭矩作用下,构件产生许多45°角的斜裂缝。由于受扭钢筋配置过多,构件破坏前钢筋达不到屈服强度,因而斜裂缝宽度不大。构件破坏是由于受压区混凝土被压碎引起的。这种破坏形态与受弯构件的超筋梁相似,属于脆性破坏,设计中应予避免。规范采取限制构件截面尺寸和混凝土强度等级,亦即限制受扭钢筋的最大配筋率来防止超筋破坏。

2. 矩形截面纯扭构件承载力计算

试验表明,构件受扭承载力由混凝土和受扭钢筋两部分的承载力组成。

影响受扭构件承载力的因素有:截面形状和尺寸、混凝土强度等级、箍筋的直径和间距、纵向钢筋的截面面积(沿构件周边的全部纵向钢筋)、纵箍比等。在截面面积相等的条件下,采用圆形截面(特别是环形截面)优于方形、矩形截面,而薄而高的截面是不利的。

第三节 正常使用极限状态验算

钢筋混凝土构件,除了有可能由于承载力不足超过承载能力极限状态外,还有可能由于变形过大或裂缝宽度超过允许值,使构件超过正常使用极限状态而影响正常使用。因此规范规定,根据使用要求,构件除进行承载力计算外,尚需进行正常使用极限状态即变形及裂缝宽度的验算。

一、正常使用极限状态的验算

(1) 对于正常使用极限状态,结构构件应分别按荷载的准永久组合并考虑长期作用的影响或标准组合并考虑长期作用的影响,采用下列极限状态设计表达式进行验算:

$$S \leqslant C \tag{4-27}$$

式中 S——正常使用极限状态荷载组合的效应设计值;

C——结构构件达到正常使用要求所规定的变形、裂缝宽度、应力和自振频率等的限值。

(2) 钢筋混凝土受弯构件的最大挠度应按荷载的准永久组合,预应力混凝土受弯构件的最大挠度应按荷载的标准组合,并均应考虑荷载长期作用的影响进行计算。其计算值不应超过表 4-14 规定的挠度限值。

受弯构件的挠度限值   表 4-14

构件类型		挠度限值
吊车梁	手动吊车	$l_0/500$
	电动吊车	$l_0/600$
屋盖、楼盖及楼梯构件	当 $l_0<7m$ 时	$l_0/200$ ($l_0/250$)
	当 $7m \leqslant l_0 \leqslant 9m$ 时	$l_0/250$ ($l_0/300$)
	当 $l_0>9m$ 时	$l_0/300$ ($l_0/400$)

注：1. 表中 l_0 为构件的计算跨度，计算悬臂构件的挠度限值时，其计算跨度 l_0 按实际悬臂长度的 2 倍取用；
2. 表中括号内的数值适用于使用上对挠度有较高要求的构件；
3. 如果构件制作时预先起拱，且使用上也允许，则在验算挠度时，可将计算所得的挠度值减去起拱值；对预应力混凝土构件，尚可减去预加力所产生的反拱值；
4. 构件制作时的起拱值和预加力所产生的反拱值，不宜超过构件在相应荷载组合作用下的计算挠度值。

（3）结构构件正截面的裂缝控制等级分为三级。裂缝控制等级的划分应符合下列规定：

一级——严格要求不出现裂缝的构件，按荷载标准组合计算时，构件受拉边缘混凝土不应产生拉应力。

二级——一般要求不出现裂缝的构件，按荷载标准组合计算时，构件受拉边缘混凝土拉应力不应大于混凝土轴心抗拉强度标准值。

三级——允许出现裂缝的构件，对钢筋混凝土构件，按荷载准永久组合并考虑长期作用的影响计算时，构件的最大裂缝宽度不应超过表 4-15 规定的最大裂缝宽度限值；对预应力混凝土构件，按荷载标准组合并考虑长期作用的影响计算时，构件的最大裂缝宽度不应超过表 4-15 规定的最大裂缝宽度限值；对二 a 类环境的预应力混凝土构件，尚应按荷载准永久组合计算，且构件受拉边缘混凝土的拉应力不应大于混凝土的抗拉强度标准值。

（4）结构构件应根据结构类型和表 4-16 规定的环境类别，按表 4-15 的规定选用不同的裂缝控制等级及最大裂缝宽度限值 w_{lim}。

结构构件的裂缝控制等级及最大裂缝宽度的限值（mm）   表 4-15

环境类别	钢筋混凝土结构		预应力混凝土结构	
	裂缝控制等级	w_{lim}	裂缝控制等级	w_{lim}
一	三级	0.30 (0.40)	三级	0.20
二 a		0.20		0.10
二 b			二级	—
三 a、三 b			一级	—

注：1. 对处于年平均相对湿度小于 60% 地区一类环境下的受弯构件，其最大裂缝宽度限值可采用括号内的数值；
2. 在一类环境下，对钢筋混凝土屋架、托架及需作疲劳验算的吊车梁，其最大裂缝宽度限值应取为 0.20mm；对钢筋混凝土屋面梁和托梁，其最大裂缝宽度限值应取为 0.30mm；
3. 在一类环境下，对预应力混凝土屋架、托架及双向板体系，应按二级裂缝控制等级进行验算；对一类环境下的预应力混凝土屋面梁、托梁、单向板，应按表中二 a 类环境的要求进行验算；在一类和二 a 类环境下需作疲劳验算的预应力混凝土吊车梁，应按裂缝控制等级不低于二级的构件进行验算；
4. 表中规定的预应力混凝土构件的裂缝控制等级和最大裂缝宽度限值仅适用于正截面的验算；预应力混凝土构件的斜截面裂缝控制验算应符合《混凝土规范》第 7 章的有关规定；
5. 对于烟囱、筒仓和处于液体压力下的结构，其裂缝控制要求应符合专门标准的有关规定；
6. 对于处于四、五类环境下的结构构件，其裂缝控制要求应符合专门标准的有关规定；
7. 表中的最大裂缝宽度限值为用于验算荷载作用引起的最大裂缝宽度。

混凝土结构的环境类别　　　　　　　　　　表 4-16

环境类别	条　件
一	室内干燥环境； 无侵蚀性静水浸没环境
二 a	室内潮湿环境； 非严寒和非寒冷地区的露天环境； 非严寒和非寒冷地区与无侵蚀性的水或土壤直接接触的环境； 严寒和寒冷地区的冰冻线以下与无侵蚀性的水或土壤直接接触的环境
二 b	干湿交替环境； 水位频繁变动环境； 严寒和寒冷地区的露天环境； 严寒和寒冷地区冰冻线以上与无侵蚀性的水或土壤直接接触的环境
三 a	严寒和寒冷地区冬季水位变动区环境； 受除冰盐影响环境； 海风环境
三 b	盐渍土环境； 受除冰盐作用环境； 海岸环境
四	海水环境
五	受人为或自然的侵蚀性物质影响的环境

注：1. 室内潮湿环境是指构件表面经常处于结露或湿润状态的环境；
　　2. 严寒和寒冷地区的划分应符合现行国家标准《民用建筑热工设计规范》GB 50176 的有关规定；
　　3. 海岸环境和海风环境宜根据当地情况，考虑主导风向及结构所处迎风、背风部位等因素的影响，由调查研究和工程经验确定；
　　4. 受除冰盐影响环境是指受到除冰盐盐雾影响的环境；受除冰盐作用环境是指被除冰盐溶液溅射的环境以及使用除冰盐地区的洗车房、停车楼等建筑；
　　5. 暴露的环境是指混凝土结构表面所处的环境。

二、受弯构件挠度的验算

钢筋混凝土和预应力混凝土受弯构件的挠度可按照力学方法计算，且不应超过表 4-14 规定的限值。

在等截面构件中，可假定各同号弯矩区段内的刚度相等，并取用该区段内最大弯矩处的刚度。当计算跨度内的支座截面刚度不大于跨中截面刚度的 2 倍或不小于跨中截面刚度的 1/2 时，该跨也可按等刚度构件进行计算，其构件刚度可取跨中最大弯矩截面的刚度。

当计算结果不能满足要求时，说明受弯构件的刚度不足。可以采用增加截面高度、提高混凝土强度等级，增加配筋等办法解决。其中以增加梁的截面高度效果最为显著，宜优先采用。

三、裂缝的形成、控制和宽度验算

1. 裂缝的形成和开展

引起钢筋混凝土结构产生裂缝的原因很多，主要因素有：荷载效应、外加变形和约束变形、钢筋锈蚀等。

在合理设计和正常施工的条件下，荷载效应的直接作用往往不是形成裂缝宽度过大的主要原因，许多裂缝是几种因素综合的结果，其中温度与收缩是裂缝出现和发展的主要因素。

一般情况下，可以通过下列措施来避免裂缝的产生，如：合理地设置温度缝来避免或减少温度裂缝的出现；通过设置沉降缝、选择刚度大的基础类型、做好地基持力层的选择和验槽处理工作，来防止或减少由于不均匀沉降引起的沉降裂缝；通过保证混凝土保护层的厚度来防止纵向钢筋锈蚀，以免引起沿钢筋长度方向的纵向裂缝；通过布置构造钢筋（如梁中的腰筋和板、墙中的分布钢筋）来避免收缩裂缝。

2. 最大裂缝宽度控制

钢筋混凝土和预应力混凝土构件，三级裂缝控制等级时，钢筋混凝土构件的最大裂缝宽度可按荷载准永久组合并考虑长期作用影响的效应计算；预应力混凝土构件的最大裂缝宽度可按荷载标准组合并考虑长期作用影响的效应计算。最大裂缝宽度应符合下列规定：

$$w_{max} \leqslant w_{lim} \tag{4-28}$$

规范给出了最大裂缝宽度 w_{max} 按下式计算：

$$w_{max} = \alpha_{cr} \psi \frac{\sigma_s}{E_s} \left(1.9 c_s + 0.08 \frac{d_{eq}}{\rho_{te}} \right) \tag{4-29}$$

式中 α_{cr}——构件受力特征系数；

ψ——裂缝间纵向受拉钢筋应变不均匀系数；

ρ_{te}——按有效受拉混凝土截面面积计算的纵向受拉钢筋配筋率：

$$\rho_{te} = \frac{A_s}{A_{te}} \tag{4-30}$$

在最大裂缝宽度计算中，当 $\rho_{te} < 0.01$ 时，取 $\rho_{te} = 0.01$；

A_{te}——有效受拉混凝土截面面积；

σ_s——按荷载效应的准永久组合计算的钢筋混凝土构件纵向受拉普通钢筋的应力或按标准组合计算的预应力混凝土构件纵向受拉钢筋的等效应力；

A_s——受拉区纵向钢筋截面面积；对轴心受拉构件，取全部纵向钢筋截面面积；对偏心受拉构件，取受拉较大边的纵向钢筋截面面积；对受弯、偏心受压构件，取受拉区纵向钢筋截面面积；

E_s——钢筋弹性模量，N/mm^2；

c_s——最外层纵向受拉钢筋外边缘至受拉区底边的距离，mm，当 $c_s < 20$ 时，取 $c_s = 20$；当 $c_s > 65$ 时，取 $c_s = 65$；

d_{eq}——受拉区纵向钢筋的等效直径，mm。

3. 影响裂缝宽度的主要因素

(1) 钢筋应力。

(2) 钢筋与混凝土之间的粘结强度。

(3) 钢筋的有效约束区：通过粘结力将拉力扩散到混凝土，能有效约束混凝土回缩的区域，称为钢筋的有效约束区，或称钢筋的有效埋置区。在设计中，采用较小直径钢筋，沿截面受拉区外缘以不大的间距均匀布置，使裂缝分散和裂缝宽度减小，就是利用了约束区的概念。

(4) 混凝土保护层的厚度。

4. 控制裂缝宽度的构造措施

(1) 对跨中垂直裂缝的控制

当梁的腹板高度 $h_w \geqslant 450$mm 时，在梁的两侧应沿高度设置纵向构造钢筋，每侧纵向构造钢筋的截面面积不应小于腹板截面面积 bh_w 的 0.1%，间距不宜大于 200mm。

(2) 对斜裂缝的控制

为了减小斜裂缝的宽度，要求每一条斜裂缝至少有一根箍筋通过，当剪力较大时至少有 2 根箍筋通过。因此，箍筋的布置应本着"细而密"的原则。《混凝土规范》表 9.2.9 中，在 $V>0.7f_tbh_0$ 一栏对构件出现裂缝后箍筋的最大间距 s_{max} 作了规定。试验资料分析表明，箍筋配置如能满足受剪承载力的要求，又能满足 s_{max} 的构造规定，则同时可以满足在使用阶段下裂缝宽度不大于 0.2mm 的要求。

(3) 对节点边缘垂直裂缝宽度的控制

满足受拉纵筋的水平锚固长度是控制节点边缘垂直裂缝宽度的有效措施。

图 4-23 表示中间层框架梁的端节点，上部纵向受拉钢筋锚入节点的锚固长度分水平段和垂直段两部分。规范规定水平段长度不能小于 $0.4l_a$。由于垂直长度的存在，受拉钢筋一般不会发生被拔出的现象。

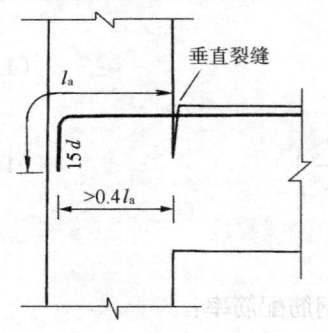

图 4-23 梁上部纵向受拉钢筋在框架中间层端节点内的锚固

一般情况下，钢筋混凝土构件总是在带有裂缝的情况下工作的，也就是说，除特殊不允许出现裂缝的情况外，钢筋混凝土构件是允许出现裂缝的，只是对裂缝最大宽度加以限制。

有关裂缝控制等级及最大裂缝宽度限值见表 4-15。

例 4-8 （2010）采用哪一种措施可以减小普通钢筋混凝土简支梁裂缝的宽度？

A 增加箍筋的数量　　　　　　B 增加底部主筋的直径
C 减小底部主筋的直径　　　　D 增加顶部构造钢筋

解析：根据《混凝土规范》第 7.1.2 条式 7.1.2-1，钢筋的粗细对混凝土裂缝宽度有影响。当钢筋截面面积相同时，钢筋越细，与混凝土接触的表面积就越大，粘结性能就越好，裂缝间距就越小，裂缝宽度也越小。

由混凝土最大裂缝宽度计算公式（4-29）也可以分析出两者之间的关系，即当简支梁底部主筋直径 d_{eq} 减小时，w_{max} 将减小，因此答案应为 C。

答案：C

第四节 耐久性及防连续倒塌的设计原则

(一) 耐久性设计

(1) 耐久性设计内容

混凝土结构应根据设计工作年限和环境类别进行耐久性设计[①],包括下列内容:

1) 确定结构所处的环境类别;

2) 提出对混凝土材料的耐久性基本要求;

3) 确定构件中钢筋的混凝土保护层厚度;

4) 不同环境条件下的耐久性技术措施;

5) 提出结构使用阶段的检测与维护要求。

(2) 混凝土结构暴露的环境类别应按表 4-16 的要求划分。

(3) 设计工作年限为 50 年的混凝土结构,其混凝土材料宜符合表 4-17 的规定。

结构混凝土材料的耐久性基本要求　　　表 4-17

环境等级	最大水胶比	最低强度等级	最大氯离子含量 (%)	最大碱含量 (kg/m³)
一	0.60	C20	0.30	不限值
二 a	0.55	C25	0.20	3.0
二 b	0.50 (0.55)	C30 (C25)	0.15	
三 a	0.45 (0.50)	C35 (C30)	0.15	
三 b	0.40	C40	0.10	

注: 1. 氯离子含量系指其占胶凝材料总量的百分比;

2. 预应力构件混凝土中的最大氯离子含量为 0.06%;其最低混凝土强度等级宜按表中的规定提高两个等级;

3. 素混凝土构件的水胶比及最低强度等级的要求可适当放松;

4. 有可靠工程经验时,二类环境中的最低混凝土强度等级可降低一个等级;

5. 处于严寒和寒冷地区二 b、三 a 类环境中的混凝土应使用引气剂,并可采用括号中的有关参数;

6. 当使用非碱活性骨料时,对混凝土中的碱含量可不作限制。

(4) 混凝土结构及构件尚应采取下列耐久性技术措施:

1) 预应力混凝土结构中的预应力筋应根据具体情况采取表面防护、孔道灌浆、加大混凝土保护层厚度等措施;外露的锚固端应采取封锚和混凝土表面处理等有效措施;

2) 有抗渗要求的混凝土结构,混凝土的抗渗等级应符合有关规范的要求;

3) 严寒及寒冷地区的潮湿环境中,结构混凝土应满足抗冻要求,混凝土抗冻等级应符合有关规范的要求;

4) 处于二、三类环境中的悬臂构件宜采用悬臂梁-板的结构形式,或在其上表面增设防护层;

5) 处于二、三类环境中的结构构件,其表面的预埋件、吊钩、连接件等金属部件应采取可靠的防锈措施;对于后张预应力混凝土外露金属锚具,其防护要求详见《混凝土规范》第 10.3.13 条;

---

① 对临时性的混凝土结构,可不考虑混凝土的耐久性要求。

6) 处在三类环境中的混凝土结构构件，可采用阻锈剂、环氧树脂涂层钢筋或其他具有耐腐蚀性能的钢筋，采取阴极保护措施或采用可更换的构件等措施。

(5) 一类环境中，设计使用年限为 100 年的混凝土结构应符合下列规定：

1) 钢筋混凝土结构的最低强度等级为 C30；预应力混凝土结构的最低强度等级为 C40；

2) 混凝土中的最大氯离子含量为 0.06%；

3) 宜使用非碱活性骨料；当使用碱活性骨料时，混凝土中的最大碱含量为 $3.0 kg/m^3$；

4) 混凝土保护层厚度应符合规范规定；当采取有效的表面防护措施时，混凝土保护层厚度可适当减小。

结构所处环境是影响其耐久性的外因，混凝土材料的质量是影响结构耐久性的内因。影响耐久性的主要因素是混凝土的水胶比、强度等级、氯离子含量和碱含量。

> **例 4-9** （2013）钢筋混凝土结构在非严寒和非寒冷地区的露天环境下的最低混凝土强度等级为：
>
> A C25　　　　　B C30　　　　　C C35　　　　　D C40
>
> **解析**：混凝土结构在非严寒和非寒冷地区的露天环境下，属于二 a 的环境类别。根据结构混凝土材料的耐久性基本要求，环境等级为二 a 时，混凝土最低强度等级为 C25。
>
> **答案**：A
>
> **规范**：《混凝土规范》第 3.5.2 条表 3.5.2、第 3.5.3 条表 3.5.3。

有关混凝土结构耐久性设计，在实际工程应用中有两本规范要执行——《混凝土规范》与《混凝土结构耐久性设计标准》GB/T 50476—2019。通常要求按新版规范从严执行。两本规范的编写架构对比如图 4-24 所示，左侧为《混凝土结构设计规范》的内容，右侧为《混凝土结构耐久性设计标准》的内容。

如图 4-24 所示，在《混凝土规范》中，环境类别决定了"最大水胶比、最低（混凝土）强度等级、最大氯离子含量、最大碱含量、最大裂缝宽度、混凝土保护层厚度"这 6 项基本内容。

（二）防连续倒塌的设计原则

(1) 混凝土结构防连续倒塌设计宜符合下列要求：

1) 采取减小偶然作用效应的措施；
2) 采取使重要构件及关键传力部位避免直接遭受偶然作用的措施；
3) 在结构容易遭受偶然作用影响的区域增加冗余约束，布置备用的传力途径；
4) 增强疏散通道、避难空间等重要结构构件及关键传力部位的承载力和变形性能；
5) 配置贯通水平、竖向构件的钢筋，并与周边构件可靠地锚固；
6) 设置结构缝，控制可能发生连续倒塌的范围。

(2) 重要结构的防连续倒塌设计可采用下列方法：

1) 局部加强法：提高可能遭受偶然作用而发生局部破坏的竖向重要构件和关键传力部位的安全储备，也可直接考虑偶然作用进行设计；

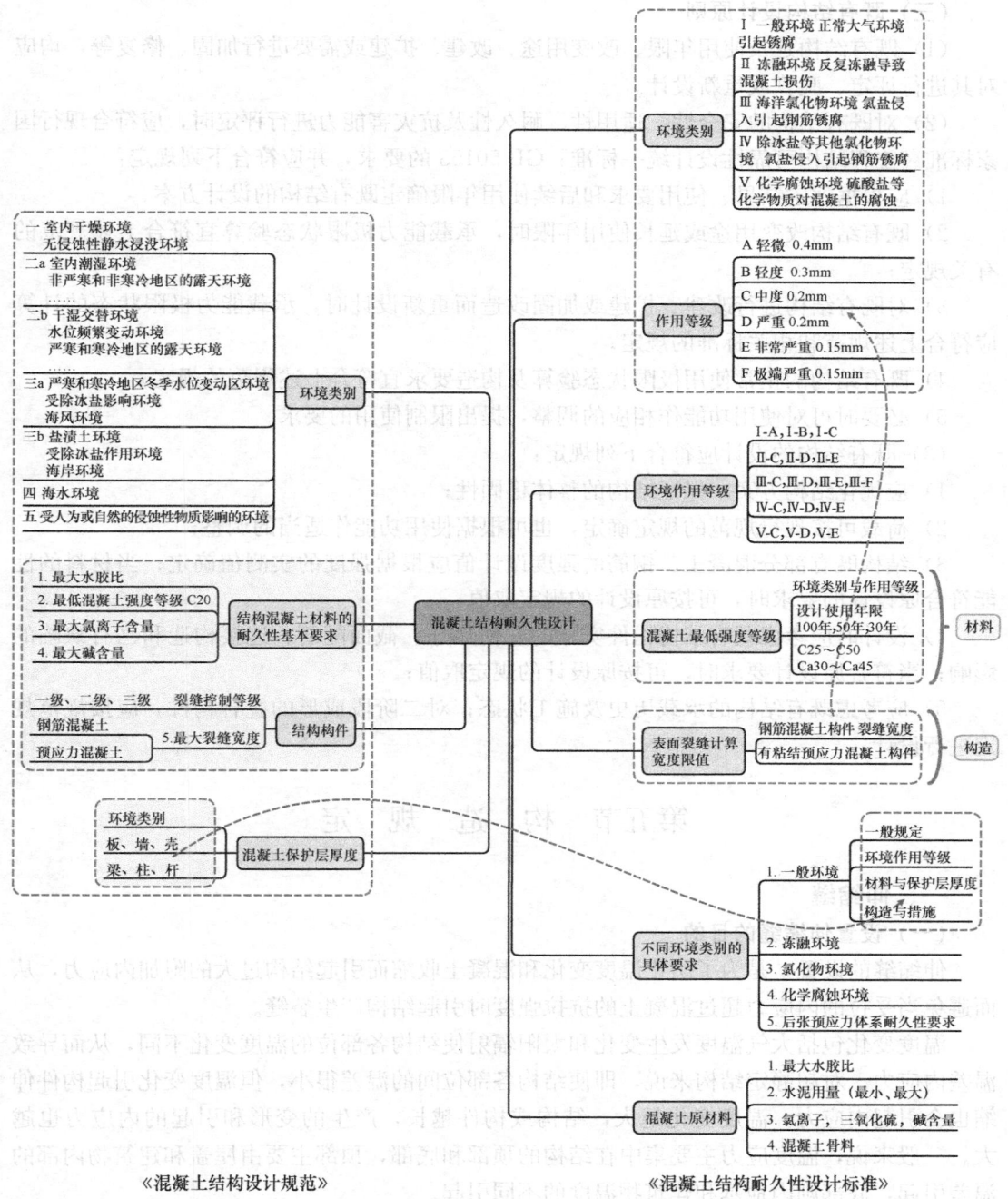

图4-24 两本规范内容架构对比图

2）拉结构件法：在结构局部竖向构件失效的条件下，可根据具体情况分别按梁拉结模型、悬索拉结模型和悬臂拉结模型进行承载力验算，维持结构的整体稳固性；

3）拆除构件法：按一定规则拆除结构的主要受力构件，验算剩余结构体系的极限承载力；也可采用倒塌全过程分析进行设计。

(三) 既有结构设计原则

(1) 既有结构延长使用年限、改变用途、改建、扩建或需要进行加固、修复等，均应对其进行评定、验算或重新设计。

(2) 对既有结构的安全性、适用性、耐久性及抗灾害能力进行评定时，应符合现行国家标准《工程结构可靠性设计统一标准》GB 50153 的要求，并应符合下列规定：

1) 应根据评定结果、使用要求和后续使用年限确定既有结构的设计方案；

2) 既有结构改变用途或延长使用年限时，承载能力极限状态验算宜符合上述规范的有关规定；

3) 对既有结构进行改建、扩建或加固改造而重新设计时，承载能力极限状态的计算应符合上述规范和相关标准的规定；

4) 既有结构的正常使用极限状态验算及构造要求宜符合上述规范的规定；

5) 必要时可对使用功能作相应的调整，提出限制使用的要求。

(3) 既有结构的设计应符合下列规定：

1) 应优化结构方案，保证结构的整体稳固性；

2) 荷载可按现行规范的规定确定，也可根据使用功能作适当的调整；

3) 结构既有部分混凝土、钢筋的强度设计值应根据强度的实测值确定；当材料的性能符合原设计的要求时，可按原设计的规定取值；

4) 设计时应考虑既有结构构件实际的几何尺寸、截面配筋、连接构造和已有缺陷的影响；当符合原设计要求时，可按原设计的规定取值；

5) 应考虑既有结构的承载历史及施工状态；对二阶段成形的叠合构件，应按规范规定进行设计。

第五节　构　造　规　定

一、伸缩缝

(一) 设置伸缩缝的目的

伸缩缝的设置，是为了防止温度变化和混凝土收缩而引起结构过大的附加内应力，从而避免当受拉的内应力超过混凝土的抗拉强度时引起结构产生裂缝。

温度变化包括大气温度发生变化和太阳辐射使结构各部位的温度变化不同，从而导致温差内应力。对超静定结构来说，即使结构各部位间的温差很小，但温度变化引起构件伸缩也会引起内应力。温度变化越大，结构或构件越长，产生的变形和引起的内应力也越大。一般来说，温度应力主要集中在结构的顶部和底部，顶部主要由屋盖和建筑物内部的温差引起，底部则因地基和建筑物温度的不同引起。

混凝土收缩是指在混凝土硬化过程中因体积减小而引起收缩，从而使超静定结构构件的变形被约束而引起收缩拉应力，当拉应力超过混凝土的抗拉强度时，就会产生裂缝。

(二) 钢筋混凝土结构伸缩缝最大间距

设计中为了控制结构物的裂缝，其中一个重要的措施就是用温度伸缩缝将过长的建筑物分成几个部分，使每一个部分的长度不超过规范规定的伸缩缝最大间距要求。《混凝土规范》给出了钢筋混凝土结构伸缩缝的最大间距,见表 4-18。

钢筋混凝土结构伸缩缝最大间距（m） 表 4-18

结构类别		室内或土中	露天
排架结构	装配式	100	70
框架结构	装配式	75	50
	现浇式	55	35
剪力墙结构	装配式	65	40
	现浇式	45	30
挡土墙、地下室墙壁等类结构	装配式	40	30
	现浇式	30	20

注：1. 装配整体式结构房屋的伸缩缝间距，可根据结构的具体情况取表中装配式结构与现浇式结构之间的数值；
  2. 框架-剪力墙结构或框架-核心筒结构房屋的伸缩缝间距可根据结构的具体布置情况取表中框架结构与剪力墙结构之间的数值；
  3. 当屋面无保温或隔热措施时，框架结构、剪力墙结构的伸缩缝间距宜按表中露天栏的数值取用；
  4. 现浇挑檐、雨罩等外露结构的伸缩缝间距不宜大于 12m。

从表中可以看出，在确定伸缩缝最大间距时，主要考虑的因素有以下几点：

(1) 要区别结构构件工作环境是在室内（或土中）还是在露天。对于直接暴露在大气中的结构，由于气温变化明显，会产生较大的伸缩，因而比围护在室内或埋在地下的结构，温度应力要大得多。因此，对前者伸缩缝最大间距的限制比后者要严，也就是说，前者比后者的限值要小。

(2) 要区别结构体系和结构构件的类别。结构物是由许多构件组成的，每个构件受到周围构件的约束，同时也约束周围的构件。排架结构比框架结构、框架结构比剪力墙结构的刚度小，因而引起的内应力较小。因此，伸缩缝最大间距的限值也呈递减的趋势。另外，对于挡土墙、地下室墙壁等体形大的结构，由于混凝土体积大，故由温度和收缩引起的变形和内应力积聚也大得多，往往容易引起裂缝，因而其伸缩缝最大间距的限值也更严。

(3) 要区别是装配式结构或整体现浇式结构。由于混凝土收缩早期较大，后期逐渐减小。装配式结构预制构件的收缩变形大部分在吊装前即已完成，装配成整体后因收缩引起的内应力就比现浇结构要小。因此，对同一种结构体系和构件类别来说，由于施工方法的不同，对整体现浇式结构最大伸缩缝间距的限值要比装配式结构严。

(4) 规范表中数值不是绝对的，使用时可根据具体条件适当调整。例如对于屋面无保温隔热措施的结构、外墙装配内墙现浇或采用滑模施工的剪力墙结构、位于气候干燥地区及夏季炎热且暴雨频繁地区的结构或经常处于高温环境下的结构，均应根据实践经验适当减小伸缩缝的间距。

(5) 从表中可看出，在确定伸缩缝最大间距时，未考虑地域和气候条件。我国各地区气候相差虽然悬殊，但在一般情况下，温差的变化对结构应力的影响差别并不很大。因此，未把地域和气候条件作为一个因素来考虑。

（三）伸缩缝的做法

(1) 当建筑物需设沉降缝、防震缝时，沉降缝、防震缝可以和伸缩缝合并，但伸缩缝的宽度应满足防震缝宽度的要求。

要注意4缝（伸缩缝、沉降缝、防震缝、后浇带）的做法和功能的兼容性。

（2）根据《混凝土规范》第8.1.4条规定，当设置伸缩缝时，排架、框架结构的双柱基础可不断开。这是由于考虑到位于地下的结构处在温度变化不大的环境中的缘故。

（四）控制结构裂缝的构造措施和施工措施

为了控制结构裂缝，增大伸缩缝的间距，可采取以下一些措施：

（1）在建筑物的屋盖加强保温措施，如采用加大屋面隔热保温层的厚度、设置架空通风双层屋面等。

（2）将结构顶层局部改变为刚度较小的形式，或将顶层结构分成长度较小的几个部分（如在顶层部位，将下层剪力墙分成两道较薄的墙）。

（3）在温度影响较大的部位（如顶层、底层、山墙、内纵墙端开间）适当提高构件的配筋率。在满足构件承载力的要求下，采用直径细而间距密的钢筋，避免采用直径粗而间距稀的配筋形式。适当增加分布钢筋的用量。

（4）对现浇结构可采用分段施工。在施工中设置后浇带（在基础、楼板、墙等构件中），使在施工中混凝土可以自由收缩，待主体结构完工后再用比主体结构高一级的掺有添加剂的混凝土补浇后浇带。

（5）改善混凝土的质量，施工中加强养护，可减少干缩的影响。

二、混凝土保护层

构件中普通钢筋及预应力筋的混凝土保护层厚度指构件最外层钢筋（包括箍筋、构造钢筋、分布筋等）的外缘至混凝土表面的距离，应满足下列要求：

（1）构件中受力钢筋的保护层厚度不应小于钢筋的公称直径d。

（2）设计工作年限为50年的混凝土结构，最外层钢筋的保护层厚度应符合表4-19的规定；设计工作年限为100年的混凝土结构，最外层钢筋的保护层厚度不应小于表4-19中数值的1.4倍。

混凝土保护层的最小厚度 c_s（mm） 表4-19

环境类别	板、墙、壳	梁、柱、杆
一	15	20
二 a	20	25
二 b	25	35
三 a	30	40
三 b	40	50

注：1. 混凝土强度等级不大于C25时，表中保护层厚度数值应增加5mm；
2. 钢筋混凝土基础宜设置混凝土垫层，基础中钢筋的混凝土保护层厚度应从垫层顶面算起，且不应小于40mm。

（3）当有充分依据并采取下列措施时，可适当减小混凝土保护层的厚度：

1）构件表面有可靠的防护层；
2）采用工厂化生产的预制构件；
3）在混凝土中掺加阻锈剂或采用阴极保护处理等防锈措施；

4) 当对地下室墙体采取可靠的建筑防水做法或防护措施时，与土层接触一侧钢筋的保护层厚度可适当减少，但不应小于 25mm。

(4) 当梁、柱、墙中纵向受力钢筋的保护层厚度大于 50mm 时，宜对保护层采取有效的构造措施。当在保护层内配置防裂、防剥落的钢筋网片时，网片钢筋的保护层厚度不应小于 25mm。

三、钢筋的锚固
(一) 钢筋与混凝土的粘结
钢筋与混凝土之间的粘结力，主要由三部分组成：
(1) 钢筋与混凝土接触面由于化学作用产生的胶结力。
(2) 由于混凝土硬化时收缩，对钢筋产生握裹作用。由于握裹作用及钢筋表面粗糙不平，在接触面上引起摩阻力。
(3) 对光圆钢筋，由于其表面粗糙不平产生咬合力；对带肋钢筋，由于带肋钢筋肋间嵌入混凝土而形成的机械咬合作用。

综上所述，光圆钢筋和带肋钢筋粘结机理的主要差别在于，光圆钢筋粘结力主要来自胶结力和摩阻力，而带肋钢筋的粘结力主要来自机械咬合作用。

(二) 钢筋锚固长度
1. 影响粘结强度的因素
(1) 混凝土的强度。粘结强度随混凝土强度的提高而提高，与混凝土的抗拉强度近似成正比。
(2) 保护层厚度、钢筋间距。保护层太薄、钢筋间距太小，将使粘结强度显著降低。
(3) 钢筋表面形状。带肋钢筋粘结强度大于光圆钢筋。
(4) 横向钢筋。如梁中配置的钢箍可以提高粘结强度。

2. 锚固长度
(1) 当计算中充分利用钢筋的抗拉强度时，受拉钢筋的锚固应符合下列要求：
1) 基本锚固长度应按下列公式计算：
普通钢筋

$$l_{ab} = \alpha \frac{f_y}{f_t} d \tag{4-31}$$

预应力筋

$$l_{ab} = \alpha \frac{f_{py}}{f_t} d \tag{4-32}$$

式中　l_{ab}——受拉钢筋的基本锚固长度；

f_y、f_{py}——普通钢筋、预应力筋的抗拉强度设计值；

f_t——混凝土轴心抗拉强度设计值，当混凝土强度等级高于 C60 时，按 C60 取值；

d——锚固钢筋的直径；

α——锚固钢筋的外形系数，按表 4-20 取用。

锚固钢筋的外形系数 α 表 4-20

钢筋类型	光圆钢筋	带肋钢筋	螺旋肋钢丝	三股钢绞线	七股钢绞线
α	0.16	0.14	0.13	0.16	0.17

注：光圆钢筋末端应做 180°弯钩，弯后平直段长度不应小于 3d，但作受压钢筋时可不做弯钩。

2）受拉钢筋的锚固长度应根据锚固条件按下列公式计算，且不应小于 200mm；

$$l_a = \zeta_a l_{ab} \tag{4-33}$$

式中 l_a——受拉钢筋的锚固长度；

ζ_a——锚固长度修正系数，对普通钢筋按《混凝土规范》第 8.3.2 条的规定取用，当多于一项时，可按连乘计算，但不应小于 0.6；对预应力筋，可取 1.0。

梁柱节点中纵向受拉钢筋的锚固要求应按《混凝土规范》第 9.3 节（Ⅱ）中的规定执行。

3）当锚固钢筋的保护层厚度不大于 5d 时，锚固长度范围内应配置横向构造钢筋，其直径应小于 d/4；对梁、柱、斜撑等构件间距不应大于 5d，对板、墙等平面构件间距不应大于 10d，且均不应大于 100mm，d 为锚固钢筋的直径。

（2）纵向受拉普通钢筋的锚固长度修正系数 ζ_a 应按下列规定取用：

1）当带肋钢筋的公称直径大于 25mm 时取 1.10；

2）环氧树脂涂层带肋钢筋取 1.25；

3）施工过程中易受扰动的钢筋取 1.10；

4）当纵向受力钢筋的实际配筋面积大于其设计计算面积时，修正系数取设计计算面积与实际配筋面积的比值；但对有抗震设防要求及直接承受动力荷载的结构构件，不应考虑此项修正；

5）锚固钢筋的保护层厚度为 3d 时修正系数可取 0.80，保护层厚度为 5d 时修正系数可取 0.70，中间按内插取值，此处 d 为锚固钢筋的直径。

（3）当纵向受拉普通钢筋末端采用弯钩或机械锚固措施时，包括弯钩或锚固端头在内的锚固长度（投影长度）可取为基本锚固长度 l_{ab} 的 60%。弯钩和机械锚固的形式和技术要求应符合图 4-25 的规定。

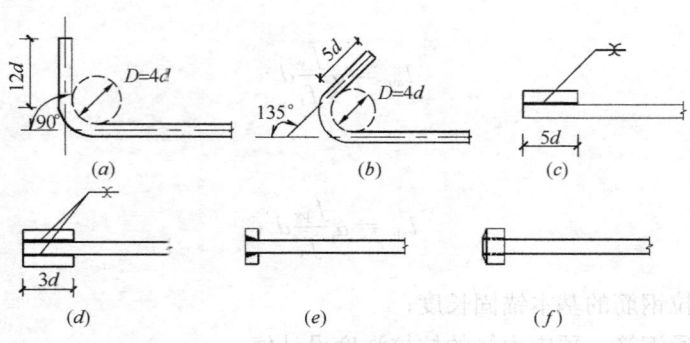

图 4-25 弯钩和机械锚固的形式和技术要求

(a) 90°弯钩；(b) 135°弯钩；(c) 一侧贴焊锚筋；
(d) 两侧贴焊锚筋；(e) 穿孔塞焊锚板；(f) 螺栓锚头

(4) 混凝土结构中的纵向受压钢筋，当计算中充分利用其抗压强度时，锚固长度不应小于相应受拉锚固长度的 70%。

受压钢筋不应采用末端弯钩和一侧贴焊锚筋的锚固措施。

受压钢筋锚固长度范围内的横向构造钢筋应符合《混凝土规范》第 8.3.1 条的有关规定。

(5) 承受动力荷载的预制构件，应将纵向受力普通钢筋末端焊接在钢板或角钢上，钢板或角钢应可靠地锚固在混凝土中。钢板或角钢的尺寸应按计算确定，其厚度不宜小于 10mm。

其他构件中受力普通钢筋的末端也可通过焊接钢板或型钢实现锚固。

四、钢筋的连接

(1) 钢筋的连接可采用绑扎搭接、机械连接或焊接。机械连接接头和焊接接头的类型及质量应符合国家现行有关标准的规定。在结构的重要构件和关键传力部位，纵向受力钢筋不宜设置连接接头。

受力钢筋的接头宜设置在受力较小处。在同一根钢筋上宜少设接头。

(2) 轴心受拉及小偏心受拉杆件的纵向受力钢筋不得采用绑扎搭接；其他构件中的钢筋采用绑扎搭接时，受拉钢筋直径不宜大于 25mm，受压钢筋直径不宜大于 28mm。

(3) 同一构件中相邻纵向受力钢筋的绑扎搭接接头宜相互错开。钢筋绑扎搭接接头连接区段的长度为 1.3 倍搭接长度，凡搭接接头中点位于该连接区段长度内的搭接接头均属于同一连接区段（图 4-26）。同一连接区段内纵向受力钢筋搭接接头面积百分率为该区段内有搭接接头的纵向受力钢筋与全部纵向受力钢筋截面面积的比值。当直径不同的钢筋搭接时，按直径较小的钢筋计算。

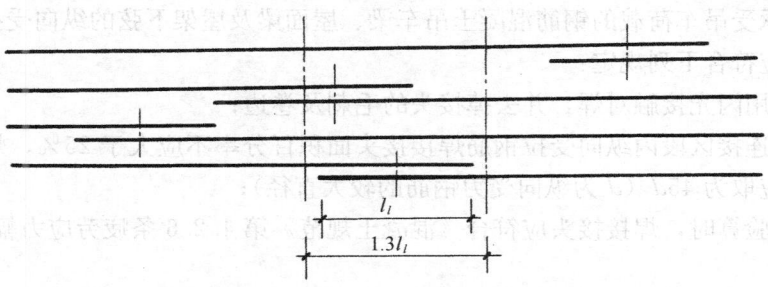

图 4-26 同一连接区段内的纵向受拉钢筋绑扎搭接接头
注：图中所示同一连接区段内 $1.3l_l$ 的搭接接头钢筋为两根，当钢筋直径相同时，钢筋搭接接头面积百分率为 50%。

位于同一连接区段内的受拉钢筋搭接接头面积百分率：对梁类、板类及墙类构件，不宜大于 25%；对柱类构件，不宜大于 50%。当工程中确有必要增大受拉钢筋搭接接头面积百分率时，对梁类构件，不宜大于 50%；对板、墙、柱及预制构件的拼接处，可根据实际情况放宽。

(4) 纵向受拉钢筋绑扎搭接接头的搭接长度，应根据位于同一连接区段内的钢筋搭接接头面积百分率按《混凝土规范》式 8.4.4 计算，且不应小于 300mm。

（5）构件中的纵向受压钢筋，当采用搭接连接时，其受压搭接长度不应小于《混凝土规范》第 8.4.4 条纵向受拉钢筋搭接长度的 70%倍，且不应小于 200mm。

（6）在梁、柱类构件的纵向受力钢筋搭接长度范围内的横向构造钢筋应符合《混凝土规范》第 8.3.1 条的要求；当受压钢筋直径大于 25mm 时，尚应在搭接接头两个端面外 100mm 范围内各设置两道箍筋。

（7）纵向受力钢筋机械连接接头宜相互错开。钢筋机械连接区段的长度为 35d（d 为连接钢筋的较小直径），凡接头中点位于该连接区段长度内的机械连接接头均属于同一连接区段。

位于同一连接区段内的纵向受拉钢筋接头面积百分率不宜大于 50%，但对板、墙、柱及预制构件的拼接处，可根据实际情况放宽。纵向受压钢筋的接头百分率可不受限制。

（8）直接承受动力荷载的结构构件中的机械连接接头，除应满足设计要求的抗疲劳性能外，位于同一连接区段内的纵向受力钢筋接头面积百分率不应大于 50%。

（9）机械连接套筒的保护层厚度宜满足有关钢筋最小保护层厚度的规定。机械连接套筒的横向净间距不宜小于 25mm。

（10）纵向受力钢筋的焊接接头应相互错开。钢筋焊接接头连接区段的长度为 35d（d 为连接钢筋的较小直径），且不小于 500mm，凡接头中点位于该连接区段长度内的焊接接头均属于同一连接区段。

位于同一连接区段内纵向受力钢筋的焊接接头面积百分率，对纵向受拉钢筋接头，不宜大于 50%。纵向受压钢筋的接头百分率可不受限制。

（11）需进行疲劳验算的构件，其纵向受拉钢筋不得采用绑扎搭接接头，也不宜采用焊接接头，除端部锚固外不得在钢筋上焊有附件。

当直接承受吊车荷载的钢筋混凝土吊车梁、屋面梁及屋架下弦的纵向受拉钢筋采用焊接接头时，应符合下列规定：

1）应采用闪光接触对焊，并去掉接头的毛刺及卷边；

2）同一连接区段内纵向受拉钢筋焊接接头面积百分率不应大于 25%，焊接接头连接区段的长度应取为 45d（d 为纵向受力钢筋的较大直径）；

3）疲劳验算时，焊接接头应符合《混凝土规范》第 4.2.6 条疲劳应力幅限值的规定。

五、纵向受力钢筋的最小配筋率

（1）钢筋混凝土结构构件中纵向受力钢筋的配筋百分率不应小于表 4-10 规定的数值。

（2）卧置于地基上的混凝土板，板中受拉钢筋的最小配筋率可适当降低，但不应小于 0.15%。

第六节 结构构件的基本规定

（一）板

混凝土板的相关规定详见本章第八节的"一、混凝土板"。

(二) 梁

钢筋混凝土梁的相关规定详见本章第八节的"二、钢筋混凝土梁"。

(三) 柱

(1) 柱中纵向钢筋的配置应符合下列规定：

1) 纵向受力钢筋直径不宜小于 12mm；全部纵向钢筋的配筋率不宜大于 5%。

2) 柱中纵向钢筋的净间距不应小于 50mm，且不宜大于 300mm。

3) 偏心受压柱的截面高度不小于 600mm 时，在柱的侧面上应设置直径不小于 10mm 的纵向构造钢筋，并相应设置复合箍筋或拉筋。

4) 圆柱中纵向钢筋不宜少于 8 根，不应少于 6 根，且宜沿周边均匀布置。

(2) 柱中的箍筋应符合下列规定：

1) 箍筋直径不应小于 $d/4$，且不应小于 6mm，d 为纵向钢筋的最大直径。

2) 箍筋间距不应大于 400mm 及构件截面的短边尺寸，且不应大于 $15d$，d 为纵向钢筋的最小直径。

3) 柱及其他受压构件中的周边箍筋应做成封闭式；对圆柱中的箍筋，搭接长度不应小于《混凝土规范》第 8.3.1 条规定的锚固长度，且末端应做成 135°弯钩，弯钩末端平直段长度不应小于 $5d$，d 为箍筋直径。

4) 当柱截面短边尺寸大于 400mm 且各边纵向钢筋多于 3 根时，或当柱截面短边尺寸不大于 400mm 但各边纵向钢筋多于 4 根时，应设置复合箍筋。

5) 柱中全部纵向受力钢筋的配筋率大于 3% 时，箍筋直径不应小于 8mm，间距不应大于 $10d$，且不应大于 200mm，d 为纵向受力钢筋的最小直径；箍筋末端应做成 135°弯钩，且弯钩末端平直段长度不应小于箍筋直径的 10 倍。

6) 在配有螺旋式或焊接环式箍筋的柱中，如在正截面受压承载力计算中考虑间接钢筋的作用时，箍筋间距不应大于 80mm 及 $d_{cor}/5$，且不宜小于 40mm，d_{cor} 为按箍筋内表面确定的核心截面直径。

(四) 墙

(1) 竖向构件截面的长边（长度）大于其短边（厚度）的 4 倍时，宜按墙的要求进行设计。

支撑预制楼（屋面）板的墙，其厚度不宜小于 140mm；对剪力墙结构尚不宜小于层高的 1/25，对框架-剪力墙结构尚不宜小于层高的 1/20。

当采用预制板时，支承墙的厚度应满足墙内竖向钢筋贯通的要求。

(2) 厚度大于 160mm 的墙应配置双排分布钢筋网；结构中重要部位的剪力墙，当其厚度不大于 160mm 时，也宜配置双排分布钢筋网。

双排分布钢筋网应沿墙的两个侧面布置，且应采用拉筋连系；拉筋直径不宜小于 6mm，间距不宜大于 600mm。

(3) 在平行于墙面的水平荷载和竖向荷载作用下，墙体宜根据结构分析所得的内力和《混凝土规范》第 6.2 节的有关规定，分别按偏心受压或偏心受拉进行正截面承载力计算，并按《混凝土规范》第 6.3 节的有关规定进行斜截面受剪承载力计算。在集中荷载作用处，尚应按《混凝土规范》第 6.6 节进行局部受压承载力计算。

在承载力计算中，剪力墙的翼缘计算宽度可取剪力墙的间距、门窗洞间翼墙的宽度、剪力墙厚度加两侧各 6 倍翼墙厚度、剪力墙墙肢总高度的 1/10 四者中的最小值。

(4) 墙水平及竖向分布钢筋直径不宜小于 8mm，间距不宜大于 300mm。可利用焊接钢筋网片进行墙内配筋。

墙水平分布钢筋的配筋率 $\rho_{sh}\left(\dfrac{A_{sh}}{bs_v}\right.$，$s_v$ 为水平分布钢筋的间距$\Big)$ 和竖向分布钢筋的配筋率 $\rho_{sv}\left(\dfrac{A_{sv}}{bs_h}\right.$，$s_h$ 为竖向分布钢筋的间距$\Big)$ 不宜小于 0.20%；重要部位的墙，水平和竖向分布钢筋的配筋率宜适当提高。

墙中温度、收缩应力较大的部位，水平分布钢筋的配筋率宜适当提高。

(5) 对于房屋高度不大于 10m 且不超过 3 层的墙，其截面厚度不应小于 120mm，其水平与竖向分布钢筋的配筋率均不宜小于 0.15%。

(6) 墙中配筋构造应符合下列要求：

1) 墙竖向分布钢筋可在同一高度搭接，搭接长度不应小于 $1.2l_a$。

2) 墙水平分布钢筋的搭接长度不应小于 $1.2l_a$；同排水平分布钢筋的搭接接头之间以及上、下相邻水平分布钢筋的搭接接头之间，沿水平方向的净间距不宜小于 500mm。

3) 墙中水平分布钢筋应伸至墙端，并向内水平弯折 $10d$，d 为钢筋直径。

4) 端部有翼墙或转角的墙，内墙两侧和外墙内侧的水平分布钢筋应伸至翼墙或转角外边，并分别向两侧水平弯折 $15d$；在转角墙处，外墙外侧的水平分布钢筋应在墙端外角处弯入翼墙，并与翼墙外侧的水平分布钢筋搭接。

5) 带边框的墙，水平和竖向分布钢筋宜分别贯穿柱、梁或锚固在柱、梁内。

(7) 墙洞口连梁应沿全长配置箍筋，箍筋直径不应小于 6mm，间距不宜大于 150mm。在顶层洞口连梁纵向钢筋伸入墙内的锚固长度范围内，应设置间距不大于 150mm 的箍筋，箍筋直径宜与跨内箍筋直径相同。同时，门窗洞边的竖向钢筋应满足受拉钢筋锚固长度的要求。

墙洞口上、下两边的水平钢筋除应满足洞口连梁正截面受弯承载力的要求外，尚不应少于 2 根直径不小于 12mm 的钢筋。对于计算分析中可忽略的洞口，洞边钢筋截面面积分别不宜小于洞口截断的水平分布钢筋总截面面积的一半。纵向钢筋自洞口边伸入墙内的长度不应小于受拉钢筋的锚固长度。

(8) 剪力墙墙肢两端应配置竖向受力钢筋，并与墙内的竖向分布钢筋共同用于墙的正截面受弯承载力计算。每端的竖向受力钢筋不宜少于 4 根直径为 12mm 或 2 根直径为 16mm 的钢筋，并宜沿该竖向钢筋方向配置直径不小于 6mm、间距为 250mm 的箍筋或拉筋。

(五) 叠合结构

由预制混凝土构件（或既有混凝土结构构件）和后浇混凝土组成，以两阶段成型的整体受力结构。

预制（既有）现浇叠合式构件的特点是两阶段成形、两阶段受力。第一阶段可为预制构件，也可为既有结构；第二阶段则为后续配筋、浇筑而形成整体的叠合混凝土构件。叠合构件兼有预制装配和整体现浇的优点，也常用于既有结构的加固，对于水平的受弯构件（梁、板）和竖向的受压构作（柱、墙）同样适用。

叠合构件主要用于装配整体式结构，其原则也适用于对既有结构进行重新设计。基于上述原因及建筑产业化趋势，近年国内叠合结构的发展很快，是一种有前途的结构形式。

1. 水平叠合构件

（1）二阶段成形的水平叠合受弯构件，当预制构件高度不足全截面高度的40%时，施工阶段应有可靠的支撑。

施工阶段有可靠支撑的叠合受弯构件，可按整体受弯构件设计计算。

施工阶段无支撑的叠合受弯构件，应对底部预制构件及浇筑混凝土后的叠合构件按《混凝土规范》附录H的要求进行二阶段受力计算。

（2）混凝土叠合梁、板应符合下列规定：

1）叠合梁的叠合层混凝土的厚度不宜小于100mm，混凝土强度等级不宜低于C30；预制梁的箍筋应全部伸入叠合层，且各肢伸入叠合层的直线段长度不宜小于10d（d 为箍筋直径）；预制梁的顶面应做成凹凸差不小于6mm的粗糙面。

2）叠合板的叠合层混凝土厚度不应小于40mm，混凝土强度等级不宜低于C25；预制板表面应做成凹凸差不小于4mm的粗糙面；承受较大荷载的叠合板以及预应力叠合板，宜在预制底板上设置伸入叠合层的构造钢筋。

3）在既有结构的楼板、屋盖上浇筑混凝土叠合层的受弯构件，应符合《混凝土规范》第9.5.2条的规定，并按该规范第3.3节和3.7节的有关规定进行施工和使用阶段的计算。

2. 竖向叠合构件

（1）由预制构件及后浇混凝土成形的叠合柱和墙，应按施工阶段及使用阶段的工况分别进行预制构件及整体结构的计算。

（2）在既有结构柱的周边或墙的侧面浇筑混凝土而成形的竖向叠合构件，应考虑承载历史以及施工支顶的情况，并按《混凝土规范》第3.3节和3.7节规定的原则进行施工和使用阶段的承载力计算。

（3）柱外二次浇筑混凝土层的厚度不应小于60mm，混凝土强度等级不应低于既有柱的强度。粗糙结合面的凹凸差不小于6mm，并宜通过植筋、焊接等方法设置界面构造钢筋。后浇层中纵向受力钢筋直径不应小于14mm；箍筋直径不应小于8mm且不应小于柱内相应箍筋的直径，箍筋间距应与柱内相同。

墙外二次浇筑混凝土层的厚度不应小于50mm，混凝土强度等级不应低于既有墙的强度。粗糙结合面的凹凸差应不小于4mm，并宜通过植筋、焊接等方法设置界面构造钢筋。后浇层中竖向、水平钢筋直径不宜小于8mm且不应小于墙中相应钢筋的直径。

例4-10 （2014）钢筋混凝土叠合梁的叠合层厚度不宜小于：

A 80mm　　　B 100mm　　　C 120mm　　　D 150mm

解析： 钢筋混凝土叠合梁的叠合层混凝土的厚度不宜小于100mm，混凝土强度等级不宜低于C30。

答案： B

规范： 《混凝土规范》第9.5.2条第1款。

（六）装配式结构

根据节能、减耗、环保的要求及建筑产业化发展的需要，更多的建筑工程量将转化为以工厂构件化生产产品的形式来制作，再运到现场完成原位安装、连接的施工。混凝土预制构件及装配式结构将通过技术进步、产品升级而得到发展。

（1）装配式结构的设计原则

装配式、装配整体式混凝土结构中各类预制构件及连接构造应按下列原则进行设计：

1) 应在结构方案和传力途径中确定预制构件的布置及连接方式，并以此为基础进行整体结构分析和构件及其连接方式的设计。

2) 预制构件的设计应满足建筑使用功能，并符合标准化要求。

3) 预制构件的连接宜设置在结构受力较小处，且宜便于施工；结构构件之间的连接构造应满足结构传递内力的要求。

4) 各类预制构件及其连接构造应按从生产、施工到使用过程中可能产生的不利工况进行验算；对预制非承重构件，尚应符合《混凝土规范》第9.6.8条的规定。

（2）装配式结构构件的连接构造

装配式、装配整体式混凝土结构中各类预制构件的连接构造，应便于构件安装、装配整体式；对计算时不考虑传递内力的连接，也应有可靠的固定措施。

（3）装配整体式结构中框架梁的纵向受力钢筋和柱、墙中的竖向受力钢筋宜采用机械连接、焊接等形式；板、墙等构件受力钢筋可采用搭接连接形式；混凝土接合面应进行粗糙处理，做成齿槽；拼接处应采用强度等级不低于预制构件的混凝土灌缝。

装配整体式结构的梁、柱节点处，柱的纵向钢筋应贯穿节点；梁的纵向钢筋应满足锚固要求。

当柱采用装配式榫式接头时，可采取在接头及其附近区段的混凝土内加设横向钢筋网、提高后浇混凝土强度等级和设置附加纵向钢筋等措施。

（4）采用预制板的装配整体式楼盖、屋盖应采取下列构造措施：

1) 预制板侧应为双齿边；拼缝上口宽度不应小于30mm；空心板端孔处应有堵头，深度不宜小于60mm；拼缝中应浇灌强度等级不低于C30的细石混凝土。

2) 预制板端宜伸出锚固钢筋互相连接，并宜与板的支承结构（圈梁、梁顶或墙顶）伸出的钢筋及板端拼缝中设置的通长钢筋连接。

（5）整体性要求较高的装配整体式楼盖、屋盖，应采用预制构件加现浇叠合层的形式；或在预制板侧设置配筋混凝土后浇带，并在板端设置负弯矩钢筋；板的周边沿拼缝设置拉结钢筋与支座连接。

（6）装配整体式中预制承重墙板沿周边设置的连接钢筋，应与支承结构及相邻墙板互相连接，并浇筑混凝土与周边楼盖、墙体连成整体。

（7）非承重预制构件的设计应符合下列要求：

1) 与支承结构之间宜采用柔性连接方式。

2) 在框架内镶嵌或采用焊接连接时，应考虑其对框架抗侧移刚度的影响。

3) 外挂板与主体结构的连接构造应具有一定的变形适应性。

（七）预埋件及连接件

（1）受力预埋件的锚板宜采用Q235、Q355级钢，锚板厚度应根据受力情况计算确定,且不宜小于锚筋直径的60%;受拉和受弯预埋件的锚板厚度尚宜大于$b/8$(b为锚筋的间距)。

受力预埋件的锚筋应采用HRB400或HPB300钢筋,不应采用冷加工钢筋。

直锚筋与锚板应采用T形焊接。

(2) 吊环应采用HPB300钢筋或Q235B圆钢,并应符合下列规定:

1) 吊环锚入混凝土中的深度不应小于$30d$,并应焊接或绑扎在钢筋骨架上(d为吊环钢筋或圆钢的直径)。

2) 当在一个构件上设有4个吊环时,应按3个吊环进行计算。

第七节 预应力混凝土结构构件

一、预应力混凝土的基本原理

(一) 普通钢筋混凝土结构的缺点

1. 抗裂性差

由于混凝土的抗拉强度低,受拉极限应变很小,只约为$(1\sim1.5)\times10^{-4}$,因而混凝土构件很容易开裂。而当构件即将开裂时,钢筋的拉应力仅约为$\sigma_s=(1\sim1.5)\times10^{-4}\times2\times10^5=(20\sim30)\text{N/mm}^2$,这个数值远低于钢筋的屈服强度。当受拉区混凝土的裂缝宽度达到其限值$0.2\sim0.3\text{mm}$时,受拉钢筋的应力也仅为200N/mm^2左右;所以,钢筋混凝土构件一般都是带裂缝工作的。

2. 高强度钢筋和高强度混凝土不能充分发挥作用

如在钢筋混凝土构件中采用设计强度高于400N/mm^2的钢筋,则在其强度未充分利用之前,裂缝宽度和变形已超过了允许限值,不能满足构件正常使用的要求。因此,普通钢筋混凝土结构要想满足正常使用极限状态验算的要求,高强度钢筋就无法充分发挥作用;对于混凝土而言,提高其强度等级,虽可以有效地增大抗压能力,但随着混凝土强度等级的提高,其抗拉能力却提高很少。所以,采用提高混凝土强度等级的方法来改善其抗裂性收效甚微。

3. 结构自重大、刚度小

由于高强度材料不能充分发挥作用,普通钢筋混凝土结构采用的钢筋等级大都为Ⅲ级或Ⅲ级以下,采用的混凝土强度等级一般也仅为C30或C30以下。所以,钢筋混凝土结构构件的截面尺寸通常较大,致使构件自重偏大。又由于钢筋混凝土构件在正常使用时带裂缝工作,造成构件的刚度较小,变形较大,使用性能不够理想。

(二) 预应力混凝土的基本原理

预应力混凝土结构按张拉工艺的不同,可分为先张法和后张法两种;按传递预应力途径的不同,可分为有粘结和无粘结两种。

预应力混凝土的基本原理是:在结构构件受外荷载之前,预先对混凝土受拉区人为地施加压应力,以减小或抵消外荷载产生的拉应力,使构件在正常使用情况下不开裂、推迟开裂或裂缝宽度减小。

如图4-27所示的混凝土简支梁,在构件使用前,如在其两端截面下缘施加一对集中压力N_p,则构件各截面均处于全截面受压(或大部分受压)状态,其截面应力分布如图

4-27（a）所示；在外荷载（如两个集中力 P）作用下，截面重心轴以下受拉，截面重心轴以上受压，应力分布如图 4-27（b）所示；利用材料力学的叠加原理，便可得到此预应力混凝土构件在使用阶段的截面应力分布，如图 4-27（c）所示，可以清楚地看到，混凝土受拉区的应力已大为减小。

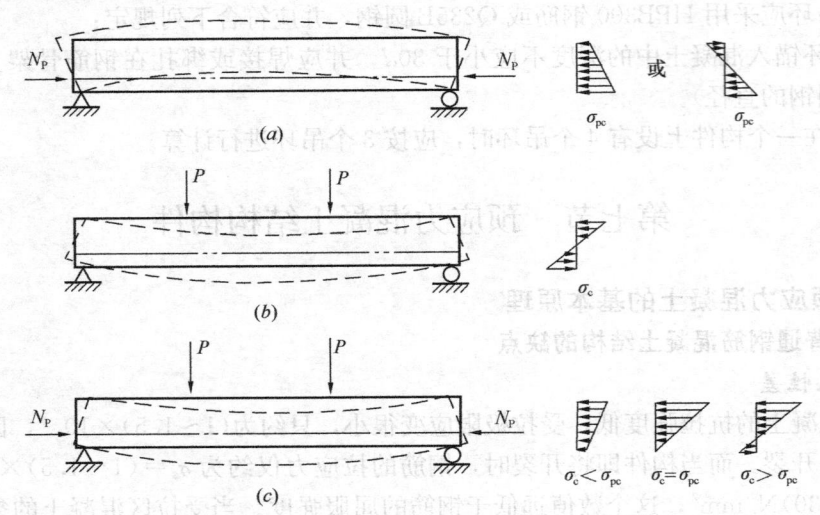

图 4-27　预应力混凝土受弯构件基本原理示意图

（三）预应力混凝土构件的优缺点

1. 主要优点

（1）提高抗裂性和抗渗性

在承受外荷载之前，利用张拉钢筋的回弹对混凝土构件施加预应力，克服了混凝土抗拉强度低、开裂早的缺点。使混凝土结构得以在裂缝控制较严的结构上使用。例如水池，油罐，受到侵蚀性介质作用的工业厂房，水工、港工结构物等。

（2）可充分利用高强度材料

在预应力构件中，高强度钢筋和高强度混凝土得到充分利用，从而提高结构承载力，减轻自重，降低造价。使混凝土结构得以在大跨度结构和承受重型荷载结构中使用。例如大跨度屋盖和桥梁、超高层楼房等。

（3）刚度大、变形小

预应力构件在使用时可以不出现裂缝或裂缝小，因此其刚度较大，抵抗变形的能力增大；而且对受弯构件施加预应力产生的反拱还可以抵消荷载作用下的挠度。因而适用于变形控制较严的构件。例如重型吊车梁、大跨度梁式构件等。

（4）提高工程质量和结构的耐久性

2. 主要缺点

（1）施工工序多，工艺较复杂，需要有一定素养的专业技术施工队。
（2）设计工作比较繁重，施工需要有相应的张拉设备和场地。
（3）有时反拱过大，需要控制。
（4）开裂荷载与破坏荷载比较接近，构件延性较差等。

二、预应力混凝土的种类、方法和材料

（一）预应力混凝土结构的种类

1. 先张法预应力混凝土结构

在台座上张拉预应力筋后浇筑混凝土，并通过放张预应力筋由粘结传递而建立预应力的混凝土结构。

2. 后张法预应力混凝土结构

浇筑混凝土并达到规定强度后，通过张拉预应力筋并在结构上锚固而建立预应力的混凝土结构。

3. 无粘结预应力混凝土结构

配置与混凝土之间可保持相对滑动的无粘结预应力筋的后张法预应力混凝土结构。

4. 有粘结预应力混凝土结构

通过灌浆或与混凝土直接接触使预应力筋与混凝土之间相互粘结而建立预应力的混凝土结构。

（二）施加预应力的方法

1. 先张法

在浇筑混凝土之前张拉钢筋的方法称为先张法，如图 4-28 所示。先张法的工序为：

（1）在台座（或钢模）上张拉钢筋，并将其临时锚固在台座（或钢模）上。

（2）支模、绑扎普通钢筋（如用于抗剪的和用于局部加强的非预应力钢筋），并浇筑混凝土。

（3）养护混凝土，待其立方体抗压强度达到设计强度的 75% 后，放松或切断钢筋，钢筋在回缩时挤压混凝土，使混凝土获得预压应力。可见，先张法是靠钢筋和混凝土之间的粘结力来传递预应力的。

2. 后张法

当混凝土结硬后在构件上张拉钢筋的方法称为后张法，如图 4-29 所示。后张法的工序为：

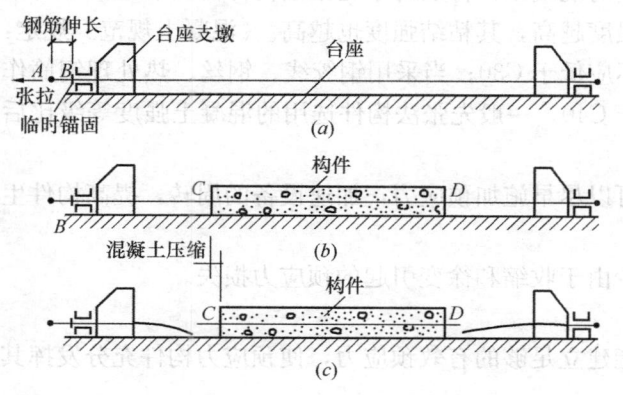
图 4-28 先张法主要工序示意图

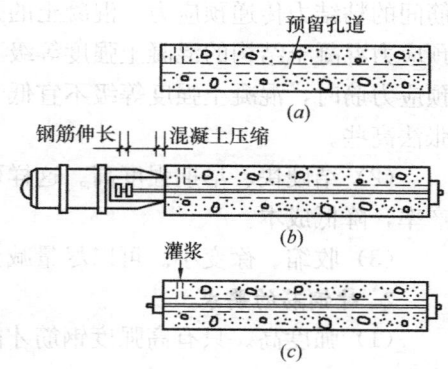
图 4-29 后张法主要工序示意图

(1) 浇筑混凝土构件,并在构件中预留孔道。

(2) 待混凝土达到立方体抗压强度不宜低于设计强度的75%后,将预应力筋穿入孔道,利用构件本身作为加力台座,在张拉钢筋的同时,构件混凝土受到预压产生了预压应力。

(3) 当预应力筋的张拉应力达到设计规定值后,在张拉端用工作锚将钢筋锚紧,使构件保持预压状态。

(4) 最后,在孔道内进行压力灌浆(在远离灌浆孔的适当位置预留排气孔,以保证灌浆密实),以防钢筋锈蚀,并使预应力筋与混凝土粘结成整体。可见,后张法是靠工作锚具来传递预应力的。

先张法与后张法的适用条件及其特点参见表4-21。

先张法与后张法的适用条件及其特点　　　　表4-21

	适用条件	构件类型	张拉设备及锚具的使用	预应力的传递	预应力筋的配置形式
先张法	适用于工厂制作	一般用于中、小型构件	可重复使用设备及锚具	通过预应力筋与混凝土之间的粘结力传递	采用直线配筋
后张法	可用于工厂,也可用于现场制作	适用于大型构件	锚具需固定在构件上,不能重复使用	预应力依靠钢筋端部的锚具传递	可采用直线配筋,也可采用曲线配筋

在一般实际工程中,预应力圆孔板采用先张法施工;预应力框架梁采用后张有粘结工艺;预应力平板可采用后张无粘结工艺。

(三) 预应力混凝土构件材料

1. 对混凝土的要求

(1) 强度高。在施加预应力时,混凝土受到很高的预压应力作用,需要有较高的强度;与高强度钢筋相匹配也需要高强度的混凝土,特别对于先张法构件需要靠混凝土与钢筋间的粘结力传递预应力,混凝土的强度越高,其粘结强度也越高。《混凝土规范》规定:预应力混凝土结构的混凝土强度等级不应低于C30;当采用钢绞线、钢丝、热处理钢筋作预应力筋时,混凝土强度等级不宜低于C40。一般先张法构件选用的混凝土强度等级比后张法高些。

(2) 结硬快、早期强度高。这样可以尽早施加预应力,加速设备的周转,提高构件生产率,降低成本。

(3) 收缩、徐变小。可以尽量减少由于收缩和徐变引起的预应力损失。

2. 对钢筋的要求

(1) 强度高。只有高强度钢筋才能建立足够的有效预应力,使预应力构件充分发挥其优点。

(2) 具有一定塑性。为避免构件发生脆性破坏,要求所用钢筋具有一定的伸长率。

(3) 有良好的加工性能。加工性能有可焊性、冷镦、热镦等,即经加工后,钢筋的物理力学性能基本不减。

(4) 与混凝土之间有可靠的粘结力。对于先张法构件，钢筋与混凝土之间的粘结力尤为重要。当采用光面高强钢丝时，表面应经"刻痕"或"压波"等处理后方可使用。

预应力钢筋有：各种钢丝、钢绞线和预应力螺纹钢筋三类。

三、张拉控制应力和预应力损失

（一）张拉控制应力

(1) 张拉控制应力 σ_{con} 是指在张拉预应力筋时达到的最大应力值。张拉控制应力的限值是根据预应力钢筋的种类来确定的。

1) 消除应力钢丝、钢绞线：

$$\sigma_{con} \leqslant 0.75 f_{ptk} \tag{4-34}$$

2) 中强度预应力钢丝：

$$\sigma_{con} \leqslant 0.70 f_{ptk} \tag{4-35}$$

3) 预应力螺纹钢筋：

$$\sigma_{con} \leqslant 0.85 f_{pyk} \tag{4-36}$$

式中 f_{ptk}——预应力筋极限强度标准值；

f_{pyk}——预应力螺纹钢筋屈服强度标准值。

(2) 消除应力钢丝、钢绞线、中强度预应力钢丝的张拉控制应力值应不小于 $0.4 f_{ptk}$；预应力螺纹钢筋的张拉应力控制值不宜小于 $0.5 f_{pyk}$。当预应力张拉控制应力定得过高，可能会出现以下问题：

1) 开裂荷载与极限荷载很接近，构件在破坏前缺乏足够的预兆，使构件延性变差。

2) 为了减少预应力损失，常常需要进行超张拉，而由于钢材材质的不均匀性，钢筋的屈服强度有一定的离散性；如钢筋的控制应力定得太高，有可能在超张拉的过程中使个别钢筋的应力超过它的实际屈服强度，使钢筋产生塑流甚至脆断。

3) 有可能使施工阶段预拉区混凝土拉应力超过极限强度导致开裂，对后张法构件，则可能造成端部混凝土局部承压破坏。

(3)《混凝土规范》还规定：当符合下列情况之一时，张拉控制应力限值可提高 $0.05 f_{ptk}$ 或 $0.05 f_{pyk}$：

1) 要求提高构件在施工阶段的抗裂性能而在使用阶段受压区内设置的预应力钢筋。

2) 要求部分抵消由于应力松弛、摩擦、钢筋分批张拉以及预应力钢筋与张拉台座之间的温差等因素产生的预应力损失。

除了对预应力钢筋的张拉控制应力的最大值有一定限值外，为了保证获得必要的预应力效果，《混凝土规范》还规定：预应力钢筋的张拉控制应力也不应小于 $0.4 f_{ptk}$。

（二）预应力损失

由于张拉工艺和材料特性等原因，使得预应力构件从开始制作到使用，预应力筋的张拉应力在不断地降低，这种现象称为预应力损失。有下列 7 项预应力损失（此处参照《预应力混凝土结构设计规范》JGJ 369 编写）：

(1) 张拉端锚具变形和预应力筋内缩引起的预应力损失 σ_{l1}，可以通过减少垫板块数或增加台座长度的办法以减小损失。

(2) 预应力筋与孔道壁、张拉端锚口间，以及在转向块处摩擦引起的预应力损失 σ_{l2}，可以通过两端张拉或超张拉的办法以减小损失。

(3) 蒸养时受张拉预应力筋与承受拉力设备之间温差引起的预应力损失 σ_{l3}，可以采用两次升温的办法以减小损失。后张法无此项损失。

(4) 预应力筋的应力松弛引起的预应力损失 σ_{l4}，可以采用超张拉的办法以减小损失。

(5) 混凝土收缩和徐变引起的预应力损失 σ_{l5}，可以参考减小混凝土收缩、徐变的办法以减小损失。此项约占总损失的 50%～60%。

(6) 环形构件螺旋式预应力筋挤压混凝土引起的预应力损失 σ_{l6}，当环形构件直径＞3m 时，可忽略不计。先张法无此项损失。

(7) 混凝土弹性压缩引起的预应力损失 σ_{l7}。

(三) 预应力损失的组合

上述 7 项预应力损失按混凝土预压前（第一批）、预压后（第二批）进行组合见表 4-22。

各阶段预应力损失值的组合　　　　表 4-22

预应力损失值的组合	先张法构件	后张法构件
混凝土预压前（第一批）的损失	$\sigma_{l1} + \sigma_{l2} + \sigma_{l3} + \sigma_{l4}$	$\sigma_{l1} + \sigma_{l2}$
混凝土预压后（第二批）的损失	$\sigma_{l5} + \sigma_{l7}$	$\sigma_{l4} + \sigma_{l5} + \sigma_{l6} + \sigma_{l7}$

如求得的预应力总损失值 σ_l 小于下列数值时，则按下列数值取用：

先张法：100N/mm²；后张法：80N/mm²。

(四) 预应力构件和非预应力构件的比较

现对两种构件进行比较。一种是普通钢筋混凝土构件，另一种是截面尺寸、材料及配筋数量均与普通构件相同的预应力混凝土构件。通过两种构件的比较，说明预应力混凝土构件的受力特点如下：

(1) 在非预应力构件中，在构件开裂前钢筋的应力值很小，而在预应力构件中预应力钢筋一直处于高拉应力状态，充分利用了钢筋和混凝土两种材料的特性。

(2) 预应力构件产生裂缝时的外荷载远比非预应力构件的大。即预应力构件的抗裂度比非预应力构件大为提高，同时也提高了构件的刚度。

(3) 由于两种构件破坏时都是受拉钢筋达到抗拉强度而受压区混凝土被压碎，故此两种构件的承载能力相等。

(4) 其他说明。

1) 预应力筋从张拉至破坏始终处于高拉应力状态，而混凝土则在到达 N_0（外荷载）以前始终处于受压状态，这样可以发挥高强度混凝土受压、高强度钢筋受拉的特长。

2) 预应力混凝土构件与普通混凝土构件相比，抗裂度大为提高或者说开裂要晚得多，但裂缝出现的荷载与破坏荷载比较接近。

3) 当材料强度和截面尺寸相同时，预应力混凝土轴心受拉构件与普通钢筋混凝土轴心受拉构件的承载力相同，或者说预应力构件没有提高其承载力。

第八节 现浇钢筋混凝土楼盖

钢筋混凝土楼盖有现浇和预制两大类。现浇楼盖整体刚度好，抗震性能较优，并能适应房间平面形状、设备管道、荷载或施工条件比较特殊的情况；其缺点是费工、费模板、工期长、受施工季节影响大。

现浇钢筋混凝土楼盖，目前较多采用的有单向板肋形（肋梁）楼盖、双向板肋形楼盖、双重井式楼盖及无梁楼盖四种（图4-30）。

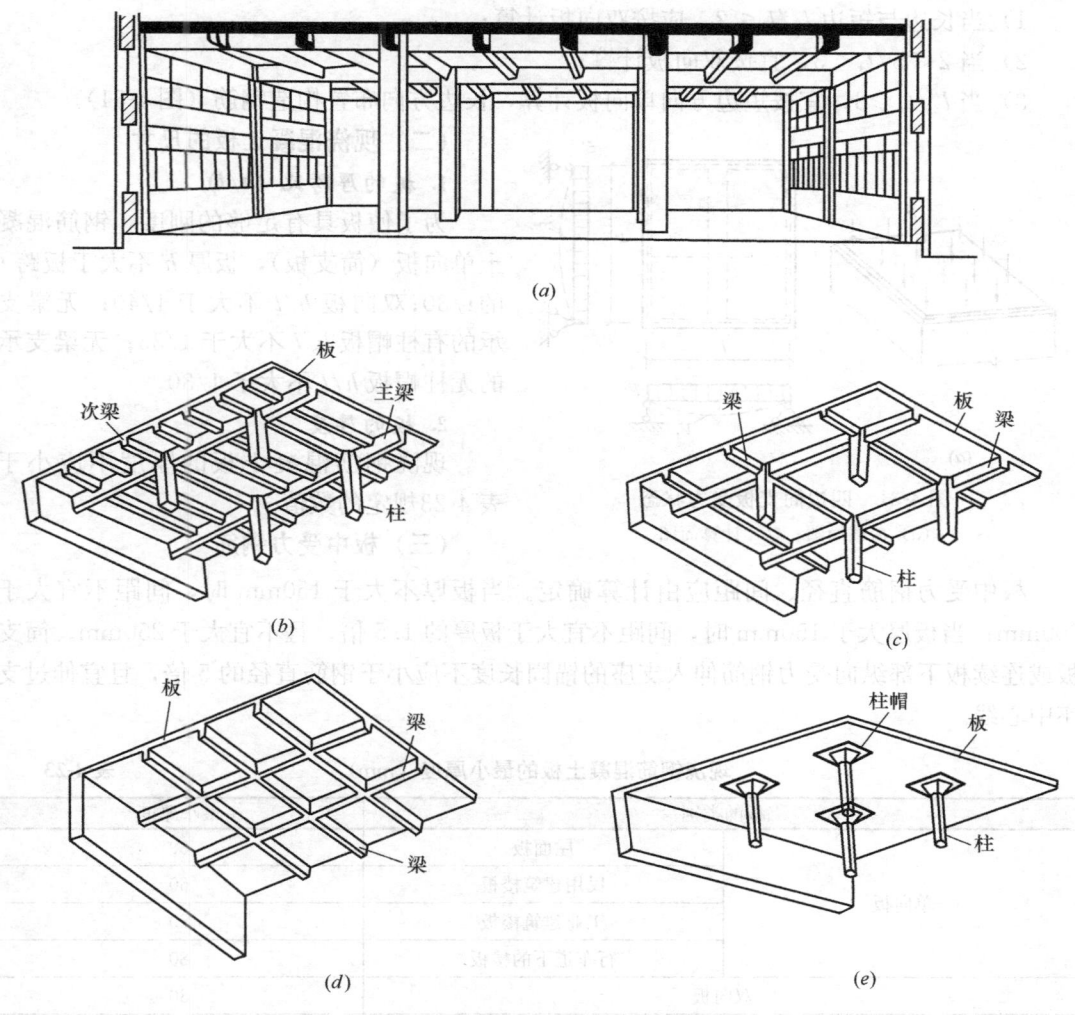

图 4-30 楼盖的主要结构形式
(a)、(b) 单向板肋梁楼盖；(c) 双向板肋梁楼盖；(d) 井式楼盖；(e) 无梁楼盖

从经济效果考虑，次梁的间距决定了板的跨度，而楼盖中板的混凝土用量占整个楼盖混凝土用量的50%～70%。因此，为了尽可能减小板厚，一般板的跨度为1.7～2.7m，次梁跨度为4～7m，主梁跨度为5～8m。双向板肋梁楼盖无次梁，板的跨度比较大，板也较厚，但荷载可以通过两个方向传递到主梁上去。井字楼盖跨中无柱子，

直接将荷载传至四周墙上,室内空间大;由于两个方向的梁高度相同,房间的净高也较大。无梁楼盖可采用升板法将各层楼板吊装就位,特别适合施工场地很小的地方盖多层轻工业厂房。

一、混凝土板

(一) 单向板与双向板

(1) 两对边支承的板应按单向板计算。

(2) 四边支承的板:

1) 当长边与短边 $l_2/l_1 \leqslant 2$,应按双向板计算;

2) 当 $2 < l_2/l_1 < 3$,宜按双向板计算;

3) 当 $l_2/l_1 \geqslant 3$,宜按短边方向单向板计算,长边方向布置构造钢筋(图 4-31)。

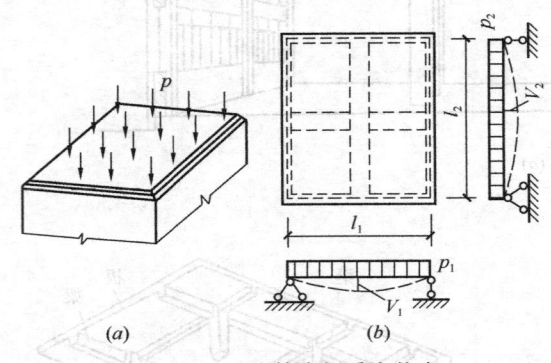

图 4-31 四边简支板受力状态
(a) 荷载简图;(b) 计算简图

(二) 现浇混凝土板的尺寸

1. 板的厚跨比 (h/l)

为了使板具有足够的刚度,钢筋混凝土单向板(简支板),板厚 h 不大于板跨 l 的 1/30;双向板 h/l 不大于 1/40;无梁支承的有柱帽板 h/l 不大于 1/35;无梁支承的无柱帽板 h/l 不大于 1/30。

2. 板的厚度

现浇钢筋混凝土板的厚度不应小于表 4-23 规定的数值。

(三) 板中受力钢筋

板中受力钢筋直径、间距应由计算确定。当板厚不大于 150mm 时,间距不宜大于 200mm;当板厚大于 150mm 时,间距不宜大于板厚的 1.5 倍,且不宜大于 250mm。简支板或连续板下部纵向受力钢筋伸入支座的锚固长度不应小于钢筋直径的 5 倍,且宜伸过支座中心线。

现浇钢筋混凝土板的最小厚度 (mm)　　　　表 4-23

板的类别		最小厚度
单向板	屋面板	60
	民用建筑楼板	60
	工业建筑楼板	70
	行车道下的楼板	80
双向板		80
密肋楼盖	面板	50
	肋高	250
悬臂板(根部)	悬臂长度不大于 500mm	60
	悬臂长度 1200mm	100
无梁楼板		150
现浇空心楼盖		200

注:《混凝土通用规范》第 4.4.4 条,现浇钢筋混凝土实心楼板的厚度不应小于 80mm。

(四) 板中构造钢筋

1. 嵌入墙内板的板面附加钢筋

嵌入承重墙内板，由于砖墙的约束作用，板在墙边产生一定的负弯矩，导致沿墙边板面上产生裂缝；还由于收缩和温度影响，板面角部产生拉应力和45°斜裂缝。为了防止板面的裂缝，应设置板面构造钢筋（图4-32）：

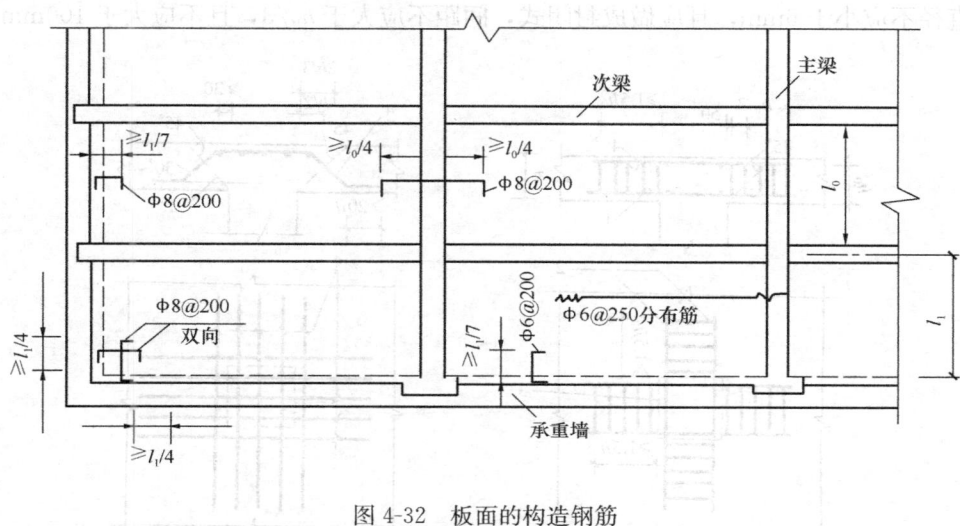

图 4-32　板面的构造钢筋

（1）钢筋直径不宜小于 8mm，间距不宜大于 200mm，且不宜小于跨中相应方向板底钢筋截面面积的 1/3。

（2）钢筋从混凝土梁边、柱边、墙边伸入板内的长度不宜小于 $l_0/4$，砌体墙处钢筋伸入板边的长度不宜小于 $l_0/7$，其中计算跨度 l_0 对单向板按受力方向考虑，双向板按短边方向考虑。

（3）在楼板角部，宜沿两个方向正交、斜向平行或放射状布置附加钢筋。

2. 单向板的分布筋

单向板应在垂直于受力方向布置分布钢筋，配筋量不宜小于受力钢筋的 15%，且配筋率不宜小于 0.15%；分布钢筋直径不宜小于 6mm，间距不宜大于 250mm；当集中荷载较大时，配筋面积适当增加且间距不宜大于 200mm。

3. 温度应力、收缩应力较大的现浇板

应在板的表面双向配置防裂构造钢筋。配筋率均不宜小于 0.10%，间距不宜大于 200mm。

4. 混凝土厚板及卧于地基上的基础筏板

当板的厚度大于 2m 时，除应沿板的上、下表面布置纵、横方向钢筋外，尚宜在板厚不超过 1m 范围内设置与板面平行的构造钢筋网片，网片直径不宜小于 12mm，纵、横方向间距不宜大于 300mm。

5. 无支承边的板端部

当混凝土板的厚度不小于 150mm 时，对板无支承边的端部，宜设置 U 形构造钢筋并与板顶、板底钢筋搭接，搭接长度不宜小于 U 形构造钢筋直径的 15 倍且不宜小于

200mm；也可采用板面、板底钢筋分别向下、向上弯折搭接的形式。

6. 混凝土板中配置抗冲切箍筋或弯起钢筋的构造要求

(1) 板的厚度不应小于 150mm。

(2) 按计算所需的箍筋及相应的架立钢筋应配置在与 45°冲切破坏锥面相交的范围内，且从集中荷载作用面或柱截面边缘向外的分布长度不应小于 $1.5h_0$。[图 4-33 (a)]；箍筋直径不应小于 6mm，且应做成封闭式，间距不应大于 $h_0/3$，且不应大于 100mm。

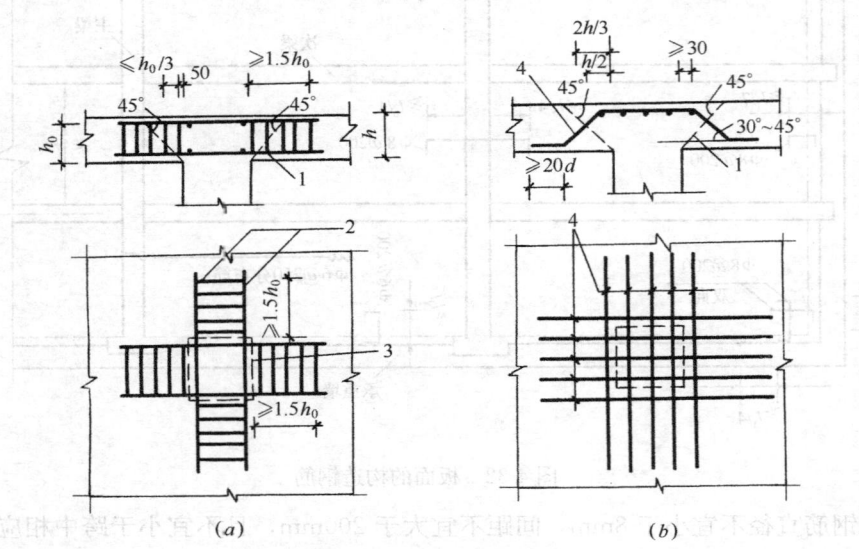

图 4-33 板中抗冲切钢筋布置
(a) 用箍筋作抗冲切钢筋；(b) 用弯起钢筋作抗冲切钢筋
1—冲切破坏锥面；2—架立钢筋；3—箍筋；4—弯起钢筋
注：图中尺寸单位：mm

(3) 计算所需弯起钢筋的弯起角度可根据板的厚度按 30°~45°选取；弯起钢筋的倾斜段应与冲切破坏锥面相交 [图 4-33 (b)]，其交点应在集中荷载作用面或柱截面边缘以外 (1/2~2/3) h 的范围内。弯起钢筋直径不宜小于 12mm，且每一方向不宜少于 3 根。

二、钢筋混凝土梁

(一) 纵向配筋

1. 纵向受力钢筋

梁的纵向受力钢筋应符合下列规定：

(1) 纵向受力钢筋伸入梁支座不应少于 2 根。

(2) 梁高不小于 300mm 时，钢筋直径不应小于 10mm；梁高小于 300mm 时，钢筋直径不应小于 8mm。

(3) 为了使梁内纵向钢筋与混凝土之间有较好的粘结，并避免钢筋过密而妨碍混凝土浇筑，梁上部钢筋水平方向净距不应小于 30mm 和 1.5d；梁下部钢筋水平方向的净距不应小于 25mm 和 d。当下部钢筋多于二层时，二层以上钢筋水平方向中距应比下面二层的中距大一倍；各层钢筋之间的净距不应小于 25mm 和 d，d 为钢筋最大直径（图 4-34）。

2. 下部纵向受力筋伸入端支座锚固长度

当剪力 $V \leqslant 0.7 f_t bh_0$ 时，不小于 $5d$；当 $V > 0.7 f_t bh_0$ 时，带肋钢筋不小于 $12d$，光圆钢筋不小于 $15d$，d 为钢筋最大直径。

当混凝土强度等级为 C25 及以下的简支梁和连续梁的简支端，当距支座边 $1.5h$ 范围内作用有集中荷载，且 $V > 0.7 f_t bh_0$ 时，带肋钢筋宜采取有效的锚固措施，或取锚固长度不小于 $15d$，d 为锚固钢筋的直径。

3. 梁支座负弯矩纵向受拉钢筋

当梁支座负弯矩纵向受拉钢筋需截断时，应符合下列规定：

(1) 当剪力 $V \leqslant 0.7 f_t bh_0$ 时，应按计算不需要该钢筋的截面以外不小于 $20d$ 处截断，且从该钢筋强度充分利用截面伸出长度不应小于 $1.2 l_a$。

(2) 当 $V > 0.7 f_t bh_0$ 时，应按计算不需要该钢筋的截面以外不小于 h_0 且不小于 $20d$ 处截断。

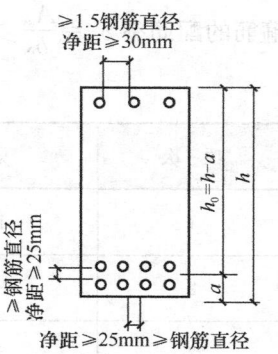

图 4-34 钢筋的间距

4. 梁内纵向受扭纵筋

梁应沿截面四周布置纵向受扭钢筋，其间距不应大于 200mm 和梁截面短边长度；除应在梁四角布置受扭纵筋外，其余纵向受扭纵筋沿截面周边均匀对称布置，如图 4-35 所示。

在弯剪扭构件中，在梁的受拉边应将受弯纵向受力钢筋面积与受扭受力钢筋面积叠加后放在梁的受拉边。

5. 梁的上部纵向构造钢筋

(1) 当梁端按简支计算但实际受到部分约束时，应在支座区上部设置纵向构造钢筋。其截面面积不应小于梁跨中下部纵向受力钢筋计算面积的 1/4，且不少于 2 根。

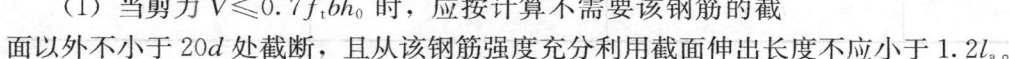

图 4-35 受扭纵筋布置

(2) 对架立钢筋，当梁的跨度小于 4m 时，直径不宜小于 8mm；当梁的跨度为 4～6m 时，直径不应小于 10mm；当梁的跨度大于 6m 时，直径不宜小于 12mm。

(二) 横向配筋

横向配筋是指梁中配置的箍筋和弯起钢筋。

1. 箍筋的配置

(1) 按承载力计算不需要配箍筋，当梁截面高度大于 300mm 时，应沿全长设置构造箍筋；当截面高度 $h = 150 \sim 300$mm 时，可仅在构件端部 $l_0/4$ 范围内设置构造箍筋，l_0 为计算跨度。但当在构件中部 $l_0/2$ 范围内有集中荷载作用时，则应沿梁全长设置箍筋。当截面高度小于 150mm 时，可以不设置箍筋。

(2) 截面高度大于 800mm 的梁，箍筋直径不宜小于 8mm；对截面高度 $\leqslant$ 800mm 的梁，不宜小于 6mm。梁中配有计算需要的纵向受压钢筋时，箍筋直径尚不应小于 $d/4$，d 为受压筋最大直径。

(3) 梁中箍筋的最大间距宜符合表 4-24 的规定；当剪力 $V > 0.7 f_t bh_0 + 0.05 N_{p0}$ 时，

箍筋的配筋率 $\rho_{sv} = \dfrac{A_{sv}}{bs} \geqslant 0.24 f_t / f_{yv}$。

梁中箍筋的最大间距 s_{max} （mm） 表 4-24

项次	梁高 h （mm）	$V > 0.07 f_t b h_0 + 0.05 N_{p0}$	$V \leqslant 0.07 f_t b h_0 + 0.05 N_{p0}$
1	$150 < h \leqslant 300$	150	200
2	$300 < h \leqslant 500$	200	300
3	$500 < h \leqslant 800$	250	350
4	$h > 800$	300	400

(4) 当梁中配有计算受压纵向钢筋时，箍筋尚应符合下列规定：

1) 箍筋应做成封闭式，弯钩直线段长度不应小于 $5d$，d 为箍筋直径。

2) 箍筋间距不应大于 $15d$，且不应大于 400mm；当一层内的纵向受压筋多于 5 根且直径大于 18mm 时，箍筋间距不应大于 $10d$，d 为纵向受压筋最小直径。

3) 当梁的宽度大于 400mm 且一层内纵向受压钢筋多于 3 根时，或梁的宽度不大于 400mm，但一层内纵向受压筋多于 4 根时，应设置复合箍筋；复合箍筋是指两个双肢箍（或称四肢箍），或一个双肢箍中间加一个单肢箍。

2. 弯起钢筋

在采用绑扎骨架的钢筋混凝土梁中，承受剪力宜优先采用箍筋。当设置弯起钢筋时，其弯起角一般采用 45°，当梁高大于 800mm 时，可采用 60°。弯起钢筋一般是利用纵向钢筋在按正截面受弯承载力计算已不需要处将其弯起，但也可以单独设置，此时应将其布置成鸭筋形式（图 4-36），而不应采用浮筋形式，因为浮筋可能会由于锚固不足而滑动，从而影响其受剪承载力。弯起钢筋的弯折半径 r 不应小于 $10d$（d 为弯起钢筋的直径）。

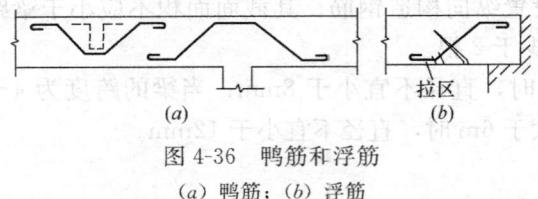

图 4-36 鸭筋和浮筋
(a) 鸭筋；(b) 浮筋

（三）局部配筋

1. 梁截面高度范围内有集中荷载

在次梁与主梁相交处，次梁传来的集中荷载可能使主梁的下部产生斜裂缝 [图 4-37 (a)]，为了保证主梁在这些部位有足够的承载力，应在次梁的两侧设置附加横向钢筋 [图 4-37 (b)]，附加横向钢筋可以用箍筋或吊筋，其布置的宽度应为 $s = 2h_1 + 3b$。第一道附加箍筋离次梁边 50mm，吊筋下部尺寸为次梁宽度加 100mm 即可。

2. 腹板上的纵向构造钢筋

当梁的腹板高度 $h_w \geqslant 450$mm 时，在梁的两个侧面沿高度配置纵向构造钢筋，通常称为腰筋（图 4-38）；每侧纵向构造钢筋（不包括梁上、下部受力钢筋及架立钢筋）的截面面积不应小于腹板截面面积 bh_w 的 0.1%，且其间距不宜大于 200mm。

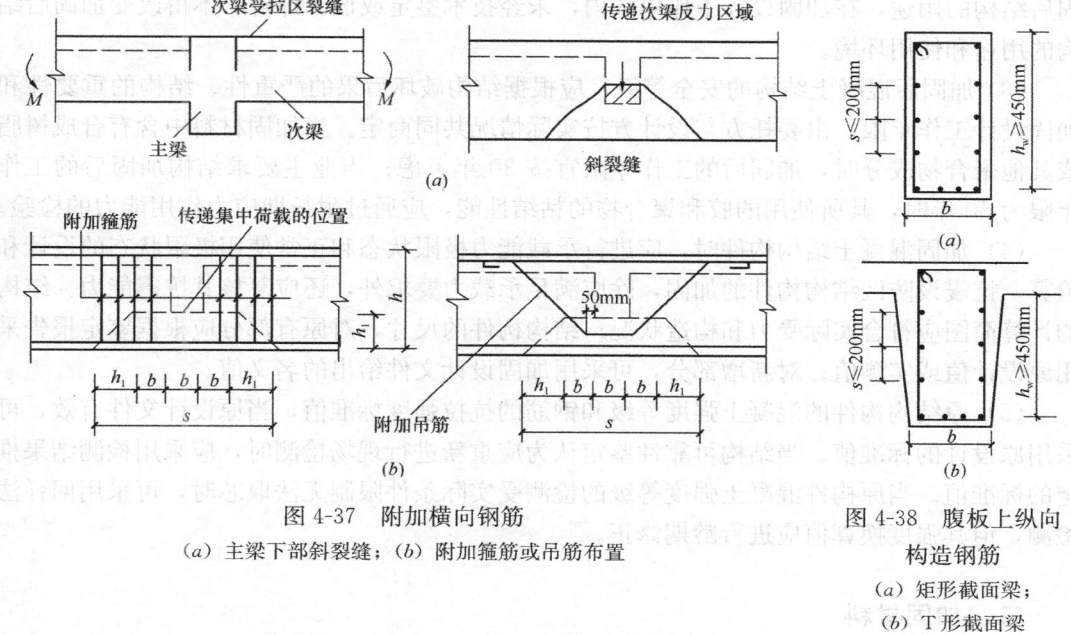

图 4-37 附加横向钢筋
(a) 主梁下部斜裂缝；(b) 附加箍筋或吊筋布置

图 4-38 腹板上纵向构造钢筋
(a) 矩形截面梁；
(b) T形截面梁

3. 梁的混凝土保护层厚度＞50mm时的表层钢筋网片配置

(1) 表层钢筋宜采用焊接网片，其直径不宜大于8mm，间距不应大于150mm；网片应配置在梁底和梁侧，梁侧的网片钢筋应延伸至梁高的2/3处，如图4-39所示。

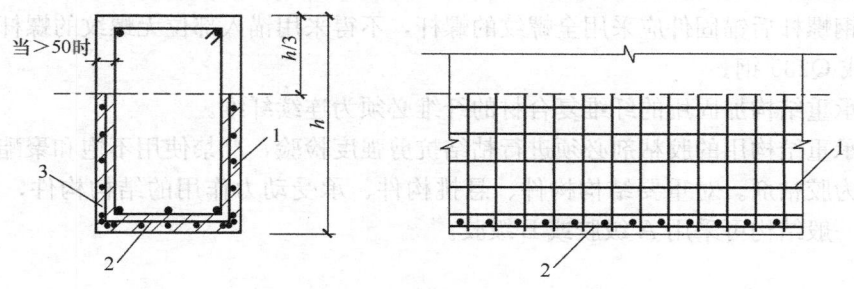

图 4-39 配置表层钢筋网片的构造要求
1—梁侧表层钢筋网片；2—梁底表层钢筋网片；3—配置网片钢筋区域

(2) 两个方向上表层网片钢筋的截面面积均不应小于相应混凝土保护层（图4-39阴影部分）面积的1%。

第九节 混凝土结构加固设计

一、一般原则

(1) 混凝土结构加固前，应根据建筑的种类分别按《工业建筑可靠性鉴定标准》GB 50144 或《民用建筑可靠性鉴定标准》GB 50292 进行结构检测鉴定。

(2) 混凝土结构经可靠性鉴定确认需要加固时，应根据鉴定结论和委托方提出的要求，按《混凝土结构加固设计规范》GB 50367 的规定进行加固设计。加固设计应明确加固后结构的用途，在加固设计工作年限内，未经技术鉴定或设计许可，不得改变加固后结构的用途和使用环境。

（3）加固后混凝土结构的安全等级，应根据结构破坏后果的严重性、结构的重要性和加固设计工作年限，由委托方与设计方按实际情况共同商定。当加固材料中含有合成树脂或其他聚合物成分时，加固后的工作年限宜按 30 年考虑；当业主要求结构加固后的工作年限为 50 年时，其所使用的胶和聚合物的粘结性能，应通过耐长期应力作用能力的检验。

（4）加固混凝土结构构件时，应进行承载能力极限状态和正常使用极限状态的设计和验算。抗震设防区结构构件的加固，除应满足承载力要求外，还应复核其抗震能力。结构的计算简图应符合实际受力和构造状况；结构构件的尺寸，对原有部分应根据鉴定报告采用原设计值或实测值；对新增部分，可采用加固设计文件给出的名义值。

（5）原结构构件的混凝土强度等级和钢筋的抗拉强度标准值，当原设计文件有效，可采用原设计的标准值。当结构可靠性鉴定认为应重新进行现场检测时，应采用检测结果推定的标准值。当原构件混凝土强度等级的检测受实际条件限制无法取芯时，可采用回弹法检测，但其强度换算值应进行龄期修正。

二、加固材料

（1）结构加固用混凝土的强度等级应比原结构构件提高一级，且不得低于 C25。

（2）加固用的钢筋可使用 HRB400 或 HPB300 钢筋，也可采用 HRB500 钢筋。

（3）体外预应力加固宜使用 UPS15.2-1860 低松弛无粘结钢绞线。

（4）植筋用的钢筋应使用热轧带肋钢筋，不得使用光圆钢筋。

（5）钢螺杆后锚固件应采用全螺纹的螺杆，不得采用锚入部位无螺纹的螺杆，钢材应为 Q355 或 Q235 钢。

（6）承重结构加固用的纤维复合材的纤维必须为连续纤维。

（7）承重结构用的胶粘剂必须进行粘结抗剪强度检验，严禁使用不饱和聚酯树脂和醇酸树脂作为胶粘剂。对重要结构构件、悬挑构件、承受动力作用的结构构件，应采用 A 级胶，对一般结构可采用 A 级胶或 B 级胶。

三、加固方法

混凝土结构加固设计时，可根据实际条件和使用要求选择直接加固法和间接加固法。直接加固包括增大截面加固法、置换混凝土加固法和复合截面加固法。间接加固包括体外预应力加固法、增设支点加固法、增设耗能支撑法和增设抗震墙法。

（一）增大截面加固法

（1）本方法适用于钢筋混凝土受弯和受压构件的加固。按现场检测结果确定的原构件混凝土强度等级不应低于 C13。

（2）新增截面可采用现浇混凝土、自密实混凝土或喷射混凝土浇筑。也可用掺有细石混凝土的水泥基灌浆料灌注。原构件混凝土表面应打毛处理，采取涂刷结构界面胶、种植剪切销钉或增设剪力键等措施，保证新旧混凝土共同工作。

（3）新增混凝土层的最小厚度，板不应小于 40mm；梁、柱采用现浇混凝土、自密实混凝土或灌浆料施工时不应小于 60mm，采用喷射混凝土时不应小于 50mm。

(4) 钢筋应采用热轧钢筋。板、梁、柱的受力钢筋直径分别不应小于 8mm、12mm 和 14mm；箍筋直径 8mm，分布筋直径 6mm。

（二）置换混凝土加固法

(1) 本方法适用于承重构件受压区混凝土强度偏低或有严重缺陷的局部加固。加固梁式构件时，应对原构件进行有效支顶。加固柱、墙等构件时，应对原结构构件在施工全过程中的受力状态进行验算、观测和控制。置换界面处的混凝土不应出现拉应力。

(2) 非置换部分的原构件混凝土强度等级，按现场检测结果不应低于该混凝土结构建造时规定的强度等级。

(3) 置换用混凝土的强度等级应比原构件混凝土提高一级，且不应低于C25。

(4) 混凝土的置换深度，板不应小于 40mm；梁、柱，采用人工浇筑时，不应小于 60mm，采用喷射法施工时，不应小于 50mm。

（三）粘贴钢板加固法

(1) 本方法适用于对钢筋混凝土受弯、大偏心受压和受拉构件的加固。不适用于素混凝土构件，包括纵向受力钢筋一侧配筋率小于 0.2% 的构件加固。被加固的混凝土结构构件，其现场实测混凝土强度等级不得低于 C15，混凝土表面的正拉粘结强度不得低于 1.5MPa。

(2) 粘钢加固的钢板，应设计成仅承受轴向应力作用。

(3) 钢板宽度不宜大于 100mm。采用手工涂胶粘贴的钢板厚度不应大于 5mm；采用压力注胶粘结的钢板厚度不应大于 10mm。

（四）粘贴纤维复合材加固法

(1) 本方法适用于钢筋混凝土受弯、轴心受压、大偏心受压及受拉构件的加固。不适用于素混凝土构件，包括纵向受力钢筋一侧配筋率小于 0.2% 的构件加固。被加固的混凝土结构构件，其现场实测混凝土强度等级不得低于 C15，且混凝土表面的正拉粘结强度不得低于 1.5MPa。

(2) 外贴纤维加固的纤维，应设计成仅承受拉应力作用。

(3) 钢筋混凝土柱因延性不足而进行抗震加固时，可采用环向粘贴纤维复合材构成的环向围束作为附加箍筋。

（五）外包型钢加固法

(1) 本方法适用于需要大幅度提高截面承载能力和抗震能力的钢筋混凝土柱和梁的加固。按其与原构件连接方式分为外粘型钢加固法和无粘结（干式）外包型钢加固法。

(2) 当工程要求不得使用结构胶粘剂时，可选用无粘结外包型钢加固。否则，可选用外粘型钢加固法，该方法属复合截面加固法。

(3) 外粘型钢加固，应优先选用角钢，角钢截面尺寸（mm），对梁和桁架，不应小于 L50×5，对柱不应小于 L75×5。

（六）预应力碳纤维复合板加固法

(1) 本方法适用于截面偏小或配筋不足的钢筋混凝土受弯、受拉和大偏心受压构件的加固。不适用于素混凝土构件，包括纵向受力钢筋一侧配筋率低于 0.2% 的构件加固。被加固的混凝土结构构件，其现场实测混凝土强度等级不得低于 C25，且混凝土表面的正拉粘结强度不得低于 2.0MPa。

(2) 粘贴预应力碳纤维复合板加固时，应将碳纤维复合板设计成仅承受拉应力作用。

(3) 加固用锚具可采用平板锚具，或带小齿齿纹锚具（尖齿齿纹和圆齿齿纹）等。平板锚具的盖板和底板的厚度应分别不小于 14mm 和 10mm；加压螺栓的直径不应小于 22mm。尖齿齿纹锚具的齿深为 0.3～0.5mm，齿间距为 0.6～1.0mm。

（七）增设支点加固法

(1) 本方法适用于梁、板、桁架等结构的加固。按支承结构受力性能的不同可分为刚性支点加固和弹性支点加固。设计支承结构或构件时，宜采用有预加力的方案，预加力的大小，应使得支点处被支顶构件表面不出现裂缝，或不需要增设附加钢筋。

(2) 新增的支柱、支撑，其上端应与被加固的构件可靠连接；其下端，当直接支承于基础上时，可按一般地基基础构造进行处理。

（八）植筋技术

(1) 适用于钢筋混凝土结构构件以结构胶种植带肋钢筋和全螺纹螺杆的后锚固设计；不适用于素混凝土构件，包括纵向受力钢筋一侧配筋率小于 0.2% 的构件的后锚固设计。素混凝土构件及低配筋率构件的植筋应按锚栓进行设计。

(2) 采用植筋或种植全螺纹螺杆技术，当新增构件为悬挑构件时，原构件混凝土强度等级不得低于 C25；其他构件不得低于 C20。

(3) 植筋用的胶粘剂应采用改性环氧类结构胶粘剂或改性乙烯基酯类结构胶粘剂。当植筋的直径大于 22mm 时，应采用 A 级胶。

(4) 按构造要求植筋时，最小锚固长度 l_{min}：①受拉钢筋：max $\{0.3l_s; 10d, 100mm\}$；②受压钢筋：max $\{0.6l_s; 10d, 100mm\}$，对悬挑构件应乘以 1.5 的修正系数。其中，l_s 为植筋的基本锚固深度（mm），d 为植筋的直径。

（九）锚栓技术

(1) 适用于普通混凝土承重结构，不适用于轻质混凝土结构及严重风化的结构。采用锚栓技术时，原结构构件的混凝土强度等级，对重要构件不应低于 C25；对一般构件不应低于 C20。

(2) 承重结构应采用有锁键效应的后扩底锚栓。直接承受动力荷载的结构构件，不应使用膨胀锚栓作为连接件。抗震设防区的承重结构应采用后扩底锚栓或特殊倒锥形胶粘型锚栓，且仅允许用于抗震设防烈度不高于 8 度、Ⅰ、Ⅱ类场地的建筑。

(3) 混凝土构件的最小厚度 h_{min} 不应小于 $1.5h_{ef}$（h_{ef} 为锚栓的有效锚固深度），且不应小于 100mm。

(4) 承重结构用的锚栓，直径不得小于 12mm；按构造要求确定的锚固深度 h_{ef} 不应小于 60mm，且不应小于混凝土保护层厚度。

习　题

4-1　(2019) 关于 28 天龄期的混凝土，正确的是：
  A　混凝土的受拉和受压弹性模量相等
  B　混凝土的剪切变形模量等于其受压弹性模量
  C　混凝土的抗拉和抗压强度相等
  D　混凝土的轴心抗压强度与立方体抗压强度相等

4-2 (2019) 某大型博物馆建筑，在一类环境中楼板的混凝土强度等级最低可采用：
A　C20　　　　　B　C25　　　　　C　C30　　　　　D　C40

4-3 (2019) 钢筋混凝土轴心受压柱，混凝土强度等级采用C30，纵筋采用HRB500级钢筋，正确的是：
A　纵筋的抗压和抗拉强度设计值不相等
B　纵筋的屈服强度值不相等于牌号
C　混凝土强度等级低于规范规定值
D　纵筋可提高混凝土的抗压强度

4-4 (2019) 关于楼梯梯段板受力钢筋的抗震性能控制指标不包括：
A　抗拉强度实测值与屈服强度实测值之比
B　屈服强度实测值与屈服强度标准值之比
C　最大拉力下总伸长率实测值
D　焊接性能和冲击韧性

4-5 (2019) 轴心受压承载力相同时，下列截面积最小的是：
A　圆形钢管混凝土　　　　　　　　B　方形钢管混凝土
C　矩形钢管混凝土　　　　　　　　D　八边形钢管混凝土

4-6 (2019) 同等级的钢筋混凝土指标最低的是：
A　轴心抗拉强度标准值　　　　　　B　轴心抗拉强度设计值
C　轴心抗压强度标准值　　　　　　D　轴心抗压强度设计值

4-7 (2019) 影响混凝土材料耐久性的因素不包括：
A　最大氯离子含量　　　　　　　　B　混凝土强度等级
C　保护层厚度　　　　　　　　　　D　环境分类

4-8 (2019) 下列无梁楼盖开洞的形式，对结构竖向承载力影响最小的是：

A　　　　　　　　　　　　　　　　B

C　　　　　　　　　　　　　　　　D

4-9 (2019) 叠合板正确的后浇叠合层最小厚度为：
A　50mm　　　　B　60mm　　　　C　70mm　　　　D　80mm

4-10 (2019) 仅可用先张法施工的是：
A　预制预应力梁
B　无粘结预应力混凝土板柱结构
C　在预制构件厂批量制造，便于运输的中小型构件
D　纤维增强复合材料预应力筋

4-11 (2019) 预应力混凝土结构的混凝土强度等级不宜低于：
A　C20　　　　　B　C30　　　　　C　C35　　　　　D　C40

4-12 (2019) 结构设计中，无屈服点钢筋单调加载的应力-应变关系曲线为：

179

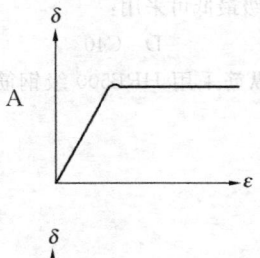
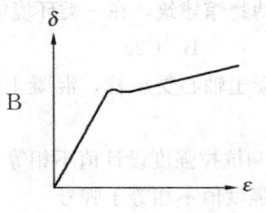
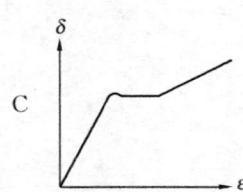
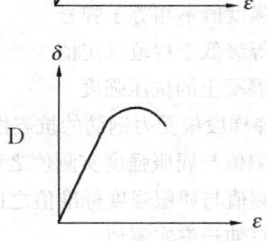

4-13 （2018）关于钢筋强度，说法正确的是：
　　A 钢筋强度标准值低于疲劳应力幅限值　　B 钢筋强度设计值低于疲劳应力幅限值
　　C 钢筋强度设计值低于钢筋强度标准值　　D 钢筋强度标准值低于钢筋强度设计值

4-14 （2018）我国评定混凝土强度等级用的是下列哪个值？
　　A 立方体抗压强度标准值　　B 棱柱体抗压强度标准值
　　C 圆柱体抗压强度标准值　　D 立方体抗压强度设计值

4-15 （2018）关于轻骨料混凝土，说法错误的是：
　　A 轻骨料混凝土强度等级不大于 LC15
　　B 轻骨料混凝土由轻粗骨料、轻细骨料、胶凝材料配置而成
　　C 轻骨料混凝土由轻粗骨料、普通砂、胶凝材料配置而成
　　D 轻骨料混凝土表观密度不大于 1950kg/m³

4-16 （2018）地下室平面尺寸 200m×300m，外墙厚 400mm，水平钢筋应选择：
　　A 普通热轧带肋钢筋，细而密　　B 高强热轧带肋钢筋，细而密
　　C 普通热轧带肋钢筋，粗而疏　　D 高强热轧带肋钢筋，粗而疏

4-17 （2018）下列关于叠合板的要求，错误的是：
　　A 叠合层厚度不小于 60mm
　　B 跨度大于 6m 的叠合板宜采用预应力混凝土板
　　C 板厚大于 180mm 的叠合板宜采用混凝土空心板
　　D 不能按双向板计算

4-18 （2018）混凝土梁设置预应力的目的，下列说法哪个错误？
　　A 增大梁的抗剪能力　　B 减小梁的截面尺寸
　　C 没有裂缝　　D 提高抗弯承载力

4-19 （2018）露天环境下，对普通钢筋混凝土梁的裂缝要求是：
　　A 不允许出现裂缝
　　B 允许出现裂缝，但是要满足宽度限制
　　C 允许出现裂缝，但是要进行验算
　　D 裂缝宽度根据计算确定

4-20 （2018）关于钢筋混凝土结构伸缩缝最大间距的说法，错误的是：
　　A 同类环境中，排架结构伸缩缝最大间距大于框架结构
　　B 同类环境中，剪力墙结构伸缩缝最大间距大于挡土墙结构
　　C 同类结构中，装配式伸缩缝最大间距大于现浇式

D 同类结构中，土环境小于露天环境

4-21 （2018）框架梁柱中，配筋不得超配的是：
A 框架梁的纵向钢筋 B 框架梁的箍筋
C 框架柱的纵向钢筋 D 框架柱的箍筋

4-22 （2018）预应力钢筋张拉端锚具的正确图例是：
A ▷‥—‥— B ▷‥——‥——
C ◁‥—‥— D ◁‥——‥——

4-23 钢筋和混凝土两种材料能有效结合在一起共同工作，下列哪种说法不正确？
A 钢筋与混凝土之间有可靠的粘结强度
B 钢筋与混凝土两种材料的温度线膨胀系数相近
C 钢筋与混凝土都有较高的抗拉强度
D 混凝土对钢筋具有良好的保护作用

4-24 对于热轧钢筋（如 HRB400），其强度标准值的取值依据是：
A 弹性极限强度 B 屈服强度
C 极限抗拉强度 D 断裂强度

4-25 在我国的《混凝土结构设计规范》中，预应力钢绞线、消除应力钢丝的强度标准值由下列哪项确定？
A 强度设计值 B 屈服强度
C 极限抗压强度 D 极限抗拉强度

4-26 热轧钢筋经过冷拉之后，其强度和变形性能的变化是：
A 抗拉强度提高，变形性能提高
B 抗拉强度提高，变形性能降低
C 抗拉强度、变形性能均不变
D 抗拉强度提高，变形性能不变

4-27 下列哪一组性能属于钢筋的力学性能？
Ⅰ.拉伸性能；Ⅱ.塑性性能；Ⅲ.冲击韧性；Ⅳ.冷弯性能；Ⅴ.焊接性能
A Ⅰ、Ⅱ、Ⅲ B Ⅱ、Ⅲ、Ⅳ
C Ⅲ、Ⅳ、Ⅴ D Ⅰ、Ⅱ、Ⅳ

4-28 用于确定混凝土强度等级的立方体试件，其抗压强度保证率为：
A 100% B 95% C 90% D 85%

参考答案及解析

4-1 解析：根据《混凝土结构设计规范》GB 50010—2010（2015年版）第4.1.5条，相同强度等级混凝土的受压和受拉弹性模量相等，选项A正确。
答案：A

4-2 解析：大型博物馆建筑属于特别重要的建筑结构，设计使用年限应为100年。根据《混凝土结构设计规范》GB 50010—2010（2015年版）第3.5.5条，一类环境中，设计使用年限为100年的钢筋混凝土结构的最低强度等级为C30。
答案：C

4-3 解析：根据《混凝土结构设计规范》GB 50010—2010（2015年版）第4.2.3条，对轴心受压构件，当采用HRB500、HRBF500钢筋时，钢筋的抗压强度设计值应取400N/mm²，而抗拉强度设计值为 435 N/mm²。

答案：A

4-4 解析：根据《建筑抗震设计规范》GB 50011—2010（2016 年版）第 3.9.2 条第 2 款 2），抗震等级为一、二、三级的框架和斜撑构件（包括梯段），其纵向受力钢筋采用普通钢筋时，钢筋的抗拉强度的实测值与屈服强度实测值的比值不应小于 1.25；钢筋的屈服强度实测值与屈服强度标准值的比值不应大于 1.3，且钢筋在最大拉力下的总伸长率实测值不应小于 9%，不包括选项 D。

答案：D

4-5 解析：圆形截面受力性能最好，在受压承载力相同的条件下，圆形钢管混凝土的截面面积最小。

答案：A

4-6 解析：同等级的混凝土，强度设计值低于强度标准值，抗拉强度低于抗压强度，因此轴心抗拉强度设计值最低。

答案：B

4-7 解析：根据《混凝土结构设计规范》GB 50010—2010（2015 年版）第 3.5.3 条表 3.5.3，影响混凝土材料耐久性的因素包括：环境等级、最大水胶比、最低强度等级、最大氯离子含量以及最大碱含量，不包括混凝土保护层厚度。

答案：C

4-8 解析：本题考核的是"板柱-剪力墙"结构，根据《高层建筑混凝土结构技术规程》JGJ 3—2010 第 8.2.4 条第 3 款，板的构造设计应符合：无梁楼板开局部洞口时，应验算承载力及刚度要求。当未作专门分析时，在板的不同部位开单个洞的大小应符合图 8.2.4（题 4-8 解图）的要求。所有洞边均应设置补强钢筋。

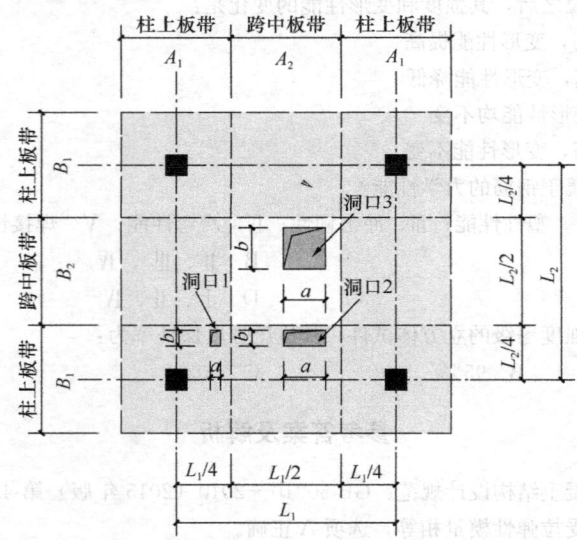

题 4-8 解图　无梁楼板开洞要求

注：a 为洞口短边尺寸，b 为洞口长边尺寸，a_c 为相应于洞口短边方向的柱宽，b_c 为相应于洞口长边方向的柱宽，t 为板厚；洞 1：$a \leqslant a_c/4$ 且 $a \leqslant t/4$，$b \leqslant b_c/4$ 且 $b \leqslant t/2$；洞 2：$a \leqslant A_2/4$ 且 $b \leqslant B_1/4$；洞 3：$a \leqslant A_2/4$ 且 $b \leqslant B_2/4$

图中柱中心线两侧各 $L_1/4$ 或 $L_2/4$ 宽的板称为柱上板带；柱距中间 $L_1/2$ 或 $L_2/2$ 宽的板称为跨中板带。图 A 洞口位于跨中板带，图 B、C、D 洞口均位于柱上板带。在实际工程中，柱上板带通常为配筋加强区，不宜开洞或只能开较小尺寸的洞。

规程要求：柱托板的长度和厚度应按计算确定，且每方向长度不宜小于板跨度的 1/6，其厚度不宜小于板厚度的 1/4。7 度时宜采用有柱托板，8 度时应采用有柱托板。板柱结构的板柱节点破坏较为严重，包括板的冲切破坏或柱端破坏。图 D 的洞口与柱托（柱帽）相交，削弱了抗冲切承载力。

答案：A

4-9 解析：根据《混凝土结构设计规范》GB 50010—2010（2015 年版）第 9.5.2 条第 2 款，混凝土叠合板的叠合层混凝土的厚度不应小于 40mm，混凝土强度等级不宜低于 C25。

另根据《装配式混凝土结构技术规程》JGJ 1—2014 第 6.6.2 条第 1 款，叠合板的预制板厚度不宜小于 60mm，后浇混凝土叠合层厚度不应小于 60mm。

《装配式混凝土建筑技术标准》GB/T 51231—2016 第 5.5.2 条第 2 款规定，当采用叠合楼盖时，楼板的后浇混凝土叠合层厚度不应小于 100mm。

答案：B

4-10 解析：先张法施工时，由于台座或钢模承受预应力筋张拉力的能力受到限制，并考虑到构件的运输条件，所以一般适用于生产中小型预应力混凝土构件，如预应力空心板、预应力屋面板、中小型预应力吊车梁等构件。

答案：C

4-11 解析：根据《混凝土结构设计规范》GB 50010—2010（2015 年版）第 4.1.2 条，预应力混凝土结构的混凝土强度等级不宜低于 C40，且不应低于 C30。

答案：D

4-12 解析：参见本章图 4-6，D 选项为无明显屈服点钢筋的应力-应变曲线；A、B、C 选项为有明显屈服点钢筋的应力-应变曲线。

答案：D

4-13 解析：同等级的钢筋，疲劳应力幅限值低于强度设计值，强度设计值低于强度标准值，因此 C 选项正确。

答案：C

4-14 解析：根据《混凝土结构设计规范》GB 50010—2010（2015 年版）第 4.1.1 条，混凝土强度等级应按立方体抗压强度标准值确定。立方体抗压强度标准值系指按标准方法制作、养护的边长为 150mm 的立方体试件，在 28d 或设计规定龄期以标准试验方法测得的具有 95% 保证率的抗压强度值。

答案：A

4-15 解析：根据《轻骨料混凝土应用技术标准》JGJ/T 12—2019 第 2.1.1 条，轻骨料混凝土是用轻粗骨料、轻砂或普通砂、胶凝材料、外加剂和水配制而成的干表观密度不大于 1950kg/m³ 的混凝土。第 3.0.1 条，轻骨料混凝土的强度等级应划分为：LC5.0～LC60 共 13 个强度等级。选项 A 错误。

答案：A

4-16 解析：(1) 地下室外墙一般在地下室底板（或基础）施工完成并达到强度后才施工，因此，墙体混凝土收缩或温度变形与基础底板不一致，受到基础底板的约束，墙体很容易产生竖向裂缝；墙体厚，散热差，更容易产生裂缝。外墙配置水平钢筋就是为了控制竖向裂缝的开展。

(2) 严格地说，配筋并不能阻止混凝土收缩或温度应力产生裂缝。配筋的目的是分散裂缝开展的位置，避免裂缝在一个位置开展致裂缝宽度过大，不满足裂缝宽度要求。当收缩或温度应力超过混凝土抗拉强度时，混凝土就会开裂，混凝土中的拉应力就转移到钢筋中，混凝土中的应力得到释放，此时混凝土会在下一个应力超过抗拉强度的位置开裂，由钢筋承担拉应力。

由此，裂缝不断得到分散，直到混凝土拉应力小于混凝土抗拉强度为止，使得混凝土内裂缝不集中在一个位置，从而将混凝土的裂缝宽度控制在允许范围内。

（3）当混凝土开裂时，拉应力传递给附近的钢筋；如果附近没有钢筋，则会继续开裂，直到裂缝发展至钢筋位置。因此，钢筋距离越大，对控制裂缝越不利。由于高强度钢筋强度设计值高，采用高强度钢筋时，计算钢筋面积小，钢筋间距加大，因此对控制裂缝不利。

（4）混凝土的应力是通过混凝土与钢筋的握裹力传递到钢筋上的，而握裹力与钢筋的表面积有关。在配筋面积相同的情况下，直径越小，表面积越大；所以，当配筋面积相同时，采用细钢筋抗裂效率更高。

答案：A

4-17 解析：根据《装配式混凝土结构技术规程》JGJ 1—2014 第 6.6.2 条第 1 款，叠合板的预制板厚度不宜小于 60mm，后浇混凝土叠合层厚度不应小于 60mm，A 选项正确。第 6.6.2 条第 4 款，跨度大于 6m 的叠合板，宜采用预应力混凝土预制板；B 选项正确。第 6.6.2 条第 5 款，板厚大于 180mm 的叠合板，宜采用混凝土空心板；C 选项正确。第 6.6.3 条，叠合板可根据预制板接缝构造、支座构造、长宽比按单向板或双向板设计；D 选项错误。

答案：D

4-18 解析：施加预应力后可以提高构件的抗裂度和刚度，因此可适当减小构件的截面尺寸，也可以适当提高构件的抗剪承载力。当构件按正截面受力裂缝控制等级为一级设计时，在使用荷载作用下，可以不出现裂缝。但施加预应力不能提高构件的抗弯承载能力，故选项 D 错误。

答案：D

4-19 解析：根据《混凝土结构设计规范》GB 50010—2010（2015 年版）表 3.5.2，露天环境属于二 a、二 b 环境类别；再依据表 3.4.5 可知，二 a、二 b 环境类别裂缝控制等级为三级；第 3.4.4 条：裂缝控制三级允许出现裂缝的构件，对钢筋混凝土构件，按荷载准永久组合并考虑长期作用影响计算时，构件的最大裂缝宽度不应超过本规范表 3.4.5 规定的最大裂缝宽度限值。故选项 B 正确。

答案：B

4-20 解析：查《混凝土结构设计规范》GB 50010—2010（2015 年版）第 8.1.1 条表 8.1.1（题 4-20 解表）可知，D 选项错误。

钢筋混凝土结构伸缩缝最大间距（m） 题 4-20 解表

结构类别		室内或土中	露天
框架结构	装配式	100	70
	装配式	75	50
	现浇式	55	35
剪力墙结构	装配式	65	40
	现浇式	45	30
挡土墙、地下室墙壁等类结构	装配式	40	30
	现浇式	30	20

答案：D

4-21 解析：梁中的纵向受力钢筋若超筋配置，破坏形式将是脆性的超筋破坏，在结构设计中是不允许的，所以 A 选项错误。

答案：A

4-22 解析：根据《建筑结构制图标准》第 3.1.1 条表 3.1.1-2，预应力张拉端锚具表示见图 A，固定端锚具表示见图 B。
答案：A

4-23 解析：钢筋和混凝土两种物理力学性能不同的材料，之所以能有效地结合在一起共同工作，其原因有以下几点：

（1）混凝土硬化后，钢筋与混凝土之间产生良好的粘结力，使两者可靠地结合在一起；在荷载作用下，可以保证钢筋与混凝土协调变形，共同受力。故 A 选项正确。

（2）钢筋与混凝土具有基本相同的温度线膨胀系数（钢筋为 $1.2×10^{-5}/℃$，混凝土为 $1.0×10^{-5}～1.5×10^{-5}/℃$）。因此当温度变化时，两者之间不会产生较大的相对变形，而导致粘结力破坏。故 B 选项正确。

（3）钢筋的抗拉强度较高，混凝土的抗拉强度很低。故 C 选项错误。

（4）钢筋与构件边缘之间的混凝土保护层具有防止钢筋锈蚀和高温软化的保护作用，可提高结构的耐久性。故 D 选项正确。
答案：C

4-24 解析：根据《混凝土结构设计规范》GB 50010—2010（2015 年版）条文说明第 4.2.2 条，普通钢筋采用屈服强度标志，即有明显流幅钢筋的强度标准值 f_{yk} 以其屈服强度为取值依据。
答案：B

4-25 解析：根据《混凝土结构设计规范》GB 50010—2010（2015 年版）条文说明第 4.2.2 条，预应力筋没有明显的屈服点，一般采用极限强度标志，极限强度标准值 f_{ptk} 相当于钢筋标准中的钢筋抗拉强度 σ_b。在钢筋标准中一般取 0.2% 残余应变所对应的应力 $\sigma_{p0.2}$ 作为其条件屈服强度标准值 f_{pyk}。

条文说明第 4.2.3 条，对传统的预应力钢丝、钢绞线取 $0.85\sigma_b$ 作为条件屈服点。
答案：D

4-26 解析：热轧钢筋经过冷拉后，强度提高但变形性能降低。
答案：B

4-27 解析：钢筋的力学性能包括强度指标（屈服强度、抗拉强度）和塑性指标（伸长率、冷弯性能）4 个指标。钢材的主要机械性能指标有 5 项，即屈服强度、抗拉强度、伸长率、冷弯性能和冲击韧性。钢筋的力学性能指标与钢材的机械性能指标中均不包括焊接性能。
答案：D

4-28 解析：立方体抗压强度标准值 $f_{cu,k}$ 是混凝土各种力学指标的基本代表值。它是指按标准方法制作、养护的边长为 150mm 的立方体试件，在 28d 或规定龄期时用标准试验方法测得的具有 95% 保证率的抗压强度值。
答案：B

第五章 钢 结 构 设 计

本章考试大纲：了解钢结构的力学性能、结构形式及应用范围；了解既有建筑结构加固改造。

本章复习重点：①钢材的力学性能及影响因素，钢材的选用原则；②轴心受压、受弯构件的特点以及影响稳定承载力的因素，局部稳定性的构造措施；③焊缝连接、高强度螺栓连接的受力特点及构造要求；④钢结构加固设计。

第一节 钢结构的特点和应用范围

《钢结构设计标准》GB 50017—2017（简称《钢结构标准》）中的钢结构为以梁、柱、支撑、楼盖组成的民用建筑，以及具有以上结构体系的厂房、工业构架、工业建筑、构筑物，不含壳体、悬索等特殊建筑。

（一）钢结构的特点

和其他材料的结构相比，钢结构具有如下特点：

1. 钢材的强度高，结构的重量轻

钢材的容重虽然比其他建筑材料大，但它的强度很高；在同样的受力情况下，所需的截面面积小，所以钢结构自重小，可以做成跨度较大的结构。

2. 钢材的塑性韧性好

钢材的塑性好，结构在荷载作用下可经受较大的变形，因此一般情况下不会产生突然断裂。钢材的韧性好，在变形过程中会吸收能量；因此对动荷载，尤其是地震作用的适应性较强。

3. 钢材的材质均匀，可靠性高

钢材内部组织均匀、各向同性。钢结构的实际工作性能与所采用的理论计算结果符合程度好，因此，结构的可靠性高。

4. 钢材具有可焊性

由于钢材具有可焊性，使钢结构的连接大为简化，适应于制造各种复杂形状的结构。

5. 钢结构制作、安装的工业化程度高

钢结构的制作主要是在专业化金属结构厂进行，因而制作简便，精度高。制成的构件运到现场安装，装配化程度高，安装速度快，工期短。

6. 钢结构的密封性好

钢材内部组织很致密，当采用焊接连接，甚至采用铆钉或螺栓连接时，都容易做到紧密不渗漏。

7. 钢结构耐热,不耐火

当钢材表面温度在150℃以内时,钢材的强度变化很小,因此钢结构适用于热车间。当温度超过150℃时,其强度明显下降。当温度达到500～600℃时,强度几乎为零。所以,发生火灾时,钢结构的耐火时间较短,会发生突然的坍塌。钢结构一般都需要采取隔热和耐火措施。

8. 钢材的耐腐蚀性差

钢材在潮湿环境中,特别是处于有腐蚀性介质环境中容易锈蚀,需要定期维护,增加了维护费用。

9. 钢材的导热性能好

钢材的导热性能好;因此,建筑外围钢结构一般要采取隔热措施,防止冷桥。

10. 装配式钢结构

钢结构构件为工厂加工、现场安装,符合装配式建筑的要求;因此,对要求装配式施工的建筑可采用钢结构。

11. 绿色建筑

钢结构材料可重复利用,现场安装,污染小,符合绿色建筑的要求。

(二) 钢结构的应用范围

1. 大跨度结构

结构跨度越大,自重在全部荷载中所占比重也就越大,减轻结构自重可以获得明显的经济效果。钢结构强度高而重量轻,特别适合于大跨结构,如大会堂、体育馆、剧场、会展建筑、航站楼、交通枢纽建筑、飞机装配车间等大跨度楼(屋)盖,以及铁路、公路桥梁等。

2. 重型工业厂房结构

在跨度、柱距较大,有大吨位吊车的重型工业厂房以及某些高温车间,可以部分采用钢结构(如钢屋架、钢吊车梁)或全部采用钢结构(如冶金厂的平炉车间,重型机器厂的铸钢车间,造船厂的船台车间等)。

3. 受动力荷载影响的结构

设有较大锻锤或产生动力作用的厂房,或对抗震性能要求高的结构,宜采用钢结构,因钢材有良好的韧性。

4. 高层建筑和高耸结构

当房屋层数多和高度大时,采用其他材料的结构,给设计和施工增加困难。因此,高层建筑的骨架宜采用钢结构。

高耸结构包括塔架和桅杆结构,如高压电线路的塔架、广播和电视发射用的塔架、桅杆等,宜采用钢结构。

5. 可拆卸的移动结构

需要搬迁的结构,如建筑工地生产和生活用房的骨架、临时性展览馆等,用钢结构最为适宜,因钢结构重量轻,而且便于拆装。

6. 容器和其他构筑物

冶金、石油、化工企业大量采用钢板制作容器,包括油罐、气罐、热风炉、高炉等。此外,经常使用的还有皮带通廊栈桥、管道支架等钢构筑物。

7. 轻型钢结构

当荷载较小时，小跨度结构的自重也就成为一个重要因素，这时采用钢结构较为合理。这类结构多用圆钢、小角钢或冷弯薄壁型钢制作。

(三) 钢结构的设计内容

为满足建筑方案的要求，从根本上保证结构安全，钢结构设计应包括以下内容：

(1) 结构方案设计，包括结构选型、构件布置；
(2) 材料选用及截面选择；
(3) 作用及作用效应分析；
(4) 结构的极限状态验算；
(5) 结构、构件及连接的构造；
(6) 制作、运输、安装、防腐和防火等要求；
(7) 满足特殊要求结构的专门性能设计。

第二节 钢结构材料

一、钢材性能

钢材的主要力学性能包括屈服强度 f_y、抗拉强度 f_u、断后伸长率、冷弯性能、冲击韧性；需要检测的主要化学成分为硫、磷，对于焊接结构尚应检查碳当量。

钢材牌号由代表屈服强度的"屈"字汉语拼音首字母 Q、规定的最小屈服强度数值、质量等级符号（A、B、C、D、E、F）几部分组成。例如 Q355B 表示钢材的最小屈服强度为 355MPa，质量等级为 B（质量等级代表钢材的冲击韧性）。我国常用的钢材为 Q235、Q355、Q390、Q420、Q460 和 Q355GJ 等，其中 Q235 钢属于碳素钢，主要成分为铁和碳，其余钢材为低合金钢，即在碳素钢的基础上冶炼时加入锰、钒等合金元素，用于提高钢材强度。

在选用结构钢材时，应遵循技术可靠、经济合理的原则，综合考虑结构的重要性、荷载特征、结构形式、应力状态、连接方法、工作环境、钢材厚度和价格等因素，选择合适的钢材牌号和材料保证项目。结构钢的主要性能指标如下：

(1) 屈服强度 f_y：又称屈服点，是衡量结构的承载能力和确定强度设计值的重要指标。钢材达到屈服点后，应变急剧增长，从而使结构变形迅速增大，以致不能继续使用。

(2) 抗拉强度 f_u：是衡量钢材抵抗拉断的性能指标，直接反映钢材内部组织的优劣。

(3) 断后伸长率：是衡量钢材塑性性能的重要指标。

(4) 冷弯性能：表征钢材的弯曲变形性能和抗分层性能，是衡量钢材质量的综合性指标。

(5) 硫、磷含量：硫、磷是钢材中的主要杂质，对钢材的力学性能和焊接接头的裂纹敏感性都有较大影响。

(6) 焊接性能：主要取决于碳当量，碳当量越高，焊接性能越差，焊接难度越大。

(7) 冲击韧性：表示材料在冲击荷载下抵抗变形和断裂的能力。

二、影响钢材机械性能的主要因素

钢结构有性质完全不同的两种破坏形式,即塑性破坏和脆性破坏。塑性破坏的主要特征是具有较大的、明显可见的塑性变形,且仅在构件中的应力达到抗拉强度后才发生。由于塑性破坏有明显的预兆,能及时发现而采取补救措施,因此,实际上结构是极少发生塑性破坏的。脆性破坏的特征是破坏前的塑性变形很小,甚至没有塑性变形,构件截面上的平均应力比较低(低于屈服点)。由于脆性破坏前无任何预兆,无法及时察觉予以补救,所以危险性极大。讨论影响钢材机械性能的因素时,应特别注意导致钢材变脆的因素。

1. 化学成分的影响

碳素钢中,铁元素含量约占99%,其他元素有碳、磷、氮、硫、氧、锰、硅等,它们的总和约占1%。低合金钢中,除上述元素外,还有合金元素,其含量小于或等于5%。尽管碳和其他元素含量很小,但对钢材的机械性能却有着极大的影响。

普通碳素结构钢中,碳是除铁以外的最主要元素。随着含碳量的增加,钢材的强度提高,塑性、冲击韧性下降,冷弯性能、可焊性和抗锈蚀性能变差。因此,虽然碳是钢材获得足够强度的主要元素,但钢结构中,特别是焊接结构,并不采用含碳量高的钢材。

磷、氮、硫和氧是有害的杂质元素。随着磷、氮含量的增加,钢材的强度提高,塑性、冲击韧性严重下降,特别是在温度较低时促使钢材变脆(称冷脆),磷还会降低钢材的可焊性。硫和氧的含量增加会降低钢材的热加工性能,并降低钢材的塑性、冲击韧性,硫还会降低钢材的可焊性和抗锈蚀性能。所以,对磷、氮、硫和氧的含量应严格加以限制(均不超过0.05%)。

锰和硅是有益的元素,能起到脱氧的作用,当含量适中时,能提高钢材的强度,而对塑性和冲击韧性无明显影响。

2. 冶炼、浇铸的影响

我国目前钢结构用钢主要是由平炉和氧气转炉冶炼而成,这两种冶炼方法炼制的钢质量大体相当。

钢材冶炼后按浇铸方法(也称脱氧方法)的不同分为沸腾钢、镇静钢、半镇静钢和特殊镇静钢。沸腾钢采用锰铁作脱氧剂,脱氧不完全,钢材质量较差,但成本低;镇静钢用锰铁加硅或铝脱氧,脱氧较彻底,材质好,但成本较高;半镇静钢脱氧程序、质量和成本介于沸腾钢和镇静钢之间;特殊镇静钢的脱氧程序比镇静钢更高,质量最好,但成本也最高。

3. 应力集中的影响

当构件截面的完整性遭到破坏,如开孔、截面改变等,构件截面的应力分布不再保持均匀,在截面缺陷处的附近产生高峰应力,而截面其他部分应力则较低,这种现象称为应力集中(图5-1)。应力集中是导致钢材发生脆性破坏的主要因素之一。试验表明,截面改变越突然、尖锐程度越大的地方,应力集中越严重,

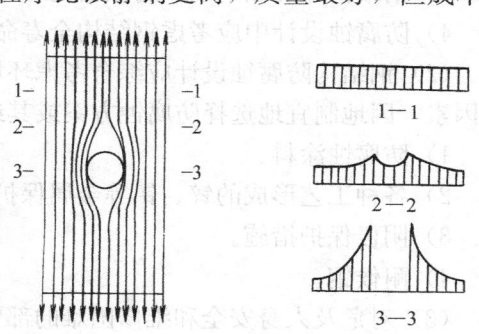

图5-1 带圆孔试件的应力集中

引起脆性破坏的危险性就越大。因此，在结构设计中应使截面的构造合理。如截面必须改变时，要平缓过渡。构件制造和施工时，应尽可能防止造成刻槽等缺陷。

4. 温度影响与隔热

1) 高温影响

钢材在正温范围内，约在100℃以上时，随着温度的升高，钢材的强度降低，塑性增大。在250℃左右，钢材的抗拉强度有所提高，而塑性、韧性均下降，这种现象称为蓝脆现象，故钢结构不宜在该温度范围内加工。当温度达到500~600℃时，强度几乎为零。

高温环境下的钢结构温度超过100℃时，应进行结构温度作用验算，并应根据不同情况采取防护措施：

① 当钢结构可能受到炽热熔化金属的侵害时，应采用砌块或耐热固体材料做成的隔热层加以保护；

② 当钢结构可能受到短时间的火焰直接作用时，应采用加耐热隔热涂层、热辐射屏蔽等隔热防护措施；

③ 当高温环境下钢结构的承载力不满足要求时，应采取增大构件截面、采用耐火钢或采用加耐热隔热涂层、热辐射屏蔽、水套隔热降温措施等隔热降温措施；

④ 当高强度螺栓连接长期受热达150℃以上时，应采用加耐热隔热涂层、热辐射屏蔽等隔热防护措施。

2) 低温影响

当温度低于常温时，随着温度的下降，钢材的强度有所提高，而塑性和冲击韧性下降，当温度下降到某一负温值时，钢材的塑性和冲击韧性急剧降低，这种现象称为钢材的低温冷脆现象（简称冷脆）。因此，处于低温条件下的结构，应选择耐低温性能比较好的钢材，如镇静钢，低合金结构钢。

5. 腐蚀影响与防腐

钢结构腐蚀是一个电化学过程，腐蚀速度与环境腐蚀条件、钢材质量、钢结构构造等有关，其所处的环境中水气含量和电解质含量越高，腐蚀速度越快。

（1）钢结构应遵循安全可靠、经济合理的原则，按下列要求进行防腐蚀设计：

1) 钢结构防腐蚀设计应根据建筑物的重要性、环境腐蚀条件、施工和维修条件等要求合理确定防腐蚀设计年限。

2) 防腐蚀设计应考虑环保节能的要求。

3) 钢结构除必须采取防腐蚀措施外，尚应尽量避免加速腐蚀的不良设计。

4) 防腐蚀设计中应考虑钢结构全寿命期内的检查、维护和大修。

（2）钢结构防腐蚀设计应综合考虑环境中介质的腐蚀性、环境条件、施工和维修条件等因素，因地制宜地选择防腐蚀方案或其组合：

1) 防腐蚀涂料。

2) 各种工艺形成的锌、铝等金属保护层。

3) 阴极保护措施。

4) 耐候钢。

（3）对危及人身安全和维修困难的部位，以及重要的承重结构和构件应加强防护。对处于严重腐蚀的使用环境且仅靠涂装难以有效保护的主要承重钢结构构件，宜采用耐候钢或外包混凝土。当某些次要构件的设计使用年限与主体结构的设计使用年限不相同时，次要构件应便于更换。

(4) 结构防腐蚀设计应符合下列规定：

1) 当采用型钢组合的杆件时，型钢间的空隙宽度宜满足防护层施工、检查和维修的要求。

2) 不同金属材料接触会加速腐蚀时，应在接触部位采用隔离措施。

3) 焊条、螺栓、垫圈、节点板等连接构件的耐腐蚀性能，不应低于主材材料；螺栓直径不应小于12mm；垫圈不应采用弹簧垫圈；螺栓、螺母和垫圈应采用镀锌等方法防护，安装后再采用与主体结构相同的防腐蚀方案。

4) 设计使用年限大于或等于25年的建筑物，对不易维修的结构应加强防护。

5) 避免出现难于检查、清理和涂漆之处，以及能积留湿气和大量灰尘的死角或凹槽；闭口截面构件应沿全长和端部焊接封闭。

6) 柱脚在地面以下的部分应采用强度等级较低的混凝土包裹（保护层厚度不应小于50mm），包裹的混凝土高出室外地面不应小于150mm，室内地面不宜小于50mm，并宜采取措施防止水分残留；当柱脚底面在地面以上时，柱脚底面高出室外地面不应小于100mm，室内地面不宜小于50mm。

6. 钢材硬化的影响

钢材的硬化包括时效硬化和冷作硬化。时效硬化是指高温时溶化于铁中的少量氮和碳，随时间的增长逐渐从固溶体中析出，形成氮化物或碳化物，对钢材的塑性变形起遏制作用，从而使钢材强度提高、塑性和冲击韧性下降。冷作硬化（也称应变硬化）是指钢材在间歇重复荷载作用下，钢材的弹性区扩大，屈服点提高，而塑性和冲击韧性下降。钢结构设计中，不考虑硬化后强度提高的有利影响，相反，对重要的结构或构件要考虑硬化后塑性和冲击韧性下降的不利影响。

7. 焊接影响

焊接连接时，由于焊缝及其附近的高温区的金属经过高温和冷却的过程，金属内部组织发生了变化，使钢材变脆变硬。同时，焊接还会产生焊接缺陷和焊接应力，也是促使钢材发生脆性破坏的因素。

大量的脆性破坏事故说明，事故的发生经常是几种因素的综合。根据具体情况正确选用钢材是从根本上防止脆性破坏的办法，同时也要在设计、制造和使用上注意消除促使钢材向脆性转变的因素。

三、钢材的种类、选择和规格

(一) 钢材的种类

《钢结构标准》推荐的承重结构用钢材有碳素结构钢（简称碳素钢）、低合金高强度结构钢（简称低合金钢）和高性能建筑结构用钢板三种。

1. 碳素钢

我国生产的专用于结构的碳素钢Q235（Q是屈服点的汉语拼音首位字母，数值表示钢材的屈服点，单位N/mm^2），其含碳量和强度、塑性、加工性能等均适中。碳素钢牌号的全部表示是Q×××后附加质量等级和脱氧方法符号，如Q235—A·F、Q235—C等。

Q235钢共分为A、B、C、D四个质量等级（A级最差，D级最好）。A、B级钢按脱氧方法分为沸腾钢（符号F）、半镇静钢（符号b）或镇静钢（符号Z），C级为镇静钢，D级为特殊镇静钢（符号TZ）；Z和TZ在牌号中省略不写。

2. 低合金钢

根据《低合金高强度结构钢》GB/T 1591—2018，钢的牌号由代表屈服强度"屈"字的汉语拼音首字母Q、规定的最小上屈服强度数值、交货状态代号、质量等级符号（B、C、D、E、F）四个部分组成。

（1）交货状态为热轧时，交货状态代号AR或WAR可省略；交货状态为正火或正火轧制状态时，交货状态代号均用N表示。

（2）Q+规定的最小上屈服强度数值+交货状态代号，简称为"钢级"。

以Q355ND为例：Q—钢的屈服强度"屈"字汉语拼音的首字母；355—规定的最小上屈服强度数值，单位为MPa；N—交货状态为正火或正火轧制；D—质量等级为D级。

低合金钢是在冶炼碳素钢时加一种或几种适量合金元素，以提高钢材强度、冲击韧性等而又不太降低其塑性。

钢结构常用的低合金钢有：Q355、Q390、Q420、Q460。

（二）钢材的选择

选择钢材的目的是要在保证结构安全可靠的基础上，经济合理地使用钢材。通常要考虑：

1. 选择钢材的依据

（1）结构或构件的重要性。

（2）荷载性质：静力荷载或动力荷载。

（3）连接方法：焊接、铆钉或螺栓连接。

（4）工作条件：温度及腐蚀介质。

2. 建筑钢结构的选材要求

（1）承重结构所用的钢材应具有屈服强度、抗拉强度、断后伸长率和硫、磷含量的合格保证，对焊接结构尚应具有碳当量的合格保证。

焊接承重结构以及重要的非焊接承重结构采用的钢材应具有冷弯试验的合格保证；对直接承受动力荷载或需验算疲劳的构件所用钢材尚应具有冲击韧性的合格保证。

（2）钢材质量等级的选用应符合下列规定：

1）A级钢仅可用于结构工作温度高于0℃的不需要验算疲劳的结构，且Q235A钢不宜用于焊接结构。

2）需验算疲劳的焊接结构用钢材应符合下列规定：

① 当工作温度$t>0℃$时，其质量等级不应低于B级；

② 当工作温度$0℃ \geq t > -20℃$时，Q235、Q355钢不应低于C级，Q390、Q420及Q460钢不应低于D级；

③ 当工作温度$t \leq -20℃$时，Q235钢和Q355钢不应低于D级，Q390钢、Q420钢、Q460钢应选用E级。

3）需验算疲劳的非焊接结构，其钢材质量等级要求可较上述焊接结构降低一级，但不应低于B级。吊车起重量不小于50t的中级工作制吊车梁，其质量等级要求应与需要验算疲劳的构件相同。

（3）工作温度 $t\leqslant-20℃$ 的受拉构件及承重构件的受拉板材应符合下列规定：

1）所用钢材厚度或直径不宜大于40mm，质量等级不宜低于C级。

2）当钢材厚度或直径不小于40mm时，其质量等级不宜低于D级。

3）重要承重结构的受拉板材宜满足现行国家标准《建筑结构用钢板》GB/T 19879的要求。

（三）型钢与钢板

钢结构所用的钢材主要有热轧钢板、热轧型钢以及冷弯薄壁型钢。

1. 热轧钢板

热轧钢板分为热轧厚板、薄板和扁钢。

热轧厚板的厚度为4.5～60mm，常用于制作各种板结构和焊接组合截面，用途极为广泛。薄板厚度为0.35～4mm，主要用于制作冷弯薄壁型钢。钢板常用"—宽度×厚度×长度"表示，短划线"—"表示钢板截面，例如—600×10×12000，单位为mm。扁钢宽度≤200mm，应用较少。

2. 热轧型钢

我国市场的热轧型钢主要包括角钢、工字钢、槽钢、H型钢、部分T型钢以及无缝钢管（图5-2）。

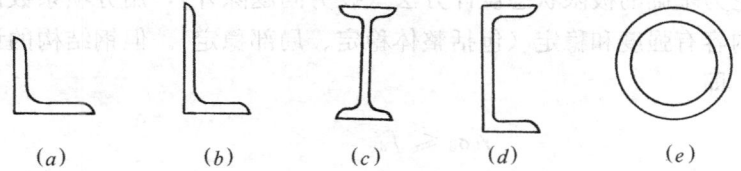

图 5-2　型钢的截面形式
(a) 等肢角钢；(b) 不等肢角钢；(c) 工字钢；(d) 槽钢；(e) 钢管

角钢：有等肢和不等肢两种。等肢角钢以肢宽和厚度表示，如L100×10为肢宽100mm，厚10mm的等肢角钢。不等肢角钢则以两肢宽度和厚度表示，如L100×80×8为长肢宽100mm、短肢宽80mm、厚度为8mm的角钢。角钢长度一般为4～19m。

槽钢：用号数表示，号数即为其高度的厘米数。号数14以上还附以字母a或b或c以区别腹板厚度，如[32a即高度为320mm、腹板为较薄的槽钢。槽钢长度一般为5～19m。

工字钢：与槽钢一样用号数表示，20号以上也附以区别腹板厚度的字母。如I40c即高度为400mm、腹板为较厚的工字钢。常用的工字钢有普通工字钢和轻型工字钢两种。工字钢长度一般为4～19m。

H型钢：H型钢与普通工字钢的区别在于翼缘内外表面平行，不像普通工字钢在翼缘的厚度方向有坡度，故便于与其他构件连接，应用极为广泛。H型钢的标注方法为"H高度×宽度×腹板厚度×翼缘厚度"，例如H350×150×10×16，单位为mm。

钢管：在网架及桁架结构中应用非常广泛，也可作为柱子使用，钢管的符号为"ϕ外径×厚度"，例如ϕ95×5；除了热轧无缝钢管之外，由钢板焊接而成的钢管也很常用。

3. 冷弯薄壁型钢

冷弯薄壁型钢由钢板经冷加工（模压或冷弯）而成；截面种类多样，如角钢、槽钢、Z 型钢、C 型钢、圆管、方管、矩形钢管、压型钢板等。这些型钢可单独使用，也可形成组合截面，在轻型钢结构建筑中应用广泛（图 5-3）。

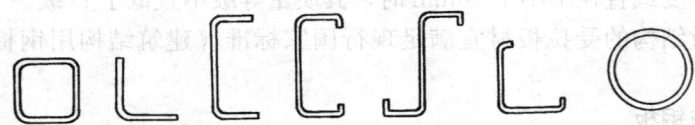

图 5-3 薄壁型钢的截面形式

第三节 钢结构的计算方法与基本构件设计

一、钢结构的计算方法

钢结构和混凝土结构、砌体结构一样，其设计也是要求结构或构件满足承载能力极限状态和正常使用极限状态的要求。

（一）承载能力极限状态

采用以概率理论为基础的极限状态设计方法（疲劳问题除外），用分项系数设计表达式进行计算，计算内容有强度和稳定（包括整体稳定、局部稳定）。但钢结构的设计表达式则采用应力形式，即

$$\gamma_0 \sigma_d \leqslant f_d \tag{5-1}$$

式中 γ_0——结构重要性系数，对安全等级为一级、二级、三级的结构构件可分别取 1.1、1.0、0.9（一般工业与民用建筑钢结构的安全等级应取为二级）；

σ_d——荷载（包括永久荷载和可变荷载）的设计值在结构构件截面或连接中产生的应力效应；

f_d——结构构件或连接的强度设计值。

《钢结构标准》给出了材料的设计用强度指标，计算时可直接查用（见《钢结构标准》第 4.4.1～4.4.3 条）。

（二）正常使用极限状态

钢结构或构件按正常使用极限状态设计时，应考虑荷载效应的标准组合，其表达式为：

$$\nu_k \leqslant [\nu] \tag{5-2}$$

式中 ν_k——荷载（包括永久荷载和可变荷载）的标准值在结构或构件中产生的变形值；

$[\nu]$——结构或构件的容许变形值。

《钢结构标准》给出了结构或构件的变形容许值，计算时可直接查用（见《钢结构标准》附录 B）。

二、基本构件设计

钢结构的基本构件有轴心受力构件、受弯构件和拉弯、压弯构件。

(一) 轴心受力构件

1. 轴心受力构件的应用和截面形式

轴心受力构件包括轴心受拉构件和轴心受压构件,也包括轴心受压柱。

在钢结构中,屋架、托架、塔架和网架等各种类型的平面或空间桁架以及支撑系统,通常由轴心受拉和轴心受压构件组成。工作平台、多层和高层房屋骨架的柱,承受梁或桁架传来的荷载;当荷载为对称布置且不考虑水平荷载时,属于轴心受压柱。柱通常由柱头、柱身和柱脚三部分组成(图5-4)。

在普通桁架、塔架、网架及其支撑系统中的杆件,常采用图5-5所示的截面形式。轴心受压柱以及受力较大的轴心受力构件采用图5-6所示的截面形式,其中图5-6 (a)为实腹式构件,图5-6 (b)为格构式构件。

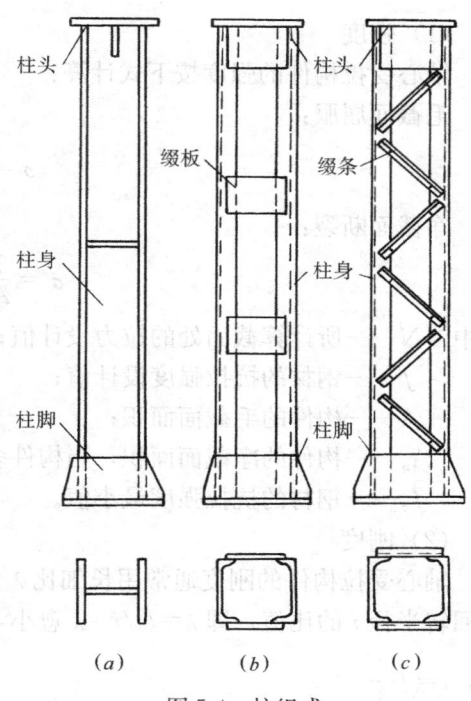

图5-4 柱组成
(a) 实腹式柱;(b) 格构式柱(缀板式);
(c) 格构式柱(缀条式)

2. 轴心受拉构件的计算

设计轴心受拉构件时,根据结构的用途、构件受力大小和材料供应情况选用合理的截面形式。轴心受拉构件的计算包括强度和刚度两方面的内容。

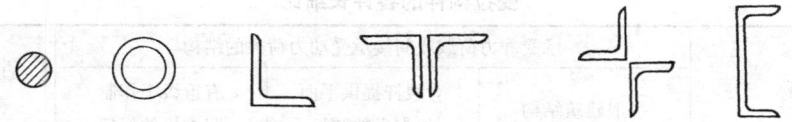

图5-5 普通桁架杆件的截面形式

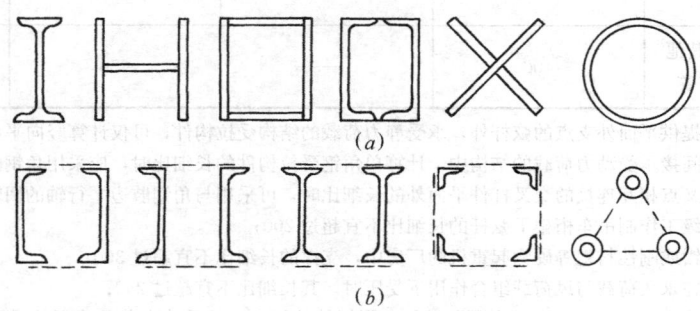

图5-6 柱和重型桁架杆件的截面形式
(a) 实腹式构件;(b) 格构式构件

(1) 强度

轴心受拉构件的强度按下式计算：

毛截面屈服：

$$\sigma = \frac{N}{A} \leqslant f \tag{5-3}$$

净截面断裂：

$$\sigma = \frac{N}{A_n} \leqslant 0.7 f_u \tag{5-4}$$

式中　N——所计算截面处的拉力设计值；

　　　f——钢材的抗拉强度设计值；

　　　A——构件的毛截面面积；

　　　A_n——构件的净截面面积，当构件多个截面有孔时，取最不利的截面；

　　　f_u——钢材的抗拉强度最小值。

(2) 刚度

轴心受拉构件的刚度通常用长细比 λ 来衡量，长细比是构件的计算长度 l_0 与构件截面回转半径 i 的比值，即 $\lambda = l_0/i$。λ 愈小，构件刚度愈大，反之则刚度愈小。在材料力学中，$i = \sqrt{\dfrac{I}{A}}$。

λ 过大会使构件在使用过程中由于自重发生挠曲，在动荷载作用下容易产生振动，在运输和安装过程中容易产生弯曲。因此，设计时应使构件最大长细比不超过规定的容许长细比，即：

$$\lambda \leqslant [\lambda] \tag{5-5}$$

式中　$[\lambda]$——构件容许长细比，按表 5-1 采用。

受拉构件的容许长细比　　　　表 5-1

构件名称	承受静力荷载或间接承受动力荷载的结构			直接承受动力荷载的结构
	一般建筑结构	对腹杆提供平面外支点的弦杆	有重级工作制起重机的厂房	
桁架的构件	350	250	250	250
吊车梁或吊车桁架以下柱间支撑	300	—	200	—
除张紧的圆钢外的其他拉杆、支撑、系杆等	400	—	350	—

注：1. 除对腹杆提供平面外支点的弦杆外，承受静力荷载的结构受拉构件，可仅计算竖向平面内的长细比；
　　2. 在直接或间接承受动力荷载的结构中，计算单角钢受拉构件的长细比时，应采用角钢的最小回转半径；但计算在交叉点相互连接的交叉杆件平面外的长细比时，可采用与角钢肢边平行轴的回转半径；
　　3. 中级、重级工作制吊车桁架下弦杆的长细比不宜超过 200；
　　4. 在设有夹钳或刚性料耙等硬钩起重机的厂房中，支撑的长细比不宜超过 300；
　　5. 受拉构件在永久荷载与风荷载组合作用下受压时，其长细比不宜超过 250；
　　6. 跨度等于或大于 60m 的桁架，其受拉弦杆和腹杆的长细比，承受静力荷载或间接承受动力荷载时不宜超过 300；直接承受动力荷载时，不宜超过 250；
　　7. 柱间支撑按拉杆设计时，竖向荷载作用下柱子的轴力应按无支撑时考虑。

3. 实腹式轴心受压构件的计算

实腹式轴心受压构件的计算包括强度、整体稳定、局部稳定和刚度四个方面的内容。

(1) 强度

轴心受压构件的强度计算公式同轴心受拉构件一样，采用公式 (5-3)，但式中 N 为轴心压力设计值，f 为钢材抗压强度设计值。

(2) 整体稳定

1) 概述

轴心受压构件的破坏形式主要分为两类。短而粗的杆件主要由强度控制，当构件某一截面上的平均应力达到控制应力，如屈服点后，即认为构件达到极限承载能力。细而长的杆件主要由整体稳定控制，在截面的平均应力远低于控制应力前，构件会由于变形突然增大而失去稳定，丧失继续承载的能力，这种破坏形式也称为屈曲。理论上任何材质的压杆都存在稳定问题，但是由于钢材强度高，杆件通常都比较细长，所以稳定问题较为突出。

实际的轴心压杆通常存在初始缺陷，例如荷载存在偏心，杆件存在初始弯曲变形，截面存在加工或者焊接引起的残余应力；通常将不考虑上述缺陷的压杆称为"理想轴心压杆"。

① 初始缺陷

初始缺陷包括初弯曲和初偏心。构件在制造、运输和安装过程中，不可避免地会产生微小的初弯曲；由于构造或施工的原因，轴向压力没有通过构件截面的形心而形成偏心。这样，在轴向压力作用下，构件侧向挠度从加载起就会不断增加，使得构件除受有轴向压力作用外，实际上还存在因构件挠曲而产生的弯矩（图 5-7），从而降低了构件的稳定承载力。

② 残余应力

残余应力是指构件受力前，构件内就已经存在自相平衡的初应力。构件的焊接、钢材的轧制、火焰切割等会产生残余应力。图 5-8 给出了焊接工字形截面构件的残余应力（焊接应力）的分布（"＋"号表示残余拉应力，"－"号表示残余压应力）。残余应力通常不会影响构件的静力强度承载力，因它本身自相平衡。但残余压应力将使其所处截面提早发展塑性，导致轴心受压构件的刚度和稳定承载力下降。

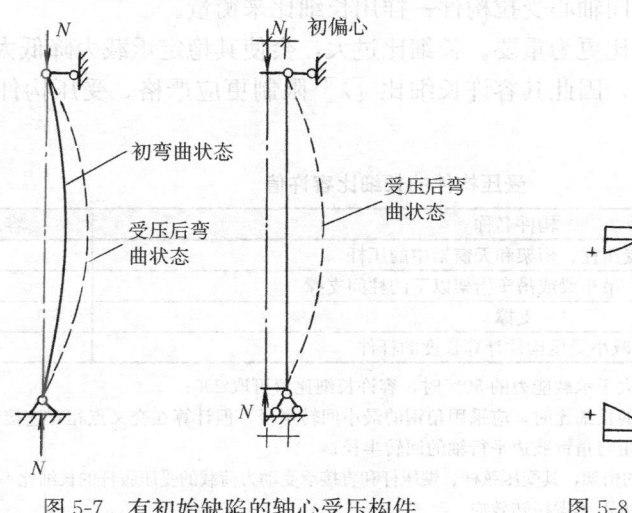
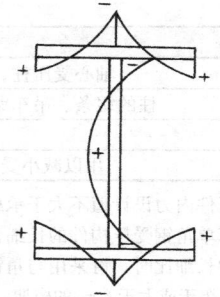

图 5-7 有初始缺陷的轴心受压构件　　　图 5-8 残余应力分布

2) 整体稳定计算

轴心受压构件整体稳定按下式计算：

$$\frac{N}{\varphi A f} \leqslant 1.0 \tag{5-6}$$

式中 A——构件毛截面面积；

φ——轴心受压构件稳定系数，其值与构件的长细比、钢材屈服强度有关。

其他符号意义同前。

计算时，根据构件长细比，按钢材的种类、截面的分类（a、b、c、d 四类）查《钢结构标准》附录 D 得到轴心受压构件的稳定系数 φ 值。

(3) 局部稳定

钢结构截面通常由若干矩形板件连接而成（圆管除外），板件之间相互支承。对于轴心受压杆件，各板件受到沿纵向分布的均布压力，也存在稳定性问题。当压力增大到一定程度后，在构件整体失稳前，个别板件可能会率先失去稳定性，偏离其正常位置而发生波形屈曲（图 5-9），导致此板件丧失承载能力或承载力降低，进而导致整个构件的承载力降低。钢结构设计时一般应避免局部失稳，但是对于四边支承杆件，可以利用其屈曲后承载力。

《钢结构标准》对实腹式组合截面的轴心受压构件的局部稳定采取限制板件宽（高）厚比的方法来保证。

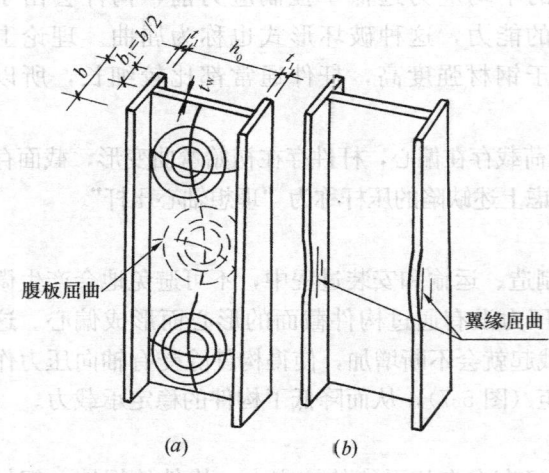

图 5-9 实腹式轴压构件局部屈曲
(a) 腹板屈曲；(b) 翼缘屈曲

由于轧制的工字钢、槽钢的翼缘板和腹板均较厚，局部稳定均能满足要求。

(4) 刚度

轴心受压构件的刚度同轴心受拉构件一样用长细比来衡量。

对于受压构件，长细比更为重要。长细比过大，会使其稳定承载力降低太多，在较小荷载下就会丧失整体稳定，因此其容许长细比 [λ] 限制更应严格。受压构件的容许长细比按表 5-2 采用。

受压构件的长细比容许值　　　　　　　　　　　　　　　　　　　　表 5-2

构件名称	容许长细比
轴心受压柱、桁架和天窗架中的压杆	150
柱的缀条、吊车梁或吊车桁架以下的柱间支撑	150
支撑	200
用以减小受压构件计算长度的杆件	200

注：1. 当杆件内力设计值不大于承载能力的 50% 时，容许长细比值可取 200；
2. 计算单角钢受压构件的长细比时，应采用角钢的最小回转半径，但计算在交叉点相互连接的交叉杆件平面外的长细比时，可采用与角钢肢边平行轴的回转半径；
3. 跨度等于或大于 60m 的桁架，其受压弦杆、端压杆和直接承受动力荷载的受压腹杆的长细比不宜大于 120；
4. 验算容许长细比时，可不考虑扭转效应。

构件计算长度 l_0 的确定,见《钢结构标准》第 7.4.1 条表 7.4.1-1、表 7.4.1-2。

(5) 轴心受压构件截面的设计原则

1) 截面面积的分布应尽可能远离主轴线,以增加截面的回转半径,从而提高构件的稳定性和刚度;具体措施是在满足局部稳定和使用等条件下,尽量加大截面轮廓尺寸而减小板厚,在工字形截面中应取腹板较薄而翼缘较厚。

2) 使两个主轴的稳定系数尽量接近,这样构件对两个主轴的稳定性接近相等,即等稳定设计。

3) 便于与其他构件连接。

4) 构造简单、制造方便。

5) 选用能得到供应的钢材规格。

单角钢截面适用于塔架、桅杆结构。双角钢便于在不同情况下组成接近等稳定的压杆截面,常用于节点连接杆件的桁架中。用单独的热轧普通工字钢作轴心受压构件,制造最省工,但它的两个主轴回转半径相差较大,当构件对两个主轴的计算长度相差不多时,其两个主轴的稳定性相差很大,用料费。用三块钢板焊成的工字形组合截面轴压柱,具有组织灵活、截面的面积分布合理,便于采用自动焊和构造简单等特点。这种截面通常高度和宽度做得相同,当构件对两个主轴的计算长度相差一倍时,能接近等稳定,故应用最广泛。箱形、十字形、钢管截面,其截面对两个主轴的回转半径相近或相等,箱形截面的抗扭刚度大,但与其他构件的连接比较困难。格构式轴压构件的优点是肢件的间距可以调整,能够使两个主轴稳定性相等,用料较实腹式经济,但制作较费工。格构式轴心受压构件的计算有强度、整体稳定、单肢稳定、刚度及连接肢件的缀材计算等内容。

(二) 受弯构件(梁)

1. 受弯构件的应用及截面形式

受弯构件是用以承受横向荷载的构件,也称之为梁,应用很广泛。例如建筑中的楼(屋)盖梁、檩条、墙架梁、工作平台梁以及吊车梁等。

梁按受力和使用要求可采用型钢梁和组合梁。前者加工简单、价格较廉,但截面尺寸受到规格的限制。后者适用于荷载和跨度较大、采用型钢梁不能满足受力要求的情况。

型钢梁通常采用热轧工字钢和槽钢 [图 5-10 (a)、(b)],荷载和跨度较小时,也可采用冷弯薄壁型钢 [图 5-10 (c)、(d)],但因截面较薄,对防腐要求较高。

组合梁由钢板用焊缝或铆钉或螺栓连接而成。其截面组成较灵活,可使材料在截面上的分布更为合理,用料省。用三块钢板焊成的工字形组合梁 [图 5-10 (e)],构造简单、制作方便,故应用最为广泛。承受动荷载的梁,如钢材质量不满足焊接结构要求时,可采用铆接或高强度螺栓连接 [图 5-10 (f)]。当梁的荷载很大而其截面高度受到限制,或抗扭要求较高时,可采用箱形截面 [图 5-10 (g)]。

梁按其弯曲变形情况不同,分为仅在一个主平面内受弯的单向弯曲梁和在两个主平面内受弯的双向弯曲梁(也称斜弯曲梁)。工程中大多数是单向弯曲梁,屋面檩条和吊车梁等是双向弯曲梁。这里只讲单向弯曲梁。

2. 梁的计算

梁的计算包括强度、整体稳定、局部稳定和刚度四个方面的内容。

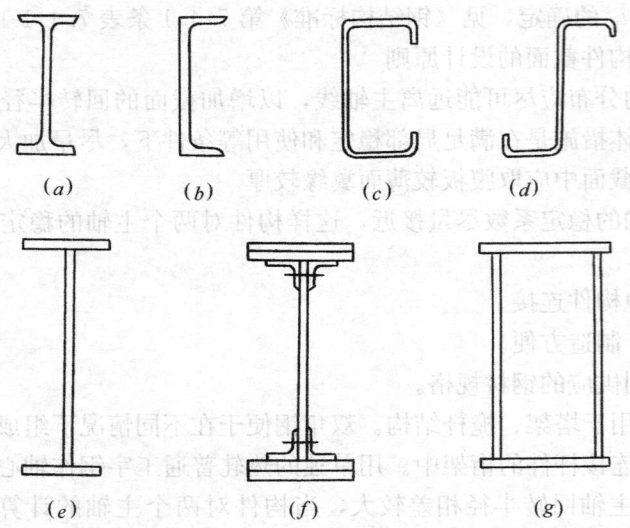

图 5-10 梁的截面形式

(1) 强度

包括抗弯强度和抗剪强度计算。

梁在横向荷载作用下，在其截面中将产生弯曲正应力和剪应力（图 5-11），梁的截面通常由抗弯强度和抗剪强度确定。

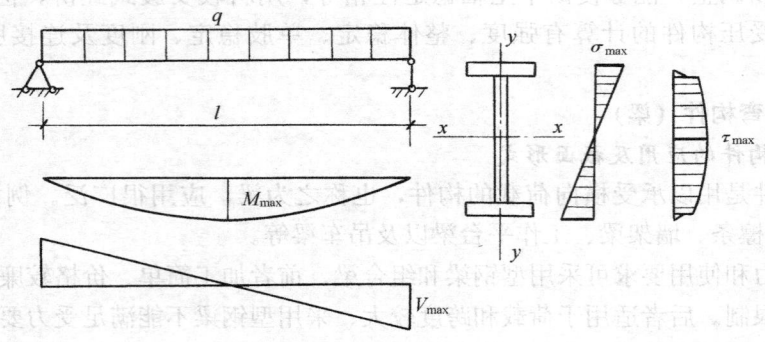

图 5-11 梁的内力与截面应力分布

1) 抗弯强度（正应力）计算

梁的抗弯强度按下式计算：

$$\frac{M_x}{\gamma_x W_{nx}} \leqslant f \tag{5-7}$$

式中 M_x——绕 x 轴的弯矩设计值；

W_{nx}——截面对 x 轴的净截面模量；

f——钢材抗弯强度设计值（抗拉、抗压相同）；

γ_x——考虑梁截面塑性变形的塑性发展系数，对工字形截面，$\gamma_x=1.05$；对箱形截面，$\gamma_x=1.05$；对其他截面，按《钢结构标准》表 8.1.1 采用。当梁受压翼缘的外伸宽度（b）与相应厚度（t）的比值为：

$13\varepsilon_k < b/t \leqslant 15\varepsilon_k$ 时，$\gamma_x=1.0$

2) 抗剪强度（剪应力）计算

梁的抗剪强度按下式计算：

$$\tau = \frac{VS}{It_w} \leqslant f_v \qquad (5-8)$$

式中　V——计算截面沿腹板平面作用的剪力设计值；

　　　S——计算剪应力处以上毛截面对中和轴的面积矩；

　　　I——毛截面惯性矩；

　　　t_w——腹板的厚度；

　　　f_v——钢材抗剪强度设计值。

（2）整体稳定

1）概述

如图 5-12 所示，梁在最大刚度平面内弯曲（绕 x 轴弯曲），当受压翼缘的弯曲应力达到某一值后，就会出现平面的弯曲和扭转，最后使梁迅速丧失承载力，这种现象称梁丧失整体稳定。梁丧失整体稳定时的荷载一般低于强度破坏时的荷载，且失稳破坏是突然发生的，危害性大。因此，除计算梁的强度外，还必须验算其稳定性。稳定计算公式为：

$$\frac{M_x}{\varphi_b W_x f} \leqslant 1.0 \qquad (5-9)$$

式中　M_x——绕 x 轴作用的最大弯矩设计值；

　　　W_x——按受压翼缘确定的梁毛截面模量；

　　　φ_b——梁的整体稳定系数，按《钢结构标准》附录 C 确定。

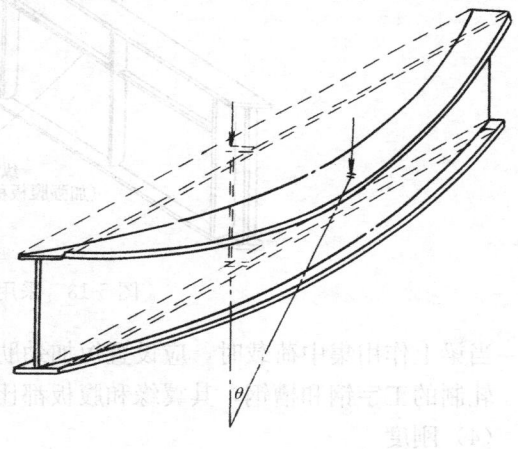

图 5-12　梁的整体失稳

2）提高梁整体稳定性的措施

梁的整体稳定性与梁端支座约束，梁的侧向支撑布置，梁截面的惯性矩（平面外的惯性矩、极惯性矩、抗扭惯性矩），沿截面高度方向的荷载作用点位置等因素有关。限制支座处截面向外转动可以有效提高梁的整体稳定性。梁的整体失稳本质上是梁发生侧向弯曲及扭转变形，通过在梁面外施加能够阻止这种变形的面外支撑，可以有效提高梁的整体稳定性。此类支撑可以是间断式的支撑体系，也可以是连续的支撑体系，例如与梁可靠连接的楼板系统（钢筋混凝土板或符合一定连接要求的金属屋面板）。

《钢结构标准》规定，当铺板密铺在梁的受压翼缘上并与其牢固相连，能阻止梁受压翼缘的侧向位移时，可不计算其整体稳定。

（3）局部稳定

从经济的观点出发，设计组合梁截面时总是力求采用高而薄的腹板以增大截面的抗弯刚度；采用宽而薄的翼缘板以提高梁的整体稳定。但当钢板过薄时，腹板或受压翼缘在尚未达到强度限值或丧失整体稳定之前，就可能发生波曲或屈曲而偏离其正常位置，这种现象称为梁的局部失稳。梁的局部失稳会恶化梁的整体工作性能，必须避免。

为保证梁受压翼缘的局部稳定，应满足：

$$\frac{b_1}{t} \leqslant 15\varepsilon_k \tag{5-10}$$

式中 b_1、t——分别为受压翼缘的外伸宽度和厚度。

为保证梁腹板的局部稳定，较为经济的办法是设置加劲肋（图 5-13）。按腹板高（h_0）厚（t_w）比的不同，当 $h_0/t_w \leqslant 80\varepsilon_k$ 时，一般梁不设加劲肋；当 $80\varepsilon_k < h_0/t_w \leqslant 170\varepsilon_k$ 时，应设置横向加劲肋；当 $h_0/t_w > 170\varepsilon_k$ 时，一般应设置横向加劲肋和在受压区设置纵向加劲肋（详见《钢结构标准》第 6.3.2 条）。

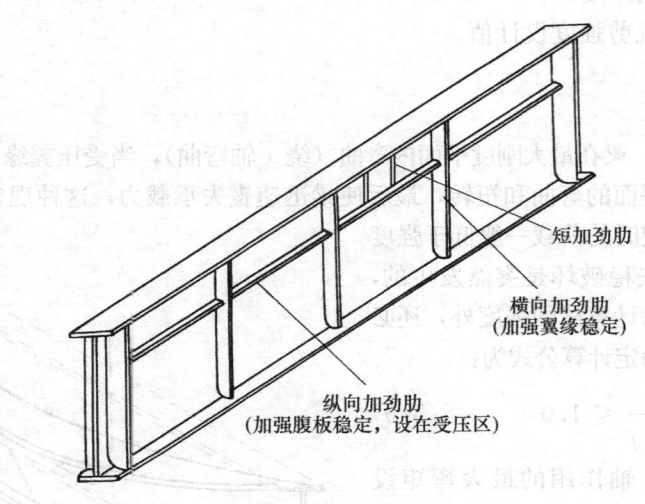

图 5-13 采用加劲肋的梁

当梁上作用集中荷载时，应设置短加劲肋。

轧制的工字钢和槽钢，其翼缘和腹板都比较厚，不会发生局部失稳，不必采取措施。

(4) 刚度

梁的刚度用变形（即挠度）来衡量，变形过大会影响正常使用，同时也给人带来不安全感。

梁的刚度应满足：

$$\nu \leqslant [\nu] \tag{5-11}$$

式中 ν——梁的最大挠度，按材料力学中计算杆件挠度的方法计算；

$[\nu]$——梁的容许挠度，按《钢结构标准》附录 B.1 采用。

（三）拉弯和压弯构件

拉弯和压弯构件的应用及截面形式

拉弯和压弯构件是指同时承受轴心拉力或轴心压力及弯矩的构件，也称为偏心受拉或偏心受压构件。拉弯和压弯构件的弯矩可以由纵向荷载不通过构件截面形心的偏心引起，也可由横向荷载引起（图 5-14）。

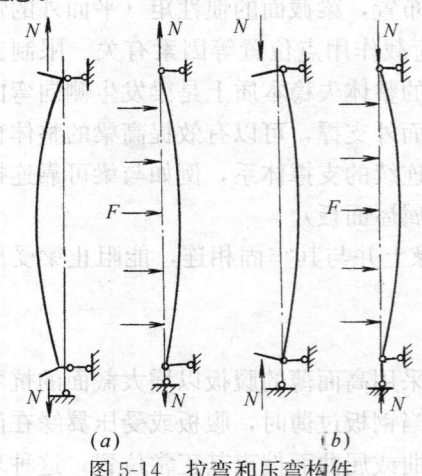

图 5-14 拉弯和压弯构件
(a) 拉弯构件；(b) 压弯构件

钢结构中常采用拉弯和压弯构件，尤其是压弯构件的应用更为广泛。例如单层厂房的柱、多层或高层房屋的框架柱、承受不对称荷载的工作平台柱、支架柱等。桁架中承受节间荷载的杆件则常是压弯或拉弯构件。

拉弯和压弯构件，当弯矩较小时，其截面形式与一般轴心受力构件截面形式相同（图 5-5、图 5-6）；当弯矩较大时，应采用在弯矩作用平面内高度较大的截面。对于压弯构件，如只有一个方向的弯矩较大时（如绕 x 轴的弯矩），可采用如图 5-15 所示的单轴对称的截面形式，并使较大翼缘位于受压较大一侧。

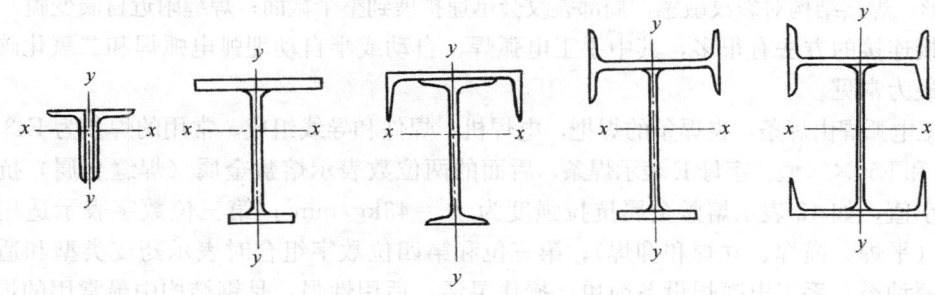

图 5-15　实腹式压弯构件截面形式

拉弯构件的计算一般只需要考虑强度和刚度两个方面。但对以承受弯矩为主的拉弯构件，当截面一侧最外纤维发生较大的压应力时，则也应考虑和计算构件的整体稳定以及受压板件的局部稳定性。

实腹式压弯构件的计算包括强度、整体稳定、局部稳定和刚度四个方面的内容。

以上钢结构构件计算的基本内容可参见表 5-3。

钢结构构件计算的基本内容　　　　　　　　表 5-3

序号	计算项目＼构件类别	强度计算	整体稳定计算	局部稳定计算	长细比计算	挠度位移等变形计算	疲劳计算
1	轴心受拉构件	·			·		
2	轴心受压构件	·	·	·	·		
3	受弯构件	·	·	·		·	
4	拉弯构件	·			·		
5	压弯构件	·	·	·	·		
6	受重级吊车荷载的吊车梁	·	·	·	·	·	·

第四节　钢结构的连接

一、钢结构的连接方法

钢结构的连接方法有焊接连接、铆钉连接和螺栓连接（图 5-16）。

（一）焊接连接

焊接是钢结构中应用最广泛的一种连接方法。它的优点是构造简单，用钢量省，加工简便，连接的密封性好，刚度大，易于采用自动化操作。缺点是焊件会产生焊接残余应力和焊接

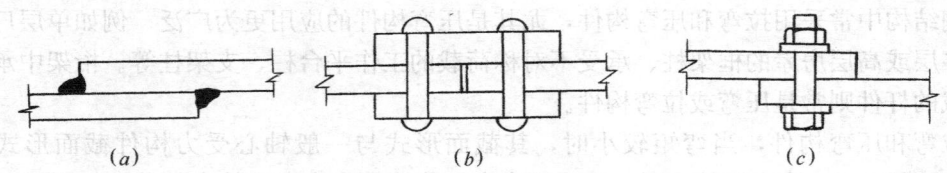

图 5-16 钢结构的连接方法
(a) 焊接连接；(b) 铆钉连接；(c) 螺栓连接

残余变形；焊接结构对裂纹敏感，局部裂纹会迅速扩展到整个截面；焊缝附近材质变脆。

焊接连接的方法有很多，其中手工电弧焊、自动或半自动埋弧电弧焊和二氧化碳气体保护焊最为常见。

手工电弧焊由焊条，夹焊条的焊把，电焊机，焊件和导线组成。常用的焊条为 E43××、E50×× 和 E55×× 型。字母 E 表示焊条，后面的两位数表示熔敷金属（焊缝金属）抗拉强度的最小值，如 43 表示熔敷金属抗拉强度为 $f_u=43\text{kg/mm}^2$；第三位数字表示适用的焊接位置（平焊、横焊、立焊和仰焊）；第三位和第四位数字组合时表示药皮类型和适用的焊接电源种类。手工电弧焊设备简单，操作灵活，适用性强，是钢结构中最常用的焊接方法。后两种焊接方法的生产效率高，焊接质量好，在金属结构制造厂中常用。

（二）铆钉连接

铆钉连接是将一端带有预制钉头的铆钉，插入被连接构件的钉孔中，利用铆钉或压铆机将另一端压成封闭钉头而成。铆钉连接因费钢费工，劳动条件差，成本高，现已很少采用。但因铆钉连接的塑性和韧性好，传力可靠，质量易于检查，所以在某些重型和经常受动力荷载作用的结构，有时仍采用铆钉连接。

（三）螺栓连接

螺栓连接可分为普通螺栓连接和高强度螺栓连接。

1. 普通螺栓连接

主要用在安装连接和可拆装的结构中。普通螺栓有两种类型：一种是粗制螺栓（称为 C 级），它的制作精度较差，孔径比栓杆直径大 1.0~1.5mm，便于制作和安装。粗制螺栓连接，适用于承受拉力，而受剪性能较差。因此，它常用于承受拉力的安装螺栓连接（同时有较大剪力时常另加承托承受），次要结构和可拆卸结构的抗剪连接，以及安装时的临时固定。另一种是精制螺栓（A 级或 B 级），它的制作精度较高，孔径比栓杆直径只大 0.2~0.5mm，连接的受力性能较粗制螺栓好，但其制作和安装都较费工，价格昂贵，故钢结构中较少采用。

2. 高强度螺栓连接

包括螺母和垫圈，均采用高强度材料制作。安装时，用特制的扳手拧紧螺母给栓杆施加很大的预拉力，从而在被连接板件的接触面上产生很大的压力（图 5-17）。当受剪力时，按设计和受力要求的不同，可分为摩擦型和承压型两种。

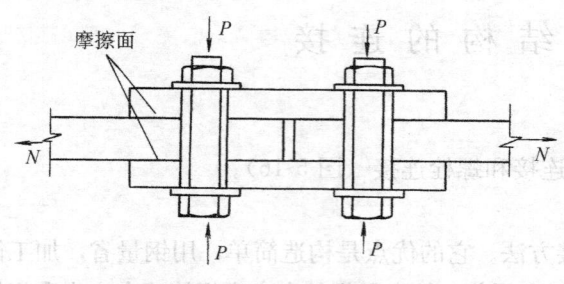

图 5-17 高强度螺栓连接

摩擦型高强度螺栓连接：这种连接仅依靠板件接触面间的摩擦力传递剪力，即保证连接在整个使用期间剪力不超过最大摩擦力。这种连接，板件间不会产生相对滑移，其工作性能可靠，耐疲劳，在我国已取代铆钉连接并得到愈来愈广泛的应用，可应用于非地震区或地震区。

承压型高强度螺栓连接：这种连接是依靠板件间的摩擦力与栓杆承压和抗剪共同承受剪力。连接的承载力较摩擦型的高，可节约螺栓。但这种连接受剪时的变形比摩擦型大，所以只适用于承受静荷载和对结构变形不敏感的连接中，不宜用于地震区。

高强度螺栓的强度等级分 8.8 级和 10.9 级两种。小数点前"8"和"10"表示螺栓经热处理后的最低抗拉强度；".8"和".9"表示螺栓经热处理后的屈服点与抗拉强度之比。如 8.8 级表示螺栓经热处理后的最低抗拉强度 $f_u \geqslant 800\text{N/mm}^2$，屈服点与抗拉强度之比为 0.8。高强度螺栓连接采用标准圆孔时，其孔径比栓杆直径大 1.5～3.0mm。

二、焊接连接的构造和计算

（一）连接形式和焊缝形式

连接形式有对接、搭接和 T 形连接三种基本形式（图 5-18）。

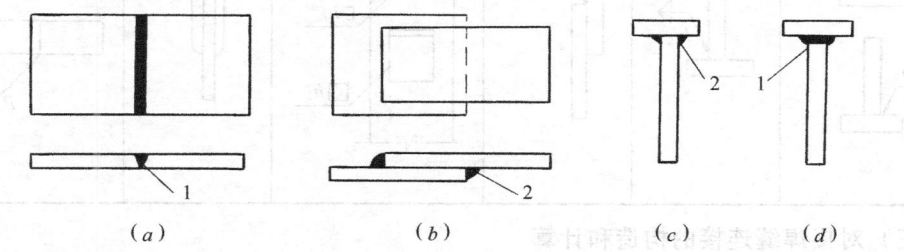

图 5-18　焊接连接的形式
(a) 对接；(b) 搭接；(c)、(d) T 形连接
1—对接焊缝；2—角焊缝

焊缝形式有对接焊缝和角焊缝两种。对接焊缝指焊缝金属填充在由被连接板件构成的坡口内，成为被连接板件截面的组成部分［图 5-18 (a)、(d)］。角焊缝指焊缝金属填充在由被连接板件构成的直角或斜角区域内［图 5-18 (b)、(c)］。板件构成为直角时称为直角角焊缝；为锐角或钝角时称为斜角角焊缝。直角角焊缝最常用。

由对接焊缝构成的对接，构件位于同一平面，截面无显著变化，传力直接，应力集中小，钢板和焊条用量省。但要求构件平直，板较厚时（≥10mm）还要对板的焊接边缘进行坡口加工，故较费工。角焊缝连接，由于板件相叠，截面突变，应力集中较大，且较费料，但施工简便，因而应用较普遍。T 形连接板件相互垂直，一般采用角焊缝，直接承受动力荷载时应采用对接焊缝。

（二）焊缝代号

钢结构图纸中用焊缝代号标注焊缝形式、尺寸和辅助要求。焊缝代号由引出线、图形符号和辅助符号三部分组成。图形符号表示焊缝剖面的基本形式。当引出线的箭头指向焊缝所在的一面时，应将图形符号和焊缝尺寸等注在水平横线的上面；当箭头指向对应焊缝所在的另一面时，则应将图形符号和焊缝尺寸标注在水平横线下面。表 5-4 给出了几个常用焊缝代号的标注方法。

焊 缝 代 号   表 5-4

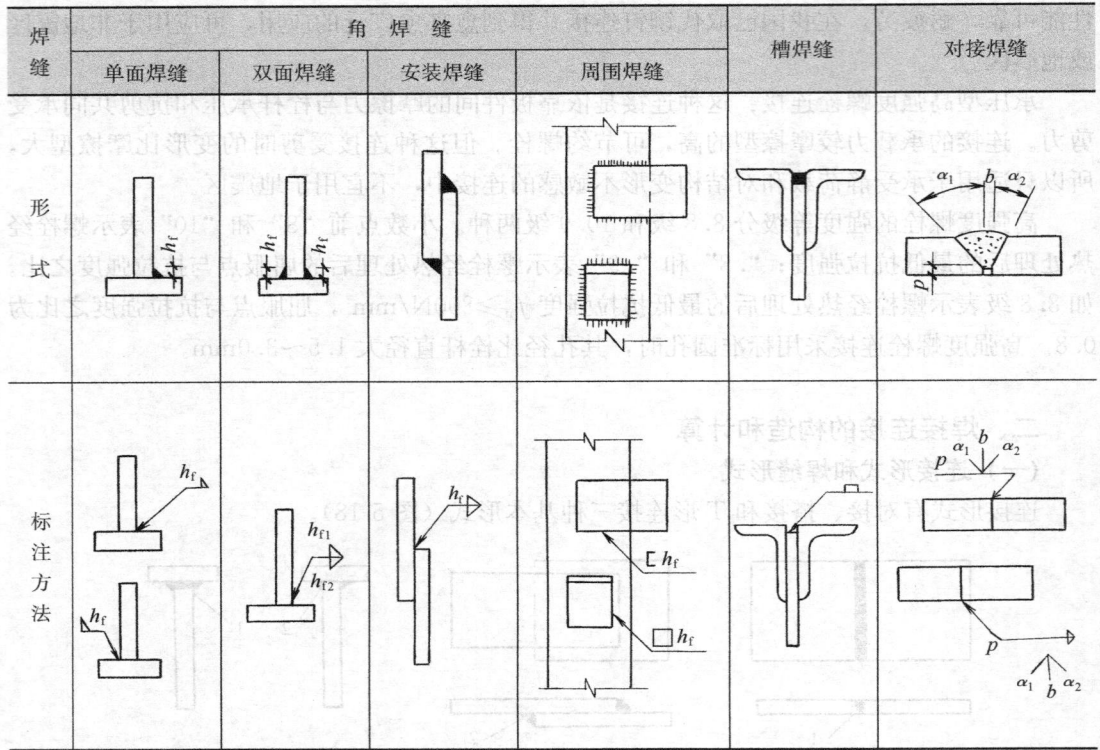

(三) 对接焊缝连接的构造和计算

1. 对接焊缝的构造

(1) 对接焊缝的坡口形式，宜根据板厚和施工条件按现行标准《钢结构焊接规范》GB 50661 的要求选用。

(2) 在对接焊缝的拼接处，当焊件的宽度不同或厚度相差 4mm 以上时，应分别在宽度方向或厚度方向从一侧或两侧做成坡度不大于 1∶2.5 的斜角（图 5-19）。

(3) 对接焊缝的起点和终点，常因不能熔透而出现凹形焊口，为避免其受力而出现裂纹及应力集中，对于重要的连接，焊接时应采用引弧板，将焊缝两端引至引弧板上，然后再将多余的部分割除（图 5-20）。

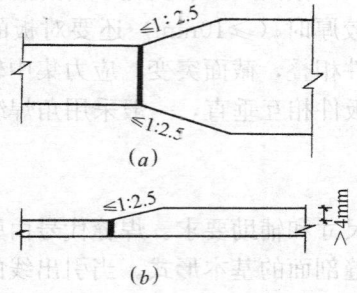
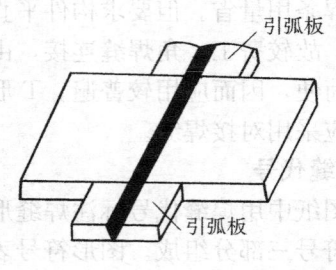

图 5-19　变宽度变厚度钢板的焊接　　　　图 5-20　对接焊缝的引弧板
　　　(a) 变宽度；(b) 变厚度

2. 对接焊缝的计算

(1) 对接焊缝的强度

《钢结构工程施工质量验收规范》对焊缝的质量检验标准分成三级：一、二级要求焊缝不但要通过外观检查，同时要通过 X 光或 γ 射线的一、二级检验标准；三级则只要求通过外观检查。能通过一、二级检验标准的焊缝，其质量为一、二级，焊缝的抗拉强度设计值与焊件的抗拉强度设计值相同；未通过一、二级检验标准或只通过外观检查的对接焊缝，其质量均属于三级，焊缝的抗拉强度设计值为焊件强度设计值的 0.85 倍。当对接焊缝承受压力或剪力时，焊缝中的缺陷对强度无明显影响。因此，对接焊缝的抗压和抗剪强度设计值均与焊件的抗压和抗剪强度设计值相同。

(2) 对接焊缝的计算

对接焊缝截面上的应力分布与焊件截面上的应力分布相同，按力学中计算杆件截面应力的方法计算焊缝截面的应力，并保证不超过焊缝的强度设计值。

对接焊缝在轴向力（拉力或压力）作用下 [图 5-21 (a)]，假设焊缝截面上的应力是均匀分布的，按下式计算：

$$\sigma = \frac{N}{l_w t} \leqslant f_t^w \text{ 或 } f_c^w \tag{5-12}$$

式中　N——轴心拉力或轴心压力设计值；

l_w——焊缝计算长度，取等于焊件宽度，当未采用引弧板时取焊件宽度减去 10mm；

t——对接接头中较薄焊件厚度（T 形接头中为腹板厚度）；

f_t^w、f_c^w——分别为对接焊缝的抗拉、抗压强度设计值。

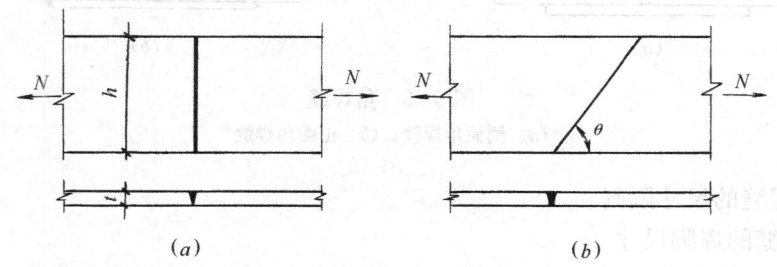

图 5-21　双接焊缝轴向受力
(a) 直焊缝；(b) 斜焊缝

当承受轴心力的焊件用斜对接焊缝时 [图 5-21 (b)]，若焊缝与作用力间的夹角符合 $\tan\theta \leqslant 1.5$ 时，其强度可不计算。

(四) 直角角焊缝的构造和计算

1. 角焊缝的构造

直角角焊缝是钢结构中最常用的角焊缝。这里主要讲述直角角焊缝的构造和计算。

(1) 角焊缝的尺寸

1) 焊脚尺寸。直角角焊缝中最常用的是普通式 [图 5-22 (a)]，其他如平坡凸形 [图 5-22 (b)]、凹面形 [图 5-22 (c)] 主要是为了改变受力状态，减少应力集中，一般多用于直接承受动力荷载的结构构件的连接中。角焊缝的焊脚尺寸是指角焊缝的直角边，以

其中较小的直角边 h_f 表示（图 5-22），与 h_f 成 45°喉部的长度为角焊缝的有效高度 h_e（亦即角焊缝的计算高度），$h_e = \cos45° \times h_f \approx 0.7 h_f$。

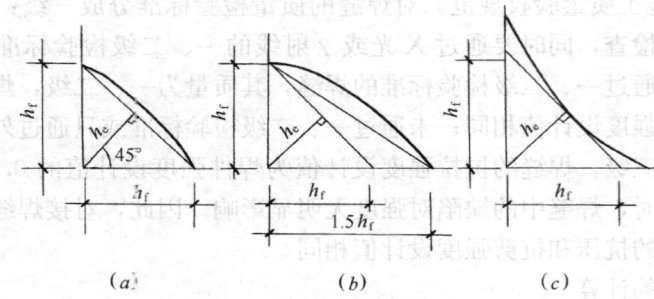

图 5-22 直角角焊缝截面的有效高度
(a) 普通形；(b) 平坡凸形；(c) 凹形

2) 角焊缝计算长度。焊缝计算长度 l_w 取其实际长度减去 $2h_f$。

角焊缝按外力作用方向分为平行于外力作用方向的侧面角焊缝和垂直于外力作用方向的正面角焊缝或称端焊缝（图 5-23）。

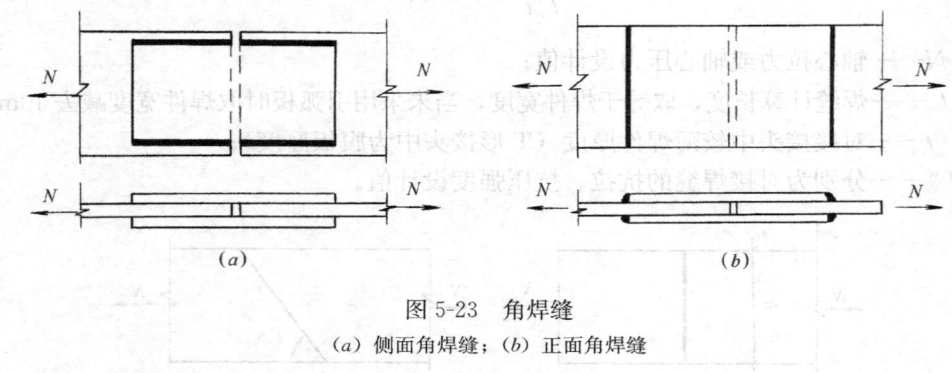

图 5-23 角焊缝
(a) 侧面角焊缝；(b) 正面角焊缝

(2) 角焊缝的尺寸限制

1) 角焊缝的焊脚尺寸

角焊缝最小焊脚尺寸宜按表 5-5 取值，承受动荷载的角焊缝最小焊脚尺寸为 5mm。

角焊缝最小焊脚尺寸（mm）　　　　　　　　　　　　表 5-5

母材厚度 t	角焊缝最小焊脚尺寸 h_f
$t \leqslant 6$	3
$6 < t \leqslant 12$	5
$12 < t \leqslant 20$	6
$t > 20$	8

注：1. 采用不预热的非低氢焊接方法进行焊接时，t 等于焊接连接部位中较厚件厚度，宜采用单道焊缝；采用预热的非低氢焊接方法或低氢焊接方法进行焊接时，t 等于焊接连接部位中较薄件厚度。
　　2. 焊缝尺寸 h_f 不要求超过焊接连接部位中较薄件厚度的情况除外。

搭接焊缝沿母材棱边的最大焊脚尺寸，当板厚不大于 6mm 时，应为母材厚度，当板厚大于 6mm 时，应为母材厚度减去 1~2mm（图 5-24）。

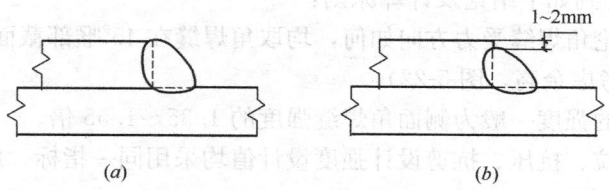

图 5-24 搭接焊缝沿母材棱边的最大焊脚尺寸
(a) 母材厚度小于等于 6mm 时；(b) 母材厚度大于 6mm 时

2）角焊缝的计算长度

角焊缝的最小计算长度应为其焊脚尺寸 h_f 的 8 倍，且不应小于 40mm；焊缝计算长度应为扣除引弧、收弧长度后的焊缝长度。

断续角焊缝焊段的最小长度不应小于最小计算长度。

角焊缝的搭接焊接连接中，当焊缝计算长度 l_w 超过 $60h_f$ 时，焊缝的承载力设计值应乘以折减系数 α_f，$\alpha_f = 1.5 - \dfrac{l_w}{120h_f}$，并不小于 0.5。

(3) 其他构造要求

1）传递轴向力的部件，其搭接连接最小搭接长度应为较薄件厚度的 5 倍，且不应小于 25mm，并应施焊纵向或横向双角焊缝。

2）只采用纵向角焊缝连接型钢杆件端部时，型钢杆件的宽度不应大于 200mm，当宽度大于 200mm 时，应加横向角焊缝或中间塞焊；型钢杆件每一侧纵向角焊缝的长度不应小于型钢杆件的宽度。

3）型钢杆件搭接连接采用围焊时，在转角处应连续施焊。杆件端部搭接角焊缝作绕焊时，绕焊长度不应小于焊脚尺寸的 2 倍，并应连续施焊（图 5-25）。

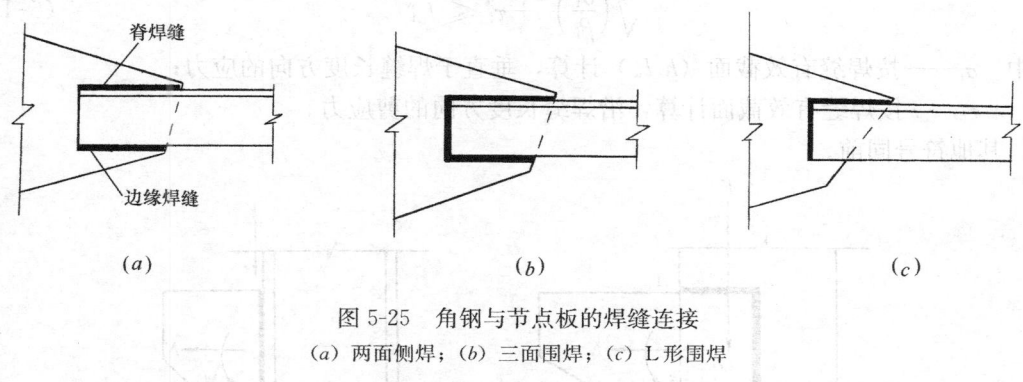

图 5-25 角钢与节点板的焊缝连接
(a) 两面侧焊；(b) 三面围焊；(c) L 形围焊

4）在次要构件或次要焊接连接中，可采用断续角焊缝。断续角焊缝焊段的长度不得小于 $10h_f$ 或 50mm，其净距不应大于 $15t$（对受压构件）或 $30t$（对受拉构件），t 为较薄焊件厚度。腐蚀环境中不宜采用断续角焊缝。

2. 角焊缝的计算

(1) 计算原则

角焊缝的受力状态十分复杂,建立角焊缝的计算公式主要靠试验分析。通过对角焊缝的大量试验分析,得到如下结论及计算原则:

1) 计算时,不论角焊缝受力方向如何,均取角焊缝在45°喉部截面为计算截面,计算截面高度为h_e。(不考虑余高,图5-22)。

2) 正面角焊缝的强度一般为侧面角焊缝强度的1.35~1.55倍。

3) 角焊缝的抗拉、抗压、抗剪设计强度设计值均采用同一指标,用f_f^w表示。

(2) 角焊缝的计算

1) 在与焊缝长度方向平行的轴心力作用下 [图5-23(a)]:

$$\tau_f = \frac{N}{h_e l_w} \leqslant f_f^w \tag{5-13}$$

式中 τ_f——按角焊缝的计算截面计算,沿焊缝长度方向的剪应力;

N——轴心力(拉力、压力、剪力);

h_e——角焊缝计算截面的高度,直角角焊缝取$0.7h_f$;

l_w——角焊缝的计算长度,对每条焊缝取其实际长度减去$2h_f$;

f_f^w——角焊接的强度设计值。

2) 在与焊缝长度方向垂直的轴心力作用下 [图5-23(b)]

$$\sigma_f = \frac{N}{h_e l_w} \leqslant \beta_f f_f^w \tag{5-14}$$

式中 σ_f——按角焊缝计算截面计算,垂直于焊缝长度方向的应力;

β_f——正面角焊缝强度提高系数,直接承受动荷载时取1.0;其他荷载情况取1.22。

3) 角焊缝在其他力或各种力综合作用下的计算:

图5-26(a)为搭接连接,图5-26(b)为T形连接,在轴心力N、剪力V和扭矩T或弯矩M的共同作用下,焊缝危险点(图中A点)应满足:

$$\sqrt{\left(\frac{\sigma_f}{\beta_f}\right)^2 + \tau_f^2} \leqslant f_f^w \tag{5-15}$$

式中 σ_f——按焊缝有效截面($h_e l_w$)计算,垂直于焊缝长度方向的应力;

τ_f——按焊缝有效截面计算,沿焊缝长度方向的剪应力。

其他符号同前。

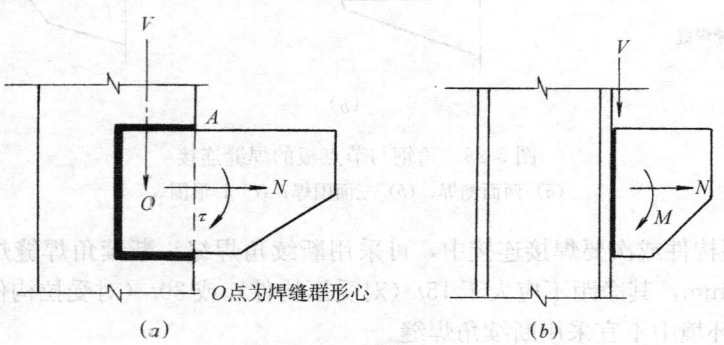

图5-26 角焊缝受到几种力的综合作用

三、螺栓连接的构造与计算

(一) 螺栓连接的构造

1. 螺栓的排列

螺栓的排列分并列和错列两种形式（图 5-27）。并列形式比较简单，整齐，应尽可能采用；错列形式可以减少钢板截面面积的削弱，在型钢的肢上布置螺栓时，常受到肢宽的限制而必须采用错列。

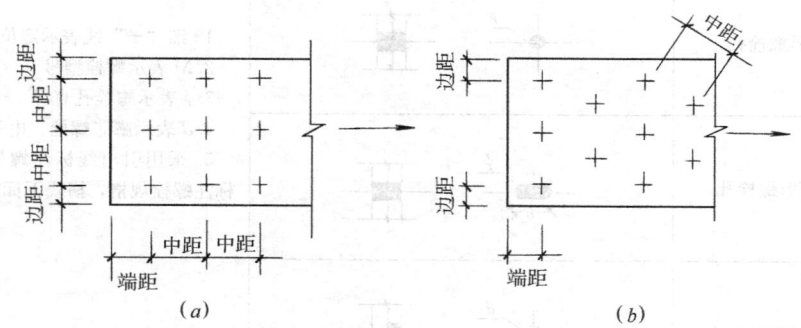

图 5-27 螺栓的排列
(a) 并列；(b) 错列

中距：$3d_0$；端距（顺力方向）：$2d_0$；边距（垂直力方向）：$1.5d_0$
d_0——螺栓（或铆钉）孔径

2. 螺栓排列的要求

（1）受力要求：按受力要求，螺栓的间距不宜过大或过小。例如，受压构件顺作用力方向的中距过小时，构件容易压屈鼓出；端距过小时，前部钢板则可能被剪坏。

（2）构造要求：螺栓间距过大时，构件接触面不严密，当湿度较大时，潮气易侵入，使钢材锈蚀，故螺栓间距不能过大。

（3）施工要求：布置螺栓时，还要考虑用扳手拧螺栓的可能性。

根据上述三个方面的要求，《钢结构标准》规定了螺栓排列的最大、最小容许距离（见《钢结构标准》表 11.5.2）。

3. 螺栓及孔的图例

螺栓、孔、电焊铆钉的图例见表 5-6。

螺栓、孔、电焊铆钉图例 表 5-6

序号	名 称	图 例	说 明
1	永久螺栓		1. 细"+"线表示定位线 2. M 表示螺栓型号 3. ϕ 表示螺栓孔直径 4. d 表示膨胀螺栓、电焊铆钉直径 5. 采用引出线标注螺栓时，横线上标注螺栓规格，横线下标注螺栓孔直径
2	高强螺栓		
3	安装螺栓		

续表

序号	名称	图例	说明
4	胀锚螺栓		
5	圆形螺栓孔		1. 细"+"线表示定位线 2. M 表示螺栓型号 3. ϕ 表示螺栓孔直径 4. d 表示膨胀螺栓、电焊铆钉直径 5. 采用引出线标注螺栓时，横线上标注螺栓规格，横线下标注螺栓孔直径
6	长圆形螺栓孔		
7	电焊铆钉		

（二）普通螺栓连接的计算

普通螺栓连接按螺栓的传力方式可分为抗剪螺栓、抗拉螺栓和同时抗剪及抗拉螺栓连接。抗剪螺栓是依靠栓杆的抗剪以及螺栓对孔壁的承压传递垂直于螺栓杆方向的剪力（图 5-28）；抗拉螺栓则是螺栓承受沿杆长方向的拉力（图 5-29）。

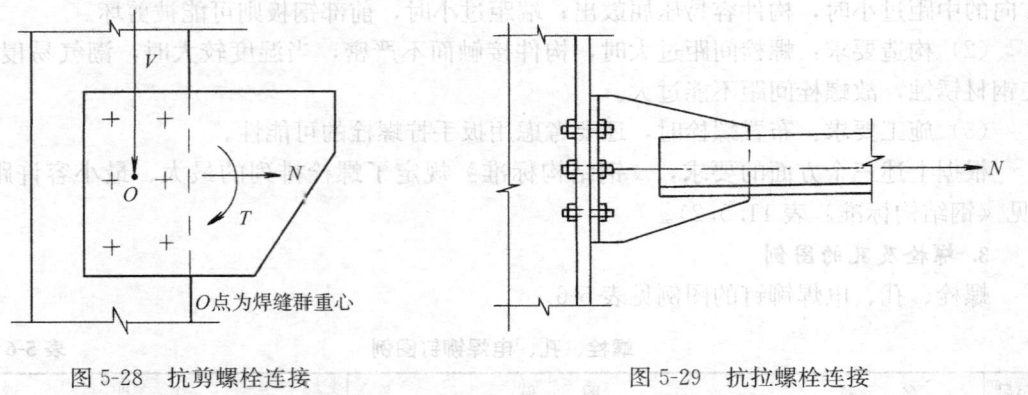

图 5-28 抗剪螺栓连接　　　　　　　　图 5-29 抗拉螺栓连接

1. 抗剪普通螺栓连接的计算

（1）连接的破坏形式

抗剪普通螺栓连接有五种可能的破坏形式：

1）当螺栓直径较小，板件较厚时，螺栓可能被剪断 [图 5-30（a）]；

2）当螺栓直径较大，板件相对较薄时，构件孔壁可能被挤压破坏 [图 5-30（b）]；

3）当螺栓孔对构件的削弱过大时，构件可能在削弱处被拉断 [图 5-30（c）]；

4）当螺栓杆过长时，螺栓杆可能发生过大的弯曲变形而使连接破坏 [图 5-30（d）]；

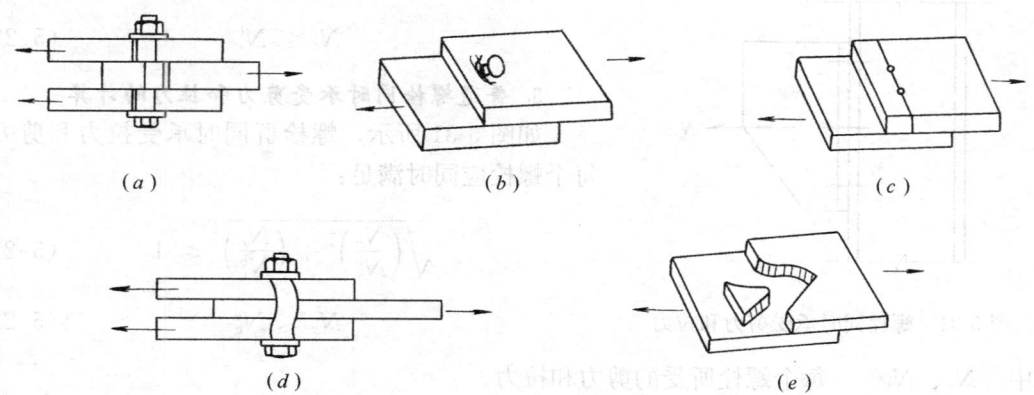

图 5-30 抗剪普通螺栓连接的破坏形式

5）当端距过小时，板端可能受冲剪而破坏［图 5-30（e）］。

上述五种情况中，后两种情况可以采取构造措施防止，如被连接构件板重叠厚度不大于 5 倍的螺栓直径，可以避免螺栓过度弯曲破坏；端距不小于 2 倍螺栓的孔径，可以避免构件端部板被剪坏。前三种情况则须通过计算来保证。

（2）抗剪普通螺栓连接的计算。

1）一个抗剪螺栓的承载力设计值

抗剪承载力设计值：
$$N_v^b = n_v \frac{\pi d^2}{4} f_v^b \tag{5-16}$$

承压承载力设计值：
$$N_c^b = d \sum t f_c^b \tag{5-17}$$

式中 n_v——螺栓的受剪面数，单面受剪时，取 $n_v=1$，双面受剪时，取 $n_v=2$；

d——螺栓杆直径，常用的直径有 16mm、20mm；

$\sum t$——在不同受力方向中，同一方向受力的承压构件的总厚度的较小值；

f_v^b、f_c^b——分别为螺栓的抗剪强度设计值和承压强度设计值，按《钢结构标准》表 4.4.6 采用。

2）抗剪螺栓连接的计算

如图 5-28 所示，抗剪螺栓连接在几种外力综合作用下，每个螺栓应满足：

$$N_v \leqslant N_v^b \text{ 及 } N_c^b \tag{5-18}$$

2. 抗拉螺栓连接的计算

如图 5-29 所示，普通螺栓承受沿螺栓杆轴线方向拉力 N 的作用，此时一个螺栓的抗拉承载力设计值为：

$$N_t^b = \frac{\pi d_e^2}{4} f_t^b \tag{5-19}$$

式中 d_e——螺栓在螺纹处的有效直径；

f_t^b——螺栓抗拉强度设计值，按《钢结构标准》表 4.4.6 采用。

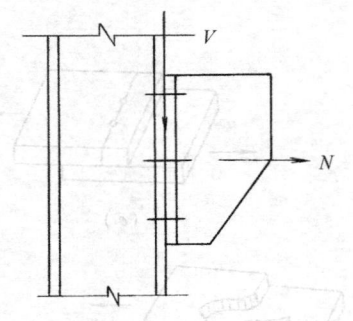

抗拉螺栓连接中，每个螺栓应满足：

$$N_t \leqslant N_t^b \quad (5-20)$$

3. 普通螺栓同时承受剪力和拉力的计算

如图 5-31 所示，螺栓群同时承受拉力和剪力，每个螺栓应同时满足：

$$\sqrt{\left(\frac{N_v}{N_v^b}\right)^2 + \left(\frac{N_t}{N_t^b}\right)^2} \leqslant 1 \quad (5-21)$$

$$N_v \leqslant N_c^b \quad (5-22)$$

图 5-31 螺栓同时承受剪力和拉力

式中　N_v、N_t——每个螺栓所受的剪力和拉力。

第五节　构件的连接构造

单个构件必须通过相互连接才能形成整体。构件间的连接，按传力和变形情况可分为铰接、刚接和介于二者之间的半刚接三种基本类型。半刚接在设计中采用较少，故这里仅讲述铰接和刚接的构造。

(一) 次梁与主梁的连接

1. 次梁与主梁铰接

次梁与主梁铰接从构造上可分为两类：一类如图 5-32（a）所示的叠接，即次梁直接放在主梁上，并用焊缝或螺栓连接。叠接需要的结构高度大，所以应用常受到限制。另一类是如图 5-32（b）、（c）所示主梁与次梁的侧向连接。这种连接可以减小梁格的结构高度，并增加梁格刚度，应用较多。图 5-32（b）为次梁借助于连接角钢与主梁连接，连接角钢与次梁采用螺栓和安装焊缝相连。图 5-32（c）的构造是将次梁用螺栓或安装焊缝连接于主梁的加劲肋上。

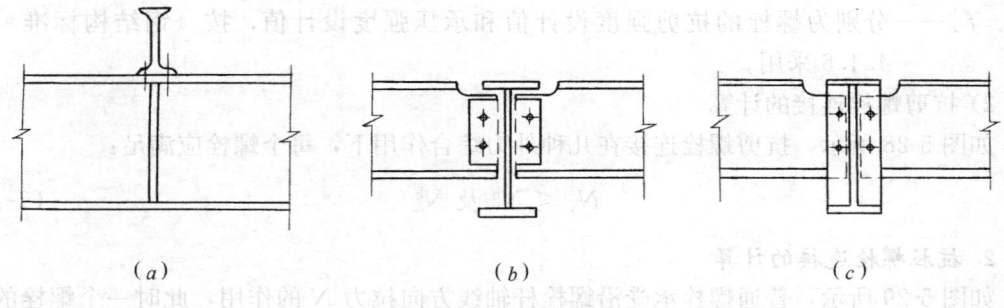

图 5-32 次梁与主梁铰接

2. 次梁与主梁刚接

次梁与主梁刚接可采用图 5-33 所示的构造，这种连接的实质是把相邻次梁连接或支承于主梁上的连续梁。为了承受次梁端部的弯矩 M，在次梁上翼缘处设置连接盖板，盖板与次梁上翼缘用焊缝连接。次梁下翼缘与支托顶板也用焊缝连接。

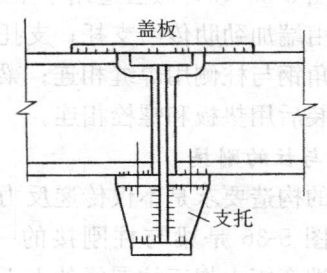 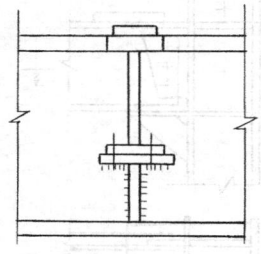

图 5-33　次梁与主梁刚接

（二）梁与柱的连接

1. 梁与柱的铰接

梁与柱的铰接有两种构造形式：一种是将梁直接放在柱顶上（图 5-34）；另一种是将梁与柱的侧面连接（图 5-35）。

图 5-34 是梁支承于柱顶的铰接构造，梁的反力通过柱的顶板传给柱；顶板一般取 16～20mm 厚，与柱焊接；梁与顶板用普通螺栓相连。图 5-34（a）中，梁支承加劲肋对准柱的翼缘，相邻梁之间留一空隙，以便安装时有调节余地。最后用夹板和构造螺栓相连。这种连接形式传力明确，构造简单，但当两相邻梁反力不等时即引起柱的偏心受压。图 5-34（b）中，梁的反力通过凸缘加劲肋作用于柱轴线附近，即使两相邻梁反力

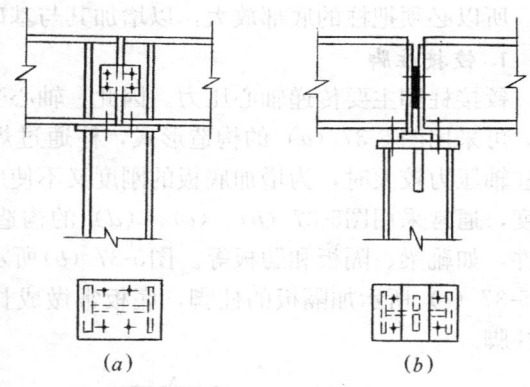

图 5-34　梁与柱铰接

不等，柱仍接近轴心受压。凸缘加劲肋底部应刨平顶紧于柱顶板；在柱顶板下应设置加劲肋；两相邻梁间应留一些空隙便于安装时调节，最后嵌入合适的垫板并用螺栓相连。

图 5-35 是梁与柱侧相连，常用于多层框架中，图 5-35（a）适用于梁反力较小的情况，梁直接放置在柱的牛腿上，用普通螺栓相连；梁与柱侧间留一空隙，用角钢和构造螺

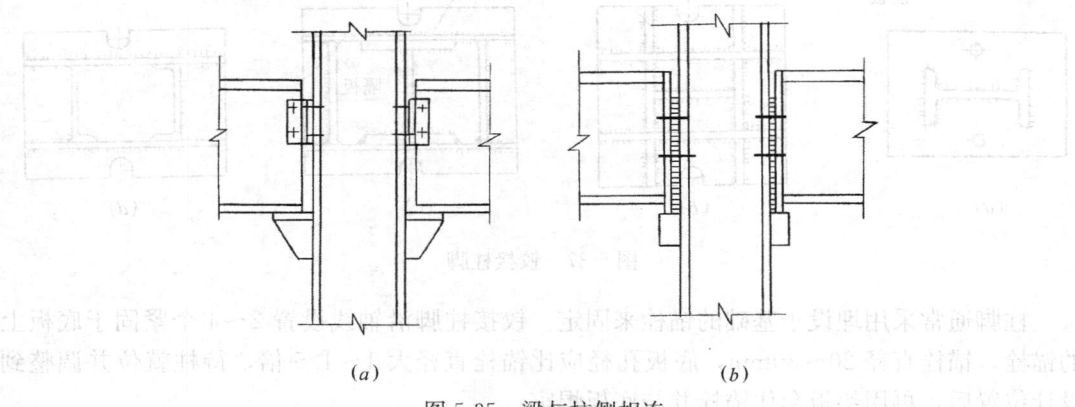

图 5-35　梁与柱侧相连

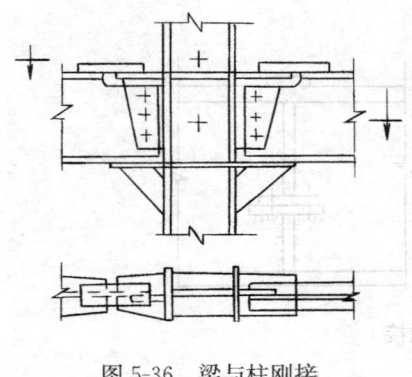

图 5-36 梁与柱刚接

栓相连。图 5-35（b）做法适用于梁反力较大情况，梁的反力由端加劲肋传给支托；支托采用厚钢板或加劲后的角钢与柱侧用焊缝相连；梁与柱侧仍留一空隙，安装后用垫板和螺栓相连。

2. 梁与柱的刚接

刚接的构造要求是不仅传递反力且能有效地传递弯矩。图 5-36 是梁与柱刚接的一种构造形式。这里，梁端弯矩由焊于柱翼缘的上下水平连接板传递，梁端剪力由连接于梁腹板的垂直肋板传递。为保证柱腹板不至于压坏或局部失稳以及柱翼缘板受拉发生局部弯曲，通常应设置水平加劲肋。

（三）柱脚

柱脚的作用是把柱下端固定并将其内力传给基础。由于混凝土的强度远低于钢材的强度，所以必须把柱的底部放大，以增加其与基础顶部的接触面积。

1. 铰接柱脚

铰接柱脚主要传递轴心压力。因此，轴心受压柱脚一般都做成铰接。当柱轴压力较小时，可采用图 5-37（a）的构造形式，柱通过焊缝将压力传给底板，由底板再传给基础。当柱轴压力较大时，为增加底板的刚度又不使底板太厚以及减小柱端与底板间连接焊缝的长度，通常采用图5-37（b）、（c）、（d）的构造形式，在柱端和底板间增设一些中间传力零件，如靴梁、隔板和肋板等。图5-37（b）所示加肋板的柱脚，此时底板宜做成正方形；图 5-37（c）所示加隔板的柱脚，底板常做成长方形。图 5-37（d）为格构式轴心受压柱的柱脚。

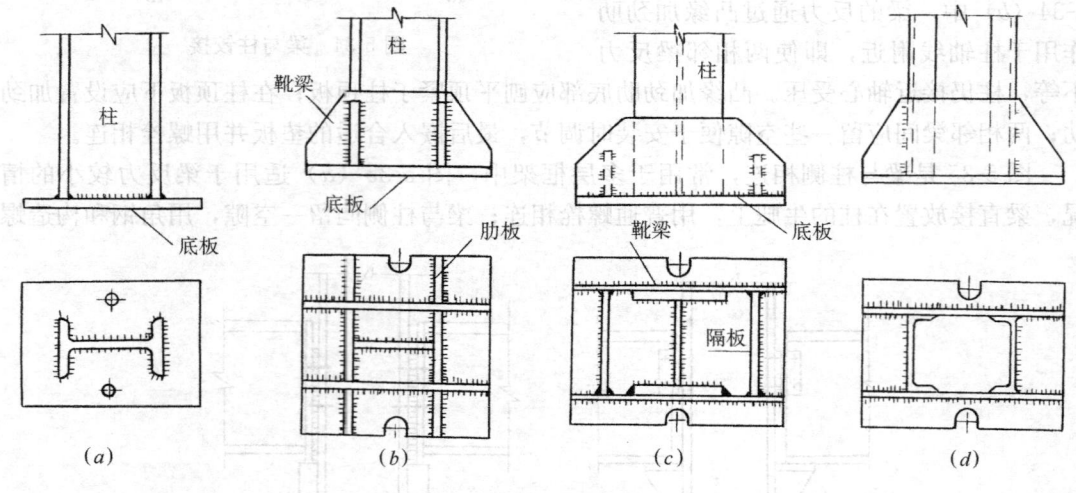

图 5-37 铰接柱脚

柱脚通常采用埋设于基础的锚栓来固定。铰接柱脚沿轴线设置 2～4 个紧固于底板上的锚栓，锚栓直径 20～30mm，底板孔径应比锚栓直径大 1～1.5 倍，待柱就位并调整到设计位置后，再用垫板套住锚栓并与底板焊牢。

2. 刚接柱脚

图 5-38 是常见的刚接柱脚，一般用于压弯柱。图 5-38（a）是整体式柱脚，用于实腹柱和肢件间距较小的格构柱。当肢件间距较大时，为节省钢材，多采用分离式柱脚[图 5-38（b）]。

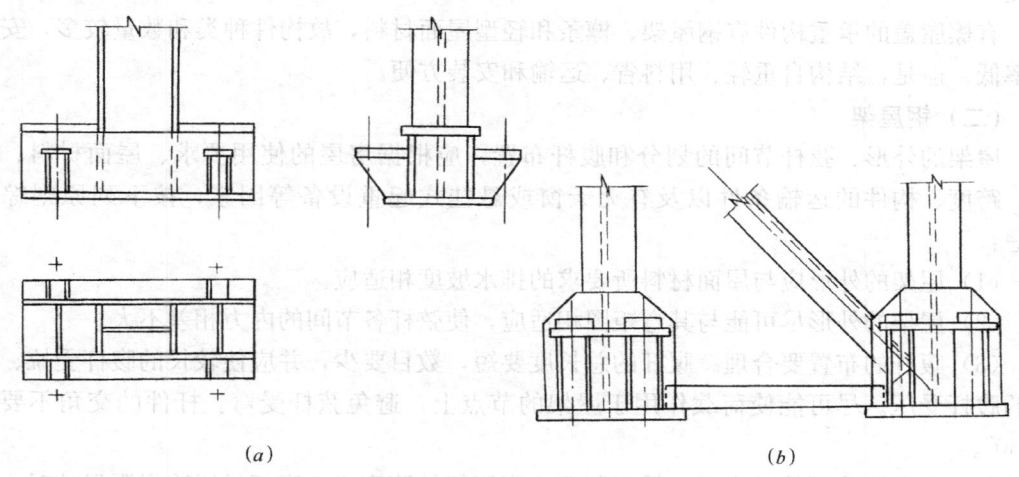

图 5-38 刚接柱脚

刚接柱脚传递轴力、剪力和弯矩。剪力主要由底板与基础顶面间摩擦传递。在弯矩作用下，若底板范围内产生拉力，则由锚栓承受，故锚栓须经过计算确定。锚栓不宜固定在底板上，而应采用图 5-38 所示的构造，在靴梁两侧焊接两块间距较小的肋板，锚栓固定在肋板上面的水平板上。为方便安装，锚栓不宜穿过底板。

第六节 钢屋盖结构

（一）钢屋盖结构的组成

钢屋盖结构是由屋面、屋架和支撑三部分组成。

根据屋面材料和屋面结构布置情况不同，可分为无檩屋盖和有檩屋盖两种（图 5-39）。无檩屋盖是由钢屋架直接支承大型屋面板；有檩屋盖是在钢屋架上放檩条，在檩条上再铺设石棉瓦、预应力混凝土槽板、钢丝网水泥槽形板、大波瓦等轻型屋面材料，由于这些轻型屋面材料的跨度较小，故需要在屋架之间设置檩条。

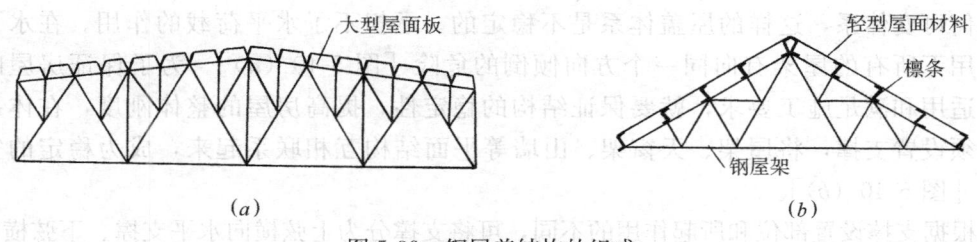

图 5-39 钢屋盖结构的组成
（a）无檩屋盖；（b）有檩屋盖

无檩屋盖的承重构件仅有钢屋架和大型屋面板，故构件种类和数量都少，安装效率高，施工进度快，便于做保温层，而且屋盖的整体性好，横向刚度大，耐久性好，在工业厂房中普遍采用。但也有不足之处，即大型屋面板自重大，用料费、运输和安装不便。

有檩屋盖的承重构件有钢屋架、檩条和轻型屋面材料，故构件种类和数量较多，安装效率低。但是，结构自重轻、用料省、运输和安装方便。

（二）钢屋架

屋架的外形、弦杆节间的划分和腹杆布置，应根据房屋的使用要求、屋面材料、荷载、跨度、构件的运输条件以及有无天窗或悬挂式起重设备等因素，按下列原则综合考虑：

(1) 屋架的外形应与屋面材料所要求的排水坡度相适应。

(2) 屋架的外形尽可能与其弯矩图相适应，使弦杆各节间的内力相差不大。

(3) 腹杆的布置要合理。腹杆的总长度要短，数目要少，并应使较长的腹杆受拉、较短的腹杆受压。尽可能使荷载作用于屋架的节点上，避免弦杆受弯。杆件的交角不要小于30°。

(4) 节点构造要简单合理、易于制造。当屋架的跨度或高度超过运输界限尺寸时，应尽可能将屋架分为若干个尺寸较小的运送单元。

(5) 对于设有天窗架或悬挂式起重运输设备的房屋，还要配合天窗架的尺寸和悬挂吊点的位置来划分和布置腹杆。

> **例 5-1** （2021）关于桁架结构说法错误的是：
> A 荷载应尽量布置在节点上，防止杆件受弯
> B 腹杆布置时，短杆受拉，长杆受压
> C 桁架整体布置宜与弯矩图相似
> D 桁架坡度宜与排水坡度相适宜
> **解析：** 轴心受力杆件既要满足承载力要求，又要满足稳定性要求。压杆通常是稳定性控制，所以杆件布置时，应尽可能使短杆受压，长杆受拉，故 B 选项错误。
> **答案：** B

（三）钢屋盖的支撑

在屋盖结构中，仅仅将简支在柱顶的屋架用大型屋面板或檩条联系起来，它仍是一种几何可变体系，这样的屋盖体系是不稳定的，承担不了水平荷载的作用。在水平荷载作用下所有的屋架有向同一个方向倾倒的危险［图 5-40（a）］。为了保证房屋的安全、适用和满足施工要求，就要保证结构的稳定性，提高房屋的整体刚度，在体系中就必须设置支撑，将屋架、天窗架、山墙等平面结构互相联系起来，成为稳定的空间体系［图 5-40（b）］。

根据支撑设置部位和所起作用的不同，可将支撑分为上弦横向水平支撑、下弦横向水平支撑、下弦纵向水平支撑、竖向支撑和系杆五种，见图 5-41～图 5-43。

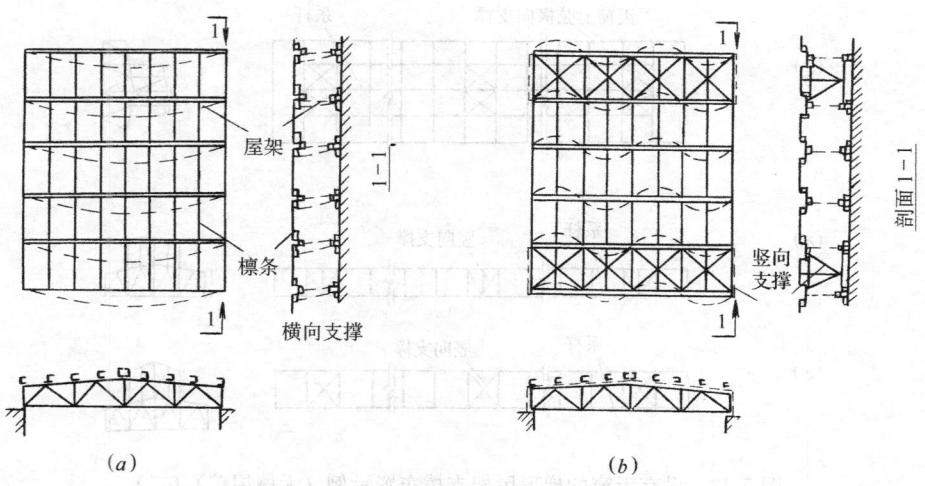

图 5-40 屋盖结构简图
(a) 屋架没有支撑时整体丧失稳定的情况；(b) 布置支撑后屋盖稳定，屋架上弦自由长度减小

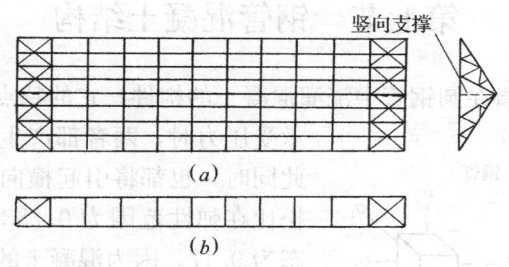

图 5-41 支撑布置示例（有檩屋盖）
(a) 上弦横向支撑；(b) 竖向支撑

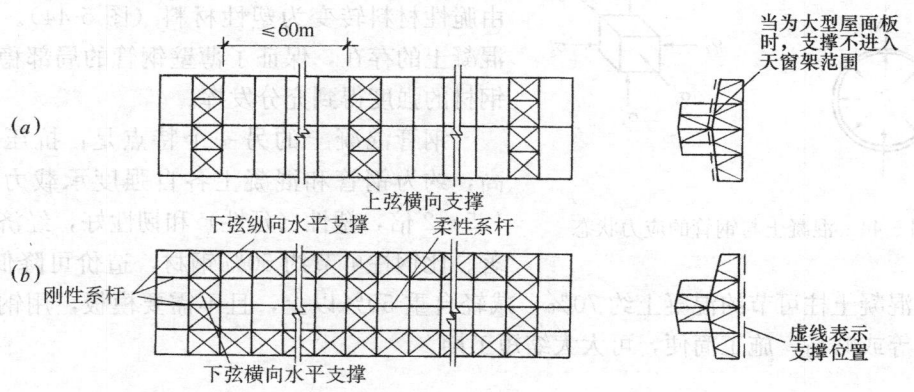

图 5-42 设有天窗的梯形屋架支撑布置示例（无檩屋盖）（一）
(a) 屋架上弦横向支撑；(b) 屋架下弦水平支撑

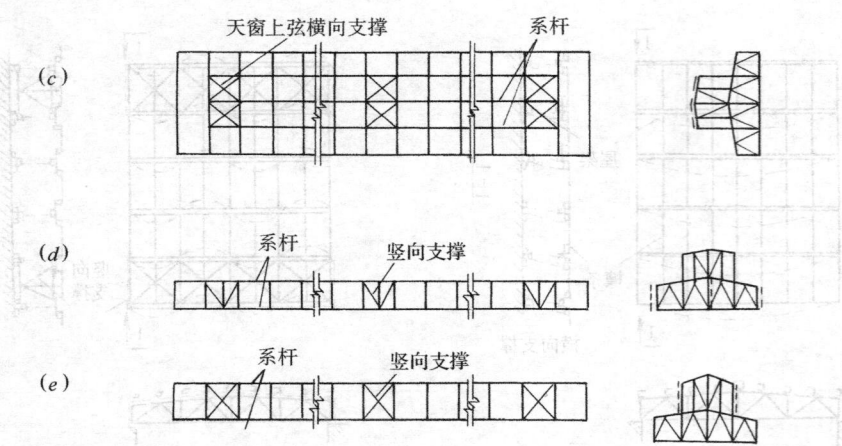

图 5-43 设有天窗的梯形屋架支撑布置示例（无檩屋盖）（二）
(c) 天窗上弦横向支撑；(d) 屋架跨中及支座处的竖向支撑；(e) 天窗架侧柱竖向支撑

第七节 钢管混凝土结构

钢管混凝土结构是指在圆钢管中浇灌混凝土的构件。它的特点是：钢管和混凝土共同承受压力时，两者都产生相同的纵向压应变。与此同时，也都将引起横向拉应变。由于钢材的泊松比在弹性范围为 0.283；而混凝土在低应力状态为 0.17。因为混凝土的环向变形大于钢管的环向变形，所以受到了钢管的约束，产生了相互作用的紧箍力 P，使混凝土处于三向受压状态，不仅提高了抗压强度，而且增加了塑性，使混凝土由脆性材料转变为塑性材料（图 5-44）。由于有混凝土的存在，保证了薄壁钢管的局部稳定，使钢材的强度得到充分发挥。

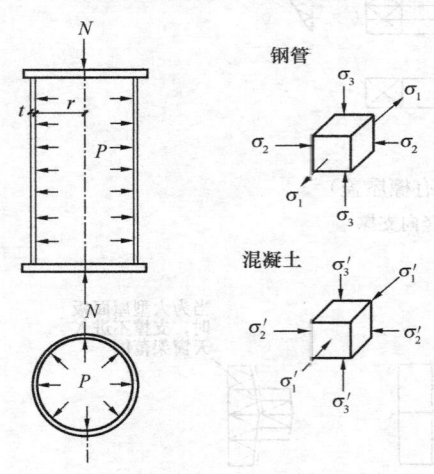

图 5-44 混凝土与钢管的应力状态

钢管混凝土的另一个特点是：抗压承载力高，约为钢管和混凝土各自强度承载力之和的 1.5～2 倍，塑性（延性）和韧性好，经济效果显著。比钢柱可节约 50% 钢材，造价可降低 45%；比钢筋混凝土柱可节约混凝土约 70%，减轻自重 50% 以上，且不需要模板，用钢量和造价约相等或略高，施工简便，可大大缩短工期。

第八节 钢结构加固设计

一、一般原则

(1) 钢结构加固前，应根据建筑物的种类，分别按《工业建筑可靠性鉴定标准》GB

50144 和《民用建筑可靠性鉴定标准》GB 50292 进行检测或鉴定。

（2）经可靠性鉴定确认需要加固时，应根据鉴定结论并结合产权人提出的要求，按《钢结构加固设计标准》GB 51367 的规定进行加固设计。加固设计应明确结构加固后的用途和使用环境，在加固设计工作年限内，未经技术鉴定或设计许可，不得改变加固后结构的用途和使用环境。

（3）加固后钢结构的安全等级，应根据结构破坏后果的严重性、结构的重要性和加固设计工作年限，由产权人和设计单位共同商定。加固材料中使用结构胶粘剂或其他聚合物成分时，加固后的工作年限宜按 30 年考虑；当产权人要求结构加固后的工作年限为 50 年时，其所使用的胶和聚合物的粘结性能，应通过耐长期应力作用能力的检验。

（4）钢结构加固，应进行承载能力极限状态和正常使用极限状态的设计、验算。抗震设防区结构构件的加固，除应满足承载力要求外，还应复核其抗震能力。结构的计算简图，应符合其实际受力和构造状况；结构构件的尺寸，对原有部分应根据鉴定报告采用原设计值或实测值，对新增部分，可采用加固设计文件给出的设计值。

（5）原结构构件材料的强度设计值，当结构可靠性鉴定认为原设计文件有效，且未发现结构构件或连接的性能有明显退化时，可采用原设计值；否则，应重新进行现场检测，采用检测结果推定的屈服强度或条件屈服点确定。按现场检测的屈服强度推定值 f_y 确定原构件的强度设计值时，其抗拉强度设计值 $f=f_y/\gamma_R$，抗力分项系数 $\gamma_R=1.2$。

二、加固材料

（1）加固用钢材的钢号应与原结构构件的钢号相同或相当，韧性、塑性及焊接性能应与原构件钢材相匹配。

（2）加固用钢筋宜选用 HRB400 或 HPB300 钢筋，混凝土的强度等级不应低于 C30。

（3）钢结构连接用 4.6 级及 4.8 级普通螺栓应为 C 级螺栓；5.6 级及 8.8 级普通螺栓应为 A 级或 B 级螺栓。

（4）圆柱头焊、栓钉应以 ML15 钢或 ML15AL 钢制作，焊钉或栓钉的屈服强度不应小于 $360N/mm^2$，抗拉强度不应小于 $400N/mm^2$。锚栓应采用优质碳素结构钢制成。

（5）采用以钢为基材的结构胶。当使用环境为常温时，采用Ⅰ类 AAA 级或 AA 级常温结构胶；高温时，采用Ⅱ类或Ⅲ类耐温结构胶；任何情况下，严禁采用以不饱和聚酯或醇酸树脂为主成分的胶粘剂。

三、加固方法

钢结构的加固方法可分为直接加固和间接加固两类。直接加固包括增大截面加固法、粘贴钢板加固法和组合加固法；间接加固包括改变结构体系加固法、预应力加固法。可根据实际条件和使用要求选择适宜的加固方法及配合使用的技术。

钢结构加固的连接方法宜采用焊缝连接、摩擦型高强度螺栓连接，也可采用焊缝与摩擦型高强度螺栓的混合连接等。

（一）增大截面加固法

（1）采用增大截面法加固钢结构构件时，加固件应有明确、合理的传力路径；加固件与被加固件应能可靠地共同工作，保证截面不变形和板件的稳定性。

(2) 对轴心受力、偏心受力构件和非简支受弯构件，加固件应与原构件支座或节点有可靠的连接和锚固。

(3) 负荷状态下进行钢结构加固时，应制定详细的加固工艺和技术条件，采用的工艺应保证加固件的截面因焊接加热、附加钻、扩孔洞等所引起的削弱不致产生显著影响。

(4) 采用螺栓或铆钉连接方法增大构件截面时，加固件与被加固板件应相互压紧，并应从加固件端部向中间逐次做孔和安装、拧紧螺栓或铆钉。

(二) 粘贴钢板加固法

(1) 本方法可用于钢结构受弯、受拉、受剪实腹式构件的加固以及受压构件的加固。

(2) 加固钢结构构件的表面宜采用喷砂处理。

(3) 工字形钢梁的腹板局部稳定，可采用在腹板两侧粘贴T形钢件的方法进行加固（图5-45），T形钢件的粘贴宽度不应小于25倍的腹板厚度。

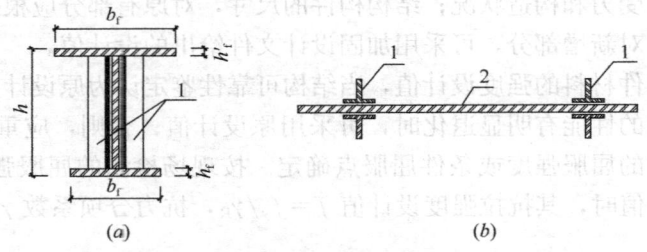

图5-45 工字形截面腹板局部稳定加固
1—T形粘钢；2—腹板

(4) 受弯构件的受拉边或受压边表面粘钢加固，钢板的宽度不应超过加固构件的宽度。

(5) 手工涂胶粘贴的单层钢板厚度不应大于5mm，压力注胶粘贴的钢板厚度不应大于10mm。

(6) 为避免胶层出现应力集中而提前破坏，宜将粘贴钢板端部削成30°（不应大于45°）斜坡角。

(三) 外包钢筋混凝土加固法

(1) 本方法适用于实腹式轴心受压、压弯和偏心受压的型钢构件加固。

(2) 外包钢筋混凝土加固型钢构件时，宜卸除或大部分卸除作用在结构上的活荷载。

(3) 外包混凝土的强度等级不应低于C30；外包混凝土的厚度不宜小于100mm。

(4) 混凝土内纵向受力钢筋的两端应有可靠的连接和锚固。

(5) 过渡层、过渡段及钢构件与混凝土之间传力较大部位需要设置抗剪连接件时，宜采用栓钉。

(四) 钢管构件内填混凝土加固法

(1) 适用于轴心受压和偏心受压的圆形截面或矩形截面钢管构件的加固。

(2) 圆形钢管的外径不宜小于200mm，钢管壁厚不宜小于4mm；方形钢管的截面边长不宜小于200mm；钢管壁厚不宜小于6mm；矩形钢管截面的高宽比不应大于2。

(3) 混凝土宜采用无收缩或自密实混凝土，混凝土强度等级不应低于C30，且不宜高于C80。

(五) 预应力加固法

(1) 适用于钢结构体系或构件的加固。预应力钢材可采用中、高强度的钢丝、钢绞线、钢拉杆、钢棒、钢带或型钢,也可采用碳纤维棒或碳纤维带。

(2) 采用预应力对钢结构进行整体加固时,可通过张拉加固索、调整支座位置及临时支撑卸载等方法施加预应力。

(3) 对正截面受弯承载力不足的梁、板构件,可采用预应力水平拉杆进行加固,也可采用下撑式预应力拉杆进行加固。

(4) 对受压承载力不足的轴心受压柱、小偏心受压柱以及弯矩变号的大偏心受压柱,可采用双侧预应力撑杆进行加固。若偏心受压柱的弯矩不变号,可采用单侧预应力撑杆加固。

(5) 桁架中承载力不足的轴心受拉构件和偏心受拉构件,可采用预应力杆件进行加固。

(6) 采用预应力加固的钢结构构件,除应进行承载能力验算及正常使用极限状态验算外,还应对施工阶段进行验算。

(六) 改变结构体系加固法

(1) 可根据实际情况和条件,采用改变荷载分布方式、传力途径、节点性质、边界条件、增设附加杆件、施加预应力或考虑空间受力等措施对结构进行加固。

(2) 采用调整内力的方法加固结构时,应在加固设计图中规定调整应力或位移的限值及允许偏差,并应规定其监测部位及检验方法。

(3) 采用增设支点的方法改变结构体系时,应根据被加固结构的构造特点和工作条件,选用刚性支点加固法或弹性支点加固法。

(4) 改变结构体系所采用的支柱、支撑、撑杆等,其上端应与被加固结构构件可靠连接,不应过多削弱原构件的承载能力;当下端直接支承于基础时,可按一般地基基础构造进行处理;当以梁、柱为支承时,宜选用型钢套箍的构造方式。

习 题

5-1 (2019) 某报告厅屋面承重结构采用铝合金桁架,其材料牌号为 6061,错误的是:
  A 铝合金材料的强度设计值低于 Q235 钢材
  B 铝合金材料的线膨胀系数低于 Q235 钢材
  C 铝合金材料的弹性模量低于 Q235 钢材
  D 铝合金材料的耐高温性能低于 Q235 钢材

5-2 (2019) 影响钢结构钢材设计强度指标的,不包括:
  A 受力分类 B 板厚 C 钢材牌号 D 质量等级

5-3 (2019) 某海岛上的钢结构观光塔,从耐久性和竣工后的维护方面考虑,在下列钢材中宜优先采用:
  A 碳素结构钢 B 低合金高强度结构钢
  C 铸铁 D 耐候钢

5-4 (2019) 组合工字形截面的钢梁验算腹板高厚比的目的是:
  A 控制刚度 B 控制强度
  C 控制整体稳定 D 控制局部稳定

5-5 (2019) 型钢混凝土梁在型钢上设置栓钉受的力是：
　　A 拉力　　　　B 压力　　　　C 弯力　　　　D 剪力

5-6 (2019) 重载钢结构楼盖，采用 H 型钢，能有效增强钢结构整体稳定性的是：
　　A 受压翼缘增加刚性铺板并牢固连接
　　B 采用腹板开孔梁
　　C 增加支承加劲肋
　　D 配置横向加劲肋和纵向加劲肋

5-7 (2019) 现场焊接的单面角焊缝是：

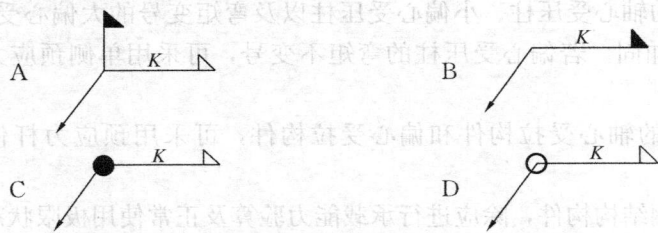

5-8 (2019) 题图所示钢结构属于什么连接？

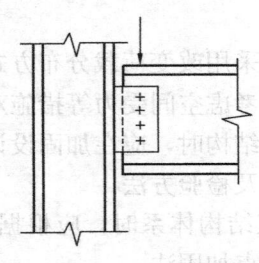

题 5-8 图

　　A 刚接　　　　B 铰接　　　　C 半刚接　　　　D 半铰接

5-9 (2018) 办公楼楼盖采用 H 型钢做次梁，并采用螺栓安装，不需要保证以下哪个数据？
　　A 伸长率　　　B 碳当量　　　C 硫、磷含量　　D 抗弯强度

5-10 (2018) 工字钢梁挠度为 1/380，规范要求 1/400，可采用以下哪个办法？
　　A 增加长度　　B 增加钢材强度　C 预起拱　　　D 加大钢梁截面

5-11 (2018) 钢结构受力构件中，不得采用的材料是：
　　A 厚度小于 3mm 的钢管　　　　B 壁厚 10mm 的无缝钢管
　　C 厚度 100mm 的铸钢件　　　　D 厚 30mm 的 Q345GJ 钢板

5-12 (2018) 双面焊缝的表达正确的是：

A 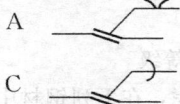　　　　B
C 　　　　D

5-13 关于钢结构材料的特性，下列何项论述是错误的？
　　A 具有高强度　　　　　　　B 具有良好的耐腐蚀性
　　C 具有良好的塑性　　　　　D 耐火性差

5-14 以下关于常用建筑钢材的叙述中，何者是错误的？
　　A 建筑常用钢材一般分为普通碳素钢和普通低合金钢两大类
　　B 普通低合金钢随钢号增大，强度提高、伸长率降低

C 普通低合金钢随钢号增大，强度提高、伸长率增加

D 普通碳素钢按炼钢炉种分为平炉钢、氧气转炉钢、空气转炉钢3种，按脱氧程度分为沸腾钢、镇静钢、半镇静钢3种

5-15 下列关于钢材性能的叙述，哪一项是正确的？

A 抗拉强度与屈服强度比值越小，越不容易产生脆性断裂

B 建筑钢材的焊接性能主要取决于碳当量

C 非焊接承重结构的钢材不需要硫、磷含量的合格保证

D 钢材冲击韧性不受工作温度变化影响

参考答案及解析

5-1 解析：6061铝合金的线膨胀系数为$1.881\times10^{-5}\sim2.360\times10^{-5}/℃$，钢材的线膨胀系数为$1.2\times10^{-5}/℃$；故B选项错误，其他选项均正确。

答案：B

5-2 解析：根据《钢结构标准》第4.4.1条，钢材的设计用强度指标，应根据钢材牌号、厚度或直径按表4.4.1采用。由此可知，钢材的设计强度与质量等级无关，质量等级代表钢材的冲击韧性。

答案：D

5-3 解析：根据《耐候结构钢》GB/T 4171—2008第3.1条，耐候钢是通过添加少量合金元素，如Cu、P、Cr、Ni等，使其在金属基体表面形成保护层，以提高耐大气腐蚀性能的钢；因此，适用于车辆、集装箱、建筑、塔架和其他结构。海岛上的钢结构观光塔应采用具有耐大气腐蚀性能的热轧和冷轧钢板、钢带和型钢，故应选D。

答案：D

5-4 解析：钢梁腹板的高厚比超过限值后，板件会发生局部失稳，导致梁的承载力无法得到充分利用。根据《钢结构标准》第8.4.1条，实腹压弯构件要求不出现局部失稳者，其腹板高厚比、翼缘宽厚比应符合本标准表3.5.1规定的压弯构件S4级截面要求。故应选D。

答案：D

5-5 解析：型钢混凝土梁受弯时，型钢上设置栓钉是为了阻止型钢与混凝土之间的相对滑移错动，使横截面保持平截面，此滑移错动在栓钉上产生的是剪力。

答案：D

5-6 解析：根据《钢结构标准》第6.2.1条，当铺板密铺在梁的受压翼缘上并与其牢固相连，能阻止梁受压翼缘的侧向位移时，可不计算梁的整体稳定性。由此可知，A选项在梁的受压翼缘增设刚性铺板，可增强钢结构梁的整体稳定性。B选项梁腹板开孔对梁的整体刚度有削弱；而C、D选项仅对增加梁的局部稳定有利。故应选A。

答案：A

5-7 解析：根据《建筑结构制图标准》GB/T 50105—2010第4.3.9条图4.3.9，A选项为现场焊缝的标注方法。

答案：A

5-8 解析：根据本章"第五节 构件的连接构造"，钢结构构件间的连接可分为铰接、刚接和介于二者之间的半刚接3种类型。题5-8图梁与柱仅梁腹板采用螺栓连接，属于铰接做法。

答案：B

5-9 解析：根据《钢结构标准》第4.3.2条，承重结构所用的钢材应具有屈服强度，抗拉强度，断后伸长率和硫、磷含量的合格保证，对焊接结构尚应具有碳当量的合格保证。本题中办公楼楼盖次梁属于承重结构，需要满足屈服强度，抗拉强度，断后伸长率和硫、磷含量的要求；采用

栓接，而非焊接，故不需满足碳当量的合格保证。
答案： B

5-10 **解析：**《钢结构标准》对结构或构件变形及舒适度的规定如下：

第 3.4.1 条，结构或构件变形的容许值宜符合本标准附录 B 的规定。当有实践经验或有特殊要求时，可根据不影响正常使用和观感的原则对本标准附录 B 中的构件变形容许值进行调整。

第 3.4.3 条，横向受力构件可预先起拱，起拱大小应视实际需要而定，可取恒载标准值加 1/2 活载标准值所产生的挠度值。当仅为改善外观条件时，构件挠度应取在恒荷载和活荷载标准值作用下的挠度计算值减去起拱值。

第 B.1.1 条，吊车梁、楼盖梁、屋盖梁、工作平台梁以及墙架构件的挠度不宜超过表 B.1.1 所列的容许值……

表 B.1.1 注：$[\nu_T]$ 为永久和可变荷载标准值产生的挠度（如有起拱应减去拱度）的容许值，$[\nu_Q]$ 为可变荷载标准值产生的挠度的容许值。

条文说明第 3.4.3 条，起拱的目的是改善外观和符合使用条件，因此起拱的大小应视实际需要而定，不能硬性规定单一的起拱值……但在一般情况下，起拱度可以用恒载标准值加 1/2 活载标准值所产生的挠度来表示。按照这个数值起拱，在全部荷载作用下构件的挠度将等于 $\frac{1}{2}\nu_Q$。

本题需要先计算一下挠度差值：$l/380 - l/400 = 0.00263l - 0.00250l = 0.00013l$，约为万分之 1.3l，主梁 ν_Q 限值为 $l/500$，$\frac{1}{2}\nu_Q$ 值为 $l/1000$，因此可采取预先起拱方式。

另据《门式刚架轻型房屋钢结构技术规范》GB 51022—2015 条文说明第 3.3.2 条，为减小跨度大于 30m 的钢斜梁的竖向挠度，建议应起拱。

当然，加大 H 型钢梁的腹板长度，增加惯性矩 I 值，也可减少挠度，但实际工程中不会因为一批梁中的一根梁没有达到限值，单独让工厂加工，通常都是由施工现场处理的。
答案： C

5-11 **解析：** 根据《钢结构标准》第 15.3.2 条，圆形钢管混凝土柱截面直径不宜小于 180mm，壁厚不应小于 3mm。故应选 A。
答案： A

5-12 **解析：** 根据《建筑结构制图标准》GB/T 50105—2010 第 3.1.1 条表 3.1.1-4，图 A 为单面焊接的钢筋接头，图 B 为双面焊接的钢筋接头；没有如图 C、D 的标注方法。故应选 B。
答案： B

5-13 **解析：** 根据本章"第一节 钢结构的特点和应用范围"中的"（一）钢结构的特点"，钢材的耐腐蚀性差和不耐火是钢结构最主要的缺点。故 B 选项错误。
答案： B

5-14 **解析：** 随着钢材牌号的增大，其强度提高，但伸长率降低，故 C 选项错误。
答案： C

5-15 **解析：** 根据《钢结构标准》第 4.3.2 条，承重结构所用的钢材应具有屈服强度，抗拉强度，断后伸长率和硫、磷含量的合格保证；对焊接结构尚应具有碳当量的合格保证。故 B 选项正确，C 选项错误。

钢材的强屈比（抗拉强度与屈服强度的比值）越小，说明钢材的抗拉强度与屈服强度越接近，越容易产生脆性破坏，故 A 选项错误。钢结构的工作温度不同，对钢材有不同的质量等级要求，钢材的质量等级与冲击韧性相关，故 D 选项错误。
答案： B

第六章 砌体结构设计

本章考试大纲：了解砌体结构的力学性能、结构形式及应用范围；了解既有建筑结构加固改造。

本章复习重点：①影响砌体抗压强度的主要因素；②不同环境下砌体材料（砌块、砂浆）的选用；③砌体结构房屋的静力计算及要求；④受压构件的特点及影响墙、柱高厚比的因素；⑤圈梁、过梁、挑梁的构造要求；⑥砌体结构加固设计。

第一节 砌体材料及其力学性能

一、砌体分类

砌体是由各种块材和砂浆按一定的砌筑方法砌筑而成的整体，分为无筋砌体和配筋砌体两大类。无筋砌体又因所用块材不同分为砖砌体、砌块砌体和石砌体。在砌体水平灰缝中配有钢筋或在砌体截面中设有钢筋混凝土小柱者称为配筋砌体。以砌体作为建筑物主要受力构件（如：墙、柱）的结构即为砌体结构。是砖砌体、砌块砌体和石砌体结构的统称。

（一）砖砌体

由砖与砂浆砌筑而成的砌体，其中砖包括烧结普通砖、烧结多孔砖、蒸压灰砂普通砖、蒸压粉煤灰普通砖、混凝土普通砖、混凝土多孔砖。

1. 烧结普通砖

由煤矸石、页岩、粉煤灰或黏土为主要原料，经过焙烧而成的实心砖。分烧结煤矸石砖、烧结页岩砖、烧结粉煤灰砖、烧结黏土砖等。具有全国统一规格，尺寸为240mm×115mm×53mm。这种类型的砖强度高、耐久性和保温隔热性能良好，是最常见的砌体材料。由于采用黏土材料会破坏土地资源，不符合绿色环保和可持续发展的理念。因此，目前黏土砖的应用受到政策上的限制，越来越多的地区已经禁止使用黏土砖及其制品，从限制使用到全面禁止，这是黏土砖的发展方向。

2. 烧结多孔砖

以煤矸石、页岩、粉煤灰或黏土为主要原料，经过焙烧而成，孔洞率不大于35%，孔的尺寸小而数量多，主要用于承重部位的砖。由于含有孔洞，因此，砖的自重减轻，保温隔热性能得到进一步改善。

3. 蒸压灰砂普通砖

以石灰等钙质材料和砂等硅质材料为主要原料，经坯料制备、压制排气成型、高压蒸汽养护而成的实心砖。其规格与普通烧结砖相同。

4. 蒸压粉煤灰普通砖

以石灰、消石灰（如电石渣）或水泥等钙质材料与粉煤灰等硅质材料及集料（砂等）

为主要原料，掺加适量石膏，经坯料制备、压制排气成型、高压蒸汽养护而成的实心砖。其规格与普通烧结砖相同。

5. 混凝土砖

以水泥为胶结材料，以砂、石等为主要原料，加水搅拌、成型、养护制成的一种多孔混凝土半盲孔砖或实心砖。多孔砖的主要规格尺寸为：240mm×115mm×90mm、240mm×190mm×90mm、190mm×190mm×90mm等；实心砖的主要规格尺寸为：240mm×115mm×53mm、240mm×115mm×90mm等。

（二）砌块砌体

砌块砌体由砌块与砂浆砌筑而成，砌块材料有混凝土、粉煤灰等。目前，我国常用的为混凝土小型空心砌块，由普通混凝土或轻集料混凝土制成。主要规格尺寸为390mm×190mm×190mm，空心率为25%～50%（图6-1）。

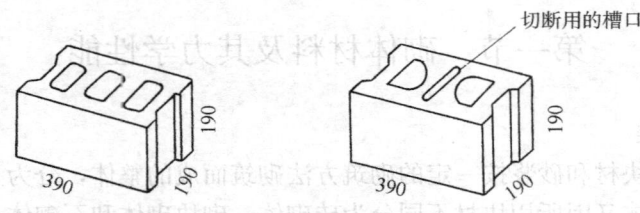

图6-1 混凝土小型空心砌块（单位：mm）

（三）砂浆

1. 普通砂浆

由水泥、砂、水以及根据需要掺入的掺和料和外加剂等组分，按一定比例，采用机械拌合制成，用于砌筑烧结普通砖、烧结多孔砖的砌筑砂浆。

2. 混凝土砌块专用砂浆

由水泥、砂、水以及根据需要掺入的掺和料和外加剂等组分，按一定比例，采用机械拌合制成，专门用于砌筑混凝土砌块的砌筑砂浆。

3. 蒸压灰砂普通砖、蒸压粉煤灰普通砖专用砌筑砂浆

由水泥、砂、水以及根据需要掺入的掺和料和外加剂等组分，按一定比例，采用机械拌合制成，专门用于砌筑蒸压灰砂普通砖或蒸压粉煤灰普通砖的砌筑砂浆，且砌体抗剪强度应不低于烧结普通砖砌体的取值的砂浆。

（四）配筋砌体

在砌体中配置钢筋或钢筋混凝土时，称为配筋砖砌体。目前，我国采用的配筋砌体有：

1. 网状配筋砖砌体

在砌体水平灰缝中配置双向钢筋网，可加强轴心受压或偏心受压墙（或柱）的承载能力［图6-2（a）］。

2. 组合砌体

由砌体和钢筋混凝土组成，钢筋混凝土薄柱也可用钢筋砂浆面层代替［图6-2（b）］。主要用于偏心受压墙、柱。

此外，在砌体结构拐角处或内外墙交接处放置的钢筋混凝土构造柱，也是一种重要的组合砌体，但其作用只是对墙体变形起约束作用，提高房屋抗震能力。

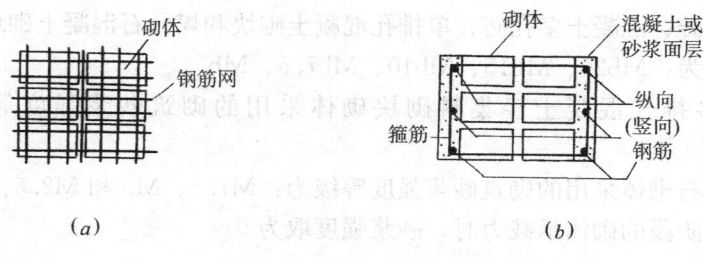

图 6-2 配筋砌体
(a) 网状配筋砌体；(b) 组合砌体

（五）石砌体

由石材和砂浆或由石材和混凝土砌筑而成（图 6-3）。石砌体可用作一般民用建筑的承重墙、柱和基础。

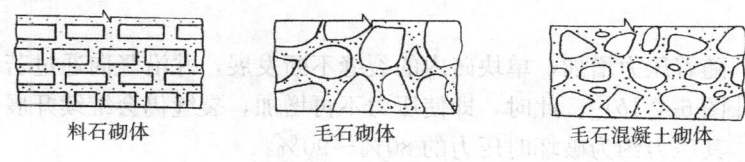

图 6-3 石砌体

（六）构造柱

通常指在砌体房屋墙体的规定部位，按构造配筋，并按先砌墙后浇筑混凝土柱的施工顺序制成的混凝土柱。砌体与构造柱交接处应做成马牙槎，并沿柱高度一定距离内，在墙水平灰缝内设置水平钢筋与构造柱拉结。

（七）圈梁

在房屋的檐口、窗顶、楼层、吊车梁顶或基础顶面标高处，沿砌体墙水平方向设置封闭状的按构造配筋的混凝土梁式构件。

二、砌体材料的强度等级

块材和砂浆的强度等级，依据其抗压强度来划分。它是确定砌体在各种受力情况下强度的基本数据。

（1）烧结普通砖、烧结多孔砖的强度等级：分为 5 级，以 MU 表示，单位为 MPa，即 MU30、MU25、MU20、MU15、MU10。砖的抗压强度应根据抗压强度和抗折强度综合评定。

（2）蒸压灰砂普通砖、蒸压粉煤灰普通砖的强度等级：分为 3 级，即 MU25、MU20、MU15。

（3）砌块的强度等级：分为 5 级，即 MU20、MU15、MU10、MU7.5、MU5。

（4）石材的强度等级：由边长为 70mm 的立方体试块的抗压强度来表示，可分为 7 级，即 MU100、MU80、MU60、MU50、MU40、MU30、MU20。

（5）砂浆的强度等级：由边长为 70.7mm 的立方体试块，在标准条件下养护，进行抗压试验，取其抗压强度平均值。砂浆强度等级分为 5 级，以 M 表示。

烧结普通砖、烧结多孔砖、蒸压灰砂普通砖和蒸压粉煤灰普通砖砌体采用的普通砂浆强度等级为：M15、M10、M7.5、M5 和 M2.5；蒸压灰砂普通砖和蒸压粉煤灰普通砖砌体采用的专用砌筑砂浆强度等级为：Ms15、Ms10、Ms7.5、Ms5。

混凝土普通砖、混凝土多孔砖、单排孔混凝土砌块和煤矸石混凝土砌块砌体采用的砌筑砂浆强度等级为：Mb20、Mb15、Mb10、Mb7.5、Mb5。

双排孔或多排孔混凝土轻集料砌块砌体采用的砌筑砂浆强度等级为：Mb10、Mb7.5、Mb5。

毛料石、毛石砌体采用的砌筑砂浆强度等级为：M7.5、M5 和 M2.5。

当验算施工阶段的砌体承载力时，砂浆强度取为 0。

三、砌体的受力性能

（一）砌体受压破坏特征

砖砌体轴心受压时，从加载至破坏，可分为三个阶段（图 6-4）。

第一阶段：从开始加载到出现第一条裂缝 [图 6-4（a）]，其压力约为破坏时压力的 50%～70%。

第二阶段：随着压力增加，单块砖内的裂缝不断发展，并沿竖向通过若干皮砖，同时产生新的裂缝 [图 6-4（b）]。此时，即使压力不再增加，裂缝仍会继续开展。砌体已处于临界破坏状态，其压力约为破坏时压力的 80%～90%。

第三阶段：压力继续增加，裂缝加长加宽，使砌体形成若干小柱体，砖被压碎或小柱体失稳，整个砌体也随之破坏 [图 6-4（c）]。此时，以破坏时的压力除以砌体横截面面积所得应力即称为砌体的极限强度。

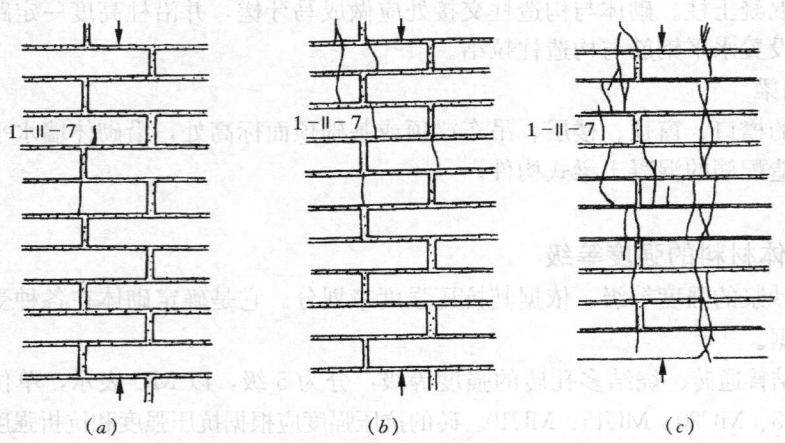

图 6-4 砖砌体轴心受压破坏过程
(a) 出现第一道裂缝 $N=(0.5\sim0.7)N_u$；
(b) 形成连续裂缝 $N=(0.8\sim0.9)N_u$；(c) 裂缝形成独立小柱，向外鼓出，破坏 $N=N_u$
N_u——破坏荷载

（二）砌体受压时的应力状态

1. 砌体中的块材受弯剪应力

在砌体中，由于灰缝厚度不一，砂浆饱满度不均匀及块体表面不平整，使砌体受压时块体并非均匀受压，而是处于弯剪应力状态（图 6-5）。

2. 砌体中的块材受水平拉应力

块材与砂浆的弹性模量与变形系数存在差异，一般情况下块材的横向变形比中等强度

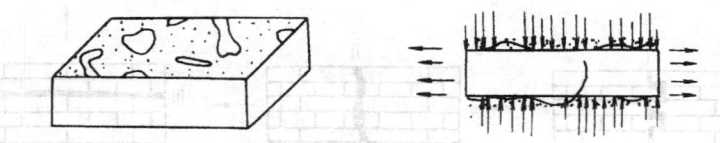

图 6-5 砌体内砖的复杂受力状态示意

以下砂浆的横向变形小。砌体受压时，由于两者共同工作，砌体的变形将介于块材变形与砂浆层变形之间。块材的横向变形因受砂浆层的影响而增大，块材中产生横向拉应力。砂浆的横向变形则因受到块材的影响而减小，使砂浆中产生横向压应力（图 6-6），从而使砂浆处于三向受压状态。

3. 竖向灰缝的应力集中

由于砌体内的竖向灰缝不饱满，因此灰缝中的砂浆与块材间的粘结力难以保证砌体的整体性，块材在竖向灰缝中易产生应力集中，因而加速了块材的开裂，引起砌体强度的降低。

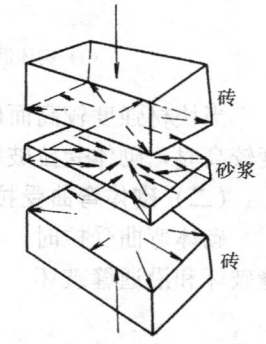

图 6-6 块材与砂浆的变形

综上所述，砌体受压时单块块材处在复杂应力状态下工作，使块材抗压强度不能充分发挥，因此，砌体的抗压强度低于所用块材的抗压强度。

（三）影响砌体抗压强度的因素

1. 块材和砂浆强度的影响

块材和砂浆强度是影响砌体抗压强度的主要因素，砌体强度随块材和砂浆强度的提高而提高。对提高砌体强度而言，提高块材强度比提高砂浆强度更有效。

一般情况下，砌体强度低于块材强度。当砂浆强度等级较低时，砌体强度高于砂浆强度；当砂浆强度等级较高时，砌体强度低于砂浆强度。

2. 块材的表面平整度和几何尺寸的影响

块材表面愈平整，灰缝厚薄愈均匀，砌体的抗压强度可提高。当块材翘曲时，砂浆层严重不均匀，将产生较大的附加弯曲应力使块材过早破坏。

块材高度大时，其抗弯、抗剪和抗拉能力增大；块材较长时，在砌体中产生的弯剪应力也较大。

3. 砌筑质量的影响

砌体砌筑时水平灰缝的均匀性、厚度、饱满度、砖的含水率及砌筑方法，均影响到砌体的强度和整体性。水平灰缝厚度应为 8~12mm（一般宜为 10mm）；水平灰缝饱满度应不低于 80%，竖向灰缝饱满度不低于 40%。砌体砌筑时，应提前将砖浇水湿润，含水率不宜过大或过低（一般要求控制在 10%~15%）；砌筑时砖砌体应上下错缝，内外搭接。

四、砌体的受拉、受弯和受剪性能

（一）砌体轴心受拉

根据拉力作用方向，有三种破坏形态（图 6-7）。当轴心拉力与砌体水平灰缝平行时，砌体可能沿灰缝 I-I 截面破坏 [图 6-7 (a)]，也可能沿块体和竖向灰缝破坏 [图 6-7 (b)]；当轴心拉力与砌体水平灰缝垂直时，砌体沿通缝截面破坏 [图 6-7 (c)]。

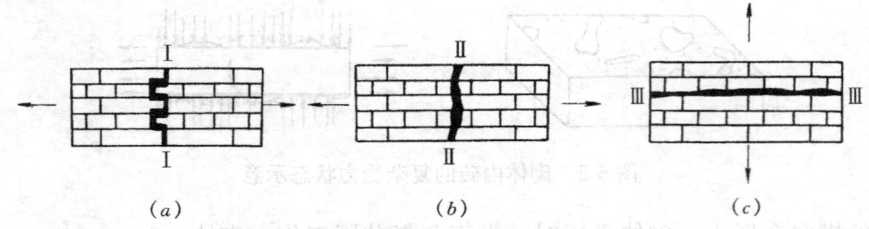

图 6-7　砖砌体轴心受拉破坏形态
(a) 砌体沿齿缝破坏；(b) 砌体沿块体和竖向灰缝破坏；(c) 砌体沿通缝破坏

当块材强度较高而砂浆强度较低时，砌体沿齿缝受拉破坏；当块材强度较低而砂浆强度较高时，砌体受拉破坏可能通过块体和竖向灰缝连成的截面发生。

（二）砌体弯曲受拉

砌体弯曲受拉时，有三种破坏形态（图 6-8）。即砌体沿齿缝破坏；沿块体和竖向灰缝破坏和沿通缝破坏。

沿齿缝　　　沿块体和竖向灰缝　　　沿通缝

图 6-8　砌体弯曲受拉破坏形态

（三）砌体抗剪强度

砌体受抗剪破坏时，有三种破坏形态。即沿通缝剪切破坏；沿齿缝剪切破坏；沿阶梯形缝剪切破坏（图 6-9）。

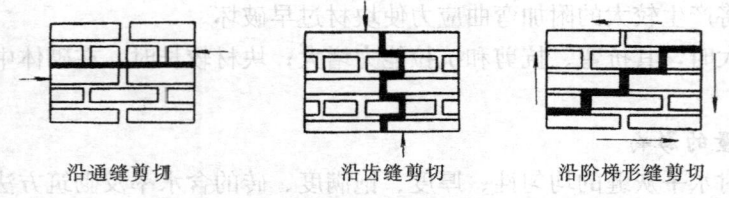

沿通缝剪切　　　沿齿缝剪切　　　沿阶梯形缝剪切

图 6-9　砌体剪切破坏形态

影响砌体抗剪强度的因素有：

1. 砂浆强度的影响

砌体抗剪强度随砂浆强度等级的提高而提高，但块体强度对抗剪强度的影响较小。

2. 竖向压应力的影响

当竖向压应力与剪应力之比在一定范围内时，砌体的抗剪强度随竖向压应力的增加而提高。

3. 砌筑质量的影响

主要与砂浆饱满度和砌筑时块体的含水率有关。当砌体内水平灰缝砂浆饱满度大于

92%,竖向灰缝内未灌砂浆;或当水平灰缝砂浆饱满度大于80%,竖向灰缝内砂浆饱满度大于40%时,砌体的抗剪强度可达到规范规定值。

砖砌筑时,随含水量的增加砌体抗剪强度相应提高。当砖含水率约为10%时,砌体抗剪强度最高。

砌体抗剪强度主要取决于水平灰缝中砂浆与块体的粘结强度。

第二节 砌体房屋的静力计算

房屋中的墙、柱等竖向构件用砌体材料,屋盖、楼盖等水平承重构件用钢筋混凝土或其他材料建造的房屋,由于采用了两种或两种以上材料,称为混合结构房屋,或称为砌体结构房屋。砌体的各种强度设计值见表6-1。

沿砌体灰缝截面破坏时砌体的轴心抗拉强度设计值、
弯曲抗拉强度设计值和抗剪强度设计值(MPa)   表6-1

强度类别	破坏特征及砌体种类		砂浆强度等级			
			≥M10	M7.5	M5	M2.5
轴心抗拉	沿齿缝	烧结普通砖、烧结多孔砖	0.19	0.16	0.13	0.09
		混凝土普通砖、混凝土多孔砖	0.19	0.16	0.13	—
		蒸压灰砂普通砖、蒸压粉煤灰普通砖	0.12	0.10	0.08	—
		混凝土和轻集料混凝土砌块	0.09	0.08	0.07	—
		毛石	—	0.07	0.06	0.04
弯曲抗拉	沿齿缝	烧结普通砖、烧结多孔砖	0.33	0.29	0.23	0.17
		混凝土普通砖、混凝土多孔砖	0.33	0.29	0.23	—
		蒸压灰砂普通砖、蒸压粉煤灰普通砖	0.24	0.20	0.16	—
		混凝土和轻集料混凝土砌块	0.11	0.09	0.08	—
		毛石	—	0.11	0.09	0.07
	沿通缝	烧结普通砖、烧结多孔砖	0.17	0.14	0.11	0.08
		混凝土普通砖、混凝土多孔砖	0.17	0.14	0.11	—
		蒸压灰砂普通砖、蒸压粉煤灰普通砖	0.12	0.10	0.08	—
		混凝土和轻集料混凝土砌块	0.08	0.06	0.05	—
抗剪	烧结普通砖、烧结多孔砖		0.17	0.14	0.11	0.08
	混凝土普通砖、混凝土多孔砖		0.17	0.14	0.11	—
	蒸压灰砂普通砖、蒸压粉煤灰普通砖		0.12	0.10	0.08	—
	混凝土和轻集料混凝土砌块		0.09	0.08	0.06	—
	毛石		—	0.19	0.16	0.11

注:1. 对于用形状规则的块体砌筑的砌体,当搭接长度与块体高度的比值小于1时,其轴心抗拉强度设计值f_t和弯曲抗拉强度设计值f_{tm}应按表中数值乘以搭接长度与块体高度比值后采用;

2. 表中数值是依据普通砂浆砌筑的砌体确定,采用经研究性试验且通过技术鉴定的专用砂浆砌筑的蒸压灰砂普通砖、蒸压粉煤灰普通砖砌体,其抗剪强度设计值按相应普通砂浆强度等级砌筑的烧结普通砖砌体采用;

3. 对混凝土普通砖、混凝土多孔砖、混凝土和轻集料混凝土砌块砌体,表中的砂浆强度等级分别为:≥Mb10、Mb7.5及Mb5。

从表 6-1 中可以看出，沿砌体灰缝截面破坏时，各种强度设计值与砌体破坏特征、砌体种类及砂浆强度等级有关，与块体强度等级无关，且随砂浆强度等级的提高而提高。

对无筋砌体构件，当其截面面积小于 $0.3m^2$ 时，砌体强度设计值应乘以调整系数 γ_a，γ_a 为其截面面积加 0.7。对配筋砌体构件，当其中砌体截面面积小于 $0.2m^2$ 时，γ_a 为其截面面积加 0.8；构件截面面积以"m^2"计。验算施工阶段时，$\gamma_a=1.1$。

（一）砌体结构房屋承重墙布置的三种方案

1. 横墙承重体系

在多层住宅、宿舍中，横墙间距较小，可做成横墙承重体系，楼面和屋面荷载直接传至横墙和基础。这种承重体系由于横墙间距小，因此房屋空间刚度较大，有利于抵抗水平风载和地震作用，也有利于调整房屋的不均匀沉降。

2. 纵墙承重体系

在食堂、礼堂、商店、单层小型厂房中，将楼、屋面板（或增设檩条）铺设在大梁（或屋架）上，大梁（或屋架）放置在纵墙上，当进深不大时，也可将楼、屋面板直接放置在纵墙上，通过纵墙将荷载传至基础，这种体系称为纵墙承重体系。

纵墙承重体系可获得较大的使用空间，但这类房屋的横向刚度较差，应加强楼、屋盖与纵墙的连接，这种体系不宜用于多层建筑物。

3. 纵横墙承重体系

在教学楼、实验楼、办公楼、医院门诊楼中，部分房屋需要做成大空间，部分房间可以做成小空间，根据楼、屋面板的跨度，跨度小的可将板直接搁置在横墙上，跨度大的方向可加设大梁，板荷载传至大梁，大梁支承在纵墙上，这样设计成纵横墙同时承重，这种体系布置灵活，其空间刚度介于上述两种体系之间。

（二）砌体结构房屋静力计算

1. 房屋的 3 种静力计算方案

砌体结构房屋，根据房屋的空间工作性能，可将房屋的静力计算分为刚性方案、刚弹性方案和弹性方案 3 种。对于单层砌体房屋，在风荷载作用下，一般可按上述 3 种方案进行设计；对于多层砌体房屋，在风荷载作用下，一般均按刚性方案设计，很少情况下按弹性方案设计。

（1）刚性方案

房屋空间刚度大，在荷载作用下墙柱内力可按顶端具有不动铰支承的竖向结构计算。

（2）刚弹性方案

在荷载作用下，墙柱内力可考虑空间工作性能影响系数，按顶端为弹性支承的平面排架计算。

（3）弹性方案

可按屋架或大梁与墙（柱）为铰接的、不考虑空间工作的平面排架或框架计算。

2. 房屋的静力计算规定

（1）在房屋静力计算时，可按房屋的横墙间距，确定静力计算方案（表 6-2）。

房屋的静力计算方案　　　　　表 6-2

	屋盖或楼盖类别	刚性方案	刚弹性方案	弹性方案
1	整体式、装配整体式和装配式无檩体系钢筋混凝土屋盖或钢筋混凝土楼盖	$s<32$	$32 \leqslant s \leqslant 72$	$s>72$

续表

屋盖或楼盖类别		刚性方案	刚弹性方案	弹性方案
2	装配式有檩体系钢筋混凝土屋盖、轻钢屋盖和有密铺望板的木屋盖或木楼盖	$s<20$	$20 \leq s \leq 48$	$s>48$
3	瓦材屋面的木屋盖和轻钢屋盖	$s<16$	$16 \leq s \leq 36$	$s>36$

注：1. 表中 s 为房屋横墙间距，其长度单位为"m"；
  2. 当屋盖、楼盖类别不同或横墙间距不同时，可按《砌体结构设计规范》GB 50003—2011 第 4.2.7 条的规定确定房屋的静力计算方案；
  3. 对无山墙或伸缩缝处无横墙的房屋，应按弹性方案考虑。

（2）刚性和刚弹性方案的横墙，为了保证屋盖水平梁的支座位移不致过大，横墙应符合下列规定：

1) 横墙中开有洞口时，洞口的水平截面面积不应超过横墙截面面积的 50%。

2) 横墙的厚度不宜小于 180mm。

3) 单层房屋的横墙长度不宜小于其高度，多层房屋的横墙长度不宜小于 $H/2$（H 为横墙总高度）。

当横墙不能同时满足上述要求时，应对横墙刚度进行验算，如其最大水平位移值 $u_{max} \leq H/4000$ 时，仍可视作刚性或刚弹性方案的横墙。

(三) 刚性方案房屋的静力计算

1. 单层房屋承重纵墙

（1）计算单元、计算简图和荷载

当楼、屋盖类别为整体式、装配整体式和装配式无檩体系钢筋混凝土屋盖或楼盖时，对有门洞的外墙，可取一个开间的墙体作为计算单元；对无门窗洞口的纵墙，可取 1.0m 墙体作为计算单元。

当楼、屋盖类别为装配式有檩体系钢筋混凝土屋盖、轻钢屋盖和有密铺望板的木屋盖或木楼盖、瓦材屋面的木屋盖或轻钢屋盖时，可取一个开间的墙体作为计算单元。

在竖向和水平荷载作用下，可将墙上端视作为不动铰支座支承于屋盖，下端嵌固于基础顶面的竖向构件，计算简图见图 6-10。

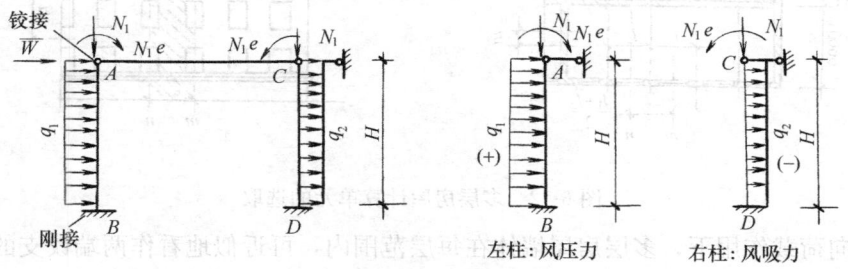

图 6-10 计算简图

作用于排架上的竖向荷载（包括屋盖自重、屋面活载和雪载），以集中力 N_1 的形式作用于墙顶端。由于屋架或大梁对墙体中心线有偏心距 e，屋面竖向荷载还产生弯矩 $M = N_1 \cdot e$。

作用于屋面以上的风荷载简化为集中力形式，直接通过屋盖传至横墙，对纵墙不产生内力。作用于墙面上的风荷载为均布荷载，迎风面为压力，背风面为吸力。

墙体自重作用于墙体中心线上，对等截面墙时，墙体自重不产生弯矩。

(2) 内力计算

竖向荷载作用下，内力如图 6-11 (a) 所示。

水平荷载作用下，内力如图 6-11 (b) 所示。

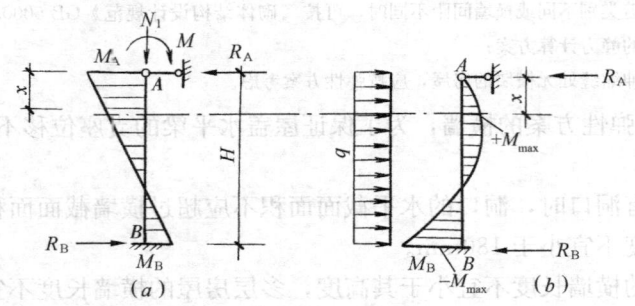

图 6-11 计算简图

(a) 竖向荷载作用下；(b) 水平荷载作用下

(3) 截面承载力验算

取纵墙顶部和底部两个控制截面进行内力组合，考虑荷载组合系数，取最不利内力进行验算。

2. 多层房屋承重纵墙

多层房屋通常选取荷载较大、截面较弱的一个开间作为计算单元，如图 6-12 所示，受荷宽度为 $(l_1+l_2)/2$。

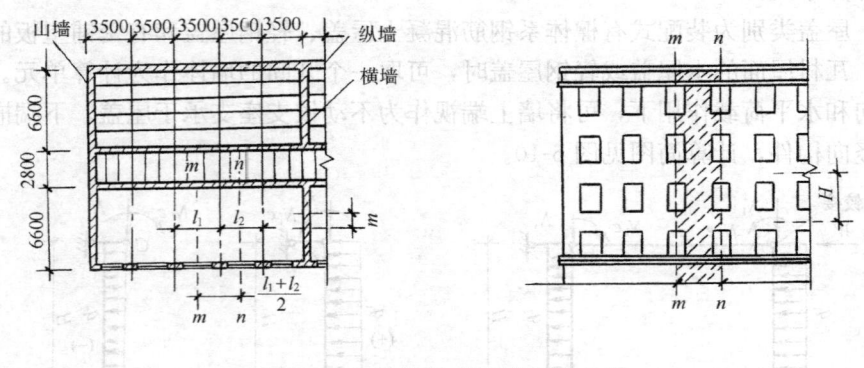

图 6-12 多层房屋计算单元的选取

在竖向荷载作用下，多层房屋墙体在每层范围内，可近似地看作两端铰支的竖向构件 [图 6-13 (b)]；在水平荷载作用下，可视作竖向的多跨连续梁，如 [图 6-13 (c)] 所示。

刚性方案多层房屋因风荷载引起的内力较小，当刚性房屋外墙符合下列要求时，可不考虑风荷载的影响。

(1) 洞口水平截面面积不超过全截面面积的 2/3。

(2) 层高和总高不超过表 6-3 的规定。

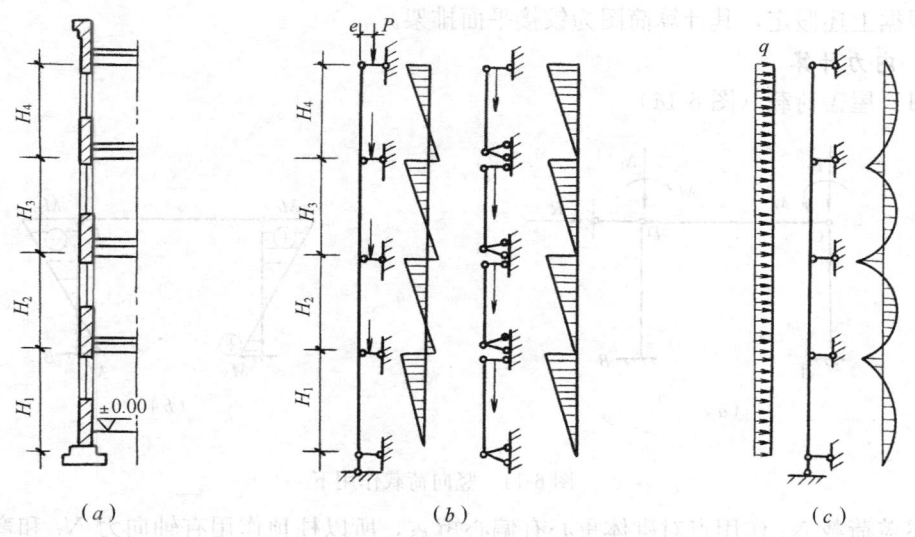

图 6-13 外纵墙计算图形
(a) 外纵墙剖面；(b) 竖向荷载作用下；(c) 水平荷载作用下

外墙不考虑风荷载影响时的最大高度　　表 6-3

基本风压值（kN/m²）	层高（m）	总高（m）
0.4	4.0	28
0.5	4.0	24
0.6	4.0	18
0.7	3.5	18

注：对于多层混凝土砌块房屋，当外墙厚度不小于190mm，层高不大于2.8m，总高不大于19.6m，基本风压不大于0.7kN/m² 时，可不考虑风荷载的影响。

(3) 屋面自重不小于 0.8kN/m²。

当必须考虑风荷载时，风荷载引起的弯矩 M，可按下式计算：

$$M=\frac{wH_i^2}{12} \tag{6-1}$$

式中　w——沿楼层高均布风荷载设计值，kN/m；
　　　H_i——层高，m。

(四) 弹性方案单层房屋的静力计算

1. 计算简图

对于弹性方案单层房屋，在荷载作用下，墙柱内力可按有侧移的平面排架计算，不考虑房屋的空间工作，计算简图按下列假定确定：

(1) 屋架或屋面梁与墙柱的连接，可视为可传递垂直力和水平力的铰，墙、柱下端与基础顶面为固定端。

(2) 将屋架或屋面大梁视作刚度无限大的水平杆件，在荷载作用下，不产生拉伸或压缩变形。

根据上述假定，其计算简图为铰接平面排架。

2. 内力计算

(1) 屋盖荷载（图 6-14）

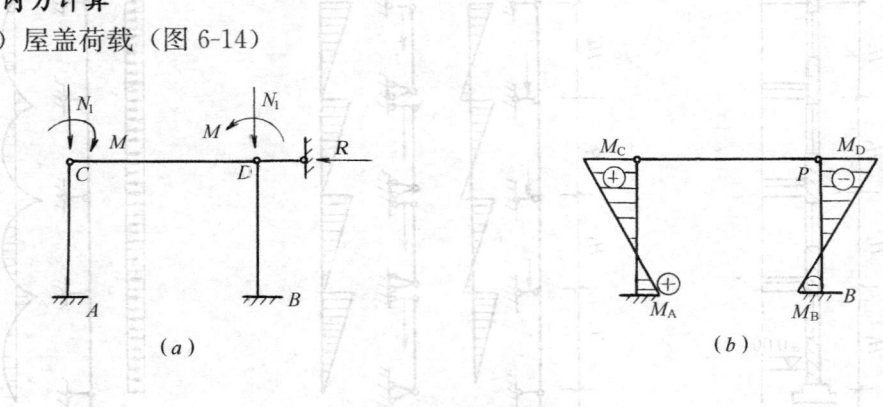

图 6-14 竖向荷载作用下

屋盖荷载 N_1 作用点对砌体重心有偏心矩 e_1，所以柱顶作用有轴向力 N_1 和弯矩 $M = N_1 \cdot e_1$。由于荷载对称，柱顶无位移，假想柱顶支座反力 $R=0$。

(2) 风荷载

屋盖结构传来的风荷载以集中力 $\overline{W}$ 作用于柱顶，迎风面风荷载为 W_1，背风面为 W_2，见图 6-15 (a)。

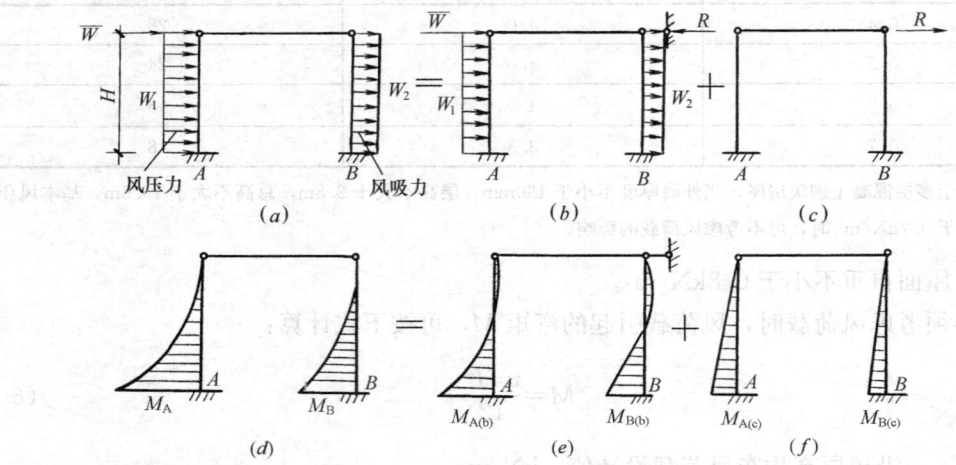

图 6-15 水平风荷载作用下

1) 先在排架上端加一假想的不动铰支座，成为无侧移的平面排架，算出在荷载作用下该支座的反力 R，画出排架柱的内力图［图 6-15 (b)、(e)］。

2) 将柱顶支座反力 R 反方向作用在排架顶端，算出排架内力，画出相应的内力图［图 6-15 (c)、(f)］。

3) 将上述两种计算结果叠加，假想的柱顶支座反力 R 相互抵消，叠加后的内力图即为弹性方案有侧移平面排架的计算结果［图 6-15 (d)］。

(五) 刚弹性方案房屋的静力计算

在水平荷载作用下，刚弹性方案房屋产生水平位移较弹性方案小。在静力计算中，屋盖作为墙柱的弹性支承，计算方法类似于弹性方案，不同的仅是考虑房屋的空间作用，将作用在排架顶端的支座反力 R 改为 $\eta_i R$（图 6-16）。η_i 为空间性能影响系数（表 6-4）。

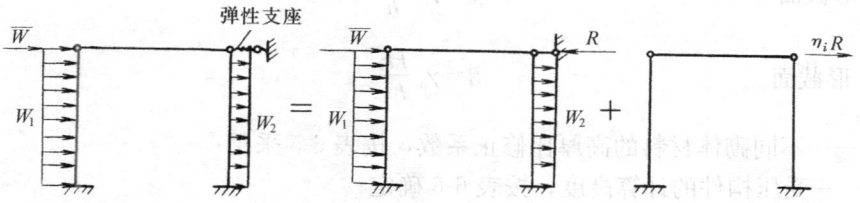

图 6-16　刚弹性方案房屋静力分析

房屋各层的空间性能影响系数 η_i　　　　　　　　　　　　　　　表 6-4

屋盖或楼盖 类别	横 墙 间 距 s(m)													
	16	20	24	28	32	36	40	44	48	52	56	60	64	68	72
1	—	—	—	—	0.33	0.39	0.45	0.50	0.55	0.60	0.64	0.68	0.71	0.74	0.77
2	—	0.35	0.45	0.54	0.61	0.68	0.73	0.78	0.82						
3	0.37	0.49	0.60	0.68	0.75	0.81									

注：i 取 $1 \sim n$，n 为房屋的层数。

对多层刚弹性方案房屋，只需在各层横梁与柱连接点处加一水平支杆，求出各层水平支杆反力 R_i 后，再将 $\eta_i R$ 反向施加在相应的水平支杆上，计算其内力，最后将结果叠加。

第三节　无筋砌体构件承载力计算

(一) 受压构件

(1) 在工程中无筋砌体受压构件是最常遇到的，如砌体结构房屋的窗间墙和砖柱，它们承受上部传来的竖向荷载和自身重量。

《砌体结构设计规范》GB 50003—2011（简称《砌体规范》）对不同高厚比 $\beta = \dfrac{H_0}{h}$ 和不同偏心率 $\dfrac{e}{h}\left(\text{或} \dfrac{e}{h_\text{T}}\right)$ 的受压构件承载力采用下式计算：

$$N \leqslant \varphi f A \tag{6-2}$$

式中　N——轴向力设计值；

　　　φ——高厚比 β 和轴向力的偏心距 e 对受压构件承载力的影响系数，可按《砌体规范》附录 D 的规定采用；

　　　f——砌体的抗压强度设计值，应按《砌体规范》第 3.2.1 条采用。对无筋砌体，当截面面积小于 0.3m^2 时，应乘以调整系数 γ_a，γ_a 为其截面面积加 0.7（构件截面面积以 m^2 计）；

　　　A——截面面积，对各类砌体均应按毛截面计算；对带壁柱墙，其翼缘宽度可按《砌体规范》第 4.2.8 条采用。

对矩形截面构件，当轴向力偏心方向的截面边长大于另一方向的边长时，除按偏心受压计算外，还应对较小边长方向，按轴心受压进行验算。

(2) 计算影响系数 φ 或查 φ 表时，构件高厚比 β 应按下列公式确定：

对矩形截面 $$\beta = \gamma_\beta \frac{H_0}{h} \qquad (6\text{-}3)$$

对 T 形截面 $$\beta = \gamma_\beta \frac{H_0}{h_T} \qquad (6\text{-}4)$$

式中 γ_β——不同砌体材料的高厚比修正系数，按表 6-5 采用；

H_0——受压构件的计算高度，按表 6-6 确定；

h——矩形截面轴向力偏心方向的边长，当轴心受压时为截面较小边长；

h_T——T 形截面的折算厚度，可近似按 $3.5i$ 计算，i 为截面回转半径。

高厚比修正系数 γ_β 表 6-5

砌体材料类别	γ_β
烧结普通砖、烧结多孔砖	1.0
混凝土普通砖、混凝土多孔砖、混凝土及轻集料混凝土砌块	1.1
蒸压灰砂普通砖、蒸压粉煤灰普通砖、细料石	1.2
粗料石、毛石	1.5

注：对灌孔混凝土砌块砌体，γ_β 取 1.0。

(3) 受压构件的计算高度 H_0，应根据房屋类别和构件支承条件等按表 6-6 采用。表中的构件高度 H 应按下列规定采用：

1) 房屋底层，为楼板顶面到构件下端支点的距离；下端支点的位置，可取在基础顶面；当埋置较深且有刚性地坪时，可取室外地面下 500mm 处。

2) 房屋其他层，为楼板或其他水平支点间的距离。

3) 对于无壁柱的山墙，可取层高加山墙尖高度的 1/2；对于带壁柱的山墙可取壁柱处的山墙高度。

(4) 对有吊车的房屋，当荷载组合不考虑吊车作用时，变截面柱上段的计算高度可按表 6-6 规定采用。

受压构件的计算高度 H_0 表 6-6

房屋类别			柱		带壁柱墙或周边拉接的墙		
			排架方向	垂直排架方向	$s>2H$	$2H \geqslant s>H$	$s \leqslant H$
有吊车的单层房屋	变截面柱上段	弹性方案	$2.5H_u$	$1.25H_u$		$2.5H_u$	
		刚性、刚弹性方案	$2.0H_u$	$1.25H_u$		$2.0H_u$	
	变截面柱下段		$1.0H_l$	$0.8H_l$		$1.0H_l$	
无吊车的单层和多层房屋	单跨	弹性方案	$1.5H$	$1.0H$		$1.5H$	
		刚弹性方案	$1.2H$	$1.0H$		$1.2H$	
	多跨	弹性方案	$1.25H$	$1.0H$		$1.25H$	
		刚弹性方案	$1.10H$	$1.0H$		$1.1H$	
	刚性方案		$1.0H$	$1.0H$	$1.0H$	$0.4s+0.2H$	$0.6s$

注：1. 表中 H_u 为变截面柱的上段高度；H_l 为变截面柱的下段高度；

2. 对于上端为自由端的构件，$H_0=2H$；

3. 独立砖柱，当无柱间支撑时，柱在垂直排架方向的 H_0 应按表中数值乘以 1.25 后采用；

4. s 为房屋横墙间距；

5. 自承重墙的计算高度应根据周边支承或拉接条件确定。

变截面柱下段的计算高度可按下列规定采用：

1) 当 $H_u/H \leqslant 1/3$ 时，取无吊车房屋的 H_0。

2) 当 $1/3 < H_u/H < 1/2$ 时，取无吊车房屋的 H_0 乘以修正系数 μ。

$$\mu = 1.3 - 0.3 I_u/I_l \tag{6-5}$$

式中　I_u——变截面柱上段的惯性矩；

　　　I_l——变截面柱下段的惯性矩。

3) 当 $H_u/H \geqslant 1/2$ 时，取无吊车房屋的 H_0；但在确定 β 值时，应采用上柱截面。①

(5) 按内力设计值计算的轴向力的偏心距 e 不应超过 $0.6y$。y 为截面重心到轴向力所在偏心方向截面边缘的距离。

(二) 局部受压

砌体的局部受压按受力特点的不同可以分为局部均匀受压和梁端局部受压两种。

1. 砌体截面局部均匀受压

当荷载均匀作用在砌体局部受压面积上时，就属于这种情况，其承载能力按下列公式计算：

$$N_l \leqslant \gamma f A_l \tag{6-6}$$

$$\gamma = 1 + 0.35 \sqrt{\frac{A_0}{A_l} - 1} \tag{6-7}$$

式中　N_l——局部受压面积上的轴向力设计值；

　　　γ——砌体局部抗压强度提高系数，由于局部受压砌体有套箍作用存在，其抗压强度的提高通过 γ 来考虑，$\gamma \geqslant 1.0$；

　　　计算所得的 γ 值，尚应符合下列规定：

　　　① 在图 6-17 (a) 的情况下，$\gamma \leqslant 2.5$；

　　　② 在图 6-17 (b) 的情况下，$\gamma \leqslant 2.0$；

　　　③ 在图 6-17 (c) 的情况下，$\gamma \leqslant 1.5$；

　　　④ 在图 6-17 (d) 的情况下，$\gamma \leqslant 1.25$；

　　　⑤ 对多孔砖砌体和按《砌体规范》第 6.2.13 条的要求灌孔的砌块砌体，在 ①、② 款的情况下，尚应符合 $\gamma \leqslant 1.5$；未灌孔混凝土砌块砌体，$\gamma = 1.0$；

　　　⑥ 对多孔砖砌体孔洞难以灌实时，应按 $\gamma = 1.0$ 取用；当设置混凝土垫块时，按垫块下的砌体局部受压计算；

　　　A_l——局部受压面积；

　　　A_0——影响砌体局部抗压强度的计算面积，按图 6-17 计算。即按下列规定采用：

　　　① 在图 6-17(a) 的情况下，$A_0 = (a+c+h)h$；

　　　② 在图 6-17(b) 的情况下，$A_0 = (b+2h)h$；

　　　③ 在图 6-17(c) 的情况下，$A_0 = (a+h)h + (b+h_1-h)h_1$；

　　　④ 在图 6-17(d) 的情况下，$A_0 = (a+h)h$；

式中　a、b——矩形局部受压面积 A_l 的边长；

　　　h、h_1——墙厚或柱的较小边长，墙厚；

　　　c——矩形局部受压面积的外边缘至构件边缘的较小距离，当大于 h 时，应取 h。

---

① 本条规定也适用于无吊车房屋的变截面柱。

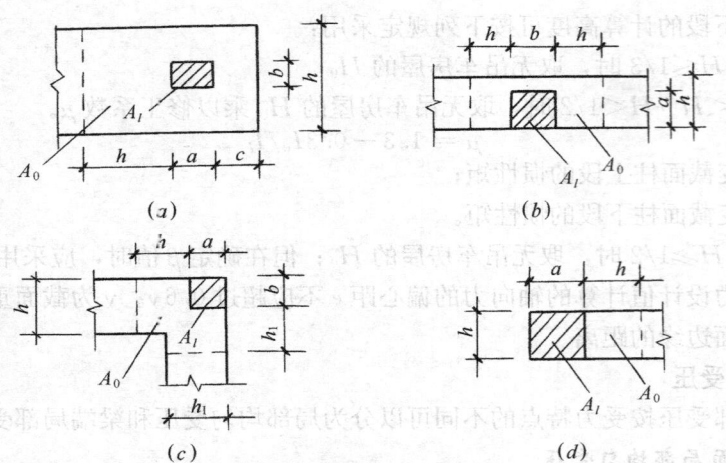

图 6-17 影响局部抗压强度的面积 A_0

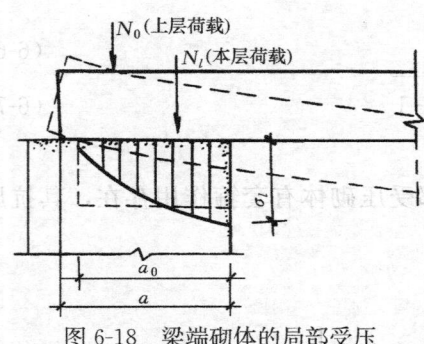

图 6-18 梁端砌体的局部受压

2. 梁端局部受压

当梁支承在砌体上时,由于梁的弯曲,使梁端有脱开砌体的趋势,所以梁端受压属于非均匀局部受压,见图 6-18。

当梁端局部受压承载力不满足要求时,可以通过在梁端加钢筋混凝土垫块(预制刚性垫块、与梁端现浇成整体的垫块),或将梁端放在钢筋混凝土垫梁(如圈梁)上来解决,具体计算方法可参见《砌体规范》有关条款。

无筋砌体轴心受拉构件、受弯构件和受剪构件的承载力计算见《砌体规范》第 5.3 节~第 5.5 节。

第四节 构 造 要 求

(一)墙、柱的允许高厚比

(1)墙、柱的高厚比应按下式验算:

$$\beta = \frac{H_0}{h} \leqslant \mu_1 \mu_2 [\beta] \tag{6-8}$$

式中 H_0——墙、柱的计算高度,应按《砌体规范》第 5.1.3 条采用;

h——墙厚或矩形柱与 H_0 相对应的边长;

μ_1——自承重墙允许高厚比的修正系数;

μ_2——有门窗洞口墙允许高厚比的修正系数;

$[\beta]$——墙、柱的允许高厚比,应按表 6-7 采用。

注:1. 当与墙连接的相邻两墙间的距离 $s \leqslant \mu_1 \mu_2 [\beta] h$ 时,墙的高度可不受式(6-8)的限制;

2. 变截面柱的高厚比可按上、下截面分别验算,其计算高度可按《砌体规范》第 5.1.3 条采用。验算上柱的高厚比时,墙、柱的允许高厚比可按表 6-7 的数值乘以 1.3 后采用。

墙、柱的允许高厚比 [β] 值　　　　　表 6-7

砌体类型	砂浆强度等级	墙	柱
无筋砌体	M2.5	22	15
	M5.0 或 Mb5.0、Ms5.0	24	16
	≥M7.5 或 Mb7.5、Ms7.5	26	17
配筋砌块砌体	—	30	21

注：1. 毛石墙、柱的允许高厚比应按表中数值降低 20%；
　　2. 带有混凝土或砂浆面层的组合砖砌体构件的允许高厚比，可按表中数值提高 20%，但不得大于 28；
　　3. 验算施工阶段砂浆尚未硬化的新砌砌体构件高厚比时，允许高厚比对墙取 14，对柱取 11。

(2) 带壁柱墙和带构造柱墙的高厚比验算，应按下列规定进行：

1) 按式（6-8）验算带壁柱墙的高厚比，此时公式中的 h 应改用带壁柱墙截面的折算厚度 h_T，在确定截面回转半径时，墙截面的翼缘宽度，可按《砌体规范》第 4.2.8 条的规定采用；当确定带壁柱墙的计算高度 H_0 时，s 应取相邻墙之间的距离。

2) 当构造柱截面宽度不小于墙厚时，可按式（6-8）验算带构造柱墙的高厚比[①]，此时公式中 h 取墙厚；当确定墙的计算高度 H_0 时，s 应取相邻横墙间的距离；墙的允许高厚比 [β] 可乘以修正系数 μ_c，μ_c 可按下式计算：

$$\mu_c = 1 + \gamma \frac{b_c}{l} \tag{6-9}$$

式中　γ——系数；对细料石砌体，$\gamma=0$；对混凝土砌块、混凝土多孔砖、粗料石、毛料石及毛石砌体，$\gamma=1.0$；其他砌体，$\gamma=1.5$；
　　　b_c——构造柱沿墙长方向的宽度；
　　　l——构造柱的间距。

当 $b_c/l>0.25$ 时取 $b_c/l=0.25$，当 $b_c/l<0.05$，时取 $b_c/l=0$。

3) 按式（6-8）验算壁柱间墙或构造柱间墙的高厚比时，s 应取相邻壁柱间或相邻构造柱间的距离。设有钢筋混凝土圈梁的带壁柱墙或带构造柱墙，当 $b/s \geqslant 1/30$ 时，圈梁可视作壁柱间墙或构造柱间墙的不动铰支点（b 为圈梁宽度）。当不满足上述条件且不允许增加圈梁宽度时，可按墙体平面外等刚度原则增加圈梁高度，此时，圈梁仍可视作壁柱间墙或构造柱间墙的不动铰支点。

(3) 厚度 h 不大于 240mm 的自承重墙（非承重墙），允许高厚比修正系数 μ_1，应按下列规定采用：

1) $h=240$mm，$\mu_1=1.2$；
2) $h=90$mm，$\mu_1=1.5$；
3) 240mm$>h>$90mm，μ_1 可按插入法取值。

上端为自由端墙的允许高厚比，除按上述规定提高外，尚可提高 30%；对厚度小于 90mm 的墙，当双面用不低于 M10 的水泥砂浆抹面，包括抹面层的墙厚不小于 90mm 时，可按墙厚等于 90mm 验算高厚比。

(4) 对有门窗洞口的墙，允许高厚比修正系数 μ_2，应按下式计算：

---

① 考虑构造柱有利作用的高厚比验算不适用于施工阶段。

$$\mu_2 = 1 - 0.4 \frac{b_s}{s} \qquad (6\text{-}10)$$

式中 b_s——在宽度 s 范围内的门窗洞口总宽度；

s——相邻横墙或壁柱之间的距离。

b_s、s 影响 μ_2，要提高 μ_2，就要减小 b_s/s，即减小洞口宽度。

当按式（6-10）算得 μ_2 的值小于 0.7 时，μ_2 取 0.7；当洞口高度等于或小于墙高的 1/5 时，μ_2 取 1.0。

当洞口高度等于或小于墙高的 4/5 时，可按独立墙段验算高厚比。

> **例 6-1** （2021）关于建筑砌体结构房屋高厚比的说法，错误的是：
> A 与墙体的构造柱无关
> B 与砌体的砂浆强度有关
> C 砌体自承重墙时，限值可提高
> D 砌体墙开门、窗洞口时，限值应减小
>
> **解析：** 根据《砌体规范》第 6.1.1 条~第 6.1.4 条及其式（6.1.1）~式（6.1.4），增设构造柱可以提高允许高厚比值，从而使房屋高厚比限值提高，故 A 选项错误。砂浆强度等级越高，允许高厚比值越大，故 B 选项正确。自承重墙允许高厚比的修正系数 μ_1 大于 1，因此房屋高厚比限值提高，故 C 选项正确。有门窗洞口允许高厚比的修正系数 μ_2 小于 1，因此房屋高厚比限值减小，故 D 选项正确。
>
> **答案：** A

（二）一般构造要求

(1) 砌体结构的材料性能指标应符合下列规定：

1) 普通砖和多孔砖的强度等级不应低于 MU10，其砌筑砂浆强度等级不应低于 M5；蒸压灰砂普通砖、蒸压粉煤灰普通砖及混凝土砖的强度等级不应低于 MU15，其砌筑砂浆强度等级不应低于 Ms5（Mb5）。

2) 混凝土砌块的强度等级不应低于 MU7.5，其砌筑砂浆强度等级不应低于 Mb7.5。

3) 约束砖砌体墙，其砌筑砂浆强度等级不应低于 M10 或 Mb10。

4) 配筋砌块砌体抗震墙，其混凝土空心砌块的强度等级不应低于 MU10，其砌筑砂浆强度等级不应低于 Mb10。

(2) 地面以下或防潮层以下的砌体、潮湿房间的墙，所用材料的最低强度等级应符合表 6-8 的要求。

地面以下或防潮层以下的砌体、潮湿房间的墙所用材料的最低强度等级 表 6-8

潮湿程度	烧结普通砖	混凝土普通砖、蒸压普通砖	混凝土砌块	石 材	水泥砂浆
稍潮湿的	MU15	MU20	MU7.5	MU30	M5
很潮湿的	MU20	MU20	MU10	MU30	M7.5
含水饱和的	MU20	MU25	MU15	MU40	M10

注：1. 在冻胀地区，地面以下或防潮层以下的砌体，不宜采用多孔砖，如采用时，其孔洞应用不低于 M10 的水泥砂浆灌实；当采用混凝土空心砌块时，其孔洞应采用强度等级不低于 Cb20 的混凝土预先灌实；

2. 对安全等级为一级或设计使用年限大于 50 年的房屋，表中材料强度等级应至少提高一级。

(3) 承重的独立砖柱截面尺寸不应小于 240mm×370mm。毛石墙的厚度不宜小于 350mm，毛料石柱较小边长不宜小于 400mm。①

(4) 跨度大于 6m 的屋架和跨度大于下列数值的梁，应在支承处砌体上设置混凝土或钢筋混凝土垫块；当墙中设有圈梁时，垫块与圈梁宜浇成整体（加垫块主要是为了扩散压力）。

1) 对砖砌体为 4.8m。

2) 对砌块和料石砌体为 4.2m。

3) 对毛石砌体为 3.9m。

(5) 当梁跨度大于或等于下列数值时，其支承处宜加设壁柱（加设壁柱是为了加强稳定），或采取其他加强措施：

1) 对 240mm 厚的砖墙为 6m，对 180mm 厚的砖墙为 4.8m。

2) 对砌块、料石墙为 4.8m。

(6) 预制钢筋混凝土板在混凝土圈梁上的支承长度不应小于 80mm，板端伸出的钢筋应与圈梁可靠连接，且同时浇筑；预制钢筋混凝土板在内墙上的支承长度不应小于 100mm，在外墙上的支承长度不应小于 120mm，并应按下列方法进行连接：

1) 板支承于内墙时，板端钢筋伸出长度不应小于 70mm，且与支座处沿墙配置的纵筋绑扎，并用强度等级不低于 C25 的混凝土浇筑成板带。

2) 板支承于外墙时，板端钢筋伸出长度不应小于 100mm，且与支座处沿墙配置的纵筋绑扎，并用强度等级不低于 C25 的混凝土浇筑成板带。

3) 预制钢筋混凝土板与现浇板对接时，预制板端钢筋应伸入现浇板中进行连接后，再浇筑现浇板。

(7) 填充墙与框架的连接，可根据设计要求采用脱开或不脱开方法。有抗震设防要求时，宜采用填充墙与框架脱开的方法。

1) 当填充墙与框架采用脱开的方法时：

① 填充墙两端与框架柱，填充墙顶面与框架梁之间留出不小于 20mm 的间隙。

② 填充墙端部应设置构造柱，柱间距宜不大于 20 倍墙厚且不大于 4000mm，柱宽度不小于 100mm。柱竖向钢筋不宜小于 10，箍筋宜为 5，竖向间距不宜大于 400mm。竖向钢筋与框架梁或其挑出部分的预埋件或预留钢筋连接，绑扎接头时不小于 $30d$，焊接时（单面焊）不小于 $10d$（d 为钢筋直径）。柱顶与框架梁（板）应预留不小于 15mm 的缝隙，用硅酮胶或其他弹性密封材料封缝。当填充墙有宽度大于 2100mm 的洞口时，洞口两侧应加设宽度不小于 50mm 的单筋混凝土柱。

③ 填充墙两端宜卡入设在梁、板底及柱侧的卡口铁件内，墙侧卡口板的竖向间距不宜大于 500mm，墙顶卡口板的水平间距不宜大于 1500mm。

④ 墙体高度超过 4m 时，宜在墙高中部设置与柱连通的水平系梁。水平系梁的截面高度不小于 60mm，填充墙高不宜大于 6m。

⑤ 填充墙与框架柱、梁的缝隙可采用聚苯乙烯泡沫塑料板条或聚氨酯发泡材料充填，并用硅酮胶或其他弹性密封材料封缝。

⑥ 所有连接用钢筋、金属配件、铁件、预埋件等均应作防腐防锈处理，并应符合本

---

① 当有振动荷载时，墙、柱不宜采用毛石砌体。

规范第4.3节的规定。嵌缝材料应能满足变形和防护要求。

2) 当填充墙与框架采用不脱开的方法时：

① 沿柱高每隔500mm配置2根直径6mm的拉结钢筋（墙厚大于240mm时配置3根直径6mm），钢筋伸入填充墙长度不宜小于700mm，且拉结钢筋应错开截断，相距不宜小于200mm。填充墙墙顶应与框架梁紧密结合，顶面与上部结构接触处宜用一皮砖或配砖斜砌楔紧。

② 当填充墙有洞口时，宜在窗洞口的上端或下端、门洞口的上端设置钢筋混凝土带，钢筋混凝土带应与过梁的混凝土同时浇筑，其过梁的断面及配筋由设计确定。钢筋混凝土带的混凝土强度等级不小于C25。当有洞口的填充墙尽端至门窗洞口边距离小于240mm时，宜采用钢筋混凝土门窗框。

③ 填充墙长度超过5m或墙长大于2倍层高时，墙顶与梁宜有拉结措施，墙体中部应加设构造柱；墙高度超过4m时，宜在墙高中部设置与柱连接的水平系梁；墙高超过6m时，宜沿墙高每2m设置与柱连接的水平系梁，梁的截面高度不小于60mm。

(8) 填充墙、隔墙应分别采取措施与周边主体结构构件可靠连接。

(9) 山墙处的壁柱或构造柱宜砌至山墙顶部，且屋面构件应与山墙可靠拉结。

(10) 砌块砌体应分皮错缝搭砌，上下皮搭砌长度不得小于90mm。当搭砌长度不满足上述要求时，应在水平灰缝内设置不小于2φ4的焊接钢筋网片（横向钢筋的间距不宜大于200mm，网片每端应伸出该垂直缝不小于300mm）。

(11) 砌块墙与后砌隔墙交接处，应沿墙高每400mm在水平灰缝内设置不少于2φ4、横筋间距不大于200mm的焊接钢筋网片（图6-19）。

(12) 混凝土砌块房屋，宜将纵横墙交接处、距墙中心线每边不小于300mm范围内的孔洞，采用不低于Cb20混凝土沿全墙高灌实。

(13) 混凝土砌块墙体的下列部位，如未设圈梁或混凝土垫块，应采用不低于Cb20混凝土将孔洞灌实：

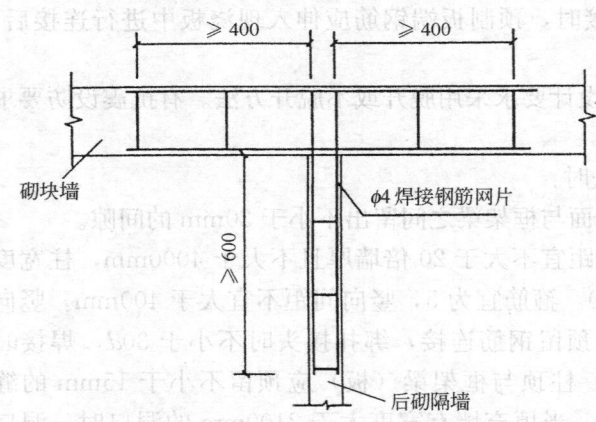

图6-19 砌块墙与后砌隔墙交接处钢筋网片

1) 搁栅、檩条和钢筋混凝土楼板的支承面下，高度不应小于200mm的砌体。

2) 屋架、梁等构件的支承面下，长度不应小于600mm，高度不应小于600mm的砌体。

3) 挑梁支承面下，距墙中心线每边不应小于300mm，高度不应小于600mm的砌体。

(14) 在砌体中留槽洞及埋设管道时，应遵守下列规定①：

1) 不应在截面长边小于500mm的承重墙体、独立柱内埋设管线。

2) 不宜在墙体中穿行暗线或预留、开凿沟槽，当无法避免时应采取必要的措施或按削弱后的截面验算墙体的承载力。

---

① 对受力较小或未灌孔的砌块砌体，允许在墙体的竖向孔洞中设置管线。

(15) 夹芯墙应符合下列规定：
夹芯墙的拉结见图 6-20。

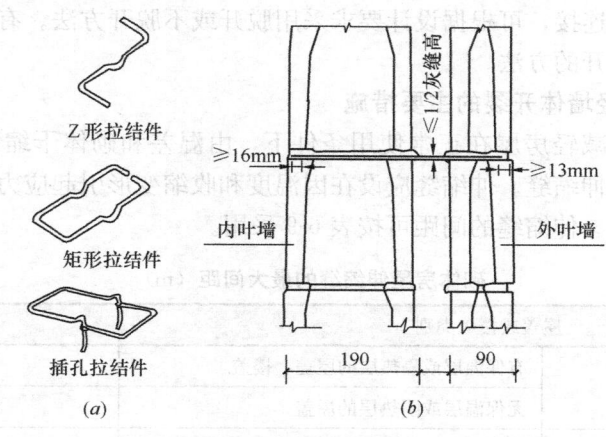

图 6-20 夹芯墙的拉结
(a) 拉结件；(b) 拉结构造

1) 外叶墙的砖及混凝土砌块的强度等级不应低于 MU10。
2) 夹芯墙的夹层厚度不宜大于 120mm。
3) 夹芯墙外叶墙的最大横向支承间距宜按下列规定采用：
① 设防烈度为 6 度时不宜大于 9m；
② 设防烈度为 7 度时不宜大于 6m；
③ 设防烈度为 8、9 度时不宜大于 3m。
(16) 夹芯墙的内、外叶墙，应由拉结件可靠拉结，拉结件宜符合下列规定：
1) 当采用环形拉结件时，钢筋直径不应小于 4mm，当为 Z 形拉结件时，钢筋直径不应小于 6mm。拉结件应沿竖向梅花形布置，拉结件的水平和竖向最大间距分别不宜大于 800mm 和 600mm；对有振动或有抗震设防要求时，其水平和竖向最大间距分别不宜大于 800mm 和 400mm。
2) 当采用可调拉结件时，钢筋直径不应小于 4mm，拉结件的水平和竖向最大间距均不宜大于 400mm。叶墙间灰缝的高差不大于 3mm，可调拉结件中孔眼和扣钉间的公差不大于 1.5mm。
3) 当采用钢筋网片作拉结件时，网片横向钢筋的直径不应小于 4mm，其间距不应大于 400mm；网片的竖向间距不宜大于 600mm，对有振动或有抗震设防要求时，不宜大于 400mm。
4) 拉结件在叶墙上的搁置长度，不应小于叶墙厚度的 2/3，并不应小于 60mm。
5) 门窗洞口周边 300mm 范围内应附加间距不大于 600mm 的拉结件。
(17) 框架填充墙墙体除应满足稳定要求外，尚应考虑水平风荷载及地震作用的影响。在正常使用和正常维护条件下，填充墙的使用年限宜与主体结构相同，结构的安全等级可按二级考虑。
填充墙的构造设计，应符合下列规定：
1) 填充墙宜采用轻质块体材料，其强度等级应符合《砌体规范》第 3.1.2 条的规定；
2) 填充墙砌筑砂浆的强度等级不宜低于 M5（Mb5、Ms5）；

3) 填充墙墙体厚度不应小于 90mm；

4) 用于填充墙的夹心复合砌块，其两肢块体之间应有拉结。

填充墙与框架的连接，可根据设计要求采用脱开或不脱开方法。有抗震设防要求时宜采用填充墙与框架脱开的方法。

(三) 防止或减轻墙体开裂的主要措施

(1) 为了防止或减轻房屋在正常使用条件下，由温差和砌体干缩引起的墙体竖向裂缝，应在墙体中设置伸缩缝。伸缩缝应设在因温度和收缩变形引起应力集中、砌体产生裂缝可能性最大的地方。伸缩缝的间距可按表 6-9 采用。

砌体房屋伸缩缝的最大间距 (m) 表 6-9

屋盖或楼盖类别		间距
整体式或装配整体式钢筋混凝土结构	有保温层或隔热层的屋盖、楼盖	50
	无保温层或隔热层的屋盖	40
装配式无檩体系钢筋混凝土结构	有保温层或隔热层的屋盖、楼盖	60
	无保温层或隔热层的屋盖	50
装配式有檩体系钢筋混凝土结构	有保温层或隔热层的屋盖	75
	无保温层或隔热层的屋盖	60
瓦材屋盖、木屋盖或楼盖、轻钢屋盖		100

注：1. 对烧结普通砖、烧结多孔砖、配筋砌块砌体房屋，取表中数值；对石砌体、蒸压灰砂普通砖、蒸压粉煤灰普通砖、混凝土砌块、混凝土普通砖和混凝土多孔砖房屋，取表中数值乘以 0.8 的系数；当墙体有可靠外保温措施时，其间距可取表中数值；

2. 在钢筋混凝土屋面上挂瓦的屋盖应按钢筋混凝土屋盖采用；

3. 层高大于 5m 的烧结普通砖、烧结多孔砖、配筋砌块砌体结构单层房屋，其伸缩缝间距可按表中数值乘以 1.3；

4. 温差较大且变化频繁地区和严寒地区不采暖的房屋及构筑物墙体的伸缩缝的最大间距，应按表中数值予以适当减小；

5. 墙体的伸缩缝应与结构的其他变形缝相重合，缝宽度应满足各种变形缝的变形要求；在进行立面处理时，必须保证缝隙的变形作用。

(2) 为了防止或减轻房屋顶层墙体的裂缝，可根据情况采取下列措施：

1) 屋面应设置保温、隔热层。

2) 屋面保温（隔热）层或屋面刚性面层及砂浆找平层应设置分隔缝，分隔缝间距不宜大于 6m，其缝宽不小于 30mm，并与女儿墙隔开。

3) 采用装配式有檩体系钢筋混凝土屋盖和瓦材屋盖。

4) 顶层屋面板下设置现浇钢筋混凝土圈梁，并沿内外墙拉通，房屋两端圈梁下的墙体内宜设置水平钢筋。

5) 顶层墙体有门窗等洞口时，在过梁上的水平灰缝内设置 2~3 道焊接钢筋网片或 2φ6 钢筋，焊接钢筋网片或钢筋应伸入洞口两端墙内不小于 600mm。

6) 顶层及女儿墙砂浆强度等级不低于 M7.5 (Mb7.5、Ms7.5)。

7) 女儿墙应设置构造柱，构造柱间距不宜大于 4m，构造柱应伸至女儿墙顶并与现浇钢筋混凝土压顶整浇在一起。

8) 对顶层墙体施加竖向预应力。

(3) 为防止或减轻房屋底层墙体裂缝，可根据情况采取下列措施：

1) 增大基础圈梁的刚度。

2) 在底层的窗台下墙体灰缝内设置 3 道焊接钢筋网片或 2ϕ6 钢筋，并应伸入两边窗间墙内不小于 600mm。

(4) 在每层门、窗过梁上方的水平灰缝内及窗台下第一和第二道水平灰缝内，宜设置焊接钢筋网片或 2 根直径 6mm 钢筋，焊接钢筋网片或钢筋应伸入两边窗间墙内不小于 600mm。当墙长大于 5m 时，宜在每层墙高度中部设置 2～3 道焊接钢筋网片或 3 根直径 6mm 的通长水平钢筋，竖向间距为 500mm。

(5) 房屋两端和底层第一、第二开间门窗洞处，可采取下列措施：

1) 在门窗洞口两边墙体的水平灰缝中，设置长度不小于 900mm、竖向间距为 400mm 的 2 根直径 4mm 的焊接钢筋网片。

2) 在顶层和底层设置通长钢筋混凝土窗台梁，窗台梁高宜为块材高度的模数，梁内纵筋不少于 4 根，直径不小于 10mm，箍筋直径不小于 6mm，间距不大于 200mm，混凝土强度等级不低于 C25。

3) 在混凝土砌块房屋门窗洞口两侧不少于一个孔洞中设置直径不小于 12mm 的竖向钢筋，竖向钢筋应在楼层圈梁或基础内锚固，孔洞用不低于 Cb20 混凝土灌实。

(6) 填充墙砌体与梁、柱或混凝土墙体结合的界面处（包括内、外墙），宜在粉刷前设置钢丝网片，网片宽度可取 400mm，并沿界面缝两侧各延伸 200mm，或采取其他有效的防裂、盖缝措施。

(7) 当房屋刚度较大时，可在窗台下或窗台角处墙体内、在墙体高度或厚度突然变化处设置竖向控制缝。竖向控制缝宽度不宜小于 25mm，缝内填以压缩性能好的填充材料，且外部用密封材料密封，并采用不吸水的、闭孔发泡聚乙烯实心圆棒（背衬）作为密封膏的隔离物（图 6-21）。

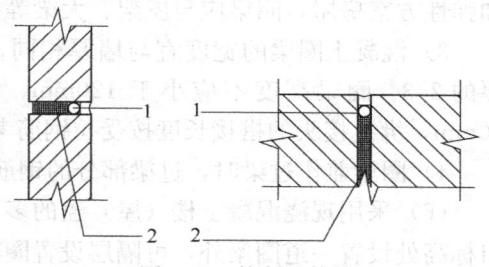

图 6-21 控制缝构造
1—不吸水的、闭孔发泡聚乙烯实心圆棒；
2—柔软、可压缩的填充物

(8) 夹芯复合墙的外叶墙宜在建筑墙体适当部位设置控制缝，其间距宜为 6～8m。

第五节 圈梁、过梁、墙梁和挑梁

(一) 圈梁

(1) 对于地基不均匀沉降或有较大振动荷载的房屋，可按本节规定在砌体墙中设置现浇混凝土圈梁。

(2) 厂房、仓库、食堂等空旷单层房屋应按下列规定设置圈梁：

1) 砖砌体结构房屋，檐口标高为 5～8m 时，应在檐口标高处设置圈梁一道；檐口标高大于 8m 时，应增加设置数量。

2) 砌块及料石砌体结构房屋，檐口标高为 4～5m 时，应在檐口标高处设置圈梁一道；檐口标高大于 5m 时，应增加设置数量。

3) 对有吊车或较大振动设备的单层工业房屋,当未采取有效的隔振措施时,除在檐口或窗顶标高处设置现浇混凝土圈梁外,尚应增加设置数量。

(3) 住宅、办公楼等多层砌体结构民用房屋,且层数为 3～4 层时,应在底层和檐口标高处各设置一道圈梁。当层数超过 4 层时,除应在底层和檐口标高处各设置一道圈梁外,至少应在所有纵、横墙上隔层设置。多层砌体工业房屋,应每层设置现浇混凝土圈梁。设置墙梁的多层砌体结构房屋,应在托梁、墙梁顶面和檐口标高处设置现浇钢筋混凝土圈梁。

(4) 建筑在软弱地基或不均匀地基上的砌体结构房屋,除按本节规定设置圈梁外,尚应符合现行国家标准《建筑地基基础设计规范》GB 50007 的有关规定。

(5) 圈梁应符合下列构造要求:

1) 圈梁宜连续地设在同一水平面上,并形成封闭状;当圈梁被门窗洞口截断时,应在洞口上部增设相同截面的附加圈梁。附加圈梁与圈梁的搭接长度不应小于其中到中垂直间距的 2 倍,且不得小于 1m (图 6-22)。

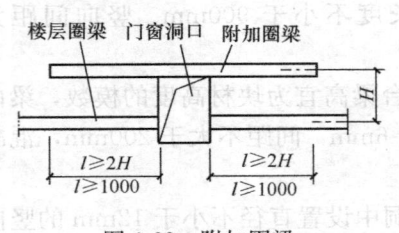

图 6-22 附加圈梁

2) 纵、横墙交接处的圈梁应可靠连接。刚弹性和弹性方案房屋,圈梁应与屋架、大梁等构件可靠连接。

3) 混凝土圈梁的宽度宜与墙厚相同,当墙厚不小于 240mm 时,其宽度不宜小于墙厚的 2/3。圈梁高度不应小于 120mm。纵向钢筋数量不应少于 4 根,直径不应小于 10mm,绑扎接头的搭接长度按受拉钢筋考虑,箍筋间距不应大于 300mm。

4) 圈梁兼作过梁时,过梁部分的钢筋应按计算面积另行增配。

(6) 采用现浇混凝土楼(屋)盖的多层砌体结构房屋,当层数超过 5 层时,除应在檐口标高处设置一道圈梁外,可隔层设置圈梁,并应与楼(屋)面板一起现浇。未设置圈梁的楼面板嵌入墙内的长度不应小于 120mm,并沿墙长配置不少于 2 根直径为 10mm 的纵向钢筋。

(二) 过梁

(1) 对有较大振动荷载或可能产生不均匀沉降的房屋,应采用混凝土过梁。当过梁的跨度不大于 1.5m 时,可采用钢筋砖过梁;不大于 1.2m 时,可采用砖砌平拱过梁。

(2) 过梁的荷载,应按下列规定采用:

1) 对砖和砌块砌体,当梁、板下的墙体高度 h_w 小于过梁的净跨 l_n 时,过梁应计入梁、板传来的荷载,否则可不考虑梁、板荷载。

2) 对砖砌体,当过梁上的墙体高度 h_w 小于 $l_n/3$ 时,墙体荷载应按墙体的均布自重采用,否则应按高度为 $l_n/3$ 墙体的均布自重采用。

3) 对砌块砌体,当过梁上的墙体高度 h_w 小于 $l_n/2$ 时,墙体荷载应按墙体的均布自重采用,否则应按高度为 $l_n/2$ 墙体的均布自重采用。

(3) 砖砌过梁的构造,应符合下列规定:

1) 砖砌过梁截面计算高度内的砂浆不宜低于 M5 (Mb5、Ms5);

2) 砖砌平拱用竖砖砌筑部分的高度不应小于 240mm;

3) 钢筋砖过梁底面砂浆层处的钢筋,其直径不应小于 5mm,间距不宜大于 120mm,

钢筋伸入支座砌体内的长度不宜小于 240mm, 砂浆层的厚度不宜小于 30mm。

(三)墙梁

(1) 承重与自承重简支墙梁、连续墙梁和框支墙梁的设计,应符合本节规定。

(2) 采用烧结普通砖砌体、混凝土普通砖砌体、混凝土多孔砖砌体和混凝土砌块砌体的墙梁设计应符合下列规定:

1) 墙梁设计应符合表 6-10 的规定。

墙梁的一般规定 表 6-10

墙梁类别	墙体总高度 (m)	跨度 (m)	墙体高跨比 h_w/l_{0i}	托梁高跨比 h_b/l_{0i}	洞宽比 b_h/l_{0i}	洞高 h_h (m)
承重墙梁	≤18	≤9	≥0.4	≥1/10	≤0.3	≤$5h_w/6$ 且 h_w-h_h≥0.4m
自承重墙梁	≤18	≤12	≥1/3	≥1/15	≤0.8	—

注:墙体总高度指托梁顶面到檐口的高度,带阁楼的坡屋面应算到山尖墙 1/2 高度处。

2) 墙梁计算高度范围内每跨允许设置一个洞口,洞口高度,对窗洞取洞顶至托梁顶面距离。对自承重墙梁,洞口至边支座中心的距离不应小于 $0.1l_{0i}$,门窗洞上口至墙顶的距离不应小于 0.5m。

3) 洞口边缘至支座中心的距离,距边支座不应小于墙梁计算跨度的 0.15 倍,距中支座不应小于墙梁计算跨度的 0.07 倍。托梁支座处上部墙体设置混凝土构造柱且构造柱边缘至洞口边缘的距离不小于 240mm 时,洞口边至支座中心距离的限值可不受本规定限制。

4) 托梁高跨比,对无洞口墙梁不宜大于 1/7,对靠近支座有洞口的墙梁不宜大于 1/6。配筋砌块砌体墙梁的托梁高跨比可适当放宽,但不宜小于 1/14;当墙梁结构中的墙体均为配筋砌块砌体时,墙体总高度可不受本规定限制。

(3) 墙梁的计算简图,应按图 6-23 采用。各计算参数应符合下列规定:

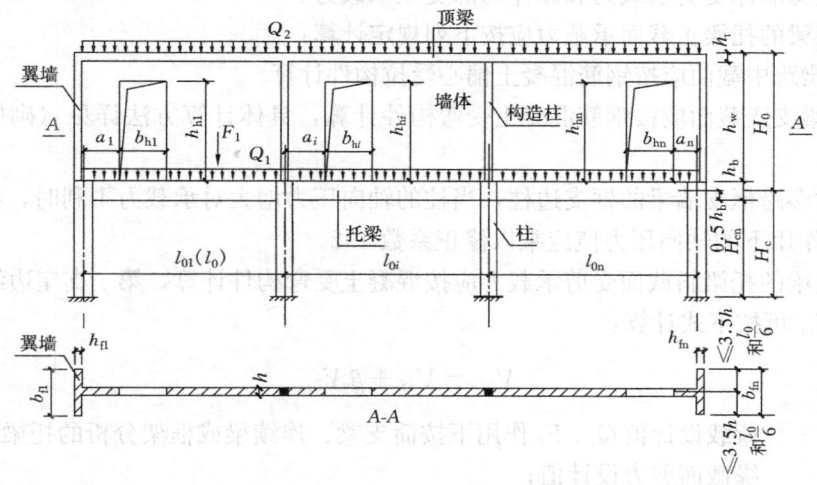

图 6-23 墙梁计算简图

$l_0(l_{0i})$—墙梁计算跨度;h_w—墙体计算高度;h—墙体厚度;H_0—墙梁跨中截面计算高度;b_{f1}—翼墙计算宽度;H_c—框架柱计算高度;b_{hi}—洞口宽度;h_{hi}—洞口高度;a_i—洞口边缘至支座中心的距离;Q_1、F_1—承重墙梁的托梁顶面的荷载设计值;Q_2—承重墙梁的墙梁顶面的荷载设计值

1) 墙梁计算跨度，对简支墙梁和连续墙梁取净跨的 1.1 倍或支座中心线距离的较小值；框支墙梁支座中心线距离，取框架柱轴线间的距离。

2) 墙体计算高度，取托梁顶面上一层墙体（包括顶梁）高度，当 h_w 大于 l_0 时，取 h_w 等于 l_0（对连续墙梁和多跨框支墙梁，l_0 取各跨的平均值）。

3) 墙梁跨中截面计算高度，取 $H_0 = h_w + 0.5h_b$。

4) 翼墙计算宽度，取窗间墙宽度或横墙间距的 2/3，且每边不大于 3.5 倍的墙体厚度和墙梁计算跨度的 1/6。

5) 框架柱计算高度，取 $H_c = H_{cn} + 0.5h_b$；H_{cn} 为框架柱的净高，取基础顶面至托梁底面的距离。

(4) 墙梁的计算荷载，应按下列规定采用：

1) 使用阶段墙梁上的荷载，应按下列规定采用：

① 承重墙梁的托梁顶面的荷载设计值，取托梁自重及本层楼盖的恒荷载和活荷载；

② 承重墙梁的墙梁顶面的荷载设计值，取托梁以上各层墙体自重，以及墙梁顶面以上各层楼（屋）盖的恒荷载和活荷载；集中荷载可沿作用的跨度近似化为均布荷载；

③ 自承重墙梁的墙梁顶面的荷载设计值，取托梁自重及托梁以上墙体自重。

2) 施工阶段托梁上的荷载，应按下列规定采用：

① 托梁自重及本层楼盖的恒荷载；

② 本层楼盖的施工荷载；

③ 墙体自重，可取高度为 $l_{0max}/3$ 的墙体自重，开洞时尚应按洞顶以下实际分布的墙体自重复核；l_{0max} 为各计算跨度的最大值。

(5) 墙梁应分别进行托梁使用阶段正截面承载力和斜截面受剪承载力计算、墙体受剪承载力和托梁支座上部砌体局部受压承载力计算，以及施工阶段托梁承载力验算。自承重墙梁可不验算墙体受剪承载力和砌体局部受压承载力。

(6) 墙梁的托梁正截面承载力应按下列规定计算：

1) 托梁跨中截面应按钢筋混凝土偏心受拉构件计算。

2) 托梁支座截面应按钢筋混凝土受弯构件计算，具体计算方法详见《砌体规范》第 7.3.6 条。

(7) 对多跨框支墙梁的框支边柱，当柱的轴向压力增大对承载力不利时，在墙梁荷载设计值 Q_2 作用下的轴向压力值应乘以修正系数 1.2。

(8) 墙梁的托梁斜截面受剪承载力应按混凝土受弯构件计算，第 j 支座边缘截面的剪力设计值 V_{bj} 可按下式计算：

$$V_{bj} = V_{1j} + \beta_v V_{2j} \tag{6-11}$$

式中　V_{1j} ——荷载设计值 Q_1、F_1 作用下按简支梁、连续梁或框架分析的托梁第 j 支座边缘截面剪力设计值；

　　　V_{2j} ——荷载设计值 Q_2 作用下按简支梁、连续梁或框架分析的托梁第 j 支座边缘截面剪力设计值；

　　　β_v ——考虑墙梁组合作用的托梁剪力系数，无洞口墙梁边支座截面取 0.6，中间支座截面取 0.7；有洞口墙梁边支座截面取 0.7，中间支座截面取 0.8；对自承重墙梁，无洞口时取 0.45，有洞口时取 0.5。

（9）墙梁的墙体受剪承载力，应按下式验算；当墙梁支座处墙体中设置上、下贯通的落地混凝土构造柱，且其截面不小于 240mm×240mm 时，可不验算墙梁的墙体受剪承载力。

$$V_2 \leqslant \xi_1 \xi_2 \left(0.2 + \frac{h_b}{l_{0i}} + \frac{h_t}{l_{0i}}\right) fhh_w \tag{6-12}$$

式中　V_2——在荷载设计值 Q_2 作用下墙梁支座边缘截面剪力的最大值；

　　　ξ_1——翼墙影响系数；对单层墙梁取 1.0；对多层墙梁，当 $b_f/h=3$ 时取 1.3，当 $b_f/h=7$ 时取 1.5，当 $3<b_f/h<7$ 时，按线性插入取值；

　　　ξ_2——洞口影响系数；无洞口墙梁取 1.0，多层有洞口墙梁取 0.9，单层有洞口墙梁取 0.6；

　　　h_t——墙梁顶面圈梁截面高度。

（10）托梁应按混凝土受弯构件进行施工阶段的受弯、受剪承载力验算，作用在托梁上的荷载可按上述第（4）条的规定采用。

（11）墙梁的构造应符合下列规定：

1）托梁和框支柱的混凝土强度等级不应低于 C30。

2）承重墙梁的块体强度等级不应低于 MU10，计算高度范围内墙体的砂浆强度等级不应低于 M10（Mb10）。

3）框支墙梁的上部砌体房屋，以及设有承重的简支墙梁或连续墙梁的房屋，应满足刚性方案房屋的要求。

4）墙梁的计算高度范围内的墙体厚度，对砖砌体不应小于 240mm，对混凝土砌块砌体不应小于 190mm。

5）墙梁洞口上方应设置混凝土过梁，其支承长度不应小于 240mm；洞口范围内不应施加集中荷载。

6）承重墙梁的支座处应设置落地翼墙，翼墙厚度，对砖砌体不应小于 240mm，对混凝土砌块砌体不应小于 190mm，翼墙宽度不应小于墙梁墙体厚度的 3 倍，并与墙梁墙体同时砌筑；当不能设置翼墙时，应设置落地且上、下贯通的混凝土构造柱。

7）当墙梁墙体在靠近支座 1/3 跨度范围内开洞时，支座处应设置落地且上、下贯通的混凝土构造柱，并应与每层圈梁连接。

8）墙梁计算高度范围内的墙体，每天可砌筑高度不应超过 1.5m，否则，应加设临时支撑。

9）托梁两侧各两个开间的楼盖应采用现浇混凝土楼盖，楼板厚度不应小于 120mm；当楼板厚度大于 150mm 时，应采用双层双向钢筋网；楼板上应少开洞，洞口尺寸大于 800mm 时应设洞口边梁。

10）托梁每跨底部的纵向受力钢筋应通长设置，不应在跨中弯起或截断；钢筋连接应采用机械连接或焊接。

11）托梁跨中截面的纵向受力钢筋总配筋率不应小于 0.6%。

12）托梁上部通长布置的纵向钢筋面积与跨中下部纵向钢筋面积之比值不应小于

0.4；连续墙梁或多跨框支墙梁的托梁支座上部附加纵向钢筋从支座边缘算起每边延伸长度不应小于 $l_0/4$。

13) 承重墙梁的托梁在砌体墙、柱上的支承长度不应小于 350mm；纵向受力钢筋伸入支座的长度应符合受拉钢筋的锚固要求。

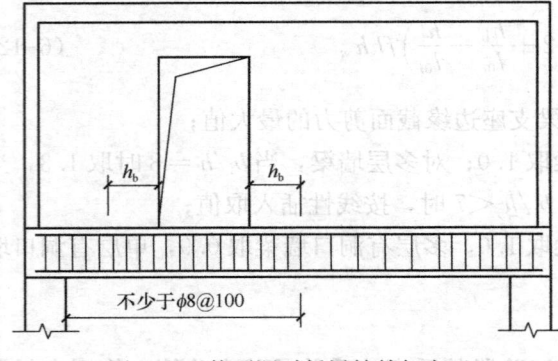

图 6-24 偏开洞时托梁箍筋加密区

14) 当托梁截面高度 h_b 大于等于 450mm 时，应沿梁截面高度设置通长水平腰筋，其直径不应小于 12mm，间距不应大于 200mm。

15) 对于洞口偏置的墙梁，其托梁的箍筋加密区范围应延到洞口外，距洞边的距离大于等于托梁截面高度 h_b（图 6-24），箍筋直径不应小于 8mm，间距不应大于 100mm。

（四）挑梁

(1) 砌体墙中混凝土挑梁的抗倾覆，应按下式验算：

$$M_{ov} \leqslant M_r \tag{6-13}$$

式中 M_{ov}——挑梁的荷载设计值对计算倾覆点产生的倾覆力矩；

M_r——挑梁的抗倾覆力矩设计值。

(2) 挑梁计算倾覆点至墙外边缘的距离可按下列规定采用：

1) 当 l_1 不小于 $2.2h_b$ 时（l_1 为挑梁埋入砌体墙中的长度，h_b 为挑梁的截面高度），梁计算倾覆点到墙外边缘的距离可按下式计算，且其结果不应大于 $0.13l_1$：

$$x_0 = 0.3h_b \tag{6-14}$$

式中 x_0——计算倾覆点至墙外边缘的距离 (mm)。

2) 当 l_1 小于 $2.2h_b$ 时，梁计算倾覆点到墙外边缘的距离可按下式计算：

$$x_0 = 0.13l_1 \tag{6-15}$$

3) 当挑梁下有混凝土构造柱或垫梁时，计算倾覆点到墙外边缘的距离可取 $0.5x_0$。

(3) 挑梁的抗倾覆力矩设计值，可按下式计算：

$$M_r = 0.8G_r(l_2 - x_0) \tag{6-16}$$

式中 G_r——挑梁的抗倾覆荷载，为挑梁尾端上部 45°扩展角的阴影范围（其水平长度为 l_3）内本层的砌体与楼面恒荷载标准值之和（图 6-24）；当上部楼层无挑梁时，抗倾覆荷载中可计及上部楼层的楼面永久荷载；

l_2——G_r 作用点至墙外边缘的距离。

(4) 挑梁下砌体的局部受压承载力，可按下式验算（图 6-25）：

$$N_l \leqslant \eta f A_l \tag{6-17}$$

式中 N_l——挑梁下的支承压力，可取 $N_l = 2R$，R 为挑梁的倾覆荷载设计值；

η——梁端底面压应力图形的完整系数，可取 0.7；

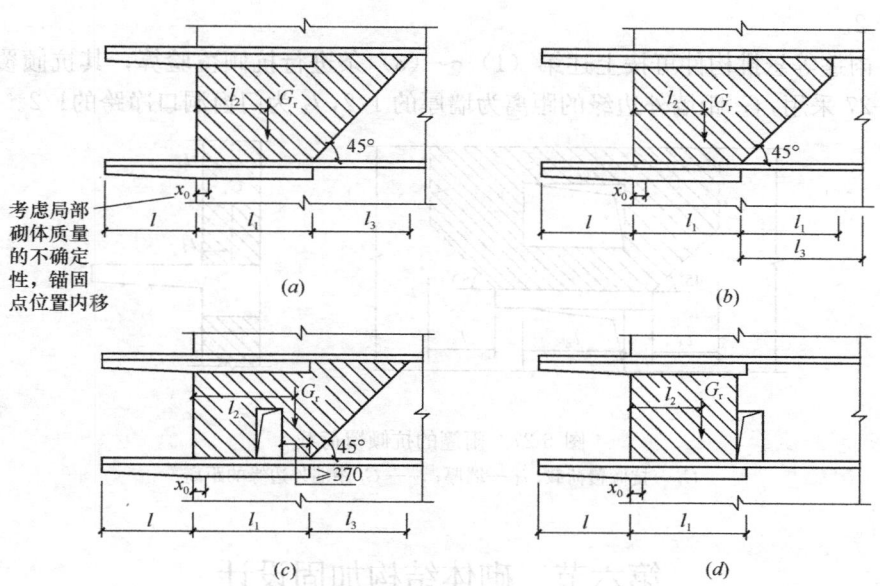

图 6-25 挑梁的抗倾覆荷载
(a) $l_3 \leqslant l_1$ 时；(b) $l_3 > l_1$ 时；(c) 洞在 l_1 之内；(d) 洞在 l_1 之外

γ——砌体局部抗压强度提高系数，对图 6-25（a）可取 1.25；对图 6-25（b）可取 1.5；

A_l——挑梁下砌体局部受压面积，可取 $A_l = 1.2bh_b$，b 为挑梁的截面宽度，h_b 为挑梁的截面高度（图 6-26）。

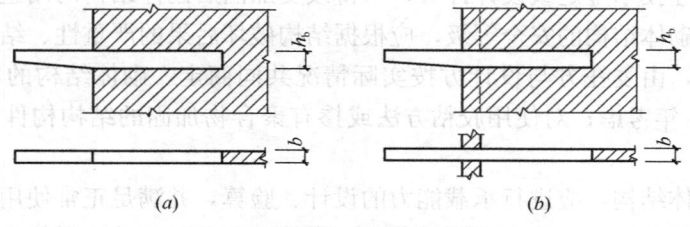

图 6-26 挑梁下砌体局部受压
(a) 挑梁支承在一字墙上；(b) 挑梁支承在丁字墙上

（5）挑梁的最大弯矩设计值 $M_{\max}$ 与最大剪力设计值 $V_{\max}$，可按下式计算：

$$M_{\max} = M_0 \tag{6-18}$$

$$V_{\max} = V_0 \tag{6-19}$$

式中 M_0——挑梁的荷载设计值对计算倾覆点截面产生的弯矩；

V_0——挑梁的荷载设计值在挑梁墙外边缘处截面产生的剪力。

（6）挑梁设计除应符合现行国家标准《混凝土结构设计规范》GB 50010 的有关规定外，尚应满足下列要求：

1）纵向受力钢筋至少应有 1/2 的钢筋面积伸入梁尾端，且不少于 2φ12；其余钢筋伸入支座的长度不应小于 $2l_1/3$。

2）挑梁埋入砌体长度 l_1 与挑出长度 l 之比宜大于 1.2；当挑梁上无砌体时，l_1 与 l 之比宜大于 2。

(7) 雨篷等悬挑构件可按上述第（1）～（3）条进行抗倾覆验算，其抗倾覆荷载 G_r 可按图 6-27 采用，G_r 距墙外边缘的距离为墙厚的 1/2，l_3 为门窗洞口净跨的 1/2。

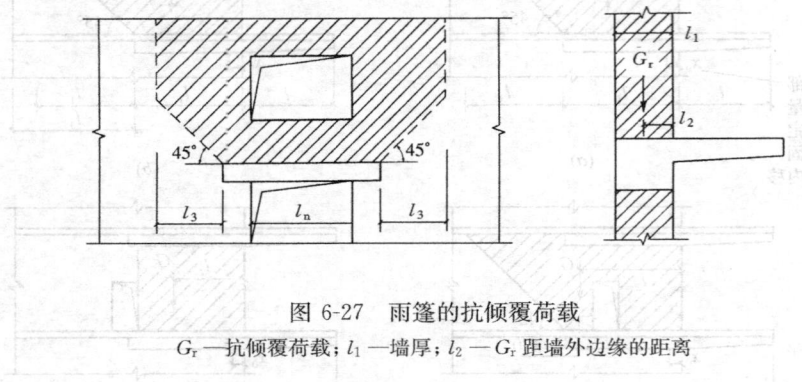

图 6-27 雨篷的抗倾覆荷载
G_r—抗倾覆荷载；l_1—墙厚；l_2—G_r 距墙外边缘的距离

第六节 砌体结构加固设计

一、一般原则

(1) 砌体结构加固前，应根据不同建筑类型分别按《工业建筑可靠性鉴定标准》GB 50144 和《民用建筑可靠性鉴定标准》GB 50292 的有关规定进行可靠性鉴定。

(2) 砌体结构经可靠性鉴定确认需要加固时，应根据鉴定结论和委托方提出的要求，由有资质的专业技术人员按《砌体结构加固设计规范》GB 50702 的规定和业主的要求进行加固设计。未经技术鉴定或设计许可，不得改变加固后砌体结构的用途和使用环境。

(3) 加固后砌体结构的安全等级，应根据结构破坏后果的严重性、结构的重要性和加固设计工作年限，由委托方与设计方按实际情况共同商定。砌体结构的加固设计工作年限，一般宜按 30 年考虑；对使用胶粘方法或掺有聚合物加固的结构构件，应定期检查其工作状态。

(4) 加固砌体结构，应进行承载能力的设计、验算，并满足正常使用功能的要求。抗震设防区结构构件的加固，除应满足承载力要求外，还应复核其抗震能力。结构的计算简图，应符合实际受力和构造状况；结构构件的尺寸，对原有部分应采用实测值；对新增部分，可采用加固设计文件给出的名义值。

(5) 原结构构件的砌体强度等级和钢筋强度标准值，当原设计文件有效，且不怀疑结构有严重的性能退化时，可采用原设计值；当结构可靠性鉴定认为应重新进行现场检测时，应采用检测结果推定的标准值。

二、加固材料

(1) 块体（块材）应采用与原构件同品种块体，块体质量不应低于一等品，强度等级应按原设计的块体等级确定，且不应低于 MU10。

(2) 外加面层用的水泥砂浆的强度等级，普通水泥砂浆不应低于 M10，水泥复合砂浆不应低于 M25。

(3) 砌筑砂浆可采用水泥砂浆或水泥石灰混合砂浆；防潮层、地下室以及其他潮湿部位，应采用水泥砂浆或水泥复合砂浆。不得采用收缩性大的砂浆。砌筑砂浆的强度等级应比原砌体的砂浆提高一级，且不得低于 M10。

(4) 应采用强度等级不低于 32.5 级的硅酸盐水泥和普通硅酸盐水泥，也可采用强度等级不应低于 42.5 级矿渣硅酸盐水泥或火山灰质硅酸盐水泥，必要时，还可采用快硬硅酸盐水泥或复合硅酸盐水泥。

(5) 混凝土的粗骨料应选用坚硬、耐久性好的碎石或卵石。

(6) 钢筋应采用 HRB400 或 HPB300 钢筋，也可采用冷轧带肋钢筋。

(7) 钢板、型钢、扁钢和钢管等，应采用 Q235 或 Q355 钢材。

(8) 锚固件和拉结件的后锚固植筋，应采用热轧带肋钢筋，不得使用光圆钢筋。钢螺杆锚固件应采用全螺纹的螺杆，钢材 Q235；不得采用锚入部位无螺纹的螺杆。锚栓应采用砌体专用的碳素钢锚栓。

(9) 纤维复合材用的纤维应为连续纤维。采用涂刷法施工时，不得使用单位面积质量大于 $300g/m^2$ 的碳纤维织物；采用真空灌注法施工时，不得使用单位面积质量大于 $450g/m^2$ 的碳纤维织物；在现场粘贴条件下，尚不得采用预浸法生产的碳纤维织物。

(10) 浸渍、粘结纤维复合材的胶粘剂，粘贴钢板、型钢的胶粘剂以及种植后锚固件的胶粘剂，必须采用专门配制的改性环氧树脂胶粘剂。不得使用不饱和聚酯树脂、醇酸树脂等胶粘剂。

三、加固方法

砌体结构的加固可分为直接加固和间接加固两类，直接加固法包括外加面层加固、外包型钢加固、粘贴纤维复合材加固和外加扶壁柱加固等；间接加固法包括外加预应力撑杆加固和改变结构计算图形的加固。可根据结构特点、实际条件和使用要求选择适宜的加固方法及配合使用的技术。

（一）钢筋混凝土面层加固法

(1) 本方法适用于以外加钢筋混凝土面层加固砌体墙、柱。对柱可采用围套加固的形式，对墙和带壁柱墙，可采用有拉结的双侧加固形式。抗震加固时，应采用双面加固形式以增强砌体结构的整体性。

(2) 钢筋混凝土面层的厚度不小于 60mm；采用喷射混凝土施工时不小于 50mm。

(3) 混凝土的强度等级应比原构件混凝土高一级，且不应低于 C25。

(4) 竖向受力钢筋应采用 HRB400 钢筋。钢筋直径不小于 12mm，净间距不小于 30mm。纵向钢筋的上下端均应有可靠的锚固。

(5) 采用围套式面层加固砌体柱时（图 6-28），应采用封闭式箍筋，箍筋直径不小于 6mm，间距不应大于 150mm。

（二）钢筋网水泥砂浆面层加固法

(1) 本方法适用于各类砌体墙、柱的加固。抗震加固应采用双面加固形式，以增强砌体结构的整体性。

(2) 原砌体的砂浆强度等级，受压构件不应低于

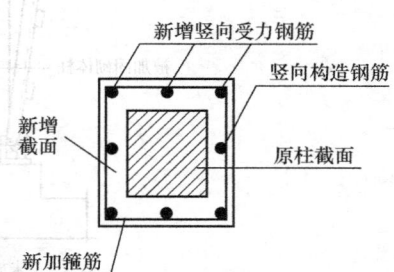

图 6-28 围套式面层的构造

M2.5；受剪构件，对砖砌体不宜低于 M1，对低层建筑不低于 M0.4，对砌块砌体不应低于 M2.5。

（3）水泥砂浆面层的厚度，室内正常环境 35～45mm；露天或潮湿环境 45～50mm。

（4）加固受压构件的水泥砂浆，强度等级不应低于 M15；加固受剪构件不应低于 M10。

（三）外包型钢加固法

（1）当采用外包型钢加固矩形截面砌体柱时，宜设计成以角钢为组合构件四肢，以钢缀板围束砌体的钢构架加固方式，见图 6-29。

（2）钢构架应采用 Q235 钢制作；角钢和缀板的最小截面尺寸分别为 L60mm×6mm 和－60mm×6mm。缀板的间距不应大于 500mm。

（3）为使角钢和缀板紧贴砌体柱表面，应采用水泥砂浆填塞角钢和缀板，也可采用灌浆料压注。

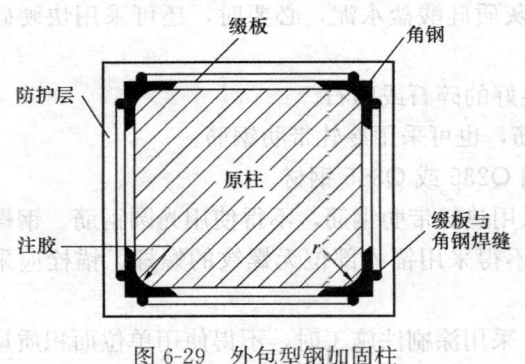

图 6-29 外包型钢加固柱

（四）外加预应力撑杆加固法

（1）本方法仅适用于抗震设防烈度 6 度及 6 度以下地区，烧结普通砖柱的加固。被加固柱的上部结构应为钢筋混凝土现浇梁、板，且能与撑杆上端的传力角钢可靠锚固。

（2）应采用两对角钢组成的双侧预应力撑杆的加固方式（图 6-30）。

（3）撑杆角钢的截面尺寸不应小于 L60mm×6mm。压杆肢的两根角钢用缀板连接，缀板截面尺寸不应小于－80mm×6mm。缀板间距应保证单肢角钢的长细比不大于 40。

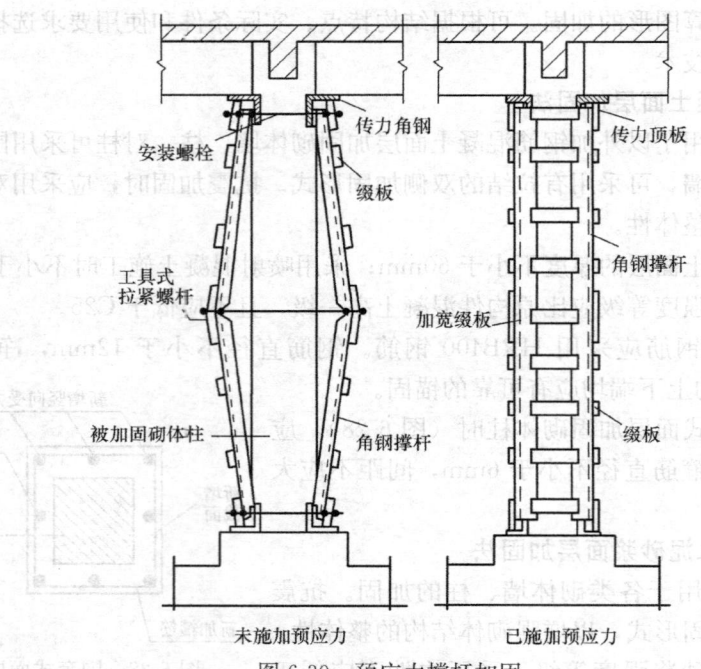

图 6-30 预应力撑杆加固

（五）粘贴纤维复合材加固法

（1）本方法仅适用于烧结普通砖墙平面内受剪加固和抗震加固。

（2）原砖墙现场实测的砖强度等级不得低于 MU7.5；砂浆强度等级不得低于 M2.5。

（3）应将纤维复合材设计成纤维仅承受拉应力作用。

（4）抗震加固时，纤维布应采用连续粘贴的形式，以增强墙体的整体性能。

（5）纤维布条带在全墙面上宜等间距均匀布置，条带宽度不宜小于 100mm，条带的最大净间距不宜大于三皮砖块的高度，也不宜大于 200mm。

（6）原砖墙表面应先做水泥砂浆抹平层；层厚不应小于 15mm；水泥砂浆强度等级不应低于 M10；待抹平层硬化、干燥后方可粘贴纤维复合材。

（六）增设砌体扶壁柱加固法

（1）本方法仅适用于抗震设防烈度 6 度及 6 度以下地区砌体墙的加固。增设扶壁柱加固墙体后，其承载力和高厚比应按《砌体结构设计规范》GB 50003 的规定进行验算。

（2）新增扶壁柱的截面宽度≥240mm，厚度≥120mm（图 6-31）。增设扶壁柱用以提高受压构件的承载力时，应沿墙体两侧增设。

（3）块材强度等级应比原结构的块材提高一级，不得低于 MU15；并应选用整砖（砌块）砌筑。砂浆强度等级，不应低于原结构的砂浆强度等级，且不应低于 M5。

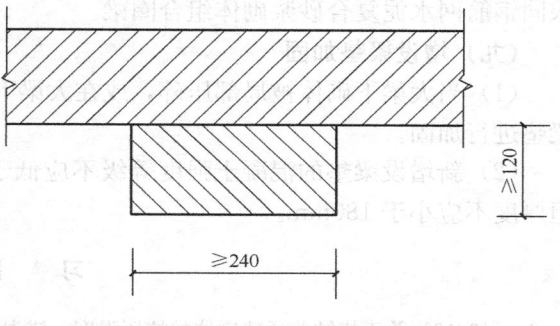

图 6-31 增设扶壁柱的截面尺寸

（七）增设圈梁加固

（1）当无圈梁或圈梁设置不符合规范要求，或纵横墙交接处咬槎有明显缺陷，或房屋的整体性较差时，应增设圈梁进行加固。

（2）可采用现浇钢筋混凝土圈梁，或钢筋网水泥复合砂浆砌体组合圈梁，在特殊情况下，也可采用型钢圈梁。对内墙圈梁还可用钢拉杆代替，钢拉杆设置间距应适当加密，且应贯通房屋横墙（或纵墙）的全部宽度，并应设在有横墙（或纵墙）处，同时应锚固在纵墙（或横墙）上。

（3）外加圈梁应靠近楼（屋）盖设置，并应在同一水平标高交圈闭合。钢拉杆应靠近楼（屋）盖和墙面。

（4）外加圈梁的混凝土强度等级不低于 C25；截面高度不应小于 180mm、宽度不应小于 120mm。纵向钢筋不少于 4 根，直径 10mm；箍筋直径 6mm，间距 200mm。圈梁在转角处应设 2 根直径 12mm 的斜筋。

（5）钢筋网水泥复合砂浆砌体组合圈梁的梁顶与楼（屋）面板底齐平，梁高不小于 300mm。穿墙拉结钢筋宜呈梅花状布置，穿墙筋位置应在丁砖上（单面组合圈梁）或丁砖缝（双面组合圈梁）。面层砂浆强度等级，水泥砂浆不应低于 M10，水泥复合砂浆不应低于 M20；钢筋网水泥复合砂浆面层厚度为 30~45mm；钢筋网的钢筋直径为 6mm 或 8mm。

（6）横墙承重房屋的内墙，可用两根钢拉杆代替圈梁；纵墙承重和纵横墙承重的房屋，钢拉杆在横墙两侧各设一根。钢拉杆直径不应小于 14mm，垫板 200mm×200mm×15mm。

(7) 外加钢筋混凝土圈梁与砖墙的连接可采用结构胶锚筋、化学锚栓或钢筋混凝土销键。采用化学植筋或化学锚栓时，砌体的块材及原砌体砖的强度等级均不应低于MU7.5。

(8) 钢拉杆埋入圈梁的长度为30d（d为钢拉杆直径），端头应做弯钩。钢拉杆通过钢管穿过圈梁，应用螺栓拧紧。

(9) 角钢圈梁的规格不应小于L80mm×6mm或L75mm×6mm，并每隔1～1.5m与墙体用普通螺栓拉结，螺杆直径不应小于12mm。

（八）增设构造柱加固

(1) 当无构造柱或构造柱设置不符合规范要求时，应增设现浇钢筋混凝土构造柱或钢筋网水泥复合砂浆组合砌体构造柱。

(2) 钢筋混凝土构造柱的材料、构造及设置位置应符合现行规范的要求。增设的构造柱应与墙体圈梁、拉杆连接成整体。

(3) 钢筋网水泥复合砂浆砌体组合构造柱的截面宽度不应小于500mm。其他构造要求同钢筋网水泥复合砂浆砌体组合圈梁。

（九）增设梁垫加固

(1) 当大梁下砌体被局部压碎，或在大梁下墙体出现局部竖向或斜向裂缝时，应增设梁垫进行加固。

(2) 新增设梁垫的混凝土强度等级不应低于C25。梁垫尺寸按现行规范经计算确定，但厚度不应小于180mm。

习 题

6-1 (2019) 关于烧结普通砖砌体的抗压强度，错误的是：
A 提高砖的强度可以提高砌体的抗压强度
B 提高砂浆的强度可以提高砌体的抗压强度
C 加大灰缝厚度可以提高砌体的抗压强度
D 提高砌筑质量等级可以提高砌体的抗压强度

6-2 (2019) 砌体结构墙体，在地面以下含水饱和环境中所用砌块和砂浆最低强度等级正确的是：
A MU10 烧结普通砖＋M5 水泥砂浆
B MU10 烧结多孔砖（灌实）＋M10 混合砂浆
C MU10 混凝土空心砌块（灌实）＋M5 混合砂浆
D MU15 混凝土空心砌块（灌实）＋M10 水泥砂浆

6-3 (2019) 我国古代著名的赵州桥，其结构体现了砌体材料的下列哪种性能？
A 抗拉　　　　B 抗压　　　　C 抗弯　　　　D 抗剪

6-4 (2019) 蒸压灰砂砖砌体，应用专用的砌筑砂浆，下列哪种砂浆不能使用？
A Ms25　　　　B Ms5　　　　C Ms7.5　　　　D Ms10

6-5 (2018) 关于砌体强度的说法正确的是：
A 块体强度、砂浆相同的烧结普通砖和烧结多孔砖抗压强度不同
B 块体强度、砂浆相同的蒸压灰砂砖和烧结多孔砖抗压强度不同
C 块体强度、砂浆相同的单排孔混凝土砌块、轻集料混凝土砌块对孔砌筑的抗压强度不同
D 砂浆强度为0的毛料石砌体抗压强度为0

6-6 (2018) 设计使用年限为70年，位于地下的潮湿卫生间，使用的混凝土砌块强度应为：
A MU5　　　　B MU7.5　　　　C MU10　　　　D MU15

6-7 (2018) 砌体填充墙高厚比限值的目的是：
　　A 块材强度要求　　　　　　　B 砂浆强度要求
　　C 稳定性要求　　　　　　　　D 减少开洞要求

6-8 (2018) 砌体厚度不满足高厚比时，下列提高高厚比的方法中错误的是：
　　A 改变墙厚　　　　　　　　　B 改变柱子高度
　　C 增设构造柱　　　　　　　　D 改变门窗位置

6-9 (2018) 下列减轻砌体结构裂缝的措施中，无效的是：
　　A 在墙体中设置伸缩缝
　　B 增大基础圈梁的刚度
　　C 减少基础圈梁的结构尺寸
　　D 屋面刚性面层及砂浆找平层应设置分隔缝

6-10 (2018) 关于砌体结构非承重填充墙的说法，错误的是：
　　A 填充墙砌筑砂浆的强度等级不宜低于 M5
　　B 填充墙墙体墙厚不应小于 90mm
　　C 填充墙墙高不宜大于 6m
　　D 墙高超过 3m 时，宜在墙高中部设置与柱连通的水平系梁

6-11 (2018) 题 6-11 图所示 3 种砌体，在砌块种类、砂浆强度相同的情况下，强度比较正确的是：

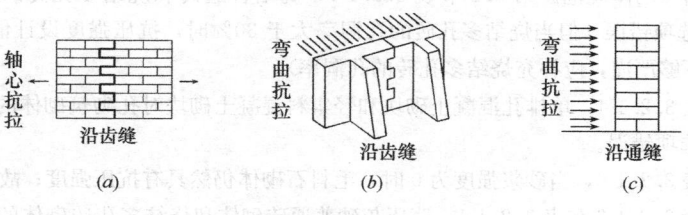

题 6-11 图

　　A $a>b>c$　　B $b>a>c$　　C $c>a>b$　　D $a>c>b$

6-12 各类砌体的抗压强度设计值可按下列何项原则确定？
　　A 龄期 14d，以净截面计算　　B 龄期 14d，以毛截面计算
　　C 龄期 28d，以净截面计算　　D 龄期 28d，以毛截面计算

6-13 目前市场上的承重用 P 型砖和 M 型砖，属于下列哪类砖？
　　A 烧结普通砖　　　　　　　　B 烧结多孔砖
　　C 蒸压灰砂砖　　　　　　　　D 蒸压粉煤灰砖

6-14 承重用混凝土小型空心砌块的空心率宜为下列何值？
　　A 10%以下　　B 25%～50%　　C 70%～80%　　D 95%以上

6-15 下列关于砌体抗压强度的说法哪一种不正确？
　　A 块体的抗压强度恒大于砌体的抗压强度
　　B 砂浆的抗压强度恒大于砌体的抗压强度
　　C 砌体的抗压强度随砂浆的强度提高而提高
　　D 砌体的抗压强度随块体的强度提高而提高

6-16 下列关于砌筑砂浆的说法哪一种不正确？
　　A 砂浆的强度等级是按立方体试块进行抗压试验而确定
　　B 石灰砂浆强度低，但砌筑方便
　　C 水泥砂浆适用于潮湿环境的砌体

D 用同强度等级的水泥砂浆及混合砂浆砌筑的墙体，前者强度设计值高于后者

6-17 砌体一般不能用于下列何种结构构件？
A 受压　　　　　B 受拉　　　　　C 受弯　　　　　D 受剪

参考答案及解析

6-1 **解析**：影响砌体强度的主要因素为砌块和砂浆的强度、砌块的表面平整度和几何尺寸，以及砌筑质量；C 选项加厚灰缝对提高砌体的抗压强度并无帮助。故应选 C。
答案：C

6-2 **解析**：根据《砌体规范》第 4.3.5 条表 4.3.5，地面以下含水饱和环境中所用砌块和砂浆的最低强度等级为 MU15 混凝土空心砌块（灌实）+M10 水泥砂浆，故 D 选项正确。
答案：D

6-3 **解析**：赵州桥为拱结构，拱结构是以受压为主的结构形式。
答案：B

6-4 **解析**：根据《砌体规范》第 3.1.3 条第 1 款，蒸压灰砂普通砖和蒸压粉煤灰普通砖砌体采用的专用砌筑砂浆强度等级：Ms15、Ms10、Ms7.5、Ms5.0；其中没有 Ms25，故应选 A。
答案：A

6-5 **解析**：根据《砌体规范》第 3.2 节表 3.2.1-1，烧结普通砖和烧结多孔砖的抗压强度设计值相同；故 A 选项错误（但当烧结多孔砖的孔洞率大于 30% 时，抗压强度设计值应乘以 0.9，故本题的表述不够严谨，应补充烧结多孔砖的孔洞率）。

根据表 3.2.1-4，单排孔混凝土砌块和轻集料混凝土砌块对孔砌筑砌体的抗压强度设计值相同；故 C 选项错误。

根据表 3.2.1-6，当砂浆强度为 0 时，毛料石砌体仍然具有抗压强度；故 D 选项错误。

根据表 3.2.1-3 和表 3.2.1-1，蒸压灰砂普通砖砌体和烧结多孔砖砌体的抗压强度设计值不同；故 B 选项正确。

答案：B

6-6 **解析**：根据《砌体规范》第 4.3.5 条第 1 款，设计使用年限为 50a 时，地面以下或防潮层以下的砌体、潮湿房间的墙或环境类别 2 的砌体，所用材料的最低强度等级应符合表 4.3.5（题 6-6 解表）的规定。

地面以下或防潮层以下的砌体、潮湿房间的墙所用材料的最低强度等级　　题 6-6 解表

潮湿程度	烧结普通砖	混凝土普通砖、蒸压普通砖	混凝土砌块	石材	水泥砂浆
稍潮湿的	MU15	MU20	MU7.5	MU30	M5
很潮湿的	MU20	MU20	MU10	MU30	M7.5
含水饱和的	MU20	MU25	MU15	MU40	M10

注：1. 在冻胀地区，地面以下或防潮层以下的砌体，不宜采用多孔砖，如采用时，其孔洞应用不低于 M10 的水泥砂浆预先灌实；当采用混凝土空心砌块时，其孔洞应采用强度等级不低于 Cb20 的混凝土预先灌实；

2. 对安全等级为一级或设计使用年限大于 50a 的房屋，表中材料强度等级应至少提高一级。

题中的地下卫生间应属于很潮湿的程度，其混凝土砌块的最低强度等级应为 MU10；又根据表 4.3.5 附注 2，设计使用年限大于 50a 时，材料强度等级应至少提高一级，故应为 MU15。
答案：D

6-7 **解析**：根据《砌体规范》第 2.1.32 条，框架填充墙指的是框架结构中砌筑的墙体，属于自承重墙。自承重墙一般荷载较小，除了要满足承载力要求外，还必须保证其稳定性要求，应防止截面尺寸过小。故砌体填充墙的稳定性主要是通过限制墙体高厚比来实现的。

答案：C

6-8 **解析**：由砌体高厚比的计算公式：

$$\beta = \frac{H_0}{h} \leqslant \mu_1 \mu_2 [\beta]$$

可知高厚比只与墙、柱的计算高度（H_0）和厚度（h）有关，式中 μ_2 为有门窗洞口墙允许高厚比的修正系数。

$$\mu_2 = 1 - 0.4 \frac{b_s}{s}$$

由上式可知，μ_2 只与宽度 s 范围内的门窗洞口总宽度（b_s）和相邻横墙或壁柱之间的距离（s）有关，而与门窗位置无关；且增设构造柱可以提高允许高厚比；故应选 D。

答案：D

6-9 **解析**：增大基础圈梁的刚度可有效控制底层墙体的裂缝开展，而减少基础圈梁的结构尺寸会减小基础圈梁刚度。

答案：C

6-10 **解析**：根据《砌体规范》第 6.3.3 条第 2 款，填充墙砌筑砂浆的强度等级不宜低于 M5（Mb5、Ms5）；故 A 正确。

第 6.3.3 条第 3 款，墙体高度超过 4m 时，填充墙墙体墙厚不应小于 90mm；故 B 正确。

第 6.3.4 条第 1 款 4）：墙体高度超过 4m 时，宜在墙高中部设置与柱连通的水平系梁；水平系梁的截面高度不小于 60mm。填充墙高不宜大于 6m。故 C 选项正确，D 选项错误。

答案：D

6-11 **解析**：根据《砌体规范》表 3.2.2，在相同砂浆强度等级、相同砌块种类的条件下进行比较，沿齿缝弯曲抗拉强度（图 b）＞沿齿缝轴心抗拉强度（图 a）＞沿通缝弯曲抗拉强度（图 c）。

答案：B

6-12 **解析**：根据《砌体规范》第 3.2.1 条，各类砌体的抗压强度设计值，是龄期为 28d 的以毛截面计算的抗压强度设计值。

答案：D

6-13 **解析**：烧结多孔砖分为 P(Popular) 型砖和 M(Modular) 型砖，主要用于承重部位。

答案：B

6-14 **解析**：在承重墙体材料中应用较为普遍的混凝土小型空心砌块，是由普通混凝土或轻集料混凝土制成，主要规格尺寸为 390mm×190mm×190mm，空心率为 25%～50%。

答案：B

6-15 **解析**：根据《砌体规范》第 3.2.1 条表 3.2.1-1，砌体抗压强度设计值随块体强度等级的提高而提高，且恒小于块体强度；故 A、D 选项正确。当砂浆强度大于 0 时，砌体的抗压强度随砂浆的强度提高而提高；但当砂浆强度为 0 时（新砌筑的砂浆），砌体的抗压强度均大于零；故 C 选项正确，B 选项不正确。

答案：B

6-16 **解析**：砂浆的强度等级是指按标准方法制作、养护的边长为 70.7mm 的立方体试件，养护 28d 后按标准试验方法进行抗压试验，按计算规则得出砂浆试件强度值；故 A 选项正确。

石灰砂浆是一种不含水泥的砂浆，其强度较低、耐久性差，但可塑性和保水性好，砌筑方便；故 B 选项正确。

《砌体规范》第4.3.5条第1款,地面以下或防潮层以下的砌体、潮湿房间的墙或环境类别2的砌体,只能用水泥砂浆砌筑;故C选项正确。

因水泥砂浆比混合砂浆和易性差,导致水泥砂浆的饱满度比混合砂浆要差。经试验,用其砌筑的砌体强度设计值也相应较低;需要水泥砂浆比混合砂浆增加一个强度等级,才能达到砌体强度设计值。故D选项错误。

答案:D

6-17 解析:砌体的抗拉和抗剪强度都很低,一般不用于受拉构件。

答案:B

264

第七章 木结构设计

本章考试大纲：了解木结构的力学性能、结构形式及应用范围。
本章复习重点：①木材的各种强度指标；②木材的分类级别及适用的构件受力类型；③木结构的连接特点；④木结构的防腐要求。

第一节 木结构用木材

（一）木结构的特点和适用范围

由木材或主要由木材组成的承重结构称为木结构。由于树木分布广泛，易于取材，采伐加工方便，同时木材质轻，所以很早就被广泛地用来建造房屋和桥梁。木材是天然生成的建筑材料，它有以下一些缺点：各向异性、天然缺陷（木节、斜纹、髓心、裂缝等）、天然尺寸受限制、易腐、易蛀、易裂和翘曲。因此，木结构要求采用合理的结构形式和节点连接形式，施工时应严格保证施工质量，并在使用中经常注意维护，以保证结构具有足够的可靠性和耐久性。

由于木材生长速度缓慢，我国木材资源有限，因此目前在大、中城市的建设中已不准采用木结构。但在木材产区的县镇，砖木混合结构的房屋还比较常见。近年来，胶合木结构也正在积极研究推广，速生树种的应用范围也在不断扩大，因此，木结构在一定范围内还会得到利用和发展。

承重木结构应在正常温度和湿度环境中的房屋结构和构筑物中使用。凡处于下列生产、使用条件的房屋和构筑物不应采用木结构：
(1) 极易引起火灾的。
(2) 受生产性高温影响，木材表面温度高于50℃的。
(3) 经常受潮且不易通风的。

（二）木结构用材的种类及分类

1. 木结构用材的种类

结构用的木材分两类：针叶材和阔叶材。主要承重构件宜采用针叶材，如红松、云杉、冷杉等；重要的木质连接件应采用细密、直纹、无节和其他缺陷且耐腐的硬质阔叶材，如榆树材、槐树材、桦树材等。

2. 木结构用材的分类

承重结构用材可采用原木、方木、板材、规格材、层板胶合木、结构复合木材和木基结构板。

(1) 原木

原木又称圆木，为伐倒的树干经打枝和造材加工而成的木段。可分为整原木和半原木。原木根部直径较粗，梢部直径较细，其直径变化一般取沿长度相差1m变化9mm。

原木梢部直径为梢径。原木直径以梢径来度量。

（2）方木

直角锯切且截面宽厚比小于3的锯材，也称方材。常用厚度为60～240mm。

（3）板材

直角锯切且截面宽厚比大于或等于3的锯材，常用厚度为15～80mm。

（4）规格材

木材截面的宽度和高度按规定尺寸加工的规格化木材。

（5）结构复合木材

采用木质的单板、单板条或木片等，沿构件长度方向排列组坯，并采用结构用胶粘剂叠层胶合而成，专门用于承重结构的复合材料。包括旋切板胶合木、平行木片胶合木、层叠木片胶合木和定向木片胶合木，以及其他具有类似特征的复合木产品。

（6）胶合木层板

用于制作层板胶合木的板材，接长时采用胶合指形接头。

（7）层板胶合木

以厚度不大于45mm的胶合木层板沿顺纹方向叠层胶合而成的木制品。也称胶合木或结构用集成材。

（8）木基结构板

以木质单板或木片为原料，采用结构胶粘剂热压制成的承重板材，包括结构胶合板和定向木片板。

（三）木材的力学性能

1. 木材的受拉性能

木材顺纹抗拉强度最高，而横纹抗拉强度很低，仅为顺纹抗拉强度的1/40～1/10。木材在受拉破坏前变形很小，没有显著的塑性变形，因此属于脆性破坏。

2. 木材的顺纹受压性能

由木材顺纹受压时的应力-应变关系（图7-1）可见，木材受压时具有较好的塑性变形，它可以使应力集中逐渐趋于缓和，所以局部削弱的影响比受拉时小得多。木节对受压强度的影响也较小，斜纹和裂缝等缺陷和疵病也较受拉时的影响缓和，所以木材的受压工作要比受拉工作可靠得多。

3. 木材的受弯性能

由木材横向弯曲试验得到试件中部（纯弯曲段）截面的应力分布（图7-2）。从图中可以看出，截面的应力只在加荷初期才呈直线分布。随着荷载的增加，在截面的受压区，压应力分布将逐渐成为曲线，而受拉区内应力的分布仍接近于直线，中和轴逐渐下移。当受压边缘纤维应力达到其强度极限值时将保持不变，此时的塑性区不断向内扩展，拉应力不断增大，直到边缘拉应力到达抗拉强度极限时，试件即告破坏。木材的抗弯强度极

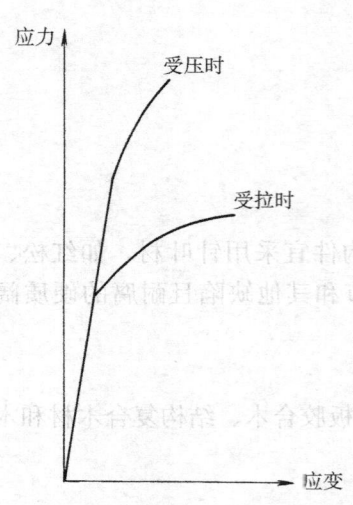

图7-1 木材受拉、受压时的应力-应变曲线

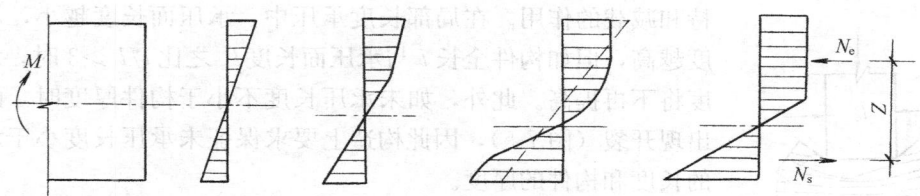

图 7-2 木材受弯的应力阶段

限是从测得的破坏弯矩 M 按 $\sigma = \dfrac{M}{W}$ 求得（W 为试件截面抵抗矩），是假定法向应力呈直线分布导出的，并不代表试件破坏时截面的实际应力，它实际上是一个虚设的极限应力，按这个公式求得的极限抗弯强度只是一个折算指标。

4. 木材的承压性能

两个构件利用表面互相接触传递压力叫作承压；作用在接触面上的应力称作承压力。在构件的接头和连接中常遇到这种情况。

木材承压工作按外力与木纹所成角度的不同，可分为顺纹承压、横纹承压和斜纹承压三种形式（图 7-3）。图中三种承压强度，顺纹承压＞斜纹承压＞横纹承压。

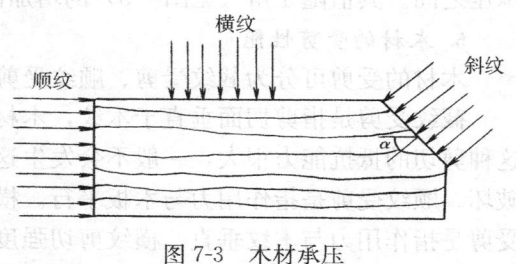

图 7-3 木材承压

木材的强度等级以抗弯强度设计值表示，如 TC17 的抗弯强度 $f_m = 17\text{N}/\text{mm}^2$。根据《木结构设计标准》GB 50005—2017（简称《木结构标准》）表 4.2.1-3，同一木材强度等级中，抗弯强度（f_m）＞顺纹抗压及承压（f_c）＞顺纹抗拉（f_t）＞横纹承压（$f_{c,90}$）＞顺纹抗剪（f_v）。

当采用原木，验算部位未经切削时，其顺纹抗压、抗弯强度设计值和弹性模量可提高 15%；当构件矩形截面的短边尺寸≥150mm 时，其强度设计值可提高 10%；当采用含水率大于 25% 的湿材时，各种木材的横纹承压强度设计值和弹性模量，以及落叶树木材的抗弯强度设计值，宜降低 10%。

（1）顺纹受压

木材的顺纹承压强度一般略低于顺纹抗压的强度，这是由于承压面不可能完全平整，致使承压力分布不均匀；又由于两构件的年轮不可能对准，一构件晚材压入另一构件早材，也使变形增大。但两者相差很小，所以，《木结构标准》将顺纹承压与顺纹抗压强度取同一值。

（2）横纹承压

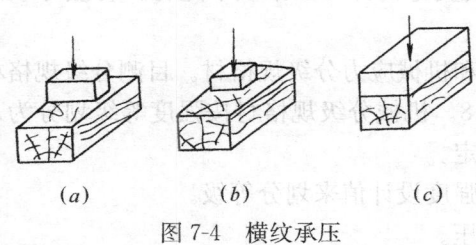

图 7-4 横纹承压

横纹承压分为局部长度承压、局部长度和局部宽度承压、全表面承压三种情况[图 7-4 (a)～(c)]。

局部长度承压的强度较高，因为局部长度承压时，不承压部分的纤维对其受压部分的纤维的变形有阻止作用，实际上起到了支

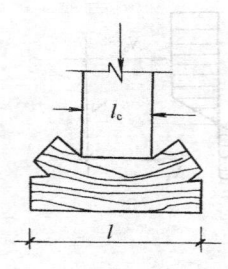

图 7-5 横纹开裂

持和减载的作用。在局部长度承压中，承压面长度越小，承压强度越高，但如构件全长 l 与承压面长度 l_c 之比 $l/l_c>3$ 时，承压强度将不再提高。此外，如未承压长度不小于构件厚度时，两端将出现开裂（图 7-5），因此构造上要求保证未承压长度小于承压面的长度和构件的厚度。

在部分宽度上的局部承压，因为木材在横纹方向彼此牵制作用很小，所以局部承压中不考虑在宽度方向未受力部分的影响。

木材全部表面横纹承压时变形较大，加荷至一定限度后，由于细胞壁逐渐破裂被压扁，塑性变形发展很快，当所有细胞壁被压扁，木材被压实，其变形逐渐减小直至纤维束失去稳定而破坏。所以横纹全部表面承压的强度最低。

(3) 斜纹承压

斜纹承压即外力与木纹成一定角度的局部承压。斜纹承压的强度介于顺纹承压和横纹承压之间。其值随 α 角（见图 7-3）的增加而降低。

5. 木材的受剪性能

木材的受剪可分为截纹受剪、顺纹受剪和横纹受剪（图 7-6）。

截纹受剪是指剪切面垂直于木纹，木材对这种剪切的抵抗能力很大，一般不会发生这种破坏。顺纹受剪是指作用力与木板平行。横纹受剪是指作用力与木纹垂直。横纹剪切强度约为顺纹剪切强度的一半，而截纹剪切则为顺纹剪切强度的 8 倍。木结构中通常多用顺纹受剪。剪切破坏属于脆性破坏。

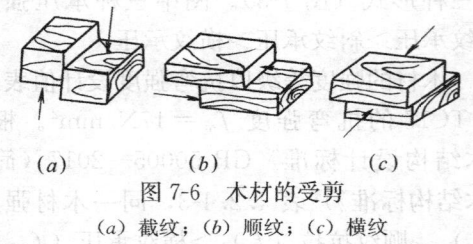

图 7-6 木材的受剪
(a) 截纹；(b) 顺纹；(c) 横纹

（四）影响木材力学性能的因素

木材是由管状细胞组成的天然有机材料，它的力学性能受着许多因素的影响。

1. 木材的缺陷

天然生长的木材不可避免地会存在一些缺陷，对木材影响最大的缺陷是腐朽、虫蛀，这是任何等级的木材绝对不允许的；此外，对木材影响较大的缺陷有木节、斜纹、裂缝以及髓心。木材缺陷对抗拉强度影响最大，因受拉变形小，属脆性破坏。

《木结构标准》将木材材质按缺陷的多少和大小，以及承重结构的受力要求，分为Ⅰ、Ⅱ、Ⅲ三个等级（Ⅰ级最好，Ⅲ级最差），见《木结构标准》表 3.1.2。普通木结构承重结构构件按受力方式及受力重要性分为三类：受拉或拉弯构件材质等级选用Ⅰ$_a$ 级；受弯或压弯构件材质等级选用Ⅱ$_a$ 级；受压构件及次要受弯构件（如吊顶小龙骨）材质等级选用Ⅲ$_a$ 级，见《木结构标准》表 3.1.3。

轻型木结构用规格材可分为目测分级规格材和机械应力分级规格材。目测分级规格材的材质等级分为七级，见《木结构标准》表 3.1.8。机械分级规格材按强度等级划分为八级，其等级应符合《木结构标准》表 3.1.6 的规定。

木材强度等级是指不同树种的木材，按抗弯强度设计值来划分等级。

对木材材质的要求排序为：受拉＞受弯＞受压。

2. 含水率

木材的含水率对木材强度有很大影响，木材强度一般随含水率的增加而降低，当含水率达到纤维饱和点时，含水率再增加，木材强度也不再降低。含水率对受压、受弯、受剪及承压强度影响较大，而对受拉强度影响较小。

按含水率的大小，木材可分为干材（含水率≤18%）、半干材（含水率=18%~25%）和湿材（含水率>25%）。

制作构件时，木材的含水率应符合下列规定：
(1) 板材、规格材和工厂加工的方木不应大于19%。
(2) 方木、原木受拉构件的连接板不应大于18%。
(3) 作为连接件，不应大于15%。
(4) 胶合木层板和正交胶合木层板应为8%~15%，且同一构件各层木板间的含水率差别不应大于5%。
(5) 井干式木结构构件采用原木制作时不应大于25%；采用方木制作时不应大于20%；采用胶合原木木材制作时不应大于18%。
(6) 现场制作的方木或原木构件的木材含水率不应大于25%；当受条件限制，使用含水率大于25%的木材制作方木或原木结构时，应符合《木结构标准》第3.1.13条的要求。

3. 木纹斜度

木材是一种各向异性的材料，不同方向的受力性能相差很大，同一木材的顺纹强度最高，横纹强度最低。

此外，木材的力学性能还与受荷载作用时间、温度的高低、湿度等因素的影响有关。受荷载作用随时间的增长，木材的强度和刚度下降；温度升高，湿度增大，木材的强度和刚度下降。

第二节　木结构构件的计算

木结构计算时，规范规定：
(1) 验算挠度和稳定时，取构件的中央截面。
(2) 验算抗弯强度时，取最大弯矩处的截面。
(3) 标注原木直径时，以小头为准。

一、木结构的设计方法

木结构采用以概率理论为基础的极限状态设计方法，计算时考虑以下两种极限状态：

1. 承载能力极限状态

按承载能力极限状态设计时，木结构的设计表达式采用应力表示的计算式，木材强度的设计值按《木结构标准》表4.3.1-3采用。计算内容包括强度和稳定。

2. 正常使用极限状态

按正常使用极限状态设计时，对结构和构件采用荷载的标准值（按荷载的短期效应组合）验算其变形；对受压构件验算其长细比。

二、木结构构件的计算

（一）轴心受拉构件

轴心受拉构件的承载力按下式计算：

$$\frac{N}{A_n} \leqslant f_t \tag{7-1}$$

式中　N——轴心受拉构件立力设计值（N）；

　　　A_n——受拉构件的净截面面积（mm^2），计算 A_n 时应扣除分布在 150mm 长度上的缺孔投影面积（图7-7）；

　　　f_t——木材顺纹抗拉强度设计值（N/mm^2）。

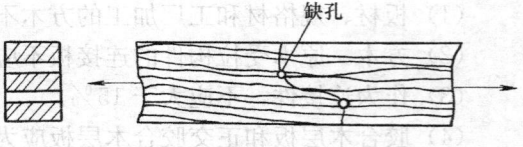

图 7-7　沿曲折路线断裂

（二）轴心受压构件

1. 强度计算

$$\frac{N}{A_n} \leqslant f_c \tag{7-2}$$

式中　N——轴心受压构件压力设计值（N）；

　　　A_n——受压构件净截面面积（mm^2）；

　　　f_c——木材顺纹抗压强度设计值（N/mm^2）。

2. 稳定计算

对于比较细长的压杆，一般在强度破坏前，就因失去稳定而破坏。因此轴心受压构件还需进行稳定计算，即：

$$\frac{N}{\varphi A_0} \leqslant f_c \tag{7-3}$$

式中　N——轴心受压构件压力设计值（N）；

　　　A_0——受压构件截面的计算面积（mm^2），按《木结构标准》第 5.1.3 条确定；

　　　φ——轴心受压构件稳定系数。

按稳定验算时，受压构件截面的计算面积应按下列规定采用：

1) 无缺口时，取 $A_0 = A$，A 为受压构件的全截面面积；
2) 缺口不在边缘时［图 7-8（a）］，取 $A_0 = 0.9A$；
3) 缺口在边缘且为对称时［图 7-8（b）］，取 $A_0 = A_n$；
4) 缺口在边缘但不对称时［图 7-8（c）］，取 $A_0 = A_n$，且应按偏心受压构件计算；
5) 验算稳定时，螺栓孔可不作为缺口考虑；
6) 对于原木应取平均直径计算面积。

轴心受压构件稳定系数 φ 的取值应按下式确定：

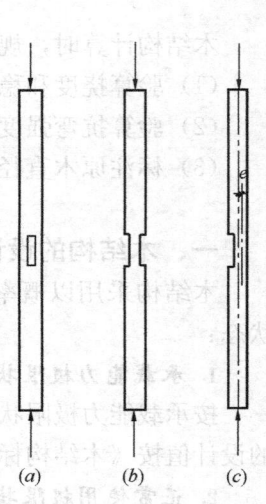

图 7-8　受压构件缺口

$$\lambda_c = c_c\sqrt{\frac{\beta E_k}{f_{ck}}} \tag{7-4}$$

$$\lambda = \frac{l_0}{i} \tag{7-5}$$

当 $\lambda > \lambda_c$ 时
$$\varphi = \frac{a_c\pi^2 \beta E_k}{\lambda^2 f_{ck}} \tag{7-6}$$

当 $\lambda \leqslant \lambda_c$ 时
$$\varphi = \frac{1}{1+\dfrac{\lambda^2 f_{ck}}{b_c\pi^2 \beta E_k}} \tag{7-7}$$

式中 λ——受压构件长细比；

i——构件截面的回转半径，mm；

l_0——受压构件的计算长度，mm；应按《木结构标准》第 5.1.5 条的规定确定；

f_{ck}——受压构件材料的抗压强度标准值，N/mm²；

E_k——构件材料的弹性模量标准值，N/mm²；

a_c、b_c、c_c——材料相关系数，应按《木结构标准》表 5.1.4 的规定取值；

β——材料剪切变形相关系数，应按《木结构标准》表 5.1.4 的规定取值。

3. 刚度验算

受压构件的刚度以长细比 λ 表示，为避免受压构件因长细比过大，在自重作用下下垂过大，以及避免过分颤动，受压构件的长细比应满足：

$$\lambda \leqslant [\lambda] \tag{7-8}$$

式中 $[\lambda]$——受压构件长细比限值，应按《木结构标准》表 4.3.17 采用。

(三) 受弯构件

受弯构件有单向受弯构件和双向受弯构件两种。当荷载的作用平面与截面主轴平面重合时为单向受弯构件［图 7-9 (a)］，如房屋中木梁；当荷载的作用平面与截面主轴平面不重合时为双向受弯构件［图 7-9 (b)］，如檩条、挂瓦条。

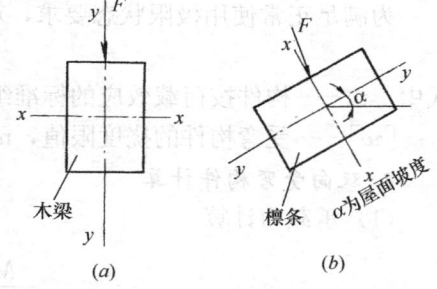

图 7-9 受弯构件的受力状态
(a) 单向受弯构件；(b) 双向受弯构件

檩条计算时需将竖向荷载 F 分解为垂直于斜屋面和平行于斜屋面的两个分力。强度按式 (7-13) 计算，挠度按式 (7-14) 计算。

1. 单向受弯构件的计算

(1) 强度计算

按承载能力极限状态要求，受弯构件应满足强度要求，包括弯曲正应力和剪应力计算。

1) 强度应按下式计算：

$$\frac{M}{W_n} \leqslant f_m \tag{7-9}$$

式中 M——受弯构件弯矩设计值（N·mm）；

W_n——受弯构件的净截面抵抗矩（mm³）；

f_m——木材抗弯强度设计值（N/mm²）。

2）稳定应按下式计算：

$$\frac{M}{\varphi_l W_n} \leqslant f_m \tag{7-10}$$

式中 f_m——构件材料的抗弯强度设计值，N/mm²；

M——受弯构件弯矩设计值，N·mm；

W_n——受弯构件的净截面抵抗矩，mm³；

φ_l——受弯构件的侧向稳定系数，应按《木结构标准》第5.2.2条和第5.2.3条确定。

3）受剪承载能力应按下式计算：

$$\frac{VS}{Ib} \leqslant f_v \tag{7-11}$$

式中 V——受弯构件剪力设计值（N），应符合《木结构标准》第5.2.5条的规定；

I——构件的全截面惯性矩，mm⁴；

S——剪切面以上的截面面积对中性轴的面积矩，mm³；

b——构件的截面宽度，mm；

f_v——木材顺纹抗剪强度设计值，N/mm²。

（2）挠度验算

为满足正常使用极限状态要求，对于受弯构件还需验算其挠度：

$$w \leqslant [w] \tag{7-12}$$

式中 w——构件按荷载效应的标准组合计算的挠度，mm；

$[w]$——受弯构件的挠度限值，mm；按《木结构标准》表4.3.17的规定采用。

2. 双向受弯构件计算

（1）承载力计算

$$\frac{M_x}{W_{nx} f_{mx}} + \frac{M_y}{W_{ny} f_{my}} \leqslant 1 \tag{7-13}$$

式中 M_x、M_y——相对于构件截面 x 轴和 y 轴产生的弯矩设计值，N·mm；

W_{nx}、W_{ny}——构件截面沿 x 轴、y 轴的净截面抵抗矩，mm³；

f_{mx}、f_{my}——构件正向弯曲或侧向弯曲的抗弯强度设计值，N/mm²。

（2）挠度验算

$$w = \sqrt{w_x^2 + w_y^2} \leqslant [w] \tag{7-14}$$

式中 w_x、w_y——荷载效应的标准组合计算的对构件截面 x 轴、y 轴方向的挠度，mm。

3. 受弯构件上的切口设计规定

1）应尽量减小切口引起的应力集中，宜采用逐渐变化的锥形切口，不宜采用直角形切口。

2）简支梁支座处受拉边的切口深度，锯材不应超过梁截面高度的1/4；层板胶合材不应超过梁截面高度的1/10。

3) 可能出现负弯矩的支座处及其附近区域不应设置切口。

拉弯、压弯构件承载力的计算详见《木结构标准》第5.3节。

第三节 木结构的连接

（一）齿连接

齿连接是通过构件与构件之间直接抵承传力，所以齿连接只应用在受压构件与其他构件连接的节点上。

齿连接有单齿连接与双齿连接（图7-10），应符合下列规定：

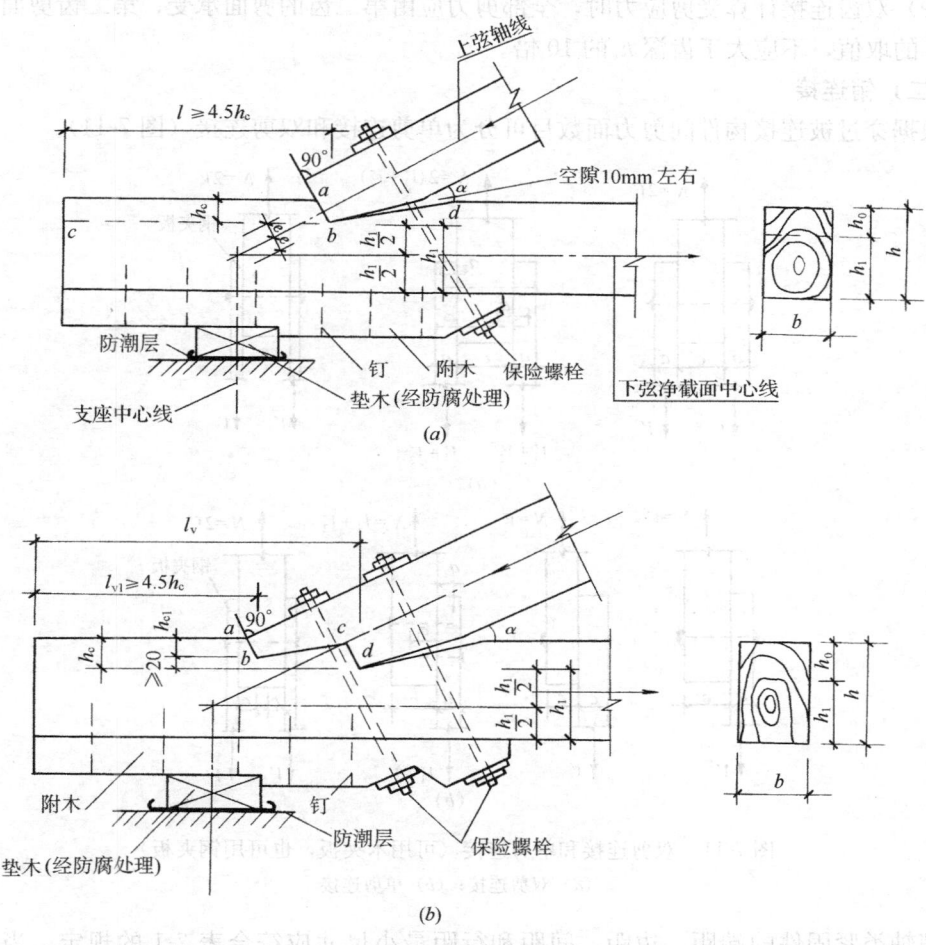

图 7-10 齿连接
(a) 单齿连接；(b) 双齿连接

(1) 齿连接的承压面应与所连接的压杆轴线垂直。

(2) 单齿连接应使压杆轴线通过承压面中心。

(3) 木桁架支座节点的上弦轴线和支座反力的作用线，当采用方木或板材时，宜与下弦净截面的中心线交会于一点；当采用原木时，可与下弦毛截面的中心线交会于一点；此时，刻齿处的截面可按轴心受拉验算。

（4）齿连接的齿深，对于方木不应小于20mm；对于原木不应小于30mm。

（5）桁架支座节点齿深不应大于$h/3$，中间节点的齿深不应大于$h/4$，h为沿齿深方向的构件截面高度。

（6）双齿连接中，第二齿的齿深h_c应比第一齿的齿深h_{c1}至少大20mm。

（7）当受条件限制只能采用湿材制作时，木桁架支座节点齿连接的剪面长度应比计算值加长50mm。

（8）桁架支座节点采用齿连接时，应设置保险螺栓，但不考虑保险螺栓与齿的共同工作。保险螺栓的设置和验算应符合《木结构标准》第6.1.5条的规定。

（9）双齿连接计算受剪应力时，全部剪力应由第二齿的剪面承受；第二齿剪面的计算长度l_v的取值，不应大于齿深h_c的10倍。

（二）销连接

根据穿过被连接构件间剪力面数目可分为单剪连接和双剪连接（图7-11）。

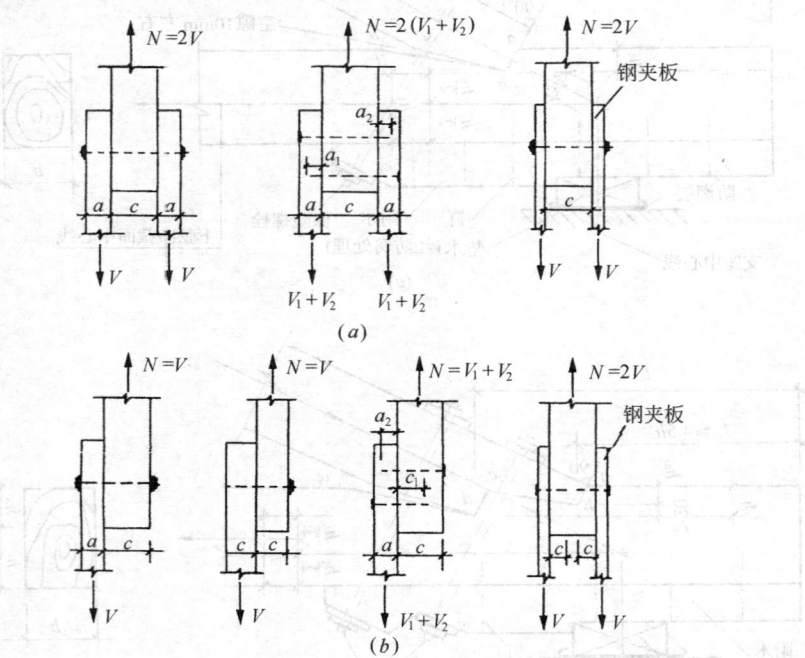

图7-11 双剪连接和单剪连接（可用木夹板，也可用钢夹板）
(a) 双剪连接；(b) 单剪连接

销轴类紧固件的端距、边距、间距和行距最小尺寸应符合表7-1的规定。当采用螺栓、销或六角头木螺钉作为紧固件时，其直径不应小于6mm。

销轴类紧固件的端距、边距、间距和行距的最小值尺寸　　　　表7-1

距离名称		顺纹荷载作用时	横纹荷载作用时	
最小端距 e_1	受力端	$7d$	受力边	$4d$
	非受力端	$4d$	非受力边	$1.5d$

续表

距离名称	顺纹荷载作用时		横纹荷载作用时	
最小边距 e_2	当 $l/d \leqslant 6$	$1.5d$	$4d$	
	当 $l/d > 6$	取 $1.5d$ 与 $r/2$ 两者较大值		
最小间距 s	$4d$		$4d$	
最小行距 r	$2d$		当 $l/d \leqslant 2$	$2.5d$
			当 $2 < l/d < 6$	$(5l+10d)/8$
			当 $l/d \geqslant 6$	$5d$
几何位置示意图				

注：1. 受力端为销槽受力指向端部；非受力端为销槽受力背离端部；受力边为销槽受力指向边部；非受力边为销槽受力背离端部。
2. 表中 l 为紧固件长度，d 为紧固件的直径；并且 l/d 值应取下列两者中的较小值：
   1) 紧固件在主构件中的贯入深度 l_m 与直径 d 的比值 l_m/d；
   2) 紧固件在侧面构件中的总贯入深度 l_s 与直径 d 的比值 l_s/d。
3. 当钉连接不预钻孔时，其端距、边距、间距和行距应为表中数值的 2 倍。

第四节 木结构防火和防护

本节内容是按《木结构标准》的相应内容编写。因《建筑设计防火规范》GB 50016—2014（2018 年版）第 11 章木结构建筑对防火的相关规定与《木结构标准》略有不同，请考生在复习的过程中加以关注。

（一）木结构的防火

1. 建筑构件的燃烧性能和耐火极限

木结构建筑构件的燃烧性能和耐火极限不应低于表 7-2 的规定。

木结构建筑中构件的燃烧性能和耐火极限　　　　表 7-2

构件名称	燃烧性能和耐火极限（h）
防火墙	不燃性 3.00
电梯井墙体	不燃性 1.00
承重墙、住宅建筑单元之间的墙和分户墙、楼梯间的墙	难燃性 1.00

续表

构件名称	燃烧性能和耐火极限（h）
非承重外墙、疏散走道两侧的隔墙	难燃性 0.75
房间隔墙	难燃性 0.50
承重柱	可燃性 1.00
梁	可燃性 1.00
楼板	难燃性 0.75
屋顶承重构件	可燃性 0.50
疏散楼梯	难燃性 0.50
吊顶	难燃性 0.15

注：1. 除现行国家标准《建筑设计防火规范》GB 50016 另有规定外，当同一座木结构建筑存在不同高度的屋顶时，较低部分的屋顶承重构件和屋面不应采用可燃性构件；当较低部分的屋顶承重构件采用难燃性构件时，其耐火极限不应小于 0.75h；
2. 轻型木结构建筑的屋顶，除防水层、保温层和屋面板外，其他部分均应视为屋顶承重构件，且不应采用可燃性构件，耐火极限不应低于 0.50h；
3. 当建筑的层数不超过 2 层、防火墙间的建筑面积小于 600m²，且防火墙间的建筑长度小于 60m 时，建筑构件的燃烧性能和耐火极限应按现行国家标准《建筑设计防火规范》GB 50016 中有关四级耐火等级建筑的要求确定。

2. 建筑的允许层数和允许建筑高度

丁、戊类厂房（库房）和民用建筑可采用木结构建筑或木结构组合建筑，其允许层数和允许建筑高度应符合表 7-3 的规定，木结构建筑中防火墙间的允许建筑长度和每层最大允许建筑面积应符合表 7-4 的规定。

木结构建筑或木结构组合建筑的允许层数和允许建筑高度　　　　表 7-3

木结构建筑的形式	普通木结构建筑	轻型木结构建筑	胶合木结构建筑	木结构组合建筑
允许层数（层）	2	3	1	3	7
允许建筑高度（m）	10	10	不限	15	24

木结构建筑中防火墙间的允许建筑长度和每层最大允许建筑面积　　　　表 7-4

层数（层）	防火墙间的允许建筑长度（m）	防火墙间的每层最大允许建筑面积（m²）
1	100	1800
2	80	900
3	60	600

注：1. 当设置自动喷水灭火系统时，防火墙间的允许建筑长度和每层最大允许建筑面积可按本表的规定增加 1.0 倍，对于丁、戊类地上厂房，防火墙间的每层最大允许建筑面积不限；
2. 体育场馆等高大空间建筑，其建筑高度和建筑面积可适当增加。

3. 防火间距

木结构建筑之间、木结构建筑与其他耐火等级的建筑之间的防火间距不应小于表7-5的规定。

民用木结构建筑之间及其与其他民用建筑的防火间距（m）　　　　表 7-5

建筑耐火等级或类别	一、二级	三级	木结构建筑	四级
木结构建筑与其间距	8	9	10	11

注：1. 两座木结构建筑之间或木结构建筑与其他民用建筑之间，外墙均无任何门、窗、洞口时，防火间距可为4m；外墙上的门、窗、洞口不正对且开口面积之和不大于外墙面积的10%时，防火间距可按本表的规定减少25%；

2. 当相邻建筑外墙有一面为防火墙，或建筑物之间设置防火墙且墙体截断不燃性屋面或高出难燃性、可燃性屋面不低于0.5m时，防火间距不限。

4. 材料的燃烧性能

（1）木结构采用的建筑材料，其燃烧性能的技术指标应符合《建筑材料及制品燃烧性能分级》GB 8624 的规定。

（2）管道及包覆材料或内衬：

管道内的流体能够造成管道外壁温度达到120℃及其以上时，管道及其包覆材料或内衬以及施工时使用的胶粘剂必须是不燃材料。

外壁温度低于120℃的管道及其包覆材料或内衬，其燃烧性能不应低于B_1级。

（3）填充材料：建筑中的各种构件或空间需填充吸声、隔热、保温材料时，这些材料的燃烧性能不应低于B_1级。

5. 采暖通风

（1）木结构建筑内严禁设计使用明火采暖、明火生产作业等方面的设施。

（2）用于采暖或炊事的烟道、烟囱、火炕等应采用非金属不燃材料制作，并应符合下列规定：

1）与木构件相邻部位的壁厚不小于240mm；

2）与木结构之间的净距不小于100mm，且其周围具备良好的通风环境。

6. 天窗

由不同高度部分组成的一座木结构建筑，较低部分屋面上开设的天窗与相接的较高部分外墙上的门、窗、洞口之间最小距离不应小于5.00m，当符合下列情况之一时，其距离可不受限制。

（1）天窗安装了自动喷水灭火系统或为固定式乙级防火窗。

（2）外墙面上的门为遇火自动关闭的乙级防火门，窗口、洞口为固定式的乙级防火窗。

7. 密闭空间

木结构建筑中，下列存在密闭空间的部位应采取防火分隔措施：

（1）轻型木结构建筑，当层高小于或等于3m时，位于墙骨柱之间楼、屋盖的梁底部处；当层高大于3m时，位于墙骨柱之间沿墙高每隔3m处，及楼、屋盖的梁底部处。

（2）水平构件（包括屋盖，楼盖）和墙体竖向构件的连接处。

（3）楼梯上下第一步踏板与楼盖交接处。

(二) 木结构的防护

(1) 木结构中的下列部位应采取防潮和通风措施：

1) 在桁架和大梁的支座下应设置防潮层；
2) 在木柱下应设置柱墩，严禁将木柱直接埋入土中；
3) 桁架、大梁的支座节点或其他承重木构件不得封闭在墙、保温层或通风不良的环境中（图 7-12、图 7-13）；

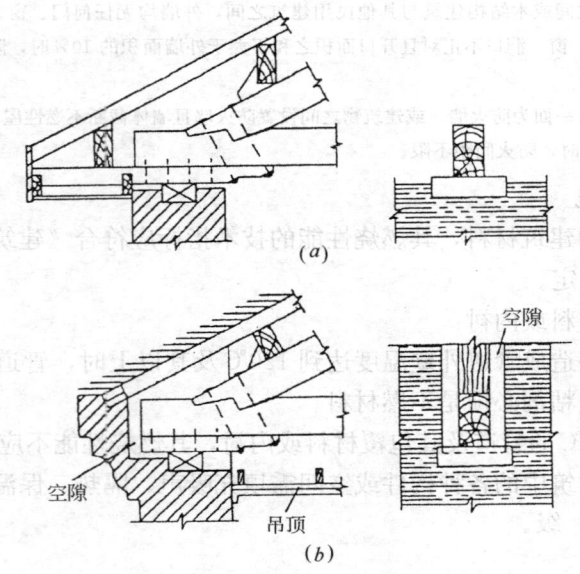

图 7-12 外排水屋盖支座节点通风构造示意图

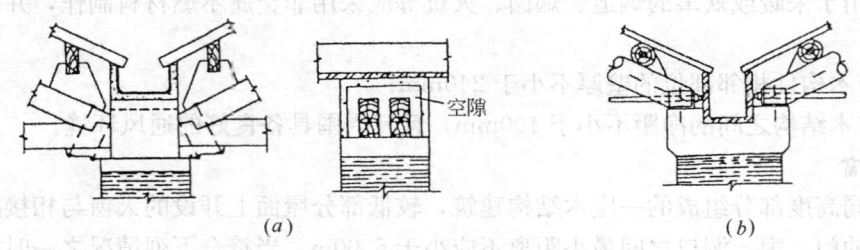

图 7-13 内排水屋盖支座节点通风构造示意图

4) 处于房屋隐蔽部分的木结构，应设通风孔洞；
5) 露天结构在构造上应避免任何部分有积水的可能，并应在构件之间留有空隙（连接部位除外）；
6) 当室内外温差很大时，房屋的围护结构（包括保温吊顶），应采取有效的保温和隔汽措施。

(2) 木结构构造上的防腐①、防虫②措施，除应在设计图纸中加以说明外，尚应要求

---
① 实践证明，沥青只能防潮，防腐效果很差，不宜单独使用。
② 虫害主要指白蚁、长蠹虫、粉蠹虫及天牛等的蛀蚀。

在施工的有关工序交接时,检查其施工质量,如发现问题应立即纠正。

(3) 下列情况,除从结构上采取通风防潮措施外,尚应进行药剂处理。

1) 露天结构;

2) 内排水桁架的支座节点处;

3) 檩条、搁栅、柱等木构件直接与砌体、混凝土接触部位;

4) 白蚁容易繁殖的潮湿环境中使用的木构件;

5) 承重结构中使用马尾松、云南松、湿地松、桦木以及新利用树种中易腐朽或易遭虫害的木材。

(4) 常用的药剂配方及处理方法,可按现行国家标准《木结构工程施工质量验收规范》GB 50206 的规定采用。

(5) 用防腐、防虫药剂处理木构件时,应按设计指定的药剂成分、配方及处理方法采用。受条件限制而需改变药剂或处理方法时,应征得设计单位同意。

在任何情况下,均不得使用未经鉴定合格的药剂。

(6) 木构件(包括胶合木构件)的机械加工应在药剂处理前进行。木构件经防腐防虫处理后,应避免重新切割或钻孔。由于技术上的原因,确有必要作局部修整时,应对木材暴露的表面涂刷足够的同品牌或同品种药剂。

(7) 木结构的防腐、防虫,采用药剂加压处理时,该药剂在木材中的保持量和透入度应达到设计文件规定的要求。设计未作规定时,则应符合现行国家标准《木结构工程施工质量验收规范》GB 50206 的相关规定。

第五节 其 他

(1) 承重结构用材,分为原木、锯材(方木、板材、规格材)和胶合材。用于普通木结构的原木、方木和板材的材质等级分为三级;胶合木构件的材质等级分为三级;轻型木结构用规格材分为目测分级规格材和机械分级规格材,目测分级规格材的材质等级分为七级;机械分级规格材按强度等级分为八级。

(2) 普通木结构构件设计时,应根据构件的主要用途按表 7-6 的要求选用相应的材质等级。

普通木结构构件的材质等级 表 7-6

项次	主要用途	材质等级
1	受拉或拉弯构件	I_a
2	受弯或压弯构件	II_a
3	受压构件及次要受弯构件(如吊顶小龙骨等)	III_a

(3) 胶合木结构构件设计时,应根据构件的主要用途和部位,按表 7-7 的要求选用相应的材质等级。

(4) 当采用目测分级规格材设计轻型木结构构件时,应根据构件的用途按表 7-8 要求选用相应的材质等级。

胶合木结构构件的木材材质等级　　　　　　　　　　　　表 7-7

项次	主要用途	材质等级	木材等级配置图
1	受拉或拉弯构件	I_b	
2	受压构件（不包括桁架上弦和拱）	III_b	
3	桁架上弦或拱，高度不大于 500mm 的胶合梁 （1）构件上、下边缘各 0.1h 区域，且不少于两层板 （2）其余部分	II_b III_b	
4	高度大于 500mm 的胶合梁 （1）梁的受拉边缘 0.1h 区域，且不少于两层板 （2）距受拉边缘 0.1～0.2h 区域 （3）受压边缘 0.1h 区域，且不少于两层板 （4）其余部分	I_b II_b II_b III_b	
5	侧立腹板工字梁 （1）受拉翼缘板 （2）受压翼缘板 （3）腹板	I_b II_b II_b	

目测分级规格材的材质等级　　　　　　　　　　　　表 7-8

类别	主要用途	材质等级	截面最大尺寸 (mm)
A	结构用搁栅、结构用平放厚板和轻型木框架构件	I_c II_c III_c IV_c	285
B	仅用于墙骨柱	IV_{c1}	
C	仅用于轻型木框架构件	II_{c1} III_{c1}	90

（5）承重结构用胶必须满足结合部位的强度和耐久性的要求，应保证其胶合强度不低于木材顺纹抗剪和横纹抗拉的强度，并应符合环境保护的要求。

（6）受弯构件的计算挠度，应满足表 7-9 的挠度限值。

受弯构件挠度限值　　　　　　　　　　　　　　　　　　表 7-9

项次	构件类别		挠度限值 [ω]
1	檩条	$l \leq 3.3\text{m}$	1/200
		$l > 3.3\text{m}$	1/250
2	椽条		1/150
3	吊顶中的受弯构件		1/250
4	楼板梁和搁栅		1/250

注：l——受弯构件的计算跨度。

（7）验算桁架受压构件的稳定时，其计算长度 l_0 应按下列规定采用：

1）平面内：取节点中心间距。

2）平面外：屋架上弦取锚固檩条间的距离，腹杆取节点中心的距离；在杆系拱、框架及类似结构中的受压下弦，取侧向支撑点间的距离。

（8）受压构件的长细比，不应超过表 7-10 规定的长细比限值。

受压构件长细比限值　　　　　　　　　　　　　　　　　表 7-10

项次	构件类别	长细比限值 [λ]
1	结构的主要构件（包括桁架的弦杆、支座处的竖杆或斜杆以及承重柱等）	120
2	一般构件	150
3	支撑	200

（9）原木构件沿其长度的直径变化率，可按 9mm/m（或按当地经验数值）采用。

（10）木结构设计应符合下列要求：

1）木材宜用于结构的受压或受弯构件，对于在干燥过程中容易翘裂的树种木材（如落叶松、云南松等），当用作桁架时，宜采用钢下弦；若采用木下弦，对于原木，其跨度不宜大于 15m，对于方木不应大于 12m，且应采取有效防止裂缝危害的措施。

2）木屋盖宜采用外排水，若必须采用内排水时，不应采用木制天沟。

3）必须采取通风和防潮措施，以防木材腐朽和虫蛀。

（11）杆系结构中的木构件，当有对称削弱时，其净截面面积不应小于构件毛截面面积的 50%；当有不对称削弱时，其净截面面积不应小于构件毛截面面积的 60%。

在受弯构件的受拉边，不得打孔或开设缺口。

（12）桁架的圆钢下弦、三角形桁架跨中竖向钢拉杆、受振动荷载影响的钢拉杆以及直径等于或大于 20mm 的钢拉杆和拉力螺栓，都必须采用双螺母。

木结构的钢材部分，应有防锈措施。

（13）桁架中央高度与跨度之比，不应小于表 7-11 规定的数值。

桁架最小高跨比　　　　　　　　　　　　　　　　　　　表 7-11

序号	桁架类型	h/l
1	三角形木桁架	1/5

续表

序号	桁架类型	h/l
2	三角形钢木桁架；平行弦木桁架；弧形、多边形和梯形木桁架	1/6
3	弧形、多边形和梯形钢木桁架	1/7

注：h——桁架中央高度；

l——桁架跨度。

(14) 桁架制作应按其跨度的 1/200 起拱。

(15) 受拉下弦接头应保证轴心传递拉力，下弦接头不宜多于两个。接头每端的螺栓由计算确定，但不宜少于 6 个，且不应排成单行。当采用木夹板时，其厚度不应小于下弦宽度的 1/2；当桁架跨度较大时，木夹板厚度不宜小于 100mm；当采用钢夹板时，其厚度不应小于 6mm。

习　　题

7-1　(2019) 现有一批方木原木，目测材质等级为 I_a，适用于木结构的主要受力构件是：
　　　A　受拉杆件　　　　B　压弯杆件　　　　C　受弯杆件　　　　D　受压杆件

7-2　(2018) 木屋架做坡屋顶的承重结构，充分利用材料，下列屋架材料布置选择正确的是：
　　　A　木材强度和受力方向无关，可随意布置
　　　B　木材顺纹抗压大于顺纹抗拉，宜布置受力大的杆件为压杆
　　　C　木材顺纹抗压小于顺纹抗拉，宜布置受力大的杆件为拉杆
　　　D　木材顺纹抗压小于横纹抗压，支座处应尽量横纹受压

7-3　(2018) 采用原木做木结构房屋时，不应用作承重柱的木材是：
　　　A　云杉　　　　　　B　桦木　　　　　　C　水曲柳　　　　　D　马尾松

7-4　(2018) 下列木结构的防护措施中，错误的是：
　　　A　利用悬挑结构、雨篷等设施对外墙面和门窗进行保护
　　　B　与土壤直接接触的木构件，应采用防腐木材
　　　C　将木柱砌入砌体中
　　　D　底层采用木楼盖时，木构件的底部距离室外地坪的高度不应小于 300mm

7-5　当木结构处于下列何种情况时，不能保证木材可以避免腐朽？
　　　A　具有良好通风的环境　　　　　　　　　B　含水率≤20％的环境
　　　C　含水率在 30％～50％的环境　　　　　D　长期浸泡在水中

7-6　木材的缺陷、疵病对下列哪种强度影响最大？
　　　A　抗弯强度　　　　B　抗剪强度　　　　C　抗压强度　　　　D　抗拉强度

7-7　普通木结构，受弯或压弯构件对材质的最低等级要求为：
　　　A　I_a 级　　　　　B　II_a 级　　　　C　III_a 级　　　　D　无要求

7-8　轻型木结构中，仅用于轻型木框架构件，其材质的最低等级要求为：
　　　A　I_{c1} 级　　　　B　II_{c1} 级　　　C　III_{c1} 级　　　D　IV_{c1} 级

7-9　当采用原木、方木现场制作结构构件时，木材含水率不应大于：
　　　A　15％　　　　　　B　20％　　　　　　C　25％　　　　　　D　30％

7-10　木材的强度等级是指不同树种的木材按其下列何种强度设计值划分的等级？
　　　A　抗剪　　　　　　B　抗弯　　　　　　C　抗压　　　　　　D　抗拉

7-11　标注原木直径时，应以下列何项为准？

  A 大头直径   B 中间直径
  C 距大头 1/3 处直径   D 小头直径

7-12 下述各项原木构件的相关设计要求中，哪几项与规范相符？
  Ⅰ．验算挠度和稳定时，可取构件的中央截面；Ⅱ．验算抗弯强度时，可取最大弯矩处的截面；
  Ⅲ．标注原木直径时，以小头为准；Ⅳ．标注原木直径时，以大头为准
  A Ⅰ、Ⅱ   B Ⅰ、Ⅱ、Ⅲ
  C Ⅱ、Ⅲ   D Ⅰ、Ⅱ、Ⅳ

7-13 关于承重木结构用胶的下列叙述，何项错误？
  A 应保证胶合强度不低于木材顺纹抗剪强度
  B 应保证胶合强度不低于横纹抗拉强度
  C 应保证胶连接的耐水性和耐久性
  D 当有出厂质量证明文件时，使用前可不再检验其胶结能力

7-14 当木桁架支座节点采用齿连接时，下列做法何项正确？
  A 必须设置保险螺栓   B 双齿连接时，可采用一个保险螺栓
  C 考虑保险螺栓与齿共同工作   D 保险螺栓应与下弦杆垂直

7-15 《木结构设计标准》规定：轻型木结构的层数不宜超过 3 层，其主要依据为下列何项？
  A 木结构的承载能力   B 木结构的耐久性能
  C 木结构的耐火性能   D 木结构的抗震性能

7-16 规范要求木结构屋顶承重构件的燃烧性能和耐火极限应为下列哪项数值？
  A 不燃性 3.00h   B 难燃性 1.0h
  C 可燃性 0.50h   D 难燃性 0.25h

7-17 关于承重木结构使用条件的叙述，下列何项不正确？
  A 宜在正常温度环境下的房屋结构中使用
  B 宜在正常湿度环境下的房屋结构中使用
  C 未经防火处理的木结构不应用于极易引起火灾的建筑中
  D 不应用于经常受潮且不易通风的场所

参考答案及解析

7-1 **解析**：根据《木结构标准》第 3.1.3 条，方木原木结构的构件设计时，应根据构件的主要用途选用相应的材质等级。当采用目测分级木材时，不应低于表 3.1.3-1（题 7-1 解表）的要求。经查表可知，题目中的方木原木目测材质等级为 I_a 级，适用于受拉或拉弯构件。

方木原木构件的材质等级要求   题 7-1 解表

项次	主要用途	最低材质等级
1	受拉或拉弯构件	I_a
2	受弯或压弯构件	II_a
3	受压构件及次要受弯构件	III_a

  答案：A

7-2 **解析**：由于木材为非均质材料，木材抗压、抗拉和抗剪强度均与受力方向密切相关。根据《木结构标准》表 4.3.1-3，木材的抗弯强度＞顺纹抗压及承压强度＞顺纹抗拉强度＞横纹承压强度＞顺纹抗剪强度；故 B 选项正确。
  答案：B

7-3 **解析**：根据《木结构标准》第 3.1.4 条，方木和原木应从本标准表 4.3.1-1 和表 4.3.1-2 所列的树种中选用。主要的承重构件应采用针叶材；重要的木制连接件应采用细密、直纹、无节和无

其他缺陷的耐腐硬质阔叶材。故 A、D 选项可用。

根据条文说明第 4.3.1 条第 2 款，对自然缺陷较多的树种木材，如落叶松、云南松和马尾松等，不能单纯按其可靠性指标进行分级，需根据主要使用地区的意见进行调整，以使其设计指标的取值，与工程实践经验相符。第 11.4.4 条，当承重结构使用马尾松、云南松、湿地松、桦木，并位于易腐朽或易遭虫害的地方时，应采用防腐木材。故 B、D 选项可用。C 选项符合题意。

注：云杉—TC13B；桦木、水曲柳—TB15；马尾松—TC13A。

答案：C

7-4 解析：根据《木结构标准》第 11.2.2 条，木结构建筑应有效利用悬挑结构、雨篷等设施对外墙面和门窗进行保护，宜减少在围护结构上开窗开洞的部位；故 A 选项正确。

第 11.4.2 条，所有在室外使用，或与土壤直接接触的木构件，应采用防腐木材；故 B 选项正确。

第 11.2.9 条第 3 款，支承在砌体或混凝土上的木柱底部应设置垫板，严禁将木柱直接砌入砌体中，或浇筑在混凝土中；故 C 选项错误。

第 11.2.5 条，当建筑物底层采用木楼盖时，木构件的底部距离室外地坪的高度不应小于 300mm；故 D 选项正确。

答案：C

7-5 解析：根据《木结构标准》条文说明第 11.2.9 条，木材的腐朽，系受木腐菌侵害所致。在木结构建筑中，木腐菌主要依赖潮湿的环境而得以生存与发展；各地的调查表明，凡是在结构构造上封闭的部位以及易经常受潮的场所，其木构件无不受木腐菌的侵害，严重者甚至会发生木结构坍塌事故。与此相反，若木结构所处的环境通风干燥良好，其木构件的使用年限，即使已逾百年，仍然可保持完好无损的状态。

C 选项木材含水率在 30%~50% 的环境时最容易导致木构件的腐朽。D 选项木结构长期浸泡在水中，不与空气接触，故木材不易腐朽。

答案：C

7-6 解析：查《木结构标准》表 3.1.3-1 可知，木构件的材质等级由高至低分别为 I_a 级、II_a 级、III_a 级，木结构受拉及拉弯构件的最低材质等级为 I_a 级。另依据规范"附录 A 承重结构木材材质标准"，材质等级是由木材缺陷的尺寸、位置等确定的，I_a 级对木材缺陷要求最严格；因此，可以推断木材的缺陷、疵病对抗拉强度影响最大。

答案：D

7-7 解析：根据《木结构标准》第 3.1.3 条表 3.1.3-1，受弯或压弯构件的最低材质等级为 II_a 级。

答案：B

7-8 解析：根据《木结构标准》第 3.1.8 条表 3.1.8（题 7-8 解表），当采用目测分级规格材设计轻型木结构构件时，应根据构件的用途按表 3.1.8 的规定选用相应的材质等级。

目测分级规格材的材质等级　　　　题 7-8 解表

类别	主要用途	材质等级	截面最大尺寸 (mm)
A	结构用搁栅、结构用平放厚板和轻型木框架构件	I_c	285
		II_c	
		III_c	
		IV_c	
B	仅用于墙骨柱	IV_{c1}	

续表

类别	主要用途	材质等级	截面最大尺寸(mm)
C	仅用于轻型木框架构件	Ⅱ c1 Ⅲ c1	90

答案：C

7-9 解析：根据《木结构标准》第3.1.13条，现场制作的方木或原木构件的木材含水率不应大于25%。
答案：C

7-10 解析：根据《木结构标准》第4.3.1条表4.3.1-3，木材的强度等级是根据木材的抗弯强度设计值划分的。
答案：B

7-11 解析：根据《木结构标准》第4.3.18条，标注原木直径时，应以小头为准。
答案：D

7-12 解析：根据《木结构标准》第4.3.18条规定，标注原木直径时，应以小头为准。验算挠度和稳定时，可取构件的中央截面；验算抗弯强度时，可取弯矩最大处截面。故Ⅰ、Ⅱ、Ⅲ项表述与规范相符。
答案：B

7-13 解析：根据《木结构标准》第4.1.14条规定，承重结构用胶必须满足结合部位的强度和耐久性的要求，应保证其胶合强度不低于木材顺纹抗剪和横纹抗拉的强度，并应符合环境保护的要求。故A、B、C选项正确。

条文说明第4.1.14条第2款，胶缝的耐久性取决于它的抗老化能力和抗生物侵蚀能力。因此，主要要求胶的抗老化能力应与结构的用途和使用年限相适应。但为了防止使用变质的胶，故提出对每批胶均应经过胶结能力的检验，合格后方可使用。故D选项错误。
答案：D

7-14 解析：根据《木结构标准》第6.1.4条，桁架支座节点采用齿连接时，应设置保险螺栓，但不考虑保险螺栓与齿的共同工作；故A选项正确，C选项错误。

第6.1.5条第4款，双齿连接宜选用两个直径相同的保险螺栓；故B选项错误。

第6.1.5条第1款，保险螺栓应与上弦轴线垂直；故D选项错误。
答案：A

7-15 解析：轻型木结构建筑的防火主要是采用构造防火体系来保证结构安全，故规定其层数不宜超过3层是从轻型木结构的耐火性能的角度考虑的。根据《木结构标准》第9.1.1条，轻型木结构的层数不宜超过3层。另据《建筑设计防火规范》表11.0.3-1规定，轻型木结构建筑的允许层数是3层，允许建筑高度是10m。
答案：C

7-16 解析：根据《木结构标准》第10.1.8条表10.1.8，屋顶承重构件的燃烧性能和耐火极限为可燃性0.50h（见表7-2）。
答案：C

7-17 解析：根据2003年版《木结构规范》第1.0.4条，承重木结构在正常温度和湿度环境下的房屋结构中使用。未经防火处理的木结构不应用于极易引起火灾的建筑中；未经防潮、防腐处理的木结构不应用于经常受潮且不易通风的场所。故应选D。2017年版的《木结构标准》中已无此条款。

若根据《建筑设计防火规范》GB 50016—2014（2018年版）条文说明第 11.0.1 条第 3 款和第 11.0.3 条，未经防火处理的木构件是可以使用的，极易引起火灾的建筑中不应采用木结构建筑或采取限制使用措施；故 C 选项错误。对于经常受潮且不易通风的场所，只要积极采取相应的防护措施，改善通风，避免潮气对构件的不利影响，还是可以使用的；故 D 选项错误。则此题应选 C 和 D。

答案：C、D

第八章　建筑抗震设计基本知识

本章考试大纲：了解抗震设计的基本知识，以及各类结构形式在不同抗震烈度下的适用范围。

本章复习要点：以《建筑抗震设计规范》GB 50011—2010（2016年版）（简称《抗震规范》）为主线，并结合《高层建筑混凝土结构技术规程》JGJ 3—2010（简称《高层混凝土规程》）和2022年4月1日起实行的《建筑与市政工程抗震通用规范》GB 55002—2021（简称《抗震通用规范》）的内容，主要介绍了一般地震常识，并对专用术语作了解释；介绍了结构抗震的基本规定，包括抗震设防分类和设防标准、场地与地基、结构规则性要求、结构体系应符合的要求、非结构构件的抗震要求、隔震与消能减震、结构材料等内容；分别对场地与地基基础、各类常用结构形式的适用高度、抗震等级及抗震措施进行了详细解读。通过要点、例题和习题等方式，帮助考生加深对规范的理解。

值得注意的是，《抗震通用规范》为全文强制性条文，废止了《抗震规范》中的强制性条文，但部分条文在《抗震通用规范》中并未体现或只作原则性要求，因此，除《抗震通用规范》中有明确的要求外，《抗震规范》中被废止的强制性条文仍可按一般性条文对待。部分被废止的强制性条文在其他规范或通用规范中有体现的，在本章节中也作了适当补充。

第一节　概　　述

我国地处环太平洋地震带和喜马拉雅—地中海地震带上，地震频发，且属于典型的内陆地震，强度大、灾害重，是世界上地震导致人员伤亡最为严重的国家之一。在当前的科学技术条件下，地震本身是无法控制和避免的，临震地震预报尚缺乏足够的准确性，因此，采取工程技术措施，增强建筑的抗震能力，减轻其地震损伤程度，是避免地震人员伤亡、减轻经济损失的根本途径，也是抗震设计的宗旨。

根据国家标准《中国地震动参数区划图》GB 18306—2015 的规定，全国范围内的基本地震烈度均为6度及以上，故我国范围内各类新建、扩建、改建的建筑工程均应按照《建筑与市政工程抗震通用规范》GB 55002—2021 和《建筑抗震设计规范》GB 50011—2010（2016年版）及相关抗震技术标准的要求进行抗震设计和采取抗震措施，达到抗震设防要求。

一、名词术语含义

（1）地震是指大地震动，包括天然地震（构造地震、火山地震、陷落地震）、诱发地震（矿山采掘活动、水库蓄水等引发的地震）和人工地震（爆破、核爆炸、物体坠落等产生的地震）。

建筑工程中的地震一般指天然地震中的构造地震，即由于地壳运动的挤压作用，在地壳的薄弱部位或板块的交界部位发生断裂、错动而引起的地震。

震源：是指地震发生的地方。

震源深度：震源至地面的垂直距离；一般情况下，相同震级地震时，震源越浅，则地震影响范围越小，但破坏程度越大；相反，震源越深，影响范围越大，但破坏程度越小。

浅源地震是震源深度小于60km的地震；中源地震是震源深度在60～300km范围内的地震；深源地震是震源深度大于300km的地震。

震中：震源在地表的投影。

震中距：地震震中至某一指定地点的地面距离。一般情况下，震中距越小，受地震影响越大，而震中距越大，受地震影响越小（图8-1）。

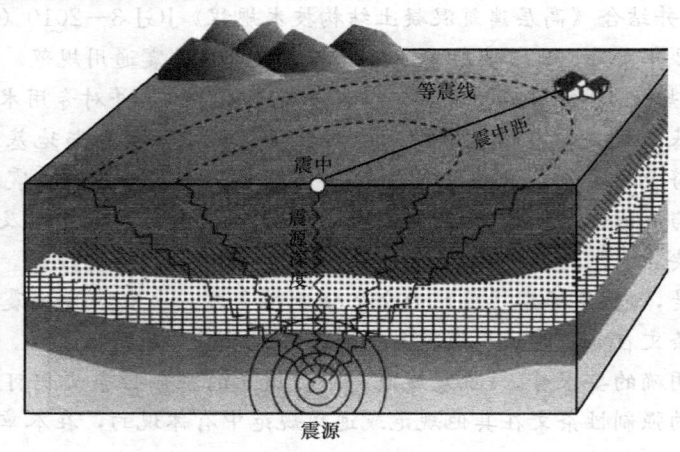

图 8-1　震源、震中、震源深度关系示意图
（引自：https：//mr.baidu.com/r/N6nYFcNoJy? f=cp&u=9eba8cbb5ee65548）

（2）震级。是对地震大小的量度。有地方性震级、体波震级、面波震级、矩震级（用地震矩换算的震级），表示符号均不相同，但对外发布的震级应用 M 表示，不应加"里氏震级""矩震级"等附加信息。一次地震只有一个震级。地震按震级大小的划分，大致如下：

1）弱震（$M<3$）。如果震源不是很浅，这种地震人们一般不易觉察。

2）有感地震（$3\leqslant M\leqslant 4.5$）。这种地震人们能够感觉到，但一般不会造成破坏。

3）中强震（$4.5<M<6$）。属于可造成损坏或破坏的地震，但破坏轻重还与震源深度、震中距等多种因素有关。

4）强震（$M\geqslant 6$）。是能造成严重破坏的地震，其中 $M\geqslant 8$ 又称为巨大地震。

5级以上地震会引起不同程度的破坏，统称为破坏性地震。

（3）地震烈度。指地震时某一地区地面和各类建筑物遭受一次地震影响的强弱程度。《中国地震烈度表》采用12度划分地震烈度。因此，同一次地震在不同地区有不同的地震烈度。

（4）多遇地震烈度。设计基准期50年内，超越概率为63.2%的地震烈度。

（5）基本烈度。指中国地震烈度区划图标明的地震烈度。2015年颁布的地震烈度区划图标明的基本烈度为50年期限内，一般场地条件下，可能遭遇超越概率为10%的地震烈度。

(6) 罕遇地震烈度。设计基准期内，超越概率为2%～3%的地震烈度。

(7) 抗震设防烈度：某地区抗震设防依据的地震烈度。必须按国家规定的权限审批、颁发的文件（图件）确定。一般情况下，建筑的抗震设防烈度应采用根据中国地震动参数区划图确定的地震基本烈度（《抗震规范》设计基本地震加速度值所对应的烈度值）。

(8) 地震作用。地震作用是由于地面运动输入结构后在结构上产生的动力反应（如速度、加速度、变形），包括水平地震作用、竖向地震作用和扭转地震作用。地震作用不是直接的外力作用，而是结构在地震时的动力反应，是一种间接作用，过去曾称为地震荷载，它与重力荷载的性质是不同的。地震作用的大小与地震动的性质和工程结构的动力特性有关。

(9) 超越概率。一定地区范围和时间范围内，发生的地震烈度超过给定地震烈度的概率。如：某地抗震设防烈度为8度，按我国抗震设防标准，即50年内，该地抗震设防按地震烈度超过8度的可能性为10%（超越概率）的标准来设防。

(10) 抗震设防标准。衡量抗震设防要求高低的尺度，由抗震设防烈度或设计地震动参数及建筑抗震设防类别确定。

(11) 设计地震动参数。抗震设计用的地震加速度（速度、位移）时程曲线、加速度反应谱和峰值加速度。

(12) 设计基本地震加速度。50年设计基准期超越概率10%的地震加速度的设计取值。

(13) 地震影响系数曲线。抗震设计用的加速度反应谱，以加速度反应谱和重力加速度的比值表示。

(14) 设计特征周期。抗震设计用的地震影响系数曲线中，反映地震震级、震中距和场地类别等因素的下降段起始点对应的周期值，简称特征周期。

(15) 建筑抗震概念设计。根据地震灾害和工程经验等所形成的基本设计原则和设计思想，进行建筑和结构总体布置并确定细部构造的过程。

(16) 抗震措施。除地震作用计算和抗力计算以外的抗震设计内容，包括设计规范对各类结构抗震设计的一般规定、地震作用效应（内力）调整、构件尺寸、最小构造配筋等细部构造要求等设计内容。

(17) 抗震构造措施。根据抗震概念设计原则，一般不需计算而对结构和非结构各部分必须采取的各种细部要求。

二、建筑抗震设防分类和设防标准

根据现有的技术和经济条件的实际情况，为达到既要减轻地震灾害又要合理控制建设投资的目的，按照遭受地震破坏后可能造成的人员伤亡、经济损失、社会影响程度及其在抗震救灾中的作用等因素将建筑划分为不同的类别，采取不同的设防标准，是我国抗震防灾工作的基本对策之一。

确定抗震设防类别是建筑抗震设计的主要内容。确定具体项目的抗震设防类别，关系到地震作用的取值和抗震措施的确定，是抗震设计的依据性指标。

抗震设防的所有建筑应按现行国家标准《建筑工程抗震设防分类标准》GB 50223确定其抗震设防类别及其抗震设防标准。

(一) 建筑物抗震设防类别

1. 具体内容

建筑工程应分为以下四个抗震设防类别：

(1) 特殊设防类：指使用上有特殊要求的设施，涉及国家公共安全的重大建筑工程和地震时可能发生严重次生灾害等特别重大灾害后果，需要进行特殊设防的建筑。简称甲类。

(2) 重点设防类：指地震时使用功能不能中断或需尽快恢复的生命线相关建筑，以及地震时可能导致大量人员伤亡等重大灾害后果，需要提高设防标准的建筑。简称乙类。

(3) 标准设防类：指大量的除(1)、(2)、(4)款以外按标准要求进行设防的建筑。简称丙类。

(4) 适度设防类：指使用上人员稀少且震损不致产生次生灾害，允许在一定条件下适度降低要求的建筑。简称丁类。

2. 学习要点

(1) 建筑工程抗震设防类别划分的基本原则，是从工程破坏后果、城镇规模、建筑功能失效的影响等角度进行划分，不仅仅是使用功能的重要性，而是多个因素的综合分析判别。

(2) 设防类别划分需要考虑的因素主要有：

1) 建筑地震破坏造成的人员伤亡、直接和间接经济损失及社会影响的大小；

2) 城镇的大小、行业的特点、工矿企业的规模；

3) 建筑使用功能失效后，对全局的影响范围大小、抗震救灾影响及恢复的难易程度；

4) 建筑各区段的重要性有显著不同时，可按区段（包括由防震缝分开的结构单元、平面内使用功能不同的部分或同一结构单元的上下部分）划分抗震设防类别，下部区段的类别不应低于上部区段；

5) 不同行业的相同建筑，在当本行业所处地位及地震破坏所产生的后果和影响不同时，其抗震设防类别可不相同。

上述 4 项抗震设防类别的划分为规范的最低要求，有条件的投资方可采取更高的设防类别。

(二) 抗震设防标准

1. 具体内容

根据《抗震通用规范》和《抗震规范》的规定，各抗震设防类别建筑的抗震设防标准，应符合下列要求：

(1) 特殊设防类（甲类），应按本地区抗震设防烈度提高一度的要求加强其抗震措施；但抗震设防烈度为 9 度时应按比 9 度更高的要求采取抗震措施。同时，应按批准的地震安全性评价的结果且高于本地区抗震设防烈度的要求确定其地震作用。

(2) 重点设防类[①]（乙类），应按本地区抗震设防烈度提高 1 度的要求加强其抗震措施；但抗震设防烈度为 9 度时应按比 9 度更高的要求采取抗震措施；地基基础的抗震措施，应符合有关规定。同时，应按本地区抗震设防烈度确定其地震作用。

(3) 标准设防类（丙类），应按本地区抗震设防烈度确定其抗震措施和地震作用，达

---

① 对于划为重点设防类而规模很小的工业建筑，当改用抗震性能较好的材料且符合抗震设计规范对结构体系的要求时，允许按标准设防类设防。

到在遭遇高于当地抗震设防烈度的预估罕遇地震影响时不致倒塌或发生危及生命安全的严重破坏的抗震设防目标。

（4）适度设防类（丁类），允许比本地区抗震设防烈度的要求适当降低其抗震措施，但抗震设防烈度为 6 度时不应降低。一般情况下，仍应按本地区抗震设防烈度确定其地震作用。

（5）当工程场地为Ⅰ类时，对特殊设防类和重点设防类工程，允许按本地区设防烈度的要求采取抗震构造措施；对标准设防类工程，抗震构造措施允许按本地区设防烈度降低 1 度、但不得低于 6 度的要求采用。

（6）抗震设防烈度为 6 度时，除《抗震规范》有具体规定外，对乙、丙、丁类建筑可不进行地震作用计算。

2. 学习要点

（1）划分抗震设防类别，是为了体现抗震防灾对策的区别对待原则，即主要体现在抗震设防标准的差别上。

（2）建筑抗震设防标准是衡量结构抗震能力的尺度，而结构抗震能力又与结构承载力和变形能力两者分不开；因此，建筑结构抗震设防标准体现为抗震设计所采用的地震作用大小和抗震措施高低。由于地震动的不确定性和复杂性，我国抗震设防标准采用的是提高抗震措施而不提高地震作用，提高抗震措施，目的是增加结构延性，提高结构变形能力，着眼于把有限的财力、物力用在增加结构关键部位或薄弱部位的抗震能力上。如果提高地震作用，则结构的所有构件均需增加材料，投资全面增加且效果不如前者。

（3）建筑抗震设防分类标准可归纳为表 8-1。

建筑抗震设防分类标准 表 8-1

抗震设防标准	地震作用取值标准	抗震措施标准
特殊设防类（甲类）	按地震安评结果，且高于本地区抗震设防烈度的要求	按设防烈度提高 1 度的要求
重点设防类（乙类）	按设防烈度确定	按设防烈度提高 1 度的要求
标准设防类（丙类）	按设防烈度确定	按设防烈度的要求
适度设防类（丁类）	按设防烈度确定	允许比设防烈度的要求适当降低，但设防烈度为 6 度时不降低

注：1. 规模很小的重点设防类工业建筑（如工矿企业的变电所、空压站、水泵房以及城市供水水源的泵房等），当改用抗震性能较好的材料且符合《抗震规范》对结构体系的要求时，允许按标准设防类设防。
2. 9 度设防的特殊设防、重点设防建筑，其抗震措施高于 9 度，但不再提高 1 度。
3. 对Ⅰ类场地，甲、乙类建筑允许按本地区抗震设防烈度要求采取抗震构造措施，丙类建筑除 6 度设防外均允许降低 1 度采取抗震构造措施；对Ⅲ、Ⅳ类场地，当设计基本地震加速度为 0.15g 和 0.30g 时，宜提高 0.5 度（即分别按 8 度和 9 度）采取抗震构造措施。

（4）不同抗震设防类别建筑的抗震设防标准可归纳为表 8-2。

不同抗震设防类别建筑的抗震设防标准 表 8-2

抗震设防类别	确定地震作用时的设防标准				确定抗震措施时的设防标准			
	6 度	7 度	8 度	9 度	6 度	7 度	8 度	9 度
特殊设防类（甲类）	按地震安评结果，且高于本地区抗震设防烈度的要求				7	8	9	9+

续表

抗震设防类别	确定地震作用时的设防标准				确定抗震措施时的设防标准			
	6度	7度	8度	9度	6度	7度	8度	9度
重点设防类（乙类）	6	7	8	9	7	8	9	9+
标准设防类（丙类）	6	7	8	9	6	7	8	9
适度设防类（丁类）	6	7	8	9	6	6	7	8

注：引自朱炳寅．建筑抗震设计规范应用与分析：2版［M］．北京：中国建筑工业出版社，2017．

（三）抗震设防目标

1. "三水准的设防目标"——所有进行抗震设计的建筑都必须实现的目标

抗震设计要达到的目标是在建筑受到不同强度的地震时，要求建筑具有不同的抵抗能力，对一般较小的地震，发生的可能性大，故又称多遇地震，这时要求结构不受损坏，在技术上和经济上都可以做到。而对于罕遇的强烈地震，地震作用大但发生的可能性小，在此强震作用下要保证结构完全不损坏，技术难度大，经济投入也大，是不合算的；这时允许有所损坏，但不倒塌，则将是经济合理的。

2. "三个水准"的抗震设防目标

建筑工程按什么标准设防，要达到什么目标，是工程抗震设防的首要问题，我国现行标准规定，建筑工程采用的是三级设防思想，也称三水准设防，即——第一水准：当遭遇低于本地区设防烈度的多遇地震影响时，各类建筑工程的主体结构不受损坏或不需修理可继续使用。

第二水准：当遭遇相当于本地区设防烈度的设防地震影响时，各类建筑工程可能发生损伤，但经一般修理可继续使用。

第三水准：当遭遇高于本地区设防烈度的罕遇地震影响时，各类建筑工程不致倒塌或发生危及生命的严重破坏。

通常将其概括为：小震不坏，中震可修，大震不倒。

三水准设防是建筑工程抗震设防的最低性能要求，是工程抗震质量安全的控制性底线要求。

多遇地震影响时，建筑处于正常使用状态，从结构抗震的角度分析，主体结构可视为处于弹性阶段，可采用弹性反应谱进行弹性分析。

设防地震影响时，结构进入非弹性工作阶段，但非弹性变形或结构体系的损坏控制在可修复的范围。

罕遇地震影响时，结构有较大的非弹性变形，但应控制在规定的范围内，避免倒塌。

三水准的地震作用及不同超越概率（或重现期）的建筑结构特性见表8-3。

三水准的地震作用及不同超越概率（或重现期）的建筑结构特性　　　　表8-3

水准	烈 度	50年超越概率	重现期	建筑结构特性
第一水准	多遇地震（小震），比设防烈度地震约低1.5度	63%	50年	建筑处于正常使用状态，可视为弹性体系

续表

水准	烈度	50年超越概率	重现期	建筑结构特性
第二水准	设防地震（基本烈度地震）或中国地震动参数区划图规定的峰值加速度所对应的烈度	10%	475年	结构进入非弹性工作阶段，但非弹性变形或结构体系的损坏控制在可修复的范围
第三水准	罕遇地震（大震）	2%～3%	1641～2475年	结构有较大的非弹性变形，但应控制在规定的范围内，以免倒塌

3. 各水准的建筑性能要求

"小震不坏"——要求建筑结构在多遇地震作用下满足承载力极限状态的要求且建筑的弹性变形不超过规定的限值；即保障人的生活、生产、经济和社会活动的正常进行。

"中震可修"——要求建筑结构具有相当的变形能力，不发生不可修复的脆性破坏，用结构的延性设计（满足抗震措施和抗震构造措施）来实现；即保障人身安全和减小经济损失。

"大震不倒"——满足建筑有足够的变形能力，其塑性变形不超过规定的限值；即避免倒塌，以保障人身安全。

本章所涉及的"小震""多遇地震""常遇地震"意义相同。

4. 两阶段设计

在抗震设计时，为满足上述三水准的目标应采用两个阶段设计法，见表8-4。

两阶段设计实现三水准目标 表8-4

设计阶段	设计内容	设计步骤和三水准目标	适用的结构
第一阶段设计	承载力验算	1. 取第一水准的地震动参数计算结构的弹性地震作用标准值和相应的地震作用效应； 2. 采用分项系数设计表达式进行结构构件的承载力抗震验算； 3. 通过概念设计和抗震构造措施来满足第二水准（设防地震）的设计要求	适用于大多数结构（如规则结构及一般不规则结构）
第二阶段设计	弹塑性变形验算	1. 结构薄弱部位的弹塑性层间变形验算； 2. 相应的抗震构造措施来实现第三水准（罕遇地震）的设防要求	1. 对地震时易倒塌的结构； 2. 有明显薄弱层的不规则结构； 3. 有专门要求的建筑

上面提到的小震、中震（设防烈度地震）和大震之间的数值关系为：小震比中震（设防烈度地震）低1.5度；大震比中震（设防烈度地震）高1度左右。

5. 四级地震作用

《中国地震动参数区划图》GB 18306—2015中的中国地震动峰值加速度区划图和中国地震动加速度反应谱特征周期区划图（简称"两图"）有所修订，给出了中国地震动峰值加速度，并由此确定抗震设防基准。该标准用4个超越概率水平，明确提出"四级地震作用"的概念，规定了"四级地震作用"相应的地震动参数确定系数（表8-5）。

四级地震作用及不同超越概率（或重现期）的地震动参数关系　　　　表8-5

四级地震作用	超越概率	重现期	与基本地震动峰值加速度的关系
常遇地震动	63%	50年	1/3倍
基本地震动	10%	475年	1倍（基准值）
罕遇地震动	2%	2475年	约1.9倍
极罕遇地震动	0.01%	万年	约2.7倍

注：《抗震规范》尚未更新，故可与表8-3对照看变化。

《中国地震动参数区划图》GB 18306—2015 对全国抗震设防要求有所提高。新区划图有两大变化：

一是，规定全国所有地区的地震动峰值加速度均大于或等于 0.05g（对应 6 度烈度），均在现行《抗震规范》规定的 6 度设防要求之内；首次规定了全国土覆盖的抗震设防，取消了不设防区；

二是，区划图覆盖了全国主要乡镇和街道，并提出了四级（常遇、基本、罕遇、极罕遇）地震作用取值。

新区划的"两图两表"（两表：根据场地类别的加速度调整系数表、特征周期调整表），是确定具体建设工程抗震设计中地震动参数的关键。

（四）地震影响

（1）建筑所在地区遭受地震的影响，应采用相应于抗震设防烈度的设计基本地震加速度和特征周期来加以表征（表8-6）。

抗震设防烈度和设计基本地震加速度值的对应关系　　　　表8-6

抗震设防烈度	6	7	8	9
设计基本地震加速度值	0.05g	0.10(0.15)g	0.20(0.30)g	0.40g

注：g 为重力加速度。

现规范以地震加速度划分烈度，而不再依据破坏程度确定。《抗震规范》明确将设计基本地震加速度为 0.15g 和 0.30g 的地区仍归类为 7 度和 8 度，主要考虑现行规范的抗震构造措施均以烈度划分，没有专门针对 0.15g 和 0.30g 地区的抗震构造措施。

（2）地震影响的特征周期应根据建筑所在地的设计地震分组和场地类别确定。设计地震共分 3 组，其特征周期值是计算地震作用的重要参数，它反映了震级、震中距及场地特性的影响详见本节"五、地震作用""（五）地震作用的决定因素"。

建筑抗震设计包括地震作用、抗震承载力计算和采取抗震构造措施以达到抗震效果。抗震设计首先要确定设防烈度，一般取基本烈度。

抗震措施指除地震作用计算和抗力计算以外的抗震设计内容，包括抗震构造措施。混凝土结构的抗震措施依据抗震设防烈度和抗震等级确定。

例 8-1　（2010）"按本地区抗震设防烈度确定其抗震措施和地震作用，在遭遇高于当地抗震设防烈度的预估罕遇地震影响时，不致倒塌或发生危及生命安全的严重破坏。"适用于下列哪一种抗震设防类别？

A　特殊设防类（甲类）　　　　B　重点设防类（乙类）
C　标准设防类（丙类）　　　　D　适度设防类（丁类）

解析： 标准设防类（丙类）是指按本地区抗震设防烈度确定其抗震措施和地震作用，在遭遇高于当地抗震设防烈度的预估罕遇地震影响时不致倒塌或发生危及生命安全的严重破坏的抗震设防目标。大部分建筑为标准设防类（丙类）。

答案： C

规范：《抗震通用规范》第 2.3.1 条和第 2.3.2 条；《建筑工程抗震设防分类标准》GB 50223—2008 第 3.0.2 条、第 3.0.3 条第 1 款。

三、抗震设计的基本要求

（一）选择对抗震有利的场地、地基和基础

（1）选择建筑场地时，应根据工程需要和地震活动情况、工程地质和地震地质的有关资料，对抗震有利、一般、不利和危险地段做出综合评价。应选择有利地段，避开不利地段；当无法避开不利地段时，应采取有效措施。对危险地段，严禁建造甲、乙、丙类的建筑。

对建筑抗震有利、一般、不利和危险地段的划分标准见表 8-7。

有利、一般、不利和危险地段的划分标准　　　　表 8-7

地段类别	地质、地形、地貌
有利地段	稳定基岩，坚硬土，开阔、平坦、密实、均匀的中硬土等
一般地段	不属于有利、不利和危险的地段
不利地段	软弱土，液化土，条状突出的山嘴，高耸孤立的山丘，陡坡，陡坎，河岸和边坡的边缘，平面分布上成因、岩性、状态明显不均匀的土层（含故河道、疏松的断层破碎带、暗埋的塘浜沟谷和半填半挖地基），高含水量的可塑黄土，地表存在结构性裂缝等
危险地段	地震时可能发生滑坡、崩塌、地陷、地裂、泥石流等及发震断裂带上可能发生地表位错的部位

地震造成建筑的破坏情况多样，一般可分为三类，一是地震动直接引起的结构破坏，二是海啸、火灾、爆炸等次生灾害所导致；三是断层错动、山崖崩塌、河岸滑坡、地层陷落等严重地面变形所导致。因此，选择有利于抗震的工程场址是减轻地震灾害的第一道工序。

场地土既支承上部建筑，又传播地震波。从震源传来的地震波中含有不同周期或波长的波，当其中的周期与土层的固有周期一致时，将会得到放大，而不一致时将会衰减。因此，场地土层条件将影响地表的震动大小和特征，并直接影响建筑物的破坏程度。合理选择对抗震有利的场地，可以避开不利地段，避免地震引起的地表错动、地裂、滑坡、不均匀沉陷、液化等。故选择合适的场地是结构抗震设计中十分有效且经济可靠的抗震措施。

(2) 地基和基础设计应符合下列要求：

1) 同一结构单元的基础不宜设置在性质截然不同的地基上。

2) 同一结构单元不宜部分采用天然地基部分采用桩基；当采用不同基础类型或基础埋深显著不同时，应根据地震时两部分地基基础的沉降差异，在基础、上部结构的相关部位采取相应措施。

3) 地基为软弱黏性土、液化土、新近填土或严重不均匀土时，应根据地震时地基不均匀沉降和其他不利影响，采取相应的措施。

（二）建筑形体①及其构件布置的规则性

(1) 建筑设计应根据抗震概念设计的要求明确建筑形体的规则性。不规则的建筑应按规定采取加强措施；特别不规则的建筑应进行专门研究和论证，采取特别的加强措施；不应采用严重不规则的建筑方案。

(2) 建筑设计应重视其平面、立面和竖向剖面的规则性对抗震性能及经济合理性的影响，宜择优选用规则的形体，其抗侧力构件的平面布置宜规则对称、侧向刚度沿竖向宜均匀变化、竖向抗侧力构件的截面尺寸和材料强度宜自下而上逐渐减小、避免侧向刚度和承载力突变。

(3) 建筑形体及其构件布置的平面、竖向不规则性，应按下列要求划分：

1) 混凝土房屋、钢结构房屋和钢-混凝土混合结构房屋存在表 8-8 所列举的某项平面不规则类型或表 8-9 所列举的某项竖向不规则类型以及类似的不规则类型，应属于不规则的建筑。

平面不规则的主要类型　　　　　　　　表 8-8

不规则类型	定义和参考指标
扭转不规则	在具有偶然偏心的水平力作用下，楼层两端抗侧力构件弹性水平位移（或层间位移）的最大值与平均值的比值大于 1.2
凹凸不规则	平面凹进的尺寸，大于相应投影方向总尺寸的 30%
楼板局部不连续	楼板的尺寸和平面刚度急剧变化，例如，有效楼板宽度小于该楼层板典型宽度的 50%，或开洞面积大于该层楼面面积的 30%，或较大的楼层错层

竖向不规则的主要类型　　　　　　　　表 8-9

不规则类型	定义和参考指标
侧向刚度不规则	该层的侧向刚度小于相邻上一层的 70%，或小于其上相邻三个楼层侧向刚度平均值的 80%；除顶层或出屋面小建筑外，局部收进的水平向尺寸大于相邻下一层的 25%
竖向抗侧力构件不连续	竖向抗侧力构件（柱、抗震墙、抗震支撑）的内力由水平转换构件（梁、桁架等）向下传递
楼层承载力突变	抗侧力结构的层间受剪承载力小于相邻上一楼层的 80%

图 8-2～图 8-4 为典型示例，以便理解表 8-8 中所列的不规则类型。

图 8-5～图 8-7 为典型示例，以便理解表 8-9 中所列的不规则类型。

---

① 形体指建筑平面形状和立面、竖向剖面的变化。

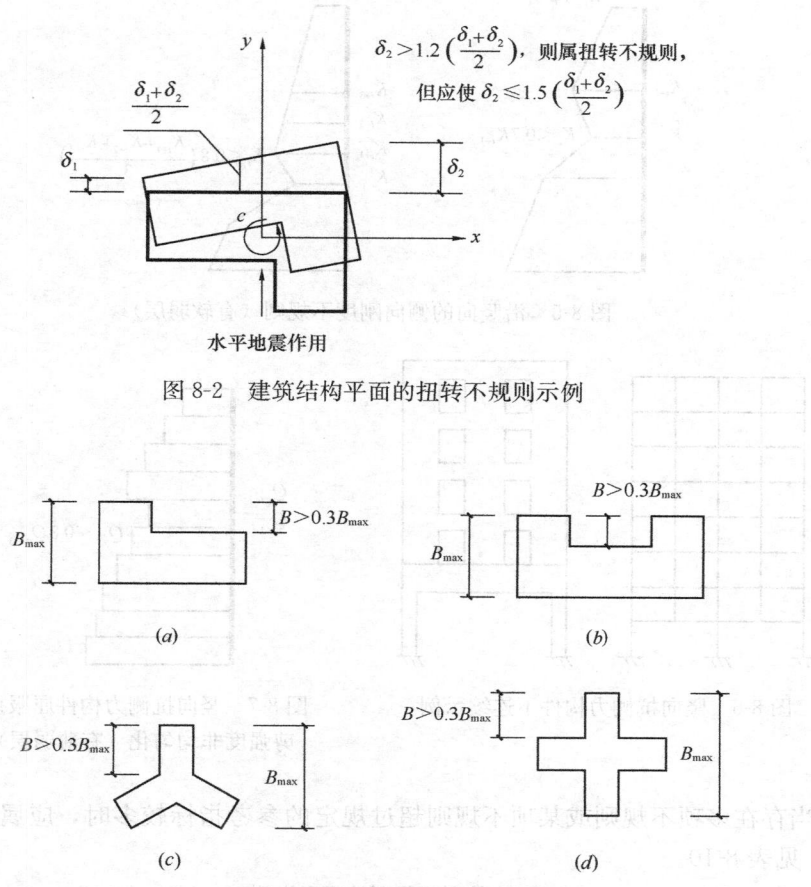

图 8-2 建筑结构平面的扭转不规则示例

图 8-3 建筑结构平面的凸角或凹角不规则示例

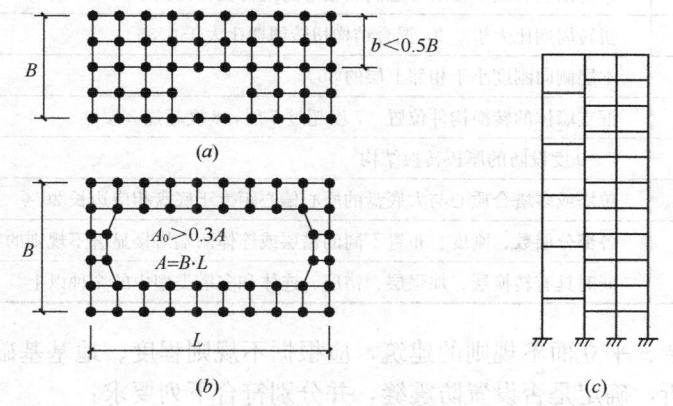

图 8-4 建筑结构平面的局部不连续示例（大开洞及错层）

2）砌体房屋、单层工业厂房、单层空旷房屋、大跨屋盖建筑和地下建筑的平面和竖向不规则性的划分，应符合抗震规范有关章节的规定。

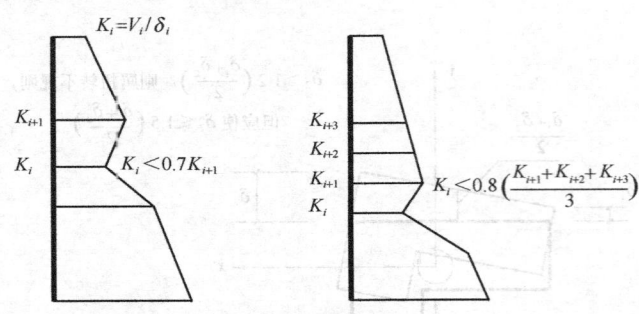

图 3-5 沿竖向的侧向刚度不规则（有软弱层）

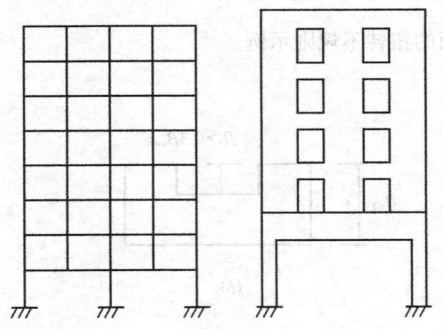

图 8-6 竖向抗侧力构件不连续示例

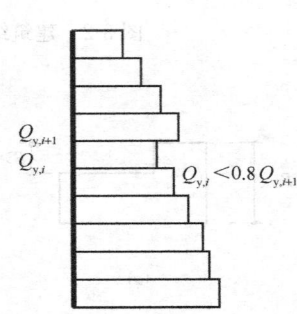

图 8-7 竖向抗侧力构件屈服抗剪强度非均匀化（有薄弱层）

3）当存在多项不规则或某项不规则超过规定的参考指标较多时，应属于特别不规则的建筑，见表 8-10。

特别不规则的项目举例   表 8-10

序号	不规则类型	简要含义
1	扭转偏大	裙房以上有较多楼层考虑偶然偏心的扭转位移比大于 1.4
2	抗扭刚度弱	扭转周期比大于 0.9，混合结构扭转周期比大于 0.85
3	层刚度偏小	本层侧向刚度小于相邻上层的 50%
4	高位转换	框支墙本的转换构件位置：7 度超过 5 层，8 度超过 3 层
5	厚板转换	7～9 度设防的厚板转换结构
6	塔楼偏置	单塔或多塔合质心与大底盘的质心偏心距大于底盘相应边长 20%
7	复杂连接	各部分层数、刚度、布置不同的错层或连体两端塔楼显著不规则的结构
8	多重复杂	同时具有转换层、加强层、错层、连体和多塔类型中的 2 种以上

(4) 体型复杂、平立面不规则的建筑，应根据不规则程度、地基基础条件和技术经济等因素的比较分析，确定是否设置防震缝，并分别符合下列要求：

1）当不设置防震缝时，应采用符合实际的计算模型，分析判明其应力集中、变形集中或地震扭转效应等导致的易损部位，采取相应的加强措施。

2）当在适当部位设置防震缝时，宜形成多个较规则的抗侧力结构单元。防震缝应根据抗震设防烈度、结构材料种类、结构类型、结构单元的高度和高差以及可能的地震扭转效应的情况，留有足够的宽度，其两侧的上部结构应完全分开。

3) 当设置伸缩缝和沉降缝时，其宽度应符合防震缝的要求。

(5) 关于建筑体形的其他说明。

《高层混凝土规程》规定，结构平面布置应符合下列要求：①高层建筑（10层及10层以上）的平面宜简单、规则、对称、减少偏心；②高层建筑的平面长度 L 不宜过长，突出部分长度 l 不宜过大；L、l 等值宜满足图 8-8 及表 8-11 的要求；③建筑平面不宜采用图 8-9 所示角部重叠或细腰形平面布置。

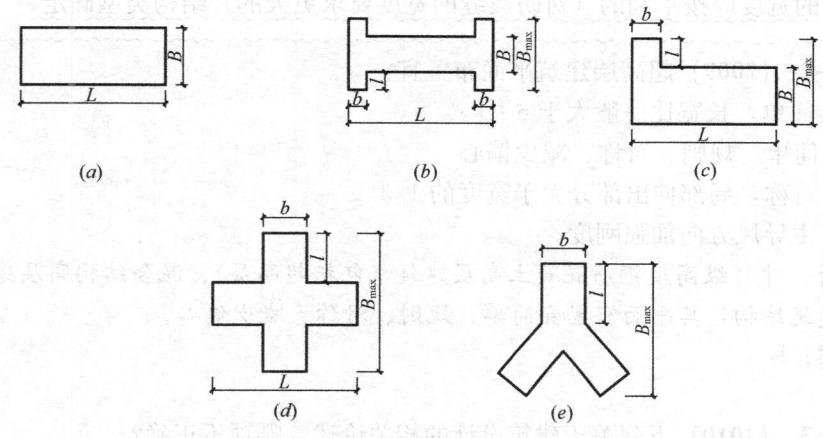

图 8-8 建筑平面示意

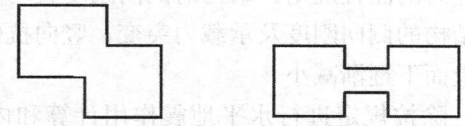

图 8-9 角部重叠和细腰形平面示意

平面尺寸及突出部位尺寸的比值限值　　　　表 8-11

设防烈度	L/B	l/B_{max}	l/b
6、7度	≤6.0	≤0.35	≤2.0
8、9度	≤5.0	≤0.30	≤1.5

注：1. 高层建筑当结构上部楼层收进部位到室外地面的高度 H_1 与房屋高度 H 之比大于 0.2 时，上部楼层收进后的水平尺寸 B_1 不宜小于下部楼层水平尺寸 B 的 0.75 倍 [图 8-10(a)、(b)]。

2. 当上部结构楼层相对于下部楼层外挑时，上部楼层水平尺寸 B_1 不宜大于下部楼层水平尺寸 B 的 1.1 倍，且水平外挑尺寸 a 不宜大于 4m [图 8-10(c)、(d)]。

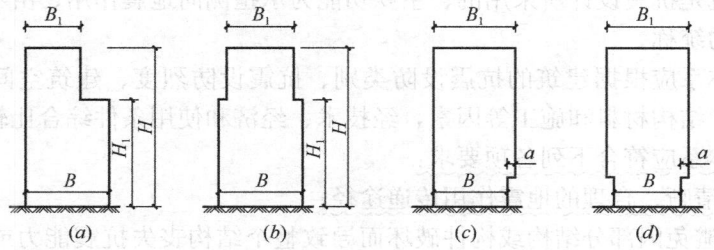

图 8-10 结构竖向收进和外挑示意

建筑平面和竖向布置对结构的规则性影响很大，有时甚至起到决定性作用。抗震性能良好的建筑，不应采用严重不规则的设计方案，避免采用特别不规则的方案。

规则性包含了对建筑平面和立面外形尺寸、抗侧力构件的布置、质量分布、承载力分布等诸多因素的综合要求。规则的建筑方案要求建筑平、立面形状简单，结构抗侧力构件的平面布置基本对称，结构竖向刚度和承载力变化连续且均匀，没有明显突变。

一般情况下，可设缝、可不设缝时，尽量不设缝；当不设防震缝时，连接处局部应力集中，需要采取加强措施；当必须设缝时，应有足够的宽度。防震缝两侧结构体系不同时，防震缝的宽度应按不利的（对防震缝的宽度要求更大的）结构类型确定。

例 8-2 （2009）超高层建筑平面布置宜：
A 简单，长宽比一般大于 6∶1
B 简单、规则、对称、减少偏心
C 对称，局部伸出部分大于宽度的 1/3
D 主导风方向加强刚度
解析：对 B 级高度钢筋混凝土高层建筑（包括超高层）、混合结构高层建筑及复杂高层建筑结构，其平面布置宜简单、规则、对称、减少偏心。
答案：B

例 8-3 （2010）下列关于建筑设计的相关论述，哪项不正确？
A 建筑及其抗侧力结构的平面布置宜规则、对称，并应具有良好的整体性
B 建筑的立面和竖向剖面宜规则，结构的侧向刚度宜均匀变化
C 为避免抗侧力结构的侧向刚度及承载力突变，竖向抗侧力构件的截面尺寸和材料强度可自上而下逐渐减小
D 对不规则结构，除按规定进行水平地震作用计算和内力调整外，对薄弱部位还应采取有效的抗震构造措施
解析：竖向抗侧力构件的截面尺寸和材料强度宜自下而上逐渐减小，避免侧向刚度和承载力突变。
答案：C
规范：《抗震规范》第 3.4.2 及 3.6.2 条。

（三）结构体系

1. 具体内容

结构体系就是抗震设计所采用的、主要功能为承担侧向地震作用、由不同材料组成的不同结构形式的统称。

（1）结构体系应根据建筑的抗震设防类别、抗震设防烈度、建筑空间尺度、场地条件、地基条件、结构材料和施工等因素，经技术、经济和使用条件综合比较确定。

（2）结构体系应符合下列各项要求：
1) 应具有清晰、合理的地震作用传递途径；
2) 应具有避免因部分结构或构件破坏而导致整个结构丧失抗震能力或对重力荷载的承载能力；

3) 应具备必要的刚度、强度和耗能能力；
4) 结构构件应具有足够的延性，避免脆性破坏。
(3) 结构体系应符合下列规定：
1) 结构体系应具有足够的牢固性和抗震冗余度；
2) 结构体系应具有合理的刚度和承载力分布，避免因局部削弱或突变形成薄弱部位，产生过大的应力集中或塑性变形集中；
3) 结构在两个主轴方向的动力特性宜相近；
4) 楼、屋面应具有足够的面内刚度和整体性；采用装配整体式楼、屋面时，应采取措施保证楼、屋面的整体性及其与竖向抗侧力构件的连接；
5) 基础应具有良好的整体性和抗转动能力，避免地震时基础转动加重建筑灾害；
6) 构件连接的设计与构造应能保证节点或锚固件的破坏不先于构件或连接件的破坏。
(4) 结构构件应符合下列要求：
1) 砌体结构应按规定设置钢筋混凝土圈梁和构造柱、芯柱，或采用约束砌体、配筋砌体等；
2) 混凝土结构构件应控制截面尺寸和受力钢筋、箍筋的设置；防止剪切破坏先于弯曲破坏，混凝土的压溃先于钢筋的屈服，钢筋的锚固粘结破坏先于构件破坏；
3) 预应力混凝土构件，应配有足够的非预应力钢筋；
4) 钢结构构件的尺寸应合理控制，应避免局部失稳或整个构件失稳；
5) 多、高层的混凝土楼、屋盖宜优先采用现浇混凝土板；当采用预制装配式混凝土楼、屋盖时，应从楼盖体系和构造上采取措施确保各预制板之间连接的整体性。
(5) 结构各构件之间的连接，应符合下列要求：
1) 构件节点的破坏，不应先于其连接的构件；
2) 预埋件的锚固破坏，不应先于连接件；
3) 装配式结构构件的连接，应能保证结构的整体性；
4) 预应力混凝土构件的预应力钢筋，宜在节点核心区以外锚固。
(6) 装配式单层厂房的各种抗震支撑系统，应保证地震时厂房的整体性和稳定性。

2. 学习要点

(1) 抗震结构体系要求受力明确、传力途径合理且传力路线不间断，使结构的抗震分析更符合结构在地震时的实际表现，是结构选型与布置结构抗侧力体系时首先考虑的因素之一。

(2) 结构体系应具备必要的抗震承载力，是指结构在地震作用下具有足够的承载能力；具有良好的延性（即变形能力和耗能能力），指结构具有足够的抗变形能力，结构的变形不致引起结构功能丧失或超越容许破坏的程度；良好的消耗地震能量的能力是指结构能吸收和消耗地震能而保存下来的能力，即良好的延性。

(3) 要防止局部的加强导致整个结构刚度和强度的不协调，有意识地控制薄弱层，使之有足够的变形能力又不发生薄弱层（部位）转移，是提高结构整体抗震能力的有效手段。结构设计应尽可能在建筑方案的基础上采取措施，避免薄弱部位的地震破坏导致整个结构的倒塌；如果不改变建筑方案就无法在现有的经济技术条件下采取措施防止倒塌，则应根据规定对建筑方案进行调整。

（4）抗震结构体系中吸收和消耗地震输入能的各个部分称为抗震防线。抗震房屋必须设置多道防线，使结构具有足够的抗震冗余度。

（5）结构两个主轴方向的动力特性（周期和振型）宜相近，如对有些纵横墙、长宽比较大的长矩形平面，强调两个主轴方向的均衡，避免因某一个方向先破坏而导致整体倒塌。

（6）结构体系由不同结构构件组成，结构构件的抗震性能是保证整个结构抗震设计的基础。规范对各种不同材料的结构构件提出了改善其变形能力的原则和途径，应理解并掌握，是重要的出题点：

1）无筋砌体本身是脆性材料，只能利用约束条件（圈梁、构造柱、组合柱等来分割、包围）使砌体发生裂缝后不致崩塌和散落，地震时不致丧失对重力荷载的承载能力。

2）钢筋混凝土构件的抗震性能与砌体相比是更好的，但处理不当也会造成不可修复的脆性破坏，如：混凝土压碎、构件剪切破坏、钢筋锚固部分拉脱（粘结破坏）等。混凝土结构构件的尺寸控制，包括轴压比、截面长宽比、墙体高厚比、宽厚比等。

3）对预应力混凝土结构构件的要求是应配置足够的非预应力钢筋，以利于改善预应力混凝土结构的抗震性能。

4）钢结构房屋的延性好，但钢结构构件的压屈破坏（杆件失去稳定）或局部失稳也是一种脆性破坏，应予以防止。

5）推荐采用现浇楼、屋盖，对装配式楼、屋盖需加强整体性。

例 8-4　（2012） 关于混凝土结构的设计方案，下列说法错误的是：
A　应选用合理的结构体系、构件形式，并做合理的布置
B　结构的平、立面布置宜规则，各部分的质量和刚度宜均匀、连续
C　宜采用静定结构，结构传力途径应简捷、明确，竖向构件宜连续贯通、对齐
D　宜采取减小偶然作用影响的措施

解析： 混凝土结构的设计方案宜**采用超静定结构**，重要构件和关键部位应增加冗余约束或有多余传力途径，以保证结构有多道抗震防线，不致因局部结构或构件破坏而使结构变成机动体系，导致整个结构丧失抗震能力或对重力荷载的承载能力。

答案： C

规范： 《抗震规范》第 3.5.3 条第 1 款；《混凝土结构设计规范》GB 50010—2010（2015 年版）第 3.2.1 条第 4 款、第 3.5.2 条。

例 8-5　（2011） 下列关于钢筋混凝土结构构件应符合的力学要求中，何项错误？
A　弯曲破坏先于剪切破坏
B　钢筋屈服先于混凝土压溃
C　钢筋的锚固粘结破坏先于构件破坏
D　应进行承载能力极限状态和正常使用极限状态设计

解析： 钢筋混凝土结构构件设计应避免脆性破坏，具体要求：弯曲破坏先于剪切破坏；钢筋屈服先于混凝土压坏；钢筋的锚固粘结破坏晚于构件破坏。

答案： C

规范： 《抗震规范》第 3.5.5 条。

(四) 非结构构件

1. 具体内容

(1) 非结构构件，包括建筑非结构构件和建筑附属机电设备，自身及其与结构主体的连接，应进行抗震设计。

(2) 建筑主体结构中，幕墙、围护墙、隔墙、女儿墙、雨篷、商标、广告牌、顶棚支架、大型储物架等建筑非结构构件的安装部位，应采取加强措施，以承受由非结构构件传递的地震作用。

(3) 围护墙、隔墙、女儿墙等非承重墙体的设计与构造应符合下列规定：

1) 采用砌体墙时，应设置拉结筋、水平系梁、圈梁、构造柱等与主体结构可靠拉结。

2) 墙体及其与主体结构的连接应具有足够的变形能力，以适应主体结构不同方向的层间变形要求。

3) 人流出入口和通道处的砌体女儿墙应与主体结构锚固，防震缝处女儿墙的自由端应予以加强。

4) 框架结构的围护墙和隔墙，应估计其设置对结构抗震的不利影响，避免不合理的设置而导致主体结构的破坏。

(4) 建筑装饰构件的设计与构造应符合下列规定：

1) 各类顶棚的构件及与楼板的连接件，应能承受顶棚、悬挂重物和有关机电设施的自重和地震附加作用；其锚固的承载力应大于连接件的承载力。

2) 悬挑构件或一端自由柱支承的构件，应与主体结构可靠连接。

3) 玻璃幕墙、预制墙板、附属于楼屋面的悬臂构件和大型储物架的抗震构造应符合抗震设防类别和烈度的要求。

(5) 建筑附属机电设备不应设置在可能致使其功能障碍等二次灾害的部位；设防地震下需要连续工作的附属设备，应设置在建筑结构地震反应较小的部位。

(6) 管道、电缆、通风管和设备的洞口设置，应减少对主要承重构件的削弱；洞口边缘应有补强措施。管道和设备与建筑结构的连接应具有足够的变形能力，以满足相对位移的要求。

(7) 建筑附属机电设备的基座或支架，以及相关连接件和锚固件应具有足够的刚度和强度，应能将设备承受的地震作用全部传递到建筑结构上。建筑结构中，用以固定建筑附属机电设备预埋件、锚固件的部位，应采取加强措施，以承受附属机电设备传给主体结构的地震作用。

2. 学习要点

(1) 非结构构件一般指不考虑承受重力荷载、风荷载及地震作用的构件，包括建筑非结构构件和建筑附属机电设备的支架等。非结构构件的地震破坏会影响安全和使用功能，需引起重视，应进行抗震设计。

(2) 处理好建筑非结构构件和主体结构的关系，可防止附加灾害，减少损失，处理好两者的连接和锚固问题是关键：

1) 附属结构构件，如：女儿墙、高低跨封墙、雨篷等的防倒塌问题，主要采取加强自身的整体性及与主体结构的锚固等抗震措施；

2) 装饰物，如：贴面、顶棚、悬吊重物等的防脱落及装饰物破坏问题，主要采取加强与主体结构的可靠连接，对重要装饰物采用柔性连接等抗震措施；

3) 围护墙和隔墙、砌体填充墙与框架等主体结构的连接，影响整个结构的动力性能和抗震能力，建议两者之间采用柔性连接或彼此脱开，可只考虑填充墙的重量而不计其刚度和强度的影响。

(五) 隔震与消能减震设计

隔震设计指在房屋基础、底部或下部结构与上部结构之间设置由隔震支座和阻尼装置等部件组成具有整体复位功能的隔震层，以延长整个结构体系的自振周期，减少输入上部结构的水平地震作用，达到预期防震要求。

消能减震设计指在房屋结构中设置消能器，通过消能器的相对变形和相对速度提供附加阻尼，以消耗输入结构的地震能量，达到预期防震减震要求。

(1) 隔震与消能减震设计，可用于对抗震安全性和使用功能有较高要求或专门要求的建筑。

(2) 采用隔震或消能减震设计的建筑，当遭遇到本地区的多遇地震影响、设防地震影响和罕遇地震影响时，可按高于《抗震规范》第1.0.1条的基本设防目标进行设计。

(3) 建筑结构采用隔震设计时应符合下列要求：

1) 结构高宽比宜小于4，且不应大于相关规范规程对非隔震结构的具体规定，其变形特征接近剪切变形，最大高度应满足《抗震规范》非隔震结构的要求；高宽比大于4或非隔震结构相关规定的结构采用隔震设计时，应进行专门研究。

2) 建筑场地宜为Ⅰ、Ⅱ、Ⅲ类，并应选用稳定性较好的基础类型。

3) 风荷载和其他非地震作用的水平荷载标准值产生的总水平力不宜超过结构总重力的10%。

4) 隔震层应提供必要的竖向承载力、侧向刚度和阻尼；穿过隔震层的设备管线、配线，应采用柔性连接或其他有效措施宜适应隔震层的罕遇地震水平位移。

(4) 消能减震设计可用于钢、钢筋混凝土、钢-混凝土混合等结构类型的房屋。消能部件应对结构提供足够的附加阻尼，尚应根据其结构类型分别符合《抗震规范》相应章节的设计要求。

(六) 结构材料与施工

抗震结构在材料选用、施工顺序，特别是材料代用上有其特殊的要求，主要指减少材料的脆性和贯彻原设计意图，也是重要的考试出题点。

1. 内容体内容

(1) 抗震结构对材料和施工质量的特别要求，应在设计文件上注明。

(2) 结构材料性能指标，应符合下列最低要求：

1) 砌体结构材料应符合《砌体结构通用规范》第3.2节和第3.3节的相关要求。

2) 混凝土结构材料应符合下列规定：

①混凝土结构房屋以及钢-混凝土组合结构房屋中，框支柱、框支梁及抗震等级不低于二级的框架梁、柱、节点核心区的混凝土强度等级不应低于C30；构造柱、芯柱、圈梁及其他各类构件的混凝土强度等级不应低于C25。

②抗震等级为一、二、三级的框架和斜撑构件（含梯段），其纵向受力钢筋采用普通钢筋时，钢筋的抗拉强度实测值与屈服强度实测值的比值不应小于1.25；钢筋的屈服强

度实测值与屈服强度标准值的比值不应大于1.3，且钢筋在最大拉力下的总伸长率实测值不应小于9%。

3) 钢结构的钢材应符合下列规定：

钢结构工程所选用钢材的牌号、技术条件、性能指标均应符合国家现行有关标准的规定。

钢结构承重构件所用的钢材应具有屈服强度，断后伸长率，抗拉强度和硫、磷含量的合格保证，在低温使用环境下尚应具有冲击韧性的合格保证；对焊接结构尚应具有碳或碳当量的合格保证。铸钢件和要求层状撕裂（Z向）性能的钢材应具有断面收缩率的合格保证。焊接承重结构以及重要的非焊接承重结构所用的钢材，应具有弯曲试验的合格保证；对直接承受动力荷载或需进行疲劳验算的构件，其所用钢材尚应具有冲击韧性的合格保证，罕遇地震下发生塑性变形的构件或部位的钢材尚应满足超强系数不大于1.35的要求。框架-偏心支撑结构的消能梁段的钢材屈服强度不应大于355MPa。

①钢材的屈服强度实测值与抗拉强度实测值的比值不应大于0.85；

②钢材应有明显的屈服台阶，且伸长率不应小于20%；

③钢材应有良好的焊接性和合格的冲击韧性。

(3) 结构材料性能指标，尚宜符合下列要求：

1) 普通钢筋宜优先采用延性、韧性和焊接性较好的钢筋；普通钢筋的强度等级，纵向受力钢筋宜选用符合抗震性能指标的不低于HRB400级的热轧钢筋，箍筋宜选用符合抗震性能指标的不低于HRB400级的热轧钢筋，也可选用HPB300级热轧钢筋。

2) 混凝土结构的混凝土强度等级，抗震墙不宜超过C60。其他构件，9度时不宜超过C60；8度时不宜超过C70。

3) 钢结构的钢材宜采用Q235等级B、C、D的碳素结构钢及Q345等级B、C、D、E的低合金高强度结构钢；当有可靠依据时，尚可采用其他钢种和钢号。

(4) 在施工中，当需要以强度等级较高的钢筋替代原设计中的纵向受力钢筋时，应按照钢筋受拉承载力设计值相等的原则换算，并应满足最小配筋率要求和构造要求。

(5) 采用焊接连接的钢结构，当接头的焊接约束度较大、钢板厚度不小于40mm且承受沿板厚方向的拉力时，钢板厚度方向截面收缩率不应小于国家标准。

(6) 钢筋混凝土构造柱和底部框架-抗震墙房屋中的砌体抗震墙，其施工应先砌墙后浇构造柱和框架梁柱。

(7) 混凝土墙体、框架柱的水平施工缝，应采取措施加强混凝土的结合性能。对于抗震等级一级的墙体和转换层楼板与落地混凝土墙体的交接处，宜验算水平施工缝截面的受剪承载力。

2. 学习要点

(1) 优先采用延性好、韧性及可焊性较好的热轧钢筋。

(2) 对钢筋混凝土结构中的混凝土强度等级有所限制，是因为高强混凝土具有脆性性质，且随强度等级提高而增加。

当耐久性有要求时，混凝土的最低强度等级，应遵守有关规定。

(3) 碳素结构钢Q235中，其中A级钢不要求任何冲击试验值，并只在用户要求时才进行冷弯实验，且不保证焊接要求的碳含量，故不建议采用。

低合金高强度结构钢 Q345 中，其中 A 级钢不保证冲击韧性要求和延性性能的基本要求，故亦不建议采用。

（4）钢筋代换时应注意替代后的纵向钢筋的总承载力设计值不应低于原设计的纵向钢筋总承载力设计值。

还应满足最小配筋率和钢筋间距等构造要求，并应注意由于钢筋的强度和直径改变，会影响正常使用极限状态挠度和裂缝宽度。

（七）建筑物地震反应观测系统

抗震设防烈度为 7、8、9 度时，高度分别超过 160m、120m、80m 的大型公共建筑，应按规定设置建筑结构的地震反应观测系统，建筑设计应留有观测仪器和线路的位置。

例 8-6　（2013） 有抗震要求的钢筋混凝土框支梁的混凝土强度等级不应低于：

A　C25　　　　　B　C30　　　　　C　C35　　　　　D　C40

解析：有抗震要求的混凝土结构材料应符合下列最低要求：框支梁、框支柱及抗震等级为一级的框架梁、柱、节点核心区，混凝土强度等级不应低于C30。

答案：B

规范：《抗震规范》第 3.9.2 条第 2 款 1)；《混凝土结构设计规范》GB 50010—2010（2015 年版）第 11.2.1 条第 2 款。

例 8-7　（2014） 8 度抗震设计的钢筋混凝土结构，框架柱的混凝土强度等级不宜超过：

A　C60　　　　　B　C65　　　　　C　C70　　　　　D　C75

解析：混凝土抗震墙的强度等级不宜超过 C60；其他构件，9 度时不宜超过 C60，8 度时不宜超过 C70。

答案：C

规范：《高层混凝土规程》第 3.2.2 条第 8 款；《抗震规范》第 3.9.3 条第 2 款及对应条文说明；《混凝土结构设计规范》GB 50010—2010（2015 年版）第 11.2.1 条第 1 款。

四、场地、地基和基础

地震造成建筑的破坏，除地震动直接引起的破坏外，场地条件对地震破坏的影响有以下几种情况：

1. 振动破坏

建筑结构在地面运动作用下剧烈振动，结构承载力不足、变形过大、连接破坏、构件失稳导致结构整体倾覆破坏。

2. 地基失效

结构本身具有足够的抗震能力，在地震作用下不会发生破坏；但由于地基失效导致建筑物破坏或不能正常使用。可分为以下两种情况：

（1）地震引起的地质灾害（山崩、滑坡、地陷等）及地面变形（地面裂缝或错位等）对上部结构的直接危害。

(2) 地震引起的饱和砂土及粉土液化、软土震陷等地基失效，造成上部结构的破坏。

(一) 场地

国内外大量的震害表明，不同场地上的建筑物震害差异很大。一般说来场地条件对震害影响的主要因素是：场地土的坚硬或密实程度及场地覆盖层厚度，土愈软、覆盖层愈厚，震害愈重，反之愈轻。

(1) 选择建筑场地时，应按表 8-7 划分对建筑抗震有利、一般、不利和危险的地段。

(2) 建筑场地的类别划分，应以土层等效剪切波速和场地覆盖层厚度为准。

(3) 土的类型划分和剪切波速范围见表 8-12。

土的类型划分和剪切波速范围　　　　表 8-12

土的类型	岩土名称和性状	土层剪切波速范围 (m/s)
岩石	坚硬、较硬且完整的岩石	$v_s>800$
坚硬土或软质岩石	破碎和较破碎的岩石或软和较软的岩石，密实的碎石土	$800≥v_s>500$
中硬土	中密、稍密的碎石土，密实、中密的砾、粗、中砂，$f_{ak}>150$ 的黏性土和粉土，坚硬黄土	$500≥v_s>250$
中软土	稍密的砾、粗、中砂，除松散外的细、粉砂，$f_{ak}≤150$ 的黏性土和粉土，$f_{ak}>130$ 的填土，可塑新黄土	$250≥v_s>150$
软弱土	淤泥和淤泥质土，松散的砂，新近沉积的黏性土和粉土，$f_{ak}≤130$ 的填土，流塑黄土	$v_s≤150$

注：f_{ak} 为由载荷试验等方法得到的地基承载力特征值 (kPa)；v_s 为岩土剪切波速。

(4) 建筑的场地类别，应根据土层等效剪切波速和场地覆盖层厚度按表 8-13 划分为四类，其中Ⅰ类分为 I_0、I_1 两个亚类。

各类建筑场地的覆盖层厚度 (m)　　　　表 8-13

岩石的剪切波速或土的等效剪切波速 (m/s)	场 地 类 别				
	I_0	I_1	Ⅱ	Ⅲ	Ⅳ
$v_s>800$	0				
$800≥v_s>500$		0			
$500≥v_{se}>250$		<5	≥5		
$250≥v_{se}>150$		<3	3～50	>50	
$v_{se}≤150$		<3	3～15	15～80	>80

注：表中 v_s 系岩石的剪切波速；v_{se} 系土层等效剪切波速。

(二) 天然地基和基础

(1) 下列建筑可不进行天然地基及基础的抗震承载力验算：

1) 抗震规范规定可不进行上部结构抗震验算的建筑。
2) 地基主要受力层范围内不存在软弱黏性土层[①]的下列建筑：

①一般的单层厂房和单层空旷房屋；

②砌体房屋；

③不超过 8 层且高度在 24m 以下的一般民用框架和框架-抗震墙房屋；

④基础荷载与③项相当的多层框架厂房和多层混凝土抗震墙房屋。

---

① 软弱黏性土层指 7 度、8 度和 9 度时，地基承载力特征值分别小于 80kPa、100kPa 和 120kPa 的土层。

大量的一般天然地基都具有较好的抗震性能，因此规范规定了天然地基可不进行抗震承载力验算的范围。

（2）天然地基基础抗震验算时，应采用地震作用效应标准组合，且地基抗震承载力应取地基承载力特征值乘以地基抗震承载力调整系数来计算。

高宽比大于4的高层建筑，在地震作用下，基础底面不宜出现脱离区（零应力区）；其他建筑，基础底面与地基土之间的脱离区（零应力区）面积不应超过基础底面面积的15%。

天然地基一般都具有较好的抗震性能，在遭受破坏的建筑中，因地基失效导致的破坏要少于上部结构惯性力的破坏，因此符合条件的地基（尤其是天然地基）可不进行抗震承载力验算。具体规范要求可按表8-14理解。

可不进行天然地基及基础抗震承载力验算的建筑 表8-14

序号	结构类型		具体内容
1	单层结构	地基主要受力层范围不存在软弱黏土层	一般的单层厂房和单层空旷房屋
2	砌体结构		全部
3	多层框架、框架-抗震墙		不超过8层且高度在24m以下的一般民用框架和框架-抗震墙结构
4	框架厂房、抗震墙结构		基础荷载与第3项相当的多层框架厂房和多层混凝土抗震墙房屋
5	其他		《抗震规范》规定的可不进行上部结构抗震验算的建筑

注：引自朱炳寅．建筑抗震设计规范应用与分析：2版［M］．北京：中国建筑工业出版社，2017．

例8-8　（2014）地基的主要受力层范围内不存在软弱黏性土层，下列哪种建筑的天然地基需要进行抗震承载力验算？

　　A　6层高度18m砌体结构住宅　　　　B　4层高度20m框架结构教学楼
　　C　10层高度40m框-剪结构办公楼　　D　24m跨单层门式刚架厂房

解析：分析选项中结构体系和楼层数，最有可能的答案应是10层40m的框-剪结构；首先是层数最高，其次是框-剪结构有剪力墙。因为剪力墙（即抗震墙）承受了大部分水平地震作用，设计时应特别注意加强对抗震墙下基础及地基的抗震验算。规范规定同样条件下，不超过8层且高度在24m以下的框架-抗震墙结构房屋可不验算，故C选项需要进行验算。

答案：C

规范：《抗震规范》第4.2.1条第2款3）。

（三）液化土和软土地基

（1）饱和砂土和饱和粉土（不含黄土）的液化判别和地基处理，6度时，一般情况下可不进行判别和处理，但对液化沉陷敏感的乙类建筑可按7度的要求进行判别和处理；7～9度时，乙类建筑可按本地区抗震设防烈度的要求进行判别和处理。

（2）地面下存在饱和砂土和饱和粉土时，除6度外，应进行液化判别；存在液化土层的地基，应根据建筑的抗震设防类别、地基的液化等级，结合具体情况采取相应的措施。[①]

---

① 本条饱和土液化判别要求不含黄土和粉质黏土。

（3）对存在液化砂土层、粉土层的地基，应探明各液化土层的深度和厚度，按其液化指数综合划分地基的液化等级，见表 8-15。

液化等级与液化指数的对应关系　　　　　　　　　　　　　表 8-15

液化等级	轻微	中等	严重
液化指数 I_{lE}	$0<I_{lE}\leqslant6$	$6<I_{lE}\leqslant18$	$I_{lE}>18$

（4）当液化砂土层、粉土层较平坦且均匀时，宜按表 8-16 选用地基抗液化措施；尚可计入上部结构重力荷载对液化危害的影响，根据液化震陷量的估计，适当调整抗液化措施。不宜将未处理的液化土层作为天然地基持力层。

抗液化措施　　　　　　　　　　　　表 8-16

建筑抗震设防类别	地基的液化等级		
	轻微	中等	严重
乙类	部分消除液化沉陷，或对基础和上部结构处理	全部消除液化沉陷，或部分消除液化沉陷且对基础和上部结构处理	全部消除液化沉陷
丙类	基础和上部结构处理，亦可不采取措施	基础和上部结构处理，或更高要求的措施	全部消除液化沉陷，或部分消除液化沉陷且对基础和上部结构处理
丁类	可不采取措施	可不采取措施	基础和上部结构处理，或其他经济的措施

注：甲类建筑的地基抗液化措施应进行专门研究，但不宜低于乙类的相应要求。

（5）全部消除地基液化沉陷的措施，应符合下列要求：

1）采用桩基时，桩端深入液化深度以下稳定土层中的长度（不包括桩尖部分），应按计算确定，且对碎石土，砾、粗、中砂，坚硬黏性土和密实粉土尚不应小于 0.8m，对其他非岩石土尚不宜小于 1.5m。

2）采用深基础时，基础底面应埋入液化深度以下的稳定土层中，其深度不应小于 0.5m。

3）采用加密法（如振冲、振动加密、挤密碎石桩、强夯等）加固时，应处理至液化深度下界。

4）用非液化土替换全部液化土层，或增加上覆非液化土层的厚度。

5）采用加密法或换土法处理时，在基础边缘以外的处理宽度，应超过基础底面下处理深度的 1/2 且不小于基础宽度的 1/5。

（6）部分消除地基液化沉陷的措施，应符合下列要求：

1）处理深度应使处理后的地基液化指数减少，其值不宜大于 5；大面积筏形基础、箱形基础的中心区域，处理后的液化指数可比上述规定降低 1；对独立基础和条形基础，尚不应小于基础底面下液化土特征深度和基础宽度的较大值。

2）采用振冲或挤密碎石桩加固后，桩间土的标准贯入锤击数不宜小于规范规定。

3）基础边缘以外的处理宽度，应符合规范规定。

4）采用减小液化震陷的其他方法，如增厚上覆非液化土层的厚度和改善周边的排水条件等。

（7）减轻液化影响的基础和上部结构处理，可综合采用下列各项措施：

1) 选择合适的基础埋置深度。
2) 调整基础底面积，减少基础偏心。
3) 加强基础的整体性和刚度，如采用箱形基础、筏形基础或钢筋混凝土交叉条形基础，加设基础圈梁等。
4) 减轻荷载，增强上部结构的整体刚度和均匀对称性，合理设置沉降缝，避免采用对不均匀沉降敏感的结构形式。
5) 管道穿过建筑处应预留足够尺寸或采用柔性接头等。

例 8-9 （2012）抗震设计时，全部消除地基液化的措施中，下面哪一项是不正确的？
A 采用桩基，桩端伸入液化土层以下稳定土层中必要的深度
B 采用筏形基础
C 采用加密法，处理至液化深度下界
D 用非液化土替换全部液化土层

解析：采用筏形基础、箱形基础等整体性好的基础对抗液化十分有利，但属于部分消除地基液化措施。
答案：B
规范：《抗震规范》第4.3.8条、第4.3.7条第1、4、3款。

例 8-10 （2012）关抗震设防地区建筑场地液化的叙述，下列何者是错误的？
A 建筑场地存在液化土层对房屋抗震不利
B 6度抗震设防地区的建筑场地，一般情况下可不进行场地的液化判别
C 饱和砂土与饱和粉土的地基在地震中可能出现液化
D 黏性土地基在地震中可能出现液化

解析：饱和砂土和饱和粉土在地震时易产生液化现象，对房屋抗震不利。黏土和粉质黏土因土粒间有黏性，不易液化。在6度区液化对房屋造成的震害比较轻微，故规范规定，饱和砂土和饱和粉土在6度时，一般情况下可不进行判别和处理，但对液化沉陷敏感的乙类建筑可按7度的要求进行判别和处理。
答案：D
规范：《抗震规范》第4.3.1条。

（四）桩基

承受竖向荷载为主的低承台桩基，当地面下无液化土层，而且桩承台周围无淤泥、淤泥质土和地基承载力特征值不大于100kPa的填土时，下列建筑可不进行桩基抗震承载力验算：
（1）6～8度时的下列建筑：
1) 一般的单层厂房和单层空旷房屋；
2) 不超过8度且高度在24m以下的一般民用框架房屋和框架-抗震墙房屋；
3) 基础荷载与2) 项相当的多层框架厂房和多层混凝土抗震墙房屋。
（2）《抗震规范》规定的可不进行上部结构抗震验算的建筑及砌体房屋。

根据桩基抗震性能一般比同类结构的天然地基要好的宏观经验，规范规定了桩基可不

进行抗震验算的范围，见表8-17。

注意与表8-14进行比较，区分不同和相似之处。

可不进行桩基抗震承载力验算的建筑 表8-17

序号	设防烈度	结构类型	基本条件
1	6~8度	一般的单层厂房和单层空旷房屋	承受竖向荷载为主的低承台桩基，当地面下无液化土层，且桩基周围无淤泥、淤泥质土和地基承载力特征值不大于100kPa的填土时
2		不超过8度且高度在24m以下的一般民用框架房屋和框架-抗震房屋	
3		基础荷载与第2项相当的多层框架厂房和多层混凝土抗震墙房屋	
4		《抗震规范》规定的可不进行上部结构抗震验算的建筑及砌体结构	

五、地震作用

抗震设计时，结构所承受的"地震力"实际上是由于地震时的地面运动引起的动态作用，包括地震加速度、速度和动位移的作用，属于间接作用，不可称为"荷载"，应称"地震作用"。

（一）各类建筑结构的地震作用

（1）一般情况下，应至少在建筑结构的两个主轴方向分别计算水平地震作用，各方向的水平地震作用应由该方向的抗侧力构件承担。

（2）有斜交抗侧力构件的结构，当相交角度大于15°时，应分别计算各抗侧力构件方向的水平地震作用。

（3）质量和刚度分布明显不对称的结构，应计入双向水平地震作用下的扭转影响；其他情况，应允许采用调整地震作用效应的方法计入扭转影响。

（4）高层建筑中的大跨度、长悬臂结构，7度（0.15g）、8度抗震设计时应考虑竖向地震作用。

（5）9度时及8、9度时采用隔震设计的建筑结构，应计算竖向地震作用。

（二）各类建筑结构的抗震计算方法

（1）高度不超过40m，以剪切变形为主且质量和刚度沿高度分布比较均匀的结构，以及近似于单质点体系的结构，可采用底部剪力法等简化方法。

（2）除（1）款外的建筑结构，宜采用振型分解反应谱法。

（3）特别不规则的建筑、甲类建筑和规范所列的高度范围的高层建筑，应采用时程分析法进行多遇地震下的补充计算。

不同的结构采用不同的分析方法，基本方法是底部剪力法和振型分解反应谱法；时程分析法作为补充计算方法，只有特别不规则、特别重要的建筑和较高的高层建筑才要求采用。

（三）建筑的重力荷载代表值

我们知道地震动产生水平方向的惯性力。当水平加速度相同时，水平惯性力与质量m成正比。质量m越大，水平惯性力就越大，从而水平地震作用也越大。计算地震作用时，由$G=mg$，采用重力荷载代表值G来表征建筑的质量与地震作用的正比关系。

建筑结构的重力荷载代表值G应取结构和构配件自重（永久荷载）标准值和可变荷

载组合值之和。各可变荷载的组合值系数应按规范取值。

(四) 建筑结构的地震影响系数

(1) 加速度反应谱——设计反应谱——水平地震加速度影响系数曲线

采用反应谱计算地震作用惯性力。取加速度反应绝对最大值计算惯性力，作为等效地震作用标准值 $F=\alpha\times G$；式中：α 为地震加速度影响系数（即单支点弹性体系在地震时的最大反应加速度与重力加速度的比值），G 为质点的重力荷载代表值（即结构或构件永久荷载标准值与有关可变荷载的组合值之和）。

注：设计反应谱是用来预估建筑结构在设计基准期内可能经受的地震作用，通常是根据大量实际地震记录的反应谱统计分析并结合工程经验，综合判断给出供抗震设计用的加速度。

(2) 水平地震影响系数最大值 α_{max}

建筑结构的地震影响系数应根据烈度、场地类别、设计地震分组和结构自振周期以及阻尼比确定。其水平地震影响系数最大值 α_{max} 反映了大多数结构共振的情况，应按表 8-18 采用；特征周期应根据场地类别和设计地震分组，按表 8-19 采用。计算罕遇地震作用时，特征周期应增加 0.05s。

水平地震影响系数最大值　　　　　　　　　　　　　　表 8-18

地震影响	6 度	7 度	8 度	9 度
多遇地震	0.04	0.08 (0.12)	0.16 (0.24)	0.32
罕遇地震	0.28	0.50 (0.72)	0.90 (1.20)	1.40

注：括号中数值分别用于设计基本地震加速度为 0.15g 和 0.30g 的地区。

特征周期值 (s)　　　　　　　　　　　　　　　　　表 8-19

设计地震分组	场 地 类 别				
	I_0	I_1	II	III	IV
第一组	0.20	0.25	0.35	0.45	0.65
第二组	0.25	0.30	0.40	0.55	0.75
第三组	0.30	0.35	0.45	0.65	0.90

> **例 8-11** （2012）为体现建筑所在区域震级和震中距的影响，我国对建筑工程设计地震进行了分组，按其对地震作用影响由轻到重排序，正确的是：
>
> A　第一组、第二组、第三组、第四组　　B　第四组、第三组、第二组、第一组
> C　第一组、第二组、第三组　　　　　　D　第三组、第二组、第一组
>
> **解析**：2001 年规范将 89 规范的设计近震、远震改称设计地震分组，以更好地体现震级和震中距的影响，建筑工程的设计地震分为三组。
>
> 如 II 类场地，第一组、第二组和第三组的设计特征周期①，应分别按 0.35s、0.40s 和 0.45s 采用，见表 8-4。对地震作用的影响由轻到重排序为第一组、第二组、第三组。
>
> **答案**：C
>
> **规范**：《抗震规范》第 3.2.3 条及条文说明第 3.2 节、第 5.1.4 条表 5.1.4-2、第 5.1.5 条第 1 款条文说明。

---

① "设计特征周期" 即设计所用的地震影响系数相对应的特征周期（T_g）。

(五) 地震作用的决定因素

(1) 设防烈度：在其他条件相同的条件下，设防烈度越高，地震影响系数越大，地震作用越大。烈度增大一度，地震作用增大一倍。

(2) 建筑结构本身的动力特性（结构的自振周期、阻尼比）：结构的自振周期越小，地震影响系数 α 越大，水平地震作用越大。结构的阻尼可以消耗和吸收地震能，阻尼比越大，地震作用越小。

注：阻尼比，实际阻尼与临界阻尼的比值，表示结构振动的衰减形式。

(3) 建筑结构的自身质量：自身质量越大，惯性力越大，地震作用越大。

(4) 场地条件：从 $I_0 \sim IV$ 类场地，覆盖层越厚、土质越软，地震动反应越大，震害较重。

(5) 设计地震分组：主要反映震源远近的影响。对地震作用的影响由轻到重的排序为第一组、第二组、第三组。

第二节 建筑结构抗震设计

本节的"抗震墙"指结构抗侧力体系中的钢筋混凝土剪力墙，不包括只承担重力荷载的混凝土墙。

一、多层和高层钢筋混凝土房屋

(一) 一般规定

(1) 本部分适用的现浇钢筋混凝土房屋的结构类型和最大高度应符合表 8-20 的要求。平面和竖向均不规则的结构，适用的最大高度应适当降低。

1)《抗震规范》对钢筋混凝土房屋的最大高度作了如下规定（表 8-20）：

钢筋混凝土房屋适用的最大高度（m） 表 8-20

结构类型		烈 度				
		6	7	8 (0.2g)	8 (0.3g)	9
框架		60	50	40	35	24
框架-抗震墙		130	120	100	80	50
抗震墙		140	120	100	80	60
部分框支抗震墙		120	100	80	50	不应采用
筒体	框架-核心筒	150	130	100	90	70
	筒中筒	180	150	120	100	80
板柱-抗震墙		80	70	55	40	不应采用

注：1. 房屋高度指室外地面到主要屋面板板顶的高度（不包括局部突出屋顶部分）；
2. 框架-核心筒结构指周边稀柱框架与核心筒组成的结构；
3. 部分框支抗震墙结构指首层或底部两层为框支层的结构，不包括仅个别框支墙的情况；
4. 表中框架，不包括异形柱框架；
5. 板柱-抗震墙结构指板柱、框架和抗震墙组成抗侧力体系的结构；
6. 乙类建筑可按本地区抗震设防烈度确定其适用的最大高度；
7. 超过表内高度的房屋，应进行专门研究和论证，采取有效的加强措施。

2)《高层混凝土规程》对钢筋混凝土高层建筑结构的最大适用高度作了以下补充规定，A级高度的乙类和丙类建筑应符合表 8-21 的规定；B级高度的乙类和丙类建筑应符合表 8-22 的规定。

A级高度钢筋混凝土高层建筑的最大适用高度（m）　　　　表 8-21

结构体系		抗震设防烈度				
		6度	7度	8度		9度
				0.20g	0.30g	
框架		60	50	40	35	—
框架-剪力墙		130	120	100	80	50
剪力墙	全部落地剪力墙	140	120	100	80	60
	部分框支剪力墙	120	100	80	50	不应采用
筒体	框架-核心筒	150	130	100	90	70
	筒中筒	180	150	120	100	80
板柱-剪力墙		80	70	55	40	不应采用

注：1. 表中框架不含异形柱框架；
2. 部分框支剪力墙结构指地面以上有部分框支剪力墙的剪力墙结构；
3. 甲类建筑，6、7、8度时宜按本地区抗震设防烈度提高一度后符合本表的要求，9度时应专门研究；
4. 框架结构、板柱-剪力墙结构以及 9度抗震设防的表列其他结构，当房屋高度超过本表数值时，结构设计应有可靠依据，并采取有效的加强措施。

B级高度钢筋混凝土高层建筑的最大适用高度（m）　　　　表 8-22

结构体系		抗震设防烈度			
		6度	7度	8度	
				0.20g	0.30g
框架-剪力墙		160	140	120	100
剪力墙	全部落地剪力墙	170	150	130	110
	部分框支剪力墙	140	120	100	80
筒体	框架-核心筒	210	180	140	120
	筒中筒	280	230	170	150

注：1. 部分框支剪力墙结构指地面以上有部分框支剪力墙的剪力墙结构；
2. 甲类建筑，6、7度时宜按本地区设防烈度提高一度后符合本表的要求，8度时应专门研究；
3. 当房屋高度超过表中数值时，结构设计应有可靠依据，并采取有效的加强措施。

3）钢筋混凝土高层建筑结构的高宽比不宜超过表 8-23 的规定。

钢筋混凝土高层建筑结构适用的最大高宽比　　　　表 8-23

结构体系	抗震设防烈度		
	6度、7度	8度	9度
框架	4	3	—
板柱-剪力墙	5	4	—

续表

结构体系	抗震设防烈度		
	6度、7度	8度	9度
框架-剪力墙、剪力墙	6	5	4
框架-核心筒	7	6	4
筒中筒	8	7	5

4) 关于钢筋混凝建筑的其他说明。

对采用钢筋混凝土材料的高层建筑，从安全和经济方面综合考虑，其适用最大高度应有所限制。超过最大适用高度时，应通过专门研究采取有效加强措施，如采用型钢混凝土构件、钢管混凝土构件等，并按有关规定进行专项审查。

钢筋混凝土高层建筑的最大适用高度分 A 级高度、B 级高度：

① A 级高度钢筋混凝土高层建筑指符合表 8-21 最大适用高度的建筑，是目前数量最多、应用最广泛的建筑。

② 当框架-剪力墙、剪力墙及筒体结构的高度超过表 8-21 的最大适用高度时，列入 B 级高度高层建筑。B 级高度最大适用高度允许建筑物更高，但不应超过表 8-22 规定的限值，其相应的抗震等级、有关计算和构造措施更为严格。

③ 对房屋高度超过 A 级最大适用高度的框架、板柱-剪力墙结构以及 9 度抗震设计的各类结构，因研究成果和工程经验尚不足，故在 B 级高度的高层建筑中未列入。

④ 高层建筑的高宽比，是对结构刚度、整体稳定性、承载能力和经济合理性的宏观控制。

例 8-12　（2012）根据现行《建筑抗震设计规范》，确定现浇钢筋混凝土房屋适用的最大高度与下列哪项因素无关？

A　抗震设防烈度　　　　　　B　设计地震分组
C　结构类型　　　　　　　　D　结构平面和竖向的规则情况

解析：现浇钢筋混凝土房屋的最大适用高度与抗震设防烈度和结构类型有关；设计地震分组是体现震级和震中距影响的参数，与房屋适用高度无关；平面和竖向均不规则的结构，适用的最大高度宜适当降低。

答案：B

规范：《抗震规范》第 6.1.1 条表 6.1.1；《高层混凝土规程》第 3.3.1 条。

例 8-13　（2011）下列钢筋混凝土结构体系中，可用于 B 级高度高层建筑的为：

Ⅰ. 框架-抗震墙结构；Ⅱ. 框架-核心筒结构；Ⅲ. 短肢剪力墙较多的剪力墙结构①；Ⅳ. 筒中筒结构

A　Ⅰ、Ⅱ、Ⅲ、Ⅳ　　　　　　B　Ⅰ、Ⅱ、Ⅲ
C　Ⅰ、Ⅱ、Ⅳ　　　　　　　　D　Ⅱ、Ⅲ、Ⅳ

---

① 具有较多短肢剪力墙是指在规定的水平地震作用下，短肢剪力墙承担的底部倾覆力矩不小于结构底部总地震倾覆力矩的 30% 的剪力墙结构。

解析：短肢剪力墙结构抗震性能差，震害严重，因此在 B 级高度高层建筑以及抗震设防烈度为 9 度的 A 级高度高层建筑中，不宜布置短肢剪力墙，不应采用具有较多短肢剪力墙的剪力墙结构。

答案：C

规范：《高层混凝土规程》第 7.1.8 条、第 3.3.1 条表 3.3.1-2。

（2）钢筋混凝土房屋应根据设防类别、烈度、结构类型和房屋高度采用不同的抗震等级，并应符合相应的内力调整和抗震构造要求。丙类建筑的抗震等级应按表 8-24 确定，A、B 级高度的丙类高层建筑结构抗震等级应符合表 8-25 及表 8-26 的要求。

钢筋混凝土房屋的抗震等级　　表 8-24

结构类型		设防烈度						
		6		7		8		9
框架结构	高度（m）	≤24	25～60	≤24	25～50	≤24	25～40	≤24
	框架	四	三	三	二	二	一	一
	大跨度框架	三		二		一		一
框架-抗震墙结构	高度（m）	≤60	61～130	≤24	25～60	61～120	≤24	25～60	61～100	≤24	25～50
	框架	四	三	四	三	二	三	二	一	二	一
	抗震墙	三	二	三	二	二	一	一
抗震墙结构	高度（m）	≤80	81～140	≤24	25～80	81～120	≤24	25～80	81～100	≤24	25～60
	剪力墙	四	三	四	三	二	三	二	一	二	一
部分框支抗震墙结构	高度（m）	≤80	81～120	≤24	25～80	81～100	≤24	25～80	/
	抗震墙 一般部位	四	三	四	三	二	三	二	/
	抗震墙 加强部位	三	二	三	二	一	二	一	/
	框支层框架	二		二		一		/
框架-核心筒结构	高度（m）	≤150		≤130		≤100		≤70
	框架	三		二		一		一
	核心筒	二		二		一		一
筒中筒结构	高度（m）	≤180		≤150		≤120		≤80
	外筒	三		二		一		一
	内筒	三		二		一		一
板柱-抗震墙结构	高度（m）	≤35	36～80	≤35	36～70	≤35	35～55	/
	框架、板柱的柱	三	二	二	二	一	一	/
	抗震墙	二	二	二	一	二	一	/

注：1. 建筑场地为Ⅰ类时，除 6 度外应允许按表内降低一度所对应的抗震等级采取抗震构造措施，但相应的计算要求不应降低。
　　2. 接近或等于高度分界时，应允许结合房屋不规则程度及场地、地基条件确定抗震等级；
　　3. 大跨度框架指跨度不小于 18m 的框架；
　　4. 高度不超过 60m 的框架-核心筒结构按框架-抗震墙的要求设计时，应按表中框架-抗震墙结构的规定确定其抗震等级。

A级高度的高层建筑结构抗震等级 表 8-25

结构类型			烈 度					
			6度		7度		8度	9度
框架结构			三		二		一	一
框架-剪力墙结构	高度（m）		≤60	>60	≤60	>60	≤60	>60	≤50
	框架		四	三	三	二	二	一	一
	剪力墙		三		二		一		一
剪力墙结构	高度（m）		≤80	>80	≤80	>80	≤80	>80	≤60
	剪力墙		四	三	三	二	二	一	一
部分框支剪力墙结构	非底部加强部位的剪力墙		四	三	三	二	二		—
	底部加强部位的剪力墙		三	二	二	一	一		—
	框支框架		二	二	一	一			—
筒体结构	框架-核心筒	框架	三		二		一		一
		核心筒	二		二		一		一
	筒中筒	内筒	三		二		一		一
		外筒	三		二		一		一
板柱-剪力墙结构	高度（m）		≤35	>35	≤35	>35	≤35	>35	
	框架、板柱及柱上板带		三	二	二	二	一	一	
	剪力墙		二	二	二	一	二	一	

注：1. 接近或等于高度分界时，应结合房屋不规则程度及场地、地基条件适当确定抗震等级；
2. 底部带转换层的筒体结构，其转换框架的抗震等级应按表中部分框支剪力墙结构的规定采用；
3. 当框架-核心筒结构的高度不超过60m时，其抗震等级应允许按框架-剪力墙结构采用。

B级高度的高层建筑结构抗震等级 表 8-26

结构类型		烈 度		
		6度	7度	8度
框架-剪力墙	框架	二	一	一
	剪力墙	二	一	特一
剪力墙	剪力墙	二	一	一
部分框支剪力墙	非底部加强部位剪力墙	二	一	一
	底部加强部位剪力墙	一	一	特一
	框支框架	一	特一	特一
框架-核心筒	框架	二	一	一
	筒体	二	一	特一
筒中筒	外筒	二	一	特一
	内筒	二	一	特一

注：底部带转换层的筒体结构，其转换框架和底部加强部位筒体的抗震等级应按表中部分框支剪力墙结构的规定采用。

钢筋混凝土房屋的抗震等级是重要的设计参数，应根据设防类别、结构类型、设防烈度、房屋高度和场地类别等因素确定。

抗震等级的划分，体现了在同样烈度下，不同的结构体系、不同房屋高度和不同场地条件有不同的抗震要求，对房屋结构的延性要求不同，以及同一种构件在不同结构类型中的延性要求不同。

甲、乙类建筑应按本地区抗震设防烈度提高一度的要求加强抗震措施，但抗震设防烈度9度时，应按比9度更高的要求采取抗震措施。

> **例 8-14** （2009）现浇钢筋混凝土房屋的抗震等级与以下哪些因素有关？
> Ⅰ. 抗震设防烈度；Ⅱ. 建筑物高度；Ⅲ. 结构类型；Ⅳ. 建筑场地类别
> A Ⅰ、Ⅱ、Ⅲ　　　　　　　　　　　B Ⅰ、Ⅱ、Ⅳ
> C Ⅱ、Ⅲ、Ⅳ　　　　　　　　　　　D Ⅰ、Ⅱ、Ⅲ、Ⅳ
> **解析**：现浇钢筋混凝土房屋应根据结构类型、设防烈度、房屋高度和场地类别，将结构划分为不同的等级，进行抗震设计；并应满足相应的计算和抗震措施要求。以体现在同样烈度下不同的结构体系、不同房屋高度和不同场地条件有不同的抗震要求。
> **答案**：D
> **规范**：《工程抗震术语标准》JGJ/T 97—2011 第 2.0.13 条第 1 款 "抗震等级"。

(3) 钢筋混凝土房屋抗震等级的确定，尚应符合下列要求：

1) 设置少量抗震墙的框架结构

在规定的水平力作用下，底层框架部分所承担的地震倾覆力矩大于结构总地震倾覆力矩的50%时，其框架的抗震等级应按框架结构确定，抗震墙的抗震等级可与其框架的抗震等级相同。

注：底层指计算嵌固端所在的层。

2) 裙房抗震等级

裙房与主楼相连时，除应按裙房本身确定抗震等级外，相关范围不应低于主楼的抗震等级；主楼结构在裙房顶板对应的相邻上下各一层应适当加强抗震构造措施。裙房与主楼分离时，应按裙房本身确定抗震等级。

3) 地下室顶板

当地下室顶板作为上部结构的嵌固部位时，地下一层的抗震等级应与上部结构相同，地下一层以下抗震构造措施的抗震等级可逐层降低一级，但不应低于四级。地下室中无上部结构的部分，抗震构造措施的抗震等级可根据具体情况采用三级或四级。

4) 当甲乙类建筑按规定提高一度确定其抗震等级而房屋高度超过表 8-20 相应规定的上限时，应采取比一级更有效的抗震构造措施。

(4) 钢筋混凝土房屋需要设置防震缝时，应符合下列规定：

1) 防震缝宽度应分别符合下列要求：

①框架结构（包括设置少量抗震墙的框架结构）房屋的防震缝宽度，当高度不超过15m时不应小于100mm；高度超过15m时，6度、7度、8度和9度分别每增加高度5m、4m、3m和2m，宜加宽20mm；

②框架-抗震墙结构房屋的防震缝宽度不应小于第①条规定数值的70%，抗震墙结构房屋的防震缝宽度不应小于第①条规定数值的50%；且均不宜小于100mm；

③防震缝两侧结构类型不同时，宜按需要较宽防震缝的结构类型和较低房屋高度确定缝宽。

2）8、9度框架结构房屋防震缝两侧结构层高相差较大时，防震缝两侧框架柱的箍筋应沿房屋全高加密，并可根据需要在缝两侧沿房屋全高各设置不少于两道垂直于防震缝的抗撞墙，通过抗撞墙的损坏减少防震缝两侧碰撞时框架的破坏。

(5) 框架、抗震墙应双向设置及对单跨框架结构的规定。

框架结构和框架-抗震墙结构中，框架和抗震墙均应双向设置，柱中线与抗震墙中线、梁中线与柱中线之间偏心距大于柱宽的1/4时，应计入偏心的影响。

甲、乙类建筑以及高度大于24m的丙类建筑，不应采用单跨框架结构；高度不大于24m的丙类建筑不宜采用单跨框架结构。

例8-15 （2012）下列关于现行《建筑抗震设计规范》对现浇钢筋混凝土房屋采用单跨框架结构时的要求，正确的是：

A 甲、乙类建筑以及高度大于24m的丙类建筑，不应采用单跨框架结构；高度不大于24m的丙类建筑不宜采用单跨框架结构

B 框架结构某个主轴方向有局部单跨框架应视为单跨框架结构

C 框架-抗震墙结构中不应布置单跨框架结构

D 一、二层连廊采用单跨框架结构不需考虑加强

解析： 甲、乙类建筑以及高度大于24m的丙类建筑，不应采用单跨框架结构；高度不大于24m的丙类建筑，不宜采用单跨框架结构。

答案： A

规范：《抗震规范》第6.1.5条及条文说明。

(6) 楼屋盖的长宽比或剪力墙间距限值。

框架-抗震墙、板柱-抗震墙结构以及框支层中，抗震墙之间无大洞口的楼、屋盖的长宽比或剪力墙间距，不宜超过表8-27或表8-28（高层混凝土结构）的规定；超过时，应计入楼盖平面内变形的影响。

抗震墙之间楼屋盖的长宽比　　　　　　　　　　　　　　　表8-27

楼、屋盖类型		设 防 烈 度			
		6	7	8	9
框架-抗震墙结构	现浇或叠合楼、屋盖	4	4	3	2
	装配整体式楼、屋盖	3	3	2	不宜采用
板柱-抗震墙结构的现浇楼、屋盖		3	3	2	—
框支层的现浇楼、屋盖		2.5	2.5	2	—

剪力墙间距（m） 表8-28

楼盖形式	非抗震设计（取较小值）	抗震设防烈度		
		6度、7度（取较小值）	8度（取较小值）	9度（取较小值）
现　浇	5.0B，60	4.0B，50	3.0B，40	2.0B，30
装配整体	3.5B，50	3.0B，40	2.5B，30	—

注：1. 表中 B 为剪力墙之间的楼盖宽度（m）；
　　2. 装配整体式楼盖的现浇层应符合《高层混凝土规程》第 3.6.2 条的有关规定；
　　3. 现浇层厚度大于 60mm 的叠合楼板可作为现浇板考虑；
　　4. 当房屋端部未布置剪力墙时，第一片剪力墙与房屋端部的距离，不宜大于表中剪力墙间距的 1/2。

楼、屋盖平面内的变形，会影响楼层水平地震剪力的作用，为使楼、屋盖具有传递水平地震剪力的刚度，在不同烈度下抗震墙之间不同类型楼、屋盖的长宽比有限值要求。

例 8-16 （2011）钢筋混凝土框架-剪力墙结构在 8 度抗震设计中，剪力墙的间距取值：
　　A 与楼面宽度成正比　　　　B 与楼面宽度成反比
　　C 与楼面宽度无关　　　　　D 与楼面宽度有关，且不超过规定限值
解析：对钢筋混凝土框-剪结构剪力墙的间距取值与楼盖形式、抗震设防烈度及剪力墙间距之间的楼盖宽度有关，同时还应满足剪力墙间距的限值。
答案：D
规范：《抗震规范》第 6.1.6 条表 6.1.6 及《高层混凝土规程》第 8.1.8 条表 8.1.8。

（7）装配整体式楼、屋盖的可靠连接。
采用装配整体式楼、屋盖时，应采取措施保证楼、屋盖的整体性及其与抗震墙的可靠连接。装配整体式楼、屋盖采用配筋现浇面层加强时，其厚度不应小于 50mm。
（8）剪力墙（高层混凝土结构）设置基本要求。
1）平面布置宜简单、规则，宜沿两个主轴方向或其他方向双向布置，两个方向的侧向刚度不宜相差过大。抗震设计时，不应采用仅单向有墙的结构布置。
2）宜自下至上连续布置，避免刚度突变。
3）门窗洞口宜上下对齐、成列布置，形成明确的墙肢和连梁；宜避免造成墙肢宽度相差悬殊的洞口设置。抗震设计时，一、二、三级剪力墙的底部加强部位不宜采用上下洞口不对齐的错洞墙，全高均不宜采用洞口局部重叠的叠合错洞墙。
4）剪力墙不宜过长，较长剪力墙宜设置跨高比较大的连梁，将其分成长度较均匀的若干墙段，各墙段的高度与墙段长度之比不宜小于 3，墙段长度不宜大于 8m。
5）抗震墙的两端（不包括洞口两侧）宜设置端柱或与另一方向的抗震墙相连；框支部分落地墙的两端（不包括洞口两侧）应设置端柱或与另一方向的抗震墙相连，框支结构示意图见图 8-11。[①]

[①] 不同结构的抗震墙设置要求详见《抗震规范》第 6.1.8、6.1.9 条。

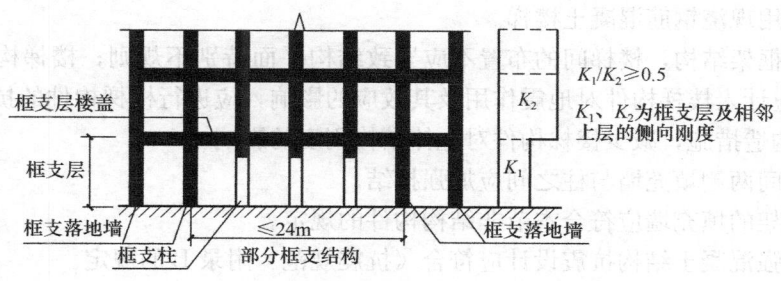

图 8-11 框支结构示意图

6) 楼梯间宜设置剪力墙，但不宜造成较大的扭转效应。

(9) 抗震墙底部加强部位的范围应符合下列规定：

1) 底部加强部位的高度，应从地下室顶板算起。

2) 部分框支抗震墙结构的抗震墙，其底部加强部位的高度，可取框支层加框支层以上两层的高度及落地抗震墙总高度的 1/10 二者的较大值。

其他结构的抗震墙，房屋高度大于 24m 时，底部加强部位的高度可取底部两层和墙体总高度的 1/10 二者的较大值；房屋高度不大于 24m 时，底部加强部位可取底部一层。

3) 当结构计算嵌固端位于地下一层的底板或以下时，底部加强部位尚宜向下延伸到计算嵌固端。

(10) 框架单独柱基有下列情况之一时，宜沿两个主轴方向设置基础系梁：

1) 一级框架和Ⅳ类场地的二级框架。

2) 各柱基础底面在重力荷载代表值作用下的压应力差别较大。

3) 基础埋置较深，或各基础埋置深度差别较大。

4) 地基主要受力层范围内存在软弱黏性土层、液化土层和严重不均匀土层。

5) 桩基承台之间。

(11) 抗震墙基础的设置要求：

框架-抗震墙结构、板柱-抗震墙结构中的抗震墙基础和部分框支抗震墙结构的落地抗震墙基础，应有良好的整体性和抗转动的能力。

(12) 主楼与裙房相连且采用天然地基，除应符合本章第一节中"四、混合结构设计""(二) 天然地基和基础"规定外，在多遇地震作用下，主楼基础底面尚不宜出现零应力区。

(13) 地下室顶板作为上部结构的嵌固部位时，应符合下列要求：

1) 地下室顶板应避免开设大洞口；地下室在地上结构相关范围的顶板应采用现浇梁板结构，相关范围以外的地下室顶板宜采用现浇梁板结构；其楼板厚度不宜小于 180mm，混凝土强度等级不宜小于 C30，应采用双层双向配筋，且每层每个方向的配筋率不宜小于 0.25%。

2) 结构地上一层的侧向刚度，不宜大于相应范围地下一层侧向刚度的 0.5 倍；地下室周边宜有与其顶板相连的抗震墙。

(14) 楼梯间应符合下列要求：

1) 宜采用现浇钢筋混凝土楼梯。

2) 对于框架结构，楼梯间的布置不应导致结构平面特别不规则；楼梯构件与主体结构整浇时，应计入楼梯构件对地震作用及其效应的影响，应进行楼梯构件的抗震承载力验算；宜采取构造措施，减少楼梯构件对主体结构刚度的影响。

3) 楼梯间两侧填充墙与柱之间应加强拉结。

(15) 框架的填充墙应符合本节非结构构件的规定。

(16) 高强混凝土结构抗震设计应符合《抗震规范》附录B的规定。

(17) 预应力混凝土结构抗震设计应符合《抗震规范》附录C的规定。

(18) 关于抗震墙的其他说明。

抗震墙是主要抗侧力构件，是抗震作用下的主要耗能构件。其竖向布置应连续，防止刚度和承载力突变，要求抗震墙的两端（不包括洞口两侧）宜设置端柱，或与另一方向的抗震墙相连，互为翼墙。

抗震墙的长度与高宽比要求如下：

1) 墙段长度不宜大于8m；大于8m时，较长的抗震墙吸收较多的地震作用；地震时，一旦长墙肢破坏，则其他墙肢难以承担；

2) 细高的抗震墙容易设计成弯曲破坏的延性抗震墙，从而可以避免墙的剪切脆性破坏，所以要求各墙段的高宽比不宜小于3。

实际工程中对较长剪力墙可通过开设施工洞的方式设置跨高比较大的连梁，将其分成长度较小、较为均匀的联肢墙。

对于开洞的抗震墙即联肢墙，连梁是连接各墙肢协同工作的关键构件。作为联肢抗震墙的第一道防线，抗震设计时按"强墙肢、弱连梁"的设计原则，使连梁屈服先于墙肢；按"强剪弱弯"原则使梁端出现弯曲屈服塑性铰，以耗散地震能量，具有较大的延性。

(二) 框架结构的基本抗震构造措施

1. 具体内容

(1) 梁的截面尺寸。

1) 框架梁宜符合的要求：截面宽度不宜小于200mm；高层建筑结构主梁截面高度可按计算跨度的1/18～1/10确定；截面高宽比不宜大于4；净跨与截面高度之比不宜小于4。

2) 梁宽大于柱宽的扁梁应符合的要求：采用扁梁的楼、屋盖应现浇，梁中线宜与柱中线重合，扁梁应双向布置；扁梁不宜用于一级框架结构。

(2) 柱的截面尺寸，宜符合下列各项要求：

1) 截面的宽度和高度，四级或不超过2层时不宜小于300mm，一、二、三级且超过2层时不宜小于400mm；圆柱的直径，四级或不超过2层时不宜小于350mm，一、二、三级且超过2层时不宜小于450mm。

2) 剪跨比 $\lambda = M/(V \cdot h_0)$ 宜大于2。

3) 截面长边与短边的边长比不宜大于3。

(3) 柱轴压比不宜超过表8-29的规定；建造于Ⅳ类场地且较高的高层建筑，柱轴压比限值应适当减小。

柱轴压比限值　　　　　　　　　　　　表 8-29

结 构 类 型	抗 震 等 级			
	一	二	三	四
框架结构	0.65	0.75	0.85	0.90
框架-抗震墙，板柱-抗震墙、框架-核心筒及筒中筒	0.75	0.85	0.90	0.95
部分框支抗震墙	0.60	0.70	—	

注：轴压比指柱组合的轴压力设计值与柱的全截面面积和混凝土轴心抗压强度设计值乘积之比值。

2. 学习要点

（1）合理控制混凝土结构构件的尺寸是规范的基本要求之一：

1）梁的截面尺寸，应综合考虑建筑功能及整个框架结构中梁、柱的相互关系；在各项满足规范要求的前提下，适当减小框架梁的高度；

2）控制柱的最小截面尺寸不能过小，有利于实现强柱弱梁、强剪弱弯的设计目标，提高框架结构的抗震性能。

（2）轴压比限值，对建筑师来讲，掌握轴压比的概念比记住具体限值更重要。

限制框架柱的轴压比主要是为了保证柱的塑性变形能力和保证框架的抗倒塌能力，非抗震设计的柱子不受轴压比限制。剪力墙同样有轴压比要求。

例 8-17　（2021）关于抗震区高层混凝土框架结构房屋，说法正确的是：
A　砌体填充刚度较大，可采用单跨框架结构
B　主体结构不应采用滑动支座
C　框架梁、柱中心线宜重合
D　宜同一层中布置截面尺寸相差较大的两种，形成两道防线

解析：根据《高层混凝土规程》第 6.1.1 条，"主体结构除个别部位外，不应采用铰接"，主体结构的个别部位仍可采用铰接，故 B 选项错误。第 6.1.2 条，"抗震设计的框架结构不应采用单跨框架"，故 A 选项错误。第 6.1.7 条，"框架梁、柱中心线宜重合"，故 C 选项正确。截面尺寸相差较大，但结构体系没有变化，不能形成两道防线；故 D 选项错误。

答案：C

（三）抗震墙结构的基本抗震构造措施

1. 具体内容

（1）抗震墙的厚度：

1）抗震墙的厚度：

一、二级不应小于 160mm 且不宜小于层高或无支长度的 1/20；三、四级不应小于 140mm 且不宜小于层高或无支长度的 1/25；

无端柱或翼墙时，一、二级不宜小于层高或无支长度的 1/16；三、四级不宜小于层高或无支长度的 1/20。

2）底部加强部位的墙厚：

一、二级不应小于 200mm 且不宜小于层高或无支长度的 1/16；三、四级不应小于 160mm 且不宜小于层高或无支长度的 1/20；

无端柱或翼墙时，一、二级不宜小于层高或无支长度的 1/12，三、四级不宜小于层

高或无支长度的 1/16。

抗震墙厚度要求见表 8-30，可据此了解抗震墙厚度的影响因素与最小厚度要求。

抗震墙最小厚度（mm）　　　　　　表 8-30

抗震墙部位	抗震等级	抗震墙最小厚度及与层高或无支长度的关系		
		最小厚度	端部有端柱或翼墙	端部无端柱或翼墙
一般部位	一、二级	160	$l/20$	$l/16$
	三、四级	140	$l/25$	$l/20$
底部加强部位	一、二级	200	$l/16$	$l/12$
	三、四级	160	$l/20$	$l/16$

注：l 为层高或抗震墙的无支长度，指沿抗震墙长度方向外两道有效横向支撑墙之间的长度。

(2) 抗震墙肢的轴压比：

一、二、三级抗震墙在重力荷载代表值作用下墙肢的轴压比，一级时，9 度不宜大于 0.4，6、7、8 度不宜大于 0.5；二、三级时不宜大于 0.6。

(3) 抗震墙两端和洞口两侧应设置边缘构件，边缘构件包括暗柱、端柱和翼墙，并应符合规范要求。

(4) 抗震墙的墙肢长度不大于墙厚的 3 倍时，应按柱的有关要求进行设计；矩形墙肢的厚度不大于 300mm 时，尚宜全高加密箍筋。

(5) 跨高比较小的高连梁，可设水平缝形成双连梁、多连梁或采取其他加强受剪承载力的构造。顶层连梁的纵向钢筋伸入墙体的锚固长度范围内，应设置箍筋。

2. 学习要点

(1) 抗震墙，包括抗震墙结构、框架-抗震墙结构、板柱-抗震墙结构及筒体结构中的抗震墙，是这些结构体系的主要抗侧力构件，具有"大震不倒"及震后易于修复的特点。

(2) 设置约束边缘构件的根本目的在于对抗震墙提供约束作用，因此有边缘构件约束的抗震墙与无边缘构件约束的抗震墙相比，极限承载力约提高 40%、极限层间位移角约增加一倍，对地震能量的消耗能力增大 20% 左右，且有利于墙板的稳定。

(3) 对框支结构，抗震墙的底部加强部位受力很大，抗震要求应加强。

(4) 短肢剪力墙是指截面厚度不大于 300mm，各肢截面高度与厚度之比的最大值大于 4 但不大于 8 的抗震墙。注意抗震设计时，高层建筑结构不应全部采用短肢剪力墙。

例 8-18　（2009）钢筋混凝土抗震墙设置约束边缘构件的目的，下列哪一种说法是不正确的？

A　提高延性性能　　　　　　　B　加强对混凝土的约束
C　提高抗剪承载力　　　　　　D　防止底部纵筋首先屈服

解析：抗震墙两端和洞口两侧应设置边缘构件，边缘构件包括暗柱、端柱和翼墙；目的是使墙肢端部成为箍筋约束混凝土，提高受压变形能力，有助于防止底部纵筋首先屈服，提高构件的延性和耗能能力。

答案：C

规范：《抗震规范》第 6.4.5 条及条文说明第 6.4.5 条。《高层混凝土规程》第 7.2.14 条、第 7.2.15 条及其条文说明。

例 8-19　（2011）抗震设计的钢筋混凝土剪力墙结构中，在地震作用下的主要耗能构件为：
    A 一般剪力墙   B 短肢剪力墙   C 连梁   D 楼板
  解析：抗震设计时，钢筋混凝土剪力墙结构体系中主要抗侧力构件是抗震墙，在剪力墙结构中连梁是抗震的第一道防线，是主要耗能构件，是弱构件。还应注意，框架-抗震墙结构体系中，相对于框架，抗震墙是第一道防线。
  答案：C

（四）框架-抗震墙结构的基本抗震构造措施

框架-抗震墙结构是具有多道防线的抗震结构系统，抗震墙作为框架-抗震墙结构体系第一道防线的主要抗侧力构件，需要比一般的抗震墙有所加强。

(1) 框架-抗震墙结构的抗震墙厚度和边框设置：

1) 抗震墙的厚度不应小于 160mm 且不宜小于层高或无支长度的 1/20，底部加强部位的抗震墙厚度不应小于 200mm 且不宜小于层高或无支长度的 1/16。

2) 有端柱时，墙体在楼盖处宜设置暗梁，暗梁的截面高度不宜小于墙厚和 400mm 的较大值；端柱截面宜与同层框架柱相同，并应满足上述（二）对框架柱的要求。

(2) 抗震墙的竖向和横向分布钢筋，应双排布置，双排分布钢筋间应设置拉筋。

(3) 楼面梁与抗震墙平面外连接时，不宜支承在洞口连梁上；沿梁轴线方向宜设置与梁连接的抗震墙，梁的纵筋应锚固在墙内；也可在支承梁的位置设置扶壁柱或暗柱，并应按计算确定其截面尺寸和配筋。

(4) 框架-抗震墙结构的其他抗震构造措施，应符合上述（二）及（三）中对框架和抗震墙结构的相关要求。①

例 8-20 （2021）抗震设防烈度为 7 度的框架剪力墙结构，建筑高度 50m，下列最合理的剪力墙形式为：

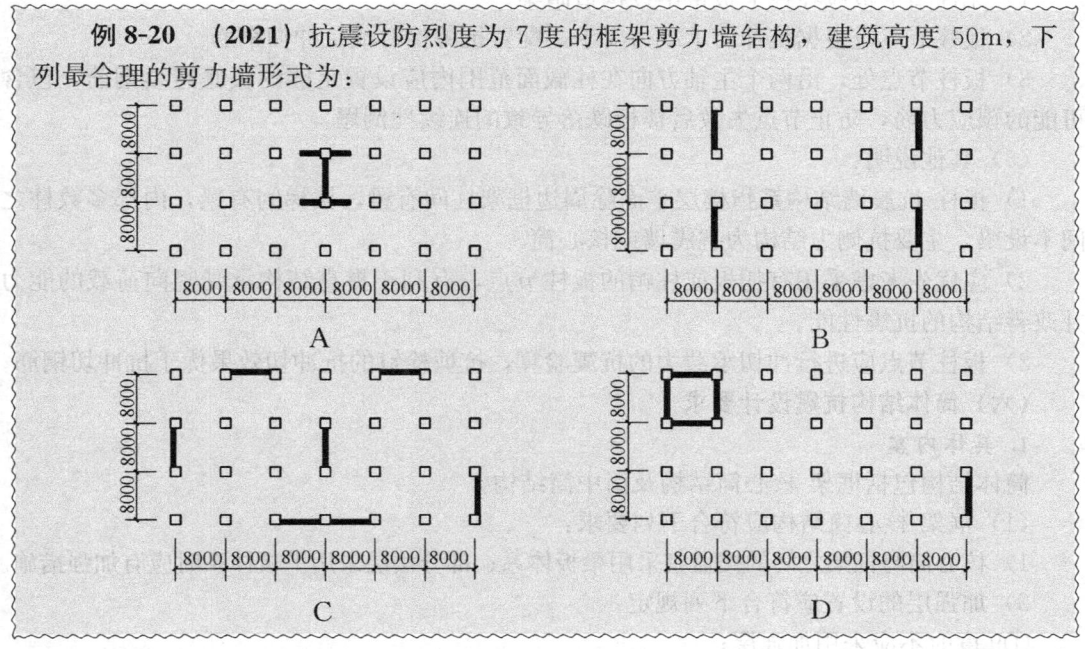

---

① 设置少量抗震墙的框架结构，其抗震墙的抗震构造措施，可仍按上述（三）对抗震墙的规定执行。

> **解析：** 根据《抗震通用规范》第5.1.1条和《抗震规范》第3.4.2条的要求，建筑设计应根据抗震概念设计的要求，明确建筑形体的规则性，抗侧力构件的平面布置宜规则对称。在框架剪力墙结构中，剪力墙为主要抗侧力构件之一，其布置的合理性对结构的平面规则性和抗侧刚度的均匀性影响很大。C选项两方向剪力墙布置均匀，且剪力墙主要沿结构外围布置，对控制结构扭转有利。
> **答案：** C

（五）板柱-抗震墙结构抗震设计要求

（1）板柱-抗震墙结构的抗震墙，应具备承担结构全部地震作用的能力，其抗震构造措施应符合本节规定，尚应符合（四）对框架-抗震墙的有关规定；柱（包括抗震墙端柱）和梁的抗震构造措施应符合（二）对框架的有关规定。

（2）板柱-抗震墙的结构布置，尚应符合下列要求：

1）抗震墙厚度不应小于180mm，且不宜小于层高或无支长度的1/20；房屋高度大于12m时，墙厚不应小于200mm。

2）房屋的周边应采用有梁框架，楼、电梯洞口周边宜设置边框梁。

3）8度时宜采用有托板或柱帽的板柱节点，托板或柱帽根部的厚度（包括板厚）不宜小于柱纵筋直径的16倍，托板或柱帽的边长不宜小于4倍板厚和柱截面对应边长之和。

4）房屋的地下一层顶板，宜采用梁板结构。

（3）板柱-抗震墙结构的板柱节点应进行冲切承载力的抗震验算。

（4）板柱-抗震墙结构的板柱节点构造应符合下列要求：

1）无柱帽平板应在柱上板带中设构造暗梁。

2）板柱节点应根据抗冲切承载力要求，配置抗剪栓钉或抗冲切钢筋。

3）板柱节点处，沿两个主轴方向在柱截面范围内应设置足够的板底连续钢筋，包含可能的预应力筋，防止节点失效后楼板跌落导致的连续性倒塌。

（5）其他说明：

1）板柱-抗震墙结构系指楼层平面除周边框架柱间有梁，楼梯间有梁，内部多数柱之间不设梁，主要抗侧力结构为抗震墙或核心筒。

2）应优先考虑采用有托板或柱帽的板柱节点，有利于提高结构承受竖向荷载的能力并改善结构的抗震性能。

3）板柱节点应进行冲切承载力的抗震验算，抗剪栓钉的抗冲切效果优于抗冲切钢筋。

（六）筒体结构抗震设计要求

1. 具体内容

筒体结构包括框架-核心筒结构及筒中筒结构。

（1）框架-核心筒结构应符合下列要求：

1）核心筒与框架之间的楼盖宜采用梁板体系；部分楼层采用平板体系时应有加强措施。

2）加强层的设置应符合下列规定：

①9度时不应采用加强层；

②加强层的大梁或桁架应与核心筒内的墙肢贯通；大梁或桁架与周边框架柱的连接宜采用铰接或半刚性连接；

③结构整体分析应计入加强层变形的影响;

④施工程序及连接构造,应采取措施减小结构竖向温度变形及轴向压缩对加强层的影响。

(2) 框架-核心筒结构的核心筒、筒中筒结构的内筒,其抗震墙除应符合上述(三)(抗震墙)的有关规定外,尚应符合下列要求:

1) 抗震墙的厚度、竖向和横向分布钢筋应符合上述(四)(框架-抗震墙)的规定;筒体底部加强部位及相邻上一层,当侧向刚度无突变时,不宜改变墙体厚度。

2) 框架-核心筒结构一、二级筒体角部的边缘构件宜按下列要求加强:

底部加强部位,约束边缘构件范围内宜全部采用箍筋,且约束边缘构件沿墙肢的长度宜取墙肢截面高度的1/4;底部加强部位以上的全高范围内宜按转角墙的要求设置约束边缘构件。

3) 内筒的门洞不宜靠近转角。

(3) 楼面大梁不宜支承在内筒连梁上,楼面大梁与内筒或核心筒墙体平面外连接时,应符合上述(四)第(3)条的规定。

(4) 跨高比小的连梁,可采用斜向交叉暗柱配筋,这可以改善其抗剪性能。

(5) 筒体结构转换层的抗震设计应符合《抗震规范》附录E第E.2节的规定。

2. 学习要点

(1) 框架-核心筒是指楼层平面周边稀柱框架之间有梁,内部设有核心筒(抗震墙和连梁围合成筒,核心筒可以是单筒,也可以是多个单筒的组合筒),当仅有一部分主要承受竖向荷载的柱不设梁时,此类结构属于框架-核心筒结构。

(2) 加强层设置要求

1) 框架-核心筒结构的核心筒与周边框架之间采用梁板结构时,各层梁对核心筒有一定的约束,可不设加强层,梁与核心筒的连接应避开核心筒的连梁;

2) 当楼层采用平板结构且核心筒较柔,在地震作用下不能满足变形要求,或筒体由于受弯产生拉力时,宜设置加强层,其部位应结合建筑功能设置;

3) 为了避免加强层周边框架柱在地震作用下由于强梁带来的不利影响,加强层的大梁和桁架与周边框架不宜刚性连接;

4) 9度时不应采用加强层。

(3) 框架-核心筒结构的核心筒、筒中筒结构的内筒设置要求

都是由抗震墙组成的结构的主要抗侧力竖向构件,其抗震构造措施应符合《抗震规范》相应的规定,包括墙的最小厚度、分布钢筋的配置、轴压比限值、边缘构件的要求等,以使筒体具有足够大的抗震能力。

(4) 框架-核心筒结构设置要求

1) 核心筒宜贯通建筑物全高;核心筒的宽度不宜小于筒体总高的1/12,当筒体结构设置角筒、剪力墙或增强结构整体刚度的构件时,核心筒宽度可适当减小;

2) 核心筒应具有良好的整体性,墙肢宜均匀、对称布置;

3) 筒体角部附近不宜开洞,当不可避免时,筒角内壁至洞口的距离不应小于500mm和开洞墙截面厚度的较大值;

4) 框架-核心筒结构的周边柱间必须设置框架梁。

(5) 筒中筒结构设置要求

1) 筒中筒结构的平面外形宜选用圆形、正多边形、椭圆形或矩形等，内筒宜居中；

2) 矩形平面的长宽比不宜大于 2；

3) 内筒的宽度可为高度的 1/15～1/12，如有另外的角筒或剪力墙时，内筒尺寸可适当减小；内筒宜贯通建筑物全高。竖向刚度宜均匀变化；

4) 三角形平面宜切角，外筒的切角长度不宜小于相应边长的 1/8，其角部可设置刚度较大的角柱或角筒；内筒的切角长度不宜小于相应边长的 1/10，切角处的筒壁宜适当加厚；

5) 外框筒应符合下列要求：①柱距不宜大于 4m，框筒柱的截面长边应沿筒壁方向布置，必要时可用 T 形截面；②洞口面积不宜大于墙面面积的 60%，洞口高宽比宜与层高和柱距的比值相近；③外框筒梁的截面高度可取柱净距的 1/4；④角柱截面面积可取中柱的 1～2 倍。

例 8-21 （2013）关于由中央剪力墙内筒和周边外框筒组成的筒中筒结构的说法，错误的是：

A 平面宜选用方形、圆形和正多边形，采用矩形平面时长宽比不宜大于 2

B 高度不宜低于 80m，高宽比不宜小于 3

C 外框筒巨型柱宜采用截面短边沿筒壁方向布置，柱距不宜大于 4m

D 外框筒洞口面积不宜大于墙面面积的 60%

解析： 对筒中筒结构，外框筒巨型柱的截面长边（而非短边）应沿筒壁方向布置，这样才能使结构的空间作用更大，必要时可采用 T 形截面，柱距不宜大于 4m。

答案： C

规范：《高层混凝土规程》第 9.3.5 条第 1、2 款、第 9.1.2 条、第 9.3.2 条。

(七) 复杂高层建筑结构抗震设计要求

1. 《高层混凝土规程》的有关规定

(1)《高层混凝土规程》第十章对复杂高层建筑结构的规定适用于带转换层的结构、带加强层的结构、错层结构、连体结构以及竖向体型收进、悬挑结构。

(2) 9 度抗震设计时不应采用带转换层的结构、带加强层的结构、错层结构和连体结构。

(3) 7 度和 8 度抗震设计时，剪力墙结构错层高层建筑的房屋高度分别不宜大于 80m 和 60m；框架-剪力墙结构错层高层建筑的房屋高度分别不应大于 80m 和 60m。抗震设计时，B 级高度高层建筑不宜采用连体结构；底部带转换层的 B 级高度筒中筒结构，当外筒框支层以上采用由剪力墙构成的壁式框架时，其最大适用高度应比表 8-22 规定的数值适当降低。

(4) 7 度和 8 度抗震设计的高层建筑不宜同时采用超过两种上述 (1) 条所规定的复杂高层建筑结构。

(5) 其他说明。

9 度抗震设计时可采用竖向体型收进和悬挑结构，但带转换层的结构、带加强层的结构、错层结构、连体结构等，在地震作用下受力复杂，容易形成抗震薄弱部位，不应采用。

错层结构受力复杂，在地震作用下易形成多处薄弱部位，应对房屋高度加以限制。区分不同类型的错层高层建筑，区分局部错层与错层结构。

复杂高层建筑结构均属不规则结构。在同一个工程中采用两种以上这类复杂结构，在地震作用下易形成多处薄弱部位，故不宜同时采用。

2. 带转换层的高层建筑结构

（1）在高层建筑结构的底部，当上部楼层部分竖向构件（剪力墙、框架柱）不能直接连贯落地时，应设置结构转换层，形成带转换层的高层建筑结构。

《高层混凝土规程》第10.2节对带托墙转换层的剪力墙结构（部分框支剪力墙结构）及带托柱转换层的筒体结构的设计做出规定。

（2）带转换层的高层建筑结构，其剪力墙底部加强部位的高度应从地下室顶板算起，宜取至转换层以上两层且不宜小于房屋高度的1/10。

（3）转换层上部与下部结构的侧向刚度变化应符合《高层混凝土规程》附录E的规定。

（4）转换结构构件可采用转换梁、桁架、空腹桁架、箱形结构、斜撑等；非抗震设计和6度抗震设计时可采用厚板，7、8度抗震设计时地下室的转换结构构件可采用厚板。

（5）部分框支剪力墙结构在地面以上设置转换层的位置，8度时不宜超过3层，7度时不宜超过5层，6度时可适当提高。

（6）带转换层的高层建筑，其抗震等级应符合《高层混凝土规程》第3.9节抗震等级的有关规定，带托柱转换层的筒体结构，其转换柱和转换梁的抗震等级按部分框支剪力墙结构中的框支框架采纳。对部分框支剪力墙结构，当转换层的位置设置在3层及3层以上时，其框支柱、剪力墙底部加强部位的抗震等级宜按规定提高一级采用，已为特一级时可不提高。

（7）转换梁设计应满足下列要求：

1）转换梁与转换柱的截面中线宜重合。

2）转换梁截面高度不宜小于计算跨度的1/8；托柱转换梁截面宽度不应小于其上所托柱在梁宽方向的截面宽度；框支梁截面宽度不宜大于框支柱相应方向的截面宽度，且不宜小于其上墙体截面厚度的2倍和400mm的较大值。

3）转换梁不宜开洞。若必须开洞时，洞口边离开支座柱边的距离不宜小于梁截面高度；被洞口削弱的截面应进行承载力计算，因开洞形成的上、下弦杆应加强纵向钢筋和抗剪箍筋的配置。

（8）转换层上部的竖向抗侧力构件（墙、柱）宜直接落在转换层的主要转换构件上。

（9）转换柱设计应满足规范要求：

柱截面宽度，非抗震设计时不宜小于400mm，抗震设计时不应小于450mm；柱截面高度，非抗震设计时不宜小于转换梁跨度的1/15，抗震设计时不宜小于转换梁跨度的1/12。

（10）转换梁、柱的节点核心区应进行抗震验算，节点应符合构造措施的要求。

（11）箱形转换结构上、下楼板厚度均不宜小于180mm，应根据转换柱的布置和建筑功能要求设置双向横隔板。

(12) 厚板设计应符合下列规定：
1) 转换厚板的厚度可自抗弯、抗剪、抗冲切截面验算确定；
2) 转换厚板可局部做成薄板，薄板与厚板交界处可加腋；转换厚板亦可局部做成夹心板；
3) 转换厚板上、下一层的楼板应适当加强，楼板厚度不宜小于 150mm。
(13) 采用空腹桁架转换层时，空腹桁架宜满层设置，应有足够的刚度。
(14) 部分框支剪力墙结构的布置应符合下列规定：
1) 落地剪力墙和筒体底部墙体应加厚；
2) 框支柱周围楼板不应错层布置；
3) 落地剪力墙和筒体的洞口宜布置在墙体的中部；
4) 框支梁上一层墙体内不宜设置边门洞，也不宜在框支中柱上方设置门洞；
5) 落地剪力墙间距应符合限值规定。
(15) 部分框支剪力墙结构的剪力墙底部加强部位，墙体两端宜设置翼墙或端柱。抗震设计时应按规范规定设置约束边缘构件。

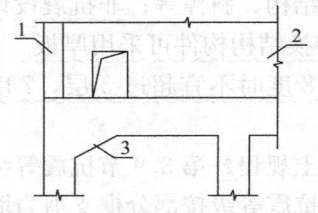

图 8-12　框支梁上墙体有边门洞时洞边墙体的构造要求
1—翼墙或端柱；2—剪力墙；
3—框支梁加腋

(16) 部分框支剪力墙结构的落地剪力墙基础应有良好的整体性和抗转动的能力。

(17) 部分框支剪力墙结构框支梁上部墙体的构造应符合下列规定：

当梁上部的墙体开有边门洞时（图 8-12），洞边墙体宜设置翼墙、端柱或加厚，并应按约束边缘构件的要求进行配筋设计；当洞口靠近梁端部且梁的受剪承载力不满足要求时，可采取框支梁加腋或增大框支墙洞口连梁刚度等措施。

(18) 部分框支剪力墙结构中，框支转换层楼板厚度不宜小于 180mm，应双层双向配筋。落地剪力墙和筒体外围的楼板不宜开洞。

(19) 其他说明。
1) 转换厚板在地震区使用经验较少，仅在非地震区和 6 度设防地区采用。对于大空间地下室，因周围有约束作用，地震反应不明显，故 7、8 度地区可采用厚板转换层。
2) 转换层位置较高时，更易使框支剪力墙结构在转换层附近的刚度、内力发生突变，并易形成薄弱层，因此转换层位置较高的高层建筑不利于抗震。
3) 转换梁承受较大的剪力，尤其是转换梁端部剪力最大的部位开洞的影响更为不利，因此限制转换梁上开洞，并规定梁上洞口避开转换梁端部，洞口部位要加强配筋构造。
4) 在竖向及水平荷载作用下，框支梁上部的墙体在多个部位会出现较大的应力集中，这些部位的剪力墙容易发生破坏，因此对这些部位的剪力墙规定了多项加强措施。
5) 框支转换层楼板是重要的传力构件，为保证楼板能可靠传递面内相当大的剪力（和弯矩），规定了转换层楼板截面尺寸要求、抗剪承载力验算、楼板平面内受弯承载力验算和配筋构造要求。其他结构的楼（屋）板层同样是重要的传力构件，同样需要有足够的刚度和加强措施保证结构的整体性，只是不同结构、不同位置的楼（屋）板层具体要求的措施有所不同。

例 8-22 (2008) 部分框支剪力墙高层建筑，对在地面以上设大空间转换结构的描述，下列哪项不正确？

A 6 度抗震设计时转换构件可采用厚板
B 7 度抗震设计时转换构件不宜超过 5 层
C 8 度抗震设计时转换构件不宜超过 4 层
D 9 度抗震设计时不应采用带转换层的结构

解析：部分框支剪力墙带大空间转换层的高层建筑，属于复杂高层建筑结构。对转换层的设计要求，规范有具体规定如下：

(1) 转换结构构件可采用转换梁、桁架、空腹桁架、箱形结构、斜撑等。

(2) 非抗震设计和 6 度抗震设计时可采用厚板；7 度、8 度抗震设计的地下室的转换结构可采用厚板。

(3) 部分框支剪力墙结构在地面以上设置转换层的位置，8 度设防时不宜超过 3 层，7 度时不宜超过 5 层，6 度时其层数可适当提高。

(4) 9 度抗震设计时不应采用带转换层的结构、带加强层的结构、错层结构、连体结构以及竖向体型收进、悬挑结构。

综上分析，题中 C 选项 "8 度时……不宜超过 4 层"错误，应为"3 层"。

答案：C

规范：《高层混凝土规程》第 10.2.4 条、第 10.2.5 条及第 10.2.1 条。

例 8-23 (2008) 框支剪力墙结构设计时，下列哪一条规定是不正确的？

A 抗震设计时，框支柱的截面宽度不应小于 450mm
B 抗震设计时，框支柱的截面高度不应大于框支梁跨度的 1/12
C 剪力墙底部加强部位，墙体两端宜设置翼墙或端柱
D 转换层楼板的厚度不宜小于 180mm

解析：框支柱截面宽度，非抗震时不宜小于 400mm，抗震设计时不应小于 450mm；柱截面高度，非抗震设计时不宜小于转换梁跨度的 1/15，抗震设计时不宜小于转换梁跨度的 1/12，B 选项中"不应大于"应为"不宜小于"，故 B 选项错误。

部分框支剪力墙结构的剪力墙底部加强部位，墙体两端宜设置翼墙或端柱。

框支转换层楼板厚度不宜小于 180mm。

答案：B

规范：《高层混凝土规程》第 10.2.11 条第 1 款、第 10.2.20、10.2.23 条。

3. 带加强层的高层建筑结构

(1) 当框架-核心筒、筒中筒结构的侧向刚度不能满足要求时，可利用建筑避难层、设备层空间，设置适宜刚度的水平伸臂构件，形成带加强层的高层建筑结构。必要时，加强层也可同时设置周边水平环带构件。水平伸臂构件、周边环带构件可采用斜腹杆桁架、实体梁、箱形梁、空腹桁架等形式。

(2) 带加强层高层建筑结构设计应符合下列规定：

1) 应合理设计加强层的数量、刚度和设置位置;当布置 1 个加强层时,可设置在 0.6 倍房屋高度附近;当布置 2 个加强层时,可分别设置在顶层和 0.5 倍房屋高度附近;当布置多个加强层时,宜沿竖向从顶层向下均匀布置。

2) 加强层水平伸臂构件宜贯通核心筒,其平面布置宜位于核心筒的转角、T 形节点处;水平伸臂构件与周边框架的连接宜采用铰接或半刚接;结构内力和位移计算中,设置水平伸臂桁架的楼层宜考虑楼板平面内的变形。

3) 加强层及其相邻层的框架柱、核心筒应加强配筋构造。

4) 加强层及其相邻层楼盖的刚度和配筋应加强。

5) 在施工程序及连接构造上应采取减小结构竖向温度变形及轴向压缩差的措施,结构分析模型应能反映施工措施的影响。

(3) 抗震设计时,带加强层高层建筑结构应符合下列要求:

1) 加强层及其相邻层的框架柱、核心筒剪力墙的抗震等级应提高一级采用,一级应提高至特一级,但抗震等级已经为特一级时应允许不再提高。

2) 加强层及其相邻层的框架柱,箍筋应全柱加密配置,轴压比限值应按其他楼层框架柱的数值减小 0.05 采用。

3) 加强层及其邻层核心筒剪力墙应设置约束边缘构件。

例 8-24 (2013) 关于钢筋混凝土框架-核心筒的加强层设置,下列说法错误的是:
 A 布置 1 个加强层时,可设置在 0.6 倍房屋高度附近
 B 布置 2 个加强层时,分别设置在房屋高度的 1/3 和 2/3 处效果最好
 C 布置多个加强层时,宜沿竖向从顶层向下均匀设置
 D 不宜布置过多的加强层

解析:带加强层的高层建筑应合理设计加强层的数量、刚度和设置位置,才能有利于减少结构的侧移。当布置 2 个加强层时,可分别设置在顶层和 0.5 倍房屋高度附近。

答案:B

规范:《高层混凝土规程》第 10.3.2 条第 1 款。

4. 错层结构

(1) 抗震设计时,高层建筑沿竖向宜避免错层布置。当房屋不同部位因功能不同而使楼层错层时,宜采用防震缝划分为独立的结构单元。

(2) 错层两侧宜采用结构布置和侧向刚度相近的结构体系。

(3) 错层结构中,错开的楼层不应归并为一个刚性楼板。

(4) 抗震设计时,错层处框架柱应符合下列要求:

1) 截面高度不应小于 600mm,混凝土强度等级不应低于 C30,箍筋应全柱段加密配置。

2) 抗震等级应提高一级采用,一级应提高至特一级,但抗震等级已经为特一级时允许不再提高。

(5) 在设防烈度地震作用下,错层处框架柱的截面承载力宜符合规程要求。

(6) 错层处平面外受力的剪力墙的截面厚度，非抗震设计时不应小于 200mm，抗震设计时不应小于 250mm，并均应设置与之垂直的墙肢或扶壁柱；抗震设计时，其抗震等级应提高一级采用。错层处剪力墙的混凝土强度等级不应低于 C30，配筋率应满足规范要求。

错层结构在错层处的构件如图 8-13 所示，要采取加强措施。

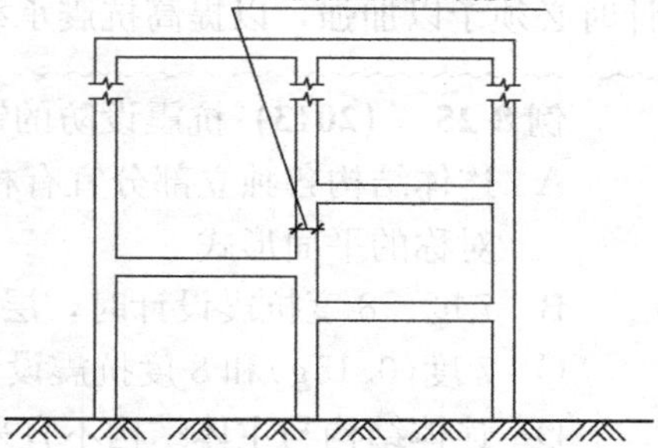

图 8-13 错层结构加强部位示意

5. 连体结构

(1) 连体结构各独立部分宜有相同或相近的体型、平面布置和刚度；宜采用双轴对称的平面形式。7 度、8 度抗震设计时，层数和刚度相差悬殊的建筑不宜采用连体结构。

(2) 7 度（0.15g）和 8 度抗震设计时，连体结构的连接体应考虑竖向地震的影响。

(3) 6 度和 7 度（0.10g）抗震设计时，高位连体结构的连接体宜考虑竖向地震的影响。

(4) 连接体结构与主体结构宜采用刚性连接。

刚性连接时，连接体结构的主要结构构件应至少伸入主体结构一跨并可靠连接；必要时可延伸至主体部分的内筒，并与内筒可靠连接。

当连接体结构与主体结构采用滑动连接时，支座滑移量应能满足两个方向在罕遇地震作用下的位移要求，并应采取防坠落、撞击措施。罕遇地震作用下的位移要求，应采用时程分析方法进行计算复核。

(5) 刚性连接的连接体结构可设置钢梁、钢桁架、型钢混凝土梁，型钢应伸入主体结构至少一跨并可靠锚固。连接体结构的边梁截面宜加大；楼板厚度不宜小于 150mm，宜采用双层双向钢筋网，每层每方向钢筋网的配筋率不宜小于 0.25%。

当连接体结构包含多个楼层时，应特别加强其最下面一个楼层及顶层的构造设计。

(6) 抗震设计时，连接体及与连接体相连的结构构件应符合下列要求：

1) 连接体及与连接体相连的结构构件在连接高度范围及其上、下层，抗震等级应提高一级采用，一级提高至特一级，但抗震等级已经为特一级时应允许不再提高。

2) 与连接体相连的框架柱在连接体高度范围及其上、下层，箍筋应全柱段加密配置，轴压比限值应按其他楼层框架柱的数值减小 0.05 采用。

3) 与连接体相连的剪力墙在连接体高度范围及其上、下层应设置约束边缘构件。

(7) 刚性连接的连接体楼板应进行受剪截面和承载力验算。

(8) 其他说明。

1) 连体结构的连体部分一般跨度大、位置较高，对竖向地震的反应比较敏感，放大效应明显，因此抗震设计时高烈度区应考虑竖向地震的不利影响。

2) 连体结构的连体部位受力复杂，连体部分的跨度一般也较大，推荐采用刚性连接的连体方式，要保证连体部分与两侧主体结构的可靠连接，强调对连体部位楼板的要求。

也可采用滑动连接方式。当采用滑动连接时，连接体往往由于滑移量较大，致使支座发生破坏，因此增加了对采用滑动连接时的防坠落措施要求。

3) 连体结构的连接体及与连接体相连的结构构件受力复杂，易形成薄弱部位，抗震设计时必须予以加强，以提高抗震承载力和延性。

> **例 8-25** （2013）抗震设防的钢筋混凝土高层连体结构，下列说法错误的是：
> A 连体结构各独立部分宜有相同或相近的体型、平面布置和刚度，宜采用双轴对称的平面形式
> B 7度、8度抗震设计时，层数和刚度相差悬殊的建筑不宜采用连体结构
> C 7度（0.15g）和8度抗震设计时，连体结构的连接体应考虑竖向地震的影响
> D 连体结构与主体结构不宜采用刚性连接，不应采用滑动连接
> **解析：** 高层连体结构的连体部位受力复杂，连体部分的跨度也较大，因此要保证连体部分与两侧主体结构的可靠连接，推荐采用刚性连接的连体形式，也可采用滑动连接。采用滑动连接时，应采取防坠落、撞击措施等要求。
> **答案：** D
> **规范：**《高层混凝土规程》第 10.5.1 条、第 10.5.2 条、第 10.5.4 条。

6. 竖向体型收进、悬挑结构

对于多塔结构、竖向体型收进和悬挑结构，其共同的特点就是结构侧向刚度沿竖向发生剧烈变化，在变化部位往往产生结构的薄弱部位。

（1）多塔楼结构以及体型收进、悬挑程度超过图 8-9 图示限值的竖向不规则高层建筑结构应遵守本条的规定。

（2）多塔楼结构以及体型收进、悬挑结构，竖向体型突变部位的楼板宜加强，楼板厚度不宜小于 150mm，宜双层双向配筋，每层每方向钢筋网的配筋率不宜小于 0.25%。体型突变部位上、下层结构的楼板也应加强构造措施。

（3）抗震设计时，多塔楼高层建筑结构应符合下列规定：

1) 各塔楼的层数、平面和刚度宜接近；塔楼对底盘宜对称布置；上部塔楼结构的综合质心与底盘结构质心距离不宜大于底盘相应边长的 20%。

2) 转换层不宜设置在底盘屋面的上层塔楼内。

3) 塔楼中与裙房相连的外围柱、剪力墙，从固定端至裙房屋面上一层的高度范围内，柱纵向钢筋的最小配筋率宜适当提高，剪力墙宜按规范规定设置边缘构件，柱箍筋宜在裙房屋面上、下层的范围内全高加密；当塔楼结构相对于底盘结构偏心收进时，应加强底盘周边竖向构件的配筋构造措施。

（4）悬挑结构设计应符合下列规定：

1) 悬挑部位应采取降低结构自重的措施。

2) 悬挑部位结构宜采取冗余度较高的结构形式。

3) 7度（0.15g）和8、9度抗震设计时，悬挑结构应考虑竖向地震的影响；6、7度抗震设计时，悬挑结构宜考虑竖向地震的影响。

4) 抗震设计时，悬挑结构的关键构件以及与之相邻的主体结构关键构件的抗震等级宜提高一级采用，一级提高至特一级，抗震等级已经为特一级时，允许不再提高。

（5）体型收进高层建筑结构、底盘高度超过房屋高度 20%的多塔楼结构的设计应符合下列规定：

1) 体型收进处宜采取措施减小结构刚度的变化，上部收进结构的底部楼层层间位移角不宜大于相邻下部区段最大层间位移角的 1.15 倍。

2) 抗震设计时，体型收进部位上、下各 2 层塔楼周边竖向结构构件的抗震等级宜提高一级采用，一级提高至特一级，抗震等级已经为特一级时，允许不再提高。

3) 结构偏心收进时，应加强收进部位以下 2 层结构周边竖向构件的配筋构造措施。

(6) 其他说明。

1) 多塔楼结构各塔楼的层数、平面和刚度宜接近；塔楼对底盘宜对称布置，减小塔楼和底盘的刚度偏心。

2) 转换层宜设置在底盘楼层范围内，不宜设置在底盘以上的塔楼内（图 8-14）。

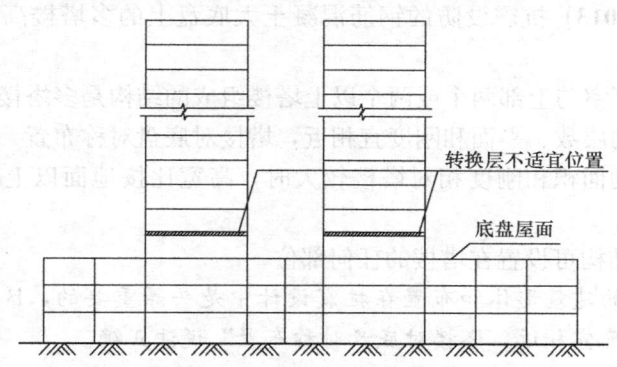

图 8-14　多塔楼结构转换层不适宜位置示意

3) 为保证结构底盘与塔楼的整体作用，裙房屋面加厚并加强配筋，裙房屋面上、下结构的楼板也应采取加强措施，加强部位见图 8-15。

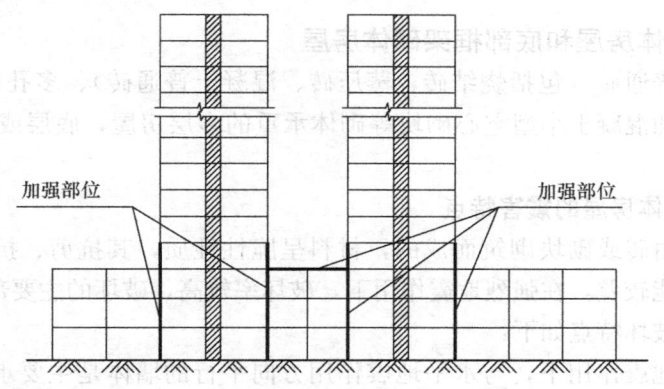

图 8-15　多塔楼结构加强部位示意

4) 悬挑结构一般竖向刚度较差、结构的冗余度不高，因此需要采取措施降低结构自重、增加结构的冗余度，并进行竖向地震作用的验算，且应提高悬挑关键构件的承载力和抗震措施，防止相关部位在竖向地震作用下发生结构的倒塌。

5) 结构体型收进较多或位置较高时，因上部结构刚度突然降低，其收进部位形成薄弱部位，因此在收进的相邻部位应采取更高的抗震措施(图 8-16)。

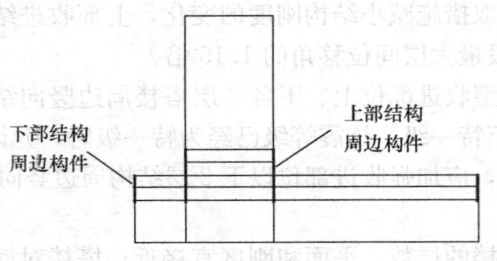

图 8-16 体型收进结构的加强部位示意

例 8-26 （2013）抗震设防的钢筋混凝土大底盘上的多塔楼高层建筑结构，下列说法正确的是：
A 整体地下室与上部两个或两个以上塔楼组成的结构是多塔楼结构
B 各塔楼的层数、平面和刚度宜相近，塔楼对底盘对称布置
C 当裙房的面积和刚度相对塔楼较大时，高宽比按地面以上高度与塔楼宽度计算
D 转换层结构可设置在塔楼的任何部位

解析： 合理的建筑形体和布置在抗震设计中是头等重要的，B 选项"各塔楼的层数、平面和刚度宜相近，塔楼对底盘对称布置"说法正确。
答案： B
规范： 《高层混凝土规程》第 2.1.15 条、第 10.6.3 条第 1、2、3 款及条文说明第 3.3.2 条。

二、多层砌体房屋和底部框架砌体房屋

砌体结构指普通砖（包括烧结砖、蒸压砖、混凝土普通砖）、多孔砖（包括烧结砖、混凝土多孔砖）和混凝土小型空心砌块等砌体承重的多层房屋，底层或底部两层框架-抗震墙砌体房屋。

（一）多层砌体房屋的震害特点

砌体结构是由砖或砌块砌筑而成的，材料呈脆性性质，其抗剪、抗拉和抗弯强度较低，所以抗震性能较差，在强烈地震作用下，破坏率较高，破坏的主要部位是墙身和构件间连接处，主要破坏特点如下：

（1）在水平地震作用下，与水平地震作用方向平行的墙体是主要承担地震作用的构件，这时墙体将因主拉应力强度不足而发生剪切破坏，出现 45°对角线裂缝，在地震反复作用下造成 X 形交叉裂缝。这种裂缝表现在砌体房屋上是下部重，上部轻；房屋的层数越多，破坏越重；横墙越少，破坏越重；墙体砂浆强度等级越低，破坏越重；层高越高，破坏越重；墙段长短不均匀布置时，破坏也多。

（2）墙体转角处及内外墙连接处的破坏。

墙体转角或连接处，刚度大，应力集中，易破坏，尤其是四大阳角处，还受到扭转的影响，更容易发生破坏。内外墙连接处，有时由于内外墙分开砌筑或留直槎等原因，地震

时造成外纵墙外闪、倒塌。

（3）楼盖的破坏。

砌体结构中有相当多的楼板采用预制板，当楼板的搁置长度较小或无可靠拉结时，在强烈地震作用下很容易造成楼板塌落，并造成墙体倒塌。

（4）突出屋面的屋顶间等附属结构破坏。

在砌体房屋中，突出屋顶的水箱间，楼电梯间及烟囱、女儿墙等附属结构，由于地震作用的鞭端效应，一般破坏较重；尤其女儿墙极易倒塌，产生次生灾害。

（二）抗震设计的一般规定

1. 多层房屋的层数和总高度限制

（1）多层砌体房屋的层数和总高度：

一般情况下，房屋的层数和总高度不应超过表 8-31 的规定。

（2）甲、乙类建筑不应采用底部框架-抗震墙砌体结构。乙类的多层砌体房屋应按表 8-31 的规定层数减少 1 层，总高度降低 3m。

（3）横墙较少①的多层砌体房屋，总高度应比表 8-31 的规定降低 3m，层数相应减少一层；各层横墙很少的多层砌体房屋，还应再减少一层。

房屋的层数和总高度限值（m） 表 8-31

房屋类别		最小抗震墙厚度（mm）	烈度和设计基本地震加速度									
			6		7				8				9
			0.05g		0.10g		0.15g		0.20g		0.30g		0.40g
			高度	层数	高度	层数	高度	层数	高度	层数	高度	层数	高度	层数
多层砌体房屋	普通砖	240	21	7	21	7	21	7	18	6	15	5	12	4
	多孔砖	240	21	7	21	7	18	6	18	6	15	5	9	3
	多孔砖	190	21	7	18	6	15	5	15	5	12	4	—	—
	小砌块	190	21	7	21	7	18	6	18	6	15	5	9	3
底部框架-抗震墙砌体房屋	普通砖 多孔砖	240	22	7	22	7	19	6	16	5	—	—	—	—
	多孔砖	190	22	7	19	6	16	5	13	4	—	—	—	—
	小砌块	190	22	7	22	7	19	6	16	5	—	—	—	—

注：1. 房屋的总高度指室外地面到主要屋面板板顶或檐口的高度，半地下室从地下室室内地面算起，全地下室和嵌固条件好的半地下室应允许从室外地面算起；对带阁楼的坡屋面应算到山尖墙的 1/2 高度处。
2. 室内外高差大于 0.6m 时，房屋总高度应允许比表中的数据适当增加，但增加量应少于 1.0m；
3. 乙类的多层砌体房屋仍按本地区设防烈度查表，其层数应减少一层且总高度应降低 3m；甲类、乙类建筑不应采用底部框架-抗震墙砌体房屋；
4. 本表小砌块砌体房屋不包括配筋混凝土小型空心砌块砌体房屋。

（4）采用蒸压灰砂砖和蒸压粉煤灰砖的砌体的房屋，当砌体的抗剪强度仅达到普通黏土砖砌体的 70% 时，房屋的层数应比普通砖房减少一层，总高度应减少 3m；当砌体的抗剪强度达到普通黏土砖砌体的取值时，房屋层数和总高度的要求同普通砖房屋。

---

① 横墙较少是指同一楼层内开间大于 4.2m 的房间占该层总面积的 40% 以上；其中，开间不大于 4.2m 的房间占该层总面积不到 20% 且开间大于 4.8m 的房间占该层总面积的 50% 以上为横墙很少。

(5) 多层砌体承重房屋的层高不应超过 3.6m。

底部框架-抗震墙砌体房屋的底部，层高不应超过 4.5m；当底层采用约束砌体抗震墙时，底层的层高不应超过 4.2m，见表 8-32。①

多层砌体承重房屋的层高　　　　　　表 8-32

房屋类型	层高限值	层高位置
多层砌体承重房屋	不应超过 3.6m	房屋层高
底部框架-抗震墙砌体房屋的底部	不应超过 4.5m	底部层高
底层采用约束砌体抗震墙	不应超过 4.2m	底层层高
普通砖房屋（采用约束砌体等加强措施）	不应超过 3.9m	使用功能确有需要时采用

砌体结构不同于钢筋混凝土结构，主要通过对建筑高度及楼层数量等的限制来实现抗震设计的基本要求，多层砌体房屋层数和总高度的规定见表 8-33。

多层砌体房屋层数和总高度的规定　　　　　　表 8-33

砌体结构情况	规范具体规定	总高度减少	层数减少
一般情况	普通多层砌体房屋、底部框架-抗震墙砌体房屋	不减	不减
横墙较少	开间大于 4.2m 的房间占该层总面积的 40% 以上	减 3m	减 1 层
横墙很少	不大于 4.2m 的房间占该层总面积不到 20%，且开间大于 4.8m 的房间占该层总面积的 50% 以上	减 6m	减 2 层
乙类房屋	仍按本地区查表	减 3m	减 1 层
蒸压灰砂砖和蒸压粉煤灰砖	砌体抗剪强度仅达到普通黏土砖砌体的 70% 时	减 3m	减 1 层
	砌体抗剪强度达到普通黏土砖砌体的取值时	不减	不减

例 8-27　（2013）多层砌体房屋，其主要抗震措施是：
A　限制高度和层数
B　限制房屋的高跨比
C　设置构造柱和圈梁
D　限制墙段的最小尺寸，并规定横墙最大间距

解析：砌体结构的高度限制，是十分敏感且深受关注的规定，基于砌体材料的脆性性质和震害经验，限制其层数和高度是主要的抗震措施。

答案：A

规范：《抗震通用规范》第 5.5.1 条及条文说明。

例 8-28　（2009）已知 7 度区普通砖砌体房屋的最大高度 H 为 21m，最高层数 n 为 7 层，则 7 度区某普通砖砌体教学楼工程（各层横墙较少）的 H 和 n 应为下列何值？

---

① 当使用功能确有需要时，采用约束砌体等加强措施的普通砖房屋，层高不应超过 3.9m。

  A $H=21m$，$n=7$ B $H=18m$，$n=6$
  C $H=18m$，$n=5$ D $H=15m$，$n=5$

解析： 已知基本条件：7度区普通砖砌体房屋高度不应超过21m，层数不应超过7层。两个特殊情况：一是中小学教学楼属于乙类建筑，高度应降低3m且层数减少一层；二是各层横墙较少，总高度还应比规定值降低3m且层数减少一层。因此总高度 $H=21-3-3=15m$，最高层数 $n=7-1-1=5$ 层，故D选项正确。

答案： D

规范：《抗震通用规范》第5.5.1条及条文说明。

2. 多层砌体房屋的高宽比限值

多层砌体房屋总高度与总宽度的最大比值，宜符合表8-34的要求。

房屋最大高宽比 表8-34

烈　度	6	7	8	9
最大高宽比	2.5	2.5	2.0	1.5

注：1. 单面走廊房屋的总宽度不包括走廊宽度；
  2. 建筑平面接近正方形时，其高宽比宜适当减小。

  房屋高宽比的限值要求，是为了控制结构中不出现弯曲破坏，保证房屋的稳定性，从而可以对砌体结构的整体倾覆不做验算。

  作为以剪切变形为主的砌体结构，应尽量避免弯曲变形的产生，当房屋的高宽比满足限值要求时，可避免在房屋底部出现水平裂缝，即不出现弯曲破坏。

  一般砌体房屋建筑平面是矩形，对方形建筑"高宽比宜适当减小"，其根本目的在于控制建筑物出现房屋两个方向的高宽比同时接近表中最大值的不利情形。

例8-29　（2008）多层砌体房屋抗震设计时，下列说法哪一项是不对的？
  A　单面走廊房屋的总宽度不包括走廊宽度
  B　建筑平面接近正方形时，其高宽比限值可适当加大
  C　对带阁楼的坡屋面，房屋总高度应算到山尖墙的1/2高度处
  D　房屋的顶层，最大横墙间距应允许适当放宽

解析： 根据抗震规范要求，单面走廊房屋的总宽度不包括走廊宽度；当建筑平面接近正方形时，其高宽比可适当减小；多层砌体房屋的顶层，除木屋盖外的最大横墙间距应允许适当放宽，但应采取相应的加强措施。

答案： B

规范：《抗震规范》第7.1.4条表7.1.4注，第7.1.2条表7.1.2注1，《抗震通用规范》第5.5.2条。

3. 房屋抗震横墙的间距要求

房屋抗震横墙的间距不应超过表8-35的要求。

房屋抗震横墙的间距（m） 表 8-35

房屋类别		烈 度			
		6	7	8	9
多层砌体房屋	现浇或装配整体式钢筋混凝土楼、屋盖	15	15	11	7
	装配式钢筋混凝土楼、屋盖	11	11	9	4
	木屋盖	9	9	4	—
底部框架-抗震墙砌体房屋	上部各层	同多层砌体房屋			—
	底层或底部两层	18	15	11	—

注：1. 多层砌体房屋的顶层，除木屋盖外的最大横墙间距应允许适当放宽，但应采取相应加强措施；
2. 多孔砖抗震横墙厚度为 190mm 时，最大横墙间距应比表中数值减少 3m。

4. 多层砌体房屋中砌体墙段的局部尺寸限值

多层砌体房屋中砌体墙段的局部尺寸限值，宜符合表 8-36 的要求。

房屋的局部尺寸限值（m） 表 8-36

部 位	6 度	7 度	8 度	9 度
承重窗间墙最小宽度	1.0	1.0	1.2	1.5
承重外墙尽端至门窗洞边的最小距离	1.0	1.0	1.2	1.5
非承重外墙尽端至门窗洞边的最小距离	1.0	1.0	1.0	1.0
内墙阳角至门窗洞边的最小距离	1.0	1.0	1.5	2.0
无锚固女儿墙（非出入口处）的最大高度	0.5	0.5	0.5	0.0

注：1. 局部尺寸不足时，应采取局部加强措施弥补，且最小宽度不宜小于 1/4 层高和表列数据的 80%；
2. 出入口处的女儿墙应有锚固。

5. 多层砌体房屋的建筑布置和结构体系要求

（1）**应优先采用横墙承重或纵横墙共同承重的结构体系。不应采用砌体墙和混凝土墙混合承重的结构体系。**

（2）纵横向砌体抗震墙的布置应符合下列要求：

1）宜均匀对称，沿平面内宜对齐，沿竖向应上下连续；且纵横向墙体的数量不宜相差过大。

2）平面轮廓凹凸尺寸，不应超过典型尺寸的 50%；当超过典型尺寸的 25% 时，房屋转角处应采取加强措施。

3）楼板局部大洞口的尺寸不宜超过楼板宽度的 30%，且不应在墙体两侧同时开洞。

4）房屋错层的楼板高差超过 500mm 时，应按两层计算；错层部位的墙体应采取加强措施。

5）同一轴线上的窗间墙宽度宜均匀；在满足上面第 4 条要求的前提下，墙面洞口的立面面积，6、7 度时不宜大于墙面总面积的 55%，8、9 度时不宜大于 50%。

6）在房屋宽度方向的中部应设置内纵墙，其累计长度不宜小于房屋总长度的 60%（高宽比大于 4 的墙段不计入）。

（3）房屋有下列情况之一时宜设置防震缝，缝两侧均应设置墙体，缝宽应根据烈度和房屋高度确定，可采用 70～100mm（设防烈度高、房屋高度大时取较大值）：

1) 房屋立面高差在 6m 以上。
2) 房屋有错层,且楼板高差大于层高的 1/4。
3) 各部分结构刚度、质量截然不同。
(4) 楼梯间不宜设置在房屋的尽端或转角处。
(5) 不应在房屋转角处设置转角窗。
(6) 横墙较少、跨度较大的房屋,宜采用现浇钢筋混凝土楼、屋盖。

6. 底部框架-抗震墙砌体房屋的结构布置要求

(1) 上部的砌体墙体与底部的框架梁或抗震墙,除楼梯间附近的个别墙段外均应对齐。

(2) 房屋的底部,应沿纵横两方向设置一定数量的抗震墙,并应均匀对称布置。各类抗震墙的设置规定见表 8-37。

底部框架-抗震墙砌体结构中各类抗震墙的适用范围　　　　表 8-37

设置条件	底部框架-抗震墙的类型
6度且总层数不超过4层时	允许采用嵌砌于框架之间的约束普通砌体抗震墙或小砌块砌体的砌体抗震墙,但应计入砌体墙对框架的附加轴力和附加剪力并进行底层的抗震验算,同一方向不应同时采用钢筋混凝土抗震墙和约束砌体抗震墙
6、7度时	应采用钢筋混凝土抗震墙或配筋小砌块砌体抗震墙
8度时	应采用钢筋混凝土抗震墙

(3) 底部框架-抗震墙砌体房屋的抗震墙应设置条形基础、筏形基础等整体性好的基础。

7. 底部框架-抗震墙砌体房屋的钢筋混凝土结构部分的抗震要求

除应符合《抗震规范》第 7 章和《抗震通用规范》第 5.5 节的规定外,尚应符合《抗震规范》第 6 章钢筋混凝土结构的有关要求;此时,底部混凝土框架的抗震等级,6、7、8 度应分别按三、二、一级采用;混凝土墙体的抗震等级,6、7、8 度应分别按三、三、二级采用。

(1) 砌体结构中的墙体是抗震中的主要抗侧力构件,墙体的多少直接决定了砌体结构的抗震能力的大小。纵墙长度相对较长,因此只规定了横墙的间距限值。控制了横墙的间距,也就确保了纵墙的稳定性。

(2) 多层砌体房屋的横向地震作用主要由横墙承担,地震中横墙间距大小对房屋倒塌影响很大,不仅横墙须具有足够的承载力,同时要求楼盖须具有传递地震作用给横墙的水平刚度,因此横墙间距的规定是为了满足楼盖对传递水平地震作用所需的刚度要求。

(3) 砌体房屋局部尺寸的限制,在于防止这些部位的失效而造成整栋结构的破坏甚至倒塌。

(4) 纵墙承重的结构布置方案,因横向支承较少,纵墙较易受弯曲破坏而导致倒塌,为此应优先采用横墙承重或纵横墙共同承重的结构布置方案;纵横墙均匀对称布置,可使各墙垛受力基本相同,避免薄弱部位的破坏。

(5) 楼梯间墙体缺少各层楼板的侧向支承,布置时尽量不设在尽端或采取专门的加强措施。

(6) 不应采用混凝土墙与砌体墙混合承重的体系，防止不同材料性能的墙体被各个击破。

(7) 底部框架-抗震墙砌体结构房屋的抗震设计，既要满足砌体结构房屋抗震的一般规定，也要满足多高层钢筋混凝土结构抗震的有关规定。

例 8-30 （2012）按现行《建筑抗震设计规范》，对底部框架-抗震墙砌体房屋结构的底部抗震墙要求，下列表述正确的是：

A 6度设防且总层数不超过六层时，允许采用嵌砌于框架之间的约束普通砖砌体或小砌块砌体的砌体抗震墙
B 7度、8度设防时，应采用钢筋混凝土抗震墙或配筋小砌块砌体抗震墙
C 上部砌体墙与底部的框架梁或抗震墙可不对齐
D 应沿纵横两个方向，均匀、对称设置一定数量符合规定的抗震墙

解析：底部框架-抗震墙砌体房屋的结构房屋底部，应沿纵横两方向设置一定数量的抗震墙，并应均匀对称布置。

答案：D

规范：《抗震通用规范》第 5.5.3 条第 1、2 款。

例 8-31 （2014）关于抗震设计的底部框架-抗震墙砌体房屋结构的说法，正确的是：

A 抗震设防烈度6～8度的乙类多层房屋可采用底部框架-抗震墙砌体结构
B 底部框架-抗震墙砌体房屋指底层或底部两层为框架-抗震墙结构的多层砌体房屋
C 房屋的底部应沿纵向或横向设置一定数量抗震墙
D 上部砌体墙与底部框架梁或抗震墙宜对齐

解析：底部框架-抗震墙砌体房屋指底层或底部两层为框架-抗震墙结构的多层砌体房屋，B 选项表述正确。

乙类的多层房屋不应采用底部框架-抗震墙砌体房屋，A 选项错误。

其结构布置房屋的底部应沿纵横两方向设置一定数量的抗震墙，并应均匀对称布置，C 选项中"沿纵向或横向"表述错误，"或"应为"和"。

上部砌体墙与底部框架梁或抗震墙，除楼梯间附近的个别墙段外均应对齐，D 选项表述错误，"宜对齐"应为"应对齐"。

答案：B

规范：《抗震规范》第 7.1.1 条、《抗震通用规范》第 5.5.1 条第 2 款，第 5.5.3 条第 1、2 款。

（三）多层砖砌体房屋抗震构造措施

砌体结构房屋的抗震构造重点是圈梁和构造柱的设置。震害调查和实践证明，圈梁和构造柱共同设置，能增加砌体的延性和变形能力，且可提高砌体的抗侧能力和整体性，从而保证砌体房屋在大震下，裂而不倒；设置构造柱还能提高砌体的抗剪承载力及墙体在使用阶段的稳定性和刚度。

(1) 多层砌体房屋应设置现浇钢筋混凝土构造柱（简称构造柱）设置要求如下：

1）构造柱设置部位，一般情况下应符合表8-38的要求。

2）外廊式和单面走廊式的多层房屋，应根据房屋增加一层的层数，按表8-38的要求设置构造柱，且单面走廊两侧的纵墙均应按外墙处理。

3）横墙较少的房屋，应根据房屋增加一层的层数，按表8-38的要求设置构造柱。当横墙较少的房屋为外廊式或单面走廊式时，应按本条第2）款的要求设置构造柱；但6度不超过四层、7度不超过三层和8度不超过二层时，应按增加二层的层数对待。

4）各层横墙很少的房屋，应按增加二层的层数设置构造柱。

5）采用蒸压灰砂砖和蒸压粉煤灰砖的砌体房屋，当砌体的抗剪强度仅达到普通黏土砖砌体的70%时，应根据增加一层的层数按本条第1）～4）款的要求设置构造柱；但6度不超过四层、7度不超过三层和8度不超过二层时，应按增加二层的层数对待。

(2) 多层砖砌体房屋构造柱的构造要求

1）构造柱最小截面可采用180mm×240mm（墙厚190mm时为180mm×190mm），纵向钢筋宜采用4φ12，箍筋间距不宜大于250mm，且在柱上下端应适当加密；6、7度时超过六层、8度时超过五层和9度时，构造柱纵向钢筋宜采用4φ14，箍筋间距不应大于200mm；房屋四角的构造柱应适当加大截面及配筋。

2）构造柱与墙连接处应砌成马牙槎，沿墙高每隔500mm设2φ6水平钢筋和φ4分布短筋平面内点焊组成的拉结网片或φ4点焊钢筋网片，每边伸入墙内不宜小于1m。6、7度时底部1/3楼层，8度时底部1/2楼层，9度时全部楼层，上述拉结钢筋网片应沿墙体水平通长设置。

多层砖砌体房屋构造柱设置要求 表8-38

房屋层数				设 置 部 位
6度	7度	8度	9度	
四、五	三、四	二、三		楼、电梯间四角，楼梯斜梯段上下端对应的墙体处； 外墙四角和对应转角； 错层部位横墙与外纵墙交接处； 大房间内外墙交接处； 较大洞口两侧	隔12m或单元横墙与外纵墙交接处； 楼梯间对应的另一侧内横墙与外纵墙交接处
六	五	四	二		隔开间横墙（轴线）与外纵墙交接处； 山墙与内纵墙交接处
七	≥六	≥五	≥三		内墙（轴线）与外墙交接处； 内墙的局部较小墙垛处； 内纵墙与横墙（轴线）交接处

注：较大洞口，内墙指不小于2.1m的洞口；外墙在内外墙交接处已设置构造柱时应允许适当放宽，但洞侧墙体应加强。

3）构造柱与圈梁连接处，构造柱的纵筋应在圈梁纵筋内侧穿过，保证构造柱纵筋上下贯通。构造柱、圈梁及其他各类构件的混凝土强度等级不应低于C25。

4）构造柱可不单独设置基础，但应伸入室外地面下500mm，或与埋深小于500mm的基础圈梁相连。

5）房屋高度和层数接近表8-31的限值时，纵、横墙内构造柱间距尚应符合下列要求：

①横墙内的构造柱间距不宜大于层高的二倍；下部 1/3 楼层的构造柱间距适当减小；

②当外纵墙开间大于 3.9m 时，应另设加强措施。内纵墙的构造柱间距不宜大于 4.2m。

(3) 多层砖砌体房屋应设置现浇钢筋混凝土圈梁，设置要求如下：

1) 装配式钢筋混凝土楼、屋盖或木屋盖的砖房，应按表 8-39 的要求设置圈梁；纵墙承重时，抗震横墙上的圈梁间距应比表内要求适当加密。

2) 现浇或装配整体式钢筋混凝土楼、屋盖与墙体有可靠连接的房屋，应允许不另设圈梁，但楼板沿抗震墙体周边均应加强配筋并应与相应的构造柱钢筋可靠连接。

多层砖砌体房屋现浇钢筋混凝土圈梁设置要求　　　　表 8-39

墙 类	烈 度		
	6、7	8	9
外墙和内纵墙	屋盖处及每层楼盖处	屋盖处及每层楼盖处	屋盖处及每层楼盖处
内横墙	同上；屋盖处间距不应大于 4.5m；楼盖处间距不应大于 7.2m；构造柱对应部位	同上；各层所有横墙，且间距不应大于 4.5m；构造柱对应部位	同上；各层所有横墙

(4) 多层砖砌体房屋现浇混凝土圈梁构造要求如下：

1) 圈梁应闭合，遇有洞口圈梁应上下搭接；圈梁宜与预制板设在同一标高处或紧靠板底。

2) 圈梁在上述第（3）条要求的间距内无横墙时，应利用梁或板缝中配筋替代圈梁。

3) 圈梁的截面高度不应小于 120mm，配筋应符合表 8-40 的要求；对不良地基土要求增设的基础圈梁，截面高度不应小于 180mm，配筋不应少于 4φ12。

多层砖砌体房屋圈梁配筋要求　　　　表 8-40

配 筋	烈 度		
	6、7	8	9
最小纵筋	4φ10	4φ12	4φ14
箍筋最大间距（mm）	250	200	150

(5) 多层砖砌体房屋的楼、屋盖设置要求如下：

1) 楼板在墙上或梁上应有足够的支承长度，罕遇地震下楼板不应跌落或拉脱。现浇钢筋混凝土楼板或屋面板伸进纵、横墙内的长度，均不应小于 120mm。

2) 装配式钢筋混凝土楼板或屋面板，应采取有效的拉结措施，保证楼、屋面的整体性。当圈梁未设在板的同一标高时，板端伸进外墙的长度不应小于 120mm，伸进内墙的长度不应小于 100mm 或采用硬架支模连接，在梁上不应小于 80mm 或采用硬架支模连接。

3) 当板的跨度大于 4.8m 并与外墙平行时，靠外墙的预制板侧边应与墙或圈梁拉结。

4) 房屋端部大房间的楼盖，6 度时房屋的屋盖和 7～9 度时房屋的楼、屋盖，当圈梁设在板底时，钢筋混凝土预制板应相互拉结，并应与梁、墙或圈梁拉结。

(6) 楼、屋盖的钢筋混凝土梁或屋架应与墙、柱（包括构造柱）或圈梁可靠连接；不得采用独立砖柱。跨度不小于6m大梁的支承构件应采用组合砌体等加强措施,并满足承载力要求。

(7) 6、7度时长度大于7.2m的大房间,以及8、9度时外墙转角及内外墙交接处,应沿墙高每隔500mm配置2φ6的通长钢筋和φ4分布短筋平面内点焊组成的拉结网片或φ4点焊网片。

(8) 楼梯间设置要求:

1) 顶层楼梯间墙体应沿墙高每隔500mm设2φ6通长钢筋和φ4分布短筋平面内点焊组成的拉结网片或φ4点焊网片;7~9度时其他各层楼梯间墙体应在休息平台或楼层半高处设置60mm厚、纵向钢筋不应少于2φ10的钢筋混凝土带或配筋砖带,配筋砖带不少于3皮,每皮的配筋不少于2φ6,砂浆强度等级不应低于M7.5且不低于同层墙体的砂浆强度等级。

2) 楼梯间及门厅内墙阳角处的大梁支承长度不应小于500mm,并应与圈梁连接。

3) 装配式楼梯段应与平台板的梁可靠连接,8、9度时不应采用装配式楼梯段;不应采用墙中悬挑式踏步或踏步竖肋插入墙体的楼梯,不应采用无筋砖砌栏板。

4) 突出屋顶的楼、电梯间,构造柱应伸到顶部,并与顶部圈梁连接,所有墙体应沿墙高每隔500mm设2φ6通长钢筋和φ4分布短筋平面内点焊组成的拉结网片或φ4点焊网片。

(9) 坡屋顶房屋的屋架应与顶层圈梁可靠连接,檩条或屋面板应与墙、屋架可靠连接,房屋出入口处的檐口瓦应与屋面构件锚固。采用硬山搁檩时,顶层内纵墙顶宜增砌支承山墙的踏步式墙垛,并设置构造柱。

(10) 门窗洞处不应采用砖过梁;过梁支承长度,6~8度时不应小于240mm,9度时不应小于360mm。

(11) 预制阳台,6、7度时应与圈梁和楼板的现浇板带可靠连接,8、9度时不应采用预制阳台。

(12) 后砌的非承重砌体隔墙、烟道、风道、垃圾道等,应符合《抗震规范》第13.3节的有关规定。

(13) 同一结构单元的基础(或桩承台),宜采用同一类型的基础,底面宜埋置在同一标高上,否则应增设基础圈梁并应按1:2的台阶逐步放坡。

(14) 丙类的多层砖砌体房屋,当横墙较少且总高度和层数接近或达到表8-31规定限值时,应采取下列加强措施:

1) 房屋的最大开间尺寸不宜大于6.6m。

2) 同一结构单元内横墙错位数量不宜超过横墙总数的1/3,且连续错位不宜多于两道;错位的墙体交接处均应增设构造柱,且楼、屋面板应采用现浇钢筋混凝土板。

3) 横墙和内纵墙上洞口的宽度不宜大于1.5m;外纵墙上洞口的宽度不宜大于2.1m或开间尺寸的一半;且内外墙上洞口位置不应影响内外纵墙与横墙的整体连接。

4) 所有纵横墙均应在楼、屋盖标高处设置加强的现浇钢筋混凝土圈梁,圈梁的截面高度不宜小于150mm。

5) 所有纵横墙交接处及横墙的中部,均应增设满足下列要求的构造柱:在纵、横墙内的柱距不宜大于3.0m,最小截面尺寸不宜小于240mm×240mm(墙厚190mm时为240mm×190mm)。

6) 同一结构单元的楼、屋面板应设置在同一标高处。

7) 房屋底层和顶层的窗台标高处,宜设置沿纵横墙通长的水平现浇钢筋混凝土带。

(15) 其他说明。

1) 构造柱能提高砌体的受剪承载力,构造柱的主要作用在于对砌体的约束,使之有较高的变形能力。构造柱一般应设置在关键部位,使一根构造柱可以发挥对多道墙的约束作用,还应设置在震害较重、连接构造比较薄弱和易于应力集中的部位。

2) 圈梁能增强房屋的整体性,提高房屋的抗震能力,是抗震的有效措施。构造柱需与各层纵横墙的圈梁或现浇板连接,才能充分发挥约束作用。

3) 砌体房屋楼、屋盖的抗震构造要求,包括楼板搁置长度,楼板与圈梁、墙体的拉结,屋架(梁)与墙、柱的锚固、拉结等,是保证楼、屋盖与墙体整体性的重要措施,强调楼、屋盖的整体性和完整性,确保传递水平剪力的有效性。

4) 由于砌体材料的特性,较大的房间在地震中的破坏程度会加重,需要局部加强墙体的连接构造,故规范规定采用通长的拉结筋和拉结钢筋网片。

5) 由于楼梯间比较空旷,破坏严重,必须采取一系列有效措施;8、9度时不应采用装配式楼梯段。

例 8-32 (2010) 关于抗震设防地区多层砌块砌体房屋圈梁设置的下列叙述,哪项不正确?

A 屋盖及每层楼盖处的外墙应设置圈梁

B 屋盖及每层楼盖处的内纵墙应设置圈梁

C 内横墙在构造柱对应部位应设置圈梁

D 屋盖处内横墙的圈梁间距不应大于15m

解析:圈梁应闭合形成"箍"的约束作用,并与构造柱一起形成多层砌体结构的"骨架",提高砌体结构的整体性。因此,圈梁应设置在能起到"箍"的作用的房屋关键部位,例如屋盖处及每层楼盖处,以及与构造柱对应部位,均应设置圈梁;同时,内横墙的圈梁间距也不能过大,根据烈度的不同,分别有圈梁间距不大于4.5m或7.2m的要求。故D选项"不应大于15m"错误。

答案:D

例 8-33 (2008) 横墙较少的普通砖住宅楼,当层数和总高度接近《抗震规范》的限值时,所采取的加强措施中下列哪一条是不合理的?

A 房屋的最大开间尺寸不宜大于6.6m

B 同一结构单元内横墙不能错位

C 楼、屋面板应采用现浇钢筋混凝土板

D 同一结构单元内楼、屋面板应设置在同一标高处

解析:同一结构单元内横墙错位不宜超过横墙总数的1/3,且连续错位不宜多于两道;B选项"不能错位"错误,要求过严。

答案:B

规范:《抗震规范》第7.3.14条第1、2、6款。

(四) 多层砌块房屋抗震构造措施

为了增加混凝土小型空心砌块砌体房屋的整体性和延性，提高其抗震能力，结合空心砌块的特点，采取在墙体的适当部位设置钢筋混凝土芯柱的构造措施。这些芯柱的设置要求比砖砌体房屋构造柱的设置要求严格，且芯柱与墙体的连接要采取钢筋网片。

(1) 多层小砌块房屋应按表8-45的要求设置钢筋混凝土芯柱。对外廊式和单面走廊式的多层房屋、横墙较少的房屋、各层横墙很少的房屋，尚应分别按上述（三）第（1）条第2)、3)、4)款关于增加层数的对应要求，按表8-41的要求设置芯柱。

(2) 多层小砌块房屋的芯柱，应符合下列构造要求：

1) 小砌块房屋芯柱截面不宜小于120mm×120mm。
2) 芯柱混凝土强度等级，不应低于Cb20。
3) 芯柱的竖向插筋应贯通墙身且与圈梁连接；插筋不应小于1φ12，6、7度时超过五层、8度时超过四层和9度时，插筋不应小于1φ14。
4) 芯柱应伸入室外地面下500mm或与埋深小于500mm的基础圈梁相连。
5) 为提高墙体抗震受剪承载力而设置的芯柱，宜在墙体内均匀布置，最大净距不宜大于2.0m。

多层小砌块房屋芯柱设置要求 表8-41

房屋层数				设置部位	设置数量
6度	7度	8度	9度		
四、五	三、四	二、三		外墙转角，楼、电梯间四角，楼梯斜梯段上下端对应的墙体处；大房间内外墙交接处；错层部位横墙与外纵墙交接处；隔12m或单元横墙与外纵墙交接处	外墙转角，灌实3个孔；内外墙交接处，灌实4个孔；楼梯斜段上下端对应的墙体处，灌实2个孔
六	五	四		同上；隔开间横墙（轴线）与外纵墙交接处	
七	六	五	二	同上；各内墙（轴线）与外纵墙交接处；内纵墙与横墙（轴线）交接处和洞口两侧	外墙转角，灌实5个孔；内外墙交接处，灌实4个孔；内墙交接处，灌实4~5个孔；洞口两侧各灌实1个孔
	七	≥六	≥三	同上；横墙内芯柱间距不大于2m	外墙转角，灌实7个孔；内外墙交接处，灌实5个孔；内墙交接处，灌实4~5个孔；洞口两侧各灌实1个孔

注：外墙转角、内外墙交接处、楼电梯间四角等部位，应允许采用钢筋混凝土构造柱替代部分芯柱。

6) 多层小砌块房屋墙体交接处或芯柱与墙体连接处应设置拉结钢筋网片，网片可采用直径4mm的钢筋点焊而成，沿墙高间距不大于600mm，并应沿墙体水平通长设置；6、7度时底部1/3楼层，8度时底部1/2楼层，9度时全部楼层，上述拉结钢筋网片沿墙高间距不大于 400mm。

(3) 小砌块房屋中替代芯柱①的钢筋混凝土构造柱,应符合下列构造要求:

1) 构造柱截面不宜小于 190mm×190mm,纵向钢筋宜采用 4φ12,箍筋间距不宜大于 250mm,且在柱上下端应适当加密;6、7 度时超过五层、8 度时超过四层和 9 度时,构造柱纵向钢筋宜采用 4φ14,箍筋间距不应大于 200mm;外墙转角的构造柱可适当加大截面及配筋。

2) 构造柱与砌块墙连接处应砌成马牙槎,与构造柱相邻的砌块孔洞,6 度时宜填实,7 度时应填实,8、9 度时应填实并插筋。构造柱与砌块墙之间沿墙高每隔 600mm 设置 φ4 点焊拉结钢筋网片,并应沿墙体水平通长设置。6、7 度时底部 1/3 楼层;8 度时底部 1/2 楼层,9 度全部楼层,上述拉结钢筋网片沿墙高间距不大于 400mm。

3) 构造柱与圈梁连接处,构造柱的纵筋应在圈梁纵筋内侧穿过,保证构造柱纵筋上下贯通。

4) 构造柱可不单独设置基础,但应伸入室外地面下 500mm,或与埋深小于 500mm 的基础圈梁相连。

(4) 多层小砌块房屋的现浇钢筋混凝土圈梁的设置位置应按上述(三)第(3)条多层砖砌体房屋圈梁的设置要求执行,圈梁宽度不应小于 190mm,配筋不应少于 4φ12,箍筋间距不应大于 200mm。

(5) 多层小砌块房屋的层数,6 度时超过五层、7 度时超过四层、8 度时超过三层和 9 度时,在底层和顶层的窗台标高处,沿纵横墙应设置通长的水平现浇钢筋混凝土带。水平现浇混凝土带亦可采用槽形砌块替代模板,其纵筋和拉结钢筋不变。

(6) 丙类的多层小砌块房屋,当横墙较少且总高度和层数接近或达到表 8-35 的规定限值时,应符合上述(三)第(14)条的相关要求;其中,墙体中部的构造柱可采用芯柱替代,芯柱的灌孔数量不应少于 2 孔,每孔插筋的直径不应小于 18mm。

(7) 小砌块房屋的其他抗震构造措施,尚应符合上述(三)第(5)~(13)条的有关要求。其中,墙体的拉结钢筋网片间距应符合本节的相应规定,分别取 600mm 和 400mm。

(五) 底部框架-抗震墙砌体房屋抗震构造措施

(1) 底部框架-抗震墙砌体房屋的上部墙体应设置钢筋混凝土构造柱或芯柱,并应符合下列要求:

1) 钢筋混凝土构造柱、芯柱的设置部位,应根据房屋的总层数分别按上述(三)第(1) 条、(四) 第(1) 条的规定设置。

2) 构造柱、芯柱的构造,除应符合下列要求外,尚应符合上述(三)第(2)条、(四) 第(2)、(3) 条的规定:

①砖砌体墙中构造柱截面不宜小于 240mm×240mm(墙厚 190mm 时为 240mm×190mm);

②构造柱的纵向钢筋不宜少于 4φ14,箍筋间距不宜大于 200mm;芯柱每孔插筋不应小于 1φ14,芯柱之间沿墙高应每隔 400mm 设 φ4 焊接钢筋网片。

---

① 构造柱替代芯柱,可较大程度地提高对砌块砌体的约束能力,也为施工带来方便。具体替代芯柱的构造柱基本要求,与砖房的构造柱大致相同。

3）构造柱、芯柱应与每层圈梁连接，或与现浇楼板可靠拉接。

对比不同结构体系的构造柱设置要求，见表 8-42。

构造柱设置要求比较　　　　　　　　　表 8-42

结构体系	多层砖砌体房屋	底部框架-抗震墙房屋
构造柱设置要求	按表 8-38 设置	相同
构造柱截面（mm）	≥180×200（墙厚 190 时为 180×190）	≥240×240
构造柱的纵向钢筋	≥4ϕ12	≥4ϕ14
构造柱的箍筋间距（mm）	≤@250	≤@200
构造柱与圈梁或现浇板的连接	应可靠连接	相同

(2) 过渡层墙体的构造，应符合下列要求：

1）上部砌体墙的中心线宜与底部的框架梁、抗震墙的中心线相重合；构造柱或芯柱宜与框架柱上下贯通。

2）过渡层应在底部框架柱、混凝土墙或约束砌体墙的构造柱所对应处设置构造柱或芯柱。

3）过渡层的砌体墙在窗台标高处，应设置沿纵横墙通长的水平现浇钢筋混凝土带。

4）过渡层的砌体墙，凡宽度不小于 1.2m 的门洞和 2.1m 的窗洞，洞口两侧宜增设截面不小于 120mm×240mm（墙厚 190mm 时为 120mm×190mm）的构造柱或单孔芯柱。

5）当过渡层的砌体抗震墙与底部框架梁、墙体不对齐时，应在底部框架内设置托墙转换梁，并且过渡层砖墙或砌块墙应采取比 4）款更高的加强措施。

上部墙体指与底部框架-抗震墙相邻的上一层砌体楼层。过渡层处于侧向刚度变化较剧烈的区域（上大下小），地震时破坏较重，应采取专门措施予以加强，详见《抗震规范》第 7.5.2 条。

(3) 底部框架-抗震墙砌体房屋的底部采用钢筋混凝土墙时，其截面和构造应符合下列要求：

1）墙体周边应设置梁（或暗梁）和边框柱（或框架柱）组成的边框。

2）墙板的厚度不宜小于 160mm，且不应小于墙板净高的 1/20；墙体宜开设洞口形成若干墙段，各墙段的高宽比不宜小于 2。

3）墙体的竖向和横向分布钢筋配筋率均不应小于 0.30%，并应采用双排布置。

4）墙体的边缘构件可按抗震墙关于一般部位的规定设置。

(4) 当 6 度设防的底层框架-抗震墙砖房的底层采用约束砖砌体墙时，其构造应符合下列要求：

1）砖墙厚不应小于 240mm，砌筑砂浆强度等级不应低于 M10，应先砌墙后浇框架。

2）沿框架柱每隔 300mm 配置 2ϕ8 水平钢筋和 ϕ4 分布短筋平面内点焊组成的拉结网片，并沿砖墙水平通长设置；在墙体半高处尚应设置与框架柱相连的钢筋混凝土水平系梁。

3）墙长大于 4m 时和洞口两侧，应在墙内增设钢筋混凝土构造柱。

(5) 当 6 度设防的底层框架-抗震墙砌块房屋的底层采用约束小砌块砌体墙时，其构造应符合下列要求：

1）墙厚不应小于 190mm，砌筑砂浆强度等级不应低于 Mb10，应先砌墙后浇框架。

2) 沿框架柱每隔 400mm 配置 2ϕ8 水平钢筋和 ϕ4 分布短筋平面内点焊组成的拉结网片，并沿砌块墙水平通长设置；在墙体半高处尚应设置与框架柱相连的钢筋混凝土水平系梁，系梁截面不应小于 190mm×190mm。

3) 墙体在门、窗洞口两侧应设置芯柱，墙长大于 4m 时，应在墙内增设芯柱，芯柱应符合上述（四）第（2）条的有关规定；其余位置，宜采用钢筋混凝土构造柱替代芯柱，钢筋混凝土构造柱应符合上述（四）第（3）条的有关规定。

（6）底部框架-抗震墙砌体房屋的框架柱应符合下列要求：

1) 柱的截面不应小于 400mm×400mm，圆柱直径不应小于 450mm。
2) 柱的轴压比，6 度时不宜大于 0.85，7 度时不宜大于 0.75，8 度时不宜大于 0.65。
3) 柱的配筋要求详见《抗震规范》。

（7）底部框架-抗震墙砌体房屋的楼盖应符合下列要求：

1) <u>过渡层的底板应采用现浇钢筋混凝土板，板厚不应小于 120mm</u>；并应少开洞、开小洞，当洞口尺寸大于 800mm 时，洞口周边应设置边梁。
2) <u>其他楼层，采用装配式钢筋混凝土楼板时均应设现浇圈梁</u>；采用现浇钢筋混凝土楼板时应允许不另设圈梁，但楼板沿抗震墙体周边均应加强配筋并应与相应的构造柱可靠连接。

（8）底部框架-抗震墙砌体房屋的钢筋混凝土托墙梁，其截面和构造应符合《抗震规范》的相关要求。

（9）底部框架-抗震墙砌体房屋的材料强度等级，应符合下列要求：

1) 框架柱、混凝土墙和托墙梁的混凝土强度等级，不应低于 C30。
2) 过渡层砌体块材的强度等级不应低于 MU10，砖砌体砌筑砂浆的强度等级不应低于 M10，砌块砌体砌筑砂浆的强度等级不应低于 Mb10。

（10）底部框架-抗震墙砌体房屋的其他抗震构造措施，应符合本节二、（三）、（四）（多层砖砌体房屋、多层砌块房屋抗震构造措施）和本节一（多层和高层钢筋混凝土房屋）的有关要求。

例 8-34　（2013） 关于砌体结构设置构造柱的主要作用，下列说法错误的是：

A　增强砌体结构的刚度　　　　　B　增强砌体结构的抗剪强度
C　增强砌体结构的延性　　　　　D　增强砌体结构的整体性

解析： 在砌体房屋墙体的规定部位，按构造配筋，并按先砌墙后浇筑混凝土柱的施工顺序制成的混凝土柱。通常称混凝土构造柱，简称构造柱。

（1）墙中设混凝土构造柱时可提高墙体使用阶段的稳定性和刚度。A 选项正确。

（2）构造柱能够提高砌体的受剪承载力 10%～30%；采用蒸压灰砂砖和蒸压粉煤灰砖的砌体房屋，当砌体的抗剪强度仅达到烧结普通砖砌体的 70% 时，应根据增加一层的层数按规范要求设置构造柱；应考虑砌体结构的整体强度而不是结构内单一材料的强度（参见《砌体结构设计规范》表 3.2.1-1），当砖的强度等级是 MU30 且砂浆的强度等级为 M2.5 时，砌体的抗压强度设计值仅为 2.26MPa，远远低于砖的强度，略低于砂浆的强度；由此可以推断，砌体结构的强度不是单一材料的强度，所以设构造柱能够提高砌体结构的抗剪强度，B 选项正确。

(3) 约束砌体构件,是指通过在无筋砌体墙片的两侧、上下分别设置钢筋混凝土构造柱、圈梁形成的约束作用提高无筋砌体墙片延性和抗力的砌体构件。构造柱属于约束砌体构件,C 选项正确。

(4) 配筋砌体结构,由配置钢筋的砌体作为建筑物主要受力构件的结构。是网状配筋砌体柱、水平配筋砌体墙、砖砌体和钢筋混凝土面层或钢筋砂浆面层组合砌体柱(墙)、砖砌体和钢筋混凝土构造柱组合墙和配筋砌块砌体剪力墙结构的统称。由于配筋砌体的整体性比无筋砌体好,刚度较无筋砌体大,因此在无筋砌体高厚比最高限值为 28 的基础上作了提高,配筋砌体高厚比最高限值为 30。对于无筋砌体结构,如混凝土砌块房屋,宜将纵横墙交接处,距墙中心线每边不小于 300mm 范围内的空洞,采用不低于 Cb20 混凝土沿全墙高灌实,是为增强混凝土砌块房屋的整体性和抗裂能力提出的规定,起到了类似小型构造柱的作用;由此可以看出 D 选项正确,同时也能表明 A 选项的正确性。

答案: 无

规范:《砌体结构设计规范》GB 50003—2011:(1)条文说明第 6.1.2 条;(2)第 10.2.4 条、第 7.3.2 条第 5 款;(3)第 2.1.31 条;(4)第 2.1.2 条、条文说明第 6.1.1 条、第 6.1.12 条及条文说明。

三、多层和高层钢结构房屋

钢结构的抗震性能优于钢筋混凝土结构,钢材基本上属于各向同性材料,抗压、抗拉和抗剪强度都很高,具有很好的延性。在地震作用下,不仅能减弱地震反应,而且属于较理想的弹塑性结构,具有抵抗强烈地震的变形能力。

剪切变形是钢结构耗能的主要形式,注意区分其与钢筋混凝土结构的不同。

(一) 一般规定

(1) 本部分适用的钢结构民用房屋的结构类型和最大高度应符合表 8-43 的规定,平面和竖向均不规则的钢结构适用的最大高度宜适当降低。[①]

钢结构房屋适用的最大高度(m) 表 8-43

结构类型	6、7 度 (0.10g)	7 度 (0.15g)	8 度 (0.20g)	8 度 (0.30g)	9 度 (0.40g)
框架	110	90	90	70	50
框架-中心支撑	220	200	180	150	120
框架-偏心支撑(延性墙板)	240	220	200	180	160
筒体(框筒,筒中筒,桁架筒,束筒)和巨型框架	300	280	260	240	180

注:1. 房屋高度指室外地面到主要屋面板板顶的高度(不包括局部突出屋顶部分);
2. 超过表内高度的房屋,应进行专门研究和论证,采取有效的加强措施;
3. 表内的筒体不包括混凝土筒。

---

① 钢支撑-混凝土框架和钢框架-混凝土筒体结构的抗震设计,应符合《抗震规范》附录 G 的规定;②多层钢结构厂房的抗震设计,应符合《抗震规范》附录 H 第 H.2 节的规定。

(2) 本部分适用的钢结构民用房屋的最大高宽比不宜超过表 8-44 的规定。限制钢结构民用房屋的最大高宽比就是要确保房屋的抗倾覆整体稳定性。

钢结构民用房屋适用的最大高宽比 　　　　表 8-44

烈　　度	6、7	8	9
最大高宽比	6.5	6.0	5.5

注：塔形建筑的底部有大底盘时，高宽比可按大底盘以上计算。

(3) 钢结构房屋应根据设防分类、设防烈度和房屋高度采用不同的抗震等级，并应符合相应的内力调整和抗震构造要求，丙类建筑的抗震等级应按表 8-45 确定。

钢结构房屋的抗震等级 　　　　表 8-45

房屋高度	烈　度			
	6	7	8	9
≤50m		四	三	二
>50m	四	三	二	一

注：1. 高度接近或等于高度分界时，应允许结合房屋不规则程度和场地、地基条件确定抗震等级；
　　2. 一般情况，构件的抗震等级应与结构相同；当某个部位各构件的承载力均满足 2 倍地震作用组合下的内力要求时，7～9 度的构件抗震等级应允许按降低 1 度确定。

(4) 钢结构房屋需要设置防震缝时，缝宽应不小于相应钢筋混凝土结构房屋的 1.5 倍。有条件时，钢结构房屋应尽量避免设置防震缝。

(5) 一、二级[①]的钢结构房屋，宜设置偏心支撑、带竖缝钢筋混凝土抗震墙板、内藏钢支撑钢筋混凝土墙板、屈曲约束支撑等消能支撑或筒体。

采用框架结构时，甲、乙类建筑和高层的丙类建筑不应采用单跨框架，多层的丙类建筑不宜采用单跨框架。

(6) 采用框架-支撑结构的钢结构房屋，应符合下列规定：

1) 支撑框架在两个方向的布置均宜基本对称，支撑框架之间楼盖的长宽比不宜大于 3。

2) 三、四级且高度不大于 50m 的钢结构宜采用中心支撑，也可采用偏心支撑、屈曲约束支撑等消能支撑。

3) 中心支撑框架宜采用交叉支撑，也可采用人字支撑或单斜杆支撑，不宜采用 K 形支撑。

4) 偏心支撑框架的每根支撑应至少有一端与框架梁连接，并在支撑与梁交点和柱之间或同一跨内另一支撑与梁交点之间形成消能梁段。

5) 采用屈曲约束支撑时，宜采用人字支撑、成对布置的单斜杆支撑等形式，不应采用 K 形或 X 形支撑，支撑与柱的夹角宜为 35°～55°。

(7) 钢框架-筒体结构，必要时可设置由筒体外伸臂或外伸臂和周边桁架组成的加强层。

(8) 钢结构房屋的楼盖应符合下列要求：

1) 宜采用压型钢板现浇钢筋混凝土组合楼板或钢筋混凝土楼板，并应与钢梁有可靠连接。

---

① 本部分中的 "一、二、三、四级" 即 "抗震等级为一、二、三、四级" 的简称。

2) 对 6、7 度时不超过 50m 的钢结构，尚可采用装配整体式钢筋混凝土楼板，也可采用装配式楼板或其他轻型楼盖；但应将楼板预埋件与钢梁焊接，或采取其他保证楼盖整体性的措施。

3) 对转换层楼盖或楼板有大洞口等情况，必要时可设置水平支撑。

(9) 钢结构房屋的地下室设置

1) 设置地下室时，框架-支撑（抗震墙板）结构中竖向连续布置的支撑（抗震墙板）应延伸至基础；钢框架柱应至少延伸至地下一层，其竖向荷载应直接传至基础。

2) 超过 50m 的钢结构房屋应设置地下室。其基础埋置深度，当采用天然地基时不宜小于房屋总高度的 1/15；当采用桩基时，桩承台埋深不宜小于房屋总高度的 1/20。

(10) 其他说明。

1) 钢结构的抗震等级只与设防标准和房屋高度有关，而与房屋自身的结构类型无关（这点与混凝土结构不同）。

2) 以房屋高度 50m 为界确定相应的抗震等级。6 度区房屋高度≤50m 的钢结构可按非抗震结构设计。

3) 中心支撑抗侧力刚度大、加工安装简单，但变形能力弱。在水平地震作用下，中心支撑宜产生侧向屈曲。对较为规则的结构和没有明显薄弱层的结构，高度不很高时可采用中心支撑（图 8-17）来提高结构设计的经济性。

4) 偏心支撑具有弹性阶段刚度接近中心支撑，弹塑性阶段的延性和耗能能力接近于延性框架的特点，是一种良好的抗震结构。偏心支撑的设计原则是强柱、强支撑、弱消能梁段。在大震时消能梁段屈服形成塑性铰，支撑斜杆、柱和其余消能梁段仍保持弹性，抗震性能好，但同时又有抗侧刚度相对较小（相比中心支撑而言）、加工安装复杂等不足。当房屋高度很高时，应采用偏心支撑结构（图 8-18）。

5) 注意不宜采用 K 形支撑（图 8-19）。因 K 形支撑斜杆与柱相交，容易造成受压斜杆失稳或受拉斜杆屈服，引起较大的侧向变形，使柱发生屈曲甚至造成倒塌，因此在抗震结构中不宜采用。

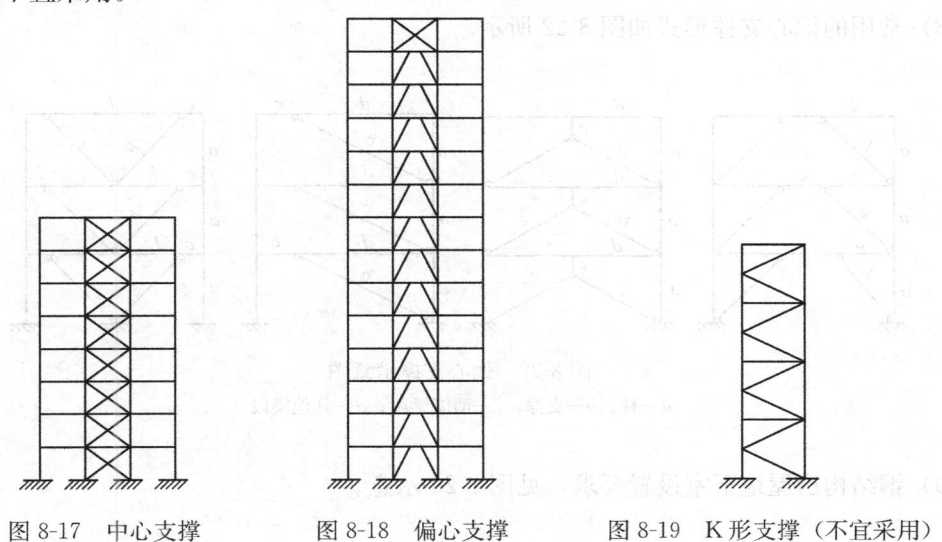

图 8-17 中心支撑　　图 8-18 偏心支撑　　图 8-19 K 形支撑（不宜采用）

6) 保证楼板与钢梁可靠连接的技术措施有：钢梁与现浇混凝土楼板连接时，采用抗剪连接件栓钉连接、焊接短槽钢或角钢段连接及其他连接方法，见图8-20、图8-21。

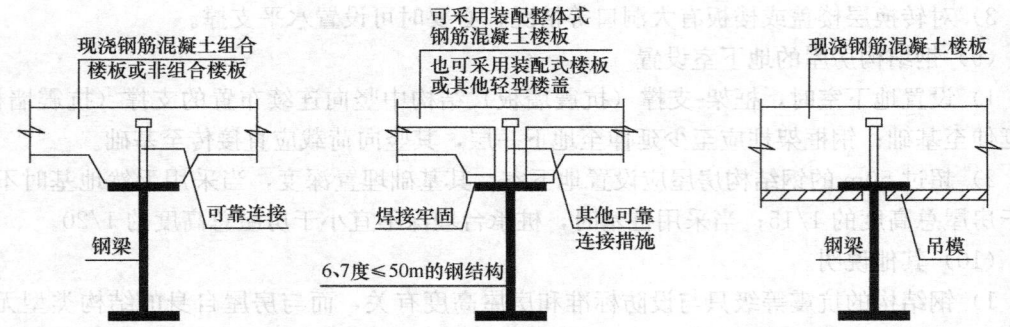

图 8-20　钢结构的楼盖

（朱炳寅．建筑抗震设计规范应用与分析：2版［M］．北京：中国建筑工业出版社，2017.）

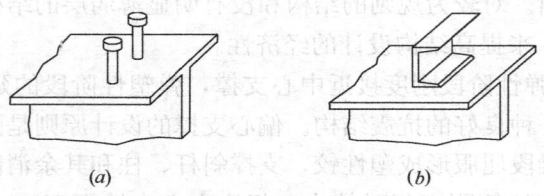

图 8-21　连接件的外形

（a）圆柱头焊钉连接件；（b）槽钢连接件

7) 注意对单跨框架应用的限制条件。

8) 常用的偏心支撑形式如图8-22所示。

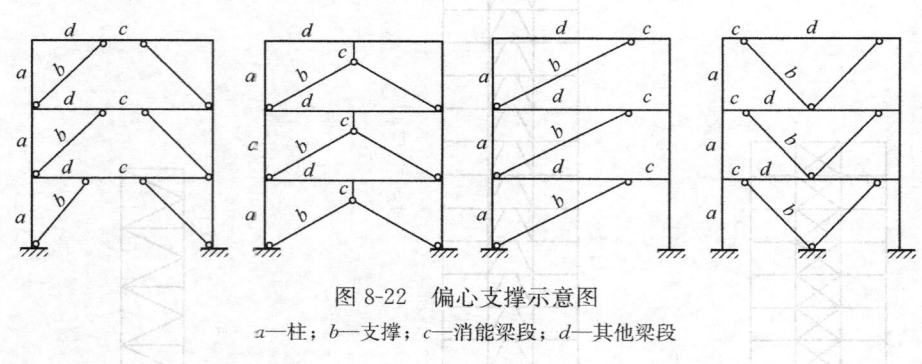

图 8-22　偏心支撑示意图

a—柱；b—支撑；c—消能梁段；d—其他梁段

9) 钢结构房屋地下室设置要求，见图8-23示意。

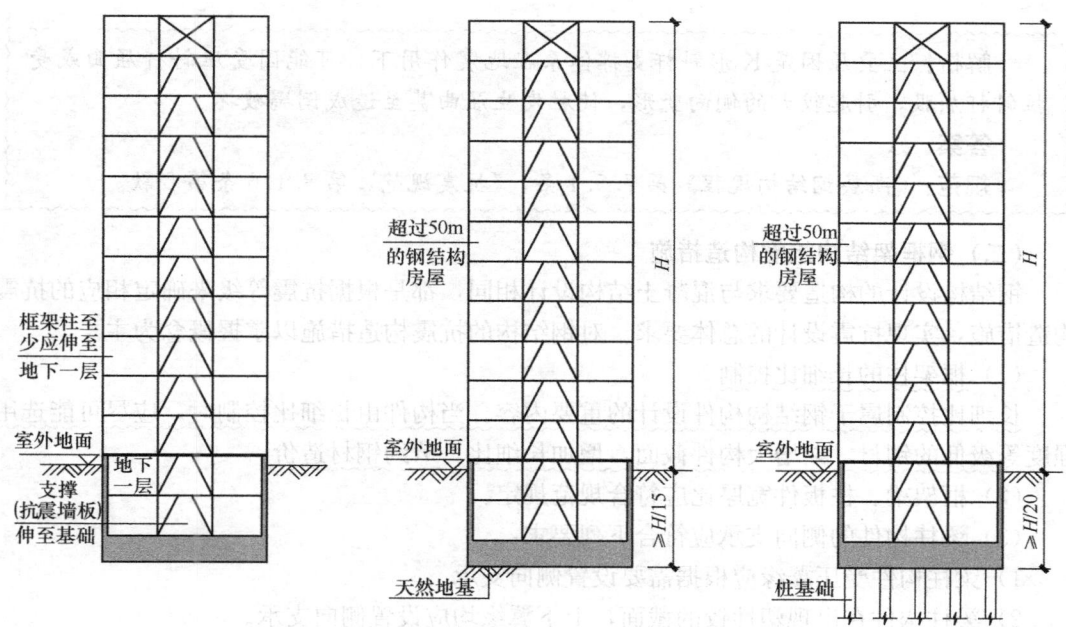

图 8-23 钢结构房屋地下室设置示意
（朱炳寅．建筑抗震设计规范应用与分析：2 版［M］．北京：中国建筑工业出版社，2017．）

例 8-35 （2012）下列关于抗震设防的高层钢结构建筑平面布置的说法中，错误的是：
  A 建筑平面宜简单规则
  B 不宜设置防震缝
  C 选用风压较小的平面形状，可不考虑邻近高层建筑对其风压的影响
  D 应使结构各层的抗侧力刚度中心与水平作用合力中心接近重合，同时各层接近在同一竖直线上

解析： ①高层建筑受风荷载影响，宜选用风压较小的平面形状，并应考虑邻近高层建筑物对该建筑物风压的影响。故 C 选项"不考虑"错误。

②在建筑平面布置中，建筑平面宜简单规则，并使结构各层的抗侧力刚度中心与水平作用合力中心接近重合，同时各层接近在同一竖直线上。

③高层建筑钢结构不宜设置防震缝和伸缩缝。薄弱部位应采取措施提高抗震能力。

答案： C

规范：《高层民用建筑钢结构技术规程》JGJ 99—2015（简称《高层钢结构规程》）第 3.2.1 条、第 3.2.3 条、第 3.2.4 条。

例 8-36 （2014）在地震区钢结构建筑不应采用 K 形斜杆支撑体系，其主要原因是：
  A 框架柱易发生屈曲破坏   B 受压斜杆易破坏
  C 受拉斜杆易拉断   D 节点连接强度差

> 解析：主要原因是K形斜杆支撑体系在地震作用下，可能因受压斜杆屈曲或受拉斜杆屈服，引起较大的侧向变形，使柱发生屈曲甚至造成倒塌破坏。
> 答案：A
> 规范：《高层钢结构规程》第7.5.1条，《抗震规范》第8.1.6条第5款。

（二）钢框架结构抗震构造措施

钢结构设计的构造要求与混凝土结构设计相同，都是根据抗震等级来确定相应的抗震构造措施，实现抗震设计的总体要求。对钢结构的抗震构造措施以掌握概念为主。

（1）框架柱的长细比控制

长细比控制属于钢结构构件设计的重要内容。当构件由长细比控制时，应尽可能选用强度等级低的钢材，以增大构件截面，增加长细比，节约钢材造价。

（2）框架梁、柱板件宽厚比应符合规范规定。

（3）梁柱构件的侧向支承应符合下列要求：

1）梁柱构件受压翼缘应根据需要设置侧向支承。

2）梁柱构件在出现塑性铰的截面，上下翼缘均应设置侧向支承。

3）相邻两侧向支承点间的构件长细比，应符合现行国家标准《钢结构设计标准》GB 50017的有关规定。

此外，框架梁受压翼缘根据需要设置侧向支撑，如图8-24梁的隔撑设置，其目的是确保梁柱构件的平面外整体稳定。

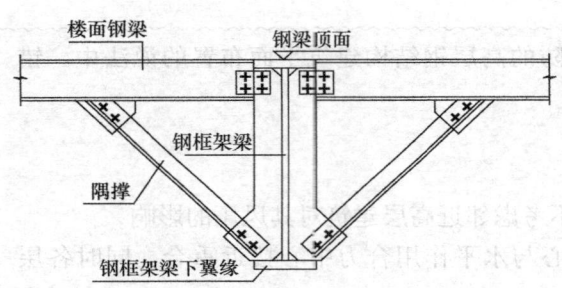

图8-24 梁柱构件的侧向支撑示意
（朱炳寅．建筑抗震设计规范应用与分析：2版［M］．北京：中国建筑工业出版社，2017）

（4）梁与柱的连接构造应符合下列要求：

1）梁与柱的连接宜采用柱贯通型。

2）柱在两个互相垂直的方向都与梁刚接时宜采用箱形截面，并在梁翼缘连接处设置隔板；当柱仅在一个方向与梁刚接时，宜采用工字形截面，并将柱腹板置于刚接框架平面内。

3）工字形柱（绕强轴）和箱形柱与梁刚接时，应符合图8-25的要求：

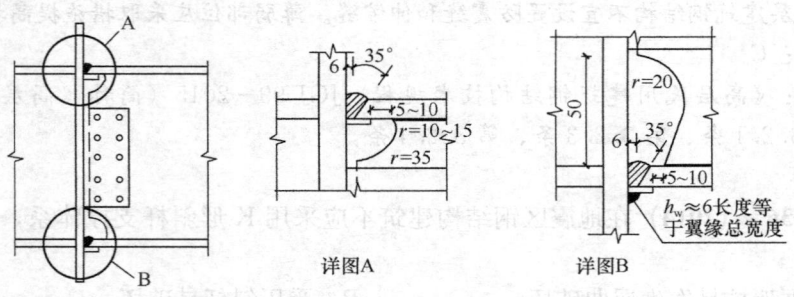

图8-25 框架梁与柱的现场连接

① 梁翼缘与柱翼缘间应采用全熔透坡口焊缝；一、二级时，应检验焊缝的V形切口冲击韧性；

② 柱在梁翼缘对应位置应设置横向加劲肋（隔板），加劲肋（隔板）厚度不应小于梁翼缘厚度，强度与梁翼缘相同；

③ 梁腹板宜采用摩擦型高强度螺栓与柱连接板连接（经工艺试验合格，能确保现场焊接质量时，可用气体保护焊进行焊接）；腹板角部应设置焊接孔，孔形应使其端部与梁翼缘和柱翼缘间的全熔透坡口焊缝完全隔开；

④ 腹板连接板与柱的焊接，当板厚不大于16mm时，应采用双面角焊缝；焊缝有效厚度应满足等强度要求，且不小于5mm；板厚大于16mm时，采用K形坡口对接焊缝；该焊缝宜采用气体保护焊，且板端应绕焊；

⑤ 一级和二级时，宜采用能将塑性铰自梁端外移的端部扩大形连接、梁端加盖板或骨形连接。

4）框架梁采用悬臂梁段与柱刚性连接时（图8-26），悬臂梁段与柱应采用全焊接连接，此时上下翼缘焊接孔的形式宜相同；梁的现场拼接可采用翼缘焊接腹板螺栓连接或全部螺栓连接。

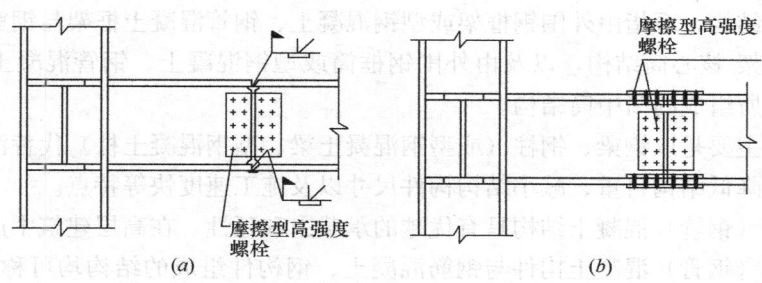

图8-26 框架柱与梁悬臂段的连接

5）箱形柱在与梁翼缘对应位置设置的隔板，应采用全熔透对接焊缝与壁板相连。工字形柱的横向加劲肋与柱翼缘，应采用全熔透对接焊缝连接，与腹板可采用角焊缝连接。

(5) 梁与柱刚性连接时，柱在梁翼缘上下各500mm的范围内，柱翼缘与柱腹板间或箱形柱壁板间的连接焊缝应采用全熔透坡口焊缝。

(6) 钢结构的刚接柱脚宜采用埋入式，也可采用外包式；6、7度且高度不超过50m时也可采用外露式。

（三）钢框架-中心支撑结构的抗震构造措施

(1) 中心支撑的杆件长细比和板件宽厚比限值应符合《钢结构设计标准》GB 50017—2017第17.3.12条的规定。

(2) 中心支撑节点的构造应符合《钢结构设计标准》GB 50017—2017第17.3.14条的规定。

（四）钢框架-偏心支撑结构的抗震构造措施

偏心支撑构件和消能梁段是抗震钢框架-偏心支撑结构中的特殊构件，其构造要求比其他结构更为特殊。

对消能梁段的有特殊的材料要求，对支撑斜杆及其他构件的材料可按规范的基本要求。

对钢框架-偏心支撑结构除应满足特殊要求外，还需满足《抗震规范》第8.3节对钢框架结构的基本要求，可与钢框架-中心支撑结构对应比较，详见《抗震规范》第8.5节。

> **例 8-37** （2012）在地震区，钢框架梁与柱的连接构造，下列说法错误的是：
> A 宜采用梁贯通型
> B 宜采用柱贯通型
> C 柱在两个互相垂直的方向都与梁刚接时，宜采用箱形截面
> D 梁翼缘与柱翼缘间应采用全熔透坡口焊缝
> 解析：梁与柱连接宜采取柱贯通型。
> 答案：A
> 规范：《高层钢结构规程》第8.3.1条、第8.3.3条；《抗震规范》第8.3.4条。

四、混合结构设计

（一）一般规定

（1）混合结构，系指由外围钢框架或型钢混凝土、钢管混凝土框架与钢筋混凝土核心筒所组成的框架-核心筒结构，以及由外围钢框筒或型钢混凝土、钢管混凝土框筒与钢筋混凝土核心筒所组成的筒中筒结构。

混合结构主要是以钢梁、钢柱（或型钢混凝土梁、型钢混凝土柱）代替混凝土梁、混凝土柱，具有降低结构自重、减小结构构件尺寸以及施工速度快等特点。

采用型钢（钢管）混凝土结构具有优越的承载力和延性，在高层建筑中广泛采用。

采用型钢（钢管）混凝土构件与钢筋混凝土、钢构件组成的结构均可称为混合结构，工程中使用最多的是框架-核心筒及筒中筒混合结构体系。

（2）混合结构高层建筑适用的最大高度，应符合表8-46的规定。

混合结构高层建筑适用的最大高度（m）　　　　表 8-46

结构体系		非抗震设计	抗震设防烈度				
			6度	7度	8度		9度
					0.2g	0.3g	
框架-核心筒	钢框架-钢筋混凝土核心筒	210	200	160	120	100	70
	型钢（钢管）混凝土框架-钢筋混凝土核心筒	240	220	190	150	130	70
筒中筒	钢外筒-钢筋混凝土核心筒	280	260	210	160	140	80
	型钢（钢管）混凝土外筒-钢筋混凝土核心筒	300	280	230	170	150	90

注：平面和竖向均不规则的结构，最大适用高度应当降低。

混合结构建筑没有B级高度，钢框架-核心筒结构体系适用的最大高度较B级高度的混凝土框架-核心筒体系适用的最大高度适当减小，见表8-47。

钢筋混凝土房屋适用的最大高度 (m) 表 8-47

结构体系		非抗震设计	抗震设防烈度				
			6度	7度	8度		9度
					0.2g	0.3g	
钢筋混凝土框架-核心筒	A级高度	160	150	130	100	90	70
	B级高度	220	210	180	140	120	—
钢筋混凝土筒中筒	A级高度	200	180	150	120	100	80
	B级高度	300	280	230	170	150	—

注：引自朱炳寅. 建筑抗震设计规范应用与分析：2版 [M]. 北京：中国建筑工业出版社，2017.

（3）混合结构高层建筑的高宽比，不宜大于表 8-48 的规定。

混合结构高层建筑适用的最大高宽比 表 8-48

结构体系	非抗震设计	抗震设防烈度		
		6度、7度	8度	9度
框架-核心筒	8	7	6	4
筒中筒	8	8	7	5

高层建筑的高宽比是对结构刚度、整体稳定、承载能力和经济合理性的宏观控制。

与钢筋混凝土结构体系的高宽比做比较，钢（型钢混凝土）框架-钢筋混凝土筒体混合结构体系高层建筑，其主要抗侧力体系仍然是钢筋混凝土筒体，因此其高宽比的限值和层间位移角限值均与钢筋混凝土结构体系相同；而筒中筒体系混合结构，外周筒体抗侧刚度较大，且外筒延性相对较好，故高宽比要求适当放宽。

（4）混合结构的抗震等级

抗震设计时，混合结构房屋应根据设防类别、烈度、结构类型和房屋高度，采用不同的抗震等级，并应符合相应的计算和构造措施要求。丙类建筑混合结构的抗震等级应按表 8-49 确定。

钢-混凝土混合结构抗震等级 表 8-49

结构类型		抗震设防烈度					
		6度		7度		8度		9度
		≤150	>150	≤130	>130	≤100	>100	≤70
房屋高度 (m)		≤150	>150	≤130	>130	≤100	>100	≤70
钢框架-钢筋混凝土核心筒	钢筋混凝土核心筒	二	一	一	特一	一	特一	特一
型钢（钢管）混凝土框架-钢筋混凝土核心筒	钢筋混凝土核心筒	二	二	二	一	一	特一	特一
	型钢（钢管）混凝土框架	三	二	二	二	一	一	一

续表

结构类型		抗震设防烈度					
		6度		7度		8度	9度
房屋高度（m）		≤180	>180	≤150	>150	≤120	>120	≤90
钢外筒-钢筋混凝土核心筒	钢筋混凝土核心筒	二	一	一	特一	一	特一	特一
型钢（钢管）混凝土外筒-钢筋混凝土核心筒	钢筋混凝土核心筒	二	二	二	一	一	特一	特一
	型钢（钢管）混凝土外筒	三	二	二	二	一	一	一

注：钢结构构件抗震等级，抗震设防烈度为6、7、8、9度时应分别取四、三、二、一级。

混合结构中钢结构构件与钢结构的抗震等级确定原则一样，只与抗震设防类别、烈度和房屋高度有关，与结构体系无关（钢筋混凝土结构的抗震等级与此有关）。

地震作用下，钢框架-混凝土筒体结构的破坏首先出现在混凝土筒体，应对该筒体采取较混凝土结构中的筒体更为严格的构造措施，以提高其延性，因此对其抗震等级的要求适当提高。

（5）混合结构在风荷载及多遇地震作用下，按弹性方法计算的最大层间位移与层高的比值应符合《高层混凝土规程》第3.7.3条的有关规定；在罕遇地震作用下，结构的弹塑性层间位移应符合《高层混凝土规程》第3.7.5条的有关规定。

混合结构中的抗侧力结构主要是钢筋混凝土筒体，因此弹性层间位移角、弹塑性层间位移角与钢筋混凝土结构体系的相同。

（6）当采用压型钢板混凝土组合楼板时，楼板混凝土可采用轻质混凝土，其强度等级不应低于LC25；高层建筑钢-混凝土混合结构的内部隔墙应采取用轻质隔墙。

（7）型钢混凝土构件中型钢板件的宽厚比不宜小于规范规定（图8-27）。

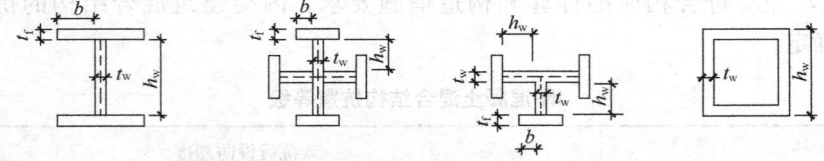

图8-27 型钢板件示意

（二）结构布置

（1）混合结构房屋的结构布置

除应符合以下的规定外，尚应符合本章第一节中三、（二）中结构平面和竖向布置的有关规定。

（2）混合结构的平面布置应符合下列规定：

1）平面宜简单、规则、对称，具有足够的整体抗扭刚度，平面宜采用方形、矩形、多边形、圆形、椭圆形等规则平面，建筑的开间、进深宜统一。

2）筒中筒结构体系中，当外围钢框架柱采用H形截面柱时，宜将柱截面强轴方向布置在外围筒体平面内；角柱宜采用十字形、方形或圆形截面。

3) 楼盖主梁不宜搁置在核心筒或内筒的连梁上。

(3) 混合结构的竖向布置宜符合下列规定：

1) 结构的侧向刚度和承载力沿竖向宜均匀变化、无突变，构件截面宜由下至上逐渐减小。

2) 混合结构的外围框架柱沿高度宜采用同类结构构件；当采用不同类型的结构构件时，应设置过渡层，且单柱的抗弯刚度变化不宜超过30%。

3) 对于刚度变化较大的楼层，应采取可靠的过渡加强措施。

4) 钢框架部分采用支撑时，宜采用偏心支撑和耗能支撑，支撑宜双向连续布置；框架支撑宜延伸至基础。

(4) 8、9度抗震设计时，应在楼面钢梁或型钢混凝土梁与混凝土筒体交接处及混凝土筒体四角墙内设置型钢柱；7度抗震设计时，宜在楼面钢梁或型钢混凝土梁与混凝土筒体交接处及混凝土筒体四角墙内设置型钢柱。

(5) 混合结构中，外围框架平面内梁与柱应采用刚性连接；楼面梁与钢筋混凝土筒体及外围框架柱的连接可采用刚接或铰接。

(6) 楼盖体系应具有良好的水平刚度和整体性，其布置应符合下列规定：

1) 楼面宜采用压型钢板现浇混凝土组合楼板、现浇混凝土楼板或预应力混凝土叠合楼板，楼板与钢梁应可靠连接。

2) 机房设备层、避难层及外伸臂桁架上下弦杆所在楼层的楼板宜采用钢筋混凝土楼板，并应采取加强措施。

3) 对于建筑物楼面有较大开洞或为转换楼层时，应采用现浇混凝土楼板；对楼板大开洞部位宜采取设置刚性水平支撑等加强措施。

(7) 当侧向刚度不足时，混合结构可设置刚度适宜的加强层。加强层宜采用伸臂桁架，必要时可配合布置周边带状桁架。

加强层设计应符合下列规定：

1) 伸臂桁架和周边带状桁架宜采用钢桁架。

2) 伸臂桁架应与核心筒墙体刚接，上、下弦杆均应延伸至墙体内且贯通，墙体内宜设置斜腹杆或暗撑；外伸臂桁架与外围框架柱宜采用铰接或半刚接，周边带状桁架与外框架柱的连接宜采用刚性连接。

3) 核心筒墙体与伸臂桁架连接处宜设置构造型钢柱，型钢柱宜至少延伸至伸臂桁架高度范围以外上、下各一层。

4) 当布置有外伸桁架加强层时，应采取有效措施减少由于外框柱与混凝土筒体竖向变形差异引起的桁架杆件内力。

(9) 其他说明。

1) 与本章第一节中三、(二)要求一致，强调了结构平面简单、规则、对称对结构抗震的重要性，尤其是在高层、超高层结构中尤为重要，这也是概念设计的重要体现。

2) 开间和进深宜尽量统一，以方便型钢构件制作，减少构件类型。

3) 减小横风向风振，可采取平面角部柔化、沿竖向退台或呈锥形、改变截面形状、设置扰流部件、立面开洞等措施。

4) 楼面梁使连梁受扭,对连梁受力十分不利,应避免;如必须设置时,可设置型钢混凝土连梁或沿核心筒外周设置宽度大于墙厚的环向楼面梁。

5) 外框筒平面内采用梁柱刚接,能提高刚度及抵抗水平荷载的能力。

6) 如在混凝土筒体墙中设置型钢并需要增加整体结构刚度时,可采取楼面钢梁与混凝土筒体刚接;当混凝土墙中无型钢柱时,宜采用铰接。

7) 刚度发生突变的楼层,梁柱、梁墙采用刚接可以增加结构的空间刚度,使层间变形有效减小。

(三) 构件设计

(1) 型钢混凝土中型钢板件宽厚比不宜超过规范的相关规定。

(2) 型钢混凝土梁的基本构造要求:

1) 混凝土粗骨料最大直径不宜大于25mm,型钢宜采用Q235及Q355级钢材,也可采用Q390或其他符合结构性能要求的钢材。

2) 梁的纵向钢筋宜避免穿过柱中型钢的翼缘。

3) 型钢混凝土梁中型钢的混凝土保护层厚度不宜小于100mm,梁纵向钢筋净间距及梁纵向钢筋与型钢骨架的最小净距不应小于30mm。

4) 型钢混凝土梁中的纵向受力钢筋宜采用机械连接。

5) 梁上开洞不宜大于梁截面总高的40%,且不宜大于内含型钢截面高度的70%,并应位于梁高及型钢高度的中间区域。

6) 型钢混凝土悬臂梁自由端的纵向受力钢筋应设置专门的锚固件,型钢梁的上翼缘宜设置栓钉;型钢混凝土转换梁在型钢上翼缘宜设置栓钉;栓钉顶面的混凝土保护层厚度不应小于15mm。

(3) 型钢混凝土梁的箍筋应符合下列规定:

1) 箍筋的最小面积配筋率应符合相应的规范规定。

2) 抗震设计时,梁端箍筋应加密配置。

3) 型钢混凝土梁应采用具有135°弯钩的封闭式箍筋,箍筋的直径和间距应符合规范规定。

(4) 抗震设计时,混合结构中型钢混凝土柱的轴压比不宜大于规范限值。

(5) 型钢混凝土柱设计应符合下列构造要求:

1) 型钢混凝土柱的长细比不宜大于80。

2) 房屋的底层、顶层以及型钢混凝土与钢筋混凝土交接层的型钢混凝土柱宜设置栓钉,型钢截面为箱形的柱子也宜设置栓钉,栓钉水平间距不宜大于250mm。

3) 型钢柱中型钢的保护厚度不宜小于150mm。

4) 型钢混凝土柱的纵向钢筋最小配筋率不宜小于0.8%,且在四角应各配置一根直径不小于16mm的纵向钢筋。

(6) 型钢混凝土柱箍筋的构造设计应符合《高层混凝土规程》的规定。

(7) 型钢混凝土梁柱节点应符合下列构造要求:

1) 型钢柱在梁水平翼缘处应设置加劲肋,其构造不应影响混凝土浇筑密实。

2) 箍筋间距不宜大于柱端加密区间距的1.5倍,箍筋直径不宜小于柱端箍筋加密区的箍筋直径。

3）梁中钢筋穿过梁柱节点时，不宜穿过柱型钢翼缘；需穿过柱腹板时，柱腹板截面损失率不宜大于25%，当超过25%时，则需进行补强；梁中主筋不得与柱型钢直接焊接。

（8）圆形钢管混凝土构件及节点可按《高层混凝土规程》附录F进行设计。

（9）圆形钢管混凝土柱尚应符合下列构造要求：

1）钢管直径不宜小于400mm。

2）钢管壁厚不宜小于8mm。

3）钢管外径与壁厚的比值D/t要求。

4）圆钢管混凝土柱的套箍指标要求。

5）柱的长细比不宜大于80。

6）轴向压力偏心率要求。

7）钢管混凝土柱与框架梁刚性连接时，柱内或柱外应设置与梁上、下翼缘位置对应的加劲肋；加劲肋设置于柱内时，应留孔以利混凝土浇筑；加劲肋设置于柱外时，应形成加劲环板。

8）直径大于2m的圆形钢管混凝土构件应采取有效措施，减小钢管内混凝土收缩对构件受力性能的影响。

（10）矩形钢管混凝土柱应符合下列构造要求：

1）钢管截面短边尺寸不宜小于400mm。

2）钢管壁厚不宜小于8mm。

3）钢管截面的高宽比不宜大于2，当矩形钢管混凝土柱截面最大边尺寸不小于800mm时，宜采取在柱子内壁上焊接栓钉、纵向加劲肋等构造措施。

4）钢管管壁板件的边长与其厚度的比值不应大于$60\sqrt{235/f_y}$。

5）柱的长细比不宜大于80。

6）矩形钢管混凝土柱的轴压比应符合限值要求。

（11）钢梁或型钢混凝土梁与混凝土筒体应有可靠连接，应能传递竖向剪力及水平力。当钢梁或型钢混凝土梁通过埋件与混凝土筒体连接时，预埋件应有足够的锚固长度。

（12）抗震设计时，混合结构中的钢柱及型钢混凝土柱、钢管混凝土柱宜采用埋入式柱脚。

（13）钢筋混凝土核心筒、内筒的设计，除应符合《高层混凝土规程》第9.1.7条的规定外，尚应符合下列规定：

1）抗震设计时，钢框架-钢筋混凝土核心筒结构的筒体底部加强部位应符合规范要求；

2）抗震设计时，框架-钢筋混凝土核心筒混合结构的筒体底部加强部位约束边缘构件沿墙肢的长度宜取墙肢截面高度的1/4，筒体底部加强部位以上墙体宜按规范要求设置约束边缘构件；

3）当连梁抗剪截面不足时，可采取在连梁中设置型钢或钢板等措施。

（14）混合结构中结构构件的设计，尚应符合国家现行标准《钢结构设计标准》GB 50017、《混凝土结构设计规范》GB 50010、《高层民用建筑钢结构技术规程》JGJ 99、《型钢混凝土组合结构技术规程》JGJ 138的有关规定。

例 8-38 （2014）型钢混凝土梁在型钢上设置的栓钉，其主要受力特征正确的是：

  A 受剪   B 受拉   C 受压   D 受弯

  解析：栓钉是钢结构组合梁的抗剪连接件，其主要受力特征为受剪，也可以采用槽钢、弯筋或有可靠依据的其他类型连接件。

  答案：A

  规范：《钢结构设计标准》GB 50017—2017 第 14.3.1 条图 14.3.1（见图 8-21）。

例 8-39 （2021）关于高层混合结构，说法错误的是：

  A 钢框架有斜支撑时，斜向支撑宜延伸至基础
  B 局部楼层刚度不足时，应增加加强措施
  C 整体侧向刚度不足时，应放宽水平位移角限值
  D 钢框架与核心筒连接可以用刚接或铰接

  解析：根据《高层混凝土规程》第 11.2.3 条，混合结构竖向布置时，当钢框架部分采用支撑时，宜采用偏心支撑和耗能支撑，支撑宜双向连续布置；框架支撑宜延伸至基础；故 A 选项正确。对于刚度变化较大的楼层，应采取可靠的过渡加强措施；故 B 选项正确。另据第 11.2.5 条，混合结构中，楼面梁与钢筋混凝土筒体及外围框架柱的连接可采用刚接或铰接；故 D 选项正确。楼层的层间位移角是反映结构刚度的重要指标，不应随意调整，而应采取措施提高结构刚度；故 C 选项错误。

  答案：C

五、单层工业厂房

单层工业厂房，一般多是铰接排架结构，抗侧刚度小，结构的冗余量也较小，相对于其他结构形式，震害严重，因此规范对单层工业厂房的结构布置和抗震构造有专门的要求。

（一）单层钢筋混凝土柱厂房

1. 一般规定

本条内容主要适用于装配式单层钢筋混凝土柱厂房。

（1）厂房的结构布置应符合下列要求：

1）多跨厂房宜等高和等长，高低跨厂房不宜采用一端开口的结构布置。

2）厂房的贴建房屋和构筑物，不宜布置在厂房角部和紧邻防震缝处。

3）厂房体型复杂或有贴建的房屋和构筑物时，宜设防震缝；在厂房纵横跨交接处、大柱网厂房或不设柱间支撑的厂房，防震缝宽度可采用 100～150mm，其他情况可采用 50～90mm。

4）两个主厂房之间的过渡跨至少应有一侧采用防震缝与主厂房脱开。

5）厂房内上起重机的铁梯不应靠近防震缝设置；多跨厂房各跨上起重机的铁梯不宜设置在同一横向轴线附近。

6) 厂房内的工作平台、刚性工作间宜与厂房主体结构脱开。

7) 厂房的同一结构单元内，不应采用不同的结构形式；厂房端部应设屋架，不应采用山墙承重；厂房单元内不应采用横墙和排架混合承重。

8) 厂房柱距宜相等，各柱列的侧移刚度宜均匀，当有抽柱时，应采取抗震加强措施。①

(2) 厂房天窗架的设置，应符合下列要求：

1) 天窗宜采用突出屋面较小的避风型天窗，有条件或 9 度时宜采用下沉式天窗。

2) 突出屋面的天窗宜采用钢天窗架；6~8 度时，可采用矩形截面杆件的钢筋混凝土天窗架。

3) 天窗架不宜从厂房结构单元第一开间开始设置；8 度和 9 度时，天窗架宜从厂房单元端部第三柱间开始设置。

4) 天窗屋盖、端壁板和侧板，宜采用轻型板材；不应采用端壁板代替端天窗架。

厂房天窗架的设置要求见表 8-50。

厂房天窗架的设置要求　　　　　　　　　　表 8-50

厂房天窗架	一般情况	其他
天窗	宜采用突出屋面较小的避风型天窗	有条件或 9 度时宜采用下沉式天窗
突出屋面的天窗	宜采用钢天窗架	6~8 度时，可采用矩形截面杆件的钢筋混凝土天窗架
8 度和 9 度时的天窗架	宜从厂房单元端部第三柱间开始设置	不宜从厂房结构单元第一开间开始设置
天窗屋盖、端壁板和侧板	宜采用轻型板材	不应采用端壁板代替端天窗架

(3) 厂房屋架的设置应符合下列要求：

1) 厂房宜采用钢屋架或重心较低的预应力混凝土、钢筋混凝土屋架。

2) 跨度不大于 15m 时，可采用钢筋混凝土屋面梁。

3) 跨度大于 24m，或 8 度Ⅲ、Ⅳ类场地和 9 度时，应优先采用钢屋架。

4) 柱距为 12m 时，可采用预应力混凝土托架（梁）；当采用钢屋架时，亦可采用钢托架（梁）。

5) 有突出屋面天窗架的屋盖不宜采用预应力混凝土或钢筋混凝土空腹屋架。

6) 8 度 (0.30g) 和 9 度时，跨度大于 24m 的厂房不宜采用大型屋面板。

(4) 厂房柱的设置应符合下列要求：

1) 8 度和 9 度时，宜采用矩形、工字形截面柱或斜腹杆双肢柱，不宜采用薄壁工字形柱、腹板开孔工字形柱、预制腹板的工字形柱和管柱。

2) 柱底至室内地坪以上 500mm 范围内和阶形柱的上柱宜采用矩形截面。

(5) 厂房围护墙、砌体女儿墙的布置、材料选型和抗震构造措施，应符合本节九、（二）中非结构构件的有关规定。

2. 抗震构造措施

(1) 有檩屋盖构件的连接及支撑布置，应符合下列要求：

---

① 钢筋混凝土框排架厂房的抗震设计，应符合《抗震规范》附录 H 第 H.1 节的规定。

1) 檩条应与混凝土屋架（屋面梁）焊牢，并应有足够的支承长度。
2) 双脊檩应在跨度 1/3 处相互拉结。
3) 压型钢板应与檩条可靠连接，瓦楞铁、石棉瓦等应与檩条拉结。
4) 支撑布置宜符合《抗震规范》表 9.1.15 的要求。

(2) 无檩屋盖构件的连接及支撑布置，应符合下列要求：
1) 大型屋面板应与屋架（屋面梁）焊牢，靠柱列的屋面板与屋架（屋面梁）的连接焊缝长度不宜小于 80mm。
2) 6 度和 7 度时有天窗厂房单元的端开间，或 8 度和 9 度时各开间，宜将垂直屋架方向两侧相邻的大型屋面板的顶面彼此焊牢。
3) 8 度和 9 度时，大型屋面板端头底面的预埋件宜采用角钢并与主筋焊牢。
4) 非标准屋面板宜采用装配整体式接头，或将板四角切掉后与屋架（屋面梁）焊牢。
5) 屋架（屋面梁）端部顶面预埋件的锚筋，8 度时不宜少于 $4\phi10$，9 度时不宜少于 $4\phi12$。
6) 支撑的布置宜符合《抗震规范》表 9.1.16-1 的要求，有中间井式天窗时宜符合《抗震规范》表 9.1.16-2 的要求；8 度和 9 度跨度不大于 15m 的厂房屋盖采用屋面梁时，可仅在厂房单元两端各设竖向支撑一道；单坡屋面梁的屋盖支撑布置，宜按屋架端部高度大于 900mm 的屋盖支撑布置执行。

(3) 屋盖支撑尚应符合下列要求：
1) 天窗开洞范围内，在屋架脊点处应设上弦通长水平压杆；8 度 Ⅲ、Ⅳ 类场地和 9 度时，梯形屋架端部上节点应沿厂房纵向设置通长水平压杆。
2) 屋架跨中竖向支撑在跨度方向的间距，6～8 度时不大于 15m，9 度时不大于 12m；当仅在跨中设一道时，应设在跨中屋架屋脊处；当设两道时，应在跨度方向均匀布置。
3) 屋架上、下弦通长水平系杆与竖向支撑宜配合设置。
4) 柱距不小于 12m 且屋架间距 6m 的厂房，托架（梁）区段及其相邻开间应设下弦纵向水平支撑。
5) 屋盖支撑杆件宜用型钢。

(4) 突出屋面的混凝土天窗架，其两侧墙板与天窗立柱宜采用螺栓连接。

(5) 混凝土屋架的截面和配筋，应符合下列要求：
1) 屋架上弦第一节间和梯形屋架端竖杆的配筋，6 度和 7 度时不宜少于 $4\phi12$，8 度和 9 度时不宜少于 $4\phi14$。
2) 梯形屋架的端竖杆的截面宽度宜与上弦宽度相同。
3) 拱形和折线形屋架上弦端部支撑屋面板的小立柱，截面不宜小于 $200mm \times 200mm$，高度不宜大于 500mm，主筋宜采用 Π 形，6 度和 7 度时不宜少于 $4\phi12$，8 度和 9 度时不宜少于 $4\phi14$，箍筋可采用 $\phi6$，间距不宜大于 100mm。

(6) 厂房柱间支撑的设置和构造，应符合下列要求：
1) 厂房柱间支撑的设置和构造，应符合下列规定：
① 一般情况下，应在厂房单元中部设置上、下柱间支撑，且下柱支撑应与上柱支撑配套设置。
② 有起重机或 8 度和 9 度时，宜在厂房单元两端增设上柱支撑。

③ 厂房单元较长或 8 度 Ⅲ、Ⅳ类场地和 9 度时，可在厂房单元中部 1/3 区段内设置两道柱间支撑。

2) 柱间支撑应采用型钢，支撑形式宜采用交叉式，其斜杆与水平面的交角不宜大于 55°。

3) 支撑杆件的长细比，不应超过表 8-51 的规定。

4) 下柱支撑的下节点位置和构造措施，应保证将地震作用直接传给基础；当 6 度和 7 度（0.10g）不能直接传给基础时，应针对支撑对柱和基础的不利影响采取加强措施。

交叉支撑斜杆的最大长细比　　　　　　　表 8-51

位置	烈度			
	6 度和 7 度 Ⅰ、Ⅱ类场地	7 度 Ⅲ、Ⅳ类场地和 8 度 Ⅰ、Ⅱ类场地	8 度 Ⅲ、Ⅳ类场地和 9 度 Ⅰ、Ⅱ类场地	9 度 Ⅲ、Ⅳ类场地
上柱支撑	250	250	200	150
下柱支撑	200	150	120	120

5) 交叉支撑在交叉点应设置节点板，其厚度不应小于 10mm，斜杆与交叉节点板应焊接，与端节点板宜焊接。

（7）8 度时跨度不小于 18m 的多跨厂房中柱和 9 度时多跨厂房各柱，柱顶宜设置通长水平压杆，此压杆可与梯形屋架支座处通长水平系杆合并设置，钢筋混凝土系杆端头与屋架间的空隙应采用混凝土填实。

（8）其他说明。

1) 有檩屋盖主要指波形瓦（石棉瓦及槽瓦）屋盖，属于轻屋盖；有檩屋盖只要设置保证屋盖整体刚度的支撑体系，屋面瓦与檩条间以及檩条与屋架间拉结牢固，具有一定的抗震能力。

2) 无檩屋盖指各类不用檩条的钢筋混凝土屋面板及屋架（梁）组成的屋盖，属于重屋盖，应用较多。无檩屋盖通过屋盖支撑将各构件间相互连成整体，保证屋盖具有足够的整体性，是厂房抗震的重要保证。

3) 当厂房单元较长时或 8 度 Ⅲ、Ⅳ类场地和 9 度时，温度应力及纵向地震作用效应较大，在设置一道下柱支撑不能满足要求时，可设置两道下柱支撑，但两道下柱支撑应在厂房单元中部 1/3 区段内设置，不宜设置在厂房端部。同时两道下柱支撑应适当拉开距离，以利于缩短地震作用的传递路线（图 8-28）。

（二）**单层钢结构厂房**

钢结构厂房抗震性能好于其他结构厂房，地震作用下，震害不算严重，但也有损坏和坍塌。

1. 一般规定

（1）本条主要适用于钢柱、钢屋架或钢屋面梁承重的单层厂房。

单层的轻型钢结构厂房的抗震设计，应符合专门的规定。

（2）厂房的结构体系应符合下列要求：

1) 厂房的横向抗侧力体系，可采用刚接框架、铰接框架、门式刚架或其他结构体系。厂房的纵向抗侧力体系，8、9 度应采用柱间支撑；6、7 度宜采用柱间支撑，也可采用刚

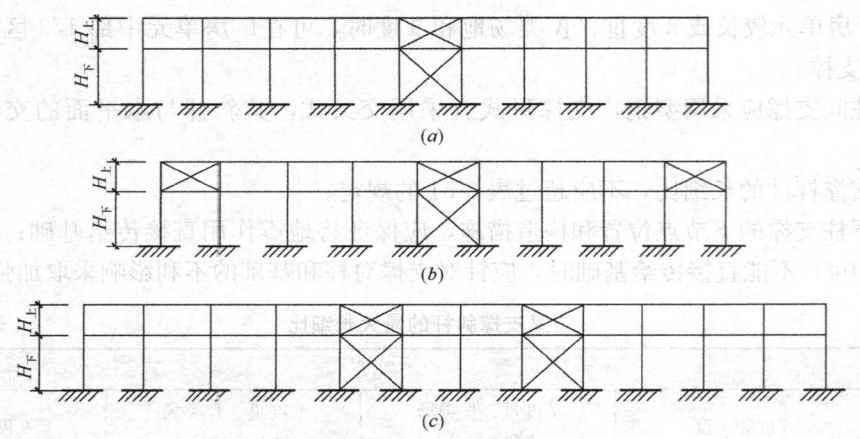

图 8-28 厂房柱间支撑设置
(a) 厂房中部设置上、下柱间支撑；(b) 厂房单元两端增设上柱支撑；
(c) 厂房较长时在房屋中部设置柱间支撑

接框架。

2) 厂房内设有桥式起重机时，起重机梁系统的构件与厂房框架柱的连接应能可靠地传递纵向水平地震作用。

3) 屋盖应设置完整的屋盖支撑系统。屋盖横梁与柱顶铰接时，宜采用螺栓连接。

(3) 厂房的平面布置、钢筋混凝土屋面板和天窗架的设置要求等，可参照本节第五、(一) 中单层钢筋混凝土柱厂房的有关规定。当设置防震缝时，其缝宽不宜小于单层混凝土柱厂房防震缝宽度的 1.5 倍。

(4) 厂房的围护墙板应符合本节第九、(二) 中非结构构件的有关规定。

2. 抗震构造措施

(1) 厂房的屋盖支撑应符合下列要求：

1) 无檩屋盖的支撑系统布置，宜符合表 8-52 的要求。

无檩屋盖的支撑系统布置　　　　　　　　　表 8-52

支撑名称			烈　度	
		6、7	8	9
屋架支撑	上、下弦横向支撑	屋架跨度小于 18m 时同非抗震设计；屋架跨度不小于 18m 时，在厂房单元端开间各设一道	厂房单元端开间及上柱支撑开间各设一道；天窗开洞范围的两端各增设局部上弦支撑一道；当屋架端支承在屋架上弦时，其下弦横向支撑同非抗震设计	
	上弦通长水平系杆		在屋脊处、天窗架竖向支撑处、横向支撑节点处和屋架两端处设置	
	下弦通长水平系杆		屋架竖向支撑节点处设置；当屋架与柱刚接时，在屋架端节间处按控制下弦平面外长细比不大于 150 设置	
	竖向支撑	屋架跨度小于 30m	同非抗震设计	厂房单元两端开间及上柱支撑各开间屋架端部各设一道	同 8 度，且每隔 42m 在屋架端部设置
		屋架跨度大于等于 30m		厂房单元的端开间，屋架 1/3 跨度处和上柱支撑开间内的屋架端部设置，并与上、下弦横向支撑相对应	同 8 度，且每隔 36m 在屋架端部设置

续表

支撑名称		烈 度		
		6、7	8	9
纵向天窗架支撑	上弦横向支撑	天窗架单元两端开间各设一道	天窗架单元端开间及柱间支撑开间各设一道	
	竖向支撑 跨中	跨度不小于12m时设置，其道数与两侧相同	跨度不小于9m时设置，其道数与两侧相同	
	竖向支撑 两侧	天窗架单元端开间及每隔36m设置	天窗架单元端开间及每隔30m设置	天窗架单元端开间及每隔24m设置

2) 有檩屋盖的支撑系统布置，宜符合表8-53要求。

有檩屋盖的支撑系统布置　　　　　　　　　　　　　　　　表8-53

支撑名称		烈 度		
		6、7	8	9
屋架支撑	上弦横向支撑	厂房单元端开间及每隔60m各设一道	厂房单元端开间及上柱柱间支撑开间各设一道	同8度，且天窗开洞范围的两端各增设局部上弦横向支撑一道
	下弦横向支撑	同非抗震设计；当屋架端部支承在屋架下弦时，同上弦横向支撑		
	跨中竖向支撑	同非抗震设计		屋架跨度大于等于30m时，跨中增设一道
	两侧竖向支撑	屋架端部高度大于900mm时，厂房单元端开间及柱间支撑开间各设一道		
	下弦通长水平系杆	同非抗震设计	屋架两端和屋架竖向支撑处设置；与柱刚接时，屋架端节间处按控制下弦平面外长细比不大于150设置	
纵向天窗架支撑	上弦横向支撑	天窗架单元两端开间各设一道	天窗架单元两端开间及每隔54m各设一道	天窗架单元两端开间及每隔48m各设一道
	两侧竖向支撑	天窗架单元端开间及每隔42m各设一道	天窗架单元端开间及每隔36m各设一道	天窗架单元端开间及每隔24m各设一道

3) 当轻型屋盖采用实腹屋面梁、柱刚性连接的刚架体系时，屋盖水平支撑可布置在屋面梁的上翼缘平面。屋面梁下翼缘应设置隅撑侧向支承，隅撑的另一端可与屋面檩条连接。屋盖横向支撑、纵向天窗架支撑的布置可参照无檩屋盖和有檩屋盖的支撑系统布置要求。

4) 屋盖纵向水平支撑的布置，尚应符合下列规定：
① 当采用托架支承屋盖横梁的屋盖结构时，应沿厂房单元全长设置纵向水平支撑；
② 对于高低跨厂房，在低跨屋盖横梁端部支承处，应沿屋盖全长设置纵向水平支撑；
③ 纵向柱列局部柱间采用托架支承屋盖横梁时，应沿托架的柱间及向其两侧至少各

延伸一个柱间设置屋盖纵向水平支撑；

④ 当设置沿结构单元全长的纵向水平支撑时，应与横向水平支撑形成封闭的水平支撑体系；多跨厂房屋盖纵向水平支撑的间距不宜超过两跨，不得超过三跨；高跨和低跨宜按各自的标高组成相对独立的封闭支撑体系。

5）支撑杆宜采用型钢；设置交叉支撑时，支撑杆的长细比限值可取 350。

(2) 厂房框架柱的长细比限值应符合《抗震规范》的要求。

(3) 厂房框架柱、梁的板件宽厚比应符合《抗震规范》的要求。①

(4) 柱间支撑应符合下列要求：

1）厂房单元的各纵向柱列，应在厂房单元中部布置一道下柱柱间支撑；当7度厂房单元长度大于120m（采用轻型围护材料时为150m）、8度和9度厂房单元大于90m（采用轻型围护材料时为120m）时，应在厂房单元1/3区段内各布置一道下柱支撑；当柱距数不超过5个且厂房长度小于60m时，亦可在厂房单元的两端布置下柱支撑。

上柱柱间支撑应布置在厂房单元两端和具有下柱支撑的柱间。

2）柱间支撑宜采用X形支撑，条件限制时也可采用V形、Λ形及其他形式的支撑。X形支撑斜杆与水平面的夹角、支撑斜杆交叉点的节点板厚度，应符合本节五、（一）中单层钢筋混凝土柱厂房的规定。

3）柱间支撑杆件的长细比限值，应符合现行国家标准《钢结构设计标准》GB 50017 的规定。

4）柱间支撑宜采用整根型钢，当热轧型钢超过材料最大长度规格时，可采用拼接等强接长。

5）有条件时，可采用消能支撑。

(5) 柱脚应能可靠传递柱身承载力，宜采用埋入式、插入式或外包式柱脚，6、7度时也可采用外露式柱脚。柱脚设计应符合下列要求：

1）实腹式钢柱采用埋入式、插入式柱脚的埋入深度，应由计算确定，且不得小于钢柱截面高度的2.5倍。

2）格构式柱采用插入式柱脚的埋入深度，应由计算确定，其最小插入深度不得小于单肢截面高度（或外径）的2.5倍，且不得小于柱总宽度的0.5倍。

3）采用外包式柱脚时，实腹H形截面柱的钢筋混凝土外包高度不宜小于2.5倍的钢结构截面高度，箱形截面柱或圆管截面柱的钢筋混凝土外包高度不宜小于3.0倍的钢结构截面高度或圆管截面直径。

4）当采用外露式柱脚时，柱脚极限承载力不宜小于柱截面塑性屈服承载力的1.2倍。柱脚锚栓不宜用以承受柱底水平剪力，柱底剪力应由钢底板与基础间的摩擦力或设置抗剪键及其他措施承担。柱脚锚栓应可靠锚固。

（三）单层砖柱厂房

砖柱厂房整体性差，震害严重且不易修复，有条件时应尽量选择采用钢筋混凝土柱厂房或钢结构厂房。必须采用时，对适用范围和抗震设计要求有具体规定，详见《抗震规范》第9.3节。

---

① 腹板的宽厚比，可通过设置纵向加劲肋减小。

例 8-40 （2014）设防烈度为 8 度的单层钢结构厂房，正确的抗侧力结构体系是：

A　横向采用刚接框架，纵向采用铰接框架
B　横向采用铰接框架，纵向采用刚接框架
C　横向采用铰接框架，纵向采用柱间支撑
D　横向采用柱间支撑，纵向采用刚性框架

解析： 厂房的横向抗侧力体系，可采用刚接框架、铰接框架、门式刚架或其他结构体系。厂房的纵向抗侧力体系，8、9 度应采用柱间支撑；6、7 度宜采用柱间支撑，也可采用刚接框架。

钢结构厂房一般纵向均应设置柱间支撑，地震作用主要由支撑承担和传递；采用刚性框架作为主要抗侧力结构承担和传递地震作用的抗震效果差、费用高，很少采用。

答案： C

规范： 《抗震规范》第 9.2.2 条第 1 款。

六、空旷房屋和大跨屋盖建筑

（一）单层空旷房屋

单层空旷房屋指的是由较空旷的单层大厅和附属房屋组成的公共建筑。

1. 一般规定

（1）本条适用于较空旷的单层大厅和附属房屋组成的公共建筑。

（2）大厅、前厅、舞台之间，不宜设防震缝分开；大厅与两侧附属房屋之间可不设防震缝。但不设缝时应加强连接。

（3）单层空旷房屋大厅屋盖的承重结构，在下列情况下不应采用砖柱：

1) 7 度（0.15g）、8 度、9 度时的大厅；
2) 大厅内设有挑台；
3) 7 度（0.10g）时，大厅跨度大于 12m 或柱顶高度大于 6m；
4) 6 度时，大厅跨度大于 15m 或柱顶高度大于 8m。

（4）单层空旷房屋大厅屋盖的承重结构，除上面第（3）条的规定者外，可在大厅纵墙屋架支点下增设钢筋混凝土-砖组合壁柱，不得采用无筋砖壁柱。

（5）前厅结构布置应加强横向的侧向刚度，大门处壁柱和前厅内独立柱应采用钢筋混凝土柱。

（6）前厅与大厅、大厅与舞台连接处的横墙，应加强侧向刚度，设置一定数量的钢筋混凝土抗震墙。

（7）大厅部分其他要求可参照本节五（单层工业厂房），附属房屋应符合《抗震规范》的有关规定。

2. 抗震构造措施

（1）大厅的屋盖构造，应符合本节五（单层工业厂房）的规定。
（2）大厅的钢筋混凝土柱和组合砖柱应符合下列要求：

1) 组合砖柱纵向钢筋的上端应锚入屋架底部的钢筋混凝土圈梁内；
2) 钢筋混凝土柱应按抗震等级不低于二级的框架柱设计，其配筋量应按计算确定。

(3) 前厅与大厅，大厅与舞台间轴线上横墙，应符合下列要求：
1) 应在横墙两端，纵向梁支点及大洞口两侧设置钢筋混凝土框架柱或构造柱。
2) 嵌砌在框架柱间的横墙应有部分设计成抗震等级不低于二级的钢筋混凝土抗震墙。
3) 舞台口的柱和梁应采用钢筋混凝土结构，舞台口大梁上承重砌体墙应设置间距不大于 4m 的立柱和间距不大于 3m 的圈梁，立柱、圈梁的截面尺寸、配筋及与周围砌体的拉结应符合多层砌体房屋的要求。
4) 9 度时，舞台口大梁上的墙体应采用轻质隔墙。

(4) 大厅柱（墙）顶标高处应设置现浇圈梁，并宜沿墙高每隔 3m 左右增设一道圈梁。梯形屋架端部高度大于 900mm 时还应在上弦标高处增设一道圈梁。圈梁的截面高度不宜小于 180mm，宽度宜与墙厚相同，纵筋不应少于 4φ12，箍筋间距不宜大于 200mm。

(5) 大厅与两侧附属房屋间不设防震缝时，应在同一标高处设置封闭圈梁并在交接处拉通，墙体交接处应沿墙高每隔 400mm 在水平灰缝内设置拉结钢筋网片，且每边伸入墙内不宜小于 1m。

(6) 悬挑式挑台应有可靠的锚固和防止倾覆的措施。

(7) 山墙应沿屋面设置钢筋混凝土卧梁，并应与屋盖构件锚拉；山墙应设置钢筋混凝土柱或组合柱，其截面和配筋分别不宜小于排架柱或纵墙组合柱，并应通到山墙的顶端与卧梁连接。

(8) 舞台后墙、大厅与前厅交接处的高大山墙，应利用工作平台或楼层作为水平支撑。

(9) 其他说明。
1) 前厅与大厅、大厅与舞台之间的墙体是单层空旷房屋的主要抗侧力构件，承担横向地震作用，因此应根据抗震设防烈度及房屋的跨度、高度等因素，设置一定数量的抗震墙。
2) 舞台口梁为悬梁，上部支承有舞台上的屋架，受力复杂，在地震作用下破坏较多。因此舞台口墙要加强与大厅屋盖体系的拉结，用钢筋混凝土墙体、立柱和水平圈梁来加强自身的整体性和稳定性。9 度时不应采用舞台口砌体墙承重。
3) 大厅四周的墙体一般较高，需增设多道水平圈梁来加强整体性和稳定性。特别是墙顶标高处的圈梁更为重要。
4) 大厅与两侧的附属房屋之间一般不设防震缝，其交接处受力较大，要加强连接，以增加房屋整体性。

(二) 大跨屋盖建筑

《抗震规范》适用的大跨屋盖建筑是指与传统板式、梁板式屋盖结构相区别，且有更大跨越能力的屋盖体系，包括：拱、平面桁架、立体桁架、网架、网壳、张弦梁、弦支穹顶等基本形式，以及由这些基本形式组合而成的结构，不应单从跨度大小的角度来理解大跨屋盖建筑结构。

1. 一般规定

（1）本条适用于采用拱、平面桁架、立体桁架、网架、网壳、张弦梁、弦支穹顶等基本形式及其组合而成的大跨度钢屋盖建筑。

采用非常用形式以及跨度大于 120m、结构单元长度大于 300m 或悬挑长度大于 40m 的大跨钢屋盖建筑的抗震设计，应进行专门研究和论证，采取有效的加强措施。

（2）屋盖及其支承结构的选型和布置，应符合下列各项要求：

1）应能将屋盖的地震作用有效地传递到下部支承结构。

2）应具有合理的刚度和承载力分布，屋盖及其支承的布置宜均匀对称。

3）宜优先采用两个水平方向刚度均衡的空间传力体系。

4）结构布置宜避免因局部削弱或突变形成薄弱部位，产生过大的内力、变形集中。对于可能出现的薄弱部位，应采取措施提高其抗震能力。

5）宜采用轻型屋面系统。

6）下部支承结构应合理布置，避免使屋盖产生过大的地震扭转效应。

（3）屋盖体系的结构布置，尚应分别符合下列要求：

1）单向传力体系的结构布置，应符合下列规定：

① 主结构（桁架、拱、张弦梁）间应设置可靠的支撑，保证垂直于主结构方向的水平地震作用的有效传递；

② 当桁架支座采用下弦节点支承时，应在支座间设置纵向桁架或采取其他可靠措施，防止桁架在支座处发生平面外扭转。

2）空间传力体系的结构布置，应符合下列规定：

① 平面形状为矩形且三边支承一边开口的结构，其开口边应加强，保证足够的刚度；

② 两向正交正放网架、双向张弦梁，应沿周边支座设置封闭的水平支撑；

③ 单层网壳应采用刚接节点。

3）其他说明。

单向传力体系指平面拱、单向平面桁架、单向立体桁架、单向张弦梁等结构形式；空间传力体系指网架、网壳、双向立体桁架、双向张弦梁和弦支穹顶等结构形式，见表 8-54。

大跨屋盖传力体系的结构形式 表 8-54

单向传力体系	平面拱	单向平面桁架	单向立体桁架	单向张弦梁等
空间传力体系	网架	网壳	双向立体桁架	双向张弦梁、弦支穹顶等

单向传力体系的抗震薄弱环节在垂直于主结构（桁架、张弦梁）方向的水平地震作用传递以及主结构的平面外稳定性，设置可靠的屋盖支撑是重要的抗震措施。

空间传力结构体系具有良好的整体性和空间受力的特点，抗震性能优于单向传力体系。

（4）当屋盖分区域采用不同的结构形式时，交界区域的杆件和节点应加强；也可设置防震缝，缝宽不宜小于 150mm。

（5）屋面围护系统、吊顶及悬吊物等非结构构件应与结构可靠连接，其抗震措施应符合本节九、（非结构构件）的有关规定。

2. 抗震构造措施

(1) 屋盖钢杆件的长细比宜符合表 8-55 的规定：

钢杆件的长细比限值表　　　　　　　　　表 8-55

杆件类型	受 拉	受 压	压 弯	拉 弯
一般杆件	250	180	150	250
关键杆件	200	150（120）	150（120）	200

注：1. 括号内数值用于 8、9 度；
　　2. 表列数据不适用于拉索等柔性构件。

杆件长细比限值参考了《钢结构设计标准》GB 50017 和《空间网格结构技术规程》JGJ 7 的相关规定，并适当加强。

(2) 屋盖构件节点的抗震构造应符合下列要求：

1) 采用节点板连接各杆件时，节点板的厚度不宜小于连接杆件最大壁厚的 1.2 倍。

2) 采用相贯节点时，应将内力较大方向的杆件直通，直通杆件的壁厚不应小于焊于其上各杆件的壁厚。

3) 采用焊接球节点时，球体的壁厚不应小于相连杆件最大壁厚的 1.3 倍。

4) 杆件宜相交于节点中心。

(3) 支座的抗震构造应符合下列要求：

1) 应具有足够的强度和刚度，在荷载作用下不应先于杆件和其他节点破坏，也不得产生不可忽略的变形；支座节点构造形式应传力可靠、连接简单，并符合计算假定。

2) 对于水平可滑动的支座，应保证屋盖在罕遇地震下的滑移不超出支承面，并应采取限位措施。

3) 8、9 度时，多遇地震下只承受竖向压力的支座，宜采用拉压型构造。

(4) 屋盖结构采用隔震及减震支座时，其性能参数、耐久性及相关构造应符合本节"八、隔震和消能减震设计"的有关规定。

例 8-41　（2014）关于抗震设计的大跨度屋盖及其支承结构选型和布置的说法，正确的是：

A　宜采用整体性较好的刚性屋面系统

B　宜优先采用两个水平方向刚度均衡的空间传力体系

C　采用常用的结构形式，当跨度大于 60m 时，应进行专门研究和论证

D　下部支承结构布置不应对屋盖结构产生地震扭转效应

解析：宜优先采用两个水平方向刚度均衡的空间传力体系。

答案：B

规范：《抗震规范》第 10.2.1 条、第 10.2.2 条第 3、5、6 款。

七、土、木、石结构房屋

（一）一般规定

(1) 土、木、石结构房屋的建筑、结构布置应符合下列要求：

1) 房屋的平面布置应简单规则，避免平面凹凸或拐角。
2) 纵横向围护墙或承重墙的布置宜均匀对称，上下连续。
3) 楼层不应错层，土、石结构不应采用板式单边悬挑楼梯。
4) 木框架、支撑结构、木框架-抗震墙结构，正交胶合木抗震墙结构中的支撑、抗震墙等构件应沿结构两主轴方向均匀、对称布置。
5) 不应在同一高度内采用不同材料的承重构件。
6) 屋檐外挑梁上不得砌筑砌体。

(2) 木楼、屋盖房屋应在下列部位采取拉结措施：
1) 两端开间屋架和中间隔开间屋架应设置竖向剪刀撑。
2) 在屋檐高度处应设置纵向通长水平系杆，系杆应采用墙揽与各道横墙连接或与木梁、屋架下弦连接牢固；纵向水平系杆端部宜采用木夹板对接，墙揽可采用方木、角铁等材料。
3) 山墙、山尖墙应采用墙揽与木屋架、木构架或檩条拉结。
4) 内隔墙墙顶应与梁或屋架下弦拉结。

(3) 木楼、屋盖构件的支承长度应不小于表 8-56 的规定。

木楼、屋盖构件的最小支承长度（mm） 表 8-56

构件名称	木屋架、木梁	对接木龙骨、木檩条	搭接木龙骨、木檩条
位置	墙上	屋架上	墙上	屋架上、墙上
支承长度与连接方式	240（木垫板）	60（木夹板与螺栓）	120（木夹板与螺栓）	满搭

(4) 门窗洞口过梁的支承长度，6～8 度时不应小于 240mm，9 度时不应小于 360mm。

(5) 当采用冷摊瓦屋面时，底瓦的弧边两角宜设置钉孔，可采用铁钉与椽条钉牢；盖瓦与底瓦宜采用石灰或水泥砂浆压垄等做法与底瓦粘结牢固。

(6) 土木石房屋突出屋面的烟囱、女儿墙等易倒塌构件的出屋面高度，6、7 度时不应大于 600mm；8 度（0.20g）时不应大于 500mm；8 度（0.30g）和 9 度时不应大于 400mm。并应采取拉结措施。①

(7) 土木石房屋的结构材料应符合下列要求：
1) 木构件应选用干燥、纹理直、节疤少、无腐朽的木材。
2) 生土墙体土料应选用杂质少的黏性土。
3) 石材应质地坚实，无风化、剥落和裂纹。

(8) 土木石房屋的施工应符合下列要求：
1) HPB300 钢筋端头应设置 180°弯钩。
2) 外露铁件应做防锈处理。

（二）生土房屋

(1) 本条适用于 6 度、7 度（0.10g）未经焙烧的土坯、灰土和夯土承重墙体的房屋及土窑洞、土拱房。②

---

① 坡屋面上的烟囱高度由烟囱的根部上沿算起。
② 灰土墙指掺石灰（或其他粘结材料）的土筑墙和掺石灰土坯墙；土窑洞指未经扰动的原土中开挖而成的崖窑。

(2) 生土房屋的高度和承重横墙墙间距应符合下列要求：

1) 生土房屋宜建单层，灰土墙房屋可建二层，但总高度不应超过 6m。
2) 单层生土房屋的檐口高度不宜大于 2.5m。
3) 单层生土房屋的承重横墙间距不宜大于 3.2m。
4) 窑洞净跨不宜大于 2.5m。

(3) 生土房屋的屋盖应符合下列要求：

1) 应采用轻屋面材料。
2) 硬山搁檩房屋宜采用双坡屋面或弧形屋面，檩条支承处应设垫木；纵向檩条间应采取加强连接的措施；端檩应出檐，内墙上檩条应满搭或采用夹板对接和燕尾榫加扒钉连接。
3) 木屋盖各构件应采用圆钉、扒钉、钢丝等相互连接。
4) 木屋架、木梁在外墙上宜满搭，支承处应设置木圈梁或木垫板；木垫板的长度、宽度和厚度分别不宜小于 500mm、370mm 和 60mm；木垫板下应铺设砂浆垫层或黏土石灰浆垫层。

(4) 生土房屋的承重墙体应符合下列要求：

1) 承重墙体门窗洞口的宽度，6、7 度时不应大于 1.5m。
2) 门窗洞口宜采用木过梁；当过梁由多根木杆组成时，宜采用木板、扒钉、铅丝等将各根木杆连接成整体。
3) 内外墙体应同时分层交错夯筑或咬砌。外墙四角和内外墙交接处，应设置混凝土或木构造柱，并加强整体拉结措施。应沿墙高每隔 500mm 左右放置一层竹筋、木条、荆条等编织的拉结网片，每边伸入墙体应不小于 1000mm 或至门窗洞边，拉结网片在相交处应绑扎；或采取其他加强整体性的措施。

(5) 应采取措施保证地基基础的稳定性和承载力。各类生土房屋的地基应夯实，应采用毛石、片石、凿开的卵石或普通砖基础，基础墙应采用混合砂浆或水泥砂浆砌筑。外墙宜做墙裙防潮处理（墙脚宜设防潮层）。

(6) 土坯宜采用黏性土湿法成型并宜掺入草苇等拉结材料；土坯应卧砌并宜采用黏土浆或黏土石灰浆砌筑。

(7) 灰土墙房屋应每层设置圈梁，并在横墙上拉通；内纵墙顶面宜在山尖墙两侧增砌踏步式墙垛。

(8) 土拱房应多跨连接布置，各拱脚均应支承在稳固的崖体上或支承在人工土墙上；拱圈厚度宜为 300~400mm，应支模砌筑，不应后倾贴砌；外侧支承墙和拱圈上不应布置门窗。

(9) 土窑洞应避开易产生滑坡、山崩的地段；开挖窑洞的崖体应土质密实、土体稳定、坡度较平缓、无明显的竖向节理；崖窑前不宜接砌土坯或其他材料的前脸；不宜开挖层窑，否则应保持足够的间距，且上、下不宜对齐。

(三) 木结构房屋

(1) 本节适用于 6~9 度的穿斗木构架、木柱木屋架和木柱木梁等房屋。
(2) 木结构房屋不应采用木柱与砖柱或砖墙等混合承重；山墙应设置端屋架（木梁），不得采用硬山搁檩。
(3) 木结构房屋的高度应符合下列要求：

1) 木柱木屋架和穿斗木构架房屋,6~8度时不宜超过二层,总高度不宜超过6m;9度时宜建单层,高度不应超过3.3m。

2) 木柱木梁房屋宜建单层,高度不宜超过3m。

(4) 礼堂、剧院、粮仓等较大跨度的空旷房屋,宜采用四柱落地的三跨木排架。

(5) 木屋架屋盖的支撑布置,应符合本节五、(三)(单层砖柱厂房)的有关规定,但房屋两端的屋架支撑,应设置在端开间。

(6) 木柱木屋架和木柱木梁房屋应在木柱与屋架(或梁)间设置斜撑;横隔墙较多的居住房屋应在非抗震隔墙内设斜撑;斜撑宜采用木夹板,并应通到屋架的上弦。

(7) 穿斗木构架房屋的横向和纵向均应在木柱的上、下柱端和楼层下部设置穿枋,并应在每一纵向柱列间设置1~2道剪刀撑或斜撑。

(8) 木结构房屋的构件连接,应符合下列要求:

1) 柱顶应有暗榫插入屋架下弦,并用U形铁件连接;8、9度时,柱脚应采用铁件或其他措施与基础锚固。柱础埋入地面以下的深度不应小于200mm。

2) 斜撑和屋盖支撑结构,均应采用螺栓与主体构件相连接;除穿斗木构件外,其他木构件宜采用螺栓连接。

3) 椽与檩的搭接处应满钉,以增强屋盖的整体性。木构架中,宜在柱檐口以上沿房屋纵向设置竖向剪刀撑等措施,以增强纵向稳定性。

(9) 木构件应符合下列要求:

1) 木柱的梢径不宜小于150mm;应避免在柱的同一高度处纵横向同时开槽,且在柱的同一截面开槽面积不应超过截面总面积的1/2。

2) 柱子不能有接头。

3) 穿枋应贯通木构架各柱。

(10) 围护墙应符合下列要求:

1) 围护墙与木柱的拉结应符合下列要求:

① 沿墙高每隔500mm左右,应采用8号钢丝将墙体内的水平拉结筋或拉结网片与木柱拉结;

② 配筋砖圈梁、配筋砂浆带与木柱应采用ϕ6钢筋或8号钢丝拉结。

2) 土坯砌筑的围护墙,洞口宽度应符合本章(二)(生土房屋)的要求。砖等砌筑的围护墙,横墙和内纵墙上的洞口宽度不宜大于1.5m,外纵墙上的洞口宽度不宜大于1.8m或开间尺寸的一半。

3) 土坯、砖等砌筑的围护墙不应将木柱完全包裹,应贴砌在木柱外侧。

例 8-42 (2014) 地震区轻型木结构房屋梁与柱的连接做法,正确的是:
A 螺栓连接　　　　　　　　B 钢钉连接
C 齿连接　　　　　　　　　D 榫式连接

解析: 轻型木结构构件之间应有可靠连接,主要是钉连接。有抗震设防要求的轻型木结构,连接中关键部位应采用螺栓连接。

答案: A

规范:《抗震规范》第11.3.8条第2款。

（四）石结构房屋

(1) 本条适用于6～8度，砂浆砌筑的料石砌体（包括有垫片或无垫片）承重的房屋。

(2) 多层石砌体房屋的总高度和层数不应超过表8-57的规定。

多层石砌体房屋总高度（m）和层数限值　　　　　表 8-57

墙体类别	烈度					
	6		7		8	
	高度	层数	高度	层数	高度	层数
细、半细料石砌体（无垫片）	16	五	13	四	10	三
粗料石及毛料石砌体（有垫片）	13	四	10	三	7	二

注：1. 房屋总高度的计算同本书表8-35注；

2. 横墙较少的房屋，总高度应降低3m，层数相应减少1层。

(3) 多层石砌体房屋的层高不宜超过3m。

(4) 多层石砌体房屋的抗震横墙间距，不应超过表8-58的规定。

多层石砌体房屋的抗震横墙间距（m）　　　　　表 8-58

楼、屋盖类型	烈度		
	6	7	8
现浇及装配整体式钢筋混凝土	10	10	7
装配式钢筋混凝土	7	7	4

(5) 多层石砌体房屋，应采用现浇或装配整体式钢筋混凝土楼、屋盖。

(6) 石墙的截面抗震验算，可参照《抗震规范》第7.2节；其抗剪强度应根据试验数据确定。

(7) 多层石砌体房屋应在外墙四角、楼梯间四角和每开间的内外墙交接处设置钢筋混凝土构造柱。

(8) 抗震横墙洞口的水平截面面积，不应大于全截面面积的1/3。

(9) 每层的纵横墙均应设置圈梁，圈梁与构造柱应牢固拉结，其截面高度不应小于120mm，宽度宜与墙厚相同，纵向钢筋不应小于4φ10，箍筋间距不宜大于200mm。

(10) 无构造柱的纵横墙交接处，应采用条石无垫片砌筑，且应沿墙高每隔500mm设置拉结钢筋网片，每边每侧伸入墙内不宜小于1m。

(11) 不应采用石板作为承重构件。

(12) 其他有关抗震构造措施要求，参照本节"二、多层砌体房屋和底部框架砌体房屋"的相关规定。

八、隔震和消能减震设计

(1) 本条适用于设置隔震层以隔离水平地震动的房屋隔震设计[①]，以及设置消能部件

[①] 隔震设计指在房屋基础、底部或下部结构与上部结构之间设置由橡胶隔震支座和阻尼装置等部件组成具有整体复位功能的隔震层，以延长整个结构体系的自振周期，减少输入上部结构的水平地震作用，达到预期防震要求；

吸收与消耗地震能量的房屋消能减震设计[1]。

采用隔震和消能减震设计的建筑结构，应符合《抗震规范》第3.8.1条的规定，其抗震设防目标应符合《抗震规范》第3.8.2条的规定。

（2）建筑结构隔震设计和消能减震设计确定设计方案时，除应符合《抗震规范》第3.5.1条的规定外，尚应与采用抗震设计的方案进行对比分析。

（3）建筑结构采用隔震设计时应符合下列各项要求：

1）结构高宽比宜小于4，且不应大于相关规范规程对非隔震结构的具体规定，其变形特征接近剪切变形，最大高度应满足本规范非隔震结构的要求；高宽比大于4或非隔震结构相关规定的结构采用隔震设计时，应进行专门研究。

2）建筑场地宜为Ⅰ、Ⅱ、Ⅲ类，并应选用稳定性较好的基础类型。

3）风荷载和其他非地震作用的水平荷载标准值产生的总水平力不宜超过结构总重力的10%。

4）隔震层应提供必要的竖向承载力、侧向刚度和阻尼；穿过隔震层的设备配管、配线，应采用柔性连接或其他有效措施，以适应隔震层的罕遇地震水平位移。

（4）消能减震设计可用于钢、钢筋混凝土、钢-混凝土混合等结构类型的房屋。

消能部件应对结构提供足够的附加阻尼，尚应根据其结构类型分别符合《抗震规范》相应章节的设计要求。

（5）隔震和消能减震设计时，隔震装置和消能部件应符合下列要求：

1）隔震装置和消能部件的性能参数应经试验确定。

2）隔震装置和消能部件的设置部位，应采取便于检查和替换的措施。

3）设计文件上应注明对隔震装置和消能部件的性能要求，安装前应按规定进行检测，确保性能符合要求。

（6）建筑结构的隔震设计和消能减震设计，尚应符合相关专门标准的规定；也可按抗震性能目标的要求进行性能化设计。

九、非结构构件

（一）一般规定

（1）本条主要适用于非结构构件与建筑结构的连接。非结构构件包括持久性的建筑非结构构件[2]和支承于建筑结构的附属机电设备[3]。

（2）非结构构件应根据所属建筑的抗震设防类别和非结构地震破坏的后果及其对整个建筑结构影响的范围，采取不同的抗震措施，达到相应的性能化设计目标。

建筑非结构构件和建筑附属机电设备实现抗震性能化设计目标的某些方法可按《抗震规范》附录M第M.2节执行。

---

[1] 消能减震设计指在房屋结构中设置消能器，通过消能器的相对变形和相对速度提供附加阻尼，以消耗输入结构的地震能量，达到预期抗震减震要求。

[2] 建筑非结构构件指建筑中除承重骨架体系以外的固定构件和部件，主要包括非承重墙体，附着于楼面和屋面结构的构件、装饰构件和部件、固定于楼面的大型储物架等。

[3] 建筑附属机电设备指为现代建筑使用功能服务的附属机械、电气构件、部件和系统，主要包括电梯、照明和应急电源、通信设备、管道系统、供暖和空气调节系统、烟火监测和消防系统、公用天线等。

(3) 当抗震要求不同的两个非结构构件连接在一起时,应按较高的要求进行抗震设计。其中一个非结构构件连接损坏时,应不致引起与之相连接的有较高要求的非结构构件失效。

(4) 非结构构件应根据所属建筑的抗震设防类别和非结构构件地震破坏的后果及其对整个建筑结构影响的范围,划分为下列功能级别:①

1) 一级,地震破坏后可能导致甲类建筑使用功能的丧失或危及乙类、丙类建筑中的人员生命安全。

2) 二级,地震破坏后可能导致乙类、丙类建筑的使用功能丧失或危及丙类建筑中的人员安全。

3) 三级,除一、二级及丁类建筑以外的非结构构件。

(二) 建筑非结构构件的基本抗震措施

(1) 建筑结构中,设置连接幕墙、围护墙、隔墙、女儿墙、雨篷、商标、广告牌、顶棚支架、大型储物架等建筑非结构构件的预埋件、锚固件的部位,应采取加强措施,以承受建筑非结构构件传给主体结构的地震作用。

(2) 非承重墙体的材料、选型和布置,应根据烈度、房屋高度、建筑体型、结构层间变形、墙体自身抗侧力性能的利用等因素,经综合分析后确定,并应符合下列要求:

1) 非承重墙体宜优先采用轻质墙体材料;采用砌体墙时,应采取措施减少对主体结构的不利影响,并应设置拉结筋、水平系梁、圈梁、构造柱等与主体结构可靠拉结。

2) 刚性非承重墙体的布置,应避免使结构形成刚度和强度分布上的突变;当围护墙非对称均匀布置时,应考虑质量和刚度的差异对主体结构抗震不利的影响。

3) 墙体与主体结构应有可靠的拉结,应能适应主体结构不同方向的层间位移;8、9度时应具有满足层间变位的变形能力,与悬挑构件相连接时,尚应具有满足节点转动引起的竖向变形的能力。

4) 外墙板的连接件应具有足够的延性和适当的转动能力,宜满足在设防地震下主体结构层间变形的要求。

5) 砌体女儿墙在人流出入口和通道处应与主体结构锚固;非出入口无锚固的女儿墙高度,6~8度时不宜超过 0.5m,9度时应有锚固。防震缝处女儿墙应留有足够的宽度,缝两侧的自由端应予以加强。

(3) 多层砌体结构中,非承重墙体等建筑非结构构件应符合下列要求:

1) 后砌的非承重隔墙应沿墙高每隔 500~600mm 配置 2φ6 拉结钢筋与承重墙或柱拉结,每边伸入墙内不应少于 500mm。8度和9度时,长度大于5m的后砌隔墙,墙顶尚应与楼板或梁拉结,独立墙肢端部及大门洞边宜设钢筋混凝土构造柱。

2) 烟道、风道、垃圾道等不应削弱墙体;当墙体被削弱时,应对墙体采取加强措施;不宜采用无竖向配筋的附墙烟囱或出屋面的烟囱。

3) 不应采用无锚固的钢筋混凝土预制挑檐。

(4) 钢筋混凝土结构中的砌体填充墙,尚应符合下列要求:

1) 填充墙在平面和竖向的布置,宜均匀对称,宜避免形成薄弱层或短柱。

---

① 详见《非结构构件抗震设计规范》JGJ 339—2015。

2)砌体的砂浆强度等级不应低于 M5；实心块体的强度等级不宜低于 MU2.5，空心块体的强度等级不宜低于 MU3.5；墙顶应与框架梁密切结合。

3)填充墙应沿框架柱全高每隔 500～600mm 设 2ϕ6 拉筋，拉筋伸入墙内的长度，6、7 度时宜沿墙全长贯通，8、9 度时应全长贯通。

4)墙长大于 5m 时，墙顶与梁宜有拉结；墙长超过 8m 或层高 2 倍时，宜设置钢筋混凝土构造柱；墙高超过 4m 时，墙体半高宜设置与柱连接且沿墙全长贯通的钢筋混凝土水平系梁。

5)楼梯间和人流通道的填充墙，尚应采用钢丝网砂浆面层加强。

(5)单层钢筋混凝土柱厂房的围护墙和隔墙，尚应符合下列要求：

1)厂房的围护墙宜采用轻质墙板或钢筋混凝土大型墙板，砌体围护墙应采用外贴式并与柱可靠拉结；外侧柱距为 12m 时应采用轻质墙板或钢筋混凝土大型墙板。

2)刚性围护墙沿纵向宜均匀对称布置，不宜一侧为外贴式，另一侧为嵌砌式或开敞式；不宜一侧采用砌体墙，一侧采用轻质墙板。

3)不等高厂房的高跨封墙和纵横向厂房交接处的悬墙宜采用轻质墙板，6、7 度采用砌体时不应直接砌在低跨屋面上。

4)砌体围护墙在下列部位应设置现浇钢筋混凝土圈梁：

① 梯形屋架端部上弦和柱顶的标高处应各设一道，但屋架端部高度不大于 900mm 时可合并设置；

② 应按上密下稀的原则每隔 4m 左右在窗顶增设一道圈梁，不等高厂房的高低跨封墙和纵墙跨交接处的悬墙，圈梁的竖向间距不应大于 3m；

③ 山墙沿屋面应设钢筋混凝土卧梁，并应与屋架端部上弦标高处的圈梁连接。

5)圈梁的构造应符合下列规定：

① 圈梁宜闭合，圈梁截面宽度宜与墙厚相同，截面高度不应小于 180mm；

② 厂房转角处柱顶圈梁在端开间范围内的纵筋按规范要求设置；

③ 圈梁应与柱或屋架牢固连接，山墙卧梁应与屋面板拉结；防震缝处圈梁与柱或屋架的拉结宜加强。

6)墙梁宜采用现浇，当采用预制墙梁时，梁底应与砖墙顶面牢固拉结并应与柱锚拉；厂房转角处相邻的墙梁，应相互可靠连接。

7)砌体隔墙与柱宜脱开或柔性连接，并应采取措施使墙体稳定，隔墙顶部应设现浇钢筋混凝土压顶梁。

8)砖墙的基础，8 度 Ⅲ、Ⅳ 类场地和 9 度时，预制基础梁应采用现浇接头；当另设条形基础时，在柱基础顶面标高处应设置连续的现浇钢筋混凝土圈梁。

9)砌体女儿墙高度不宜大于 1m，且应采取措施防止地震时倾倒。

(6)钢结构厂房的围护墙，应符合下列要求：

1)厂房的围护墙，应优先采用轻型板材，预制钢筋混凝土墙板宜与柱柔性连接；9 度时宜采用轻型板材。

2)单层厂房的砌体围护墙应贴砌并与柱拉结，尚应采取措施使墙体不妨碍厂房柱列沿纵向的水平位移；8、9 度时不应采用嵌砌式。

(7)各类顶棚的构件与楼板的连接件，应能承受顶棚、悬挂重物和有关机电设施的自重和地震附加作用；其锚固的承载力应大于连接件的承载力。

(8) 悬挑雨篷或一端由柱支承的雨篷，应与主体结构可靠连接。

(9) 玻璃幕墙、预制墙板、附属于楼屋面的悬臂构件和大型储物架的抗震构造，应符合相关专门标准的规定。

(三) 建筑附属机电设备支架的基本抗震措施

(1) 附属于建筑的电梯、照明和应急电源系统、烟火监测和消防系统、采暖和空气调节系统、通信系统、公用天线等与建筑结构的连接构件和部件的抗震措施，应根据设防烈度、建筑使用功能、房屋高度、结构类型和变形特征、附属设备所处的位置和运转要求等经综合分析后确定。

(2) 下列附属机电设备的支架可不考虑抗震设防要求：

1) 重力不超过 1.8kN 的设备；
2) 内径小于 25mm 的燃气管道和内径小于 60mm 的电气配管；
3) 矩形截面面积小于 0.38m² 和圆形直径小于 0.70m 的风管；
4) 吊杆计算长度不超过 300mm 的吊杆悬挂管道。

(3) 建筑附属机电设备不应设置在可能导致其使用功能发生障碍等二次灾害的部位；对于有隔振装置的设备，应注意其强烈振动对连接件的影响，并防止设备和建筑结构发生谐振现象。

建筑附属机电设备的支架应具有足够的刚度和强度；其与建筑结构应有可靠的连接和锚固，应使设备在遭遇设防烈度地震影响后能迅速恢复运转。

(4) 管道、电缆、通风管和设备的洞口设置，应减少对主要承重结构构件的削弱；洞口边缘应有补强措施。

管道和设备与建筑结构的连接，应能允许二者间有一定的相对变位。

(5) 建筑附属机电设备的基座或连接件应能将设备承受的地震作用全部传递到建筑结构上。建筑结构中，用以固定建筑附属机电设备预埋件、锚固件的部位，应采取加强措施，以承受附属机电设备传给主体结构的地震作用。

(6) 建筑内的高位水箱应与所在的结构构件可靠连接；且应计及水箱及所含水重对建筑结构产生的地震作用效应。

(7) 在设防地震下需要连续工作的附属设备，宜设置在建筑结构地震反应较小的部位；相关部位的结构构件应采取相应的加强措施。

例 8-43 (2014) 用于框架填充内墙的轻集料混凝土空心砌块和砂浆的强度等级不宜低于：

A 砌块 MU5，砂浆 M5　　　　　B 砌块 MU5，砂浆 M3.5
C 砌块 MU3.5，砂浆 M5　　　　D 砌块 MU3.5，砂浆 M3.5

解析：钢筋混凝土结构中的砌体填充墙，砌体的砂浆强度等级不应低于 M5；填充墙实心块体的强度等级不宜低于 MU2.5，空心块体的强度等级不宜低于 MU3.5。

答案：C

规范：《抗震规范》第 13.3.4 条第 2 款；《砌体结构设计规范》GB 50003—2011 第 6.3.3 条第 1 款、第 2 款、第 3.1.2 条第 2 款。

例 8-44 （2010）关于非结构构件抗震设计的下列叙述，哪项不正确？
A 框架结构的围护墙应考虑其设置对结构抗震的不利影响，避免不合理设置导致主体结构的破坏
B 框架结构的内隔墙可不考虑其对主体结构的影响，按建筑分隔需要设置
C 建筑附属机电设备及其与主体结构的连接应进行抗震设计
D 幕墙、装饰贴面与主体结构的连接应进行抗震设计

解析： 框架结构的围护墙和隔墙，抗震设计时应考虑对主体结构的不利影响，加强连接构造，避免不合理设置导致主体结构的破坏。非结构构件，包括建筑非结构构件和建筑附属机电设备，自身及其与结构主体的连接，应进行抗震设计。幕墙、装饰贴面与主体结构应有可靠连接，避免地震时脱落伤人。

答案： B

规范：《抗震规范》第 3.7.4 条及第 3.7.1、3.7.5 条。

十、地下建筑

（一）一般规定

（1）本条主要适用于地下车库、过街通道、地下变电站和地下空间综合体等单建式地下建筑。不包括地下铁道、城市公路隧道等。

（2）地下建筑宜建造在密实、均匀、稳定的地基上。当处于软弱土、液化土或断层破碎带等不利地段时，应分析其对结构抗震稳定性的影响，采取相应措施。

（3）地下建筑的建筑布置应力求简单、对称、规则、平顺；横剖面的形状和构造不宜沿纵向突变。

（4）地下建筑的结构体系应根据使用要求、场地工程地质条件和施工方法等确定，并应具有良好的整体性，避免抗侧力结构的侧向刚度和承载力突变。

丙类钢筋混凝土地下结构的抗震等级，6、7度时不应低于四级，8、9度时不宜低于三级。甲、乙类钢筋混凝土地下结构的抗震等级，6、7度时不宜低于三级，8、9度时不宜低于二级。

（5）位于岩石中的地下建筑，其出入口通道两侧的边坡和洞口仰坡，应依据地形、地质条件选用合理的口部结构类型，提高其抗震稳定性。

（二）抗震构造措施和抗液化措施

（1）钢筋混凝土地下建筑的抗震构造，应符合下列要求：

1) 宜采用现浇结构。需要设置部分装配式构件时，应使其与周围构件有可靠的连接。
2) 地下钢筋混凝土框架结构构件的最小尺寸应不低于同类地面结构构件的规定。
3) 中柱的纵向钢筋最小总配筋率，应比框架柱的配筋增加 0.2%。中柱与梁或顶板、中间楼板及底板连接处的箍筋应加密，其范围和构造与地上框架结构的柱相同。

（2）地下建筑的顶板、底板和楼板，应符合下列要求：

1) 宜采用梁板结构。当采用板柱-抗震墙结构时，无柱帽的平板应在柱上板带中设构造暗梁，其构造措施按《抗震规范》第 6.6.4 条的规定采用。

2) 对地下连续墙的复合墙体,顶板、底板及各层楼板的负弯矩钢筋至少应有50%锚入地下连续墙,锚入长度按受力计算确定;正弯矩钢筋需锚入内衬,并均不小于规定的锚固长度。

3) 楼板开孔时,孔洞宽度应不大于该层楼板宽度的30%;洞口的布置宜使结构质量和刚度的分布仍较均匀、对称,避免局部突变。孔洞周围应设置满足构造要求的边梁或暗梁。

(3) 地下建筑周围土体和地基存在液化土层时,应采取下列措施:

1) 对液化土层采取注浆加固和换土等消除或减轻液化影响的措施。

2) 进行地下结构液化上浮验算,必要时采取增设抗拔桩、配置压重等相应的抗浮措施。

3) 存在液化土薄夹层,或施工中深度大于20m的地下连续墙围护结构遇到液化土层时,可不做地基抗液化处理,但其承载力及抗浮稳定性验算应计入土层液化引起的土压力增加及摩阻力降低等因素的影响。

(4) 地下建筑穿越地震时岸坡可能滑动的古河道或可能发生明显不均匀沉陷的软土地带时,应采取更换软弱土或设置桩基础等措施。

(5) 位于岩石中的地下建筑,应采取下列抗震措施:

1) 口部通道和未经注浆加固处理的断层破碎带区段采用复合式支护结构时,内衬结构应采用钢筋混凝土衬砌,不得采用素混凝土衬砌。

2) 采用离壁式衬砌时,内衬结构应在拱墙相交处设置水平撑抵紧围岩。

3) 采用钻爆法施工时,初期支护和围岩地层间应密实回填。干砌块石回填时应注浆加强。

习 题

8-1 (2019)某3层钢筋混凝土框架结构,框架柱抗震等级为三级,最小截面是:
A 300mm×300mm   B 350mm×350mm
C 400mm×400mm   D 450mm×450mm

8-2 (2019)关于钢筋混凝土结构隔震设计的作用的说法,下列错误的是?
A 自振周期长,隔震效率高   B 抗震设防烈度高,隔震效率高
C 钢筋混凝土结构高宽比宜小于4   D 风荷载水平力不宜超过结构总重的10%

8-3 (2019)8度(0.30g)抗震设防,现浇钢筋混凝土医院建筑,建筑高度48m,一层为门诊,以上为住院部,结构可选择:
A 框架结构   B 框架-剪力墙   C 剪力墙   D 板柱-剪力墙

8-4 (2019)7度抗震设防地区,关于双塔连体建筑说法错误的是:
A 平面布局、刚度相同或相近
B 抗侧力构件沿周边布置
C 采用刚性连接
D 外围框架和塔楼刚性连接时,不伸入塔楼内部结构

8-5 (2019)8度抗震设防高层商住,部分框支剪力墙转换层结构说法错误的是:
A 转换梁不宜开洞
B 转换梁截面高度不小于计算跨度的1/8

C 可以用厚板
D 位置不超过 3 层

8-6 (2019)下列关于建筑隔震后水平地震作用减小的原因，正确的是：
A 结构阻尼减小　　　　　　　　B 延长结构的自振周期
C 支座水平刚度增加　　　　　　D 支座竖向刚度增大

8-7 (2019)抗震 7 度设防钢筋混凝土框架-剪力墙住宅呈十字形，说法错误的是：
A 突出长度不宜过长　　　　　　B 突出宽度不宜过窄
C 结构扭转位移不宜过大　　　　D 剪力墙不宜布置在端部

8-8 (2019) 7 度抗震设防钢筋混凝土弹性位移转角限值最大的是：
A 框架　　　　B 框剪　　　　C 筒中筒　　　　D 板柱-剪力墙

8-9 (2019)关于钢框架结构，说法错误的是：
A 自重轻，其基础的造价低　　　B 延性好，抗震好
C 变形小，刚度大　　　　　　　D 地震时弹塑性变形阶段耗能大，阻尼比小

8-10 (2019)采用梁宽大于柱宽的扁梁作为框架时，错误的是：
A 扁梁宽不应大于柱宽的二倍　　B 扁梁不宜用于一、二级框架结构
C 扁梁应双向布置，梁中线与柱中线重合　　D 扁梁楼板应现浇

8-11 (2019)高层防震缝缝宽可不考虑：
A 结构类型　　B 场地类别　　C 不规则程度　　D 技术经济因素

8-12 (2019)建筑形式严重不规则的说法正确的是：
A 不能建　　　　　　　　　　　B 专门论证，采取加强措施
C 按规定采取加强措施　　　　　D 抗震性能强化设计

8-13 (2019)下列构造柱设置的说法，错误的是：
A 可以提高墙体的刚度和稳定性
B 应与圈梁可靠连接
C 施工时应先现浇构造柱，后砌筑墙体，从而保证构造柱的密实性
D 可提高砌体结构的延性

8-14 (2019)下列为框架体系结构的立面，其中抗震最好的是：

A　　　　B　　　　C　　　　D

8-15 (2019)下列对地震烈度和地震震级的说法正确的是：
A 一次地震可以有不同地震震级　　B 一次地震可以有不同地震烈度
C 一次地震的震级和烈度相同　　　D 我国地震划分标准同其他国家一样

8-16 (2019)结构体中，与建筑水平地震作用成正比的是：
A 自振周期　　B 自重　　C 结构阻尼比　　D 材料强度

8-17 (2019)对建筑场地危险地段说法错误的是：
A 禁建甲类　　　　　　　　　　B 禁建乙类
C 不应建丙类　　　　　　　　　D 采取措施可以建丙类

8-18 (2019)如题 8-18 图所示建筑，其结构房屋高度为：

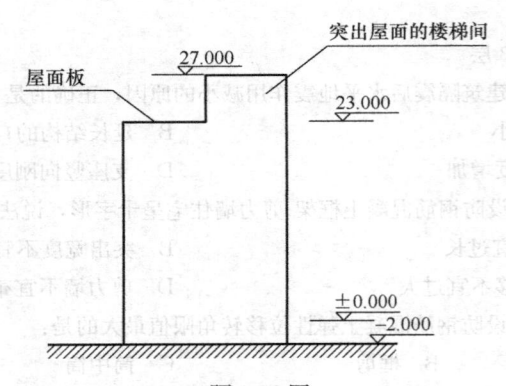

题 8-18 图

  A 23m B 25m C 27m D 29m

8-19 (2019)抗震性能延性最差的是：
  A 钢筋混凝土结构   B 钢结构
  C 钢柱混凝土结构   D 砌体结构

8-20 (2019)9 层的医院，标准层荷载设计值 19.7kN/m²，柱网为 8.4m×8.4m，μ=0.85，公式：μ=$N/(f_c \times A)$，其中 f_c=23.1N/mm²，柱子边长大小为：
  A 600mm B 700mm C 800mm D 900mm

8-21 (2019)抗震设防地区，烧结普通砖和砌筑砂浆的强度等级分别不应低于：
  A MU15，M5 B MU15，M7.5 C MU10，M5 D MU10，M7.5

8-22 (2019)抗震设计时，混凝土高层建筑大底盘多塔结构的以下说法，错误的是：
  A 上部塔楼结构的综合质心与底盘结构质心的距离不宜大于底盘相应边长的 20%
  B 各塔楼的层数、平面和刚度宜接近，塔楼对底盘宜对称布置
  C 当塔楼结构相对于底盘结构偏心收进时，应加强底盘周边竖向构件的配筋构造措施
  D 转换层设置在底盘上层的塔楼内

8-23 (2019)8 度抗震区，两栋 40m 的建筑，抗震缝最大的是：
  A 两栋为框架结构   B 两栋为抗震墙结构
  C 两栋为框架-抗震墙结构   D 一栋为抗震墙结构，一栋为框架-抗震墙结构

8-24 (2019)7 度抗震条件下，3 层学校的建筑结构适合用：
  A 剪力墙 B 框架-剪力墙 C 框架 D 框筒

8-25 (2019)下列框架-核心筒平面不可能的是：

8-26 (2019)抗震设计中，箍筋需要全高加密的框架柱，正确的是：
 A 特一级框架中柱，一级框架边柱，一级和二级框架角柱
 B 剪跨比不大于2的短柱，一级框架边柱，一级和二级框架角柱
 C 框支柱，一级框架边柱，剪跨比不大于2的短柱
 D 框支柱，一级和二级框架角柱，剪跨比不大于2的短柱

8-27 (2019)单层钢结构厂房，下列说法错误的是：
 A 横向抗侧力体系，可采用铰接框架
 B 纵向抗侧力体系，必须采用柱间支撑
 C 屋盖横梁与柱顶铰接时，宜采用螺栓连接
 D 设置防震缝时，其缝宽不宜小于单层混凝土柱厂房防震缝宽度的1.5倍

8-28 (2019)关于抗震设计的高层框架结构房屋结构布置，说法正确的是：
 A 框架应设计成双向梁柱抗侧力体系，梁柱节点可以采用铰接
 B 任何部位都不可采用单跨框架
 C 可不考虑砌体填充墙布置对建筑结构抗震的影响
 D 楼梯间布置应尽量减小其造成的结构平面不规则

8-29 (2019)在部分框支剪力墙结构中，关于转换层楼板的描述，错误的是：
 A 楼板厚度不小于150mm
 B 落地剪力墙和筒体外围的楼板不宜开洞
 C 楼板边缘设置边梁
 D 应双层双向配筋

8-30 (2019)对抗震最有利的场地为：
 A I₀   B I₁   C II   D III

8-31 (2019)抗震钢框架柱，对下面哪个参数不作要求：
 A 剪压比   B 长细比   C 侧向支承   D 宽厚比

8-32 (2019)关于抗震区超高层建筑设置结构转换层的表述，错误的是：
 A 转换层可结合设备层设置
 B 采用转换厚板时，楼板厚度不宜小于150mm
 C 地面设置转换层时，转换结构构件可采用厚板
 D 转换梁截面高度不宜小于计算跨度的1/8

8-33 (2019)医院的住院病房楼不适用哪种剪力墙形式？
 A 一字形   B L形   C T形   D [形

8-34 (2019)下述关于建筑高度不大于120m的幕墙平面内变形，说法正确的是：
 A 幕墙变形限值大于主体结构弹性变形限值
 B 幕墙变形限值宜取主体结构弹性变形限值
 C 建筑高度越高对幕墙变形性能限值要求越高
 D 钢结构的幕墙变形限值高于钢筋混凝土结构的幕墙变形限值

8-35 (2018)底部框架-抗震墙砌体房屋过渡层的砌体墙洞口大于2.1m时，洞口两侧宜增设：
 A 构造柱   B 圈梁   C 连梁   D 过梁

8-36 (2018)抗震设防的钢筋混凝土剪力墙，混凝土强度等级不宜超过：
 A C50   B C60   C C70   D C80

8-37 (2018)抗震等级为一级的框架柱，纵向受力钢筋宜优先选择：
 A HRB335   B HRB400   C RRB400   D HRB400E

8-38 (2018)抗震设防区不应采用下面何种结构形态？

　　　　A 扭转不规则　　　　B 凹凸不规则　　　　C 严重不规则　　　　D 特别不规则

8-39　(2018)在8度抗震设防地区，3层幼儿园不宜采用的抗震结构方式是：
　　　　A 多层砌体房屋　　　　　　　　　　　B 钢筋混凝土框架
　　　　C 底部框架-抗震墙砌体　　　　　　　D 抗震墙

8-40　(2018)6～8度抗震设防地区，木结构房屋的最大高度能做到：
　　　　A 3层9m　　　　B 2层6m　　　　C 单层3.3m　　　　D 单层3m

8-41　(2018)高层框架房屋突出屋顶的单层楼梯间不应采用哪种结构形式？
　　　　A 混凝土框架结构　　　　　　　　　B 抗震墙结构
　　　　C 框架-抗震墙结构　　　　　　　　D 砌体结构

8-42　(2018)钢筋混凝土结构的高层建筑设置防震缝，防震缝宽度要求最大的是：
　　　　A 框架-抗震墙结构　　　　　　　　B 抗震墙结构
　　　　C 框架结构　　　　　　　　　　　　D 抗震墙结构与框架-抗震墙结构相邻时

8-43　(2018)抗震设防地区，高层钢结构不得选用的支撑类型是：
　　　　A 交叉支撑　　　　B K形支撑　　　　C 人字形支撑　　　　D 单斜杆支撑

8-44　(2018)关于钢筋混凝土框架梁的开洞位置，下列论述正确的是：
　　　　A 可在梁端部开洞　　　　　　　　　B 洞口高度不应大于梁高的50%
　　　　C 在梁中部1/3区段开洞　　　　　　D 洞口周边不需要附加纵向钢筋

8-45　(2018)抗震设防地区的高层混凝土结构中，核心筒外墙与外框柱间距离，一般不大于：
　　　　A 10m　　　　B 12m　　　　C 15m　　　　D 18m

8-46　(2018)9度抗震地区可选用下列哪种结构体系？
　　　　A 加强层　　　　　　　　　　　　　　B 连体结构
　　　　C 带转换层和错层的结构　　　　　　D 大底盘多塔结构

8-47　(2018)抗震设防8度（0.2g）建造一栋70m高的商住楼，底部3层需要商业大空间，4层以上为住宅楼，合理的结构体系是：
　　　　A 钢筋混凝土框架　　　　　　　　　B 板柱-剪力墙
　　　　C 底部全部框支剪力墙　　　　　　　D 底部部分框支剪力墙

8-48　(2018)下列结构体系，不属于混合结构体系的是：
　　　　A 外围钢框架梁与钢筋混凝土核心筒组合的结构体系
　　　　B 型钢钢筋混凝土框架与钢筋混凝土核心筒组合
　　　　C 钢管混凝土柱、钢筋混凝土框架梁与钢筋混凝土核心筒组合
　　　　D 外围钢框筒与钢筋混凝土核心筒组合

8-49　(2018)多层砌体防震缝设置，不符合要求的是：
　　　　A 防震缝两侧均应设置墙体
　　　　B 房屋立面高差在6m以上要设置防震缝
　　　　C 房屋有错层且楼板高差大于层高的1/4时，设置防震缝
　　　　D 防震缝不小于100mm

8-50　(2018)多层砌体构造柱的以下说法，错误的是：
　　　　A 楼、电梯间四角　　　　　　　　　B 外墙四角
　　　　C 大房间内外墙交接处　　　　　　　D 洞口超过2.1m时，不设构造柱

8-51　(2018)钢框架柱的抗震构造措施中，不属于控制项目的是：
　　　　A 构件长细比　　　　B 剪跨比　　　　C 板件宽厚比　　　　D 侧向支承

8-52　(2018)框架-剪力墙结构的剪力墙布置，错误的是：
　　　　A 均匀布置在建筑周边　　　　　　　B 剪力墙间距不宜过大

C　长方形房屋布置在两端，提高效率　　　　D　贯通全高，避免刚度突变

8-53　(2018)高层建筑设置加强层的合理位置是下列哪一个？

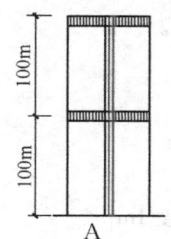 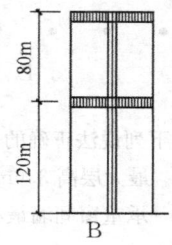 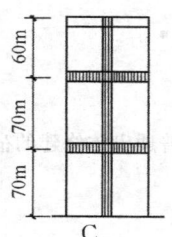 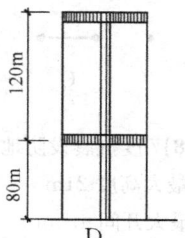

　　A　　　　　　　　B　　　　　　　　C　　　　　　　　D

8-54　(2018)3层幼儿园不适合采用以下哪个结构布局？

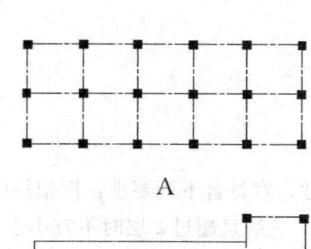　　　　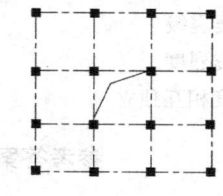

A　　　　　　　　　　　　　　　B

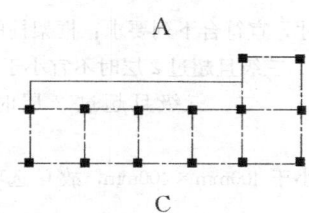　　　　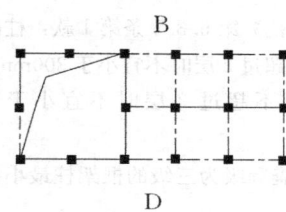

C　　　　　　　　　　　　　　　D

8-55　(2018)下列结构布局中，属于平面不规则的是：

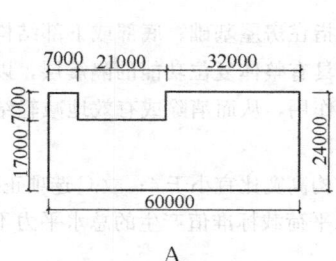　　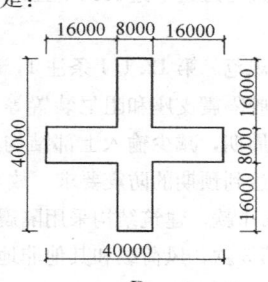

A　　　　　　　　　　　　　　　B

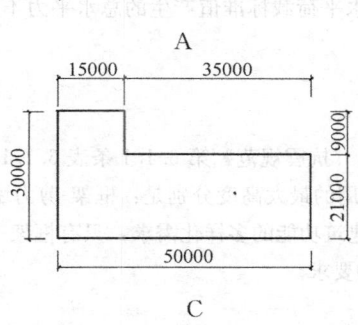　　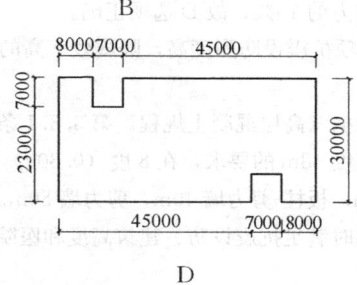

C　　　　　　　　　　　　　　　D

8-56　(2018)抗震设计中，以下图中抗震-剪力墙平面布置合理的是：

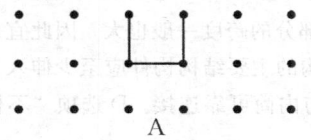　　　　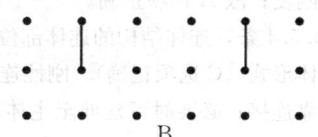

A　　　　　　　　　　　　　　　B

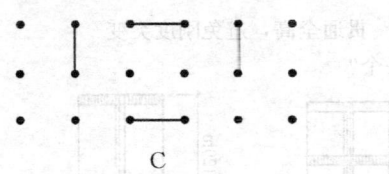
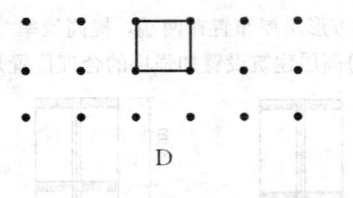

              C   D

8-57 (2018)7度抗震设防地区，普通砌体修建的宿舍，下列说法正确的是：
    A 最大高度21m　　　　　　　　B 最大层高3.6m
    C 最大开间4.5m　　　　　　　　D 承重窗间墙最小宽度1m

8-58 (2018)地震震级和烈度的关系是：
    A 震级与地震烈度既有区别又有联系
    B 地震烈度取决于地震震级
    C 地震震级取决于地震烈度
    D 地震震级与地震烈度相互独立

参考答案及解析

8-1 解析：根据《抗震规范》第6.3.5条第1款：柱的截面尺寸，宜符合下列要求：框架柱的截面宽度和高度，四级或不超过2层时不宜小于300mm，一、二、三级且超过2层时不宜小于400mm；圆柱的直径，四级或不超过2层时不宜小于350mm，一、二、三级且超过2层时不宜小于450mm。

    本题是3层，抗震等级为三级的框架柱最小截面不宜小于400mm×400mm，故C选项为最小截面。

    注：柱截面长边与短边的边长比不宜大于3。

    答案：C

8-2 解析：根据《抗震规范》第12.1.1条注1，隔震设计是指在房屋基础、底部或下部结构与上部结构之间设置由橡胶隔震支座和阻尼装置等部件组成的具有整体复位功能的隔震层，以延长整个结构体系的自振周期，减少输入上部结构的水平地震作用，从而消除或有效地减轻结构和非结构的地震损坏，达到预期的防震要求。故A选项正确。

    第12.1.3条第1款，建筑结构采用隔震设计时，结构高宽比宜小于4；故C选项正确。

    第12.1.3条第3款，风荷载和其他非地震作用的水平荷载标准值产生的总水平力不宜超过结构总重力的10%；故D选项正确。

    B选项抗震设防烈度高，隔震效率高的说法错误。

    答案：B

8-3 解析：根据《高层混凝土规程》第3.3.1条表3.3.1-1、《抗震规范》第6.1.1条表6.1.1，对医院建筑高度48m的要求，在8度（0.30g）结构体系适用的最大高度分别是：框架-剪力墙80m，框架35m，板柱-剪力墙40m，剪力墙80m。考虑医院建筑功能的多样化需求，只有框架-剪力墙结构能同时满足抗震设防、建筑高度和医院建筑功能的要求。

    答案：B

8-4 解析：根据《高层混凝土规程》第10.5.1条，连体结构各独立部分宜有相同或相近的体型、平面布置和刚度；故A选项正确。

    第10.5.4条，连体结构的连体部位受力复杂，连体部分的跨度一般也大，因此宜采用刚性连接的连体形式（C选项正确）。刚性连接时，连接体结构的主要结构构件应至少伸入主体结构一跨并可靠连接；必要时可延伸至主体部分的内筒，并与内筒可靠连接。D选项"不伸入塔楼内部结构"说法错误。

答案：D

8-5 解析：根据《高层混凝土规程》第10.2.4条，带转换层的剪力墙结构（部分框支剪力墙结构），非抗震设计和6度抗震设计时可采用厚板，7、8度抗震设计时地下室的转换结构构件可采用厚板，本题是8度抗震设防；故C选项错误。

第10.2.5条，部分框支剪力墙结构在地面以上设置转换层的位置，8度时不宜超过3层，7度时不宜超过5层，6度时可适当提高；故D选项正确。

第10.2.8条第2、6款，转换梁截面高度不宜小于计算跨度的1/8。转换梁不宜开洞；若必须开洞时，洞口边离开支座柱边的距离不宜小于梁截面高度。故A、B项正确。

答案：C

8-6 解析：《抗震规范》第12.1.1条注1，隔震设计是指在房屋基础、底部或下部结构与上部结构之间设置由橡胶隔震支座和阻尼装置等部件组成的具有整体复位功能的隔震层，通过延长整个结构体系的自振周期，减少输入上部结构的水平地震作用，以达到预期的防震要求；故B选项正确。

答案：B

8-7 解析：根据《高层混凝土规程》第3.4.3条第3款，平面突出部分的长度 l 不宜过大、宽度 b 不宜过小（图3.4.3，即题8-7解图），l/B_{max}、l/b 宜符合表3.4.3（题8-7解表）的要求。故A、B选项正确。

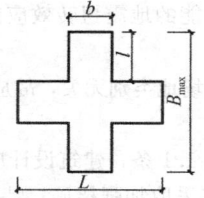

题8-7解图　建筑平面示意

平面尺寸及突出部位尺寸的比值限值　　　　　　　　　　题8-7解表

设防烈度	L/B	l/B_{max}	l/b
6、7度	≤6.0	≤0.35	≤2.0
8、9度	≤5.0	≤0.30	≤1.5

第8.1.7条第2款，框架-剪力墙结构中剪力墙的布置，当平面形状凹凸较大时，宜在凸出部分的端部附近布置剪力墙；故D选项"不宜布置在端部"错误。

答案：D

8-8 解析：根据《抗震规范》第5.5.1条表5.5.1（题8-8解表），在抗震设防地区，钢筋混凝土弹性层间位移角限值最大的是框架结构，其次是框架-剪力墙结构和板柱-剪力墙结构，最小的是筒中筒结构；故A选项正确。

弹性层间位移角限值　　　　　　　　　　题8-8解表

结构类型	$[\theta_e]$
钢筋混凝土框架	1/550
钢筋混凝土框架-抗震墙、板柱-抗震墙、框架-核心筒	1/800
钢筋混凝土抗震墙、筒中筒	1/1000

结构类型	$[\theta_e]$
钢筋混凝土框支层	1/1000
多、高层钢结构	1/250

答案：A

8-9 解析：钢结构的受力特点是：强度高，自重轻；震动周期长，阻尼比①小；刚度小，弹塑性变形大，但破坏程度小，故 C 选项错误。
答案：C

8-10 解析：根据《抗震规范》第 6.3.2 条第 1 款，采用扁梁的楼、屋盖应现浇，梁中线宜与柱中线重合，扁梁应双向布置（C、D 选项正确）。扁梁的截面宽度 b_b 不应大于柱截面宽度 b_c 的二倍（A 选项正确）。

第 6.3.2 条第 2 款，扁梁不宜用于一级框架结构（B 选项错误）。
答案：B

8-11 解析：根据《高层混凝土规程》第 3.4.9 条，抗震设计时，体型复杂、平立面不规则的高层建筑，应根据不规则的程度、地基基础条件和技术经济等因素比较分析，确定是否设置防震缝。

条文说明第 3.4.10 条，防震缝宽度原则上应大于两侧结构允许的地震水平位移之和。

另据《抗震规范》第 3.4.5 条第 2 款，防震缝应根据抗震设防烈度、结构材料种类、结构类型、结构单元的高度和高差以及可能的地震扭转效应的情况，留有足够的宽度，其两侧的上部结构应完全分开。

高层建筑防震缝的设置宽度与场地类别无关，故应选 B。
答案：B

8-12 解析：根据《抗震通用规范》第 5.1.1 条，建筑设计应根据抗震概念设计的要求明确建筑形体的规则性。不规则的建筑应按规定采取加强措施；特别不规则的建筑应进行专门研究和论证，采取特别的加强措施；严重不规则的建筑不应采用。
答案：A

8-13 解析：根据《抗震通用规范》第 5.5.11 条，为确保砌体抗震墙与构造柱、底层框架柱的连接，以提高抗侧力砌体墙的变形能力，其施工应先砌墙后浇构造柱和框架梁柱；故 C 选项说法错误。
答案：C

8-14 解析：根据《抗震规范》第 3.4.2 条，建筑设计宜择优选用规则的形体，其抗侧力构件的平面布置宜规则对称、侧向刚度沿竖向宜均匀变化、竖向抗侧力构件的截面尺寸和材料强度宜自下而上逐渐减小、避免侧向刚度和承载力突变。

另据《高层混凝土规程》第 3.5.4 条，抗震设计时，结构竖向抗侧力构件宜上、下连续贯通；故抗震效果最好的是 D 选项。
答案：D

8-15 解析：地震震级代表地震本身的大小强弱，由震源发出的地震波能量来决定；地震烈度指地震时某一地区的地面和各类建筑物遭受一次地震影响的强弱程度。对于同一次地震，只有一个震级，但可以有不同地震烈度。
答案：B

8-16 解析：下述各项与建筑水平地震作用之间的关系是：地震烈度增大一度，地震作用增大一倍；

---

① 阻尼指使振幅随时间衰减的各种因素。阻尼比指实际的阻尼与临界阻尼的比值，表示结构在受激振后振动的衰减形式。

建筑的自重越大，地震作用越大；建筑结构的自振周期越小，地震作用越大；结构阻尼比越大，地震作用越小；地震作用与材料强度无关。故与建筑水平地震作用成正比关系的是 B。

答案：B

8-17 解析：根据《抗震通用规范》第 3.1.1 和第 3.1.2 条，选择建筑场地时，应根据工程需要和地震活动情况、工程地质和地震地质的有关资料，对抗震有利、一般、不利和危险地段做出综合评价。对不利地段，应提出避开要求；当无法避开时应采取有效的措施。对危险地段，严禁建造甲、乙类的建筑，不应建造丙类的建筑。

答案：D

8-18 解析：根据《抗震规范》第 6.1.1 条表 6.1.1 注 1，房屋高度是指室外地面（−2.000m）到主要屋面板板顶的高度（23.000m）（不包括局部突出屋顶部分），因此建筑高度为 23m+2m=25m。

答案：B

8-19 解析：砌体结构的块材是刚性材料，自重大，砂浆与砖石等块体之间的粘结力弱，无筋砌体的抗拉、抗剪强度低，整体性、延性差，所以抗震性能延性最差的是砌体结构。

答案：D

8-20 解析：根据《抗震规范》第 6.3.6 条，对于有抗震设防要求的框架结构，为保证柱有足够的延性，需要限制柱轴压比①，柱轴压比不宜超过表 6.3.6（题 8-20 解表）的规定。

柱轴压比限值　　　　　　　　　　　题 8-20 解表

结构类型	抗震等级			
	一	二	三	四
框架结构	0.65	0.75	0.85	0.90
框架-抗震墙、板柱-抗震墙、框架-核心筒及筒中筒	0.75	0.85	0.90	0.95
部分框支抗震墙	0.60	0.70		

根据题意，应满足：$\mu = N/(f_c \times A) = 0.85$

其中，轴向压力设计值：$N = 19.7 \text{kN/m}^2 \times 8.4 \text{m} \times 8.4 \text{m} \times 9（层）= 12510.288 \text{kN}$（因未给出屋面荷载设计值，按标准层荷载设计值计算）

代入轴压比公式，则：$b \times h = A = N/(\mu \times f_c) = 637.142 \times 10^3 \text{mm}^2$，$b = h = 798.2 \text{mm}$；

规范规定此计算结果是最小值。柱子边长取 C 选项 800mm 合适。

答案：C

8-21 解析：根据《砌体结构设计规范》第 10.1.12 条第 1 款，砌体结构普通砖和多孔砖的强度等级不应低于 MU10，其砌筑砂浆强度等级不应低于 M5。混凝土小型空心砌块的强度等级不应低于 MU7.5，其砌筑砂浆强度等级不应低于 Mb7.5。

答案：C

8-22 解析：根据《高层混凝土规程》第 10.6.3 条第 1、2 款及其条文说明，转换层宜设置在底盘楼层范围内，不宜设置在底盘以上的塔楼内。若转换层设置在底盘屋面的上层塔楼内时，易形成结构薄弱部位，不利于结构抗震。故 D 选项说法错误。

答案：D

8-23 解析：根据《抗震规范》第 6.1.4 条第 1 款，钢筋混凝土房屋需要设置防震缝时，其防震缝宽度应分别符合下列要求：

（1）框架结构（包括设置少量抗震墙的框架结构）房屋的防震缝宽度，当高度不超过 15m

---

① 柱轴压比指柱考虑地震作用组合的轴压力设计值与柱的全截面面积和混凝土轴心抗压强度设计值乘积的比值。

时不应小于100mm；高度超过15m时，6度、7度、8度和9度分别每增加高度5m、4m、3m和2m，宜加宽20mm；

（2）框架-抗震墙结构、抗震墙结构房屋的防震缝宽度分别不应小于本款（1）项规定数值的70%和50%，且均不宜小于100mm；

（3）防震缝两侧结构类型不同时，宜按需要较宽防震缝的结构类型和较低房屋高度确定缝宽。

综上所述，8度抗震区，两栋40m的框架结构建筑需要的抗震缝最大。

答案：A

8-24 解析：根据《建筑工程抗震设防分类标准》GB 50223—2008第6.0.8条，教育建筑中，幼儿园、小学、中学的教学用房以及学生宿舍和食堂，抗震设防类别应不低于重点设防类（乙类）。

第3.0.3条第2款，对重点设防类，应按高于本地区抗震设防烈度一度的要求加强其抗震措施，但抗震设防烈度为9度时应按比9度更高的要求采取抗震措施。因此7度的学校建筑应满足8度抗震设防要求加强其抗震措施。

另据《抗震通用规范》第5.4.1条及其条文说明，钢筋混凝土房屋结构应根据设防类别、烈度、结构类型和房屋高度四个因素确定抗震等级，抗震等级的划分，体现了对不同抗震设防类别、不同结构类型、不同烈度、同一烈度但不同高度的钢筋混凝土房屋结构延性要求的不同，以及同一种构件在不同结构类型中的延性要求的不同。

钢筋混凝土房屋结构应根据抗震等级采取相应的抗震措施，包括抗震计算时的内力调整和各种抗震构造措施。因此乙类建筑应提高一度查表6.1.2（题8-24解表）确定其抗震等级。

现浇钢筋混凝土房屋的抗震等级　　题8-24解表

结构类型		设防烈度							
		6		7		8		9	
框架结构	高度（m）	≤24	>24	≤24	>24	≤24	>24	≤24	
	框架	四	三	三	二	二	一	一	
	大跨度框架	三		二		一		一	
框架-抗震墙结构	高度（m）	≤60	>60	≤24	25~60	>60	≤24	25~60	>60	≤24	25~50
	框架	四	三	四	三	二	三	二	一	二	一
	抗震墙	三	三	三	二	二	一	一	
抗震墙结构	高度（m）	≤80	>80	≤24	25~80	>80	≤24	25~80	>80	≤24	25~60
	剪力墙	四	三	四	三	二	三	二	二	二	一

在7度抗震条件下，3层的学校建筑按8度抗震设防，高度24m以下时，抗震等级低（三级）的结构体系有剪力墙结构和框架-剪力墙结构。根据学校建筑大空间的功能需要，适合采用框架-剪力墙结构。

答案：B

8-25 解析：根据《抗震规范》第6.7.1条第1款，核心筒与框架之间的楼盖宜采用梁板体系；B图中核心筒与周边框架柱没有框架梁连系。

答案：B

8-26 解析：《抗震规范》第6.3.9条第1款4），柱的箍筋配置需要全高加密的框架柱包括：剪跨比不大于2的柱、因设置填充墙等形成的柱净高与柱截面高度之比不大于4的柱、框支柱、一级和二级框架的角柱;故 D 选项正确。

答案:D

8-27 解析:根据《抗震规范》第9.2.2条第1款,厂房的横向抗侧力体系,可采用刚接框架、铰接框架、门式刚架或其他结构体系;A 选项正确。厂房的纵向抗侧力体系,8、9度应采用柱间支撑;6、7度宜采用柱间支撑,也可采用刚接框架;B 选项中"必须采用"说法错误。

第9.2.2条第3款:屋盖应设置完整的屋盖支撑系统。屋盖横梁与柱顶铰接时,宜采用螺栓连接;C 选项正确。

第9.2.3条,当设置防震缝时,其缝宽不宜小于单层混凝土柱厂房防震缝宽度的1.5倍;D 选项正确。

答案:B

8-28 解析:根据《高层混凝土规程》第6.1.1条,框架结构应设计成双向梁柱抗侧力体系。主体结构除个别部位外,不应采用铰接;A 选项"可以采用铰接"说法错误。

第6.1.2条及其条文说明,抗震设计的框架结构不应采用单跨框架。单跨框架结构是指整栋建筑全部或绝大部分采用单跨框架的结构,不包括仅局部为单跨框架的框架结构;因此 B 选项"任何部位都不可采用"说法错误。

第6.1.3条及其条文说明,框架结构的填充墙及隔墙宜选用轻质隔墙。如采用砌体填充墙,要注意防止砌体(尤其是砖砌体)填充墙对结构抗震设计的不利影响;C 选项"可不考虑"说法错误。

第6.1.4条第1款:抗震设计时,框架结构的楼梯间的布置应尽量减小其造成的结构平面不规则;D 选项正确。

答案:D

8-29 解析:根据《高层混凝凝土规程》第10.2.23条,部分框支剪力墙结构中,框支转换层楼板厚度不宜小于180mm,应双层双向配筋;故 A 项"不小于150mm"错误,D 项正确。落地剪力墙和筒体外围的楼板不宜开洞;楼板边缘和较大洞口周围应设置边梁;故 B、C 选项正确。

答案:A

8-30 解析:根据《抗震通用规范》第3.1.3条表3.1.3,建筑的场地类别,应根据土层等效剪切波速和场地覆盖层厚度按表4.1.6划分为四类,其中Ⅰ类分为I_0、I_1两个亚类。

场地条件对震害的主要影响因素是:场地土的坚硬、密实程度及场地覆盖层厚度,土越软、覆盖层越厚,震害越严重。因此对抗震有利的场地类别是I_0。A 选项符合题意。

答案:A

8-31 解析:根据《抗震规范》第8.3.1条~第8.3.3条,钢框架结构的抗震构造措施包括框架柱的长细比,框架梁、柱板件宽厚比,以及梁柱构件的侧向支承等要求;未对剪压比作出要求。

答案:A

8-32 解析:根据《高层混凝凝土规程》第10.2.4条,转换结构构件可采用转换梁、桁架、空腹桁架、箱形结构、斜撑等,非抗震设计和6度抗震设计时可采用厚板,7、8度抗震设计时地下室的转换结构构件可采用厚板;故 C 选项错误。

第10.2.8条第2款,转换梁截面高度不宜小于计算跨度的1/8;故 D 选项正确。

第10.2.14条第6款,转换厚板上、下一层的楼板应适当加强,楼板厚度不宜小于150mm;故 B 选项正确。

在超高层建筑设计中,转换层结合设备层设置是合理利用转换层空间的常见做法。

答案:C

8-33 解析:根据《高层混凝土规程》第7.1.1条第1款、第7.2.2条第2款、第7.2.2条第6款,剪力墙结构应具有适宜的侧向刚度,其平面布置宜简单、规则,宜沿两个主轴方向或其他方向双向布置，两个方向的侧向刚度不宜相差过大。抗震设计时，不应采用仅单向有墙的结构布置。一字形剪力墙布置最不利，不宜采用一字形短肢剪力墙。

第8.1.7条第3款：框架-剪力墙结构中，纵、横剪力墙宜组成L形、T形和[形等形式。

答案：A

8-34 **解析**：《建筑幕墙》GB/T 21086—2007第5.1.6条第2款，建筑幕墙平面内变形性能以建筑幕墙层间位移角为性能指标。在非抗震设计时，指标值应不小于主体结构弹性层间位移角控制值；在抗震设计时，指标值应不小于主体结构弹性层间位移角控制值的3倍。主体结构楼层最大弹性层间位移角控制值可按表20（题8-34解表）的规定执行。当建筑高度$H \leqslant 150m$时，钢结构的最大弹性层间位移角（1/300）高于钢筋混凝土结构的最大弹性层间位移角（1/1000～1/550）；故D选项说法正确。

主体结构楼层最大弹性层间位移角 题8-34解表

结构类型		建筑高度 H (m)		
		$H \leqslant 150$	$150 < H \leqslant 250$	$H > 250$
钢筋混凝土结构	框架	1/550	—	—
	板柱-剪力墙	1/800	—	—
	框架-剪力墙、框架-核心筒	1/800	线性插值	—
	筒中筒	1/1000	线性插值	1/500
	剪力墙	1/1000	线性插值	—
	框支层	1/1000	—	—
多、高层钢结构		1/300		

注：1. 表中弹性层间位移角$=\Delta/h$，Δ为最大弹性层间位移量，h为层高。
2. 线性插值系指建筑高度为150～250m，层间位移角取1/800（1/1000）与1/500线性插值。

答案：D

8-35 **解析**：在砌体墙洞口两侧宜增设的只能是竖向构件，除构造柱之外，其他选项均为水平构件；由此可判断只能选A。

根据《抗震规范》第7.5.2条第5款，过渡层的砌体墙，凡宽度不小于1.2m的门洞和2.1m的窗洞，洞口两侧宜增设截面不小于120mm×240mm（墙厚190mm时为120mm×190mm）的构造柱或单孔芯柱。

答案：A

8-36 **解析**：因高强度混凝土表现出明显的脆性，且随强度等级的提高而增加，因此规范对钢筋混凝土结构中的混凝土强度等级作了必要的限制：混凝土抗震墙的强度等级不宜超过C60；其他构件，9度时不宜超过C60，8度时不宜超过C70。参见《抗震规范》第3.9.3条第2款及其条文说明。

答案：B

8-37 **解析**：对要求较高的抗震结构，适用钢筋牌号为已有钢筋牌号后加"E"（如HRB400E），因此答案为D。其具体设计要求是：对有抗震设防要求的结构，当设计无具体要求时，对按一、二、三级抗震等级设计的框架和斜撑构件（含梯段）中的纵向受力钢筋应采用HRB335E、HRB400E、JHRB500E、HRBF335E、HRBF400E或HRBF500E钢筋。

带"E"钢筋和普通钢筋之间的区别，主要是对钢筋强度和伸长率的实测值在技术指标上作了一定的提升，以使钢筋获得更好的延性；从而能够更好地保证重要结构构件在地震时具有足够的塑性变形能力和耗能能力。

答案：D

8-38 解析：根据《抗震通用规范》第5.1.1条，建筑设计应根据抗震概念设计的要求明确建筑形体的规则性。不规则的建筑应按规定采取加强措施；特别不规则的建筑应进行专门研究和论证，采取特别的加强措施；严重不规则的建筑不应采用，答案为C。其中平面不规则的情况又分为扭转不规则、凹凸不规则和楼板局部不连续。

答案：C

8-39 解析：根据《建筑工程抗震设防分类标准》GB 50223—2008 第6.0.8条；《抗震通用规范》第5.5.1款表7.1.2注3，教育建筑中，幼儿园、小学、中学的教育用房以及学生宿舍和食堂，抗震设防类别不低于重点设防类（乙类）；乙类的多层砌体房屋不应采用底部框架-抗震墙砌体房屋。

答案：C

8-40 解析：根据《抗震规范》第11.3.3条，木结构房屋的高度应符合下列要求：

（1）木柱木屋架和穿斗木构架房屋，6～8度时不宜超过2层，总高度不宜超过6m；9度时宜建单层，高度不应超过3.3m。

（2）木柱木梁房屋宜建单层，高度不宜超过3m。

由此可知，6～8度设防时，木柱木屋架的房屋不宜超过2层，总高度不宜超过6m。

答案：B

8-41 解析：根据《高层混凝土规程》第6.1.6条，框架结构按抗震设计时，不应采用部分由砌体墙承重之混合形式。框架结构中的楼、电梯间及局部出屋顶的电梯机房、楼梯间、水箱间等，应采用框架承重，不应采用砌体墙承重。故D选项符合题意。

答案：D

8-42 解析：框架结构抗侧刚度最小，故要求的防震缝宽度最大。根据《高层混凝土规程》第3.4.10条第1、2款；《抗震规范》第6.1.4条。

答案：C

8-43 解析：根据《高层钢结构规程》第7.5.1条，高层民用建筑钢结构的中心支撑宜采用：十字交叉斜杆（图7.5.1-1a，即题8-43解图1(a)），单斜杆（图7.5.1-1b，即题8-43解图1(b)），人字形斜杆（图7.5.1-1c，即题8-43解图1(c)）或V形斜杆体系。中心支撑斜杆的轴线应交汇于框架梁柱的轴线上。抗震设计的结构不得采用K形斜杆体系（图7.5.1-1d，即题8-43解图1(d)）。当采用只能受拉的单斜杆体系时，应同时采用不同倾斜方向的两组单斜杆（图7.5.1-2，即题8-43解图2)，且每层不同方向单斜杆的截面面积在水平方向的投影面积之差不得大于10%。

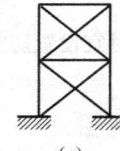 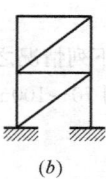 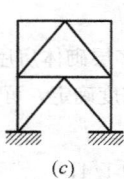 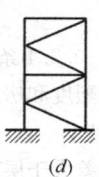　　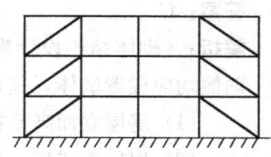

(a)　　　(b)　　　(c)　　　(d)

题8-43解图1　中心支撑类型　　　题8-43解图2　单斜杆支撑

(a) 十字交叉斜杆；(b) 单斜杆；(c) 人字形斜杆；

(d) K形斜杆

答案：B

8-44 解析：按照受弯构件梁的正应力分布，梁截面的中性轴正应力为0，所以在中性轴位置附近开洞对梁抗弯能力的影响最小，C 选项正确。

根据《高层混凝土规程》第 6.3.7 条，钢筋混凝土框架梁上开洞时，洞口位置宜位于梁跨中 1/3 区段，洞口高度不应大于梁高的 40%；开洞较大时应进行承载力验算。梁上洞口周边应配置附加纵向钢筋和箍筋，并应符合计算及构造要求。

答案：C

8-45 **解析**：根据《高层混凝土规程》第 9.1.5 条，核心筒或内筒的外墙与外框柱间的中距，非抗震设计大于 15m，抗震设计大于 12m，宜采取增设内柱等措施。

答案：B

8-46 **解析**：根据《高层混凝土规程》第 10.1.2 条，9 度抗震设计时不应采用带转换层的结构、带加强层的结构、错层结构和连体结构。

答案：D

8-47 **解析**：根据《抗震规范》第 6.1.1 条表 6.1.1，抗震设防 8 度（0.2g），结构体系的适用高度分别是：框架结构 40m，板柱-抗震墙结构 55m，均不满足 70m 高度要求。全部落地剪力墙结构 100m，但不满足底层商业大空间要求。部分框支剪力墙结构适用高度 80m，是同时满足功能需要和适用高度的合理结构体系；D 选项正确。

答案：D

8-48 **解析**：根据《高层混凝土规程》第 11.1.1 条，混合结构体系指由外围钢框架或型钢混凝土、钢管混凝土框架与钢筋混凝土核心筒所组成的框架-核心筒结构，以及由外围钢框筒或型钢混凝土、钢管混凝土框筒与钢筋混凝土核心筒所组成的筒中筒结构。

另据第 11.1.2 条表 11.1.2（题 8-48 解表），C 选项不属于混合结构体系。

混合结构高层建筑适用的最大高度   题 8-48 解表

结构体系		非抗震设计	抗震设防烈度				
			6 度	7 度	8 度		9 度
					0.2g	0.3g	
框架-核心筒	钢框架-钢筋混凝土核心筒	210	200	160	120	100	70
	型钢（钢管）混凝土框架-钢筋混凝土核心筒	240	220	190	150	130	70
筒中筒	钢外筒-钢筋混凝土核心筒	280	260	210	160	140	80
	型钢（钢管）混凝土外筒-钢筋混凝土核心筒	300	280	230	170	150	90

注：平面和竖向均不规则的结构，最大适用高度应适当降低。

答案：C

8-49 **解析**：《砌体结构设计规范》第 10.2.4 条，多层砌体房屋有下列情况之一时宜设置防震缝，缝两侧均应设置墙体，缝宽应根据烈度和房屋高度确定，可采用 70～100mm：

(1) 房屋立面高差在 6m 以上；

(2) 房屋有错层，且楼板高差大于层高的 1/4；

(3) 各部分结构刚度、质量截然不同。

综上所述，D 选项中"不小于 100mm"不符合要求。

答案：D

8-50 **解析**：根据《砌体结构设计规范》第 10.2.4 条表 10.2.4（题 8-50 解表）注：多层砌体房屋在较大洞口两侧要求设置构造柱。较大洞口，内墙指不小于 2.1m 的洞口；外墙在内外墙交接处已设置构造柱时应允许适当放宽，但洞侧墙体应加强。D 选项"不设置"说法错误。

多层砖砌体房屋构造柱设置要求　　　　　　　题 8-50 解表

房屋层数				设置部位	
6度	7度	8度	9度		
四、五	三、四	二、三		楼、电梯间四角，楼梯斜梯段上下端对应的墙体处；	隔 12m 或单元横墙与外纵墙交接处；楼梯间对应的另一侧内横墙与外纵墙交接处
六	五	四	二	外墙四角和对应转角；错层部位横墙与外纵墙交接处；	隔开间横墙（轴线）与外纵墙交接处；山墙与内纵墙交接处
七	≥六	≥五	≥三	大房间内外墙交接处；较大洞口两侧	内墙（轴线）与外墙交接处；内墙的局部较小墙垛处；内纵墙与横墙（轴线）交接处

注：较大洞口，内墙指不小于 2.1m 的洞口；外墙在内外墙交接处已设置构造柱时应允许适当放宽，但洞侧墙体应加强。

　　答案：D

8-51　解析：剪跨比（λ）指构件截面弯矩与剪力和有效高度乘积的比值，是钢筋混凝土构件设计的控制指标，钢结构设计无此控制项目。

　　答案：B

8-52　解析：纵向剪力墙布置在平面的尽端时，会造成对楼盖两端的约束作用，楼盖中部的梁板容易因混凝土收缩和稳定变化而出现裂缝，因此长矩形平面或平面有一部分较长的建筑中，纵向剪力墙不宜集中布置在房屋的两尽端；故选项 C 错误。

　　《高层混凝土规程》第 8.1.7 条第 1 款，在框架-剪力墙结构中，剪力墙宜均匀布置在建筑物的周边附近、楼梯间、电梯间、平面形状变化及恒载较大的部位，剪力墙间距不宜过大；故 A、B 选项正确。

　　第 8.1.7 条第 5 款，剪力墙宜贯通建筑物的全高，宜避免刚度突变；剪力墙开洞时，洞口宜上下对齐；故 D 选项正确。

　　答案：C

8-53　解析：根据《高层混凝土规程》第 10.3.2 条第 1 款，带加强层的高层建筑结构应合理设计加强层的数量、刚度和设置位置：

　　（1）当布置 1 个加强层时，可设置在 0.6 倍房屋高度附近。

　　（2）当布置 2 个加强层时，可分别设置在顶层和 0.5 倍房屋高度附近；故 A 选项合理。

　　（3）当布置多个加强层时，宜沿竖向从顶层向下均匀布置。

　　答案：A

8-54　解析：根据《建筑工程抗震设防分类标准》GB 50223—2008 第 6.0.8 条，教育建筑中，幼儿园、小学、中学的教学用房以及学生宿舍和食堂，抗震设防类别应不低于重点设防类（乙类建筑）。

　　另据《抗震规范》第 6.1.5 条，对甲、乙类建筑以及高度大于 24m 的丙类建筑，不应采用单跨框架结构；C 选项为单跨框架结构，不应采用。

　　答案：C

8-55　解析：根据《抗震规范》第 3.4.3 条第 1 款表 3.4.3-1，根据平面凹凸不规则要求，平面凹进的尺寸，大于相应投影方向总尺寸的 30%，为平面不规则。另据条文说明图 2（题 8-55 解图）可知，在 4 个选项中，B 图属于平面不规则的情况。

　　答案：B

8-56　解析：参见《高层混凝土规程》第 8.1.5 条，框架-剪力墙结构应设计成双向抗侧力体系；抗震

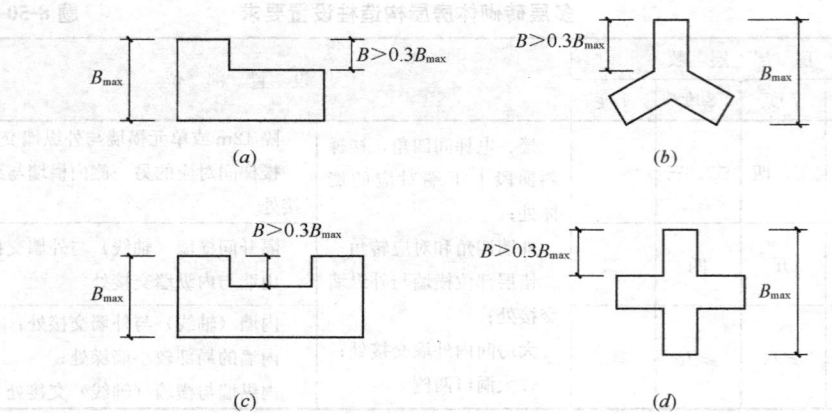

题 8-55 解图　建筑结构平面的凸角或凹角不规则示例

  设计时，结构两主轴方向均应布置剪力墙。第 8.1.7 条第 1 款，剪力墙宜均匀布置在建筑物的周边附近、楼梯间、电梯间、平面形状变化及恒载较大的部位，剪力墙间距不宜过大。

  A、B 图剪力墙布置不够均匀对称，B 图只有横向有剪力墙，均不符合规范要求。C 图采用缩进一跨布置剪力墙，均匀。D 图利用电梯井布置剪力墙，但过于集中，不利于结构受力。综上所述，C 图的剪力墙布置更为合理。

  答案：C

8-57　解析：根据《建筑工程抗震设防分类标准》GB 50223—2008 第 6.0.8 条，教育建筑中，幼儿园、小学、中学的教学用房以及学生宿舍和食堂，抗震设防类别应不低于重点设防类（乙类）。

  另据《抗震通用规范》第 5.5.1 条第 2 款，乙类的多层砌体房屋，总高度应比表中的规定降低 3m，层数相应减少一层；本题为 7 度抗震设防地区，查表可知总高度为 21m，层数为 7 层；总高度降低 3m 后为 18m，层数减少一层后为 6 层。故 A 选项错误。

  《抗震规范》第 7.1.3 条，多层砌体承重房屋的层高，不应超过 3.6m；故 B 选项正确。

  《抗震通用规范》第 5.5.2 条，多层砌体房屋，木屋盖时的抗震横墙间距不应超过 4m；故 C 选项错误。

  《抗震规范》第 7.1.6 条，承重窗间墙最小宽度为 1.2m；故 D 选项错误。

  答案：B

8-58　解析：根据《地震震级的规定》GB 17740—2017 第 2.16 条、《中国地震烈度表》第 2.1 条，地震震级是对地震大小的量度，与一次地震所释放的能量有关。释放能量越大，地震震级也越大。

  地震烈度是指地震引起的地面震动及其影响的强弱程度。一个地区的烈度，不仅与这次地震的释放能量（即震级）、震源深度、距离震中的远近有关，还与地震波传播途径中的工程地质条件和工程建筑物的特性有关。我国地震烈度划分为 12 个等级。

  地震震级与地震烈度既有区别又有联系。一次地震只有一个震级，但在不同的地区造成的破坏程度不同，即一次地震在不同地区可以划分出不同的烈度。

  答案：A

第九章 地基与基础

本章考试大纲：了解天然地基和人工地基的类型及选择的基本原则（与原大纲中的要求一致）。

本章复习要点：本章将针对考试大纲的要求，以《建筑地基基础设计规范》GB 50007—2011（简称《地基基础规范》）为主线，并结合2022年4月1日起实行的《建筑与市政地基基础通用规范》GB 55003—2021（简称《地基基础通用规范》）的内容，主要介绍了地基基础设计的基本规定，包括：地基基础设计等级划分、地基基础设计应符合的要求等，并对专用术语作了解释；介绍了地基岩土的分类和工程特性指标；对不同地基情况下基础埋深要求、承载力要求、变形要求作了详细介绍；对山区地基、软弱地基、特殊地基以及边坡进行了解读。通过要点、例题和习题等方式，帮助考生加深对规范的理解。

值得注意的是，《地基基础通用规范》为全文强制性条文，废止了《地基基础规范》中的强制性条文，但部分条文在《地基基础通用规范》中并未体现或只作原则性要求，因此，除《地基基础通用规范》中有明确的要求外，《地基基础规范》中被废止的强制性条文仍可按一般性条文对待。部分被废止的强制性条文在其他规范或通用规范中有体现的，在本章节中也作了适当补充。

第一节 概 述

地基基础在建筑工程中的重要性：

（1）大家知道，房屋无论大小、高低，都要建造在土层上面。房屋有楼盖（屋顶）、墙身、柱子和基础。房屋的基础埋在地面以下一定深度的土层上，实际上它是房屋墙身或柱子的延伸部分。房屋基础承担房屋屋顶、楼面、墙或柱传来的重力荷载，以及风、雪荷载和地震作用，并起承上启下的作用。

（2）地基土受力后，会发生压缩变形，为了控制房屋的下沉和保证它的稳定，以达到房屋的正常使用，通常要将房屋基础的尺寸适当放大。也就是说，要比墙和柱子本身的截面尺寸大一些，以适应地基的承载能力。

（3）基础是房屋不可缺少的重要组成部分。没有一个牢靠的基础，就不能有一个完好的上部建筑。因此，为了保证房屋的安全和必要的使用年限，基础应当具备足够的强度和稳定性。地基虽不是房屋的组成部分，但它的好坏却直接影响整个房屋的安全和使用。如对地基下沉和不均匀下沉没有妥善处理，房屋建成后，会使楼板和墙体产生裂缝，并可能使房屋倾斜。以往就发生过因对地基承载力估计不足造成的房屋倒塌事故。

（4）从造价和工期来看，基础工程在建筑工程中占有很大的比重，就一般工程而言，基础造价约占建筑物总造价的10%～20%，施工工期约占25%～35%。由此可见，地基处理和基础设计，对房屋是否安全耐久和经济，具有十分重要的意义。

第二节 地基土的基本知识

一、有关名词术语

（1）地基：支承基础的土体或岩体。

（2）基础：将结构所承受的各种作用传递到地基上的结构组成部分。

（3）地基承载力特征值：由载荷试验测定的地基土压力变形曲线线性变形段内规定的变形所对应的压力值，其最大值为比例界限值。

（4）重力密度（重度）：单位体积岩土体所承受的重力，为岩土体的密度和重力加速度的乘积。

（5）岩体结构面：岩体内开裂的和易开裂的面，如层面、节理、断层、片理等，又称不连续构造面。

（6）标准冻结深度：在地面平坦、裸露、城市之外的空旷场地中不少于10年的实测最大冻结深度的平均值。

（7）地基变形允许值：为保证建筑物正常使用而确定的变形控制值。

（8）土岩组合地基：在建筑地基的主要受力层范围内，有下卧基岩表面坡度较大的地基；或石芽密布并有出露的地基；或大块孤石或个别石芽出露的地基。

（9）地基处理：为提高地基承载力，或改善其变形性质或渗透性质而采取的工程措施。

（10）复合地基：部分土体被增强或被置换，而形成的由地基土和增强体共同承担荷载的人工地基。

（11）扩展基础：为扩散上部结构传来的荷载，使作用在基底的压应力满足地基承载力的设计要求，且基础内部的应力满足材料强度的设计要求，通过向侧边扩展一定底面积的基础。

（12）无筋扩展基础：由砖、毛石、混凝土或毛石混凝土、灰土和三合土等材料组成且不需配置钢筋的墙下条形基础或柱下独立基础。

（13）桩基础：由设置于岩土中的桩和连接于桩顶端的承台组成的基础。

（14）支挡结构：使岩二边坡保持稳定、控制位移、主要承受侧向荷载而建造的结构物。

（15）基坑工程：为保证地面向下开挖形成的地下空间在地下结构施工期间的安全稳定所需的挡土结构及地下水控制、环境保护等措施的总称。

二、地基土的主要物理力学指标

1. 土的形成

土是由岩石经物理、化学和生物风化作用形成的。岩石暴露在大气中，经受风、霜、雨、雪的侵蚀，动植物的破坏，地壳运动的压、挤，气温的变化，裂缝中积水成冰的膨胀作用等，逐渐由大块体崩解为较小的碎屑和颗粒。这些碎屑和颗粒，又受到大气中如碳酸气（CO_2）、氧气（O_2）或动植物的腐蚀等作用，使这些碎屑和颗粒分解为非常细小的颗粒状物质，这就是土的简单形成过程。

2. 土的性质

土不是坚固密实的整体，土颗粒之间有很多孔隙，在这些孔隙中有空气也有水。一般情况下，土是由三部分组成，即固体的颗粒、水和空气。这三部分之间的比例不是固定不变的，当气温升高时，土内一部分水蒸发，而使土内空气增加。土中颗粒、水和空气相互间的比例不同，反映出土处于各种不同的状态：干燥或潮湿，疏松或紧密，这对于评定土的物理和力学性质有着很重要的意义。

为研究土的物理力学性质，取一个单元土体表示土的三个组成成分，如图 9-1 所示，确定土的三个组成部分之间的相互比例关系：

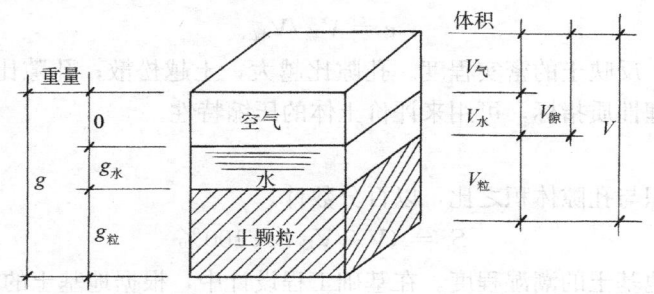

图 9-1　土的组成示意图

g—单元土的总重力；$g_{粒}$—单元土中颗粒的重力；$g_{水}$—单元土中水的重力；
V—单元土的总体积；$V_{气}$—单元土中空气的体积；$V_{粒}$—单元土中颗粒的体积；$V_{隙}$—单元土中孔隙的体积；$V_{水}$—单元土中水所占的体积

(1) 直接由试验测得的指标

1) 土的重力密度 γ

土在天然状态下单位体积的重力称为土的重力密度，简称土的重度。

$$\gamma = g/V \tag{9-1}$$

土的重度随着土的颗粒组成，孔隙多少和水分含量的不同而变化，一般土的天然重度为 $16\sim 22\mathrm{kN/m^3}$。

重度较小，则表示土质孔隙较多，土不紧密，因而承载力相对较低；反之，则承载力就高。

2) 土粒相对密度 d_s

干土颗粒的重度与同体积 4℃水的重力密度（γ_w）之比，称为土的相对密度，无量纲。

$$d_s = (g_{粒}/V_{粒}) \cdot \gamma_w \tag{9-2}$$

一般土粒相对密度为 $2.65\sim 2.70$。

3) 含水量 w

土中水的重量与颗粒重量的百分比。

$$w = (g_{水}/g_{粒}) \times 100\% \tag{9-3}$$

土的含水量反映土的干湿程度。含水量越大，说明土越软；如果是黏性土，土越软，其工程性质就越差。

(2) 换算指标

上面三个物理指标是直接用实验方法测定的，如果已知这三个指标，就可以用公式计算出以下几个物理指标。

1) 干重度 γ_d

单位体积内颗粒的重力，称为土的干重度。

$$\gamma_d = g_{\text{粒}}/V \qquad (9-4)$$

干重度能够较好地反映土的密实程度；干重度越大，土越密实，强度就越高；常用作填土和人工压实土的施工控制指标。

2) 孔隙比 e

土中孔隙体积与颗粒体积之比称为孔隙比。

$$e = V_{\text{隙}}/V_{\text{粒}} \qquad (9-5)$$

土的孔隙比，反映土的密实程度。孔隙比越大，土越松散；孔隙比越小，土越密实；是土体的重要物理性质指标，可用来评价土体的压缩特性。

3) 饱和度 S_r

土中水的体积与孔隙体积之比，以百分数计。

$$S_r = (V_{\text{水}}/V_{\text{隙}}) \times 100\% \qquad (9-6)$$

饱和度反映地基土的潮湿程度。在基础工程设计中，根据地基土的潮湿程度选用基础材料和砂浆等级。

第三节 地基岩土的分类及工程特性指标

一、岩土的分类

作为建筑地基的岩土，可分为岩石、碎石土、砂土、粉土、黏性土和人工填土。

1. 岩石的分类

作为建筑物地基岩石，除应确定岩石的地质名称外，尚应划分其坚硬程度和完整程度。

(1) 岩石的坚硬程度

应根据岩块的饱和单轴抗压强度 f_{rk} 按表 9-1 分为坚硬岩、较硬岩、较软岩、软岩和极软岩。岩石的风化程度可分为未风化、微风化、中风化、强风化和全风化。

岩石坚硬程度的划分　　　　表 9-1

坚硬程度类别	坚硬岩	较硬岩	较软岩	软岩	极软岩
饱和单轴抗压强度标准值 f_{rk}（MPa）	$f_{rk}>60$	$60 \geqslant f_{rk}>30$	$30 \geqslant f_{rk}>15$	$15 \geqslant f_{rk}>5$	$f_{rk} \leqslant 5$

(2) 岩体完整程度按表 9-2 划分为完整、较完整、较破碎、破碎和极破碎。

岩体完整程度划分　　　　表 9-2

完整程度等级	完整	较完整	较破碎	破碎	极破碎
完整性指数	>0.75	0.75~0.55	0.55~0.35	0.35~0.15	<0.15

注：完整性指数为岩体纵波波速与岩块纵波波速之比的平方。选定岩体、岩块测定波速时应有代表性。

2. 碎石土的分类和密实度

碎石土为粒径大于 2mm 的颗粒含量超过全重 50% 的土。

(1) 碎石土的分类

碎石土可按表 9-3 分为漂石、块石、卵石、碎石、圆砾和角砾。

碎石土的分类　　　　　　　　　　　　　　　　　表 9-3

土的名称	颗粒形状	粒组含量
漂石	圆形及亚圆形为主	粒径大于 200mm 的颗粒含量超过全重 50%
块石	棱角形为主	
卵石	圆形及亚圆形为主	粒径大于 20mm 的颗粒含量超过全重 50%
碎石	棱角形为主	
圆砾	圆形及亚圆形为主	粒径大于 2mm 的颗粒含量超过全重 50%
角砾	棱角形为主	

注：分类时应根据粒组含量栏从上到下以最先符合者确定。

(2) 碎石土的密实度

碎石土难以取样试验，规范采用以重型动力触探锤击数为主划分其密实度，可按表 9-4 分为松散、稍密、中密、密实。

碎石土的密实度　　　　　　　　　　　　　　　　表 9-4

重型圆锥动力触探锤击数 $N_{63.5}$	密实度	重型圆锥动力触探锤击数 $N_{63.5}$	密实度
$N_{63.5} \leqslant 5$	松散	$10 < N_{63.5} \leqslant 20$	中密
$5 < N_{63.5} \leqslant 10$	稍密	$N_{63.5} > 20$	密实

注：1. 本表适用于平均粒径小于或等于 50mm 且最大粒径不超过 100mm 的卵石、碎石、圆砾、角砾；对于平均粒径大于 50mm 或最大粒径大于 100mm 的碎石土，可按《建筑地基基础设计规范》GB 50007—2011 附录 B 鉴别其密实度；

2. 表内 $N_{63.5}$ 为经综合修正后的平均值。

3. 砂土的分类和密实度

砂土为粒径大于 2mm 的颗粒含量不超过全重 50%、粒径大于 0.075mm 的颗粒超过全重 50% 的土。

(1) 砂土的分类，可按表 9-5 分为砾砂、粗砂、中砂、细砂和粉砂。

砂土的分类　　　　　　　　　　　　　　　　　　表 9-5

土的名称	粒组含量	土的名称	粒组含量
砾砂	粒径大于 2mm 的颗粒含量占全重 25%~50%	细砂	粒径大于 0.075mm 的颗粒含量超过全重 85%
粗砂	粒径大于 0.5mm 的颗粒含量超过全重 50%		
中砂	粒径大于 0.25mm 的颗粒含量超过全重 50%	粉砂	粒径大于 0.075mm 的颗粒含量超过全重 50%

注：分类时应根据粒组含量栏从上到下以最先符合者确定。

(2) 砂土的密实度，可按表 9-6 分为松散、稍密、中密、密实。

砂土的密实度 表 9-6

标准贯入试验锤击数 N	密实度	标准贯入试验锤击数 N	密实度
$N \leqslant 10$	松散	$15 < N \leqslant 30$	中密
$10 < N \leqslant 15$	稍密	$N > 30$	密实

注：当用静力触探探头阻力判定砂土的密实度时，可根据当地经验确定。

4. 黏性土

（1）黏性土的塑限、液限、塑性指数、液性指数（图 9-2）

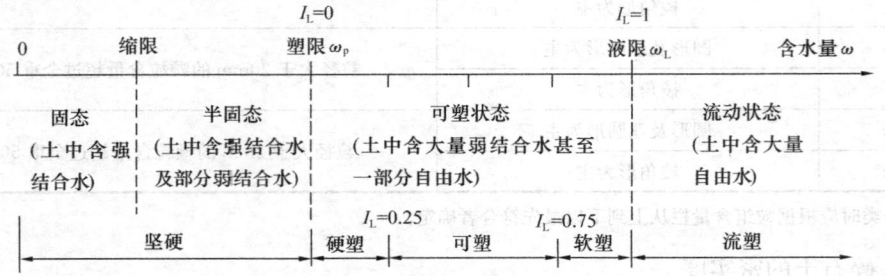

图 9-2　黏性土物理状态与含水量的关系
（袁树基，袁静. 建筑结构快速通 [M]. 北京：中国建筑工业出版社，2014.）

塑限是指土由可塑状态变化到半固体状态时的界限含水量，以 ω_p 表示。

液限是指土由可塑状态转变到流动状态时的界限含水量，以 ω_L 表示。

塑性指数：$I_p = \omega_L - \omega_p$，液限与塑限之差称为塑性指数，反映可塑状态下的含水量范围，用于黏性土分类。

液性指数：$I_L = (\omega - \omega_p)/I_p$，表示天然含水量与界限含水量相对关系，是判别黏性土状态(软硬程度或稀稠程度)的一个指标。

（2）黏性土的分类

黏性土为塑性指数 I_p 大于 10 的土，可按塑性指数分为黏土、粉质黏土（表 9-7）。

黏性土的分类 表 9-7

塑性指数 I_p	土的名称
$I_p > 17$	黏土
$10 < I_p \leqslant 17$	粉质黏土

注：塑性指数由相应于 76g 圆锥体沉入土样中深度为 10mm 时测定的液限计算而得。

（3）黏性土的状态

可按液性指数 I_L，分为坚硬、硬塑、可塑、软塑、流塑（表 9-8）。

黏性土的状态 表 9-8

液性指数 I_L	状态	液性指数 I_L	状态
$I_L \leqslant 0$	坚硬	$0.75 < I_L \leqslant 1$	软塑
$0 < I_L \leqslant 0.25$	硬塑		
$0.25 < I_L \leqslant 0.75$	可塑	$I_L > 1$	流塑

注：当用静力触探探头阻力判定黏性土的状态时，可根据当地经验确定。

(4) 其他说明。

土中的含水量是随周围条件的变化而变化的。对于同一种土,由于含水量的不同,可以分别处于固体状态、塑性状态或流动状态,不同状态的界限含水量分别为塑限和液限。

塑性指数能判别黏性土的分类属性,液性指数能判定黏性土的坚硬状态。

在一般情况下,处于硬塑或坚硬状态的土具有较高的承载力;处于软塑或流塑状态的土具有较低的承载力,建造在这种土上的房屋,其沉降往往很大,且长期不易稳定。

5. 粉土

粉土为介于砂土与黏性土之间,塑性指数 I_p 小于或等于 10 且粒径大于 0.075mm 的颗粒含量不超过全重 50% 的土。

6. 淤泥

淤泥为在静水或缓慢的流水环境中沉积,并经生物化学作用形成,其天然含水量大于液限、天然孔隙比大于或等于 1.5 的黏性土。当天然含水量大于液限而天然孔隙比小于 1.5 但大于或等于 1.0 的黏性土或粉土为淤泥质土。

7. 红黏土

红黏土为碳酸盐岩系的岩石经红土化作用形成的高塑性黏土。其液限一般大于 50%。红黏土经再搬运后仍保留其基本特征,其液限大于 45% 的土为次生红黏土。

8. 人工填土

人工填土根据其组成和成因,可分为素填土、压实填土、杂填土、冲填土。

素填土为由碎石土、砂土、粉土、黏性土等组成的填土。经过压实或夯实的素填土为压实填土。杂填土为含有建筑垃圾、工业废料、生活垃圾等杂物的填土。冲填土为由水力冲填泥沙形成的填土。

9. 膨胀土

膨胀土为土中黏粒成分主要由亲水性矿物组成,同时具有显著的吸水膨胀和失水收缩特性,其自由膨胀率大于或等于 40% 的黏性土。

10. 湿陷性土

湿陷性土为在一定压力下浸水后产生附加沉降,其湿陷系数大于或等于 0.015 的土。

例 9-1 (2010) 下列关于地基土的表述中,错误的是:
A 碎石土为粒径大于 2mm 的颗粒含量超过全重 50% 的土
B 砂土为粒径大于 2mm 的颗粒含量不超过全重 50%,粒径大于 0.075mm 的颗粒含量超过全重 50% 的土
C 黏性土为塑性指数 I_p 小于 10 的土
D 淤泥是天然含水量大于液限、天然孔隙比大于或等于 1.5 的黏性土

解析: 黏性土为塑性指数 I_p 大于 10 的土。

答案: C

规范:《地基基础规范》第 4.1.5 条表 4.1.5、第 4.1.7 条表 4.1.7 及第 4.1.9 条表 4.1.9、第 4.1.12 条。

例 9-2 （2011）黏性土的状态，可分为坚硬、硬塑、可塑、软塑、流塑，这是根据下列哪个指标确定的？

　　A　液性指数　　　　　　　　B　塑性指数
　　C　天然含水量　　　　　　　D　天然孔隙比

答案：A

规范：《地基基础规范》第 4.1.10 条。

二、工程特性指标

（1）土的工程特性指标可采用以下特性指标表示：

①强度指标；②压缩性指标；③静力触探探头阻力；④动力触探锤击数；⑤标准贯入试验锤击数；⑥载荷试验承载力。

（2）地基土工程特性指标的代表值应分别为：

1）标准值，抗剪强度指标应取标准值；
2）平均值，压缩性指标应取平均值；
3）特征值，载荷试验承载力应取特征值。

（3）载荷试验应采用：

1）浅层平板载荷试验，适用于浅层地基；
2）深层平板载荷试验，适用于深层地基。

（4）土的抗剪强度指标可采用以下试验方法测定：

①原状土室内剪切试验；②无侧限抗压强度试验；③现场剪切试验；④十字板剪切试验。

（5）土的压缩性指标可采用以下试验确定：

①原状土室内压缩试验；②原位浅层；③深层平板载荷试验；④旁压试验。

（6）地基土的压缩性可按以下方法划分：

按 p_1 为 100kPa，p_2 为 200kPa 时相对应的压缩系数值 a_{1-2}，划分为低、中、高压缩性，并符合以下规定：

1）当 $a_{1-2}<0.1\text{MPa}^{-1}$ 时，为低压缩性土；
2）当 $0.1\text{MPa}^{-1}\leqslant a_{1-2}<0.5\text{MPa}^{-1}$ 时，为中压缩性土；
3）当 $a_{1-2}\geqslant 0.5\text{MPa}^{-1}$ 时，为高压缩性土。

（7）其他说明。

地基的强度是指土体的抗剪强度。地基虽然是受压，但其强度破坏形态却都是剪切滑移破坏。地基的变形是指土体受到压缩引起的沉降。土体被挤出的剪切滑移破坏亦称地基失稳。

一般情况下，粗颗粒岩土的地基承载力大于细颗粒岩土的地基承载力；粗颗粒的岩土压缩性小，细颗粒的岩土压缩性大。

例 9-3 （2009）在地基土的工程特性指标中，地基土的载荷试验承载力应取：

　　A　标准值　　　B　平均值　　　C　设计值　　　D　特征值

解析：地基工程特性指标的代表值分别是：抗剪强度指标取标准值，压缩性指标取平均值，载荷试验承载力应取特征值。
答案：D
规范：《地基基础规范》第4.2.2条。

例9-4 （2008）土的强度实质上是下列哪一种强度？
A 土的黏聚力强度   B 土的抗剪强度
C 土的抗压强度   D 土的抗拉强度
答案：B

第四节　地基与基础设计

一、地基基础设计

（一）地基基础设计等级

根据地基复杂程度、建筑物规模和功能特征以及由于地基问题可能造成建筑物破坏或影响正常使用的程度，将地基基础设计分为三个设计等级；设计时应根据具体情况，按表9-9选用。

地基基础设计等级　　　　　　　　　　　　　表9-9

设计等级	建筑和地基类型
甲级	重要的工业与民用建筑物 30层以上的高层建筑 体型复杂，层数相差超过10层的高低层连成一体建筑物 大面积的多层地下建筑物（如地下车库、商场、运动场等） 对地基变形有特殊要求的建筑物 复杂地质条件下的坡上建筑物（包括高边坡） 对原有工程影响较大的新建建筑物 场地和地基条件复杂的一般建筑物 位于复杂地质条件及软土地区的二层及二层以上地下室的基坑工程 开挖深度大于15m的基坑工程 周边环境条件复杂、环境保护要求高的基坑工程
乙级	除甲级、丙级以外的工业与民用建筑物 除甲级、丙级以外的基坑工程
丙级	场地和地基条件简单、荷载分布均匀的七层及七层以下民用建筑及一般工业建筑；次要的轻型建筑物； 非软土地区且场地地质条件简单、基坑周边环境条件简单、环境保护要求不高且开挖深度小于5.0m的基坑工程

（二）地基基础的设计要求

1. 地基基础应满足的功能要求

（1）基础应具备将上部结构荷载传递给地基的承载力和刚度；

(2) 在上部结构的各种作用和作用组合下，地基不得出现失稳；

(3) 地基基础沉降变形不得影响上部结构功能和正常适用；

(4) 具有足够的耐久性能；

(5) 基坑工程应保证支护结构、周边建（构）筑物、地下管线、道路、城市轨道交通等市政设施的安全和正常适用，并应保证主体地下结构的施工空间和安全；

(6) 边坡工程应保证支挡结构、周边建（构）筑物、道路、桥梁、市政管线等市政设施的安全和正常适用。

地基基础的设计工作年限不应低于上部结构的设计工作年限；基坑工程设计应规定工作年限，且设计工作年限不应小于1年；边坡工程的设计工作年限，不应小于被保护的建（构）筑物、道路、桥梁、市政管线等市政设施的设计工作年限。

地基基础工程应该根据设计工作年限、拟建场地环境类别、场地地震全貌及勘察成果资料、地基基础上的作用和作用组合进行地基基础设计，并应提出施工及验收要求、工程监测要求和正常使用期间的维护要求。

2. 地基基础设计应符合的规定

根据建筑物地基基础设计等级及长期荷载作用下地基变形对上部结构的影响程度，地基基础设计应符合下列规定：

(1) 所有建筑物的地基计算均应满足承载力计算的要求。

(2) 对地基变形有控制要求的工程结构，均应按地基变形设计。

(3) 设计等级为丙级的建筑物有下列情况之一时应作变形验算：

1) 地基承载力特征值小于130kPa，且体型复杂的建筑；

2) 在基础上及其附近有地面堆载或相邻基础荷载差异较大，可能引起地基产生过大的不均匀沉降时；

3) 软弱地基上的建筑物存在偏心荷载时；

4) 相邻建筑距离近，可能发生倾斜时；

5) 地基内有厚度较大或厚薄不均的填土，其自重固结未完成时。

(4) 对受水平荷载作用的工程结构，以及建造在斜坡上或边坡附近的建筑物和构筑物，尚应验算地基稳定性。

(5) 基坑工程应进行稳定性验算，地基基槽（坑）开挖到设计标高后，应进行基槽（抗）检验。

(6) 建筑地下室或地下构筑物存在上浮问题时，尚应进行抗浮验算。

地基基槽（坑）开挖到设计及标高后，应进行基槽（坑）检验。处理后的地基应进行地基承载力和变形评价、处理范围和有效加固深度内地基均匀性评价。复合地基应进行增强体强度、桩身完整性、单桩承载力检验，以及单桩或多桩复合地基载荷试验，施工工艺对桩间土承载力有影响时尚应进行桩间土承载力检验。

（三）地基设计的基本原则

地基设计的目的：确保房屋的稳定性；不因地基产生过大均匀变形而影响房屋的安全和正常使用。进行地基设计时，需遵守下列三个原则：

(1) 上部结构荷载所产生的压力不大于地基的承载力。

(2) 房屋和构筑物的地基变形值不大于地基允许变形值。

(3) 对经常受水平荷载作用的构筑物（如挡土墙）等，不致使其丧失稳定而破坏。地基计算包括基础埋置深度、地基承载力、地基变形和地基稳定性等。

1. 基础埋置深度

(1) 基础的埋置深度，应按下列条件确定：

1) 建筑物的用途，有无地下室、设备基础和地下设施，基础的形式和构造；
2) 作用在地基上的荷载大小和性质；
3) 工程地质和水文地质条件；
4) 相邻建筑物的基础埋深；
5) 地基土冻胀和融陷的影响。

(2) 在满足地基稳定和变形要求的前提下，当上层地基的承载力大于下层土时，宜利用上层土作持力层。除岩石地基外，基础埋深不宜小于 0.5m。

(3) 建筑基础的埋置深度应满足地基承载力、变形和稳定性要求。位于岩石地基上的建筑，其基础埋深应满足抗滑稳定性要求。

(4) 在抗震设防区，除岩石地基外，天然地基上的箱形和筏形基础其埋置深度不宜小于建筑物高度的 1/15；桩箱或桩筏基础的埋置深度（不计桩长）不宜小于建筑物高度的 1/18。位于岩石地基上的高层建筑筏形和箱形基础，其基础埋深应满足抗滑移的要求。

(5) 基础宜埋置在地下水位以上，当必须埋在地下水位以下时，应采取地基土在施工时不受扰动的措施。当基础埋置在易风化的岩层上，施工时应在基坑开挖后立即铺筑垫层。

(6) 当存在相邻建筑物时，新建建筑物的基础埋深不宜大于原有建筑基础。当埋深大于原有建筑基础时，两基础间应保持一定净距，其数值应根据原有建筑荷载大小、基础形式和土质情况确定。

(7) 季节性冻土地基的场地冻结深度 z_d 应按规范要求计算。

(8) 季节性冻土地区基础埋置深度宜大于场地冻结深度。对于深厚季节冻土地区，当建筑基础底面土层为不冻胀、弱冻胀、冻胀土时，基础埋置深度可以小于场地冻结深度。基础底面下允许冻土层最大厚度应根据当地经验确定。没有地区经验时可按《地基基础规范》附录 G 查取。此时，基础最小埋置深度 $d_{\min}$ 可按下式计算：

$$d_{\min} = z_d - h_{\max} \tag{9-7}$$

式中 $h_{\max}$——基础底面下允许冻土层最大厚度（m）。

(9) 地基土的冻胀类别分为不冻胀、弱冻胀、冻胀、强冻胀和特强冻胀。在冻胀、强冻胀、特强冻胀地基上采用防冻害措施时应符合下列规定：

1) 对在地下水位以上的基础，基础侧表面应回填不冻胀的中、粗砂，其厚度不应小于 200mm；对在地下水位以下的基础，可采用桩基础、保温性基础、自锚式基础（冻土层下有扩大板或扩底短桩），也可将独立基础和条形基础做成正梯形的斜面基础。

2) 宜选择地势高、地下水位低、地表排水条件好的建筑场地。对低洼场地，建筑物的室外地坪标高应至少高出自然地面 300～500mm，其范围不宜小于建筑四周向外各一倍冻结深度距离的范围。

3) 应做好排水设施，施工和使用期间防止水浸入建筑地基。在山区应设截水沟或在建筑物下设置暗沟，以排走地表水和潜水。

4) 在强冻胀性和特强冻胀性地基上，其基础结构应设置钢筋混凝土圈梁和基础梁，并控制建筑的长高比,增强房屋的整体刚度。

5) 当独立基础连系梁下或桩基础承台下有冻土时,应在梁或承台下留有相当于该土层冻胀量的空隙,以防止因土的冻胀将梁或承台拱裂。

6) 外门斗、室外台阶和散水坡等部位宜与主体结构断开,散水坡分段不宜超过1.5m,坡度不宜小于3%,其下宜填入非冻胀性材料。

7) 对跨年度施工的建筑,入冬前应对地基采取相应的防护措施;按采暖设计的建筑物,当冬季不能正常采暖时,也应对地基采取保温措施。

例9-5 (2009) 在一般土层中,确定高层建筑深度筏形和箱形基础的埋置深度时可不考虑:

A 地基承载力 B 地基变形
C 地基稳定性 D 建筑场地类别

解析:高层建筑基础的埋置深度应满足地基承载力、变形和稳定性要求。位于岩石地基上的高层建筑,其基础埋深应满足抗滑稳定性要求。而建筑场地类别是抗震设计时需要考虑的一个指标,确定基础埋深时可不考虑。

答案:D

规范:《地基基础规范》第5.1.3条。

注:在影响高层建筑地基稳定的多个因素中,除建筑物高度、体型、基底压力、偏心距、地基土性质、抗震设防烈度等因素外,基础埋置深度是一个重要的因素。

---

2. 地基承载力计算

(1) 当基础受轴心荷载作用时,相应于作用标准组合的基础底面处的平均压力值不应小于修正后的地基承载力特征值。

(2) 当基础受偏心荷载作用时,相应于作用标准组合的基础底面边缘处的最大压力值不应小于修正后的地基承载力特征值的1.2倍。

(3) 当基础宽度大于3m或埋置深度大于0.5m时,地基承载力需按《地基基础规范》第5.2.4条进行修正,成为修正后的地基承载力特征值。

(4) 关于基础底面压力的相关规定:

1) 当轴心荷载作用时

$$p_k \leqslant f_a \tag{9-8}$$

式中 p_k——相应于作用的标准组合时,基础底面处的平均压力值(kPa);
f_a——修正后的地基承载力特征值(kPa)。

2) 当偏心荷载作用时,除符合式(9-8)要求外,尚应符合下式规定:

$$p_{kmax} \leqslant 1.2 f_a \tag{9-9}$$

式中 p_{kmax}——相应于作用的标准组合时,基础底面边缘的最大压力值(kPa)。

(5) 基础底面压力的计算:

1) 当轴心荷载作用时

$$p_k = \frac{F_k + G_k}{A} \tag{9-10}$$

式中 F_k——相应于作用的标准组合时,上部结构传至基础顶面的竖向力值(kN);
　　　G_k——基础自重和基础上的土重(kN);
　　　A——基础底面面积(m^2)。
2) 当偏心荷载作用时

$$p_{kmax} = \frac{F_k + G_k}{A} + \frac{M_k}{W} \quad (9-11)$$

$$p_{kmin} = \frac{F_k + G_k}{A} + \frac{M_k}{W} \quad (9-12)$$

式中 M_k——相应于作用的标准组合时,作用于基础底面的力矩值,kN·m;
　　　W——基础底面的抵抗矩(m^3);
　　　p_{kmin}——相应于作用的标准组合时,基础底面边缘的最小压力值,kPa。
3) 当基础底面形状为矩形且偏心距 $e>b/6$ 时(图9-3),p_{kmax}应按下式计算:

$$p_{kmax} = \frac{2(F_k + G_k)}{3l \cdot a} \quad (9-13)$$

式中 l——垂直于力矩作用方向的基础底面边长,m;
　　　a——合力作用点至基础底面最大压力边缘的距离,m。
(6) 地基承载力修正

当基础宽度大于 3m 或埋置深度大于 0.5m 时,从载荷试验或其他原位测试、经验值等方法确定的地基承载力特征值,尚应按下式修正:

$$f_a = f_{ak} + \eta_b \gamma (b-3) + \eta_d \gamma_m (d-0.5) \quad (9-14)$$

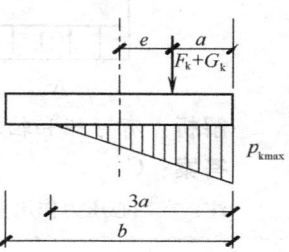

图9-3 偏心荷载($e>b/6$)下基底压力计算示意
b—力矩作用方向基础底面边长

式中 f_a——修正后的地基承载力特征值,kPa;
　　　f_{ak}——地基承载力特征值,kPa;按《地基基础规范》第5.2.3条的原则确定;
　　　η_b、η_d——基础宽度和埋置深度的地基承载力修正系数,按基底下土的类别查《地基基础规范》取值;
　　　γ——基础底面以下土的重度,kN/m^3;地下水位以下取浮重度;
　　　b——基础底面宽度,m;当基础底面宽度小于 3m 时按 3m 取值,大于 6m 时按 6m 取值;
　　　γ_m——基础底面以上土的加权平均重度,kN/m^3;位于地下水位以下的土层取有效重度;
　　　d——基础埋置深度,m;宜自室外地面标高算起。在填方整平地区,可自填土地面标高算起,但填土在上部结构施工后完成时,应从天然地面标高算起。对于地下室,当采用箱形基础或筏形基础时,基础埋置深度自室外地面标高算起;当采用独立基础或条形基础时,应从室内地面标高算起。

从公式和修正系数、土层重度,分析影响地基承载力的因素。基础埋置深度越深,基础底面以下土层的重度越大,地基承载力越高;基础宽度越大,基础底面以下土层的重度越大,地基承载力越大。

将地基基础看作一个受压构件来理解地基承载力计算,其实就是一个轴心或偏心受压构件简单的应力计算。

例 9-6 （2012） 已知某柱下独立基础，在图示偏心荷载作用下，基础底面的土压力示意正确的是：

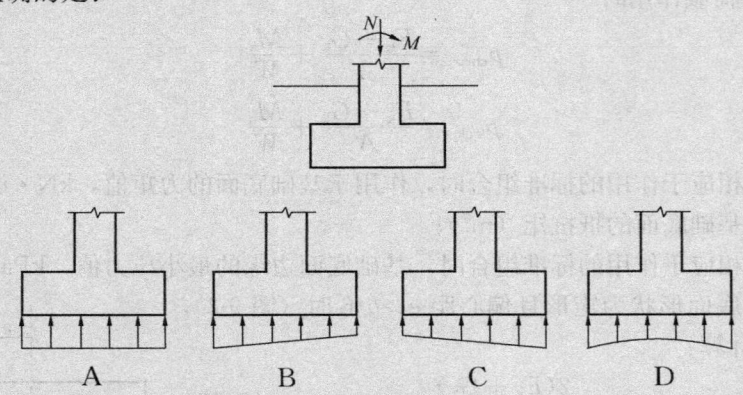

解析： 有弯矩和轴压力共同作用时，为偏心受压状态，基底土压力如图 C 所示。
答案： C
注：在轴心压力作用下基础底面的土应力均匀分布，如图 A 所示。

3. 变形计算

(1) 建筑物的地基变形计算值，不应大于地基变形允许值。
(2) 地基变形特征可分为沉降量、沉降差、倾斜或局部倾斜。
(3) 在计算地基变形时，应符合下列规定：

1) 由于建筑地基不均匀、荷载差异很大、体型复杂等因素引起的地基变形，对于砌体承重结构应由局部倾斜控制；对于框架结构和单层排架结构应由相邻柱基的沉降差控制；对于多层或高层建筑和高耸结构应由倾斜控制；必要时尚应控制平均沉降量。

2) 在必要情况下，需要分别预估建筑物在施工期间和使用期间的地基变形值，以便预留建筑物有关部分之间的净空，选择连接方法和施工顺序。

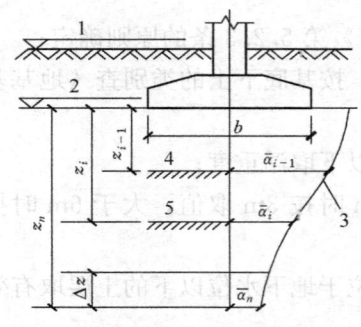

图 9-4 基础沉降计算的分层示意
1—天然地面标高；2—基底标高；
3—平均附加应力系数 $\bar{\alpha}$ 曲线；
4—$i-1$ 层；5—i 层

(4) 建筑物的地基变形允许值应按规范的规定采用。

(5) 计算地基变形时，地基内的应力分布，可采用各向同性均质线性变形体理论，其最终变形量可按规范要求计算（图 9-4）。

地基变形计算主要指地基最终沉降量计算。最终沉降量是由瞬时沉降、固结沉降和次固结沉降三部分组成。

(6) 在同一整体大面积基础上建有多栋高层和低层建筑，宜考虑上部结构、基础与地基的共同作用，进行变形计算。

(7) 下列建筑物应在施工期间及使用期间进行变形观测：

1) 地基基础设计等级为甲级的建筑物。
2) 软弱地基上的地基基础设计等级为乙级的建筑物。
3) 处理地基上的建筑物。
4) 加层、扩建建筑物。
5) 受邻近深基坑开挖施工影响或受场地地下水等环境因素变化影响的建筑物。
6) 采用新型基础或新型结构的建筑物。

例 9-7（2008）关于建筑物的地基变形计算及控制，以下说法正确的是：
A 砌体承重结构应由沉降差控制
B 高耸结构应由倾斜值及沉降量控制
C 框架结构应由局部倾斜控制
D 单层排架结构仅由沉降量控制

解析：结构形式不同，地基变形特点不同，变形计算控制应根据结构形式特点来确定变形计算和控制。地基变形特征值可分为沉降量、沉降差、倾斜、局部倾斜，对于多层或高耸结构应由倾斜值及沉降量控制。

答案：B

规范：《地基基础规范》第 5.3.2 条、第 5.3.3 条第 1 款。

例 9-8（2009）在同一非岩地基上，有相同埋置深度 d、基础底面宽度 b 和附加压力的独立基础和条形基础，其地基的最终变形量分别为 S_1、S_2，关于两者大小判断正确的是：

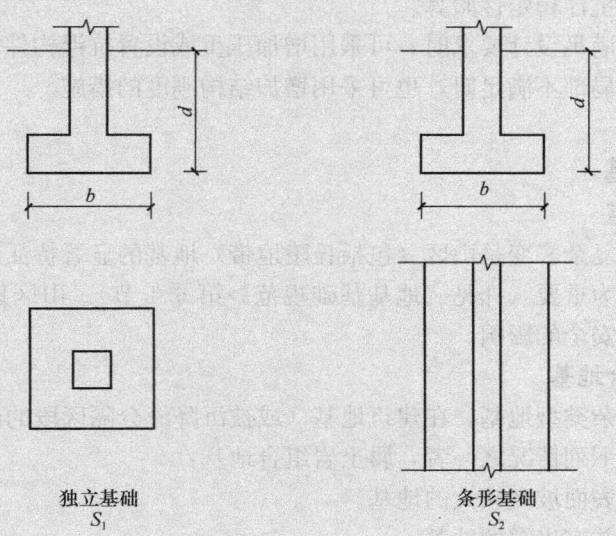

A $S_1 < S_2$
B $S_1 = S_2$
C $S_1 > S_2$
D 不能确定

解析：地基的最终变形量不仅与基础埋深 d、基础底面宽度 b 和基础底面附加应力大小有关，还与附加应力在地基（土层）中的扩散有关。

条形基础的附加应力大,说明条形基础的附加应力影响深度大于独立基础(独立基础附加应力向四面扩散,而条形基础只能向两个面扩散)。因此独立基础的最终变形量小于条形基础的变形量,即 $S_1 < S_2$。

也可以把条形基础看作是由若干个独立基础组成,这样条形基础的沉降要比独立基础的大,最终地基的变形量 $S_1 < S_2$。

答案：A

规范：《地基基础规范》第 5.3.5 条。

4. 稳定性计算

(1) 地基稳定性

位于稳定土坡坡顶上的建筑,其基础与坡面之间的位置关系应满足《地基规范》第 5.4.2 条的要求,当不能满足时应按《地基基础规范》第 5.4.1 条进行地基稳定性验算。当边坡坡角大于 45°、坡高大于 8m 时,尚应验算坡体稳定性。

一般对处于平整地基上的建筑物,只要基础具有必须的埋置深度以保证其承载力,就不会由于倾覆或滑移而导致破坏。但对于高大的建筑物,如地下水位在基础地面以上,特别是当建筑物经常受水平荷载或位于斜坡上,或存在倾斜或软弱底层时,有必要进行地基稳定性验算。

(2) 抗浮稳定性

建筑物基础存在浮力作用时应进行抗浮稳定性验算,且正常使用期间抗浮稳定安全系数(建筑物自重与浮力之比)一般情况下取 1.05,当抗浮工程设计等级为甲级时取 1.1;还应进行施工期间抗浮稳定性验算。

抗浮稳定性不满足设计要求时,可采用增加压重或设置抗浮构件等措施。在整体满足抗浮稳定性要求而局部不满足时,也可采用增加结构刚度的措施。

二、山区地基

(一) 一般规定

工程地质条件复杂多变是山区(包括丘陵地带)地基的显著特征。选择适宜的建设场地和建筑物地基尤为重要(详见《地基基础规范》第 6.1 节)。山区地基设计应重视潜在的地质灾害对建筑安全的影响。

(二) 土岩组合地基

常见的一种复杂类型地基。在建筑地基(或被沉降缝分隔区段的建筑地基)的主要受力层范围内,如遇下列情况之一者,属土岩组合地基:

(1) 下卧基岩表面坡度较大的地基。

(2) 石芽密布并有出露的地基。

(3) 大块孤石或个别石芽出露的地基。

当建筑物对地基变形要求较高或地质条件比较复杂不宜按一般规定进行地基处理时,可调整建筑平面位置或采用桩基或梁、拱跨越等处理措施。

在地基压缩性相差较大的部位,宜结合建筑平面形状、荷载条件设置沉降缝。

（三）填土地基[①]

（1）当利用压实填土作为建筑工程的地基持力层时，在平整场地前，应根据结构类型、填料性能和现场条件等，对拟压实的填土提出质量要求。未经检验查明以及不符合质量要求的压实填土，均不得作为建筑工程的地基持力层。

（2）当利用未经填方设计处理形成的填土作为建筑物地基时，应查明填料成分与来源，填土的分布、厚度、均匀性、密实度与压缩性以及填土的堆积年限等情况，根据建筑物的重要性、上部结构类型、荷载性质与大小、现场条件等因素，选择合适的地基处理方法，并提出填土地基处理的质量要求与检验方法。

（3）拟填实的填土地基应根据建筑物对地基的具体要求，进行填方设计。填方设计的内容包括填料的性质、压实机械的选择、密实度要求、质量监督和检验方法等。对重大的填方工程，必须在填方设计前选择典型的场区进行现场试验，取得填方设计参数后，才能进行填方工程的设计与施工。

（4）填方工程设计前应具备详细的场地地形、地貌及工程地质勘察资料。位于塘、沟、积水洼地等地区的填土地基，应查明地下水的补给与排泄条件、底层软弱土体的清除情况、自重固结程度等。

（5）对含有生活垃圾或有机质废料的填土，未经处理不宜作为建筑物地基使用。

（6）压实填土的填料，应符合下列规定：

1）级配良好的砂土或碎石土；以卵石、砾石、块石或岩石碎屑作填料时，分层压实时其最大粒径不宜大于200mm，分层夯实时其最大粒径不宜大于400mm。

2）性能稳定的矿渣、煤渣等工业废料。

3）以粉质黏土、粉土作填料时，其含水量宜为最优含水量，可采用击实试验确定。

4）挖高填低或开山填沟的土石料，应符合设计要求。

5）不得使用淤泥、耕土、冻土、膨胀性土以及有机质含量大于5%的土。

（7）填土地基在进行压实施工时，应注意采取地面排水措施，当其阻碍原地表水畅通排泄时，应根据地形修建截水沟，或设置其他排水设施。设置在填土区的上、下水管道，应采取防渗、防漏措施，避免因漏水使填土颗粒流失，必要时应在填土土坡的坡脚处设置反滤层。

（8）位于斜坡上的填土，应验算其稳定性。对由填土而产生的新边坡，当填土边坡坡度符合边坡坡度允许值时，可不设置支挡结构。当天然地面坡度大于20%时，应采取防止填土可能沿坡面滑动的措施，并应避免雨水沿斜坡排泄。

> **例 9-9** （2009）对于压实填土地基，下列哪种材料不适宜作为压实填土的填料？
> A 砂土　　　　　　　　　B 碎石土
> C 膨胀土　　　　　　　　D 粉质黏土
> **解析：** 不得使用淤泥、耕土、冻土、膨胀土以及有机含量大于5%的土，其中膨胀土是土中黏粒成分主要由亲水性矿物组成。同时具有显著的吸水膨胀和失水收缩两种变形特性的黏性土，不能作为压实填土的填料。

[①] 按其堆填方式分为压实填土和未经填方设计已形成的填土两类。

答案：C
规范：《地基基础规范》第6.3.6条第5款。

（四）滑坡防治

(1) 在建筑场区内，由于施工或其他因素的影响有可能形成滑坡的地段，必须采取可靠的预防措施。对具有发展趋势并威胁建筑物安全使用的滑坡，应及早采取综合整治措施，防止滑坡继续发展。

(2) 应根据工程地质、水文地质条件以及施工影响等因素，分析滑坡可能发生或发展的主要原因，采取下列防治滑坡的处理措施：

1) 排水。应设置排水沟以防止地面水浸入滑坡地段，必要时尚应采取防渗措施。在地下水影响较大的情况下，应根据地质条件，设置地下排水工程。

2) 支挡。根据滑坡推力的大小、方向及作用点，可选用重力式抗滑挡墙、阻滑桩及其他抗滑结构。抗滑挡墙的基底及阻滑桩的桩端应埋置于滑动面以下的稳定土（岩）层中。必要时，应验算墙顶以上的土（岩）体从墙顶滑出的可能性。

(3) 卸载。在保证卸载区上方及两侧岩土稳定的情况下，可在滑体主动区卸载，但不得在滑体被动区卸载。

(4) 反压。在滑体的阻滑区段增加竖向荷载以提高滑体的阻滑安全系数。

例 9-10 （2008）防治滑坡的措施，不正确的是：
A 采取排水和支挡措施
B 在滑体的主动区卸载
C 在滑体的阻滑区增加竖向荷载
D 在滑体部分灌注水泥砂浆

解析：防止滑坡的处理措施有：排水、支挡、卸载、反压，在滑体部分灌注水泥砂浆起不到防治滑坡的作用。

答案：D
规范：《地基基础规范》第6.4.2条。

（五）岩石地基

岩石相对于土而言，具有较坚固的刚性连接，因而具有较高的强度和较小的透水性。岩石地基具有承载力高、压缩性低和稳定性强的特点。

(1) 岩石地基基础设计应符合下列规定：

1) 置于完整、较完整、较破碎岩体上的建筑物可仅进行地基承载力计算。

2) 地基基础设计等级为甲、乙级的建筑物，同一建筑物的地基存在坚硬程度不同，两种或多种岩体变形模量差异达2倍及2倍以上，应进行地基变形验算。

3) 地基主要受力层深度内存在软弱下卧岩层时，应考虑软弱下卧岩层的影响，进行地基稳定性验算。

4) 桩孔、基底和基坑边坡开挖应采用控制爆破，到达持力层后，对软岩、极软岩表面应及时封闭保护。

5) 当基岩面起伏较大,且都使用岩石地基时,同一建筑物可以使用多种基础形式。

6) 当基础附近有临空面时,应验算向临空面倾覆和滑移稳定性。存在不稳定的临空面时,应将基础埋深加大至下伏稳定基岩;亦可在基础底部设置锚杆,锚杆应进入下伏稳定岩体,并满足抗倾覆和抗滑移要求。同一基础的地基可以放阶处理,但应满足抗倾覆和抗滑移要求。

7) 对于节理、裂隙发育及破碎程度较高的不稳定岩体,可采用注浆加固和清爆填塞等措施。

(2) 对遇水易软化和膨胀、易崩解的岩石,应采取保护措施减少其对岩体承载力的影响。

(六)岩溶与土洞

岩溶是石灰岩、白云岩、石膏、岩盐等可溶性岩石在水的溶蚀作用下产生的各种地质作用、形态和现象的总称。

(1) 在岩溶地区应考虑其对地基稳定的影响。

(2) 由于岩溶发育具有严重的不均匀性,为区别对待不同岩溶发育程度场地上的地基基础设计,将岩溶场地分为岩溶强发育、中等发育和微发育三个等级。

(3) 地基基础设计等级为甲级、乙级的建筑物主体宜避开岩溶强发育地段。

(七)土质边坡和重力式挡墙

1. 边坡设计的相关规定

(1) 边坡设计应保护和整治边坡环境。

(2) 对于平整场地而出现的新边坡,应及时进行支挡或构造防护。

(3) 应根据边坡类型、边坡环境、边坡高度及可能的破坏模式,选择适当的边坡稳定计算方法和支挡结构形式。

(4) 支挡结构设计应进行整体稳定性验算、局部稳定性验算、地基承载力计算、抗倾覆稳定性验算、抗滑移稳定性验算及结构强度计算。

(5) 边坡工程设计前,应进行详细的工程地质勘察,并应对边坡的稳定性做出准确的评价;对周围环境的危害性做出预测。

(6) 边坡的支挡结构应进行排水设计。支挡结构后面的填土,应选择透水性强的填料。

2. 挡土墙的分类

岩土工程中的"支挡"结构,用于"边坡"方面的支挡结构一般称"挡土墙"或"挡墙",主要有重力式、悬臂式、扶壁式、锚杆式、锚定板式和土钉墙式,见图9-5。

(1) 用于"边坡"方面的支挡结构一般称"挡土墙"或"挡墙",主要有重力式、悬臂式、扶壁式、锚杆式、锚定板式和土钉墙式等。其中重力式挡土墙近年考试多有涉及,应重视。

(2) 用于"基坑支护"的支挡结构,也属挡土墙,习惯上称为"支护结构",主要有排桩、地下连续墙、水泥土墙、逆作拱墙等。

(3) 地下室和地下结构的挡墙,常与建筑物或构筑物的结构结合,由水平的顶板和地板支撑。

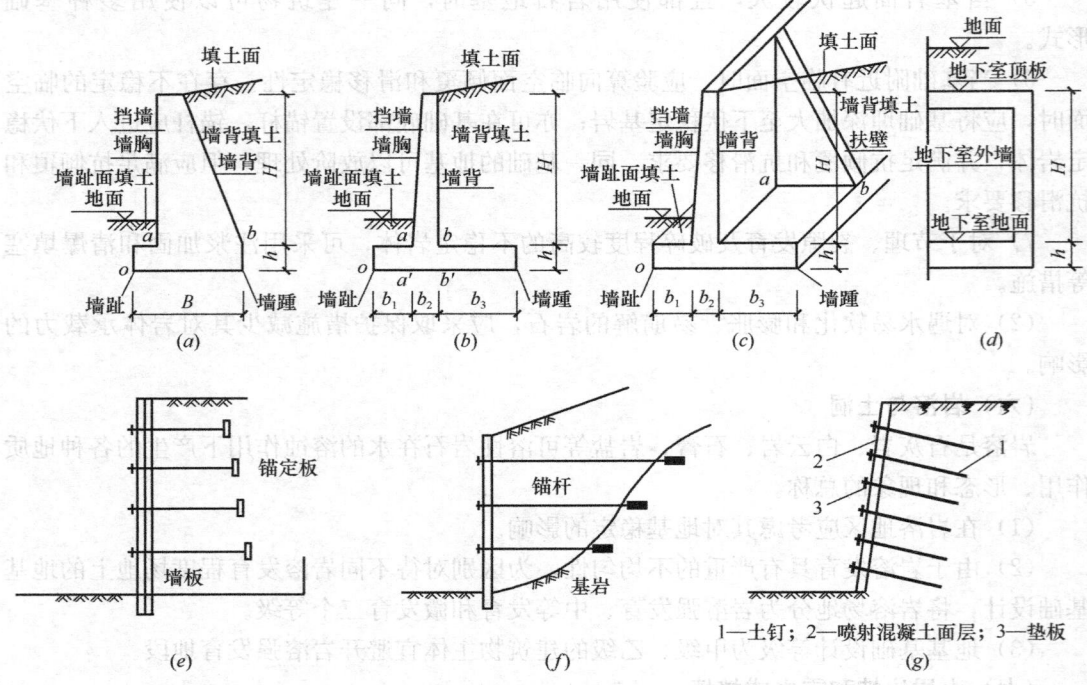

图 9-5 常见挡土墙形式
(a) 重力式挡墙;(b) 悬臂式挡墙;(c) 扶壁式挡墙;(d) 地下室外墙;
(e) 锚定板式;(f) 锚杆式;(g) 土钉墙式

(4) 锚杆式挡土墙由锚固在坚硬地基中的锚杆拉结。

例 9-11 (2012) 下列哪项是重力式挡土墙?

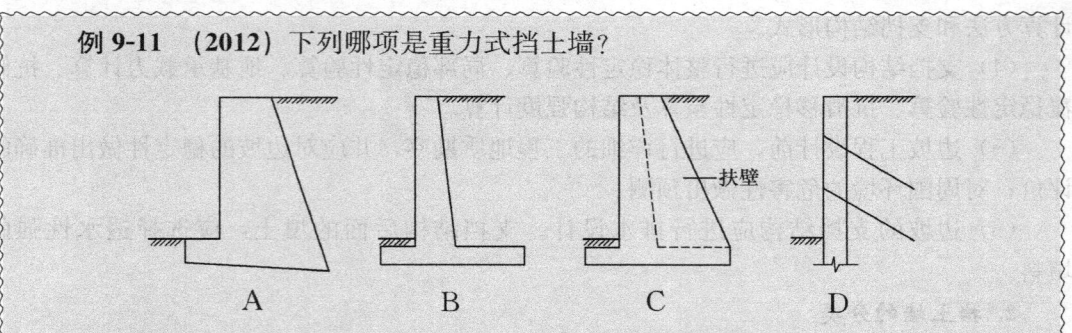

解析: A 选项属于重力式挡土墙;主要靠自重的重力来抵抗墙背土压力作用,维持自身稳定。

B 选项为半重力式挡土墙;在挡土墙较高时,为节省材料,可做成半重力式挡土墙。因墙断面较薄,要靠墙身底板上的填土来保证稳定。

C 选项为扶壁式轻型结构挡土墙;墙身稳定靠底板上的填土,墙设扶壁可以减小挡土墙厚度和增加墙身稳定,可用于墙高 9~15m 的挡土墙。

D 选项为锚杆式挡土墙,可用于临时边坡支护和加固工程。

答案: A

3. 挡土墙的土压力

挡土结构所受的侧向压力称为土压力。

(1) 土压力分类

作用在挡土结构上的土压力,按挡土结构的位移方向、大小及土体所处的极限平衡状态,分为三种:静止土压力、主动土压力、被动土压力,见图 9-6。

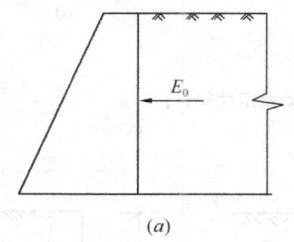 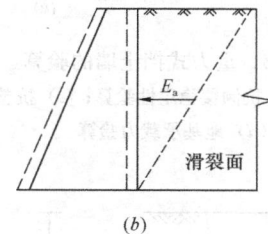 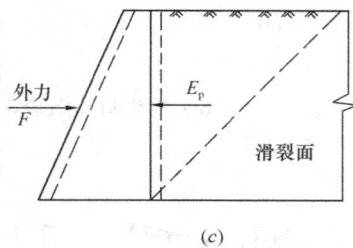

图 9-6 土压力分类
(a) 静止土压力;(b) 主动土压力;(c) 被动土压力

(2) 土压力的大小

主动土压力最小,静止土压力居中,被动土压力最大。

主动土压力(最小)——多数挡土墙采用(土推墙);

静止土压力(居中)——地下室外墙;

被动土压力(最大)——拱脚基础采用(墙推土)。

(3) 土压力分布

土压力沿挡土结构竖向一般为三角形分布,墙顶处压力小,墙底处压力大。

如果取单位挡土结构长度,则作用在挡土结构上的静止土压力如图 9-7 所示。

4. 重力式挡土墙

重力式挡土墙应用较广泛,利用挡土结构自身的重力,以支挡土质边坡的横推力,常采用条石垒砌或采用混凝土浇筑。

(1) 挡土墙设计

应根据地质条件、材料和施工等因素考虑,内容包括:

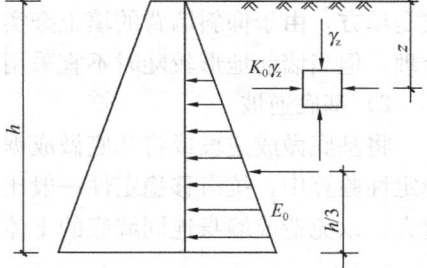

图 9-7 墙背竖直时的静止土压力

1) 抗滑移稳定性验算 [图 9-8 (a)];
2) 抗倾覆稳定性验算 [图 9-8 (b)];
3) 抗整体滑动稳定性(圆弧滑动面法)验算 [图 9-8 (c)];
4) 地基承载力验算 [图 9-8 (d)]。

(2) 重力式挡土墙的体型构造

1) 挡土墙的各部位名称及墙背倾斜形式

重力式挡土墙的各部位名称及墙背的倾斜形式有仰斜、直立和俯斜三种,如图 9-9 所示。

相同情况下,仰斜式受到的主动土压力最小,直立式居中,俯斜式最大。为减小墙背

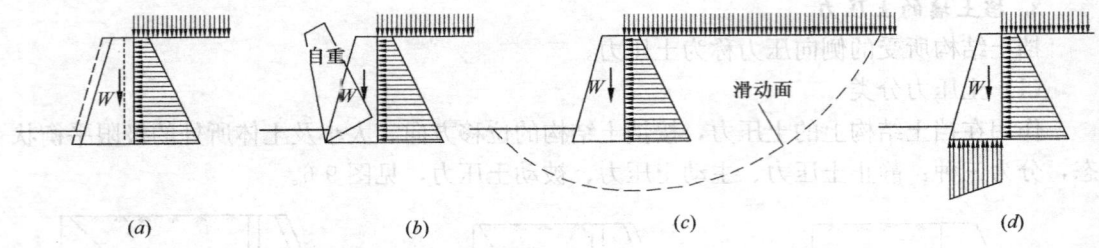

图 9-8　重力式挡土墙的验算

(a) 抗滑移稳定性验算；(b) 抗倾覆稳定性验算；(c) 抗整体滑动稳定性验算；
(d) 地基承载力验算

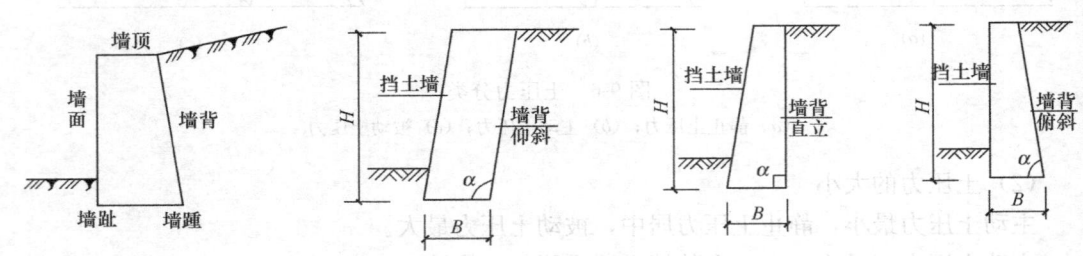

图 9-9　重力式挡土墙墙背倾斜形式

的土压力，选择仰斜式最为合理。另外仰斜墙重心后移，加大了抗倾覆力臂，提高了抗倾覆的稳定性。

当边坡采用挖方时，仰斜式较为合理，此时墙背可以与开挖的边坡紧密贴合；如果边坡是填方，由于仰斜墙背的填土夯实比直立式和俯斜式困难，则选择直立式和俯斜式更为合理。但当墙前地形较陡时不宜采用。

2) 基底逆坡

将基底做成逆坡或将基底做成锯齿状是增加挡土墙的抗滑稳定性的有效方法。在墙体稳定性验算中，抗滑移稳定性一般比抗倾覆稳定更不易满足要求。但基底逆坡坡度也不能过大，以免造成墙身连同墙底的土体一起滑动，见图 9-10、图 9-11。

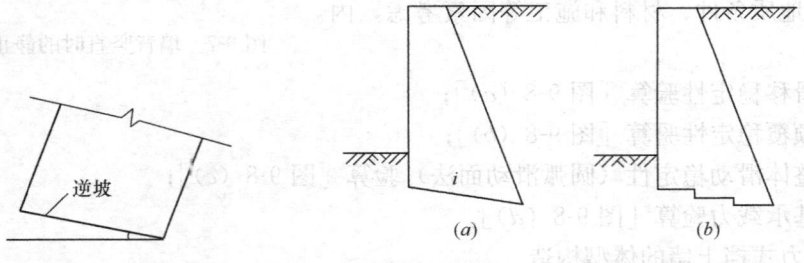

图 9-10　基底逆坡　　图 9-11　增强挡土墙抗滑移能力的措施

(a) 逆坡；(b) 锯齿状

3) 墙趾台阶

当墙高较大，基底压力超过地基承载力时，设置墙趾台阶增大底面宽度，同时还有利于提高挡土墙的抗滑移和抗倾覆稳定性，见图 9-12、图 9-13。

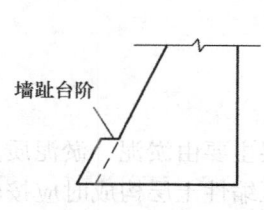
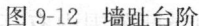
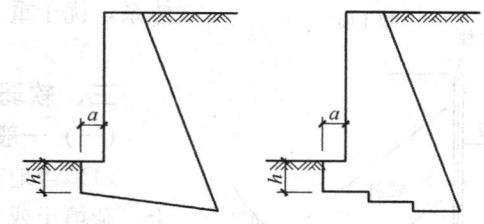

图 9-12　墙趾台阶　　　　图 9-13　挡土墙下地基承载力不满足时的措施

例 9-12　（2014）某悬臂式挡土墙，如图所示，当抗滑移验算不足时，在挡土墙埋深不变的情况下，下列措施最有效的是：

A　仅增加 a　　　　　　B　仅增加 b
C　仅增加 c　　　　　　D　仅增加 d

解析：增加 c 值，对抗滑移最有效。
答案：C

例 9-13　（2011）在挡土墙设计中，可以不必进行的验算为：

A　地基承载力验算　　　　B　地基变形计算
C　抗滑移验算　　　　　　D　抗倾覆验算

解析：对挡土墙设计，应进行地基承载力验算、抗倾覆验算和抗滑移验算，可不进行的是地基变形计算。
答案：B
规范：《地基基础规范》第 6.7.4 条第 1～4 款。

(3) 重力式挡土墙的构造应符合下列规定：

1) 重力式挡土墙适用于高度小于 8m、地层稳定、开挖土石方时不会危及相邻建筑安全的地段。

2) 重力式挡土墙可在基底设置逆坡。对于土质地基，基底逆坡坡度不宜大于 1∶10；对于岩石地基，基底逆坡坡度不宜大于 1∶5。

3) 毛石挡土墙的墙顶宽度不宜小于 400mm；混凝土挡土墙的墙顶宽度不宜小于 200mm。

4) 重力式挡土墙的基础埋深，应根据地基承载力、水流冲刷、岩石裂隙发育及风化程度等因素进行确定。在特强冻胀、强冻胀地区应考虑冻胀的影响。在土质地基中，基础埋置深度不宜小于 0.5m；在软质岩地基中，基础埋置深度不宜小于 0.3m。

5) 重力式挡土墙应每间隔 10～20m 设置一道伸缩缝。当地基有变化时宜加设沉降缝。在挡土墙的拐角处，应采取加强的构造措施。

(4) 桩锚支挡结构体系。

在有岩体存在的山区，可采用桩锚支挡结构体系。该支挡结构体系，由竖桩（立柱）、岩石锚杆等主要承力构件组成，辅以连系梁、压顶梁、面板等构件，组成完整的支挡结构

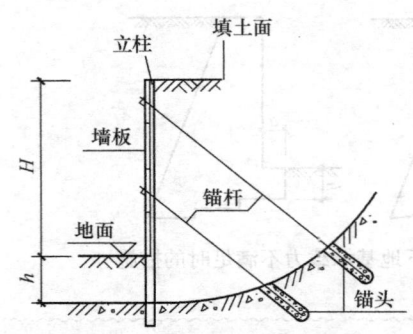

图 9-14 锚杆挡土墙由锚固在坚硬地基中的锚杆拉结

体系,优于重力式挡土墙,如图 9-14 所示。

三、软弱地基
(一) 一般规定
(1) 当地基压缩层主要由淤泥、淤泥质土、冲填土、杂填土或其他高压缩性土层构成时应按软弱地基进行设计。在建筑地基的局部范围内有高压缩性土层时,应按局部软弱土层处理。

(2) 勘察时,应查明软弱土层的均匀性、组成、分布范围和土质情况;冲填土尚应了解排水固结条件,杂土应查明堆积历史,明确自重压力下的稳定性、湿陷性等基本因素。

(3) 设计时应考虑上部结构和地基的共同作用。对建筑体型、荷载情况、结构类型和地质条件进行综合分析,确定合理的建筑措施、结构措施和地基处理方法。

(4) 施工时应注意对淤泥和淤泥质土基槽底面的保护,减少扰动。荷载差异较大的建筑物,宜先建重、高部分,后建轻、低部分。

(5) 活荷载较大的构筑物或构筑物群(如料仓、油罐等),使用初期应根据沉降情况控制加载速率,掌握加载间隔时间,或调整活荷载分布,避免过大倾斜。

(6) 其他说明。
1) 软土的主要物理力学特性是含水量高、高压缩性、天然抗剪强度较低等。
2) 由于软弱土的物质组成、成因及存在环境(如水的影响等)不同,不同的软弱地基其性质可能完全不同。

(二) 利用与处理
(1) 利用软弱土层作为持力层时,应符合下列规定:
1) 淤泥和淤泥质土,宜利用其上覆较好土层作为持力层;当上覆土层较薄时,应采取避免施工时对淤泥和淤泥质土扰动的措施。
2) 冲填土、建筑垃圾和性能稳定的工业废料,当均匀性和密实度较好时,可利用作为轻型建筑物地基的持力层。

(2) 局部软弱土层以及暗塘、暗沟等,可采用基础梁、换土、桩基或其他方法处理。

(3) 当地基承载力或变形不能满足设计要求时,地基处理可选用机械压实、堆载预压、真空预压、换填垫层或复合地基等方法。处理后的地基承载力应通过试验确定。

(4) 机械压实包括重锤夯实、强夯、振动压实等方法,可用于处理由建筑垃圾或工业废料组成的杂填土地基,处理有效深度应通过试验确定。

(5) 堆载预压可用于处理较厚淤泥和淤泥质土地基。预压荷载宜大于设计荷载,预压时间应根据建筑物的要求以及地基固结情况决定,并应考虑堆载大小和速率对堆载效果和周围建筑物的影响。采用塑料排水带或砂井进行堆载预压和真空预压时,应在塑料排水带或砂井顶部做排水砂垫层。

(6) 换填垫层(包括加筋垫层)可用于软弱地基的浅层处理。垫层材料可采用中砂、粗砂、砾砂、角(圆)砾、碎(卵)石、矿渣、灰土、黏性土以及其他性能稳定、无腐蚀性的材料。加筋材料可采用高强度、低徐变、耐久性好的土工合成材料。

（7）复合地基设计应满足建筑物承载力和变形要求。当地基土为欠固结土、膨胀土、湿陷性黄土、可液化土等特殊性土时，设计采用的增强体和施工工艺应满足处理后地基土和增强体共同承担荷载的技术要求。

（8）复合地基承载力特征值应通过现场复合地基载荷试验确定，或采用增强体载荷试验结果和周边土的承载力特征值结合经验确定。

（9）增强体顶部应设褥垫层。褥垫层可采用中砂、粗砂、砾砂、碎石、卵石等散体材料。碎石、卵石宜掺入20%~30%的砂。

例9-14 （2008）机械压实地基措施，一般适用于下列哪一种地基？
A　含水量较大的黏性土地基　　　B　淤泥地基
C　淤泥质土地基　　　　　　　　D　建筑垃圾组成的杂填土地基
解析：A、B、C选项是含水量较大的黏土和淤泥类地基，不适合采用机械压实处理。
答案：D
规范：《地基基础规范》第7.2.4条。
注：机械压实包括重锤夯实、强夯、振动压实等方法，可用于处理由建筑垃圾或工业废料组成的杂填土地基。

例9-15 （2014）关于地基处理的作用，下列说法错误的是：
A　提高地基承载力　　　　　　　B　改善场地条件，提高场地类别
C　减小地基变形，减小基础沉降量　D　提高地基稳定性，减少不良地质隐患
解析：地基处理是为了提高地基的承载力，减小地基的变形，减小基础沉降量，提高地基稳定性；与场地条件、类别无关。故B选项符合题意。
建筑场地类别应根据土层等效剪切波速和场地覆盖层厚度来划分。
答案：B
规范：《抗震规范》第4.1.2条。

例9-16 （2021）当水位上升时，挡土墙所承受的土压力、水压力、总压力的变化正确的是：

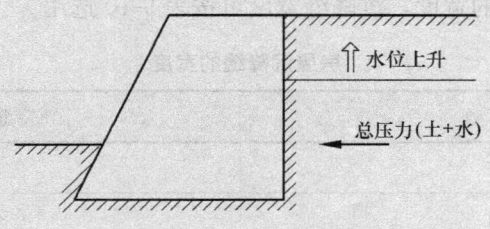

A　总压力升高　　　　　　　　　B　总压力不变
C　土压力增高　　　　　　　　　D　土压力不变

> **解析**：详见本章习题 9-12 的解析。作用在支护结构上的土压力（总压力）应是土的压力与水的压力的合力，土力学计算公式根据土的性质分为水土合算（黏性土）与水土分算（沙性土）：
> （1）对于水土合算，随着水位的升高，土的内摩擦角会降低，支护结构上的土压力（总压力）强度增加（不单独计算土的压力与水的压力）；
> （2）对于水土分算，土的有效重度＝土的饱和重度－水的重度；其由土颗粒产生的土压力分项值会减小，因此 C、D 选项错误。
> 由这两种情况的计算结果可知，水位上升后总压力将远大于水位低或无水的情况；因此 A 选项正确，B 选项错误。
> **答案**：A

（三）建筑措施

软弱地基上的建筑物沉降比较显著，且不均匀，沉降稳定的时间很长，如果处理不好，会造成建筑物的倾斜、开裂或损坏，造成工程事故。

地基基础和上部结构是整体，共同作用，因此地基设计上除地基变形满足建筑物允许变形外，还应根据地基不均匀变形的分布规律，在建筑布置和结构处理上采取必要措施，使上部建筑结构适应地基变形。

（1）在满足使用和其他要求的前提下，建筑体型应力求简单。当建筑体型比较复杂时，宜根据其平面形状和高度差异情况，在适当部位用沉降缝将其划分成若干个刚度较好的单元；当高度差异（或荷载差异）较大时，可将两者隔开一定距离，若拉开距离后的两单元必须连接时，应采用能自由沉降的连接构造。

（2）建筑物设置沉降缝时，应符合下列规定：

1）建筑物的下列部位，宜设置沉降缝：

① 建筑平面的转折部位；
② 高度差异或荷载差异处；
③ 长高比过大的砌体承重结构或钢筋混凝土框架结构的适当部位；
④ 地基土的压缩性有显著差异处；
⑤ 建筑结构或基础类型不同处；
⑥ 分期建造房屋的交界处。

2）沉降缝应有足够的宽度，沉降缝宽度可按表 9-10 选用。

房屋沉降缝的宽度 表 9-10

房屋层数	沉降缝宽度（mm）
二～三	50～80
四～五	80～120
五层以上	不小于 120

（3）相邻建筑物基础间的净距，可按表 9-11 选用。

相邻建筑物基础间的净距（m） 表9-11

影响建筑的预估平均沉降量 s （mm） \ 被影响建筑的长高比	$2.0 \leqslant \frac{L}{H_f} < 3.0$	$3.0 \leqslant \frac{L}{H_f} < 5.0$
70～150	2～3	3～6
160～250	3～6	6～9
260～400	6～9	9～12
>400	9～12	不小于12

注：1. 表中 L 为建筑物长度或沉降缝分隔的单元长度（m）；H_f 为自基础底面标高算起的建筑物高度（m）。
2. 当被影响建筑的长高比为 $1.5 < L/H_f < 2.0$ 时，其间净距可适当缩小。

（4）相邻高耸结构或对倾斜要求严格的构筑物的外墙间隔距离，应根据倾斜允许值计算确定。

（5）建筑物各组成部分或设备之间的沉降差处理。

建筑物各组成部分的标高，应根据可能产生的不均匀沉降采取下列相应措施：

1）室内地坪和地下设施的标高，应根据预估沉降量予以提高。建筑物各部分（或设备之间）有联系时，可将沉降较大者标高提高。

2）建筑物与设备之间，应留有足够的净空。当建筑物有管道穿过时，应预留孔洞，或采用柔性的管道接头等。

（四）结构措施

建筑物沉降的均匀程度不仅与地基的均匀性和上部结构的荷载分布情况有关，还与建筑物的整体刚度有关。**建筑物的整体刚度是指建筑物抵抗自身变形的能力。**

（1）为减少建筑物沉降和不均匀沉降，可采用下列措施：

1）选用轻型结构，减轻墙体自重，采用架空地板代替室内填土。

2）设置地下室或半地下室，采用覆土少、自重轻的基础形式。

3）调整各部分的荷载分布、基础宽度或埋置深度。

4）对不均匀沉降要求严格的建筑物，可选用较小的基底压力。

（2）对于建筑体型复杂、荷载差异较大的框架结构，可采用箱基、桩基、筏基等可加强基础整体刚度，减少不均匀沉降。

（3）对于砌体承重结构的房屋，宜采用下列措施增强整体刚度和承载力：

1）对于三层和三层以上的房屋，其长高比 L/H_f 宜小于或等于2.5；当房屋的长高比为 $2.5 < L/H_f \leqslant 3.0$ 时，宜做到纵墙不转折或少转折，并应控制其内横墙间距或增强基础刚度和承载力。当房屋的预估最大沉降量小于或等于120mm时，其长高比可不受限制。

2）墙体内宜设置钢筋混凝土圈梁或钢筋砖圈梁。

3）在墙体上开洞时，宜在开洞部位配筋或采用构造柱及圈梁加强。

（4）圈梁应按下列要求设置：

1）在多层房屋的基础和顶层处应各设置一道，其他各层可隔层设置，必要时也可逐层设置。单层工业厂房、仓库，可结合基础梁、连系梁、过梁等酌情设置。

2) 圈梁应设置在外墙、内纵墙和主要内横墙上，并宜在平面内连成封闭系统。

圈梁应根据地基不均匀变形、建筑物建成后可能的挠曲方向等因素确定。如建筑物可能发生正向挠曲时，应保证在基础处设置；反之，若可能发生反向挠曲时，则首先应保证顶层设置圈梁。

> **例 9-17 （2012）** 建造在软弱地基上的建筑物，在适当部位设置沉降缝，下列哪一种说法是不正确的？
> A 建筑平面的转折部位
> B 长度大于 50m 的框架结构的适当部位
> C 高度差异处
> D 地基土的压缩性有明显差异处
> 解析：在软弱地基上的建筑物设置沉降缝与结构的长高比有关。
> 答案：B
> 规范：《地基基础规范》第 7.3.2 条第 3 款。

（五）大面积地面荷载[①]

（1）在建筑范围内具有地面荷载的单层工业厂房、露天车间和单层仓库的设计，应考虑由于地面荷载所产生的地基不均匀变形及其对上部结构的不利影响。当有条件时，宜利用堆载预压过的建筑场地。

（2）地面堆载应力求均衡，并应根据使用要求、堆载特点、结构类型和地质条件，确定允许堆载量和范围。

堆载不宜压在基础上。大面积的填土，宜在基础施工前三个月完成。

（3）地面堆载荷载应满足地基承载力、变形、稳定性要求，并应考虑对周边环境的影响。当堆载量超过地基承载力特征值时，应进行专项设计。

（4）厂房和仓库的结构设计，可适当提高柱、墙的抗弯能力，增强房屋的刚度。对于中、小型仓库，宜采用静定结构。

（5）特殊情况时宜采用桩基，详见《地基基础规范》。

四、基础

房屋基础形式种类很多：有无筋扩展基础（如毛石基础、混凝土基础等），扩展基础（如杯口基础），箱形基础与筏形基础及桩基础等。

（一）无筋扩展基础

无筋扩展基础也称刚性基础，系指由砖、毛石、混凝土或毛石混凝土、灰土和三合土等材料组成的墙下条形基础或柱下独立基础。由于上述材料的抗拉强度值较低，当基础放大部分尺寸超过一定范围时，材料就收到拉力和剪力作用，当超过基础材料的抗拉、抗剪承载力时，就会产生破坏，破坏的方向不是沿柱或墙的外侧垂直向下，而是与垂线成一个角度，这个角度就是材料的刚性角 α（图 9-15）。刚性角表示压力在基础中传播、扩散的

---

① 地面荷载系指生产堆料、工业设备等地面堆载和天然地面上的大面积填土。

角度，不同的材料有不同的刚性角。《地基基础规范》中根据常用刚性基础材料的刚性角给出了不同材料的高宽比限值，见表 9-12。当刚性基础的底边宽度尺寸在刚性角的范围以内时，上部荷载作用下产生的基础截面弯曲拉应力和剪应力就不会超过基础材料的强度限值。

无筋扩展基础，适用于多层民用建筑和轻型厂房。

无筋扩展基础高度应满足下式要求：

$$H_0 \geqslant (b-b_0)/2\tan\alpha \tag{9-15}$$

式中 b——基础底面宽度，m；
　　b_0——基础顶面的墙体宽度或柱脚宽度，m；
　　H_0——基础高度，m；
　　$\tan\alpha$——基础台阶宽高比 $b_2:H_0$，其允许值可按表 9-12 选用；
　　b_2——基础台阶宽度，m。

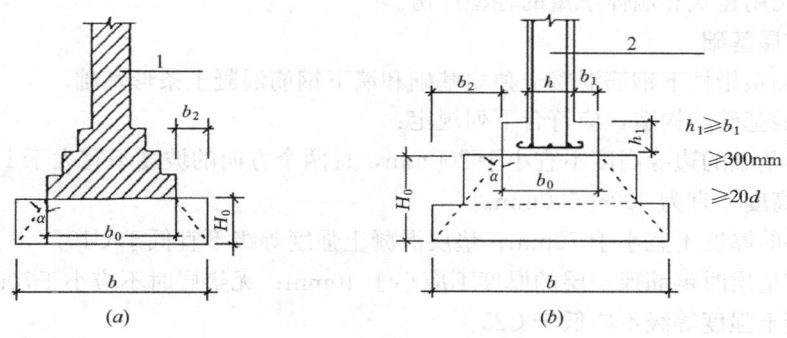

图 9-15　无筋扩展基础构造示意
d—柱中纵向钢筋直径；1—承重墙；2—钢筋混凝土柱

无筋扩展基础台阶宽高比的允许值　　　　表 9-12

基础材料	质量要求	台阶宽高比的允许值		
		$p_k \leqslant 100$	$100 < p_k \leqslant 200$	$200 < p_k \leqslant 300$
混凝土基础	C15 混凝土	1:1.00	1:1.00	1:1.25
毛石混凝土基础	C15 混凝土	1:1.00	1:1.25	1:1.50
砖基础	砖不低于 MU10、砂浆不低于 M5	1:1.50	1:1.50	1:1.50
毛石基础	砂浆不低于 M5	1:1.25	1:1.50	—
灰土基础	体积比为 3:7 或 2:8 的灰土，其最小干密度：粉土 1550kg/m³　粉质黏土 1500kg/m³　黏土 1450kg/m²	1:1.25	1:1.50	—

续表

基础材料	质量要求	台阶宽高比的允许值		
		$p_k \leqslant 100$	$100 < p_k \leqslant 200$	$200 < p_k \leqslant 300$
三合土基础	体积比1:2:4~1:3:6（石灰：砂：骨料），每层约虚铺220mm，夯至150mm	1:1.50	1:2.00	—

注：1. p_k为荷载效应标准组合时基础底面处的平均压力值（kPa）；
　　2. 阶梯形毛石基础的每阶伸出宽度，不宜大于200mm；
　　3. 当基础由不同材料叠合组成时，应对接触部分作抗压验算；
　　4. 基础底面处的平均压力值超过300kPa的混凝土基础，尚应进行抗剪验算。

上述几种刚性基础，除三合土基础不宜超过四层建筑以外，其他均可用于六层和六层以下的一般民用建筑和墙体承重的轻型厂房。

（二）扩展基础

扩展基础系指柱下钢筋混凝土独立基础和墙下钢筋混凝土条形基础。

（1）扩展基础的构造，应符合下列规定：

1）锥形基础的边缘高度不宜小于200mm，且两个方向的坡度不宜大于1:3；阶梯形基础的每阶高度，宜为300~500mm。

2）垫层的厚度不宜小于70mm；垫层混凝土强度等级不宜低于C10。

3）当有垫层时钢筋保护层的厚度不应小于40mm；无垫层时不应小于70mm。

4）混凝土强度等级不应低于C25。

5）当柱下钢筋混凝土独立基础的边长和墙下钢筋混凝土条形基础的宽度大于或等于2.5m时，底板受力钢筋的长度可取边长或宽度的0.9倍，并宜交错布置（图9-16）。

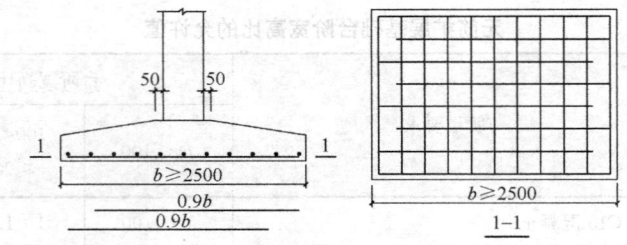

图9-16　柱下独立基础底板受力钢筋布置

6）钢筋混凝土条形基础底板在T形及十字形交接处，底板横向受力钢筋仅沿一个主要受力方向通长布置，另一方向的横向受力钢筋可布置到主要受力方向底板宽度1/4处。在拐角处底板横向受力钢筋应沿两个方向布置（图9-17）。

（2）现浇柱的基础，其插筋的数量、直径以及钢筋种类应与柱内纵向受力钢筋相同。

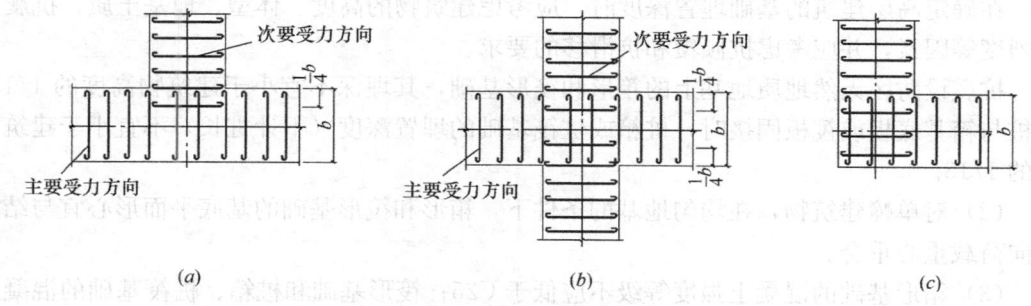

图 9-17 墙下条形基础纵横交叉处底板受力钢筋布置

例 9-18 （2014）关于柱下独立基础之间设置的基础连系梁，下列说法正确的是：

A 加强基础的整体性，平衡柱底弯矩
B 为普通框架梁，参与结构整体抗震设计
C 等同于地基梁，按倒楼盖设计
D 连系梁上的荷载总是直接传递到地基

解析： 基础连系梁不受地基反力作用，或者地基反力仅仅是由地下梁及其覆土的自重产生，不是由上部荷载的作用所产生。基础连系梁可加强基础的整体性，平衡柱底弯矩。

答案： A

（三）柱下条形基础

(1) 柱下条形基础的构造，除应满足本节二、第 1 条的要求外，尚应符合下列规定：

1) 柱下条形基础梁的高度宜为柱距的 1/8～1/4。翼板厚度不应小于 200mm。当翼板厚度大于 250mm 时，宜采用变厚度翼板，其顶面坡度宜小于或等于 1∶3。

2) 条形基础的端部宜向外伸出，其长度宜为第一跨距的 0.25 倍。

3) 现浇柱与条形基础梁的交接处，基础梁的平面尺寸应大于柱的平面尺寸，且柱的边缘至基础梁边缘的距离不得小于 50mm（图 9-18）。

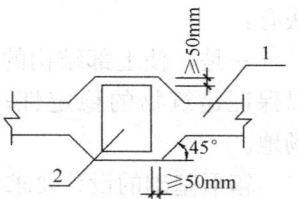

图 9-18 现浇柱与条形基础梁交接处平面尺寸
1—基础梁；2—柱

4) 条形基础梁顶部和底部的纵向受力钢筋除满足计算要求外，顶部钢筋应按计算配筋全部贯通，底部通长钢筋不应少于底部受力钢筋截面总面积的 1/3。

5) 柱下条形基础的混凝土强度等级，不应低于 C20。

(2) 柱下条形基础的计算，应满足抗弯、抗剪和抗冲切的要求以及其他规范规定。

（四）高层建筑箱形和筏形基础

1. 一般规定

(1) 箱形和筏形基础的地基应进行承载力和变形计算，必要时应验算地基的稳定性。

在确定高层建筑的基础埋置深度时,应考虑建筑物的高度、体型、地基土质、抗震设防烈度等因素,并应考虑抗倾覆和抗滑移的要求。

抗震设防区天然地质地基上的箱形和筏形基础,其埋深不宜小于建筑物高度的1/15;当桩与箱基底板或筏板固接时,桩箱或桩筏基础的埋置深度(不计桩长)不宜小于建筑高度的1/18。

(2) 对单幢建筑物,在均匀地基的条件下,箱形和筏形基础的基底平面形心宜与结构竖向荷载重心重合。

(3) 箱形基础的混凝土强度等级不应低于C25;筏形基础和桩箱、桩筏基础的混凝土强度等级不应低于C30。当有地下室时,应采用防水混凝土。防水混凝土的抗渗等级应按表9-13选用。对重要建筑,宜采用自防水并设置架空排水层。

防水混凝土抗渗等级　　　　　　　表 9-13

埋置深度 d (m)	设计抗渗等级	埋置深度 d (m)	设计抗渗等级
$d<10$	P6	$20 \leqslant d<30$	P10
$10 \leqslant d<20$	P8	$30 \leqslant d$	P12

2. 箱形基础

当地基软弱,建筑物荷载较大或上部结构荷载分布不均而对沉降要求甚为严格时,可以采用箱形基础。箱形基础是由底板、顶板、侧墙及一定数量的内隔墙构成的整体刚度较好的钢筋混凝土结构,所以它是高层建筑一种较好的基础类型。

由于箱形基础的整体刚度比较好,因此它调整不均匀沉降的能力及抗震能力比较强;且箱形基础有一定的埋深,可以充分利用地基的承载力,降低基底的附加压力,减少绝对沉降量;箱形基础的内部空间可以用作人防工程和设备用房。

高层建筑的箱形基础,一个十分重要的问题是防止箱形基础的整体倾斜。过大的整体倾斜不仅会造成人们心理的不安全感,而且危及建筑物安全。防止其整体倾斜的办法有:

一是,使上部结构的荷载重心尽量与基础底面的形心重合;二是,有一定的埋深,以保证建筑物的稳定性;三是,在选择建筑场地时,尽量选在地质条件比较均匀的场地。

箱形基础的设计要求:

(1) 箱形基础的内、外墙应沿上部结构柱网和剪力墙纵横均匀布置;当上部结构为框架或框剪结构时,墙体水平截面总面积不宜小于箱基水平投影面积的1/12;基础平面长宽比大于4时,纵横水平截面面积不宜小于箱形基础水平投影面积的1/18。

(2) 箱形基础的高度应满足结构承载力和刚度的要求,不宜小于箱形基础长度(不包括底板悬挑部分)的1/20,且不宜小于3m。

(3) 高层建筑统一结构单元内,箱形基础的埋置深度宜一致,且不得局部采用箱形基础。

顶板、底板及内外墙的厚度和配筋,均应根据实际受力情况通过计算确定。

(4) 箱形基础的底板厚度应根据受力情况、整体刚度及防水要求确定,底板厚度不应小于400mm，且板厚与最大双向板格的短边净跨之比不应小于1/14。底板处除应满足正截面受弯承载力的要求外，尚应满足受冲切承载力要求（图9-19）。

（5）箱形基础的底板应满足斜截面受剪承载力的要求。

（6）箱形基础的墙身厚度应根据实际受力情况、整体刚度及防水要求确定。外墙厚度不应小于250mm，内墙厚度不宜小于200mm。墙体内应设置双面钢筋。

（7）底层柱与箱形基础交接处，柱边和墙边或柱角和八字角之间的净距不宜小于50mm，并应验算底层柱下墙体的局部受压承载力；当不能满足时，应增加墙体的承压面积或采取其他有效措施。

3. 筏形基础

对基础刚度的要求稍低的建筑物，可以采用筏形基础；筏形基础对墙体数量、厚度、基础的整体性等要求不像箱形基础那样严格。

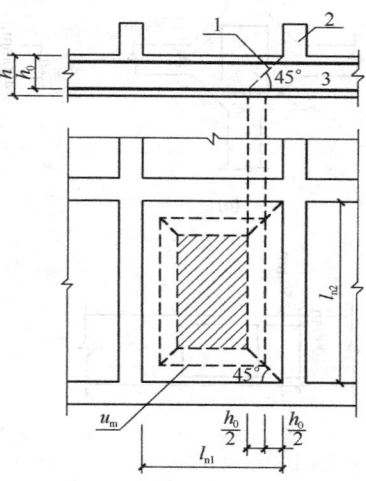

图9-19　底板的冲切计算示意
1—冲切破坏锥体的斜截面；
2—梁；3—底板

筏形基础分为梁板式和平板式两种类型。首层的柱可以直通到底板；可以采用与底板连在一起的倒梁，而不一定要布置许多内隔墙，由此形成较大空间，可作为地下商场或停车场等。

平板式筏形基础，相当于无柱帽的无梁楼盖。当柱荷载较大时，特别是高层建筑柱，对筏形底板有冲切和剪切要求；筏板往往较厚。

（1）其选型应根据地基土质、上部结构体系、柱距、荷载大小、使用要求以及施工条件等因素确定。框架-核心筒结构和筒中筒结构宜采用平板式筏形基础。

（2）平板式筏基的板厚除应符合受弯承载力的要求外，尚应符合受冲切承载力的要求，验算时应计入作用在冲切临界截面重心上的不平衡弯矩所产生的附加剪力。筏板的最小厚度不应小于500mm。

（3）平板式筏基内筒下的板厚应满足受冲切承载力的要求。

（4）平板式筏基除应符合受冲切承载力的规定外，尚应验算距内筒和柱边缘 h_0 处截面的受剪承载力。

（5）梁板式筏基底板的厚度应符合受弯、受冲切和受剪切承载力的要求，且不应小于400mm；板厚与最大双向板格的短边净跨之比尚不应小于1/14，梁板式筏基梁的高跨比不宜小于1/6。

（6）地下室底层柱、剪力墙与梁板式筏基的基础梁连接的构造应符合下列规定：

1）柱、墙的边缘至基础梁边缘的距离不应小于50mm（图9-20）。

2）当交叉基础梁的宽度小于柱截面的边长时，交叉基础梁连接处宜设置八字角，柱角与八字角之间的净距不宜小于50mm [图9-20（a）]。

3）单向基础梁与柱的连接，可按图9-20（b）（c）采用。

4）基础梁与剪力墙连接，按图9-20（d）采用。

（7）筏形基础地下室的外墙厚度不应小于250mm，内墙厚度不宜小于200mm。墙体内应设置双面钢筋。钢筋配置量除应满足承载力要求外，尚应考虑变形、抗裂及外墙防渗

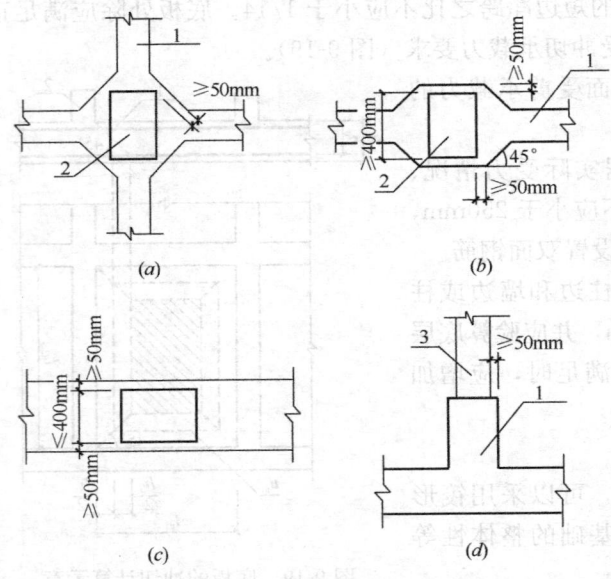

图 9-20 地下室底层柱或剪力墙与梁板式筏基的基础梁连接的构造要求
1—基础梁；2—柱；3—墙

(8) 当地基土比较均匀、地基压缩层范围内无软弱土层或可液化土层，上部结构刚度较好，柱网和荷载较均匀、相邻柱荷载及柱间距的变化不超过 20%，且梁板式筏基梁的高跨比或平板式筏基板的厚跨比不小于 1/6 时，筏形基础可仅考虑局部弯曲作用，并扣除底板自重及其上填土的自重。

(9) 梁板式筏基的底板和基础梁的配筋除应满足计算要求外，基础梁和底板的顶部跨中钢筋应按实际配筋全部连通，纵横方向的底部支座钢筋尚应有不少于 1/3 贯通全跨。底部上下贯通配筋的配筋率均不应小于 0.15%。

(10) 考虑到整体弯曲的影响，筏板的柱下板带和跨中板带的底部钢筋应有 1/3 贯通全跨，顶部钢筋应按实际配筋全部连通，上下贯通配筋的配筋率均不应小于 0.15%。

(11) 带裙房的高层建筑筏形基础与沉降缝和后浇带设置应符合下列要求：

1) 当高层建筑与相连的裙房之间设置沉降缝时，高层建筑的基础埋深应大于裙房基础的埋深至少 2m。地面以下沉降缝的缝隙应用粗砂填实[图 9-21 (a)]。

2) 当高层建筑与相连的裙房之间不设置沉降缝时，宜在裙房一侧设置控制沉降差的后浇带。当沉降实测值和计算确定的后期沉降差满足设计要求后，方可进行后浇带混凝土浇筑。当高层建筑基础面积满足地基承载力和变形要求时，后浇带宜设在与高层建筑相邻裙房的第一跨内。当需要满足高层建筑地基承载力、降低高层建筑沉降量、减小高层建筑与裙房间的沉降差而增大高层建筑的基础面积时，后浇带可设在距主楼边柱的第二跨内。

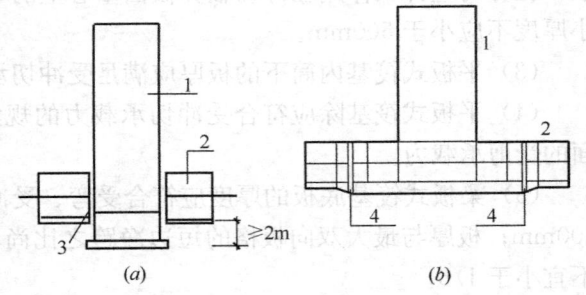

图 9-21 高层建筑与裙房间的沉降缝、后浇带处理示意
1—高层建筑；2—裙房及地下室；3—室外地坪以下用粗砂填实；4—后浇带

3) 当高层建筑与相连的裙房之间不设沉降缝和后浇带时，高层建筑及与其紧邻一跨裙房的筏板应采用相同厚度，裙房筏板的厚度宜从第二跨裙房开始逐渐变化，应同时满足主、裙楼基础整体性和基础板的变形要求，考虑地基与结构间变形的相互影响，并应采取有效措施防止产生有不利影响的差异沉降。

（12）筏形基础地下室施工完毕后，应及时进行基坑回填工作。回填基坑时，应先清除基坑中的杂物，并应在相对的两侧或四周同时回填并分层夯实。

4. 桩筏与桩箱基础

（1）当高层建筑箱形与筏形基础下的天然地基承载力或沉降值不能满足设计要求时，可采用桩筏或桩箱基础。

（2）当荷载较大，等厚度筏板的受冲切承载力不能满足要求时，可在筏板上增设柱墩或在筏板下局部增加板厚或在筏板内设置抗冲切钢筋提高受冲切承载力。

例 9-19　（2011） 某 15 层钢筋混凝土框架-抗震墙结构建筑，有两层地下室；采用梁板式筏形基础，下列设计中哪一项是错误的？

A　基础混凝土强度等级 C30
B　基础底板厚度 350mm
C　地下室外墙厚度 300mm
D　地下室内墙厚度 250mm

解析：梁板式筏形基础底板应计算正截面受弯承载力，其厚度尚应满足受冲切承载力、受剪切承载力的要求；且无论是双向板还是单向板，其板底厚度均不应小于 400mm（平板式筏基的最小板厚不应小于 500mm）；故 B 项"基础底板厚度 350mm"错误，为答案。

答案：B

规范：《地基基础规范》第 8.4.4 条、第 8.4.5 条、第 8.4.6 条、第 8.4.11 条，以及第 8.4.12 条第 2、4 款；《高层建筑筏形与箱形基础技术规范》JGJ 6—2011 第 6.2.5 条、第 6.2.2 条。

例 9-20　（2008） 对一般建筑的梁板式筏基，筏板厚度受以下哪项影响最小？

A　正截面受弯承载力　　　B　地基承载力
C　冲切承载力　　　　　　D　受剪承载力

解析：对一般建筑的梁板式筏基厚度都会受到题中选项的影响。规范规定：梁板式筏基底板除计算正截面受弯承载力外，其厚度还需考虑抗冲切承载力和抗剪切承载力的计算，相比之下地基承载力的影响最小。

答案：B

规范：《地基基础规范》第 8.4.11 条。

（五）桩基础

桩基础是一种常用的基础形式，是深基础的一种。当天然地基上的浅基础承载力不能满足要求而沉降量又过大或地基稳定性不能满足建筑物规定时，常采用桩基础。

这是因为桩基础具有承载力高、沉降速率低、沉降量小而均匀等特点，能够承受垂直荷载、水平荷载、上拔力及由机器产生的振动或动力作用，因而应用广泛，尤其在高层建筑中应用更为普遍。

1. 桩的分类

(1) 竖向受压桩按桩身竖向受力情况可分为端承型桩和摩擦型桩：

1) 端承型桩的桩顶竖向荷载主要由桩端阻力承受（图9-22）。

2) 摩擦型桩的桩顶竖向荷载主要由桩侧阻力承受（图9-23）。

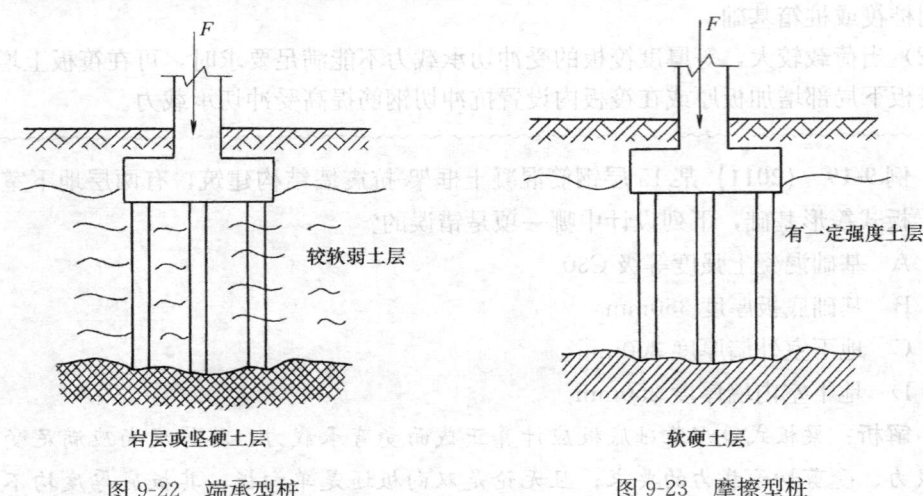

图9-22 端承型桩　　　　　　　图9-23 摩擦型桩

(2) 按施工工艺分为预制桩和灌注桩：

1) 预制桩的种类，主要有钢筋混凝土桩和钢桩等多种。

预制桩的施工工艺包括制桩与沉桩两部分，沉桩工艺又根据沉桩机械的不同而有不同，主要有锤击式、静压式和振动式。

2) 灌注桩的种类依成孔方法不同主要分为沉管灌注桩、钻孔灌注桩①和挖孔灌注桩等。

灌注桩是指在施工现场通过机械钻孔、钢管挤土或人力挖掘等手段，在地基土中形成桩孔，然后在孔内放置钢筋笼、灌注混凝土而做成的钢筋混凝土桩。

沉管灌注桩包括沉管、放笼、灌注、拔管四个步骤；钻孔灌注桩指各种在地面用机械方法挖土成孔的灌注桩；挖孔灌注桩指人工下到井底挖土护壁成孔的灌注桩。

2. 桩和桩基构造的相关规定

(1) 摩擦型桩的中心距不宜小于桩身直径的3倍；扩底灌注桩的中心距不宜小于扩底直径的1.5倍，当扩底直径大于2m时，桩端净距不宜小于1m。在确定桩距时尚应考虑施工工艺中挤土等效应对邻近桩的影响。

(2) 扩底灌注桩的扩底直径，不应大于桩身直径的3倍。

(3) 桩底进入持力层的深度，宜为桩身直径的1~3倍。在确定桩底进入持力层深度时，尚应考虑特殊土、岩溶以及震陷液化等影响。嵌岩灌注桩周边嵌入完整和较完整的未风化、微风化、中风化硬质岩体的最小深度，不宜小于0.5m。

(4) 布置桩位时宜使桩基承载力合力点与竖向永久荷载合力作用点重合。

---

① 钻孔灌注桩的优点在于施工过程无挤土、无振动、噪声小，对邻近建筑物及地下管线危害较小，且桩径不受限制，是城区高层建筑常用桩型。近年来，钻孔灌注桩后压浆技术的逐步成熟和推广，拓展了钻孔灌注桩的使用空间。

(5) 设计使用年限不少于 50 年时，非腐蚀环境中预制桩的混凝土强度等级不应低于 C30；预应力桩不应低于 C40，灌注桩不应低于 C25。二 b 类环境及三类、四类、五类微腐蚀环境中不应低于 C30。设计使用年限不少于 100 年的桩，桩身混凝土的强度等级宜适当提高。水下灌注混凝土的桩身混凝土强度等级不宜高于 C40。

(6) 桩身混凝土的材料、最小水泥用量、水灰比、抗渗等级等应符合现行国家标准《混凝土结构设计规范》GB 50010 的有关规定。

(7) 桩身纵向钢筋配筋长度应符合下列规定：
1) 受水平荷载和弯矩较大的桩，配筋长度应通过计算确定。
2) 桩基承台下存在淤泥、淤泥质土或液化土层时，配筋长度应穿过淤泥、淤泥质土层或液化土层。
3) 坡地岸边的桩、8 度及 8 度以上地震区的桩、抗拔桩、嵌岩端承桩应通长配筋。
4) 钻孔灌注桩构造钢筋的长度不宜小于桩长的 2/3；桩施工在基坑开挖前完成时，其钢筋长度不宜小于基坑深度的 1.5 倍。

(8) 桩顶嵌入承台内的长度不应小于 50mm。主筋伸入承台内的锚固长度不应小于钢筋直径（HPB300）的 30 倍和钢筋直径（HRB335 和 HRB400）的 35 倍。对于大直径灌注桩，当采用一柱一桩时，可设置承台或将桩和柱直接连接。桩和柱的连接可按《地基基础规范》第 8.2.5 条高杯口基础的要求选择截面尺寸和配筋，柱纵筋插入桩身的长度应满足锚固长度的要求。

(9) 灌注桩主筋混凝土保护层厚度不应小于 50mm；预制桩不应小于 45mm，预应力管桩不应小于 35mm；腐蚀环境中的灌注桩不应小于 55mm。

(10) 在承台及地下室周围的回填中，应满足填土密实性的要求。

例 9-21 （2008）下列关于桩和桩基础的说法，何项是不正确的？
A 桩底进入持力层的深度与地质条件及施工工艺等有关
B 桩顶应嵌入承台一定长度，主筋伸入承台长度应满足锚固要求
C 任何种类及长度的桩，其桩侧纵筋都必须沿桩身通长配置
D 在桩承台周围的回填土中，应满足填土密实性的要求

解析：坡地岸边的桩、8 度及 8 度以上地震区的桩、抗拔桩、嵌岩端承桩应通长配筋，C 选项中"任何种类及长度的桩……"表述错误。

答案：C

规范：《地基基础规范》第 8.5.3 条第 3 款、第 8.5.3 条第 8 款 4）、第 8.5.3 条第 10 款，以及第 8.5.2 条第 12 款。

例 9-22 （2014）某框架结构四层公寓，无地下室，地面以下土层分布均匀，地下 10m 范围内为非液化粉土，地基承载力特征值为 200kPa。其下为坚硬的基岩，最适宜的基础形式是：
A 独立基础 B 筏形基础
C 箱形基础 D 桩基础

解析：对四层框架结构，无地下室，土层分布均匀，地基承载力特征值较大，其下为坚硬的基岩，最适宜的基础形式是采用最简单经济的柱下独立基础，A选项正确。

答案：A

3. 单桩承载力计算

桩基础作为承托上部结构的基础，必须具有足够的承载力和抗沉降变形能力，桩和承台必须具有足够的强度、刚度和稳定性。

对于重要的或用桩量很大的工程，应按《地基基础规范》的规定通过一定数量的单桩竖向承载力特征值静载荷试验确定单桩竖向承载力，作为设计依据。在同一条件下的试桩数量，不宜少于总桩数的1%且不应少于3根。

4. 桩基承台的构造要求

桩基承台的构造，除满足受冲切、受剪切、受弯承载力和上部结构的要求外，尚应符合下列要求：

（1）承台的宽度不应小于500mm。边桩中心至承台边缘的距离不宜小于桩的直径或边长，且桩的外边缘到承台边缘的距离不小于150mm。对于条形承台梁，桩的外边缘到承台梁边缘的距离不小于75mm。

（2）承台的最小厚度不应小于300mm。

5. 承台之间连接的相关要求

（1）单桩承台，宜在两个互相垂直的方向上设置连系梁。

（2）两桩承台，宜在其短向设置连系梁。

（3）有抗震要求的柱下独立承台，宜在两个主轴方向设置连系梁。

（4）连系梁顶面宜与承台位于同一标高。连系梁的宽度不应小于250mm，梁的高度可取承台中心距的1/15～1/10，且不小于400mm。

（5）连系梁的主筋应按计算要求确定。连系梁内上下纵向钢筋直径不应小于12mm且不应少于2根，并应按受拉要求锚入承台。

例 9-23（2013）某一桩基础，已知由承台传来的全部轴心竖向标准值为5000kN，单桩竖向承载力特征值R_a为1000kN，则该桩基础应布置的最少桩数为：

A 4　　　　B 5　　　　C 6　　　　D 7

解析：单桩承载力在轴心竖向力作用下应满足：

$$Q_k = (F_k + G_k)/n \quad Q_k \leqslant R_a$$

由$R_a=1000$kN，则任一单桩可承受的最大竖向力Q_k取1000kN，该桩基础应布置的桩数n最少应为：

$$n \geqslant (F_k + G_k)/Q_k = 5000/1000 = 5$$

答案：B

规范：《地基基础规范》第8.5.4条第1款、第8.5.5条第1款；《建筑桩基技术规范》JGJ 94—2008 第5.1.1条第1）款式(5.1.1-1)、第5.2.1条式(5.2.1-1)。

例 9-24（2008）关于建筑物桩基的沉降验算，以下说法不正确的是：

> A 嵌岩桩可不进行沉降验算
> B 当有可靠经验时，对地质条件不复杂、荷载均匀、对沉降无特殊要求的端承型桩基可不进行沉降验算
> C 摩擦型桩基可不进行沉降验算
> D 地基基础设计等级为甲级的建筑物桩基必须进行沉降验算
>
> **解析**：需要进行桩基沉降验算的桩基有以下几种：
> (1) 地基基础设计等级为甲级的建筑物桩基；
> (2) 体型复杂、荷载不均匀或桩端以下存在软弱土层的设计等级为乙级的；
> (3) 摩擦型桩基；摩擦型桩基是靠桩与土体的摩擦力把荷载传布给桩周土体。如果沉降过大，会减小摩擦力，影响荷载传递，所以需要进行沉降验算(C选项错误)。
> **答案**：C
> **规范**：《地基基础规范》第8.5.13条、第8.5.14条。

（六）高层建筑的基础设计

1. 高层建筑基础设计的相关规定

（1）基底压力不超过地基承载力或桩基承载力；不产生过大变形，更不能产生塑性流动。

（2）基础的总沉降量和差异沉降应在许可范围内。高层建筑结构是整体的空间结构，刚度较大，差异沉降产生的影响更为显著，尤其对主楼和裙房的基础设计要更加注意。

（3）基础底板、侧墙和沉降缝的构造，都应满足地下室防水的要求。

（4）在邻近已有建筑物时，进行基础施工，应采取有效措施防止对毗邻房屋产生影响，防止施工中因土体扰动使已建房屋下沉、倾斜和开裂。

（5）基础选型时要综合考虑安全可靠、技术先进、经济合理、使用要求和施工条件等因素。

2. 基础选型和埋置深度

（1）基础选型主要考虑的因素

1）上部结构的层数、高度和结构类型。主楼的层数多、荷载大，宜采用整体式基础或桩基；裙房部分则采用交叉梁式基础，或单独基础。

2）地基土质条件。地基土质均匀、承载力高、沉降量小时，可采用天然地基，采用刚度较小的基础；反之，则要求采用刚性整体式基础，甚至采用桩基。

3）抗震设计的要求。抗震设计时，对基础的整体性、埋深、稳定性以及地基的液化等，都有更高的要求。

4）施工条件和场地环境。施工技术水平、机械设备也是选择基础形式时需要考虑的因素；地下水位的高低也对基础选型有直接影响。

一般说来，应优先采用有利于高层建筑整体稳定、刚度较大能抵抗差异沉降，底面积较大有利于分散土压力的整体式基础，如：箱基和筏基。在层数较少的情况下或在裙房部分，可采用交叉梁式基础。

单独基础和条形基础整体性差、刚度小，难以调整各部分差异沉降，除非基础直接支承在微风化或未风化岩层上，一般不宜在高层建筑中采用。在裙房中采用时，必须在单独

桩基的两个方向上加拉梁。

当地下室可以设置较多钢筋混凝土墙体时，宜按箱基进行设计；当地下室作为车库、商店等需要有较大空间时，则只能按筏形基础设计。

当采用桩基时，宜尽量采用大直径桩，使上部荷载直接由柱、墙传给桩顶，这样可使基础底板受力减小，减小板的厚度，因此可节省大量钢筋和水泥。

(2) 基础的埋置深度

1) 保证高层建筑在风力和地震力作用下的稳定性，防止建筑物产生滑移和倾覆。

2) 增加埋深可以提高地基承载力，减少建筑物的沉降。

3) 设置多层地下室有利于建筑物抗震。

① 7~9度，天然地基时，基础埋置深度不宜小于建筑物高度的1/15；采用桩基时，不宜小于1/18。桩基的埋深指承台底标高，桩长不计在内；

② 6度时可适当减小。

基础放在基岩上时，可不考虑埋深的要求，但要有可靠的锚固措施。

例9-25 （2014）某带裙房的高层建筑筏形基础，主楼与裙房之间设置沉降后浇带，该后浇带封闭时间至少应在：

A 主楼基础施工完毕之后两个月

B 裙房基础施工完毕之后两个月

C 主楼与裙房基础均施工完毕之后两个月

D 主楼与裙房结构均施工完毕之后

解析：当高层建筑与相连的裙房之间不设置沉降缝时，宜在裙房一侧设置用于控制沉降差的后浇带。当沉降实测值和计算确定的后期沉降差满足设计要求后，方可进行后浇带混凝土浇筑。一般在主体结构施工完之后，沉降基本完成。

答案：D

规范：《地基基础规范》第8.4.20条第2款。

例9-26 （2021）某多层建筑含一层地下室，地下室深度范围内为松软填土层，底板距离天然地基持力层为3m，可采用的地基处理方式错误的是：

A 增加底板深度

B 增加底板厚度，使底板刚度增加

C 对填土层进行地基处理，加强到特征值满足要求

D 改用桩基础，桩端延伸至天然地基可持力层

解析：根据《地基基础规范》第7.4.1.3款，调整各部分的荷载分布、基础宽度或埋置深度；故A选项正确。第7.4.2条，对于建筑体型复杂、荷载差异较大的框架结构，可采用箱基、桩基、筏基等加强基础整体刚度，减少不均匀沉降；故D选项正确。第7.2.3条，当地基承载力或变形不能满足设计要求时，地基处理可选用机械压实、堆载预压、真空预压、换填垫层或复合地基等方法；故C选项正确。

增加底板厚度并不能解决基础底面未到持力层的问题；故B选项错误。

答案：B

习 题

9 - 1 (2019) 如题 9-1 图所示下列桩基础深度错误的是：

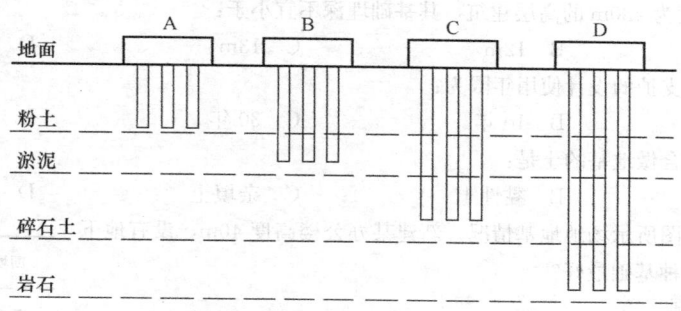

题 9-1 图

    A A   B B   C C   D D

9 - 2 (2019) 下图中存在地基稳定性隐患的是：

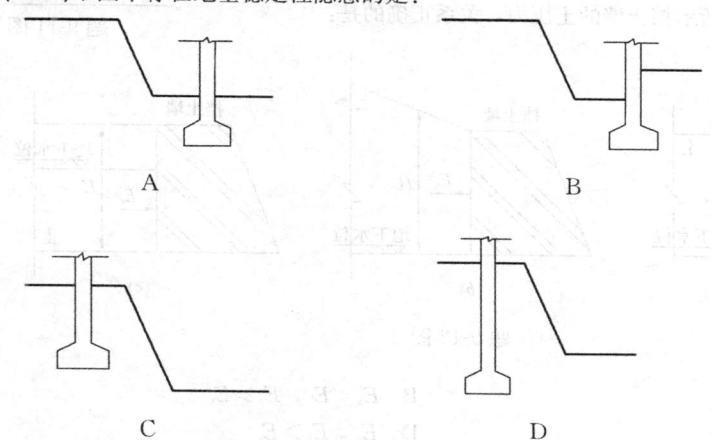

9 - 3 (2019) 底面为正方形的独立基础，边长 2m，已知修正后的地基承载力特征值为 150kPa，其最大可承担的竖向力标准值是：

    A 150kN   B 300kN   C 600kN   D 1200kN

9 - 4 (2019) 压缩性高的地基，为了减少沉降，以下说法错误的是：

    A 减少主楼及裙房自重   B 不设置地下室或半地下室

    C 采用覆土少、自重轻的基础形式   D 调整基础宽度或埋置深度

9 - 5 (2019) 关于级配砂石，说法正确的是：

    A 粒径小于 20mm 的砂石   B 粒径大于 20mm 的砂石

    C 天然形成的砂石   D 各种粒径按一定比例混合后的砂石

9 - 6 (2019) 题 9-6 图所示基础地下水位上升超过设计水位时，不可能发生的变形是：

    A 滑移   B 墙体裂缝

    C 倾覆   D 上浮

9 - 7 (2019) 某 3 层框架结构宿舍楼，地下一层经地勘表明，该建筑场地范围—2m 到—20m 均为压缩性轻度

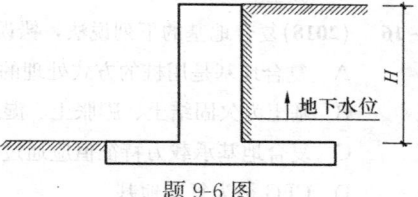

题 9-6 图

非液化黏土层，其下为砂土层、砂石层，建筑最佳的地基方案是：
A 天然地基　　　　　　　　　　　B CFG 转换地基
C 夯实地基　　　　　　　　　　　D 换填地基

9-8 (2019) 高度为 230m 的高层建筑，其基础埋深不宜小于：
A 11m　　　　B 12m　　　　C 13m　　　　D 14m

9-9 (2019) 基坑支护的设计使用年限为：
A 1年　　　　B 10年　　　　C 30年　　　　D 50年

9-10 (2018) 不适合做地基的土是：
A 碎石土　　　B 黏性土　　　C 杂填土　　　D 粉土

9-11 (2018) 如题图所示场地地基情况，新建某办公楼高度 40m，没有地下室，采用何种基础最好？
A 筏板基础
B 桩基础
C 柱下条形基础
D 锚杆基础

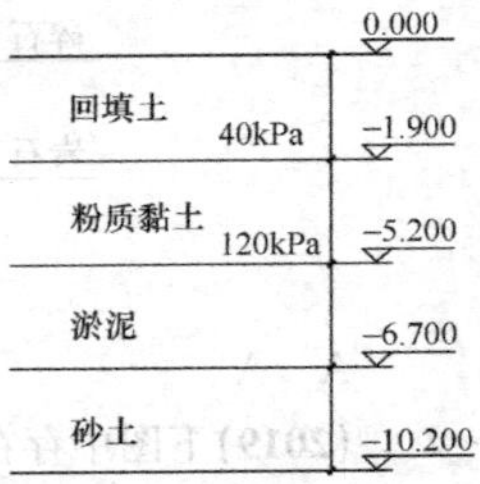

题 9-11 图

9-12 (2018) 如题 9-12 图所示挡土墙的土压力，关系正确的是：

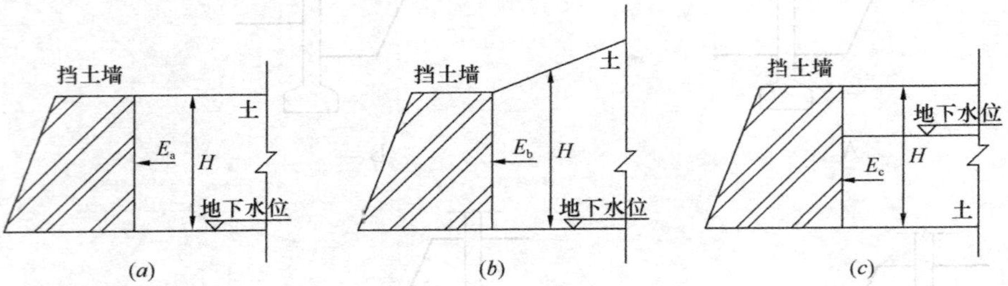

题 9-12 图

A $E_a > E_b$，$E_a > E_c$　　　　B $E_a < E_b$，$E_a > E_c$
C $E_a < E_b < E_c$　　　　　　　D $E_a > E_b > E_c$

9-13 (2018) 如题 9-13 图所示桩基础，桩顶的竖向压力 N 之间的关系是：
A $N_1 > N_2 > N_3$　　　　　　B $N_2 > N_1 = N_3$
C $N_3 > N_2 > N_1$　　　　　　D $N_1 = N_2 = N_3$

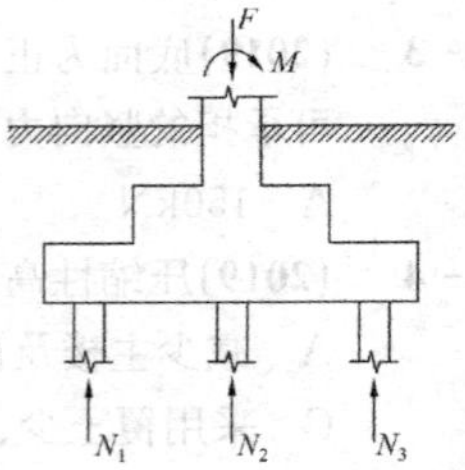

题 9-13 图

9-14 (2018) 普通高层带地下室，采用何种基础形式较好？
A 钢筋混凝土条形基础　　　　B 岩石锚杆基础
C 筏板基础　　　　　　　　　D 桩基础

9-15 (2018) 单层工业厂房，场地土均匀，为回填的 4m 密实粉土，设独立基础，地基该采用以下哪种处理？
A 预压　　　　　　　　　　　B 夯实地基
C 桩基　　　　　　　　　　　D CFG 桩

9-16 (2018) 复合地基的下列说法，错误的是：
A 复合地基是用桩的方式处理的软弱地基
B 基土为欠固结土、膨胀土、湿陷性黄土、可液化土等特殊性土时，采用复合地基
C 复合地基承载力特征值应通过计算确定
D CFG 桩为复合地基

参考答案及解析

9-1 解析：《地基基础规范》第7.2.1条第1款，淤泥和淤泥质土（属于软弱地基），宜利用其上覆较好土层作为持力层，当上覆土层较薄，应采取避免施工时对淤泥和淤泥质土扰动的措施。

第8.5.2条第4款，桩基宜选用中、低压缩性土层作桩端持力层；故桩基础深度错误的是B选项。

答案：B

9-2 解析：如本题图C所示，由于一侧开挖很深，造成开挖侧的土压力减小，地基两侧受力不平衡，有可能导致房屋向开挖的一侧倾斜，存在地基稳定性隐患。

答案：C

9-3 解析：《地基基础规范》第5.2.1条第1款，对基础底面为正方形的独立基础，当轴心荷载作用时，应满足：

$$p_k \leqslant f_a$$

式中 f_a——修正后的地基承载力特征值（kPa）；$f_a = 150 \text{kPa}$；
p_k——相应于作用的标准组合时，基础底面处的平均压力值（kPa）；$p_k = N_k/A$。

代入相应数据：$p_k = N_k/A \leqslant f_a$，其中基础面积 $A = 2 \times 2 = 4 \text{m}^2$；

则：$N_k \leqslant f_a \times A = 150 \times 4 = 600 \text{kN}$，即最大可承担的竖向力标准值 N_k 为600kN。

答案：C

9-4 解析：根据《地基基础规范》第7.1.1条，当地基压缩层主要由淤泥、淤泥质土、冲填土、杂填土或其他高压缩性土层构成时，应按软弱地基进行设计；第7.4.1条，为减少建筑物沉降和不均匀沉降，可采用下列措施：

(1) 选用轻型结构，减轻墙体自重，采用架空地板代替室内填土；故A选项正确。
(2) 设置地下室或半地下室，采用覆土少、自重轻的基础形式；故C选项正确，B选项错误。
(3) 调整各部分的荷载分布、基础宽度或埋置深度；故D选项正确。
(4) 对不均匀沉降要求严格的建筑物，可选用较小的基底压力。

答案：B

9-5 解析：级配砂石包括天然级配砂石和人工级配砂石。天然级配砂石是指连砂石；人工级配砂石是指人为将不同粒径（颗粒大小）的天然砂和砾石按一定比例混合后，用来做基础或其他用途的混合材料。

答案：D

9-6 解析：当基础的埋置深度在地下水位以下，当地下水位上升超过设计水位时，基础有可能发生滑移和上浮，以及由此造成的墙体开裂；但不会发生倾覆。根据《地基基础规范》第5.4.3条，建筑物基础存在浮力作用时，应进行抗浮稳定性验算。

答案：C

9-7 解析：在建筑场地地下-2m到-20m为压缩性很小的非液化黏土层，其下为砂土层、砂石层，建筑最佳的地基方案是天然地基。

答案：A

9-8 解析：根据《高层建筑混凝土结构技术规程》JGJ 3—2010第12.1.8条和《地基基础通用规范》第6.1.1条、《地基基础规范》第5.1.4条，高层建筑基础的埋置深度应满足地基承载力、变形和稳定性要求，位于岩石地基上的高层建筑，还应满足抗滑稳定性要求。在抗震设防区，应综合考虑建筑物的高度、体型、地基土质、抗震设防烈度等因素，并宜符合下列规定：

(1) 天然地基或复合地基，可取房屋高度的1/15；

(2) 桩基础，不计桩长，可取房屋高度的1/18。

因此对于230m的建筑高度，桩基埋深不宜小于$H/18=230/18=12.78$m。

答案：C

9-9 解析：根据《建筑基坑支护技术规程》JGJ 120—2012第3.1.1条，基坑支护设计应规定其设计使用期限。基坑支护的设计使用期限不应小于一年。

答案：A

9-10 解析：根据《地基基础规范》第4.1.1条，作为建筑地基的岩土，可分为岩石、碎石土、砂土、粉土、黏性土和人工填土。

第4.1.14条，人工填土根据其组成和成因，可分为素填土、压实填土、杂填土、冲填土。杂填土为含有建筑垃圾、工业废料、生活垃圾等杂物的填土。

第6.3.5条，对含有生活垃圾或有机质废料的填土，未经处理不宜作为建筑物地基使用。

第7.2.1条第2款，冲填土、建筑垃圾和性能稳定的工业废料，当均匀性和密实度较好时，可利用作为轻型建筑物地基的持力层，说明一般不适合直接用作建筑物地基持力层。

答案：C

9-11 解析：分析办公楼场地地基情况，地下有淤泥属于软弱地基，上覆土层较薄，建筑高度40m，没有地下室，采用桩基础最为合适。

答案：B

9-12 解析：本题主要考核挡土墙后的**主动土压力**——刚性挡土墙离开土体向前移动或转动，墙后土体达到极限平衡状态时，作用在墙背上的土压力，参见《地基基础规范》的下述条款。

第6.7.3条第1款，重力式挡土墙土压力计算应符合下列规定：对土质边坡，边坡主动土压力应按下式进行计算。当填土为无黏性土时，主动土压力系数可按库仑土压力理论确定。当支挡结构满足朗肯条件时，主动土压力系数可朗肯土压力理论确定。

$$E_a = \frac{1}{2}\psi_a \gamma h^2 k_a$$

第9.3.2条，主动土压力、被动土压力可采用库仑或朗肯土压力理论计算……

第9.3.3条，作用于支护结构的土压力和水压力，对砂性土宜按水土分算计算；对黏性土宜按水土合算计算；也可按地区经验确定。

条文说明第9.3.3条，**高地下水位地区土压力计算时，常涉及水土分算与水土合算两种算法**。

根据公式及题目条件图(b)边坡对水平面的坡角约为20°，图(b)相当于在图(a)的填土上增加一部分（三角形）附加填土，可判断出主动土压力合力$E_a < E_b$（题目没有给出土的种类，但不影响定性判断的结果）。

根据《建筑基坑支护技术规程》JGJ 120—2012第3.4.2条，**作用在支护结构上的土压力应按下列规定确定……其计算公式表明：支护结构上的土压力应是土压力与水压力的合力**；在实际工程中，支护结构上的土压力的计算必须包括水压力。

地下水位升高，土颗粒产生的压力会适度减小，但由于水压力的加入，导致水土压力总和仍远大于无水时的土压力，由此判断出$E_a < E_c$。对于图(c)与图(b)，虽因土的种类及坡角没有给出，具有不确定性，但仍可通过$E_a < E_b$、$E_a < E_c$，用排除法直接选出C选项。

定量计算涉及诸多公式，计算过程也较为复杂，故仅供感兴趣的读者作进一步了解。定量计算中挡土墙高度、坡度、水位高度等参数按考题中的图示比例确定，并且考虑了如下两种土的类型：

1. 挡土墙后为密实细砂土

(1) 地下水位以上的计算公式：

$$E_{a1} = \frac{1}{2}\gamma H^2 K_a$$

$$K_a = \tan^2\left(\frac{\pi}{4} - \frac{\varphi}{2}\right)$$

(2) 地下水位以下的简化计算公式：

$$E_{a2} = \frac{1}{2}\gamma' H^2 K_a' + \frac{1}{2}\gamma_w H_w^2$$

$$\gamma' = \gamma_{sat} - \gamma_w$$

$$K_a' = \tan^2\left(\frac{\pi}{4} - \frac{\varphi'}{2}\right)$$

式中　H—挡土墙高度；H_w—地下水位高度；γ—土的重度；γ'—土的有效重度（浮重度）；γ_{sat}—土的饱和重度；γ_w—地下水的重度；φ—砂土内摩擦角；φ'—饱和砂土内摩擦角。

计算条件：挡土墙的墙背竖直光滑，墙后填土为密实细砂土；填土表面水平，具体计算参数为：$H=5.0\text{m}$；$H_w=4.0\text{m}$；$\gamma=19.0\text{kN/m}^3$；$\gamma_{sat}=21.0\text{kN/m}^3$；$\gamma_w=9.8\text{kN/m}^3$；$\varphi=33°$；$\varphi'=28°$。

$$E_{a1} = \frac{1}{2} \times 19.0 \times 5.0^2 \tan^2\left(45° - \frac{33°}{2}\right) = 70.02\text{kN/m}$$

$$E_{a2} = \frac{1}{2} \times 11.2 \times 5.0^2 \tan^2\left(45° - \frac{28°}{2}\right) + \frac{1}{2} \times 9.8 \times 4.0^2 = 128.80\text{kN/m}$$

$$\gamma' = 21 - 9.8 = 11.2\text{kN/m}^3$$

注：1. 若 $\beta=20°$（β—边坡对水平面的坡角）；经计算，土压力将增至 90.17kN/m。

2. 因计算公式简化（实际工程需分层叠加计算），地下水位以上部分使用了砂土有效重度（浮重度）值，所以计算出的 E_{a2} 值会略偏小，准确分层叠加计算后 E_c 将增至 141kN/m。

3. 不考虑地下水渗流的影响。

计算结果：$E_a=70.02\text{kN/m}$；$E_b=90.17\text{kN/m}$；$E_c=128.80\text{kN/m}$。

2. 挡土墙后为粉质黏土

简化计算公式：

$$P_a = \sigma_z K_a - 2c\sqrt{K_a}$$

$$K_a = \tan^2\left(\frac{\pi}{4} - \frac{\varphi}{2}\right)$$

$$\sigma_{z1} = \gamma \times z;\ \sigma_{z2} = \gamma_{sat} \times z$$

式中　P_a—土压力强度；σ_z—深度为 z 处的应力（水位以下采用饱和重度）。

计算条件：挡土墙的墙背竖直光滑，墙后填土为粉质黏土；图（b）填土表面坡度如题目所示约为 20°，具体计算参数为：$H=5.0\text{m}$；$H_w=4.0\text{m}$；$\gamma=19.0\text{kN/m}^3$；$\gamma_{sat}=17.6\text{kN/m}^3$；$\varphi=21°$；$\varphi'=18°$；$c=12.0\text{kPa}$；$c'=5.0\text{kPa}$。

注：H—挡土墙高度；H_w—地下水位高度；γ—土的重度；γ_{sat}—土的饱和重度；φ—含水率 23%~25% 的黏土内摩擦角；φ'—含水率 35%~40% 的黏土内摩擦角；c—含水率 23%~25% 的黏土黏聚力；c'—含水率 35%~40% 的黏土黏聚力。

采用水土合算计算（土压力中已经包含水压力）$P_w=0$，在实际工程中需采用分层叠加计算，地下水位以下的总应力采用固结不排水抗剪强度指标（c_{cu}、φ_{cu}）计算。

计算结果：$E_a \approx 29.71\text{kN/m}$；$E_b \approx 40.15\text{kN/m}$；$E_c \approx 79.80\text{kN/m}$。

因此，为了减少水压力，规范第 6.7.1.6 款规定：边坡的支挡结构应进行排水设计。对于可以向坡外排水的支挡结构，应在支挡结构上设置排水孔。排水孔应沿着横竖两个方向设置，其间距宜取 2~3m，排水孔外斜坡度宜为 5%，孔眼尺寸不宜小于 100mm。支挡结构后面应做好滤水层，必要时应做排水暗沟。支挡结构后面有山坡时，应在坡脚处设置截水沟。对于不能向坡外排水的边坡，应在支挡结构后面设置排水暗沟。

答案：C

9-13 解析：因为有弯矩作用，属于偏心受力状态，右侧第 3 根桩的反力 N_3 最大，N_1 最小。

答案：C

9-14 解析：根据《高层建筑混凝土结构技术规程》JGJ 3—2010 第 12.3 条基础设计和《高层建筑筏形与箱形基础技术规范》JGJ 6—2011。筏形基础与箱形基础是高层建筑常用的两种基础形式，由此可以排除 A、B 选项。从建筑使用角度考虑，筏形基础可以获得更灵活、更开敞的地下使用空间，箱形基础因设有更多的内墙，内部空间较小，所以相对而言优先选择筏形基础。四种基础的定义如下所述：

(1) 条形基础：承受并传递墙体荷载或间距较小柱荷载的条形状基础。

(2) 岩石锚杆基础：适用于直接建在基岩上的柱基，以及承受拉力或水平力较大的建筑物基础。以岩层为主的地基宜采用岩石锚杆抗浮。

(3) 筏形基础：柱下或墙下连续的平板式或梁板式钢筋混凝土基础。

(4) 箱形基础①：由底板、顶板、侧墙及一定数量的内隔墙构成的整体刚度较好的单层或多层钢筋混凝土基础。

答案：C

9-15 解析：本题考核大面积地面荷载，参见《地基基础规范》的如下条款。

第 7.5.1 条，在建筑范围内有地面荷载的单层工业厂房、露天车间和单层仓库的设计，应考虑由于地面荷载所产生的地基不均匀变形及其对上部结构的不利影响。当有条件时，宜利用堆载预压过的建筑场地（地面荷载系指生产堆料、工业设备等地面堆载和天然地面上的大面积填土）。

第 7.5.5 条，对于在使用过程中允许调整吊车轨道的单层钢筋混凝土工业厂房和露天车间的天然地基设计，除应遵守本规范第 5 章的有关规定外，尚应符合下式要求……

第 7.5.7 条，具有地面荷载的建筑地基遇到下列情况之一时，宜采用桩基：

(1) 不符合本规范第 7.5.5 条要求；

(2) 车间内设有起重量 300kN 以上、工作级别大于 A5 的吊车；

(3) 基底下软土层较薄，采用桩基经济者。

本题考核在建筑范围内有大面积地面荷载的单层工业厂房，详见《地基基础规范》，值得注意的是：

(1) "宜"利用堆载预压过的建筑场地，在规范中表示允许稍有选择，在条件许可时首先应这样做的：正面词采用"宜"；反面词采用"不宜"。

(2) 本题若为重工业厂房，地面堆载荷载或基础不能满足地基承载力、变形、稳定性要求时，也可以采用 CFG 桩复合地基。

(3) 桩基是"基础"，不是"地基"，是地基处理方法（第 7.2.2 条），也可以认为是采取"结构措施"（第 7.4.2 条）。

(4) 通常回填土会产生沉降，回填土的自重固结时间与填料、上面的荷载情况有很大的关系。一般情况下认为自重固结相对稳定需要 2 年时间，自重固结完成需要 10 年时间。预压的目

---

① 箱形基础外墙宜沿建筑物周边布置，内墙应沿上部结构的柱网或剪力墙位置纵横均匀布置，墙体水平截面总面积不宜小于箱形基础外墙外包尺寸的水平投影面积的 1/10。对基础平面长宽比大于 4 的箱形基础，其纵墙水平截面面积不应小于箱基外墙外包尺寸水平投影面积的 1/18。

的是加固地基，加快回填土排水固结。

(5) 实际工程中 A、B、C、D 四个选项均可，本题按规范作答即可。

本题对密实粉土的具体条件未作表述，如规范要求饱和度 $S_r<60\%$ 的粉土。粉土强夯可能会产生液化，《强夯地基处理技术规程》CECS 279 规定：对砂土、粉土等可液化地基，应采用标准贯入试验、黏粒含量测定，评价液化消除深度，提供地基承载力、地基强度、变形参数等指标。

答案：A

9-16 **解析**：根据《地基基础规范》第 7.2.7 条，复合地基设计应满足建筑物承载力和变形要求。当地基土为欠固结土、膨胀土、湿陷性黄土、可液化土等特殊性土时，设计采用的增强体和施工工艺应满足处理后地基土和增强体共同承担荷载的技术要求。故 B 选项正确。

《地基基础通用规范》第 4.2.4 条，复合地基承载力特征值应通过现场复合地基载荷试验确定，或采用增强体载荷试验结果和其周边土的承载力特征值结合经验确定；故 C 选项错误。

复合地基是天然地基在地基处理过程中，部分土体得到增强，或被置换，或在天然地基中设置加筋体，由天然地基土体和增强体两部分组成共同承担荷载的人工地基。CFG 桩是水泥粉煤灰碎石桩的简称，是由水泥、粉煤灰、碎石、石屑或砂，加水拌和形成的高粘结强度桩，和桩间土、褥垫层一起形成复合地基。故 A、D 选项正确。

答案：C

全国注册建筑师资格考试丛书

一级注册建筑师资格考试教材

·3·

建筑结构 建筑物理与设备

（下册）

全国注册建筑师资格考试教材编委会　编

曹纬浚　主编

中国建筑工业出版社

目　录

序 ……………………………………………………………………………… 赵春山
前言
配套增值服务说明

上　册

第一章　结构力学 ……………………………………………………………… 1
　第一节　静力学基本知识和基本方法 ……………………………………… 1
　　一、静力学基本知识 …………………………………………………… 1
　　二、静力学基本方法 …………………………………………………… 9
　　三、特殊杆件的内力 …………………………………………………… 13
　第二节　静定梁的受力分析、剪力图与弯矩图 …………………………… 15
　　一、截面法求指定 x 截面的剪力 V，弯矩 M …………………………… 16
　　二、直接法求 V、M ……………………………………………………… 17
　　三、快速作图法 ………………………………………………………… 20
　　四、叠加法作弯矩图 …………………………………………………… 20
　第三节　静定结构的受力分析、剪力图与弯矩图 ………………………… 21
　　一、多跨静定梁 ………………………………………………………… 21
　　二、静定刚架 …………………………………………………………… 22
　　三、三铰刚架 …………………………………………………………… 24
　　四、三铰拱 ……………………………………………………………… 26
　　五、应力、惯性矩、极惯性矩、截面模量的概念 …………………… 27
　　六、杆的四种基本变形 ………………………………………………… 27
　　七、静定结构的基本特征 ……………………………………………… 29
　第四节　超静定结构 ………………………………………………………… 30
　　一、平面体系的几何组成分析 ………………………………………… 30
　　二、超静定结构的特点和优点 ………………………………………… 34
　　三、超静定次数的确定 ………………………………………………… 35
　　四、用力法求解超静定结构 …………………………………………… 37
　　五、利用对称性求解超静定结构 ……………………………………… 39
　　六、多跨超静定连续梁的活载布置 …………………………………… 41
　第五节　压杆稳定 …………………………………………………………… 43
　习题 …………………………………………………………………………… 45
　参考答案及解析 ……………………………………………………………… 57

第二章 建筑结构与结构选型 ... 65
第一节 概述 ... 65
一、建筑结构的基本概念 ... 65
二、建筑结构基本构件 ... 67
第二节 多层与高层建筑结构体系 ... 70
一、多层砌体结构 ... 71
二、框架结构 ... 71
三、剪力墙结构 ... 73
四、框架-剪力墙结构 ... 75
五、筒体结构 ... 77
六、复杂高层建筑结构 ... 80
七、混合结构 ... 80
八、伸缩缝、沉降缝、防震缝的设置要求 ... 81
第三节 单层厂房的结构体系 ... 82
一、单层工业厂房的结构形式 ... 82
二、单层工业厂房的柱网布置 ... 82
三、单层工业厂房围护墙 ... 82
四、单层工业厂房的屋盖结构 ... 83
五、单层厂房的柱间支撑 ... 83
第四节 大跨度空间结构 ... 84
一、桁架 ... 84
二、拱与薄壳 ... 86
三、空间网格结构 ... 90
四、索结构 ... 96
习题 ... 101
参考答案及解析 ... 102

第三章 建筑结构设计的基本概念 ... 104
第一节 建筑结构设计的基本规定 ... 104
一、术语 ... 104
二、基本要求 ... 106
三、安全等级与设计工作年限 ... 107
四、作用和作用组合 ... 107
第二节 极限状态设计原则 ... 109
一、承载能力极限状态 ... 109
二、正常使用极限状态 ... 109
三、耐久性极限状态 ... 110
四、结构重要性系数 γ_0 ... 110
第三节 建筑结构作用 ... 110
一、永久作用 ... 110

二、楼面和屋面活荷载 111
三、雪荷载和覆冰荷载 112
四、风荷载 112
五、温度作用 114
习题 115
参考答案及解析 116

第四章 钢筋混凝土结构设计 119
第一节 概述 119
一、钢筋混凝土的基本概念 119
二、混凝土材料的力学性能 119
三、钢筋的种类及其力学性能 123
四、钢筋与混凝土之间的粘结力 129
第二节 承载能力极限状态计算 130
一、正截面承载力计算 130
二、斜截面承载力计算 139
三、扭曲截面承载力计算 143
第三节 正常使用极限状态验算 144
一、正常使用极限状态的验算 144
二、受弯构件挠度的验算 146
三、裂缝的形成、控制和宽度验算 147
第四节 耐久性及防连续倒塌的设计原则 149
第五节 构造规定 152
一、伸缩缝 152
二、混凝土保护层 154
三、钢筋的锚固 155
四、钢筋的连接 157
五、纵向受力钢筋的最小配筋率 158
第六节 结构构件的基本规定 158
第七节 预应力混凝土结构构件 163
一、预应力混凝土的基本原理 163
二、预应力混凝土的种类、方法和材料 165
三、张拉控制应力和预应力损失 167
第八节 现浇钢筋混凝土楼盖 169
一、混凝土板 170
二、钢筋混凝土梁 172
第九节 混凝土结构加固设计 175
一、一般原则 175
二、加固材料 176
三、加固方法 176

习题…………………………………………………………………………… 178
　　参考答案及解析…………………………………………………………… 181
第五章　钢结构设计…………………………………………………………… 186
　　第一节　钢结构的特点和应用范围……………………………………… 186
　　第二节　钢结构材料……………………………………………………… 188
　　　一、钢材性能…………………………………………………………… 188
　　　二、影响钢材机械性能的主要因素…………………………………… 189
　　　三、钢材的种类、选择和规格………………………………………… 191
　　第三节　钢结构的计算方法与基本构件设计…………………………… 194
　　　一、钢结构的计算方法………………………………………………… 194
　　　二、基本构件设计……………………………………………………… 195
　　第四节　钢结构的连接…………………………………………………… 203
　　　一、钢结构的连接方法………………………………………………… 203
　　　二、焊接连接的构造和计算…………………………………………… 205
　　　三、螺栓连接的构造与计算…………………………………………… 211
　　第五节　构件的连接构造………………………………………………… 214
　　第六节　钢屋盖结构……………………………………………………… 217
　　第七节　钢管混凝土结构………………………………………………… 220
　　第八节　钢结构加固设计………………………………………………… 220
　　　一、一般原则…………………………………………………………… 220
　　　二、加固材料…………………………………………………………… 221
　　　三、加固方法…………………………………………………………… 221
　　习题…………………………………………………………………………… 223
　　参考答案及解析…………………………………………………………… 225
第六章　砌体结构设计………………………………………………………… 227
　　第一节　砌体材料及其力学性能………………………………………… 227
　　　一、砌体分类…………………………………………………………… 227
　　　二、砌体材料的强度等级……………………………………………… 229
　　　三、砌体的受力性能…………………………………………………… 230
　　　四、砌体的受拉、受弯和受剪性能…………………………………… 231
　　第二节　砌体房屋的静力计算…………………………………………… 233
　　第三节　无筋砌体构件承载力计算……………………………………… 239
　　第四节　构造要求………………………………………………………… 242
　　第五节　圈梁、过梁、墙梁和挑梁……………………………………… 249
　　第六节　砌体结构加固设计……………………………………………… 256
　　　一、一般原则…………………………………………………………… 256
　　　二、加固材料…………………………………………………………… 256
　　　三、加固方法…………………………………………………………… 257
　　习题…………………………………………………………………………… 260

参考答案及解析 …………………………………………………………… 262
第七章　木结构设计 …………………………………………………………… 265
　第一节　木结构用木材 ………………………………………………………… 265
　第二节　木结构构件的计算 …………………………………………………… 269
　　一、木结构的设计方法 ………………………………………………………… 269
　　二、木结构构件的计算 ………………………………………………………… 270
　第三节　木结构的连接 ………………………………………………………… 273
　第四节　木结构防火和防护 …………………………………………………… 275
　第五节　其他 …………………………………………………………………… 279
　习题 ……………………………………………………………………………… 282
　参考答案及解析 ………………………………………………………………… 283
第八章　建筑抗震设计基本知识 …………………………………………… 287
　第一节　概述 …………………………………………………………………… 287
　　一、名词术语含义 ……………………………………………………………… 287
　　二、建筑抗震设防分类和设防标准 …………………………………………… 289
　　三、抗震设计的基本要求 ……………………………………………………… 295
　　四、场地、地基和基础 ………………………………………………………… 306
　　五、地震作用 …………………………………………………………………… 311
　第二节　建筑结构抗震设计 …………………………………………………… 313
　　一、多层和高层钢筋混凝土房屋 ……………………………………………… 313
　　二、多层砌体房屋和底部框架砌体房屋 ……………………………………… 336
　　三、多层和高层钢结构房屋 …………………………………………………… 351
　　四、混合结构设计 ……………………………………………………………… 358
　　五、单层工业厂房 ……………………………………………………………… 364
　　六、空旷房屋和大跨屋盖建筑 ………………………………………………… 371
　　七、土、木、石结构房屋 ……………………………………………………… 374
　　八、隔震和消能减震设计 ……………………………………………………… 378
　　九、非结构构件 ………………………………………………………………… 379
　　十、地下建筑 …………………………………………………………………… 383
　习题 ……………………………………………………………………………… 384
　参考答案及解析 ………………………………………………………………… 390
第九章　地基与基础 …………………………………………………………… 401
　第一节　概述 …………………………………………………………………… 401
　第二节　地基土的基本知识 …………………………………………………… 402
　　一、有关名词术语 ……………………………………………………………… 402
　　二、地基土的主要物理力学指标 ……………………………………………… 402
　第三节　地基岩土的分类及工程特性指标 …………………………………… 404
　　一、岩土的分类 ………………………………………………………………… 404
　　二、工程特性指标 ……………………………………………………………… 408

第四节 地基与基础设计 ………………………………… 409
　　一、地基基础设计 ………………………………… 409
　　二、山区地基 …………………………………… 416
　　三、软弱地基 …………………………………… 424
　　四、基础 ………………………………………… 428
习题 ………………………………………………… 441
参考答案及解析 …………………………………… 443

下　册

第十章　建筑热工与节能 ………………………… 449
　第一节　传热的基本知识 ………………………… 449
　　一、传热的基本概念 ……………………………… 449
　　二、传热的基本方式 ……………………………… 450
　　三、围护结构的传热过程 ………………………… 453
　　四、湿空气 ……………………………………… 454
　第二节　热环境 …………………………………… 455
　　一、室外热环境 ………………………………… 455
　　二、建筑气候区划 ……………………………… 457
　　三、建筑热工设计区划 ………………………… 458
　　四、室内热环境 ………………………………… 459
　第三节　建筑围护结构的传热原理及计算 ……… 461
　　一、稳定传热 …………………………………… 461
　　二、周期性不稳定传热 ………………………… 467
　第四节　围护结构的保温设计 …………………… 469
　　一、建筑保温综合处理的基本原则 …………… 470
　　二、冬季热工计算参数 ………………………… 470
　　三、围护结构保温设计的依据和目的 ………… 470
　　四、非透光围护结构的保温设计 ……………… 470
　　五、透光围护结构的保温设计 ………………… 474
　　六、地面的保温设计 …………………………… 477
　　七、地下室的保温设计 ………………………… 477
　　八、传热异常部位的保温设计 ………………… 478
　第五节　外围护结构的防潮设计 ………………… 479
　　一、围护结构的蒸汽渗透 ……………………… 479
　　二、非透光围护结构热桥部位的防潮设计 …… 480
　　三、外围护结构内部冷凝的检验 ……………… 481
　　四、防止和控制冷凝的措施 …………………… 482
　　五、夏季结露与防止措施 ……………………… 483
　第六节　建筑日照 ………………………………… 484

一、日照的作用与建筑对日照的要求 484
　　二、日照的基本原理 485
　　三、棒影图的原理及应用 487
　第七节　建筑防热设计 487
　　一、热气候的类型及其特征 487
　　二、室内过热的原因和防热的途径 488
　　三、夏季热工计算参数 488
　　四、非透光围护结构的隔热设计 489
　　五、建筑遮阳 491
　　六、透光围护结构的隔热设计 493
　　七、自然通风的组织 495
　　八、自然能源利用与防热降温 497
　第八节　建筑节能 498
　　一、《建筑节能与可再生能源利用通用规范》 498
　　二、居住建筑节能设计 509
　　三、公共建筑节能设计 522
　　四、工业建筑节能设计 526
　　五、建筑节能的检测、评价标准 530
　　六、有关绿色建筑评价标准的几个问题 530
　　七、被动式太阳能建筑 531
　习题 534
　参考答案及解析 541

第十一章　建筑光学 548
　第一节　建筑光学基本知识 548
　　一、光的特性和视觉 548
　　二、基本光度单位及应用 549
　　三、材料的光学性质 552
　　四、可见度及其影响因素 555
　　五、颜色 557
　第二节　天然采光 558
　　一、光气候和采光系数 558
　　二、窗洞口 560
　　三、采光设计 563
　　四、采光计算 570
　　五、采光节能 571
　第三节　建筑照明 572
　　一、电光源的种类、特性与使用场所 572
　　二、灯具 573
　　三、室内照明 577

四、室外照明 590
　　五、照明节能的一般原则和方法 592
　习题 593
　参考答案及解析 596

第十二章　建筑声学 603
　第一节　建筑声学基本知识 603
　第二节　室内声学原理 610
　第三节　材料和结构的声学特性 614
　　一、吸声材料和吸声结构 614
　　二、隔声和构件的隔声特性 618
　　三、反射和反射体 622
　第四节　室内音质设计 623
　　一、音质的主观评价与客观评价指标 623
　　二、音质设计的方法与步骤 624
　　三、室内电声设计 628
　　四、各类建筑的声学设计 628
　第五节　噪声控制 631
　　一、环境噪声的来源和危害 631
　　二、噪声评价 631
　　三、噪声的允许标准 632
　　四、噪声控制的原则与方法 640
　　五、城市噪声控制 641
　　六、建筑中的吸声降噪设计 641
　　七、组合墙的隔声 642
　　八、消声设计 644
　　九、建筑室内降噪设计 644
　习题 645
　参考答案及解析 649

第十三章　建筑给水排水 655
　第一节　建筑给水系统 655
　　一、任务 655
　　二、分类 655
　　三、组成 656
　　四、给水方式 656
　　五、所需水量和水压 658
　　六、增压与贮水设备 662
　　七、管道布置与敷设 665
　　八、管材、附件与水表 667
　　九、特殊给水系统 668

第二节 建筑内部热水供应系统 669
 一、组成 669
 二、分类 669
 三、热源的选择 670
 四、加热设备 671
 五、供水方式 672
 六、设置的具体要求 673
 七、热水用水水质、定额与水温 674
 八、饮水供应 675
第三节 水污染的防治及抗震措施 676
 一、水质污染的现象及原因 676
 二、防止水质污染的措施 677
 三、抗震措施 678
第四节 建筑消防系统 681
 一、民用建筑类型 682
 二、室外消火栓给水系统 682
 三、室内消火栓给水系统 684
 四、自动喷水灭火系统 688
 五、消防排水 691
第五节 建筑排水系统 692
 一、生活排水系统 692
 二、雨水排水系统 700
第六节 建筑节水基本知识 702
 一、相关法规 702
 二、建筑节水设备和器具 703
 三、建筑中水系统 707
 四、其他节水措施 708
习题 709
参考答案及解析 713

第十四章 建筑暖通空调与动力 723
第一节 供暖的热源、热媒及系统 723
 一、供暖热源 723
 二、供暖热媒 728
 三、供暖系统 729
第二节 空调冷热源及水系统、可再生能源应用 735
 一、传统空调冷热源 735
 二、可再生能源空调冷热源 737
 三、空调水系统 744
第三节 机房主要设备及管道的空间要求 748

11

一、锅炉房、主要设备及管道的空间要求……………………… 748
　　二、制冷机房、主要设备及管道的空间要求……………………… 749
　　三、空调通风机房、主要设备及管道的空间要求……………………… 750
　　四、防排烟机房、主要设备及管道的空间要求……………………… 751
第四节　通风系统、空调系统及其控制……………………… 751
　　一、通风系统及其控制……………………… 752
　　二、空调系统及其控制……………………… 755
第五节　建筑设计与暖通、空调系统运行节能的关系……………………… 762
　　一、一般节能要求……………………… 762
　　二、防热、防潮、自然通风、遮阳……………………… 765
第六节　暖通、空调系统的节能技术……………………… 768
　　一、节能限定……………………… 768
　　二、节能技术……………………… 770
第七节　建筑防火排烟……………………… 771
　　一、防排烟概念……………………… 771
　　二、防烟设计……………………… 772
　　三、排烟设计……………………… 779
　　四、燃油燃气锅炉设置……………………… 783
　　五、通风空调风管材质……………………… 783
　　六、防火阀……………………… 783
　　七、通风空调系房间防火要求……………………… 785
第八节　暖通空调系统能源种类及安全措施……………………… 787
　　一、暖通空调系统能源种类……………………… 787
　　二、能源安全措施……………………… 788
第九节　燃气的供应及安全应用……………………… 790
　　一、管道和调压设施……………………… 790
　　二、燃具和用气设备……………………… 791
　习题……………………… 792
　参考答案及解析……………………… 800

第十五章　建筑电气……………………… 810
第一节　供配电系统……………………… 810
　　一、电力系统……………………… 810
　　二、供电的质量……………………… 811
　　三、电力负荷分级及供电要求……………………… 812
　　四、电压选择……………………… 817
第二节　建筑电气设备用房……………………… 818
　　一、建筑电气设备用房组成……………………… 818
　　二、配变电设备……………………… 819
　　三、变电所位置及配电变压器的选择……………………… 819

四、变电所型式和布置 ································· 820
　　五、变电所对其他专业的要求及设备布置 ················· 820
　　六、柴油发电机房及蓄电池室 ·························· 822
第三节　民用建筑的配电系统 ····························· 824
　　一、配电方式 ······································· 824
　　二、配电系统 ······································· 827
　　三、配电线路 ······································· 831
第四节　电气照明 ····································· 835
　　一、照明的基本概念 ································· 835
　　二、照度标准分级 ··································· 836
　　三、照明质量 ······································· 836
　　四、照明方式与种类 ································· 838
　　五、光源及灯具 ····································· 841
　　六、照度计算 ······································· 843
　　七、电气照明系统 ··································· 843
第五节　电气安全和建筑物防雷 ·························· 845
　　一、安全用电 ······································· 845
　　二、建筑物防雷 ····································· 848
　　三、接地系统 ······································· 851
　　四、等电位联结 ····································· 852
第六节　火灾自动报警系统 ······························ 853
　　一、火灾自动报警系统的组成及设置场所 ················ 854
　　二、系统形式的选择 ································· 855
　　三、报警区域和探测区域的划分 ······················· 856
　　四、消防控制室 ····································· 856
　　五、消防联动控制 ··································· 857
　　六、火灾探测器的选择 ······························· 860
　　七、系统设备的设置 ································· 863
　　八、住宅建筑火灾报警系统 ··························· 868
　　九、系统供电 ······································· 869
　　十、布线 ··· 869
　　十一、高度大于12m的空间场所的火灾自动报警系统 ········ 870
第七节　建筑智能化系统 ································ 871
　　一、系统组成及功能要求 ····························· 871
　　二、智能化系统设计 ································· 873
第八节　综合布线 ····································· 875
　　一、综合布线系统 ··································· 875
　　二、综合布线系统的组成 ····························· 875
　　三、综合布线电气防护、接地及防火 ···················· 876

四、综合布线的系统配置设计 …………………………………… 878
　　五、综合布线的安装工艺要求 …………………………………… 878
　第九节　电气设计基础 ……………………………………………… 882
　　一、单相正弦交流电 ……………………………………………… 882
　　二、三相交流电路 ………………………………………………… 882
　　三、电功率的概念 ………………………………………………… 883
　　四、变压器与电动机 ……………………………………………… 884
　　五、电梯、自动扶梯和自动人行道 ……………………………… 886
　　六、低压配电线路保护电器 ……………………………………… 887
　第十节　太阳能光伏发电 …………………………………………… 889
　　一、太阳能光伏系统 ……………………………………………… 889
　　二、太阳能光伏应用 ……………………………………………… 891
　习题 ……………………………………………………………………… 892
　参考答案及解析 ………………………………………………………… 896

第十章 建筑热工与节能

本章考试大纲：了解建筑热工的基本原理和建筑围护结构的节能设计原则；掌握建筑围护结构保温、隔热、防潮的设计，以及日照、遮阳、自然通风的设计，能够运用建筑热工综合技术知识，判断、解决该专业工程实际问题。

本章复习重点：传热的基本知识，围护结构传热的基本原理和传热特征；室外热气候对室内热环境的影响，室内外热湿作用对围护结构的影响；如何通过建筑热工设计，结合现行的规范和标准，运用建筑热工综合技术知识，合理有效地解决建筑的保温、防热、防潮和建筑节能设计，以及与之相关的日照、遮阳、自然通风等问题。

第一节 传热的基本知识

热量的传递称为传热。在自然界中，只要存在温差就会出现传热现象。

一、传热的基本概念

1. 温度

温度是表征物体冷热程度的物理量，温度使用的单位为 K 或℃。

2. 温度场

某一瞬间，物体内所有各点的温度分布称为温度场。温度场是空间某点坐标 x, y, z 与时间 τ 的函数，公式表达为：

$$t = f(x,y,z,\tau) \tag{10-1}$$

温度场可分为以下类型：

（1）稳定温度场：温度场内各点温度不随时间变化。
（2）不稳定温度场：温度场内各点温度随时间发生变化。

在建筑热工设计中，主要涉及的是一维稳定温度场 $t=f(x)$ 和一维不稳定温度场 $t=f(x,\tau)$ 中的传热问题。在一维稳定温度场中，温度仅沿一个方向（如围护结构的厚度方向）发生变化；而在一维不稳定温度场中，温度不仅沿一个方向发生变化，而且各点的温度还随着时间发生改变。

3. 等温面

等温面是温度场中同一时刻由温度相同的各点相连所形成的面。使用等温面可以形象地表示温度场内的温度分布（图10-1）。

不同温度的等温面绝对不会相交。

4. 温度梯度

温度差 Δt 与沿法线方向两个等温面之间距离 Δn

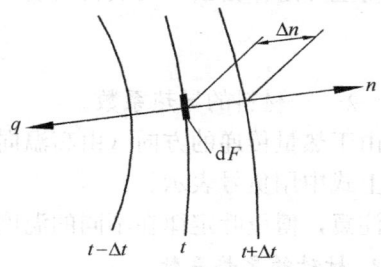

图 10-1 等温面示意图

的比值的极限叫作温度梯度。表示为：

$$\lim_{\Delta n \to 0} \frac{\Delta t}{\Delta n} = \frac{\partial t}{\partial n} \tag{10-2}$$

5. 热流密度（热流强度）

热流密度是在单位时间内，通过等温面上单位面积的热量，单位为 W/m^2。若单位时间通过等温面上微元面积 dF 的热量为 dQ，则热流密度定义式为：

$$q = \frac{dQ}{dF} \tag{10-3}$$

6. 围护结构

分隔建筑室内与室外，以及建筑内部使用空间的建筑部件。如墙、窗、门、屋面、楼板、地板等。

围护结构可分为外围护结构（分隔室外和室内）和内围护结构（分隔内部空间）。通常，不特殊注明时，围护结构即指外围护结构。

围护结构还可分为透光围护结构（玻璃幕墙、窗户和天窗）和非透光围护结构（墙、屋面和楼板等）。

7. 平壁

平壁意即不考虑周边构造的墙体、楼板、屋面板等多层板壁。

8. 热桥

围护结构中热流强度显著增大的部位。如围护结构"平壁"周边的构造节点。

9. 围护结构单元

围护结构由围护结构平壁及其周边梁、柱等节点共同组成。

整栋建筑的外围护结构可以分解为多个平面，每个平面还可细分为若干个围护结构单元。非透光围护结构单元由平壁与窗、阳台、屋面板、楼板、地板以及其他墙体连接部位的构造节点组成。

二、传热的基本方式

根据传热机理的不同，传热的基本方式分为导热、对流和辐射。

（一）导热

导热，又称热传导，指物体中有温差时由于直接接触的物质质点做热运动而引起的热能传递过程。

1. 傅里叶定律

傅里叶定律指出，均质材料物体内各点的热流密度与温度梯度成正比，即：

$$q = -\lambda \frac{\partial t}{\partial n} \tag{10-4}$$

式中 λ——材料的导热系数。

由于热量传递的方向（由高温向低温）和温度梯度的方向（由低温向高温）相反，因此，上式中用负号表示。

注意，傅里叶定律在不同的温度场中可以有其形式不同的表达式。

2. 材料的导热系数

导热系数是表征材料导热能力大小的物理量，单位为 $W/(m \cdot K)$。它的物理意义是，当材料层厚度为 1m，材料层两表面的温差为 1K 时，在单位时间内通过 $1m^2$ 截面积的导热量。

材料的导热系数可查阅有关的建筑材料热工指标表获得，应该熟悉经常使用的建筑材料的导热系数。各种材料导热系数 λ 的大致范围是：

气体：0.006～0.6；
液体：0.07～0.7；
建筑材料和绝热材料：0.025～3；
金属：2.2～420。

（二）对流

对流指由流体（液体、气体）中温度不同的各部分相互混合的宏观运动而引起的热传递现象。

由于引起流体流动的动力不同，对流的类型可分为：

（1）自由对流：由温度差形成的对流。
（2）受迫对流：由外力作用形成的对流。受迫对流在传递热量的强度方面要大于自由对流。

（三）辐射

辐射指物体表面对外发射热射线在空间传递能量的现象。凡是温度高于绝对零度（0K）的物体都能发射辐射能。

1. 物体对外来辐射的反射、吸收和透射（图 10-2）

（1）反射系数 r_h：被反射的辐射能 I_r 与入射辐射能 I_0 的比值。

$$r_h = \frac{I_r}{I_0} \tag{10-5}$$

（2）吸收系数 ρ_h：被吸收的辐射能 I_α 与入射辐射能 I_0 的比值。

$$\rho_h = \frac{I_\alpha}{I_0} \tag{10-6}$$

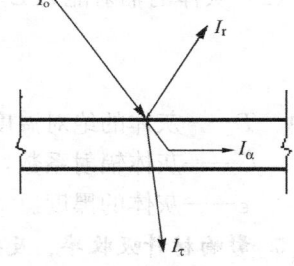

图 10-2 物体对外来辐射的反射、吸收和透射

（3）透射系数 τ_h：被透射的辐射能 I_τ 与入射辐射能 I_0 的比值。

$$\tau_h = \frac{I_\tau}{I_0} \tag{10-7}$$

显然：

$$r_h + \rho_h + \tau_h = 1 \tag{10-8}$$

2. 白体、黑体和完全透热体

（1）白体（绝对白体）：能将外来辐射全部反射的物体，$r_h=1$。
（2）黑体（绝对黑体）：能将外来辐射全部吸收的物体，$\rho_h=1$。
（3）完全透热体：能将外来辐射全部透过的物体，$\tau_h=1$。

3. 物体表面的辐射本领

（1）全辐射力 E（辐射本领，全辐射本领）：在单位时间内，从单位表面积上以波长

0～∞的全波段向半球空间辐射的总能量，单位：W/m²。

(2) 单色辐射力 E_λ（单色辐射本领）：在单位时间内，从单位表面积向半球空间辐射出的某一波长的能量，单位：W/(m²·μm)。

(3) 灰体：如果一个物体在每一波长下的单色辐射力与同温度、同波长下黑体的单色辐射力的比值为一常数，这个物体称为灰体。

一般建筑材料均可看作为灰体。

(4) 非灰体（选择性辐射体）：物体的单色辐射力与黑体、灰体截然不同，有的只能发射某些波长的辐射能量。

(5) 黑度 ε（辐射率）：灰体的辐射本领 E_λ 与同温度下黑体的辐射本领 $E_{\lambda,b}$ 的比值。

$$\varepsilon = \frac{E_\lambda}{E_{\lambda,b}} \tag{10-9}$$

4. 辐射本领的计算（斯蒂芬－波耳兹曼定律）

(1) 黑体的辐射能力 E_b

$$E_b = \sigma_b \cdot T_b^4 = C_b \cdot \left(\frac{T_b}{100}\right)^4 \tag{10-10}$$

式中　T_b——黑体的绝对温度，K；

　　　σ_b——黑体辐射常数，5.68×10^{-8} W/(m²·K⁴)；

　　　C_b——黑体辐射系数，5.68 W/(m²·K⁴)。

(2) 灰体的辐射能力 E

$$E = \varepsilon \cdot \sigma_b \cdot T^4 = C \cdot \left(\frac{T}{100}\right)^4 \tag{10-11}$$

式中　T——灰体的绝对温度，K；

　　　C——灰体辐射系数，W/(m²·K⁴)；

　　　ε——灰体的黑度。

5. 影响材料吸收率、反射率、透射率的因素

材料吸收率、反射率、透射率与外来辐射的波长、材料的颜色、材性、材料的光滑和平整程度有关。

注意，材料表面对外来辐射的反射、吸收和透射能力与外来辐射的波长有密切的关系。根据克希荷夫定律，在给定表面温度下，表面的辐射率（黑度）与该表面对来自同温度的投射辐射的吸收系数在数值上相等。

物体对不同波长的外来辐射的反射能力不同，对短波辐射，颜色起主导作用；但对长波辐射，材性（导体还是非导体）起主导作用。例如，在阳光下，黑色物体与白色物体的反射能力相差很大，白色反射能力强；而在室内，黑、白物体表面的反射能力相差极小。

常温下，一般材料对辐射的吸收系数可取其黑度值，而对来自太阳的辐射，材料的吸收系数并不等于物体表面的黑度。

玻璃作为建筑常用的材料属于选择性辐射体，其透射率与外来辐射的波长有密切的关系。易于透过短波而不易透过长波是玻璃建筑具有温室效应的原因。

6. 辐射换热

两表面间的辐射换热量主要与表面的温度、表面发射和吸收辐射的能力、表面的几何尺寸与相对位置有关。

在不计两表面之间的多次反射，仅考虑第一次吸收的前提下，任意两表面的辐射换热量的通式为：

$$q_{1-2} = \alpha_r(\theta_1 - \theta_2) \tag{10-12}$$

式中　q_{1-2}——辐射换热热流密度，W/m^2；
　　　θ_1——表面1的温度，K；
　　　θ_2——表面2的温度，K；
　　　α_r——辐射换热系数，$W/(m^2 \cdot K)$。

辐射换热系数 α_r 取决于表面的温度、表面发射和吸收辐射的能力、表面的几何尺寸与相对位置。

三、围护结构的传热过程

（一）围护结构的传热过程

通过围护结构的传热要经过三个过程（图10-3）：

（1）表面吸热：内表面从室内吸热（冬季）或外表面从室外空间吸热（夏季）。

（2）结构本身传热：热量由结构的高温表面传向低温表面。

（3）表面放热：外表面向室外空间放热（冬季）或内表面向室内空间放热（夏季）。

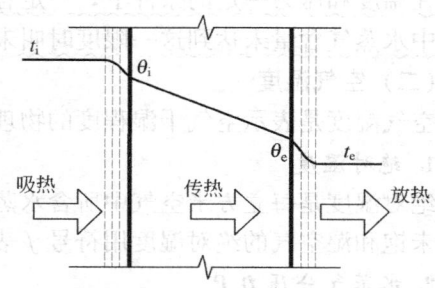

图10-3　围护结构的传热过程

（二）表面换热

热量在围护结构的内表面和室内空间或在外表面和室外空间进行传递的现象称为表面换热。

表面换热由对流换热和辐射换热两部分组成。

1. 对流换热

对流换热是指流体与固体壁面在有温差时产生的热传递现象。它是对流和导热综合作用的结果，如墙体表面与空气间的热交换。

对流换热热流密度 q_c 按式（10-13）计算：

$$q_c = \alpha_c(\theta - t) \tag{10-13}$$

式中　α_c——对流换热系数，$W/(m^2 \cdot K)$；
　　　θ——固体壁面温度，K；
　　　t——流体主体部分温度，K。

在建筑热工中，对流换热系数主要与气流的状况、结构所处的部位、壁面状况和热流方向有关。

2. 表面换热系数和表面换热阻

（1）表面换热系数 α

$$\alpha = \alpha_c + \alpha_r \tag{10-14}$$

内表面的换热系数使用 α_i 表示，$W/(m^2 \cdot K)$；

外表面的热转移系数使用 α_e 表示，W/(m²·K)。

(2) 表面换热阻 R

$$R = \frac{1}{\alpha} \tag{10-15}$$

内表面的换热阻使用 R_i 表示，(m²·K)/W；
外表面的换热阻使用 R_e 表示，(m²·K)/W。
内、外表面换热系数和表面换热阻见后面的表 10-2、表 10-3。

四、湿空气

(一) 湿空气、未饱和湿空气与饱和湿空气

湿空气是干空气和水蒸气的混合物。

在温度和压力一定的条件下，一定容积的干空气所能容纳的水蒸气量是有限度的，湿空气中水蒸气含量未达到这一限度时叫未饱和湿空气，达到限度时叫饱和湿空气。

(二) 空气湿度

空气湿度是表示空气干湿程度的物理量。在表示空气的湿度时，可使用以下方式。

1. 绝对湿度

绝对湿度是每立方米空气中所含水蒸气的质量，单位为 g/m³。

未饱和湿空气的绝对湿度用符号 f 表示，饱和湿空气的绝对湿度用 f_{max} 表示。

2. 水蒸气分压力 P

湿空气中含有的水蒸气所呈现的压力称为水蒸气分压力，单位为 Pa。

未饱和湿空气的水蒸气分压力用符号 P 表示，饱和蒸汽压用 P_s 表示。

标准大气压下，不同温度对应的饱和蒸汽压值可查表取得。温度越高，饱和蒸汽压值越大。

3. 相对湿度

一定温度、一定大气压力下，湿空气的绝对湿度 f 与同温、同压下的饱和空气绝对湿度 f_{max} 的百分比称为湿空气的相对湿度。

相对湿度的计算：

$$\varphi = \frac{f}{f_{max}} \times 100\% \tag{10-16}$$

$$\varphi = \frac{P}{P_s} \times 100\% \tag{10-17}$$

式中　f、f_{max}——湿空气的绝对湿度和同温度下饱和湿空气的绝对湿度，g/m³；

　　　P、P_s——湿空气的水蒸气分压力和同温度下湿空气的饱和蒸汽压，Pa。

(三) 露点温度

在大气压力一定、含湿量不变的条件下，未饱和空气冷却至饱和状态时所对应的温度叫露点温度。露点温度用 t_d 表示。

露点温度可用来判断围护结构内表面是否结露。当围护结构内表面的温度低于露点温度时，内表面将产生结露。

(四) 湿球温度

湿球温度是指在干湿球温度计中由水银球用潮湿纱布包裹的湿球温度计所测量的温

度。它与干球温度配合可以测量空气的相对湿度。

> **例 10-1** （2010）在一个密闭的空间里，下列哪种说法正确？
> A 空气温度变化与相对湿度变化无关
> B 空气温度降低，相对湿度随之降低
> C 空气温度升高，相对湿度随之升高
> D 空气温度升高，相对湿度随之降低
>
> 解析：在一个密闭的空间里，湿空气中的水蒸气含量保持不变，即水蒸气的分压力不变；当空气温度升高时，该空气的饱和蒸汽压随之升高，因此空气的相对湿度随之降低。
> 答案：D

第二节 热 环 境

一、室外热环境

室外热环境（室外气候）是指作用在外围护结构上的一切热物理量的总称，是由太阳辐射、大气温度、空气湿度、风、降水等因素综合组成的一种热环境。建筑物所在地的室外热环境通过外围护结构将直接影响室内环境，为使所设计的建筑能创造良好的室内热环境，必须了解当地室外热环境的变化规律及特征，以此作为建筑热工设计的依据。与室外热环境密切相关的主要因素如下：

（一）太阳辐射

（1）太阳辐射能是地球上热量的基本来源，是决定室外热环境的主要因素。

（2）太阳辐射的组成

到达地球表面的太阳辐射分为两个部分，一部分是太阳直接射达地面的部分，称为直射辐射；另一部分是经过大气层散射后到达地面的部分，称为散射辐射。

（3）太阳常数

在太阳与地球的平均距离处，垂直于入射光线的大气界面单位面积上的辐射热流密度。

天文太阳常数（理论计算值）：$I_0 = 1395.6 \text{W/m}^2$；

气象太阳常数（实测分析值）：$I_0 = 1256 \text{W/m}^2$。

（4）影响太阳辐射照度的因素

大气中射程的长短，太阳高度角，海拔高度，大气质量。

（5）太阳光谱

太阳辐射能量主要分布在紫外线、可见光和红外线区域，其中 97.8% 是短波辐射，所以太阳辐射属于短波辐射。

（二）室外气温

1. 室外气温

指距地面 1.5m 处百叶箱内的空气温度。

2. 变化规律

室外气温由于受到太阳辐射的影响，它的年变化、日变化规律都是周期性的。

(1) 年变化规律：由地球围绕太阳公转引起，形成一年四季气温变化，北半球最高气温出现在 7 月（大陆）或 8 月（沿海、岛屿），最低气温出现在 1 月或 2 月。

(2) 日变化规律：由地球自转引起。日最低气温出现在 6：00～7：00。日最高气温出现在 14：00 左右。

（三）空气湿度

1. 湿度

空气中水蒸气的含量。可用绝对湿度或相对湿度表示，通常使用相对湿度表示空气的湿度。

2. 变化规律

一般来说，某一地区在一定时间内，空气的绝对湿度变化不大，但由于空气温度的变化，使得空气中饱和水蒸气压随之变化，从而导致相对湿度变化强烈。

(1) 年变化规律：最热月相对湿度最小，最冷月相对湿度最大，季风区例外。

(2) 日变化规律：晴天时，日相对湿度最大值出现在 4：00～5：00，日相对湿度最小值出现在 13：00～15：00。

（四）风

1. 风

指由大气压力差所引起的大气水平方向的运动。

2. 风的类型

(1) 大气环流：由于太阳辐射热在地球上照射不均匀，使得赤道和两极之间出现温差，从而引起大气在赤道和两极之间产生活动，即为大气环流。

(2) 地方风：局部地区受热不均引起的小范围内的大气流动。如海陆风、山谷风、林原风等。

3. 风的特性

(1) 风向：风吹来的地平方向为风向。可使用四方位东（E）、南（S）、西（W）、北（N）表示，细分则使用八方位，即在上述四方位中增加东南（SE）、东北（NE）、西南（SW）、西北（NW），甚至使用十六方位表示。

风向频率图（风向玫瑰图）是一定时间内在各方位刮风频率的统计图，可由此了解当地的风向，尤其是不同季节的主导风向。

(2) 风速：单位时间内风前进的距离，单位为 m/s。气象学上根据风速将风分为十二级。

（五）降水

1. 降水

从大地蒸发出来的水蒸气进入大气层，经过凝结后又降到地面上的液态或固态的水分。如雨、雪、雹都属降水现象。

2. 降水的性质

(1) 降水量：降落到地面的雨以及雪、雹等融化后，未经蒸发或渗透流失而累积在水平面上的水层厚度。单位：mm。

(2) 降水强度：单位时间（24h）内的降水量，单位：mm/d。

根据降水强度，可将降水划分如下：

小雨：<10mm；

中雨：10～25mm；
大雨：25～50mm；
暴雨：50～100mm。

二、建筑气候区划

建筑与气候相适应是建筑设计的基本原则。我国幅员辽阔，地形复杂，各地由于纬度、地势和地理条件的不同，气候差异悬殊。为使建筑能够充分地利用和适应本地的气候条件，《建筑环境通用规范》GB 55016—2021 将全国按照不同的气候特征进行划分，根据不同地区的气候条件，明确各气候区对建筑的基本要求，充分利用气候资源，减少气候不利因素的影响。据此，全国划分为 7 个一级区划，建筑气候一级区划指标应符合表 10-1 的规定；同时将一级区划又细分为 20 个二级区划（见《建筑环境通用规范》附表 C.0.2）。建筑气候区划主要用于建筑热工设计的宏观控制。

建筑气候一级区划指标 表 10-1

区名	主要指标	辅助指标	各辖区行政区范围
Ⅰ	1月平均气温≤−10℃ 7月平均气温≤25℃ 7月平均相对湿度≥50%	年降水量 200～800mm 年日平均气温≤5℃的日数≥145d	黑龙江、吉林全境；辽宁大部；内蒙古中、北部及陕西、山西、河北、北京北部的部分地区
Ⅱ	1月平均气温−10～0℃ 7月平均气温 18～28℃	年日平均气温≥25℃的日数＜80d 年日平均气温≤5℃的日数 145～90d	天津、山东、宁夏全境；北京、河北、山西、陕西大部；辽宁南部；甘肃中东部以及河南、安徽、江苏北部的部分地区
Ⅲ	1月平均气温 0～10℃ 7月平均气温 25～30℃	年日平均气温≥25℃的日数 40～110d 年日平均气温≤5℃的日数 90～100d	上海、浙江、江西、湖北、湖南、重庆全境；江苏、安徽、四川大部；陕西、河南南部；贵州东部；福建、广东、广西北部和甘肃南部的部分地区
Ⅳ	1月平均气温＞10℃ 7月平均气温 25～29℃	年日平均气温≥25℃的日数 100～200d	海南、台湾全境；福建南部；广东、广西大部以及云南西南部和元江河谷地区
Ⅴ	1月平均气温 0～13℃ 7月平均气温 18～25℃	年日平均气温＜5℃的日数 0～90d	云南大部；贵州、四川西南部；西藏南部一小部分地区
Ⅵ	1月平均气温 0～−22℃ 7月平均气温＜18℃	年日平均气温≤5℃的日数 90～285d	青海全境；西藏大部；四川西部；甘肃西南部；新疆南部部分地区
Ⅶ	1月平均气温−5～−20℃ 7月平均气温≥18℃ 7月平均相对湿度＜50%	年降水量 10～600mm 年日平均气温≥25℃的日数＜120d 年日平均气温≤5℃的日数 110～180d	新疆大部；甘肃北部；内蒙古西部

三、建筑热工设计区划

在建筑气候区划分区的基础上，根据建筑热工设计的实际需要，《民用建筑热工设计规范》GB 50176—2016（简称《热工规范》）将我国的建筑热工设计区划分为 5 个一级区划和 11 个二级区划。《热工规范》划分一级区划和二级区划的指标和设计要求与《建筑环境通用规范》的规定完全一致。进行建筑热工设计时，应按建筑所在地的建筑热工设计区划进行保温、隔热和防潮设计。

建筑热工设计一级区划指标及设计原则　　　　　　　　　　　　　　表 10-2

一级区划名称	区划指标 主要指标	区划指标 辅助指标	设计原则
严寒地区（1）	$t_{\min \cdot m} \leqslant -10\text{℃}$	$145 \leqslant d_{\leqslant 5}$	必须充分满足冬季保温要求，一般可以不考虑夏季防热
寒冷地区（2）	$-10\text{℃} < t_{\min \cdot m} \leqslant 0\text{℃}$	$90 \leqslant d_{\leqslant 5} < 145$	应满足冬季保温要求，部分地区兼顾夏季防热
夏热冬冷地区（3）	$0\text{℃} < t_{\min \cdot m} \leqslant 10\text{℃}$ $25\text{℃} < t_{\max \cdot m} \leqslant 30\text{℃}$	$0 \leqslant d_{\leqslant 5} < 90$ $40 \leqslant d_{\geqslant 25} < 110$	必须满足夏季防热要求，适当兼顾冬季保温
夏热冬暖地区（4）	$10\text{℃} < t_{\min \cdot m}$ $25\text{℃} < t_{\max \cdot m} \leqslant 29\text{℃}$	$100 \leqslant d_{\geqslant 25} < 200$	必须充分满足夏季防热要求，一般可不考虑冬季保温
温和地区（5）	$0\text{℃} < t_{\min \cdot m} \leqslant 13\text{℃}$ $18\text{℃} < t_{\max \cdot m} \leqslant 25\text{℃}$	$0 \leqslant d_{\leqslant 5} < 90$	部分地区应考虑冬季保温，一般可不考虑夏季防热

注：$t_{\min \cdot m}$ 为最冷月平均温度，$t_{\max \cdot m}$ 为最热月平均温度，$d_{\leqslant 5}$ 为日平均温度小于或等于 5℃ 的天数，$d_{\geqslant 25}$ 为日平均温度大于或等于 25℃ 的天数。

建筑热工设计一级区划的范围可从《热工规范》的图 A.0.3 和"建筑设计资料集（第三版）"《第 1 分册　建筑总论》的"全国建筑热工设计分区图"中得到更加深入的了解。

热工设计二级分区的提出是由于每个一级分区的区划面积太大，在同一分区中的不同地区往往出现温度差别很大，冷热持续时间差别也很大的情况，采用相同的设计要求显然是不合适的。为此，修订后的规范采用了"细分子区"的做法，采用"$HDD18$，$CDD26$"作为区划指标，将各一级分区再进行细分为热工设计二级分区（表 10-3），这样划分既表征了该地气候寒冷和炎热的程度，又反映了寒冷和炎热持续时间的长短。

建筑热工设计二级区划指标及设计原则　　　　　　　　　　　　　　表 10-3

二级区划名称	区划指标		设计要求
严寒 A 区（1A）	$6000 \leqslant HDD18$		冬季保温要求极高，必须满足保温设计要求，不考虑防热设计
严寒 B 区（1B）	$5000 \leqslant HDD18 < 6000$		冬季保温要求非常高，必须满足保温设计要求，不考虑防热设计
严寒 C 区（1C）	$3800 \leqslant HDD18 < 5000$		必须满足保温设计要求，可不考虑防热设计
寒冷 A 区（2A）	$2000 \leqslant HDD18 < 3800$	$CDD26 \leqslant 90$	应满足保温设计要求，可不考虑防热设计
寒冷 B 区（2B）		$CDD26 > 90$	应满足保温设计要求，宜满足隔热设计要求，兼顾自然通风、遮阳设计

续表

二级区划名称	区划指标		设计要求
夏热冬冷A区（3A）	$1200 \leqslant HDD18 < 2000$		应满足保温、隔热设计要求，重视自然通风、遮阳设计
夏热冬冷B区（3B）	$700 \leqslant HDD18 < 1200$		应满足隔热、保温设计要求，强调自然通风、遮阳设计
夏热冬暖A区（4A）	$500 \leqslant HDD18 < 700$		应满足隔热设计要求，宜满足保温设计要求，强调自然通风、遮阳设计
夏热冬暖B区（4B）	$HDD18 < 500$		应满足隔热设计要求，可不考虑保温设计，强调自然通风、遮阳设计
温和A区（5A）	$CDD26 < 10$	$700 \leqslant HDD18 < 2000$	应满足冬季保温设计要求，可不考虑防热设计
温和B区（5B）		$HDD18 < 700$	宜满足冬季保温设计要求，可不考虑防热设计

《建筑环境通用规范》附录 D 的表 D.0.3 中给出了全国所有行政区主要城镇的建筑热工设计区属。《热工规范》的表 A.0.1 不仅提供了全国 354 个主要城镇的建筑热工设计区属，还提供了室外气象参数。

> **例 10-2** （2014）根据建筑物所在地区的气候条件的不同，对建筑热工设计的要求判断错误的是：
> A 严寒地区：必须充分满足冬季保温要求，一般可不考虑夏季防热
> B 寒冷地区：应满足冬季保温要求，一般不考虑夏季防热
> C 夏热冬冷地区：必须满足夏季防热要求，适当兼顾冬季保温
> D 夏热冬暖地区：必须满足夏季防热要求，一般可不考虑冬季保温
> 解析：《热工规范》规定，寒冷地区的热工设计应满足冬季保温要求，部分地区兼顾夏季防热。
> 答案：B

四、室内热环境

室内热环境（室内气候）是指由室内空气温度、空气湿度、室内风速及平均辐射温度（室内各壁面温度的当量温度）等因素综合组成的一种热物理环境。

为保障建筑环境安全健康，提高居住环境水平，《建筑环境通用规范》对建筑热环境提出了基本要求。

（一）决定室内热环境的物理客观因素

决定室内热环境的物理客观因素有室内的空气温度、空气湿度、室内风速及壁面的平均辐射温度。

室内热环境的好坏通常受到室外热环境、室内热环境设备（如空调器、加热器等）、室内其他设备（如灯具、家用电器）的影响。

（二）对室内热环境的要求

房间的使用性质不同，对其内部的热环境要求也不相同。以满足人体生理卫生需要为主的房间（如民用建筑及工业建筑中辅助办公楼建筑），其室内热环境是要保证人的正常

生活和工作，以维护人体的健康。

1. 人体的热感觉

室内热环境对人体的影响主要表现在人的冷热感。人体的冷热感取决于人体新陈代谢产生的热量和人体向周围环境散热量之间的平衡关系，人体热平衡方程表示如下：

$$\Delta q = q_m - q_e \pm q_c \pm q_r \tag{10-18}$$

式中　q_m——人体产热量，主要取决于人体的新陈代谢率及对外做机械功的效率，W；

q_e——人体蒸发散热量，W；

q_r——人体与环境间的辐射换热量，W；

q_c——人体与周围空气的对流换热量，W。

当 $\Delta q=0$，体温恒定不变；$\Delta q>0$，体温上升；$\Delta q<0$，体温下降。

2. 热舒适

热舒适是指人对环境的冷热程度感觉满意，不因冷或热感到不舒适。满足热舒适的条件是：

(1) 必要条件：$\Delta q=0$。

(2) 充分条件：皮肤温度处于舒适的温度范围内，汗液蒸发率处于舒适的蒸发范围内。

室内热环境可分为舒适、可以忍受和不能忍受三种情况，只有采用充分空调设备的房间才能实现舒适的要求，对大多数建筑而言，应以保证人体健康不受损害为准，确定对室内热环境的要求，在可能的条件下，尽可能改善室内热环境。

(三) 室内热环境的评价方法

1. 单一指标

使用室内空气温度作为热环境评价指标。目前，我国很多设计规范和标准均以其为控制指标。例如，对冬季采暖的室内设计温度，规范规定居住建筑为 18℃，托幼建筑为 20℃。这种方法简单、方便，但不很完善。

目前，综合多种因素进行室内热环境评价的指标有有效温度和 PMV 指标。

2. 有效温度

有效温度 ET（Effective Temperature）是依据半裸的人与穿夏季薄衫的人在一定条件的环境中所反应的瞬时热感觉作为决定各项因素综合作用的评价标准，是室内气温、相对湿度和空气速度在一定组合下的综合指标。由于该指标使用简单，在对不同的环境和空调方案进行比较时得到了广泛的应用。它的缺陷是没有考虑热辐射变化的影响，在评价环境时有时难免出现一定的偏差，因此后来又出现了新有效温度等指标。

3. PMV 指标

PMV（Predicted Mean Vote）指标是全面反映室内各气候要素对人体热感觉影响的综合评价方法。

PMV 指标是在丹麦工业大学微气候实验室和美国堪萨斯州立大学环境实验室做了大量试验工作后，由丹麦学者房格尔教授（P. O. Fanger）提出的，是迄今为止考虑人体热舒适感诸多有关因素最全面的评价指标，于 20 世纪 80 年代初得到国际标准化组织 ISO 的承认。PMV 指标与评价方法包括 PMV 指标与预测不满意百分率 PPD 两方面的内容。它是以房格尔教授的热舒适方程为基础，导出 PMV 指标与影响人体热舒适的 6 个要素之间的定量关系，即：

$$PMV = f(t_i, \varphi_i, t_p, u, m, R_{cl}) \tag{10-19}$$

式中 t_i——室内空气温度，℃；
φ_i——室内空气相对湿度；
t_p——平均辐射温度，℃；
u——室内空气速度，m/s；
m——与人体活动强度有关的新陈代谢率，W/m² 或 met；
R_{cl}——人体衣服热阻，clo。

因此，在已知室内气温、相对湿度、空气速度、平均辐射温度、人体活动强度与衣着的条件下，可以通过计算 PMV 指标预测出多数人对某一热环境的舒适程度的反应，同时建立起 PMV 指标系统，将人体的热感觉划分为 7 个等级如下：

+3	+2	+1	0	-1	-2	-3
热	暖	稍暖	舒适	稍凉	凉	冷

由此可根据 PMV 指标值定量评价室内热环境质量的优劣。

第三节 建筑围护结构的传热原理及计算

一、稳定传热

在稳定温度场中所进行的传热过程称为稳定传热。

(一) 一维稳定传热的特点

(1) 通过平壁内各点的热流强度处处相等。
(2) 同一材质的平壁内部各界面温度分布呈直线关系。

(二) 通过平壁的稳定导热

1. 通过单一匀质材料层的稳定导热

$$q = \frac{\theta_i - \theta_e}{R} = \frac{\theta_i - \theta_e}{\frac{\delta}{\lambda}} \tag{10-20}$$

式中 θ_i——单一匀质材料层内表面温度，℃；
θ_e——单一匀质材料层外表面温度，℃；
δ——单一匀质材料层厚度，m；
λ——材料的导热系数 [W/(m·K)]，见《热工规范》附录 B 表 B.1；
R——单一匀质材料层的热阻，(m²·K)/W。

$$R = \frac{\delta}{\lambda} \tag{10-21}$$

2. 通过多层匀质材料层的稳定导热

在稳定传热条件下，通过多层匀质材料层的热流强度为（图10-4）：

$$q = \frac{\theta_i - \theta_e}{R_1 + R_2 + \cdots + R_n} \tag{10-22}$$

式中 θ_i——多层平壁内表面的温度，℃；
θ_e——多层平壁外表面的温度，℃；

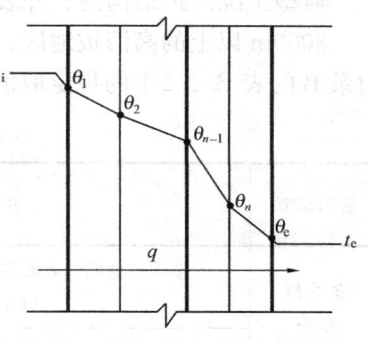

图 10-4 通过多层平壁稳定传热

$R_1, R_2 \cdots R_n$——各材料层的热阻，$(m^2 \cdot K)/W$；当某一材料层为封闭的空气间层，可查《热工规范》附录 B.3 的表 B.3 确定。

> **例 10-3** 多层材料组成的复合外墙墙体中，某层材料的热阻值取决于：
> A 该层材料的厚度和密度　　　　B 该层材料的密度和导热系数
> C 该层材料的厚度和导热系数　　D 该层材料位于墙体的内侧或外侧
> **解析**：材料层的导热热阻 $R=d/\lambda$，它与材料层的厚度 d 和材料的导热系数 λ 均有关。
> **答案**：C

3. 通过平壁的稳定传热

（1）通过多层平壁的热流强度为：

$$q = \frac{t_i - t_e}{R_i + \sum_{j=1}^{n} R_j + R_e} = \frac{t_i - t_e}{R_0} \tag{10-23}$$

式中　t_i——室内温度，℃；
　　　t_e——室外温度，℃；
　　　R_0——围护结构的传热阻，$(m^2 \cdot K)/W$；
　　　n——多层平壁的材料层数。

（2）围护结构平壁的传热阻

传热阻是围护结构本身加上两侧空气边界层作为一个整体的阻抗传热能力的物理量。它是衡量围护结构在稳定传热条件下的一个重要的热工性能指标，单位：$(m^2 \cdot K)/W$。

$$R_0 = R_i + \sum_{j=1}^{n} R_j + R_e \tag{10-24}$$

式中　R_0——围护结构的传热阻，$(m^2 \cdot K)/W$；
　　　R_j——围护结构第 j 层材料的热阻，$(m^2 \cdot K)/W$；当构造为非匀质复合围护结构时，需计算其 $\overline{R}$；
　　　R_i——内表面的换热阻，$(m^2 \cdot K)/W$；
　　　R_e——外表面的换热阻，$(m^2 \cdot K)/W$；
　　　n——多层平壁的材料层数。

典型工况围护结构内、外表面的换热系数和换热阻可按表 10-4、表 10-5 取值。

3000m 以上的高海拔地区，围护结构内表面的换热阻和换热系数应另按《热工规范》附录 B.4.2-1 的规定取值，外表面的换热阻和换热系数按表 B.4.2-2 的规定取值。

内表面换热系数和内表面换热阻　　　　表 10-4

适用季节	表面特征	α_i [W/($m^2 \cdot K$)]	R_i [($m^2 \cdot K$)/W]
冬季和夏季	墙面、地面、表面平整或有肋状突出物的顶棚，当 $h/s \leq 0.3$ 时	8.7	0.11
	有肋状突出物的顶棚，当 $h/s > 0.3$ 时	7.6	0.13

外表面换热系数和外表面换热阻　　　　　表 10-5

适用季节	表面特征	α_i [W/(m²·K)]	R_i [(m²·K)/W]
冬季	外墙、屋顶、与室外空气直接接触的地面	23.0	0.04
	与室外空气相通的不采暖地下室上面的楼板	17.0	0.06
	闷顶、外墙上有窗的不采暖地下室上面的楼板	12.0	0.08
	外墙上无窗的不采暖地下室上面的楼板	6.0	0.17
夏季	外墙、屋顶	19.0	0.05

（3）围护结构平壁的传热系数 K

传热系数为当围护结构两侧温差为 1K（1℃）时，在单位时间内通过单位面积的传热量。用传热系数也能说明围护结构在稳定传热条件下的热工性能，单位：W/(m²·K)。

$$K = \frac{1}{R_0} \tag{10-25}$$

例 10-4　（2010）图中多层材料组成的复合墙体，哪种做法复合墙体的传热阻最大？

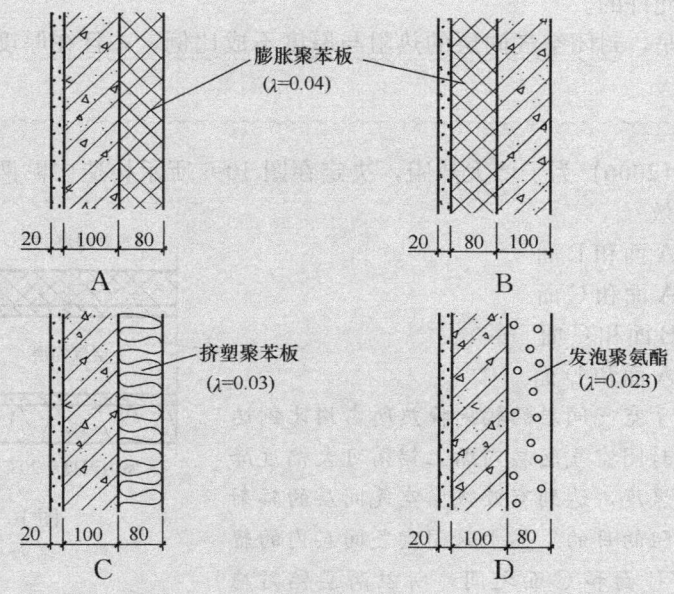

解析：围护结构传热阻的计算公式为 $R_0 = R_i + \sum R + R_e$。其中 R_i、R_e 为内、外表面换热阻，是常数；$\sum R$ 为组成围护结构各材料层的导热热阻之和，可用导热热阻计算公式 $R = \delta/\lambda$ 计算各材料层的热阻后相加而成。在所示 4 种复合墙体中，除了保温材料层外，其余两个材料层的厚度和材料完全相同，因此，保温材料层热阻最大的那种复合墙体的传热阻最大。在保温层厚度相同的情况下，导热系数最小的保温材料层的热阻最大。

答案：D

4. 封闭空气间层的热阻

(1) 封闭空气间层的传热机理

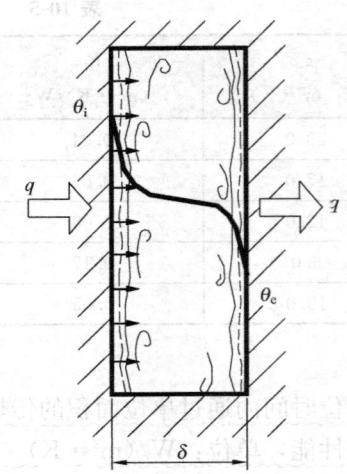

图 10-5 垂直封闭空气间层的传热过程

封闭空气间层的传热过程与固体材料层内的不同，它实际上是在一个有限空间内的两个表面之间的热转移过程，包括对流换热和辐射换热，而非纯导热过程，所以封闭空气间层的热阻与间层厚度之间不存在成比例的增长关系。

(2) 影响封闭空气间层热阻的因素

封闭空气间层的热阻与间层表面温度 θ、间层厚度 δ、间层放置位置（水平、垂直或倾斜）、热流方向及间层表面材料的辐射率有关（图 10-5）。

(3) 封闭空气间层热阻的确定

《热工规范》在附录 B.3 的表 B.3 中提供了封闭空气间层的热阻。该表参考了 ASHRAE 标准中的相关内容，表中数据的计算和来源可参考原标准中的注释。该表允许在平均温度、温差、辐射率、空气层厚度每个值之间内插；空气层厚度大于 90mm 时，适当的外插也是允许的。

需要注意的是，封闭空气间层的热阻与厚度不成比例，并且在厚度超过 20mm 以后热阻变化不大。

例 10-5 （2006）为了增大热阻，决定在图 10-6 所示构造中贴两层铝箔，下列哪种方案最有效？

A 贴在 A 面和 B 面
B 贴在 A 面和 C 面
C 贴在 B 面和 C 面
D 贴在 A 面和 D 面

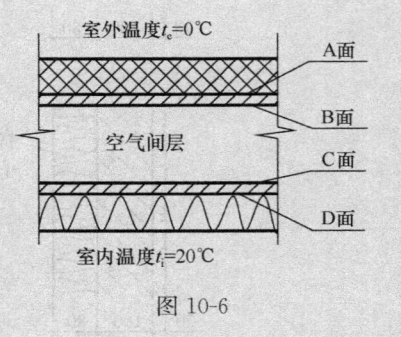

图 10-6

解析：由于空气间层的辐射换热所占用比例达 70%，因此在封闭空气间层内贴上铝箔可大幅度降低间层表面的黑度，达到有效减少空气间层的辐射换热、增加热阻的目的。鉴于封闭空气间层内的辐射换热发生在 B 面和 C 面之间，所以两层铝箔应该分别贴在 B 面和 C 面上。

答案：C

---

5. 通过非匀质复合围护结构的热阻 $\overline{R}$

由两种以上材料构成的同一材料层称为非匀质材料层。由两种以上材料组成的、二（三）向非匀质复合围护结构的热阻应分别按照以下两种情况计算平均热阻（图 10-7）。

(1) 当非匀质复合围护结构相邻部分的热阻比值小于 1.5 时：

$$\overline{R} = \frac{R_{ou}+R_{ol}}{2} - (R_i + R_e) \quad (10\text{-}26)$$

$$R_{ou} = \frac{1}{\dfrac{f_a}{R_{oua}}+\dfrac{f_b}{R_{oub}}+\cdots+\dfrac{f_q}{R_{ouq}}} \quad (10\text{-}27)$$

$$R_{ol} = R_i + R_1 + R_2 + \cdots + R_j + \cdots + R_n + R_e \quad (10\text{-}28)$$

$$R_j = \frac{1}{\dfrac{f_a}{R_{aj}}+\dfrac{f_b}{R_{bj}}+\cdots+\dfrac{f_q}{R_{qj}}} \quad (10\text{-}29)$$

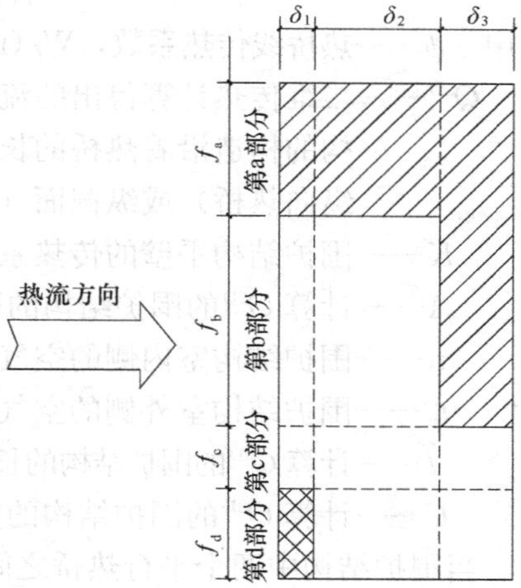

式中 $f_a,f_b\cdots f_q$——与热流平行方向各部分面积占总面积的百分比；

$R_{oua},R_{oub}\cdots R_{ouq}$——与热流平行方向各部分的传热阻，$(m^2 \cdot K)/W$；

图 10-7 非匀质复合围护结构热阻计算简图

$R_1,R_2\cdots R_j\cdots R_n$——与热流垂直方向各层的热阻，$(m^2 \cdot K)/W$；

$R_{aj},R_{bj}\cdots R_{qj}$——与热流垂直方向第 j 层各部分的热阻，$(m^2 \cdot K)/W$。

（2）当非匀质复合围护结构相邻部分的热阻比值大于 1.5 时：

$$\overline{R} = \frac{1}{K_m} - (R_i + R_e) \quad (10\text{-}30)$$

式中 K_m——非匀质复合围护结构平均传热系数，$W/(m^2 \cdot K)$。

6. 围护结构单元的平均传热系数

由于围护结构单元的组成包括围护结构平壁和与其连接在一起的构造节点，因此，围护结构单元的平均传热系数除了考虑平壁外，还必须考虑其结构性热桥在内的影响：

$$K_m = K + \frac{\sum \varphi_j l_j}{A} \quad (10\text{-}31)$$

式中 K_m——围护结构单元的平均传热系数，$W/(m^2 \cdot K)$；

K——围护结构平壁的传热系数，$W/(m^2 \cdot K)$；

φ_j——围护结构上的第 j 个结构性热桥的线传热系数 $[W/(m \cdot K)]$，应按《热工规范》第 C.2 节的规定计算；

l_j——围护结构第 j 个结构性热桥的计算长度，m；

A——围护结构的面积，m^2。

7. 结构性热桥的线传热系数 ψ

在建筑外围护结构中形成的结构性热桥对墙体、屋面传热的影响用线传热系数 ψ 描述。图 10-8 表示了围护结构中各种类型的结构性热桥。

热桥线传热系数应按下式计算：

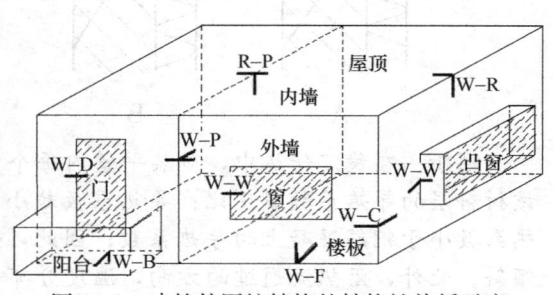

图 10-8 建筑外围护结构的结构性热桥示意
W-D 外墙-门；W-B 外墙-阳台板；W-P 外墙-内墙；
W-W 外墙-窗；W-F 外墙-楼板；W-C 外墙角；
W-R 外墙-屋顶；R-P 屋顶-内墙

$$\psi = \frac{Q^{2D} - KA(t_i - t_e)}{l(t_i - t_e)} = \frac{Q^{2D}}{l(t_i - t_e)} - KC \quad (10-32)$$

式中 ψ ——热桥线传热系数，W/(m·K)；

Q^{2D}——二维传热计算得出的流过一块包含热桥的围护结构的传热量（W），该围护结构的构造沿着热桥的长度方向必须是均匀的，传热量可以根据其横截面（对纵向热桥）或纵截面（对横向热桥）通过二维传热计算得到；

K——围护结构平壁的传热系数，W/(m²·K)；

A——计算 Q^{2D} 的围护结构的面积，m²；

t_i——围护结构室内侧的空气温度，℃；

t_e——围护结构室外侧的空气温度，℃；

l——计算 Q^{2D} 的围护结构的长度，热桥沿这个长度均匀分布，计算 ψ 时，l 宜取 1m；

C——计算 Q^{2D} 的围护结构的宽度，即 $A = l \cdot C$，可取 $C \geq 1m$。

当围护结构中两个平行热桥之间的距离很小时，应将两个平行热桥合并，同时计算两个平行热桥的线传热系数。

（三）平壁内的温度分布（图 10-9）

在稳定导热中，同一材料层内任意一点的温度为：

$$\theta_x = \theta_1 - \frac{q}{\lambda} \cdot x \quad (10-33)$$

式中 θ_1——围护结构内表面温度，℃；

θ_x——厚度为 x 处的温度，℃；

x——任意一点至界面 1 的距离，m；

q——通过平壁的导热量，W/m²；

λ——材料的导热系数，W/(m·K)。

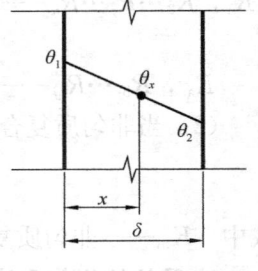

图 10-9 同一材料层内的温度分布

由上式可见，温度随距离的变化为一次函数，所以同一材料层内的温度分布为直线。在由多层材料构成的平壁内，温度的分布是由多条直线组成的一条折线。

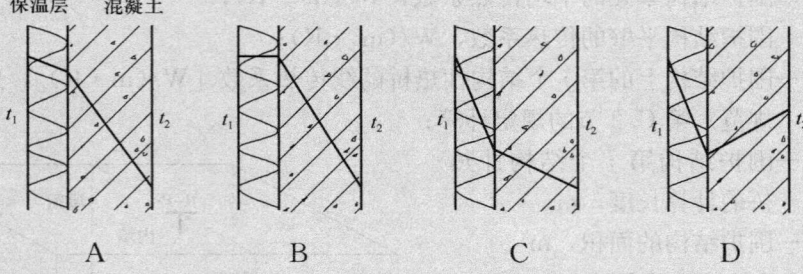

例 10-6 （2004）多层平壁的稳定传热，$t_1 > t_2$，下面哪一条温度分布线是正确的？

解析：在稳定传热中，多层平壁内每个材料层内的分布为直线，直线的斜率与该材料层的导热系数成反比；导热系数越小，温度分布线越倾斜。由于保温层的导热系数小于钢筋混凝土的导热系数；因此，保温层内的温度分布线应比钢筋混凝土倾斜。此外，沿热流通过的方向，温度分布一定是逐渐下降的，不可能出现温度保持不变或温度升高的情况。

答案：C

二、周期性不稳定传热

(一) 周期性不稳定传热

当外界热作用（气温和太阳辐射）随时间呈现周期性变化时，围护结构进行的传热过程为周期性不稳定传热。

(二) 简谐热作用

简谐热作用指当温度随时间的正弦（或余弦）函数作规则变化时围护结构所受到的热作用（图 10-10）。一般用余弦函数表示：

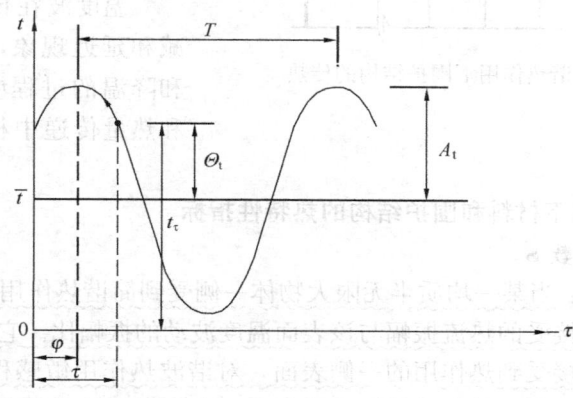

图 10-10 简谐热作用

$$t_\tau = \bar{t} + A_t \cos\left(\frac{360}{T}\tau - \phi\right) = \bar{t} + A_t \cos(\omega\tau - \phi) \tag{10-34}$$

式中 t_τ——在 τ 时刻的介质温度，℃；

        $\bar{t}$——在一个周期内的平均温度，℃；

        A_t——温度波的振幅，℃；

        T——温度波的周期，h；

        ϕ——温度波的初相位，deg；

        τ——以某一指定时刻起算的计算时间，h；

        ω——温度波的角速度，deg/h。

(三) 相对温度

相对温度指相对于某一基准温度的温度，单位为 K 或℃。当基准温度为 $\bar{t}$ 时，相对温度表示为：

$$\Theta_\tau = A_t \cos\left(\frac{360\tau}{T} - \phi\right) = A_t \cos(\omega\tau - \phi) \tag{10-35}$$

式中 Θ_τ——在 τ 时刻介质的相对温度，℃。

(四) 平壁在简谐热作用下的传热特征

平壁在简谐热作用下的三个基本传热特征是（图 10-11）：

(1) 室外温度、平壁表面温度和内部任一截面处的温度都是同一周期的简谐波动。

(2) 从室外空间到平壁内部，温度波动的振幅逐渐减小，这种现象叫作温度波的衰减。即：

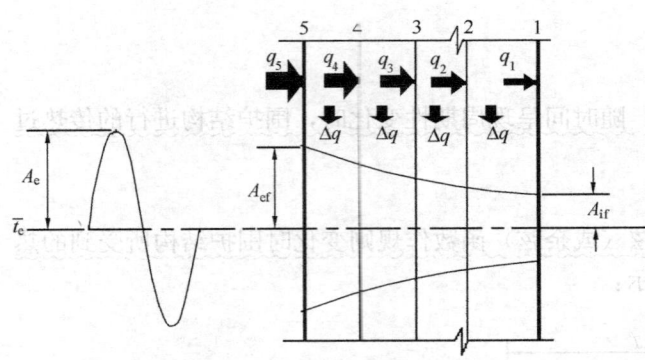

图 10-11 在简谐热作用下围护结构的传热

$$A_e > A_{ef} > A_x > A_{if}$$

(3) 从室外空间到平壁内部，温度波动的相位逐渐向后推进，这种现象叫温度波的相位延迟。或者说温度波出现最高温度的时间向后推迟。即：

$$\phi_e < \phi_{ef} < \phi_x < \phi_{if}$$

温度波在传递过程中出现的衰减和延迟现象，是由于在平壁升温和降温的过程中，材料的热容作用和热量传递中材料层的热阻作用造成的。

（五）简谐热作用下材料和围护结构的热特性指标

1. 材料的蓄热系数 S

材料的蓄热系数：当某一均质半无限大物体一侧受到简谐热作用时，迎波面（受到热作用的一侧表面）上接受的热流振幅与该表面温度波动的振幅比。它是表示半无限大物体在简谐热作用下，直接受到热作用的一侧表面，对谐波热作用敏感程度的一个特性指标。在同样的周期性热作用下，材料的蓄热系数越大，表面温度波动越小，反之波动越大。

$$S = \frac{A_q}{A_\theta} = \sqrt{\frac{2\pi\lambda c\rho}{3.6T}} \tag{10-36}$$

式中 A_q——表面热流的振幅，℃；

A_θ——表面温度波的振幅，℃；

λ——材料的导热系数，W/(m·K)；

c——材料的比热容，kJ/(kg·K)；

ρ——材料的密度，kg/m³；

T——温度波动周期（h），一般取 $T=24$h。

各种材料的蓄热系数可查《热工规范》的"常用建筑材料热物理性能计算参数"表（见《热工规范》附录 B.1）。

2. 材料层的热惰性指标 D

材料层的热惰性指标是表示具有一定厚度的材料层受到波动热作用后，背波面上温度波动剧烈程度的一个指标，它表明了材料层抵抗温度波动的能力；该指标为无量纲。

根据围护结构对室内热稳定性的影响，习惯上将热惰性指标 $D \geqslant 2.5$ 的围护结构称为重质围护结构；$D<2.5$ 的称为轻质围护结构。

(1) 均质材料层的热惰性指标 D

1) 单层结构

$$D = R \cdot S \tag{10-37}$$

式中 R——材料层的热阻，(m²·K)/W；

S——材料层的蓄热系数，W/(m²·K)。

2) 多层结构

由多层材料构成的围护结构的热惰性指标为各层材料热惰性指标之和，即：
$$D = D_1 + D_2 + \cdots + D_n = R_1 \cdot S_1 + R_2 \cdot S_2 + \cdots + R_n \cdot S_n \tag{10-38}$$
封闭空气层的热惰性指标应为零。

（2）非均质复合围护结构的热惰性指标 $\overline{D}$
$$\overline{D} = \frac{D_1 A_1 + D_2 A_2 + \cdots + D_n A_n}{A_1 + A_2 + \cdots + A_n} \tag{10-39}$$

式中　$A_1, A_2 \cdots A_n$——平行于热流方向的各块平壁的面积，m^2；

　　　$D_1, D_2 \cdots D_n$——平行于热流方向的各块平壁的热惰性指标。

3. 材料层表面的蓄热系数

对有限厚度的单层或多层平壁，当材料层受到周期波动的热作用时，其表面的温度波动，不仅与本层材料的蓄热系数有关，还与边界条件有关，即在沿着温度波前进的方向，其后与该材料层接触的另一种材料的热阻、蓄热系数或表面的换热系数有关。为此，对有限厚度的材料层，使用材料层表面的蓄热系数表示各材料层界面处热流的振幅与表面温度波的振幅比，从本质上说，材料层表面的蓄热系数的定义与材料的蓄热系数的定义是相同的。即：

$$Y = \frac{A_q}{A_\theta} \tag{10-40}$$

根据温度波前进的方向，材料层表面的蓄热系数分为材料层内、外表面的蓄热系数。

$Y_{m,e}$：材料层外表面的蓄热系数；

$Y_{m,i}$：材料层内表面的蓄热系数。

当某层材料的热惰性指标 $D \geqslant 1$ 时，材料层表面的蓄热系数可近似按该层材料的蓄热系数取值，即 $Y = S$。

（六）围护结构的衰减倍数和延迟时间

1. 围护结构的衰减倍数 ν

围护结构的衰减倍数：室外温度谐波的振幅与由其引起的平壁内表面温度谐波的振幅的比值。应按下式计算：

$$\nu = \frac{\Theta_e}{\Theta_i} \tag{10-41}$$

式中　ν——围护结构的衰减倍数，无量纲；

　　　Θ_e——室外综合温度或空气温度波幅，K；

　　　Θ_i——室外综合温度或空气温度影响下的围护结构内表面温度波幅，K。

2. 围护结构的延迟时间 ξ

围护结构的延迟时间：在室外温度谐波作用下，围护结构内表面出现最高温度值的时间与室外温度谐波最高温度值出现时间的差值。应按下式计算：

$$\xi = \xi_i - \xi_e \tag{10-42}$$

式中　ξ_e——室外综合温度或空气温度达到最大值的时间，h；

　　　ξ_i——室外综合温度或空气温度影响下，围护结构内表面温度达到最大值的时间，h。

围护结构的衰减倍数和延迟时间均应采用围护结构周期传热计算软件计算。

第四节　围护结构的保温设计

《建筑环境通用规范》规定：严寒、寒冷、夏热冬冷及温和 A 区的建筑应进行保温设计。

一、建筑保温综合处理的基本原则

（1）充分利用太阳能。建筑物的总平面布置、平面和立面设计、门窗洞口设置应考虑利用冬季日照。

（2）防止冷风的不利影响。建筑物宜朝向南北或接近朝向南北，避开冬季主导风向。建筑出入口设门斗或热风幕等避风设施。

（3）选择合理的建筑体形和平面形式。建筑平、立面的凹凸不宜过多，控制体形系数以减少外表散热面积。

（4）控制透光外围护结构的面积，有效节约采暖能耗。

（5）围护结构要求进行保温设计。

（6）热桥部位应进行表面结露验算，并应采取保温措施。

（7）使房间具有良好的热特性与合理的供热系统。

二、冬季热工计算参数

1. 室内热工计算参数

温度：采暖房间应取18℃，非采暖房间应取12℃；

相对湿度：一般房间应取30%～60%。

2. 室外热工计算参数

考虑到室内外空气温度实际上存在着不同程度的波动，围护结构的热稳定性对维持室内温度的稳定有十分重要的作用。因此，室外计算温度 t_e 的取值应根据围护结构热惰性指标 D 值的大小按级别进行调整，使得围护结构的保温性能能够达到同等的水平，见表10-6。

冬季室外热工计算温度　　　　　　表10-6

围护结构热稳定性	计算温度（℃）
$6.0 \leqslant D$	$t_e = t_w$
$4.1 \leqslant D < 6.0$	$t_e = 0.6 t_w + 0.4 t_{e \cdot min}$
$1.6 \leqslant D < 4.1$	$t_e = 0.3 t_w + 0.7 t_{e \cdot min}$
$D < 1.6$	$t_e = t_{e \cdot min}$

注：表中的 t_w 和 $t_{e \cdot min}$ 分别为采暖室外计算温度和累年最低日平均温度。

三、围护结构保温设计的依据和目的

围护结构的保温设计按稳定传热的理论进行。外墙、屋顶、门窗、玻璃幕墙、直接接触室外空气的楼板和不采暖楼梯间的隔墙等围护结构应进行保温计算。

冬季保温设计的目的是：

（1）保证人在室内的基本热舒适，避免内表面的冷辐射；

（2）防止围护结构内表面温度过低产生结露；

（3）控制为保持室内温度需要消耗的采暖能耗。

四、非透光围护结构的保温设计

非透光围护结构保温设计的要求主要体现在控制围护结构内表面温度和围护结构的热阻。

《建筑环境通用规范》对非透光围护结构热工性能的要求是围护结构在冬季供暖期间，内表面的温度要高于室内空气的露点温度，这是对围护结构保温设计的最低要求。《热工规范》则在此基础上增加了为满足基本热舒适所需要达到的保温设计要求。

（一）墙体的保温设计

1. 墙体的内表面温度与室内空气温度的温差 Δt_w

对墙体保温的要求首先体现在墙体的内表面与室内空气的温差 Δt_w 不得超过规定的限值，见表 10-7。

墙体的内表面温度与室内空气温度温差的限值　　　　表 10-7

房间设计要求	防结露	基本热舒适
允许温差 Δt_w (K)	$\leqslant t_i - t_d$	$\leqslant 3$

注：$\Delta t_w = t_i - \theta_{i \cdot w}$。

未考虑密度和温差修正的墙体内表面温度可按下式计算：

$$\theta_{i \cdot w} = t_i - \frac{R_i}{R_{0 \cdot w}}(t_i - t_e) \tag{10-43}$$

式中　$\theta_{i \cdot w}$——墙体内表面温度，℃；

t_i——室内计算温度，℃；

t_e——室外计算温度，℃；

R_i——内表面换热阻，$(m^2 \cdot K)/W$；

$R_{0 \cdot w}$——墙体传热阻，$(m^2 \cdot K)/W$。

2. 墙体热阻最小值 $R_{min \cdot w}$

（1）墙体热阻最小值 $R_{min \cdot w}$ 的计算

$$R_{min \cdot w} = \frac{(t_i - t_e)}{\Delta t_w} R_i - (R_i + R_e) \tag{10-44}$$

式中　$R_{min \cdot w}$——满足 Δt_w 要求的墙体热阻最小值，$(m^2 \cdot K)/W$。

墙体热阻最小值 $R_{min \cdot w}$ 还可按《热工规范》附录 D 表 D.1 的规定选用。

（2）不同材料和建筑不同部位的墙体热阻最小值的修正

当围护结构使用轻质材料时，考虑到围护结构对热稳定性的要求，需要进行热阻最小值的密度修正。当围护结构的外表面不直接与室外空气接触时，需要进行热阻最小值的温差修正。修正后的墙体热阻最小值 R_w 为：

$$R_w = \varepsilon_1 \varepsilon_2 R_{min \cdot w} \tag{10-45}$$

式中　ε_1——热阻最小值的密度修正系数，按表 10-8 选用；

ε_2——热阻最小值的温差修正系数，按表 10-9 选用。

热阻最小值的密度修正系数 ε_1　　　　表 10-8

密度 (kg/m³)	$\rho \geqslant 1200$	$1200 > \rho \geqslant 800$	$800 > \rho \geqslant 500$	$500 > \rho$
修正系数 ε_1	1.0	1.2	1.3	1.4

注：ρ 为围护结构的密度。

热阻最小值的温差修正系数 ε_2		表 10-9
部 位	修正系数 ε_2
与室外空气直接接触的围护结构	1.0
与有外窗的不采暖房间相邻的围护结构	0.8
与无外窗的不采暖房间相邻的围护结构	0.5

在确定密度修正系数 ε_1 时，对于专设保温层的围护结构，应按扣除保温层后的构造计算其密度；对于自保温体系，应按围护结构的实际构造计算密度。

当围护结构构造中的空气间层完全位于墙体（屋面）材料层一侧时，应按扣除空气间层后的构造计算围护结构的密度；否则应按实际构造计算密度。

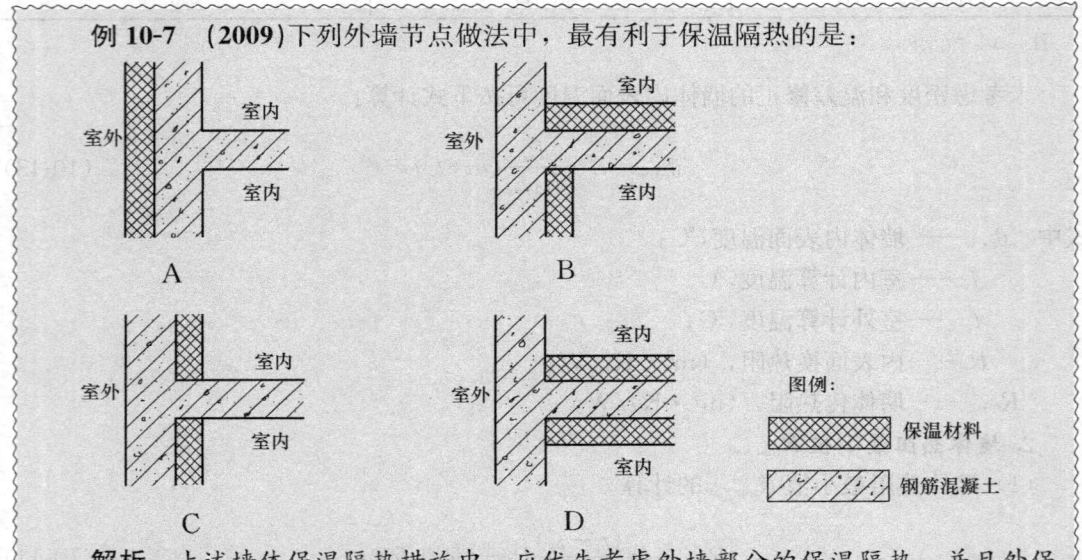

例 10-7　（2009）下列外墙节点做法中，最有利于保温隔热的是：

解析：上述墙体保温隔热措施中，应优先考虑外墙部分的保温隔热，并且外保温的效果优于内保温，由于方案 A 对全部外墙部分都进行了保温，因此效果最佳。

答案：A

（二）楼、屋面的保温设计

楼、屋面的保温设计参数与计算公式和墙体雷同。

1. 楼、屋面的内表面温度与室内空气温度的温差 Δt_r

楼、屋面的内表面温度与室内空气温度的温差 Δt_r 不得超过规定的限值，见表 10-10。

楼、屋面的内表面温度与室内空气温度温差的限值		表 10-10
房间设计要求	防结露	基本热舒适
允许温差 Δt_r (K)	$\leqslant t_i - t_d$	$\leqslant 4$

注：$\Delta t_r = t_i - \theta_{i \cdot r}$。

未考虑密度和温差修正的楼、屋面内表面温度可按下式计算：

$$\theta_{i \cdot r} = t_i - \frac{R_i}{R_{0 \cdot r}}(t_i - t_e) \tag{10-46}$$

式中 $\theta_{i \cdot r}$——楼、屋面内表面温度，℃；

$R_{0 \cdot r}$——楼、屋面传热阻，$(m^2 \cdot K)/W$。

2. 楼、屋面热阻最小值 $R_{min \cdot r}$

（1）楼、屋面热阻最小值 $R_{min \cdot r}$ 可按下式计算：

$$R_{min \cdot r} = \frac{(t_i - t_e)}{\Delta t_r} R_i - (R_i + R_e) \tag{10-47}$$

式中 $R_{min \cdot r}$——满足 Δt_r 要求的楼、屋面热阻最小值，$(m^2 \cdot K)/W$。

楼、屋面热阻最小值 $R_{min \cdot r}$ 也可按《热工规范》附录 D 表 D.1 的规定选用。

（2）不同材料和建筑不同部位的楼、屋面热阻最小值的修正

修正后的楼、屋面热阻最小值 R_r 为：

$$R_r = \varepsilon_1 \varepsilon_2 R_{min \cdot r} \tag{10-48}$$

式中修正系数 ε_1 和 ε_2 的定义和取值与墙体相同。

3. 屋面保温材料的选择

（1）屋面保温材料应选择密度小、导热系数小的材料。

（2）屋面保温材料应严格控制吸水率。

（三）绝热材料

1. 绝热材料

绝热材料是指导热系数 $\lambda < 0.25 W/(m \cdot K)$ 且能用于绝热工程的材料。

2. 影响材料导热系数的因素

（1）密度。一般情况下，密度越大，导热系数也越大，但某些材料存在着最佳密度的界限，在最佳密度下，该材料的导热系数最小。

（2）湿度。绝热材料的湿度增大，导热系数也随之增大，因此，湿度对绝热材料导热系数的影响在建筑热工设计中必须引起充分注意。

（3）温度。绝热材料的导热系数随温度的升高而增大。一般在高温或负低温的情况下才考虑其影响。

（4）热流方向。对各向异性材料（如木材、玻璃纤维），平行于热流方向时，导热系数较大；垂直于热流方向时，导热系数较小。

其中，对导热系数影响最大的因素是材料的密度和湿度。

3. 绝热材料的选择

选择保温材料时，不仅需要考虑材料的热物理性能，还应该了解材料的强度、耐久性、耐火性、耐侵蚀性，以及使用保温材料时的构造方案、施工工艺、材料的来源和经济指标等。

（四）非透光围护结构保温构造方案

1. 常用的构造方案

（1）单设保温层。

（2）使用封闭的空气间层或带铝箔的封闭空气间层。

（3）保温层与承重层合二为一。

（4）复合构造。

2. 保温层位置的设置

（1）内保温：保温层在承重层内侧。
（2）中间保温：保温层在承重层中间。
（3）外保温：保温层在承重层外侧。

保温层的位置的正确与否对结构及房间的使用质量、结构造价、施工和维持费用都有重大影响，必须予以足够的重视。

外保温方案的优点：

1) 保护主体结构，降低温度应力起伏，提高结构的耐久性；
2) 对结构及房间的热稳定性有利；
3) 对防止和减少保温层内部产生水蒸气凝结有利；
4) 减少热桥处的热损失，防止热桥内表面结露；
5) 有利于旧房的节能改造。

注意，外保温方案的一些优点是有前提的。例如，只有规模不太大的建筑（如住宅）外保温能够提高结构及房间的热稳定性，而在建筑内部有大量热容量的结构（隔墙、柱）和参与调节的设备时，外保温的蓄热作用就不太明显了。

五、透光围护结构的保温设计

（一）透光围护结构的保温设计

透光围护结构（门窗、幕墙、采光顶等）因构造特点导致其传热系数大，其热损失在建筑物的总热损失中所占比重甚大，因此，透光围护结构的保温格外重要。

1. 对外门窗、幕墙、采光顶传热系数的要求

对热环境有要求的房间，其外门窗、幕墙、采光顶的传热系数宜符合表 10-11 的规定。

建筑外门窗、透光幕墙、采光顶传热系数的限值和抗结露验算要求　　　表 10-11

气候区	K [W/(m² · K)]	抗结露验算要求
严寒 A 区	≤2.0	验算
严寒 B 区	≤2.2	验算
严寒 C 区	≤2.5	验算
寒冷 A 区	≤3.0	验算
寒冷 B 区	≤3.0	验算
夏热冬冷 A 区	≤3.5	验算
夏热冬冷 B 区	≤4.0	不验算
夏热冬暖地区	—	不验算
温和 A 区	≤3.5	验算
温和 B 区	—	不验算

例 10-8　（2021）根据《民用建筑热工设计规范》GB 50176—2016，要求对外门窗、透明幕墙、采光顶进行冬季抗结露验算的是：

A　夏热冬冷 A 区　　　　　　　　　　B　温和 B 区
C　夏热冬冷 B 区　　　　　　　　　　D　夏热冬暖

解析:《民用建筑热工设计规范》GB 50176—2016 中第 5.3.1 条要求,各热工气候区建筑内对热环境有要求的房间,其外门窗、透光幕墙、采光顶的传热系数宜符合表 5.3.1 的规定,并应按表 5.3.1 的要求进行冬季的抗结露验算。根据表 5.3.1,夏热冬冷 A 区要求进行抗结露验算,温和 B 区、夏热冬冷 B 区和夏热冬暖地区不需要进行抗结露验算。

答案:A

2. 门窗、幕墙的传热系数 K

(1) 门窗、幕墙的传热系数的计算

门窗、幕墙的传热系数由构成它的各个部件(如框、面板中部及面板边缘区域)决定,既要考虑构成它的面板的传热系数和面积、面板边缘的线传热系数和边缘长度,也要考虑边框的传热系数和边框面积。按下式计算:

$$K = \frac{\sum K_{gc}A_g + \sum K_{pc}A_p + \sum K_f A_f + \sum \psi_g l_g + \sum \psi_p l_p}{\sum A_g + \sum A_p + \sum A_f} \quad (10\text{-}49)$$

式中 K——幕墙单元、门窗的传热系数 $W/(m^2 \cdot K)$;

A_g——透光面板面积,m^2;

l_g——透光面板边缘长度,m;

K_{gc}——透光面板中心的传热系数,$W/(m^2 \cdot K)$;

ψ_g——透光面板边缘的线传热系数,$W/(m \cdot K)$;

A_p——非透光面板面积,m^2;

l_p——非透光面板边缘长度,m;

K_{pc}——非透光面板中心的传热系数,$W/(m^2 \cdot K)$;

ψ_p——非透光面板边缘的线传热系数,$W/(m \cdot K)$;

A_f——框面积,m^2;

K_f——框的传热系数,$W/(m^2 \cdot K)$。

(2) 典型玻璃、配合不同窗框的整窗传热系数

采用典型玻璃、配合不同窗框,在典型窗框面积比的情况下,整窗传热系数见《热工规范》表 C.5.3-1、表 C.5.3-2。如 3mm 透明玻璃、塑料窗框(框面积 25%)的整窗传热系数为 $5.0[W/(m^2 \cdot K)]$。

3. 门窗、幕墙的保温措施

(1) 控制透光结构的面积

从保温设计的角度而言,在保证天然采光的情况下,外窗、透光幕墙、采光顶等透光外围护结构的面积不宜过大。透光结构面积的减少有利于降低采暖能耗。建筑节能设计标准对各朝向的窗墙面积比都有所规定。

(2) 提高门窗的气密性

门窗的气密性等级不应低于国家标准《建筑外门窗气密、水密、抗风压性能分级及检测方法》GB/T 7106—2008 及相应的建筑节能设计标准规定的等级(表 10-12)。

居住及公共建筑外门窗气密性等级要求　　　　　表10-12

建筑类别	地区	建筑层数	部位	气密性等级
居住	严寒	—	外窗及敞开式阳台门	6
	寒冷	1~6	外窗及敞开式阳台门	4
		≥7	外窗及敞开式阳台门	6
	夏热冬冷	1~6	外窗及敞开式阳台门	4
		≥7	外窗及敞开式阳台门	6
	夏热冬暖	1~9	外窗	4
		≥10	外窗	6
公共	—	<10	外窗	6
		≥10	外窗	7
	严寒、寒冷	—	外门	4

(3) 提高窗框的保温性能

可将窗框的薄壁实腹型材改为空心型材，利于内部形成空气间层，提高保温能力；或者使用塑料或其他导热系数小的材料提高保温能力。如采用木窗、塑料窗、铝木复合门窗、铝塑复合门窗、钢塑复合门窗和断桥铝合金门窗等保温性能好的门窗。

(4) 改善玻璃的保温能力

使用多层玻璃窗，即利用增加玻璃层数形成的空气间层，加大透光部分的保温能力。如严寒地区建筑宜采用双层窗。

有保温要求的门窗、玻璃幕墙、采光顶采用的玻璃系统应为中空玻璃、Low-E中空玻璃、充惰性气体Low-E中空玻璃等保温性能良好的玻璃。

(5) 加强玻璃幕墙的保温能力

玻璃幕墙应采用有断热构造的玻璃幕墙系统；非透光的玻璃幕墙部分、金属幕墙、石材幕墙和其他人造板材幕墙等幕墙面板背后应采用高效保温材料保温。

(6) 保证连接部位的保温和密封

门窗、透光幕墙、采光顶周边与墙体、屋面板或其他围护结构连接处应采取保温、密封构造；当采用非防潮型保温材料填塞时，缝隙应采用密封材料或密封胶密封。

(7) 外门保温

应尽可能选择保温性能好的保温门。外门的经常开启必然会增加进入室内的冷风渗透，因此要求外门的密闭性较好。设置门斗或热风幕等避风设施可有效减少冷风渗透。

(8) 使用保温窗帘

(二) 门窗、幕墙的抗结露验算

抗结露验算的依据是在冬季计算参数下，门窗、幕墙型材和玻璃内表面温度是否低于露点温度。

要求门窗或幕墙的各个部件（如框、面板中部及面板边缘区域）超过90%的面积的内表面温度应满足下式要求：

$$t_i - \frac{t_i - t_e}{R \cdot \alpha_i} \geqslant t_d \tag{10-50}$$

式中 R——门窗、幕墙框或面板的热阻，$(m^2 \cdot K)/W$；

α_i——门窗、幕墙框或面板内表面换热系数，$W/(m^2 \cdot K)$；

t_i——室内计算温度，℃；

t_e——室外计算温度，℃；

t_d——室内露点温度，℃。

注意，式中门窗幕墙内表面换热系数 α_i 应按现行行业标准《建筑门窗玻璃幕墙热工计算规程》JGJ/T 151 的规定通过计算确定。

六、地面的保温设计

1. 地面保温设计要求

要求建筑中与土体接触的地面内表面温度与室内空气温度的温差 Δt_g 应符合表 10-13 的规定。

地面的内表面温度与室内空气温度温差的限值 表 10-13

房间设计要求	防结露	基本热舒适
允许温差 Δt_g（K）	$\leqslant t_i - t_d$	$\leqslant 2$

注：$\Delta t_g = t_i - \theta_{i \cdot g}$。

地面内表面温度可按下式计算：

$$\theta_{i \cdot g} = \frac{t_i \cdot R_g + \theta_e \cdot R_i}{R_g + R_i} \tag{10-51}$$

式中 $\theta_{i \cdot g}$——地面内表面温度，℃；

R_g——地面热阻，$(m^2 \cdot K)/W$；

θ_e——地面层与土体接触面的温度，℃，应取最冷月平均温度。

2. 地面层热阻最小值 $R_{min \cdot g}$

地面层热阻的计算只包括地面的结构层、保温层和面层，其热阻最小值 $R_{min \cdot g}$ 可按下式计算或按《热工规范》附录 D 表 D.2 的规定选用。

$$R_{min \cdot g} = \frac{(\theta_{i \cdot g} - \theta_e)}{\Delta t_g} R_i \tag{10-52}$$

式中 $R_{min \cdot g}$——满足 Δt_g 要求的地面热阻最小值，$(m^2 \cdot K)/W$。

3. 地面层保温的合理处理

（1）根据地面传热的特点，地板周边的保温性能应该比中间好。

（2）地面保温材料应选用吸水率小、抗压强度高、不易变形的材料。

七、地下室的保温设计

1. 地下室保温设计要求

（1）距地面小于 0.5m 的地下室外墙保温设计要求同外墙。

（2）距地面超过 0.5m、与土体接触的地下室外墙内表面温度与室内空气温度的温差

Δt_b 应符合表 10-14 的规定。

地下室外墙的内表面温度与室内空气温度温差的限值　　　表 10-14

房间设计要求	防结露	基本热舒适
允许温差 Δt_b (K)	$\leqslant t_i - t_d$	$\leqslant 4$

注：$\Delta t_b = t_i - \theta_{i \cdot b}$。

地下室外墙内表面温度 $\theta_{i \cdot b}$ 可参照计算地面内表面温度 $\theta_{i \cdot g}$ 的公式进行计算（只需将公式中的 R_g 替换为地下室外墙热阻 R_b 即可）。

2. 地下室外墙热阻最小值 $R_{min \cdot b}$

同理，地下室外墙热阻最小值 $R_{min \cdot b}$ 可参照计算地面热阻最小值 $R_{min \cdot g}$ 的公式进行计算（只需将公式中的 R_g 替换为地下室外墙热阻 R_b 即可）。地下室外墙热阻只计入结构层、保温层和面层。

八、传热异常部位的保温设计

(一) 热桥的保温

在围护结构中有保温性能远低于平壁部分的嵌入部件，如嵌入墙体的混凝土或金属梁、柱、屋面板中的混凝土肋、装配式建筑中的板材接缝以及墙角、屋面檐口、墙体勒脚、楼板与外墙、内隔墙与外墙连接处等部位。这些构件热阻小，热流密集，热损失比相同面积平壁部分的热损失大得多，导致其内表面温度比平壁部分低，在建筑热工中，将这些热流强度显著增大的部位称为"热桥"。

建筑外围护结构中常见的各种结构性热桥见图 10-8。

1. 热桥保温的要求

《热工规范》强制要求对热桥部位进行保温验算，要求围护结构热桥部位的内表面温度不低于室内空气的露点温度，避免围护结构内表面霉变，保证室内健康的卫生环境和围护结构的耐久性（热桥的防潮设计详见第五节）。

热桥的表面温度可采用《热工规范》配套光盘中提供的二维稳态传热计算软件计算。

例 10-9 (2006) 外墙某局部如图 10-12 所示，比较内表面温度 θ_1 和 θ_2，下列答案哪一个是正确的？

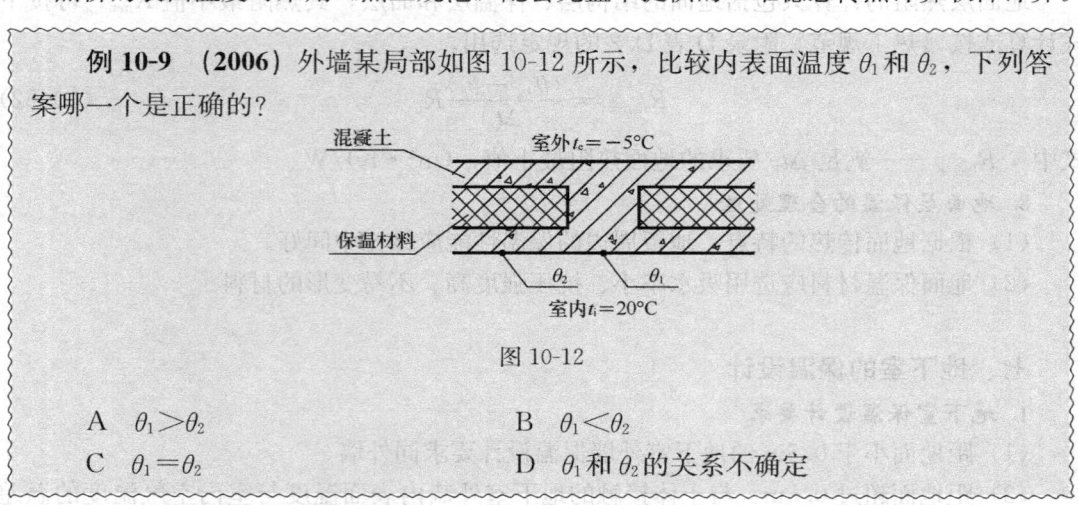

图 10-12

A　$\theta_1 > \theta_2$　　　　　　　　　　B　$\theta_1 < \theta_2$
C　$\theta_1 = \theta_2$　　　　　　　　　　D　θ_1 和 θ_2 的关系不确定

> **解析**：热桥为围护结构中保温性能远低于主体部分的嵌入构件，如砖墙中的钢筋混凝土圈梁、门窗过梁、槽型屋面板等。热桥的热阻比围护结构主体部分的热阻小，热量容易通过热桥传递。热桥内表面失去的热量多，使得内表面温度低于室内主体表面其他部分的温度，而热桥外表面由于传到的热量比主体部分多，因此温度高于主体部分外表面的温度。
>
> **答案**：B

2. 类型

热桥的类型分为贯通式［图 10-13(a)］与非贯通式［图 10-13(b)］两种，热桥的宽度为 a，主体结构部分的厚度为 δ。

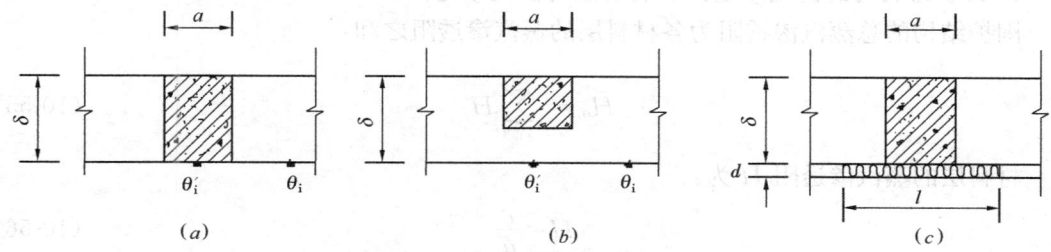

图 10-13 热桥的类型和保温处理
(a) 贯通式；(b) 非贯通式；(c) 热桥的保温处理

3. 热桥的保温处理

从建筑保温的要求来看，贯通式热桥是最不利于保温的。对于非贯通式热桥，在构造设计时，应该尽量将其设置在靠近室外的一侧。

当热桥内表面温度低于室内空气露点温度时，则应作保温处理。

(1) 保温层厚度 d［图 10-13 (c)］

$$d=(R_0-R'_0)\cdot\lambda \tag{10-53}$$

式中 λ——保温材料的导热系数，W/(m·K)。

(2) 保温层长度 l［图 10-13 (c)］

当 $a<\delta$ 时，$l\geqslant 1.5\delta$；

当 $a>\delta$ 时，$l\geqslant 2.0\delta$。

（二）转角保温

外墙转角低温影响带的长度为墙厚 δ 的 (1.5～2.0) 倍，若其内表面温度低于室内露点温度，则应作附加保温层处理。附加保温层的长度 l 如下：

(1) 二维墙角：$l=(1.5～2.0)\delta$。

(2) 三维墙角：$l=(2.0～3.0)\delta$。

第五节 外围护结构的防潮设计

一、围护结构的蒸汽渗透

1. 蒸汽渗透

当材料内部存在水蒸气分压力差时，以气态扩散方式进行的水分迁移称为蒸汽渗透。

如果外围护结构的两侧存在水蒸气分压力差,水蒸气就会从压力高的一侧通过围护结构向压力低的一侧渗透。

2. 蒸汽渗透强度

蒸汽渗透强度:在单位时间内通过单位截面积的蒸汽量,单位为 $g/(m^2 \cdot h)$。

在稳定传湿条件下,通过围护结构的蒸汽渗透强度为:

$$w = \frac{P_i - P_e}{H_0} \tag{10-54}$$

式中 H_0——围护结构的总蒸汽渗透阻,$m^2 \cdot h \cdot Pa/g$;

P_i、P_e——室内外空气的水蒸气分压力,Pa。

3. 围护结构的总蒸汽渗透阻和材料层的蒸汽渗透阻

围护结构的总蒸汽渗透阻为各材料层的蒸汽渗透阻之和:

$$H_0 = \sum_{j=1}^{n} H_j \tag{10-55}$$

材料层的蒸汽渗透阻 H 为:

$$H = \frac{\delta}{\mu} \tag{10-56}$$

式中 μ——材料的蒸汽渗透系数,$g/(m \cdot h \cdot Pa)$;

δ——材料层的厚度,m;

n——材料的层数。

材料的蒸汽渗透系数表明材料的透气能力,与材料的密实程度有关,常见建筑材料的蒸汽渗透系数可查《热工规范》得知。

4. 多层平壁材料层内水蒸气分压力的分布

在稳定传湿条件下,多层平壁材料层内水蒸气分压力的分布与稳定传热时材料层内的温度分布雷同,即同一材料层内,水蒸气分压力分布为直线;在多层材料构成的平壁内,水蒸气分压力分布是一条折线。

二、非透光围护结构热桥部位的防潮设计

《建筑环境通用规范》对非透光围护结构热桥部位的防潮设计给出了强制性规定。

1. 热桥部位表面结露的验算

供暖建筑非透光围护结构中的热桥部位应进行表面结露验算。

(1) 验算的前提

冬季室外计算温度低于 0.9℃。

(2) 验算的规定

1) 室内空气的相对湿度应取 60%;

2) 根据热桥部位确定采用二维或三维传热计算;

3) 距离较小的热桥应合并计算。

2. 对热桥部位表面温度的要求

《建筑环境通用规范》的防潮设计要求,热桥部位内表面的温度不得低于室内空气的

露点温度。当热桥部位内表面的温度低于室内空气的露点温度时，应采取保温措施，提高热桥部位内表面的温度，并再次验算，直至达到要求为止。

三、外围护结构内部冷凝的检验

外侧有卷材或其他密闭防水层的平屋顶结构，以及保温层外侧有密实保护层的多层墙体结构，当内侧结构层为加气混凝土和砖等多孔材料时，应进行内部冷凝受潮验算。

1. 判别依据

只要围护结构内部某处的水蒸气分压力 P 大于该处温度对应的饱和蒸汽压 P_s，该处就会出现冷凝。

2. 判别步骤

（1）计算围护结构内部水蒸气分压力并绘制水蒸气分压力 P 分布曲线：

1）由已知条件 t_i、t_e、φ_i、φ_e 求出围护结构两侧的水蒸气分压力 P_i、P_e；

2）用公式计算各界面的水蒸气分压力 P_m；

3）按比例画出围护结构内部水蒸气分压力分布曲线。

（2）由已知条件 t_i、t_e、d_i、λ_i 求出围护结构各材料界面的温度 θ_m。

（3）由各界面温度 θ_m 查出各界面对应的饱和蒸汽压并绘制饱和蒸汽压 P_s 分布曲线。

（4）判断围护结构内是否产生冷凝，P 分布曲线与 P_s 分布曲线相交，内部会出现冷凝；否则，内部不出现冷凝（图 10-14）。

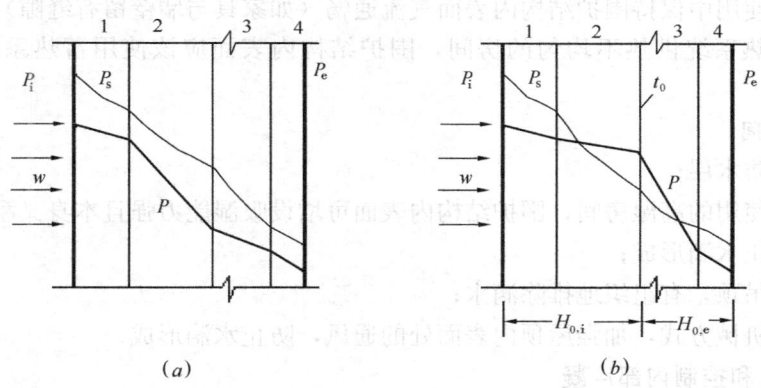

图 10-14　围护结构内部冷凝的检验
（a）内部不出现冷凝；（b）内部出现冷凝

3. 冷凝界面的确定

围护结构内部出现冷凝，通常都是材料的蒸汽渗透系数出现由大变小的界面且界面温度比较低的情况。通常把最容易出现冷凝，而且冷凝最严重的界面称为冷凝界面。冷凝界面一般出现在沿蒸汽渗透的方向绝热材料和其后密实材料的交界面处。

冷凝界面的温度用 t_c 表示，冷凝界面的饱和蒸汽压用 $P_{s,c}$ 表示。

4. 冷凝计算界面内侧所需的蒸汽渗透阻

当围护结构内部产生冷凝时，需要计算界面内侧所需的蒸汽渗透阻（最小蒸汽渗透阻）：

$$H_{0.i} = \frac{P_i + P_{s.c}}{\dfrac{10\rho_0 \delta_i [\Delta w]}{24Z} + \dfrac{P_{s.c} - P_e}{H_{0.e}}} \tag{10-57}$$

式中 $H_{0.i}$——冷凝计算界面内侧所需的蒸汽渗透阻，$m^2 \cdot h \cdot Pa/g$；

$H_{0.e}$——冷凝计算界面至围护结构外表面之间的蒸汽渗透阻，$m^2 \cdot h \cdot Pa/g$；

ρ_0——保温材料的干密度，kg/m^3；

δ_i——保温材料厚度，m；

$[\Delta w]$——保温材料因内部冷凝受潮而增加的重量湿度的允许增量（%），可查《建筑环境通用规范》的表4.4.3取值；

Z——供暖期天数；

$P_{s.c}$——冷凝计算界面处与界面温度 θ_c 对应的饱和水蒸气分压，Pa。

当所设计的围护结构冷凝界面内侧的蒸汽渗透阻小于冷凝计算界面内侧所需的蒸汽渗透阻时，保温材料因内部冷凝受潮而增加的重量湿度将超过规范的规定。

四、防止和控制冷凝的措施

（一）防止和控制表面冷凝

1. 正常房间

（1）保证围护结构满足保温设计的要求；

（2）房间使用中保持围护结构内表面气流通畅（如家具与墙壁留有缝隙）；

（3）对供热系统供热不均匀的房间，围护结构内表面应该使用蓄热系数大的材料建造。

2. 高湿房间

（1）设置防水层；

（2）间歇使用的高湿房间，围护结构内表面可增设吸湿能力强且本身又耐潮湿的饰面层或涂层，防止水滴形成；

（3）增设吊顶，有组织地排除滴水；

（4）使用机械方式，加强屋顶内表面处的通风，防止水滴形成。

（二）防止和控制内部冷凝

1. 正确布置围护结构内部材料层次

在水蒸气渗透的通路上尽量符合"进难出易"的原则。

2. 设置隔汽层

（1）设置隔汽层的条件

必须同时满足以下两个条件时才需要设置隔汽层。

条件1：围护结构内部产生冷凝；

条件2：冷凝界面内侧所需要的蒸汽渗透阻小于冷凝计算界面内侧所需的蒸汽渗透阻（或者由冷凝引起的保温材料重量湿度增量 Δw 大于采暖期间保温材料重量湿度的允许增量 $[\Delta w]$）。

（2）隔汽层的位置

隔汽层的位置应布置在蒸汽流入的一侧。对采暖房间，应布置在保温层的内侧；对冷库建筑应布置在隔热层的外侧。

3. 设置通风间层或泄气沟道

在保温层外设置通风间层或泄气沟道,可将渗透的水蒸气借助流动的空气及时排除,并且对保温层有风干作用。

4. 冷侧设置密闭空气层

在保温层外侧设置密闭空气层,可使处于较高温度侧的保温层经常干燥。

例 10-10 (2007) 墙体构造如图 10-15 所示,为防止保温层受潮,隔汽层应设在何处?

A 界面 1   B 界面 2
C 界面 3   D 界面 4

解析:隔汽层的作用是阻挡水蒸气进入保温层以防止其受潮,因此,隔汽层应设在沿蒸汽流入的一侧、进入保温层之前的材料层交界面上。如图所示,水蒸气渗透的方向为从室内流向室外,所以,隔汽层应设在石膏板与保温层的界面 1 处。

答案:A

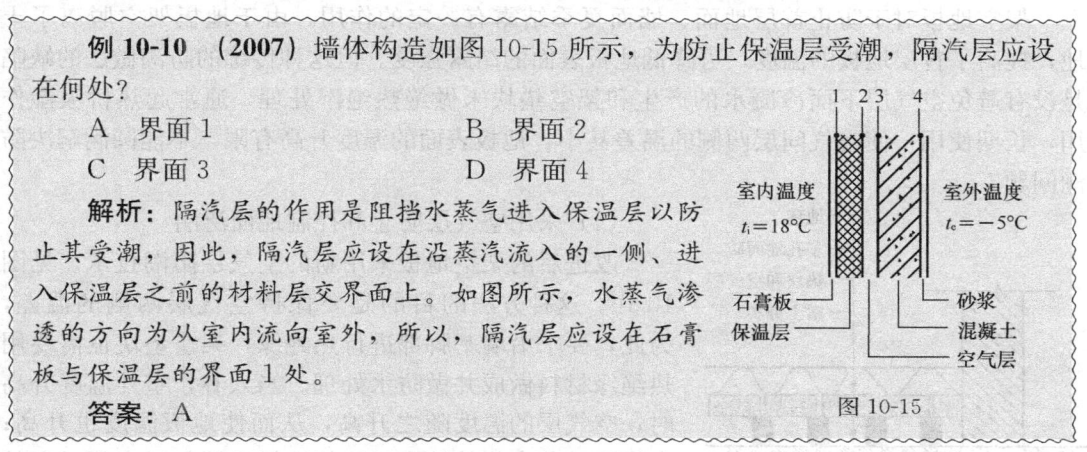

图 10-15

五、夏季结露与防止措施

在我国南方的广大湿热地区,一到梅雨时节或久雨初晴之际,在一般自然通风的建筑物内普遍产生夏季结露,典型的现象如墙面泛潮、地面流水,这使得室内环境潮湿不堪、物品发霉变质,甚至造成房屋结构的损害(如木地板霉烂、表面装修变形和内饰面层脱落),严重影响室内环境的质量和人们的身体健康。因此,防止夏季结露也是建筑防潮不可忽视的重要问题。

1. 夏季结露的原因

夏季结露是建筑中的一种大强度的"差迟凝结"现象。当春末室外空气温度和湿度骤然增加,有的甚至接近饱和时,建筑物中物体表面的温度却因为本身热容量的影响而上升缓慢,以致物体表面温度滞后,在一段时间之内低于室外空气的露点温度,当高温高湿的室外空气进入室内并流经这些低温表面时,必然会在物体表面产生结露,形成大量的冷凝水。

2. 防止夏季结露的措施

尽量提高室内物体的表面温度、控制室外空气与物体表面的接触将是最有效的途径。从建筑构造设计、材料的选取和建筑的使用管理等方面采取措施,都可以适当解决或缓解夏季结露的问题。主要措施有:

(1) 采用蓄热系数小的材料作表面材料

蓄热系数小的材料,其热惰性小,当室外空气温度升高时,材料表面温度也随之紧跟着上升,这样就减少了材料表面与空气之间的温度差,从而减少了表面结露的机会。如木地板、三合土地面和地毯等材料均具有这样的特性。

(2) 采用多孔吸湿材料作地板的表面材料

利用多孔材料对水分具有吸附冷凝原理和呼吸作用，当其表面产生暂时冷凝时，它将吸收水分，表面不会形成明显的水珠，从而延缓和减小夏季结露的强度；而当室内空气干燥时，水分会自动从此饰面材料中蒸发出来，调节室内空气的湿度。例如，陶土防潮砖、防潮缸砖和大阶砖就具有这种呼吸防结露功能。

(3) 架空层防止结露

架空地板对于防止首层地面、墙面夏季结露有一定的作用。由于地板架空脱离了土地，提高了首层地板的温度，可降低地板表面的结露强度。但这种传统的防潮做法的缺陷是没有避免空气层下面冷凝水的产生和架空垫块未做绝热绝湿处理，通常起热桥吸湿作用，长期使用，使空气间层两侧的温差甚小，地板表面的温度升高有限，不能圆满解决防潮问题。

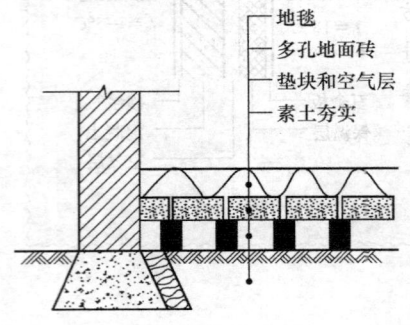

图 10-16 空气层防结露地板构造

(4) 采用空气层防止和控制地面泛潮

改进后的架空地板采用新的空气层防潮技术，见图 10-16。这种方法的目的是要保持空气层两侧的温差，为此，要求沿墙基脚部进行热绝缘，架空垫块也需要用热绝缘材料做成并做防水处理。当入春，室外温度升高时，空气层的温度随之升高，从而使地板温度也升高；在梅雨季节来临前就有可能使地板面层的温度超过室外空气的露点温度，达到防止地面泛潮的目的。

(5) 利用建筑构造控制结露

在建筑上要尽可能争取日照，提高室内与地面的温度，利于水分的蒸发。要求安装便于调节开启的门窗，方便进行间歇通风。还可设置半截腰门和高门槛，使室内空气在接近地面处保持一定的厚度，让流入的室外湿空气浮于其上，避免与地面接触，从而起到控制泛潮的作用。

(6) 建筑的使用管理要利于防潮

注意建筑日常使用的管理。白天当室外温、湿度骤升时，应尽量关闭门窗，限制通风；在夜间，室外气温降低以后，应打开门窗通风。这种做法有降温、减湿的作用。

第六节 建 筑 日 照

一、日照的作用与建筑对日照的要求

(一) 日照

(1) 日照：物体表面被太阳照射的现象。

(2) 日照时数：太阳照射的时数。

(3) 日照百分率：

$$日照百分率 = \frac{实际日照时数}{同一时间内最大可照时数} \times 100\% \tag{10-58}$$

（二）日照的作用
1. 有利的作用
（1）有益于人体健康。
日照可促进生物的新陈代谢，阳光中的紫外线能够预防和治疗一些疾病。建筑物内争取适当的日照有重大的卫生意义。
（2）太阳辐射能提高室内的温度，有良好的取暖和干燥作用。
（3）日照能增强建筑物的立体感。

2. 不利的作用
（1）过量的日照造成夏季炎热地区室内过热；
（2）直射阳光容易产生眩光，损害视力；
（3）直射阳光对物品有褪色、变质作用。

（三）建筑对日照的要求
建筑对日照的要求需要根据建筑的使用性质确定。主要考虑日照的时间、日照的面积和变化范围。

二、日照的基本原理

（一）地球围绕太阳运行的规律
（1）地球围绕太阳进行公转，公转一周的时间为一年；
（2）地球沿固定的轨道平面（黄道面）进行公转；
（3）地球公转时，地轴与黄道面固定成 $66°33'$ 的夹角。
上述规律使得太阳光线直射地球的范围在南北纬 $23°27'$ 之间作周期性变动，从而形成一年四季的交替。

（二）太阳赤纬角
（1）赤纬角
太阳光线与赤道面的夹角，用 δ 表示，单位为度。
（2）对太阳赤纬角规定
太阳光线直射地球赤道时：$\delta=0$；从赤道面起，指向北极：$\delta>0$；从赤道面起，指向南极：$\delta<0$。
（3）太阳赤纬角的变化
地球围绕太阳运行的过程中，不同的季节有不同的太阳赤纬角。太阳赤纬角的变化范围是：$-23°27'\sim23°27'$。从春分、夏至到秋分，太阳赤纬角 $\delta>0$；从秋分、冬至到春分，太阳赤纬角 $\delta<0$。
一般季节的太阳赤纬角可查主要季节太阳赤纬角 δ 值表确定。特殊季节赤纬角 δ 的值如下：
春、秋分：$\delta=0°$；冬至日：$\delta=-23°27'$；夏至日：$\delta=23°27'$。

（三）时角
（1）时角
太阳所在的时圈与通过当地正南方向的时圈（子午圈）构成的夹角称为时角，用符号 Ω 表示，单位为度。

(2) 对时角的规定

对时角的规定是：

正午：$\Omega=0$；下午：$\Omega>0$；上午：$\Omega<0$。

(3) 时角 Ω 的计算

地球自转一周为一天（24 小时），时角每小时变化 15°。

$$\Omega=15\cdot(T_m-12) \tag{10-59}$$

式中 T_m——地方平均太阳时，h。

（四）地方平均太阳时与标准时

日照计算使用的时间均为地方平均太阳时，而日常钟表所指示的时间为标准时，两者之间需要换算。

标准时是各个国家根据所处的地理位置和范围，划定所有地区的时间以某一中心子午线的时间为标准的时间。格林尼治天文台所在经度为零经度线（本初子午线），由此分别向东、西各分为 180°，称为东经和西经；每 15°划分为一个时区，每个时区中心子午线的时间即为该时区的标准时。我国是以东 8 区的中心子午线（东经 120°）为依据作为北京时间的标准。

地方平均太阳时和标准时的近似换算关系为：

$$T_0=T_m+4(L_0-L_m) \tag{10-60}$$

式中 L_m——地方时间子午圈所处的经度，单位为度；

L_0——标准时间子午圈所处的经度，单位为度；

$4(L_0-L_m)$——时差，单位为分。

（五）太阳位置的确定

1. 太阳高度角 h_s

(1) 太阳高度角：太阳光线和地平面的夹角，单位为度。

(2) 太阳高度角的计算：

$$\sin h_s=\sin\varphi\cdot\sin\delta+\cos\varphi\cdot\cos\delta\cdot\cos\Omega \tag{10-61}$$

式中 φ——当地纬度，单位为度；

δ——当天太阳赤纬角 δ，单位为度；

Ω——时角，单位为度。

(3) 特殊时刻的太阳高度角

日出、日没时：太阳高度角 h_s 为 0；

正午时：太阳高度角最大。

2. 太阳方位角 A_s

(1) 太阳方位角：太阳光线在地平面上的投影线与地平面正南方向所夹的角，单位为度。规定：

正南方向 $A_s=0$；

从正南方向顺时针（下午）$A_s>0$；

从正南方向逆时针（上午）$A_s<0$。

(2) 太阳方位角的计算：

$$\cos A_s = \frac{\sin\varphi \cdot \sin h_s - \sin\delta}{\cos\varphi \cdot \cos h_s} \quad (10\text{-}62)$$

三、棒影图的原理及应用

1. 棒影图的原理（图 10-17）

影的长度 L 和影的方位角 A_s 为：

$$L = H \cdot \cot h_s \quad (10\text{-}63)$$

$$A'_s = A_s + 180° \quad (10\text{-}64)$$

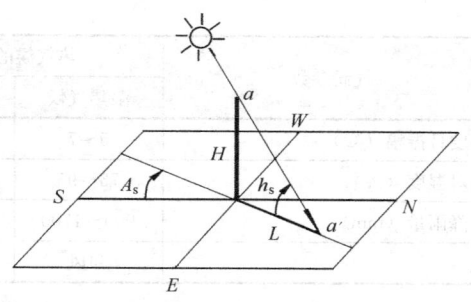

图 10-17 棒影图的原理

式中　H——棒高，m；
　　　A_s——太阳的方位角，deg。

2. 棒影图的应用

（1）确定建筑物的阴影区；
（2）确定室内的日照区；
（3）确定建筑物的日照时间；
（4）确定适宜的建筑间距和朝向；
（5）确定遮阳尺寸。

例 10-11　（2021） 北京地区住宅日照标准为：

A　冬至日 1h　　　　　　B　冬至日 2h
C　大寒日 2h　　　　　　D　大寒日 3h

解析： 在《城市居住区规划设计标准》GB 50180—2018 中，根据表 4.0.9 住宅建筑日照标准的规定，北京属于气候区Ⅱ，城区常住人口超过 50 万，住宅日照标准应为大寒日 2h。

答案：　C

第七节　建筑防热设计

《建筑环境通用规范》要求，夏热冬暖、夏热冬冷及寒冷 B 区的建筑应进行防热设计。

一、热气候的类型及其特征

热气候的类型分为湿热气候和干热气候。热气候的特征见表 10-15。

热气候的类型及特征　　　　表 10-15

气候参数	热气候的类型		共同特征	不同特征
	湿热气候	干热气候		
水平最高太阳辐射强度（W/m²）	930~1045		太阳辐射强	
日最高温度（℃）	34~39	38~40 以上	气温高且持续时间长	

续表

气候参数	热气候的类型		共同特征	不同特征
	湿热气候	干热气候		
温度日振幅（℃）	5～7	7～10	温度日相差不太大	
相对湿度（%）	75～95	10～55		相对湿度相差大
年降雨量（mm）	900～1700	<250		降雨量相差大
风	和风	热风		风的特征不同

二、室内过热的原因和防热的途径

（一）室内过热的原因

（1）在室外太阳辐射和高气温的作用下，通过外围护结构传入室内大量的热量导致围护结构内表面和室内空气温度升高。

（2）通过窗口进入的太阳辐射。

（3）周围地面和房屋将太阳辐射反射到建筑的墙面和窗口。

（4）不适当自然通风带入室内的热量。

（5）室内生产、生活产生的热量。

（二）防热的途径

1. 减弱室外热作用

减弱室外热作用的主要方法如合理确定建筑物的朝向，减少日晒面积；在建筑物的周围进行大量绿化，布置水面，改善建筑物周围的小气候；使用浅色处理围护结构的外表面，降低综合温度等。

2. 对外围护结构进行隔热和散热处理

对屋顶和外墙进行隔热和散热处理，减少通过外围护结构传入室内的热量。

3. 建筑遮阳

为外窗（透光幕墙）设置遮阳，阻挡直射阳光进入室内，减少对人体的辐射和室内墙面、地面及家具对辐射的吸收。

4. 合理组织房间的自然通风

组织好室内的自然通风，排除室内余热。特别是夜间的间歇通风有利于降低室温。

5. 利用自然能

利用自然能主要包括建筑外表面的长波辐射、夜间对流、被动蒸发冷却、地冷空调、太阳能降温等防用结合的措施。

三、夏季热工计算参数

1. 室内热工计算参数

（1）非空调房间：空气温度平均值应取室外空气温度平均值+1.5K（$\bar{t}_i = \bar{t}_e + 1.5$），并将其逐时化。温度波幅应取室外空气温度波幅-1.5K，并将其逐时化。

（2）空调房间：空气温度应取26℃。

（3）相对湿度应取60%。

2. 室外热工计算参数

（1）夏季室外计算温度逐时值：历年最高日平均温度中的最大值所在日的室外温度逐时值。

（2）夏季各朝向室外太阳辐射逐时值：与温度逐时值同一天的各朝向太阳辐射逐时值。

四、非透光围护结构的隔热设计

夏季，围护结构的隔热设计采用一维非稳态方法计算，并应按房间的运行工况确定相应的边界条件。

（一）室外综合温度

夏季，在外围护结构一侧除了室外空气的热作用外，另一个不可忽略的热作用是照射在该表面的太阳辐射；室外综合温度是将这两者对外围护结构的作用综合而成的一个假想的室外气象参数，单位为 K 或℃。其定义式为：

$$t_{se} = t_e + \frac{I \cdot \rho_s}{\alpha_e} \tag{10-65}$$

式中 t_{se}——室外综合温度，℃；

t_e——室外空气温度，℃；

I——投射到围护结构外表面的太阳辐射照度，W/m²；

ρ_s——围护结构外表面的太阳辐射吸收系数，无量纲；

α_e——外表面换热系数，W/(m²·K)。

需要注意的是，室外综合温度也是周期性变化的。它不仅和气象参数（室外气温、太阳辐射）有关，而且还与外围护结构的朝向和外表面材料的性质有关。

例 10-12 （2005）关于夏季防热设计要考虑的"室外综合温度"，以下哪个说法是正确的？

A 一栋建筑只有一个室外综合温度

B 屋顶和四面外墙分别有各自的室外综合温度

C 屋顶一个，四面外墙一个，共有两个室外综合温度

D 屋顶一个，东西墙一个，南北墙一个，共有三个室外综合温度

解析：根据室外综合温度的定义，它与室外温度、所在朝向的太阳辐射照度，以及外饰面材料的太阳辐射吸收率有关。由于同一时刻屋顶和四面外墙上所受到的太阳辐射照度不同，使得屋顶和四面外墙的室外综合温度都不相同；因此，屋顶和四面外墙分别有各自的室外综合温度。

答案：B

（二）非透光围护结构隔热设计要求

在室外气温和太阳辐射的综合热作用下，外围护结构的内表面温度也随之呈现周期性变化。内表面温度太高，易造成室内过热，影响人体健康；因此，围护结构内表面温度成为衡量围护结构隔热水平的重要指标。

《建筑环境通用规范》要求，在给定两侧空气温度及变化规律的情况下，外墙和屋面内表面最高温度应符合表10-16的规定。

外墙和屋面内表面最高温度限值　　　　　表10-16

房间类型	自然通风房间	空调房间	
		重质围护结构（$D \geqslant 2.5$）	轻质围护结构（$D < 2.5$）
外墙内表面最高温度 $\theta_{i,max}$	$\leqslant t_{e,max}$	$\leqslant t_i + 2$	$\leqslant t_i + 3$
屋面内表面最高温度 $\theta_{i,max}$	$\leqslant t_{e,max}$	$\leqslant t_i + 2.5$	$\leqslant t_i + 3.5$

注：$t_{e,max}$表示室外逐时空气温度最高值；t_i表示室内空气温度。

非透光围护结构内表面温度的计算应符合下列规定：

(1) 应采用一维非稳态方法进行计算，并应按房间的运行工况确定相应的边界条件；

(2) 计算模型应选取外墙、屋面的平壁部分；

(3) 当外墙、屋面采用2种以上不同构造，且各部分面积相当时，应对每种构造分别进行计算，内表面温度的计算结果应取最高值。

(三) 非透光围护结构的隔热措施

1. 隔热侧重次序

根据外围护结构一侧综合温度的大小，外围护结构隔热的侧重点依次为屋顶、西墙、东墙、南墙和北墙。

2. 外墙隔热主要措施

(1) 外饰面做浅色处理，如浅色粉刷、涂层和面砖等。

(2) 提高围护结构的热惰性指标D值。

(3) 可采用通风墙、干挂通风幕墙等。

(4) 设置封闭空气间层时，可在空气间层平行墙面的两个表面涂刷热反射涂料、贴热反射膜或铝箔。当采用单面热反射隔热措施时，热反射隔热层应设置在空气温度较高一侧。

(5) 采用复合墙体构造时，墙体外侧宜采用轻质材料，内侧宜采用重质材料，以便提高围护结构的热稳定性。

(6) 墙体可做垂直绿化处理以遮挡阳光，或者采用淋水被动蒸发墙面加强散热。

(7) 西向墙体可采用高蓄热材料与低热传导材料组合的复合墙体构造。

3. 屋面隔热主要措施

(1) 屋面外表面做浅色处理。

(2) 增加屋面的热阻与热惰性。

如用实体隔热材料层和封闭空气间层增加屋面的热阻与热惰性，减少屋面传热和温度波动的振幅。可采用有热反射材料层（热反射涂料、热反射膜、铝箔等）的空气间层隔热屋面。单面设热反射材料，应设在温度较高的一侧。

(3) 采用通风隔热屋面。

利用屋面内部通风及时带走白天上面传入的热量，有利于隔热；夜间利用屋面风道通风也可起散热降温作用。阁楼屋面也属于通风屋面。

通风屋面的设计要注意利用朝向形成空气流动的动力，通风屋面的风道长度不宜大于

10m，通风间层高度应大于0.3m，间层内表面不宜过分粗糙（以便降低空气流动阻力），并应组织好气流的进、出路线。

采用带通风空气层的金属夹芯隔热屋面时，空气层厚度不宜小于0.1m。

屋面基层应做保温隔热层，檐口处宜采用导风构造，通风平屋面风道口与女儿墙的距离不应小于0.6m。

（4）采用蓄水屋面。

利用水的热容量大且水在蒸发时需要吸收大量的汽化热，从而大量减少传入室内的热量，降低屋面表面温度，达到隔热的目的。水深宜为0.15～0.2m，水面宜有浮生植物或白色漂浮物。

（5）采用种植屋面。

植物可遮挡强烈的阳光，减少屋顶对太阳辐射的吸收；植物的光合作用将转化热能为生物能；植物叶面的蒸腾作用可增加蒸发散热量；种植植物的基质材料（如土壤）还可增加屋顶的热阻与热惰性。

种植屋面的保温隔热层应选用密度小、压缩强度大、导热系数小、吸水率低的保温隔热材料。

（6）采用淋水被动蒸发屋面。

（7）采用带老虎窗的通气阁楼坡屋面。

五、建筑遮阳

建筑遮阳指在建筑门窗洞口室外侧，与门窗洞口一体化设计的遮挡太阳辐射的构件。"建筑遮阳"也常被称为"建筑外遮阳"，或简称为"外遮阳"。

（一）遮阳的目的与要求

遮阳的目的是遮挡直射阳光，减少进入室内的太阳辐射，防止过热；避免眩光和防止物品受到阳光照射产生变质、褪色和损坏。

遮阳设计除了满足遮阳的要求外，还要兼顾与建筑立面协调、采光、通风、防雨、不阻挡视线等需求，并做到构造简单且经济耐用。

（二）遮阳的效果

使用遮阳可降低室温、防止眩光，但降低室内照度53%～73%，影响通风，风速下降22%～47%。

（三）遮阳系数

遮阳系数表示遮阳设施减少透光围护结构部件太阳辐射的程度。

1. 建筑遮阳系数 SC_s

在照射时间内，同一窗口（或透光围护结构部件外表面）在有建筑外遮阳和没有建筑外遮阳两种情况下，接收到的两个不同太阳辐射量的比值。

2. 透光围护结构遮阳系数 SC_w

在照射时间内，透过透光围护结构部件（如：窗户）直接进入室内的太阳辐射量与透光围护结构外表面接收到的太阳辐射量的比值。

3. 内遮阳系数 SC_c

在照射时间内，透射过内遮阳的太阳辐射量和内遮阳接收到的太阳辐射量的比值。

4. 综合遮阳系数 SC_T

建筑遮阳系数和透光围护结构遮阳系数的乘积。

"综合遮阳系数"表示了组成窗口（或透光围护结构）各构件的综合遮阳效果，包括各种建筑遮阳、窗框、玻璃对太阳辐射的综合遮挡作用。因此，它是防热设计的一个重要指标。

遮阳系数越小，遮阳效果越好；遮阳系数越大，遮阳效果越差。

（四）遮阳的基本形式

(1) 水平式：适合 h_s 大，从窗口上方来的太阳辐射（南向）。

(2) 垂直式：适合 h_s 较小，从窗口侧方来的太阳辐射（东北、西北）。

(3) 组合式：适合 h_s 中等，窗前斜方来的太阳辐射（东南、西南）。

(4) 挡板式：适合 h_s 较小，正射窗口的太阳辐射（东、西）。

遮阳形式的选择主要根据气候特点和朝向来考虑，注意利用绿化或结合建筑构件的处理来解决遮阳问题。

> **例 10-13** （2010）指出下述哪类固定式外遮阳的设置符合"在太阳高度角较大时，能有效遮挡从窗口上方投射下来的直射阳光，宜布置在北回归线以北地区南向及接近南向的窗口"的要求？
> A 水平式遮阳　　　　　　B 垂直式遮阳
> C 横百叶挡板式遮阳　　　D 竖百叶挡板式外遮阳
> **解析：** 根据太阳高度角和方位角判断进入窗口的太阳光线，水平式遮阳主要适用于遮挡太阳高度角大、从窗口上方来的阳光，而在北回归线以北地区南向及接近南向的窗口正属于此种情况，因此宜选择水平式固定外遮阳。
> **答案：** A

（五）遮阳的类型

1. 固定遮阳

通常与建筑本身融为一体，如利用外挑遮阳板遮阳或阳台、走廊、雨篷等建筑构件的遮阳作用，设计时应进行夏季太阳直射轨迹分析，确定固定遮阳的形式和安装位置。

2. 活动遮阳

是固定在窗口并可根据需求，自由控制工作状况的遮阳设施。外置式如遮阳卷帘、活动百叶遮阳、遮阳篷、遮阳纱幕等；内置式如百叶窗帘、垂直窗帘、卷帘等；中置式遮阳的设施通常位于双层玻璃的中间，和窗框及玻璃组合成为整扇窗户。

建筑门窗洞口的遮阳宜优先选用活动式建筑遮阳。活动遮阳宜设置在室外侧，有利于遮阳构件的散热。

（六）遮阳板的构造设计

1. 遮阳的板面组合与板面构造

在满足遮挡直设阳光的前提下，可使用不同的板面组合以减小遮阳板的挑出长度。遮阳板的板面构造可以是实心的、百叶形或蜂窝形。为了便于热空气的散逸，减少对通风、采光、视野的影响，后两种构造比较适宜。

2. 遮阳板的安装位置

遮阳板的安装位置对防热和通风影响很大。遮阳板应离开墙面一定距离安装，以使热空气能够沿墙面排走；并注意板面应能减少挡风，最好能起导风作用。

3. 板面的材料和颜色

遮阳板的材料以轻质材料为宜，要求坚固耐用。遮阳板的向阳面应浅色发亮，以加强表面对阳光的反射；背阳面应较暗、无光泽，以避免产生眩光。

六、透光围护结构的隔热设计

（一）透光围护结构隔热要求

夏季通过透光围护结构进入室内的太阳辐射热导致室内过热，构成夏季室内空调的主要负荷。为减少室内太阳辐射得热，透光围护结构自身的太阳得热系数与夏季建筑遮阳系数的乘积宜小于表10-17规定的限值。

透光围护结构太阳得热系数与夏季建筑遮阳系数乘积的限值　　表10-17

气候区	朝　向			
	南	北	东、西	水平
寒冷B区	—	—	0.55	0.45
夏热冬冷A区	0.55	—	0.50	0.40
夏热冬冷B区	0.50	—	0.45	0.35
夏热冬暖A区	0.50	—	0.40	0.30
夏热冬暖B区	0.45	0.55	0.40	0.30

对于非透光的建筑幕墙，应在幕墙面板的背后设置保温材料，保温材料层的热阻应满足墙体的保温要求，且不应小于1.0 [(m²·K)/W]。

（二）透光围护结构太阳得热系数（SHGC）

透光围护结构太阳得热系数（SHGC）为门窗、幕墙自身的太阳得热系数与建筑遮阳系数的乘积。应按下列公式计算：

$$SHGC = SHGC_c \cdot SC_s \quad (10\text{-}66)$$

$$SHGC_c = \frac{\sum g \cdot A_g + \sum \rho_s \cdot \dfrac{K}{\alpha_c} \cdot A_f}{A_w} \quad (10\text{-}67)$$

式中　$SHGC_c$——门窗、幕墙自身的太阳得热系数，无量纲；

　　　SC_s——建筑遮阳系数，无建筑遮阳时取1，无量纲；

　　　g——门窗、幕墙中透光部分的太阳辐射总透射比，无量纲；

　　　ρ_s——门窗、幕墙中非透光部分的太阳辐射吸收系数，无量纲；

　　　K——门窗、幕墙中非透光部分的传热系数，W/(m²·K)；

　　　α_c——外表面对流换热系数，W/(m²·K)；夏季取16W/(m²·K)，冬季取20W/(m²·K)；

　　　A_g——门窗、幕墙中透光部分的面积，m²；

　　　A_f——门窗、幕墙中非透光部分的面积，m²；

A_w——门窗、幕墙的面积,m^2。

> **例 10-14** (2007)《公共建筑节能设计标准》GB 50189 限制外墙上透明部分不应超过该外墙总面积的 70%,其主要原因是:
> A 玻璃幕墙存在光污染问题
> B 玻璃幕墙散热大
> C 夏季透过玻璃幕墙进入室内的太阳辐射非常大
> D 玻璃幕墙造价高
> **解析**:外墙上透明部分(包括窗户和玻璃幕墙)由于其本身的功能和构造特点,窗户和玻璃幕墙的传热系数很高,例如,单玻铝合金窗的传热系数为 $6.4W/m^2$,双玻铝合金中空窗(16mm)的传热系数为 $3.6W/m^2$,都是墙体的数倍,这使得外墙上透明部分成为最容易传热的部分。据有关统计,通过窗户损失的热量约占建筑能耗的 46%;因此,在保证建筑自然采光的前提下,控制窗墙比是减少冬季采暖和夏季空调能耗的最有效手段。
> **答案**:B

(三)建筑遮阳系数的计算

1. 水平遮阳和垂直遮阳的建筑遮阳系数

$$SC_s = (I_D \cdot X_D + 0.5 I_d \cdot X_d)/I_0 \tag{10-68}$$

$$I_0 = I_D + 0.5 I_d \tag{10-69}$$

式中 SC_s——建筑遮阳的遮阳系数,无量纲;
  I_D——门窗洞口朝向的太阳直射辐射,W/m^2;
  X_D——遮阳构件的直射辐射透射比,无量纲,应按《热工规范》附录 C 第 C.8 节的规定计算;
  I_d——水平面的太阳散射辐射,W/m^2;
  X_d——遮阳构件的散射辐射透射比,无量纲,应按《热工规范》附录 C 第 C.9 节的规定计算;
  I_0——门窗洞口朝向的太阳总辐射,W/m^2。

计算遮阳构件的直射辐射透射比需要具备以下条件:
(1) 太阳位置:太阳高度角和太阳方位角;
(2) 门窗洞口的朝向和尺寸:壁面方位角、窗口高度和宽度;
(3) 遮阳板的挑出长度和倾斜角。

2. 组合遮阳系数

应为同时刻的水平遮阳与垂直遮阳建筑遮阳系数的乘积。

3. 挡板遮阳的建筑遮阳系数

$$SC_s = 1 - (1-\eta)(1-\eta^*) \tag{10-70}$$

式中 η——挡板的轮廓透光比,无量纲,应为门窗洞口面积扣除挡板轮廓在门窗洞口上的阴影面积后的剩余面积与门窗洞口面积的比值;

η^*——挡板材料的透射比,无量纲,应按《热工规范》表 9.1.3 的规定确定。

4. 百叶遮阳的建筑遮阳系数

$$SC_s = E_\tau / I_0 \tag{10-71}$$

式中 E_τ——通过百叶系统后的太阳辐射,W/m²,应按《热工规范》附录 C 第 C.10 节的规定计算。

(四)透光围护结构隔热措施

(1)建筑设计应综合考虑外廊、阳台、挑檐等的遮阳作用。

(2)建筑物的向阳面,东、西向外窗(透光幕墙),应采取有效的遮阳措施,如设置固定式遮阳板和活动外遮阳。

(3)房间天窗和采光顶应设置建筑遮阳;并宜采取通风和淋水或喷雾装置,排除天窗顶部的热空气,降低天窗和采光顶的温度。

(4)利用玻璃自身的遮阳性能,阻断部分阳光进入室内。遮阳性能好的玻璃常见的有吸热玻璃、热反射玻璃、低辐射玻璃,如着色玻璃、遮阳型单片 Low-E 玻璃、着色中空玻璃、热反射中空玻璃、遮阳型 Low-E 中空玻璃等。

七、自然通风的组织

(一)影响自然通风的因素

1. 空气压力差

造成空气压力差的主要原因是:

(1)风压:风作用在建筑面上产生的压力差。

(2)热压:室内外空气温差所导致的空气密度差和开口高度差产生的压力差。

2. 风向投射角

风向投射角 α:风向投射线与墙面法线的夹角。风向投射角越小,对房间的自然通风越有利。但需要注意,风向投射角小时,由于屋后的漩涡区较大,对多排建筑就需要很大的间距。从保证自然通风和节地的角度综合考虑,风向和建筑物应有一定的风向投射角。表 10-18 表示了风向投射角对流场的影响,其中 H 为建筑物的高度。

风向投射角对流场的影响 表 10-18

风向投射角 α	屋后漩涡区深度	室内风速降低值(%)
0°	3.75H	0
30°	3H	13
45°	1.5H	30
60°	1.5H	50

例 10-15 (2009)某办公建筑内设通风道进行自然通风,下列哪项不是影响其热压自然通风效果的因素?

A 出风口高度 B 外墙的开窗率
C 通风道面积 D 风压大小

> 解析：影响热压的因素是室内外空气温差和进、出口之间的高度差，与风压无关。
> 答案：D

（二）自然通风的要求

（1）民用建筑应优先采用自然通风。

（2）建筑的平、立、剖面设计，空间组织和门窗洞口的设置应充分考虑为自然通风创造条件，有利于引风入室、组织合理的通风路径。

（3）室内受平面布局限制无法形成通风路径时，宜设置辅助通风装置。

（4）室内的管路、设备等不应妨碍建筑的自然通风。

（三）自然通风的组织

1. 建筑设计

（1）朝向

首先要争取房间的自然通风。建筑宜朝向夏季、过渡季节主导风向。建筑朝向与主导风向的夹角：条形建筑不宜大于30°，点式建筑宜为30°～60°。

建筑朝向的确定还需综合考虑防止太阳辐射和防止暴风雨袭击。

（2）间距及建筑群的布局

建筑之间不宜相互遮挡。一方面根据风向投射角确定合理的间距，另一方面通过选择建筑群的布局以达到减小间距的目的。建筑群的平面布局形式有行列式（其中又分为并列式、错列式和斜列式）、周边式和自由式；从通风效果来看，错列式、斜列式较并列式、周边式为好。

在主导风向上游的建筑底层宜架空。

（3）进深

仅用自然通风的居住建筑，户型进深不应超过12m；

公共建筑进深不宜超过40m，进深超过40m时应设置通风中庭或天井。

（4）立面

对单侧通风，迎风面体形凹凸变化对通风效果有影响。凹口较深及内折的平面形式更有利于单侧通风。可以增强迎风面上建筑构件体形的凹凸变化，或设置凹阳台以达到增强自然通风的效果。

2. 室内通风路径的组织

通风开口包括可开启的外窗和玻璃幕墙、外门、外围护结构上的洞口。通风开口面积越大，越有利于自然通风。

（1）开口方向

进风口的洞口平面与主导风向间的夹角不应小于45°，否则宜设置引风装置。

采用单侧通风时，通风窗与夏季或过渡季节典型风向之间的夹角应为45°～60°。

（2）开口位置

开口位置将决定室内流场分布。开口位置设在中央，气流直通对流场，分布均匀有利；当开口偏在一侧时，容易使气流偏移，导致部分区域有涡流现象，甚至无风。

合理设置进、排风口的位置，充分利用空气的风压和热压，利用室内开敞空间、走道、室内房间的门窗、多层的共享空间或者中庭，组织室内通风路径，并使室内通风路径布置均匀。理想的结果是在建筑内形成穿堂风。

人流密度大或发热量大的场所布置在主通风路径上游，反之布置在下游。

（3）开口面积

开口面积的大小既对室内流场分布的大小有影响，同时也对室内空气流速有影响。开口面积大时，流场分布大，气流速度较小；缩小开口面积，流速增加，但流场分布缩小。

只要控制排风口、通风路径的面积不小于进风口面积，就可以将所需最小风量的通风风速控制在合理范围之内，以确保通风效果。

（4）设置简单的辅助通风装置

当出现通风"短路"或"断路"的情况，可在房间中的关键节点设置简单的辅助通风装置。如在通风路径的进、出口处设置风机，在隔墙、内门上设置通风百叶等，改变气流方向，调整气流分布。

（5）设置竖向风道

对有些进深很大的建筑（如大型商场、高层建筑的裙房），需要设置竖向风道以增加风压的作用。建筑的中庭、天井均是良好的自然通风竖向风道，在空间上应与外窗、外门以及主要功能空间相连通，并应在上部设置启闭方便的排风窗（口）。

3. 门窗装置

门窗装置对室内通风影响很大，窗扇的开启角度是否合适可起到导风或挡风的作用。增大开启角度，可改善通风效果。

4. 电扇调风

利用房间设置的吊扇、壁扇、摆扇等，可以调节室内风场分布，增加室内空气流速，提高人体的热舒适感，并有效节约空调能耗。

5. 利用绿化改变气流状况

室外成片的绿化能对室外气流起阻挡和导流作用。合理的绿化布置可以改变建筑周围的流场分布，引导气流进入室内。

八、自然能源利用与防热降温

1. 太阳能降温

使用太阳能空调，但目前尚未普及。或者将用于热水和供暖的太阳能集热器置于屋顶或阳台护栏上，遮挡部分屋面和外墙，起到间接降温的目的。

2. 夜间通风——对流降温

全天持续自然通风并不能达到降温目的。而改用间歇通风，即白天（特别是午后）关闭门窗、限制通风，可避免热空气进入，遏制室内温度上升，减少蓄热；夜间则开窗，利用自然通风或小型通风扇（效果更佳），让室外相对干、冷的空气穿越室内，可达到散热降温的效果。

3. 地冷空调

夏季，地下温度总是低于室外气温。可在地下埋入管道，让室外空气流经地下管道降温后再送入室内的冷风降温系统，既降低室温，又节约能源。

4. 被动蒸发降温

利用水的汽化潜热大的特点，在建筑物的外表面喷水、淋水、蓄水，或用多孔含湿材料保持表面潮湿，使水蒸发而获得自然冷却的效果。

5. 长波辐射降温

夜间建筑外表面通过长波辐射向天空散热，采取措施可强化降温效果。如白天使用反射系数大的材料覆盖层以减少太阳的短波辐射，夜间收起，或者使用选择性材料涂刷外表面。

第八节 建 筑 节 能

节约能源和保护生态环境是我国的基本国策，是建设节约型社会的根本要求。从1986年起，根据建筑节能的需求，住房和城乡建设部先后颁布实施了《严寒和寒冷地区居住建筑节能设计标准》JGJ 26、《夏热冬冷地区居住建筑节能设计标准》JGJ 134、《夏热冬暖地区居住建筑节能设计标准》JGJ 75 和《温和地区居住建筑节能设计标准》JGJ 475，以及适用于各地区的《公共建筑节能设计标准》GB 50189 和《工业建筑节能设计统一标准》GB 51245，以后陆续对这些标准进行补充和修订。2022年又制定实施了《建筑节能与可再生能源利用通用规范》。这些规范与标准成为建筑节能设计的重要依据，对建筑节能的进行具有科学的指导意义。

一、《建筑节能与可再生能源利用通用规范》

《建筑节能与可再生能源利用通用规范》GB 55015—2021（简称《建筑节能通用规范》）是为执行国家有关节约能源、保护生态环境、应对气候变化等政策，降低建筑碳排放，推动可再生能源利用，营造良好的建筑室内环境而制定。规范要求建筑节能以保证生活和生产所必需的室内环境参数和使用功能为前提，遵循被动节能措施优先的原则。应充分利用天然采光、自然通风，改善围护结构保温隔热性能，提高建筑设备及系统的能源利用效率，降低建筑能耗。同时，充分利用可再生能源，降低建筑化石能耗。

《建筑节能通用规范》从新建建筑节能、既有建筑节能和可再生能源三个方面明确了系统的设计、施工、验收及运行管理的强制性指标和基本要求。本节仅介绍建筑热工设计和建筑节能设计的相关内容。

需要注意的是，《建筑节能通用规范》将已执行的四个居住建筑节能设计标准和公共建筑节能设计标准中的强制性条文集中收入，经过合理地重新组织，在修订了某些条文的规定和指标后制定了通用标准，是所有建筑节能设计必须共同遵守的强制性标准，原各标准中与之相对应的条文均废止。

（一）基本规定

1. 能耗水平

新建居住建筑和公共建筑平均设计能耗水平应在 2016 年执行的节能设计标准的基础上分别降低 30% 和 20%。不同气候区平均节能率应符合下列规定：

（1）严寒地区和寒冷地区居住建筑平均节能率应为 75%；

（2）其他气候区居住建筑平均节能率应为 65%；

(3) 公共建筑平均节能率应为72%。

2. 新建建筑平均能耗指标

标准工况下，各类气候区的新建居住建筑平均能耗指标应按表10-19确定。

各类新建居住建筑平均能耗指标　　　　　　　　　　　　　表10-19

热工区划		供暖耗热量 [MJ/(m²·a)]	供暖耗电量 [kWh/(m²·a)]	供冷耗电量 [kWh/(m²·a)]
严寒	A区	223	—	—
	B区	178	—	—
	C区	138	—	—
寒冷	A区	82	—	—
	B区	67	—	7.1
夏热冬冷	A区	—	6.9	10.0
	B区	—	3.3	12.5
夏热冬暖	A区	—	2.2	11.1
	B区	—	—	23.0
温和	A区	—	1.1	—
	B区	—	—	—

注：标准工况为按《建筑节能通用规范》附录C规定的运行工况和计算方法进行模拟计算的工况。

新建公共建筑供暖、供冷与照明平均能耗指标应符合表10-20的规定。

各类新建公共建筑供暖、供冷与照明平均能耗指标 [kWh/(m²·a)]　　表10-20

热工区划		建筑面积<20000m²的办公建筑	建筑面积≥20000m²的办公建筑	建筑面积<20000m²的旅馆建筑	建筑面积≥20000m²的旅馆建筑	商业建筑	医院建筑	学校建筑
严寒	A、B区	59	59	87	87	118	181	32
	C区	50	53	81	74	95	164	29
寒冷地区		39	50	75	68	95	158	28
夏热冬冷地区		36	53	78	70	106	142	28
夏热冬暖地区		34	58	95	94	148	146	31
温和地区		25	40	55	60	70	90	25

注：标准工况为按《建筑节能通用规范》附录C规定的运行工况和计算方法进行模拟计算的工况。

3. 总体规划

新建建筑群及建筑的总体规划应为可再生能源利用创造条件，冬季应有利于增加日照和降低冷风对建筑的不利影响，夏季应增强自然通风和减轻热岛效应。

（二）建筑和围护结构设计

1. 新建居住建筑

（1）体形系数

体形系数的大小对建筑能耗的影响非常明显。从建筑节能的角度来说，建筑物的平面、立面不应出现过多的凹凸，体形系数越小，单位建筑面积对应的外表面积越小，通过外围护结构的传热损失越小。但是，体形系数过小，势必制约建筑师的创造性，影响建筑的外观、平面布局、采光通风等，需要权衡利弊，统筹考虑。

《建筑节能通用规范》要求居住建筑体形系数应符合表10-21的规定。如不能满足要求需要进行热工性能的权衡判断。

居住建筑体形系数限值　　　　　　　　　　　　表10-21

热工区划	建筑层数	
	≤3层	>3层
严寒地区	≤0.55	≤0.30
寒冷地区	≤0.57	≤0.33
夏热冬冷A区	≤0.60	≤0.40
温和A区	≤0.60	≤0.45

（2）窗墙面积比

各个朝向的窗墙面积比是指不同朝向外墙面上的窗、阳台门的透明部分的总面积与所在朝向建筑的外墙面的总面积（包括该朝向上的窗、阳台门的透明部分的总面积）之比。

由于窗户本身的功能和构造特点，它的传热系数往往数倍于外墙，窗墙面积比越大，供暖能耗也越大。从降低建筑能耗的角度出发，必须限制窗墙面积比。

居住建筑的窗墙面积比应符合表10-22的规定；其中，每套住宅应允许一个房间在一个朝向上的窗墙面积比不大于0.6。如不能满足要求，需要进行热工性能的权衡判断。

居住建筑的窗墙面积比限值　　　　　　　　　　表10-22

朝向	窗墙面积比				
	严寒地区	寒冷地区	夏热冬冷地区	夏热冬暖地区	温和A区
北	≤0.25	≤0.30	≤0.40	≤0.40	≤0.40
东、西	≤0.30	≤0.35	≤0.35	≤0.30	≤0.35
南	≤0.45	≤0.50	≤0.45	≤0.40	≤0.50

注意，居住建筑窗墙面积比应按建筑开间计算。

（3）屋面天窗与所在房间屋面面积的比值

居住建筑设计的多样化使得居住建筑设置屋面天窗的情况逐渐增多。由于屋面天窗的温差传热大于同等面积的外窗，加上夏季通过天窗进入室内的太阳辐射容易引起室内过热，增加空调负荷，因此标准对天窗提出了比外窗更高的强制性要求。

居住建筑的屋面天窗与所在房间屋面面积的比值应符合表10-23的规定。

居住建筑屋面天窗面积的限值　　　　　　　　　表10-23

屋面天窗面积与所在房间屋面面积的比值				
严寒地区	寒冷地区	夏热冬冷地区	夏热冬暖地区	温和A区
≤10%	≤15%	≤6%	≤4%	≤10%

（4）非透光围护结构的热工性能指标

在严寒地区和寒冷地区，供暖期室内外温差的稳定传热占主要地位，建筑围护结构的热工性能的好坏直接影响居住建筑供暖能耗。但在夏热冬冷地区、夏热冬暖地区，夏季室外的高温和强烈的太阳辐射使建筑的围护结构进行的是室内外周期性不稳定传热，因此，围护结构的热工性能与表征围护结构热稳定性的热惰性指标 D 有关，均影响建筑的供暖能耗和制冷能耗。

各热工设计分区围护结构热工性能参数限值示例分别见表 10-24～表 10-28。全部热工设计分区围护结构热工性能参数限值详见《建筑节能通用规范》的第 3.1.8 条。

注意，外墙和屋顶的传热系数是考虑了热桥影响后计算得到的平均传热系数。平均传热系数的计算应符合《建筑节能通用规范》附录 B.0.2 的规定（《热工规范》的计算方法与之相同）。

如果某些部位非透光围护结构的热工性能不能满足要求，经过调整后需要进行热工性能的权衡判断。

严寒 A 区居住建筑围护结构热工性能参数限值　　　　表 10-24

围护结构部位	传热系数 K [W/(m²·K)]	
	≤3层	>3层
屋面	≤0.15	≤0.15
外墙	≤0.25	≤0.35
架空或外挑楼板	≤0.25	≤0.35
阳台门下部芯板	≤1.20	≤1.20
非供暖地下室顶板（上部为供暖房间时）	≤0.35	≤0.35
分隔供暖与非供暖空间的隔墙、楼板	≤1.20	≤1.20
分隔供暖与非供暖空间的户门	≤1.50	≤1.50
分隔供暖设计温度温差大于 5K 的隔墙、楼板	≤1.50	≤1.50
围护结构部位	保温材料层热阻 R [(m²·K)/W]	
周边地面	≥2.00	≥2.00
地下室外墙（与土壤接触的外墙）	≥2.00	≥2.00

寒冷 A 区居住建筑围护结构热工性能参数限值　　　　表 10-25

围护结构部位	传热系数 K [W/(m²·K)]	
	≤3层	>3层
屋面	≤0.25	≤0.25
外墙	≤0.35	≤0.45
架空或外挑楼板	≤0.35	≤0.45
阳台门下部芯板	≤1.70	≤1.70
非供暖地下室顶板（上部为供暖房间时）	≤0.50	≤0.50
分隔供暖与非供暖空间的隔墙、楼板	≤1.50	≤1.50
分隔供暖与非供暖空间的户门	≤2.00	≤2.00
分隔供暖设计温度温差大于 5K 的隔墙、楼板	≤1.50	≤1.50
围护结构部位	保温材料层热阻 R [(m²·K)/W]	
周边地面	≥1.60	≥1.60
地下室外墙（与土壤接触的外墙）	≥1.80	≥1.80

夏热冬冷 A 区居住建筑围护结构热工性能参数限值　　表 10-26

围护结构部位	传热系数 K [W/(m²·K)]	
	热惰性指标 $D \leqslant 2.5$	热惰性指标 $D > 2.5$
屋面	≤0.40	≤0.40
外墙	≤0.60	≤1.00
底面接触室外空气的架空或外挑楼板	≤1.00	
分户墙、楼梯间隔墙、外走廊隔墙	≤1.50	
楼板	≤1.80	
户门	≤2.00	

夏热冬暖 A 区居住建筑围护结构热工性能参数限值　　表 10-27

围护结构部位	传热系数 K [W/(m²·K)]	
	热惰性指标 $D \leqslant 2.5$	热惰性指标 $D > 2.5$
屋面	≤0.40	≤0.40
外墙	≤0.70	≤1.50

温和 A 区居住建筑围护结构热工性能参数限值　　表 10-28

围护结构部位	传热系数 K [W/(m²·K)]	
	热惰性指标 $D \leqslant 2.5$	热惰性指标 $D > 2.5$
屋面	≤0.40	≤0.40
外墙	≤0.60	≤1.00
底面接触室外空气的架空或外挑楼板	≤1.00	
分户墙、楼梯间隔墙、外走廊隔墙	≤1.50	
楼板	≤1.80	
户门	≤2.00	

(5) 透光围护结构的热工性能指标

由于透光围护结构本身的构造特征和使用功能，使得透光围护结构成为传热的薄弱环节。在相同的室内外温差下，所传递的热量数倍于非透光围护结构。因此，控制透光围护结构的热工性能至关重要。此外，在炎热的夏季，寒冷 B 区、夏热冬冷地区、夏热冬暖地区和温和地区由于强烈的太阳辐射通过透光围护结构进入室内，增加了大量的太阳辐射得热，成为增加空调负荷的主要原因。为此，这些地区的透光围护结构还需要控制其太阳得热系数。

居住建筑透光围护结构的热工性能指标应符合表 10-29～表 10-33 规定。如果某些部位透光围护结构的热工性能不能满足要求，经过调整后需要进行热工性能的权衡判断。

严寒地区居住建筑透光围护结构热工性能参数限值　　　　　表 10-29

外窗		传热系数 K [W/(m²·K)]	
		≤3层建筑	>3层建筑
严寒A区	窗墙面积比≤0.30	≤1.40	≤1.60
	0.30<窗墙面积比≤0.45	≤1.40	≤1.60
	天窗	≤1.40	≤1.40
严寒B区	窗墙面积比≤0.30	≤1.40	≤1.80
	0.30<窗墙面积比≤0.45	≤1.40	≤1.60
	天窗	≤1.40	≤1.40
严寒C区	窗墙面积比≤0.30	≤1.60	≤2.00
	0.30<窗墙面积比≤0.45	≤1.40	≤1.80
	天窗	≤1.60	≤1.60

寒冷地区居住建筑透光围护结构热工性能参数限值　　　　　表 10-30

外窗		传热系数 K [W/(m²·K)]		太阳得热系数 $SHGC$
		≤3层建筑	>3层建筑	
寒冷A区	窗墙面积比≤0.30	≤1.80	≤2.20	—
	0.30<窗墙面积比≤0.50	≤1.50	≤2.00	
	天窗	≤1.80	≤1.80	
寒冷B区	窗墙面积比≤0.30	≤1.80	≤2.20	
	0.30<窗墙面积比≤0.50	≤1.50	≤2.00	夏季东西向≤0.55
	天窗	≤1.80	≤1.80	≤0.45

夏热冬冷地区居住建筑透光围护结构热工性能参数限值　　　　　表 10-31

外窗		传热系数 K [W/(m²·K)]	太阳得热系数 $SHGC$（东、西向/南向）
夏热冬冷A区	窗墙面积比≤0.25	≤2.80	—/—
	0.25<窗墙面积比≤0.40	≤2.50	夏季≤0.40/—
	0.40<窗墙面积比≤0.60	≤2.00	夏季≤0.25/冬季≥0.50
	天窗	≤2.80	夏季≤0.20/—
夏热冬冷B区	窗墙面积比≤0.25	≤2.80	—/—
	0.25<窗墙面积比≤0.40	≤2.80	夏季≤0.40/—
	0.40<窗墙面积比≤0.60	≤2.50	夏季≤0.25/冬季≥0.50
	天窗	≤2.80	夏季≤0.20/—

夏热冬暖地区居住建筑透光围护结构热工性能参数限值　　　　表 10-32

外窗		传热系数 K [W/(m²·K)]	夏季太阳得热系数 $SHGC$ (西向/东、南向/北向)
夏热冬 暖 A 区	窗墙面积比≤0.25	≤3.00	≤0.35/≤0.35/≤0.35
	0.25＜窗墙面积比≤0.35	≤3.00	≤0.30/≤0.30/≤0.35
	0.35＜窗墙面积比≤0.40	≤2.50	≤0.20/≤0.30/≤0.35
	天窗	≤3.00	≤0.20
夏热冬 暖 B 区	窗墙面积比≤0.25	≤3.50	≤0.30/≤0.35/≤0.35
	0.25＜窗墙面积比≤0.35	≤3.00	≤0.25/≤0.30/≤0.35
	0.35＜窗墙面积比≤0.40	≤3.00	≤0.20/≤0.30/≤0.30
	天窗	≤3.50	≤0.20

温和地区居住建筑透光围护结构热工性能参数限值　　　　表 10-33

外窗		传热系数 K [W/(m²·K)]	太阳得热系数 $SHGC$ (东、西向/南向)
温和 A 区	窗墙面积比≤0.20	≤2.80	—
	0.20＜窗墙面积比≤0.40	≤2.50	—/冬季≥0.50
	0.40＜窗墙面积比≤0.50	≤2.00	—/冬季≥0.50
	天窗	≤2.80	夏季≤0.30/冬季≥0.50
温和 B 区	东西向外窗	≤4.00	夏季≤0.40/—
	天窗	—	夏季≤0.30/冬季≥0.50

(6) 可见光透射比

由于玻璃和其他透光材料的可见光透射比直接影响自然采光的效果和人工照明的能耗，除非特殊需要，一般情况均不应采用可见光透射比过低的玻璃和透光材料。

居住建筑外窗玻璃的可见光透射比不应小于 0.40。

(7) 外窗的通风开口面积

通风开口面积一般包括外窗（阳台门）、天窗的有效可开启部分面积、敞开的洞口面积等。规范规定：夏热冬暖地区、温和 B 区，外窗的通风开口面积不应小于房间地面面积的 10%或外窗面积的 45%；夏热冬冷地区、温和 A 区，外窗的通风开口面积不应小于房间地面面积的 5%。

(8) 建筑遮阳措施

设置建筑遮阳是减少室内太阳辐射得热的一个有效措施。规范规定：夏热冬暖地区，居住建筑的东、西向外窗的建筑遮阳系数不应大于 0.8。

(9) 外窗的气密性

居住建筑幕墙、外窗及敞开阳台的门在 10Pa 压差下，每小时每米缝隙的空气渗透量不应大于 1.5m³，每小时每平方米面积的空气渗透量不应大于 4.5m³。

(10) 房间窗地面积比

居住建筑的主要使用房间（卧室、书房、起居室等）的房间窗地面积比不应小于 1/7。

2. 新建公共建筑

（1）体形系数

严寒地区和寒冷地区公共建筑体形系数应符合表 10-34 的规定。

严寒和寒冷地区公共建筑体形系数限值　　　　　表 10-34

单栋建筑面积 A（m²）	建筑体形系数
300＜A≤800	≤0.50
A＞800	≤0.40

（2）屋面透光部分面积与屋面总面积的比值

甲类公共建筑的屋面透光部分面积不应大于屋面总面积的 20%。如不能满足要求，需进行热工性能的权衡判断。

（3）围护结构的热工性能指标

1）甲类公共建筑围护结构的热工性能

甲类公共建筑的围护结构热工性能应符合《建筑节能通用规范》第 3.1.10 条的规定。表 10-35 和表 10-36 分别为严寒 A、B 区和夏热冬冷地区甲类公共建筑的围护结构热工性能限值示例，其他热工设计分区的围护结构热工性能限值详见《建筑节能通用规范》的第 3.1.10 条的表 3.1.10-1～第 3.1.10-6。

如不能满足要求，经过调整后需进行热工性能的权衡判断。

严寒 A、B 区甲类公共建筑的围护结构热工性能限值　　　　　表 10-35

围护结构部位		体形系数 ≤0.30	0.30＜体形 系数≤0.50
		传热系数 K [W/(m²·K)]	
屋面		≤0.25	≤0.20
外墙（包括非透光幕墙）		≤0.35	≤0.30
底面接触室外空气的架空或外挑楼板		≤0.35	≤0.30
地下车库与供暖房间之间的楼板		≤0.50	≤0.50
非供暖楼梯间与供暖房间之间的隔墙		≤0.80	≤0.80
单一立面外窗 （包括透光幕墙）	窗墙面积比≤0.20	≤2.50	≤2.20
	0.20＜窗墙面积比≤0.30	≤2.30	≤2.00
	0.30＜窗墙面积比≤0.40	≤2.00	≤1.60
	0.40＜窗墙面积比≤0.50	≤1.70	≤1.50
	0.50＜窗墙面积比≤0.60	≤1.40	≤1.30
	0.60＜窗墙面积比≤0.70	≤1.40	≤1.30
	0.70＜窗墙面积比≤0.80	≤1.30	≤1.20
	窗墙面积比＞0.80	≤1.20	≤1.10
屋顶透光部分（屋顶透光部分面积≤20%）		≤1.80	
围护结构部位		保温材料层热阻 R [(m²·K)/W]	
周边地面		≥1.10	
供暖地下室与土壤接触的外墙		≥1.50	

夏热冬冷地区甲类公共建筑的围护结构热工性能限值　　表10-36

围护结构部位		传热系数 K [W/(m²·K)]	太阳得热系数 SHGC（东、南、西向/北向）
屋面		≤0.40	—
外墙（包括非透光幕墙）	围护结构热惰性指标 D≤2.5	≤0.60	—
	围护结构热惰性指标 D>2.5	≤0.80	—
底面接触室外空气的架空或外挑楼板		≤0.70	—
单一立面外窗（包括透光幕墙）	窗墙面积比≤0.20	≤3.00	≤0.45
	0.20<窗墙面积比≤0.30	≤2.60	≤0.40/0.45
	0.30<窗墙面积比≤0.40	≤2.20	≤0.35/0.40
单一立面外窗（包括透光幕墙）	0.40<窗墙面积比≤0.50	≤2.20	≤0.30/0.35
	0.50<窗墙面积比≤0.60	≤2.10	≤0.30/0.35
	0.60<窗墙面积比≤0.70	≤2.10	≤0.25/0.30
	0.70<窗墙面积比≤0.80	≤2.00	≤0.25/0.30
窗墙面积比>0.80		≤1.80	≤0.20
屋顶透光部分（屋顶透光部分面积≤20%）		≤2.20	≤0.30

2）乙类公共建筑围护结构的热工性能

乙类公共建筑的屋面、外墙、楼板的热工性能应符合表10-37的规定；外窗（包括透光幕墙）热工性能限值应符合表10-38的规定。

乙类公共建筑屋面、外墙、楼板热工性能限值　　表10-37

围护结构部位	传热系数 K [W/(m²·K)]				
	严寒A、B区	严寒C区	寒冷地区	夏热冬冷地区	夏热冬暖地区
屋面	≤0.35	≤0.45	≤0.55	≤0.60	≤0.60
外墙（包括非透光幕墙）	≤0.45	≤0.50	≤0.60	≤1.00	≤1.50
底面接触室外空气的架空或外挑楼板	≤0.45	≤0.50	≤0.60	≤1.00	—
地下车库和供暖房间之间的楼板	≤0.50	≤0.70	≤1.00	—	—

乙类公共建筑外窗（包括透光幕墙）热工性能限值　　表10-38

围护结构部位	传热系数 K [W/(m²·K)]					太阳得热系数 SHGC		
外窗（包括透光幕墙）	严寒A、B区	严寒C区	寒冷地区	夏热冬冷地区	夏热冬暖地区	寒冷地区	夏热冬冷地区	夏热冬暖地区
单一立面外窗（包括透光幕墙）	≤2.00	≤2.20	≤2.50	≤3.00	≤4.00	—	≤0.45	≤0.40
屋顶透光部分（屋顶透光部分面积≤20%）	≤2.00	≤2.20	≤2.50	≤3.00	≤4.00	≤0.40	≤0.35	≤0.30

(4) 外窗的通风开口面积

公共建筑中主要功能房间的外窗（包括透光幕墙）应设置可开启窗扇或通风换气装置。

(5) 建筑遮阳措施

夏热冬暖地区、夏热冬冷地区，甲类公共建筑南、东、西向外窗和透光幕墙应采取遮阳措施。

(6) 全玻幕墙入口大堂的处理

当公共建筑入口大堂采用全玻幕墙时，全玻幕墙中非中空玻璃的面积不应超过该建筑同一立面透光面积（门窗和玻璃幕墙）的15%，且应按同一立面透光面积（含全玻幕墙面积）加权计算平均传热系数。

3. 新建工业建筑

(1) 窗墙面积比

《建筑节能通用规范》要求设置供暖、空调系统的工业建筑总窗墙面积比不应大于0.50，且屋顶透光部分面积不应大于屋顶总面积的15%。如不能满足要求，需要进行热工性能的权衡判断。

(2) 围护结构热工性能

《建筑节能通用规范》仅对所有热工设计分区中设置供暖空调系统的工业建筑围护结构热工性能和严寒地区、寒冷地区工业建筑的地面和地下室外墙热阻作了强制性规定。如不满足，调整后需作权衡判断。表10-39和表10-40为严寒A区和夏热冬冷地区工业建筑的围护结构热工性能限值示例，其他热工设计分区的工业建筑的围护结构热工性能限值详见《建筑节能通用规范》的第3.1.12条。严寒地区和寒冷地区工业建筑的地面和地下室外墙的热阻限值见表10-41。

严寒A区工业建筑围护结构热工性能限值 表10-39

围护结构部位		传热系数 K [W/(m²·K)]		
		体形系数≤0.10	0.10<体形系数≤0.15	体形系数>0.15
屋面		≤0.40	≤0.35	≤0.35
外墙		≤0.50	≤0.45	≤0.40
立面外窗	窗墙面积比≤0.20	≤2.70	≤2.50	≤2.50
	0.20<窗墙面积比≤0.30	≤2.50	≤2.20	≤2.20
	窗墙面积比>0.30	≤2.20	≤2.00	≤2.00
屋面透光部分		≤2.50		

夏热冬冷地区工业建筑围护结构热工性能限值 表10-40

围护结构部位		传热系数 K [W/(m²·K)]	
屋面		≤0.70	
外墙		≤1.10	
外窗		传热系数 K [W/(m²·K)]	太阳得热系数 $SHGC$（东、南、西/北向）
立面外窗	窗墙面积比≤0.20	≤3.60	—
	0.20<窗墙面积比≤0.40	≤3.40	≤0.60/—
	窗墙面积比>0.40	≤3.20	≤0.45/0.55
屋面透光部分		≤3.50	≤0.45

严寒和寒冷地区工业建筑的地面和地下室外墙热阻限值 表10-41

热工区划	围护结构部位		热阻 R [(m²·K)/W]
严寒地区	地面	周边地面	≥1.1
		非周边地面	≥1.1
	供暖地下室外墙（与土壤接触的墙）		≥1.1
寒冷地区	地面	周边地面	≥0.5
		非周边地面	≥0.5
	供暖地下室外墙（与土壤接触的墙）		≥0.5

注：1. 地面热阻系指建筑基础持力层以上各层材料的热阻之和；
  2. 地下室外墙热阻系指土壤以为各层材料的热阻之和。

（三）建筑和围护结构性能的权衡判断

根据《建筑节能通用标准》的要求，节能设计时应严格按照标准规定的要求进行，如果全部满足强制性条文的规定，即可认定该建筑能够满足节能标准的要求。

出于建筑设计的复杂性和多样化的需求，如果在节能设计中出现所设计建筑的体形系数、窗墙面积比、某一部分围护结构的热工性能（传热系数、太阳得热系数等）不能全部满足强制性条文的规定时，允许通过改变建筑和部分围护结构热工性能进行调整，并按照该标准的规定经过围护结构热工性能权衡来判断调整后的建筑是否满足节能要求。

1. 权衡判断的方法

进行权衡判断采用对比评定法。需要分别计算并比较参照建筑（满足标准全年能耗要求的建筑）和设计建筑的全年能耗。判断的指标分别为：

（1）公共建筑和居住建筑：总耗电量，应为全年供暖和供冷总耗电量；

（2）工业建筑：总耗煤量，应为全年供暖耗热量和供冷耗冷量的折算标煤量。

当设计建筑总耗电（煤）量不大于参照建筑时，应判定围护结构的热工性能符合该规范的要求；否则，应调整围护结构的热工性能参数并再次进行计算，直至设计建筑的总能耗不大于参照建筑为止。

2. 对设计建筑进行权衡判断的基本要求

进行权衡判断的设计建筑，其围护结构的热工性能应符合《建筑节能通用规范》的规定。

（1）围护结构传热系数基本要求不得低于《建筑节能通用规范》表C.0.1-1的规定。

（2）透光围护结构传热系数和太阳得热系数：

1）当公共建筑单一立面的窗墙面积比大于或等于0.40时，透光围护结构的传热系数和太阳得热系数的基本要求应符合《建筑节能通用规范》表C.0.1-2的规定。

2）居住建筑和工业建筑透光围护结构太阳得热系数的基本要求应符合《建筑节能通用规范》表C.0.1-3的规定。

（3）居住建筑窗墙面积比：

1）严寒和寒冷地区居住建筑窗墙面积比的基本要求应符合《建筑节能通用规范》表C.0.1-4的规定。

2）夏热冬冷地区、夏热冬暖地区居住建筑窗墙面积比大于或等于0.6时，其外窗传热系数的基本要求应符合《建筑节能通用规范》表 C.0.1-5 的规定。

3. 对参照建筑进行权衡判断的基本要求

参照建筑的形状、大小、朝向、内部的空间划分、使用功能应与设计建筑完全一致。参照建筑围护结构应符合《建筑节能通用规范》第 3.1.2 条～第 3.1.10 条的规定；规范未作规定时，参照建筑应与设计建筑一致。建筑功能区除设计文件明确为非空调区外，均应按设置供暖和空气调节系统计算。

对建筑物能耗计算的基本要求

（1）对计算软件的要求

应采用能按照《建筑节能通用规范》要求自动生成参照建筑计算模型的专用计算软件，软件应具有以下功能：

1) 采用动态负荷计算方法；
2) 能逐时设置人员数量、照明功率、设备功率、室内温度、供暖和空调系统运行时间；
3) 能计入建筑围护结构蓄热性能、计算建筑热桥对能耗的影响；
4) 能计算 10 个以上建筑分区；
5) 能直接生成建筑围护结构热工性能权衡判断计算报告。

（2）对计算软件使用和参数设置的要求

1) 参照建筑与设计建筑的能耗计算应采用相同的软件；
2) 采用典型气象年数据；
3) 建筑的空气调节和供暖系统运行时间、室内温度、照明功率密度值及开关时间、房间人均占有的建筑面积及在室率、人员新风量及新风机组运行时间表、电器设备功率密度及使用率应符合《建筑节能通用规范》附录表 C.0.6-1～表 C.0.6-13 的规定。

二、居住建筑节能设计

由于居住建筑数量巨大，能源浪费严重，因此居住建筑的节能始终是建筑节能的重中之重。居住建筑节能设计标准的认真实施，保证了在改善居住建筑的热环境的同时，提高了暖通空调系统的能源利用效率，从根本上扭转我国居住建筑用能严重浪费的状况。

（一）严寒和寒冷地区节能设计

严寒和寒冷地区建筑节能设计自 1986 年起执行的是《民用建筑节能设计标准（采暖居住建筑部分)》JGJ 26—86，后经 1995 年、2010 年两次修订，更名为《严寒和寒冷地区居住建筑节能设计标准》，现执行的是 2018 年第三次修订后的《严寒和寒冷地区居住建筑节能设计标准》JGJ 26—2018。鉴于目前该节能设计标准中的强制性条文已被归入《建筑节能通用规范》并作了参数修改，因此，严寒和寒冷地区的节能设计必须兼顾《建筑节能通用规范》和《严寒和寒冷地区居住建筑节能设计标准》。

1. 适用范围

本标准适用于纳入基本建设监管程序的各类居住建筑。包括住宅、集体宿舍、住宅式公寓、商住楼的住宅部分，以及居住面积超过总建筑面积 70% 的托儿所、幼儿园等建筑。

2. 术语

(1) 体形系数　shape factor

建筑物与室外大气接触的外表面积与其所包围的体积的比值。外表面积中，不包括地面和不供暖楼梯间等公共空间内墙及户门的面积。

(2) 围护结构传热系数　heat transfer coefficient of building envelope

在稳态条件下，围护结构两侧空气温差为单位温差时，单位时间内通过单位面积传递的热量。

(3) 围护结构单元的平均传热系数　mean heat transfer coefficient of building envelope unit

考虑了围护结构单元中存在的热桥影响后得到传热系数，简称平均传热系数。

(4) 窗墙面积比　window to wall ratio

窗户洞口面积与房间立面单元面积（即建筑层高与开间定位线围成的面积）之比。

(5) 建筑遮阳系数　shading coefficient of building element

在照射时间内，同一窗口（或透光围护结构部件外表面）在有建筑外遮阳和没有建筑外遮阳的两种情况下，接收到的两个不同太阳辐射量的比值。

(6) 透光围护结构太阳得热系数　solar heat gain coefficient (SHGC) of transparent envelope

在照射时间内，通过透光围护结构部件（如窗户）的太阳辐射室内得热量与透光围护结构外表面（如窗户）接收到的太阳辐射量的比值。

(7) 围护结构热工性能的权衡判断　building envelope thermal performance trade-off

当建筑设计不能完全满足规定的围护结构热工性能要求时，计算并比较参照建筑和设计建筑的全年供暖能耗，来判定围护结构的总体热工性能是否符合节能设计要求的方法。简称权衡判断。

(8) 参照建筑　reference building

进行围护结构热工性能的权衡判断时，作为计算满足标准要求的全年供暖能耗用的建筑。

(9) 换气次数　air change rate

单位时间内室内空气的更换次数，即通风量与房间容积的比值。

(10) 全装修居住建筑　full decoration residential building

在交付使用前，户内所有功能空间的管线作业完成，所有固定面全部铺装粉刷完毕，给水排水、燃气、供暖通风空调、照明供电及智能化系统等全部安装到位，厨房、卫生间等基本设置配置完备，满足基本使用功能，可直接入住的新建或改扩建的居住建筑。

3. 热工设计区属和设计能耗指标

(1) 气候区属

严寒和寒冷地区城镇的热工设计区属应符合现行国家规范《建筑环境通用规范》的规定，详见该规范的附录D的表D.0.3。

(2) 设计能耗

严寒和寒冷地区居住建筑的建筑热工和供暖系统设计必须采取节能措施，在保证室内热环境的前提下，将建筑总能耗控制在规定的范围内，使居住建筑的平均节能率为75%。

标准工况下,严寒和寒冷地区新建居住建筑平均能耗指标见表10-19。

4. 建筑与围护结构的一般规定

(1) 朝向与布局

建筑群的规划设计,建筑单体的平、立面设计和门窗的设置应尽可能设在避风向阳地段,以便有效地利用冬季日照,主要房间宜避开冬季主导风向,减少冷风渗透。

朝向宜采用南北向或接近南北向:北(偏东小于60°至偏西小于60°);东、西(东或西偏北小于等于30°至偏南小于等于60°);南(偏东小于等于30°至偏西小于等于30°)。建筑物不宜设有三面外墙的房间,一个房间不宜在不同方向的墙面上设置两个或更多的窗。

(2) 体形系数

严寒和寒冷地区建筑物的体形系数必须满足《建筑节能通用规范》规定,见表10-21,否则,需进行权衡判断。

(3) 窗墙面积比

各个朝向的窗墙面积比必须满足《建筑节能通用规范》规定,见表10-22,否则,需进行权衡判断。

(4) 屋面天窗与该房间屋面面积比

屋面天窗与该房间屋面面积的比值必须满足《建筑节能通用规范》规定,见表10-23。

(5) 房间窗地面积比

《建筑节能通用规范》规定,居住建筑的主要使用房间(卧室、书房、起居室等)的房间窗地面积比不应小于1/7。

(6) 楼梯间与外走廊

楼梯间与外走廊和室外连接的开口处应设置能够密闭的窗或门,严寒A、B区的楼梯间宜供暖,供暖楼梯间的外墙和外窗的热工性能应满足《建筑节能通用规范》的要求,非供暖楼梯间的外墙和外窗应采取保温措施。

5. 围护结构的热工设计

(1) 非透光围护结构的热工性能

由于严寒和寒冷地区供暖期间室内外温差大,通过围护结构损失的热量成为居住建筑供暖能耗的决定因素。因此,控制围护结构的热工性能是建筑节能的重要手段。

严寒和寒冷地区的围护结构热工性能限值详见《建筑节能通用规范》第3.1.8条的表3.1.8-1~表3.1.8-5,示例见表10-24和表10-25。如不满足限值要求,需进行权衡判断。

(2) 透光围护结构的热工性能

1) 透光围护结构的传热系数

透光围护结构的传热系数应符合《建筑节能通用规范》的要求,见表10-29和表10-30。

2) 太阳得热系数

鉴于夏季寒冷B区太阳辐射比较强烈,通过透光结构进入室内的太阳辐射成为室内过热的重要原因,为减少空调负荷,寒冷B区外窗太阳得热系数的限值见表10-30。

(3) 可见光透射比

《建筑节能通用规范》要求，居住建筑外窗玻璃的可见光透射比不应小于 0.40。

(4) 外窗（门）部位的设计

1) 门窗的气密性

《建筑节能通用规范》规定，居住建筑幕墙、外窗及敞开阳台的门在 10Pa 压差下，每小时每米缝隙的空气渗透量不应大于 $1.5m^3$，每小时每平方米面积的空气渗透量不应大于 $4.5m^3$。

2) 外窗遮阳

为减少夏季通过窗口进入室内的太阳辐射，需要对空调负荷大的建筑的外窗（包括阳台的透明部分）和天窗设置外部遮阳。

寒冷 B 区透光围护结构的太阳得热系数除应符合表 10-30。

规定的限值外，外窗、天窗的夏季建筑遮阳系数的乘积应满足《严寒和寒冷地区居住建筑节能设计标准》的要求。建筑遮阳系数应按该标准附录 D 的规定计算。

3) 凸窗设置

严寒地区除南向不应设置凸窗，其他朝向不宜设置凸窗；寒冷地区北向的卧室、起居室不应设置凸窗，北向其他房间和其他朝向不宜设置凸窗。

因为这些地区冬季室内外温差大，凸窗容易发生结露，出现淌水、长霉等问题。设置凸窗时，凸窗凸出（从外墙面至凸窗外表面）不应大于 400mm。凸窗的传热系数应比普通窗降低 15%，其不透光的顶部、底部、侧面的传热系数应小于或等于外墙的传热系数。

4) 外窗（门）洞口部位的保温处理

外窗（门）框与外墙之间的缝隙应采用高效保温材料填堵，不得采用普通水泥砂浆补缝；

外窗（门）洞口室外侧墙的外墙面应做保温处理，避免洞口室内部分的侧墙面产生结露；当外窗（门）的安装采用金属附框时，应对其进行保温处理。

(5) 封闭式阳台的保温

阳台和与之连通的房间之间应设置隔墙和门、窗；否则，应将阳台和与之连通的房间视为一体，要求阳台和室外空气接触的墙板、顶板、地板、门窗的传热系数和阳台的窗墙面积比均满足相应气候分区传热系数限值和窗墙面积比限值的规定。

如果阳台和与之连通的房间之间设置了隔墙和门、窗，但其传热系数没有达到规定的限值，则要求：

1) 阳台和室外空气接触的墙板、顶板、地板的传热系数不得大于限值规定的 120%；

2) 严寒地区阳台窗的传热系数不得大于 $2.0W/(m^2·K)$；

3) 寒冷地区阳台窗的传热系数不得大于 $2.2W/(m^2·K)$；

4) 阳台外表面的窗墙面积比不得大于 0.6；

5) 阳台和与之连通的房间隔墙的窗墙面积比必须满足表 10-21 的要求。当阳台面宽小于与之连通房间的开间时，可按开间面宽计算隔墙的窗墙面积比。

(6) 围护结构热桥部位的保温

《建筑环境通用规范》要求，非透光围护结构中的热桥部位应进行表面结露验算，并采取保温措施，保证它的内表面温度不低于露点温度。

(7) 变形缝的保温

变形缝应采取保温，应保证变形缝两侧墙的内表面温度不低于室内空气设计温、湿度条件下的露点温度。

(8) 地下室外墙的保温

底层地坪以及与地坪接触的周边外墙应采用良好的保温防潮措施。

在严寒和寒冷地区，与土壤接触的周边地面以及高于地面几十厘米的周边外墙（特别是墙角）由于受二维、三维传热的影响，表面温度较低，既造成大量的热量损失，又容易发生返潮、结露现象。因此，即使没有地下室，也应该将外墙外侧的保温延伸到地坪以下，以提高其内表面温度。

(9) 保证建筑整体的气密性

影响建筑整体的气密性的主要部位是外窗（门）框周边、穿墙管线和洞口，以及装配式建筑的构件连接处。这些部位由于设计、施工造成的封堵不严，往往形成了很多缝隙，降低了建筑整体的气密性，从而导致能耗的增加。

应对外窗（门）框周边、穿墙管线和洞口进行有效封堵，减少缝隙，降低冷风渗透。对装配式建筑的构件连接处的密封处理，以往采用砂浆或抹灰的密封效果不佳，有必要采用弹性材料填堵、密封胶封堵、密封条粘贴等方法进行处理。

（二）夏热冬冷地区居住建筑节能设计

夏热冬冷地区居住建筑节能设计自 2001 年 10 月 1 日开始执行《夏热冬冷地区居住建筑节能设计标准》JGJ 134—2001，2010 年补充修订后为《夏热冬冷地区居住建筑节能设计标准》JGJ 134—2010，实施至今。同样，夏热冬冷地区的节能设计必须兼顾《建筑节能通用规范》和《夏热冬冷地区居住建筑节能设计标准》。

1. 适用范围

该标准适用于夏热冬冷地区新建、改建和扩建居住建筑的建筑节能设计。其中包括住宅、集体宿舍、住宅式公寓、商住楼的住宅部分、托儿所、幼儿园等。

2. 术语

(1) 热惰性指标（D）index of thermal inertia

表征围护结构抵御温度波动和热流波动能力的无量纲指标，其值等于各构造层材料热阻与蓄热系数的乘积之和。

(2) 空调采暖年耗电量（EC）annual cooling and heating electricity consumption

按照设定的计算条件，计算出的单位建筑面积空调和采暖设备每年所要消耗的电能。

(3) 窗的综合遮阳系数（SC_w）overall shading coefficient of window

考虑窗本身和窗口的建筑外遮阳装置综合遮阳效果的一个系数，其值等于窗本身的遮阳系数（SC_C）与窗口的建筑外遮阳系数（SD）的乘积。

(4) 典型气象年（TMY）typical meteorological year

以近 10 年的月平均值为依据，从近 10 年的资料中选取一年各月接近 10 年的平均值作为典型气象年。由于选取的月平均值在不同的年份，资料不连续，还需要进行月间平滑处理。

(5) 参照建筑 reference building

参照建筑是一种符合节能标准要求的假想建筑。作为围护结构热工性能综合判断时，与设计建筑相对应的，计算全年采暖和空气调节能耗的比较对象。

3. 节能设计的要求

夏热冬冷地区居住建筑的建筑热工和暖通空调设计必须采取节能设计，在保证室内热环境的前提下，使居住建筑的平均节能率达到65%。

标准工况下，夏热冬冷地区新建居住建筑平均能耗指标见表10-18。

4. 室内热环境设计计算指标

(1) 冬季采暖室内热环境设计计算指标应符合下列规定：

卧室、起居室室内设计温度应取18℃；

换气次数应取1.0次/h。

(2) 夏季空调室内热环境设计计算指标应符合下列规定：

卧室、起居室室内设计温度应取26℃；

换气次数应取1.0次/h。

5. 建筑与围护结构的一般规定

(1) 朝向与布局

建筑群的规划设计，建筑单体的平、立面设计和门窗的设置应有利于自然通风。在春秋季和夏季凉爽时段，组织好建筑物室内外的自然通风，不仅可以降低建筑物的实际使用能耗，而且有利于改善室内热舒适程度。

夏热冬冷地区建筑物的朝向宜采用南北向或接近南北向，以便有效地利用冬季日照，同时在夏季也可以大量减少太阳辐射得热。

(2) 体形系数

夏热冬冷A区居住建筑的体形系数必须满足《建筑节能通用规范》规定，见表10-21，否则，需进行权衡判断。

(3) 窗墙面积比

各个朝向的窗墙面积比必须满足《建筑节能通用规范》规定，见表10-22，否则，需进行权衡判断。

(4) 屋面天窗与该房间屋面面积比

屋面天窗与该房间屋面面积的比值应符合《建筑节能通用规范》的规定，见表10-23。

6. 围护结构的热工设计

(1) 非透光围护结构的热工性能

在夏热冬冷地区，围护结构在夏季受到的是室外周期性不稳定热作用，根据周期性不稳定传热的特征，表征围护结构热稳定性的热惰性指标D越大，围护结构抵抗温度波动的能力越强。

非透光围护结构的热工性能限值详见《建筑节能通用规范》第3.1.8条的表3.1.8-6和表3.1.8-7，夏热冬冷A区热工性能限值示例见表10-26。如达不到限值要求，需进行权衡判断。

非透光围护结构的外表面宜采用浅色饰面材料，平屋顶宜采用绿化、涂刷隔热涂料等隔热措施。

(2) 透光围护结构的热工性能

透光围护结构的传热系数和太阳得热系数应符合《建筑节能通用规范》的要求，表10-31为夏热冬冷地区透光围护结构的热工性能限值。如不满足，需进行权衡判断。

(3) 外窗（门）部位的设计

1) 门窗的气密性

《建筑节能通用规范》规定，居住建筑幕墙、外窗及敞开阳台的门在10Pa压差下，每小时每米缝隙的空气渗透量不应大于1.5m³，每小时每平方米面积的空气渗透量不应大于4.5m³。

2) 外窗的通风开口面积

为满足自然通风的需要，夏热冬冷地区外窗的通风开口面积不应小于外窗所在房间地面面积的5%。

3) 凸窗处理

凸窗的传热系数应比规范规定的限值降低10%。其不透明的上顶板、下底板和侧板的传热系数应不低于外墙传热系数的限值。

4) 外窗遮阳

在夏热冬冷地区，夏季透过玻璃直接进入室内的太阳辐射对空调负荷的影响很大，因此，《建筑节能通用规范》要求南、东、西向外窗和透光幕墙应采取遮阳措施。

(4) 房间窗地面积比

居住建筑的主要使用房间（卧室、书房、起居室等）的房间窗地面积比不应小于1/7。

> **例10-16** （2014）夏热冬冷地区居住建筑节能设计标准对建筑物东、西向的窗墙面积比的要求较北向严格的原因是：
> A 风力影响大　　　　　　B 太阳辐射强
> C 湿度不同　　　　　　　D 需要保温
>
> 解析：夏热冬冷地区夏季东、西向的太阳辐射强，通过窗口的太阳辐射量大，由此造成的制冷能耗将比北向窗口由于室内外温差引起的传热能耗多，由此对东、西向窗墙面积比的要求较北向严格。
>
> **答案：B**

（三）夏热冬暖地区居住建筑节能设计

《夏热冬暖地区居住建筑节能设计标准》JGJ 75—2003作为行业标准于2003年10月1日开始实施，经2012年修订为《夏热冬暖地区居住建筑节能设计标准》JGJ 75—2012（简称《夏热冬暖节能标准》）并实施至今。夏热冬暖地区的建筑节能设计也必须共同执行《建筑节能通用规范》和《夏热冬暖地区居住建筑节能设计标准》。

1. 适用范围

该标准适用于夏热冬暖地区新建、扩建和改建居住建筑的节能设计。其中包括住宅、集体宿舍、招待所、旅馆、托儿所、幼儿园等。

2. 术语

(1) 外窗综合遮阳系数（S_W）overall shading coefficient of window

用以评价窗本身和窗口的建筑外遮阳装置综合遮阳效果的系数，其值等于窗本身的遮阳系数（SC）与窗口的建筑外遮阳系数（SD）的乘积。

(2) 建筑外遮阳系数（SD）outside shading coefficient of window

在相同太阳辐射条件下，有建筑外遮阳的窗口（洞口）所受到的太阳辐射照度的平均值与该窗口（洞口）没有建筑外遮阳时受到的太阳辐射照度的平均值之比。

(3) 挑出系数 outstretch coefficient

建筑外遮阳构件的挑出长度与窗高（宽）之比，挑出长度系指窗外表面距水平（垂直）建筑外遮阳构件端部的距离。

(4) 单一朝向窗墙面积比 window to wall ratio

窗（含阳台门）洞口面积与房间立面单元面积（即房间层高与开间定位线围成的面积）的比值。

(5) 平均窗墙面积比（C_{MW}）mean of window to wall ratio

建筑物地上居住部分外墙面上的窗及阳台门（含露台、晒台等出入口）的洞口总面积与建筑物地上居住部分外墙立面的总面积之比。

(6) 房间窗地面积比 window to floor ratio

所在房间外墙面上的门窗洞口的总面积与房间地面面积之比。

(7) 平均窗地面积比（C_{MF}）mean of window to floor ratio

建筑物地上居住部分外墙面上的门窗洞口的总面积与地上居住部分总建筑面积之比。

(8) 空调采暖年耗电指数（ECF）annual cooling and heating electricity consumption factor

实施对比评定法时需要计算的一个空调采暖能耗无量纲指数，其值与空调采暖年耗电量 EC 相对应。

(9) 对比评定法 custom budget method

将所设计建筑物的空调采暖能耗和相应参照建筑物的空调采暖能耗作对比，根据对比的结果来判定所设计的建筑物是否符合节能要求。

(10) 通风开口面积 ventilation area

外围护结构上自然风气流通过开口的面积。用于进风者为进风开口面积，用于出风者为出风开口面积。

(11) 通风路径 ventilation path

自然通风气流经房间的进风开口进入，穿越房门、户内（外）公用空间及其出风开口至室外时可能经过的路线。

3. 建筑节能设计要求

夏热冬暖地区划分为两个区，A 区内建筑节能设计应主要考虑夏季空调，兼顾冬季采暖；B 区内建筑节能设计应考虑夏季空调，可不考虑冬季采暖。

该标准要求夏热冬暖地区居住建筑的建筑热工、暖通空调和照明设计必须采取节能措施，在保证室内热舒适环境的前提下将建筑能耗控制在规定的范围内。《建筑节能通用规范》要求夏热冬暖地区居住建筑的平均节能率为 65%。

标准工况下，夏热冬冷地区新建居住建筑平均能耗指标见表 10-19。

4. 室内热环境设计计算指标

（1）夏季空调室内设计计算指标

居住空间室内设计计算温度：26℃；

计算换气次数：1.0次/h。

（2）北区冬季采暖室内设计计算指标

居住空间室内设计计算温度：16℃；

计算换气次数：1.0次/h。

5. 建筑与建筑热工设计的一般规定

（1）朝向与布局

夏热冬暖地区的主要气候特征之一是4～9月盛行东南风和西南风，且风速较大，沿海和岛屿风速更大，充分利用风力资源，组织自然通风可有效地达到自然降温的目的。

居住区的总体规划和居住建筑的平面、立面设计应有利于自然通风和减轻热岛效应。朝向宜采用南北向或接近南北向。

（2）体形系数

作为标准的强制性条文，夏热冬暖A区居住建筑的体形系数必须满足以下规定：

单元式、通廊式住宅体形系数小于等于0.35；

塔式住宅体形系数小于等于0.40。

（3）窗墙面积比

居住建筑各个朝向的窗墙面积比必须满足《建筑节能通用规范》规定，见表10-22，否则，需进行权衡判断。

（4）屋面天窗与该房间屋面面积比

屋面天窗与该房间屋面面积的比值应符合《建筑节能通用规范》的规定，见表10-23。

（5）房间窗地面积比

居住建筑的主要使用房间（卧室、书房、起居室等）的房间窗地面积比不应小于1/7。

6. 围护结构的热工设计

（1）非透光围护结构的热工性能

夏热冬暖地区非透光围护结构的热工性能限值详见《建筑节能通用规范》第3.1.8条的表3.1.8-8和表3.1.8-9，《建筑节能通用规范》新增加了对夏热冬暖B区热工性能的要求。夏热冬暖A区围护结构热工性能限值示例见表10-27。如不满足要求，需进行权衡判断。

（2）透光围护结构的热工性能

透光围护结构的传热系数和太阳得热系数应符合《建筑节能通用规范》的要求，表10-32为夏热冬暖地区透光围护结构的热工性能限值。如不满足要求，需进行权衡判断。

（3）外窗（门）部位的设计

1）门窗的气密性

《建筑节能通用规范》规定，居住建筑幕墙、外窗及敞开阳台的门在10Pa压差下，每小时每米缝隙的空气渗透量不应大于1.5m³，每小时每平方米面积的空气渗透量不应大于 4.5m³。

2) 外窗的通风开口面积

为满足自然通风的需要，夏热冬暖地区外窗的通风开口面积不应小于外窗所在房间地面面积的10%或外窗面积的45%。

3) 外窗遮阳

《建筑节能通用规范》要求夏热冬暖地区的东、西向外窗必须采取建筑外遮阳措施，东、西向外窗的遮阳系数不应大于0.8。标准要求南、北外窗应采取建筑外遮阳措施，南、北向的建筑外遮阳系数不应大于0.9。

南、北向外遮阳构造的挑出长度不应小于表10-42规定的限值。

建筑外遮阳构造的挑出长度限值（m）　　　　表10-42

朝向	南			北		
遮阳形式	水平	垂直	综合	水平	垂直	综合
北区	0.25	0.2	0.15	0.4	0.25	0.15
南区	0.30	0.25	0.15	0.45	0.30	0.20

北区建筑外遮阳系数应取冬、夏两季建筑外遮阳系数的平均值，南区应取夏季的建筑外遮阳系数。典型形式的建筑外遮阳系数可查《夏热冬暖节能标准》取得。

(4) 屋顶和外墙的节能措施

1) 使用反射隔热外饰面，如浅色饰面（浅色粉刷、涂层和面砖等），降低屋顶和外墙对太阳辐射的吸收；

2) 屋顶内设置贴铝箔的封闭空气间层，增强屋顶隔热能力；

3) 使用含水多孔材料做屋面层或屋面蓄水，利用蒸发散热；

4) 屋面有土或无土种植，利用植物遮阳；

5) 屋面遮阳；

6) 东、西外墙采用花格构件遮阳，或沿东、西外墙种植爬藤植物遮阳。

(5) 自然通风的组织

居住建筑应能自然通风。要求每户至少有一个房间具备有效的通风路径，即指房间由可开启的外窗进风时，能够从户内（厅、厨房、卫生间等）或户外（走道、楼梯间等）的通风开口出风。

(四) 温和地区居住建筑节能设计

《温和地区居住建筑节能设计标准》JGJ 475—2019于2019年10月1日开始实施。该标准填补了我国建筑热工设计分区居住建筑节能设计标准不全的空白，从建筑和建筑热工设计、供暖空调设计方面对温和地区居住建筑提出节能措施，规定了建筑能耗控制指标。温和地区居住建筑节能设计也必须同时执行《建筑节能通用规范》中强制性条文的规定。

1. 适用范围

该标准适用于温和地区新建、扩建和改建居住建筑的节能设计。居住建筑包括住宅、公寓、老年人住宅、底商住宅、单身宿舍或公寓、学生宿舍或公寓等。住宅建筑下部的商业服务网点（如会所、洗染店、洗浴室、百货店、副食店、粮店、邮政所、储蓄所、理发美容店等）也需要执行本标准。

2. 术语

(1) 被动式技术 passive technique

以非机械电气设备干预手段实现建筑能耗降低的节能技术，具体指在建筑规划设计中通过对建筑朝向的合理布置、遮阳的设置、建筑围护结构的保温隔热技术、有利于自然通风的建筑开口设计等，实现建筑需要的供暖、空调、通风等能耗的降低。

(2) 供暖年耗电量 annual heating electricity consumption

按设定的计算条件，计算出的建筑供暖设备每年所要消耗的电能。

(3) 被动式太阳房 passive solar houses

通过建筑朝向和周围环境的合理布置、内部空间和外部形体的处理以及建筑材料和结构的匹配选择，使其在冬季能集取、蓄存和分配太阳热能的一种建筑物。

参照建筑、建筑遮阳系数（SD）、综合遮阳系数（SC_W）、窗墙面积比与窗地面积比的术语说明同前。

3. 建筑节能设计要求

温和地区划分为 A、B 两个区。A 区冬季室外温度偏低，导致部分居住建筑室内温度也偏低，确有供暖需求。标准要求在提高外围护结构热工性能的前提下，控制供暖能耗。温和 B 区主要通过对外围护结构热工性能指标限值作为基本要求，提高围护结构的热工性能，减少热量流失，改善冬季的室内热环境，以尽量避免使用供暖设备产生能耗。由于温和地区 $CDD26<10$，夏季空调能耗极少，所以温和 A、B 区均不考虑防热设计。

《建筑节能通用规范》要求通过节能设计，使温和地区居住建筑的平均节能率达到 65%。

标准工况下，温和 A 区新建居住建筑平均能耗指标见表 10-19。

4. 冬季供暖室内节能设计计算指标

居室、起居室室内设计计算温度：18℃；

换气次数：1.0 次/h。

5. 建筑与围护结构的一般规定

(1) 朝向与布局

建筑群总体布置和单体建筑的设计宜有利于充分利用太阳能，合理组织自然通风和建筑遮阳。

建筑的朝向宜采用南北向或接近南北向。这样，在冬季通过合理设置外窗面积和玻璃透射比以及利用太阳房等，不仅能够尽可能多地获得太阳辐射得热，提升室温，降低供暖能耗，还能让主要房间避开冬季主导风向，减少冷风渗透，降低建筑物的热损失。在夏季，南北朝向的建筑能有效减少建筑物的太阳辐射得热，并宜满足建筑遮阳的要求，再通过组织自然通风散发室内热量，可显著地降低房间室温。

建筑平面布置时，尽量将主要卧室、客厅设置在南向。

对于山地建筑，它的选址宜避开背阴的北坡地段。这样可节约用地，节约用能，提高室内舒适度。

(2) 体形系数

温和 A 区居住建筑的体形系数必须满足《建筑节能通用规范》规定，见表 10-21，否则，需进行权衡判断。

(3) 窗墙面积比

温和 A 区居住建筑各个朝向的窗墙面积比必须满足《建筑节能通用规范》规定，见表 10-22，否则，需进行权衡判断。

(4) 屋面天窗与该房间屋面面积比

《建筑节能通用规范》规定，温和 A 区屋面天窗与该房间屋面面积的比值应小于等于 10%。否则，需进行权衡判断。

(5) 房间窗地面积比

居住建筑的主要使用房间（卧室、书房、起居室等）的房间窗地面积比不应小于 1/7。

(6) 屋顶和外墙的隔热措施

1) 宜采用浅色外饰面等反射隔热措施；
2) 东、西外墙宜采用花格构件或植物等遮阳；
3) 宜采用屋面遮阳或通风屋顶；
4) 宜采用种植屋面；
5) 可采用蓄水屋面。

(7) 被动式太阳能利用

1) 对冬季日照率不小于 70%，且冬季月均太阳辐射量不少于 400MJ/m^2 的地区，应进行被动式太阳能利用设计；
2) 对冬季日照率大于 55%但小于 70%，且冬季月均太阳辐射量不少于 350MJ/m^2 的地区，宜进行被动式太阳能利用设计。

6. 围护结构的热工设计

(1) 非透光围护结构的热工性能

在温和地区，非透光围护结构的热工性能直接影响居住建筑的得热与失热，对改善室内热环境、减少能耗的作用至关重要。

温和地区居住建筑非透光围护结构热工性能限值详见《建筑节能通用规范》第 3.1.8 条的表 3.1.8-10 和表 3.1.8-11，其中，温和 A 区居住建筑非透光围护结构热工性能限值见表 10-28。如不满足要求，需进行权衡判断。

(2) 透光围护结构的热工性能

透光围护结构的传热系数和太阳得热系数应符合《建筑节能通用规范》的要求，表 10-33 为温和地区透光围护结构的热工性能限值。如不满足要求，需进行权衡判断。

(3) 外窗（门）部位的设计

1) 门窗的气密性

《建筑节能通用规范》规定，居住建筑幕墙、外窗及敞开阳台的门在 10Pa 压差下，每小时每米缝隙的空气渗透量不应大于 1.5m^3，每小时每平方米面积的空气渗透量不应大于 4.5m^3。

2) 外窗的通风开口面积

为满足自然通风的需要，《建筑节能通用规范》规定：温和 A 区外窗的通风开口面积不应小于外窗所在房间地面面积的 5%；温和 B 区外窗的通风开口面积不应小于外窗所在房间地面面积的10%或外窗面积的45%。

(4) 遮阳设计

当居住建筑外窗朝向为西向时，应采取遮阳措施。天窗应设置活动遮阳，宜设置活动外遮阳。

绿化遮阳是一种既有效又经济美观的遮阳措施。通常可种植落叶乔木遮挡窗口，落叶乔木能够兼顾冬夏窗口对阳光的取舍，最为适宜；种植藤蔓植物攀附的水平棚架起水平遮阳的作用，垂直棚架起挡板式遮阳的作用。

7. 自然通风设计

(1) 朝向和布局

对于温和地区来说，更需要利用通风来改善夏季室内热环境。通常，周边建筑和绿化对通风效果有较大影响，建筑群的布置若能形成风廊，可以有效引导气流进入区内较深位置，从而取得较好的通风效果。

合理选择建筑朝向与主导风向之间的夹角（风向投射角）：条形建筑不宜大于30°，点式建筑宜在30°～60°之间。

自然通风的每套居住建筑均需要考虑主导风向。主要房间宜布置于夏季迎风面，辅助用房宜布置于背风面，避免厨房、卫生间的污浊空气污染室内。

在居住建筑群布局方式上，采用错列式和斜列式可扩大建筑群的迎风面，同时将风影区错开在后排建筑的侧面，尤其在温和B区要优先考虑使用，并利用阳台、外廊、天井等增加通风面积。

(2) 进深

建筑进深对自然通风效果影响显著，建筑进深越小越有利于自然通风。对于未设置通风系统的居住建筑，卧室的合理进深为4.5m左右，户型进深不应超过12m。

(3) 单侧通风

当房间采用单侧通风时，应采取增强自然通风效果的措施。如使建筑迎风面体形有凹凸变化、通风窗设在迎风面、增加可开启窗扇的高度都能改善通风效果。

(4) 室内通风路径

室内通风路径设计应布置均匀、阻力小，不应出现通风死角、通风短路。

(5) 设置辅助通风

当自然通风不能满足室内热环境的基本要求时，应设置风扇调风装置，宜设置机械通风装置，且不应妨碍建筑的自然通风。

8. 被动式太阳能利用

(1) 被动式太阳房类型宜选用直接受益式太阳房

由于温和地区太阳辐射照度较高，室内外温差不大，在加强围护结构的热工性能的前提下，直接受益式太阳房获得的太阳辐射得热容易抵消建筑物的温差失热，能为日间使用的起居室营造温暖的室内环境且不影响通风采光和观景，同时，日间蓄存的部分太阳辐射得热也能让夜间卧室保持一定的温度。必要时可考虑一定的辅助能源。

(2) 直接受益式太阳房的设计规定

为了保证被动式太阳房的效果，需保证日间通过集热窗的太阳辐射得热量尽可能地大于温差传热失热量。其设计应符合下列规定：

1) 朝向宜在正南±30°的区间，便于争取更多的太阳辐射得热。

2) 应经过计算后确定南向玻璃面积与太阳房楼地面面积之比。南向窗的面积应尽可能大，而且还要选择透光性好的材料，以增大太阳能集热量，南向窗的窗墙面积比宜大于50%。同时，还需避免室内过热，做好夜间保温。

3) 应提供足够的蓄热性能良好的材料。地面、墙面均可用作蓄热体，尽量布置在阳光直接照射的地方，足够的蓄热体一方面可蓄存白天多余的太阳辐射得热，防止室内温度波动过大，另一方面在夜间释放蓄存太阳辐射得热，维持室温。参考国外的经验结论，单位集热窗面积，宜设置3～5倍面积的蓄热体。蓄热体宜用厚重材料构成。

4) 应设置防止眩光的装置。

5) 屋面天窗应设置遮阳和防风、雨、雪的措施。

(3) 集热窗传热系数和玻璃的太阳光总透射比

集热窗传热系数应小于3.2W/(m²·K)，玻璃的太阳光总透射比应大于0.7。

(4) 应提高被动式太阳房围护结构的热稳定性

被动式太阳房的使用效果是以围护结构良好的热工性能为前提的。为此，太阳房的屋顶和墙体以及外窗的传热系数应符合本标准规定的传热系数限值，以控制热量的散失。外窗还需采用夜间保温措施，如在外窗内侧设置双扇木板或采用保温窗帘。

三、公共建筑节能设计

随着我国经济社会高速发展，产业结构的不断优化，城镇化水平快速提升，我国公共建筑的面积迅速增加。相对于居住建筑，公共建筑能耗所占比重大，具有很大的节能潜力。

为贯彻节能减排、保护生态环境的基本国策，推动公共建筑节能的积极开展，2005年7月1日开始执行《公共建筑节能设计标准》GB 50189—2005，为公共建筑节能设计起到了积极的指导作用。2015年，实施修订后的《公共建筑节能设计标准》GB 50189—2015（简称《公建节能标准》）。2015年版标准全面提升了公共建筑设计节能水平，细化、标准化规定，从而提高了标准的可操作性，对公共建筑节能起到更科学的引领作用。

由于2022年4月1日起执行的《建筑节能与可再生能源利用通用规范》GB 55015—2021已将《公建节能标准》中的某些强制性条文纳入通用规范中执行，并废除了标准中的相应条文，因此，公共建筑节能设计也必须同时遵循《建筑节能通用规范》和《公建节能标准》。

公共建筑节能设计应根据当地的气候条件，在保证室内环境参数条件下，改善围护结构保温隔热性能，提高建筑设备及系统的能源利用效率，利用可再生能源，降低建筑暖通空调、给水排水及电气系统的能耗。

(一) 适用范围

该标准适用于全国新建、扩建和改建的公共建筑节能设计。

公共建筑包含办公建筑（如写字楼、政府部门办公楼等），商业建筑（如商场、金融建筑等），旅游建筑（如旅馆饭店、娱乐场所等），科教文卫建筑（包括文化、教育、科研、医疗、卫生、体育建筑等），通信建筑（如邮电、通信、广播用房等）以及交通运输建筑（如机场、车站建筑等）。

（二）热工设计区属和设计能耗指标

1. 热工设计区属

各地城镇公共建筑的热工设计区属应符合《建筑环境通用规范》的规定，详见该规范附录 D 的表 D.0.3。

2. 设计能耗指标

公共建筑必须采取节能措施，在保证室内热环境的前提下，将建筑总能耗控制在规定的范围内，使公共建筑平均节能率为 72%。

标准工况下，新建公共建筑供暖、供冷与照明平均能耗指标见表 10-20。

（三）一般规定

1. 公共建筑分类

公共建筑分为两类，分类的条件规定如下。

（1）甲类公共建筑：单栋建筑面积大于 300m² 的建筑，或单栋建筑面积小于或等于 300m² 但总建筑面积大于 1000m² 的建筑群。

（2）乙类公共建筑：单栋建筑面积小于或等于 300m² 的建筑。

将公共建筑进行分类，分别规定不同类别的各项限值，可适当简化乙类建筑的设计程序，提高标准的可操作性。

2. 朝向与布局

建筑群的总体规划应考虑减轻热岛效应。建筑的总体规划和总平面设计应有利于自然通风和冬季日照。建筑的主朝向宜选择本地区最佳朝向或适宜朝向，且宜避开冬季主导风向，有利于夏季自然通风。

3. 遵循被动节能措施优先的原则

建筑设计应优先做好围护结构保温隔热措施，并充分利用天然采光、自然通风和遮阳措施，降低建筑能耗。

4. 建筑体形宜规整紧凑，避免过多的凹凸变化。

（四）建筑设计

1. 体形系数

《建筑节能通用规范》要求严寒和寒冷地区公共建筑物的体形系数应符合表 10-34 的规定。

2. 建筑立面朝向的划分

北向：北偏西 60°至北偏东 60°；

南向：南偏西 30°至南偏东 30°；

西向：西偏北 30°至西偏南 60°（包括西偏北 30°和西偏南 60°）；

东向：东偏北 30°至东偏南 60°（包括东偏北 30°和东偏南 60°）。

3. 窗墙面积比

严寒地区甲类公共建筑各单一立面窗墙面积比（包括透光幕墙）均不宜大于 0.60；

其他地区甲类公共建筑各单一立面窗墙面积比（包括透光幕墙）均不宜大于 0.70。

4. 屋顶透光面积

甲类公共建筑的屋顶透光部分面积不应大于屋顶总面积的 20%。当不能满足本条的规定时，必须按本标准规定的方法进行权衡判断。

5. 可见光透射比

由于玻璃和其他透光材料的可见光透射比直接影响自然采光的效果和人工照明的能耗,除非特殊需要,一般情况均不应采用可见光透射比过低的玻璃和透光材料。

甲类公共建筑单一立面窗墙面积比小于 0.40 时,透光材料的可见光透射比不应小于 0.60;甲类公共建筑单一立面窗墙面积比大于等于 0.40 时,透光材料的可见光透射比不应小于 0.40。

6. 可见光反射比

房间内表面的反射比对提高照度有明显的作用,可降低照明能耗。人员长期停留房间的内表面可见光反射比宜符合表 10-43 的规定。

人员长期停留房间的内表面可见光反射比　　　　　表 10-43

房间内表面位置	可见光反射比
顶棚	0.7～0.9
墙面	0.5～0.8
地面	0.3～0.5

7. 遮阳措施

夏热冬暖、夏热冬冷、温和地区的建筑各朝向外窗(包括透光幕墙)均应采取遮阳措施;寒冷地区的建筑宜采取遮阳措施。建筑外遮阳装置应兼顾通风及冬季日照。

东西向:宜设置活动外遮阳;

南向:宜设置水平外遮阳。

8. 外窗的通风开口面积

公共建筑中主要功能房间的外窗(包括透光幕墙)应设置可开启窗扇或通风换气装置。

甲类公共建筑:外窗应设可开启窗扇,其有效通风换气面积不宜小于所在房间外墙面积的 10%;当透光幕墙受条件限制无法设置可开启窗扇时,应设置通风换气装置。

乙类公共建筑:外窗有效通风换气面积不宜小于窗面积的 30%。

9. 建筑中庭

建筑中庭应充分利用自然通风降温,可设置机械排风装置加强自然补风。

10. 全玻幕墙入口大堂的处理

当公共建筑入口大堂采用全玻幕墙时,全玻幕墙中非中空玻璃的面积不应超过该建筑同一立面透光面积(门窗和玻璃幕墙)的 15%,且应按同一立面透光面积(含全玻幕墙面积)加权计算平均传热系数。

> **例 10-17　(2008)** 为了节能,建筑中庭在夏季应采取下列哪项降温措施:
> A　自然通风和机械通风,必要时开空调
> B　封闭式开空调
> C　机械排风,不用空调
> D　通风降温,必要时机械排风

> 解析：建筑中庭空间高大，在炎热的夏季中庭内温度很高。《公共建筑节能设计标准》GB 50189—2015 第 3.2.11 条规定：建筑中庭应充分利用自然通风降温，并可设置机械排风装置加强自然补风。
> 答案：D

（五）围护结构的热工设计

1. 围护结构热工性能

（1）围护结构的传热系数

《建筑节能通用规范》要求，甲类公共建筑非透光与透光围护结构的传热系数应满足《建筑节能通用规范》第 3.1.10 条的规定。严寒 A、B 区甲类公共建筑围护结构的热工性能限值示例可见表 10-35。其他热工设计分区的围护结构热工性能限值详见该规范表 3.1.10-2～表 3.1.10-6。

乙类公共建筑的屋面、外墙、楼板的热工性能应符合表 10-37 的规定；外窗（包括透光幕墙）热工性能限值应符合表 10-38 的规定。

（2）透光围护结构的太阳得热系数

室内太阳辐射得热量包括两部分：一部分是太阳辐射通过辐射透射直接进入室内的得热量，另一部分是太阳辐射被构件吸收后再次传入室内的得热量。

当设置外遮阳构件时，外窗（包括透光幕墙）的太阳得热系数应为外窗（包括透光幕墙）本身的太阳得热系数与外遮阳构件的遮阳系数的乘积［见公式（10-66）］。

除了严寒地区外，寒冷、夏热冬冷、夏热冬暖地区甲类公共建筑透光围护结构的太阳得热系数限值也可参见该规范的表 3.1.10-3～表 3.1.10-5。夏热冬冷地区甲类公共建筑透光围护结构的太阳得热系数限值示例见表 10-36。

2. 外窗（门）部位的气密性

（1）门窗的气密性

建筑外门、外窗的气密性分级应符合国家标准《建筑外门窗气密、水密、抗风压性能分级及检测方法》GB/T 7106—2008 中的规定，并应满足下列要求：

10 层及以上建筑：外窗的气密性不应低于 7 级（$1.0 \geqslant q_1 > 0.5 [m^3/(m·h)]$）；

10 层以下建筑：外窗的气密性不应低于 6 级（$1.5 \geqslant q_1 > 1.0 [m^3/(m·h)]$）；

严寒和寒冷地区：外门的气密性不应低于 4 级（$2.5 \geqslant q_1 > 2.0 [m^3/(m·h)]$）。

（2）建筑幕墙的气密性

建筑幕墙的气密性应符合国家标准《建筑幕墙》GB/T 21086—2007 中的规定且不应低于 3 级。3 级要求幕墙开启部分单位缝长空气渗透量为：$1.5 \geqslant q_L > 0.5 [m^3/(m·h)]$，幕墙整体部分单位面积空气渗透量为：$1.2 \geqslant q_A > 0.5 [m^3/(m^2·h)]$。

3. 外门处理

严寒地区：建筑的外门必须设门斗；

寒冷地区：面向冬季主导风向的外门必须设置门斗或双层外门，其他朝向外门宜设置门斗或应采取其他减少冷风渗透的措施；

夏热冬冷、夏热冬暖和温和地区：建筑的外门应采取保温隔热措施。

4. 热桥处理

屋面、外墙和地下室的热桥部位的内表面温度不应低于室内空气露点温度。

四、工业建筑节能设计

为了推动工业建筑的节能设计，住房和城乡建设部从 2018 年 1 月 1 日起正式实施《工业建筑节能设计统一标准》GB 51245—2017。由于 2022 年 4 月 1 日实施的《建筑节能通用规范》中对工业建筑围护结构的热工性能、总窗墙面积比和屋顶透光部分面积提出了强制性规定，因此，在工业建筑的节能设计中需要同时满足以上标准和规范的有关规定。

（一）标准的适用范围

本标准适用于新建、改建及扩建工业建筑的节能设计。特殊行业和有特殊要求的厂房或部位的节能设计，应按其专项节能设计标准执行。

（二）工业建筑节能设计分类与基本原则

1. 工业建筑节能设计分类

工业建筑节能设计应按表 10-44 进行分类设计。

工业建筑节能设计分类　　　　　　　　　　表 10-44

类别	环境控制及能耗方式	建筑节能设计原则
一类工业建筑	供暖、空调	通过围护结构保温和供暖系统节能设计，降低冬季供暖能耗；通过围护结构隔热和空调系统节能设计，降低夏季空调能耗
二类工业建筑	通风	通过自然通风设计和机械通风系统节能设计，降低通风能耗

一类工业建筑：冬季以供暖能耗为主，夏季以空调能耗为主，通常无强污染源及强热源。代表性行业有计算机、通信和其他电子设备制造业，食品制造业，烟草制品业，仪器仪表制造业，医药制造业，纺织业等。凡是有供暖空调系统能耗的工业建筑，均执行一类工业建筑相关要求。

二类工业建筑：以通风能耗为主，代表性行业有金属冶炼和压延加工业，石油加工炼焦和核燃料加工业，化学原料和化学制品制造业，机械制造等。强污染源是指生产过程中散发较多有害气体、固体或液体颗粒物的源项，要采用专门的通风系统对其进行捕集或稀释控制才能达到环境卫生的要求，强热源是指在工业加工中，具有生产工艺散发的个体散热源，如热轧厂房以及烧结、锻铸、熔炼等热加工车间。

节能设计和建筑能耗计算所要考虑的因素见表 10-45。

不同类型工业建筑节能设计和建筑能耗计算所要考虑的因素　　　　　　　　表 10-45

工业建筑节能设计类型	总图与建筑	围护结构	供暖	空气调节	自然通风	机械通风	除尘净化	冷热源	给水排水	采光照明	电力	能量回收	可再生能源	监测与控制
一类工业建筑	★	★	★	★	☆	☆	☆	★	☆	☆	★	☆	☆	★
二类工业建筑	★	★	☆	—	★	★	★	☆	☆	★	★	★	☆	★

注：★表示重点考虑，☆表示考虑，—表示忽略。

2. 节能设计环境计算参数

（1）冬季室内节能计算参数

冬季室内节能计算参数应根据不同的劳动强度确定室内计算温度，见表 10-46。

冬季室内节能设计计算温度　　　　　　　　　　　　　　　　表 10-46

体力劳动强度级别	温度（℃）
轻劳动	16
中等劳动	14
重劳动	12
极重劳动	10

注：劳动强度指数（n）测量方法应符合现行国家标准《工作场所物理因素测量 第10部分：体力劳动强度分级》GBZ/T 189.10 的有关规定。

（2）夏季空气调节的室内计算参数

在保证工作人员的工作效率及舒适性的前提下，夏季空气调节的室内计算温度，见表 10-47。

夏季空气调节室内节能设计计算温度　　　　　　　　　　　　表 10-47

参数	计算参数取值
温度	28℃
相对湿度	≤70%

需要说明的是，上述两个环境计算参数只是用于节能设计计算，并不代表工业建筑运行时室内的实际参数。

（三）建筑和热工设计

1. 总图设计

（1）厂区选址：除了考虑用地性质、交通组织、市政设施、周边建筑等基本因素外，还应综合考虑区域的生态环境因素（日照条件、降水量、温湿度、风向、风速、风频及地表下垫面情况等），充分利用有利条件，符合可持续发展原则。

（2）妥善处理建筑群间的相互关系：应避免大量热蒸汽或有害物质向相邻建筑散发，而造成相邻建筑的能耗增加和污染周围的自然环境。因此，要从总图设计出发，控制建筑群之间的建筑间距、选择最佳朝向、确定建筑密度和绿化构成，以消除或减少相互之间的不利干扰。

（3）合理确定能源设备机房和冷热负荷中心的位置：冷热源机房宜位于或靠近冷热负荷中心位置集中设置，尽量缩短能源供应输送距离。

（4）充分利用气候条件：厂区总图设计应充分利用冬季日照、夏季自然通风和自然采光等条件。冬季利用日照减少供暖能耗，合理利用当地主导风向组织自然通风，可有效降低通风和空调能耗。

（5）合理划分建筑内部的功能布局。在满足工艺需求的基础上，建筑内部功能布局应合理划分生产与非生产、强热源和一般热源、强污染源和一般污染源、人员操作区与非人员操作区部位。对于大量散热的热源，宜放在生产厂房的外部并与生产辅助用房保持距离；对于生产厂房内的热源，宜采取隔热措施并宜采用远距离控制或自动控制。

2. 建筑设计

（1）优先采用被动式节能技术

根据气候条件，合理选择建筑的朝向、建筑的造型、控制窗墙面积比，对围护结构进行保温隔热处理，设置遮阳、天然采光、自然通风等措施，可减小环境对建筑节能的不利影响，降低建筑的供暖、空调、通风和照明系统的能耗，达到节能的目的。

(2) 积极采用节能新技术、新材料、新工艺、新设备

应充分结合行业特征和特殊性，积极采用节能新技术、新材料、新工艺、新设备。

(3) 能量就地回收与再利用

对于工业建筑在工艺流程和设备运行中散发出的废热、余热，可建立集中的能量回收设施，在辅助热水等方面得到再次利用，或服务于周边建筑。

(4) 利用厂区植被、水面等自然条件改善生态环境

绿化对改善建筑周围的环境十分有利。水平绿化、垂直绿化、立体绿化在夏季可以对建筑形成遮阴，避免建筑过热；冬季可以遮蔽寒风，降低风速，减少冷风渗透引起的能耗。

有条件的地区可设置水面，利用水的蒸发降低周围环境温度、平衡湿度，从而提高环境的舒适度。

改善厂区室外场地（如停车场、室外空地）的硬质地面，在能够满足强度和耐久性要求的前提下用透水铺装材料代替硬质铺装材料，可使雨水通过铺装下的渗水路径渗入到下部土壤，从而降低地表面温度，改善夏季室外热环境条件。

(5) 体形系数：严寒和寒冷地区一类工业建筑体形系数应符合表10-48的规定。

严寒和寒冷地区一类工业建筑体形系数　　表10-48

单栋建筑面积 A (m^2)	建筑体形系数
$A>3000$	$\leqslant 0.3$
$800<A\leqslant 3000$	$\leqslant 0.4$
$300<A\leqslant 800$	$\leqslant 0.5$

(6) 总窗墙面积比：设置供暖、空调系统的工业建筑总窗墙面积比不应大于0.50，当不能满足此规定时，必须进行权衡判断。

(7) 一类工业建筑屋顶透光部分的面积与屋顶总面积之比不应大于0.15，当不能满足此规定时，必须进行权衡判断。

3. 自然通风

(1) 充分利用自然通风消除工业建筑余热和余湿

通常工业建筑要有外窗，通过组织有效的自然通风可消除工业建筑余热和余湿。利用自然通风时，应避免自然进风对室内环境的污染和无组织排放造成室外环境的污染。

(2) 热压自然通风

1) 进风口与排风口位置

应使进风口位置尽可能低，排风口位置尽可能高，以增加进、排风口的高度差，增强热压通风效果。当热源靠近厂房的一侧外墙布置，且外墙与热源之间无工作地点时，该侧外墙的进风口宜布置在热源的间断处，防止室外新鲜空气流经散热设备被加热和污染。

2) 进、排风口面积

进、排风口面积尽量相等才能保证自然通风的效果。当受限时，可采用机械进、出风方式补充进、出风量。有条件时，可在地面设置进风口，利用地道作为热压通风进风方式。

(3) 风压自然通风

以风压自然通风为主的工业建筑，其迎风面与夏季主导风向宜为60°～90°，且不宜小

于45°。

(4) 通风装置

尽量采用流量系数较大、阻力系数小、易于开关和维修的进、排风口或窗扇。如常用的门、洞、平开窗、上悬窗、中悬窗及隔板或垂直转动窗、板等排风口或窗扇。通风装置应随季节的变换进行调节。

4. 围护结构的热工设计

(1) 围护结构的热工性能

对一类工业建筑，《建筑节能通用规范》第3.1.12条要求，设置供暖空调系统的工业建筑围护结构热工性能应符合表3.1.12-1～表3.1.12-9的规定。其中，对严寒地区和寒冷地区仅规定了围护结构传热系数限值，但对夏热冬冷、夏热冬暖和温和地区，既有传热系数限值，还有太阳得热系数限值。严寒A区、夏热冬冷地区工业建筑围护结构的热工性能限值示例见表10-39和表10-40，工业建筑的地面和地下室外墙热阻限值见表10-41。

本条为强制性条文，必须严格执行。当不能满足本条规定时，必须进行权衡判断。

在进行工业建筑围护结构热工计算时，外墙和屋面的传热系数（K）应采用包括结构性热桥在内的平均传热系数（K_m）。工业建筑中常用的金属围护结构典型构造形式的传热系数见《工业建筑节能设计统一标准》GB 51245—2017的附录B。

由于二类工业建筑是以通风作为环境控制的主要方式，因此，对二类工业建筑围护结构的热工性能，标准只给出了严寒地区和寒冷地区传热系数的推荐值。

(2) 门窗设计

1) 外窗

外窗可开启面积不宜小于窗面积的30%，否则，应加设通风装置。对外窗有保温隔热要求时，宜安装具有保温隔热性能的附框。外窗与墙体之间的缝隙应采用保温、密封构造，一定要采用防潮型保温材料。外窗的气密性等级应符合现行国家标准《建筑外门窗气密、水密、抗风压性能分级及检测方法》GB/T 7106的有关规定。

2) 天窗

若冬季要求保温，需采用自动或手动的控制方式关闭天窗，以减少通风换气的热量损失。

3) 外门

设置门斗减少冷风渗透。严寒和寒冷地区有保温或隔热要求时，应采用防寒保温门或隔热门，外门与墙体之间应采取防水保温措施。

(3) 屋顶隔热

夏热冬冷或夏热冬暖地区，当屋顶离地面平均高度小于或等于8m时，采用屋顶隔热措施。采用通风屋顶隔热时，其通风层长度不宜大于10m，空气层高度宜为0.2m。

(4) 窗口遮阳

夏热冬暖、夏热冬冷、温和地区的工业建筑宜采取遮阳措施。东、西向宜设置活动外遮阳，南向宜设水平外遮阳。同时，注意处理好遮阳的构造、安装位置、材料与颜色等要素。

(5) 构造设计

围护结构的构造设计应符合下列规定：采用外保温时，外墙和屋面宜减少挑构件、附墙构件和屋顶突出物，外墙与屋面的热桥部分应采取阻断热桥措施；变形缝应采取保温措施；严寒及寒冷地区地下室外墙及出入口应防止内表面结露并应设防水排潮措施。

（6）预制装配式围护结构金属围护系统

采用预制装配式围护结构或金属围护系统时，均应符合标准的有关规定。

五、建筑节能的检测、评价标准

为了规范居住建筑节能检测方法，住房和城乡建设部公布于2010年7月1日起实施《居住建筑节能检测标准》JGJ/T 132—2009，该标准适用于新建、改建和扩建的居住建筑的节能检测。

为了加强对公共建筑的节能监督与管理，规范建筑节能检测方法，于2010年7月1日起实施《公共建筑节能检测标准》JGJ/T 177—2009，该标准适用于公共建筑的节能检测。

2011年4月，住房和城乡建设部发布公告，自2012年5月1日起实施《节能建筑评价标准》GB/T 50668—2011。它是在广泛调查研究，认真总结实践经验，参考有关国内标准、国外先进标准和大量征求意见的基础上制定的。该标准适用于新建、改建和扩建的居住建筑和公共建筑的节能评价，将规范节能建筑的评价。

六、有关绿色建筑评价标准的几个问题

《绿色建筑评价标准》GB/T 50378—2006自2006年发布实施以来，期间曾有过一次修订（《绿色建筑评价标准》GB/T 50378—2014）。该标准的实施对评估建筑绿色程度、保障绿色建筑质量、规范和引导我国绿色建筑的健康发展发挥了重要的作用。为适应新时代绿色建筑实践及评价工作的需要，在2014年版的基础上再次修订，并于2019年3月13日发布《绿色建筑评价标准》GB/T 50378—2019，2019年8月1日正式实施。

1. 绿色建筑

在全寿命期内，节约资源、保护环境、减少污染，为人们提供健康、适用、高效的使用空间，最大限度地实现人与自然和谐共生的高质量建筑。

2. 标准适用范围

本标准适用于民用建筑绿色性能的评价。

3. 绿色建筑评价

（1）评价对象

绿色建筑评价应以单栋建筑或建筑群为评价对象。应在建筑工程竣工后进行。

（2）评价指标体系

绿色建筑评价指标体系应由安全耐久、健康舒适、生活便利、资源节约、环境宜居5类指标组成，且每类指标均包括控制项和评分项；评价指标体系还统一设置加分项。

其中，控制项为评为绿色建筑的必备条款；控制项的评定结果应为达标或不达标；评分项和加分项的评定结果应为分值。表10-49为绿色建筑评价分值。

标准按上述5类不同的评价指标，分别详细规定了每一类评价指标控制项对下属子项的要求、评分项各自下属子项的评价分值。最后，标准给出了提高与创新加分项的评价分值。

绿色建筑评价分值 表 10-49

	控制项基础分值	评价指标评分项满分值					提高与创新加分项满分值
		安全耐久	健康舒适	生活便利	资源节约	环境宜居	
预评价分值	400	100	100	70	200	100	100
评价分值	400	100	100	100	200	100	100

例如，在"安全耐久"体系中，控制项有 8 个子项，其中第 2 子项要求："建筑结构应满足承载力和建筑使用功能要求。建筑外墙、屋面、门窗、幕墙及外保温等围护结构应满足安全、耐久和防护的要求"。

评分项有 9 个子项，其中第 2 子项为：

采取保障人员安全的防护措施，评价总分值为 15 分，并按下列规则分别评分并累计：

1 采取措施提高阳台、外窗、窗台、防护栏杆等安全防护水平，得 5 分；
2 建筑物出入口均设外墙饰面、门窗玻璃意外脱落的防护措施，并与人员通行区域的遮阳、遮风或挡雨措施结合，得 5 分；
3 利用场地或景观形成可降低坠物风险的缓冲区、隔离带，得 5 分。

绿色建筑评价的总得分 Q 应按下式进行计算：

$$Q = (Q_0 + Q_1 + Q_2 + Q_3 + Q_4 + Q_5 + Q_A)/10 \tag{10-72}$$

式中 Q——总得分；

Q_0——控制项基础分值，当满足所有控制项的要求时取 400 分；

$Q_1 \sim Q_5$——分别为评价指标体系 5 类指标（安全耐久、健康舒适、生活便利、资源节约、环境宜居）评分项得分；

Q_A——提高与创新加分项得分。

(3) 等级划分

绿色建筑划分为基本级、一星级、二星级、三星级 4 个等级。其中：

1) 基本级

满足全部控制项要求。

2) 3 个星级等级（一星级、二星级、三星级）

① 3 个等级的绿色建筑均应满足本标准全部控制项的要求，且每类指标的评分项得分不应小于其评分项满分值的 30%；

② 3 个等级的绿色建筑均应进行全装修，全装修工程质量、选用材料及产品质量应符合国家现行有关标准的规定；

③ 满足①②要求，当总得分分别达到 60 分、70 分、85 分时，绿色建筑等级分别为一星级、二星级、三星级。

七、被动式太阳能建筑

1. 被动式太阳能建筑

被动式太阳能建筑是指利用太阳的辐射能量代替部分常规能源，使建筑物达到一定温度环境的一种建筑。具有节约常规能源和减少空气污染等独特的优点。

被动式太阳能建筑以不使用机械设备为前提，仅通过建筑设计、节点构造处理、建筑材料恰当选择等有效措施，一方面尽量减少通过围护结构及冷风渗透而造成热损失，利用充分收集、蓄存和分配太阳能热量实现冬季采暖；另一方面尽可能多地散热并减少吸收太阳能，完全依靠加强建筑物的遮挡功能和通风，达到夏季降温的目的。

利用被动式技术就是根据当地气象条件，在基本上不添置附加设备的情况下，经过设计有意识地利用通过墙、屋顶、窗等围护结构控制入射和吸收的太阳能，以自然热交换方式（辐射、对流、传导）使房屋具有冬暖夏凉的效果。如果获得的太阳能达到建筑采暖、空调所需能量的一半以上时，则称此建筑物为被动式太阳房。

目前，被动式太阳房主要用来解决冬季的采暖问题，经过多方试验并逐步过渡到实用阶段；而利用被动技术解决夏季的降温问题尚处于探索阶段。

2. 被动太阳能建筑的类型

按采集太阳能的方式区分，被动太阳建筑可以分为以下几类：

（1）直接受益式（图10-18）

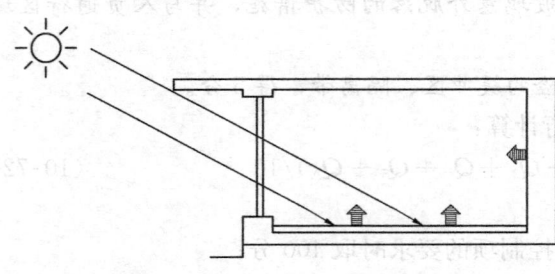

图10-18 直接受益式太阳房

直接受益式太阳房是让太阳光通过透光材料直接进入室内的采暖形式。阳光直接照射至室内的地面墙壁和家具上，使其吸收大部分热量，一部分以辐射、对流方式在室内空间传递，一部分导入蓄热体内，然后逐渐释放出热量，使房间在晚上和阴天也能保持一定温度。该类太阳房的优点是升温快、构造简单、造价且管理方便。但如果设计不当，很容易引起室温昼夜波动大且白天室内有眩光。

直接受益式太阳房的南窗面积较大，应配置保温窗帘，并要求窗扇的密封性能良好，以减少通过窗的热损失。窗应设置遮阳板，以遮挡夏季阳光进入室内。

（2）集热蓄热墙式（Trombe墙）（图10-19）

这种类型的太阳房主要是利用阳光照射到外面有玻璃罩的深色蓄热墙体上，加热透明玻璃和厚墙外表面之间的夹层空气，通过热压作用使空气流入室内向室内供热，同时墙体本身直接通过热传导向室内放热并储存部分能量，夜间墙体将储存的能量释放到室内。

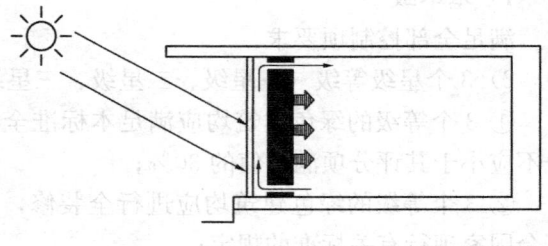

图10-19 集热蓄热墙式太阳房

集热蓄热墙的外表面涂成黑色或某种深色，是为了有效地吸收阳光。构成集热蓄热墙的形式有：实体式集热蓄热墙、花格式集热蓄热墙、水墙式集热蓄热墙、相变材料集热蓄热墙等。

与直接受益式相比，集热蓄热墙式被动式太阳房室内温度波动小，居住舒适，但热效率较低，结构比较复杂，玻璃夹层中间积灰不好清理，影响集热效果，深色立面不太美观，推广有一定的局限性。

目前，集热蓄热墙式被动房的研究热点主要集中在如何增强和控制墙体的集热蓄热效果、改善外观上，出现了百叶式集热蓄热墙、多孔式集热蓄热墙、热管式集热蓄热墙等新的墙体形式。

(3) 附加阳光间式（图10-20）

附加阳光间式太阳房是由直接受益式和储热墙相结合的太阳房形式。阳光间附建在房屋南侧，全部或部分由玻璃等透光材料构成，通过储热墙与被加热的房间隔开。两个房间之间的储热墙上开有门、窗等孔洞。阳光间得到阳光照射被加热，其内部温度始终高于外环境温度。所以既可

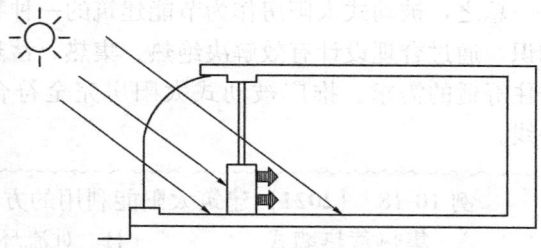

图10-20 附加阳光间式太阳房

以在白天通过对流风口给房间供热，又可在夜间作为缓冲区，减少房间热损失。附加阳光间还可兼作白天休息、活动的场所；与直接受益式相比，采暖房间温度波动和眩光程度得到有效降低。这种太阳房适用于民用住宅，成为一种适合村镇地区建设的建筑形式。

与集热蓄热墙式相比，附加阳光间增加了地面作为集热、蓄热构件。

(4) 屋顶集热蓄热式

1) 屋顶池式（图10-21）

用充满水或相变储热材料的塑料袋作为储热体，置于屋顶顶棚之上，其上设置可水平推拉开闭的保温盖板。冬季白天晴天时，将保温板敞开，让水袋充分吸收太阳辐射热，水袋所储热量通过辐射和对流传至下面房间。夜间则关闭保温板，阻止向外的热损失。夏季保温盖板启闭情况则与冬季相反。白天关闭保温盖板，隔绝阳

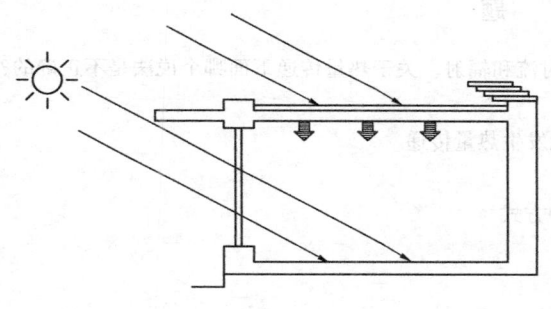

图10-21 屋顶池式太阳房

光及室外热空气，同时用较凉的水袋吸收下面房间的热量，使室温下降；夜晚则打开保温盖板，让水袋冷却。保温盖板还可根据房间温度、水袋内水温和太阳辐射照度，进行自动调节启闭。

2) 集热蓄热屋顶

集热蓄热屋顶是将平屋顶或坡屋顶的南向坡面做成集热蓄热墙形式，其主要结构由外到内依次为：玻璃盖板、空气夹层、涂有吸热材料且开有通风孔的重质屋顶。南向集热蓄热墙主要依靠热压作用带动空气循环流动加热室内空气。为增强热流流动，在出风口位置安装小型轴流风机，使夹层空气在玻璃盖板和重质屋顶之间以强迫对流的方式进行流动，提高供热效率。

(5) 对流环路式（热虹吸式）（图10-22）

对流环路式是将集热器和采暖房间分开的一种太阳房。利用集热器（空气或水）收集、吸收太阳能后快速升温，再通过热虹吸作用进行加热循环。白天通过对流环路将一

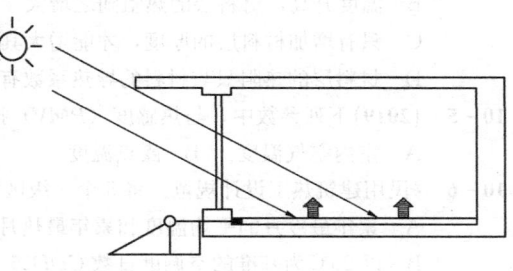

图10-22 对流环路式太阳房

部分热量直接输送到室内供热，同时，将另一部分热量蓄存在地板或卵石床内；夜间，则让气流经过地板或卵石床被加热后继续为室内供热。

总之，被动式太阳房作为节能建筑的一种特殊形式，需要利用建筑学和太阳能方面的知识，通过合理设计有效解决绝热、集热、蓄热三方面的问题，使房屋满足人们冬暖夏凉居住舒适的需求。推广被动式太阳房完全符合目前提倡的绿色低碳循环的可持续发展路线。

例 10-18 （2021）建筑太阳能利用的方式中，属于主动式利用太阳能的是：
A 集热蓄热墙式　　　　　B 对流环路式
C 附加阳光间式　　　　　D 太阳能集热板通过泵把热量传递到各房间
解析：集热蓄热墙式、对流环路式和附加阳光间式均属于被动式太阳房的类型。将太阳能集热板收集的热量通过泵传递到各房间则属于主动式利用太阳能。
答案：D

习　题

10-1 热量传递有三种基本方式，它们是导热、对流和辐射。关于热量传递下面哪个说法是不正确的？
A 存在着温差的地方，就发生热量传递
B 两个相互不直接接触的物体间，不可能发生热量传递
C 对流传热发生在流体中
D 密实的固体中的热量传递只有导热一种方式

10-2 关于太阳辐射，下述哪一项不正确？
A 太阳辐射的波长主要是短波辐射
B 到达地面的太阳辐射分为直射辐射和散射辐射
C 同一时刻，建筑物各表面的太阳辐射照度相同
D 太阳辐射在不同的波长下的单色辐射本领各不相同

10-3 下列材料的导热系数由小至大排列正确的是哪一个？
A 钢筋混凝土、重砂浆黏土砖砌体、水泥砂浆
B 岩棉板（密度<80kg/m³）、加气混凝土（密度500kg/m³）、水泥砂浆
C 水泥砂浆、钢筋混凝土、重砂浆黏土砖砌体
D 加气混凝土（密度700kg/m³）、保温砂浆、玻璃棉板（密度80～200kg/m³）

10-4 有关材料层的导热热阻，下列叙述哪一种是正确的？
A 厚度不变，材料层的热阻随导热系数的减小而增大
B 温度升高，材料层的热阻随之增大
C 只有增加材料层的厚度，才能增大其热阻
D 材料层的热阻只与材料的导热系数有关

10-5 (2019)下列参数中，与热感度（PMV）指数无关的是：
A 室内空气温度　　B 露点温度　　C 气流速度　　D 空气湿度

10-6 《民用建筑热工设计规范》将5个一级区划细分为11个二级区划，划分的主要依据是：
A 累年最冷月的平均温度和累年最热月的平均温度
B 以 26℃为基准的空调度日数 $CDD26$
C 以 18℃为基准的采暖度日数 $HDD18$

D 采暖度日数 $HDD18$ 和空调度日数 $CDD26$

10-7 (2018)现行国家标准《民用建筑热工设计规范》中，根据 $HDD18$ 和 $CDD26$ 指标将全国建筑气候区细分为 11 个子分区，对不同子区提出了冬季保温和夏季防热的设计要求，其中"宜满足隔热设计要求"的子区是：
　　A 严寒B区（1B）　　　　　　　B 寒冷B区（2B）
　　C 温和A区（5A）　　　　　　　D 温和B区（5B）

10-8 在稳定传热中，通过多层平壁各材料层的热流强度：
　　A 沿热流方向逐渐增加　　　　　B 随时间逐渐减小
　　C 通过各材料层的热流强度不变　D 沿热流方向逐渐减少

10-9 (2019)某一建筑外围护结构墙体的热阻为 R 时，该外墙冬季的热传阻应为：
　　A "R"＋（外表面热阻）　　　　B "R"＋（内、外表面热阻）
　　C "R"＋（内表面热阻）　　　　D "R" 值

10-10 (2018)某墙体材料的厚度为 100mm，导热系数为 0.04W/(m·K)，当其内、外表面换热阻分别为 0.11(m²·K)/W 和 0.04(m²·K)/W 时，冬季正确的传热阻值 W/(m·K)是：
　　A R_0=2.5　　B R_0=2.55　　C R_0=2.6　　D R_0=2.65

10-11 (2018)下列供暖房间保温墙体中温度分布曲线正确的是：

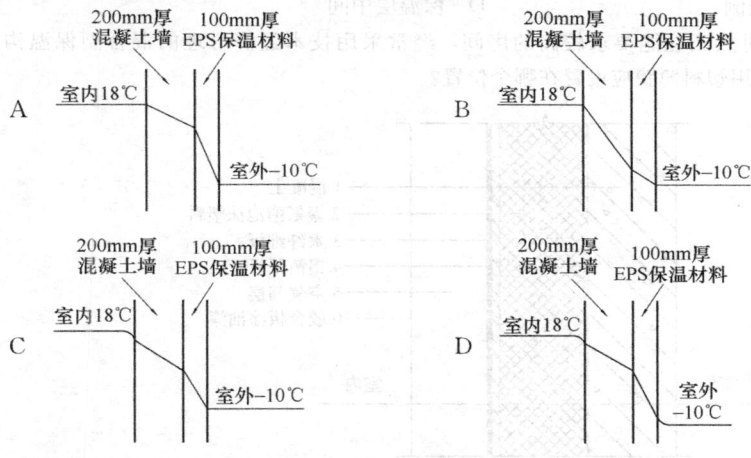

10-12 (2018)根据围护结构对室内热稳定性的影响，习惯上用热惰性指标 D 来界定重质围护结构和轻质围护结构，下列热惰性指标中，能准确判断重质围护结构的是：
　　A D<2.5　　　　　　　　　　B D=2.5
　　C D≥2.5　　　　　　　　　　D D>2.5

10-13 封闭空气间层热阻的大小主要取决于：
　　A 间层中空气的温度和湿度
　　B 间层中空气对流传热的强弱
　　C 间层两侧内表面之间辐射传热的强弱
　　D 既取决于间层中空气对流传热的强弱，又取决于间层两侧内表面之间辐射传热的强弱

10-14 外墙某局部如题 10-14 图所示，比较内表面温度 θ_1 和 θ_2，下列哪一个答案是正确的？
　　A θ_1>θ_2　　　　　　　　　　B θ_1<θ_2
　　C θ_1=θ_2　　　　　　　　　　D θ_1 和 θ_2 的关系不确定

10-15 (2019)对于采暖房间达到基本热舒适度要求，墙体的内表面温度与空气温度的温差 Δt_w 应满足：
　　A Δt_w≤3℃　　B Δt_w≤3.5℃　　C Δt_w≤4℃　　D Δt_w≤4.5℃

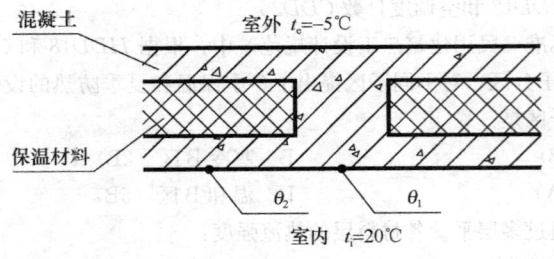

题 10-14 图

10-16 在围护结构内设置隔汽层的条件是：
A 围护结构内表面出现结露
B 保温材料层受潮以后的重量湿度增量超过允许湿度增量
C 围护结构内部出现冷凝
D 保温材料层内部温度低于室内空气的露点温度

10-17 (2019)外墙外保温系统的隔汽层应设置在：
A 保温层的室外侧　　　　　　B 外墙的室内侧
C 保温层的室内侧　　　　　　D 保温层中间

10-18 (2018)在恒温室对热工性能要求较高的房间，经常采用技术经济合理的混合型保温构造。题 10-18 图中，隔汽用塑料薄膜应设置在哪个位置？

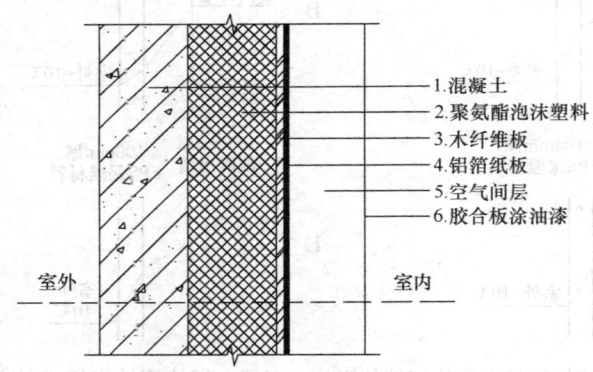

题 10-18 图　混合型保温构造图

A 1与2之间　　B 2与3之间　　C 3与4之间　　D 4与5之间

10-19 (2018)在夏热冬冷地区冬夏之交"梅雨"季节，夏热冬暖地区沿海地区初春季节"回南天"，外墙内表面、地面上产生结露现象（俗称泛潮），以下形成原因中哪一个不正确？
A 空气湿度太大　　　　　　　B 地面、外墙内表面温度过低
C 未设置防水（潮）层　　　　D 房间通风与否不影响结露

10-20 关于夏季防热设计要考虑的"室外综合温度"，以下哪个说法是正确的？
A 一栋建筑只有一个室外综合温度
B 屋顶和四面外墙分别有各自的室外综合温度
C 屋顶一个，四面外墙一个，共有两个室外综合温度
D 屋顶一个，东西墙一个，南北墙一个，共有三个室外综合温度

10-21 (2018)现行国家标准对热工计算基本参数室内空气温度平均值 t_i 和室外空气温度平均值 t_e 的取值作出了规定，下列夏季室内设计参数中错误的是：

A 非空调房间 $t_i = t_e + 1.5K$ B 空调房间 t_i 取 26℃
C 相对湿度宜为 50%   D 相对湿度应取 60%

10-22 (2018)在围护结构隔热设计中，当 t_i 为外墙内表面温度、t_e 为外墙外表面温度时，外墙内表面最高温度 $\theta_{i.max}$（℃）的限值，下列哪一项不符合规定？
A ≤t_i+2   B ≤$t_{e.max}$ C ≤t_i+3   D ≤t_i+4

10-23 (2019)下列外墙的隔热措施中，错误的是：
A 涂刷热反射涂料   B 采用干挂通风幕墙
C 采用加厚墙体构造   D 采用墙面垂直绿化

10-24 (2019)架空屋面能够有效降低屋面板室内侧表面温度，其隔热作用原理正确的是：
A 防止保温层受潮   B 减少屋面板传热系数
C 增加屋面热惰性   D 减少太阳辐射影响

10-25 (2018)工程中常用种植屋面的构造设计保证屋面的隔热效果。下列防热途径不属于种植屋面作用的是：
A 减少屋面存在的热桥
B 使屋面热应力均匀
C 植物蒸腾作用降低夏季屋顶表面温度
D 利用屋面架空通风层来防热

10-26 在建筑日照设计中，由下列哪一组因素可计算出太阳高度角？
A 地理经度、墙体方位角、时角   B 赤纬角、时角、墙体方位角
C 赤纬角、时角、地理纬度   D 地理经度、时角、赤纬角

10-27 (2019)根据现行国家标准《城市居住区规划设计标准》规定，作为特定情况，旧区改建的项目内新建住宅日照标准可酌情降低，但不应低于以下哪项规定？
A 大寒日日照 1h   B 大寒日日照 2h
C 冬至日日照 1h   D 冬至日日照 2h

10-28 根据《民用建筑热工设计规范》，在进行透光围护结构的隔热设计时，要求以下哪一项符合规范的限值？
A 透光围护结构自身的太阳得热系数
B 透光围护结构遮阳系数
C 透光围护结构太阳得热系数和透光围护结构遮阳系数的乘积
D 透光围护结构太阳得热系数和夏季建筑遮阳系数的乘积

10-29 (2018)对建筑的东南、西南朝向外窗设置固定遮阳时，正确的遮阳形式是：
A 水平式   B 综合式   C 组合式   D 挡板式

10-30 (2019)下面为固定式建筑外遮阳的四种基本形式示意图，在北回归线以北地区的建筑，其南向及接近南向的窗口设置固定式遮阳，应选用哪一个？

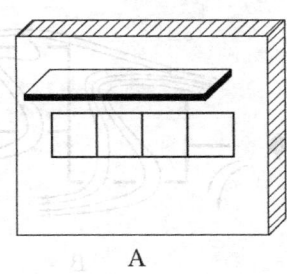

A

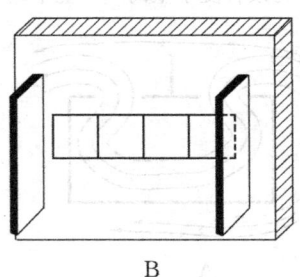

B

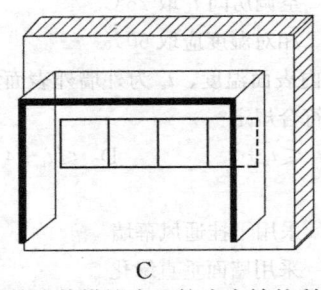
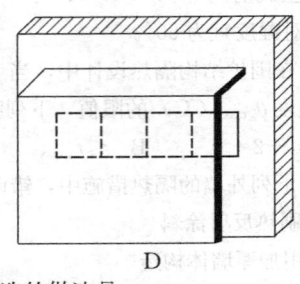

C　　　　　　　　　　　　　　　　D

10-31 (2019)下列建筑防热措施中，较为有效的利用建筑构造的做法是：

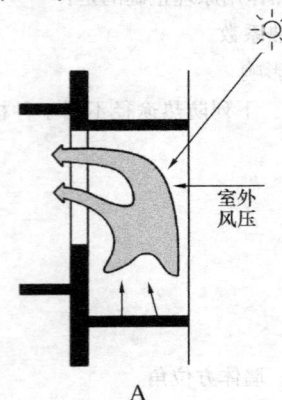
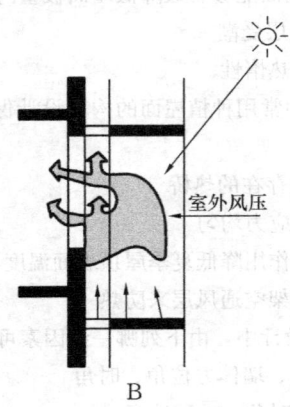

A　　　　　　　　　　　　　　　　B

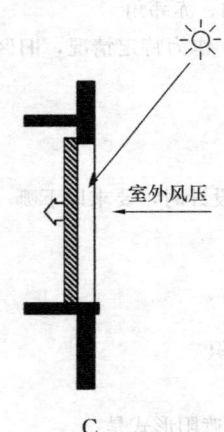
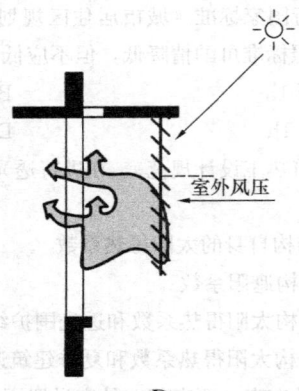

C　　　　　　　　　　　　　　　　D

10-32 当风向投射角加大时，建筑物后面的旋涡区为：
　　A　加大　　　　B　变小　　　　C　不变　　　　D　可能加大也可能变小

10-33 (2019)为改善夏季室内风环境质量，下图中不属于设置挡风板来改善室内自然通风状况的是：

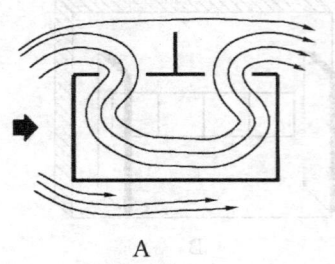
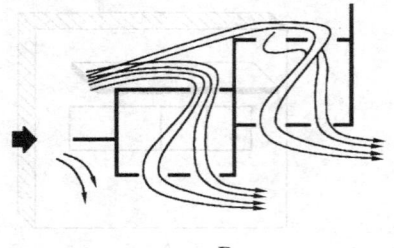

A　　　　　　　　　　　　　　　　B

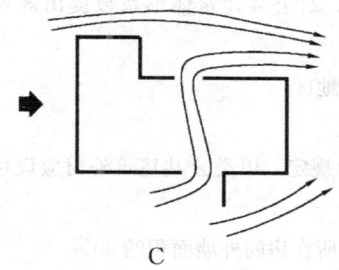
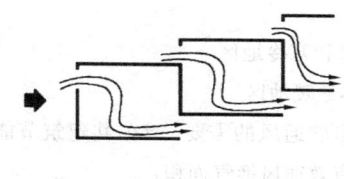

C D

10-34 **(2018)** 严寒和寒冷地区居住建筑节能与室内热环境设计指标中，下列指标哪一个是正确的？
A 冬季采暖室内空气相对湿度为 50% B 冬季采暖室内计算温度为 22℃
C 冬季采暖室内换气次数为 0.5 次/h D 冬季采暖室内空气流速为 0.5m/s

10-35 根据《严寒和寒冷地区居住建筑节能设计标准》，在严寒和寒冷地区居住建筑节能设计中，通过建筑热工和暖通设计，要求下列哪一个参数必须满足节能设计标准的要求？
A 全年供暖能耗   B 采暖期的供暖能耗
C 全年供暖、空调能耗   D 全年供暖、照明能耗

10-36 根据《建筑节能与可再生能源利用通用规范》中有关体形系数的规定，严寒地区一栋 6 层建筑的体形系数应该：
A ≤0.30   B ≤0.33   C ≤0.45   D ≤0.55

10-37 根据《建筑节能与可再生能源利用通用规范》中有关窗墙面积比的规定，严寒、寒冷地区哪个朝向的窗墙面积比不应大于 0.25 和 0.30？
A 北向   B 南向   C 东向   D 西向

10-38 在《夏热冬冷地区居住建筑节能设计标准》中，冬季采暖室内热环境设计指标要求卧室、起居室的室内设计温度为：
A 18℃   B 16～18℃   C 16℃   D 18～20℃

10-39 在《建筑节能与可再生能源利用通用规范》中规定，居住建筑东西向外窗的建筑外遮阳系数不得大于：
A 0.6   B 0.7   C 0.8   D 0.9

10-40 在《夏热冬暖地区居住建筑节能设计标准》中，对该区居住建筑的节能设计提出什么要求？
A 全区仅考虑夏季空调的节能设计
B 全区既考虑夏季空调又考虑冬季采暖的节能设计
C 北区既考虑夏季空调又考虑冬季采暖的节能设计，南区仅考虑夏季空调的节能设计
D 南区仅考虑夏季空调、北区仅考虑冬季采暖的节能设计

10-41 《温和地区居住建筑节能设计标准》对于外窗综合遮阳系数的限值中，下列哪一个是错误的？
A 温和 A 区冬季南向外窗综和遮阳系数≥0.50
B 温和 B 区冬季南向外窗综和遮阳系数≥0.45
C 温和 B 区夏季东、西向外窗综和遮阳系数≤0.40
D 水平向天窗夏季外窗综和遮阳系数≤0.30

10-42 在现行《公共建筑节能设计标准》中，将公共建筑分为甲、乙两类，下列哪一种属于甲类公共建筑？
A 单栋建筑面积≤200m²
B 单栋建筑面积≤300m²
C 单栋建筑面积≤300m² 但总建筑面积>1000m² 的建筑群
D 单栋建筑面积≤300m² 但总建筑面积>800m² 的建筑群

10-43 (2019)在现行国家标准《公共建筑节能设计标准》中,对公共建筑体形系数提出规定的气候区是:
 A 严寒和寒冷地区 B 夏热冬冷地区
 C 夏热冬暖地区 D 温和地区

10-44 为满足自然通风的需要,《公共建筑节能设计标准》中规定,甲类公共建筑外窗应设可开启窗扇,其有效通风换气面积:
 A 不宜小于所在房间外墙面积的10% B 不宜小于所在房间外墙面积的30%
 C 不宜小于窗面积的10% D 不宜小于窗面积的30%

10-45 根据《工业建筑节能设计统一标准》,工业建筑分为两类,以下哪一种说法是正确的?
 A 一类工业建筑冬季以供暖能耗为主,夏季以空调能耗为主
 B 二类工业建筑冬季以供暖能耗为主,夏季以通风能耗为主
 C 二类工业建筑冬季、夏季均以空调能耗为主,
 D 一类、二类工业建筑均以通风能耗为主

10-46 根据《绿色建筑评价标准》,下面关于绿色建筑评价指标体系和等级划分的说法哪一个是正确的?
 A 绿色建筑评价指标体系有5个,等级划分有4级
 B 绿色建筑评价指标体系有7个,等级划分有3级
 C 绿色建筑等级划分为:一星级、二星级、三星级、四星级
 D 绿色建筑5类评价指标体系是安全耐久、健康舒适、生活便利、资源节约、交通方便

10-47 (2018)在不同气候分区超低能耗建筑设计时,下列建筑年供暖需求能耗指标[单位:kWh/(m²·a)]中错误的是:
 A 严寒地区≤18 B 寒冷地区≤15
 C 夏热冬冷地区≤10 D 夏热冬暖地区≤5

10-48 (2018)以下哪项不属于被动式防热节能技术?
 A 夜间房间的自然通风
 B 采用冷风机降温
 C 采用种植屋面隔热
 D 利用建筑外表面通过长波辐射向天空散热

10-49 (2019)被动式超低能耗建筑施工气密性处理过程中,电线盒部位正确的做法是

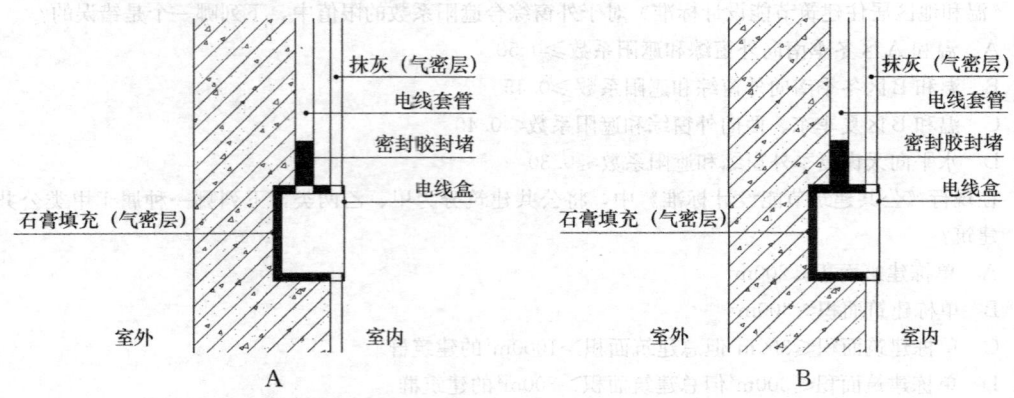

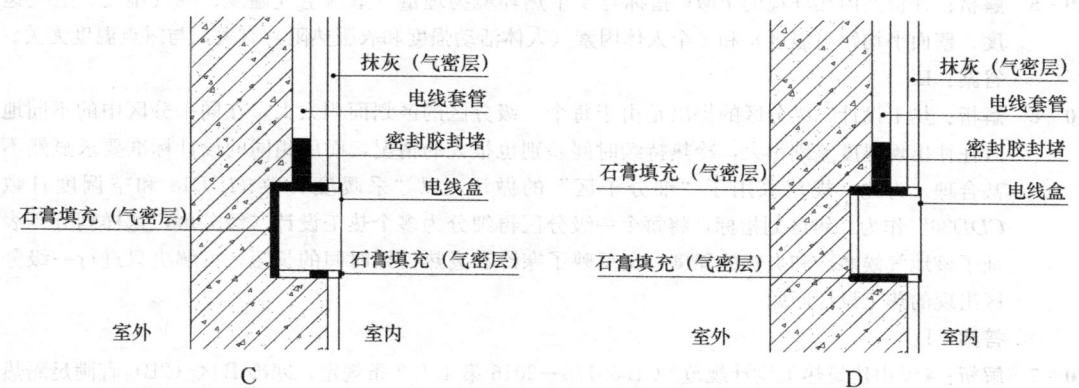

10-50 (2018) 下列哪一项设计策略，不属于被动式建筑围护结构气密性能范畴？
A 檐口与墙体节点
B 楼板与墙体节点
C 地面与墙体节点
D 窗框与墙体节点

10-51 《建筑节能与可再生能源利用通用规范》提出，新建居住建筑平均设计能耗水平应在2016年执行的节能设计标准的基础上降低30%。其中，哪个热工设计分区居住建筑平均节能率应为75%？
A 严寒和寒冷地区
B 夏热冬冷地区
C 夏热冬暖地区
D 温和地区

10-52 《建筑节能与可再生能源利用通用规范》对居住建筑透光围护结构的热工性能指标的限值中，对以下哪一组设计分区，除了提出传热系数的限值外，还提出了太阳得热系数的限值？
A 严寒地区、寒冷地区、夏热冬冷地区、夏热冬暖地区
B 寒冷B区、夏热冬冷地区、夏热冬暖地区、温和地区
C 寒冷B区、夏热冬冷地区、夏热冬暖地区
D 夏热冬冷地区、夏热冬暖地区、温和地区

参考答案及解析

10-1 解析：以辐射方式进行传热的两个物体无需直接接触就能发生热量传递。
答案：B

10-2 解析：根据太阳辐射光谱的分析可以看到，太阳的辐射能主要集中在波长小于$3\mu m$的紫外线、可见光和红外线的波段范围内，因此属于短波辐射，且各波长下的单色辐射本领各不相同。由于大气层的影响，太阳辐射直接到达地面的部分为直射辐射，受大气层内空气和悬浮物质的散射后，到达地面的部分为散射辐射，直射辐射有方向性，因此，各表面的太阳辐射照度不相同。
答案：C

10-3 解析：根据《民用建筑热工设计规范》GB 50176—2016 第B.1条的"常用建筑材料热物理性能计算参数"表，各种材料的导热系数[W/(m·k)]：钢筋混凝土1.74；重砂浆砌筑黏土砖砌体0.81；水泥砂浆0.93；岩棉板0.041；加气混凝土0.14；玻璃棉板0.035。
答案：B

10-4 解析：材料层的导热热阻$R=\delta/\lambda$，它与材料的厚度δ、导热系数λ有关。材料的导热系数λ随温度的升高而增加。
答案：A

10-5　解析：评价室内热环境的 PMV 指标与 4 个热环境物理量（室内空气温度、空气湿度、空气速度、壁面平均辐射温度）和 2 个人体因素（人体活动强度和衣服热阻）有关，与露点温度无关。

答案：B

10-6　解析：热工设计二级分区的提出是由于每个一级分区的区划面积太大，在同一分区中的不同地区往往出现温度差别很大，冷热持续时间差别也很大的情况，而用相同的设计标准要求显然不甚合理。为此，规范采用了"细分子区"的做法，以"采暖度日数 $HDD18$ 和空调度日数 $CDD26$"作为二级区划指标，将每个一级分区再细分为多个热工设计二级分区，这样划分既表征了该地气候寒冷和炎热的程度，又反映了寒冷和炎热持续时间的长短，可解决只进行一级分区出现的热工设计问题。

答案：D

10-7　解析：《民用建筑热工设计规范》GB 50176—2016 第 4.1.2 条规定，寒冷 B 区（2B）宜满足隔热设计要求。严寒 B 区（1B）不考虑防热设计；温和 A 区（5A）和温和 B 区（5B）可不考虑防热设计。

答案：B

10-8　解析：稳定传热的一个特征是，围护结构内部的温度不随时间变化，通过各材料层的热流强度处处相等。

答案：C

10-9　解析：根据稳定传热的理论，围护结构的传热阻 $R_0 = R_i + R + R_e$。其中，R 为外围护结构材料层的热阻，R_i、R_e 为冬季内、外表面换热阻。

答案：B

10-10　解析：根据稳定传热的理论，围护结构的传热阻 $R_0 = R_i + R + R_e$。其中，材料层导热热阻计算公式为 $R = \delta/\lambda$，δ 为材料层厚度（m），λ 为材料的导热系数[W/(m·K)]，R_i、R_e 为冬季内、外表面换热阻。所以该墙体传热阻值为：

$$R_0 = R_i + R + R_e = R_i + \delta/\lambda + R_e = 0.11 + 0.1/0.04 + 0.04 = 2.65$$

答案：D

10-11　解析：在稳定传热中，沿热流通过的方向，温度分布一定是逐渐下降的。热量从传到墙体内表面有内表面换热阻，内表面温度高于室内温度，热量从外表面传到室外有外表面换热阻，墙体外表面温度高于室外温度；多层平壁内每个材料层内的温度分布为直线，直线的斜率与该材料层的导热系数成反比，导热系数越小，温度分布线越倾斜。由于保温材料层的导热系数小于混凝土的导热系数，因此，保温材料内的温度分布线应比混凝土倾斜。

答案：D

10-12　解析：《民用建筑热工设计规范》GB 50176—2016 第 6.1 节规定，$D \geq 2.5$ 为重质围护结构，$D < 2.5$ 为轻质围护结构。

答案：C

10-13　解析：封闭空气间层的传热过程本质上是在一个有限空间内的两个表面之间进行热转移的过程，包括间层两个表面与空气的对流换热和两个表面之间的辐射换热，因此封闭空气间层的热阻既和间层表面与空气对流传热的强弱有关，也和间层两表面之间辐射传热的强弱有关。

答案：D

10-14　解析：热桥为围护结构中保温性能远低于主体部分的嵌入构件，如砖墙中的钢筋混凝土圈梁、门窗过梁等。热桥的热阻比围护结构主体部分的热阻小，热量容易通过热桥传递。由于热桥内表面失去的热量多，使得内表面温度低于室内主体部分的表面温度，而热桥外表面由于传到的热量比主体部分多，因此热桥外表面的温度高于主体部分的外表面温度。

答案：B

10-15 解析：《民用建筑热工设计规范》GB 50176—2016 第 5.1.1 条规定，采暖房间要达到基本热舒适要求，$\Delta t_w \leq 3$℃。

答案：A

10-16 解析：根据《民用建筑热工设计规范》GB 50176—2016 的防潮设计要求，只有在围护结构内部出现冷凝并且保温材料层的重量湿度增量超过允许湿度增量时才需要设置隔汽层。

答案：B

10-17 解析：隔汽层的作用是阻挡水蒸气进入保温层以防止其受潮，因此，隔汽层应放在沿水蒸气流入的一侧、进入保温层以前的材料层交界面上。冬季，水蒸气渗透的方向为室内流向室外，所以，隔汽层应放在保温层的室内侧才能防止保温层受潮。

答案：C

10-18 解析：隔汽层的作用是阻挡水蒸气进入保温层以防止其受潮。因此，隔汽层应放在沿水蒸气流入的一侧、进入保温层以前的材料层交界面上。按题图所示，水蒸气渗透的方向为室内流向室外，所以，隔汽层应放在 2 与 3 之间才能防止保温层受潮。

答案：B

10-19 解析：当湿空气接触到的物体表面温度低于湿空气的露点温度时，就会在物体表面产生结露。在夏热冬冷地区冬夏之交"梅雨"季节，室外空气的温度和湿度骤然增加，有的甚至接近饱和，而室内墙体内表面和地表面的温度却因为本身热惰性的影响上升缓慢，以致物体表面温度滞后，在一段时间之内低于室外空气的露点温度。因此，当高温高湿的室外空气进入室内并流经这些低温表面时，必然会在物体表面结露，形成大量的冷凝水。设置防水（潮）层可增加地面的隔潮能力，降低因毛细管作用所导致的地面潮湿程度，房间的通风可利用室内空气的流动，加强地面水分的蒸发，有利于地面的干燥。

答案：D

10-20 解析：根据室外综合温度的定义，它与室外温度，所在朝向的太阳辐射照度，以及外饰面材料对太阳辐射吸收率有关。由于同一时刻屋顶和四面外墙上所接收到的太阳辐射照度不同，使得屋顶和四面外墙的室外综合温度都不相同，因此，屋顶和四面外墙分别有各自的室外综合温度。

答案：B

10-21 解析：《民用建筑热工设计规范》GB 50176—2016 第 3.3 节规定夏季室内设计参数如下：

非空调房间：空气温度平均值应取室外空气温度平均值+1.5K，并将其逐时化。温度波幅应取室外空气温度波幅-1.5K，并将其逐时化。

空调房间：空气温度应取 26℃；相对湿度应取 60%。

答案：C

10-22 解析：《民用建筑热工设计规范》GB 50176—2016 第 6.1.1 条规定：

自然通风房间：外墙内表面最高温度 $\theta_{i.max} \leq t_{e.max}$。

空调房间：重质围护结构（$D \geq 2.5$）时，$\theta_{i.max} \leq t_i + 2$；轻质围护结构（$D < 2.5$）时，$\theta_{i.max} \leq t_i + 3$。

答案：D

10-23 解析：《民用建筑热工设计规范》GB 50176—2016 第 6.1.3 条关于外墙的隔热措施有：宜采用浅色外饰面、可采用干挂通风幕墙、采用墙面垂直绿化、宜提高围护结构的热惰性指标 D 值。涂刷热反射涂料是利用涂膜对光和热的高反射作用使太阳照射到涂膜上的大部分能量得到反射，而不是被涂膜吸收，同时，这类涂膜本身的导热系数小，阻止热量通过涂膜传导，有利于墙体隔热；干挂通风幕墙的基本特征是在双层幕墙中形成一个相对封闭的空间，空气可以从下部进风口进入这一空间，从上部排风口离开，流动的空气可及时散发传入此空间的热量，降低幕墙内表面温度，对提高幕墙的保温、隔热、隔声功能起到很大的作用；采用墙面垂直绿化可遮挡照射到墙体的太阳辐射，减少墙体得热。虽然从理论上说，加厚墙体构造能够增加墙体的热阻和热惰性指标，但必须增加一定的厚度才能见效，而墙体厚度的增加势必增加墙体的承重和建筑面积，权衡利弊可知加厚墙体构造是不可取的。

答案：C

10-24 解析：架空屋面是指覆盖在屋面防水层上并架设一定高度构成通风间层、能起到隔热作用的通风屋面。通风屋面隔热的原理是：一方面利用通风间层的上层遮挡阳光，避免太阳辐射热直接作用在屋顶上，减少屋顶的太阳辐射得热；另一方面利用风压和热压的作用，尤其是自然通风，白天将间层上方表面传入间层的热量随间层内的气流及时带走，减少通过间层下表面传入屋顶的热量，降低屋顶内表面温度；夜间，从室内通过屋顶传入通风间层下表面的热量也能够利用通风迅速排除，达到散热的目的。

答案：D

10-25 解析：在建筑屋面和地下工程顶板的防水层上铺以种植土，并种植植物，使其起到防水、保温、隔热和生态环保作用的屋面称为种植屋面。种植屋面的构造比普通屋面增加了耐根穿刺防水层、排（蓄）水层、种植土以及植被层，这些构造层不仅增加了屋顶的热阻和热惰性指标，而且使屋面的受热更加均匀，因而减少因温度差异产生的热应力；屋面热桥部位通常是指的屋面四周与外墙搭接角的区域范围及洞口位置，种植屋面的铺设可减少屋面存在的热桥；植物的遮阳与蒸腾作用又能降低夏季屋顶的表面温度。架空屋面是用烧结普通砖或混凝土的薄型制品，覆盖在屋面防水层上，并架设一定高度的空间，利用空气流动加快散热，起到隔热作用的屋面，防热途径不属于种植屋面作用。

答案：D

10-26 解析：根据太阳高度角计算公式 $\sin h_s = \sin\Phi \cdot \sin\delta + \cos\Phi \cdot \cos\delta \cdot \cos\Omega$ 判断。太阳高度角与地理纬度 Φ、赤纬角 δ 和时角 Ω 有关。

答案：C

10-27 解析：《城市居住区规划设计标准》GB 50180—2018 第 4.0.9 条规定，旧区改建项目新建住宅建筑日照标准不应低于大寒日日照时数 1h。

答案：A

10-28 解析：由于夏季通过透光围护结构进入室内的太阳辐射热导致室内过热，构成夏季室内空调的主要负荷，为减少室内太阳辐射得热，《民用建筑热工设计规范》GB 50176—2016 第 6.3.1 条规定，透光围护结构太阳得热系数与夏季建筑遮阳系数的乘积宜小于规定的限值。

答案：D

10-29 解析：遮阳的形式主要有 4 种：
水平式：适合太阳高度角大，从窗口上方来的太阳辐射；
垂直式：适合太阳高度角较小，从窗口侧方来的太阳辐射；
组合式：适合太阳高度角中等，窗前斜方来的太阳辐射；
挡板式：适合太阳高度角较小，正射窗口的太阳辐射。
当建筑的东南、西南朝向外窗有太阳照射时，太阳高度角中等，并从窗前上方照射而来，所以正确的遮阳形式是组合式遮阳。

答案：C

10-30 解析：夏季，在北回归线以北地区的建筑，其南向及接近南向的窗口太阳辐射的高度角大，并且阳光从窗口的前上方照射而来，应选择水平式遮阳才能有效遮挡太阳辐射。

答案：A

10-31 解析：题图 4 种遮阳构造中，A、B 属于水平式遮阳，可遮挡射向窗口的太阳辐射，但窗口周围墙体被阳光照射后，表面温度上升，加热了表面接触的空气，热空气在室外风压的作用下流入室内，B方案比A方案改进之处是在遮阳板和墙面之间留有空隙，可利用空气的向上流动带走热空气，减少流入室内的热空气。C、D为挡板式遮阳，从遮阳效果来说优于水平式遮阳，但C方案使用的挡板式遮阳在室内一侧，遮阳板吸收的太阳辐射热将主要散失到室内；D方案使用的挡板式遮阳在室外一侧，它所吸收的太阳辐射散发在室外，并且能通过上、下方形成的空气流动及时排除。综上所述，较为有效的利用建筑构造做法是D。

答案：D

10-32 解析：当风吹过建筑物时，建筑物后面的旋涡区随着风向投射角加大而变小。

答案：B

10-33 解析：风的形成是由于大气中的压力差。当风吹向建筑时，因受到建筑的阻挡，就会产生能量的转换，动压力转变为静压力，于是迎风面上产生正压，同时，气流绕过建筑的各个侧面及背面，会在相应位置产生负压力，正负压力差就是风压。由于经过建筑物而出现的风压促使空气从迎风面的开口和其他空隙流入室内，而室内空气则从背风面孔口排出，形成了自然通风。设置挡风板可在迎风面的开口处阻挡气流，产生正压，有利于导风入室，改善室内自然通风。D答案不属于设置挡风板来改善室内自然通风。

答案：D

10-34 解析：《严寒和寒冷地区居住建筑节能标准》JGJ 26—2018第4.3.6条规定：冬季采暖室内计算温度为18℃，室内换气次数为0.5次/h。对室内空气相对湿度和空气流速没有规定。

答案：C

10-35 解析：根据《严寒和寒冷地区居住建筑节能设计标准》JGJ 26—2018的规定，采暖居住建筑节能设计应该使建筑物的全年供暖能耗满足节能设计标准的要求。

答案：A

10-36 解析：根据《建筑节能与可再生能源利用通用规范》GB 55015—2021第3.1.2条的规定，严寒地区>3层居住建筑的体形系数应该≤0.30。

答案：A

10-37 解析：根据《建筑节能与可再生能源利用通用规范》GB 55015—2021第3.1.4条的规定，严寒地区北向的窗墙面积比不应大于0.25，寒冷地区北向的窗墙面积比不应大于0.30。

答案：A

10-38 解析：根据《夏热冬冷地区居住建筑节能设计标准》JGJ 134—2010第3.0.1条规定，冬季采暖室内热环境设计指标要求卧室、起居室室内设计温度取18℃。

答案：A

10-39 解析：根据《建筑节能与可再生能源利用通用规范》第3.1.15条规定，居住建筑的东西向外窗必须采取外遮阳措施，建筑外遮阳系数不得大于0.8。

答案：C

10-40 解析：根据《夏热冬暖地区居住建筑节能设计标准》JGJ 75—2012第3.0.1条规定，夏热冬暖地区划分为南、北两个区：北区内建筑节能设计应主要考虑夏季空调，兼顾冬季采暖；南区内建筑节能设计应考虑夏季空调，可不考虑冬季采暖。

答案：C

10-41 解析：《温和地区居住建筑节能设计标准》JGJ 475—2019第4.4.3条规定，温和A区冬季南向外窗综合遮阳系数≥0.50；温和B区夏季东、西向外窗综合遮阳系数≤0.40；水平向天窗夏季外窗综合遮阳系数≤0.30。对温和地区南向外窗综合遮阳系数无限定。

答案：B

10-42 解析：标准将公共建筑分为甲、乙两类。甲类公共建筑：单栋建筑面积大于300m²的建筑，或单栋建筑面积小于或等于 300m² 但总建筑面积大于 1000m² 的建筑群。乙类公共建筑：单栋建筑面积小于或等于 300m² 的建筑。

答案：C

10-43 解析：《公共建筑节能设计标准》GB 50189—2015 第 3.2.1 条规定，在严寒和寒冷地区，当单栋建筑面积 A （m²）：$300<A\leqslant 800$ 时，建筑体形系数≤0.50；$A>800$ 时，建筑体形系数≤0.40。

答案：A

10-44 解析：《公共建筑节能设计标准》第 3.2.8 条规定，单一立面外窗（包括透光幕墙）的有效通风换气面积应为开启扇面积和窗开启后的空气流通界面面积的较小值。甲类公共建筑：外窗应设可开启窗扇，其有效通风换气面积不宜小于所在房间外墙面积的 10%；当透光幕墙受条件限制无法设置可开启窗扇时，应设置通风换气装置。乙类公共建筑：外窗有效通风换气面积不宜小于窗面积的 30%。

答案：A

10-45 解析：根据《工业建筑节能设计统一标准》GB 51245—2017 第 3.1.1 条的规定，一类工业建筑冬季以供暖能耗为主，夏季以空调能耗为主；二类工业建筑以通风能耗为主。

答案：A

10-46 解析：《绿色建筑评价标准》GB/T 50378—2019 规定，绿色建筑评价指标体系由"安全耐久、健康舒适、生活便利、资源节约、环境宜居" 5 类指标体系组成。每类指标体系又细分有多个下属子项，并规定了对下属子项的要求及该下属子项的评价分值，最后，标准给出了提高与创新加分项的评价分值。

绿色建筑划分为基本级、一星级、二星级、三星级 4 个等级。

答案：A

10-47 解析：住房和城乡建设部 2015 年 11 月 10 日印发的《被动式超低能耗绿色建筑技术导则（试行）（居住建筑）》中规定不同气候分区超低能耗建筑设计的年供暖需求 $[kWh/(m^2 \cdot a)]$ 为：严寒地区≤18；寒冷地区≤15；夏热冬冷地区、夏热冬暖地区和温和地区≤5。

答案：C

10-48 解析：被动式建筑节能技术是指以非机械电气设备干预手段实现建筑能耗降低的节能技术。主要通过合理选择建筑朝向、采取建筑围护结构的保温隔热措施、设置建筑遮阳和组织自然通风等设计，降低建筑需要的采暖、空调、通风等能耗。采用冷风机降温需要消耗设备能耗，不属于被动式防热节能技术。

答案：B

10-49 解析：被动式超低能耗建筑施工气密性处理过程中，要求电气接线盒安装在外墙上时，应先在孔洞内涂抹石膏或粘结砂浆，再将接线盒推入孔洞，石膏或粘结砂浆应将电气接线盒与外墙孔洞的缝隙密封严密。

答案：B

10-50 解析：气密性是被动房的关键指标之一，被动式建筑外围护结构是要建造一个包裹整栋建筑的围护结构气密层。其中，关键要选择气密性能良好的门窗，并强调对墙体与门窗洞口的连接之处、墙体与檐口、墙体与地面进行密封处理，从室内屋面板到外墙，再到楼板进行无断点的抹灰处理作为气密层。

答案：B

10-51 解析：《建筑节能与可再生能源利用通用规范》GB 55015—2021 的第 2.0.1 条提出，新建居住建筑平均设计能耗水平应在 2016 年执行的节能设计标准的基础上降低 30%。不同气候区平均节能率应符合下列规定：严寒和寒冷地区居住建筑平均节能率应为 75%；除严寒和寒冷地区外，其他气候区居住建筑平均节能率应为 65%。

答案：A

10-52 解析：《建筑节能与可再生能源利用通用规范》GB 55015—2021 的第 3.1.9 条对寒冷 B 区、夏热冬冷地区、夏热冬暖地区、温和地区给出的居住建筑透光围护结构的热工性能指标的限值中包含太阳得热系数的限值。

答案：B

第十一章 建筑光学

本章考试大纲：了解建筑采光和照明的基本原理；掌握采光和照明设计标准；了解室内外光环境对光和色的控制；了解采光和照明节能的一般原则和措施。能够运用建筑光学综合技术知识，判断、解决该专业工程实际问题。

本章复习重点：建筑光学基本原理，光和色的相关概念；室内天然采光设计和评价指标，采光数量和质量的标准；室内外人工照明设计和评价指标，照明数量和质量的标准；营造适用、节能的光环境设计方法和要点。

第一节 建筑光学基本知识

一、光的特性和视觉

（一）光的特性

（1）光是以电磁波形式传播的辐射能。波长为380～780nm的辐射是人的视觉可感知的，称为可见光（图11-1）。纳米（nm）也称毫微米，$1\,nm=10^{-9}m$。

（2）不同波长的光在视觉上形成不同的颜色。单色光是单一波长的光，如700nm的单色光呈红色；复合光是不同波长混合在一起的光。

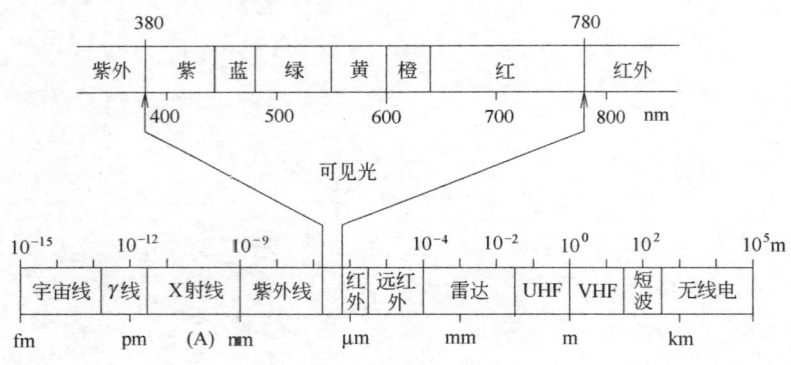

图 11-1 光的基本性质图

（二）视觉

（1）视觉范围（视野）：当头和眼睛不动时，人眼能看到的空间范围叫视野。人眼的水平面视野为180°，垂直面130°，其中向上为60°，向下为70°。中心视线往外30°的视觉范围内，看东西的清晰度比较好。

（2）人眼对不同波长的单色光敏感程度不同，在光亮环境中人眼对555nm的黄绿光最敏感（明视觉），在较暗的环境中对507nm的蓝绿光最敏感（暗视觉）。人眼的这种特性用光谱光视效率曲线表示（图11-2），这两条曲线又叫$V(\lambda)$（明视觉）和$V'(\lambda)$（暗视觉）曲线。建筑光学主要研究明视觉特性。

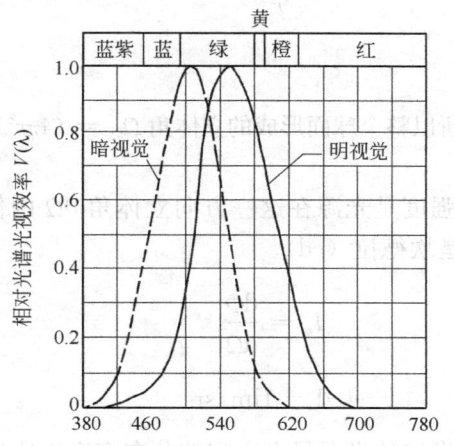

图 11-2　可见光光谱光视效率

> **例 11-1　（2014）** 下列颜色光中，明视觉的光谱光视效率 $V(\lambda)$ 最低的是：
> A　蓝颜色　　　　B　绿颜色　　　　C　黄颜色　　　　D　橙颜色
> **解析：** 参照图 11-2，可见蓝颜色光谱光视效率 $V(\lambda)$ 约为 0.1，绿颜色约为 1，黄颜色约为 0.7，橙颜色约为 0.4。
> **答案：** A

二、基本光度单位及应用

常用光度量有光通量、发光强度、照度、亮度。

（一）光通量

光通量是根据辐射对标准光度观察者的作用导出的光度量，符号是 Φ，单位是流明（lm）。光源在整个空间发出的光通量叫总光通量。对于明视觉：

$$\Phi = K_\mathrm{m} \sum \Phi_{\mathrm{e},\lambda} V(\lambda) (\mathrm{lm}) \tag{11-1}$$

式中　Φ——光通量，lm；

　　　$\Phi_{\mathrm{e},\lambda}$——波长为 λ 的光谱辐射通量，W；

　$V(\lambda)$——CIE 光谱光视效率，无量纲（CIE——国际照明委员会）；

　　　K_m——最大光谱光视效能，在明视觉（$\lambda=555\mathrm{nm}$）时，K_m 为 683lm/W，即 1 光瓦＝683lm。

40W 白炽灯的光通量约为 350lm，36W T8 型荧光灯光通量约为 3350lm，比白炽灯高 8 倍多。

（二）发光强度

1. 立体角

球面面积和球心 O 形成的角度叫立体角，符号 Ω，单位是球面度（sr）。

$$\Omega = \frac{A}{r^2}(\text{sr}) \tag{11-2}$$

式中 A——球面面积；

r——球体半径。

球的外表面积 $S_球=4\pi r^2$，所以整个球面形成的立体角 $\Omega_球=(4\pi r^2)/r^2=4\pi=12.57\text{sr}$。

2. 发光强度

光源在给定方向上的发光强度是光源在这一方向立体角 $d\Omega$ 内传输的光通量 $d\Phi$ 与该立体角之比，符号为 I，单位是坎德拉（cd）。

$$I_a = \frac{d\Phi}{d\Omega} \tag{11-3}$$

$$1\text{cd} = 1\text{lm/sr}$$

发光强度表征光源或灯具发出的光通量在空间的分布密度。比如，一个白炽灯泡点亮后向四周发出光通量，它的各个方向发光强度大致相等；如果加上一个向下反射的灯罩，向下的发光强度增加，向上的发光强度减小，从而使光能充分地被利用。例如一个40W的白炽灯平均发光强度为 $350/4\pi=28\text{cd}$，加上一个搪瓷灯罩后，正下方发光强度增加到 $70\sim80\text{cd}$。

（三）照度

表面上一点的照度是入射在包括该点面元上的光通量 $d\Phi$ 和该面元面积 dA 之比，符号是 E，单位是勒克斯（lx 或 lux）。

$$E = \frac{d\Phi}{dA}(\text{lx}) \tag{11-4}$$

$$1\text{lx} = 1\text{lm/m}^2$$

照度是被照面单位面积上接受光通量的多少。夏季中午日光下，地平面上的照度可达 10^5lx。40W 白炽灯台灯下，桌面上平均照度约为 $200\sim300\text{lx}$。

在英制单位，照度单位是英尺烛光（fc），由于 $1\text{m}^2=10.76\text{f}^2$，所以 $1\text{fc}=10.76\text{lx}$。

照度是建筑光环境评价中重要的指标之一。

（四）发光强度和照度的关系

在灯下看书，离灯近一些看得清楚。在同一盏灯下，安装一个大功率的灯泡比一个小功率的灯泡看书要亮一些。

如果以球面为被照面，光线垂直于被照面时：

$$E = \frac{I}{r^2}(\text{lx}) \tag{11-5}$$

上式叫平方反比定律，即被照面上的照度与光源的发光强度成正比（灯越亮，被照面越亮），与距离的平方成反比（离灯越近，被照面越亮）（图11-3）。

光线和被照面不垂直时：

$$E = \frac{I_a}{r^2}\cos i(\text{lx}) \tag{11-6}$$

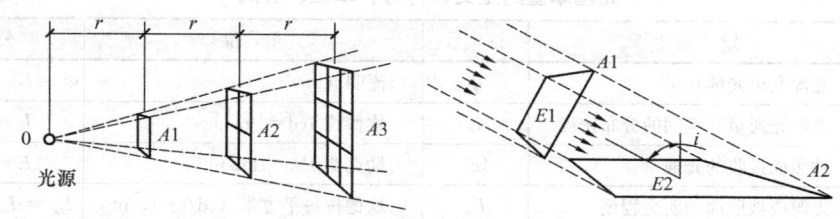

图 11-3 照度公式推导图示

即被照面与光线越趋于垂直越亮。

(五) 亮度

发光面或反光面在视线方向上单位面积上的发光强度，符号 L_α，单位是坎德拉每平方米（cd/m^2）。

$$L_\alpha = \frac{I_\alpha}{A \cdot \cos\alpha} (cd/m^2) \tag{11-7}$$

式中 I_α——发光体朝视线方向的发光强度，cd；

$A \cdot \cos\alpha$——发光体在视线方向的投影面积，m^2。

$$1cd/m^2 = \frac{1lm}{m^2 sr}$$

1坎德拉每平方米也叫尼特（nt, nit）。

亮度的单位还有熙提（sb）、阿熙提（asb），它们的关系是：

$$1sb = 1cd/cm^2, \quad 1sb = 10^4 nt, \quad 1asb/\pi = 1nt$$

太阳的亮度为 20 万 sb、白炽灯丝的亮度为 300～500sb，40W 荧光灯亮度为 0.8～0.9sb，无云蓝天的亮度为 0.2～2.0sb。

(六) 照度和亮度的关系

$$E = L \cdot \Omega \cdot \cos i \tag{11-8}$$

$$\Omega = \frac{A \cdot \cos\alpha}{r^2} \tag{11-9}$$

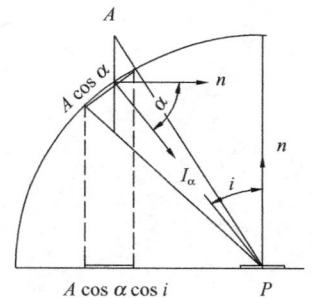

图 11-4 照度和亮度之间的关系

从上式可以看出，某发光面在被照面形成的照度和发光面的亮度成正比，与发光面在被照面上的立体角投影成正比，上式也叫立体角投影定律（图 11-4）。

通过公式可见，发光强度、亮度与距离无关，照度与距离有关（此处距离指被照面与发光体间的距离）。

光基本量的定义、符号、单位、公式见表 11-1。

光基本量的定义、符号、单位、公式　　　　　表 11-1

名　称	定　义	符　号	单　位	公　式
光通量	光源发出光的总量	Φ	流明（lm）	$\Phi = K_m \sum \Phi_{e,\lambda} V(\lambda)$
发光强度	光源光通量在空间的分布密度	I_α	坎德拉 1cd=1lm/sr	$I_\alpha = d\Phi/d\Omega$
照　度	被照面接收的光通量	E	勒克斯 1lx=1lm/m²	$E = d\Phi/dA$
亮　度	光源或被照面的明亮程度	L_α	坎德拉每平方米（cd/m²），nt	$L_\alpha = I_\alpha / (A \cdot \cos\alpha)$

综上总结四个基本的建筑光学概念，光通量和发光强度是描述光源和灯具的物理量，照度是描述被照面的物理量，亮度是描述视觉（即观察者处）得光情况的物理量。其他条件不变的情况下，四个概念在数量关系上均互成正相关关系。

三、材料的光学性质

（一）反射比、透射比、吸收比

假设总的入射光能为 Φ，反射的光能为 Φ_ρ，吸收的光能为 Φ_α，透射的光能为 Φ_τ，见图 11-5，得到：

$$\rho = \frac{\Phi_\rho}{\Phi} \quad \text{反射比（反射系数、反光系数、反射率）} \tag{11-10}$$

$$\alpha = \frac{\Phi_\alpha}{\Phi} \quad \text{吸收比（吸收系数、吸收率）} \tag{11-11}$$

$$\tau = \frac{\Phi_\tau}{\Phi} \quad \text{透射比（透光系数、透射系数、透光率）} \tag{11-12}$$

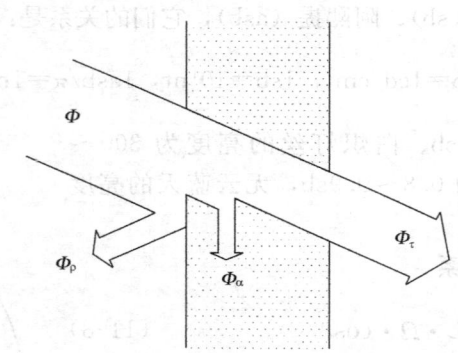

图 11-5　光线的反射、透射和吸收

各种材料在光线的入射角度不同时的反射比、吸收比和透光比是不同的。其入射角度是指光线和被照面的法线之间的夹角。光线垂直入射，即入射角小，反射的光线少，如果是透光材料，吸收的光线少，透过的光线多。

根据能量守恒定律，总的入射光能应当等于反射、吸收和透射光能之和，$\rho + \tau + \alpha = 1$。

石膏的反射比为 0.91，白乳胶漆表面反射比为 0.84，水泥砂浆抹面的反射比为 0.32（表 11-2）。3~6mm 厚的普通玻璃的透射比为 0.82~0.78，3~6mm 厚的磨砂玻璃的透射比为 0.6~0.55（表 11-3）。

饰面材料的光反射比 ρ 值　　　　　　　　　　　　　　　　　　　　　　　　　　表 11-2

材料名称	ρ 值	材料名称	ρ 值	材料名称	ρ 值
石膏	0.91	陶瓷锦砖		塑料贴面板	
大白粉刷	0.75	白色	0.59	浅黄色木纹	0.36
水泥砂浆抹面	0.32	浅蓝色	0.42	中黄色木纹	0.30
白水泥	0.75	浅咖啡色	0.31	深棕色木纹	0.12
白色乳胶漆	0.84	绿色	0.25	塑料墙纸	
调合漆		深咖啡色	0.20	黄白色	0.72
白色和米黄色	0.70	铝板		蓝白色	0.61
中黄色	0.57	白色抛光	0.83～0.87	浅粉白色	0.65
红砖	0.33	白色镜面	0.89～0.93	广漆地板	0.10
灰砖	0.23	金色	0.45	菱苦土地面	0.15
瓷釉面砖		大理石		混凝土面	0.20
白色	0.80	白色	0.60	沥青地面	0.20
黄绿色	0.62	乳色间绿色	0.39	铸铁、钢板地面	0.15
粉色	0.65	红色	0.32	镀膜玻璃	
天蓝色	0.55	黑色	0.08	金色	0.23
黑色	0.08	水磨石		银色	0.30
无釉陶土地砖		白色	0.70	宝石蓝	0.17
土黄色	0.53	白色间灰黑色	0.52	宝石绿	0.37
朱砂	0.19	白色间绿色	0.66	茶色	0.21
浅色彩色涂料	0.75～0.82	黑灰色	0.10	彩色钢板	
不锈钢板	0.72			红色	0.25
胶合板	0.58	普通玻璃	0.08	深咖啡色	0.20

采光材料的光透射比 τ 值　　　　　　　　　　　　　　　　　　　　　　　　　　表 11-3

材料名称	颜色	厚度(mm)	τ 值	材料名称	颜色	厚度(mm)	τ 值
普通玻璃	无	3～6	0.78～0.82	聚碳酸酯板	无	3	0.74
钢化玻璃	无	5～6	0.78	聚酯玻璃钢板	本色	3～4 层布	0.73～0.77
磨砂玻璃（花纹深密）	无	3～6	0.55～0.60		绿	3～4 层布	0.62～0.67
压花玻璃（花纹深密）	无	3	0.57	小波玻璃钢板	绿	—	0.38
（花纹浅疏）	无	3	0.71	大波玻璃钢板	绿	—	0.48
夹丝玻璃	无	6	0.76	玻璃钢罩	本色	3～4 层布	0.72～0.74
压花夹丝玻璃（花纹浅疏）	无	6	0.66	钢窗纱	绿	—	0.70
夹层安全玻璃	无	3+3	0.78	镀锌铁丝网（孔 20×20mm²）	—	—	0.89
双层隔热玻璃（空气层5mm）	无	3+5+3	0.64	茶色玻璃	茶色	3～6	0.08～0.50
				中空玻璃	无	3+3	0.81
吸热玻璃	蓝	3～5	0.52～0.64	安全玻璃	无	3+3	0.84
乳白玻璃	乳白	1	0.60	镀膜玻璃	金色	5	0.10
有机玻璃	无	2～6	0.85		银色	5	0.14
乳白有机玻璃	乳白	3	0.20		宝石蓝	5	0.20
聚苯乙烯板	无	3	0.78		宝石绿	5	0.08
聚氯乙烯板	本色	2	0.60		茶色	5	0.14

注：τ 值应为漫射光条件下测定值。

（二）规则反射和透射

规则反射（定向反射）。光线照射到玻璃镜、磨光的金属等表面会产生规则反射。这时在反射角的方向能清楚地看到光源的影像，入射角等于反射角，入射光线、反射光线和法线共面。它主要用于把光线反射到需要的地方，如灯具；扩大空间，如卫生间、小房间、化妆台、地下建筑采光等。

规则透射（定向透射）。光线照射玻璃、有机玻璃等表面会产生规则透射，这时它遵循折射定律。用平板玻璃能透过视线采光；用凹凸不平的压花玻璃能隔断视线采光。

经规则反射和规则透射后光源的亮度和发光强度，比光源原有的亮度和发光强度有所降低。

$$L_\rho = L \times \rho \text{ 或 } L_\tau = L \times \tau \tag{11-13}$$

$$I_\rho = I \times \rho \text{ 或 } I_\tau = I \times \tau (\text{cd}) \tag{11-14}$$

式中 L_ρ、L_τ——经过反射或透射后的光源亮度；

I_ρ、I_τ——经过反射或透射后的发光强度；

L、I——光源原有亮度或发光强度；

ρ、τ——材料的反射比或透射比。

（三）扩散反射和透射

1. 漫反射和漫透射

漫反射（均匀扩散反射）。光线照射到石膏粉刷砖墙、绘图纸等表面时，这些材料将光线向四面八方反射或扩散，各个角度亮度相同，看不见光源的影像。

漫透射（均匀扩散透射）。光线照射到乳白玻璃、乳白有机玻璃、半透明塑料等表面时，透过的光线各个角度亮度相同，看不见光源的影像。

经漫反射或漫透射后的亮度为（单位：cd/m^2）：

$$L(\text{cd/m}^2) = E(\text{lx}) \times \rho / \pi \tag{11-15}$$

$$L(\text{cd/m}^2) = E(\text{lx}) \times \tau / \pi \tag{11-16}$$

如果用另一个亮度单位阿熙提（asb）表示，则：

$$L(\text{asb}) = E(\text{lx}) \times \rho \tag{11-17}$$

$$L(\text{asb}) = E(\text{lx}) \times \tau \tag{11-18}$$

$$1\text{asb}/\pi = 1\text{cd/m}^2$$

经漫反射或漫透射后，其最大发光强度在表面法线方向，其他方向的发光强度遵循朗伯余弦定律：

$$I_i = I_0 \times \cos i (\text{cd}) \tag{11-19}$$

式中 I_0——法线方向的发光强度；

i——法线和所求方向的夹角。

例 11-2 下列说法，错误的是：

A 被照面上照度越高，相同方向上的反射光亮度也越大

B 光源与被照面的距离不同而照度不同

C 漫射材料被照面上不同方向的亮度相同

D 漫射材料被照面上不同方向的发光强度不同

解析： A 选项：确定反射比的被照面上照度越高，表示入射光越多，反射光也随之越多，相同反射方向上的亮度也越大；B 选项：光源与被照面之间距离与被照面上得到的照度呈平方反比关系，所以距离越远，照度越小；C、D 选项：见上文公式（11-15）至公式（11-19），漫射材料即漫反射材料，其反射光亮度仅与反射率有关，而反射光发光强度与法线和所求方向的夹角有关。

答案： D

2. 混合反射和混合透射

（1）混合反射。规则反射和漫反射材料如油漆表面、光滑的纸、粗糙金属表面等大部分材料，在反射方向能看到光源的大致影像。

（2）混合透射。规则透射和漫透射材料如毛玻璃等，透过它，可以看到光源的大致影像。

例 11-3　（2011）下列哪项材料具有漫反射特性？
　A　镜面　　　　　　　　　　　B　透明玻璃
　C　粉刷墙面　　　　　　　　　D　有机玻璃

解析： 光线照射到氧化镁、石膏、粉刷、砖墙、绘图纸等表面时，这些材料将光线向四面八方反射或扩散，各个角度亮度相同，看不见光源的影像，这种材料叫漫反射材料。

答案： C

四、可见度及其影响因素

可见度就是人眼辨认物体存在或形状的难易程度，用来定量表示人眼看物体的清晰程度；可见度是视觉的基本特性。

（一）亮度

照度或亮度高，看得清楚。人们能看见的最低亮度阈为 10^{-5} asb。随着亮度的增大，可见度增大。1500～3000lx 可见度最好。当物体亮度超过 16sb 时，人们就感到刺眼。

光量效应。人眼感到房间照度变化差值和照度水平之比，它总是个常数，$\Delta E/E = K$（常数）。例如，照度为 10lx 的房间，增加 1lx 的照度就觉得照度变了；而在照度为 100lx 的房间，则要增加 10lx 照度才能觉察出照度发生变化，两者比率都是 0.1。

（二）物体的相对尺寸（视角）

物体的尺寸 d，眼睛至物体的距离 l 形成视角 α（单位为 $'$），其关系如下：

$$\alpha = \frac{d}{l} \cdot 3440(') \tag{11-20}$$

在医学上识别细小物体的能力叫视力。它是所观看最小视角的倒数，即：视力 = $1/\alpha_{min}$。在 5m 远的距离看视力表上的视标，当视标为 1.46mm 时，视角正好为 1 分，医学上把能识别 1 分视角的视标的视力作为 1.0，识别 2 分视标的视力等于 0.5（1/2）。

需要注意物体的尺寸形状与可见度是无关的，物体的相对尺寸才影响可见度。

（三）亮度对比

观看对象的亮度与它的背景亮度（或颜色）的对比，对比大，即亮度或颜色差异越大，可见度越高。亮度对比系数 $C=$ 目标与背景的亮度差 $\Delta L/$ 背景亮度 L_b。

物体亮度、视角大小和亮度对比对可见度的综合影响：

（1）观看对象在眼睛处形成的视角不变时，如果亮度对比下降，则需要增加照度才能保持相同的可见度。

（2）视角愈小，需要的照度愈高。

（3）天然光比人工光更有利于可见度的提高。

（四）识别时间

眼睛观看物体时，物体呈现时间愈短，愈需要更高的亮度才能引起视感觉。物体愈亮，察觉它的时间就愈短。

暗适应、明适应。人们从明亮环境到暗环境时，经过 10~35min 眼睛才能看到周围的物体，这个适应过程叫暗适应。由暗环境到明亮环境的适应叫明适应，明适应约需 2~3min。

（五）避免眩光

眩光是指在视野中由于亮度的分布或亮度范围不适宜，或存在着极度对比，以致引起不舒适感觉或降低观察细部与目标能力的视觉现象。根据眩光的影响级别分为失能眩光和不舒服眩光，根据眩光的产生方式分为直接眩光和反射眩光。

在采光和照明设计时，要尽量避免眩光的出现，若有眩光，也应把它限制在允许范围内。

1. 直接眩光的控制方法

直接眩光指发光体直接影响观察者的眩光。其控制方法主要包括：

（1）限制光源亮度。

（2）增加眩光源的背景亮度，减少二者之间的亮度对比。

（3）减小眩光源对观察者眼睛形成的立体角。

（4）尽可能增大眩光源的仰角，眩光光源或灯具的位置偏离视线的角度越大，眩光越小，仰角超过 60°后就无眩光作用，见图 11-6。

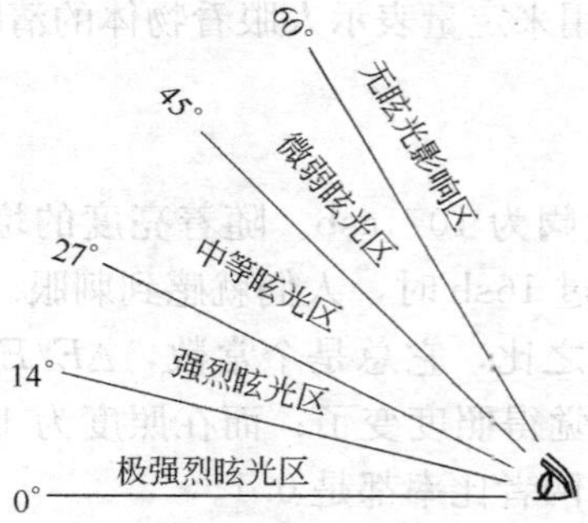

图 11-6 光源位置的眩光效应

2. 反射眩光的控制方法

反射眩光指通过反射影响到观察者的眩光。其控制方法主要包括：

（1）视觉作业的表面为无光泽表面。

（2）视觉作业避开和远离照明光源同人眼形成的规则反射区域。

（3）使用发光表面面积大、亮度低的光源。

（4）使引起规则反射的光源形成的照度在总照度中所占的比例减少。

关于眩光的讨论在后文中有提及。防止眩光影响是建筑光环境的重要方面之一，要掌握其定义、相关公式和各类空间中防眩光的主要措施。

五、颜色

(一) 颜色的基本特性

1. 光源色

由各种光源发出的光,光波的长短、强弱、比例、性质不同,形成不同的色光,叫作光源色。光源色的三原色为红、绿、蓝。

2. 物体色

光被物体反射或透射后的颜色叫物体色。物体色取决于光源的光谱组成和物体对光谱的反射或透射情况。物体色的三原色为品红、黄、青(靛蓝)。

(二) 颜色定量

1. CIE 1931 标准色度系统

国际照明委员会(CIE)1931年推荐的色度系统见图 11-7。它把所有颜色用 x、y 两个坐标表示在一张色度图上。图上一点表示一种颜色。马蹄形曲线表示单一波长的光谱轨迹。400~700nm 称为紫红轨迹,它表示光谱轨迹上没有的由紫到红的颜色。图上中心点 E 是等能白光(白色),由三原色各占 1/3 组成,色坐标 $X_E = Y_E = Z_E = 0.333$。

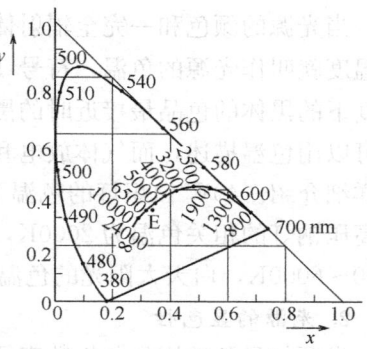

图 11-7　CIE 色度体系图(色品图)

CIE 1931 标准色度系统比孟塞尔表色系统应用更广,它不但可表示光源色,也可表示物体色。图中的曲线表示光源的色温。例如,$X=0.425$、$Y=0.400$ 时光源的色温约为 3200K。

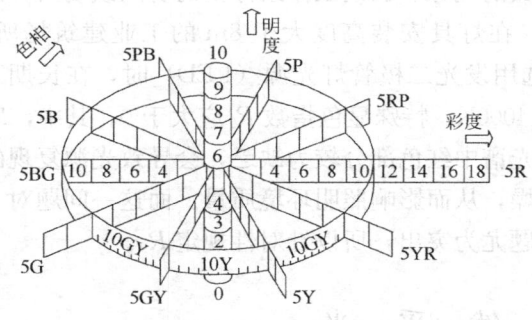

图 11-8　孟塞尔表色体系图(孟氏色立体图)

2. 孟塞尔(A. H. Munsell)表色系统

孟塞尔表色系统是按颜色三个基本属性:色调 H、明度 V 和彩度 C 对颜色进行分类与标定的体系,见图 11-8。

色调分为 R、Y、G、B、P 五个主色调和 YR、GY、BG、PB 和 RP 五个中间色调;中轴表示明度,理想黑为 0,理想白为 10,共 11 级;明度轴至色调的水平距离表示彩度的变化,离中轴越远,彩度越大。

表色符号的排列是先写色调 H,再写明度 V,画一斜线,最后写彩度 C,即 HV/C。例如,10Y8/12 的颜色表示色调为黄色与绿色的中间色,明度为 8,彩度为 12。无彩色用 N 表示,只写明度,不写色调和彩度。例如,N7/ 表示明度为 7 的中性色。

例 11-4　5R4/13 所表示的颜色是:
　A　彩度为 5 明度为 4 的红色　　B　彩度为 4 明度为 13 的红色
　C　彩度为 5 明度为 13 的红色　　D　明度为 4 彩度为 13 的红色
解析:根据孟塞尔表色系统的描述方式可知,第一个数字和字母组合为色调,第二个数字为明度,"/"后数字为彩度。

答案:D

(三) 光源的色温和显色性

1. 光源色温和相关色温

当光源的颜色和一完全辐射体(黑体)在某一温度下发出的光色相同时,完全辐射体的温度就叫作光源的色温,符号 T_c,单位为 K(绝对温度)。把某一种光源的色品与某一温度下的黑体的色品最接近时的黑体温度称为相关色温,符号 T_{sp}。太阳光和热辐射电光源可以用色温描述,而气体放电和固体发光光源则用相关色温描述。各类光源在本章第三节详细介绍。40W 白炽灯的色温为 2700K,40W 荧光灯的相关色温为 3000~7500K,普通高压钠灯的相关色温为 2000K,HID(高强度气体放电灯,如金卤灯等)的相关色温为 4000~6000K,白天太阳光的色温为 5300~5800K。

2. 光源的显色性

光源的显色性用显色指数表征,物体在待测光源下的颜色和它在参考标准光源下颜色相比的符合程度叫作光源显色指数,符号 R_a 和 R_i,R_a 为一般显色指数,R_i 为特殊显色指数。普通照明光源用 R_a 作为显色性的评价指标。R_a 的最大值为 100,100~80 为显色优良,79~50 为显色一般,小于 50 为显色较差。例如:500W 白炽灯 R_a 为 95~99,荧光灯为 50~93,400W 荧光高压汞灯为 40~50,1000W 镝灯为 85~95,高压钠灯为 20~60。

《建筑照明设计标准》GB 50034—2013(简称《照明标准》)指出,照明设计应根据识别颜色要求和场所特点,选用相应显色指数的光源。长期工作或停留的房间或场所,照明光源的一般显色指数(R_a)不应小于 80。在灯具安装高度大于 8m 的工业建筑场所,R_a 可低于 80,但必须能够辨别安全色。当选用发光二极管灯光源(LED)时,在长期工作或停留的房间或场所,光源色温不宜高于 4000K,特殊显色指数 R_9 应大于 0。其中,R_9 是表征饱和红色的一个特殊显色指数。如果光谱中红色部分较为缺乏,会导致光源复现的色域大大减小,也会导致照明场景呆板、枯燥,从而影响照明环境质量。而这一问题对于蓝光激发黄光荧光粉发光的发光二极管灯问题尤为突出,所以针对性规定 R_9。

第二节 天 然 采 光

一、光气候和采光系数

天然光特性又称光气候特性。

(一) 光气候

1. 天然光的组成和影响因素

(1) 晴天:天空无云或很少云(云量为 0~3 级)。晴天天然光由直射阳光和天空扩散光两部分组成,直射阳光占 90%,天空扩散光占 10%。天空最亮处在太阳附近,太阳亮度达 20 万熙提(sb),天空亮度一般为 0.2~2.0sb,在与太阳呈 90°角处是最低值。

(2) 阴天:天空云量很多或全云(云量为 8~10 级)。全云天时地面无直射阳光,只有天空扩散光。

国际照明委员会（CIE）对全云天空（也称全阴天空）的定义是：当天空全部被云遮挡，看不清太阳的位置，天空的亮度分布符合：

$$L_\theta = \frac{1+2\sin\theta}{3} \cdot L_z \tag{11-21}$$

式中 L_θ——与地面呈 θ 角处的天空亮度，cd/cm²；

L_z——天顶亮度，cd/cm²，天顶亮度是接近地平线处天空亮度的 3 倍。

采光设计与采光计算都假设天空为全云天空，计算起来比较简单。

在全云天空下，地平面的照度用下式计算：

$$E_{地} = \frac{7}{9} \cdot \pi \cdot L_z (\text{lx}) \tag{11-22}$$

式中 $E_{地}$——地面照度，lx；

L_z——天顶亮度，cd/m²。

影响天然光的因素有太阳高度角、云状、地面反射能力、大气透明度。

（3）多云天：多云天天然光也是由直射阳光和天空扩散光两部分组成，但两部分的比例和晴天不同。

2. 我国光气候概况

我国天然光最丰富的地区是西北和北部地区，向南逐步降低，四川盆地最低。

（二）光气候分区

根据室外天然光年平均总照度值（从日出后半小时到日落前半小时全年日平均值），将我国分为 Ⅰ～Ⅴ 类光气候区。用光气候系数与相应室外天然光设计照度值表示该区天然光的高低（表 11-4）。中国光气候分区参见《建筑环境通用规范》附录 B，北京为 Ⅲ 类光气候区，重庆为 Ⅴ 类光气候区，北京的光气候系数是 1.0。要取得同样照度，Ⅰ 类光气候区开窗面积最小，Ⅴ 类光气候区开窗面积最大。

光气候系数 K 值与室外天然光设计照度值 E_s 表 11-4

光气候区类别	Ⅰ	Ⅱ	Ⅲ	Ⅳ	Ⅴ
光气候系数 K	0.85	0.90	1.00	1.10	1.20
室外天然光设计照度值 E_s (lx)	18000	16500	15000	13500	12000

注：1. E_s 指室内全部利用天然光的室外天然光最低照度；
   2. K 指根据光气候特点，按年平均总照度值确定的分区系数。

（三）采光系数

采光系数是在室内参考平面上的一点，由直接或间接地接收来自假定和已知天空亮度分布的天空漫射光而产生的照度与同一时刻该天空半球在室外无遮挡水平面上产生的天空漫射光照度之比。

$$C = \frac{E_n}{E_w} \cdot 100\% \tag{11-23}$$

式中 C——采光系数，%；

E_n——在全云天空漫射光照射下，室内给定平面上的某一点由天空漫射光所产生的照度，lx；

E_w——在全云天空漫射光照射下，与室内某一点照度同一时间、同一地点，在室外无遮挡水平面上由天空漫射光所产生的室外照度，lx。

在采光设计中，需要参考采光系数标准值，即在规定的室外天然光设计照度下，满足视觉功能要求的采光系数值。由于同样的视觉工作对于室内照度的需求总是一致的，但室外光环境由于光气候分区不同而存在高低，所以，不同光气候区的同样功能的房间采光系数标准值实际上是不同的，其间的比例即为表11-4中的光气候系数K，即室外自然光差的地方采光系数标准值要大些，室外自然光丰富的地区可小些，采光口的尺寸也相应需要变大或变小以满足室内照度达标的要求。

二、窗洞口

（一）侧窗

侧窗构造简单，布置方便，造价低，光线的方向性好，有利于形成阴影，适于观看立体感强的物体，并可通过窗看到室外景观，扩大视野，在大量的民用建筑和工业建筑中得到广泛的应用。侧窗的主要缺点是照度分布不均匀，近窗处照度高，往里走，水平照度下降速度很快，到内墙处，照度很低，离内墙1m处照度最低。侧窗采光房间进深一般不要超过窗口上沿高度的2倍，否则需要人工照明补充。

当窗口面积相等且窗底标高相同时，正方形窗口的采光量（室内各点的照度总和）最大，竖长方形次之，横长方形最小；沿进深方向的照度均匀性，竖长方形最好，正方形次之，横长方形最差；沿宽度方向的照度均匀性，横长方形最好，正方形次之，竖长方形最差（表11-5）。

侧窗分单侧窗、双侧窗和高侧窗三种。室内进深大，单侧窗无法将光引入室内深处的情况，可考虑双侧窗；高侧窗主要用于仓库和博览建筑，同样是出于进深大的考量，同时考虑到展览空间展品占用侧墙面积、观察者处有眩光等问题，也建议采用高侧窗代替普通侧窗。

侧窗采光特性简表 表 11-5

	正方形窗	竖长方形窗	横长方形窗
进光量	多	中	少
纵向均匀性	中	好	差
横向均匀性	中	差	好

例 11-5 在采光要求相同的条件下，上海地区的开窗面积比北京地区的开窗面积应：

A 增加20%　　　　　　　　B 增加10%
C 减少20%　　　　　　　　D 减少10%

解析：北京为Ⅲ类光气候区，上海为Ⅳ类光气候区，上海室外天然光较北京少，所以为达到同样的室内采光要求，上海地区开窗面积要比北京大。根据表11-4，北京的K值为1.0，上海的K值为1.1，开窗尺寸也参考此比例，即上海地区开窗面积要比北京增加10%。

答案：B

例 11-6 下列关于侧窗采光特性的说法，错误的是：
A 窗台标高一致且窗洞面积相等时，正方形侧窗采光量最多
B 高侧窗有利于提高房间深处的照度
C 竖长方形侧窗宜用于窄而深的房间
D 横长方形侧窗在房间宽度方向光线不均匀
解析：见表 11-5。
答案：D

在采光均匀性方面，窗口上下沿的高度不同，纵向采光均匀性也不一致。如竖长方形窗因高度高，房间深处采光量更多，进深方向（纵向）采光均匀性相对更好。窗口上下沿变化对采光效果的影响如图 11-9 所示。可见，窗上沿降低，近窗处和远窗处（尤其是远窗处）采光量均有所降低［图 11-9（a）］；窗台升高，近窗处下降明显并且采光量最高的点向内移动［图 11-9（b）］，远窗处变化不明显。

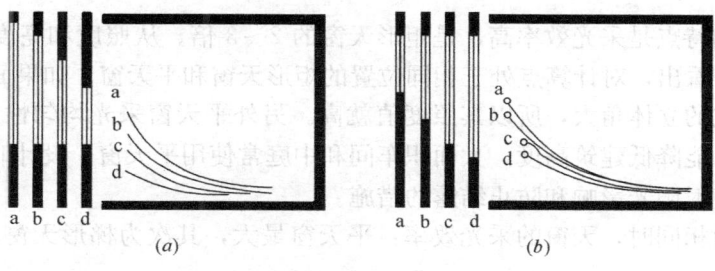

图 11-9 窗上下边沿高度变化对室内纵向方向采光量的影响
（a）窗上沿变化；（b）窗台变化

例 11-7 （2021）天然采光条件下的室内空间中，高侧窗具有以下哪个优点？
A 窗口进光量较大　　　　　　B 离窗近的地方照度提高
C 采光时间较长　　　　　　　D 离窗远的地方照度提高
解析：高侧窗与普通侧窗的不同之处在于，高侧窗位于净高高的房间墙体靠上的位置，斜射入室的阳光能够照射到更深处。窗口进光量只与窗洞口大小和形状有关；降低窗下沿高度能够增加离窗近的地方的采光；采光时间长短主要与自然光气候有关，与是否为高侧窗没有关系。
答案：D

（二）天窗

随着建筑物室内面积的增大，只用侧窗不能达到采光要求，需要天窗采光，多层建筑的顶层也可以用天窗采光。天窗分为以下几种类型：

1. 矩形天窗

（1）纵向矩形天窗：这种天窗的突出特点是采光比侧窗均匀，即工作面照度比较均匀，天窗位置较高，不易形成眩光，在大量的工业建筑，如需要通风的热加工车间和机加工车间应用普遍。为了避免直射阳光射入室内，天窗的玻璃最好朝向南北，这样阳光射入

的时间少，也易于遮挡。天窗宽度一般为跨度的一半左右，天窗下沿至工作面的高度为跨度的 0.35～0.7 倍。

梯形天窗室内采光量提高约 60%，但构造复杂，玻璃易积尘，阳光易射入室内，应慎重选用。

（2）横向天窗（横向矩形天窗）：这种天窗采光效果与矩形天窗相近，采光均匀性好，造价低，省去天窗架，能降低建筑高度。设计时，车间长轴应为南北向，即天窗玻璃朝向南北。

（3）井式天窗：采光系数较小，这种窗主要用于通风兼采光，适用于热处理车间。

矩形天窗一般使用在单层排架工业建筑的采光中。

2. 锯齿形天窗

这种天窗有倾斜的顶棚作反射面，增加了反射光的分量，采光效率比矩形天窗高 15%～20%。窗口一般朝北，以防止直射阳光进入室内，而不影响室内温度和湿度的调节。光线均匀，方向性强，不会产生直接眩光，在纺织厂大量使用这种天窗，轻工业厂房、超级市场、体育馆也常采用这种天窗。

3. 平天窗

这种天窗的特点是采光效率高，是矩形天窗的 2～3 倍。从照度和亮度之间的关系式 $E=L \cdot \Omega \cdot \cos i$ 看出，对计算点处于相同位置的矩形天窗和平天窗，如果面积相等，平天窗对计算点形成的立体角大，所以其照度值就高。另外平天窗采光均匀性好，布置灵活，不需要天窗架，能降低建筑高度，大面积车间和中庭常使用平天窗。设计时应注意采取防止污染、防止直射阳光影响和防止结露的措施。

在平、剖面相同时，天窗的采光效率：平天窗最大，其次为梯形天窗、锯齿形天窗，矩形天窗最差。

设计时，可用以上某一种采光窗，也可同时使用几种窗，即混合采光方式。

例 11-8 （2021）下列屋架形式最适合布置横向天窗的是：
A 上弦坡度较大的三角屋架　　　　B 边柱较高的梯形钢屋架
C 中式屋架　　　　　　　　　　　D 钢网架

解析：横向天窗是平行于建筑横轴方向依托屋架开设的矩形天窗。上弦坡度大，越接近三角形，开窗越不规整，可利用面积越小，A 选项不适合；边柱较高的屋架，屋架更方，上弦更平，能够更有效地提供开窗的面积，同时，钢屋架构件截面小，挡光少，也利于开窗，B 选项适合；中式屋架多为木质举架结构，梁柱多，构件截面大，不利于开窗，C 选项不适合；钢网架形式多样，网格密，不能提供大面积垂直面用来开矩形天窗，D 选项不适合。

答案：B

（三）其他采光口的规定

（1）主要功能房间采光窗的颜色透射指数不应低于 80（颜色透射指数：光透过玻璃后的一般显色指数 R_a）。

（2）为了避免眩光干扰，建筑物设置玻璃幕墙时应符合下列规定：

1）在居住建筑、医院、中小学校、幼儿园周边区域以及主干道路口、交通流量大的区域设置玻璃幕墙时，应进行玻璃幕墙反射光影响分析；

2) 长时间工作或停留的场所，玻璃幕墙反射光在其窗台面上的连续滞留时间不应超过 30min；

3) 在驾驶员前进方向垂直角 20°、水平角±30°、行车距离 100m 内，玻璃幕墙对机动车驾驶员不应造成连续有害反射光。

三、采光设计

（一）采光标准

1. 采光标准值

根据房间视觉工作的特征，《建筑采光设计标准》GB 50033—2013（简称《采光标准》）将各类房间划分为五个采光等级（注意与前文五个光气候区是完全不同的概念）。

各采光等级参考平面上的采光标准值按表 11-6 选取。采光标准值包括室内天然光照度标准值（满足视觉工作的天然光照度下限）和采光系数标准值（即室内天然光照度标准值除室外天然光设计照度值）。采光的设计评价单元是房间，不是建筑。如一幢教学楼的教室和洗手间的采光等级不同，但教学楼洗手间和医院洗手间的采光等级是一样的。

采光等级与采光标准值 表 11-6

采光等级	侧面采光		顶部采光	
	采光系数标准值（%）	室内天然光照度标准值（lx）	采光系数标准值（%）	室内天然光照度标准值（lx）
Ⅰ	5	750	5	750
Ⅱ	4	600	3	450
Ⅲ	3	450	2	300
Ⅳ	2	300	1	150
Ⅴ	1	150	0.5	75

注：1. 工业建筑参考平面取距地面 1m，民用建筑取距地面 0.75m，公用场所取地面；
2. 表中所列采光系数标准值适用于我国Ⅲ类光气候区，采光系数标准值是按室外设计照度值 15000lx 制定的；
3. 采光标准的上限值不宜高于上一采光等级的级差，采光系数值不宜高于 7%；
4. 对于Ⅰ、Ⅱ采光等级的侧面采光，当开窗面积受到限制时，其采光系数值可降低到Ⅲ级，所减少的天然光照度应采用人工照明补充；
5. 在建筑设计中应为窗户的清洁和维修创造便利条件；
6. 采光设计实际效果的检验，应按现行国家标准《采光测量方法》GB/T 5699 的有关规定执行；
7. 无论侧面采光还是顶部采光，采光系数标准值统一取采光系数平均值。

这里的采光系数标准值是室内天然光照度标准值与室外天然光设计照度值 E_s 的比值，如北京地区（Ⅲ类光气候区，E_s 为 15000lx，见表 11-4），普通教室室内天然光照度标准值为 450lx，其采光系数标准值即为 450/15000＝3%。而在西藏地区（Ⅰ类光气候区，E_s 为 18000lx），普通教室室内天然光照度标准值为 450lx（因为西藏学生和北京学生对教室光环境需求是一样的），其采光系数标准值即为 450/18000＝2.5%，此值也可以通过 3% 乘以光气候系数 K 值得到（如西藏地区采光系数标准值为 3% 乘以 0.85，约等于 2.5%）。在实际工程的采光设计中，设计采光系数值均应大于标准中规定的标准值（但不宜远大于此值，室内自然采光过量可能带来热工和眩光等问题）。

《采光标准》和《建筑环境通用规范》提出，对天然采光需求较高的场所，应符合下列规定：

(1) 住宅建筑的卧室、起居室（厅）、厨房应有直接采光；
(2) 卧室、起居室和一般病房的采光等级不应低于Ⅳ级的要求；
(3) 普通教室的采光等级不应低于Ⅲ级的要求；
(4) 普通教室侧面采光的采光均匀度不应低于0.5（采光均匀度：工作面上采光最小照度与该工作面平均照度的比值。此条为《建筑环境通用规范》新提出的强制性条文）。

> **例 11-9** 下列住宅建筑房间的采光中，不属于强制性直接采光的房间是：
> A 卧室　　　　　　　　　B 起居室（厅）
> C 餐厅　　　　　　　　　D 厨房
> **解析**：根据《采光标准》，卧室、起居室（厅）、厨房应有直接采光。
> **答案**：C

其他房间的采光系数标准值及室内天然光照度标准值见表11-7～表11-17：

住宅建筑的采光标准值　　　　　　　　　　表 11-7

采光等级	场所名称	侧面采光	
		采光系数标准值（%）	室内天然光照度标准值（lx）
Ⅳ	厨房	2.0	300
Ⅴ	卫生间、过道、餐厅、楼梯间	1.0	150

教育建筑的采光标准值　　　　　　　　　　表 11-8

采光等级	场所名称	侧面采光	
		采光系数标准值（%）	室内天然光照度标准值（lx）
Ⅲ	专用教室、实验室、阶梯教室、教师办公室	3.0	450
Ⅴ	走道、楼梯间、卫生间	1.0	150

医疗建筑的采光标准值　　　　　　　　　　表 11-9

采光等级	场所名称	侧面采光		顶部采光	
		采光系数标准值（%）	室内天然光照度标准值（lx）	采光系数标准值（%）	室内天然光照度标准值（lx）
Ⅲ	诊室、药房、治疗室、化验室	3.0	450	2.0	300
Ⅳ	医生办公室（护士室）候诊室、挂号处、综合大厅	2.0	300	1.0	150
Ⅴ	走道、楼梯间、卫生间	1.0	150	0.5	75

办公建筑的采光标准值 表 11-10

采光等级	场所名称	侧面采光	
		采光系数标准值（%）	室内天然光照度标准值（lx）
Ⅱ	设计室、绘图室	4.0	600
Ⅲ	办公室、会议室	3.0	450
Ⅳ	复印室、档案室	2.0	300
Ⅴ	走道、楼梯间、卫生间	1.0	150

图书馆建筑的采光标准值 表 11-11

采光等级	场所名称	侧面采光		顶部采光	
		采光系数标准值（%）	室内天然光照度标准值（lx）	采光系数标准值（%）	室内天然光照度标准值（lx）
Ⅲ	阅览室、开架书库	3.0	450	2.0	300
Ⅳ	目录室	2.0	300	1.0	150
Ⅴ	书库、走道、楼梯间、卫生间	1.0	150	0.5	75

旅馆建筑的采光标准值 表 11-12

采光等级	场所名称	侧面采光		顶部采光	
		采光系数标准值（%）	室内天然光照度标准值（lx）	采光系数标准值（%）	室内天然光照度标准值（lx）
Ⅲ	会议室	3.0	450	2.0	300
Ⅳ	大堂、客房、餐厅、健身房	2.0	300	1.0	150
Ⅴ	走道、楼梯间、卫生间	1.0	150	0.5	75

博物馆建筑的采光标准值 表 11-13

采光等级	场所名称	侧面采光		顶部采光	
		采光系数标准值（%）	室内天然光照度标准值（lx）	采光系数标准值（%）	室内天然光照度标准值（lx）
Ⅲ	文物修复室*、标本制作室*、书画装裱室	3.0	450	2.0	300
Ⅳ	陈列室、展厅、门厅	2.0	300	1.0	150
Ⅴ	库房、走道、楼梯间、卫生间	1.0	150	0.5	75

注：1. *表示采光不足部分应补充人工照明，照度标准值为750lx；
  2. 表中的陈列室、展厅是指对光不敏感的陈列室、展厅，如无特殊要求应根据展品的特征和使用要求优先采用天然采光；
  3. 书画装裱室设置在建筑北侧，工作时一般仅用天然光照明。

展览建筑的采光标准值　　　　　　　　　　　表 11-14

采光等级	场所名称	侧面采光		顶部采光	
		采光系数标准值（%）	室内天然光照度标准值（lx）	采光系数标准值（%）	室内天然光照度标准值（lx）
Ⅲ	展厅（单层及顶层）	3.0	450	2.0	300
Ⅳ	登录厅、连接通道	2.0	300	1.0	150
Ⅴ	库房、楼梯间、卫生间	1.0	150	0.5	75

交通建筑的采光标准值　　　　　　　　　　　表 11-15

采光等级	场所名称	侧面采光		顶部采光	
		采光系数标准值（%）	室内天然光照度标准值（lx）	采光系数标准值（%）	室内天然光照度标准值（lx）
Ⅲ	进站厅、候机（车）厅	3.0	450	2.0	300
Ⅳ	出站厅、连接通道、自动扶梯	2.0	300	1.0	150
Ⅴ	站台、楼梯间、卫生间	1.0	150	0.5	75

体育建筑的采光标准值　　　　　　　　　　　表 11-16

采光等级	场所名称	侧面采光		顶部采光	
		采光系数标准值（%）	室内天然光照度标准值（lx）	采光系数标准值（%）	室内天然光照度标准值（lx）
Ⅳ	体育馆场地、观众入口大厅、休息厅、运动员休息室、治疗室、贵宾室、裁判用房	2.0	300	1.0	150
Ⅴ	浴室、楼梯间、卫生间	1.0	150	0.5	75

注：采光主要用于训练或娱乐活动。

工业建筑的采光标准值　　　　　　　　　　　表 11-17

采光等级	车间名称	侧面采光		顶部采光	
		采光系数标准值（%）	室内天然光照度标准值（lx）	采光系数标准值（%）	室内天然光照度标准值（lx）
Ⅰ	特精密机电产品加工、装配、检验、工艺品雕刻、刺绣、绘画	5.0	750	5.0	750
Ⅱ	精密机电产品加工、装配、检验、通信、网络、视听设备、电子元器件、电子零部件加工、抛光、复材加工、纺织品精纺、织造、印染、服装裁剪、缝纫及检验、精密理化实验室、计量室、测量室、主控制室、印刷品的排版、印刷、药品制剂	4.0	600	3.0	450

续表

采光等级	车间名称	侧面采光 采光系数标准值（%）	侧面采光 室内天然光照度标准值（lx）	顶部采光 采光系数标准值（%）	顶部采光 室内天然光照度标准值（lx）
Ⅲ	机电产品加工、装配、检修、机库、一般控制室、木工、电镀、油漆、铸工、理化实验室、造纸、石化产品后处理、冶金产品冷轧、热轧、拉丝、粗炼	3.0	450	2.0	300
Ⅳ	焊接、钣金、冲压剪切、锻工、热处理、食品、烟酒加工和包装、饮料、日用化工产品、炼铁、炼钢、金属冶炼、水泥加工与包装、配变电所、橡胶加工、皮革加工、精细库房（及库房作业区）	2.0	300	1.0	150
Ⅴ	发电厂主厂房、压缩机房、风机房、锅炉房、泵房、动力站房、（电石库、乙炔库、氧气瓶库、汽车库、大中件贮存库）一般库房、煤的加工、运输、选煤配料间、原料间、玻璃退火、熔制	1.0	150	0.5	75

2. 采光质量

（1）采光均匀度：为采光系数最低值与采光系数平均值之比，也是同一时刻，全云天条件下，室内最低照度值与室内平均照度值之比。Ⅰ～Ⅳ级顶部采光的采光均匀度不宜小于0.7。为此，相邻两天窗中线间的距离不宜大于工作面至天窗下沿高度的1.5倍。除普通教室外，其他场所侧窗采光不要求均匀度，因侧窗无法满足进深方向的均匀性（如前文所述），但可通过设置反光板、扩散玻璃等手段，将光折射或二次反射到室内深处，提升均匀性。

（2）眩光：长时间工作或停留的场所应设置防止产生直接眩光、反射眩光、映像（二次反射眩光）和光幕反射等现象的措施。采光设计时，应采取措施减少窗眩光：作业区应减少或避免直射阳光照射，不宜以明亮的窗口作为视看背景，可采用室内外遮挡设施如遮阳、窗帘等降低窗亮度或减少对天空的视看立体角（遮阳手段以可调节的外遮阳为最佳），宜将窗结构的内表面或窗周围的内墙面做成浅色饰面。

（3）光反射比：长时间工作或学习的场所室内各表面的反射比应符合表11-18的规定。

反射比　　　　　　　　　　　　　表11-18

表面名称	反射比
顶棚	0.60～0.90
墙面	0.30～0.80
地面	0.10～0.50
桌面、工作台面、设备表面	0.20～0.60

（4）其他：注意光线的方向性；需要补充人工照明的场所，宜选用接近天然光色温的

高色温光源；需识别颜色的场所，宜采用不改变天然光光色的采光材料。

（二）窗地面积比的估算

窗地面积比指窗洞口面积与地面面积之比。对于侧面采光，应为参考平面以上的窗洞口面积。采光窗窗口面积一般先用表 11-19（《采光标准》中的表 6.0.1）提供的窗地面积比（A_c/A_d）和采光有效进深（b/h_s）进行估算，表中内容为Ⅲ类光气候区的计算数值，其他光气候区的窗地面积比应乘表 11-2 中的光气候系数 K。对于侧面采光，窗口面积应为参考平面以上的窗洞口面积。要记住Ⅲ类光气候区下面几种主要建筑的窗地面积比（以侧窗为例）。

窗地面积比和采光有效进深　　　　　　　　　表 11-19

采光等级	侧面采光		顶部采光
	窗地面积比（A_c/A_d）	采光有效进深（b/h_s）	窗地面积比（A_c/A_d）
Ⅰ	1/3	1.8	1/6
Ⅱ	1/4	2.0	1/8
Ⅲ	1/5	2.5	1/10
Ⅳ	1/6	3.0	1/13
Ⅴ	1/10	4.0	1/23

注：1. 窗地面积比计算条件：窗的总透射比 τ 取 0.6；室内各表面材料反射比的加权平均值：Ⅰ～Ⅲ级取 $\rho_j=0.5$；Ⅳ级取 $\rho_j=0.4$，Ⅴ级取 $\rho_j=0.3$。
2. 顶部采光指平天窗采光，锯齿形天窗和矩形天窗可分别按平天窗的 1.5 倍和 2 倍窗地面积比进行估算。
3. 侧窗采光的采光有效进深指可满足采光要求的房间进深，用房间进深与参考平面至窗上沿高度的比值来表示。

（1）各类建筑走道、楼梯间、卫生间的窗地面积比为 1/10（采光系数最低值 1%，室内照度标准值 150lx）。

（2）住宅的卧室、起居室和厨房的窗地面积比为 1/6（采光系数最低值 2%，室内照度标准值 300lx）。《住宅设计规范》GB 50096—2011 中提出此类场所窗地面积比不应低于 1/7。

（3）综合医院的候诊室、一般病房、医生办公室、大厅窗地面积比为 1/6。

（4）图书馆的目录室窗地面积比为 1/6。

（5）旅馆的大堂、客房、餐厅的窗地面积比为 1/6。

（6）展览建筑的登录厅、连接通道，交通建筑的出站厅、连接通道、自动扶梯，体育建筑的体育馆场地、入口大厅、休息厅、休息室、贵宾室、裁判用房等窗地面积比均为 1/6。

（7）教育建筑的专用教室，办公建筑的办公室、会议室的窗地面积比为 1/5（采光系数标准值 3%，室内天然光照度标准值 450lx）。

（8）综合医院的诊室、药房窗地面积比为 1/5。

（9）图书馆的阅览室、开架书库的窗地面积比为 1/5。

（10）展览建筑的展厅（单层及顶层），交通建筑的进站厅、候机（车）厅等窗地面积比均为 1/5。

（11）办公建筑的设计室、绘图室的窗地面积比为 1/4（采光系数标准值 4%，室内天然光照度标准值 600lx）。

《民用建筑设计统一标准》GB 50352—2019 第 7.1.3 条 1 款规定，侧窗采光时，民用建筑采光口离地面高度 0.75m 以下的部分不应计入有效采光面积（《住宅设计规范》GB 50096—2011 第 7.1.7 条规定，采光窗下沿离楼面或地面高度低于 0.50m 的窗洞口面积不应计入采光面积内，窗洞口上沿距地面高度不宜低于 2.00m）；采光口上部有宽度超过 1m 的外廊、阳台等外挑遮挡物，其有效采光面积可按采光口面积的 70% 计算；用水平天窗采光时，其有效采光面积可按侧面采光口面积的 2.5 倍计算。

（三）各类场所采光设计要点

1. 博物馆、美术馆

（1）博物馆展厅室内顶棚、地面、墙面应选择无光泽的饰面材料。

（2）对光敏感展品或藏品的存放区域不应有直射阳光，采光口应有减少紫外线辐射、调节和限制天然光照度值及减少曝光时间的措施。

（3）避免直接眩光：观看展品时，窗口应处在视野范围之外，从参观者的眼睛到画框边缘和窗口边缘的夹角要大于 14°，见图 11-10。

（4）避免一、二次反射眩光（映像）：对面高侧窗的中心和画面中心连线和水平线的夹角大于 50°，见图 11-11。

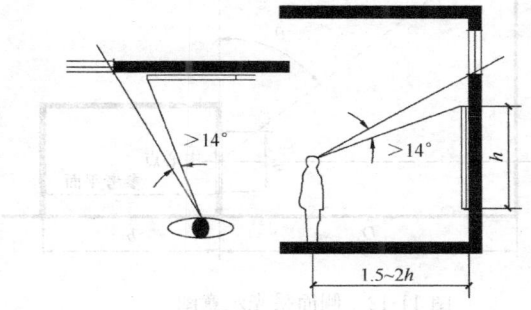

图 11-10 避免直接眩光

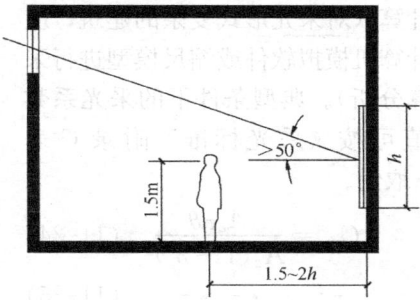

图 11-11 避免一次反射眩光

（5）墙面的色调应采用中性色，其反射比取 0.3 左右。

（6）对光不敏感的陈列室和展厅，如无特殊要求，应根据展品特性和使用要求优先采用天然采光。

（7）书画装裱室设置在建筑北侧，工作时一般仅用天然光照明。

结合上述采光要求，该类房间宜采用高侧窗或天窗采光，并控制采光口、展品与观赏者三者的位置关系，如倾斜展品表面等。同时，应让观赏者的位置处于暗处，避免二次反射眩光。

2. 学校建筑的普通教室

教室是各类型场所中对光要求最高的场所之一，因学生对课桌面、黑板面的照度、均匀性、稳定性均有较高的要求，需要合理地安排教室环境的光分布，消除眩光，保证正常的可见度，减少疲劳，提高学习效率。除了《采光标准》中规定的照度标准值要求以外，教室天然光环境还需要满足以下条件。

（1）均匀的照度分布：有条件的教室可以考虑天窗采光或者双侧窗采光，保障进深（纵向）方向采光均匀；天窗采光时，工作面采光均匀度不应小于 0.7；侧窗采光时，采光均匀度不小于 0.5。

（2）光线方向和阴影：光线方向最好从左侧上方射来，双侧采光时也应分主次，主要光线方向为左上方,以免在书写时手挡光线,产生阴影。

(3) 避免眩光:选择采光口方向,从避免眩光角度来看,侧窗口宜为北向。室内顶棚和内墙是主要反光面,浅色装修能够产生更多的自上而下的反射光,同时窗间墙内墙面做浅色装修也能够缓解窗洞口因明暗变化而产生眩光的程度。黑板防眩光方法包括:可采用毛玻璃背面涂刷暗绿色油漆的做法,避免眩光,避免过度明暗变化,同时黑板墙及其附近不应开窗,避免视线方向出现窗口眩光源。

(4) 教室剖面:教室应有足够的净高,保障窗口上沿尽量高,使在单侧采光的情况下,室内进深深处也能够有一定的采光;或者在窗洞口安装磨砂玻璃(散射),或者加装反光横档,将光线折射或反射到室内深处;也可以做倾斜顶棚,朝向采光口增加顶棚的反射光,也能够使室内进深深处的采光有所增加。

四、采光计算

(一) 侧面采光

采光系数平均值(图 11-12)可按下式计算(对采光形式复杂的建筑,应利用计算机模拟软件或缩尺模型进行采光计算分析)。典型条件下的采光系数平均值可按《采光标准》附录 C 表 C.0.1 取值。

$$C_{av} = \frac{A_c \tau \theta}{A_z (1-\rho_j^2)} \quad (11-24)$$

$$\tau = \tau_0 \cdot \tau_c \cdot \tau_w \quad (11-25)$$

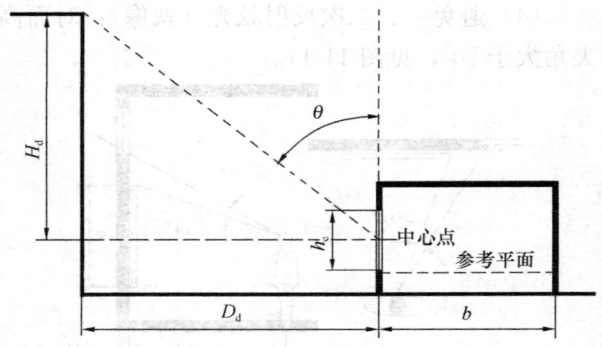

图 11-12 侧面采光示意图

式中 τ——窗的总透射比;
A_c——窗洞口面积,m^2;
A_z——室内表面总面积,m^2;
ρ_j——室内各表面反射比的加权平均值;
θ——从窗中心点计算的垂直可见天空的角度值,无室外遮挡 θ 为 90°;
τ_0——采光材料的透射比;
τ_c——窗结构的挡光折减系数;
τ_w——窗玻璃的污染折减系数。

例 11-10 (2014)关于侧面采光系数平均值计算式中,与下列参数无直接关系的是:

  A 窗洞口面积   B 室内表面总面积
  C 窗的总透射比   D 采光有效进深

解析: 由侧面采光系数平均值计算公式(11-24)和图 11-12 可知,侧面采光系数平均值与窗洞口面积(选项 A)、室内表面总面积(选项 B)和窗的总透射比(选项 C)均有直接关系,而与采光有效进深(选项 D)没有直接关系。

  答案: D

（二）顶部采光

顶部采光（图 11-13）计算可按下列方法进行：

$$C_{av} = \tau \cdot CU \cdot A_c/A_d \quad (11-26)$$

式中 C_{av}——采光系数平均值，%；

　　　τ——窗的总透射比；

　　　CU——利用系数（被照面接受的光通量与天窗接受到来自天空的光通量之比）；

　　　A_c/A_d——窗地面积比。

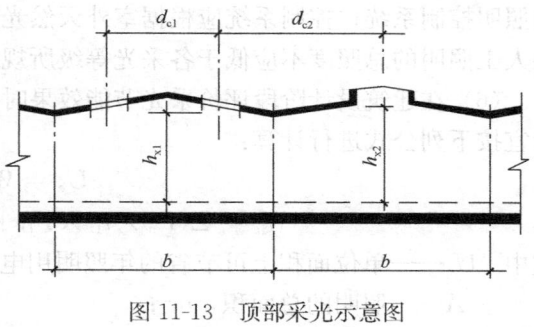

图 11-13　顶部采光示意图

（三）导光管系统采光

导光管采光系统指一种用来采集天然光，并经管道传输到室内，进行天然光照明的采光系统，通常由集光器、导光管和漫射器组成。

导光管系统采光设计时，宜按下列公式进行天然光照度计算：

$$E_{av} = \frac{n \cdot \Phi_u \cdot CU \cdot MF}{l \cdot b} \quad (11-27)$$

式中 E_{av}——平均水平照度，lx；

　　　n——拟采用的导光管采光系统数量；

　　　CU——导光管采光系统的利用系数（被照面接受的光通量与集光器接受到来自天空的光通量之比）；

　　　MF——维护系数（导光管采光系统在使用一定周期后，在规定表面上的平均照度或平均亮度与该装置在相同条件下新装时在同一表面上所得到的平均照度或平均亮度之比）；

　　　Φ_u——导光管采光系统漫射器的设计输出光通量，lm。

五、采光节能

建筑采光设计时，应根据地区光气候特点，采取有效措施，综合考虑充分利用天然光，节约能源。

（1）采光材料应符合下列要求：应综合考虑采光和热工的要求，按不同地区选择光热比（材料的可见光透射比与太阳能总透射比的比值）合适的材料；导光管集光器材料的透射比不应低于 0.85，漫射器材料的透射比不应低于 0.8，导光管材料的反射比不应低于 0.95。居住建筑外窗玻璃的可见光透射比不应低于 0.4。

（2）采光装置应满足以下规定：采光窗的透光折减系数（透射漫射光照度与漫射光照度之比）T_r 应大于 0.45；导光管采光系统在漫射光条件下的系统效率应大于 0.5。

（3）采光设计时，应采取有效的节能措施：大跨度或大进深的建筑宜采用顶部采光或导光管系统采光；在地下空间，无外窗及有条件的场所，可采用导光管采光系统；侧面采光时，可加设反光板、棱镜玻璃或导光管系统，改善进深较大区域的采光。

（4）采用遮阳设施时，宜采用外遮阳或可调节的遮阳设施。

（5）采光与照明控制应符合下列规定：对于有天然采光的场所，宜采用与采光相关联的照明控制系统；控制系统应根据室外天然光照度变化调节人工照明，调节后的天然采光和人工照明的总照度不应低于各采光等级所规定的室内天然光照度值。

（6）在建筑设计阶段评价采光节能效果时，宜进行采光节能计算。可节省的照明用电量宜按下列公式进行计算：

$$U_e = W_e/A \tag{11-28}$$

$$W_e = \Sigma(P_n \times t_D \times F_D + P_n \times t'_D \times F'_D)/1000 \tag{11-29}$$

式中 U_e——单位面积上可节省的年照明用电量，kWh/(m²·年)；

A——照明的总面积，m²；

W_e——可节省的年照明用电量，kWh/年；

P_n——房间或区域的照明安装总功率，W；

t_D——全部利用天然采光的时数，h，可按《采光标准》附录E中表E.0.1取值；

t'_D——部分利用天然采光的时数，h，可按《采光标准》附录E中表E.0.2取值；

F_D——全部利用天然采光时的采光依附系数，取1；

F'_D——部分利用天然采光时的采光依附系数，在临界照度与设计照度之间的时段取0.5。

第三节 建筑照明

一、电光源的种类、特性与使用场所

（一）光源的种类

光源的种类见表11-20。

光源的种类　　　　　　　　　表11-20

热辐射光源	气体放电光源	固体发光光源
白炽灯 卤钨灯	荧光灯、紧凑型荧光灯、荧光高压汞灯、金属卤化物灯、钠灯、氙灯、冷阴极荧光灯、高频无极感应灯等	发光二极管 （LED）

（二）光源的特性参数和使用场所

发光效能：光源发出的光通量与光源功率之比，简称光效，单位：lm/W。

光源的常用参数见表11-21。

传统照明光源的基本参数和使用场所　　　　　　表11-21

类型	光源名称	功率 (W)	光效 (lm/W)	寿命 (h)	色温 (K)	显色指数 (R_a)	使用场所
热辐射光源	白炽灯	15～200	7～20	1000	2800	95～99	住宅、饭店、陈列室、应急照明
	卤钨灯	5～1000	12～21	2000	2850	95～99	陈列室、商店、工厂、车站、大面积投光照明
气体放电光源	荧光灯 （三基色荧光粉）	3～125	32～90	3000～10000	2700～6500	50～93	工厂、办公室、医院、商店、美术馆、饭店、公共场所

续表

类型	光源名称	功率(W)	光效(lm/W)	寿命(h)	色温(K)	显色指数(R_a)	使用场所
气体放电光源	荧光高压汞灯	50~1000	31~52	3500~12000	6000	40~50	广场、街道、工厂、码头、工地、车站等，限制使用
	金属卤化物灯	70~1000	70~110	6000~20000	4500~7000	60~95	广场、机场、港口、码头、体育场、工厂
	高压钠灯	50~1000	44~120	8000~24000	≥2000	20、40、60	广场、街道、码头、工厂、车站
	低压钠灯	18~180	100~175	3000			街道、高速公路、胡同
固体发光光源	LED	约1（单颗）	—	30000~50000	—	95以上	多种场所

对表11-21要记住白炽灯、荧光灯（低压汞灯）、金属卤化物灯和高压钠灯的光效、寿命、显色指数以及它们的主要使用场所。白炽灯用于要求瞬时启动和连续调光，对防止电磁干扰要求严格、开关频繁、照度要求不高、照明时间较短的场所以及对装饰有特殊要求的场所。

实际上，迄今为止的大部分建筑照明新建工程中，绝大部分常规照明均已采用LED光源，其寿命、光效、体积、稳定性均具有非常明显的优势。作为理论上效能最高的光源，LED已经逐渐取代其他光源，在室外道路、景观、建筑及室内大部分场所的照明中被广泛应用。

（三）现行光源选择的规定

(1) 高度较低的房间，如办公室、教室、会议室及仪表、电子等生产车间宜采用细管径直管形三基色荧光灯。

(2) 商店营业厅宜采用细管径直管形三基色荧光灯、紧凑型荧光灯或小功率陶瓷金属卤化物灯，重点照明宜采用小功率陶瓷金属卤化物灯、发光二极管灯。

(3) 高度较高的工业厂房，应按照生产使用要求，采用金属卤化物灯或高压钠灯，亦可采用高频大功率细管径直管荧光灯。

(4) 一般照明场所不宜采用荧光高压汞灯，不应采用自镇流荧光高压汞灯。

(5) 一般情况下，室内外照明不应采用普通照明白炽灯；对电磁干扰要求严格且无其他替代光源时方可使用。

二、灯具

灯具是光源、灯罩和相应附件为一体的总称。

（一）灯具的光特性

1. 灯具的配光曲线和空间等照度曲线

配光曲线是按光源发出的光通量为1000lm，以极坐标的形式将灯具在各个方向上的发光强度绘制在平面图上,灯具的配光曲线,见图11-14。在应用时,当光源发出的光通量不是1000lm时应乘以修正系数$\Phi/1000$。

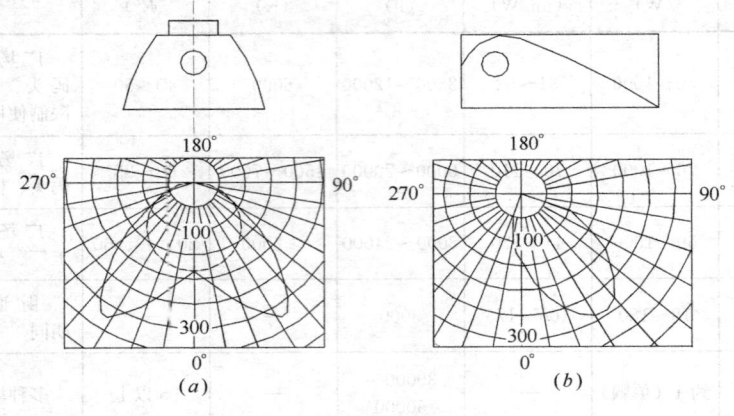

图 11-14　灯具的配光曲线

> **例 11-11**　在灯具配光曲线上的任一点可表示为某一方向的:
> A　亮度　　　　　　　　　　B　照度
> C　发光强度　　　　　　　　D　光通量
> **解析**：配光曲线指的是灯具在空间中各方向的发光强度值。
> **答案**：C

灯具的空间等照度曲线也是按灯具发出的光通量为1000lm绘制的,按灯到计算点的悬挂高度和灯到计算点的水平距离从图上查出相应的照度值,再乘以$\Phi/1000$就得出计算点的照度值。但配光曲线是更加直观、常用的表达灯具空间光分布的方式。

2. 灯具的遮光角

遮光角的大小要满足限制眩光的要求（图11-15）。

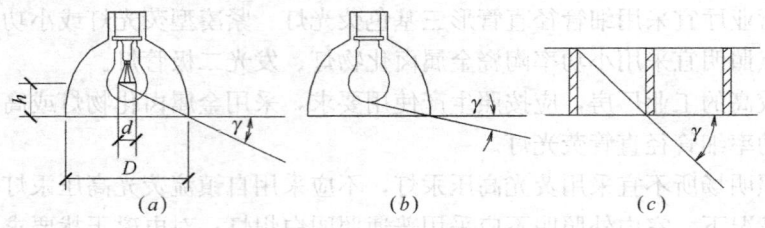

图 11-15　灯具的遮光角（γ）
(a) 普通灯泡；(b) 乳白灯泡；(c) 挡光格片

灯具遮光角的余角称为截光角。所以灯具遮光角越大（截光角越小），光源直射的范围就越窄,形成眩光的可能性也越小。

3. 灯具效率

$$\eta = \frac{\Phi}{\Phi_a} \tag{11-30}$$

式中 η——灯具效率，%；
　　Φ——灯具发出的光通量，lm；
　　Φ_a——光源发出的光通量，lm。

对于 LED 灯具需用"灯具效能"的概念，即灯具发出的总光通量与其所输入的功率之比（lm/W）。因产品构造特征，LED 灯具只能测出灯具效能，无法获得其光源光效和灯具效率。需区分"发光效能""灯具效率""灯具效能"的概念。

《照明标准》中规定：在满足眩光限制和配光要求的条件下，应选用效率或效能高的灯具，并应符合下列规定（表 11-22～表 11-27）。

直管形荧光灯灯具的效率（%）　　　　　　　　　　　　　　表 11-22

灯具出光口形式	开敞式	保护罩（玻璃或塑料）		格栅
		透明	棱镜	
灯具效率	75	70	55	65

紧凑型荧光灯筒灯灯具的效率（%）　　　　　　　　　　　　表 11-23

灯具出光口形式	开敞式	保护罩	格栅
灯具效率	55	50	45

小功率金属卤化物灯筒灯灯具的效率（%）　　　　　　　　　表 11-24

灯具出光口形式	开敞式	保护罩	格栅
灯具效率	60	55	50

高强度气体放电灯灯具的效率（%）　　　　　　　　　　　　表 11-25

灯具出光口形式	开敞式	格栅或透光罩
灯具效率	75	60

发光二极管筒灯灯具的效能（lm/W）　　　　　　　　　　　表 11-26

色温	2700K		3000K		4000K	
灯具出光口形式	格栅	保护罩	格栅	保护罩	格栅	保护罩
灯具效能	55	60	60	65	65	70

发光二极管平面灯灯具的效能（lm/W）　　　　　　　　　　表 11-27

色温	2700K		3000K		4000K	
灯盘出光口形式	反射式	直射式	反射式	直射式	反射式	直射式
灯盘效能	60	65	65	70	70	75

例 11-12 （2014）关于灯具光特性的说法，正确的是：
A　配光曲线上各点表示为光通量
B　灯具亮度越大，要求遮光角越小
C　截光角越大，眩光越大
D　灯具效率是大于 1 的数值

解析：A选项中，配光曲线中各点值是发光强度。B选项中，遮光角是指灯具出光口平面与刚好看不见发光体的视线之间的夹角；为避免眩光，亮度越大，遮光角应该也越大。C选项中，截光角是指光源发光体最外沿的一点和灯具出光口边沿的连线与通过光源光中心的垂线之间的夹角；他与遮光角互为余角，截光角越大，遮光角越小，形成眩光的可能性越大。D选项中，灯具效率是指在规定的使用条件下，灯具发出的总光通量与灯具内所有光源发出的总光通量之比（也称灯具光输出比），所以必然是小于1的数值。

答案：C

（二）灯具分类

灯具可分为装饰灯具（如花灯等）和功能灯具（如投光灯具等）两大类。当然，装饰灯具也要考虑功能，功能灯具也要考虑装饰性。

国际照明委员会按光通在空间上、下半球的分布把灯具划分为五类：

(1) 直接型灯具。上半球的光通占0～10%，下半球的光通占100%～90%。其光照特性是灯具效率高、室内表面的反射比对照度影响小、设备投资少、维护使用费少；缺点是顶棚暗，易眩光，光线方向性强，阴影浓重。

直接型灯具的光强分布见图11-16。工厂常用的深罩型灯具属于窄配光，灯具悬挂较高；室外广场和道路的照明常选用宽配光灯具，投光范围比较广阔；蝠翼型配光（宽配光的一种）灯具引起的光幕反射最小，常用于教室照明，使课桌表面上的照度比较均匀，还用于垂直面照度要求较高的室内场所如计算机房以及低而宽房间的一般照明。

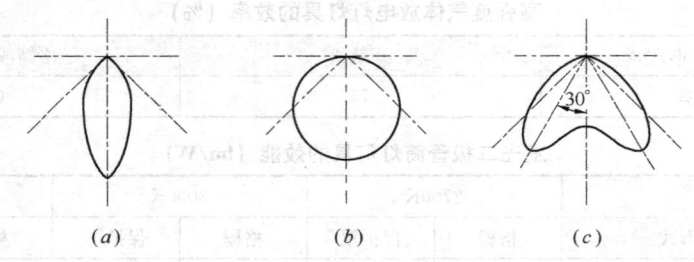

图11-16 直接型灯具的光强分布
(a) 窄配光；(b) 中配光（余弦配光）；(c) 宽配光（蝠翼配光）

(2) 半直接型灯具。上半球的光通占10%～40%，下半球的光通占90%～60%，由于将部分光线射向顶棚，室内亮度分布较好，阴影稍淡。

(3) 漫射型（均匀扩散型）、直接间接型灯具。上半球的光通占40%～60%，下半球的光通占60%～40%，室内亮度分布均匀，光线柔和。

(4) 半间接型灯具。上半球的光通占60%～90%，下半球的光通占40%～10%。

(5) 间接型灯具。上半球的光通占90%～100%，下半球的光通占10%～0。室内光照特性和直接型灯具相反，室内亮度分布均匀，光线柔和，基本无阴影。常用作医院、餐厅和一些公共建筑的照明。但此种灯具光通利用率低，设备投资多，维护费用高。

要能分辨各种类型灯具的配光曲线。I_{max}在0°～40°时是窄配光，I_{max}在50°～90°时是宽配光，$I_\alpha = I_0 \cos\alpha$时是余弦配光。

例 11-13 （2012）下列关于灯具的说法，错误的是：
A 直接型灯具在房间内不易产生阴影
B 半直接型灯具降低了房间上下部间的亮度对比差别
C 半间接型灯具使房间的照度降低
D 间接型灯具的房间无眩光作用

解析： 直接型灯具发出的光线为方向性强的直射光，在房间内容易产生明显的阴影。

答案： A

综合以上各类灯具特征可知，安装高度高，对装饰性、艺术性无特殊要求的场所宜选用直接型灯具，如篮球馆、候车厅等；需避免眩光，对舒适性要求高的场所宜考虑间接型灯具，如酒店。

（三）灯具选择

灯具选择应满足场所环境的要求，并应符合下列规定。

（1）存在爆炸性危险的场所采用的灯具应有防爆保护措施；

（2）有洁净度要求的场所应采用洁净灯具，并应满足洁净场所的有关规定，采用不易积尘、易于擦拭的洁净灯具；

（3）有腐蚀性气体（或蒸汽）的场所采用的灯具应满足防腐蚀要求；

（4）特别潮湿场所，应采用有相应防护措施的灯具；

（5）高温场所，宜采用散热性能好、耐高温的灯具；

（6）多尘埃的场所，应采用防护等级不低于 IP5X 的灯具；

（7）在室外的场所，应采用防护等级不低于 IP54 的灯具；

（8）装有锻锤、大型桥式吊车等振动、摆动较大场所应有防振和防脱落措施；

（9）易受机械损伤、光源自行脱落可能造成人员伤害或财物损失场所应有防护措施；

（10）需防止紫外线照射的场所，应采用隔紫外线灯具或无紫外线光源；

（11）儿童及青少年长时间学习或活动的场所应选用无危险类（RG0）灯具；其他人员长时间工作或停留的场所应选用无危险类（RG0）或 1 类危险（RG1）灯具或满足灯具标记的视看距离要求的 2 类危险（RG2）灯具；

（12）各室内场所选用光源和灯具的闪变指数（$P_{st}LM$）不应大于 1；儿童及青少年长时间学习或活动的场所选用光源和灯具的频闪效应可视度（SVM）不应大于 1.0。

三、室内照明

室内照明设计应根据建筑使用功能和视觉作业要求确定照明水平、照明方式和照明种类。以满足视觉工作为主的照明称为工作照明，如教室、工厂照明；兼顾艺术效果的称为环境照明，如酒店、客房、门厅等的照明。

（一）照明方式和种类

1. 一般照明方式

用于对光的投射方向没有特殊要求，如候车（机、船）室；工作面上没有特别需要提高照度的工作点，如教室、办公室；工作地点很密或不固定的场所，如超级市场营业厅、仓库等，层高较低（4.5m以下）的工业车间等。

2. 分区一般照明方式

用于同一房间照度水平不一样的一般照明，如车间的工作区、过道、半成品区；开敞式办公室的办公区和休息区等。

3. 局部照明方式

用于照度要求高和对光线方向性有特殊要求的作业；除卧室、宾馆客房外，局部照明不单独使用。

4. 混合照明方式

既设有一般照明，又设有满足工作点的高照度和光方向的要求所用的一般照明加局部照明，如阅览室、车库等。在高照度时，这种照明最经济。

5. 重点照明方式

为提高指定区域或目标的照度，使其比周围区域突出的照明。重点照明照度分布类似局部照明，但出发点不一样。

照明方式如图 11-17 所示。

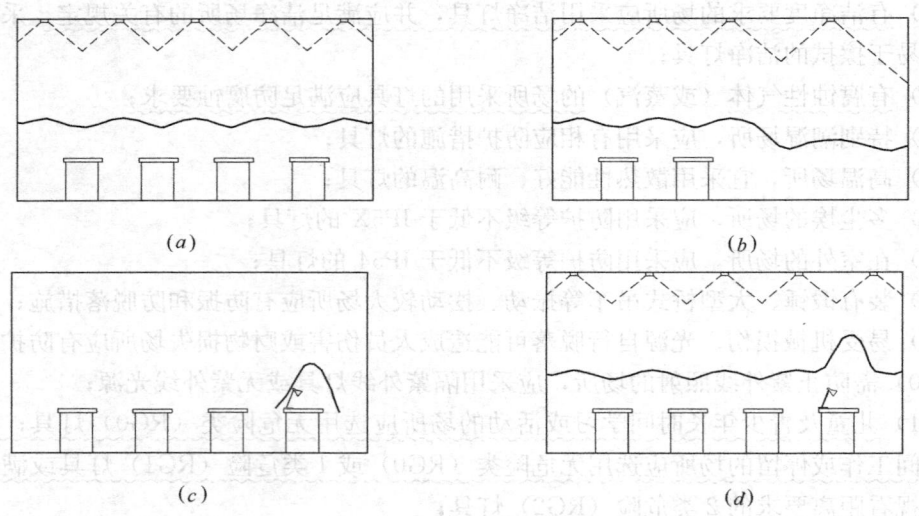

图 11-17 照明方式及照度分布
(a) 一般照明；(b) 分区一般照明；(c) 局部照明；(d) 混合照明

考试大纲要求的了解建筑内部视觉对光和色的控制就是按设计标准合理选用光源、灯具和照明方式，创造出照度和亮度分布合理、颜色满意的室内光环境，以满足视觉、功能及室内装饰的要求。

照明种类方面，除正常照明外，还有疏散照明、安全照明、备用照明，此三种统称应急照明。

其中，疏散照明：用于确保疏散通道被有效地辨认和使用的应急照明；安全照明：用于确保处于潜在危险之中的人员安全的应急照明；备用照明：用于确保正常活动继续或暂时继续进行的应急照明。

此外，还有以下三种服务于特定时间或场所的照明种类。

值班照明：非工作时间，为值班所设置的照明；警卫照明：用于警戒而安装的照明；障碍照明：在可能危及航行安全的建筑物或构筑物上安装的标识照明。

上述照明设置应符合下列规定：

（1）当下列场所正常照明供电电源失效时，应设置应急照明：

1）工作或活动不可中断的场所，应设置备用照明；

2）人员处于潜在危险之中的场所，应设置安全照明；

3）人员需有效辨认疏散路径的场所，应设置疏散照明。

（2）在夜间非工作时间值守或巡视的场所，应设置值班照明。

（3）需警戒的场所，应根据警戒范围的要求设置警卫照明。

（4）在可能危及航行安全的建（构）筑物上，应根据国家相关规定设置障碍照明。

对人员可触及的光环境设施，当表面温度高于70℃时，应采取隔离保护措施。

各种场所严禁使用防电击类别为0类的灯具。

《住宅建筑规范》GB 50368—2005中第9.7.3条规定：10层及10层以上住宅建筑的楼梯间、电梯间及其前室应设置应急照明。

在此基础上，应急照明应选用能快速点亮的光源，如白炽灯、LED灯，而金属卤化物灯和高压钠灯点亮过程长的光源不适用。

（二）照明标准

1. 照明数量

照明标准主要量化并规定了照度、均匀度、眩光（统一眩光值 UGR）、显色性、LPD（照明节能指标，定义见后文）等几个指标，参考平面与采光标准相似，但有部分特殊参考面，如黑板照度面为黑板垂直表面，该照度标准值为垂直照度。如表11-28为《照明标准》中办公建筑照明标准值，规定了办公建筑中各种功能房间参考平面上的照度、统一眩光值 UGR、照度均匀度 U_0 和一般显色指数 R_a 的标准值要求。除办公建筑外，《照明标准》中表5.2.1～表5.5.1还规定了居住建筑、工业建筑、图书馆、商店等11种公共建筑的照明标准值。

办公建筑照明标准值　　　　　　　　　　　表11-28

房间或场所	参考平面及其高度	照度标准值（lx）	UGR	U_0	R_a
普通办公室	0.75m 水平面	300	19	0.60	80
高档办公室	0.75m 水平面	500	19	0.60	80
会议室	0.75m 水平面	300	19	0.60	80
视频会议室	0.75m 水平面	750	19	0.60	80
接待室、前台	0.75m 水平面	200	—	0.40	80
服务大厅、营业厅	0.75m 水平面	300	22	0.40	80
设计室	实际工作面	500	19	0.60	80
文件整理、复印、发行室	0.75m 水平面	300	—	0.40	80
资料、档案存放室	0.75m 水平面	200	—	0.40	80

注：此表适用于所有类型建筑的办公室和类似用途场所的照明。

照明标准值与采光标准值不完全相同，比较来看，照明的照度标准值相对要低一点，主要是因为通过合理设计，人工照明能够达到更好的均匀度，基本能够实现工作面上各点的照度均达标，而采光，尤其是侧窗采光很难实现，而且太阳照射角度的实时变化，让采光在时间维度上也难以实现高均匀性，故通过采光系数规定相对高的照度标准值。所以，从健康、节能的角度，光环境设计鼓励以天然采光为主导，但对视觉工作要求高和有其他特殊要求的场所，必须设置人工照明。

(1) 光环境要求较高的场所，照度水平应符合下列规定：
1) 连续长时间视觉作业的场所，其照度均匀度不应低于0.6；
2) 教室书写板板面平均照度不应低于500lx，照度均匀度不应低于0.8；
3) 手术室照度不应低于750lx，照度均匀度不应低于0.7；
4) 对光特别敏感的展品展厅的照度不应大于50lx，年曝光量不应大于50klx·h；对光敏感的展品展厅的照度不应大于150lx，年曝光量不应大于360klx·h。

(2) 照度标准值是指工作或生活场所作业面或参考平面（又称工作面，与采光标准的工作面相似），如地面（走廊、厕所等公共空间）、0.75m高的水平面（教室、办公室等民用建筑的主要房间）或指定表面上的维持平均照度值（在照明装置必须进行维护时，在规定表面上的平均照度）。在照明装置必须进行维护时，在规定表面上的平均照度可按条件（如亮度对比＜0.3）提高一级或降低一级。

(3) 作业面邻近周围0.5m范围左右的照度比作业面照度低一个等级，作业面照度≤200lx时，邻近周围照度与作业面照度相同。

(4) 对于不同场所因清洁程度不同，需要进行不同程度的灯具擦拭清理，保障其实际的照度不过度低。如卧室、办公室等清洁环境，每年最少擦拭2次，维护系数0.8。维护系数指照明装置在使用一定周期后，在规定表面上的平均照度或平均亮度与该装置在相同条件下新装时在同一表面上所得到的平均照度或平均亮度之比。例如，某普通办公室中为了达到300lx的照度标准值要求，实际上需要安装能达到300lx÷0.8＝375lx的新灯具。

(5) 各场所设置的疏散照明、安全标识牌亮度和对比度应满足消防安全的要求。

(6) 备用照明的照度标准值应符合下列规定：
1) 正常照明失效可能危及生命安全，需继续正常工作的医疗场所，备用照明应维持正常照明的照度；
2) 高危险性体育项目场地备用照明的照度不应低于该场所一般照明照度标准值的50%；
3) 除另有规定外，其他场所备用照明的照度值不应低于该场所一般照明照度标准值的10%。

(7) 安全照明的照度标准值应符合下列规定：
1) 正常照明失效可能使患者处于潜在生命危险中的专用医疗场所，安全照明的照度应为正常照明的照度值；
2) 大型活动场地及观众席安全照明的平均水平照度值不应小于20lx；
3) 除另有规定外，其他场所安全照明的照度值不应低于该场所一般照明照度标准值的10%，且不应低于15lx。

(8) 疏散照明的地面平均水平照度值应符合下列规定：

1) 水平疏散通道不应低于1lx，人员密集场所、避难层（间）不应低于2lx；

　　2) 垂直疏散区域不应低于5lx；

　　3) 疏散通道中心线的最大值与最小值之比不应大于40∶1；

　　4) 寄宿制幼儿园和小学的寝室、老年公寓、医院等需要救援人员协助疏散的场所不应低于5lx。

2. 照明节能

（1）不同于自然采光，电光源照明是耗费能源的，所以要求在满足照明数量基础上，达到能耗最小化的最优状态。《照明标准》对居住建筑、办公建筑、商业建筑、旅馆建筑、医院建筑、学校建筑以及工业建筑等规定了照明功率密度值，简称LPD，是单位面积上照明安装功率（包括光源、镇流器或变压器），单位：W/m^2。其中对住宅、办公、商店、旅馆、医疗、教育、会展、交通、金融、工业建筑的照明要求是强制性的。LPD是照明部分非常重要的指标，它约束照明设计需要足够节能，但同时不可低于标准中对照度的要求。

（2）《建筑节能与可再生能源利用通用规范》GB 55015—2021（简称《建筑节能通用规范》）在引入原《照明标准》中照明功率密度限值（LPD）强制性条文的基础上，新提出全装修居住建筑及其公共机动车库的照明功率密度限值强制性规定。所有照明功率密度限值的强制性条文见表11-29～表11-40。需要注意的是，照明功率密度限值和照度标准值是同时规定的，既不能为了提高室内照度而不顾用电能耗，也不能为了节电而使室内照度低于视觉工作要求。

　　关于表中的数值规定，当房间或场所的室形指数值（表示房间或场所几何形状的数值，其数值为2倍的房间或场所面积与该房间或场所水平面周长及灯具安装高度与工作面高度的差之商）等于或小于1时，其照明功率密度限值可增加，但增加值不应超过限值的20%；当房间或场所的照度标准值提高或降低一级时，其照明功率密度限值应按比例提高或折减。

全装修居住建筑每户照明功率密度限值　　　　表11-29

房间或场所	照度标准值（lx）	照明功率密度限值（W/m²）
起居室	100	≤5.0
卧室	75	
餐厅	150	
厨房	100	
卫生间	100	

居住建筑公共机动车库照明功率密度限值　　　　表11-30

房间或场所	照度标准值（lx）	照明功率密度限值（W/m²）
车道	50	≤1.9
车位	30	

办公建筑和其他类型建筑中具有办公用途场所照明功率密度限值　　　　表11-31

房间或场所	照度标准值（lx）	照明功率密度限值（W/m²）
普通办公室、会议室	300	≤8.0
高档办公室、设计室	500	≤13.5
服务大厅	300	≤10.0

商店建筑照明功率密度限值　　　　　　　　　　　　　　　　　　　　　　　表 11-32

房间或场所	照度标准值 (lx)	照明功率密度限值 (W/m²)
一般商店营业厅	300	≤9.0
高档商店营业厅	500	≤14.5
一般超市营业厅、仓储式超市、专卖店营业厅	300	≤10.0
高档超市营业厅	500	≤15.5

注：当一般商店营业厅、高档商店营业厅、专卖店营业厅需装设重点照明时，该营业厅的照明功率密度限值可增加 5W/m²。

旅馆建筑照明功率密度限值　　　　　　　　　　　　　　　　　　　　　　　表 11-33

房间或场所		照度标准值 (lx)	照明功率密度限值 (W/m²)
客房	一般活动区	75	≤6.0
	床头	150	
	卫生间	150	
中餐厅		200	≤8.0
西餐厅		150	≤5.5
多功能厅		300	≤12.0
客房层走廊		50	≤3.5
大堂		200	≤8.0
会议室		300	≤8.0

医疗建筑照明功率密度限值　　　　　　　　　　　　　　　　　　　　　　　表 11-34

房间或场所	照度标准值 (lx)	照明功率密度限值 (W/m²)
治疗室、诊室	300	≤8.0
化验室	500	≤13.5
候诊室、挂号厅	200	≤5.5
病房	200	≤5.5
护士站	300	≤8.0
药房	500	≤13.5
走廊	100	≤4.0

教育建筑照明功率密度限值　　　　　　　　　　　　　　　　　　　　　　　表 11-35

房间或场所	照度标准值 (lx)	照明功率密度限值 (W/m²)
教室、阅览室、实验室、多媒体教室	300	≤8.0
美术教室、计算机教室、电子阅览室	500	≤13.5
学生宿舍	150	≤4.5

会展建筑照明功率密度限值　　　　　　　　　　　　　　　　　　　　　　　表 11-36

房间或场所	照度标准值 (lx)	照明功率密度限值 (W/m²)
会议室、洽谈室	300	≤8.0
宴会厅、多功能厅	300	≤12.0

续表

房间或场所	照度标准值（lx）	照明功率密度限值（W/m²）
一般展厅	200	≤8.0
高档展厅	300	≤12.0

交通建筑照明功率密度限值　　　　　　　　　　　　　　　表 11-37

房间或场所		照度标准值（lx）	照明功率密度限值（W/m²）
候车（机、船）室	普通	150	≤6.0
	高档	200	≤8.0
中央大厅、售票大厅、行李认领、到达大厅、出发大厅		200	≤8.0
地铁站厅	普通	100	≤4.5
	高档	200	≤8.0
地铁进出站门厅	普通	150	≤5.5
	高档	200	≤8.0

金融建筑照明功率密度限值　　　　　　　　　　　　　　　表 11-38

房间或场所	照度标准值（lx）	照明功率密度限值（W/m²）
营业大厅	200	≤8.0
交易大厅	300	≤12.0

工业建筑非爆炸危险场所照明功率密度限值　　　　　　　　表 11-39

房间或场所		照度标准值（lx）	照明功率密度限值（W/m²）
1. 机电工业			
机械加工	粗加工	200	≤6.5
	一般加工 公差≥0.1mm	300	≤10.0
	精密加工 公差<0.1mm	500	≤15.0
机电仪表装配	大件	200	≤6.5
	一般件	300	≤10.0
	精密	500	≤15.0
	特精密	750	≤22.0
电线、电缆制造		300	≤10.0
线圈绕制	大线圈	300	≤10.0
	中等线圈	500	≤15.0
	精细线圈	750	≤22.0
线圈浇注		300	≤10.0
焊接	一般	200	≤6.5
	精密	300	≤10.0

续表

房间或场所			照度标准值（lx）	照明功率密度限值（W/m²）
		钣金、冲压、剪切	300	≤10.0
		热处理	200	≤6.5
	铸造	熔化、浇铸	200	≤8.0
		造型	300	≤12.0
		精密铸造的制模、脱壳	500	≤15.0
		锻工	200	≤7.0
		电镀	300	≤12.0
		酸洗、腐蚀、清洗	300	≤14.0
	抛光	一般装饰性	300	≤11.0
		精细	500	≤16.0
		复合材料加工、铺叠、装饰	500	≤15.0
	机电修理	一般	200	≤6.5
		精密	300	≤10.0
2. 电子工业				
	整机类	计算机及外围设备	300	≤10.0
		电子测量仪器	200	≤6.5
	元器件类	微电子产品及集成电路、显示器件、印制线路板	500	≤16.0
		电真空器件、新能源	300	≤10.0
		机电组件	200	≤6.5
	电子材料类	玻璃、陶瓷	200	≤6.5
		电声、电视、录音、录像	150	≤5.0
		光纤、电线、电缆	200	≤6.5
		其他电子材料	200	≤6.5
3. 汽车工业				
	冲压车间	生产区	300	≤10.0
		物流区	150	≤5.0
	焊接车间	生产区	200	≤6.5
		物流区	150	≤5.0
	涂装车间	输调漆间	300	≤10.0
		生产区	200	≤7.0
	总装车间	装配线区	200	≤7.0
		物流区	150	≤5.0
		质检间	500	≤15.0
	发动机工厂	机加工区	200	≤6.5
		装配区	200	≤6.5
	铸造车间	熔化工部	200	≤6.5
		清理/造型/制芯工部	300	≤10.0

公共建筑和工业建筑非爆炸危险场所通用房间或场所照明功率密度限值　　　表 11-40

房间或场所		照度标准值（lx）	照明功率密度限值（W/m²）
走廊	普通	50	≤2.0
	高档	100	≤3.5
厕所	普通	75	≤3.0
	高档	150	≤5.0
试验室	一般	300	≤8.0
	精细	500	≤13.5
检验	一般	300	≤8.0
	精细，有颜色要求	750	≤21.0
计量室、测量室		500	≤13.5
控制室	一般控制室	300	≤8.0
	主控制室	500	≤13.5
电话站、网络中心、计算机站		500	≤13.5
动力站	风机房、空调机房	100	≤3.5
	泵房	100	≤3.5
	冷冻站	150	≤5.0
	压缩空气站	150	≤5.0
	锅炉房、煤气站的操作层	100	≤4.5
仓库	大件库	50	≤2.0
	一般件库	100	≤3.5
	半成品库	150	≤5.0
	精细件库	200	≤6.0
公共机动车库	车道	50	≤1.9
	车位	30	
车辆加油站		100	≤4.5

例 11-14 下列医院建筑房间中，照明功率密度限值最大的是：
A 药房　　　B 挂号厅　　　C 病房　　　D 诊室

解析：根据医院建筑照明 LPD 限值的标准，可知药房 LPD 限值为 13.5，挂号厅为 5.5，病房为 5.5，诊室为 8。一般来讲，照度要求高的场所，如此题中的药房，照明能耗会大一些，其照明功率密度限值也会相应高一些。

答案： A

3. 照明质量

前述照明指标中的眩光、颜色、均匀度等在提升照明质量方面十分重要。

（1）眩光限制

1）直接型灯具的遮光角不应小于表 11-41（《照明标准》表 4.3.1）中的数值。

直接型灯具的遮光角　　　　　　　　　表 11-41

光源平均亮度（kcd/m²）	遮光角（°）	光源平均亮度（kcd/m²）	遮光角（°）
1～20	10	50～500	20
20～50	15	≥500	30

2) 公共建筑和工业建筑常用房间或场所的不舒适眩光采用统一眩光值（UGR）评价。UGR 与背景亮度、观察者方向每个灯具的亮度，每个灯具发光部分对观察者眼睛所形成的立体角以及每个单独灯具的位置指数有关，见《照明标准》附录 A。UGR 最大允许值为 19（临界值）的房间有阅览室、办公室、设计室、会议室、诊室、手术室、病房、教室、实验室、自助银行、绘画、展厅、雕塑展厅；UGR 最大允许值为 22（刚刚不舒适）的房间有营业厅、超市、观众厅、休息厅、餐厅、多功能厅、科技馆展厅、候诊室、候车（机、船）室、售票厅；UGR 最大允许值为 25（不舒适）的房间有大件、一般件仪表装配、锯木区、车库检修间。长时间进行视觉作业的场所，UGR 不应高于 19。

3) 体育场馆的眩光值 GR 与由灯具发出的光直接射向眼睛所产生的光幕亮度和由环境引起直接入射到眼睛的光所产生的光幕亮度以及观察者眼睛上的照度有关，见《照明标准》附录 B。

4) 光幕反射：在视觉作业上规则反射与漫反射重叠出现，降低了作业与背景之间的亮度对比，致使部分或全部地看不清它的细节的现象。

减弱光幕反射的措施有：

①尽可能用无光纸和不闪光墨水使视觉作业和作业房间内的表面为无光泽的表面；
②提高照度以弥补亮度对比的损失；
③减少来自干扰区的光；
④尽量使光线从侧面来；
⑤采用合理的灯具配光。

5) 有视觉显示终端的工作场所，在与灯具中垂线成 65°～90°范围内的灯具，平均亮度限值应符合表 11-42 的规定。

灯具平均亮度限值（cd/m²）　　　　　　　　表 11-42

屏幕分类	灯具平均亮度限值	
	屏幕亮度>200cd/m²	屏幕亮度≤200cd/m²
亮背景暗字体或图像	3000	1500
暗背景亮字体或图像	1500	1000

6) 教室照明的布灯方法，灯管垂直于黑板面可减少眩光，灯具宜选用蝠翼型配光方式（图 11-16c）。

(2) 光源颜色

1) 色温。照明光源的色表分组按表 11-43 选取，对于 LED，长期工作或停留的场所，其色温不宜高于 4000K。

2) 显色性。照明光源的一般显色指数 R_a 按表 11-44 的规定选取。一般来讲，长时间工作或停留的场所 R_a 应不小于 80；特殊显色指数（R_9）不应小于 0；同类产品的色容差不应大于5SDCM。辨色要求高的场所,照明光源的一般显色指数(R_a)不应低于90。

3) 设计时,选用光源的颜色应与室内表面的配色相互协调,不要违背色彩调和的原则(可参考"建筑设计资料集(第三版)"《第1分册 建筑总论》)。

光源色表特征及适用场所 表11-43

色表特征	相关色温(K)	适用场所
暖	<3300	客房、卧室、病房、酒吧
中间	3300～5300	商场、办公室、教室、阅览室、诊室、检验室、机加工车间、仪表装配、实验室、控制室
冷	>5300	热加工车间、高照度场所

光源显色指数分组与适用场所 表11-44

一般显色指数(R_a)	适用场所举例
≥90	美术教室、手术室、重症监护室、博物馆建筑辨色要求高的场所
≥80	长期工作或停留的房间或场所如居住、图书馆、办公、商业、影剧院、旅馆、医院、学校、博物馆建筑
≥60	机加工、机修、动力站、造纸、精细件和一般件仓库、车库及灯具安装高度>6m的工业建筑场所、自动扶梯
≥40	炼铁
≥20	大件库、站台、装卸台

注:运动场地无彩电转播时R_a≥65,有彩电转播时R_a≥80,高清晰度电视(HDTV)转播时R_a>80。

(3) 照度均匀度

1) 作业面背景区域一般照明的照度不宜低于作业面邻近周围照度的1/3。
2) 在有电视转播要求的体育场馆,其比赛时场地照明应符合下列规定:
①比赛场地水平照度最小值与最大值之比不应小于0.5;
②比赛场地水平照度最小值与平均值之比不应小于0.7;
③比赛场地主摄像机方向的垂直照度最小值与最大值之比不应小于0.4;
④比赛场地主摄像机方向的垂直照度最小值与平均值之比不应小于0.6;
⑤比赛场地平均水平照度宜为平均垂直照度的0.75～2.0;
⑥观众席前排的垂直照度值不宜小于场地垂直照度的0.25。
3) 在无电视转播要求的体育场馆,其比赛时场地的照度均匀度应符合下列规定:
①业余比赛时,场地水平照度最小值与最大值之比不应小于0.4,最小值与平均值之比不应小于0.6;
②专业比赛时,场地水平照度最小值与最大值之比不应小于0.5,最小值与平均值之比不应小于0.7。

(4) 反射比

照明部分的房间内表面反射比建议与采光部分相同,见表11-18。

(三) 不同场所中的照明设计要求

除前文对照明设计的数量和质量要求外,一些室内场所因功能和环境的特殊需求,对照明提出不同的要求。

（1）图书馆书库、博物馆陈列室照明，特别是存放珍贵资料处，应采用隔紫灯具或无紫光源；博物馆中不同光敏感程度的展品的照明需满足年曝光量限值（lx·h/a）的要求（表11-45）。

博物馆建筑陈列室展品照度标准值及年曝光量限值　　　　表 11-45

类　别	参考平面及其高度	照度标准值（lx）	年曝光量（lx·h/a）
对光特别敏感的展品：纺织品、织绣品、绘画、纸质物品、彩绘、陶（石）器、染色皮革、动物标本等	展品面	≤50	≤50000
对光敏感的展品：油画、蛋清画、不染色皮革、角制品、骨制品、象牙制品、竹木制品和漆器等	展品面	≤150	≤360000
对光不敏感的展品：金属制品、石质器物、陶瓷器、宝玉石器、岩矿标本、玻璃制品、搪瓷制品、珐琅器等	展品面	≤300	不限制

注：1. 陈列室一般照明应按展品照度值的20%～30%选取；
2. 陈列室一般照明 UGR 不宜大于19；
3. 一般场所 R_a 不应低于80，辨色要求高的场所，R_a 不应低于90。

（2）住宅中卧室和餐厅的照明宜选用低色温光源。

（3）体育场馆照明需依运动性质选择眩光影响小的布灯位置设计指标较其他场所增加垂直照度、主（副）摄像方向垂直照度等。

（4）商店照明主要包括基本照明、重点照明、装饰照明。

（5）环境照明要结合建筑物的使用要求、空间尺度、结构形式等，对光的分布、明暗、构图、装修颜色等作出统一规划，形成舒适宜人的光环境。室内环境照明处理方法主要包括：①以灯具艺术装饰为主，如水晶灯、造型灯具等；②用灯具排列成有规律的图案，通过灯具和建筑的有机配合获得效果；③"建筑化"大面积照明艺术处理，如发光顶棚、光梁和光带、格片式发光顶棚等，其中格片式发光顶棚能够很好地控制眩光，有造型丰富、形式多样、施工简单等特点（图11-18）。

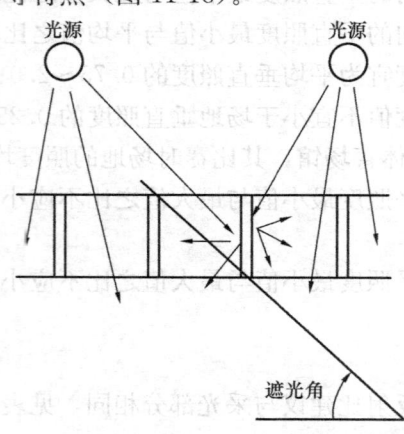

图 11-18　格片式发光顶棚构造简图

例 11-15 （2021）"建筑化"大面积照明艺术，最能避免眩光的是：
A 发光顶棚　　　　　　　　　B 嵌入式光带
C 一体化光梁　　　　　　　　D 格片式发光顶

解析： 中国建筑工业出版社出版的《建筑物理》教材第四版图 9-49（图 11-19）及大面积照明艺术章节中指出，当需要几百勒克斯以上工作面照度时，格片式发光顶棚相对于其他大面积照明屋顶样式，眩光影响最小。

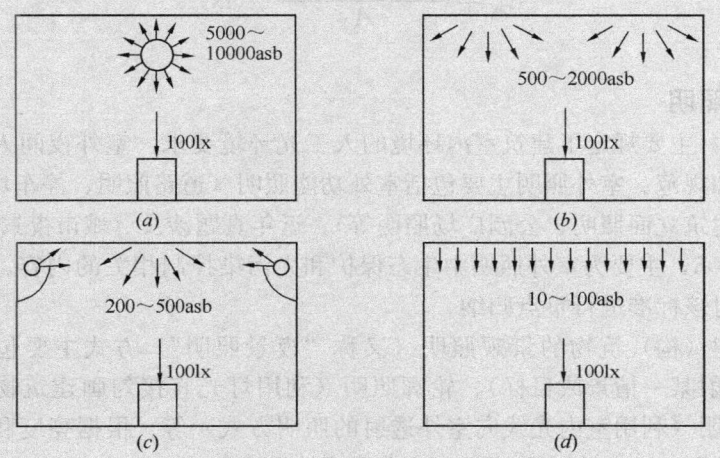

图 11-19　几种照明形式的光源表面亮度对比
(a) 乳白玻璃球形灯具；(b) 扩散透光顶棚；(c) 反光顶棚；(d) 格片式发光顶棚

答案： D

（四）照明计算

1. 利用系数

$$U = \frac{\Phi_u}{N \cdot \Phi} \tag{11-31}$$

式中　U——利用系数，无量纲；
　　　Φ_u——投射到工作面上的有用光通量，lm；
　　　N——照明装置（灯具）数量；
　　　Φ——一个照明装置（灯具）内光源发出的光通量，lm。

利用系数与灯具类型（直接型灯具下射光多）、灯具效率（开敞式灯具效率高）、房间尺寸（层高低，宽度小的房间好）及房间表面光反射比有关（光反射比越大越好）。

2. 照明计算（利用系数法）

$$\Phi = \frac{E_{av} \cdot A}{N \cdot U \cdot K} \quad (\text{lm}) \tag{11-32}$$

式中　Φ——一个照明设施（灯具）内光源发出的光通量，lm；
　　　E_{av}——《照明标准》规定的照度标准值（参考平面上的平均照度值），lx；

A——工作面面积，m^2，$A=L \cdot W$，其中 L 为房间的长度，W 为房间的宽度；
N——照明装置（灯具）数量；
U——利用系数，无量纲，查选用的灯具光度数据表；
K——维护系数，查《照明标准》中的表 4.1.6，如白炽灯、荧光灯用于卧室、办公室、餐厅、阅览室、绘图室时 $K=0.8$。

上式又可写成：

$$E_{av} = \frac{N \cdot \Phi \cdot U \cdot K}{A} \text{ (lx)} \tag{11-33}$$

四、室外照明

《照明标准》主要规定了建筑室内环境的人工光环境要求。室外夜间人工光环境同样有一系列标准和规范。室外照明主要包括室外功能照明（道路照明、停车场照明等）和室外景观照明（建筑立面照明、公园广场照明等）。近年真题涉及《城市夜景照明设计规范》JGJ/T 163—2008，主要为室外照明中生态保护和光污染控制相关的内容。本部分结合往年真题的考点对该标准进行重点归纳。

（1）室外建（构）筑物的景观照明（又称"夜景照明"）方式主要包括：泛光照明（由投光灯来照射某一情景或目标）、轮廓照明（利用灯光直接勾画建筑物和构筑物的轮廓）、内透光照明（利用室内光线向室外透射的照明方式）等。根据亮度和光色在时间和空间位置上的不同，又分为动态照明和重点照明等方式。

（2）环境区域划分：该规范中将城市环境区域根据环境亮度和活动内容作划分，如表 11-46 所示。

环境区域根据环境亮度和活动内容可作下列划分　　　　表 11-46

编号	区域说明	示例
E0	天然暗环境区	国家公园、自然保护区和天文台所在地区等
E1	暗环境区	无人居住的乡村地区等
E2	低亮度环境区	低密度乡村居住区等
E3	中等亮度环境区	城乡居住区等
E4	高亮度环境区	城市或城镇中心和商业区等

（3）光污染的限制应遵循下列原则：
① 在保证照明效果的同时，应防止夜景照明产生的光污染；
② 限制夜景照明的光污染，应以防为主，避免出现先污染后治理的现象；
③ 对已出现光污染的城市，应同时做好防止和治理光污染工作；
④ 应做好夜景照明设施的运行与管理工作，防止设施在运行过程中产生光污染；
⑤ E1 区和 E2 区里不应采用闪烁、循环组合的发光标识，在所有环境区域这类标识均不应靠近住宅的窗户设置；
⑥ 室外照明采用泛光照明时，应控制投射范围，散射到被照面之外的溢散光不应超过 20%。

（4）光污染控制指标包括："灯具的上射光通比的最大允许值""居住建筑窗户外表面产

生的垂直面照度最大允许值""夜景照明灯具朝居室方向的发光强度的最大允许值""建筑立面和标识面产生的平均亮度最大允许值""居住区和步行区夜景照明灯具的眩光限制值"。

其中，前四个指标也被纳入《建筑环境通用规范》中，这五个指标的量化规定如表 11-47～表 11-51 所示。

园区道路、人行及非机动车道照明灯具上射光通比的最大允许值 表 11-47

照明技术参数	应用条件	环境区域			
		E0 区、E1 区	E2 区	E3 区	E4 区
上射光通比	灯具所处位置水平面以上的光通量与灯具总光通量之比（%）	0	5	15	25

夜景照明产生的居住空间窗户外表面的垂直照度最大允许值 表 11-48

照明技术参数	应用条件	环境区域			
		E0 区、E1 区	E2 区	E3 区	E4 区
垂直面照度 E_v (lx)	非熄灯时段	2	5	10	25
	熄灯时段	0*	1	2	5

夜景照明灯具朝居室方向的发光强度最大允许值 表 11-49

照明技术参数	应用条件	环境区域			
		E0 区、E1 区	E2 区	E3 区	E4 区
灯具发光强度 I (cd)	非熄灯时段	2500	7500	10000	25000
	熄灯时段	0*	500	1000	2500

注：1. 本表不适用于瞬时或短时间看到的灯具；
2. * 当有公共（道路）照明时，此值提高到 500cd；
3. 当采用闪动的夜景照明时，相应灯具朝居室方向的发光强度最大允许值不应大于表中规定数值的 1/2。

建筑立面和标识面的平均亮度最大允许值 表 11-50

照明技术参数	应用条件	环境区域			
		E0 区、E1 区	E2 区	E3 区	E4 区
建筑立面亮度 L_b (cd/m²)	被照面平均亮度	0	5	10	25
标识亮度 L_s (cd/m²)	外投光标识被照面平均亮度；对自发光广告标识，指发光面的平均亮度	50	400	800	1000

注：本表中 L_s 值不适用于交通信号标识。

居住区和步行区夜景照明灯具的眩光限制值 表 11-51

安装高度（m）	L 与 $A^{0.5}$ 的乘积
$H \leqslant 4.5$	$LA^{0.5} \leqslant 4000$
$4.5 < H \leqslant 6$	$LA^{0.5} \leqslant 5500$
$H > 6$	$LA^{0.5} \leqslant 7000$

(5) 为确保室外公共活动区域的人员安全，降低潜在风险，各场所根据人流量、视觉活动特点及相应安全要求确定照度标准值和一般显色指数要求。如表 11-52 所示。

室外公共区域照度值和一般显色指数 表 11-52

场所		平均水平照度最低值 $E_{h,av}$ (lx)	最小水平照度 $E_{h,min}$ (lx)	最小垂直照度 $E_{v,min}$ (lx)	最小半柱面照度 $E_{sc,min}$ (lx)	一般显色指数最低值
道路	主要道路	15	3	5	3	60
	次要道路	10	2	3	2	60
	健身步道	20	5	10	5	60
活动场地		30	10	10	5	60

注：水平照度的参考平面为地面，垂直照度和半柱面照度的计算点或测量点高度为 1.5m。

五、照明节能的一般原则和方法

据统计，我国照明用电占总发电量的 10%～12%，照明节电意义重大。人工照明节能的前提是不能降低照明标准和质量。降低照明标准会导致工作效率的下降，交通事故的增多。

照明节能的措施：

(1) 选用高效长寿命光源（以 LED 光源为主）。

(2) 选用高效灯具，对于气体放电灯还要选用配套的高质量电子镇流器或节能电感镇流器。

(3) 选用配光合理的灯具。

(4) 根据视觉作业要求，确定合理的照度标准值，并选用合适的照明方式，同时需满足照明功率密度的要求。

(5) 室内顶棚、墙面、地面宜采用浅色装饰。

(6) 工业企业的车间、宿舍和住宅等场所的照明用电均应单独计量。

(7) 大面积使用普通镇流器的气体放电灯的场所，宜在灯具附近单独装设补偿电容器，使功率因数提高至 0.85 以上，并减少非线性电路元件——气体放电灯产生的高次谐波对电网的污染，改善电网波形。

(8) 室外照明宜采用自动控制方式或智能照明控制方式等节电措施。

(9) 近窗的灯具应单设开关，并采用自动控制方式或智能照明控制方式。

(10) 设装饰性照明的场所，可将实际采用的装饰性灯具总功率的 50% 计入照明功率密度值的计算。

(11) 充分利用天然光，采用导光、反光引天然光入室，利用太阳能作为照明能源。

(12) 建筑的走廊、楼梯间、门厅、电梯厅及停车库照明应能够根据照明需求进行节能控制；大型公共建筑的公用照明区域应采取分区、分组及调节照度的节能控制措施。

(13) 有天然采光的场所，其照明应根据采光状况和建筑使用条件采取分区、分组、按照度或按时段调节的节能控制措施。

(14) 旅馆的每间（套）客房应设置总电源节能控制措施。

(15) 建筑景观照明应设置平时、一般节日及重大节日多种控制模式。

习 题

11-1 (2019)观察者与光源距离减小1倍后，下列关于光源发光强度的说法正确的是：
　　A 增加一倍　　　B 增加二倍　　　C 增加四倍　　　D 不变

11-2 (2019)根据辐射对标准光度观察者作用导出的光度量是：
　　A 照度　　　　　B 光通量　　　　C 亮度　　　　　D 发光强度

11-3 (2019)侧窗采光的教室，以下哪种措施不能有效提高采光照度均匀性？
　　A 将窗的横档在水平方向加宽并设在窗的中下方
　　B 增加窗间墙的宽度
　　C 窗横档以上使用扩散光玻璃
　　D 在走廊一侧开窗

11-4 (2019)下列采光房间中，采光系数标准值最大的是：
　　A 办公室　　　　B 设计室　　　　C 会议室　　　　D 专用教室

11-5 (2019)下列场所中照度要求最高的是：
　　A 老年人阅览室　B 普通办公室　　C 病房　　　　　D 教室

11-6 (2019)下列确定照明种类的说法，错误的是：
　　A 工作场所均应设置正常照明
　　B 工作场所均应设置值班照明
　　C 工作场所视不同要求设置应急照明
　　D 有警戒任务的场所，应设置警卫照明

11-7 (2019)以下不属于夜景照明光污染限制指标的是：
　　A 灯具的上射光通比
　　B 广告屏幕的对比度
　　C 建筑立面的平均亮度
　　D 居住建筑窗户外表面的垂直照度

11-8 (2019)建筑照明设计中，符合下列哪一项条件时，作业面的照度标准值不必提高一级？
　　A 识别移动对象
　　B 进行很短时间的作业
　　C 识别对象与背景辨认困难
　　D 视觉作业对操作安全有重要影响

11-9 (2019)办公空间中，当工作面上照度相同时，采用以下哪种类型灯具最不节能？
　　A 间接型灯具　　　　　　　　　　B 半直接型灯具
　　C 漫射型灯具　　　　　　　　　　D 直接型灯具

11-10 (2019)建筑物侧面采光时，以下哪个措施能够最有效地提高室内深处的照度？
　　A 降低窗上沿高度　　　　　　　　B 降低窗台高度
　　C 提高窗台高度　　　　　　　　　D 提高窗上沿高度

11-11 (2019)以下哪种照明手法不应该出现在商店照明中？
　　A 基本照明　　　B 重点照明　　　C 轮廓照明　　　D 装饰照明

11-12 (2019)关于中小学校普通教室光环境，以下说法错误的是：
　　A 采光系数不应低于3%
　　B 利用灯罩等形式避免灯具直射眩光
　　C 采用光源一般显色指数为85的LED灯具
　　D 教室黑板灯的最小水平照度不应低于500lx

11-13 (2018)在明视觉的相同环境下,人眼对以下哪种颜色的光感觉最亮?
   A 红色   B 橙色   C 蓝绿色   D 蓝色

11-14 (2018)可见度就是人眼辨认物体的难易程度,它不受下列哪个因素影响?
   A 物体的亮度   B 物体的形状
   C 物件的相对尺寸   D 识别时间

11-15 (2018)灯具配光曲线描述的是以下哪个物理量在空间的分布?
   A 发光强度   B 光通量   C 亮度   D 照度

11-16 (2018)以下场所中采光系数标准值不属于强制性执行的是:
   A 住宅起居室   B 普通教室
   C 老年人阅览室   D 医院病房

11-17 (2018)计算侧面采光的采光系数时,以下哪个因素不参与计算?
   A 窗洞口面积   B 顶棚饰面材料反射比
   C 窗地面积比   D 窗对面遮挡物与窗的距离

11-18 (2018)以下哪个房间最适合用天窗采光?
   A 旅馆中的会议室   B 办公建筑中的办公室
   C 住宅建筑中的卧室   D 医院建筑中的普通病房

11-19 (2018)以下哪种措施不能减少由于天然光利用引起的眩光?
   A 避免以窗口作为工作人员的视觉背景
   B 采用遮阳措施
   C 窗结构内表面采用深色饰面
   D 工业车间长轴为南北向时,采用横向天窗或锯齿天窗

11-20 (2018)关于光源选择的说法,以下选项中错误的是:
   A 长时间工作的室内办公场所选用一般显色指数不低于80的光源
   B 选用同类光源的色容差不大于5SDCM
   C 对电磁干扰有严格要求的场所不应采用普通照明用白炽灯
   D 应急照明选用快速点亮的光源

11-21 (2018)层高较高的工业厂房照明应选用以下哪种灯具?
   A 扩散型灯具   B 半直接灯具
   C 半间接灯具   D 直接型灯具

11-22 (2018)建筑夜景照明时,下列哪类区域中建筑立面不应设置夜景照明?
   A E1区   B E2区   C E3区   D E4区

11-23 (2018)室内人工照明场所中,以下哪种措施不能有效降低直射眩光?
   A 降低光源表面亮度   B 加大灯具的遮光角
   C 增加灯具的背景亮度 D 降低光源的发光面积

11-24 (2018)以下哪种做法对照明节能最不利?
   A 同类直管荧光灯选用单灯功率较大的灯具
   B 居住建筑的走廊安装感应式自动控制LED
   C 在餐厅使用卤钨灯做照明
   D 在篮球馆采用金属卤化物泛光灯做照明

11-25 (2018)以下选项中不属于室内照明节能措施的是:
   A 采用合理的控制措施,进行照明分区控制
   B 采用间接型灯具
   C 合理的照度设计,控制照明功率密度

D 室内顶棚、墙面采用浅色装饰

11-26 (2018)美术馆采光设计中，以下哪种措施不能有效减小展品上的眩光？
A 采用高侧窗采光　　　　　　B 降低观众区的照度
C 将展品画面稍加倾斜　　　　D 在采光口上加装活动百叶

11-27 下列光度量单位中，哪个不是亮度单位？
A cd/m²　　　B asb　　　C sb　　　D lm

11-28 将一个灯由桌面竖直向上移动，在移动过程中，不发生变化的量是：
A 灯的光通量　　　　　　　　B 桌面上的发光强度
C 桌面的水平照度　　　　　　D 桌子表面亮度

11-29 下列哪种白色饰面材料的光反射比为最大？
A 大理石　　　B 石膏　　　C 调合漆　　　D 马赛克

11-30 下面的材料中，哪些是漫透射（均匀扩散透射）材料？
A 毛玻璃　　　B 乳白玻璃　　　C 压花玻璃　　　D 平玻璃

11-31 漫射（均匀扩散）材料的最大发光强度与材料表面法线所形成的角度为：
A 0°　　　B 30°　　　C 60°　　　D 90°

11-32 5R6/10所表示的颜色是：
A 彩度为5、明度为6的红色　　　B 彩度为6、明度为10的红色
C 彩度为5、明度为10的红色　　　D 明度为6、彩度为10的红色

11-33 下列哪种光源的色表用相关色温来表征？
A 卤钨灯　　　B 溴钨灯　　　C 白炽灯　　　D 荧光灯

11-34 北京某工厂精密机电产品加工车间侧面采光工作面上天然光照度平均值为600lx，其采光系数是：
A 5%　　　B 4%　　　C 2%　　　D 1%

11-35 在宽而浅的房间中，采用下列哪种侧窗的采光均匀性好？
A 正方形窗　　　B 横向带窗　　　C 竖长方形窗　　　D 圆形窗

11-36 下列天窗在采光系数相同条件下，天窗的开窗面积从低到高的排序，以下哪项正确？
A 矩形天窗、平天窗、梯形天窗、锯齿形天窗
B 梯形天窗、锯齿形天窗、平天窗、矩形天窗
C 平天窗、锯齿形天窗、矩形天窗、梯形天窗
D 平天窗、梯形天窗、锯齿形天窗、矩形天窗

11-37 医院病房的侧面采光系数标准值为：
A 0.5%　　　B 1.0%　　　C 2.0%　　　D 3.0%

11-38 在北京普通教室采光时，其最小开窗面积应是教室地板面积的：
A 1/3　　　B 1/5　　　C 1/7　　　D 1/10

11-39 博物馆采光设计不宜采取下列哪种措施？
A 限制天然光照度　　　　　　B 消除紫外线辐射
C 防止产生反射眩光和映像　　D 采用改变天然光光色的采光材料

11-40 下列哪种光源的光效最高？
A 白炽灯　　　B 荧光灯　　　C 卤钨灯　　　D 白光发光二极管

11-41 一个直接型灯具，光源的平均亮度≥500kcd/m²，其遮光角不应小于：
A 10°　　　B 15°　　　C 20°　　　D 30°

11-42 国家标准规定的直管荧光灯格栅灯具的灯具效率不应低于：
A 55%　　　B 60%　　　C 65%　　　D 70%

11-43 在《照明标准》中规定的照度是指参考平面上的哪种照度?
　　A 房间各点的最小照度值　　　　　B 房间各点的维持平均照度值
　　C 房间各点的最大照度值　　　　　D 房间最差区域各点的维持平均照度值

11-44 标准规定的普通办公室的照明功率密度限值是:
　　A 14W/m²　　　B 13W/m²　　　C 12W/m²　　　D 8W/m²

11-45 下列哪种措施会造成更强烈的室内照明直接眩光?
　　A 采用遮光角大的灯具　　　　　B 提高灯具反射面的反射比
　　C 采用低亮度的光源　　　　　　D 提高灯具的悬挂高度

11-46 有视觉显示终端的工作场所应限制灯具中垂线以上哪个角度范围的亮度?
　　A ≥45°　　　B ≥55°　　　C ≥65°　　　D ≥75°

11-47 下列哪个参数与统一眩光值（UGR）的计算式无关?
　　A 观察者方向每个灯具中光源的发光强度
　　B 背景亮度
　　C 观察者方向每个灯具的亮度
　　D 每个灯具的位置指数

11-48 为了减轻光幕反射,宜采用以下何种配光曲线的灯具?
　　A 具有余弦配光曲线的灯具　　　B 具有蝠翼配光曲线的灯具
　　C 具有均匀配光曲线的灯具　　　D 具有窄配光曲线的灯具

11-49 作业面背景区域一般照明的照度不宜低于作业面邻近周围照度的:
　　A 1/10　　　B 1/5　　　C 1/3　　　D 1/2

11-50 疏散照明中的疏散通道地面水平照度不应低于:
　　A 0.5lx　　　B 1.0lx　　　C 1.5lx　　　D 2.0lx

11-51 高度较低的办公房间宜采用下列哪种光源?
　　A 粗管径直管型荧光灯　　　　　B 细管径直管型荧光灯
　　C 紧凑型荧光灯　　　　　　　　D 小功率金属卤化物灯

11-52 采用利用系数法公式计算照度与下列哪个参数无直接关系?
　　A 光源的光通量　　B 灯具效率　　C 工作面面积　　D 灯具的数量

参考答案及解析

11-1 解析:《照明标准》中,对发光强度的定义为:发光体在给定方向上的发光强度是该发光体在该方向的立体角元 $d\Omega$ 内传输的光通量 $d\phi$ 除以该立体角元所得之商,即单位立体角的光通量。单位为坎德拉（cd）,1cd=1lm/sr。发光强度表征灯具在空间中某个方向的光通量密度,是描述灯具（光源）本身发光特征的物理量,与观察者无关,与距离无关,故 D 选项正确。

与距离有关的物理量为照度（E）,其定义为:入射在包含该点的面元上的光通量 $d\phi$ 除以该面元面积 dA 所得之商。单位为勒克斯（lx）,1lx=1lm/m²。某被照面照度值与其距光源的距离成平方反比关系,即距离增大为原来的 2 倍,照度减小为原来的 1/4;距离减小至原来的 1/2,照度增大为原来的 4 倍（图11-3）。

答案:D

11-2 解析:《照明标准》中光通量的定义为:根据辐射对标准光度观察者的作用导出的光度量。单位为流明（lm）,1lm=1cd·sr,故 B 选项正确。照度、发光强度的定义见 11-1 解析。亮度的物理含义是包括该点面元 dA 在该方向的发光强度 $I=d\phi/d\Omega$ 与面元在垂直于给定方向上的正投影面积 $dA \cdot \cos\theta$ 所得之商（标准编制组,《建筑照明设计标准实施指南》）。

答案:B

11-3 解析：侧窗采光的教室，在进深方向上：近窗处自然光充足，远窗处（进深深处）自然光照射少，将窗的横档在水平方向加宽并设在窗的中下方（A选项）能够将照射在近窗处的太阳光通过横档反射到顶棚上，进而二次反射到教室进深深处，提高采光均匀性；窗横档以上使用扩散光玻璃（C选项）也是通过扩散光，将斜下入射的直射自然光折射到室内深处；在走廊一侧开窗（D选项）可以更直接地将走廊的光线引入，提高教室远窗处工作面的照度。在开间方向上：采光照度均匀性主要与窗间墙有关，横向连贯的采光口，采光均匀性好；竖窄而分散的窗（即窗间墙很宽，B选项）因墙遮挡，均匀性差。

答案：B

11-4 解析：采光系数是衡量房间采光能力的重要指标，场所使用功能要求越高，说明视觉工作越重要，视觉作业需要识别对象的尺寸越小，该场所采光等级越高，采光系数也应该越高。《采光标准》中规定的采光系数标准值为：办公室3%，设计室4%，会议室3%，专用教室3%。

答案：B

11-5 解析：《照明标准》中规定，图书馆建筑老年人阅览室的照度标准值为500lx，办公建筑普通办公室为300lx，医院病房为100lx，教育建筑教室为300lx。老年人因视力衰退，对于同样的视觉作业，往往需要更高的照度才能完成。

答案：A

11-6 解析：《照明标准》第3.1.2条规定：

(1) 室内工作及相关辅助场所，均应设置正常照明（A选项正确）。

(2) 当下列场所正常照明电源失效时，应设置应急照明（C选项正确）：

① 需确保正常工作或活动继续进行的场所，应设置备用照明；

② 需确保处于潜在危险之中的人员安全的场所，应设置安全照明；

③ 需确保人员安全疏散的出口和通道，应设置疏散照明。

(3) 需在夜间非工作时间值守或巡视的场所应设置值班照明（B选项不确切）。

(4) 需警戒的场所，应根据警戒范围的要求设置警卫照明（D选项正确）。

……

可见"工作场所均应设置值班照明"（B选项）是不确切的。

答案：B

11-7 解析：《城市夜景照明设计规范》JGJ/T 163—2008 第7.0.2条光污染限制条文中，分别对"居住建筑窗户外表面产生的垂直面照度最大允许值（D选项）""夜景照明灯具朝居室方向的发光强度的最大允许值""居住区和步行区夜景照明灯具的眩光限制值""灯具的上射光通比的最大允许值（A选项）""建筑立面和标识面产生的平均亮度最大允许值（C选项）"作了明确量化规定。该标准同时规定："应合理设置夜景照明运行时段，及时关闭部分或全部夜景照明、广告照明和非重要景观区高层建筑的内透光照明。"并未提出对广告屏幕对比度的限制指标。

答案：B

11-8 解析：《照明标准》第4.1.2条规定：

符合下列一项或多项条件，作业面或参考平面的照度标准值可按本标准第4.1.1条的分级提高一级：

(1) 视觉要求高的精细作业场所，眼睛至识别对象的距离大于500mm；

(2) 连续长时间紧张的视觉作业，对视觉器官有不良影响；

(3) 识别移动对象，要求识别时间短促而辨认困难（A选项）；

(4) 视觉作业对操作安全有重要影响（D选项）；

(5) 识别对象与背景辨认困难（C选项）；

(6) 作业精度要求高，且产生差错会造成很大损失；

(7) 视觉能力显著低于正常能力；
(8) 建筑等级和功能要求高。
因此，B选项所述与上述条文有较大出入。
答案：B

11-9 解析：直接型灯具将90%以上光向下直接照射，效率最高；而间接型灯具将90%以上光向上投射到顶棚，不会形成眩光，但效率最低，节能性最差。
答案：A

11-10 解析：其他条件不变，窗台高度的变化会影响近窗处的采光量，对远窗处影响很小；窗上沿变化对近窗处、远窗处均会产生影响。影响关系的示意图如题11-10解图。

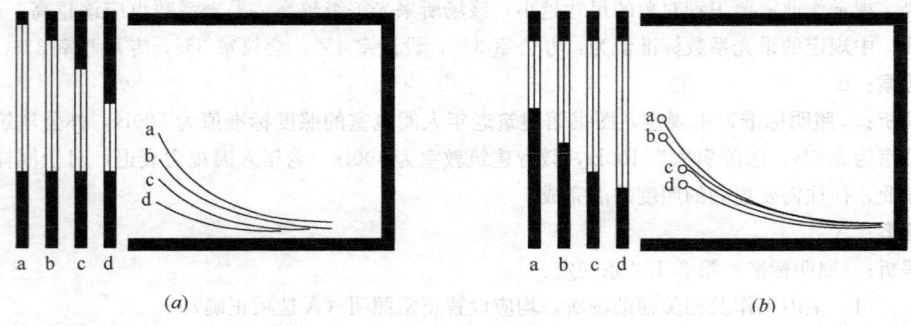

题11-10解图
(a) 窗上沿高度的变化对室内采光的影响；(b) 窗台高度的变化对室内采光的影响

答案：D

11-11 解析：《商店建筑设计规范》JGJ 48—2014第7.3.2条规定，平面和空间的照度、亮度宜配制恰当，一般照明、局部重点照明和装饰艺术照明应有机组合。《商店建筑电气设计规范》JGJ 392—2016第5.2.5条规定，大、中型百货商店宜根据商店工艺需要设重点照明、局部照明和分区一般照明，各类商店、商场的修理台、货架柜等宜设局部照明。中国建筑工业出版社出版的《建筑物理》教材中明确指出，商店照明大致有基本照明、重点照明和装饰照明三种照明方式。而轮廓照明指利用灯光直接勾画建筑物和构筑物等被照对象轮廓的照明方式，属于室外照明方式，在上述参考中均未提及其是商店照明手法。
答案：C

11-12 解析：A选项，见本章表11-8，中小学校普通教室采光系数标准值为3%（第Ⅲ类光气候区）；B选项，灯罩能够形成遮光角，遮光角越大，灯具产生眩光影响的可能性越小，有效避免直射眩光；C选项，教室照明显色指数R_a的要求为80及以上，LED光源是当前理论上最节能的光源类型，显色指数为85的LED灯具适用于教室照明；D选项，教室黑板灯的目的是在黑板表面形成均匀的照度，《照明标准》中规定黑板面为500lx的混合照明照度，此照度为垂直照度，不是水平照度。
答案：D

11-13 解析：如本章图11-2光谱光视效率图所示，明视觉环境下，人眼最敏感的光色为黄绿色（555nm），蓝绿色相比红色、橙色、蓝色，相对光谱光视效率更高。
答案：C

11-14 解析：影响人眼可见度的因素包括：亮度、物体的相对尺寸、亮度对比、识别时间和眩光影响。同等其他条件下，物体的形状是"圆"是"方"，对其可见度没有直接影响。
答案：B

11-15 解析： 用曲线或表格表示光源或灯具在空间各方向的发光强度值，称为该灯具的光强分布，也称配光，该曲线为该灯具的配光曲线，其表征的是发光强度的空间分布。

答案： A

11-16 解析：《采光标准》第4.0.2条、第4.0.4条、第4.0.6条针对住宅卧室、起居室（厅），教育建筑的普通教室，医疗建筑的一般病房提出了强制性执行的采光系数标准值，对老年人阅览室未提出强制执行规定。

答案： C

11-17 解析： 参见本章公式（11-24），其中，窗洞口面积、包括顶棚饰面材料在内的室内各表面反射比、窗中心点计算的垂直可见天空角度（由窗对面遮挡物与窗距离及其高度之比决定）都是参与计算采光系数的变量。窗地面积比是建筑设计中方便直接的采光参考指标，但是与采光系数的计算过程没有直接关系。

答案： C

11-18 解析： 同功能的空间设计可以千差万别，其实无法笼统地判定某种功能房间是否比其他功能房间更适合用天窗采光。本题可以从以下方面进行对比判断：天窗相对侧窗，具有采光效率高的优势，但更容易形成自上向下的眩光，同时只能设置在单层或顶层房间中。卧室、病房的采光等级规定为Ⅳ级，视觉活动对采光要求相对较低，从功能上看设置天窗的需求相对较小，同时在躺卧姿势下更易受天窗方向直射光眩光影响，存在设置天窗的弊端；办公建筑普遍为多层建筑，无法普遍采用天窗采光，而且普通办公室进深一般均能满足采光有效进深的要求；而旅馆中会议室房间往往具有较大跨度，采光等级为Ⅲ级，设置天窗采光能够有效提升采光效率和均匀性。《采光标准》中也仅对本题四个选项中的旅馆会议室提出了顶部采光标准值的规定。

答案： A

11-19 解析：《采光标准》第5.0.2条规定：

采光设计时，应采取下列减小窗的不舒适眩光的措施：

（1）作业区应减少或避免直射阳光；

（2）工作人员的视觉背景不宜为窗口；

（3）可采用室内外遮挡设施；

（4）窗结构的内表面或窗周围的内墙面，宜采用浅色饰面。

可知A、B选项能够减少眩光；C选项中窗结构内表面采用深色饰面，会更加凸显暗的窗框和亮的窗玻璃的对比，更易形成眩光；D选项中，在长轴南北的工业车间屋顶设置南北向横向天窗或者北向锯齿天窗，能够避免太阳直射光入室形成眩光影响。

答案： C

11-20 解析：《照明标准》第4.4.2条规定，长期工作或停留的房间或场所，照明光源的显色指数（R_a）不应小于80；第4.4.3条规定，选用同类光源的色容差不应大于5SDCM；第3.2.2条规定，照明设计不应采用普通照明白炽灯，对电磁干扰有严格要求，且其他光源无法满足的特殊场所除外；第3.2.3条规定，应急照明应选用能快速点亮的光源。所以C选项说法是不确切的。

答案： C

11-21 解析： 层高较高的房间，采用间接、半间接灯具，反射光路径过长，效率很低，所以应以提升照明整体效率为出发点，选择直接型灯具；同时工业厂房以功能照明为主，对照明环境的舒适性、艺术性（间接照明光线柔和，视觉舒适性最佳）要求不占主导地位，直接型灯具效率最高，故应选用。

答案： D

11-22 解析：《城市夜景照明设计规范》JGJ/T 163—2008第6.2.2条规定：为保护E1区生态环境，建筑立面不应设置夜景照明。该规范将城市环境区域根据环境亮度和活动内容划分为：E1区为天然暗环境区，如国家公园、自然保护区和天文台所在地区等；E2 区为低亮度环境区，如乡村的工业或居住区等；E3 区为中等亮度环境区，如城郊工业或居住区等；E4 区为高亮度环境区，如城市中心和商业区等。

答案：A

11-23 解析：根据统一眩光值 UGR 的定义和公式（《照明标准》附录 A，UGR 值越高，眩光感受越强烈）可知，眩光与背景亮度、每个灯具发光部分对观察者眼睛形成的立体角、灯具在观察者眼睛方向的亮度、位置指数等有关。降低光源表面亮度（A 选项）、增加灯具背景亮度（C 选项）均能够有效降低 UGR 值，进而降低眩光影响，而降低光源发光面积（D 选项）说法不确切，应是降低光源发光面积在观察者眼睛中成像的面积（即立体角）方能降低眩光；加大灯具遮光角（B 选项），定向投光，能够限制直接型灯具的投光方向，不产生溢散光造成眩光（《照明标准》第 4.3.1 条）。

$$UGR = 8\lg \frac{0.25}{L_b} \sum \frac{L_a^2 \cdot \omega}{P^2}$$

式中 L_b——背景亮度（cd/m^2）；

ω——每个灯具发光部分对观察者眼睛所形成的立体角（sr）；

L_a——灯具在观察者眼睛方向的亮度（cd/m^2）；

P——每个单独灯具的位置指数。

答案：D

11-24 解析：《照明标准》第 3.2.2 条规定：灯具安装高度较高的场所，应按使用要求，采用金属卤化物灯、高压钠灯或高频大功率细管直管荧光灯，指出高频大功率节能性更高（A 选项），如篮球馆等灯具安装高度高的场所，宜用金属卤化物灯（D 选项）；居住建筑走廊的使用时间不连续，采用感应式自动控制的高光效光源（如 LED）是该场所最佳的照明节能方式（B 选项）；卤钨灯是热辐射光源，与白炽灯的基本原理相似，光源光效相比 LED 等光源过低，当今已不属于节能光源（C 选项）。

答案：C

11-25 解析："采用合理的控制措施，进行照明分区控制"能够根据空间使用需求实时开关灯，从控制上节能；"采用间接型灯具"能够避免眩光干扰，增加照明舒适性，但效率最低、最不节能；"合理的照度设计，控制照明功率密度"指的是能够在满足照度需求的基础上，通过光源与灯具选择，达到最小的功率密度（W/m^2），满足节能需求；室内顶棚、墙面是主要的反光面，浅色装饰可提高反射率，能够更好地实现反光效果。

答案：B

11-26 解析：美术馆采光设计中，需要避免在观看展品时明亮的窗口处于视看范围内，所以一般选择高侧窗或顶部采光；同时需要避免一次反射眩光，可将展品画稍加倾斜，使得光源处在观众视线与画面法线夹角对称位置之外；还需要避免二次反射眩光，可降低观察者处的照度，降低观众在展品表面看到自己的影子的可能性（出自中国建筑工业出版社出版的《建筑物理》教材）；而在采光口上加装活动百叶，能够部分降低眩光源的发光面积，但是眩光源依旧存在，设置不当依旧会产生直接眩光或者一、二次反射眩光，D 选项所述内容确有规定，但并不是为了减小眩光，《采光标准》指出："博物馆和美术馆对光线的控制要求严格，利用窗口的遮光百叶等装置调节光线，以保证室内天然光的稳定……"

答案：D

11-27 解析：亮度的基本单位是 cd/m^2，$1 cd/m^2 = 1 nit = 10^{-4} sb = 1 asb/\pi$，而 lm 是光通量的基本单位。

答案：D

11-28 解析：一个灯由桌面竖直向上远离桌面，距离变大，灯发射的总光通量不变，灯本身的发光强度不变，而桌上由于获得光通量变小，所以桌子表面的照度变小，由于照度和发光强度、亮度均成正相关的关系，故桌子反射光的发光强度和其表面亮度均变小。

答案：A

11-29 解析：各类常见的材料中，石膏的反射率最高，约为 0.91。不同颜色质地的大理石、调合漆、马赛克反射均不一样。

答案：B

11-30 解析：乳白玻璃是均匀透射（漫透射）材料，折射后光向各个方向的亮度一致，视觉性状即看不到玻璃另一面任何轮廓；而毛玻璃、压花玻璃属于混合透射，透过它仍可以看到光源的大致影像；平玻璃属于规则透射材料。

答案：B

11-31 解析：如本章公式（11-19），漫射材料表面法线方向的反射（透射）光发光强度最大。

答案：A

11-32 解析：根据孟塞尔表色体系的表达方法，5R6/10 表达的意思为：色调为 5R（红色）、明度为 6、彩度为 10 的色坐标。

答案：D

11-33 解析：卤钨灯、溴钨灯、白炽灯均为热辐射光源，以色温的概念来表征其色表。而荧光灯为气体放电光源，以相关色温来表征其色表。

答案：D

11-34 解析：采光系数指的是室内工作面照度值与同时同刻室外全阴天照度值的比值，室外照度值无法测量时，近似以室外天然光设计照度值代替（北京地区为 15000lx），故答案为 600/15000＝4%。

答案：B

11-35 解析：宽而浅的房间中，开间方向（横向）均匀性更加重要，见表 11-5，可见横向带窗在开间方向均匀性最佳。

答案：B

11-36 解析：采光系数相同条件下，开窗面积越小代表天窗采光效率越高，根据天窗章节的讲述，采光效率最大的是平天窗，其次为梯形天窗、锯齿形天窗，矩形天窗最差。

答案：D

11-37 解析：根据《采光标准》第 4.0.6 条强制性条文规定，医院病房侧窗采光系数标准值为 2%。相关的其他强制性采光达标的场所还包括住宅卧室、起居室（厅），教育建筑的普通教室。

答案：C

11-38 解析：普通教室属于第Ⅲ采光等级场所，根据本章表 11-18 所示，最小应取窗地比 1/5。

答案：B

11-39 解析：在博物馆和美术馆中有特殊要求的场所，为了保护文物和展品不受损害，需要消除紫外辐射，限制天然光照度值和总曝光时间，限制直射阳光的进入。陈列室不应有直射阳光进入，见《采光标准》第 5.0.8 条。而作为需识别颜色的场所，应采用不改变天然光光色的采光材料，见《采光标准》第 5.0.7 条。

答案：D

11-40 解析：从光源发光机理上，LED 的效能更高。实验室 LED 能达到 200lm/W 以上的效能。而普通白炽灯发光效能不到 25lm/W；荧光灯的发光效能在 100lm/W 左右。

答案：D

11-41 解析：参见本章表 11-41，光源平均亮度越大，其可能造成的眩光干扰就越强烈，灯具越应该采用更大的遮光角，避免眩光干扰。

11-42 解析：参见本章表11-22。此处提出的灯具效率指的是灯具对其内光源发出的所有光的利用能力。

答案：C

11-43 解析：该标准规定的照度除标明外均应为作业面或参考平面上的维持平均照度。维持平均照度指的是：照明装置必须进行维护时，在规定表面上的平均照度，即参考面上各点的维持平均照度。

答案：B

11-44 解析：普通办公室照明功率密度值（LPD）限值为 $8W/m^2$（本章表11-31所示），此为《建筑节能通用规范》的强制性条文之一，功能相似的场所，如普通教室、诊室、一般阅览室等，LPD值与普通办公室规定是一致的。

答案：D

11-45 解析：采用大遮光角的灯具，能够更有效地限制出光方向，有利于限制眩光；提高灯具反射面的反射比，即增大发光口的亮度，从统一眩光值UGR的计算公式（见题11-23解析）可知眩光影响也会增大；采用低亮度的光源能够减弱眩光；提高灯具的悬挂高度，对于房间中平视的观察者来说，等于将光源远离视线方向，也能有效降低眩光影响。

答案：B

11-46 解析：有视觉显示终端的工作场所，在与灯具中垂线成65°～90°范围内的灯具平均亮度限值应符合本章表11-42的规定。

答案：C

11-47 解析：从习题11-23解析中的公式可知，背景亮度、每个灯具发光部分对观察者眼睛所形成的立体角、灯具在观察者方向的亮度、每个灯具的位置指数与眩光值有直接关系。而观察者方向每个灯具中光源的发光强度（A选项）与UGR统一眩光值的大小无直接关系。

答案：A

11-48 解析：以教室环境为代表的阅读工作空间，容易因光线照射到光亮纸张而在观察者眼睛里形成光幕反射，所以光线规则反射的出光方向不在观察者视野里是最好的配光形式，即光线斜着照射到桌面上，该种灯具的配光称为蝠翼型配光。

答案：B

11-49 解析：《照明标准》第4.1.5条规定，作业面背景区域一般照明的照度不宜低于作业面邻近周围照度的1/3。

答案：C

11-50 解析：《照明标准》第5.5.4条规定，疏散照明的地面平均水平照度值应符合水平疏散通道不应低于1lx的要求。

答案：B

11-51 解析：《照明标准》第3.3.2条规定，灯具安装高度较低的房间宜采用细管径直管型三基色荧光灯。

答案：B

11-52 解析：见本章公式（11-33），灯具数量、维护系数、一个灯具内光源发出的光通量、利用系数、工作面面积与照度计算有直接关系，而灯具效率与利用系数法公式无直接关联。

答案：B

第十二章 建 筑 声 学

本章考试大纲： 了解建筑声学的基本原理，掌握建筑隔声设计与吸声材料和构造的选用原则；掌握室内音质评价的主要指标及音质设计的基本原则；了解城市环境噪声与建筑室内噪声允许标准；了解建筑设备噪声与振动控制的一般原则。能够运用建筑声学综合技术知识，判断、解决该专业工程实际问题。

本章复习重点： 吸声材料和构造的特性及选用原则，建筑隔声原理和应用设计方法；室内音质评价的主要指标及音质设计的基本原则；吸声降噪的基本原理和方法，建筑设备噪声与振动控制的一般原则和方法。

第一节 建筑声学基本知识

（一）声音的基本性质

1. 声音的产生与传播

声音来源于振动的物体，辐射声音振动的物体称为声源。声源发声后，其振动传递给周围的弹性介质，要经过弹性介质的振动不断向外传播，振动的传播称为声波。

在声波的传播过程中，这种介质质点的振动方向与波传播的方向相平行，称为纵波，声波是纵波；介质质点的振动方向与波传播的方向相垂直，称为横波，水波是横波。

2. 频率、波长与声速

（1）频率

声波的频率等于发出该波声源的频率。该频率等于单位时间内声源完成全振动的次数，也即一秒钟内振动的次数。符号：f，单位：Hz。人耳能听到的声波的频率范围是 20～20000Hz。通常认为 500～1000Hz 为中频，大于 1000Hz 为高频，小于 500Hz 为低频。

（2）周期

声源完成一次振动所经历的时间。符号：T，单位：s。周期是频率的倒数。

（3）波长

声波在传播途径上，两个相邻同相位质点间的距离。符号：λ，单位：m。声音的频率越高，波长越短；频率越低，波长越长。

（4）声速

声波在弹性介质中传播的速度。符号：c，单位：m/s。介质的密度愈大，声音传播的速度愈快。真空中的声速为 0；在 15℃时（或称常温下），空气中的声速 $c=340$m/s。

$$c = \lambda \cdot f \quad c = \frac{\lambda}{T} \text{(m)} \tag{12-1}$$

3. 频带

将可听频率范围的声音分段分割成一个一个的频率段，以中心频率作为某频段的名称，称为频带，可分为：

(1) 倍频带（或称倍频程）

按2的倍数关系分割频率范围所得的频率段，即上一个倍频带的中心频率是下一个倍频带中心频率的2的整数倍，即：

$$f_2/f_1 = 2^n$$

n 为正整数或分数，f_1、f_2 为倍频带的中心频率，1倍频带（或倍频程）的中心频率为：16，31.5，63，125，250，500，1000，2000，4000，8000，16000 Hz 共11个。倍频带在音调上相当于一个八度音。最常用的声音频带为125，250，500，1000，2000，4000Hz 6个倍频程。描述音乐用的频带可扩展到8个倍频程，即63，125，250，500，1000，2000，4000，8000Hz。

(2) 1/3 倍频带

将1倍频带或倍频程按下式规律分为3段：

$$f_2/f_1 = 2^{\frac{K}{3}}, \quad K 为 0, 1, 2, 3\cdots$$

4. 声波的绕射、反射、散射和折射

(1) 声绕射

声波通过障板上的孔洞时，能绕到障板的背后，改变原来的传播方向继续传播，这种现象称为绕射［图12-1(a)］。声波在传播过程中，如果遇到比其波长小得多的坚实障板时也会发生绕射［图12-1(b)］。遇到比波长大的障壁或构件时，在其背后会出现声影，声音绕过障壁边缘进入声影区的现象也叫绕射［图12-1(c)、(d)］。低频声较高频声更容易绕射。改变原来的传播方向继续传播的绕射现象有时也叫衍射。

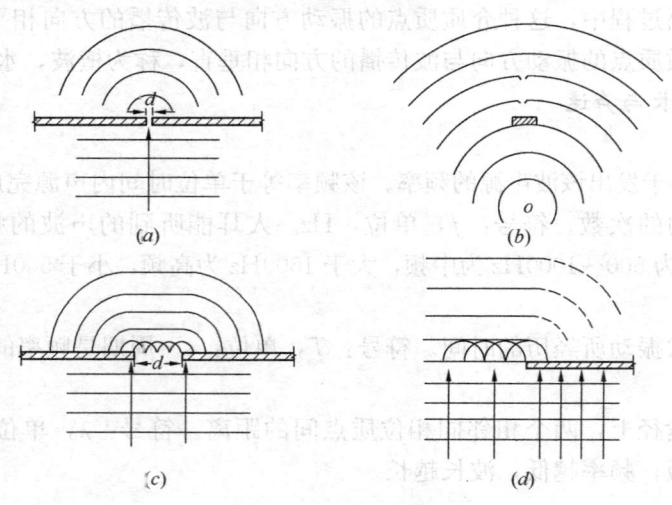

图 12-1 声音的绕射

(a) 小孔对波的影响；(b) 小障板对声传播的影响；(c) 大孔对前进波的影响；(d) 大障板对声波的影响

(2) 声反射（图12-2）

声波在传播过程中，遇到一块其尺度比波长大得多的障板时会发生反射，它遵循反射定律（入射角等于反射角）。凹面使声波聚集，凸面使声波发散（或称扩散）。

(3) 声扩散（或称声发散、声散射）

声波在传播过程中遇到障碍物的起伏尺寸与波长大小接近或更小时，会发生声扩散。

(4) 声折射

声波在传播过程中由于介质温度等的改变引起声速的变化，会发生声折射。

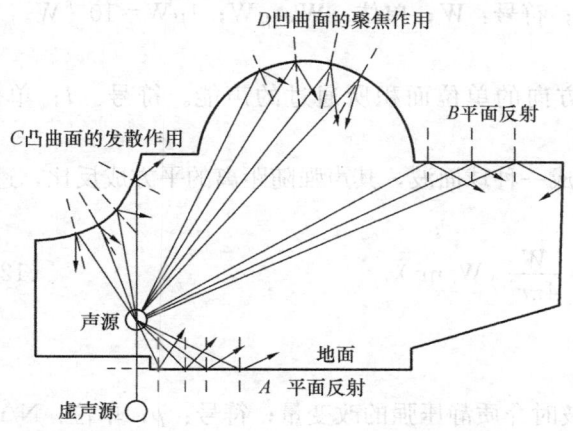

图 12-2 室内声音反射的几种典型情况

A，B—平面反射；C—凸曲面的发散作用（扩散作用）；
D—凹曲面的聚焦作用

(刘加平. 建筑物理：4 版 [M]. 北京：中国建筑工业出版社，2009：351.)

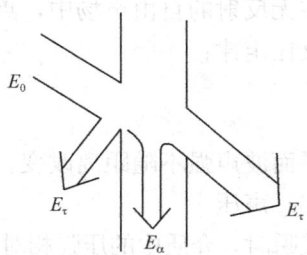

图 12-3 声波 E_0 入射到构建上

E_τ—构件透射的声能；E_γ—构件反射的声能；E_α—构件吸收的声能

(刘加平. 建筑物理：4 版 [M]. 北京：中国建筑工业出版社，2009：351.)

5. 声波的透射与吸收

声波入射到构件上，一部分被吸收，一部分被反射，一部分透射（图 12-3）。

(1) 透射系数 τ：

$$\tau = \frac{E_\tau}{E_0}，隔声材料的 \tau 较小 \tag{12-2}$$

(2) 反射系数 γ：

$$\gamma = \frac{E_\gamma}{E_0}，吸声材料的 \gamma 较小 \tag{12-3}$$

(3) 吸声系数 α：

$$\alpha = 1 - \gamma = 1 - \frac{E_\gamma}{E_0} = \frac{E_\alpha + E_\tau}{E_0} \tag{12-4}$$

式中 E_0——总入射声能，J（焦耳）；

E_τ——透射的声能，J（焦耳）；

E_γ——反射的声能，J（焦耳）；

E_α——吸收的声能，J（焦耳）。

吸声系数是吸声材料的重要特性指标，朝向自由声场的洞口吸声系数为 1。在剧院中，舞台口相当于一个大洞口，台口之后的天幕、侧幕、布景有吸声作用。根据实测，台口的吸声系数为 0.3～0.5。

注意，吸声系数不等于吸收系数：$\frac{E_\alpha}{E_0}$，它等于 1 减反射系数。

(二) 声音的计量

1. 声功率、声强和声压

(1) 声功率

声源在单位时间内向外辐射的声能；符号：W；单位：W、μW；$1\mu W=10^{-6}W$。

(2) 声强

在单位时间内，垂直于声波传播方向的单位面积所通过的声能。符号：I；单位：W/m²。

在无反射的自由声场中，点声源形成一种球面波，其声强随距离的平方成反比，遵循平方反比定律：

$$I = \frac{W}{4\pi r^2} \text{ (W/m}^2\text{)} \tag{12-5}$$

平面波声强不随距离改变。

(3) 声压

某瞬时，介质中的压强相对于无声波时介质静压强的改变量；符号：p；单位：N/m²、Pa（帕）；$1N/m^2 = 1Pa$。

声压和声强的关系：

$$I = \frac{p^2}{\rho_0 c} \text{ (W/m}^2\text{)} \tag{12-6}$$

式中　p——有效声压，N/m²；

　　　ρ_0——空气密度，kg/m³，一般取 1.225kg/m³；

　　　c——空气中的声速，340m/s；

　　　$\rho_0 c$——空气介质的特性阻抗，20℃时为 415N·s/m³。

(4) 声能密度

单位体积内声能的强度，符号：D；单位：W·s/m²、J/m²。

$$D = \frac{I}{c} \text{ (J/m}^2\text{)} \tag{12-7}$$

式中　D——声能密度，W·s/m² 或 J/m²；

　　　c——空气中的声速，340m/s。

2. 声压级、声强级、声功率级及其叠加

声强、声压虽然是声波的物理指标，但它们的变化范围非常大，与人耳的听力感觉不成线性关系，因此引入了级的概念（即采用对数对物理量进行压缩）。

(1) 声压级

$$L_p = 20\lg\frac{p}{p_0} \text{ (dB)} \tag{12-8}$$

式中　p_0——参考声压，$p_0 = 2\times 10^{-5}$ N/m²，使人感到疼痛的上限声压为 20N/m²。

从式 (12-8) 可知，声压每增加一倍，声压级就增加 6dB，$L_p = 20\lg\frac{2P}{P_0} = 20\lg\frac{P}{P_0} + 20\lg 2 = 20\lg\frac{P}{P_0} + 6$ (dB)；声压增加 10 倍，声压级增加 20dB；声压增加 100 倍，声压级增加 40dB；声压增加 1000 倍，声压级增加 60dB。0dB 相当于人耳刚刚能听到的最弱声音

的强度，人耳可以忍受的最大声压级为 120dB。

（2）声强级

$$L_\mathrm{I} = 10\lg \frac{I}{I_0} \text{（dB）} \tag{12-9}$$

式中　I_0——参考声强，$I_0 = 10^{-12} \text{W/m}^2$，使人感到疼痛感的上限声强为 1W/m^2。

（3）声功率级

$$L_\mathrm{W} = 10\lg \frac{W}{W_0} \text{（dB）} \tag{12-10}$$

式中　W_0——参考声功率，$W_0 = 10^{-12} \text{W}$，即 1pW。

常用的是声压级。

（4）声级的叠加

几个相同声音的叠加：

$$L_\mathrm{p} = 20\lg \frac{p}{p_0} + 10\lg n = L_{\mathrm{p}1} + 10\lg n \text{（dB）} \tag{12-11}$$

两个声压级相等的声音叠加时，总声压级比一个声压级增加 3dB，因为 $10\lg 2 = 3$。

多个声压级（$L_{\mathrm{p}1}$、$L_{\mathrm{p}2}$、…、$L_{\mathrm{p}n}$）叠加的总声压级为：

$$L_\mathrm{p} = 10\lg(10^{\frac{L_{\mathrm{p}1}}{10}} + 10^{\frac{L_{\mathrm{p}2}}{10}} + \cdots + 10^{\frac{L_{\mathrm{p}n}}{10}}) \text{（dB）} \tag{12-12}$$

如果两个声音的声压级差超过 10dB，附加值不超过大的声压级 1dB，其总声压级等于最大声音的声压级。

例 12-1　在靠近一家工厂的住宅区，测量得该厂 10 台同样的机器运转时的噪声声压级为 54dB，如果夜间允许最大噪声声压级为 50dB，问夜间只能有几台机器同时运转？

解析：根据式（12-11），$54 = L_{\mathrm{p}1} + 10\lg 10$，$L_{\mathrm{p}1} = 44\text{dB}$，再代入式（12-11），$50 = 44 + 10\lg n$，解出 $n = 3.98$，取 4。

答案：夜间只能开 4 台机器。

3. 响度级、总声级

人耳听声音的响度大小不仅与声压级的大小有关，而且与声音的频率有关。频率相同时，声压级越大，声音越响；声压级相同时，人耳对高频声敏感，对低频声不敏感。

（1）响度级

如果某一声音与已定的 1000Hz 的纯音（即单一频率的声音）听起来一样响，这个 1000Hz 纯音的声压级就定义为待测声音的响度级，单位是方（Phon）。

人耳对 2000~4000Hz 的声音最敏感，1000Hz 以下时，人耳的灵敏度随频率的降低而减弱；4000Hz 以上时，人耳的灵敏度随频率的增高也呈减弱的趋势。纯音等响曲线表明了人耳的这一特性（图 12-4）。

例 12-2　（2021）下列不同频率的声音，声压级均为 70dB，听起来最响的是：
A　4000Hz　　　　　　　　　　B　1000Hz
C　200Hz　　　　　　　　　　　D　50Hz

解析：人耳对高频声敏感，对低频声不敏感；对 2000~4000Hz 的声音最敏感。
答案：A

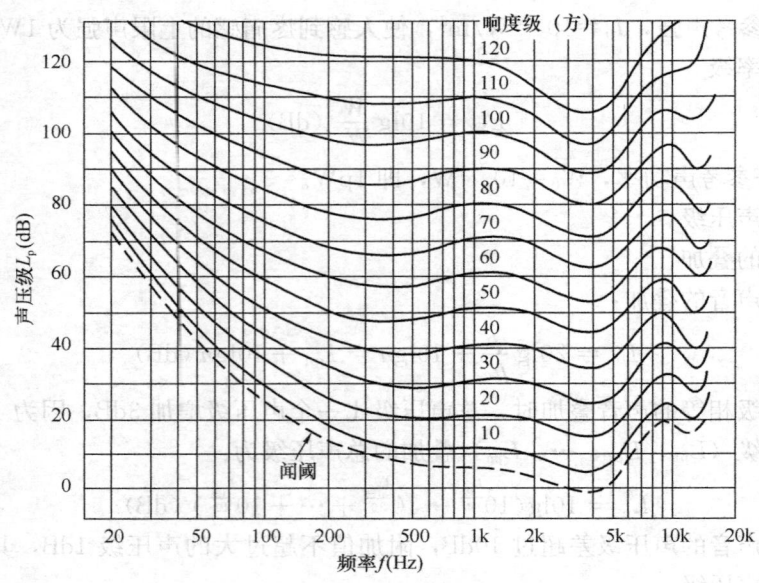

图 12-4　纯音的等响曲线

(刘加平. 建筑物理：4 版 [M]. 北京：中国建筑工业出版社，2009：340.)

(2) 计权网络

多种频率构成的复合声的总响度级用计权网络测量，即用声级计的 A、B、C、D 计权网络测量；记作 dB(A)，dB(B)，dB(C)，dB(D)（图 12-5）。声压级每增加 10dB，人耳主观听闻的响度大约增加 1 倍。这些计权网络是复合声各频率的声压级，按一定规律叠加后的和，即复合声各频率的计权叠加。

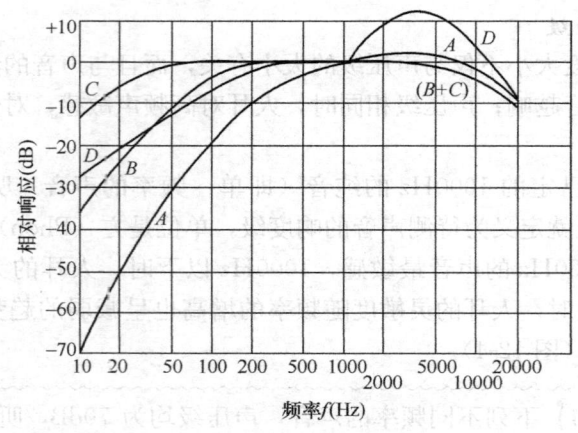

图 12-5　A、B、C、D 计权网络

人们常用 A 计权网络 [或称 A 声级 dB(A)] 计量复合频率声音（复合声）的响度

大小。A 声级与人耳的听觉特性非常吻合。A 声级是参考了 40 方的等响曲线，在各频率声压级进行叠加时，考虑到人耳对低频声不敏感的特性，对 500Hz 以下的声音作了较大衰减，再进行叠加后所得到的一种总响度级。

（三）声音的频谱和声源的指向性

1. 声音的频谱

声音的频谱是以频率为横坐标，各个频率的声压级为纵坐标绘制的频谱图表示。纯音的频谱图是一根在其频率标度处的声压级值竖线；由频率离散的若干个简谐分量复合而成的声音称为复音，其频谱图为每个简谐分量对应的一组竖线［图 12-6(a)］。机器设备激发出的噪声的频谱图为连续谱［图 12-6(b)］；连续谱的噪声，其强度用频带声压级表示。

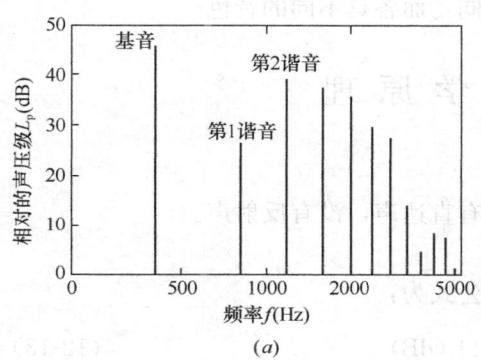 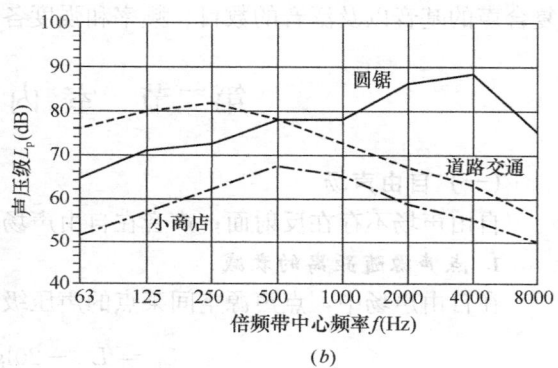

图 12-6 声音的频谱图
（柳孝图. 建筑物理：3 版［M］. 北京：中国建筑工业出版社，2010.）
(a) 乐音的频谱；(b) 噪声的频谱

2. 声源的指向性

当声源的尺度比波长小很多时，可以看成无方向性的点声源，在距声源中心等距离处的声压级相等。当声源的尺度与波长相当或大于波长时，声源具有指向性。声源的尺度比波长大得越多，指向性越强；频率越高，指向性越强。

（四）人的主观听觉特性

1. 哈斯（Hass）效应

听觉暂留：人耳的听觉暂留为 50ms，即 $\frac{1}{20}$s。如果直达声和反射声的时间差大于 50ms（即声程差大于 17m），就可能听到回声（声音听起来不连续，或者说听起来是断续的）。

2. 掩蔽（Mask）效应

人耳对一个声音的听觉灵敏度因另外一个声音的存在而降低的现象叫掩蔽效应。掩蔽的特点是频率相近的声音掩蔽较显著；掩蔽声的声压级越大，掩蔽效果越强。低频声对高频声掩蔽作用大；在噪声控制中，可以使用令人愉快的声音掩蔽那些令人烦恼的声音。

（五）声音的三要素

声音的三要素是声音的强弱、音调的高低、音色的好坏。

1. 声音的强弱

声音的强弱由声音的能量大小和频率高低决定，能量大小用声压级、声强级、响度级描述。

2. 音调的高低

取决于声音的频率；频率越高，音调越高。把频率提高一个倍频程，在音乐中就提高了八度音程。

3. 音色的好坏

音色的好坏主要取决于复合声的频率、成分和强度，即由频谱决定。乐器因其发出的复合声的基音以及泛音的数目、频率和强度各不相同，而各具不同的音色。

第二节 室内声学原理

（一）自由声场

自由声场不存在反射面；声音在自由声场中只有直达声，没有反射声。

1. 点声源随距离的衰减

在自由声场中，点声源空间某点的声压级计算公式为：

$$L_p = L_w - 20\lg r - 11 \text{（dB）} \tag{12-13}$$

式中 L_p——空间某点的声压级，dB；

L_w——声源的声功率级，dB；

r——测点和声源间的距离，m。

对于存在地面反射的情况，上式也可以改写为：

$$L_p = L_w - 20\lg r - 8 \text{（dB）} \tag{12-14}$$

从式（12-13）可以看出，点声源观测点与声源的距离增加一倍，声压级降低 6dB，通过观测点的声压级 L_p 和声源到观测点的距离 r，还可以用上式计算声源的声功率。

例 12-3 （2014）在开阔的混凝土平面上有一声源向空中发出球面声波，声波从声源传播 4m 后，声压级为 65dB，声波再传播 4m 后，声压级是：

A 65dB   B 62dB   C 59dB   D 56dB

解析：在自由声场中，点声源空间某点的声压级计算公式为：$L_p = L_w - 20\lg r - 11$，从式中可以看出，点声源的传播距离增加一倍，声压级降低 6dB。65dB 衰减 6dB 后为 59dB。

答案：C

---

2. 线声源随距离的衰减

无限长的线声源，在自由声场辐射的声波随距离衰减的规律是观测点与声源的距离每增加一倍，声压级降低 3dB。对于交通噪声，如高速公路上的车流噪声、列车噪声，如果观测点距声源较远，可以看成有限长线声源。观测点与声源的距离增加1倍，声压级降低约4dB。

3. 面声源的声压级不随距离衰减

（二）混响和混响时间计算公式

声源停止发声后，室内声音的衰减过程为混响过程。这一过程的长短对人们听音的清晰程度和丰满程度有很大影响。长期以来，不少人对这一过程的定量化进行了研究，提出用混响时间来衡量这一过程对音质的影响，得出了适用于实际工程的混响时间计算公式。

1. 混响时间的定义

当室内声场达到稳态，声源停止发声后，声音衰减60dB（能量衰减到初始值的百万分之一或声压级衰减60dB）所经历的时间叫混响时间；符号：T_{60}、RT；单位：s。

2. 赛宾公式

$$T_{60} = \frac{0.161V}{A} \text{ (s)} \text{（成立条件：} \bar{\alpha} < 0.2\text{）} \tag{12-15}$$

式中　V——房间容积，m^3；
　　　A——室内总吸声量，m^2；

$$A = S \cdot \bar{\alpha}$$

　　　S——室内总表面积，m^2；
　　　$\bar{\alpha}$——室内平均吸声系数；

$$\bar{\alpha} = \frac{\alpha_1 S_1 + \alpha_2 S_2 + \cdots + \alpha_n S_n}{S_1 + S_2 + \cdots + S_n} \tag{12-16}$$

$\alpha_1, \alpha_2 \cdots \alpha_n$——不同材料的吸声系数；
$S_1, S_2 \cdots S_n$——室内不同材料的表面积，m^2。

> **例 12-4　（2021）**某房间长20m、宽10m、高5m。地面为木地板，墙面为砖墙抹灰，顶面为矿棉板，地面、墙面、顶面的吸声系数分别为0.05、0.02、0.5。该房间内的混响时间为：
>
> A　0.4s　　　　　　　　　　　B　1.0s
> C　1.4s　　　　　　　　　　　D　2.0s
>
> **解析：**房间容积：$V = 20 \times 10 \times 5 = 1000 m^3$
>
> 房间吸声量：$A = 20 \times 10 \times 0.05 + (20 \times 5 \times 2 + 10 \times 5 \times 2) \times 0.02 + 20 \times 10 \times 0.5 = 116 m^2$
>
> 房间总表面积：$S = 20 \times 10 + 20 \times 5 \times 2 + 10 \times 5 \times 2 + 20 \times 10 = 700 m^2$
>
> 房间平均吸声系数：$\bar{\alpha} = A/S = 0.16 < 0.2$
>
> 因为房间平均吸声系数小于0.2，故可用赛宾公式计算混响时间。
>
> $T_{60} = (0.161 \times V)/A = (0.161 \times 1000)/116 = 1.39s$
>
> **答案：**C

3. 依林公式

$$T_{60} = \frac{0.161V}{-S \cdot \ln(1-\bar{\alpha})} \text{ (s)} \tag{12-17}$$

4. 依林—努特生公式

$$T_{60} = \frac{0.161V}{-S \cdot \ln(1-\overline{\alpha}) + 4mV} \text{ (s)} \tag{12-18}$$

式中 $4m$——空气吸收系数，空气中的水蒸气、灰尘的分子对波长较小（一般指 2000Hz 以上）的高频声音的吸收作用，查表 12-1，频率小于等于 1000Hz 时，此项为 0，即 $4m=0$。

空气吸收系数 $4m$ 值（室内温度 20℃） 表 12-1

频率（Hz）	2000	4000
空气相对湿度 50%	0.010	0.024
空气相对湿度 60%	0.009	0.022

依林—努特生公式全面考虑了混响时间的影响因素，常用于实际工程的计算。

> **例 12-5** （2011）室内混响时间与下列哪项因素无关？
> A 室内总表面积   B 室内体积
> C 室内声压级   D 声音频率
> **解析：** 由依林-努特生公式（式12-18）可知，混响时间受房间容积、室内总表面积空气吸收系数和室内平均吸声系数的直接影响，而吸声系数和空气吸收系数是与声音频率有关的物理量；故 A、B、D 均为混响时间的影响因素；C 选项是无关因素。
> **答案：** C

（三）室内声压级计算与混响半径

室内声音由直达声和反射声组成，其声压级的大小也取决于直达声和反射声组合后的声压级大小。

1. 室内声压级的计算

$$L_p = L_w + 10\lg\left(\frac{Q}{4\pi r^2} + \frac{4}{R}\right) \text{ (dB)} \tag{12-19}$$

或写为

$$L_p = 10\lg W + 10\lg\left(\frac{Q}{4\pi r^2} + \frac{4}{R}\right) + 120 \text{ (dB)} \tag{12-20}$$

式中 W ——声源的声功率，W；
    L_w ——声源的声功率级，dB；
    r ——测点和声源间的距离，m；
    R ——房间常数，$R = \dfrac{S \cdot \overline{\alpha}}{1-\overline{\alpha}}$ (m²)；
    $\overline{\alpha}$ ——室内平均吸声系数；
    S ——室内总表面积，m²；

Q——声源的指向性因数,见表 12-2。

式中,$\dfrac{Q}{4\pi r^2}$ 反映了直达声能对声压级的影响,$\dfrac{4}{R}$ 反映了反射声能对声压级的影响。

声源的指向性因数　　　　　　　表 12-2

位置	Q值
声源在房间正中	1
声源在一面墙的中心	2
声源在两面墙交角的中心	4
声源在房间的一角	8

2. 混响半径（临界半径）

反射声能密度和直达声能密度相等的地方离开声源的距离；符号：r_0。

$$\text{由}\dfrac{Q}{4\pi r^2}=\dfrac{4}{R}\text{ 得 } r_0=0.14\sqrt{Q\cdot R}\,(\text{m}) \tag{12-21}$$

式中 Q、R 同式（12-20）。

在混响半径（临界半径）处，直达声能和反射声能密度相等，因此在大于混响半径（临界半径）的地方布置吸声材料才能有效地吸声（吸声材料吸掉的是反射声，而混响声和回声都是反射声，不能形成回声的反射声就是混响声）。

（四）房间共振和共振频率

1. 驻波

当两列频率相同的波在同一直线上反向传播叠加，形成某些点始终加强，某些点始终减弱，由此形成的合成波即为驻波。相距为 L 的两平行墙产生驻波的条件是：

$$L=n\cdot\dfrac{\lambda}{2}\,(\text{m})\quad n=1,\ 2,\ 3\cdots\infty \tag{12-22}$$

2. 矩形房间的共振（驻波）频率

一个房间平行墙面之间的尺寸只要满足上述条件就会产生驻波，因此房间中会有无穷个驻波，其驻波频率可按下列公式计算出来。

$$f_{n_x,n_y,n_z}=\dfrac{c}{2}\sqrt{\left(\dfrac{n_x}{L_x}\right)^2+\left(\dfrac{n_y}{L_y}\right)^2+\left(\dfrac{n_z}{L_z}\right)^2}\,(\text{Hz}) \tag{12-23}$$

式中　L_x，L_y，L_z——房间的长、宽、高，m；

n_x，n_y，n_z——0~∞任意正整数（n_x，n_y，n_z 不同时为 0）。

在房间无数个驻波中，可能重复出现某些频率或某个频率的驻波。这种现象就是驻波频率的重叠。这种重叠现象称为简并。驻波频率的重叠现象（简并现象）也称为房间的共振。简并会引起声音的失真，产生所谓的声染色现象。在房间的长、宽、高尺寸相等或成整数比的房间容易形成声染色。避免其影响的方法是：①使房间的三方尺度不相等或不成整数倍；②做扩散处理，使房间变为不规则表面；③在房间中适当布置吸声材料。

第三节 材料和结构的声学特性

通常把声学材料和结构按其功能分为吸声材料、隔声材料和反射材料。

一、吸声材料和吸声结构

吸声材料和吸声结构主要用于提升室内音质、降低环境噪声。在学习或选用吸声材料和吸声结构时，需把握以下 4 个要点：

(1) 吸声材料的构造特点。
(2) 吸声原理。
(3) 吸声的频率特性。
(4) 影响吸声性能的因素。

(一) 多孔吸声材料

多孔材料是应用最广泛的一类吸声材料。

1. 构造特点

多孔材料具有内外连通的小孔，如玻璃棉、超细玻璃棉、岩棉、矿棉（散状、毡片）、泡沫塑料、多孔吸声砖等，这些材料具有良好的通气性。

加气混凝土、聚苯板内部的气泡是单个闭合、互不连通的，其吸声系数比多孔吸声材料少得多；是很好的保温材料，但不是多孔吸声材料。拉毛水泥墙面表面粗糙不平，但没有空隙，吸声效果差，不是吸声材料。其起伏不平的尺度和声波波长相比较小，也不能起扩散反射的作用。所以它不是一种声学处理，只是一种饰面做法。

2. 吸声原理

当声波入射到材料表面时，很快便顺着微孔进入材料内部，引起空隙间的空气振动；由于摩擦使一部分声能转化为热能而被吸收。

3. 吸声的频率特性

主要吸收中、高频，背后留有空气层的多孔吸声材料还能吸收低频。

4. 影响吸声性能的因素

(1) 空气流阻：材料两边静压差和空气流动速度之比称为单位厚度材料流阻，或称为"比流阻"。比流阻过大或过小都会导致吸声性能下降，存在一个最佳比流阻。

(2) 孔隙率：多孔吸声材料的孔隙率一般在 70% 以上，多数达到 90%。

但上两项测量不便，通常测出材料的厚度和表观密度。材料密度有一个最佳值。超细玻璃棉的表观密度为 $20\sim25kg/m^3$，矿棉为 $120kg/m^3$。

(3) 厚度：材料的厚度增加，则中、低频范围的吸声系数增加，而高频的吸声系数变化不大。一般超细玻璃棉厚 $5\sim15cm$，矿渣棉厚 $5\sim10cm$。

(4) 背后条件：后边留空气层与填充同样材料的效果近似，使中、低频（尤其是对低频）吸声系数增加。背后空气层厚度一般为 $10\sim20cm$。

(5) 罩面材料：罩面材料应有良好的透气性，常用的罩面材料有金属网、窗纱、纺织品，厚度 $<0.05mm$ 的塑料薄膜，以及穿孔率 $>20\%$ 的穿孔板。

> **例 12-6 （2006）** 在多孔吸声材料外包一层塑料薄膜，膜厚多少才不会影响它的吸声性能？
> A 0.2mm B 0.15mm
> C 0.1mm D 小于 0.05mm
> **解析：** 多孔材料需要具有内外连通的空隙，才能让声波进入材料内部消耗声能吸声，因此饰面一般应具有良好的通气性。厚度小于 0.05mm 的极薄柔软塑料薄膜虽然不通气，但由于极薄，声波很容易推动薄膜振动，从而将声波的振动通过膜振动传入材料内部进行吸声。
> **答案：** D

（二）空腔共振吸声结构

1. 亥姆霍兹共振器

（1）构造特点

共振吸声结构的构造如图 12-7 所示。

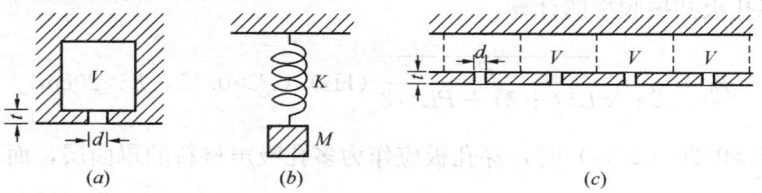

图 12-7 共振吸声结构及类比系统
(a) 亥姆霍兹共振器；(b) 机械类比系统；(c) 穿孔板吸声结构

（2）吸声原理

当外界入射声波频率 f 和系统固有频率 f_0 相等时，孔径中的空气柱就由于共振而产生剧烈振动；在振动中，因空气柱和孔径侧壁产生摩擦而消耗声能。

（3）吸声的频率特性

系统存在一个吸声共振峰，即在共振频率附近吸声量最大。

亥姆霍兹共振频率的计算：

$$f_0 = \frac{c}{2\pi}\sqrt{\frac{s}{V(t+\delta)}} \text{ (Hz)} \tag{12-24}$$

式中 c——声速，34000cm/s；
　　s——颈口面积，cm²；
　　V——空腔容积，cm³；
　　t——孔颈深度（板厚），cm；
　　δ——开口末端修正量，cm；直径为 d 的圆孔 $\delta=0.8d$。

（4）影响吸声性能的因素

从式（12-24）可知，影响亥姆霍兹共振器共振频率的因素有 s、V、t，其中影响最大的是 V。

2. 穿孔板

(1) 构造特点

穿孔的胶合板、石棉水泥板、石膏板、硬质纤维板、金属板与结构之间形成一定的空腔，如图 12-4(c) 所示，相当于许多并列的亥姆霍兹共振器。

(2) 吸声的频率特性

在共振频率附近吸收量最大，一般吸收中频；板后放多孔吸声材料能吸收中高频，其共振频率向低频转移。板后有大空腔（如吊顶）能增加低频吸收。

穿孔板共振频率的计算：

$$f_0 = \frac{c}{2\pi}\sqrt{\frac{P}{L(t+\delta)}} \text{ (Hz)} \quad (P \leqslant 0.15, L \leqslant 20\text{cm}) \tag{12-25}$$

式中　L——板后空气层厚度，cm；

　　　t——板厚，cm；

　　　P——穿孔率，一般为 4%～16%；

大空腔穿孔板共振频率的计算：

$$f_0 = \frac{c}{2\pi}\sqrt{\frac{P}{L(t+\delta)+PL^2/3}} \text{ (Hz)} \quad (P > 0.15, L > 20\text{cm}) \tag{12-26}$$

穿孔率 $P>0.20$（20%）时，穿孔板应作为多孔吸声材料的罩面层，而不属于空腔共振吸声结构。

> **例 12-7**　（2006）采取哪种措施，可有效降低穿孔板吸声结构的共振频率？
> A　增大穿孔率　　　　　B　增加板后空气层厚度
> C　增大板厚　　　　　　D　板材硬度
>
> **解析：** 穿孔板的共振频率由式（12-25）确定，式中 c 为声速，P 为穿孔率，L 为板后空气层厚度，t 为板厚。降低穿孔率、增加板后空气层厚度、增大板厚都降低穿孔板吸声结构的共振频率。但一般穿孔板后空气层的厚度可在几厘米到几十厘米之间变化，而穿孔板厚仅几毫米，可变化量很小；因此增加板后空气层厚度或降低穿孔率才能有效降低共振频率。
>
> **答案：** B

3. 微孔板

一般用穿孔率 1%～3%、孔径小于 1mm 的铝合金板制作。微孔板对低、中、高频均有较高的吸声系数，而且耐高温、耐潮湿；常用于游泳馆、矿井和高温环境。

(三) 薄膜、薄板共振吸声结构

1. 薄膜

(1) 构造特点：皮革、人造革、塑料薄膜、帆布等。具有不透气性、柔软、受张拉时有弹性等特点。这些薄膜材料可与其背后封闭的空气层形成共振系统。

(2) 吸声的频率特性：主要吸收 200～1000Hz，中频。吸声系数 α 为 0.3～0.4。

薄膜共振频率的计算：

$$f_0 = \frac{600}{\sqrt{M_0 L}} \text{ (Hz)} \tag{12-27}$$

式中 M_0——膜的平均单位面积质量，kg/m²；
　　　L——膜与弹性壁间空气层厚度，cm。

2. 薄板

(1) 构造特点：胶合板、硬质纤维板、石膏板、石棉水泥板、金属板等钉在构件龙骨上形成空腔结构，构成振动系统。

(2) 吸声原理：薄板结构在声波的作用下本身产生振动，振动时板变形并与龙骨摩擦损耗，消耗声能。

(3) 吸声的频率特性：主要吸收 80~300Hz，低频。吸声系数 α 为 0.2~0.5。

薄板共振频率的计算：

$$f_0 = \frac{1}{2\pi}\sqrt{\frac{\rho_0 c^2}{M_0 L} + \frac{K}{M_0}} \text{ (Hz)} \tag{12-28}$$

式中 ρ_0——空气密度，kg/m³；
　　　c——空气中的声速，m/s；
　　　M_0——板的单位面积质量，kg/m²；
　　　L——膜与弹性壁间空气层厚度，m；
　　　K——结构的刚度因素，kg/(m²·s²)，一般为 1×10^6~3×10^6 [kg/(m²·s²)]。

（四）其他吸声结构

1. 空间吸声体

空间吸声体的上下、前后、左右都能吸收声音，所以它的吸声面积大于投影面积，吸声系数 α 可能大于 1。空间吸声体常用单个吸声量表示。

2. 强吸声结构——吸声尖劈

吸声尖劈是消声室（无回声室）常用的强吸声结构，为了接近自由声场，$\alpha > 0.99$。
吸声尖劈的截止频率的计算：

$$f_0 = 0.2 \times \frac{c}{l} \text{ (Hz)} \tag{12-29}$$

式中 l——尖劈的尖部长度，m；尖劈的长度越长，吸收的起始频率越低。

吸声尖劈可用 ϕ3.2~3.5mm 钢筋做成楔形框架，底部 20cm×60cm×15cm，尖长 125cm，外包玻璃布，内装玻璃棉毡等多孔吸声材料。

3. 帘幕

纺织品中除了帆布一类因流阻很大、透气性差而具有膜状材料的性质外，大多具有多孔材料的吸声性能。

吸声的频率特性：一般吸收中高频。
帘幕吸声峰值频率的计算：

$$f = (2n-1)\times\frac{c}{4L} \text{ (Hz)} \quad n=1, 2\cdots\infty \tag{12-30}$$

式中 L——帘幕离刚性壁的距离，m。

4. 洞口

(1) 朝向自由声场的洞口 $\alpha=1$。

(2) 不朝向自由声场，如过道、房间的洞口 $\alpha<1$；舞台台口 $\alpha\approx0.3\sim0.5$。

5. 人和家具

$$吸声量=个体吸声量\times 人（或家具）的数量，或者：$$
$$吸声量=吸声系数\times 观众席面积$$

二、隔声和构件的隔声特性

声音在建筑围护结构中的传播有下列几种形式：

(1) 由空气声直接振动传播。

(2) 由空气声推动围护结构的振动传播。

(3) 固体的撞击或振动的直接作用。

前两种属于空气声传播，最后一种属于固体声传播。

(一) 空气声的隔声量

在工程上常用构件隔声量 R 来表示构件对空气声的隔绝能力。

$$R = 10\lg\frac{1}{\tau} \text{ (dB)} \tag{12-31}$$

式中 R——隔声量，dB；

τ——声能透射系数，见式（12-2），所以：

$$\tau = 10^{-\frac{R}{10}} \tag{12-32}$$

R 越大，构件对空气声的隔绝能力越大、越好，构件的透射系数越大，即构件透过的声音能量越大，R 越小。

(二) 隔声频率特性和计权隔声量

现行国家标准《建筑隔声评价标准》GB/T 50121—2005 规定了根据构件隔声频率特性确定的隔声单值评价量——计权隔声量 R_w（针对空气声）和计权标准化声压级差 $D_{nT,w}$（针对撞击声）的方法和步骤。其做法是将构件的 100～3150Hz 16 个 1/3 倍频程隔声特性曲线绘制在坐标纸上，和参考曲线作比较，满足特定的要求后，以 500Hz 频率的隔声量作为该墙体的单值评价量。

计权隔声量能很好地反映构件的隔声效果，使不同构件之间具有一定的可比性。它考虑了人耳对低频不敏感的特性，是一种频率的加权平均值。

(三) 单层匀质密实墙的空气声隔绝

1. 质量定律

声音无规入射时：

$$R = 20\lg m + 20\lg f - 48 \text{ (dB)} \tag{12-33}$$

式中 R——声音无规入射时墙体的隔声量，dB；

m——墙体的单位面积质量，kg/m²；

f——入射声的频率，Hz。

从上式可以看出墙体单位面积的质量增大时，隔声量也随之加大；当墙体质量增加一倍，隔声量增加 6dB。24 砖墙，$m=480 \text{kg/m}^2$，$R=52.6 \text{dB}$（或 53dB）。同样，频率增加一倍，隔声量也增加 6dB。

> **例 12-8** （2011） 下列关于建筑隔声的论述中，哪项有误？
> A 厚度相同时黏土砖墙的计权隔声量小于混凝土墙的计权隔声量
> B 构件透射系数越小，隔声量越大
> C 由空气间层附加的隔声量与空气间层的厚度有关
> D 墙体材料密度越大，隔声量越大
> **解析**：根据质量定律，墙体单位面积的质量越大，隔声量越大；而不是密度越大，隔声量越大（D 选项错误）。厚度相同的黏土砖墙的单位面积质量小于混凝土墙，故黏土砖墙的隔声量小于混凝土墙的隔声量（A 选项正确）。隔声量 R 和透射系数 τ 的关系为：$R=10\lg(1/\tau)$，故构件透射系数越小，隔声量越大（B 选项正确）。一般来说，空气层的隔声量随厚度的增加而增加（C 选项正确）。故选 D。
> **答案**：D

2. 吻合效应

吻合效应将使墙体隔声性能大幅度下降。它与材料密度、构件厚度、材料的弹性模量有关。通常用硬而厚的板或软而薄的板使吻合效应的频率控制在人耳不太敏感的 100~2500 Hz 之外。对于双层墙和双层窗，可用以下做法来减弱吻合效应的影响，使双层墙和双层窗（或双层玻璃）：

（1）质量不等；
（2）厚度不等；
（3）两层墙或窗不平行。

（四）双层墙的空气声隔绝

双层墙或双层窗中间的空气层能够起到弹性减振的作用，因此空气层可以增加构件的隔声量。

当空气间层≥9cm 时，附加隔声量为 8~12dB；构筑时，应避免墙体或窗体之间的刚性连接，应避免双层墙系统的共振。其系统的共振频率为：

$$f_0 = \frac{600}{\sqrt{L}}\sqrt{\frac{1}{m_1}+\frac{1}{m_2}} \text{(Hz)} \tag{12-34}$$

式中　m_1、m_2——每层墙的单位面积质量，kg/m^2；
　　　　L——空气间层厚度，cm；一般取 8~12cm，最少为 5cm。
工程中一般控制 $f_0<70.7\text{Hz}$，以隔绝 100Hz 以上的噪声。

（五）轻型墙体隔声措施

根据质量定律，墙体越轻，单位面积质量越小，隔声性能越差。因此在使用轻型墙体时，应尽量想办法提高其隔声量，具体措施有：

（1）将多层密实板用多孔材料（如玻璃棉、岩棉、泡沫塑料等）分隔，做成夹层结构。

(2) 使板材的吻合临界频率在 100～2500Hz 范围之外。

(3) 轻型板材的墙做成分离式双层墙，空气间层＞9cm，隔声量提高 8～10dB，空气间层填充松散材料，隔声量又能增加 2～8dB。双层墙两侧的墙板采用不同厚度，可使各自的吻合谷错开。

(4) 板和龙骨间用弹性垫层。

(5) 采用双层或多层薄板叠合。增加一层纸面石膏板，轻型板的隔声量提高 3～6dB。

例如用 75mm 轻钢龙骨，间距 600mm，每边双层石膏板，板与龙骨弹性连接，墙内填 50mm 厚超细玻璃棉毡，其重量相当砖墙的 1/10（24 砖墙的单位面积质量为 530kg/m²），其隔声量相当于 24 砖墙的隔声量（53dB）。

（六）门窗隔声

门窗通常是建筑中隔声的薄弱环节，提高门窗的隔声性能主要从以下几个方面考虑：①提高门窗的密闭性能；②加强门窗自身的隔声性能；③避免吻合效应的影响。

1. 隔声门

隔声量 30～45dB，常用弹性密封条，弹性压条装在门框或门下口，经常开启的门常做成声闸或用狭缝消声门。声闸的内表面作强吸声处理；内表面的吸声量越大，图 12-8 中两门的中点连线与门的法线间的夹角越大，隔声量越大。

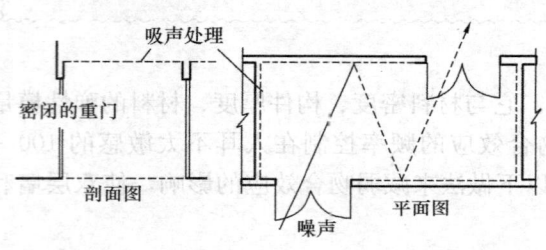

图 12-8 声闸示意图

2. 隔声窗

一般用两三层玻璃制作，两层玻璃间不平行。玻璃厚 3～19mm，最好各层玻璃厚度不同。玻璃与框，框与框间密封。窗内墙面布置吸声材料。

3. 组合墙的隔声

门窗是隔声的薄弱环节，组合墙的隔声设计通常采用"等透射量"原理，即使门、窗、墙的声透射量（声透射量为构件面积 S 与声透射系数 τ 的乘积）大致相等，通常门的面积大致为墙面积 $1/10$～$1/5$，墙的隔声量只要比门或窗高出 10dB 左右即可。

（七）振动的隔离

振动来源于转动设备的振动和撞击振动。

1. 振动的危害

(1) 损坏建筑物。

(2) 影响仪表和设备的测试。

(3) 使人感到厌烦。

(4) 振动频率在可听范围内是噪声源。

2. 隔振原理

振动和机器叶轮不平衡而作用在楼板上的干扰力的频率为 f（机器设备的频率），机器与减振器所形成的减振系统的自振频率为 f_0，f/f_0 称为频率比 z。减振系统上的干扰力 F 与传递到楼板或基础上的力 F_1 之比为传递系数 T。传递系数与频率系数之比 f/f_0 以及阻尼比 r 有关：

当 $\frac{f}{f_0} < \sqrt{2}$ 时，传递系数恒大于 1，系统使干扰力放大，不起减振作用。

当 $\frac{f}{f_0} = 1$ 时，系统与干扰力发生共振，传递系数趋于极大值，振动加强，不起减振作用。

当 $\frac{f}{f_0} > \sqrt{2}$ 时，传递系数恒小于 1，是系统的减振作用区。

因此，要提高减振效率，需提高 f/f_0 的数值，f 是设备的工作频率，一般不能改变，只能降低 f_0，通常将设备安装在质量块 M 上，质量块由减振器支承。

隔振原理是使振动尽可能远大于共振频率的 $\sqrt{2}$ 倍，最好设计系统的固有频率低于振动频率的 5～10 倍以上。

（八）撞击声的隔绝

人在楼板上的走路声、敲击声会通过楼板、墙体的振动，以固体传声的形式传入楼下，这些声音被称为撞击声。

1. 撞击声的计量

用一个国际标准化组织 ISO 规定的标准打击器敲打被测楼板，在楼板下面的测量室测定房间内的平均声压级 L_{p1}，按下式得出规范化撞击声级 L_{pn}：

$$L_{pn} = L_{p1} - 10\lg\frac{A_0}{A} (\text{dB}) \tag{12-35}$$

式中 L_{pn}——规范化撞击声级，dB；

L_{p1}——在楼板下的房间测出的平均声压级，dB；

A_0——标准条件下的吸声量，规定为 10m^2；

A——接收室的吸声量，m^2。

测量按 100～3150Hz 16 个 1/3 倍频程做出楼板的规范化撞击声级频率特性。

2. 计权规范化撞击声级

根据国家标准《建筑隔声评价标准》GB/T 50121—2005，从 100～3150Hz 16 个隔声特性曲线绘制在坐标纸上，和参考曲线比较，满足特定的要求后，以 500Hz 频率的隔声量作为该墙体的单值评价量。求得计权规范化撞击声压级 $L_{n,w}$（实验室测量）和计权标准化撞击声压级 $L'_{nT,w}$（现场测量）。

计权规范化撞击声压级相当于楼板的隔声量，计权规范化撞击声级越大，其隔声效果越差；而空气声的计权隔声量越大，其隔声效果越好。

3. 撞击声的隔绝措施

（1）面层处理

在楼板表面直接铺设地毯、橡胶板、地漆布、塑料地面、软木地面等弹性材料，以降低楼板本身的振动，减弱撞击声的声能。这种做法对降低中高频声的效果最显著。

（2）浮筑式楼板

在楼板面层和结构层之间加一弹性垫层，如弹簧、玻璃棉、橡胶、聚乙烯泡沫等具有弹性减振作用的材料，构筑浮筑式楼板。

浮筑式楼板做法很多，如住宅可用 2.5cm 厚、表观密度为 96～150kg/m³ 的离心玻璃棉做垫层，上铺一层塑料布或 1mm 聚乙烯泡沫做防水层，再灌注 4cm 厚的混凝土形成浮筑式楼板。在有楼板隔声要求的公共建筑中，可用 5cm 厚、表观密度为 $150\sim200\text{kg/m}^3$ 的离心玻璃棉做垫层，上铺一层塑料布或 1mm 聚乙烯泡沫做防水层，再灌注 $8\sim10\text{cm}$ 厚的混凝土形成浮筑楼板。

（3）弹性隔声吊顶

楼板的撞击声通过楼板振动辐射到楼下的空气中传入人耳；可根据空气声隔声原理在楼板下加设吊顶，通过减弱楼板下空气声的传播达到隔绝撞击声的目的。吊顶要用弹性连接，吊顶内铺设玻璃棉等吸声材料有利于隔绝撞击声。

（4）房中房

在房间中再建一个房间，内部房间建在弹簧或其他减振设备上，房间之间形成空气层。这种结构空气声标准计权隔声量可以达到 70dB，撞击声标准计权隔声量（计权规范化撞击声压级）可低于 35dB。

（5）柔性连接

在设备的接口处使用帆布、软木或橡胶片做柔性连接。柔性连接不但要满足减振的要求，还要具有抗压、密封、抗老化等特性。

（九）隔振器及隔振元件

（1）金属弹簧隔振器：常用作隔振设备的减振支撑，有时用于浮筑式楼板中。优点是价格便宜，性能稳定，耐高低温，耐油，耐腐蚀，耐老化，寿命长，可预压，也可做成悬吊型使用；缺点是阻尼性能差，高频隔振效果差。在高频，弹簧逐渐呈刚性，弹性变差，隔振效果变差，被称为"高频失效"。

（2）橡胶隔振器：将橡胶固化，剪切成型，可做成各式各样的橡胶隔振器。优点是在轴向、回转方向均有隔振性能，高频隔振效果好，安装方便，容易与金属牢固粘接，体积小，重量轻，价格低；缺点是在空气中易老化，特别是在阳光直射下会加速老化，一般寿命为 $5\sim10$ 年。

（3）橡胶隔振垫：橡胶隔振垫是一块橡胶板，可大面积垫在振动设备与基础之间，具有持久的高弹性，良好的隔振、隔冲、隔声性能；缺点是容易受温度、油质、日光及化学试剂的腐蚀而老化，一般寿命为 $5\sim10$ 年。

（4）玻璃棉板和岩棉板：对机器或建筑物基础都能起减振作用。最佳厚度为 $10\sim15\text{cm}$。其优点是防火，耐腐蚀，耐高低温；缺点是受潮后变形。

三、反射和反射体

当声波从一个介质传到另一个介质时，在两种介质的分界面上会发生反射。如果反射面（一般是平面）的尺度比声波波长大得多，则会发生定向反射；如果反射面是无规则随机起伏或有一定规则的起伏，并且起伏的尺度和入射声波波长相当，就可以起到扩散反射的作用，扩散反射，即无论声波从哪个方向入射到界面上，反射声波均可向各个方向反射。在古典剧院中墙面上起伏的雕刻、柱饰、包厢就起到了扩散反射的作用。

近年来，学者们按照数论算法，提出了"二次剩余扩散面"和 MLS 扩散体，这些扩散面可以在较宽的频率范围内进行有效的扩散反射（图 12-9）。

反射体要求吸声系数小,厚重。顶棚反射面和悬挂的可移动反射体可采用金属结构或木结构框架,外面罩以密实面层;对于面层较薄的结构,可在背面设置阻尼层;反射板也可采用有机玻璃。

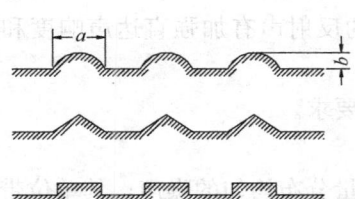

(a) (b)

图 12-9 普通扩散体和数论扩散体
(a) 普通扩散体;(b) 数论扩散体

第四节 室内音质设计

一、音质的主观评价与客观评价指标

(一) 主观评价指标

1. 合适的响度

语言 60~70 方,音乐 50~85 方。

2. 较高的清晰度和明晰度

$$音节清晰度 = \frac{正确听到的音节数}{发出的全部音节数} \times 100\% \tag{12-36}$$

音节清晰度与听音感觉:

<65%,不满意;65%~75%,勉强可以;7%~85%,良好;>85%,优良。

对音乐,要求能区别每种声源音色,能听清每个音符;对语言,主要要求足够的清晰度。

3. 足够的丰满度

足够的丰满度能使音乐或语言听起来坚实饱满,音色浑厚,余音悠扬。这些因素与混响时间的长短、近次反射声的强弱有关。

(1) 余音悠扬(活跃):每座容积大,硬表面多,混响时间长。

(2) 坚实饱满(亲切):直达声后 20~35ms 内有较强的反射声。

(3) 音色浑厚(温暖):小于 250Hz 的低频声混响时间长。

4. 良好的空间感

方向感,距离感,亲切感,围绕感。

5. 没有声缺陷和噪声干扰

声缺陷是指一些干扰正常听闻，使原声音失真的现象，如回声、声聚焦、声影、颤动回声等。噪声的存在对室内音质有破坏作用。

（二）客观指标

(1) 声压级与混响时间：声压级用响度级 dB（A）计量。

(2) 反射声的时间与空间分布：35～50ms 以内的反射声有加强直达声响度和提高声音清晰度的作用。

(3) 噪声级：大厅噪声级应达到相关标准规范的要求。

（三）声学实验常用声音信号

(1) 白噪声：在很宽的频率范围内频谱连续且能量分布均匀的噪声，其单位带宽能量与频率无关。

(2) 脉冲声：用发令枪、爆竹、气球（压爆发声）、电火花发生器等发出的短促的声音信号，常用作混响时间测量的声源。

(3) 啭音：调频的正弦信号，调制频率约为 10Hz，常用作厅堂音质测量的信号源。

(4) 粉红噪声：在很宽的频率范围内，频谱连续且单位带宽能量与频率成反比的噪声信号，每倍频程内能量恒定，又称典型噪声。粉红噪声是建筑声学中常用的测试信号。

二、音质设计的方法与步骤

音质设计的主要内容包括：

(1) 大厅容积的确定。

(2) 大厅体形的设计。

(3) 大厅混响时间的设计（包括最佳混响时间和频率特性的确定，吸声材料和吸声结构的选择）。

(4) 大厅噪声的控制。

（一）大厅容积的确定

容积大小直接影响大厅室内声音的响度大小和混响时间长短，因此确定容积的原则是保证厅内有足够的响度和适当的混响时间。

1. 保证厅内有足够的响度

为保证房间声音的合适响度应根据房间用途控制房间容积，不同用途房间的容积大小建议值如下：

讲演：2000～3000m³；

话剧：6000m³；

独唱、独奏：10000m³；

大型交响：20000m³。

2. 保证厅内有适当混响时间

容积是影响混响时间的重要因素；在厅堂音质设计时可用每座容积控制容积的大小，进而控制混响时间。每座容积的建议值如下：

音乐厅：8～10m³/座；

歌剧、舞剧院：4.5～7.5m³/座（引自《剧场、电影院和多用途厅堂建筑声学设计规范》GB/T 50356—2005）；

话剧及戏曲剧场：4.0～6.0m³/座（同上）；

多用途厅堂：3.5～5.0m³/座（同上）；

电影院：6.0～8.0m³/座（同上）。

例12-9　（2021） 为了获得最合适的混响时间，每座容积最大的是：
A　歌剧院　　　　B　音乐厅　　　　C　多用途礼堂　　　D　报告厅
解析： 每座容积的大小应根据厅堂的用途来确定，一般来说，音乐厅的每座容积＞歌剧院＞多功能厅＞报告厅；音乐厅的每座容积可取8～10m³/座。
答案： B

（二）大厅体形设计的原则和方法

1. 保证直达声能够到达每个观众

（1）减小直达声的传播距离（在平面上，语言自然声≤30m，观众多时可以设置一层或多层楼座）。

（2）观众席最好在声源的140°范围内，以适应声源的指向性。

（3）防止前面的观众对后面观众的遮挡，在小型讲演厅，可设讲台以提高声源；在较大的观众厅，地面应从前到后逐渐升高。地面升起应按视线要求设计，视线升高差 c 值应取12cm；一般前后座位对齐时，后排比前排视线升高12cm；前后座位错开时，后排应比前排视线升高6cm。

2. 保证近次反射声均匀分布于观众席

近次反射声又称前次反射声或早期反射声（直达声和反射声的声程差小于17m，时间差小于50ms）。在观众席应尽量多地争取近次反射声，并使其均匀分布于观众席，具体可通过下列方法获得。

（1）控制厅堂平、剖面形状，调整顶棚反射面和侧墙反射面的倾角，侧墙和观众厅中轴线间的夹角不大于8°～10°，后墙作扩散处理或设置间隔布置的吸声材料。

（2）减小一次反射面至声源的距离，如控制观众厅层高和长度，设观众席矮墙等。

3. 防止产生回声和其他声学缺陷

（1）回声

观众席前部的观众最容易听到回声；来自后墙、后部顶棚的反射声最容易形成回声。消除回声的方法是：调整反射面的角度，控制反射面到声源的距离，对反射面做扩散处理或布置吸声材料。颤动回声容易发生在平行反射面之间，避免的方法是使反射面不平行或作扩散、吸声处理。

（2）声聚焦

内凹弧形墙面或屋顶容易形成声聚焦。防止声聚焦的办法是：避免使用弧形墙面或屋顶，控制厅堂高度≥2R（曲面半径），以及在弧形墙面或屋顶上作扩散、吸声处理。

对于回声、声聚焦、声染色这样的音质缺陷都可采用吸声或扩散处理。

扩散体的尺寸应与其扩散反射声波的波长相接近；太小起不到扩散作用，而比波长大得多，又会在扩散体本身的表面上产生定向反射。一般设计成不同尺寸、不同形状的扩散体，组合使用以取得更宽频带的扩散效果。声音的频率越低，声波的波长越大，要求扩散体的尺寸越大。为了使尺寸不致过大，许多演出建筑（如剧场），扩散声频率的下限可定为200Hz；也可使用"二次剩余扩散面"或MLS扩散体（如国家大剧院）。

(3) 声影

声影（声音无法到达）容易在眺台楼座下形成，因此应避免楼座眺台出挑过深。可通过采用合适的楼座眺台高度与深度之比来控制；如音乐厅的高深比为1:1，剧院为1:1.2。此外，楼座下的顶棚应有利于将声音反射或扩散到楼座下的观众区。

(4) 舞台反射板

舞台反射板在全频带都是反射性的，不要产生过度的低频吸收。材料一般选用1cm以上的厚木板或木夹板，并衬以阻尼材料；背后用型钢骨架。舞台反射板所围绕的空间应使反射声的延时在17~35ms，以利于台上演员的听闻。

(三) 大厅的混响设计

1. 最佳混响时间及其频率特性的确定

最佳混响时间以500Hz为基准。其大小可参照《剧场、电影院和多用途厅堂建筑声学设计规范》GB/T 50356—2005取值，也可按图12-10取值。

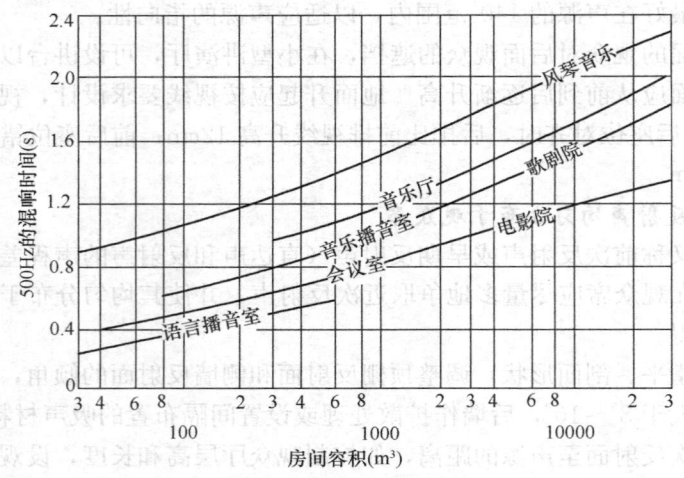

图 12-10 各种用途房间的最佳混响时间

最佳混响时间依房间的用途和容积而定。图12-10为各种用途的房间最佳混响时间曲线，音乐厅为1.7~2.1s，其他房间见表12-3，其频率特性见图12-11。

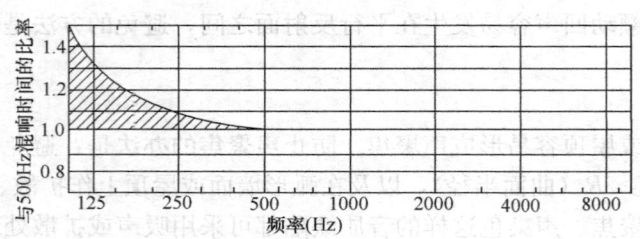

图 12-11 最佳混响时间的频率特性

文娱建筑观众厅频率为 500～1000Hz 满场混响时间范围　　　　表 12-3

建筑类别	混响时间（s，中值）	适用容积	说　明
歌剧、舞剧剧场	1.1～1.6	1500～15000	选自《剧场、电影院和多用途厅堂建筑声学设计规范》GB/T 50356—2005
话剧、戏曲剧场	0.9～1.3	1000～10000	
会堂、报告厅、多用途礼堂	0.8～1.4	500～20000	
普通电影院	0.7～1.0	500～10000	
立体声电影院	0.5～0.8	500～10000	
歌舞厅	0.6～0.9（下限） 0.7～1.2（上限）		选自《歌舞厅扩声系统的声学特性指标与测量方法》WH01-93

上表是 500Hz 频率的混响时间，其他频率的混响时间（即频率特性）取值为：音乐用房间 125Hz、250Hz 的混响时间是 500Hz 的 1.2～1.3 倍，高频和中频与 500Hz 一样。语言用房间各频率混响时间相同。文娱建筑观众厅的频率特性见表 12-4。

文娱建筑观众厅各频率混响时间相对于 500～1000Hz 的比值　　　表 12-4

建筑类别	125Hz	250Hz	2000Hz	4000Hz
歌剧	1.0～1.3	1.0～1.15	0.9～1.0	0.8～1.0
话剧、戏曲	1.0～1.2	1.0～1.1		
会堂、报告厅、多用途礼堂	1.0～1.3	1.0～1.15		
普通电影院、立体声电影院	1.0～1.2	1.0～1.1		
歌舞厅	1.0～1.4	1.0～1.2	0.8～1.0	0.7～1.0

2. 混响计算

(1) 根据设计的体形，求出厅的容积 V 和内表面积 S。

(2) 根据厅的使用要求，确定混响时间及其频率特性的设计值，参照图 12-10、图 12-11、表 12-3、表 12-4。

(3) 按照依林—努特生混响时间公式（12-18），求出大厅的平均吸声系数 $\bar{a}$。

(4) 计算大厅内需要的总吸声量 A，扣除固定的吸声量，如观众人数、家具、孔洞等，就是要增加的吸声量。

(5) 选择适当的吸声材料、面积或吸声构造。一般要反复计算，选择满意方案。在建设过程中还需测定、调整，最后固定。计算频率一般为 125、250、500、1000、2000、4000（Hz）。

3. 室内装修材料的选择与布置

对低频、中频、高频吸声材料和构造应搭配使用，以取得比较理想的频率特性。

混响计算所用的吸声系数，应采用混响室法测量的吸声系数。

观众厅、舞台口周围的墙面、顶棚应当主要布置反射材料；吸声系数较大的材料或构造，应尽量布置在侧墙上部、中部及后墙等有可能产生回声的部位。

4. 改造旧建筑时的混响设计

一般采用吸声处理，首先对后墙进行处理，然后对侧墙中后部进行处理。

(四) 大厅的噪声控制

厅室的噪声来自两个方面，一个是设备噪声，如空调、舞台设备等，另一个来自室外，如交通噪声、施工噪声、生活及人员活动噪声等。对于第一种噪声，主要是做好专门的设备降噪和减振设计。对于第二种噪声，主要是做好墙、门、窗、楼板的隔声。具体的降噪减振设计请参见后面的噪声控制章节。

三、室内电声设计

1. 扩声与重放系统

电声系统要有足够的功率输出：语言用的声压级要达到 70～80dB；有较宽的频率响应。语言用 300～8000Hz，音乐用 40～10000Hz。在布置电声系统时要使各座位的声压级差≤6～8dB，扬声器和话筒布置不要出现声反馈现象（也称啸叫）。

2. 扬声器的布置形式

(1) 集中式：如把声柱布置在舞台的上前方，声柱中心线指向观众席纵向长度的 2/3～3/4 处。要求不高的厅堂也可用普通扬声器。

(2) 分散式：如分区布置或在座椅后布置扬声器。

(3) 集中分散并用方式。

3. 扩声控制室的设计

(1) 面积不小于 12～15m²。

(2) 位置在观众席的后部或耳光室附近，通过观察窗能看到全部舞台和部分观众席。

(3) 顶棚、墙面应作吸声处理，地面采用绝缘地板，并留有布线沟，室内应有空调。

四、各类建筑的声学设计

(一) 音乐厅

(1) 每座容积 8～10m³/座，尽量少用或不用吸声材料；混响时间为 1.7～2.1s。

(2) 充分利用近次反射声，顶棚除向观众席提供反射声，还需向演奏席提供反射声。为避免声影，楼座下眺台的出挑深度 D 宜小于或等于楼座下开口净高度 H。

(3) 保证厅内有良好的扩散，在新式大厅中，需专门设计、布置扩散体。

(4) 噪声评价指数可选用 N20 以下，选址应远离噪声较高的地区，做好内部隔声、通风系统消声、隔振等处理。

(二) 剧院

(1) 以自然声为主的话剧场、戏曲剧场不宜超过 1000 座，歌舞剧场不宜超过 1400 座；以扩声为主的剧场，座位数不受此限制。

(2) 歌剧、舞剧场每座容积 4.5～7.5m³/座，话剧场、戏曲剧场每座容积 4.0～6.0m³/座；歌剧、舞剧剧场混响时间 1.1～1.6s，话剧场、戏曲剧场混响时间 0.9～1.3s。

(3) 《剧场、电影院和多用途厅堂建筑声学设计规范》GB/T 50356—2005 规定，以自然声演出为主的观众厅设有楼座时，眺台的出挑深度 D 宜小于楼座下开口净高度 H 的 1.2 倍；以扩声演出为主的观众厅，眺台出挑深度 D 可放宽至楼座开口净高度 H 的 1.5 倍。

(4) 允许噪声级可采用 $N20$ 或 $N25$。

(三) 电影院

(1) 最佳混响时间：普通电影院 $0.7\sim1.0$s，立体声电影院 $0.5\sim0.8$s。从银幕后面扬声器发出的直达声，与任何反射面的第一次反射声达到观众席的时差都不应超过 40ms，相当于直达声和反射声的声程差为 13.6m。

(2) 电影院每座容积 $6.0\sim8.0\text{m}^3$/座。

(3) 观众厅地面要有坡度，单声道影院每排座位升起高度宜为 6cm，立体声影院宜大于 10cm。

(4) 为使影视同步，较小影院观众厅的长度一般取 $18\sim25$m；大型电影院观众厅的长度不宜大于 30m。电影院观众厅不宜设置楼座，其长度与宽度的比例宜为 $(1.5\pm0.2):1$，以获得良好的听音条件。

(5) 银幕背后空间的所有界面，必须作表面为暗色的强吸声处理或加以分隔，以避免长延时反射。观众厅的后墙应采取防止回声的措施。

(6) 避免音质缺陷和噪声的影响，放映室要作吸声、防火处理；放映孔、观察窗应采用双层、厚度不同的玻璃，窗框要做好密封处理。

(7) 观众厅允许噪声级可采用 $N25$ 或 $N30$，立体声影院 $\leq N25$。

(四) 演播室

(1) 合适的房间尺寸和比例

当 $V<2000\text{m}^3$ 时， $V=21n+55$ （m^3）

当 $V>2000\text{m}^3$ 时， $n=0.125V^{\frac{2}{3}} \cdot \lg V$ (12-37)

式中 n——"等效人数"；一位合唱队员 $n=1$；二胡、小提琴 $n=2$；小号 $n=3$；钢琴 $n=12$。如果有很多乐器时，"等效人数"为各单个乐器的总和。

小于 $3\sim4$ 人的语言播音室，容积可为 $43\sim114\text{m}^3$。

对于容积较小的矩形房间，为使在较低频率范围内不产生共振频率简并现象，可参考表 12-5 的房间尺寸比例；注意房间的长、宽、高不用简单整数比。

(2) 混响时间和频率特性：语言 $0.3\sim0.4$s；独唱、独奏 0.6s；通用房间 0.9s。

(3) 扩散处理：采用扩散表面，均匀分布扩散表面和材料，墙面不平行等。

(4) 噪声控制：噪声可取 $N20\sim N25$。

演播室（播音室）参考房间尺寸比例 表 12-5

演播室规模	高	宽	长
小演播室	1	1.25	1.60
中型演播室	1	1.50	2.50
顶棚较低时	1	2.50	3.20
房间长度相对宽度过大时	1	1.25	5.20

(五) 多用途厅堂

(1) 观众厅的每座容积 $3.5 \sim 5.0 \mathrm{m}^3/$座。

(2) 选择适中的混响时间；可根据厅堂不同功能的混响时间，选取一个折中值进行设计。

(3) 观众厅设有楼座时，眺台的出挑深度 D 宜小于楼座下开口净高度 H 的 1.5 倍。

(4) 采用混响时间可变的声学处理：如帘幕隔断或可变吸声墙体。

(5) 采用电声处理：如声柱、人工混响器、混响室等。

(六) 体育馆

1. 控制混响时间

根据《体育场馆声学设计及测量规程》JGJ/T 131—2012 的相关规定，体育馆的混响时间应根据比赛大厅的容积和用途确定（见该规程第 2.2.1 条、第 2.2.2 条）。

2. 防止多重反射

体形用壳体时，把弧面的曲率半径加大，或在顶棚布置吸声材料、空间吸声体、空间扩散体，以消除声聚焦。

3. 电声

用强指向性声柱，声源分区布置。

4. 允许噪声级

文艺演出时可取 $N35$，体育比赛时可取 $N45$。

(七) 体育场

《体育场建筑声学技术规范》GB/T 50948—2013 的规定如下。

1. 体育场的声衰变时间[①]控制措施

(1) 体育场空场时，可开合屋面全封闭时，声衰变时间不宜大于 6s。

(2) 观众席上罩棚面积多于观众席面积 1/3 的体育场，声衰变时间不宜大于 6s。

(3) 观众席上无罩棚或罩棚面积少于观众席面积 1/3 的体育场，不需要声衰变时间的指标。

2. 体育场观众席、比赛场地应具有良好的语言可懂度

(1) 应采取措施控制背景噪声的干扰。

(2) 应避免建筑面引起的回声干扰并减小多个声源的长时延声干扰。

3. 反射与吸声处理

(1) 体育场围护墙体的内墙面宜作声学处理。

(2) 主席台后面的墙面应作吸声处理。

(3) 比赛场地周围的围护墙体宜作倾斜设置，或作吸声处理。

(4) 比赛场地入口通道两侧墙宜设置为非平行面或作吸声处理。

(5) 观众席各个出入门洞与外面相通的半封闭休息厅应作吸声处理。

(6) 观众疏散平台顶部宜作吸声处理。

(7) 看台坐席宜选用有吸声功能的座椅。

---

① 声衰变时间为在体育场内，声源停止发声后，给定频带的声波声压级降低 60dB 所需要的时间，单位为 s（衰变时间相当于混响时间）。

（8）包厢、评论员室、体育展示室、播音室、声控室、灯光控制室等房间，面向场内的建筑面宜作倾斜设置，或作扩散、吸声处理。

4. 建筑声学材料的选用

罩棚、可开合屋面和围护墙体所选用的建筑声学材料，除应符合声学性能的设计要求外，还应符合其他功能和现行国家标准的要求（如防火、有害物质限量等）。

5. 噪声控制

（1）体育场选址时应对拟建的基地进行噪声测量。
（2）基地上不应受到出现概率较大并且有规律性的强度较大的噪声干扰。
（3）体育场内的噪声控制设计应从体育场总体设计阶段开始。
（4）应采取措施防止场外的各类噪声对体育场内的干扰。
（5）高噪声设施不宜设置在观众席附近。
（6）对可开合屋面和罩棚结构，宜作减少雨致噪声的处理。
（7）体育场内的背景噪声不宜超过50dB（A）。

（八）审判庭

（1）较高的语言可懂度。
混响时间短，无回声干扰，要有高质量的扩声和录音设备。
（2）每座容积为 2.3～4.3m³/座，尽量压缩室内容积；设计时应严格控制体形，防止后墙反射或弧线形墙体引起的声聚焦。
（3）顶棚作反射和扩散处理，后墙与侧墙布置吸声材料，选择吸声量较大的沙发式座椅，座位以外的区域铺设地毯。
（4）抬高声源，地面起坡。

第五节　噪　声　控　制

所谓噪声就是紊乱断续或统计上随机的声振动或不需要的声音，即在一定频段中任何不需要的干扰；超过国家法规或业界标准限值的声音。

一、环境噪声的来源和危害

我国的城市噪声主要来源于交通噪声，其次，施工噪声、社会生活噪声扰民的事情也不能忽视，工业噪声的影响已大大降低。

噪声对听觉器官的损害：噪声大于90dB时，能造成临时性听阈偏移；大于140～150dB时，能造成耳急性外伤。最新的研究表明，噪声对视觉有损害，还能引起心血管系统等多种疾病。噪声对人的正常生活的影响：噪声>45dB（A）影响睡眠；>55dB（A）使人不适；>75dB（A）使人心烦意乱，工作效率降低。

二、噪声评价

1. A 声级 L_A（或 L_{PA}）

由声级计上的 A 网络直接读出，单位是 dB（A）。A 声级反映了人耳对不同频率声音响度的计权，其计权特性见本章第一节中 A 声级的定义。A 声级适宜测量稳态噪声。

2. 等效连续 A 声级 L_{eq}（或 L_{Aeq}）

等效连续 A 声级简称等效声级，是用单值表示一个连续起伏的噪声。它是按在一段时间内能量平均的方法计算的，用积分声级计可以直接测量。L_{eq} 适于测量声级随时间变化的噪声，它被广泛应用于各种噪声环境的评价。其单位是 dB（A）。

3. 昼夜等效声级 L_{dn}

人们对夜间的噪声一般比较敏感，因此所有在夜间（22:00～6:00）出现的噪声级均以比实际值高出 10dB 来处理，这样就得到一个对夜间有 10dB 补偿的昼夜等效声级 L_{dn}。

4. 累计分布声级 L_n

累计分布声级用声级出现的累积概率表示随时间起伏的随机噪声的大小，比如交通噪声可以用 L_{eq}，还可用累计分布声级。累计分布声级 L_n 表示测量的时间内有百分之 n 的时间噪声值超过 L_n 声级。例如 $L_{10}=70$dB 表示测量时间内有 10% 的时间声压级超过 70dB。通常在噪声评价中多用 L_{10}、L_{50}、L_{90}。L_{10} 表示起伏噪声的峰值，L_{50} 表示中值，L_{90} 表示背景噪声。其单位是 dB（A）。

5. 噪声冲击指数 NII

$$NII = \sum W_i P_i / \sum P_i \qquad (12-38)$$

式中 $\sum W_i P_i$——总计权人口数；
      W_i——某干扰声级的计权因子；
      P_i——某干扰声级环境中的人口数；
      $\sum P_i$——区域总人口数。

理想的噪声环境 $NII<0.1$。

6. 噪声评价曲线 NR 和噪声评价数 N

噪声评价曲线（NR 曲线）是国际标准化组织 ISO 规定的一组评价曲线，见图 12-12。图中每一条曲线用一个 N（或 NR）值表示，确定了 31.5～8000Hz 9 个倍频带声压

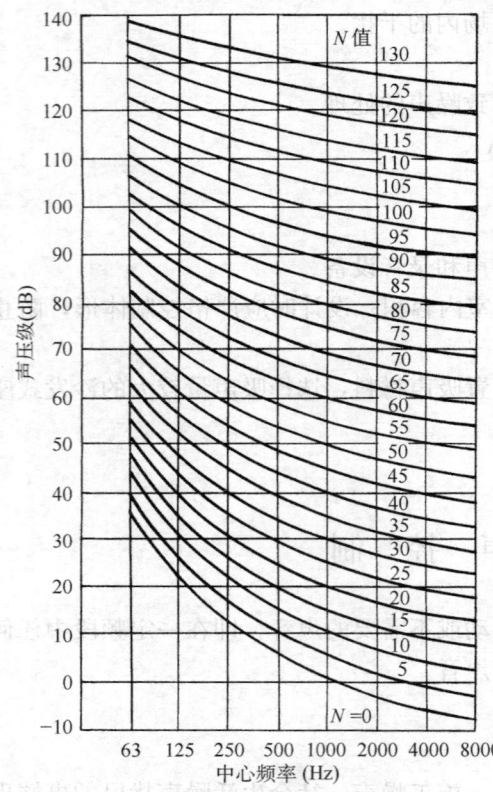

图 12-12 噪声评价曲线 NR

级值 L_p。在每一条曲线上中心频率为 1000Hz 的倍频带声压级等于噪声评价数 N。该曲线可用来制定标准或评价室内环境噪声。

三、噪声的允许标准

2022 年 6 月 5 日起实施的《中华人民共和国噪声污染防治法》规定，任何单位和个人都有保护声环境的义务，同时依法享有获取声环境信息、参与和监督声污染防治的权利。该法第十四条要求相关政府部门划定本行政区域各类声环境质量标准的使用区域；将以用于居住、科学研究、医疗卫生、文化教育、机关团体办公、社会福利等建筑物为主的区域，划定为噪声敏感集中区域，加强噪声污染防治。并在第二十六条规定，建设噪声敏

感物，应符合民用建筑隔声设计相关标准要求。

(一) 城市区域环境噪声标准

《声环境质量标准》GB 3096—2008 规定的各类声环境功能区的环境噪声限值见表 12-6。

各类声环境功能区环境噪声限值 $[L_{eq}\text{dB}(A)]$ 表 12-6

声环境功能区类别	适 用 区 域	昼 间 (6:00~22:00)	夜 间 (22:00~6:00)
0	康复疗养区等特别需要安静的区域	50	40
1	居民住宅、医疗卫生、文化教育、科研设计、行政办公为主要功能，需要保持安静的区域	55	45
2	商业金融、集市贸易为主要功能，或者居住、商业、工业混杂，需要维护住宅安静的区域	60	50
3	工业生产、仓储物流为主要功能，需要防止工业噪声对周围环境产生严重影响的区域	65	55
4a	高速公路、一级公路、二级公路、城市快速路、城市主干路、城市次干路、城市轨道交通（地面段）、内河航道两侧区域	70	55
4b	铁路干线两侧区域	70	60

注：1. 本表的数值和《工业企业厂界环境噪声排放标准》GB 12348—2008 相同。测量点选在工业企业厂界外 1.0m，高度 1.2m 以上。当厂界有围墙且周围有受影响的噪声敏感建筑物时，测点应选在厂界外 1m，高于围墙 0.5m 以上的位置。
2. 夜间偶发噪声的最大声级超过限值的幅度不得高于 15dB（A）。

(二) 民用建筑噪声允许标准

《民用建筑隔声设计规范》GB 50118—2010 对住宅、学校、医院、旅馆、办公、商业建筑室内允许噪声级的规定见表 12-7。

民用建筑室内允许噪声级 dB（A） 表 12-7

建筑类别	房间名称	时间	高要求标准	低限标准
学校	语言教室、阅览室			≤40
	普通教室、实验室、计算机房；音乐教室、琴房；教师办公室、休息室、会议室			≤45
	舞蹈教室；健身房；教学楼中封闭的走廊、楼梯间			≤50
医院	听力测听室		—	≤25
	化验室、分析实验室；人工生殖中心净化区		—	≤40
	各类重症监护室；病房、医护人员休息室	昼间 夜间	≤40 ≤35	≤45 ≤40
	诊室；手术室、分娩室		≤40	≤45
	洁净手术室		—	≤50
	候诊厅、入口大厅		≤50	≤55

续表

建筑类别	房间名称	时间	高要求标准	低限标准	
办公建筑	单人办公室；电视电话会议室		≤35	≤40	
	多人办公室；普通会议室		≤40	≤45	
商业建筑	员工休息室		≤40	≤45	
	餐厅		≤45	≤55	
	商场、商店、购物中心、会展中心		≤50	≤55	
	走廊		≤50	≤60	
旅馆			特级	一级	二级
	客房	昼间	≤35	≤40	≤45
		夜间	≤30	≤35	≤40
	办公室、会议室		≤40	≤45	≤45
	多用途厅		≤40	≤45	≤50
	餐厅、宴会厅		≤45	≤50	≤55

注：声学指标等级与旅馆建筑等级的对应关系：特级——五星级以上旅游饭店及同档次旅馆建筑；一级——三、四星级旅游饭店及同档次旅馆建筑；二级——其他档次的旅馆建筑。

允许噪声级测点应选在房间中央，与各反射面（如墙壁）的距离应大于1.0m，测点高度1.2～1.6m，室内允许噪声级采用A声级作为评价量，应为关窗状态下昼间（6:00～22:00）和夜间（22:00～6:00）时间段的标准值。

表12-8中列出了不同建筑的室内允许噪声值，这些数据是不同的学者提出的建议值，不是法定的标准，可供噪声控制评价和设计时的参考。

各种建筑室内允许噪声值　　　　　　　　　　　　　　　表12-8

房　间　名　称	允许的噪声评价数N	允许的A声级dB（A）
广播录音室	10～20	20～30
音乐厅、剧院的观众厅	15～25	25～35
电视演播室	20～25	30～35
电影院观众厅	25～30	35～40
图书馆阅览室、个人办公室	30～35	40～45
会议室	30～40	40～50
体育馆	35～45	45～55
开敞式办公室	40～45	50～55

例12-10　（2011）旅馆中同等级的各类房间如按允许噪声级别由大至小排列，下列哪组正确？
　　A　客房、会议室、办公室、餐厅　　　B　客房、办公室、会议室、餐厅
　　C　餐厅、会议室、办公室、客房　　　D　餐厅、多用途厅、会议室、客房

解析：按《民用建筑隔声设计规范》GB 50118—2010，二级的各类房间允许噪声级为：餐厅≤55dB，办公室、会议室≤45dB，客房昼间≤45dB，夜间≤40dB，多用途厅≤50dB；故 D 选项正确。

答案：D

（三）墙和楼板空气声隔声标准

《民用建筑隔声设计规范》GB 50118—2010 规定的民用建筑构件各部位的空气声隔声标准见表 12-9。从表中看出，构件的隔声量越大，标准越高。

民用建筑构件各部位的空气声隔声标准　　　　表 12-9

建筑类别	隔墙和楼板部位	空气声隔声单值评价量＋频谱修正量（dB）	
		高要求标准	低限标准
住宅	分户墙、分户楼板	$R_w+C>50$	$R_w+C>45$
	分隔住宅和非居住用途空间的楼板	—	$R_w+C_{tr}>51$
	卧室、起居室（厅）与邻户房间之间	$D_{nT,w}+C\geqslant 50$	$D_{nT,w}+C\geqslant 45$
	住宅和非居住用途空间分隔楼板上下的房间之间	—	$D_{nT,w}+C_{tr}\geqslant 51$
	相邻两户的卫生间之间		$D_{nT,w}+C\geqslant 45$
	外墙		$R_w+C_{tr}\geqslant 45$
住宅	户（套）门		$R_w+C\geqslant 25$
	户内卧室墙		$R_w+C\geqslant 35$
	户内其他分室墙		$R_w+C\geqslant 30$
	交通干道两侧的卧室、起居室（厅）的窗		$R_w+C_{tr}\geqslant 30$
	其他窗		$R_w+C_{tr}\geqslant 25$
学校	语言教室、阅览室的隔墙与楼板		$R_w+C>50$
	普通教室与各种产生噪声的房间之间的隔墙、楼板		$R_w+C>50$
	普通教室之间的隔墙与楼板		$R_w+C>45$
	音乐教室、琴房之间的隔墙与楼板		$R_w+C>45$
	外墙		$R_w+C_{tr}\geqslant 45$
	临交通干线的外窗		$R_w+C_{tr}\geqslant 30$
	其他外窗		$R_w+C_{tr}\geqslant 25$
	产生噪声房间的门		$R_w+C\geqslant 25$
	其他门		$R_w+C\geqslant 20$
	语言教室、阅览室与相邻房间之间		$D_{nT,w}+C\geqslant 50$
	普通教室与各种产生噪声的房间之间		$D_{nT,w}+C\geqslant 50$
	普通教室之间		$D_{nT,w}+C\geqslant 45$
	音乐教室、琴房之间		$D_{nT,w}+C\geqslant 45$

续表

建筑类别	隔墙和楼板部位	空气声隔声单值评价量+频谱修正量（dB）	
		高要求标准	低限标准
医院	病房与产生噪声的房间之间的隔墙、楼板	$R_w+C_{tr}>55$	$R_w+C_{tr}>50$
	手术室与产生噪声的房间之间的隔墙、楼板	$R_w+C_{tr}>50$	$R_w+C_{tr}>45$
	病房之间及病房、手术室与普通房间之间的隔墙、楼板	$R_w+C>50$	$R_w+C>45$
	诊室之间的隔墙、楼板	$R_w+C>45$	$R_w+C>40$
	听力测听室的隔墙、楼板	—	$R_w+C>50$
	体外震波碎石室、核磁共振室的隔墙、楼板	—	$R_w+C_{tr}>50$
	外墙	$R_w+C_{tr}\geqslant 45$	
	外窗	$R_w+C_{tr}\geqslant 30$（临街一侧病房）	
		$R_w+C_{tr}\geqslant 25$（其他）	
	门	$R_w+C\geqslant 30$（听力测听室）	
		$R_w+C\geqslant 20$（其他）	
	病房与产生噪声的房间之间	$D_{nT,w}+C_{tr}\geqslant 55$	$D_{nT,w}+C_{tr}\geqslant 50$
	手术室与产生噪声的房间之间	$D_{nT,w}+C_{tr}\geqslant 50$	$D_{nT,w}+C_{tr}\geqslant 45$
	病房之间及手术室、病房与普通房间之间	$D_{nT,w}+C\geqslant 50$	$D_{nT,w}+C\geqslant 45$
	诊室之间	$D_{nT,w}+C\geqslant 45$	$D_{nT,w}+C\geqslant 40$
	听力测听室与毗邻房间之间	—	$D_{nT,w}+C\geqslant 50$
	体外震波碎石室、核磁共振室与毗邻房间之间	—	$D_{nT,w}+C_{tr}\geqslant 50$
办公建筑	办公室、会议室与产生噪声的房间之间的隔墙、楼板	$R_w+C_{tr}>50$	$R_w+C_{tr}>45$
	办公室、会议室与普通房间之间的隔墙、楼板	$R_w+C>50$	$R_w+C>45$
	外墙	$R_w+C_{tr}\geqslant 45$	
	临交通干道的办公室、会议室外窗	$R_w+C_{tr}\geqslant 30$	
	其他外窗	$R_w+C_{tr}\geqslant 25$	
	门	$R_w+C\geqslant 20$	
	办公室、会议室与产生噪声的房间之间	$D_{nT,w}+C_{tr}\geqslant 50$	$D_{nT,w}+C_{tr}\geqslant 45$
	办公室、会议室与普通房间之间	$D_{nT,w}+C\geqslant 50$	$D_{nT,w}+C\geqslant 45$
商业建筑	健身中心、娱乐场所等与噪声敏感房间之间的隔墙、楼板	$R_w+C_{tr}>60$	$R_w+C_{tr}>55$
	购物中心、餐厅、会展中心等与噪声敏感房间之间的隔墙、楼板	$R_w+C_{tr}>50$	$R_w+C_{tr}>45$
	健身中心、娱乐场所等与噪声敏感房间之间	$D_{nT,w}+C_{tr}\geqslant 60$	$D_{nT,w}+C_{tr}\geqslant 55$
	购物中心、餐厅、会展中心等与噪声敏感房间之间	$D_{nT,w}+C_{tr}\geqslant 50$	$D_{nT,w}+C_{tr}\geqslant 45$

续表

建筑类别	隔墙和楼板部位	空气声隔声单值评价量+频谱修正量（dB）		
		高要求标准		低限标准
		特级	一级	二级
旅馆	客房之间的隔墙、楼板	$R_w+C>50$	$R_w+C>45$	$R_w+C>40$
	客房与走廊之间的隔墙	$R_w+C>45$	$R_w+C>45$	$R_w+C>40$
	客房外墙（含窗）	$R_w+C_{tr}>40$	$R_w+C_{tr}>35$	$R_w+C_{tr}>30$
	客房外窗	$R_w+C_{tr}\geqslant 35$	$R_w+C_{tr}\geqslant 30$	$R_w+C_{tr}\geqslant 25$
	客房门	$R_w+C\geqslant 30$	$R_w+C\geqslant 25$	$R_w+C\geqslant 20$
	客房之间	$D_{nT,w}+C\geqslant 50$	$D_{nT,w}+C\geqslant 45$	$D_{nT,w}+C\geqslant 40$
	走廊与客房之间	$D_{nT,w}+C\geqslant 40$	$D_{nT,w}+C\geqslant 40$	$D_{nT,w}+C\geqslant 35$
	室外与客房	$D_{nT,w}+C_{tr}\geqslant 40$	$D_{nT,w}+C_{tr}\geqslant 35$	$D_{nT,w}+C_{tr}\geqslant 30$

注：声学指标等级与旅馆建筑等级的对应关系：特级——五星级以上旅游饭店及同档次旅馆建筑；一级——三、四星级旅游饭店及同档次旅馆建筑；二级——其他档次的旅馆建筑。

（四）楼板撞击声隔声标准

《民用建筑隔声设计规范》GB 50118—2010 规定的建筑楼板撞击声隔声标准见表 12-10。撞击声隔声标准和空气声隔声标准正好相反，计权规范化撞击声压级 $L_{n,w}$ 和计权标准化撞击声压级 $L'_{nT,w}$ 越小，标准越高，隔声效果越好；空气声的计权隔声量越大，隔声标准越高，隔声效果越好。

《民用建筑隔声设计标准》即将出版，该标准较原隔声设计规范有较大变化，如果出版，请一定关注。

民用建筑楼板撞击声隔声标准 表 12-10

建筑类别	隔墙和楼板部位	撞击声隔声单值评价量（dB）	
		高要求标准	低限标准
住宅	卧室、起居室（厅）的分户楼板	$L_{n,w}<65$ $L'_{nT,w}\leqslant 65$	$L_{n,w}<75$ $L'_{nT,w}\leqslant 75$
学校	语言教室、阅览室与上层房间之间的楼板	$L_{n,w}<65$, $L'_{nT,w}\leqslant 65$	
	普通教室、实验室、计算机房与上层产生噪声的房间之间的楼板	$L_{n,w}<65$, $L'_{nT,w}\leqslant 65$	
	琴房、音乐教室之间的楼板	$L_{n,w}<65$, $L'_{nT,w}\leqslant 65$	
	普通教室之间的楼板	$L_{n,w}<75$, $L'_{nT,w}\leqslant 75$	
医院	病房、手术室与上层房间之间的楼板	$L_{n,w}<65$ $L'_{nT,w}\leqslant 65$	$L_{n,w}<75$ $L'_{nT,w}\leqslant 75$
	听力测听室与上层房间之间的楼板	—	$L'_{nT,w}\leqslant 60$

续表

建筑类别	隔墙和楼板部位	撞击声隔声单值评价量（dB）	
		高要求标准	低限标准
办公建筑	办公室、会议室顶部的楼板	$L_{n,w}<65$ $L'_{nT,w}\leqslant 65$	$L_{n,w}<75$ $L'_{nT,w}\leqslant 75$
商业建筑	健身中心、娱乐场所等与噪声敏感房间之间的楼板	$L_{n,w}<45$ $L'_{nT,w}\leqslant 45$	$L_{n,w}<50$ $L'_{nT,w}\leqslant 50$

建筑类别	隔墙和楼板部位	特级	一级	二级
旅馆	客房与上层房间之间的楼板	$L_{n,w}<55$ $L'_{nT,w}\leqslant 55$	$L_{n,w}<65$ $L'_{nT,w}\leqslant 65$	$L_{n,w}<75$ $L'_{nT,w}\leqslant 75$

注：1. 声学指标等级与旅馆建筑等级的对应关系：特级——五星级以上旅游饭店及同档次旅馆建筑；一级——三、四星级旅游饭店及同档次旅馆建筑；二级——其他档次的旅馆建筑。
2. $L_{n,w}$——计权规范化撞击声压级（实验室测量）；$L'_{nT,w}$——计权标准化撞击声压级（现场测量）。

（五）工业企业允许环境噪声标准

《工作场所有害因素职业接触限值 第2部分：物理因素》GBZ 2.2—2007 规定，工作场所噪声职业接触限值，每周工作 5d，每天工作 8h，稳态噪声限值为 85dB（A），非稳态噪声等效声级的限值为 85dB（A）；每周工作 5d，每天工作时间不等于 8h，需计算 8h 等效声级，限值为 85dB（A）；每周工作不是 5d，需计算 40h 等效声级，限值为 85dB（A）。

（六）工业企业噪声控制设计规范 GB/T 50087—2013

1. 工业企业内各类工作场所噪声限值

工业企业内各类工作场所噪声限值应符合表 12-11 的规定。

工业企业内各类工作场所噪声限值　　　表 12-11

工作场所	噪声限值 dB（A）
生产车间	85
车间内值班室、观察室、休息室、办公室、实验室、设计室室内背景噪声级	70
正常工作状态下精密装配线、精密加工车间、计算机房	70
主控室、集中控制室、通信室、电话总机房、消防值班室、一般办公室、会议室、设计室、实验室室内背景噪声级	60
医务室、教室、值班宿舍室内背景噪声级	55

注：1. 生产车间噪声限值为每周工作 5d，每天工作 8h 等效声级；对于每周工作 5d，每天工作时间不是 8h，需计算 8h 等效声级；对于每周工作日不是 5d，需计算 40h 等效声级。
2. 室内背景噪声级指室外传入室内的噪声级。

2. 工业企业脉冲噪声 C 声级峰值

工业企业脉冲噪声 C 声级峰值不得超过 140dB。

（七）建筑环境通用规范

《建筑环境通用规范》GB 55016—2021 对建筑声环境噪声限值和噪声控制措施作了详细规定，摘录如下。

（1）民用建筑室内应减少噪声干扰，应采取隔声、吸声、消声、隔振等措施使建筑声环境满足使用功能要求。

（2）主要功能房间室内的噪声限值及适用条件应符合下列规定：

1）建筑物外部噪声源传播至主要功能房间室内的噪声限值符合表 12-12（规范表 2.1.3）规定。

主要功能房间室内的噪声限值　　　　表 12-12

房间的使用功能	噪声限值（等效声级 $L_{Aeq,T}$，dB）	
	昼间	夜间
睡眠	40	30
日常生活	40	
阅读、自学、思考	35	
教学、医疗、办公、会议	40	

注：1. 当建筑位于 2 类、3 类、4 类声环境功能区时，噪声限值可放宽 5dB；
2. 夜间噪声限值应为夜间 8h 连续测得的等效声级 $L_{Aeq,8h}$；
3. 当 1h 等效声级 $L_{Aeq,1h}$ 能代表整个时段噪声水平时，测量时段可为 1h。

2）噪声限值应为关闭门窗状态下的限值。

3）昼间时段应为 6：00～22：00，夜间时段应为 22：00～次日 6：00。当昼间、夜间的划分当地另有规定时，应按其规定。

（3）建筑物内部建筑设备传播至主要功能房间室内的噪声限值应符合表 12-13（规范表 2.1.4）的规定。

建筑物内部建筑设备传播至主要功能房间室内的噪声限值　　表 12-13

房间的使用功能	噪声限值（等效声级 $L_{Aeq,T}$，dB）
睡眠	33
日常生活	40
阅读、自学、思考	40
教学、医疗、办公、会议	45
人员密集的公共空间	55

（4）主要功能房间室内的 Z 振级限值应符合表 12-14（规范表 2.1.5）的规定。

主要功能房间室内的 Z 振级限值　　　　表 12-14

房间的使用功能	Z 振级 VL_Z（dB）	
	昼间	夜间
睡眠	78	75
日常生活	78	

（5）隔声、吸声与消声设计。

1）对噪声敏感房间和房间内的围护结构应根据室外噪声情况和上述相关规定做隔声设计。

2) 对有噪声源房间外围护结构的隔声性能应根据噪声源辐射噪声的情况和室外环境噪声限值确定。有噪声源房间内围护结构的隔声性能应根据噪声源辐射噪声的情况和上述规定的相邻房间的室内噪声限值或国家现行相关标准中的噪声限值确定。

3) 管线穿过有隔声要求的墙或楼板时,应采取密封隔声措施。

4) 建筑内有减少反射声要求的空间,应做吸声设计。

5) 吸声设计应根据不同建筑的类型与用途,采取相应的技术措施来控制混响时间、降低噪声、提高语言清晰度和消除音质缺陷。

6) 吸声材料应符合相应功能建筑的防火、防水、防腐、环保和装修效果等要求。

7) 当通风空调系统送风口、回风口辐射的噪声超过所处环境的室内噪声限值,或相邻房间通过风管传声导致隔声达不到标准时,应采取消声措施。

8) 通风空调系统消声设计时,应通过控制消声器和管道中的气流速度降低气流再生噪声。

(6) 隔振设计。

1) 当噪声与振动敏感建筑或设有对噪声、振动敏感房间的建筑物,附近有可觉察的固定振动源,或距建筑外轮廓线 50m 范围内有城市轨道交通地下线时,应对其建设场地进行环境振动测量。

2) 当噪声与振动敏感建筑或设有对噪声、振动敏感房间的建筑物的建设场地振动测量结果超过 2 类声环境功能区室外环境振动限值规定时,应对建筑整体或建筑内敏感房间采取隔振措施。

3) 对建筑物内部产生噪声与振动的设备或设施,当其正常运行对噪声、振动敏感房间产生干扰时,应对其基础及连接管线采取隔振措施。

4) 对建筑物外部具有共同基础并产生噪声与振动的室外设备或设施,当其正常运行时对噪声、振动敏感房间产生干扰时,应对其基础及连接管线采取隔振措施。

5) 设备或设施的隔振设计以及隔振器、阻尼器的配置,应经隔振计算后制定和选配。

四、噪声控制的原则与方法

1. 噪声控制的原则

(1) 在声源处控制:如把气锤式打桩机改为水压式,用压延代替锻造,用焊接代替铆接,更换老旧车辆,使用噪声水平低的车辆等。

(2) 在声的传播途径中控制:如房屋和设备的隔声隔振,建筑内的吸声与通风设备的消声;建筑外部区域和内部区域的合理规划设计,做好动静分区。

(3) 个人防护:如耳塞、防声棉、耳罩、头盔等。

2. 各种噪声控制的效果

将机械传动部分的普通齿轮改为有弹性轴套的齿轮,可降低噪声 15~20dB;把铆接改为焊接;把锻打改为摩擦压力加工等,一般可降低噪声 30~40dB;采用吸声处理可降低 6~10dB;采用隔声处理可降低 20~50dB;采用隔声罩可降低 15~30dB;采用消声器可降低噪声 15~40dB;合理的规划设计可降低 10~40dB。

室外环境噪声是通过开启的窗户传到室内,室内噪声级比室外噪声级低 10dB 左右。

五、城市噪声控制

(一) 城市噪声来源

1. 交通噪声

道路交通噪声、铁路噪声、飞机噪声、船舶噪声等。道路交通噪声和车辆本身有关，与车速有关；车速增加一倍，噪声级将增加 9dB。交通噪声是城市的主要噪声源。

2. 工厂噪声

工厂噪声，公共建筑中的通风机、冷却塔、变压器等设备噪声及居住区中的锅炉房、水泵房、变电站等公用设施产生的噪声。工厂噪声的平均声压级超过 65dB（A），就会引起附近居民的强烈反响。

3. 施工噪声

建筑工程、市政工程施工产生的噪声。

4. 社会生活噪声

商业、娱乐、文体、宣传、集会等社会活动及家庭娱乐、室内整修产生的噪声。多数城市的户外平均噪声级是 55~60dB（A）。

(二) 城市噪声控制

1. 城市噪声管理与噪声控制法规

制定噪声控制法规，做好交通噪声、工业噪声、建筑施工噪声的管理；离开施工作业场地边界 30m 处，噪声不许超过 75dB，冲击噪声最大声级不得超过 90dB。生活噪声成为城市中重要的噪声源，应对其加强管理并做好设计规划。

2. 城市规划

控制城市人口；做好动静功能分区。

3. 道路交通噪声控制

改善道路和车辆设施；加强道路交通管理，保障道路畅通。交通噪声的衰减为距离增加一倍，噪声减少约 4dB。

(三) 居住区规划中的噪声控制

（1）对道路的功能与性质进行明确的分类、分级。

（2）道路两侧的建筑应考虑防噪平面布局，或设隔声窗、减噪门廊，或将建筑后退。

（3）居住区内道路布局与设计有助于保持低的车流量和车速，如尽端式、风车式、曲折形道路以及 T 形路口；慢车道与人行道分行，道路设计为必要的最小宽度。

（4）对锅炉房、变电站等采取消声减噪措施，中、小学的操场、运动场应适当隔离。

（5）L_{eq} 声级低于 60dB（A）及无其他污染的工厂，允许布置在居住区内靠近道路处；有噪声污染的工业区需用防护地带与居住区分开并布置在主导风向的下方。

（6）对居住区或附近产生高噪声或振动的机械，必须限制作业时间，以减少对居民休息、睡眠的干扰。

六、建筑中的吸声降噪设计

(一) 吸声降噪原理

在车间里，人们听到的不只是由设备发出的直达声，还听到大量的从各个界面反射来的混响声。如果在车间内的顶棚或墙面上布置吸声材料，使反射声减弱，这时，操作人员主要听到的是由机器设备发出的直达声,而那种被噪声包围的感觉将明显减弱,这种方法叫"吸声降噪"。在公共建筑的大厅、走道以及大空间需进行吸声降噪处理。

(二)吸声降噪量的计算

空间某点的声压级大小:

$$L_p = L_w + 10\lg\left(\frac{Q}{4\pi r^2} + \frac{4}{R}\right)(\text{dB}) \tag{12-39}$$

式中 L_w——声源声功率级,dB;

其他符号同式(12-20)的说明。

采取吸声措施后室内的噪声降低值:

$$\Delta L_p = 10\lg\frac{\bar{\alpha}_2}{\bar{\alpha}_1} = 10\lg\frac{A_2}{A_1} = 10\lg\frac{T_1}{T_2}(\text{dB}) \tag{12-40}$$

式中 ΔL_p——室内噪声降低值,dB;

$\bar{\alpha}_2$——吸声减噪处理后的平均吸声系数;

$\bar{\alpha}_1$——吸声减噪处理前的平均吸声系数;

A_2——吸声减噪处理后的室内总吸声量,m^2, $A_后 = S\bar{\alpha}_后 = S_1\alpha_1 + S_2\alpha_2 + \cdots + S_n\alpha_n$;

A_1——吸声减噪处理前的室内总吸声量,m^2, $A_前 = S\bar{\alpha}_前 = S_1\alpha'_1 + S_2\alpha'_2 + \cdots + S_n\alpha'_n$;

T_2——吸声减噪处理后的混响时间,s;

T_1——吸声减噪处理前的混响时间,s。

从上式可以得出,吸声减噪处理后的平均吸声系数增加一半,或室内总吸声量增加一倍,或混响时间减少一半,室内噪声降低 3dB。

吸声减噪不能降低直达声,只能降低反射声。通过吸声减噪处理可以使房间室内平均声压级降低 6~10dB,低于 5dB 不值得做,降低 10dB 以上几乎不可能。

> **例 12-11** (2012)在建筑室内采用"吸声降噪"的方法,可以达到以下哪种效果?
> A 减少声源的噪声辐射　　　　　　　B 减少直达声
> C 减少混响声　　　　　　　　　　　D 同时减少直达声、混响声
> **解析**:吸声降噪只能吸掉反射声能,不能吸掉直达声(B、D 选项错误),更不能改变声源的辐射能量(A 选项错误)。混响声是反射声的一种(C 选项正确)。
> **答案**:C

七、组合墙的隔声

由墙、门、窗构成的墙称为组合墙。

1. 组合隔声构件的综合隔声量

$$\tau_z = \frac{S_w\tau_w + S_d\tau_d + S_c\tau_c}{S_w + S_d + S_c} \tag{12-41}$$

$$R_z = 10\lg\frac{1}{\tau_z}(\text{dB}) \tag{12-42}$$

式中 τ_z——组合墙的透射系数;

S_w——墙的面积,m^2,不包括门洞或窗洞面积;

S_d——门洞的面积，m^2；
S_c——窗的面积，m^2；
τ_w——墙的透射系数；
τ_d——门的透射系数；
τ_c——窗的透射系数；
R_z——组合墙的隔声量，dB。

如果组合墙上是窗户或其他孔洞，用它代替门的那项计算。通常门的面积大致为墙面积的 1/10～1/5，墙的隔声量只要比门或窗高出 10dB 即可。

2. 隔声降噪

两房间之间隔墙的隔声可通过下式计算。

房间的噪声降低值

$$D = L_{p1} - L_{p2} (dB) \tag{12-43}$$

$$D = R + 10\lg \frac{A}{S_{隔}} (dB) \tag{12-44}$$

式中 D——两房间噪声级差，dB；
L_{p1}——发声室噪声级，dB；
L_{p2}——接收室噪声级，dB；
R——两房间隔墙的隔声量，dB；
A——接收室吸声量，m^2，$A = S \cdot \bar{\alpha}$；
$S_{隔}$——隔墙面积，m^2。

3. 隔声间

隔声间的空间尺寸，应符合工作需要的最小空间。隔声间常用封闭式、三边式和迷宫式。观察窗可用单层、双层或三层玻璃。隔声间的墙体可采用砖墙、混凝土预制板、薄金属板或纸面石膏板等材料。隔声间内表面应铺放吸声系数高的材料，如 5～7cm 厚的超细玻璃棉或矿棉，外表面覆盖恰当的罩面层。隔声间内也可悬吊空间吸声体。

4. 隔声屏障

隔声屏障常用于减少高速公路、街道两侧噪声的干扰，有时也用在车间或办公室内。在隔声屏障对声音的反射和吸声作用下，其高频减噪量一般为 15～24dB（A）。如果隔声屏障表面能够吸收声音，可有助于提高减噪效果。由于声音的绕射作用，屏隔声的范围是有限的，如测点与声屏障的距离超过 300m，隔声屏障将失去减噪作用。隔声屏障用钢板、钢筋混凝土板或吸声板等制作，高度一般为 3～6m，面密度不小于 $20kg/m^2$。隔声屏障对降低高频声最有效。室内设置隔声屏障时，应在室内安装吸声体；隔声屏障的设置应靠近声源或接受者。

5. 隔声罩

隔声罩用来隔绝机器设备向外辐射的噪声，可兼有隔声、吸声、阻尼、隔振和通风、消声功能。隔声罩可用全封闭式，也可留有必要的开口、活门或观察孔。隔声罩外层常用 1.5～2mm 的钢板制成，在钢板里面涂一层阻尼层。阻尼层可用特制的阻尼漆，或用沥青加纤维织物、纤维材料。为了提高降噪效果，在阻尼层外，可再铺设一层超细玻璃棉或泡沫塑料，在吸声材料外面覆盖一层穿孔板、钢丝网或玻璃布。外壳也可用胶合板、纸面石膏板或铝板制作。在罩与机器之间，要留出5cm以上的空隙，并在罩与基础之间垫以橡胶垫层以隔振。需要散热的设备，应在隔声罩上设置具有一定消声功能的通风管道。

衡量一个罩的降噪效果，通常用插入损失 IL 来表示。它表示在罩外空间某点，加罩前后的声压级差值，这就是隔声罩实际的降噪效果。插入损失的计算公式为：

$$IL = 10\lg(\alpha/\tau) = R + 10\lg\alpha \tag{12-45}$$

式中　α——罩内表面的平均吸声系数；

　　　τ——罩的平均透射系数；

　　　R——罩体的隔声量。

当 $\alpha=\tau$ 时，IL 为 0，内表面吸声系数过小的罩子，降噪效果很差。

许多设备如球磨机、空气压缩机、发电机、电动机等都可以采用隔声罩降低其噪声的干扰。

八、消声设计

根据消声原理，消声器可分为阻性、抗性和阻抗复合式消声器。

阻性消声器是利用装置在通风管道内壁的吸声材料使沿管道传播的噪声随与声源距离的增加而衰减，从而降低了噪声级。抗性消声器是利用管道截面的突然扩张或收缩，或借助于旁接共振腔，使沿管道传播的噪声在突变处向声源反射回去而达到消声目的。在建筑中阻性消声器用得较多。

直管式阻性消声器的消声量与吸声系数、消声器的有效长度和气流通道的有效断面周长与气流通道的断面面积之比（P/S）成正比。气流通道断面面积增大，隔绝波长较小的高频声的效果会降低，这种现象叫高频失效。

片式阻性消声器的消声量与消声系数、消声器的有效长度成正比，而与气流通道的宽度成反比。气流通道的宽度越小，消声量越大。

阻性消声器对中高频噪声有显著的消声效果。气流通道的有效断面周长越大，消声的效果越好，所以如果两个消声器的长度和截面尺寸相同，片式阻性消声器要比直管式阻性消声器消声效果好。

抗性消声器常用于消除中低频噪声。

九、建筑室内降噪设计

1. 室内噪声的来源和种类

建筑室内噪声来源于建筑外部噪声和建筑内部噪声。外部噪声主要有交通噪声、社会生活噪声、施工噪声、工业设备噪声。内部噪声有生活噪声：如说话声、走路声、洗漱声、餐厨声等；设备噪声：如空调、电脑、冰箱等设备噪声；施工噪声：如装修等。

这些噪声又根据噪声源的形式不同和传播途径不同分为空气声噪声和撞击声。它们的隔绝原理和方法均不同。

2. 室内降噪设计的原则和方法

（1）充分了解噪声源的种类、传播途径。

(2) 对于外部噪声尽量通过规划措施避开。

(3) 如避不开，则尽量采取隔声措施，如邻马路的建筑，应加强围护结构的隔声性能，特别是加强门窗的隔声性能。对于邻铁路、地铁的建筑还应考虑减少火车所带来的大地振动对建筑的影响。对于这种低频振动，可采用挖减振沟、修减振墙等措施。

(4) 对于建筑内部的噪声源，应认真分析噪声源的特点，有针对性地采取降噪措施。

当噪声源和噪声接收者处于同一个空间的时候，如果不能直接降低噪声源的声级，则吸声处理往往是最有效的降噪措施，如食堂就餐大厅、大教室、机器车间等。但吸声材料或吸声结构必须根据噪声的频率特点来选取。如食堂就餐大厅，噪声主要是人说话声，人说话的频率主要是中高频，这时，室内适合布置多孔吸声材料或穿孔板背后加多孔吸声材料。

对于像电梯或工厂设备这样的机器振动噪声，最有效的方法是降低设备本身的振动，即想办法进行设备减振。对于独立的噪声机器，可以采用隔声罩。隔声罩要进行专门的降噪设计，通过计算插入损失计算降噪效果。

(5) 对于建筑内部噪声控制，同样需要做好室内空间的动静分区，如电梯井不要邻卧室等。

(6) 减少室内噪声直线传播的可能。如两房间门不直接相对，可在一定程度上减少声音的直线传播。

(7) 加强室内墙体和楼板的隔声，提高室内门的隔声性能。

(8) 对于一些公共建筑，如学校、医院、办公楼、车站、体育馆等的公共空间，其走道、大厅等一定要做吸声处理，将吸声材料布置在顶棚或墙面。

建筑室内声环境质量直接影响人的身体健康，室内降噪设计是不能忽视的内容。

习 题

12-1 (2019) 关于声音的说法，错误的是：
A 声音在障碍物表面会产生反射　　B 声波会绕过障碍物传播
C 声波在空气中的传播速度与频率有关　D 声波传播速度不同于质点的振动速度

12-2 (2019) 有两个声音，第一个声音的声压级为80dB，第二个声音的声压级为60dB，则第一个声音的声压是第二个声音的多少倍？
A 10倍　　B 20倍　　C 30倍　　D 40倍

12-3 (2019) 住宅楼中，表示两户相邻房间的空气隔声性能应该用：
A 计权隔声量
B 计权表观隔声量
C 计权隔声量+交通噪声频谱修正量
D 计权标准化声压级差+粉红噪声频谱修正量

12-4 (2019) 作为空调机房的墙，空气声隔声效果最好的是：
A 200厚混凝土墙
B 200厚加气混凝土墙
C 200厚空心砖墙
D 100轻钢龙骨，两面双层12厚石膏板墙（两面的石膏板之间填充岩棉，墙总厚150）

12-5 (2019) 电梯运行时，电梯周围的房间内可能有电梯噪声感染，降低此噪声的最有效措施是：

　　　　　A　增加电梯井壁的厚度　　　　　　　B　在电梯井道墙面安置多孔吸声材料
　　　　　C　在电梯机房墙面安置多孔吸声材料　　D　在电梯机房的曳引机下安置隔振材料

12-6 (2019) 多孔吸声材料具有良好吸声性能的原因是：
　　　　　A　粗糙的表面　　　　　　　　　　　B　松软的材质
　　　　　C　良好的通气性　　　　　　　　　　D　众多互不相通的孔洞

12-7 (2019) 对某车间采取吸声降噪措施后，有明显降噪效果的是：
　　　　　A　临界半径之内的区域　　　　　　　B　临界半径之外的区域
　　　　　C　临界半径内、外的区域　　　　　　D　临界半径处

12-8 (2019) 对振动进行控制时，可以获得较好效果的是：
　　　　　A　选择固有频率较高的隔振器　　　　B　使振动频率为固有频率的$\sqrt{2}$倍
　　　　　C　使振动频率大于固有频率的4倍以上　D　使固有频率尽量接近振动频率

12-9 (2019) 建筑师设计音乐厅时，应该全面关注音乐厅的声学因素是：
　　　　　A　容积、体形、混响时间、背景噪声级
　　　　　B　体形、混响时间、最大声压级、背景噪声级
　　　　　C　容积、体形、混响时间、最大声压级
　　　　　D　容积、体形、最大声压级、背景噪声级

12-10 (2019) 房间内有一声源连续稳定地发出声音，房间内的混响声与以下哪个因素有关？
　　　　　A　声源的指向性因素　　　　　　　　B　离开声源的距离
　　　　　C　室内平均吸声系数　　　　　　　　D　声音的速度

12-11 (2019) 下列厅堂音质主观评价指标中，与早期/后期反射声能比无关的是：
　　　　　A　响度　　　　B　清晰度　　　　C　丰满度　　　　D　混响感

12-12 (2019) 不能通过厅堂体形设计获得的是：
　　　　　A　保证每个听众席获得直达声
　　　　　B　使厅堂中的前次反射声合理分布
　　　　　C　防止能产生的回声及其他声学缺陷
　　　　　D　使厅堂具有均匀的混响时间频率特性

12-13 (2018) 下列名词中，表示声源发声能力的是：
　　　　　A　声压　　　　B　声功率　　　　C　声强　　　　D　声能密度

12-14 (2018) 两台相同的机器，每台单独工作时在某位置上的声压级均为93dB，则两台一起工作时该位置的声压级是：
　　　　　A　93dB　　　　B　95dB　　　　C　96dB　　　　D　186dB

12-15 (2018) 在空旷平整的地面上，有一个点声源稳定发声。当接收点与声源的距离加倍，则声压级降低：
　　　　　A　8dB　　　　B　6dB　　　　C　3dB　　　　D　2dB

12-16 (2018) 房间中一声源稳定，此时房间中央的声压级大小为90dB，当声源停止发声0.5s后声压级降为70dB，则该房间的混响时间是：
　　　　　A　0.5s　　　　B　1.0s　　　　C　1.5s　　　　D　2.0s

12-17 (2018) 关于多孔材料吸声性能的说法，正确的是：
　　　　　A　吸声机理是表面粗糙
　　　　　B　流阻越高吸声性能越好
　　　　　C　高频吸声性能随材料厚度增加而提高
　　　　　D　低频吸声性能随材料厚度增加而提高

12-18 (2018) 对于穿孔板吸声结构，穿孔板背后的空腔中填充多孔吸声材料的作用是：

A 提高共振频率
B 提高整个吸声频率范围内的吸声系数
C 降低高频吸声系数
D 降低共振时的吸声系数

12-19 (2018) 单层均质密实墙在一定的频率范围内其隔声量符合质量定律，与隔声量无关的是：
A 墙的面积 B 墙的厚度
C 墙的密度 D 入射声波的波长

12-20 (2018) 关于楼板撞击声的隔声，下列哪种措施的隔声效果最差？
A 采用浮筑楼板 B 楼板上铺设地毯
C 楼板下设置隔声吊顶 D 增加楼板的厚度

12-21 (2018) 风机和基座组成弹性隔振系统，其固有频率为5Hz，则风机转速高于多少时该系统才开始具有隔振作用？
A 212 转/分钟 B 300 转/分钟
C 425 转/分钟 D 850 转/分钟

12-22 (2018) 隔声罩某频带的隔声量为30dB，罩内该频带的吸声系数为0.1，则其降噪效果用插入损失 IL 表示为：
A 10dB B 20dB C 30dB D 40dB

12-23 (2018) 厅堂体形与音质密切相关。下列哪项不能通过厅堂体形设计而获得？
A 每个观众席能得到直达声 B 前次反射声在观众席上均匀分布
C 防止产生回声 D 改善混响时间的频率特性

12-24 (2018) 教室、讲堂的主要音质指标是：
A 空间感 B 亲切感 C 语言清晰度 D 丰满度

12-25 (2018) 为降低小房间中频率简并及声染色现象对音质的不利影响，下列矩形录音室的长、宽、高比例中最合适的是：
A 1∶1∶1 B 2∶1∶1 C 3∶2∶1 D 1.6∶1.25∶1

12-26 (2018) 房间内通过吸声降噪处理可降低：
A 混响声声能 B 直达声声能
C 直达声声压级 D 混响声和直达声声压级

12-27 关于声源指向性，下列中哪一项不正确？
A 点声源无方向性
B 声源方向性与声源大小有关
C 频率越高，声源指向性越强
D 声源尺寸比波长越大，指向性越强

12-28 声波遇到其尺寸比波长小很多的障板时，会产生：
A 反射 B 干涉 C 扩散 D 绕射

12-29 第一个声音的声压是第二个声音的2倍，如果第二个声音的声压级是70dB，第一个声音的声压级是：
A 70dB B 73dB C 76dB D 140dB

12-30 声压级为0dB的两个声音，叠加以后的声压级为：
A 没有声音 B 0dB C 3dB D 6dB

12-31 有两个机器发出声音的声压级分别为85dB和67dB，如果这两个机器同时工作，这时的声压级为（ ）。
A 70dB B 85dB C 88dB D 152dB

12-32 两个声音传至人耳的时间差为多少毫秒（ms）时，人们就会分辨出它们是断续的？
A 25ms　　　　　B 35ms　　　　　C 45ms　　　　　D 55ms

12-33 下列声压级相同的几个声音中，哪个声音人耳的主观听闻的响度最小？
A 100Hz　　　　B 500Hz　　　　C 1000Hz　　　　D 2000Hz

12-34 在室外点声源的情况下，接收点与声源的距离增加一倍，声压级降低：
A 1dB　　　　　B 2dB　　　　　C 3dB　　　　　D 6dB

12-35 在室外线声源的情况下，接收点与声源的距离增加一倍，声压级降低：
A 6dB　　　　　B 3dB　　　　　C 2dB　　　　　D 1dB

12-36 在一自由声场中，距离面声源 2m 处的直达声压级为 65dB，则距离面声源 4m 处的声压级为：
A 65dB　　　　B 62dB　　　　C 61dB　　　　D 59dB

12-37 在用伊林—努特生公式计算混响时间时，哪个频段的声音需要考虑空气吸收的影响？
A 低频　　　　B 中、低频　　　　C 中频　　　　D 高频

12-38 吸声量的单位是：
A m^2　　　　B %　　　　C 小数　　　　D 无量纲

12-39 下面四个房间（长×宽×高，单位为 m）中，哪个房间的音质最好？
A 6×5×3.6　　B 6×3.6×3.6　　C 5×5×3.6　　D 3.6×3.6×3.6

12-40 在多孔性吸声材料外包一层塑料薄膜，膜厚多少才不会影响它的吸声性能？
A 0.2mm　　　B 0.15mm　　　C 0.1mm　　　D 小于 0.05mm

12-41 采取下列哪种措施，可有效提高穿孔板吸声结构的共振频率？
A 减小穿孔率　　　　　　　　B 减小板后空气层厚度
C 减小板厚　　　　　　　　　D 减小板材硬度

12-42 在穿孔板吸声结构内填充多孔材料会使共振频率向下列哪种频段方向移动？
A 低频　　　　B 中频　　　　C 中高频　　　　D 高频

12-43 微穿孔板吸声构造在较宽的频率范围内有较高的吸声系数，其孔径应控制在：
A 5mm　　　　B 3mm　　　　C 2mm　　　　D 小于 1mm

12-44 下面吸声材料和吸声结构，哪些属于低频吸声？
A 50mm 厚玻璃棉　　　　　　B 玻璃布包 50mm 厚岩棉外罩钢板网
C 人造革固定在龙骨框架上　　D 纸面石膏板吊顶

12-45 吸声尖劈常用于哪种场合？
A 消声室　　　　B 教室　　　　C 厂房　　　　D 剧院

12-46 朝向自由声场的洞口其吸声系数为：
A 0.0　　　　B 0.4　　　　C 0.5　　　　D 1.0

12-47 下列同样厚度的不同墙体，哪种隔声量最大？
A 空心砖墙　　　　　　　　　B 实心砖墙
C 泡沫混凝土砌块墙　　　　　D 陶粒混凝土墙

12-48 有一堵 240mm 厚砖墙隔声量为 52dB，如果做成 120mm 厚砖墙，其隔声量为多少？
A 52dB　　　　B 49dB　　　　C 46dB　　　　D 42dB

12-49 要使观众席上某计算点没有回声，此点的直达声和反射声的声程差不能大于：
A 10m　　　　B 17m　　　　C 20m　　　　D 34m

12-50 下列室内声学现象中，不属于声学缺陷的是：
A 回声　　　　B 声聚焦　　　　C 声扩散　　　　D 声影

12-51 噪声评价数 N 等于哪个倍频带声压级？
A 125Hz　　　B 250Hz　　　C 500Hz　　　D 1000Hz

12-52 以居住、文教机关为主的区域,其昼、夜间环境噪声限值分别为多少 dB(A)?
　　　A 50,40　　　　　B 55,45　　　　　C 60,50　　　　　D 65,55

12-53 以下为不同住宅楼楼板的规范化撞击声压级值 L_n,哪种隔声效果最好?
　　　A 甲住宅 65dB　　B 乙住宅 50dB　　C 丙住宅 55dB　　D 丁住宅 60dB

12-54 在车间内,工人每周工作 5 天,每天工作 8 小时,噪声标准的限值 L_{eq} 是下列哪个数值?
　　　A 85dB　　　　　B 95dB　　　　　C 115dB　　　　　D 120dB

12-55 组合墙(即带有门或窗的隔墙)中,墙的隔声量应比门或窗的隔声量高多少合适?
　　　A 3dB　　　　　B 6dB　　　　　　C 8dB　　　　　　D 10dB

12-56 与房间的噪声降低值无关的是:
　　　A 隔墙的隔声量　　　　　　　　B 接收室的吸声量
　　　C 发声室的吸声量　　　　　　　D 隔墙的面积

参考答案及解析

12-1 **解析:** 当声波在传播的过程中遇到一块尺寸比波长大得多的障板时,声波将被反射,如果遇到尺寸比波长小的障板,声波将发生绕射。A 选项错误。

声波如果遇到尺寸比波长小的障碍物,会绕过障碍物传播,发生绕射现象。B 选项正确。

声波在空气中的传播速度与频率 T 和波长 λ 有关,$C=\lambda/T$。C 选项正确。

声波是在由质点构成的介质中传播,与单个质点的振动不同。D 选项正确。

答案: A

12-2 **解析:** 设第一个声音的声压级为 L_p,声压为 P_1,第二个声音的声压级为 L_{p2},声压为 P_2,参考声压为 P_0

根据声压级的计算公式

$$L_{p2} = 20\lg(P_2/P_0) = 60$$

$$\because L_{p1} = 20\lg(P_1/P_0) = 80$$
$$= 20 + 60 = 20 + L_{p2}$$
$$= 20 + 20\lg(P_2/P_0)$$
$$= 20\lg 10 + 20\lg(P_2/P_0)$$
$$= 20\lg[(10P_2)/P_0]$$
$$\therefore p_1 = 10P_2$$

当第一个声音的声压为第二个声音的声压的 10 倍时,声压级增加 20dB。

答案: A

12-3 **解析:** 根据《民用建筑隔声设计规范》GB 50118—2010 第 4.2.2 条表 4.2.2 规定,相邻两户之间卧室、起居室(厅)与邻户房间之间其计权标准化声压级差+粉红噪声频谱修正量应大于等于 45dB。

答案: D

12-4 **解析:** 根据质量定律,墙体单位面积的质量越大,隔声效果越好,A、B、C 选项三种墙体相比,混凝土墙单位面积的质量最大,故其隔声效果最好。D 选项墙体属于轻质墙体,轻质墙体隔绝像空调机房这样的低频噪声效果较差。故正确答案为 A。

答案: A

12-5 **解析:** 电梯运行发出的噪声主要是由于设备运行过程中产生的振动引起的噪声,因此降低设备运行的振动是降噪的主要手段。A、B、C 选项的措施对于降低高频噪声有一定的效果,对降低低频噪声作用甚微。故正确答案是 D。

答案: D

12-6 　解析：多孔材料具有内外连通的微孔，入射到多孔材料上，能顺着微孔进入材料内部，引起空隙中空气振动摩擦，使声能转化为热能消耗掉。故C选项正确。
　　　　答案：C

12-7 　解析：房间内的声音由直达声和反射声构成，吸声降噪仅能吸掉反射声，降低反射声能，直达声不会被吸掉。临界半径（混响半径）以内的区域，声音的直达声能大于反射声能，吸声的效果不好，临界半径（混响半径）以外的区域反射声能大于直达声能，吸声效果好。等于临界半径（混响半径）处直达声能等于反射声能，吸声有一定的效果。
　　　　答案：B

12-8 　解析：当设备振动频率f大于系统固有频率f_0的$\sqrt{2}$倍时，即当$f/f_0 > \sqrt{2}$时（$\sqrt{2} = 1.414$），设备的振动才会衰减，f与f_0的比值越大，设备振动衰减的越多，隔振效果越好，因此f比f_0的倍数越大，减振效果越好。另外，当振动频率等于固有频率时会发生共振。
　　　　答案：C

12-9 　解析：建筑师在设计音乐厅的音质时，其声学因素应考虑体形设计（包括容积和体形的确定）、混响设计和噪声控制（涉及背景噪声级），在这个设计过程中自始至终没有涉及最大声压级。故正确答案是A。
　　　　答案：A

12-10 　解析：根据室内声压级计算公式：

$$L_p = L_W + 10\lg\left(\frac{Q}{4\pi r^2} + \frac{4}{R}\right)$$

$$R = \frac{S \times \bar{\alpha}}{1 - \bar{\alpha}}$$

　　　　其中，L_W为声源的声功率，r为离开声源的距离，R为房间常数，Q为声源指向性因素。
　　　　房间的声音由直达声和混响声构成，房间声压级的大小取决于声功率的大小，以及直达声和混响声的大小。在上式中，L_W反映了声源声功率的影响，对数中的第一项反映了直达声的影响，第二项反映了混响声的影响，从中看出混响声与室内的吸声系数和吸声面积有关。故正确答案是C。
　　　　答案：C

12-11 　解析：响度主要取决于直达声和反射声加起来的声压级大小，同时与频率也有一定的关系。早期反射声和后期反射声的声能比比较高时，清晰度比较高。后期反射声声能占比比较高时，即早期反射声和后期反射声的声能比比较低时，丰满度比较好，混响感比较强。故正确答案为A。
　　　　答案：A

12-12 　解析：1. 厅堂体型设计的主要内容是：保证每个听众席获得直达声，使厅堂中的前次反射声合理分布到观众席中，防止产生的回声及其他声学缺陷。
　　　　2. 使厅堂具有均匀的混响时间频率特性是混响时间设计内容，而且是以语言用途为主的厅堂对混响时间频率特性的要求，设计要达到均匀的混响时间频率特性，需要平衡设计吸声材料的面积大小，合理选择吸声材料的种类及材料的吸声系数。
　　　　答案：D

12-13 　解析：声压、声强、声能密度都是声波在传播介质中的物理量。声功率是声源发声能力的物理量。
　　　　答案：B

12-14 　解析：几个相同声音叠加后的声压级为：

$$L_p = L_{p1} + 10\lg n \text{（dB）};$$

　　　　两个相同声压级叠加后的声压级：

$L_p = L_{p1} + 10\lg 2$ (dB) $= 93+3=96$ (dB)。

答案：C

12-15 解析：点声源观测点与声源的距离增加一倍，声压级降低 6dB。

设原声压级：$L_{p1} = L_W - 20\lg r - 11$

距离增加一倍后的声压级：

$L_{p2} = L_W - 20\lg(2r) - 11 = L_W - 6 - 20\lg r - 11 = L_{p1} - 6$。

答案：B

12-16 解析：对一个稳定声场，当声源停止发声后声能密度衰减 60dB 即声压级衰减 60dB 所需的时间为混响时间，且这是一线性衰减过程。本题中声压级从 90dB 衰减到 70dB，即衰减 20dB 需要 0.5s，则衰减 60dB 需要 $0.5 \times 3 = 1.5$ s。

答案：C

12-17 解析：多孔材料吸声机理是表面有内外连通的孔，不需要表面粗糙。多孔材料有一个最佳流阻；材料的厚度对高频声的吸收影响较小；低频吸声性能随材料厚度增加而提高。故 D 选项正确。

答案：D

12-18 解析：穿孔板背后的空腔中填充多孔吸声材料，可以降低共振频率，增大吸声频率范围，在较宽的频率范围提高吸声系数。

答案：B

12-19 解析：根据质量定律：

$$R = 20\lg m + 20\lg f - 48$$

墙体单位面积的质量越大，隔声量越大；频率越高，波长越短，隔声量越大。墙体的厚度会影响单位面积的质量，厚度越大，单位面积的质量越大，隔声量越大。密度越大，单位面积的质量越大，隔声量越大。隔声量与面积无关。

答案：A

12-20 解析：降低楼板撞击声隔声量的有效措施是：采用浮筑楼板，楼板上铺设地毯，楼板下设置隔声吊顶。增加楼板的厚度对隔绝空气声比较有效，但对隔绝楼板的撞击声作用甚微。

答案：D

12-21 解析：将风机转速转换为频率：

A 选项 $f_A = 212$ 转/分钟 $= 3.53$ 转/秒 $= 3.53$ Hz

B 选项 $f_B = 300$ 转/分钟 $= 5$ 转/秒 $= 5$ Hz

C 选项 $f_C = 425$ 转/分钟 $= 7.08$ 转/秒 $= 7.08$ Hz

D 选项 $f_D = 850$ 转/分钟 $= 14.17$ 转/秒 $= 14.17$ Hz

当设备（风机）频率 f 大于系统固有频率（5Hz）f_0 的 $\sqrt{2}$ 倍时，该系统才开始具有隔振作用，$\sqrt{2}$ 等于 1.414。

$7.08/5 = 1.416 > 1.414$。

答案：C

12-22 解析：隔声罩的插入损失：

$$IL = R + 10\lg\alpha$$

式中 R——隔声罩的隔声量；

α——罩内表面的平均吸声系数。

本题中：$IL = R + 10\lg\alpha = 30 + 10\lg 0.1 = 20$。

答案：B

12-23 解析：厅堂体形设计的主要内容有：保证每个听众席获得直达声，使厅堂中的前次反射声在观众席上均匀分布，防止能产生的回声及其他声学缺陷。

厅堂音质设计除体形设计外，还有一个重要内容就是混响设计，混响设计涉及最佳混响时间的确定、混响时间频率特性的设计，以及吸声材料的选择和运用。

答案：D

12-24 解析：教室和讲堂主要用来讲课和演讲，音质设计的目的是保证人们能听清讲课和演讲内容，要保证足够的语言清晰度、一定的亲切感和适度的丰满感。丰满感过强会影响清晰度，过低会导致语言干瘪无力，影响听觉效果。在以语言用途为主的厅堂中对空间感没有特殊要求。

答案：C

12-25 解析：为降低小房间中频率简并声染色现象对音质的不利影响，房间的三方尺寸不应成简单的整数比。

答案：D

12-26 解析：吸声降噪只能吸掉反射声能，不能吸掉直达声能。混响声是一种不会产生回声的反射声。

答案：A

12-27 解析：声源指向性取决于声源尺寸和声波波长的相对大小，声源尺寸比波长小得多，可看成无指向性点声源；反之声源尺寸比波长大得多时，指向性就强。B选项"声源方向性与声源大小有关"没有考虑声源尺寸和声波波长的相对大小。故B选项错误。

答案：B

12-28 解析：声波遇到其尺寸比波长小很多的障板时，会产生绕射。

答案：D

12-29 解析：设第二个声音的声压为 P，第二个声音的声压级为：

$L_2 = 20\lg(P/P_0)$；

第一个声音的声压级为：

$L_1 = 20\lg(2P/P_0) = 20\lg2 + 20\lg(P/P_0) = 6 + L_2 = 6 + 70 = 76$。

答案：C

12-30 解析：声压级为0的声音，声压不为0，两个相同声压级的声音叠加，声压级增加3dB。

答案：C

12-31 解析：大的声音可以盖过小的声音，当一个声音的声压级超过一个声音10dB时，其小的声音可以忽略不计。

答案：B

12-32 解析：两个声音传到人耳的时间差大于50毫秒（ms）时，人们就能分辨出它们是断续的。

答案：D

12-33 解析：人耳对高频声敏感，对低频声不敏感，声压级相同的声音，敏感的声音听起来响度高，不敏感的声音听起来响度低。

答案：A

12-34 解析：在室外点声源的情况下，接收点与声源的距离增加一倍，声压级降低6dB。

答案：D

12-35 解析：在室外线声源的情况下，接收点与声源的距离增加一倍，声压级降低3dB。

答案：B

12-36 解析：面声源观测点与声源的距离增加，声压级不衰减。

答案：C

12-37 解析：用伊林—努特生公式计算混响时间时，高频段的声音需要考虑空气声的影响。

答案：D

12-38 解析：吸声量 A 等于吸声面积 S 乘以吸声系数 α：

$$A = S \times \alpha \ (\mathrm{m}^2)$$

吸声系数是一个没有量纲的物理量，故吸声系数的单位就是面积的单位 m^2。

答案：A

12-39 解析：为避免房间的声染色（简并）现象，房间的尺寸不应成简单的整数比。

答案：A

12-40 解析：多孔材料需要具有内外连通的孔隙才能很好地吸声，因此饰面应具有良好的通气性，厚度小于0.05mm的极薄柔软塑料薄膜对多孔材料表面的通气性影响较小。

答案：D

12-41 解析：穿孔板的共振频率由下式计算：

$$f_0 = \frac{c}{2\pi}\sqrt{\frac{P}{L(t+\delta)}}$$

式中，c 为声速，P 为穿孔率，L 为板后空气层厚度，t 为板厚，δ 为空口末端修正量。一般穿孔板后空气层的厚度可在几厘米到几十厘米之间变化，而穿孔板板厚仅几毫米，可变化量很小，因此提高穿孔率、减少板后空气层厚度才能有效提高共振频率。

答案：B

12-42 解析：在穿孔板吸声结构内填充多孔材料会使共振频率向低频段方向移动。

答案：A

12-43 解析：小于1mm的穿孔板称为微穿孔板。

答案：D

12-44 解析：A、B选项为多孔材料，主要吸收中、高频。C选项为膜状吸声结构，主要吸收中频。D选项为板状吸声结构，主要吸收低频。

答案：D

12-45 解析：吸声尖劈常用于消声室。

答案：A

12-46 解析：朝向自由声场的洞口其吸声系数为1。

答案：D

12-47 解析：墙体单位面积的质量越大，其隔声量越大。四个选项中，实心砖墙单位面积的质量最大。

答案：B

12-48 解析：墙体厚度减少了一半，单位面积的质量减少了一半。

根据质量定律：

$$R = 20\lg m + 20\lg f - 48 = 20\lg(mf) - 48$$
$$= 20\lg[(m/2)f] - 48 = 20\lg(mf) - 48 - 20\lg 2 = 52 - 6 = 46\mathrm{dB}。$$

答案：C

12-49 解析：当到达人耳的直达声和反射声的时间差大于50ms（换算成声程时，即差为17m）时，人耳就有可能听到回声。

答案：B

12-50 解析：室内声学缺陷有回声、声聚焦、声影、声染色。声扩散不是声学缺陷。

答案：C

12-51 解析：噪声评价数 N 等于1000Hz倍频带的声压级。

答案：D

12-52 解析：根据《声环境质量标准》GB 3096—2008，以居住、文教机关为主的区域，其昼间环境噪声限值为55dB（A），夜间环境噪声限值为45dB。

答案：B

12-53 解析：用一个国际标准化组织 ISO 规定的标准打击器敲打被测楼板，在楼板下面的测量室测定房间内的平均声压级 L_{p1}，按公式计算得出规范化撞击声压级 L_{pn}，因此，规范化撞击声压级值 L_{pn} 越小，隔声量越大，隔声效果越好。

答案：B

12-54 解析：根据《工业企业噪声控制设计规范》GB/T 50087—2013，在车间内，工人每周工作 5 天，每天工作 8 小时，噪声标准限值为 85dB。

答案：A

12-55 解析：组合墙中，一般墙的隔声量比门或窗的隔声量高 10dB 即可。

答案：D

12-56 解析：房间的降噪量与发声室的吸声量无关。

答案：C

第十三章 建筑给水排水

本章考试大纲：了解冷水储存、加压及分配，热水加热方式及供应系统，太阳能生活热水系统；了解各类水泵房、消防水池、高位水箱等主要设备及管道的空间要求；了解建筑给水排水系统水污染的防治措施；了解消防给水与自动灭火系统、排水系统、透气系统、雨水系统、中水系统和建筑节水的基本知识以及设计的主要规定和要求。

本章复习重点：在于了解建筑给水、热水、排水、消防等系统基本组成、基本原理、基本要求的基础上做到以下六点。①建筑给水系统：了解生活给水定额的确定依据，主要水质标准的名称及其适用对象，贮水池、水箱的配管及设置要求，水泵的设置要求，管材选择、管道布置与敷设的原则及其具体要求；②建筑内部热水供应系统：了解集中热水系统热源的选择顺序与要求，主要的热水水质指标与水温要求，太阳能生活热水系统的类型及其选择要求；③水污染的防治及抗震措施：了解水污染的现象及防治的具体措施，具有抗震性能的管材与接口形式；④建筑消防系统：了解主要灭火剂，我国的消防方针，消防水质基本要求，室内外消火栓的布置原则，室内消火栓、自动喷水灭火系统的设置场所，消防水池、水泵、水箱的设置要求，水泵接合器、消防排水的设置场所；⑤建筑排水系统：生活污水与生活废水分流、建筑单独排水的设置条件，排水定额的确定依据，最小排水管径的具体要求，排水管道布置与敷设的原则及其具体要求，存水弯的设置要求，通气管道的作用与设置要求，化粪池间距的设置要求，雨水源头减排的原则与要求，屋面雨水管道及其流态的设置要求，小区雨水口、排水沟的设置要求，水泵提升排水的设置场所等；⑥建筑节水基本知识：了解节水法规现状，建筑节水的方法，中水水源的类型及选择要求，中水的用途及处理工艺基本要求，建筑节水的主要措施。

第一节 建筑给水系统

一、任务

建筑给水系统是将城镇（或自备水源）供水管网的水引入室内，输送至卫生器具、装置和设备等用水点，并满足用水点对水量、水压、水质要求的冷水供应系统。

城镇供水管网通常为低压系统，供水压力一般为 0.2~0.4MPa（2~4kgf/cm^2）。

二、分类

根据用水性质不同，有3种基本的给水系统。

1. 生活给水系统

供给人们在日常生活中饮用、烹调、盥洗、淋浴、洗衣、冲厕等用水。

根据水质的不同，生活给水系统可以分为生活饮用水系统、直饮水系统、杂用水系统等。其中，杂用水是指冲厕、道路清扫、城市绿化、洗车等非饮用水；直饮水是指经深度净化后，可以直接饮用的水。

2. 生产给水系统

供给生产过程生产设备的冷却、原料和产品的洗涤、锅炉给水及某些工业的原料用水等。由于工艺和设备不同，生产给水系统种类繁多，对水质、水量、水压等方面的要求有较大的差异。

3. 消防给水系统

供消防设施灭火和控火的用水，主要包括消火栓给水系统、自动喷水灭火系统、消防水炮灭火系统等设施的用水。消防给水系统对水质要求不高，但必须保证有足够的水量和水压。

上述3种基本给水系统，可根据建筑物的用途和性质，以及设计标准和规范的要求，设置独立系统或组合系统。组合系统包括生活—生产给水系统、生活—消防给水系统、生产—消防给水系统、生活—生产—消防给水系统等。

高层建筑的室内消防给水系统应与生活、生产给水系统分开，独立设置。

小区给水系统设计应综合利用各种水资源，重复利用再生水、雨水等非传统水源；优先采用循环和重复利用给水系统。

三、组成

建筑给水系统一般由引入管、给水管道、给水附件、配水设施、增压和贮水设备、计量仪表等组成。

（1）引入管是指将水从室外引入室内的管段。引入管上设置的水表及其前后的阀门、泄水装置，总称为水表节点。

（2）给水管道主要包括干管、立管、支管和分支管，其作用是将水输送和分配至各个用水点。

（3）给水附件是指用于调节水量、水压，控制水流方向，改善水质，以及关断水流，便于管道、仪表和设备检修的各类阀门及设施。主要包括减压阀、止回阀、安全阀、泄压阀、水锤消除（吸纳）器、多功能水泵控制阀、过滤器、减压孔板、倒流防止器、真空破除器等。

（4）配水设施是指管道末端用于取水的各类设施，如水龙头、淋浴器、消火栓等。

（5）增压和贮水设备是指用于升压、稳压、贮存和调节水量的设备。主要包括水泵、水池、水箱、吸水井、气压给水设备、叠压给水设备等。

（6）计量仪表主要用于计量水量、压力或温度等，如水表、压力表、温度计等。

四、给水方式

给水方式是指建筑给水系统的供水方案。

（一）基本给水方式

1. 直接给水方式

直接利用室外给水管网水压供水的方式。直接给水方式的优点是系统简单，投资少，安装维修简单、节约资源、水质可靠、无二次污染；缺点是外网停水时内部立即停水。此方式适用于室外给水管网的水量、水压始终能满足室内用水要求的建筑。

2. 单设水箱的给水方式

屋顶设置高位水箱，直接利用室外给水管网水压将水输入高位水箱，由高位水箱向用户供水的方式。适用于室外给水管网供水压力周期性不足、压力偏高或不稳定的建筑。

3. 单设水泵的给水方式

设有水泵，利用水泵升压向用户供水的方式。适用于室外给水管网供水压力经常性不足的建筑。根据水泵运行工况的不同，分为恒速泵和变频泵给水。根据水泵与外网的连接方式的不同，分为直接连接和间接连接。

4. 设水泵和水箱的给水方式

设有水泵和高位水箱，利用水泵升压向高位水箱供水，再由高位水箱向用户供水的方式。适用于室外给水管网供水压力经常性不足且室内用水不均匀的建筑。

5. 气压给水方式

设有气压给水设备，利用密闭贮罐内空气的可压缩性实现升压供水的方式。气压水罐是压力容器，作用相当于高位水箱，但位置可以根据需要放置在高处或低处。适用于室外给水管网供水压力经常性不足、室内用水不均匀且不宜设置高位水箱的建筑。

6. 叠压给水方式

设有叠压给水设备，利用该设备从有压的供水管网中直接吸水增压的供水方式。适用于室外给水管网供水流量满足要求，但供水压力不足且设备运行后不会对其他用户产生不利影响的建筑。当叠压给水设备直接从城镇供水管网吸水时，应经当地供水行政部门及供水部门批准。

（二）竖向分区供水

整栋高层建筑若采用同一给水系统供水，则垂直方向管线过长，下层管道中的静水压力很大，必然带来噪声、水流喷溅、漏水、附件易损等一系列弊端。为克服这一问题，保证供水安全，高层建筑应采取竖向分区供水；即在建筑物的垂直方向按层分段，各段为一区，分别组成各自的给水系统。

竖向分区供水包括垂直分区串联式、减压式、并联式和室外高低压管网直接供水四种基本形式。串联式如图 13-1 所示，并联式如图 13-2 所示。

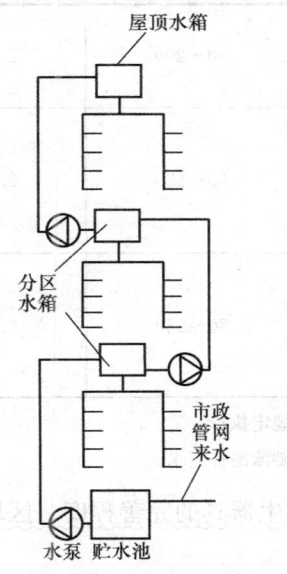
图 13-1 垂直分区串联式给水方式

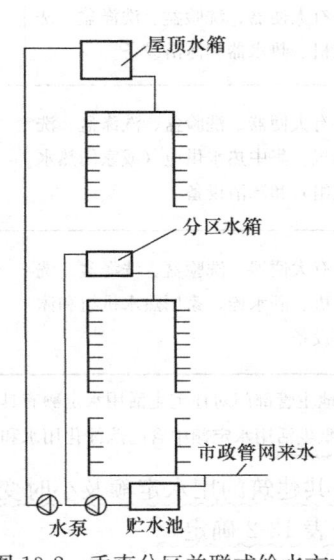
图 13-2 垂直分区并联式给水方式

建筑高度不超过100m时，宜采用垂直分区并联式或分区减压式；当建筑高度超过100m，宜采用垂直分区串联式。

五、所需水量和水压

（一）水量

生活给水系统的用水量应根据最高日生活用水定额、小时变化系数和用水单位数，按式（13-1）～式（13-3）计算：

$$Q_d = m \cdot q_d \tag{13-1}$$

$$Q_p = Q_d / T \tag{13-2}$$

$$Q_h = Q_p \cdot K_h \tag{13-3}$$

式中 Q_d——最高日用水量，L/d；

m——用水单位数，通常为人或床位数等；

q_d——最高日生活用水定额，L/（人·d）、L/（床·d）或L/（人·班）；

Q_p——最高日平均小时用水量，L/h；

T——建筑物的用水时间，h；

Q_h——最高日最大小时用水量，L/h；

K_h——小时变化系数。

（1）住宅的最高日生活用水定额及小时变化系数，可根据住宅类别、建筑标准、卫生器具的设置标准按表13-1确定。

住宅生活用水定额及小时变化系数　　　　　　表 13-1

住宅类别	卫生器具设置标准	最高日用水定额 [L/（人·d）]	平均日用水定额 [L/（人·d）]	最高日小时变化系数 K_h
普通住宅	有大便器、洗脸盆、洗涤盆、洗衣机、热水器和沐浴设备	130～300	50～200	2.8～2.3
	有大便器、洗脸盆、洗涤盆、洗衣机、集中热水供应（或家用热水机组）和沐浴设备	180～320	60～230	2.5～2.0
别墅	有大便器、洗脸盆、洗涤盆、洗衣机、洒水栓，家用热水机组和沐浴设备	200～350	70～250	2.3～1.8

注：1. 当地主管部门对住宅生活用水定额有具体规定时，应按当地规定执行。
　　2. 别墅生活用水定额中含庭院绿化用水和汽车抹车用水，不含游泳池补充水。

（2）公共建筑的用水定额及小时变化系数，根据卫生器具的完善程度、区域条件和使用要求，按表13-2确定。

公共建筑生活用水定额及小时变化系数 表13-2

序号	建筑物名称		单位	生活用水定额(L)		使用时数(h)	最高日小时变化系数 K_h
				最高日	平均日		
1	宿舍	居室内设卫生间	每人每日	150~200	130~160	24	3.0~2.5
		设公用盥洗卫生间		100~150	90~120		6.0~3.0
2	招待所、培训中心、普通旅馆	设公用卫生间、盥洗室	每人每日	50~100	40~80	24	3.0~2.5
		设公用卫生间、盥洗室、淋浴室		80~130	70~100		
		设公用卫生间、盥洗室、淋浴室、洗衣室		100~150	90~120		
		设单独卫生间、公用洗衣室		120~200	110~160		
3	酒店式公寓		每人每日	200~300	180~240	24	2.5~2.0
4	宾馆客房	旅客	每床位每日	250~400	220~320	24	2.5~2.0
		员工	每人每日	80~100	70~80	8~10	2.5~2.0
5	医院住院部	设公用卫生间、盥洗室	每床位每日	100~200	90~160	24	2.5~2.0
		设公用卫生间、盥洗室、淋浴室		150~250	130~200		
		设单独卫生间		250~400	220~320		
		医务人员	每人每班	150~250	130~200	8	2.0~1.5
	门诊部、诊疗所	病人	每病人每次	10~15	6~12	8~12	1.5~1.2
		医务人员	每人每班	80~100	60~80	8	2.5~2.0
	疗养院、休养所住房部		每床位每日	200~300	180~240	24	2.0~1.5
6	养老院、托老所	全托	每人每日	100~150	90~120	24	2.5~2.0
		日托		50~80	40~60	10	2.0
7	幼儿园、托儿所	有住宿	每儿童每日	50~100	40~80	24	3.0~2.5
		无住宿		30~50	25~40	10	2.0
8	公共浴室	淋浴	每顾客每次	100	70~90	12	2.0~1.5
		浴盆、淋浴		120~150	120~150		
		桑拿浴(淋浴、按摩池)		150~200	130~160		
9	理发室、美容院		每顾客每次	40~100	35~80	12	2.0~1.5
10	洗衣房		每千克干衣	40~80	40~80	8	1.5~1.2
11	餐饮业	中餐酒楼	每顾客每次	40~60	35~50	10~12	1.5~1.2
		快餐店、职工及学生食堂		20~25	15~20	12~16	
		酒吧、咖啡馆、茶座、卡拉OK房		5~15	5~10	8~18	
12	商场	员工及顾客	每平方米营业厅面积每日	5~8	4~6	12	1.5~1.2

续表

序号	建筑物名称		单位	生活用水定额 (L)		使用时数 (h)	最高日小时变化系数 K_h
				最高日	平均日		
13	办公	坐班制办公	每人每班	30～50	25～40	8～10	1.5～1.2
		公寓式办公	每人每日	130～300	120～250	10～24	2.5～1.8
		酒店式办公		250～400	220～320	24	2.0
14	科研楼	化学	每工作人员每日	460	370	8～10	2.0～1.5
		生物		310	250		
		物理		125	100		
		药剂调制		310	250		
15	图书馆	阅览者	每座位每次	20～30	15～25	8～10	1.2～1.5
		员工	每人每日	50	40		
16	书店	顾客	每平方米营业厅每日	3～6	3～5	8～12	1.5～1.2
		员工	每人每班	30～50	27～40		
17	教学、实验楼	中小学校	每学生每日	20～40	15～35	8～9	1.5～1.2
		高等院校		40～50	35～40		
18	电影院、剧院	观众	每观众每场	3～5	3～5	3	1.5～1.2
		演职员	每人每场	40	35	4～6	2.5～2.0
19	健身中心		每人每次	30～50	25～40	8～12	1.5～1.2
20	体育场（馆）	运动员淋浴	每人每次	30～40	25～40	4	3.0～2.0
		观众	每人每场	3	3		1.2
21	会议厅		每座位每次	6～8	6～8	4	1.5～1.2
22	会展中心（展览馆、博物馆）	观众	每平方米展厅每日	3～6	3～5	8～16	1.5～1.2
		员工	每人每班	30～50	27～40		
23	航站楼、客运站旅客		每人次	3～6	3～6	8～16	1.5～1.2
24	菜市场地面冲洗及保鲜用水		每平方米每日	10～20	8～15	8～10	2.5～2.0
25	停车库地面冲洗水		每平方米每次	2～3	2～3	6～8	1.0

注：1. 中等院校、兵营等宿舍设置公用卫生间和盥洗室，当用水时段集中时，最高日小时变化系数 K_h 宜取高值 6.0～4.0；其他类型宿舍设置公用卫生间和盥洗室时，最高日小时变化系数 K_h 宜取低值 3.5～3.0。
2. 除注明外，均不含员工生活用水，员工最高日用水定额为每人每班 40～60L，平均日用水定额为每人每班 30～45L。
3. 大型超市的生鲜食品区按菜市场用水。
4. 医疗建筑用水中已含医疗用水。
5. 空调用水应另计。

表 13-2 中，旅馆、医院的用水定额不包含专业洗衣房用水量，实际项目若设置了专

业洗衣房，用水量应按该表第10项计算。表中没有的建筑物可参照建筑类型、使用功能相近的建筑物，如音乐厅可参照剧院，美术馆可参照博物馆，公寓式酒店可参照酒店，西餐厅可参照中餐厅下限值考虑。

(3) 汽车冲洗用水定额，应根据所采用的冲洗方式、车辆用途、道路路面等级和汽车沾污程度等按表13-3确定。

汽车冲洗最高日用水定额 表13-3

冲洗方式	高压水枪冲洗 [L/(辆·次)]	循环用水冲洗补水 [L/(辆·次)]	抹车、微水冲洗 [L/(辆·次)]	蒸汽冲洗 [L/(辆·次)]
轿车	40～60	20～30	10～15	3～5
公共汽车	80～120	40～60	15～30	—
载重汽车				

注：1. 汽车冲洗台自动冲洗设备用水定额有特殊要求时，其值应按产品要求确定。
2. 在水泥和沥青路面行驶的汽车，宜选用下限值；路面等级较低时，宜选用上限值。

(4) 绿化浇灌用水定额应根据气候条件、植物种类、土壤理化性状、浇灌方式和管理制度等因素综合确定。当无相关资料时，小区绿化浇灌用水定额可按浇灌面积 1.0～3.0L/(m²·d) 计算，干旱地区可酌情增加。

(5) 小区道路、广场的浇洒最高日用水定额可按浇洒面积 2.0～3.0L/(m²·d) 计算。

(6) 给水管网漏失水量和未预见水量应按计算确定，当没有相关资料时，二者之和可按最高日用水量的8%～12%计算。

(7) 建筑给水排水当量与流量的换算关系为：1.0N 给水当量＝0.2L/s；1.0N 排水当量＝0.33L/s。

(8) 建筑小区给水设计用水量应包括：①居民生活用水量；②公共建筑用水量；③绿化用水量；④水景、娱乐设施用水量；⑤道路、广场用水量；⑥公用设施用水量；⑦未预见用水量及管网漏失水量；⑧消防用水量。其中，消防用水量仅用于校核管网计算，不计入正常用水量。

例 13-1 (2014 修改) 养老院用水定额中不含下列哪类用水？
A 空调用水　　B 厕所用水　　C 盥洗用水　　D 食堂用水

解析：根据《建筑给水排水设计标准》GB 50015—2019 第 3.2.2 条，公共建筑的生活用水定额及小时变化系数，可根据卫生器具完善程度、区域条件和使用要求按表 3.2.2（本教材表 13-2）确定。其中表 3.2.2 的注规定：

(1) 中等院校、兵营等宿舍设置公用卫生间和盥洗室，当用水时段集中时，最高日小时变化系数 K_h 宜取高值 6.0～4.0；其他类型宿舍设置公用卫生间和盥洗室时，最高日小时变化系数 K_h 宜取低值 3.5～3.0。

(2) 除注明外，均不含员工生活用水，员工最高日用水定额为每人每班 40～60L，平均日用水定额为每人每班 30～45L。

(3) 大型超市的生鲜食品区按菜市场用水。

(4) 医疗建筑用水中已含医疗用水。
(5) 空调用水应另计。

答案：A

（二）水压

设计水压应保证配水最不利点具有足够的流出水头（最低工作压力）。建筑内部最不利配水点所需压力如图13-3所示，可按式（13-4）计算。

$$H = H_1 + H_2 + H_3 + H_4 \qquad (13-4)$$

式中 H——建筑内部给水系统所需水压，kPa；
　　H_1——最不利点与室外引入管中心之间的位置水头，kPa；
　　H_2——计算管路的沿程与局部水头损失，kPa；
　　H_3——水流通过水表的水头损失，kPa；
　　H_4——最不利点的最低工作压力，kPa。

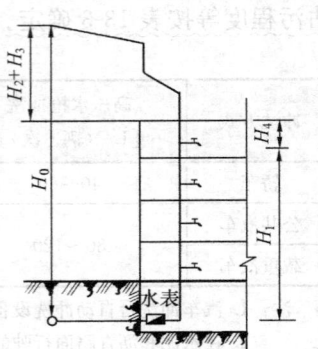

图13-3　建筑内部给水系统压力计算示意图

关于生活给水系统压力的具体要求如下：

（1）水压估算

在初步确定给水方式时，对层高不超过3.5m的民用建筑，给水系统所需压力（从地面算起）可以用经验法估算：1层需100kPa，2层需120kPa；超过2层，每增加1层，增加40kPa。

（2）单位换算

$$9.807 \times 10^4 \text{Pa} \approx 0.1 \text{MPa} = 100 \text{kPa} = 10 \text{mH}_2\text{O} = 1 \text{kgf/cm}^2$$

（3）卫生器具给水配件承受的最大工作压力不得大于0.6MPa。

（4）住宅入户管的给水压力不应大于0.35MPa；非住宅类居住建筑入户管的给水压力不宜大于0.35MPa。生活给水系统用水点处供水压力大于0.2MPa的配水支管应采取减压措施，并应满足卫生器具工作压力的要求。

（5）当生活给水系统分区供水时，分区的静水压力不宜大于0.45MPa；当设有集中供热系统时，分区静水压力不宜大于0.55MPa。

六、增压与贮水设备

（一）贮水池

贮水池是贮存和调节水量的构筑物。根据用途不同可分为消防贮水池、生产贮水池、生活贮水池，以及上述不同用途的合用水池。

1. 设置条件

（1）当室外水源不可靠或只能定时供水时。
（2）当室外只有一根供水管，且存在下列情况时：
　1）建筑小区或建筑物不能停水时，需设置生活贮水池；
　2）室外消火栓设计流量大于20L/s或建筑高度大于50m，需设消防贮水池；
　3）市政给水管网、进水管或天然水源不能满足建筑小区或建筑物所需的用水量。

2. 有效容积的确定

（1）合用水池：应根据生活（生产）调节水量、消防储备水量和生产事故备用水量确定。

（2）生活贮水池：应按进水量与用水量变化曲线经计算确定。当资料不足时，建筑物的调节水量可按最高日用水量的20%～25%计；居住小区的调节水量可按最高日用水量的15%～20%计。

（3）消防贮水池：按火灾延续时间内所需消防用水总量计。一般情况下，消火栓的火灾延续时间为2～3h，特殊时达3～6h，自动喷水系统为1h。

3. 设置要点

（1）建筑物内的水池（箱）应设置在专用房间内，房间应无污染、不结冻、通风良好并应维修方便；室外设置的水池（箱）及管道应采取防冻、隔热措施。当水池（箱）的有效容积大于50m³时，宜分成容积基本相等、能独立运行的两格。

（2）消防贮水池：总容量超过500m³时，应分格设置；总容量超过1000m³时，应设置独立使用的两座消防水池；供消防车取水的消防水池（作为室外消防水源时），应设取水口或取水井；取水井或取水口的保护半径应不大于150m，距建筑物的距离（水泵房除外）不应小于15m。

（3）供单体建筑使用的生活饮用水池（箱）应与其他用水的水池（箱）分开设置。

（4）当小区的生活贮水量大于消防贮水量，水质更新周期在48h以内，二者可以合并设置；合用的贮水池应采取消防用水不被挪作他用的措施，详见本章第四节。

（5）贮水池应设置进水管、出水管、溢流管、泄水管、通气管和水位信号装置。进、出水管应布置在相对位置，并采取防止短路的措施；溢流管上不得设阀门，且管径宜比进水管管径大一级；泄水管应设在最低处，一般可按2h泄完池水确定；溢流管、泄水管的排水应间接排水，并应符合本章第五节的要求。

（6）水池（箱）内穿池壁、池底的各种管道均应设置带防水翼环的刚性或柔性防水套管。

（7）水池（箱）的材料一般为钢筋混凝土、玻璃钢、钢板等，防水内衬、防腐涂料必须无毒无害，不影响水质；外墙不能做池（箱）壁。

（8）水池（箱）与水池（箱）之间，水池（箱）与墙面之间的净距不宜小于0.7m；安装有管道的侧面与墙面净距不宜小于1.0m，且管道外壁与建筑本体墙面之间的通道宽度不宜小于0.6m；设有人孔时，水池（箱）顶与建筑结构最低点的净距不得小于0.8m；水池（箱）周围应有不小于0.7m的检修通道。

（9）建筑内的水池（箱）不应毗邻配变电所或在其上方，不宜毗邻居住用房或在其下方。

（二）吸水井

无调节要求的加压给水系统可设置吸水井。吸水井的有效容积不应小于最大1台水泵3min的设计流量，且满足吸水管的布置、安装、检修和防止水深过浅水泵进气等正常工作要求。

（三）水箱（高位水箱、屋顶水箱）

水箱可以起到保证水压和贮存、调节水量的作用。根据用途不同可分为消防水箱、生产水箱、生活水箱以及合用水箱。

1. 设置条件

(1) 城市自来水周期性压力不足，多层建筑生活给水系统采用单设水箱的给水方式时。

(2) 高层民用建筑、总建筑面积大于 $10000m^2$ 且层数超过 2 层的公共建筑和其他重要建筑，必须设置消防水箱。

(3) 高层建筑的生活和消防系统采用水箱进行竖向分区时。

2. 有效容积的确定

(1) 生活水箱：理论上应根据室外给水管网或水泵向水箱供水和水箱向建筑内给水系统供水的曲线，经分析后确定。

实际工程中，因为以上曲线不易获得，可按水箱进水的不同情况按经验法计算：当外网夜间进水时，宜按用水人数和最高日用水量确定有效容积；由水泵联动提升进水时，有效容积不宜大于最高日最大小时用水量的 50%。

(2) 消防水箱：根据消防规范的要求设置，详见本章第四节。

3. 设置要点

(1) 设置高度应满足最不利用水点的最低工作压力。当达不到要求时，宜采用局部增压措施。

(2) 水箱间要留有设置饮用水消毒设备、消火栓及自动喷水灭火系统的加压稳压泵以及楼门表的位置。

(3) 其他要求与贮水池类似，详见贮水池部分的内容。

(四) 水泵

水泵是给水系统的主要升压设备，通常采用离心式水泵。水泵的主要设计参数是流量和扬程。生活加压给水系统的水泵机组应设备用泵，备用泵的供水能力不应小于最大一台运行水泵的供水能力。水泵宜自动切换，交替运行。

小区的加压给水系统，应根据小区的规模、建筑高度、建筑物的分布和物业管理等因素确定加压站的数量、规模和水压。二次供水加压设施服务半径应符合当地供水主管部门的要求，并不宜大于 500m，且不宜穿越市政道路。

1. 设计流量

水泵向高位水箱供水时，供水能力不应小于最高日最大小时用水量；水泵直接供水时，供水能力应按设计秒流量计算。

2. 设计扬程

应按能满足最不利用水点的水压确定。

3. 水泵房的布置

(1) 泵房建筑的耐火等级应为一、二级。

(2) 泵房应有充足的光线和良好的通风，并保证在冬季设备不发生冻结。泵房净高：当采用固定吊钩或移动支架时，不小于 3.0m；当采用固定吊车时，起吊物底部与超过的物体顶部之间应有 0.5m 以上的净距。

(3) 选泵时，应采用低噪声水泵，在有防振或安静要求的房间的上下和毗邻的房间内不得设置水泵。水泵机组的基础应设隔振装置，吸水管和出水管上应设置隔振减噪装置。

管道支架、吊架和管道穿墙、楼板处，应采取防固体传声措施。必要时可在泵房的墙壁和顶棚上采取隔声吸声措施。

（4）泵房内应有地面排水措施，地面坡向排水沟，排水沟坡向集水坑。

（5）泵房大门应保证能使搬运的水泵机件进入，且应比最大件宽0.5m。

（6）泵房供暖温度一般为16℃，无人值班的泵房为5℃；每小时换气次数不少于6次。

（7）水泵应采用自灌式充水，出水管设阀门、止回阀和压力表，每台水泵宜设置单独吸水管，吸水管应设过滤器及阀门。

（8）采用吸水总管时，应设置2条及以上的引水管。吸水总管与水泵吸水管采用管顶平接或高出管顶连接。

（9）水泵机组布置应符合表13-4的要求。

水泵机组外轮廓面与墙和相邻机组间的间距　　　　表13-4

电动机额定功率 （kW）	水泵机组外廓面与墙面 之间的最小间距（m）	相邻水泵机组外轮廓面之间的 最小距离（m）
≤22	0.8	0.4
>22，<55	1.0	0.8
≥55，≤160	1.2	1.2

注：1. 水泵侧面有管道时，外轮廓面计至管道外壁面。
　　2. 水泵机组是指水泵与电动机的联合体，或已安装在金属座架上的多台水泵组合体。

（10）生活饮用水水箱间，给水泵房应设置入侵报警系统等技防、物防安全防范和监控措施。

（11）设置储水或增压设施的水箱间，给水泵房应满足设备安装、运行、维护和检修要求，应具备可靠的防淹和排水设施。

（12）给水加压、循环冷却等设备不得设置在卧室、客房及病房的上层、下层或毗邻上述用房，不得影响居住环境。

（五）气压给水设备

依据波义耳-马略特定律，利用密闭罐中压缩空气的压力变化，调节和压送水量的供水设备，主要由水泵机组、气压水罐、电控系统、管路系统等部分组成。

（六）叠压供水设备

从有压的供水管网中直接吸水增压的供水设备，通常由水泵机组、真空抑制器、稳流补偿器、电控系统、管路系统等部分组成。

七、管道布置与敷设

（一）基本原则

（1）确保供水安全和良好的水力条件，力求经济合理。

（2）保护管道不受损坏。

埋地敷设的给水管道应避免布置在可能受重物压坏处。管道不得穿越生产设备基础；在特殊情况下必须穿越时，应采取有效的保护措施。

给水管道不得敷设在烟道、风道、电梯井、排水沟内，给水管道不得穿过大便槽和小便槽，且立管离大、小便槽端部不得小于0.5m。

给水管道不宜穿越变形缝。如果必须穿越时，应设置补偿管道伸缩和剪切变形的装置，如橡胶管、波纹管、补偿器等。

（3）不影响生产安全和建筑物的使用。

室内给水管道的布置，不得影响结构安全，不得妨碍生产操作、交通运输和建筑物的使用。给水管道不宜穿越橱窗、壁柜。

室内给水管道不应穿越变配电房、电梯机房、通信机房、大中型计算机房、计算机网络中心、音像库房等遇水会损坏设备和引发事故的房间，不得在生产设备、配电柜上方通过。不得布置在遇水会引起燃烧、爆炸的原料、产品和设备的上面。

（4）室内给水管道上的各种阀门宜装设在便于检修和便于操作的位置，应便于安装维修。

（二）管网布置

按照横向配水干管的敷设位置和供水方向，可以分为下行上给式、上行下给式和环状中分式；按照供水的安全程度，可以分为枝状管网和环状管网。室内生活给水管道可布置成枝状管网。室外给水管网应成环状布置。环状给水管网与城镇给水管的连接管不应少于2条。

（三）管道敷设

（1）室内给水管道一般宜明装敷设；当暗装敷设时，应符合下列要求：

1）不得直接敷设在建筑物结构层内。

2）干管和立管应敷设在吊顶、管井、管窿内，支管宜敷设在楼（地）面的垫层内或沿墙敷设在管槽内。

3）敷设在垫层或墙体管槽内的给水支管的外径不宜大于25mm。

4）敷设在垫层或墙体管槽内的给水管管材宜采用塑料、金属与塑料复合管材或耐腐蚀的金属管材。

5）敷设在垫层或墙体管槽内的管材，不得有卡套式或卡环式接口，柔性管材宜采用分水器向各卫生器具配水，中途不得有连接配件，两端接口应明露。

（2）塑料管在室内宜暗装敷设；明设时立管应布置在不易受撞击处。当不能避免明设时，应在管外加保护措施。塑料给水管道布置应符合下列规定：

1）不得布置在灶台上边缘；明设的塑料给水立管距灶台边缘不得小于0.4m，距燃气热水器边缘不宜小于0.2m；当不能满足上述要求时，应采取保护措施；

2）不得与水加热器或热水炉直接连接，应有不小于0.4m的金属管段过渡。

（3）室外明设的给水管道，应避免受阳光直接照射，塑料给水管还应有有效保护措施；在结冻地区应做绝热层，绝热层的外壳应密封防渗。

（四）其他要求

（1）埋深：

1）地下室的地面下不得埋设给水管道，应设专用的管沟；

2）室外给水管道的覆土深度，应根据土壤冰冻深度、车辆荷载、管道材质及管道交叉等因素确定；管顶最小覆土深度不得小于土壤冰冻线以下0.15m，行车道下的管线覆土深度不宜小于 0.70m。

（2）敷设在室外综合管廊（沟）内的给水管道，宜在热水、热力管道下方，冷冻管和排水管的上方。给水管道与各种管道之间的净距，应满足安装操作的需要，且不宜小于 0.3m。生活给水管道不应与输送易燃、可燃或有害的液体或气体的管道同管廊（沟）敷设。

（3）室内冷、热水管上、下平行敷设时，冷水管应在热水管下方。卫生器具的冷水连接管，应在热水连接管的右侧。建筑物内埋地敷设的生活给水管与排水管之间的最小净距，平行埋设时不宜小于 0.50m；交叉埋设时不应小于 0.15m，且给水管应在排水管的上面。

（4）需要泄空的给水管道，其横管宜设有 0.002~0.005 的坡度坡向泄水装置。

（5）穿地下室或地下构筑物外墙时，预留孔洞应加设防水套管。

（6）管道穿过承重墙、楼板或基础处应预留孔洞；管顶上部净空不得小于建筑物的沉降量，一般不小于 0.1m。

（7）根据地点和需求，应分别采取防腐、防冻、防结露等措施。

（8）管道井的尺寸，应根据管道数量、管径大小、排列方式、维修条件，结合建筑平面和结构形式等合理确定。需进人维修管道的管井，其维修人员的工作通道净宽度不宜小于 0.6m。管道井应每层设外开检修门。管道井的井壁及检修门的耐火极限和管道井的竖向防火隔断，应符合消防规范的规定。

（9）给水管道应有蓝色环标识。

八、管材、附件与水表

（1）给水系统采用的管材和管件及连接方式，应符合国家现行标准的有关规定。管材和管件及连接方式的工作压力不得大于国家现行标准中公称压力或标称的允许工作压力。

（2）小区室外埋地给水管道采用的管材，应具有耐腐蚀和能承受相应地面荷载的能力。可采用塑料给水管、有衬里的铸铁给水管、经可靠防腐处理的钢管。

（3）室内的给水管道，应选用耐腐蚀和安装连接方便可靠的管材，可采用不锈钢管、铜管、塑料给水管、金属塑料复合管及经可靠防腐处理的钢管。高层建筑给水立管不宜采用塑料管。

（4）给水管道的下列部位应设置管道过滤器：①减压阀、泄压阀、自动水位控制阀、温度调节阀等阀件前应设置；②水加热器的进水管上，换热装置的循环冷却水进水管上宜设置。过滤器的滤网应采用耐腐蚀材料，滤网网孔尺寸应按使用要求确定。

（5）当给水管网存在短时超压工况，且短时超压会引起使用不安全时，应设置泄压阀。泄压阀前应设置阀门。

（6）安全阀阀前、阀后不得设置阀门。

（7）减压阀前应设阀门和过滤器；需拆卸阀体才能检修的减压阀后，应设管道伸缩器；检修时阀后水会倒流时，阀后应设阀门；减压阀节点处的前后应装设压力表。

（8）水表应装设在观察方便、不冻结、不被任何液体及杂质所淹没和不易受损处。

九、特殊给水系统

(一) 水景

(1) 水景用水应循环使用，循环系统的补充水量应根据蒸发、飘失、渗漏、排污等损失确定，室内工程宜取循环水流量的1‰~3‰；室外工程宜取循环水流量的3‰~5‰。对于非循环式供水的镜湖、珠泉等静水景观，宜根据水质情况，周期性排空放水。

(2) 当水景水池采用生活饮用水作为补充水时，应采取防止回流污染的措施，补水管上应设置用水计量装置。

(3) 水景水池周围宜设排水设施。为维持一定的水池水位和进行表面排污、保持水面清洁，应设置溢水口；为了便于清扫、检修和防止停用时水池水质腐败或结冰，应设置泄水口。

(4) 水景补充水水质应安全可靠。对于非亲水性水景，如静止镜面水景、流水型平流壁流等，因其不产生漂粒、水雾，补充水水质达到现行国家标准《地表水环境质量标准》GB 3838 中的Ⅳ类标准要求即可；但对于亲水性水景，人体器官与手足有可能接触水体的水景，以及产生的漂粒、水雾会被吸入人体的动态水景，如冷雾喷、干泉、趣味喷泉（游乐喷泉或戏水喷泉）等，补充水水质应符合现行国家标准《生活饮用水卫生标准》GB 5749 的要求。

(二) 循环冷却水及冷却塔

空调循环水冷却系统中，冷却塔一般设于高层建筑的顶层或屋顶，循环水泵设于冷冻机房，冷水池设于地下或设于冷却塔底部与集水盘结合。民用建筑空调循环冷却水系统的补充水量，应根据气候条件、冷却塔形式、浓缩倍数等因素确定。建筑物空调、制冷设备冷却塔的补充水量一般按循环水量的1‰~2‰计算。冷却塔有横流式、逆流式两种，选用时除满足水量要求时，噪声不能超过规定标准。

(1) 当可能有冻结危险时，冬季运行的冷却塔应采取防冻措施。

(2) 冷却塔应设置在专用的基础上，不得直接设置在楼板或屋面上。

(3) 冷却塔应布置在建筑物的最小频率风向的上风侧；不应布置在热源、废气和烟气排放口附近，不宜布置在高大建筑物中间的狭长地带上。

(4) 环境对噪声要求较高时，冷却塔可采取下列措施：①冷却塔的位置宜远离对噪声敏感的区域；②应采用低噪声型或超低噪声型冷却塔；③进水管、出水管、补充水管上应设置隔振防噪装置；④冷却塔基础应设置隔振装置；⑤建筑上应采取隔声吸声屏障。

例 13-2 (2015) 根据室外给水管线埋设深度的要求，以下图中哪个是错误的？

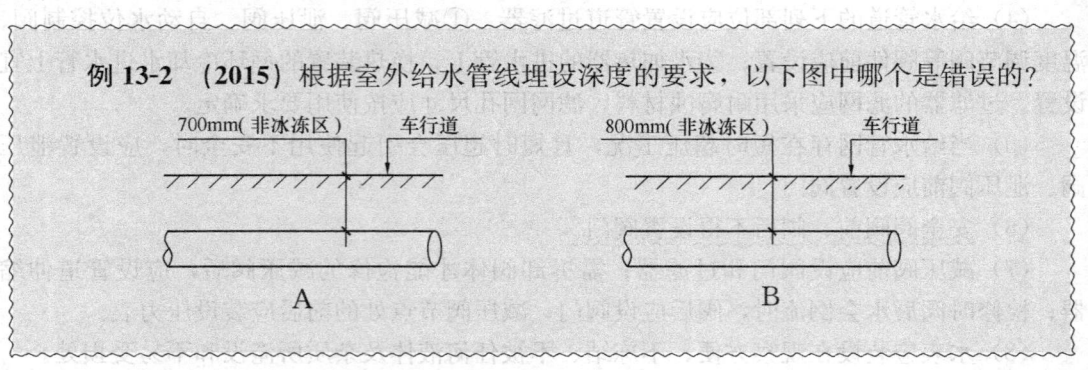

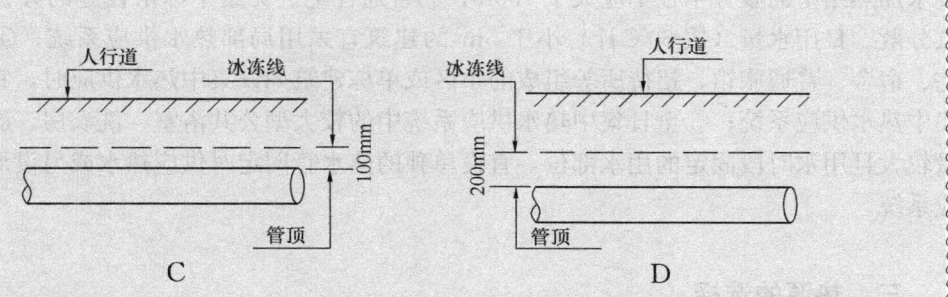

解析：根据《建筑给水排水设计标准》GB 50015—2019 第 3.13.19 条，室外给水管道的覆土深度，应根据土壤冰冻深度、车辆荷载、管道材质及管道交叉等因素确定。管顶最小覆土深度不得小于土壤冰冻线以下 0.15m，行车道下的管线覆土深度不宜小于 0.70m。

答案：C

第二节　建筑内部热水供应系统

一、组成

典型的集中热水供应系统主要由热媒系统、热水供水系统和附件三部分构成。
(1) 热媒系统，也称为第一循环系统，由热源、水加热器和热媒管网组成。
(2) 热水供水系统，也称为第二循环系统，由热水配水管网和回水管网组成。
(3) 附件包括蒸汽、热水的控制附件以及管道的连接附件，如温度自动调节装置、减压阀、安全阀、自动排气阀、膨胀罐、管道伸缩器、检修阀、水嘴等。

二、分类

根据供水范围可分为局部热水供应系统、集中热水供应系统和区域热水供应系统。

1. 局部热水供应系统

采用小型加热器就地加热，供局部范围内一个或几个用水点使用。适用于热水用水量小且分散的建筑，如小型饮食店、理发馆、诊所、一般的单元式居住建筑等。

2. 集中热水供应系统

在锅炉房、热交换站或加热间，将水集中加热后，通过热水管网输送到整幢或几幢建筑的热水供应系统。适用于热水用水量大、用水点多且较为集中的建筑，如旅馆、医院、公共浴室等。

3. 区域热水供应系统

在热电厂、区域锅炉房或热交换站，将水集中加热后，通过市政热力管网输送至建筑群、集中居住区或大型工业企业的热水供应系统。适用于建筑布置较为集中、热水用量较大的城市和工业企业。

热水供应系统选择应依据如下原则：①宾馆、公寓、医院、养老院等公共建筑及有使用集中供应热水要求的居住小区，宜采用集中热水供应系统；②小区集中热水供应应根据建筑物的分布情况等采用小区共用系统、多栋建筑共用系统或每幢建筑单设系统，共用系统水加热站室的服务半径不应大于500m；③普通住宅、无集中沐浴设施的办公楼及用水点分散、日用水量（按60℃计）小于 5m³ 的建筑宜采用局部热水供应系统；④当普通住宅、宿舍、普通旅馆、招待所等组成的小区或单栋建筑如设集中热水供应时，宜采用定时集中热水供应系统；⑤全日集中热水供应系统中的较大型公共浴室、洗衣房、厨房等耗热量较大且用水时段固定的用水部位，宜设单独的热水管网定时供应热水或另设局部热水供应系统。

三、热源的选择

1. 集中热水供应系统

集中热水供应系统的热源，可按下列顺序选择：

（1）采用具有稳定、可靠的余热、废热、地热，当以地热为热源时，应按地热水的水温、水质和水压，采取相应的技术措施处理满足使用要求。

当采用废气、烟气、高温无毒废液等废热作为热媒时，应符合下列规定：①加热设备应防腐，其构造应便于清理水垢和杂物；②应采取措施防止热媒管道渗漏而污染水质；③应采取措施消除废气压力波动或除油。

（2）当日照时数大于1400h/年且年太阳辐射量大于 4200MJ/m² 及年极端最低气温不低于－45℃的地区，采用太阳能。

（3）具备可再生低温能源的下列地区可采用热泵热水供应系统：

1）在夏热冬暖、夏热冬冷地区，采用空气源热泵；

2）在地下水源充沛、水文地质条件适宜，并能保证回灌的地区，采用地下水源热泵；

3）在沿江、沿海、沿湖，地表水源充足，水文地质条件适宜，及有条件利用城市污水、再生水的地区，采用地表水源热泵；当采用地下水源和地表水源时，应经当地水务主管部门批准，必要时应进行生态环境、水质卫生方面的评估。

（4）采用能保证全年供热的热力管网。

（5）采用区域性锅炉房或附近的锅炉房供给蒸汽或高温水。

（6）采用燃油、燃气热水机组、低谷电蓄热设备制备的热水。

2. 局部热水供应系统

局部热水供应系统的热源宜按下列顺序选择：

（1）当日照时数大于1400h/年且年太阳辐射量大于 4200MJ/m² 及年极端最低气温不低于－45℃的地区，采用太阳能；

（2）在夏热冬暖、夏热冬冷地区宜采用空气源热泵；

（3）采用燃气、电能作为热源或作为辅助热源；

（4）在有蒸汽供给的地方，可采用蒸汽作为热源。

3. 其他事项

太阳能热水系统应设辅助热源及加热设施。辅助热源宜因地制宜选择，分散集热、分散供热太阳能热水系统和集中集热、分散供热太阳能热水系统宜采用燃气、电；集中集热、集中供热太阳能热水系统宜采用城市热力管网、燃气、燃油、热泵等。

升温后的冷却水，当其水质符合要求时，可作为生活用热水。

> **例 13-3　(2012)** 以下哪项是集中热水供应系统应首先选用的热源？
> A　稳定可靠的工业余热、废热　　　　B　热力管网
> C　太阳能　　　　　　　　　　　　　D　电能、燃油热水锅炉
> 答案：A

四、加热设备

按加热方式的不同，可分为直接加热和间接加热。常用的加热设备有：

1. 局部加热设备

用于局部热水供应系统，主要包括燃气热水器、电热水器、太阳能热水器。

燃气热水器是采用天然气、焦炉煤气、液化石油气和混合煤气加热冷水的设备。常见的直流快速式燃气热水器，一般安装在用水点就地加热，可随时点燃并可立即取得热水。

电热水器是把电能通过电阻丝变成热能加热冷水的设备。常见的是容积式电热水器，具有 10~100L 贮水容积，在使用前需预先加热。

太阳能热水器是将太阳能转换成热能并将水加热的装置。其优点是节省燃料、运行费用低；缺点是受天气、季节、地理位置等的影响较大，占地面积也较大。通常太阳能热水器都设有辅助加热设备。

2. 集中加热设备

用于集中热水供应系统，主要包括：

（1）热水锅炉

适用于用水量均匀、耗热量不大（一般小于 380kW）的浴室、饮食店、理发馆等，有燃煤、燃气、燃油 3 种。燃煤锅炉因污染问题，许多城市已限制使用。

（2）水加热器

均为间接加热设备，主要包括如下四种类型：

1）容积式换热器

具有较大的储存和调节能力，水头损失小，出水水温较为稳定等优点；缺点是占地面积大、热交换效率较低，局部区域存在一定的微生物风险。适用于水量、水温可靠性要求较高，有安静要求的用户。

2）快速式加热器（即热式）

具有热效率高、体积小、安装搬运方便的优点；缺点是不能贮存热水，水头损失较大，在热媒或被加热水压力不稳定时，出水水温波动较大。适用于冷水硬度低、耗热量大且较为均匀的用户。

3）半容积式加热器

兼具容积式和快速式加热器的优点，具有体积小（较容积式加热器减小 2/3）、加热快、换热充分、出水水温较为稳定等优点；但构造上也较容积式和快速式加热器复杂。

4）半即热式加热器

带有超强控制，通过自动化运行实现出水水温稳定的目的；造价较高。

（3）加热水箱

通过在水箱中安装蒸汽多孔管、蒸汽喷射器或电加热管等方式，实现加热冷水目的的简单加热设备。

（4）热泵

热泵是指从自然界的空气、水或土壤中获取低品位热能，经过电力做功，生产可被利用的高品位热能的设备，主要包括水源热泵、空气源热泵、地源热泵等。

（5）太阳能集热器

太阳能集热器是太阳能生活热水系统的核心设备，是一种吸收太阳辐射并将产生的热能传递给冷水的装置，主要包括平板型集热器、真空管集热器。

水加热设备应根据使用特点、耗热量、热源、维护管理及卫生防菌等因素选择，并应符合下列规定：①热效率高，换热效果好，节能，节省设备用房；②生活热水侧阻力损失小，有利于整个系统冷、热水压力的平衡；③设备应留有人孔等方便维护检修的装置，并应按要求配置控温、泄压等安全阀件。

五、供水方式

按管网的循环方式不同，可分为全循环、半循环、无循环三种方式；按管网的压力工况不同，可分为开式和闭式两种方式；按管网的运行方式不同，可分为全日制和定时制；按管网的循环动力不同，可分为机械循环（强制循环）和自然循环；按循环管道布置方式的不同，可分为同程式和异程式。

（1）全循环是指热水干管、热水立管和热水支管都设置相应的循环管道，保持热水循环，各配水嘴随时打开均能提供符合设计水温要求的方式。适用于对热水供应要求比较高的建筑，如高级宾馆、饭店、高级住宅等。

（2）半循环又有立管循环和干管循环之分；其中立管循环是指热水干管和热水立管均设置循环管道，保持热水循环，打开配水嘴时只需放掉热水支管中少量的存水，就能获得规定水温的热水，如图13-4所示；多用于高层建筑。干管循环是指仅热水干管设置循环管道，保持热水循环，打开配水嘴时需要放掉热水立管和支管中的冷水，才能获得规定水温的热水，如图13-5所示；多用于规模较小的定时热水供应系统。

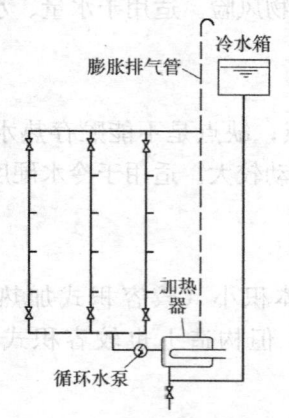
图13-4 立管循环热水供应系统

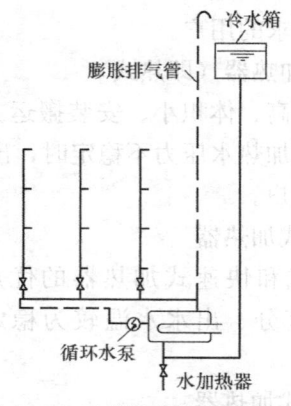
图13-5 干管循环热水供应系统

(3) 无循环是指在热水管网中不设任何循环管道，打开配水嘴时需放掉热水干管、热水立管、热水支管中的存水，才能获得规定水温的热水，如图13-6所示。多用于热水供应系统较小、使用要求不高的定时热水供应系统；如公共浴室、洗衣房等。

(4) 开式方式是指在所有配水点关闭后，系统内的水仍与大气相通；而闭式方式是指在所有配水点关闭后，整个系统与大气隔绝，形成密闭系统。

(5) 循环流量通过各循环管路的流程相当时，这种布置方式被称为同程式，否则为异程式。

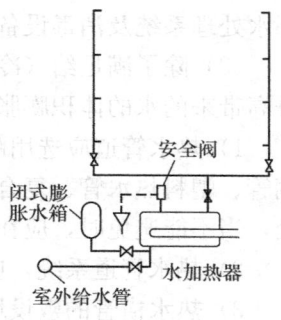

图 13-6　无循环热水供应系统

六、设置的具体要求

(1) 集中热水供应系统应设热水循环系统，其设置应符合下列要求：

1) 热水配水点出水温度达到最低出水温度的出水时间，居住建筑不应大于15s，公共建筑不应大于10s。采用干管和立管循环时，若不能满足上述要求，则应采取下列措施：支管应设自调控电伴热保温；不设分户水表的支管应设支管循环系统。

2) 应合理布置循环管道，减少能耗。

3) 对使用水温要求不高且不多于3个的非沐浴用水点，当其热水供水管长度大于15m时，可不设热水回水管。

(2) 单栋建筑的集中热水供应系统应设热水回水管和循环水泵，保证干管和立管中的热水循环。

(3) 集中热水供应系统的热水循环管道宜采用同程布置；当采用异程布置时，应采取倒流循环管件、温度控制或流量控制等措施，保证干管和立管循环效果。

(4) 高层建筑热水系统的分区，应遵循如下原则：应与给水系统的分区一致；闭式热水供应系统的各区水加热器、贮水罐的进水均应由同区的给水系统专管供应；当热水箱和热水供水泵联合供水的热水供水泵扬程应与相应供水范围的给水泵压力协调，保证系统冷热水压力平衡；当上述条件不能满足时，应采取保证系统冷、热水压力平衡的措施。

(5) 当给水管道的水压变化较大且用水点要求水压稳定时，宜采用设高位水箱重力供水的开式热水供应系统或采取稳压措施。

(6) 当卫生设备设有冷、热水混合器或混合龙头时，冷、热水供应系统在配水点处应有相近的水压。

(7) 公共浴室淋浴器出水水温应稳定，并宜采取下列措施：

1) 采用开式热水供应系统。

2) 给水额定流量较大的用水设备的管道，应与淋浴配水管道分开。

3) 多于3个淋浴器的配水管道，宜布置成环形。

4) 成组淋浴器的配水管的沿程水头损失，当淋浴器少于或等于6个时，可采用每米不大于300Pa；当淋浴器多于6个时，可采用每米不大于350Pa；配水管不宜变径且其最小管径不得小于25mm。

5) 公共淋浴室，宜采用单管热水供应系统或采用带定温混合阀的双管热水供应系统。单管热水供应系统应采取保证热水水温稳定的技术措施。当采用公用浴池沐浴时，应设循环水处理系统及消毒设备。

（8）除了满足给（冷）水管网敷设的要求外，热水管网的布置与敷设还应注意因温度升高带来的水的体积膨胀、管道的热胀冷缩以及保温、排气等问题，主要措施如下：

1）热水管道应选用耐腐蚀和安装连接方便可靠的管材，可采用薄壁不锈钢管、薄壁铜管、塑料热水管、复合热水管等。塑料热水管宜暗设，明设时立管宜布置在不受撞击处，当不能避免时，应在管外加保护措施。但设备机房内的管道，不应采用塑料热水管。

2）热水管道系统，应有补偿管道热胀冷缩的措施。

3）热水横管的敷设坡度上行下给式系统不宜小于0.005，下行上给式系统不宜小于0.003；上行下给式系统配水干管最高点应设排气装置；下行上给式配水系统，可利用最高配水点放气。系统最低点应设泄水装置。

（9）医院建筑应采用无冷温水滞水区的水加热设备。

（10）燃气热水器、电热水器必须带有保证使用安全的装置。严禁在浴室内安装燃气热水器。

（11）太阳能是一种低密度、不稳定、不可控的热源，因此太阳能热水系统应以适用为原则，规模宜小。旅馆、医院等公共建筑因使用要求较高、管理水平较高，宜采用集中集热、集中供热的太阳能热水系统；普通住宅因存在管理困难、收费矛盾等问题，宜采用集中集热、分散供热的太阳能热水系统或分散集热、分散供热的太阳能热水系统；居住小区，宜按分栋建筑设置太阳能集热系统，当需要合建系统时，宜控制集热器阵列总出口至集热水箱的距离不大于300m。

（12）太阳能热水系统应根据集热器构造、冷水水质硬度及冷热水压力平衡要求等经比较确定采用直接或间接的太阳能热水系统；应根据集热器类型及其承压能力、集热系统布置方式、运行管理条件等经比较采用闭式或开式的太阳能集热系统。

（13）太阳能集热系统应设防过热、防爆、防冰冻、防倒热循环及防雷击等安全设施。

（14）水加热设备机房的设置宜符合下列规定：

1）宜与给水加压泵房相近设置；

2）宜靠近耗热量最大或设有集中热水供应的最高建筑；

3）宜位于系统的中部；

4）集中热水供应系统当设有专用热源站时，水加热设备机房与热源站宜相邻设置。

（15）热水供水管道应设置黄色环标识，热水回水管道应设置棕色环标识。

七、热水用水水质、定额与水温

生活热水的原水水质，应符合现行国家标准《生活饮用水卫生标准》GB 5749的规定。生活热水的水质应符合现行国家标准《建筑给水排水与节水通用规范》GB 55020的规定。生活热水水质中的常规指标及限值、消毒剂余量及要求如表13-5、表13-6所示。

生活热水水质常规指标及限值　　　　　　表13-5

	项目	限值	备注
常规指标	总硬度（以$CaCO_3$计）（mg/L）	300	—
	浑浊度（NTU）	2	—
	耗氧量（COD_{Mn}）（mg/L）	3	—

续表

	项目	限值	备注
常规指标	溶解氧（DO）（mg/L）	8	—
	总有机碳（TOC）（mg/L）	4	—
	氯化物（mg/L）	200	—
微生物指标	菌落总数（CFU/mL）	100	—
	异养菌数（HPC）（CFU/mL）	500	—
	总大肠菌群（MPN/100mL 或 CFU/100mL）	不得检出	—
	嗜肺军团菌	不得检出	采样量 500mL

消毒剂余量及要求　　　　　　　　　　　　　　表13-6

消毒剂指标	管网末梢水中余量
游离余氯（采用氯消毒时测定）（mg/L）	≥0.05
二氧化氯（采用二氧化氯消毒时测定）（mg/L）	≥0.02
银离子（采用银离子消毒时）（mg/L）	≤0.05

由于水加热后，水中钙、镁离子会受热析出，附着在设备和管道表面形成水垢，降低管道输水能力和设备的导热系数；因此当集中热水供应系统的原水总硬度超过 300mg/L 时，应结合用水性质与水量需求等因素，采取相应的水质软化或阻垢处理。

考虑到生活热水在加热制备、贮存、输水、配水过程中有可能滋生致病菌，因此集中热水供应系统应采取灭菌措施。

生活用热水定额，应根据建筑的使用性质、热水水温、卫生器具的完善程度、热水供应时间、当地气候条件和生活习惯等因素合理确定。

各种卫生器具的使用温度，应符合规范要求。其中淋浴器使用水温，应根据气候条件、使用对象和使用习惯确定；幼儿园、托儿所浴盆和淋浴器的使用水温为 35℃，其他建筑则为 37～40℃；同时，老年人照料设施、安定医院、幼儿园、监狱等建筑中为特殊人群提供淋浴热水的设施应有防烫伤措施。

八、饮水供应

（1）当中小学校、体育场馆等公共建筑设饮水器时，应满足下列要求：① 以温水或自来水为原水的直饮水，应进行过滤和消毒处理；② 应设循环管道，循环回水应经消毒处理；③ 饮水器的喷嘴应倾斜安装并设防护装置，喷嘴孔的高度应保证排水管堵塞时不被淹没；④ 应使同组喷嘴压力一致；⑤ 饮水器应采用不锈钢、铜镀铬或瓷质、搪瓷制品，其表面应光洁、易于清洗。阀门、水表、管道连接件、密封材料、配水水嘴等选用材质均应符合食品级卫生要求，并与管材匹配。

（2）管道直饮水系统应满足下列要求：①一般均以城镇供水为原水，经过深度处理方法制备而成，其水质应符合现行行业标准《饮用净水水质标准》CJ 94 的要求；②系统必须独立设置；③宜采用调速泵组直接供水或处理设备置于屋顶的水箱重力式供水方式；④应设循环管道，其供、回水管网应同程布置，循环管网内水的停留时间不应超过 12h；⑤从立管接至配水龙头的支管管段长度不宜大于 3m；⑥ 管道直饮水系统管道应选用耐腐蚀，内表面光滑，符合食品级卫生、温度要求的薄壁不锈钢管、薄壁铜管、优质塑料管；开水管道金属管材的许用工作温度应大于 100℃。

(3) 饮水供应点的设置，应符合下列要求：①不得设在易污染的地点，对于经常产生有害气体或粉尘的车间，应设在不受污染的生活间或小室内；②位置应便于取用、检修和清扫，并应保证良好的通风和照明。

第三节　水污染的防治及抗震措施

从城镇给水管网或自备水源引入建筑物的自来水水质，应符合现行国家标准《生活饮用水卫生标准》GB 5749 的要求。若建筑内部的给水系统设计、施工或维护不当，都可能出现水质被污染的现象，致使疾病传播，直接危害人民的健康和生命。因此，必须加强水质防护，确保供水安全。

一、水质污染的现象及原因

(1) 若贮水池（箱）的制作材料或防腐涂料选择不当，含有有毒物质，逐渐溶于水中，将直接污染水质。

(2) 水在贮水池（箱）中停留时间过长，当水中余氯消耗尽后，随着有害微生物的生长繁殖，会使贮水池（箱）中的水腐败变质。

(3) 贮水池（箱）管理不当，如水池（箱）人孔不严密，通气管或溢流管口敞开设置，尘土、蚊蝇、鼠、雀等均可能通过以上孔、口进入水中造成水质污染。

(4) 回流污染，即非饮用水或其他液体、混合物进入生活给水系统产生的污染。

形成回流污染的主要原因是：

1) 埋地管道或阀门等附件连接不严密，平时渗漏，当饮用水断流，管道中出现负压时，被污染的地下水或阀门井中的积水会通过渗漏处进入给水系统。

2) 器具附件安装不当，出水口设在卫生器具或用水设备溢流水位以下，或溢流管堵塞，而器具或设备中留有污水，室外给水管网又因事故而供水压力下降；当开启放水附件时，污水就会在负压作用下，吸入给水管道，如图 13-7 所示。

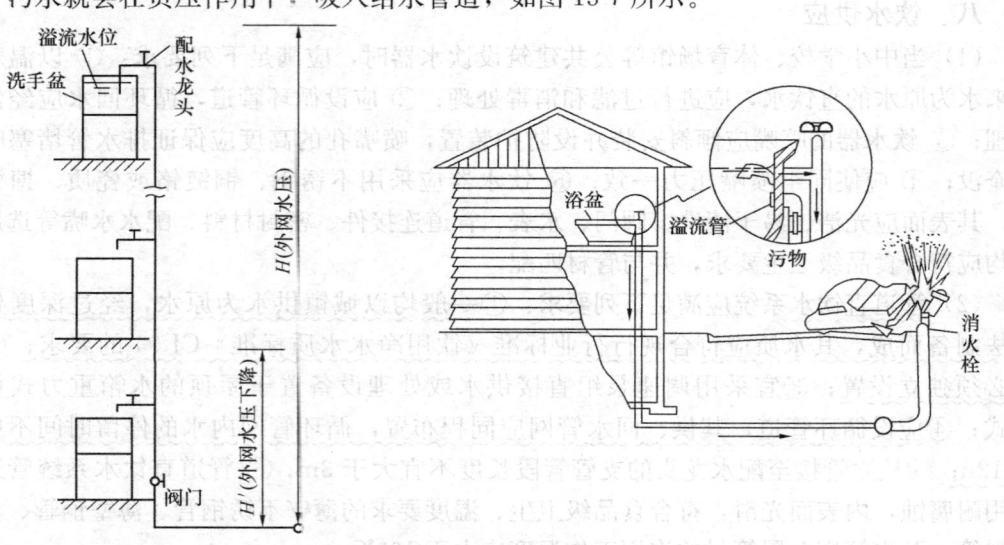

图 13-7　回流污染示意图

3）饮用水管与大便器（槽）连接不当，如给水管与大便器（槽）的冲洗管直接连接，并用普通阀门控制冲洗；当给水系统压力下降时，开启阀门也会出现回流污染现象；饮用水与非饮用水管道直接连接，当非饮用水压力大于饮用水压力且连接管中的止回阀或阀门密闭性差，则非饮用水会渗入饮用水管道，从而造成水质污染。

二、防止水质污染的措施

（1）饮用水管道与贮水池（箱）不得布置在易受污染处，非饮用水管道不得从贮水设备中穿过。建筑物内的生活饮用水水池（箱）及生活给水设施，不应设置于与厕所、垃圾间、污（废）水泵房、污（废）水处理机房及其他污染源毗邻的房间内；其上层不应有上述用房及浴室、盥洗室、厨房、洗衣房和其他产生污染源的房间。排水管道不得布置在生活饮用水池（箱）的上方。埋地式生活饮用水贮水池周围10m以内，不得有化粪池、污水处理构筑物、渗水井、垃圾堆放点等污染源；周围2m以内不得有污水管和污染物。

（2）建筑物内的生活饮用水水池（箱）体，应采用独立结构形式，不得利用建筑物的本体结构作为水池（箱）的壁板、底板及顶盖。生活饮用水水池（箱）与消防用水水池（箱）并列设置时，应有各自独立的池（箱）壁。

（3）水池（箱）材质、衬砌材料和内壁涂料，不得影响水质。贮水池（箱）若需防腐，应采用无毒涂料；若采用玻璃钢制作时，应选用食品级玻璃钢为原料。

（4）生活饮用水贮水池（箱）的泄水管和溢流管不得与污、废水管道系统直接连接，应采取间接排水的方式。人孔应密闭并设锁具，通气管和溢流管口要设钢丝或钢丝网罩，以防污物、蚊蝇等进入。

（5）生活饮用水水池（箱）进水管口的最低点高出溢流边缘的空气间隙应等于进水管管径，但最小不应小于25mm，最大不可大于150mm。当进水管从最高水位以上进入水池（箱），管口为淹没出流时应采取真空破坏器等防虹吸回流措施。不存在虹吸回流的低位生活饮用水贮水池，其进水管不受本条限制，但进水管仍宜从最高水面以上进入水池。

（6）从生活饮用水管网向消防、中水和雨水回用等其他非供生活饮用水的贮水池（箱）充水或补水时，补水管应从水池（箱）上部或顶部接入，其出水口最低点高出溢流边缘的空气间隙不小于150mm，且中水、雨水回用池（箱）的空气间隙不应小于进水管管径的2.5倍，补水管严禁采用淹没式浮球阀补水。

（7）生活饮用水水池（箱）、水塔应设置消毒措施。

（8）生活饮用水管道配水至卫生器具、用水设备等应符合下列规定：

1）配水件出水口不得被任何液体或杂质所淹没。

2）出水口高出承接用水容器溢流边缘的最小空气间隙，不得小于出水口直径的2.5倍，如图13-8所示。

3）严禁采用非专用冲洗阀与大便器（槽）、小便斗（槽）直接连接。

（9）自建供水设施的供水管道严禁与城镇

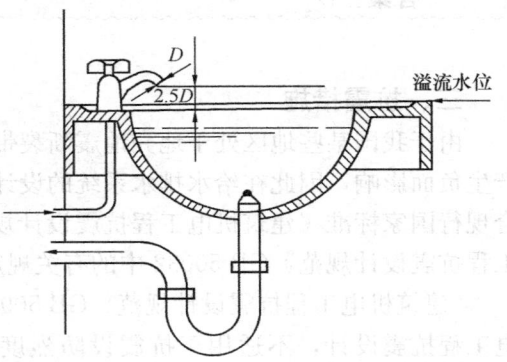

图13-8 洗脸盆出水口的空气间隙示意图

给水管道直接连接。生活饮用水管道严禁与建筑中水、回用雨水等非生活饮用水管道连接。

（10）为防止因倒流产生水质污染，生活饮用水应设有防止管道内产生虹吸回流、背压回流等污染的措施，如在下部位设置倒流防止器或真空破坏器：①有可能发生水倒流入城镇给水管网的部位，如从城镇生活给水管网直接抽水的生活供水加压设备进水管上；②消防用水或游泳池、水景池、绿地喷灌系统等非饮用水倒流入生活饮用水管网的部位，如从小区或建筑物内的生活饮用水管道上直接接出消防（软管）卷盘、轻便消防水龙时；③接至含有对健康有危害物质等有害、有毒场所或设备的部位，如化工贮存池（罐）、装置、设备的连接管上。

（11）给水管道严禁穿过毒物污染区。通过腐蚀区域的给水管道应采取安全保护措施。

（12）非传统水源供水系统必须独立设置。非传统水源供水管道应采取下列防止误接、误用、误饮的措施：

1) 管网中所有组件和附属设施的显著位置应设置非传统水源的耐久标识，埋地、暗敷管道应设置连续耐久标识；

2) 管道取水接口处应设置"禁止饮用"的耐久标识；

3) 公共场所及绿化用水的取水口应设置采用专用工具才能打开的装置。

（13）传染病医院的雨水、含有重金属污染和化学污染等地表污染严重的场地雨水不得回用。

例 13-4 （2021）下列管道中，可以与生活饮用水管道连接的是：
A 中水管道　　B 杂用水管道　　C 回用雨水管道　　D 消防给水

解析：根据《建筑给水排水与节水通用规范》GB 55020—2021 第 3.1.4 条，生活饮用水管道严禁与建筑中水、回用雨水等非生活饮用水管道连接。

根据《建筑给水排水设计标准》GB 55015—2019 第 2.1.2 条及本书第六节相关内容，生活杂用水是指冲厕、洗车、浇洒道路、绿化、建筑施工等非生活饮用水，其单独设置时，通常采用建筑中水或城市再生水作为水源，因此不能与生活饮用水管道连接。

根据《建筑给水排水与节水通用规范》GB 55020—2021 第 3.2.9 条、第 3.2.10 条，消防给水可以从生活饮用水管道接出，但需要设置倒流防止器、真空破坏器等防回流污染的设施。

答案： D

三、抗震措施

由于我国某些地区处于地壳地震断裂带附近，由此引发的大小地震会对给水排水设施产生负面影响，因此在给水排水系统的设计、施工中需要采取一定的抗震措施，设计应符合现行国家标准《建筑机电工程抗震设计规范》GB 50981 和《室外给水排水和燃气热力工程抗震设计规范》GB 50032 中的有关规定。

《建筑机电工程抗震设计规范》GB 50981 适用于抗震设防烈度为 6 度至 9 度的建筑机电工程抗震设计，不适用于抗震设防烈度大于 9 度或有特殊要求的建筑机电工程抗震设计。

抗震设防烈度为6度及6度以上地区的建筑机电工程必须进行抗震设计。对位于抗震设防烈度为6度地区且除甲类建筑以外的建筑机电工程，可不进行地震作用计算。

（一）室内给水排水

1. 管材的选择

8度及8度以下地区的多层建筑，应按现行国家标准《建筑给水排水设计标准》GB 50015规定的材质选用生活给水、热水以及重力流污废水管。

对于高层建筑及9度地区建筑：①生活给水、热水立管，应采用铜管、不锈钢管、金属复合管等强度高且具有较好延性的管道，连接方式可采用管件连接或焊接，入户管阀门之后应设软接头；②重力流污废水管，应采用柔性接口的机制排水铸铁管；③消防给水管、气体灭火输送管，其管材和连接方式应根据系统工作压力，按国家现行标准中有关消防的规定选用。

2. 管道的布置与敷设

（1）8度、9度地区高层建筑的给水、排水立管直线长度大于50m时，宜采取抗震动措施；直线长度大于100m时，应采取抗震动措施。

（2）8度、9度地区高层建筑的生活给水系统，不宜采用同一供水主管串联两组或多组减压阀分区供水的方式。

（3）需要设防的室内给水、热水以及消防管道管径大于或等于DN65的水平管道，当其采用吊架、支架或托架固定时，应按规范要求设置抗震支承。室内自动喷水灭火系统和气体灭火系统等消防系统还应按相关施工及验收规范的要求设置防晃支架；管段设置抗震支架与防晃支架重合处，可只设抗震支承。

（4）管道不应穿过抗震缝。当给水管道必须穿越抗震缝时，宜靠近建筑物的下部穿越，且应在抗震缝两边各装一个柔性管接头或在通过抗震缝处安装门形弯头或设置伸缩节。

（5）管道穿过内墙或楼板时，应设置套管；套管与管道间的缝隙，应采用柔性防火材料封堵。

（6）当8度、9度地区建筑物给水引入管和排水出户管穿越地下室外墙时，应设防水套管。穿越基础时，基础与管道间应留有一定空隙，并宜在管道穿越地下室外墙或基础处的室外部位设置波纹管伸缩节。

3. 室内设备、构筑物、设施的选型、布置与固定

（1）生活、消防用金属水箱和玻璃钢水箱，宜采用应力分布均匀的圆形或方形水箱。

（2）建筑物内的生活用低位贮水池（箱）、消防贮水池及相应的低区给水泵房、高区转输泵房、低区热交换间等，宜布置在建筑结构地震反应较小的地下室或底层。

（3）高层建筑的中间水箱（池）、高位水箱（池），应靠近建筑物中心部位布置；水泵房、热交换间等，宜靠近建筑物中心部位布置。

（4）应保证设备、设施、构筑物有足够的检修空间。

（5）运行时不产生振动的给水水箱、水加热器、太阳能集热设备、冷却塔、开水炉等设备、设施，应与主体结构牢固连接，与其连接的管道应采用金属管道；8度、9度地区建筑物的生活、消防给水箱（池）的配水管、水泵吸水管，应设软管接头。

（6）8度、9度地区建筑物中的给水泵等设备，应设防振基础，且应在基础四周设限位器固定，限位器应经计算确定。

（二）建筑小区、单体建筑室外给水排水

建筑小区、单体建筑的室外给水排水的抗震设计除应满足本节的要求外，尚应符合现行国家标准《室外给水排水和燃气热力工程抗震设计规范》GB 50032 的有关规定。

1. 管材的选择

（1）生活给水管，宜采用球墨铸铁管、双面防腐钢管、塑料和金属复合管、PE管等具有延性的管道；当采用球墨铸铁管时，应采用柔性接口连接。

（2）热水管，宜采用不锈钢管、双面防腐钢管、塑料和金属复合管。

（3）消防给水管，宜采用球墨铸铁管、焊接钢管、热浸镀锌钢管。

（4）排水管材宜采用PVC和PE双壁波纹管、钢筋混凝土管或其他类型的化学管材，排水管的接口应采用柔性接口；不得采用陶土管、石棉水泥管；8度的Ⅲ类、Ⅳ类场地或9度的地区，管材应采用承插式连接，其接口处填料应采用柔性材料。

（5）7度、8度且地基土为可液化地段或9度的地区，室外埋地给水、排水管道均不得采用塑料管。管网上的闸门、检查井等附属构筑物不宜采用砖砌体结构和塑料制品。

2. 管道的布置与敷设

（1）生活给水、消防给水管道：①宜埋地敷设或管沟敷设；②应避免敷设在高坎、深坑、崩塌、滑坡地段；③采用市政供水管网供水的建筑、建筑小区，宜采用两路供水；不能断水的重要建筑，应采用两路供水，或设两条引入管；④干管应成环状布置，并应在环管上合理设置阀门井。

（2）热水管道：①宜采用直埋敷设或管沟敷设，9度地区宜采用管沟敷设；②应避免敷设在高坎、深坑、崩塌、滑坡地段；③应结合防止热水管道的伸缩变形采取抗震防变形措施；④保温材料应具有良好的柔性。

（3）排水管道：①大型建筑小区的排水管道，宜采用分段布置，就近处理和分散排出；有条件时，应适当增设连通管或设置事故排出口；②接入城市市政排水管网时，宜设有一定防止水流倒灌的跌水高度；③应避免敷设在高坎、深坑、崩塌、滑坡地段。

3. 水池的设置

（1）生活、消防贮水水池宜采用地下式，平面形状宜为圆形或方形，并应采用钢筋混凝土结构。

（2）水池的进、出水管道应分设，管材宜采用双面防腐钢管，进、出水管道上均应设置控制阀门。

（3）穿越水池池体的配管宜预埋柔性套管，在水池壁（底）外应设置柔性接口。

4. 水塔的设置

（1）水塔宜用钢筋混凝土倒锥壳水塔的构造形式。

（2）水塔的进、出水管，溢水及泄水均应采用双面防腐钢管，进、出水管道上均应设置控制阀门，托架或支架应牢固，弯头、三通、阀门等配件前后应设柔性接头，埋地管道宜采用柔性接口的给水铸铁管或PE管。

（3）水塔距其他建筑物的距离不应小于水塔高度的1.5倍。

5. 水泵房的设置

（1）室外给水排水泵房宜毗邻水池设在地下室内。

(2) 泵房内的管道应有牢靠的侧向抗震支撑，沿墙敷设管道应设支架和托架。

(3) 独立消防水泵房的抗震应满足当地地震要求，且宜按本地区抗震设防烈度提高1度采取抗震措施，但不宜做提高1度的抗震计算。

6. 其他要求

(1) 地下直埋圆形排水管道应符合下列要求：

1) 设防烈度为8度以下及8度Ⅰ、Ⅱ类场地，当采用钢筋混凝土平口管时，应设置混凝土管基，并应沿管线每隔26~30m设置变形缝，缝宽不小于20mm，缝内填充柔性材料；

2) 设防烈度为8度Ⅲ、Ⅳ类场地或9度时，不应采用钢筋混凝土平口连接管；应采用柔性连接管，接口采用橡胶圈或其他柔性材料密封。

(2) 架空管道不得设在设防标准低于其设计烈度的建筑物上，其活动支架上应设置侧向挡板。

(3) 地下直埋承插式圆形管道和矩形管道，在地基土质突变处以及承插式管道的三通、四通、大于45°的弯头等附件与直线管段连接处，应设置柔性接头及变形缝。附件支墩的设计应符合该处设置柔性连接的受力条件。

(三) 抗震支吊架

在地震中，抗震支吊架应对建筑机电工程设施给予可靠保护，承受来自任意水平方向的地震作用。组成抗震支吊架的所有构件应采用成品构件，连接紧固件的构造应便于安装。保温管道的抗震支吊架限位应按管道保温后的尺寸设计，且不应限制管线热胀冷缩产生的位移。抗震支吊架应根据其承受的荷载进行抗震验算。

> **例13-5　(2021)** 关于给水排水管道的建筑机电抗震设计的说法，正确的是：
> A　高层建筑及9度地区建筑的干管、立管应采用塑料管道
> B　高层建筑及9度地区建筑的入户管阀门之后应设软接头
> C　高层建筑及9度地区建筑宜采用塑料排水管道
> D　7度地区的建筑机电工程可不进行抗震设计
> **解析：** 根据《建筑机电工程抗震设计规范》GB 50981—2014 第1.0.4条，抗震设防烈度为6度及6度以上地区的建筑机电工程必须进行抗震设计。
> 根据《建筑机电工程抗震设计规范》GB 50981—2014 第4.1.1条，高层建筑及9度地区建筑生活给水和热水的干管、立管应采用铜管、不锈钢管、金属复合管等强度高且具有较好延性的管道；高层建筑及9度地区建筑重力流排水的污、废水管宜采用柔性接口的机制排水铸铁管。
> **答案：** B

第四节　建筑消防系统

建筑消防系统根据灭火剂不同，可分为水、气体、泡沫、干粉等灭火系统。与其他灭火剂相比，水具有使用方便、灭火效果好、来源广泛、价格便宜、器材简单等优点，是目前世界各地广泛使用的主要灭火剂。值得注意的是，为保护大气臭氧层和人类生态环境，卤代烷灭火剂的生产和使用已受到限制。

市政给水、消防水池、天然水源等可作为消防水源，宜采用市政给水；雨水清水池、中水清水池、水景和游泳池可作为备用消防水源。

建筑消防系统包括室内和室外两部分。其中，室外主要采用消火栓给水系统；室内则包括灭火器以及消火栓、自动喷水、气体等灭火系统。一起火灾灭火所需消防用水的设计流量应按建筑的室外消火栓系统、室内消火栓系统、自动喷水灭火系统、泡沫灭火系统、水喷雾灭火系统、固定消防炮灭火系统、固定冷却水系统等需要同时作用的各种水灭火系统的流量来设计。

建筑消防系统根据压力情况，可分为高压消防给水系统、临时高压消防给水系统和低压消防给水系统。

（1）高压消防给水系统是指管网内经常保持足够的压力和消防供水量的系统。

（2）临时高压消防给水系统是指平时水压、水量不能满足消防要求，但系统中设有消防泵房，接火警后，即启动消防水泵，系统转化为高压消防给水系统，满足灭火的要求。

（3）低压消防给水系统是指平时管网中水压较低（仅满足室外低压消防给水系统向消防车供水，该系统平时最小水压不应低于 $10mH_2O$），灭火时由消防车或其他移动式消防泵加压供水的系统。

一、民用建筑类型

民用建筑分类如表 13-7 所示。

对于高层建筑，受消防车供水压力的限制，发生火灾时建筑的高层部分有可能无法依靠室外消防设施协助救火；因此，高层建筑消防给水设计应立足"自救"，即立足于室内消防设施扑救火灾。一般高度在 24m 以下的裙房在"外救"的能力范围内，应以"外救"为主；高度为 24～50m 的部位，室外消防设施仍可通过水泵接合器升压供水，应立足"自救"并借助"外救"，二者同时发挥作用；50m 以上的部位，已超过了室外消防设施的供水能力，则完全依靠"自救"灭火。

民用建筑分类表 表 13-7

名称	高层民用建筑		单、多层民用建筑
	一类	二类	
住宅建筑	建筑高度大于 54m 的住宅建筑（包括设置商业服务网点的住宅建筑）	建筑高度大于 27m，但不大于 54m 的住宅建筑（包括设置商业服务网点的住宅建筑）	建筑高度不大于 27m 的住宅建筑（包括设置商业服务网点的住宅建筑）
公共建筑	1. 建筑高度大于 50m 的公共建筑； 2. 建筑高度 24m 以上、部分任一楼层建筑面积大于 $1000m^2$ 的商店、展览、电信、邮政、财贸、金融建筑和其他多种功能组合的建筑； 3. 医疗建筑、重要公共建筑； 4. 省级及以上的广播电视和防灾指挥调度建筑、网局级和省级电力调度建筑； 5. 藏书超过 100 万册的图书馆、书库	除一类高层公共建筑外的其他高层公共建筑	1. 建筑高度大于 24m 的单层公共建筑； 2. 建筑高度不大于 24m 的其他公共建筑

二、室外消火栓给水系统

城镇应沿可通行消防车的街道设置市政消火栓系统；民用建筑周围以及用于消防救援

和消防车停靠的屋面上，应设置建筑室外消火栓给水系统。

市政消防给水设计流量，应根据当地火灾统计资料、火灾扑救用水量统计资料、灭火用水量保证率、建筑的组成和市政给水管网运行合理性等因素综合分析计算确定。

建筑物室外消火栓设计流量，应根据建筑物的用途功能、体积、耐火等级、火灾危险性等因素综合分析确定。

市政和建筑物室外消火栓给水系统的设置要求如下。

（1）市政消火栓和建筑物室外消火栓应采用湿式消火栓系统。

（2）市政和建筑物室外消火栓宜采用地上式消火栓；在严寒、寒冷等冬季结冰地区宜采用干式地上式室外消火栓；严寒地区宜增设消防水鹤。地下式消火栓应有明显的永久性标志。

（3）市政消火栓应沿道路一侧设置，并宜靠近十字路口；但当市政道路宽度大于60m时，应在道路两侧交叉错落设置市政消火栓。市政桥桥头和城市交通隧道出入口等市政公用设施处，应设置市政消火栓。

（4）建筑物室外消火栓的数量应根据室外消火栓设计流量和保护半径经计算确定。建筑物室外消火栓宜沿建筑周围均匀布置，且不宜集中布置在建筑一侧；建筑消防扑救面一侧的室外消火栓数量不宜少于2个。人防工程、地下工程等建筑物应在出入口附近设置建筑物室外消火栓，且距出入口的距离不宜小于5m，并不宜大于40m。停车场的室外消火栓宜沿停车场周边布置，且与最近一排汽车的距离不宜小于7m，距加油站或油库不宜小于15m。

（5）甲、乙、丙类液体储罐区和液化烃罐区等构筑物的室外消火栓，应设在防火堤或防护墙外，数量应根据计算确定，但距罐壁15m范围内的消火栓，不应计算在该罐可使用的数量内。工艺装置区等采用高压或临时高压消防给水系统的场所，其周围应设置室外消火栓，数量应根据设计流量经计算确定，且间距不应大于60m。当工艺装置区宽度大于120m时，宜在该装置区的路边设置室外消火栓。

（6）市政和建筑物室外消火栓的保护半径不应超过150m，间距不应大于120m。

（7）市政和建筑物室外消火栓应布置在消防车易于接近的人行道和绿地等地点，且不应妨碍交通，并应符合下列规定：

1）消火栓距路边不宜小于0.5m，并不应大于2.0m；距建筑外墙或外墙边缘不宜小于5.0m。

2）消火栓应避免设置在机械易撞击的地点；确有困难时，应采取防撞措施。

例13-6 （2006）室外消火栓的设置，下列哪个示意图是正确的？（图中间距的单位为m）

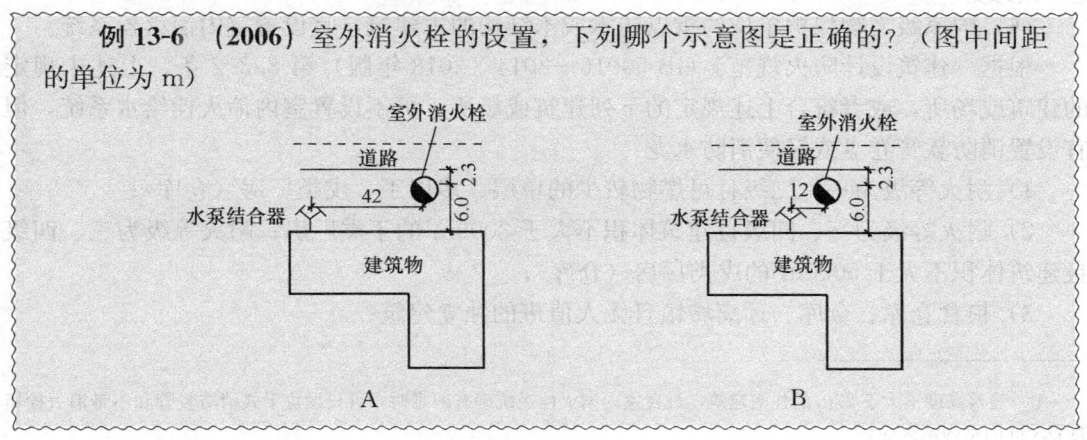

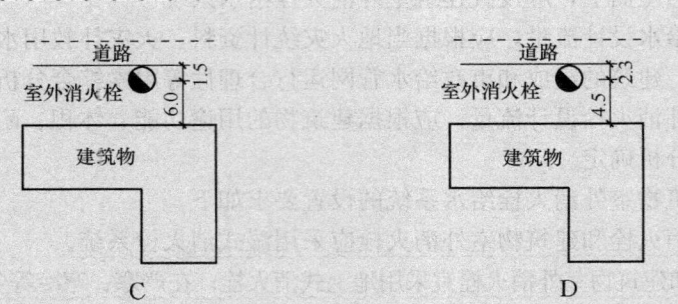

解析:《消防给水及消火栓系统技术规范》GB 50974—2014 第 7.2.6 条,市政消火栓应布置在消防车易于接近的人行道和绿地等地点,且不应妨碍交通,并应符合下列规定:

(1) 市政消火栓距路边不宜小于 0.5m,并不应大于 2.0m;

(2) 市政消火栓距建筑外墙或外墙边缘不宜小于 5.0m。

答案: C

三、室内消火栓给水系统

(一) 设置场所

根据《建筑设计防火规范》GB 50016—2014(2018 年版)第 8.2.1 条,下列建筑或场所应设置室内消火栓给水系统:

(1) 建筑占地面积大于 300m² 的厂房和仓库。

(2) 高层公共建筑和建筑高度大于 21m 的住宅建筑①。

(3) 体积大于 5000m³ 的车站、码头、机场的候车(船、机)建筑、展览建筑、商店建筑、旅馆建筑、医疗建筑和图书馆建筑等单、多层建筑。

(4) 特等、甲等剧场,超过 800 个座位的其他等级的剧场和电影院等以及超过 1200 个座位的礼堂、体育馆等单、多层建筑。

(5) 建筑高度大于 15m 或体积大于 10000m³ 的办公建筑、教学建筑和其他单、多层民用建筑。

(6) 国家级文物保护单位的重点砖木或木结构的古建筑,宜设置室内消火栓系统。

根据《建筑设计防火规范》GB 50016—2014(2018 年版)第 8.2.2 条,上述未规定的建筑或场所,或者符合上述规定的下列建筑或场所,可不设置室内消火栓给水系统,但宜设置消防软管卷盘或轻便消防水龙:

1) 耐火等级为一、二级且可燃物较少的单层、多层丁、戊类厂房(仓库);

2) 耐火等级为三、四级且建筑体积不大于 3000m³ 的丁类厂房;耐火等级为三、四级且建筑体积不大于 5000m³ 的戊类厂房(仓库);

3) 粮食仓库、金库、远离城镇且无人值班的独立建筑;

---

① 建筑高度不大于 27m 的住宅建筑,设置室内消火栓系统确有困难时,可只设置干式消防竖管和不带消火栓箱的 DN65 的室内消火栓。

4）存有与水接触能引起燃烧爆炸的物品的建筑；

5）室内无生产、生活给水管道，室外消防用水取自储水池且建筑体积不大于5000m³的其他建筑。

（二）系统组成

室内消火栓给水系统一般由消火栓设备、消防管道及附件、消防增压贮水设备、水泵接合器等组成。其中，消火栓设备由消火栓、水枪、水龙带组成，均安装于消火栓箱内。消防增压贮水设备主要包括消防水泵、消防水池和高位消防水箱。水泵接合器是连接消防车向室内消防给水系统加压供水的装置，有地下式、地上式、墙壁式三种类型。

建筑物室内消火栓设计流量，应根据建筑物的用途功能、体积、高度、耐火等级、火灾危险性等因素综合确定。消防软管卷盘、轻便消防水龙及多层住宅楼梯间中的干式消防竖管的流量，可不计入室内消防给水设计流量。

（三）设置要求

1. 消火栓设备

设有室内消火栓的建筑，包括设备层在内的各层均应设置消火栓。室内消火栓的选型应根据使用者、火灾危险性、火灾类型和不同灭火功能等因素综合确定。

屋顶设有直升机停机坪的建筑，应在停机坪出入口处或非电器设备机房处设置消火栓，且距停机坪机位边缘的距离不应小于5.0m。

消防电梯前室应设置室内消火栓，并应计入消火栓使用的数量。

建筑物内消火栓的设置位置应满足火灾扑救要求，且符合下列规定：室内消火栓应设置在楼梯间及其休息平台和前室、走道等明显易于取用，以及便于火灾扑救的位置；汽车库内消火栓的设置不应影响汽车的通行和车位的设置，并应确保消火栓的开启；同一楼梯间及其附近不同层设置的消火栓，其平面位置宜相同；冷库的室内消火栓应设置在常温穿堂或楼梯间内。

建筑室内消火栓栓口的安装高度应便于消防水龙带的连接和使用，其距地面高度宜为1.1m，其出水方向宜与设置消火栓的墙面成90°角或向下。

室内消火栓的布置应满足同一平面有2支消防水枪的2股充实水柱同时达到任何部位的要求，但建筑高度小于或等于24.0m且体积小于或等于5000m³的多层仓库、建筑高度小于或等于54m且每单元设置一部疏散楼梯的住宅，以及《消防给水及消火栓系统技术规范》GB 50974—2014规定可采用1支消防水枪的场所，可采用1支消防水枪的1股充实水柱到达室内任何部位。消火栓的布置间距不应大于30m；消火栓按1支水枪的1股充实水柱布置的建筑物，消火栓的布置间距不应大于50m。

2. 消防管道及阀门

室内消火栓系统管网应连成环状，当室外消火栓设计流量不大于20L/s，且室内消火栓不超过10个时，可布置成枝状。向环状管网供水的输水干管不应少于两条，当其中一条发生故障时，其余的输水干管应仍能满足消防给水设计流量。

室内消火栓竖管管径应根据竖管最低流量经计算确定，但不应小于100mm。

室内消火栓环状给水管道检修时应符合下列规定：检修时，关闭停用的消防竖管不超过1根，当竖管超过4根时，可关闭不相邻的两根；每根竖管与供水横干管连接处应设置阀门；同一层横干管上的消火栓，应采用阀门分成若干独立段，每段内室内消火栓的个数不应超过5个。

3. 消防水泵

消防给水系统一般应设置备用水泵，但对于建筑高度小于54m的住宅、室外消防给水设计流量小于等于25L/s的建筑、室内消防用水量小于10L/s的建筑，可不设备用泵。

消防水泵应确保从接到启泵信号到正常运转的自动启动时间不大于2min。

消防水泵房中，应设置起重设施；主要通道宽度不应小于1.2m；应至少有一个可以搬运最大设备的门。此外，消防水泵房还应根据具体情况设计相应的供暖、通风和排水设施：①严寒、寒冷等冬季结冰地区采暖温度不应低于10℃，但当无人值守时不应低于5℃；②通风宜按6次/h设计；③应设置排水设施。

消防水泵不宜设在有防振或有安静要求房间的上一层、下一层和毗邻位置，当必须时，应采取下列降噪减振措施：①应采用低噪声水泵；②水泵机组应设隔振装置；③水泵吸水管和出水管上应设隔振装置；④泵房内的管道支架和管道穿墙及穿楼板处，应采取防止固体传声的措施；⑤泵房内墙应采取隔声吸声的技术措施。

消防水泵房应采取防水淹没的技术措施。

独立建造的消防水泵房，其耐火等级不应低于二级。附设在建筑物内的消防水泵房，不应设置在地下三层及以下，或室内地面与室外出入口地坪高差大于10m的地下楼层。附设在建筑内的消防水泵房，应采用耐火极限不低于2.0h的隔墙和1.50h的楼板与其他部位隔开，其疏散门应直通安全出口，且开向疏散走道的门应采用甲级防火门。

当采用柴油机消防水泵时宜设置独立消防水泵房，并应设置满足柴油机运行的通风、排烟和阻火设施。

4. 高位消防水箱

高位消防水箱的有效容积应满足初期火灾消防用水量的要求，并应符合下列规定：

(1) 一类高层公共建筑，不应小于$36m^3$，但当建筑高度大于100m时，不应小于$50m^3$，当建筑高度大于150m时，不应小于$100m^3$。

(2) 多层公共建筑、二类高层公共建筑和一类高层住宅，不应小于$18m^3$；当一类高层住宅建筑高度超过100m时，不应小于$36m^3$。

(3) 二类高层住宅，不应小于$12m^3$。

(4) 建筑高度大于21m的多层住宅，不应小于$6m^3$。

高位消防水箱的设置位置应高于其所服务的灭火设施，且最低有效水位应满足水灭火设施最不利点处的静水压力，并应按下列规定确定：

(1) 一类高层公共建筑，不应低于0.1MPa，但当建筑高度超过100m时，不应低于0.15MPa。

(2) 高层住宅、二类高层公共建筑、多层公共建筑，不应低于0.07MPa，多层住宅不宜低于0.07MPa。

(3) 工业建筑不应低于0.10MPa，当建筑体积小于$20000m^3$时，不宜低于0.07MPa。

(4) 自动喷水灭火系统应根据喷头灭火所需压力确定，但最小不应小于0.1MPa。

5. 消防水池

当室外消防水源供给能力不足或不可靠时，需设置消防水池以贮存火灾延续时间内的室内外消防用水量。当室外给水管网能保证室外消防用水量时，仅贮存火灾延续时间内的室内消防用水量；当室外管网不能保证室外消防用水量时，除了贮存火灾延续时间内的室内消防用水量之外，还应贮存室外消防用水量不足部分的水量。

消防水池有效容积及设置要求如本章第一节所示；此外，消防水池补水时间不宜超过48h。消防用水与生产、生活用水合并水池，应采取确保消防用水不作他用的技术措施，如图13-9所示。

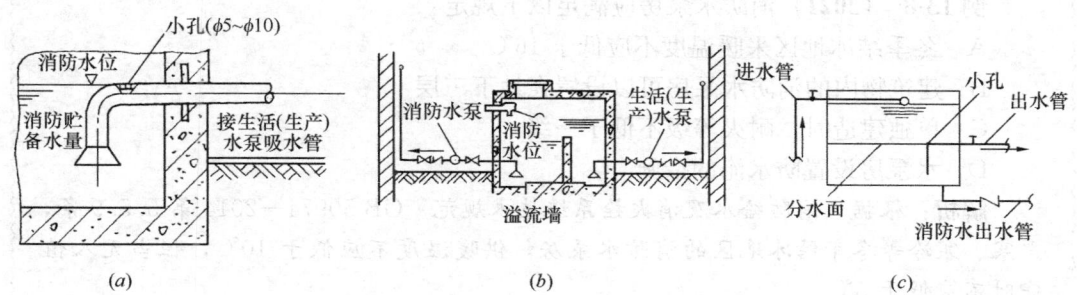

图13-9　消防、生产、生活合用水池的水质水量保护措施
(a) 在生产（生活）水泵吸水管上开小孔形成虹吸出流；(b) 在贮水池中设溢流墙，生活（生产）用水经消防用水贮存部分出流；(c) 在水箱出水管上设小孔形成虹吸出流

消防水池的出水、排水和水位应符合下列规定：
（1）消防水池的出水管应保证消防水池的有效容积能被全部利用。
（2）消防水池应设置就地水位显示装置，并应在消防控制中心或值班室等地点设置显示消防水池水位的装置，同时应有最高和最低报警水位。
（3）消防水池应设置溢流水管和排水设施，并应采用间接排水。

6. 水泵接合器

下列场所的室内消火栓给水系统应设置消防水泵接合器：
（1）高层民用建筑。
（2）设有消防给水的住宅、超过5层的其他多层民用建筑。
（3）超过2层或建筑面积大于10000m² 的地下或半地下建筑（室）、室内消火栓设计流量大于10L/s平战结合的人防工程。
（4）高层工业建筑和超过4层的多层工业建筑。
（5）城市交通隧道。

自动喷水灭火系统、水喷雾灭火系统、泡沫灭火系统和固定消防炮灭火系统等水灭火系统，均应设置消防水泵接合器。

水泵接合器应设在室外便于消防车使用的地点，且距室外消火栓或消防水池的距离不宜小于15m，并不宜大于40m。

例 13-7　（2006） 水泵接合器应设在室外便于消防车使用的地点，距室外消火栓或消防水池的距离宜为：

　　A　50m　　　　B　15～40m　　　C　10m　　　D　5m

解析：《消防给水及消火栓系统技术规范》GB 50974—2014 第5.4.7条，水泵接合器应设在室外便于消防车使用的地点,且距室外消火栓或消防水池的距离不宜小于15m,并不宜大于40m。

答案:B

例13-8 (2021)消防水泵房应满足以下规定:
A 冬季结冰地区采暖温度不应低于16℃
B 建筑物内的消防水泵房可以设置在地下三层
C 单独建造时,耐火等级不低于一级
D 水泵房设置防水淹的措施

解析:根据《消防给水及消火栓系统技术规范》GB 50974—2014 第5.5.9条,严寒、寒冷等冬季结冰地区的消防水泵房,供暖温度不应低于10℃,但当无人值守时不应低于5℃。

第5.5.12条,独立建造的消防水泵房耐火等级不应低于二级;附设在建筑物内的消防水泵房,不应设置在地下三层及以下;

第5.5.14条,消防水泵房应采取防水淹没的技术措施。

答案:D

四、自动喷水灭火系统

(一)设置场所及要求

在人员密集、不易疏散、外部增援灭火与救生较困难、性质重要或火灾危害性较大的场所,应采用自动喷水灭火系统,其具体要求如下。

《建筑设计防火规范》GB 50016—2014(2018年版)的相关规定:

下列建筑或场所除不宜用水保护或灭火者外,宜设置自动喷水灭火系统:

1. 厂房或生产部位

(1)不小于50000纱锭的棉纺厂的开包、清花车间,不小于5000锭的麻纺厂的分级、梳麻车间,火柴厂的烤梗、筛选部位。

(2)占地面积大于1500㎡或总建筑面积大于3000㎡的单、多层制鞋、制衣、玩具及电子等类似用途的厂房。

(3)占地面积大于1500㎡的木器厂房。

(4)泡沫塑料厂的预发、成型、切片、压花部位。

(5)高层乙、丙类厂房。

(6)建筑面积大于500㎡的地下或半地下丙类厂房。

2. 高层民用建筑

(1)一类高层公共建筑(除游泳池、溜冰场外)及其地下、半地下室。

(2)二类高层公共建筑及其地下、半地下室的公共活动用房、走道、办公室和旅馆的客房、可燃物品库房、自动扶梯底部。

(3)高层民用建筑内的歌舞娱乐放映游艺场所。

(4) 建筑高度大于100m的住宅建筑。

3. 单、多层民用建筑

(1) 特等、甲等剧场，超过1500个座位的其他等级的剧场，超过2000个座位的会堂或礼堂，超过3000个座位的体育馆，超过5000人的体育场的室内人员休息室与器材间等。

(2) 任一层建筑面积大于1500m²或总建筑面积大于3000m²的展览、商店、餐饮和旅馆建筑以及医院中同样建筑规模的病房楼、门诊楼和手术部。

(3) 设置送回风道（管）的集中空气调节系统且总建筑面积大于3000m²的办公建筑等。

(4) 藏书量超过50万册的图书馆。

(5) 大、中型幼儿园的儿童用房等场所，总建筑面积大于500m²的老年人建筑。

(6) 总建筑面积大于500m²的地下或半地下商店。

(7) 设置在地下或半地下或地上四层及以上楼层的歌舞娱乐放映游艺场所（除游泳场所外），设置在首层、二层和三层且任一层建筑面积大于300m²的地上歌舞娱乐放映游艺场所（除游泳场所外）。

《汽车库、修车库、停车场设计防火规范》GB 50067—2014的相关规定：

Ⅰ、Ⅱ、Ⅲ类地上汽车库；停车数大于10辆的地下汽车库、半地下汽车库；机械式汽车库；采用汽车专用升降梯作汽车疏散出口的汽车库；Ⅰ类修车库；均应设置自动灭火系统。

下列场所宜采用水喷雾灭火系统：

(1) 单台容量在40MVA及以上的厂矿企业油浸电力变压器，单台容量在90MVA及以上的电厂油浸电力变压器，单台容量在125MVA及以上的独立变电所油浸电力变压器。

(2) 飞机发动机试验台的试车部位。

(3) 充可燃油并设置在高层民用建筑内的高压电容器和多油开关室。

（二）系统分类及组成

根据喷头的开闭形式，可分为闭式系统和开式系统。常用的闭式系统有湿式、干式和预作用式；开式系统有雨淋系统和水幕系统。

1. 湿式自动喷水灭火系统

一般由湿式报警阀组、闭式喷头、供水管道、增压贮水设备、水泵接合器等组成，如图13-10所示。管网中充满有压水，当建筑物发生火灾，火点温度达到开启闭式喷头时，喷头出水灭火。该系统具有灭火及时，扑救效率高的优点；但由于管网中充有有压水，当渗漏时会损坏建筑装饰，影响建筑的正常使用。该系统适用于环境温度$4℃<t<70℃$的建筑物。

2. 干式自动喷水灭火系统

一般由干式报警阀组、闭式喷头、供水管道、增压贮水设备、水泵接合器等组成。管网中平时不充水，充有有压空气（或氮气）。当建筑物发生火灾，火点温度达到开启闭式喷头时，喷头开启，排气、充水、灭火。该系统灭火不如湿式系统及时；但由于管网中平时不充水，对建筑装饰无影响，对环境温度也无要求。该系统适用于$t≤4℃$或$t>70℃$的

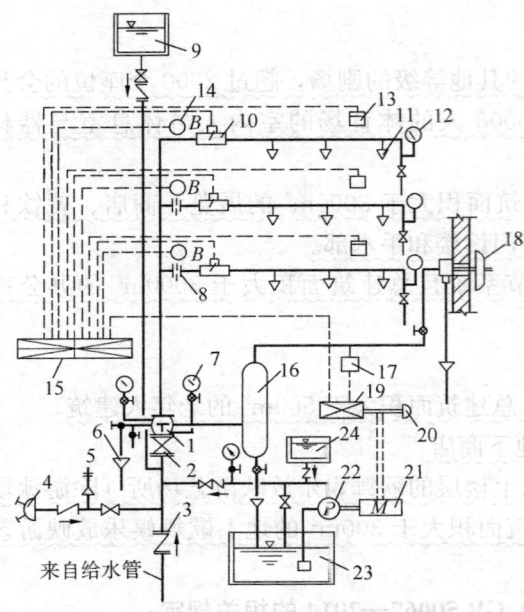

图 13-10 闭式自动喷水灭火系统示意（湿式）
1—湿式报警阀；2—闸阀；3—止回阀；4—水泵接合器；5—安全阀；6—排水漏斗；7—压力表；8—节流孔板；9—高位水箱；10—水流指示器；11—闭式喷头；12—压力表；13—感烟探测器；14—火灾报警装置；15—火灾收信机；16—延迟器；17—压力继电器；18—水力警铃；19—电气自控箱；20—按钮；21—电动机；22—水泵；23—蓄水池；24—水泵灌水箱

3. 预作用式自动喷水灭火系统

一般由预作用阀、火灾探测系统、闭式喷头、供水管道、增压贮水设备、水泵接合器等组成。管网中平时不充水（无压），当建筑物发生火灾时，火灾探测器报警后，自动控制系统控制阀门排气充水，由干式变为湿式系统。只有当着火点温度达到开启闭式喷头时，才开始喷水灭火。该系统弥补了干式和湿式两种系统的缺点，适用于对建筑装饰要求高，要求灭火及时的建筑物。

4. 雨淋喷水灭火系统

一般由雨淋阀、火灾探测系统、开式喷头、供水管道、增压贮水设备、水泵接合器等组成；是喷头常开的灭火系统。当建筑物发生火灾时，由自动控制装置打开雨淋阀，使保护区域的所有喷头喷水灭火。具有出水量大，灭火及时的优点。适用于火灾蔓延快、危险性大的建筑或部位。

5. 水幕系统

一般由雨淋阀、火灾探测系统、水幕喷头、供水管道、增压贮水设备、水泵接合器等组成，是喷头常开的灭火系统。发生火灾时主要起阻火、冷却、隔离作用。防护冷却水幕应直接将水喷向被保护对象；防火分隔水幕不宜用于尺寸超过 15m（宽）×8m（高）的开口（舞台口除外）。

（三）一般规定

自动喷水系统选型应根据设置场所的建筑特征、环境条件和火灾特点等选择相应的开式或闭式系统。露天场所不宜采用闭式系统。

自动喷水灭火系统的用水应无污染、无腐蚀、无悬浮物。

设置自动喷水灭火系统场所的火灾危险等级，应划分为轻危险级、中危险级（Ⅰ级、Ⅱ级）、严重危险级（Ⅰ级、Ⅱ级）和仓库危险级（Ⅰ级、Ⅱ级、Ⅲ级）。设置场所危险等级的划分，应根据设置场所的用途、容纳物品的火灾荷载及室内空间条件等因素，在分析火灾特点和热气流驱动洒水喷头开放及喷水到位的难易程度后确定。民用建筑和厂房采用湿式系统的设计基本参数如表 13-8、表 13-9 所示。

自动喷水灭火系统的喷头，根据产品安装方式不同，可分为普通型、下垂型、直立型、边墙型、吊顶隐蔽型；根据响应时间不同，可分为标准响应型、快速响应型。同一隔间内应采用热敏性能相同的喷头。

民用建筑和厂房采用湿式系统的设计基本参数 表13-8

火灾危险等级		最大净空高度 h (m)	喷水强度 [L/(min·m²)]	作用面积 (m²)
轻危险级		$h≤8$	4	160
中危险级	Ⅰ级		6	160
	Ⅱ级		8	
严重危险级	Ⅰ级		12	260
	Ⅱ级		16	

注：系统最不利点处洒水喷头的工作压力不应低于0.05MPa。

民用建筑和厂房高大空间场所采用湿式系统的设计基本参数 表13-9

适用场所		最大净空高度 h (m)	喷水强度 [L/(min·m²)]	作用面积 (m²)	喷头间距 S (m)
民用建筑	中庭、体育馆、航站楼等	$8<h≤12$	12	160	$1.8≤S≤3.0$
		$12<h≤18$	15		
厂房	影剧院、音乐厅、会展中心等	$8<h≤12$	15		
		$12<h≤18$	20		
	制衣制鞋、玩具、木器、电子生产车间等	$8<h≤12$	15		
	棉纺厂、麻纺厂、泡沫塑料生产车间等		20		

注：1. 表中未列入的场所，应根据本表规定场所的火灾危险性类比确定；
2. 当民用建筑高大空间场所的最大净空高度为$12m<h≤18m$时，应采用非仓库型特殊应用喷头。

干式系统、预作用系统应采用直立型或干式下垂型。

下列场所宜采用快速响应喷头：①公共娱乐场所、中庭环廊；②医院、疗养院的病房及治疗区域，老年、少儿、残疾人的集体活动场所；③超出消防水泵接合器供水高度的楼层；④地下商业场所。

报警阀组宜设在安全及易于操作的地点，报警阀距地面的高度宜为1.2m。设置报警阀组的部位应设有排水设施。

五、消防排水

（1）下列建筑物和场所应采取消防排水措施：①消防水泵房；②设有消防给水系统的地下室；③消防电梯的井底；④仓库。

消防电梯井底的排水井容量不应小于2m³，排水泵的排水量不应小于10L/s。消防电梯间前室的门口宜设置挡水设施。消防电梯井、机房与相邻电梯井、机房之间应设置耐火极限不低于 2.00h 的防火隔墙，隔墙上的门应采用甲级防火门。

（2）室内消防排水宜排入室外雨水管道，地下式的消防排水设施宜与地下室其他地面废水排水设施共用。

例 13-9 （2005）自动喷水灭火系统水源水质的要求，以下哪条错误？
A　无污染　　　　　　　　　　B　无细菌
C　无腐蚀　　　　　　　　　　D　无悬浮物
解析： 根据《自动喷水灭火系统设计规范》GB 50084—2017 第 10.1.1 条，自动喷水灭火系统的用水应无污染、无腐蚀、无悬浮物。
答案： B

第五节　建 筑 排 水 系 统

建筑排水系统分为生活排水系统、工业废水排水系统和雨水排水系统。其中，生活排水系统用于排除人们生活过程中产生的污水和废水；工业废水排水系统用于排除生产过程中产生的污水和废水；雨水排水系统用于排除屋面和室外地面的雨雪水。生活污水是指大便器（槽）、小便器（槽）等排放的粪便水；生活废水是指洗脸盆、洗衣机、浴盆、淋浴器、洗涤盆等排水，与粪便水相比，水质污染程度较轻。生活排水应与雨水分流排出。

一、生活排水系统

生活排水系统应具有如下功能：使污、废水迅速安全地排出室外；减少管道内部气压波动，防止系统中的水封被破坏；防止有毒有害气体进入室内。

（一）组成与排水体制

生活排水系统一般由卫生器具和生产设备受水器、排水管道、通气管道、清通设施、提升设备、污水局部处理构筑物等部分构成。

排水体制应考虑室内污水性质、污染程度、污水量，室外排水系统体制、处理要求以及有利于综合利用。

（1）在下列情况下，建筑物内宜采用生活污水与生活废水分流的排水系统：

1）当政府有关部门要求污水、废水分流且生活污水需经化粪池处理后才能排入城镇排水管道时；

2）生活废水需回收利用时。

（2）消防排水、生活水池（箱）排水、游泳池放空排水、空调冷凝排水、室内水景排水、无洗车的车库和无机修的机房地面排水等宜与生活废水分流，单独设置废水管道排入室外雨水管道。

（3）下列建筑排水应单独排水至水处理或回收构筑物：

1) 职工食堂、营业餐厅的厨房含有大量油脂的废水；
2) 洗车冲洗水；
3) 含有致病菌、放射性元素等超过排放标准的医疗、科研机构的污水；
4) 水温超过40℃的锅炉排污水；
5) 用作中水水源的生活排水；
6) 实验室有害有毒废水；
7) 应急防疫隔离区及医疗保健站的排水。

（二）排水定额与最小管径

住宅和公共建筑生活排水定额和小时变化系数应与其相应公共建筑生活给水用水定额和小时变化系数相同。小区室外生活排水的最大小时排水流量，应按住宅生活给水最大小时流量与公共建筑生活给水最大小时流量之和的85%～95%确定。

当公共食堂厨房内的污水采用管道排除时，其管径应比计算管径大一级，但干管管径不得小于100mm，支管管径不得小于75mm；大便器排水管最小管径不得小于100mm。建筑物内排出管最小管径不得小于50mm。多层住宅厨房间的立管管径不宜小于75mm。小便槽或连接3个及3个以上的小便器，其污水支管管径不宜小于75mm；医院污物洗涤盆（池）和污水盆（池）的排水管管径，不得小于75mm。单根排水立管的排出管宜与排水立管管径相同；公共浴池的泄水管不宜小于100mm。

（三）排水管道的布置与敷设

排水管道的布置与敷设在保证排水通畅、安全可靠的前提下，还应兼顾经济、施工、管理、美观等因素。

1. 排水通畅、水力条件好

（1）排水支管不宜太长，尽量少转弯，连接的卫生器具不宜太多。
（2）立管宜靠近外墙，靠近排水量大、水中杂质多的卫生器具。
（3）排水管以最短距离排至室外，尽量避免在室内转弯。
（4）在选择管件时，应选用顺水三通、顺水四通等。
（5）地下室、半地下室中的卫生器具和地漏不得与上部排水管道连接，应采用压力流排水系统，并应保证污水、废水安全可靠地排出。

2. 保护排水管道不受损坏

（1）排水管道不得穿过变形缝、烟道和风道。
（2）埋地管道不得布置在可能受重物压坏处或穿越生产设备基础。
（3）排水管道应避免布置在易受机械撞击处。塑料排水管不应布置在热源附近；当不能避免且管道表面受热温度大于60℃时，应采取隔热措施。塑料排水立管与家用灶具边净距不得小于0.4m。
（4）小区生活排水管道宜与道路和建筑物的周边平行布置，且在人行道或草地下；管道中心线距建筑物外墙的距离不宜小于3m，管道不应布置在乔木下面；管道与道路交叉时，宜垂直于道路中心线；干管应靠近主要排水建筑物，并布置在连接支管较多的路边侧。
（5）小区排水管道最小覆土深度应根据道路的行车等级、管材的受压强度、地基承载力等因素经计算确定，并应符合下列要求：

1) 小区干道和小区组团道路下的生活排水管道，其覆土深度不宜小于0.70m；

2) 生活排水管道埋设深度不得高于土壤冰冻线以上 0.15m，且覆土深度不宜小于 0.30m。当采用埋地塑料管道时，排出管埋设深度可不高于土壤冰冻线以上 0.50m。

3. 保证设有排水管道的房间或场所能正常使用

（1）排水管道不得穿越下列场所：
1）卧室、客房、病房和宿舍等人员居住的房间；
2）生活饮用水池（箱）上方；
3）遇水会引起燃烧、爆炸的原料、产品和设备的上面；
4）食堂厨房和饮食业厨房的主副食操作、烹调和备餐的上方。

（2）排水管道不得敷设在食品和贵重商品仓库、通风小室、电气机房和电梯机房内。

（3）排水管道不宜穿越橱窗、壁柜，不得穿越贮藏室。

（4）排水管、通气管不得穿越住宅客厅、餐厅，排水立管不宜靠近与卧室相邻的内墙。

（5）在有设备和地面排水的场所，应设置地漏，具体包括：
1）卫生间、盥洗室、淋浴间、开水间；
2）在洗衣机、直饮水设备、开水器等设备的附近；
3）食堂、餐饮业厨房间。

（6）地漏应设置在易溅水的器具或冲洗水嘴附近，且应在地面的最低处。地漏的类型应根据排水的性质合理确定：
1）食堂、厨房和公共浴室等排水宜设置网筐式地漏；
2）不经常排水的场所设置地漏时，应采用密闭地漏；
3）事故排水地漏不宜设水封，连接地漏的排水管道应采用间接排水；
4）设备排水应采用直通式地漏；
5）地下车库如有消防排水时，宜设置大流量专用地漏。

（7）室外检查井井盖应有防盗、防坠落措施，检查井、阀门井井盖上应具有属性标识。位于车行道的检查井、阀门井，应采用具有足够承载力和稳定性良好的井盖与井座。

4. 室内环境卫生条件好

当卫生间的排水支管要求不得穿越楼板进入下层用户时，应设置成同层排水。排水立管最低排水横支管与立管连接处距排水立管管底的垂直距离不得小于规定要求，如表 13-10 所示。

最低排水横支管与立管连接处至立管管底的最小垂直距离　　　　　　　　　　表 13-10

立管连接卫生器具的层数	垂直距离（m）	
	仅设伸顶通气	设通气立管
≤4	0.45	按配件最小安装尺寸确定
5～6	0.75	
7～12	1.20	
13～19	底层单独排出	0.75
≥20		1.20

室内生活排水系统不得向室内散发浊气或臭气等有害气体。当构造内无存水弯的卫生

器具或无水封的地漏、设备或排水沟的排水口，与生活污水管道连接时，必须在排水口以下设置存水弯。室内生活废水排水沟与室外生活污水管道连接处，应设水封装置。水封装置的水封深度不得小于50mm。严禁采用活动机械活瓣替代水封；严禁采用钟罩式结构地漏。医疗卫生机构内门诊、病房、化验室、实验室等不在同一房间内的卫生器具不得共用存水弯。卫生器具排水管段上不得重复设置水封。

当排水管道外表面可能结露时，应根据建筑物性质和使用要求，采取防结露措施等。
下列构筑物和设备的排水管与生活排水管道系统连接，应采取间接排水的方式：
（1）生活饮用水箱（池）、中水箱（池）、雨水清水池的泄水管和溢流管。
（2）开水器、热水器排水。
（3）非传染医疗灭菌消毒设备的排水。
（4）传染病医疗消毒设备的排水应独立收集、处理。
（5）蒸发式冷却器、空调设备冷凝水的排水。
（6）贮存食品或饮料的冷藏库房的地面排水和冷风机融霜水盘的排水。

5. 施工安装、维护管理方便

排水管道应有黄棕色环标识。排水管道宜在地下或楼板垫层中埋设或在地面上、楼板下明设。当建筑有要求时，可在管槽、管道井、管廊、管沟或吊顶、架空层内暗设；但应便于安装和检修。在气温较高、全年不结冻的地区，可沿建筑物外墙敷设。管道不应敷设在楼层结构层或结构柱内。

在生活排水管道上，应按规定设置检查口和清扫口。室外生活排水管道应在下列位置设置检查井：在管道转弯和连接处；在管道的管径、坡度改变、跌水处；当检查井井距过长时，在井距中间处。

室内生活废水在下列情况下，宜采用有盖的排水沟排除：
（1）废水中含有大量悬浮物或沉淀物，需经常冲洗。
（2）设备排水支管很多，用管道连接有困难。
（3）设备排水点的位置不固定。
（4）地面需经常冲洗。

6. 占地面积小，总管线短、工程造价低

排水管材选择应符合下列要求：
（1）室内生活排水管道应采用建筑排水塑料管材、柔性接口机制排水铸铁管及相应管件；通气管材宜与排水管管材一致。
（2）排水管道及管件的材质应耐腐蚀，应具有承受不低于40℃排水温度且连续排水的耐温能力。接口安装连接应可靠、安全。
（3）压力排水管道可采用耐压塑料管、金属管或钢塑复合管。

例13-10 （2012）下列有关排水管敷设要求的说法中，错误的是：
A 不得穿越卧室 B 不得穿越餐厅
C 暗装时可穿越客厅 D 不宜穿越橱窗

解析：根据《建筑给水排水设计标准》GB 50015—2019第4.4.1条，建筑内排水管道布置应符合下列规定：

(1) 自卫生器具排至室外检查井的距离应最短，管道转弯应最少；

(2) 排水立管宜靠近排水量最大或水质最差的排水点；

(3) 排水管道不得敷设在食品和贵重商品仓库、通风小室、电气机房和电梯机房内；

(4) 排水管道不得穿过变形缝、烟道和风道；当排水管道必须穿过变形缝时，应采取相应技术措施；

(5) 排水埋地管道不得布置在可能受重物压坏处或穿越生产设备基础；

(6) 排水管、通气管不得穿越住户客厅、餐厅，排水立管不宜靠近与卧室相邻的内墙；

(7) 排水管道不宜穿越橱窗、壁柜，不得穿越贮藏室；

(8) 排水管道不应布置在易受机械撞击处；当不能避免时，应采取保护措施；

(9) 塑料排水管不应布置在热源附近；当不能避免，并导致管道表面受热温度大于60℃时，应采取隔热措施；塑料排水立管与家用灶具边净距不得小于0.4m；

(10) 当排水管道外表面可能结露时，应根据建筑物性质和使用要求，采取防结露措施。

答案：C

（四）通气管道布置与敷设

建筑内部通气管的主要作用是：

(1) 排出有毒有害气体，增大排水能力。

(2) 引进新鲜空气，防止管道腐蚀。

(3) 减小压力波动，防止水封破坏。

(4) 减小排水系统的噪声。

通气管道的主要类型有：普通伸顶通气管、专用通气管、环行通气管、器具通气管、主通气管、副通气管、自循环通气管等。通气管与排水管的典型连接模式如图13-11所示。

生活排水管道系统应根据排水系统的类型，管道布置、长度，卫生器设置数量等因素设置通气管。当底层生活排水管道单独排出且符合下列条件时，可不设通气管：

(1) 住宅排水管以户排出时。

(2) 公共建筑无通气的底层生活排水支管单独排出的最大卫生器具数量符合表13-11的规定时。

(3) 排水横管长度不应大于12m。

公共建筑无通气的底层生活排水支管单独排出的最大卫生器具数量 表13-11

排水横支管管径（mm）	卫生器具	数量
50	排水管径≤50mm	1
75	排水管径≤75mm	1
75	排水管径≤50mm	3
100	大便器	5

注：1. 排水横支管连接地漏时，地漏可不计数量。
　　2. DN100管道除连接大便器外，还可连接该卫生间配置的小便器及洗涤设备。

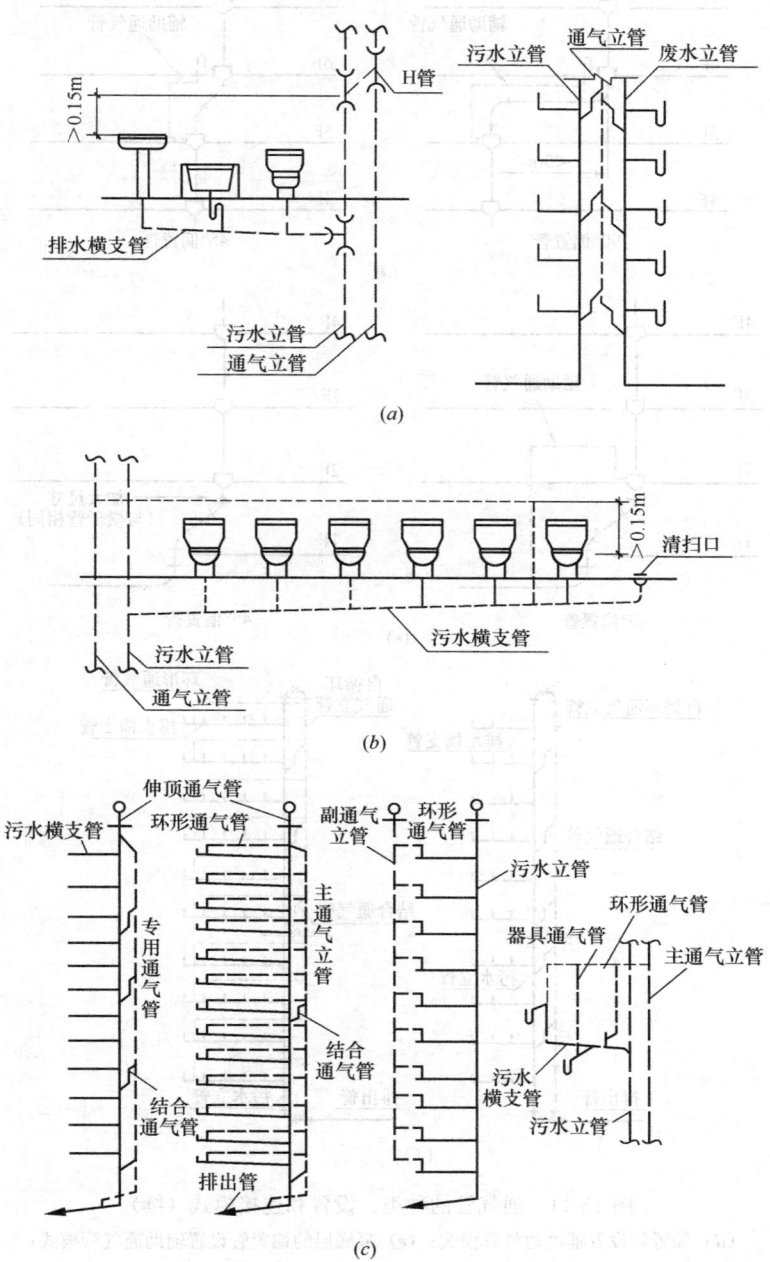

图 13-11 通气管的种类、设置和连接模式
(a) H 管与通气管和排水管的连接模式；(b) 环形通气管与排水管及连接模式；
(c) 专用通气管、主副通气管、器具通气管与排水管的连接模式

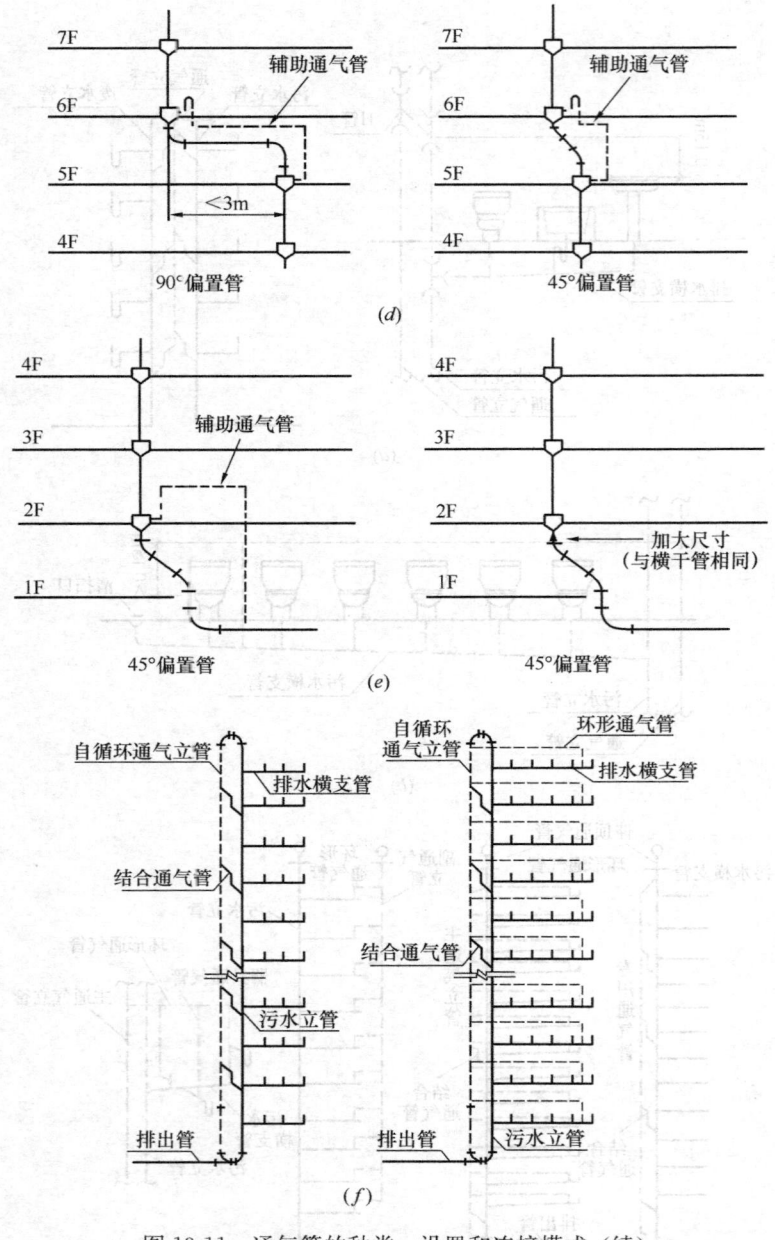

图 13-11 通气管的种类、设置和连接模式(续)
(d) 偏置管设置辅助通气管模式;(e) 最底层的偏置管设置辅助通气管模式;
(f) 自循环通气模式(左侧:专用通气自循环;右侧:环形通气自循环)

<u>生活排水管道的立管顶端应设置伸顶通气管</u>。当伸顶通气管无法伸出屋面时,可结合具体情况和标准要求,采用侧墙通气、自循环通气、吸气阀等措施。<u>伸顶通气管高出屋面不得小于 0.3m,且应大于当地最大积雪厚度</u>;在通气管的顶端应装设风帽或网罩。在<u>经常有人停留的平屋面上,通气管口应高出屋面 2m</u>。当伸顶通气管为金属管材时,应根据防雷要求设置防雷装置。在通气管口周围 4m 以内有门窗时,通气管口应高出窗顶 0.6m

或引向无门窗一侧。通气管口不宜设在建筑物挑出部分（如屋檐檐口、阳台和雨篷等）的下面。在全年不结冻的地区，可在室外设吸气阀替代伸顶通气管，吸气阀设在屋面隐蔽处。

伸顶通气管不允许或不可能单独伸出屋面时，可设置汇合通气管。通气立管不得接纳器具污水、废水和雨水，不得与风道和烟道连接。在建筑物内不得设置吸气阀替代器具通气管和环形通气管。

（五）污废水提升与局部处理

1. 集水池与污水泵

建筑物室内地面低于室外地面时，应设置污水集水池、污水泵或成品污水提升装置。

（1）地下停车库应按停车层设置地面排水系统，地面冲洗排水宜排入小区雨水系统；库内如设有洗车站时，应单独设集水井和污水泵，洗车水应排入小区生活污水系统。

（2）当生活污水集水池设置在室内地下室时，池盖应密封，且应设置在独立设备间内并设通风、通气管道系统。成品污水提升装置可设置在卫生间或敞开室间内，地面宜考虑排水措施。生活排水集水池设计应符合下列规定：

1）生活排水集水池有效容积不宜小于最大一台污水泵 5min 的出水量，且污水泵每小时启动次数不宜超过 6 次；成品污水提升装置的污水泵每小时启动次数应满足其产品技术要求；

2）集水池除满足有效容积外，还应满足水泵设置、水位控制器、格栅等安装、检查要求；

3）集水池设计最低水位，应满足水泵吸水要求；

4）集水池应设检修盖板；池底宜有不小于 0.05 坡度坡向泵位；集水坑的深度及平面尺寸，应按水泵类型而定；

5）污水集水池底宜设置池底冲洗管；

6）集水池应设置水位指示装置，必要时应设置超警戒水位报警装置，并将信号引至物业管理中心。

（3）生活排水集水池中排水泵应设置一台备用泵；当地下室、车库冲洗地面的排水，有 2 台及 2 台以上排水泵时，可不设备用泵；地下室设备机房的集水池当接纳设备排水、水箱排水、事故溢水时，根据排水量除应设置工作泵外，还应设置备用泵。

2. 化粪池

化粪池是一种利用沉淀和厌氧发酵原理，去除生活污水中悬浮性有机物的处理设施。

（1）化粪池的设置应符合下列要求：

1）化粪池距离地下取水构筑物的净距不得小于 30m。

2）化粪池宜设置在接户管的下游端、便于机动车清掏的位置。

3）化粪池池外壁距建筑物外墙不宜小于 5m，并不得影响建筑物基础。化粪池应设通气管，通气管排出口设置应满足安全环保要求。

（2）化粪池的构造，应符合下列要求：

1）化粪池的长度与深度、宽度的比例应按污水中悬浮物的沉降条件和积存数量，经水力计算确定；但深度（水面至池底）不得小于 1.30m，宽度不得小于 0.75m，长度不得小于 1.00m，圆形化粪池直径不得小于 1.00m；

2) 双格化粪池第一格的容量宜为计算总容量的75%；三格化粪池第一格的容量宜为总容量的60%，第二格和第三格各宜为总容量的20%；
3) 化粪池格与格、池与连接井之间应设通气孔洞；
4) 化粪池进水口、出水口应设置连接井与进水管、出水管相接；
5) 化粪池进水管口应设导流装置，出水口处及格与格之间应设拦截污泥浮渣的设施；
6) 化粪池池壁和池底．应防止渗漏；
7) 化粪池顶板上应设有人孔和盖板。

3. 医院污水处理

医院污水处理应符合下列规定：

（1）医院污水必须进行消毒处理。

（2）染病房的污水经消毒后可与普通病房污水进行合并处理。

（3）医院污水消毒宜采用氯消毒（成品次氯酸钠、氯片、漂白粉、漂粉精或液氯）；当运输或供应困难时，可采用现场制备次氯酸钠、化学法制备二氧化氯消毒方式；当有特殊要求并经技术经济比较合理时，可采用臭氧消毒法。

（4）医院建筑内含放射性物质、重金属及其他有毒、有害物质的污水，当不符合排放标准时，需进行单独处理达标后，方可排入医院污水处理站或城市排水管道。

4. 其他小型处理构筑物

（1）当排水温度高于40℃时，应优先考虑热量回收利用，当不可能或回收不合理时，在排入城镇排水管道排入口检测井处水温度高于40℃应设降温池。

（2）职工食堂和营业餐厅的含油脂污水，应经除油装置后方许排入室外污水管道。隔油设施应优先选用成品隔油装置。

（3）当生活污水处理站布置在建筑地下室时，应有专用隔间；设置生活污水处理设施的房间或地下室应有良好的通风系统，当处理构筑物为敞开式时，每小时换气次数不宜小于15次；当处理设施有盖板时，每小时换气次数不宜小于8次；生活污水处理间应设置除臭装置，其排放口位置应避免对周围人、畜、植物造成危害和影响。

（4）生活污水处理构筑物机械运行噪声不得超过现行国家标准《声环境质量标准》GB 3096的规定。对建筑物内运行噪声较大的机械应设独立隔间。

（5）小区生活污水处理设施的设置应符合下列规定：
1) 宜靠近接入市政管道的排放点；
2) 建筑小区处理站的位置宜在常年最小频率的上风向，且应用绿化带与建筑物隔开；
3) 处理站宜设置在绿地、停车坪及室外空地的地下。

二、雨水排水系统

建筑与居住小区应遵循源头减排原则，建设雨水控制与利用设施，减少对水生态环境的影响。降雨的年径流总量和外排径流峰值的控制应符合下列要求：①新建的建筑与居住小区应达到建设开发前的水平；②改建的建筑与居住小区应符合当地海绵城市建设专项规划要求。雨水控制利用设施的建设应充分利用周边区域的天然湖塘洼地、沼泽地、湿地等自然水体。

大于$10hm^2$的场地应进行雨水控制及利用专项设计，雨水控制及利用应采用土壤入渗系统、收集回用系统、调蓄排放系统。常年降雨条件下，应对屋面、硬化地面径流进行控制与利用。

雨水入渗不应引起地质灾害，不应损害建筑物和道路基础。下列场所不得采用雨水入渗系统：①可能造成坍塌、滑坡灾害的场所；②对居住环境以及自然环境造成危害的场所；③自重湿陷性黄土、膨胀土、高含盐土和黏土等特殊土壤地质场所。

根据雨水收集回用的用途，当有细菌学指标要求时，必须消毒后再利用。

（一）屋面雨水排水系统

屋面雨水收集或排水系统应独立设置，严禁与建筑生活污水、废水排水连接。

屋面雨水排水系统按照建筑内是否有雨水管道，可分为外排水和内排水；根据设计流派不同，可分为重力流和压力流。其中，外排水又分为檐沟外排水和天沟外排水；内排水根据悬吊管上连接的雨水斗个数，可分为单斗系统和多斗系统。严禁在民用建筑室内设置敞开式检查口或检查井。

建筑屋面雨水管道设计流态宜符合下列状态：①檐沟外排水宜按重力流设计；②长天沟外排水宜按满管压力流设计；③高层建筑屋面雨水排水宜按重力流设计；④工业厂房、库房、公共建筑的大型屋面雨水排水宜按满管压力流设计；在风沙大、粉尘大、降雨量小的地区，不宜采用满管压力流排水系统。

裙房的屋面雨水应单独排放，不得汇入高层建筑屋面排水管道系统。

阳台雨水不应与屋面雨水共用排水立管。当阳台雨水和阳台生活排水设施共用排水立管时，不得排入室外雨水管道。阳台雨水的立管可设置在阳台内部；当住宅阳台、露台雨水排入室外地面或雨水控制利用设施时，雨落水管应采取断接方式；当阳台、露台雨水排入小区污水管道时，应设水封井。当生活阳台设有生活排水设备及地漏时，应设专用排水立管接入污水排水系统，可不另设阳台雨水排水地漏。

在生产工艺或卫生有特殊要求的生产厂房和车间，贮存食品、贵重商品库房，通风小室、电气机房和电梯机房等场所，不应布置雨水管道。寒冷地区，雨水斗和天沟宜采用融冰措施，雨水立管宜布置在室内。天沟、檐沟排水不得流经变形缝和防火墙。天沟宽度不宜小于300mm，并应满足雨水斗安装要求，坡度不宜小于0.003。

建筑屋面各汇水范围内，雨水排水管立管不宜少于2根。建筑屋面雨水排水工程应设置溢流孔口或溢流管系等溢流设施，且溢流排水不得危害建筑设施和行人安全。下列情况下可不设溢流设施：①当采用外檐天沟排水、可直接散水的屋面雨水排水时；②民用建筑雨水管道单斗内排水系统、重力流多斗内排水系统按重现期大于或等于100a设计时。

屋面雨水排水系统的管道、附配件以及连接接口应能耐受屋面灌水高度产生的正压。雨水斗标高高于250m的屋面雨水系统，管道、附配件以及连接口承受能力不应小于2.5MPa。建筑高度超过100m的建筑的屋面雨水管道接入室外检查井时，检查井壁应有足够强度耐受雨水冲刷，井盖应能溢流雨水。

重力流雨水排水系统当采用外排水时，可选用建筑排水塑料管；当采用内排水雨水系统时，宜采用承压塑料管、金属管或涂塑钢管等管材；满管压力流雨水排水系统宜采用承压塑料管、金属管、涂塑钢管、内壁较光滑的带内衬的承压排水铸铁管等。

雨水斗与天沟、檐沟连接处应采取防水措施。

(二) 小区雨水排水系统

小区雨水排放应遵循源头减排的原则，在总体地面高程设计时，宜利用地形高程进行雨水自流排水；同时应采取防止滑坡、水土流失、塌方、泥石流、地（路）面结冻等地质灾害发生的技术措施。

小区雨水排水系统应与生活污水系统分流。雨水回用时，应设置独立的雨水收集管道系统，雨水利用系统处理后的水可在中水贮存池中与中水合并回用。小区雨水排水口应设置在雨水控制利用设施末端，以溢流形式排放；超过雨水径流控制要求的降雨溢流进入市政雨水管渠。

小区必须设雨水管网时，雨水口的布置应根据地形、土质特征、建筑物位置设置，宜布置雨水口的地点有：道路交会处和路面最低点；地下坡道入口处。

下列场所宜设置排水沟：室外广场、停车场、下沉式广场；道路坡度改变处；水景池周边、超高层建筑周边；采用管道敷设时覆土深度不能满足要求的区域；有条件时宜采用成品线性排水沟；土壤等具备入渗条件时宜采用渗水沟等。

连接建筑出入口的下沉地面、下沉广场、下沉庭院及地下车库出入口坡道雨水排放，应设置水泵提升装置排水。连接建筑出入口的下沉地面、下沉广场、下沉庭院及地下车库出入口坡道，整体下沉的居住小区，应采取土建措施禁止防洪水位以下的客水进入这些下沉区域。

> **例 13-11　（2021）** 小区雨水口不宜布置在：
> A　建筑主入口　　　　　　B　道路低点
> C　地下坡道出入口　　　　D　道路交会处
> **解析：** 根据《建筑给水排水设计标准》GB 50015—2019 第 5.3.3 条，雨水口宜布置在：道路交会处和路面最低点；地下坡道入口处。
> 建筑主入口处人流量较大，不宜设置雨水口，否则会影响正常出行。
> **答案：** A

第六节　建筑节水基本知识

随着我国经济迅速发展和人民生活水平不断提高，城市用水的供需矛盾日益突出，成为我国经济发展的重要制约因素，因此，水资源保护、节约用水已经纳入各级政府（特别是缺水地区）的日常工作。

城市节约用水工作包括：水资源合理调度、节约用水管理、工业企业节水技术和建筑节水等若干内容，本节主要讲解与建筑节水有关的内容。

一、相关法规

与建筑节水有关的法规及相关内容摘要如下：

(1)《建筑给水排水与节水通用规范》GB 55020—2021

全文强制规范，建筑给水排水与节水工程的设计、施工、验收、运行和维护必须执行该规范，主要技术内容有：总则、基本规定、给水系统设计、排水系统设计、热水系统设计、游泳池及娱乐休闲设施水系统设计、非传统水源利用设计、施工及验收、运行维护。

(2)《建筑给水排水设计标准》GB 50015—2019

适用于民用建筑、工业建筑与居住小区的生活给水排水以及居住小区的雨水排水工程设计，主要技术内容有：总则、术语和符号、给水、生活排水、雨水、热水及饮水供应。

(3)《民用建筑节水设计标准》GB 50555—2010

(4)《建筑中水设计标准》GB 50336—2018

适用于民用建筑和建筑小区的新建、改建和扩建的建筑中水设计，主要技术内容有：总则、术语和符号、中水原水、中水利用及水质标准、中水系统、处理工艺及设施、中水处理站、安全防护和监（检）测控制。

(5)《生活饮用水卫生标准》GB 5749—2022

(6)《城市污水再生利用 城市杂用水水质》GB/T 18920—2020

规定了城市污水再生用于冲厕、城市绿化、车辆冲洗、道路清扫、消防、建筑施工等用水的水质标准。

(7)《城市污水再生利用 景观环境用水水质》GB/T 18921—2019

规定了城市污水再生用于观赏性景观、娱乐性景观、景观湿地的水质指标，以及利用要求、安全要求、取样与监测。

(8)《节水型生活用水器具》CJ/T 164—2014

规定了节水型水嘴、便器、便器系统、便器冲洗阀、淋浴器、洗衣机、洗碗机的性能参数要求及检测方法等。

(9)《节水型卫生洁具》GB/T 31436—2015

规定了节水型坐便器、蹲便器、小便器、陶瓷片密封水嘴、机械式压力冲洗阀、非接触式给水器具、节水型延时自闭水嘴、节水型淋浴用花洒的性能参数要求及检测方法等。

(10)《水嘴水效限定值及水效等级》GB 25501—2019

(11)《坐便器水效限定值及水效等级》GB 25502—2017

(12)《小便器水效限定值及水效等级》GB 28377—2019

(13)《便器冲洗阀用水效率限定值及用水效率等级》GB 28379—2012

(14)《淋浴器水效限定值及水效等级》GB 28378—2019

(15)《蹲便器水效限定值及水效等级》GB 30717—2019

(16)《电动洗衣机能效水效限定值及等级》GB 12021.4—2013

(17)《净水机水效限定值及水效等级》GB 34914—2021

二、建筑节水设备和器具

建筑节水设备和器具是实施建筑节水的重要手段，节水器具和设备是指具有显著节水（节能）功能的用水器具和设备。

(一) 建筑节水方法

建筑节水主要的节水方法和用水器具、设备：

(1) 限定水量，采用限量水表实现。

(2) 限定（水箱、水池）水位或水位适时传感、显示，采用水位自动控制装置、水位报警器实现。

(3) 防漏，采用低位水箱的各类防漏阀、各类防漏填料等实现。

(4) 限制水流量或减压，采用各类限流、节流装置、减压阀等实现。

(5) 限时，采用各类延时自闭阀等。

(6) 定时控制，采用定时冲洗装置等。

(7) 改进操作或提高操作控制的灵敏性，前者如冷热水混合器，后者如自动水龙头、电磁式淋浴节水装置。

(8) 适时调节供水水压或流量，采用水泵机组调速给水设备等实现。

(二) 主要建筑节水设备和器具

1. 限量水表

限量水表是一种限定水量的节水装置，它实际上是具有水量控制功能的旋翼式水表，投入水币后按量供水，量至水止，兼具计量、限量双重功能。水币可由供水部门向用户销售或发放，以达到限量供水和节约用水的目的；这种水表为在特定条件下加强供水（节水）管理创造了条件。

2. 水位控制装置

水位控制装置是各类水箱、水池和水塔等常用的限制水位、控制流量的设备；通常将水位控制装置分为水位控制阀、水位传感控制装置两类。

(1) 水位控制阀

水位控制阀是装于水箱、水池或水塔水柜进水管口并依靠水位变化控制水流的一种特种阀门。阀门的开启、关闭借助于水面浮球上下时的自重、浮力及杠杆作用。原来常用的浮球阀由于漏水等问题已经淘汰，图 13-12 是一种新式的水位控制阀，这种水位控制阀是

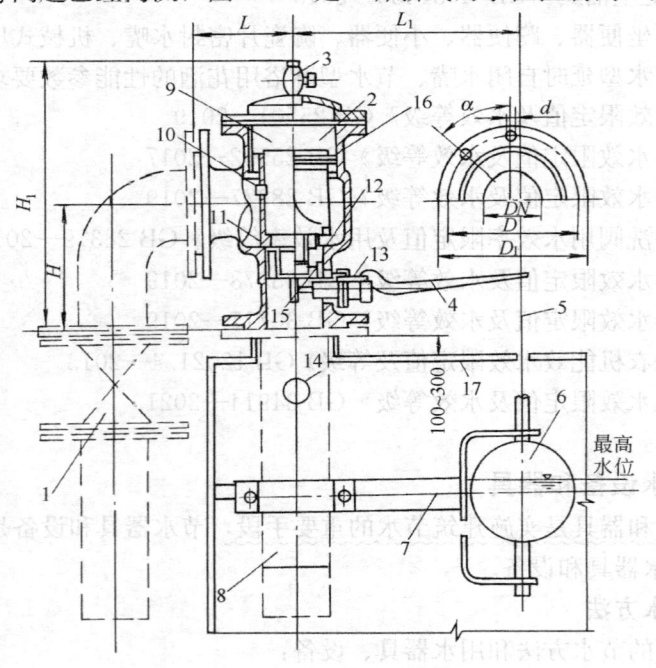

图 13-12 水位控制阀

1—闸阀；2—上空阀；3—排气阀；4—推导拉杆；5—吊绳；6—限位浮球；7—支架；8—进水管；9—活塞；
10—阻尼孔；11—密封环；12—顶针；13—弹簧；14—孔眼；15—吊阀杆；16—活塞环；17—水箱体

带有限位浮球的一种液压自闭式阀门。

(2) 水位传感控制装置

水位传感控制装置，通常由水位传感器和水泵机组的电控回路组成。水箱、水池水位变化通过传感器传递至水泵电控回路，以控制水泵的启停。水位传感器可分为电极式、浮标式和压力式几种类型。压力式传感器又可分为静压式和动压式两种。静压式传感器常设于水箱、水池和水塔的测压管路，动压式传感器则装于水泵出水管路，以获取水位或水压信号。

3. **减压阀**

减压阀是一种自动降低管路工作压力的专门装置，它可以将阀前管路较高的水压减少至阀后管路所需的水平。减压阀广泛用于高层建筑、城市给水管网水压过高的区域、矿井及其他场合，以保证给水系统中各用水点获得适当的服务水压和流量。鉴于水的漏失率和浪费程度几乎同给水系统的水压大小成正比，因此减压阀具有改善系统运行工况和潜在节水作用，据统计其节水效果约为20%。

减压阀的构造类型很多，以往常见的有薄膜式、内弹簧活塞式(图13-13)等；减压阀的基本作用原理是靠阀内流道对水流的局部阻力降低水压，水压降的范围由连接阀瓣的薄膜或活塞两侧的进出口水压差自动调节。

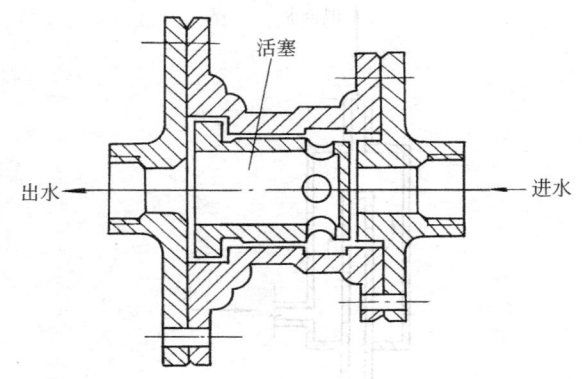

图13-13 减压阀

4. **延时自动关闭(延时自闭)水龙头**

延时自闭水龙头适用于公共建筑与公共场所，有时也可用于家庭。在公共建筑与公共场所应用延时自闭式水龙头的最大优点是可以减少水的浪费，据估计其节水效果约为30%，但要求较大的可靠性，需加强管理。

按作用原理，延时自闭水龙头可分为水力式、光电感应式和电容感应式等类型。

5. **手压、脚踏式水龙头**

手压、脚踏式水龙头的开启借助于手压、脚踏动作及相应传动等机械性作用，释手或松脚即自行关闭。使用时虽略感不便，但节水效果良好。后者尤适用于公共场所，如浴室、食堂和大型交通工具（列车、轮船、民航飞机）上。

6. **停水自动关闭（停水自闭）水龙头**

在给水系统供水压力不足或不稳定引起管路停水的情况下，如果用水户未适时关闭水龙头，当管路系统再次来水时不免会使水大量流失，甚至会使水到处溢流造成损失。这种情况通常在供水不足地区和无良好用水习惯或一时疏忽的用水户中时有发生。停水自闭水龙头即是在这种条件下应运而生的，它除具有普通水龙头的用水功能外，还能在管路停水时自动关闭，以免发生上述现象。

7. **节水淋浴用具**

在生活用水中，沐浴用水约占生活总用水量的15%～25%，其中淋浴用水量占相当大的比例。淋浴时因调节水温和不需水擦拭身体的时间较长，若不及时调节水量会浪费很多水。这种情况在公共浴室尤甚，不关闭阀门或因设备损坏造成"长流水"现象也屡见不鲜，节约淋浴用水的途径除加强管理外，就是推广应用淋浴节水器具。

(1) 冷、热水混合器具（水温调节器）（图13-14）

无论是单体或公用淋浴设施，目前尚缺乏性能优良的冷热水混合器具。在公共浴室通常以（冷热水）混合水箱集中供水，冷、热水由混合器混合。但冷热混合器均不能随时调节水温，因此，研制开发灵敏度高、水温可随意调节的冷热水混合器甚为必要。

(2) 浴用脚踏开关（图13-15）

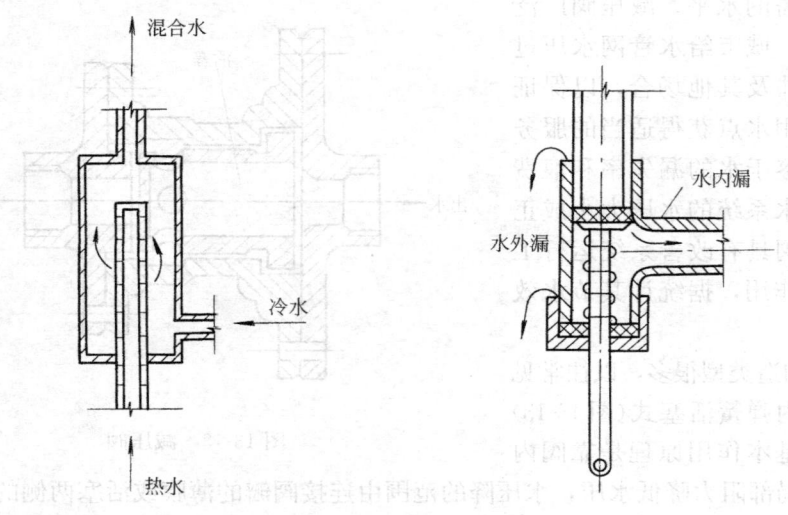

图13-14　冷、热水混合器　　　　　图13-15　脚踏开关

它是各地公共浴室多年沿用的节水设施，节水效果显著，但是使用不甚方便、卫生条件差、易损坏，此外由于阀件整体性差，亦存在水的内漏和外漏问题，近年已逐渐被新的淋浴节水器具所取代。

(3) 电磁式淋浴节水装置（图13-16）

整个装置由设于喷头下方墙上（或墙体内）的控制器、电磁阀等组成。使用时只需轻按控制器开关，电磁阀即开启通水，延续一段时间后电磁阀自动关闭停水，如仍需用水，可再按控制器开关。这种淋浴节水装置克服了沿袭多年的脚踏开关的缺点，其节水效果更加显著，根据已经使用的浴池统计，其节水效率在30%左右。考虑到浴室的环境条件，淋浴节水装置的控制器采用全密封技术，防水防潮；采用感应式开关；其使用寿命不少于2万次。采用电磁式淋浴节水装置的初次投资虽略显偏高，一般情况下，由于其节水节能，可在6～12月内收回全部投资。

(4) 节水喷头

改变传统淋浴喷头形式是改革淋浴用水器具的努力目标之一。图13-17是一种新型节水喷头，这种喷头由节流阀、球形接头、喷孔、裙嘴等组成。节流阀用以减小和切断水流球形接头可改变喷头方向，喷孔可减小水流量并形成小股射流。当小股射流由周边一带小孔的圆盘流出时撞到裙嘴侧缘被破碎成小水滴并吸入空气，于是充气水"水花"从裙嘴内

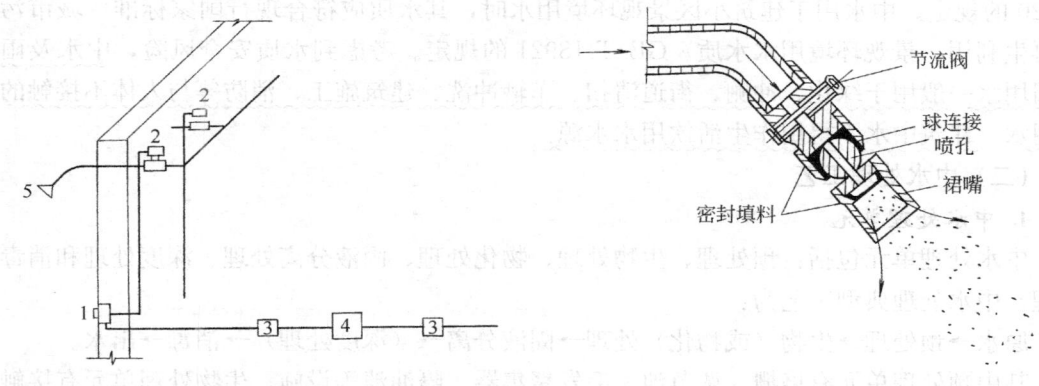

图 13-16 电磁式淋浴节水装置
1—控制器；2—电磁开关；3—闸刀开关；
4—变压器；5—淋浴喷头

图 13-17 节水喷头

壁以一定斜角喷出，供淋浴用。因充气水流的表面张力较小，故可更有效地湿润皮肤。

卫生器具和配件应符合国家现行有关标准的节水型生活用水器具的规定。公共场所卫生间的卫生器具设置应符合下列规定：①洗手盆应采用感应式水嘴或延时自闭式水嘴等限流节水装置；②小便器应采用感应式或延时自闭式冲洗阀；③坐式大便器宜采用设有大、小便分档的冲洗水箱，蹲式大便器应采用感应式冲洗阀、延时自闭式冲洗阀等。

三、建筑中水系统

建筑中水回用系统（即中水道）起源于日本，是将建筑内或建筑群内的生活污水进行收集和处理后供给其他用途的给水系统。这样做不仅治理了污水，而且部分缓解了用水的紧张，因此目前许多国家都积极开展中水回用技术的研究与推广。我国从20世纪80年代开始在建筑物内应用中水技术，特别在水资源日益匮乏的今天，中水技术已经受到国家有关部门的高度重视。

（一）中水设置场所、水源种类及用途

根据《建筑中水设计标准》GB 50336—2018，以下场所应设置中水设施：

（1）建筑面积>2万 m^2 的宾馆、饭店、公寓和高级住宅等；

（2）建筑面积>3万 m^2 的机关、科研单位、大专院校和大型文体建筑等；

（3）建筑面积>5万 m^2 的集中建筑区（院校、机关大院、产业开发区）、居住小区（公寓区、别墅区等）。

根据原水的水质差异，可供选择的建筑中水水源依次为：卫生间、公共浴室的盆浴和淋浴等的排水；盥洗排水；空调循环冷却水系统排水；冷凝水；游泳池排水；洗衣排水；厨房排水；冲厕排水。其中，前6种水统称为优质杂排水，前7种统称为杂排水（也称为生活废水），上述所有的排水统称为生活排水。

为保证用水安全，医疗污水、放射性废水、生物污染废水、重金属及其他有毒有害物质超标的排水，严禁作为中水水源。

中水用作建筑杂用水和城市杂用水，如冲厕、道路清扫、消防、绿化、车辆冲洗、建筑施工等，其水质应符合现行国家标准《城市污水再生利用 城市杂用水水质》GB/T

18920 的规定。中水用于建筑小区景观环境用水时，其水质应符合现行国家标准《城市污水再生利用　景观环境用水水质》GB/T 18921 的规定。考虑到水质安全风险，中水及雨水回用水一般用于绿化、冲厕、街道清扫、车辆冲洗、建筑施工、消防等与人体不接触的杂用水。建筑中水不得用作生活饮用水水源。

（二）中水处理工艺

1. 中水处理单元

中水处理单元包括：预处理、生物处理、物化处理、固液分离处理、深度处理和消毒处理。中水处理典型工艺为：

原水→预处理→生物（或物化）处理→固液分离→（深度处理）→消毒→出水。

其中预处理单元有格栅、调节池、毛发聚集器、隔油池等设施；生物处理单元有接触氧化池、活性污泥池、生物转盘、生物填料塔等；物化处理单元有混凝沉淀、气浮、臭氧氧化等方法；固液分离单元有砂过滤器、纤维球过滤器、沉淀池等设备；深度处理单元可视水质情况取舍，有活性炭吸附、焦炭吸附等；消毒单元常用药剂有 NaClO、液氯、O_3、ClO_2 等。

建筑中水处理系统应设有消毒设施。

2. 中水处理工艺

常用中水处理工艺有：

（1）原水→预处理单元→生物处理单元→固液分离单元→（深度处理单元）→消毒→清水池→出水。

（2）原水→预处理单元→物化处理单元→固液分离单元→（深度处理单元）→消毒→清水池→出水。

（3）原水→预处理单元→固液分离单元→（深度处理单元）→消毒→清水池→出水。

四、其他节水措施

（1）供水、用水应按照使用用途、付费或管理单元，分项、分级安装满足使用要求和经计量检定合格的计量装置。

（2）给水系统应使用耐腐蚀、耐久性能好的管材、管件和阀门等，减少管道系统的漏损。

（3）非亲水性的室外景观水体用水水源不得采用市政自来水和地下井水。

（4）公共场所的洗手盆水嘴应采用非接触式或延时自闭式水嘴。

（5）集中空调冷却水、游泳池水、洗车场洗车用水、水源热泵用水应循环使用。

（6）绿化浇洒应采用高效节水灌溉方式。

例 13-12　（2021）体育场卫生器具设置错误的是：

A　洗手盆采用感应式水嘴

B　小便器采用手动式冲洗阀

C　蹲式便器采用延时自闭冲洗阀

D　坐便器采用大小分档水箱

解析：根据《建筑给水排水设计标准》GB 50015—2019 第 3.2.14 条，公共场所卫生间的卫生器具设置应符合下列规定：

(1) 洗手盆应采用感应式水嘴或延时自闭式水嘴等限流节水装置；

(2) 小便器应采用感应式或延时自闭式冲洗阀；

(3) 坐式大便器宜采用设有大、小便分档的冲洗水箱，蹲式大便器应采用感应式冲洗阀、延时自闭式冲洗阀等。

答案：B

习　题

13-1　(2019) 小区给水设计中不属于正常用水量的是：
　　A　管网漏水　　　　　　　　B　道路冲洗
　　C　消防灭火　　　　　　　　D　绿化浇洒

13-2　(2019) 医院用水定额中不包含下列哪项用水量？
　　A　门诊用水量　　　　　　　B　住院部用水量
　　C　手术室用水量　　　　　　D　专业洗衣房用水量

13-3　(2019) 城镇自来水管道与小区管道连接的规定，下列哪条错误？
　　A　严禁与中水管相连　　　　B　允许与自备水源管连接
　　C　严禁与冷却水管相连　　　D　严禁与回用雨水管相连

13-4　(2019) 国家对满足使用条件下的卫生器具流量做出的上限规定，不包括以下哪条？
　　A　便器及便器系统　　　　　B　便器冲洗阀
　　C　淋浴器　　　　　　　　　D　自动饮水器

13-5　(2019) 小区给水系统为综合利用水资源，宜实行分质供水，其中应优先选用的系统是：
　　A　重复利用循环水　　　　　B　再生水
　　C　井水　　　　　　　　　　D　雨水

13-6　(2019 修改) 当太阳能作为热水供应的热源且采用分散集热、分散供热方式时，其备用热源宜优先采用：
　　A　燃气　　　　　　　　　　B　城市热力管网
　　C　废热　　　　　　　　　　D　集中供暖管网

13-7　(2019) 为防止污染，以下构筑物与设备不允许直接与废污水管道连接的是：
　　A　饮用水贮水箱间地面排水　　B　开水器热水器间地面排水
　　C　贮存食品或饮料的冷库地面排水　　D　医疗灭菌消毒设备房间地面排水

13-8　(2019) 建筑物的生活污水是指：
　　A　大小便排水　　　　　　　B　厨房排水
　　C　洗涤排水　　　　　　　　D　浴室排水

13-9　(2019) 可作为消防水源并宜优先采用的是：
　　A　雨水清水　　　　　　　　B　市政给水
　　C　中水清水　　　　　　　　D　游泳池水

13-10　(2019) 下列有关消防水池的设计要求，错误的是：
　　A　应保证有效容积全部利用
　　B　应设置就地水位显示装置

　　　　C　消防中心应设置水位显示及最高水位报警装置
　　　　D　溢流排水管应采用直接排水

13-11　(2019)室内消火栓的选型，与哪项因素无关？
　　　　A　环境温度　　　　　　　　B　火灾类型
　　　　C　火灾危险性　　　　　　　D　不同灭火功能

13-12　(2019)应采取消防排水措施的建筑物及场所，以下哪条错误？
　　　　A　消防水泵房　　　　　　　B　消防电梯的井底
　　　　C　电石库房　　　　　　　　D　设有消防给水的地下室

13-13　(2019)消防水泵房设置规定，以下哪条错误？
　　　　A　单独建造时，耐火等级不低于二级
　　　　B　附设在建筑物中应设在地下三层及以下
　　　　C　疏散应直通室外或安全出口
　　　　D　室内与室外出口地坪高差不应大于10m

13-14　(2019)自动喷水灭火系统的水质要求，不含以下哪项？
　　　　A　无污染　　　　　　　　　B　无悬浮物
　　　　C　无微生物　　　　　　　　D　无腐蚀

13-15　(2019)化粪池设置应符合的条件，以下哪条错误？
　　　　A　距地下取水构筑物不得小于30m
　　　　B　宜设置在接户管的下游端
　　　　C　便于机动车清掏
　　　　D　池壁距建筑物外墙距离不宜小于3m

13-16　(2019)下列哪项不属于医院污水的消毒品？
　　　　A　成品次氯酸钠　　　　　　B　氯化钙
　　　　C　漂白粉　　　　　　　　　D　液氯

13-17　(2019)建筑物内地漏设置要求，以下哪条错误？
　　　　A　设在易溅水器具附近
　　　　B　设在需经常从地面排水的房间地面最低处
　　　　C　洗衣机位置设置洗衣机专用地漏
　　　　D　洗衣机地漏排水可排入室内雨水管

13-18　(2019)建筑物屋面雨水排水设计，以下哪条错误？
　　　　A　檐沟外排水宜按重力流
　　　　B　长天沟外排水宜按满管压力流
　　　　C　高层建筑屋面雨水排水宜按压力流
　　　　D　厂房、库房、公共建筑的大型屋面雨水排水宜按压力流

13-19　(2019)以下哪项用水，不应采用中水？
　　　　A　厕所便器冲水　　　　　　B　高压人工喷雾水景
　　　　C　小区绿化　　　　　　　　D　洗车

13-20　(2019)建筑物的庭院回用雨水达到利用标准后，不能用于下列哪项？
　　　　A　冲洗城市道路　　　　　　B　消防
　　　　C　游泳池补水　　　　　　　D　冲洗车辆

13-21　(2018 修改) 建筑屋面雨水排水系统的管材，不宜选用哪项？
　　　　A　排水塑料管（重力流内排水）
　　　　B　承压塑料管（重力流内排水）

  C 内壁较光滑的带内衬的承压排水铸铁管（满管压力流）
  D 涂塑钢管（重力流内排水）

13-22 (2018) 关于高层建筑雨水系统设计要求，以下哪条错误？
  A 裙房屋面雨水应单独排放
  B 阳台排水系统应单独设置
  C 阳台雨水排水立管底部应间接排水
  D 宜按压力流设计

13-23 (2018) 关于通气立管的设置，错误的是：
  A 可接纳雨水   B 不得接纳器具污水
  C 不得接纳器具废水   D 不得与风道、烟道连接

13-24 (2018) 生活污水排水系统的通气管设置，不符合要求的是：
  A 高出屋面不小于 0.3m
  B 高出最大积雪厚度
  C 高出经常有人停留的平屋面 1.5m
  D 顶端应设置风帽或网罩

13-25 (2018 修改) 以下哪条是建筑物内采用生活污水与生活废水分流的必要条件？
  A 气候条件   B 设有集中空调系统
  C 生活废水要回收利用   D 排水需经化粪池处理

13-26 (2018 修改) 小区排水管线布置应遵循的原则，下列哪条错误？
  A 地形高差、排水排向   B 尽可能压力排除
  C 管线短   D 埋深小（保证在冰冻线以下）

13-27 (2018) 下列多层民用建筑或场所应设置自动灭火系统，但不宜采用自动喷水灭火系统的是：
  A 大、中型幼儿园
  B 建筑总面积大于 500m² 的老年人建筑
  C 特、甲等剧场
  D 飞机发动机试验台的试车部位

13-28 (2018) 消防水池有效容量大于以下哪条，应设置两座能独立使用的消防水池？
  A 1000m³ B 800m³ C 600m³ D 500m³

13-29 (2018) 室内消火栓系统设置消防水泵接合器的条件，以下哪条错误？
  A 超过 2 层或建筑面积＞10000m² 的地下建筑（室）
  B 超过 5 层的公共建筑
  C 其他高层建筑
  D 超过 5 层的厂房或仓库

13-30 (2018) 室外消火栓系统组成，不含以下哪项？
  A 水源   B 水泵接合器
  C 消防车   D 室外消火栓

13-31 (2018) 构筑物与设备为防止污染，以下允许直接与污废水管道连接的是？
  A 饮用水贮水箱泄水管和溢流管
  B 开水器热水器排水
  C 贮存食品饮料的储存冷库地面排水
  D 医疗灭菌消毒设备房地面排水

13-32 (2018) 利用废热（高温无毒液、废气、烟气）作为生活热水热媒时，应采取的措施，下列哪条错误？

    A 加热设备应防腐
    B 设备构造应便于清扫水垢和杂物
    C 防止热媒管道渗漏污染
    D 消除热媒管道压力，涂抹油料

13-33　(2018) 为综合利用水资源，小区给水系统宜实行分质供水，其中应优先采用的系统是：
    A 雨水　　　　　　　　　　　　　B 地下水
    C 重复利用循环水　　　　　　　　D 再生水

13-34　(2018) 国家对满足使用条件下的卫生器具流量作出了上限规定，不包括以下哪条？
    A 家用洗衣机　　　　　　　　　　B 便器及便器系统
    C 饮水器喷嘴　　　　　　　　　　D 水龙头

13-35　(2018) 关于建筑物内生活饮用水箱（池）设置要求，下列哪条错误？
    A 与其他水箱（池）并列设置时可共用隔墙
    B 宜设置在专用房间内
    C 上方不应设浴室
    D 上方不应设盥洗室

13-36　(2018) 小区给水设计用水量中，不属于正常用水量的是？
    A 绿化　　　　　　　　　　　　　B 消防
    C 水景　　　　　　　　　　　　　D 管网漏水

13-37　以下哪一种用水属于生活给水系统？
    A 电厂水泵冷却用水　　　　　　　B 电路板洗涤用水
    C 消火栓用水　　　　　　　　　　D 办公冲厕用水

13-38　以下关于水质标准的叙述，哪项正确？
    A 生活给水系统水质应符合《饮用净水水质标准》
    B 《生活饮用水卫生标准》中的饮用水指可以直接饮用的水
    C 《饮用净水水质标准》对水质的要求高于《生活杂用水水质标准》的要求
    D 饮用净水系统应用河水或湖泊水为水源，处理后的水应符合《生活饮用水卫生标准》

13-39　给水管道的布置与敷设的基本原则包括以下哪一条？
    A 供水安全和水力条件良好
    B 保护管道不受损坏，同时不影响生产安全和建筑物的使用
    C 便于安装维修
    D 以上全是

13-40　埋地式生活饮用水贮水池与化粪池的最小水平距离是：
    A 5m　　　　B 10m　　　　C 15m　　　　D 20m

13-41　通过地震断裂带的管道、穿越铁路或其他主要交通干线及位于地基土为可液化土地段上的管道，应采用：
    A 混凝土管　　　　　　　　　　　B 塑料管
    C PPR管　　　　　　　　　　　　D 钢管

13-42　给水管出口高出用水设备溢流水位的最小空气间隙，不得小于配水出口处给水管管径的多少倍？
    A 2　　　　　B 2.5　　　　C 3　　　　　D 5

13-43　某产煤区的大型坑口电站，若采用集中热水供应系统，其热源应首先采用以下哪一类？
    A 煤加热　　　　　　　　　　　　B 煤制气加热
    C 电加热　　　　　　　　　　　　D 稳定可靠的冷轮发电机余热

13-44　世界各地广泛使用的主要灭火剂是：

A 七氟丙烷　　　　　B 二氧化碳　　　　　C 干粉　　　　　　D 水

13-45 以下关于室外消火栓的说法中，错误的是：
　　A 在严寒、寒冷等冬季结冰地区，宜采用湿式地上式消火栓
　　B 市政消火栓应沿道路一侧设置，并宜靠近十字路口
　　C 市政桥桥头和城市交通隧道出入口等市政公用设施处，应设置市政消火栓
　　D 当市政道路宽度大于 60m 时，应在道路两侧交叉错落设置市政消火栓

13-46 我国高层建筑的火灾扑救，以下叙述哪条正确？
　　A 以自动喷水灭火系统为主
　　B 以气体灭火系统为主
　　C 以现代化的室外登高消防车为主
　　D 以室内外消火栓系统为主，辅以建筑灭火器以及自动喷水、气体等灭火系统共同作用

13-47 下列建筑物中，可不设室内消火栓的是：
　　A 1500 个座位的礼堂、体育馆　　　　B 6000m³ 的车站
　　C 体积为 12000m³ 的办公楼　　　　　D 高度为 18m 的住宅

13-48 一类高层公共建筑中，以下哪项不需要设置自动喷水灭火系统？
　　A 走道　　　　B 溜冰场　　　　C 办公室　　　　D 自动扶梯底部

13-49 消火栓按 2 支水枪的 2 股充实水柱布置的建筑物，消火栓的布置间距不应大于多少米？
　　A 20　　　　　B 30　　　　　　C 50　　　　　　D 100

13-50 充可燃油并设置在高层民用建筑内的多油开关室，应设置以下哪类系统？
　　A 水喷雾灭火系统　　　　　　　　　B 水幕系统
　　C 雨淋系统　　　　　　　　　　　　D 干式自动喷水灭火系统

13-51 以下排水管选用管径哪项正确？
　　A 大便器排水管最小管径不得小于 50mm
　　B 建筑物内排出管最小管径不得小于 100mm
　　C 公共食堂厨房污水排出干管管径不得小于 100mm
　　D 医院污物洗涤盆排水管最小管径不得小于 100mm

13-52 以下哪种水宜优先被选作中水水源？
　　A 优质杂排水　　B 杂排水　　　　C 生产污水　　　D 生活污水

13-53 在管道安装中，不需要设置存水弯的卫生器具是：
　　A 普通蹲便器　　　　　　　　　　　B 低水箱坐便器
　　C 洗脸盆　　　　　　　　　　　　　D 厨房洗涤盆

13-54 管道井的设置，下述哪项是错误的？
　　A 需进人维修的管道井，其维修人员的工作通道净宽度不得小于 0.6m
　　B 管道井应隔层设外开检修门
　　C 管道井检修门的耐火极限应符合消防规范的规定
　　D 管道井井壁及竖向防火隔断应符合消防规范的规定

13-55 幼儿园卫生器具热水使用温度，以下哪条错误？
　　A 淋浴器 37℃　　　　　　　　　　　B 浴盆 35℃
　　C 盥洗槽水嘴 30℃　　　　　　　　　D 洗涤盆 50℃

参考答案及解析

13-1 **解析**：根据本教材第一节第五部分内容，小区给水设计用水量，应根据下列用水量确定：①居民生活用水量；②公共建筑生活用水量；③绿化用水量；④水景、娱乐设施用水量；⑤道路、

广场用水量；⑥公用设施用水量；⑦未预见用水量及管网漏失水量；⑧消防用水量。其中，消防用水量仅用于校核管网计算，不计入正常用水量。

答案：C

13-2 解析：根据《建筑给水排水设计标准》GB 50015—2019 中条文说明第 3.2.2 条，目前我国旅馆、医院等大多数实行洗衣社会化，委托专业洗衣房洗衣，减少了这部分建筑面积、设备、人员和能耗、水耗，故本条中旅馆、医院的用水定额未包含这部分用水量。如果实际设计项目中仍有洗衣房的话，那还应考虑这一部分的水量，用水定额可按表 3.2.2（本教材表 13-2）第 10 项的规定确定。

答案：D

13-3 解析：根据《建筑给水排水与节水通用规范》GB 55020—2021 中第 3.1.4 条，自建供水设施的供水管道严禁与城镇供水管道直接连接；生活饮用水管道严禁与中水、回用雨水等非生活饮用水管道连接。

答案：C

13-4 解析：根据本教材第六节第一部分，国家现行有关节水型生活用水器具的标准有：《节水型生活用水器具》CJ/T 164、《节水型卫生洁具》GB/T 31436、《节水型产品通用技术条件》GB/T 18870、《水嘴水效限定值及水效等级》GB 25501、《坐便器水效限定值及水效等级》GB 25502、《小便器水效限定值及水效等级》GB 28377、《便器冲洗阀用水效率限定值及用水效率等级》GB 28379、《淋浴器水效限定值及水效等级》GB 28378、《蹲便器水效限定值及水效等级》GB 30717、《电动洗衣机能效水效限定值及等级》GB 12021.4、《净水机水效限定值及水效等级》GB 34914 等。生活用水器具所允许的最大流量（坐便器为用水量）应符合产品的用水效率限定值，节水型用水器具应按选用的用水效率等级确定产品的最大流量（坐便器为用水量）。

答案：D

13-5 解析：根据《建筑给水排水设计标准》GB 50015—2019 中第 3.1.7 条，小区给水系统设计应综合利用各种水资源，充分利用再生水、雨水等非传统水源；优先采用循环和重复利用给水系统。

答案：A

13-6 解析：根据《建筑给水排水设计标准》GB 50015—2019 中第 6.6.6 条，太阳能热水系统辅助热源宜因地制宜选择，分散集热、分散供热太阳能热水系统和集中集热、分散供热太阳能热水系统宜采用燃气、电；集中集热、集中供热太阳能热水系统宜采用城市热力管网、燃气、燃油、热泵等。

答案：A

13-7 解析：根据《建筑给水排水与节水通用规范》GB 55020—2021 中第 4.4.4 条，下列构筑物和设备的排水管与生活排水管道系统应采取间接排水的方式：

(1) 生活饮用水贮水箱（池）的泄水管和溢流管；
(2) 开水器、热水器排水；
(3) 非传染医疗灭菌消毒设备的排水；
(4) 传染病医疗消毒设备的排水应单独收集、处理；
(5) 蒸发式冷却器、空调设备冷凝水的排水；
(6) 贮存食品或饮料的冷藏库房的地面排水和冷风机溶霜水盘的排水。

答案：C

13-8 解析：根据本教材第五节，生活污水是指大便器（槽）、小便器（槽）等排放的粪便水；生活废水是指洗脸盆、洗衣机、浴盆、淋浴器、洗涤盆等排水，与粪便水相比，水质污染程度较轻。

答案：A

13-9 解析：根据《消防给水及消火栓系统技术规范》GB 50974—2014 第 4.1.3 条，消防水源应符合下列规定：
(1) 市政给水、消防水池、天然水源等可作为消防水源，并宜采用市政给水；
(2) 雨水清水池、中水清水池、水景和游泳池可作为备用消防水源。

答案：B

13-10 解析：根据《消防给水及消火栓系统技术规范》GB 50974—2014 第 4.3.9 条，消防水池的出水、排水和水位应符合下列规定：
(1) 消防水池的出水管应保证消防水池的有效容积能被全部利用；
(2) 消防水池应设置就地水位显示装置，并应在消防控制中心或值班室等地点设置显示消防水池水位的装置，同时应有最高和最低报警水位；
(3) 消防水池应设置溢流水管和排水设施，并应采用间接排水。

答案：D

13-11 解析：根据《消防给水及消火栓系统技术规范》GB 50974—2014 第 7.4.1 条，室内消火栓的选型应根据使用者、火灾危险性、火灾类型和不同灭火功能等因素综合确定。

答案：A

13-12 解析：根据《消防给水及消火栓系统技术规范》GB 50974—2014 第 9.2.1 条，下列建筑物和场所应采取消防排水措施：
(1) 消防水泵房；
(2) 设有消防给水系统的地下室；
(3) 消防电梯的井底；
(4) 仓库。

电石的成分是 CaC_2，遇水会发生激烈反应造成燃烧，不能用水灭火。

答案：C

13-13 解析：根据《消防给水及消火栓系统技术规范》GB 50974—2014 第 8.1.6 条，消防水泵房的设置应符合下列规定：
(1) 单独建造的消防水泵房，其耐火等级不应低于二级；
(2) 附设在建筑内的消防水泵房，不应设置在地下三层及以下或室内地面与室外出入口地坪高差大于 10m 的地下楼层；
(3) 疏散门应直通室外或安全出口。

答案：B

13-14 解析：根据《自动喷水灭火系统设计规范》GB 50084—2017 第 10.1.1 条，系统用水应无污染、无腐蚀、无悬浮物。

答案：C

13-15 解析：根据《建筑给水排水设计标准》GB 50015—2019 第 4.10.13 条，化粪池与地下取水构筑物的净距不得小于 30m。第 4.10.14 条，化粪池的设置应符合下列规定：
(1) 化粪池宜设置在接户管的下游端，便于机动车清掏的位置；
(2) 化粪池池外壁距建筑物外墙不宜小于 5m，并不得影响建筑物基础；
(3) 化粪池应设通气管，通气管排出口设置位置应满足安全、环保要求。

答案：D

13-16 解析：根据本教材第五节第一部分，医院污水消毒宜采用氯消毒（成品次氯酸钠、氯片、漂白粉、漂粉精或液氯）。

答案：B

13-17 解析：根据《建筑给水排水设计标准》GB 50015—2019 第 4.3.7 条，地漏应设置在易溅水的器具或冲洗水嘴附近，且应在地面的最低处。洗衣机排水属于生活废水，为防止水质污染，不能

715

排入室内雨水管。

答案：D

13-18 解析：根据《建筑给水排水设计标准》GB 50015—2019 第 5.2.13 条，屋面雨水排水管道系统设计流态应符合下列规定：

(1) 檐沟外排水宜按重力流系统设计；

(2) 高层建筑屋面雨水排水宜按重力流系统设计；

(3) 长天沟外排水宜按满管压力流设计；

(4) 工业厂房、库房、公共建筑的大型屋面雨水排水宜按满管压力流设计；

(5) 在风沙大、粉尘大、降雨量小的地区不宜采用满管压力流排水系统。

答案：C

13-19 解析：根据本教材第六节第三部分，中水可用冲厕、道路清扫、消防、绿化、车辆冲洗、建筑施工等，水质应符合《城市污水再生利用 城市杂用水水质》GB/T 18920 的规定。高压人工喷雾形成的气溶胶容易进入人体，考虑到健康因素和目前的水质标准，不能采用中水。

答案：B

13-20 解析：游泳池补水直接与人体接触，考虑到健康因素和目前的水质标准，雨水不能用于游泳池补水。当雨水水质符合《城市污水再生利用 城市杂用水水质》GB/T 18920 的规定时，可以用于冲洗城市道路、消防、冲洗车辆。

答案：C

13-21 解析：根据《建筑给水排水设计标准》GB 50015—2019 第 5.2.39 条，雨水排水管材选用应符合下列规定：

(1) 重力流雨水排水系统当采用外排水时，可选用建筑排水塑料管；当采用内排水雨水系统时，宜采用承压塑料管、金属管或涂塑钢管等管材；

(2) 满管压力流雨水排水系统宜采用承压塑料管、金属管、涂塑钢管、内壁较光滑的带内衬的承压排水铸铁管等，用于满管压力流排水的塑料管，其管材抗负压力应大于—80kPa。

答案：A

13-22 解析：根据《建筑给水排水设计标准》GB 50015—2019 第 5.2.22 条，<u>裙房屋面的雨水应单独排放，不得汇入高层建筑屋面排水管道系统</u>。

根据《建筑给水排水设计标准》GB 50015—2019 第 5.2.24 条，阳台、露台雨水系统设置应符合下列规定：

(1) <u>高层建筑阳台、露台雨水系统应单独设置</u>；

(2) 多层建筑阳台、露台雨水宜单独设置；

(3) 阳台雨水的立管可设置在阳台内部；

(4) <u>当住宅阳台、露台雨水排入室外地面或雨水控制利用设施时，雨落水管应采取断接方式</u>；当阳台、露台雨水排入小区污水管道时，应设水封井；

(5) 当屋面雨落水管雨水间接排水且阳台排水有防返溢的技术措施时，阳台雨水可接入屋面雨落水管；

(6) 当生活阳台设有生活排水设备及地漏时，应设专用排水立管接入污水排水系统，可不另设阳台雨水排水地漏。

根据《建筑给水排水设计标准》GB 50015—2019 第 5.2.13 条，屋面雨水排水管道系统设计流态应符合下列规定：

(1) 檐沟外排水宜按重力流系统设计；

(2) <u>高层建筑屋面雨水排水宜按重力流系统设计</u>；

(3) 长天沟外排水宜按满管压力流设计；

(4) 工业厂房、库房、公共建筑的大型屋面雨水排水宜按满管压力流设计；

(5) 在风沙大、粉尘大、降雨量小的地区不宜采用满管压力流排水系统。

答案：D

13-23 解析：根据《建筑给水排水设计标准》GB 50015—2019 第 4.7.6 条，通气立管不得接纳器具污水、废水和雨水，不得与风道和烟道连接。

答案：A

13-24 解析：根据《建筑给水排水设计标准》GB 50015—2019 第 4.7.12 条，高出屋面的通气管设置应符合下列规定：

(1) 通气管高出屋面不得小于 0.3m，且应大于最大积雪厚度，通气管顶端应装设风帽或网罩；

(2) 在通气管口周围 4m 以内有门窗时，通气管口应高出窗顶 0.6m 或引向无门窗一侧；

(3) 在经常有人停留的平屋面上，通气管口应高出屋面 2m，当屋面通气管有碍于人们活动时，可按本标准第 4.7.2 条规定执行；

(4) 通气管口不宜设在建筑物挑出部分的下面；

(5) 在全年不结冻的地区，可在室外设吸气阀替代伸顶通气管，吸气阀设在屋面隐蔽处；

(6) 当伸顶通气管为金属管材时，应根据防雷要求设置防雷装置。

答案：C

13-25 解析：根据《建筑给水排水设计标准》GB 50015—2019 第 4.2.2 条，下列情况宜采用生活污水与生活废水分流的排水系统：

(1) 当政府有关部门要求污水、废水分流且生活污水需经化粪池处理后才能排入城镇排水管道时；

(2) 生活废水需回收利用时。

答案：C

13-26 解析：根据《建筑给水排水设计标准》GB 50015—2019 第 4.1.6 条，小区生活排水管的布置应根据小区规划、地形标高、排水流向，按管线短、埋深小、尽可能自流排出的原则确定。当生活排水管道不能以重力自流排入市政排水管道时，应设置生活排水泵站。

答案：B

13-27 解析：根据《建筑设计防火规范》GB 50016—2014 第 8.3.4 条，除本规范另有规定和不宜用水保护或灭火的场所外，下列单、多层民用建筑或场所应设置自动灭火系统，并宜采用自动喷水灭火系统：

(1) 特等、甲等剧场，超过 1500 个座位的其他等级的剧场，超过 2000 个座位的会堂或礼堂，超过 3000 个座位的体育馆，超过 5000 人的体育场的室内人员休息室与器材间等；

(2) 任一层建筑面积大于 1500m² 或总建筑面积大于 3000m² 的展览、商店、餐饮和旅馆建筑以及医院中同样建筑规模的病房楼、门诊楼和手术部；

(3) 设置送回风道（管）的集中空气调节系统且总建筑面积大于 3000m² 的办公建筑等；

(4) 藏书量超过 50 万册的图书馆；

(5) 大、中型幼儿园，老年人照料设施；

(6) 总建筑面积大于 500m² 的地下或半地下商店；

(7) 设置在地下或半地下或地上四层及以上楼层的歌舞、娱乐、放映、游艺场所（除游泳场所外），设置在首层、二层和三层且任一层建筑面积大于 300m² 的地上歌舞、娱乐、放映、游艺场所（除游泳场所外）。

根据《建筑设计防火规范》GB 50016—2014 第 8.3.8 条，下列场所应设置自动灭火系统，并宜采用水喷雾灭火系统：

(1) 单台容量在40MV·A及以上的厂矿企业油浸变压器，单台容量在90MV·A及以上的电厂油浸变压器，单台容量在125MV·A及以上的独立变电站油浸变压器；
(2) 飞机发动机试验台的试车部位；
(3) 充可燃油并设置在高层民用建筑内的高压电容器和多油开关室。
注：设置在室内的油浸变压器、充可燃油的高压电容器和多油开关室，可采用细水雾灭火系统。

答案：D

13-28 解析：根据《消防给水及消火栓系统技术规范》GB 50974—2014 第4.3.6条，消防水池的总蓄水有效容积大于500m³时，宜设两格能独立使用的消防水池；当大于1000m³时，应设置能独立使用的两座消防水池。每格（或座）消防水池应设置独立的出水管，并应设置满足最低有效水位的连通管，且其管径应能满足消防给水设计流量的要求。

答案：A

13-29 解析：根据《建筑设计防火规范》GB 50016—2014（2018年版）第8.1.3条，自动喷水灭火系统、水喷雾灭火系统、泡沫灭火系统和固定消防炮灭火系统等系统以及下列建筑的室内消火栓给水系统应设置消防水泵接合器：
(1) 超过5层的公共建筑；
(2) 超过4层的厂房或仓库；
(3) 其他高层建筑；
(4) 超过2层或建筑面积大于10000m²的地下建筑（室）。根据《消防给水及消火栓系统技术规范》GB 50974—2014 第5.4.1条，下列场所的室内消火栓给水系统应设置消防水泵接合器：
(1) 高层民用建筑；
(2) 设有消防给水的住宅、超过5层的其他多层民用建筑；
(3) 超过2层或建筑面积大于10000m²的地下或半地下建筑（室）、室内消火栓设计流量大于10L/s平战结合的人防工程；
(4) 高层工业建筑和超过4层的多层工业建筑；
(5) 城市交通隧道。

答案：D

13-30 解析：根据本教材第四节第三部分，室内消火栓给水系统一般由消火栓设备、消防管道及附件、消防增压贮水设备、水泵接合器等组成。水泵接合器是连接消防车向室内加压供水的装置，属于室内消火栓系统的组成部分。

答案：B

13-31 解析：根据《建筑给水排水与节水通用规范》GB 55020—2021 中第4.4.4条，下列构筑物和设备的排水管与生活排水管道系统应采取间接排水的方式：
(1) 生活饮用水贮水箱（池）的泄水管和溢流管；
(2) 开水器、热水器排水；
(3) 非传染医疗灭菌消毒设备的排水；
(4) 传染病医疗消毒设备的排水应单独收集、处理；
(5) 蒸发式冷却器、空调设备冷凝水的排水；
(6) 贮存食品或饮料的冷藏库房的地面排水和冷风机溶霜水盘的排水。

答案：D

13-32 解析：根据《建筑给水排水设计标准》GB 50015—2019 第6.3.4条，当采用废气、烟气、高温无毒废液等废热作为热媒时，应符合下列规定：
(1) 加热设备应防腐，其构造应便于清理水垢和杂物；

(2) 应采取措施防止热媒管道渗漏而污染水质；

(3) 应采取措施消除废气压力波动或除油。

答案：D

13-33 解析：根据《建筑给水排水设计标准》GB 50015—2019 第 3.1.7 条，小区给水系统设计应综合利用各种水资源，充分利用再生水、雨水等非传统水源；优先采用循环和重复利用给水系统。

答案：C

13-34 解析：根据本教材第六节第一部分，国家现行有关节水型生活用水器具的标准有：《节水型生活用水器具》CJ/T 164、《节水型卫生洁具》GB/T 31436、《节水型产品通用技术条件》GB/T 18870、《水嘴水效限定值及水效等级》GB 25501、《坐便器水效限定值及水效等级》GB 25502、《小便器水效限定值及水效等级》GB 28377、《淋浴器水效限定值及水效等级》GB 28378、《便器冲洗阀用水效率限定值及用水效率等级》GB 28379、《蹲便器水效限定值及水效等级》GB 30717、《电动洗衣机能效水效限定值及等级》GB 12021.4、《净水机水效限定值及水效等级》GB 34914 等。生活用水器具所允许的最大流量（坐便器为用水量）应符合产品的用水效率限定值，节水型用水器具应按选用的用水效率等级确定产品的最大流量（坐便器为用水量）。

答案：C

13-35 解析：根据《建筑给水排水与节水通用规范》GB 55020—2021 中第 3.3.1 条，生活饮用水水池（箱）、水塔的设置应防止污废水、雨水等非饮用水渗入和污染，应采取保证储水不变质、不冻结的措施，且应符合下列规定：

(1) 建筑物内的生活饮用水水池（箱）、水塔应采用独立结构形式，不得利用建筑物的本体结构作为水池（箱）的壁板、底板及顶盖。<u>与消防用水水池（箱）并列设置时，应有各自独立的池（箱）壁。</u>

(2) 埋地式生活饮用水贮水池周围 10m 内，不得有化粪池、污水处理构筑物、渗水井、垃圾堆放点等污染源。生活饮用水水池（箱）周围 2m 内不得有污水管和污染物。

(3) 排水管道不得布置在生活饮用水池（箱）的上方。

(4) 生活饮用水池（箱）、水塔人孔应密闭并设锁具，通气管、溢流管应有防止生物进入水池（箱）的措施。

(5) 生活饮用水水池（箱）、水塔应设置消毒设施。

《建筑给水排水设计标准》GB 50015—2019 第 3.3.17 条，建筑物内的生活饮用水水池（箱）及生活给水设施，不应设置于与厕所、垃圾间、污（废）水泵房、污（废）水处理机房及其他污染源毗邻的房间内；其上层不应有上述用房及浴室、盥洗室、厨房、洗衣房和其他产生污染源的房间。

《建筑给水排水设计标准》GB 50015—2019 第 3.8.1 条，生活用水水池（箱）应符合下列规定：

(1) 水池（箱）的结构形式、设置位置、构造和配管要求、贮水更新周期、消毒装置设置等应符合本标准第 3.3.15 条~第 3.3.20 条和第 3.13.11 条的规定；

(2) <u>建筑物内的水池（箱）应设置在专用房间内</u>，房间应无污染、不结冻、通风良好并应维修方便；室外设置的水池（箱）及管道应采取防冻、隔热措施；

(3) 建筑物内的水池（箱）不应毗邻配变电所或在其上方，不宜毗邻居住用房或在其下方；

(4) 当水池（箱）的有效容积大于 50m³ 时，宜分成容积基本相等、能独立运行的两格；

(5) 水池（箱）外壁与建筑本体结构墙面或其他池壁之间的净距，应满足施工或装配的要求，无管道的侧面净距不宜小于 0.7m；安装有管道的侧面，净距不宜小于 1.0m，且管道外壁与建筑本体墙面之间的通道宽度不宜小于 0.6m；设有人孔的池顶，顶板面与上面建筑本体板底的净空不应小于 0.8m；水箱底与房间地面板的净距，当有管道敷设时不宜小于 0.8m；

(6) 供水泵吸水的水池（箱）内宜设有水泵吸水坑，吸水坑的大小和深度应满足水泵或水泵吸水管的安装要求。

答案：A

13-36 解析：根据本教材第一节第五部分内容，小区给水设计用水量，应根据下列用水量确定：①居民生活用水量；②公共建筑生活用水量；③绿化用水量；④水景、娱乐设施用水量；⑤道路、广场用水量；⑥公用设施用水量；⑦未预见用水量及管网漏失水量；⑧消防用水量。其中，消防用水量仅用于校核管网计算，不计入正常用水量。

答案：B

13-37 解析：根据本教材第一节第二部分内容，生活给水系统供给人们在日常生活中饮用、烹调、盥洗、淋浴、洗衣、冲厕等生活用途的用水。

答案：D

13-38 解析：根据本教材第一节第二部分内容，生活饮用水、管道直饮水、杂用水的水质，应分别符合现行国家标准《生活饮用水卫生标准》GB 5749、《饮用净水水质标准》CJ 94、《城市污水再生利用 城市杂用水水质》GB/T 18920 的要求。

答案：C

13-39 解析：根据本教材第一节第七部分内容。

答案：D

13-40 解析：根据《建筑给水排水设计标准》GB 50015—2019 第 3.13.11 条，埋地式生活饮用水贮水池周围 10m 内，不得有化粪池、污水处理构筑物、渗水井、垃圾堆放点等污染源。生活饮用水水池（箱）周围 2m 内不得有污水管和污染物。

答案：B

13-41 解析：根据本教材第三节第三部分内容，穿越铁路或其他主要交通干线以及位于地基土为液化土地段的管道，宜采用焊接钢管。

答案：D

13-42 解析：根据《建筑给水排水设计标准》GB 50015—2019 第 3.3.4 条，卫生器具和用水设备等的生活饮用水管配水件出水口应符合下列规定：

(1) 出水口不得被任何液体或杂质所淹没；

(2) 出水口高出承接用水容器溢流边缘的最小空气间隙，<u>不得小于出水口直径的 2.5 倍</u>。

答案：B

13-43 解析：根据《建筑给水排水设计标准》GB 50015—2019 第 6.3.1 条，集中热水供应系统的热源应通过技术经济比较，并应按下列顺序选择：

(1) 采用具有稳定、可靠的余热、废热、地热，当以地热为热源时，应按地热水的水温、水质和水压，采取相应的技术措施处理满足使用要求；

(2) 当日照时数大于 1400h/a 且年太阳辐射量大于 4200MJ/m² 及年极端最低气温不低于 −45℃的地区，采用太阳能，全国各地日照时数及年太阳能辐照量应按本标准附录 H 取值；

(3) 在夏热冬暖、夏热冬冷地区采用空气源热泵；

(4) 在地下水源充沛、水文地质条件适宜，并能保证回灌的地区，采用地下水源热泵；

(5) 在沿江、沿海、沿湖，地表水源充足、水文地质条件适宜，以及有条件利用城市污水、再生水的地区，采用地表水源热泵；当采用地下水源和地表水源时，应经当地水务、交通航运等部门审批，必要时应进行生态环境、水质卫生方面的评估；

(6) 采用能保证全年供热的热力管网热水；

(7) 采用区域性锅炉房或附近的锅炉房供给蒸汽或高温水；

(8) 采用燃油、燃气热水机组、低谷电蓄热设备制备的热水。

答案：D

13-44 解析：根据本教材第四节。
答案：D

13-45 解析：根据《消防给水及消火栓系统技术规范》GB 50974—2014 第 7.2.1 条，市政消火栓宜采用地上式室外消火栓；在严寒、寒冷等冬季结冰地区宜采用干式地上式室外消火栓，严寒地区宜增设消防水鹤。当采用地下式室外消火栓，地下消火栓井的直径不宜小于 1.5m，且当地下式室外消火栓的取水口在冰冻线以上时，应采取保温措施。

根据《消防给水及消火栓系统技术规范》GB 50974—2014 第 7.2.3 条，市政消火栓宜在道路的一侧设置，并宜靠近十字路口，但当市政道路宽度超过 60m 时，应在道路的两侧交叉错落设置市政消火栓。

根据《消防给水及消火栓系统技术规范》GB 50974—2014 第 7.2.4 条，市政桥桥头和城市交通隧道出入口等市政公用设施处，应设置市政消火栓。

答案：A

13-46 解析：根据本教材第四节。
答案：D

13-47 解析：根据《建筑设计防火规范》GB 50016—2014 第 8.2.1 条，下列建筑或场所应设置室内消火栓系统：

(1) 建筑占地面积大于 300m² 的厂房和仓库；

(2) 高层公共建筑和建筑高度大于 21m 的住宅建筑①；

(3) 体积大于 5000m³ 的车站、码头、机场的候车（船、机）建筑、展览建筑、商店建筑、旅馆建筑、医疗建筑、老年人照料设施和图书馆建筑等单、多层建筑；

(4) 特等、甲等剧场，超过 800 个座位的其他等级的剧场和电影院等以及超过 1200 个座位的礼堂、体育馆等单、多层建筑；

(5) 建筑高度大于 15m 或体积大于 10000m³ 的办公建筑、教学建筑和其他单、多层民用建筑。

答案：D

13-48 解析：根据《建筑设计防火规范》GB 50016—2014（2018 年版）第 8.3.3 条，除本规范另有规定和不宜用水保护或灭火的场所外，下列高层民用建筑或场所应设置自动灭火系统，并宜采用自动喷水灭火系统：

(1) 一类高层公共建筑（除游泳池、溜冰场外）及其地下、半地下室；

(2) 二类高层公共建筑及其地下、半地下室的公共活动用房、走道、办公室和旅馆的客房、可燃物品库房、自动扶梯底部；

(3) 高层民用建筑内的歌舞、娱乐、放映、游艺场所；

(4) 建筑高度大于 100m 的住宅建筑。

答案：B

13-49 解析：根据《消防给水及消火栓系统技术规范》GB 50974—2014 第 7.4.10 条，室内消火栓宜按直线距离计算其布置间距，并应符合下列规定：

(1) 消火栓按 2 支消防水枪的 2 股充实水柱布置的建筑物，消火栓的布置间距不应大于 30.0m；

(2) 消火栓按 1 支消防水枪的 1 股充实水柱布置的建筑物，消火栓的布置间距不应大于 50.0m。

答案：B

---

① 建筑高度不大于 27m 的住宅建筑，设置室内消火栓系统确有困难时，可只设置干式消防竖管和不带消火栓箱的 DN65 的室内消火栓。

13-50 解析：根据《建筑设计防火规范》GB 50016—2014（2018 年版）第 8.3.8 条，下列场所应设置自动灭火系统，并宜采用水喷雾灭火系统：

（1）单台容量在 40MV·A 及以上的厂矿企业油浸变压器，单台容量在 90MV·A 及以上的电厂油浸变压器，单台容量在 125MV·A 及以上的独立变电站油浸变压器；

（2）飞机发动机试验台的试车部位；

（3）充可燃油并设置在高层民用建筑内的高压电容器和多油开关室。

注：设置在室内的油浸变压器、充可燃油的高压电容器和多油开关室，可采用细水雾灭火系统。

答案：A

13-51 解析：根据《建筑给水排水设计标准》GB 50015—2019 第 4.5.8 条，大便器排水管最小管径不得小于 100mm。

根据《建筑给水排水设计标准》GB 50015—2019 第 4.5.9 条，建筑物内排出管最小管径不得小于 50mm。第 4.5.10 条，多层住宅厨房间的立管管径不宜小于 75mm。

根据《建筑给水排水设计标准》GB 50015—2019 第 4.5.12 条，下列场所设置排水横管时，管径的确定应符合下列规定：

（1）当公共食堂厨房内的污水采用管道排除时，其管径应比计算管径大一级，且干管管径不得小于 100mm，支管管径不得小于 75mm；

（2）医疗机构污物洗涤盆（池）和污水盆（池）的排水管管径不得小于 75mm；

（3）小便槽或连接 3 个及 3 个以上的小便器，其污水支管管径不宜小于 75mm；

（4）公共浴池的泄水管不宜小于 100mm。

答案：C

13-52 解析：根据《建筑中水设计标准》GB 50336—2018 第 3.1.3 条，建筑物中水原水可选择的种类和选取顺序应为：

（1）卫生间、公共浴室的盆浴和淋浴等的排水；

（2）盥洗排水；

（3）空调循环冷却水系统排水；

（4）冷凝水；

（5）游泳池排水；

（6）洗衣排水；

（7）厨房排水；

（8）冲厕排水。

答案：A

13-53 解析：低水箱坐便器自带存水弯，其他器具均不带存水弯。

答案：B

13-54 解析：根据《建筑给水排水设计标准》GB 50015—2019 第 3.6.14 条，管道井尺寸应根据管道数量、管径、间距、排列方式、维修条件，结合建筑平面和结构形式等确定。需进人维修管道的管井，维修人员的工作通道净宽度不宜小于 0.6m。管道井应每层设外开检修门。管道井的井壁和检修门的耐火极限和管道井的竖向防火隔断应符合现行国家标准《建筑设计防火规范》GB 50016 的规定。

答案：B

13-55 解析：根据《建筑给水排水设计标准》GB 50015—2019 表 6.2.1 条第 2 款，幼儿园淋浴器的热水使用温度为 35℃。

答案：A

第十四章 建筑暖通空调与动力

本章考试大纲：了解供暖的热源、热媒及系统，空调冷热源及水系统，可再生能源应用；了解机房（锅炉房、制冷机房、空调机房等）、主要设备及管道的空间要求；了解通风系统、空调系统及其控制；了解建筑设计与暖通、空调系统运行节能的关系；了解暖通、空调系统的节能技术；了解建筑防火排烟；了解暖通空调系统能源种类及安全措施。

本章复习重点：供暖空调冷热源、冷热媒、冷热水系统；通风空调风系统；可再生能源应用；机房主要设备及管道空间要求；建筑与暖通空调节能技术；暖通空调能源种类及安全措施；防排烟；燃气供应及安全应用。

第一节 供暖的热源、热媒及系统

本节复习重点包括以下几方面内容。供暖原理：由热源、水管、散热设备组成；供暖热源：是供暖能耗的关键环节，热源的节能、减排是国家能源政策，也是使用者的需求；能源有化石能源和可再生能源，可再生能源是未来发展方向；供暖热媒：散热器、地板辐射、空调热风三种供暖方式热媒均为热水但水温不同，多联机热媒为制冷剂（氟利昂替代品）；供暖系统：居住建筑、公共建筑各有不同供暖系统。

建筑供暖系统原理：由热源（热媒制备）、水管（热媒输送）和散热设备（热媒利用）三个主要部分组成。

供暖原理：热源将热媒（最常用的为热水）加热，循环水泵将热水加压使其流动，经热网送至供暖系统的管道和散热器，散热器散热后水温降低再回流热源加热，循环往复，维持连续供暖（图 14-1、图 14-2）。

一、供暖热源

供暖热源即供暖用热的来源。供暖热源分为市政热源、自备热源两大类。

（一）市政供暖热源

市政供暖热源装机容量大、热水（蒸汽）温度高、热力网管线长、供热范围广。供热水（蒸汽）温度一般为 110～160℃。热水不直接送入散热器，通过热力站换取不超过 85℃ 的低温热水用于供暖。一般是对若干建筑群、生活小区、开发区等供热。

市政热源有发电厂、热电厂、区域锅炉房等，消耗的能源一般为燃煤、燃气。燃煤、燃气为化石能源，靠燃烧产生热量发电、供暖。燃烧就会产生二氧化碳，二氧化碳会引起"温室效应"，导致全球变暖。节能减碳已经上升到国家政策，2020 年 9 月中国明确提出 2030 年"碳达峰"与 2060 年"碳中和"的"双碳"目标。"碳达峰"指二氧化碳排放量在某一时点达到最大值，之后进入下降回落阶段；"碳中和"指针对排放

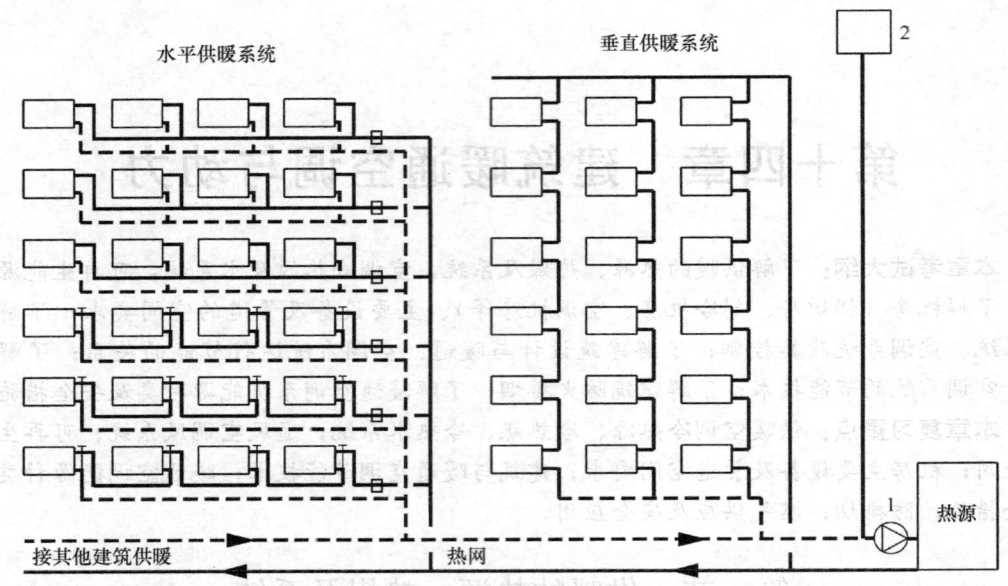

图 14-1 供暖系统原理图（热媒为低温水，直接进入散热器）

1—循环水泵；2—膨胀水箱

注：水平供暖系统适用于居住建筑；垂直供暖系统适用于公共建筑。

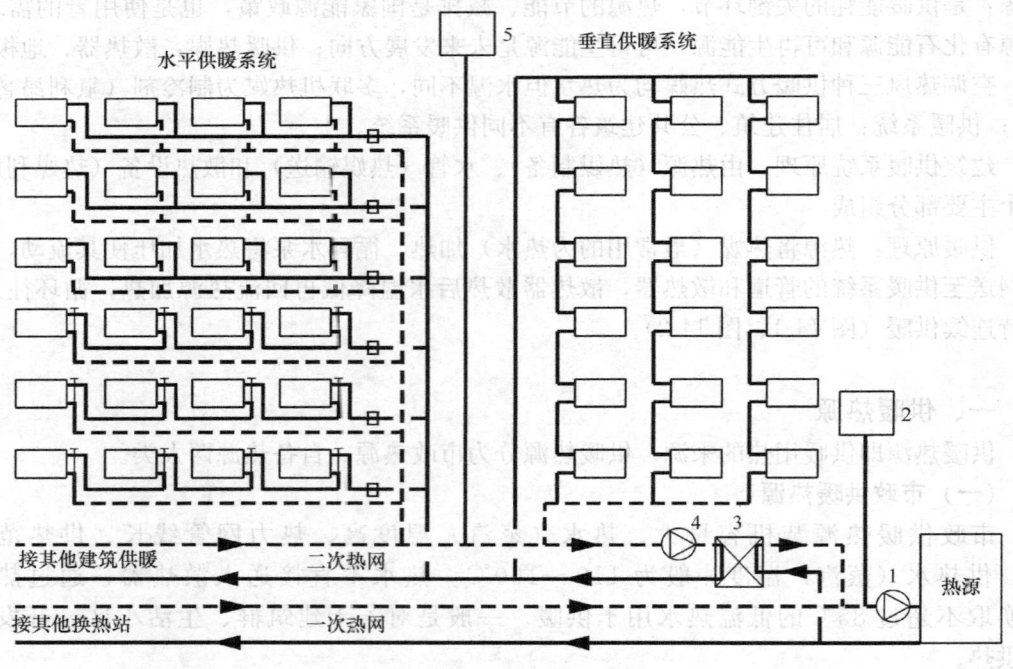

图 14-2 供暖系统原理图

（热媒为高温水或蒸汽，经换热后二次低温水进入散热器）

1——次水循环水泵；2——次水膨胀水箱；3——次/二次水换热器（二次热源）；

4—二次水循环水泵；5—二次水膨胀水箱

注：水平供暖系统适用于居住建筑；垂直供暖系统适用于公共建筑。

的二氧化碳，通过植树造林、节能减排、海洋吸收、工程封存等自然、人为手段被吸收和抵消掉。

1. 发电厂

发电厂功能是发电，一般离城市较远，能源主要为燃煤，属于高污染且高碳排放能源。供暖利用其废热、余热作热源，热媒一般为高温水，经换热后作供暖热源。有可供利用的废热或工业余热的区域，热源宜采用废热或工业余热。

2. 热电厂

热电厂在冬季以供暖为主、发电为辅，一般设于城市集中供暖面积较大的区域，能源主要为天然气，属于清洁但高碳排放能源。热媒一般为高温水，经换热后作供暖热源。

3. 区域锅炉房

一个区域设一个大型锅炉房，功能单一，只为供暖，能源主要为天然气，属于清洁但高碳排放能源，新建时受一定限制。热媒一般为高温水，经换热后作供暖热源。

（二）自备供暖热源

自备供暖热源有化石能源、可再生能源两大类。化石能源作供暖热源的有锅炉、户式燃气炉等，可再生能源作供暖热源的有太阳能、地源热泵、空气源热泵、中深层地热。泵是一种可以提高位能的机械设备，比如水泵主要是将水从低位抽到高位，而热泵是一种能从自然界的空气、水或土壤中获取低位热能，经过电能做功，提供可供暖用的高位热能的装置。

1. 自建锅炉房

自建锅炉房的能源主要为天然气（绿色电力锅炉除外），趋势是限制使用，采用热水作热媒。民用建筑不应采用蒸汽锅炉作为热源。

2. 居住建筑户式燃气炉

居住建筑户式燃气炉一般供暖与生活热水合用。户式燃气炉应采用全封闭式燃烧、平衡式强制排烟型。

3. 太阳能供暖系统

太阳能供暖系统可分为主动式和被动式两种方式。

被动式太阳能供暖通过建筑的朝向和周围环境的合理布置，内部空间和外部形体的巧妙处理，以及建筑材料和结构构造的恰当选择，使建筑物在冬季能充分收集、存储和分配太阳辐射热（图14-3）。

主动式太阳能供暖是一种利用太阳能集热器收集太阳辐射并转化为热能供暖的技术。以水作为储热介质，热量经由散热部件送至室内进行供暖。太阳能供暖系统一般由太阳能集热器、储热水箱、连接管路、辅助热源、散热部件及控制系统组成。适用于太阳辐射充足且时间长、中小型建筑、有备用热源、与生活热水系统结合的工程（图14-4）。

4. 地源热泵供暖

（1）定义

热泵：利用驱动能使能量从低位热源流向高位热源的装置。

地源热泵：以岩土体、地下水或地表水为低温热源，由水源热泵机组、地热能交换、建筑物内系统组成的供热供冷系统。根据热能交换系统形式的不同，地源热泵系统分为地

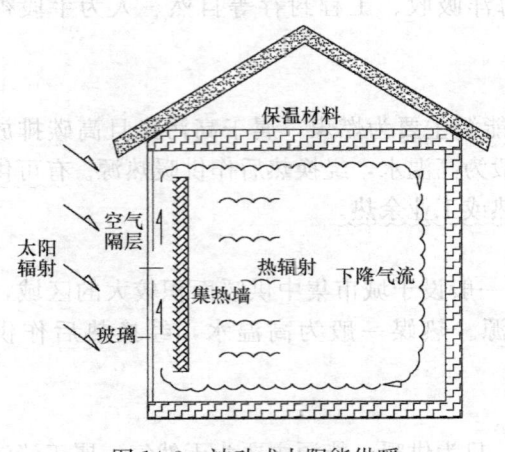
图14-3 被动式太阳能供暖

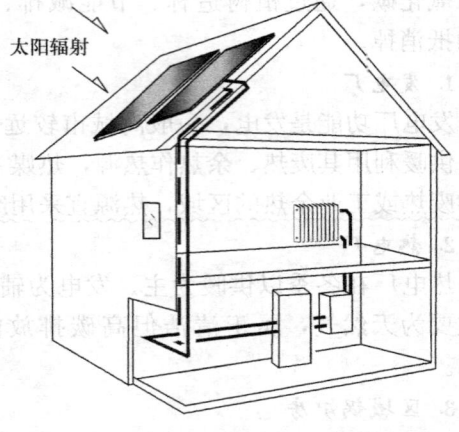
图14-4 主动式太阳能供暖

埋管地源热泵系统、地下水地源热泵系统[①]和地表水地源热泵系统。

(2) 原理

地埋管地源热泵是把地下岩土体当作蓄热体（通常指小于400m深地下岩土体），夏季通过热泵机和空调机把建筑内热量释放到地下岩土体蓄存起来，等到冬季通过热泵机和散热器再把热量吸收回建筑供暖，释放、吸收热量的过程中消耗小部分电力做功，把低位能提升为高位能。

地表水地源热泵是把江河湖海等地表水当作散热、吸热载体，夏季通过热泵机和空调机把建筑内热量释放到地表水，冬季通过热泵机和散热器从地表水吸收热量供建筑供暖，释放、吸收热量的过程中消耗小部分电力做功，把低位能提升为高位能。

热泵机可一机两用，夏季制冷、冬季制热。

(3) 效益

地源热泵属经济有效的节能技术，消耗1单位电能可得到4～6单位热量。地源热泵环境效益显著，其装置的运行没有任何污染，可以建在公共建筑或居住建筑区内，没有燃烧，没有排烟，也没有废弃物，不需锅炉或换热站。适合夏季制冷总量与冬季制热总量基本平衡的气候区（长江以北至长城以南区域比较典型），其他气候区如经计算冬夏平衡也可采用。

地源热泵原理图见图14-5、图14-6。

5. 空气源热泵供暖

(1) 定义

空气源热泵：以空气为低位热源的热泵。

(2) 原理

空气源热泵是把空气当作吸热载体，冬季通过热泵机和散热器从空气中吸收热量为建筑供暖，吸收热量的过程中消耗部分电力做功，把低位能提升为高位能。

[①] 地下水地源热泵系统是指由抽水井抽水经热泵机夏季散热、冬季吸热后，经回灌井回灌到地下，由于水抽出地面后可能被污染或回灌困难，一般不允许使用。

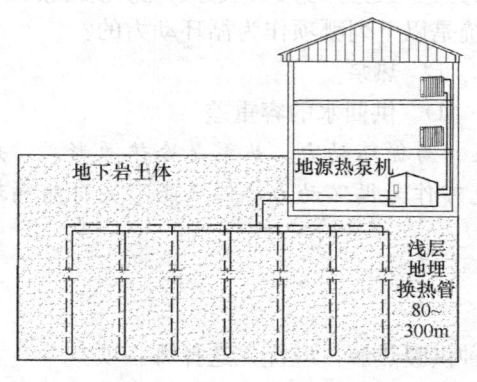

图 14-5 地埋管地源热泵

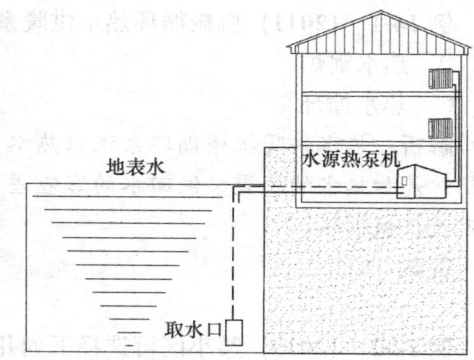

图 14-6 地表水地源热泵

(3) 效益

空气源热泵属经济有效的节能技术，消耗1单位电能的得热量见表14-1。

空气源热泵设计工况制热性能系数（COP）　　　　表 14-1

机组类型	严寒地区	寒冷地区
冷热风机组	1.8	2.2
冷热水机组	2.0	2.4

空气源热泵环境效益显著，其装置的运行没有任何空气污染，可以设置在居民区内，没有燃烧，没有排烟，也没有废弃物，不需要堆放燃料废物的场地，且不用远距离输送热量。空气源热泵供暖的热媒有热水、制冷剂两种。原理图见图14-7、图14-8。

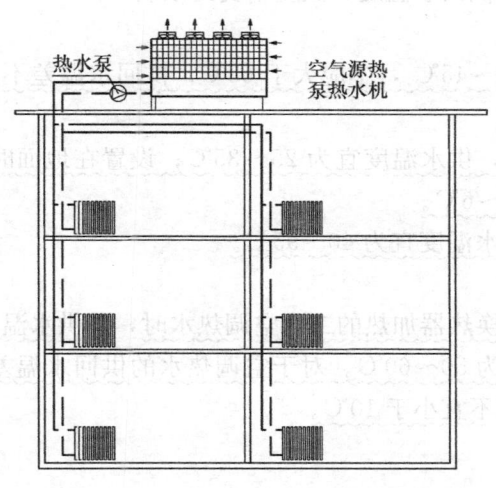

图 14-7 空气源热泵热水供暖

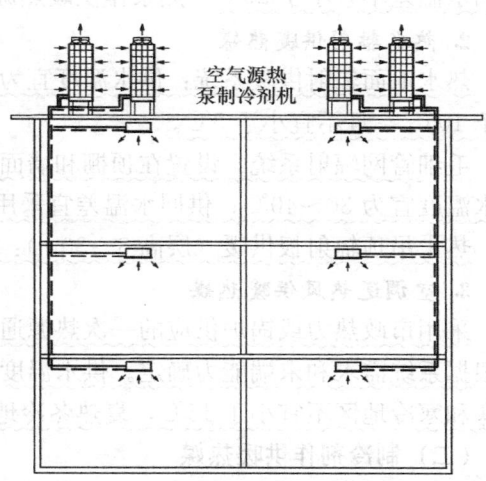

图 14-8 空气源热泵制冷剂供暖

6. 中深层地热供暖

中深层地热供暖指在地下2000～3000m深、水温70～90℃处直接换热，高温段直接作供暖热源，水温降低后再用热泵提温后作供暖热源。目前在部分地区使用。

> **例 14-1　（2011）** 机械循环热水供暖系统是以下列哪项作为循环动力的？
> A　热水锅炉　　　　　　　　　　B　热泵
> C　热水循环泵　　　　　　　　　　D　供回水的容重差
> 解析：热水供暖机械循环系统以热水泵作为循环动力。热泵是冷热源形式。热水锅炉是加热水的装置。供回水的容重差也可作为循环动力，但只能形成自然循环而不是机械循环。
> 答案：C
>
> **例 14-2　（2019）** 某小区可选择下列几种供暖热源，应优先选择哪一项？
> A　区域热网　　　B　城市热网　　　C　小区锅炉房　　　D　工业余热
> 解析：《民用建筑供暖通风与空气调节设计规范》GB 50736—2012 第 8.1.1 条："有可供利用的废热或工业余热的区域，热源宜采用废热或工业余热"。
> 答案：D

二、供暖热媒

建筑供暖热媒包括热水、制冷剂两种。除多联机和分体空调热媒采用制冷剂外，民用建筑供暖应采用热水作热媒。工业建筑以工艺用蒸汽为主时供暖可用蒸汽。

（一）热水作供暖热媒

1. 散热器供暖热媒

散热器集中供暖系统宜按 75℃/50℃ 连续供暖进行设计，且供水温度不宜大于 85℃，供回水温差不宜小于 20℃。热泵作供暖热源时供回水温度、温差不受此限制。

2. 热水辐射供暖热媒

热水地面辐射供暖系统：供水温度宜为 35～45℃，不应大于 60℃；供回水温差不宜大于 10℃，且不宜小于 5℃。

毛细管网辐射系统：设置在顶棚和墙面时，供水温度宜为 25～35℃；设置在地面时，供水温度宜为 30～40℃；供回水温差宜采用 3～6℃。

热水吊顶辐射板供暖（层高 3～30m）：供水温度宜为 40～95℃。

3. 空调送热风供暖热媒

采用市政热力或锅炉供应的一次热源通过换热器加热的二次空调热水时，其供水温度宜根据系统需求和末端能力确定。供水温度宜为 50～60℃。对于空调热水的供回水温差，严寒和寒冷地区不宜小于 15℃，夏热冬冷地区不宜小于 10℃。

（二）制冷剂作供暖热媒

1. 多联机、分体空调供暖热媒

多联机、分体空调作供暖热源时热媒为制冷剂（氟利昂替代品）。

2. 制冷剂作供暖热媒时管道长度限制

室内、外机之间以及室内机之间的最大管长和最大高差应符合产品技术要求；系统冷媒管等效长度不宜超过 70m。

例 14-3 （2014）民用建筑散热器连续集中热水供暖系统的供回水温度，不宜采用下列哪组？

A 95℃/70℃   B 85℃/60℃
C 80℃/55℃   D 75℃/50℃

解析： 根据《民用建筑供暖通风与空气调节设计规范》GB 50736—2012 第 5.3.1 条，散热器集中供暖系统宜按 75℃/50℃ 连续供暖进行设计，且供水温度不宜大于 85℃。

答案： A

三、供暖系统

供暖方式有散热器供暖、地板辐射供暖、热风供暖（图 14-9～图 14-11）。

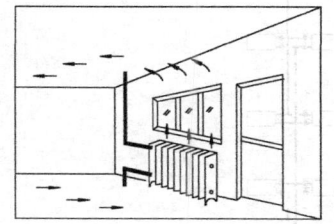
图 14-9 散热器供暖

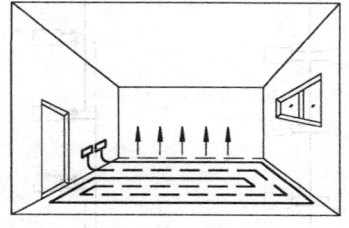
图 14-10 地板辐射供暖

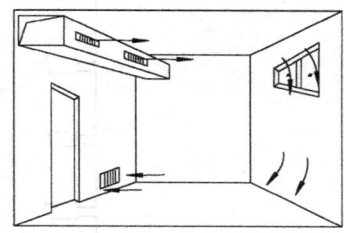
图 14-11 热风供暖

（一）散热器供暖

1. 散热器系统

居住建筑室内供暖系统的制式宜采用共用立管的分户独立循环双管系统，也可采用垂直单管跨越式系统（图 14-12、图 14-13）；公共建筑供暖系统宜采用垂直或水平双管系统，也可以采用垂直单管或垂直单、双管式系统（图 14-14～图 14-17）。

2. 既有建筑供暖系统改造

既有建筑的室内垂直单管顺流式系统应改造为垂直双管系统或垂直单管跨越式系统，不宜改造为分户独立循环系统。

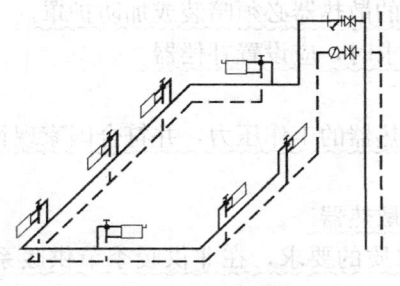
图 14-12 共用立管的分户
双管供暖系统

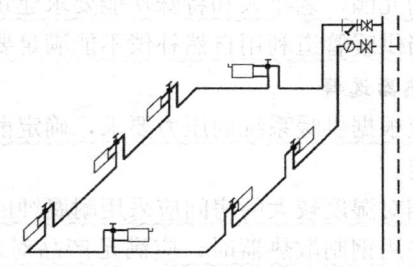
图 14-13 共用立管的分户
单管供暖系统

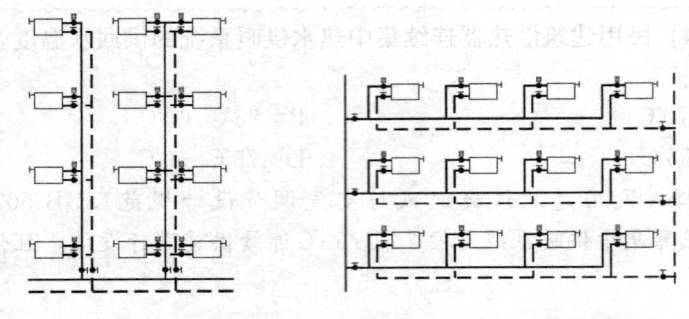

图 14-14　垂直双管供暖系统　　图 14-15　水平双管供暖系统

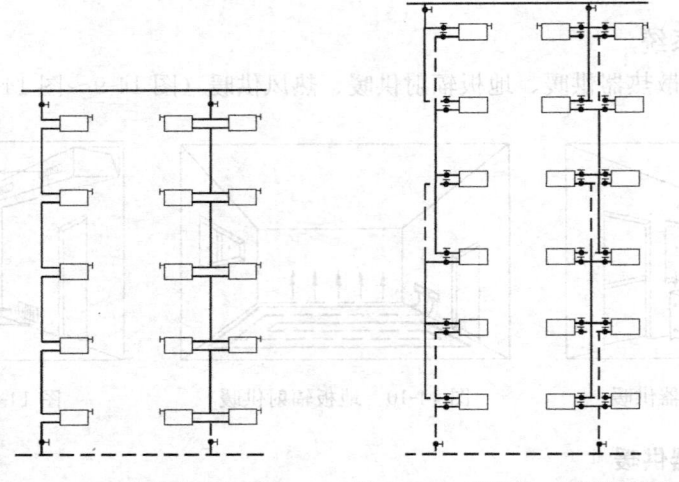

图 14-16　垂直单管供暖系统　　图 14-17　垂直单、双管供暖系统

3. 供暖系统担负层数

垂直单管跨越式系统的楼层层数不宜超过6层，水平单管跨越式系统的散热器组数不宜超过6组。

4. 供暖系统防冻

管道有冻结危险的场所，散热器的供暖立管或支管应单独设置。

5. 供暖系统安全

(1) 幼儿园、老年人和特殊功能要求建筑的散热器必须暗装或加防护罩。

(2) 当供暖管道利用自然补偿不能满足要求时，应设置补偿器。

6. 散热器选择

(1) 应根据供暖系统的压力要求，确定散热器的工作压力，并符合国家现行有关产品标准的规定。

(2) 相对湿度较大的房间应采用耐腐蚀的散热器。

(3) 采用钢制散热器时，应满足产品对水质的要求，在非供暖季节供暖系统应充水保养。

(4) 采用铝制散热器时，应选用内防腐型，并满足产品对水质的要求。

(5) 安装热量表和恒温阀的热水供暖系统不宜采用水流通道内含有粘砂的铸铁散

热器。

(6) 高大空间供暖不宜单独采用对流型散热器。

7. 散热器布置

(1) 散热器宜安装在外墙窗台下，当安装或布置管道有困难时，也可靠内墙安装。

(2) 两道外门之间的门斗内，不应设置散热器。

(3) 楼梯间的散热器，应分配在底层或按一定比例分配在下部各层。

(4) 除幼儿园、老年人和特殊功能要求的建筑外，散热器应明装。必须暗装时，装饰罩应有合理的气流通道、足够的通道面积，并方便维修。散热器的外表面应刷非金属性涂料。

8. 散热器供暖水管与其他供暖系统分开设置

散热器供暖系统的供水和回水管道应在热力入口处与下列系统分开设置：①通风与空调系统；②热风供暖与热空气幕系统；③生活热水供应系统；④地面辐射供暖系统；⑤其他需要单独热计量的系统。

9. 供暖系统管道坡度

供暖系统水平管道的敷设应有一定的坡度，坡向应有利于排气和泄水。供回水支、干管的坡度宜采用0.003，不得小于0.002；立管与散热器连接的支管，坡度不得小于0.01；当受条件限制，供回水干管（包括水平单管串联系统的散热器连接管）无法保持必要的坡度时，局部可无坡敷设，但该管道内的水流速不得小于0.25m/s；对于汽水逆向流动的蒸汽管，坡度不得小于0.005。

10. 供暖系统管道穿变形缝

穿越建筑物基础、伸缩缝、沉降缝、防震缝的供暖管道，以及埋设在建筑结构里的立管，应采取预防建筑物下沉而损坏管道的措施。

11. 供暖管道穿防火墙

当供暖管道必须穿越防火墙时，应预埋钢套管，并在穿墙处一侧设置固定支架，管道与套管之间的空隙应采用耐火材料封堵。

12. 室内供暖管道保温

室内下列供暖管道应做保温处理。

(1) 管道内输送的热媒必须保持一定参数。

(2) 管道敷设在管沟、管井、技术夹层、阁楼及顶棚内等导致无益热损失较大的空间内或易被冻结的地方。

(3) 管道通过的房间或地点要求保温。

（二）热水辐射供暖

1. 热水地面辐射供暖系统地面构造

(1) 直接与室外空气接触的楼板、与不供暖房间相邻的地板为供暖地面时，必须设置绝热层。

(2) 与土壤接触的底层，应设置绝热层；设置绝热层时，绝热层与土壤之间应设置防潮层。

(3) 潮湿房间内，填充层上或面层下应设置隔离层。

2. 热水地面辐射供暖加热管的材质和壁厚

热水地面辐射供暖塑料加热管的材质和壁厚的选择，应根据工程的耐久年限、管材的性能以及系统的运行水温、工作压力等条件确定。

3. 毛细管网辐射

毛细管网辐射系统单独供暖时，宜首先考虑地面埋置方式，地面面积不足时再考虑墙面埋置方式；毛细管网同时用于冬季供暖和夏季供冷时，宜首先考虑顶棚安装方式，顶棚面积不足时再考虑墙面或地面埋置方式。

（三）热风供暖

1. 热风供暖一般与空调共用

详见本章第二节空调相关内容。

2. 热空气幕

（1）对严寒地区公共建筑经常开启的外门，应采取热空气幕等减少冷风渗透的措施。

（2）对寒冷地区公共建筑经常开启的外门，当不设门斗和前室时，宜设置热空气幕。

（3）公共建筑热空气幕送风方式宜采用由上向下送风。

（4）热空气幕的送风温度应根据计算确定。对于公共建筑的外门，不宜高于50℃；对高大外门，不宜高于70℃。

（四）电供暖

（1）符合下列条件之一可采用电加热供暖：

1）供电政策支持；

2）无集中供暖和燃气源，且煤或油等燃料的使用受到环保或消防严格限制的建筑；

3）以供冷为主，供暖负荷较小且无法利用热泵提供热源的建筑；

4）采用蓄热式电散热器、发热电缆在夜间低谷电进行蓄热，且不在用电高峰和平段时间启用的建筑；

5）由可再生能源发电设备供电，且其发电量能够满足自身电加热量需求的建筑。

（2）根据不同的使用条件，电供暖系统应设置不同类型的温控装置。

（3）安装于距地面高度180cm以下的电供暖元器件，必须采取接地及剩余电流保护措施。

（五）燃气红外线辐射供暖

（1）采用燃气红外线辐射供暖时，必须采取相应的防火和通风换气等安全措施，并符合国家现行有关燃气、防火规范的要求。

（2）由室内供应空气的空间应能保证燃烧器所需要的空气量。当燃烧器所需要的空气量超过该空间0.5次/h的换气次数时，应由室外供应空气。

（六）热水集中供暖分户热计量

（1）集中供暖的新建建筑和既有建筑节能改造必须设置热量计量装置，并具备室温调控功能。用于热量结算的热量计量装置必须采用热量表。

（2）用于热量结算的热量表，应根据公称流量选型，并校核在系统设计流量下的压降。公称流量可按设计流量的80%确定；流量传感器的安装位置应符合仪表安装要求，且宜安装在回水管上。

（3）散热器室内供暖系统，应设置散热器恒温控制阀或其他自动温度控制阀进行室温调控。散热器恒温控制阀的选用和设置要求如下：

1）当室内供暖系统为垂直或水平双管系统时，应在每组散热器的供水支管上安装高阻恒温控制阀；超过5层的垂直双管系统宜采用有预设阻力调节功能的恒温控制阀；

2）单管跨越式系统应采用低阻力两通恒温控制阀或三通恒温控制阀；

3）当散热器有罩时，应采用温包外置式恒温控制阀。

(4) 低温热水地面辐射供暖系统，室温控制器宜设在被控温的房间或区域内；自动控制阀宜采用热电式控制阀或自力式恒温控制阀。自动控制阀的设置可采用分环路控制和总体控制两种方式：

1）采用分环路控制时，应在分水器或集水器处，分路设置自动控制阀，控制房间或区域保持各自的设定温度值；自动控制阀也可内置于集水器中；

2）采用总体控制时，应在分水器总供水管或集水器回水管上设置一个自动控制阀，控制整个用户或区域的室内温度。

（七）供暖管道

(1) 当供暖管道利用自然补偿不能满足要求时，应设置补偿器。

(2) 散热器供暖系统的供水和回水管道应在热力入口处与下列系统分开设置：①通风与空调系统；②热风供暖与热空气幕系统；③生活热水供应系统；④地面辐射供暖系统；⑤其他需要单独热计量的系统。

(3) 集中供暖系统的建筑物热力入口应符合以下规定：

1）供水、回水管道上应分别设置关断阀、温度计、压力表；

2）设置过滤器及旁通阀；

3）应根据水力平衡要求和建筑物内供暖系统的调节方式，选择水力平衡装置；

4）除多个热力入口设置一块共用热量表的情况外，每个热力入口处均应设置热量表，且热量表宜设在回水管上。

(4) 当供暖管道必须穿越防火墙时，应预埋钢套管，并在穿墙处一侧设置固定支架，管道与套管之间的空隙应采用耐火材料封堵。

（八）集中供暖系统注意的问题

(1) 高层建筑风压、热压综合影响大，使得门、窗冷风渗透量大，注意门、窗密封。

(2) 供暖水系统中注意集气、排气，水平管合理设坡度，高点排气。坡度一般为0.3%。

(3) 暖气罩装修时要注意空气对流。上部、下部均开对流孔。

(4) 整个供暖水系统设一处定压膨胀装置（膨胀水箱或定压罐或定压泵），并使系统最高点有一定压力。一次热网和二次热网分别属于不同的水系统，分别设定压膨胀装。

(5) 楼梯、扶梯、跑马廊等贯通的空间，形成了烟囱效应，热气流易飘向高处，散热器应在底层多设。

(6) 蒸汽供暖的几个问题：蒸汽温度高（一般高于100℃），有机灰尘剧烈升华，清洁度不高；蒸汽温度基本不能调节，室内温度过高时只能停止供汽，室内温度波动大（间歇供暖）；不供汽时系统充满空气，管道易腐蚀。

(7) 供暖管道必须计算其热膨胀。当利用管段的自然补偿不能满足要求时应设置补偿器。

(8) 当供暖管道必须穿过防火墙时，在管道穿过处应采取固定和防火措施，并使管道可向墙的两侧伸缩。

(9) 建筑物热量结算点热计量和住宅分户热计量（分摊）应设置数据采集和远传系统。

例 14-4 （2005）民用建筑中，采用以热水为热媒的散热器供暖系统时，下列哪种说法是错误的？
A 采用钢制散热器时，非供暖季节应充水保养
B 两道外门之间的门斗内，不应设置散热器
C 托儿所、幼儿园中的散热器不得暗装，也不得加防护罩
D 暗装的散热器设置恒温阀时，恒温阀应采用外置式温度传感器

解析： 根据《民用建筑供暖通风与空气调节设计规范》GB 50736—2012 第5.3.6 条第 3 款："采用钢制散热器时，应满足产品对水质的要求，非供暖季节供暖系统应充水保养"，A 选项正确；根据上述规范第 5.3.7 条第 2 款："两道外门之间的门斗内，不应设置散热器"，B 选项正确；根据上述规范第 5.3.10 条："幼儿园、老年人和特殊功能要求的建筑的散热器必须暗装或加防护罩"，C 选项错误；根据上述规范第 5.10.4 条第 3 款："当散热器有罩时，应采用温包外置式恒温控制阀"，D 选项正确。

答案： C

例 14-5 （2012）上供下回热水供暖系统的放气阀应按下列哪种方式设置？
A 在供水干管最高点设置自动放气阀
B 在回水干管最高点设置自动放气阀
C 在每组散热器设置手动放气阀
D 在顶层散热器设置手动放气阀

解析： 水系统最高点应设置放气装置，上供下回热水供暖系统供水干管在高处，此处放气最合理。B 选项上供下回热水供暖系统回水干管在低处，放气效果有限；C 选项在每组散热器设置手动放气阀，只解决本层放气问题；D 选项在顶层散热器设置手动放气阀，顶层散热器到顶板下供水干管不能放气。

答案： A

例 14-6 （2021）二层卫生间（上下层均为卫生间）采用钢筋混凝土填充式地板辐射供暖系统，下列地面做法最合理的是：
A 上有防水下有防潮 B 上无防水下有防潮
C 上有防水下无防潮 D 防水防潮均无

解析： 根据《民用建筑供暖通风与空气调节设计规范》GB 50736—2012 第5.4.3 条第 3 款，热水地面辐射供暖系统，潮湿房间，填充层上或面层下应设置隔离层。"上有防水"防本层地面水，"下有防潮"防下层潮气渗入。A 选项最合理。

答案： A

第二节 空调冷热源及水系统、可再生能源应用

本节复习重点包括以下几方面内容。空调原理：由冷热源、冷热媒、空调设备组成；空调冷热源：传统冷热源包括水冷（冷却塔）制冷机、锅炉房或换热站；可再生能源冷热源包括空气源热泵（冷热水机、多联机）适用条件、室外机要求；地源热泵（地埋管式、地表水式）适用气候区域、项目具备的条件，对实现"双碳"目标的意义；空调水系统：定流量、变流量水系统适用的功能建筑；两管制、分区两管制、四管制适用的系统。

空调系统由冷热源（冷热媒制备）、冷热网（冷热媒输送）和空调机、新风机、风机盘管、辐射等末端设备（冷热媒利用）三个主要部分组成。

空调原理：冷热源将冷热媒夏季冷却、冬季加热（最常用的为夏季冷水、冬季热水），循环水泵将夏季冷水、冬季热水加压使其流动，经管道送至空调机、新风机、风机盘管等空调设备。夏季送冷风、水温升高，冬季送热风、水温降低再送回冷热源，夏季冷却、冬季加热，循环往复，维持连续空气调节。传统冷热源空调系统原理图见图14-18。

一、传统空调冷热源

（一）空调冷源

1. 电动压缩式冷水机组

电动压缩式冷水机组特点是电作动力，设备尺寸小，运行可靠。制冷剂为R124a、R404A、R407C、R410A、氨等。

（1）按制冷压缩方式分类

1）涡旋式冷水机：适用于小型工程。

2）活塞式冷水机：适用于中、小型工程，尤其是中型工程。

3）螺杆式冷水机：适用于大、中型工程。

4）离心式冷水机：适用于大、中型工程，尤其是大型工程。

（2）按冷却方式分类

1）水冷式

靠冷却塔中的水蒸发散热，将热量散到空气中，散热效率高，适用于大型尤其是超大型工程。水冷式冷却水系统包括冷却泵、冷却塔、冷却水管道等。

① 空调系统冷却水水温的规定：

a. 冷水机组的冷却水进口温度宜按照机组额定工况下的要求确定，且不宜高于33℃；

b. 冷却水进口最低温度应按制冷机组的要求确定，电动压缩式冷水机组不宜小于15.5℃，溴化锂吸收式冷水机组不宜小于24℃，全年运行的冷却水系统，宜对冷却水的供水温度采取调节措施；

c. 冷却水进出口温差应根据冷水机组设定参数和冷却塔性能确定，电动压缩式冷水机组不宜小于5℃，溴化锂吸收式冷水机组宜为5~7℃。

② 冷却塔的选用和设置要求：

a. 在夏季空调室外计算湿球温度条件下，冷却塔的出口水温、进出口水温降和循环水量应满足冷水机组的要求；

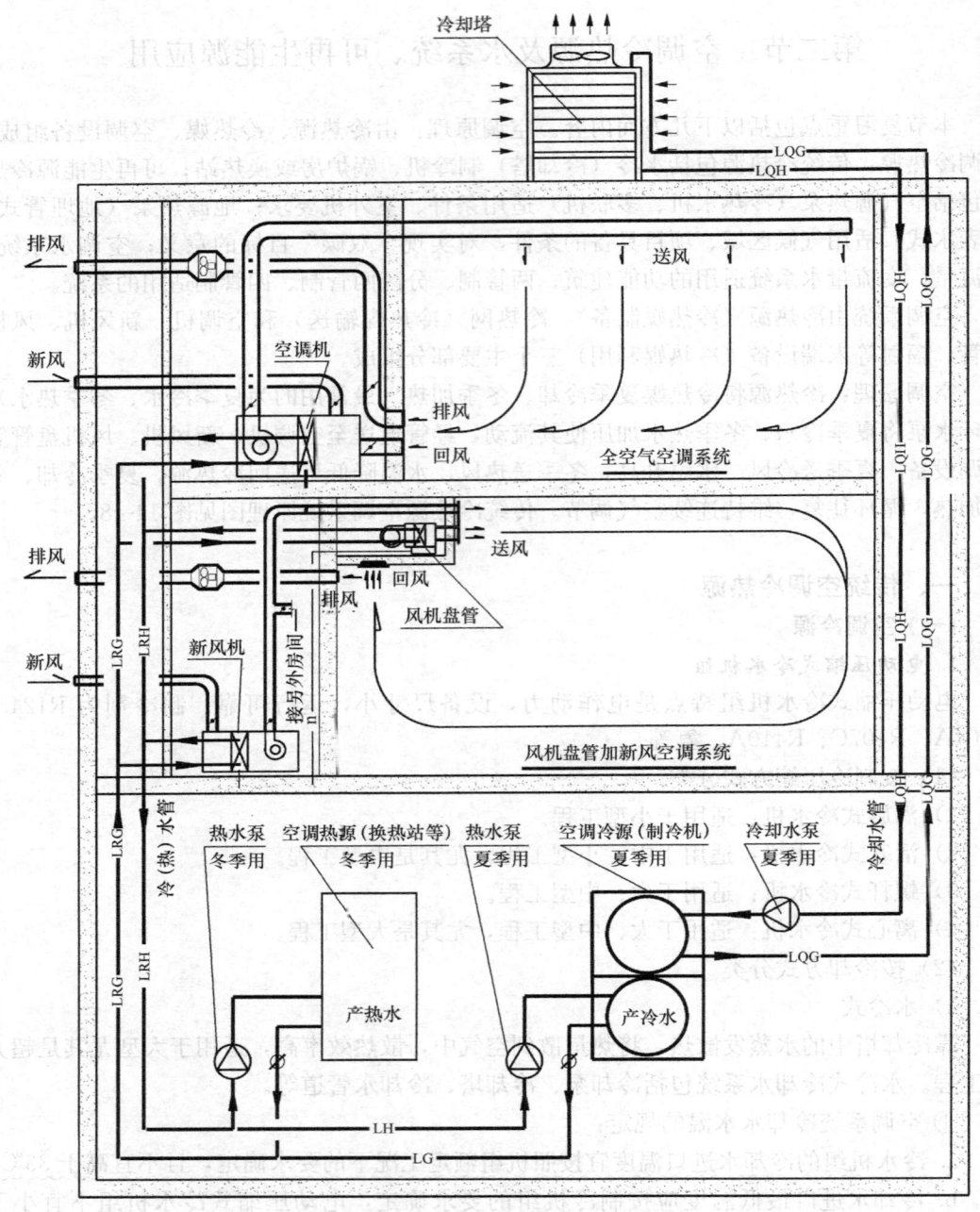

图 14-18 传统冷热源空调系统原理图

　　b. 对进口水压有要求的冷却塔的台数，应与冷却水泵台数相对应；

　　c. 室外计算温度在 0℃ 以下的地区，冬季运行的冷却塔应采取防冻措施，冬季不运行的冷却塔及其室外管道应能泄空；

　　d. 冷却塔设置位置应保证通风良好、远离高温或有害气体，并避免飘水对周围环境的影响；控制冷却塔的噪声要求；

e. 冷却塔应符合防火要求。
2) 风冷式
靠冷凝器散热，将热量散到空气中，适用于大、中、小型尤其是中、小型工程。风冷冷凝器（室外机）要求如下：
①用于严寒和寒冷地区时，应采取防冻措施；
②确保进风与排风通畅，且避免短路；
③避免受污浊气流对室外机组的影响；
④排出热气流应符合周围环境要求；
⑤便于对室外机的换热器进行清扫和维修；
⑥应有防积雪措施；
⑦应有安装、维护及防止坠落伤人的安全防护设施。

只制冷水、不制热水的设备称作风冷式冷水机，即空调只送冷风而不送热风；夏季制冷水、冬季制热水的设备称作空气源热泵冷热水机。

（3）蓄冷
蓄冷方式分为冰蓄冷、水蓄冷。
1) 冰蓄冷
在电力负荷很低的夜间用电低谷期，采用制冷机制冰蓄在冰槽内，在电力负荷较高的白天，也就是用电高峰期，把存储的冰融化成冷水供空调使用。冰蓄冷投资高、占用空间大、不节能，但对用电来说有削峰填谷效果，峰谷电价差别较大时，经济效益好。
2) 水蓄冷
与冰蓄冷类似，不同的是蓄冷介质是冷水，蓄冷设施是冷水池，其体积比冰槽大。

2. 溴化锂吸收式冷（温）水机
特点是用燃油、燃气、蒸汽、热水等热源作动力，用电很少，噪声、振动小。制冷剂为水。冷却方式为水冷。燃油、燃气为高碳排放化石能源。
（1）燃油、燃气直燃型溴化锂吸收式冷水机：也可产空调、热水。有可靠的燃油、燃气源，并且经济较合理时可采用。
（2）蒸汽式溴化锂吸收式冷水机：以蒸汽作动力。有可靠的蒸汽源时可采用。
（3）热水式溴化锂吸收式冷水机：以温度高于80℃的热水作动力，效率低一些。有余热或废热时可采用。

（二）空调热源
（1）锅炉或换热站：制取空调热水。
（2）锅炉房中一台锅炉因故停止工作时，剩余锅炉的设计换热量应符合工程保障供热量的要求，并且对寒冷地区和严寒地区供热（包括供暖和空调供热）时，剩余锅炉的总供热量分别不应低于设计供热量的65%和70%。
（3）直燃型溴化锂吸收式冷（温）水机：冬季制空调热水（夏季制空调冷水）。

二、可再生能源空调冷热源
暖通空调专业可利用的可再生能源有太阳能、地源热泵、空气源热泵、地热能（只能作热源）。

(一) 太阳能

太阳辐射充足且时间长，有足够大的太阳能辐射板，有备用热源，与生活热水综合利用时，太阳能可作中小型建筑的空调热源（参见本章第一节供暖内容）。太阳能作空调冷源时系统复杂，只适用于特定工程，不适合一般工程。

(二) 地源热泵

1. 定义、原理、效益

详见本章第一节供暖内容。

2. 地埋管地源热泵

系统设计时应符合下列规定。

(1) 应通过工程场地状况调查和对浅层地能资源的勘察，确定地埋管换热系统实施的可行性与经济性。

(2) 当应用建筑面积在 5000m^2 以上时，应进行岩土热响应试验，并应利用岩土热响应试验结果进行地埋管换热器的设计。

(3) 地埋管的埋管方式、规格与长度，应根据冷（热）负荷、占地面积、岩土层结构、岩土体热物性和机组性能等因素确定。

(4) 地埋管换热系统设计应进行全年供暖空调动态负荷计算，最小计算周期宜为1年。计算周期内，地源热泵系统总释热量和总吸热量宜基本平衡。建筑面积 50000m^2 以上大规模地埋管地源热泵系统，应进行 10 年以上地源侧热平衡计算。

(5) 应分别按供冷与供热工况进行地埋管换热器的长度计算。当地埋管系统最大释热量和最大吸热量相差不大时，宜取其计算长度较大者作为地埋管换热器的长度；当地埋管系统最大释热量和最大吸热量相差较大时，宜取其计算长度较小者作为地埋管换热器的长度，采用增设辅助冷（热）源或与其他冷热源系统联合运行的方式，满足设计要求。

(6) 冬季有冻结可能的地区，地埋管应有防冻措施。

原理图见图 14-19。

3. 地下水地源热泵规定

地下水地源热泵系统设计时，应符合下列规定。

(1) 地下水的持续出水量应满足地源热泵系统最大吸热量或释热量的要求；地下水的水温应满足机组运行要求，并根据不同的水质采取相应的水处理措施。

(2) 地下水系统宜采用变流量设计，并根据空调负荷动态变化调节地下水用量。

(3) 热泵机组集中设置时，应根据水源水质条件确定水源直接进入机组换热器或另设板式换热器间接换热。

(4) 应对地下水采取可靠的回灌措施，确保全部回灌到同一含水层，且不得对地下水资源造成污染。

4. 江河湖水源地源热泵规定

江河湖水源地源热泵系统设计时应符合下列规定。

(1) 应对地表水体资源和水体环境进行评价，并取得当地水务主管部门的批准同意。当江河湖为航运通道时，取水口和排水口的设置位置应取得航运主管部门的批准。

(2) 应考虑江河的丰水、枯水季节的水位差。

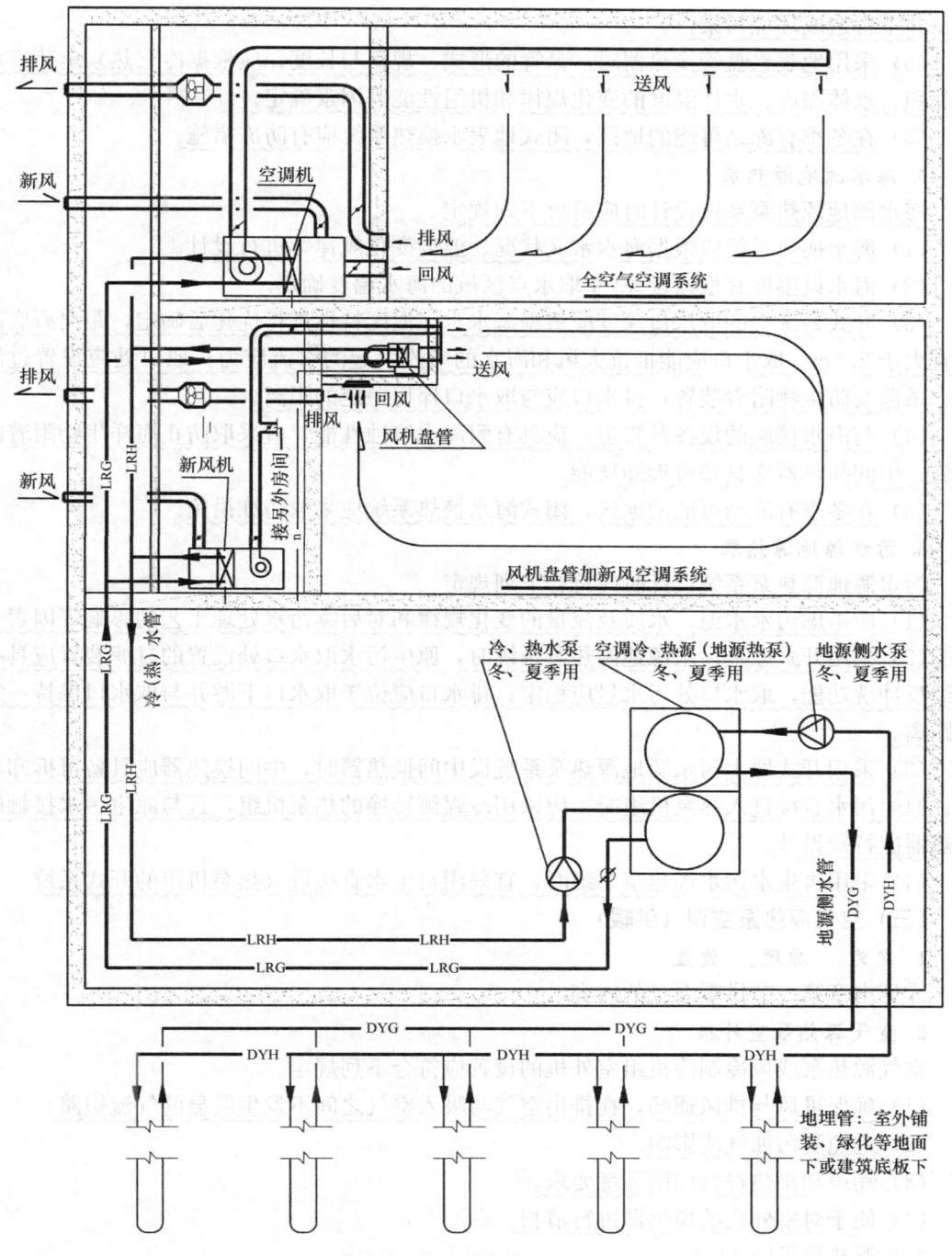

图 14-19 地源热泵冷热水机

(3) 热泵机组与地表水水体的换热方式应根据机组的设置、水体水温、水质、水深、换热量等条件确定。

(4) 开式地表水换热系统的取水口,应设在水位适宜、水质较好的位置,并应位于排水口的上游,远离排水口;地表水进入热泵机组前,应设置过滤、清洗、灭藻等水处理措施，并不得造成环境污染。

(5) 采用地表水盘管换热器时，盘管的形式、规格与长度，应根据冷（热）负荷、水体面积、水体深度、水体温度的变化规律和机组性能等因素确定。

(6) 在冬季有冻结可能的地区，闭式地表水换热系统应有防冻措施。

5. 海水源地源热泵

海水源地源热泵系统设计时应符合下列规定。

(1) 海水换热系统应根据海水水文状况、温度变化规律等进行设计。

(2) 海水设温度宜根据近30年取水点区域的海水温度确定。

(3) 开式系统中的取水口深度应根据海水水深温度特性进行优化后确定，距离海底高度宜大于2.5m；取水口应能抵抗大风和海水的潮汐引起的水流应力；取口处应设置过滤器、杀菌及防生物附着装置；排水口应与取水口保持一定的距离。

(4) 与海水接触的设备及管道，应具有耐海水腐蚀性能，应采取防止海洋生物附着的措施；中间换热器应具备可拆卸功能。

(5) 在冬季有冻结可能的地区，闭式海水换热系统应采取防冻措施。

6. 污水源地源热泵

污水源地源热泵系统设计时应符合下列规定。

(1) 应考虑污水水温、水质及流量的变化规律和对后续污水处理工艺的影响等因素。

(2) 采用开式原生污水源地源热泵系统时，原生污水取水口处设置的过滤装置应具有连续反冲洗功能，取水口处污水量应稳定；排水口应位于取水口下游并与取水口保持一定的距离。

(3) 采用开式原生污水源地源热泵系统设中间换热器时，中间换热器应具备可拆卸功能；原生污水直接进入热泵机组时，应采用冷媒侧转换的热泵机组，且与原生污水接触的换热器应特殊设计。

(4) 采用再生水污水源热泵系统时，宜采用再生水直接进入热泵机组的开式系统。

(三) 空气源热泵空调（供暖）

1. 定义、原理、效益

详见本章第一节供暖系统的内容。

2. 空气源热泵室外机

空气源热泵或风冷制冷机组室外机的设置应符合下列规定。

(1) 确保进风与排风通畅，在排出空气与吸入空气之间不发生明显的气流短路。

(2) 避免受污浊气流影响。

(3) 噪声和排热符合周围环境要求。

(4) 便于对室外机的换热器进行清扫。

空气源热泵见图14-20。

(四) 蓄冷、蓄热、冷热电三联供

1. 蓄冷、蓄热

(1) 蓄冷、蓄热条件

符合以下条件之一，且经综合技术经济比较合理时，宜采用蓄冷（热）系统供冷（热）：

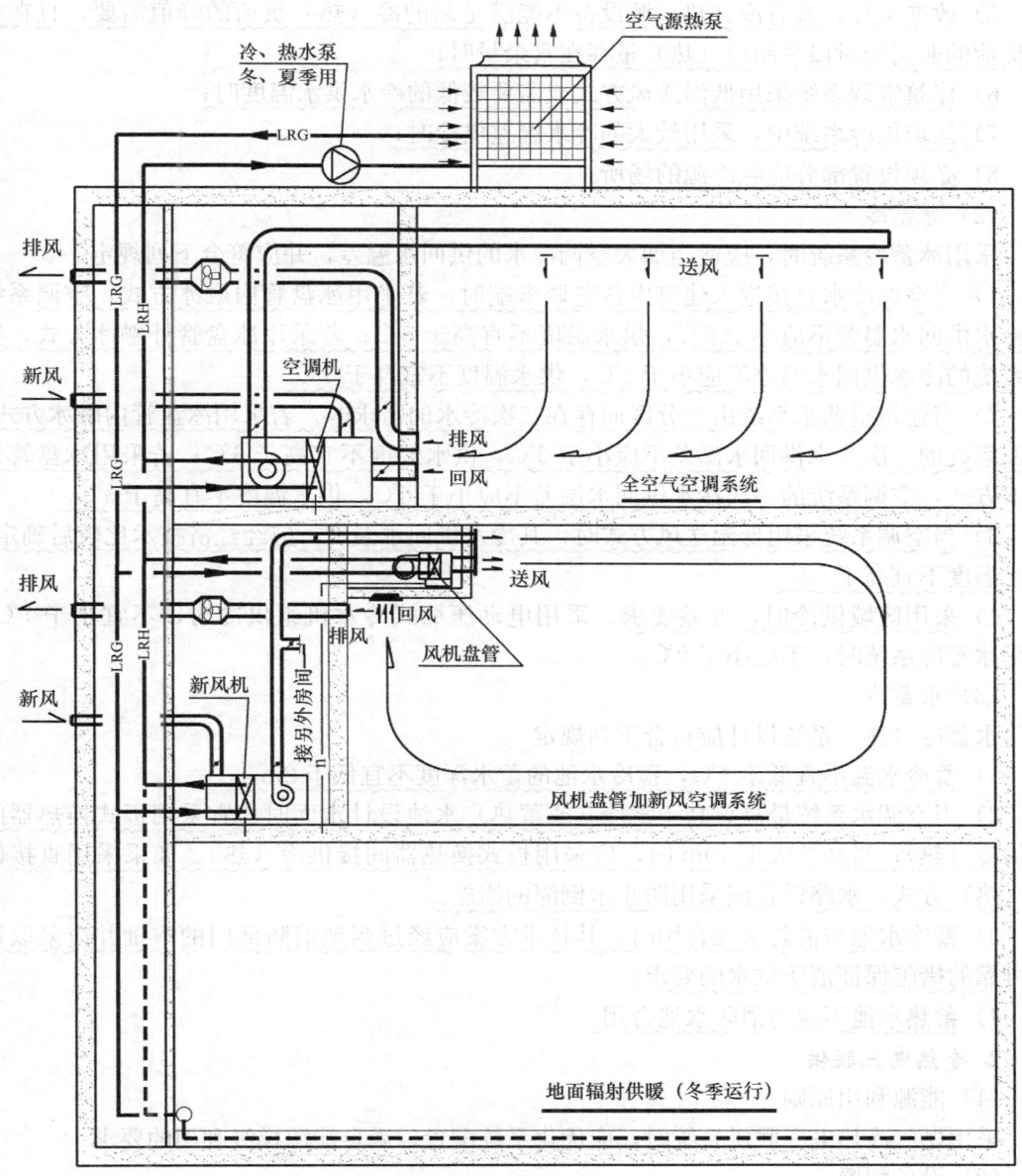

图 14-20 空气源热泵冷热水原理图

1) 执行分时电价、峰谷电价差较大的地区，或有其他用电鼓励政策时；
2) 空调冷、热负荷峰值的发生时刻与电力峰值的发生时刻接近且电网低谷时段的冷、热负荷较小时；
3) 建筑物的冷、热负荷具有显著的不均匀性，或逐时空调冷、热负荷的峰谷差悬殊，按照峰值负荷设计装机容量的设备经常处于部分负荷下运行，利用闲置设备进行制冷或供热能够取得较好的经济效益时；
4) 电能的峰值供应量受到限制，以至于不采用蓄冷系统能源供应不能满足建筑空气调节的正常使用要求时；

5) 改造工程，既有冷（热）源设备不能满足新的冷（热）负荷的峰值需要，且在空调负荷的非高峰时段总制冷（热）量存在富余量时；

6) 建筑空调系统采用低温送风方式或需要较低的冷水供水温度时；

7) 区域供冷系统中，采用较大的冷水温差供冷时；

8) 必须设置部分应急冷源的场所。

(2) 冰蓄冷

采用冰蓄冷系统时，应适当加大空调冷水的供回水温差，并应符合下列规定。

1) 当空调冷水直接进入建筑内各空调末端时，若采用冰盘管内融冰方式，空调系统的冷水供回水温差不应小于6℃，供水温度不宜高于6℃；若采用冰盘管外融冰方式，空调系统的冷水供回水温差不应小于8℃，供水温度不宜高于5℃。

2) 当建筑空调水系统由于分区而存在二次冷水的需求时，若采用冰盘管内融冰方式，空调系统的一次冷水供回水温差不应小于5℃，供水温度不宜高于6℃；若采用冰盘管外融冰方式，空调系统的一次冷水供回水温差不应小于6℃，供水温度不宜高于5℃。

3) 当空调系统采用低温送风方式时，其冷水供回水温度，应经经济技术比较后确定。供水温度不宜高于5℃。

4) 采用区域供冷时，温差要求。采用电动压缩式冷水机组供冷时，不宜小于7℃；采用冰蓄冷系统时，不应小于9℃。

(3) 水蓄冷

水蓄冷（热）系统设计应符合下列规定。

1) 蓄冷水温不宜低于4℃，蓄冷水池的蓄水深度不宜低于2m。

2) 当空调水系统最高点高于蓄冷（或蓄热）水池设计水面时，宜采用板式换热器间接供冷（热）；当高差大于10m时，应采用板式换热器间接供冷（热）。如果采用直接供冷（热）方式，水路设计应采用防止水倒灌的措施。

3) 蓄冷水池与消防水池合用时，其技术方案应经过当地消防部门的审批并应采取切实可靠的措施保证消防供水的要求。

4) 蓄热水池不应与消防水池合用。

2. 冷热电三联供

(1) 能源利用原则

采用燃气冷热电三联供系统时，应优化系统配置，满足能源梯级利用的要求。

(2) 设备配置

设备配置及系统设计应符合下列原则：

1) 以冷、热负荷确定发电量；

2) 优先满足本建筑的机电系统用电。

(3) 余热利用

余热利用设备及容量选择应符合下列规定：

1) 宜采用余热直接回收利用的方式；

2) 余热利用设备最低制冷容量，不应低于发电机满负荷运行时产生的余热制冷量。

(五) 空调冷热源分类汇总

空调冷热源分类汇总见图14-21。

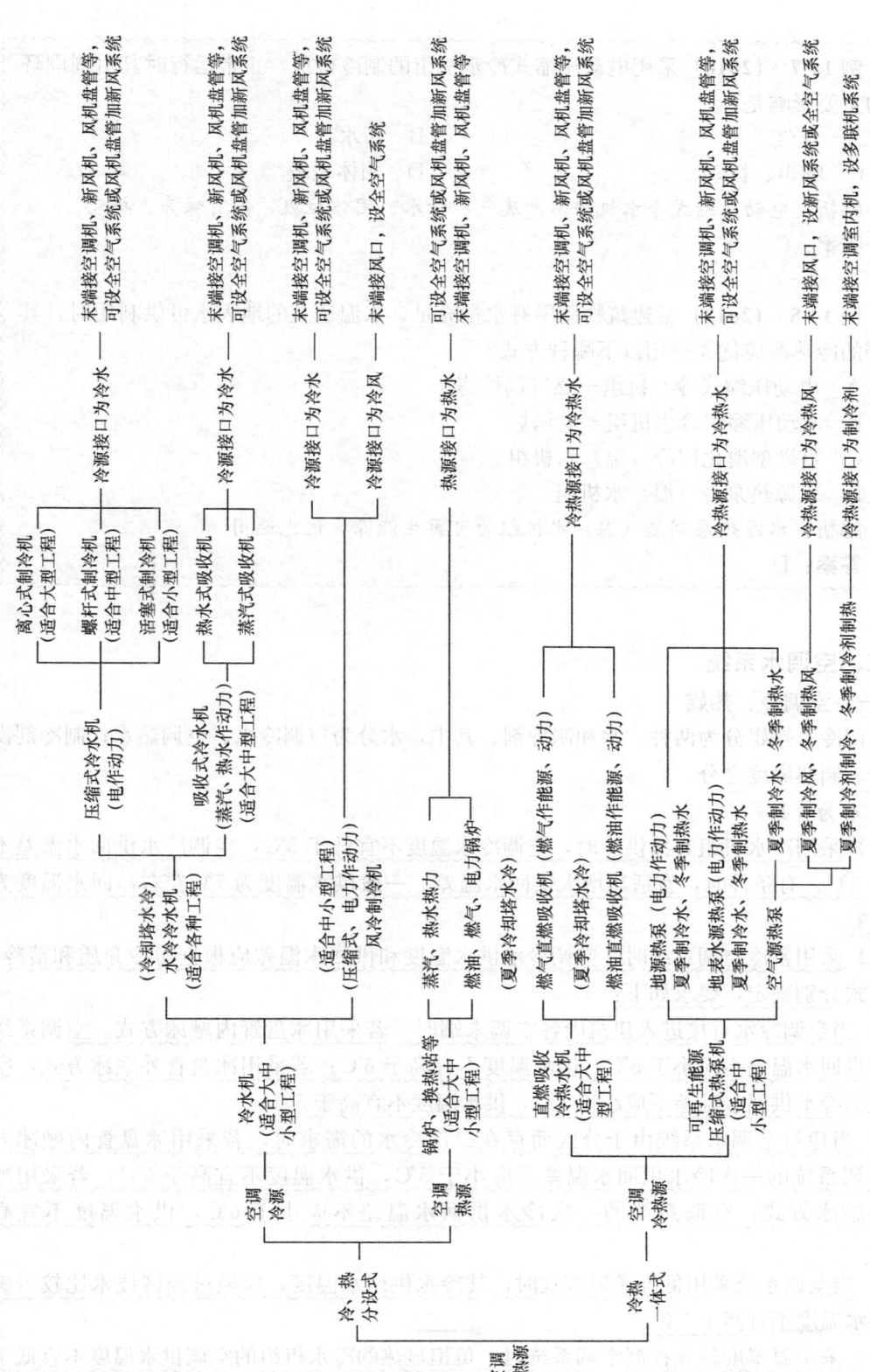

图14-21 空调冷热源分类汇总

例 14-7 (2010) 采用电动压缩式冷水机组的制冷机房，正常运行时其对周围环境的主要影响是：
　　A　废气　　　　　　　　　　　　　B　污水
　　C　噪声、振动　　　　　　　　　　D　固体垃圾
解析： 电动压缩式冷水机组不产废气、污水、固体垃圾，但有噪声、振动。
答案： C

例 14-8 (2012) 某建筑物周围有水量充足、水温适宜的地表水可供利用时，其空调的冷热源应优先选用以下哪种方式？
　　A　电动压缩式冷水机组＋燃气锅炉房
　　B　电动压缩式冷水机组＋电锅炉
　　C　直燃型溴化锂冷（温）水机组
　　D　水源热泵冷（温）水机组
解析： 水源热泵制热（温）水机组为可再生能源，优先选用。
答案： D

三、空调水系统

（一）空调冷、热媒

空调冷、热媒分为两种：水和制冷剂。其中，水分为空调冷水、空调热水；制冷剂没有制冷、制热温度之分。

1. 水为冷媒

（1）采用冷水机组直接供冷时，空调冷水温度不宜低于5℃，空调冷水供回水温差不应小于5℃；有条件时，宜适当增大供回水温差。一般供水温度为7℃左右，回水温度为12℃左右。

（2）采用蓄冷空调系统时，空调冷水供水温度和供回水温差应根据蓄冷介质和蓄冷、取冷方式分别确定，要求如下：

1）当空调冷水直接进入建筑内各空调末端时，若采用冰盘管内融冰方式，空调系统的冷水供回水温差不应小于6℃，供水温度不宜高于6℃；若采用冰盘管外融冰方式，空调系统的冷水供回水温差不应小于8℃，供水温度不宜高于5℃；

2）当建筑空调水系统由于分区而存在二次冷水的需求时，若采用冰盘管内融冰方式，空调系统的一次冷水供回水温差不应小于5℃，供水温度不宜高于6℃；若采用冰盘管外融冰方式，空调系统的一次冷水供回水温差不应小于6℃，供水温度不宜高于5℃；

3）当空调系统采用低温送风方式时，其冷水供回水温度，应经过经济技术比较后确定。供水温度不宜高于5℃。

（3）采用温湿度独立控制空调系统时，负担显热的冷水机组的空调供水温度不宜低于16℃；当采用强制对流末端设备时，空调冷水供回水温差不宜小于5℃。

(4) 采用蒸发冷却或天然冷源制取空调冷水时，空调冷水的供水温度，应根据当地气象条件和末端设备的工作能力合理确定；采用强制对流末端设备时，供回水温差不宜小于4℃。

(5) 采用辐射供冷末端设备时，供水温度应以末端设备表面不结露为原则确定；供回水温差不应小于2℃。

2. 水为热媒

采用市政热力或锅炉供应的一次热源通过换热器加热的二次空调热水时，其供水温度宜根据系统需求和末端能力确定。对于非预热盘管，供水温度宜为50~60℃，用于严寒地区预热时，供水温度不宜低于70℃。对于空调热水的供回水温差，严寒和寒冷地区不宜小于15℃，夏热冬冷地区不宜小于10℃。

3. 制冷剂为冷、热媒

多联空调机、精密空调机等采用此种方式。

(二) 空调水系统

1. 空调水管制式

(1) 当建筑物所有区域只要求按季节同时进行供冷和供热转换时，应采用两管制的空调水系统（图14-22）。

(2) 当建筑物内一些区域的空调系统需全年供应空调冷水、其他区域仅要求按季节进行供冷和供热转换时，可采用分区两管制空调水系统（图14-23）。

(3) 当空调水系统的供冷和供热工况转换频繁或需同时使用时，宜采用四管制水系统（图14-24）。

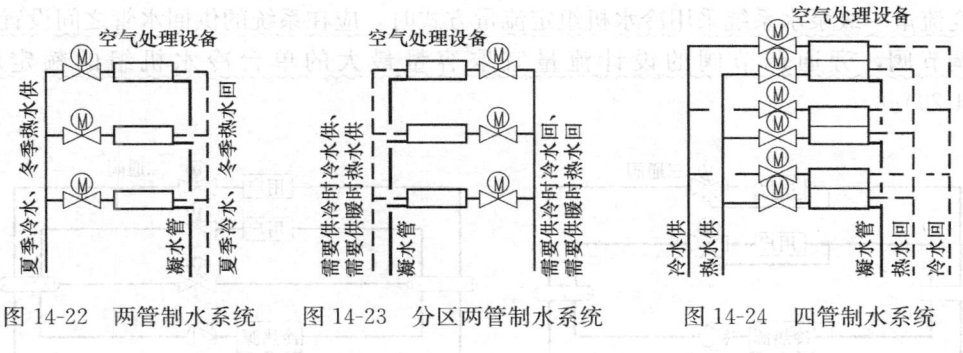

图14-22 两管制水系统　　图14-23 分区两管制水系统　　图14-24 四管制水系统

2. 空调水系统

(1) 一级泵、二级泵、多级泵

1) **一级泵水系统。** 系统作用半径不大、设计水流阻力不高的中、小型工程，宜采用变流量一级泵水系统（图14-25）。

2) **二级泵水系统。** 系统作用半径较大、设计水流阻力较高的大型工程，宜采用变流量二级泵水系统（图14-26）。

3) **多级泵水系统。** 冷源设备集中设置且用户分散的区域供冷等大规模空调冷水系统，当二级泵的输送距离较远且各用户管路阻力相差较大，或者水温（温差）要求不同时，可采用多级泵水系统（图14-27）。

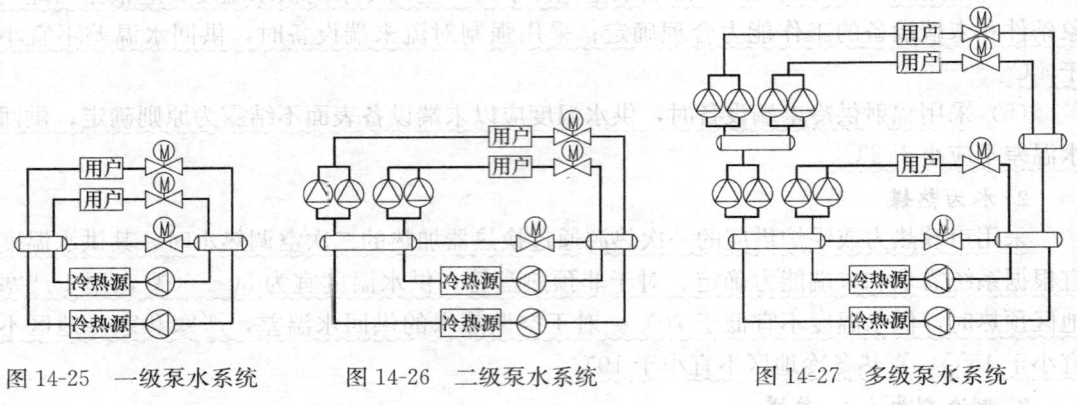

图 14-25　一级泵水系统　　　图 14-26　二级泵水系统　　　图 14-27　多级泵水系统

（2）定流量、定流量空调水系统

1）定流量水系统。空调冷水系统末端设三通阀时，虽然用户侧流量改变，但对输配水系统而言，与末端无水路调节阀一样，仍处于定流量状态，故称定流量系统。除设置一台冷水机组的小型工程外，不应采用定流量一级泵系统。

2）变流量空调水系统。空调水系统末端设两通阀调节，无论冷水机组定流量，还是变流量，对输配水系统而言，循环水量均处于变流量状态，故称为变流量系统。

3. 定流量一级泵水系统

定流量一级泵水系统应设置室内空气温度调控或自动控制措施（图 14-28）。

4. 变流量一级泵水系统

变流量一级泵水系统采用冷水机组定流量方式时，应在系统的供回水管之间设置电动旁通调节阀，旁通调节阀的设计流量宜取容量最大的单台冷水机组的额定流量（图 14-29）。

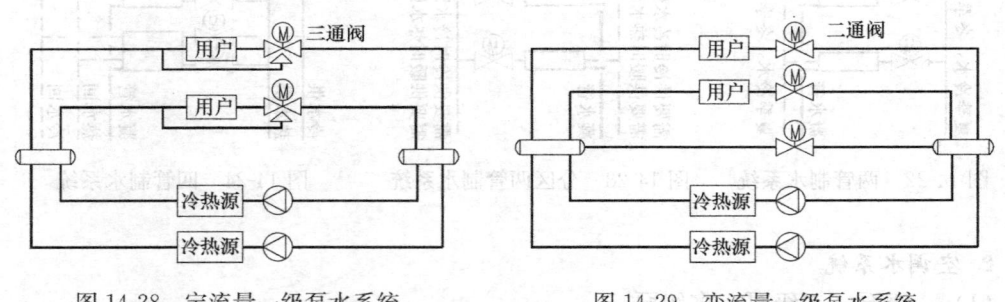

图 14-28　定流量一级泵水系统　　　　　图 14-29　变流量一级泵水系统

5. 变流量一级泵水系统采用冷水机组变流量

变流量一级泵水系统采用冷水机组变流量方式时，空调水系统设计应符合下列规定：

（1）一级泵应采用调速泵；

（2）在总供、回水管之间应设旁通管和电动旁通调节阀，旁通调节阀的设计流量应取各台冷水机组允许的最小流量中的最大值。

6. 二级泵和多级泵系统

二级泵和多级泵系统的设计应符合下列规定。

（1）应在供回水总管之间冷源侧和负荷侧分界处设平衡管，平衡管宜设置在冷源机房内，管径不宜小于总供回水管管径。

（2）采用二级泵系统且按区域分别设置二级泵时，应考虑服务区域的平面布置、系统的压力分布等因素，合理确定二级泵的设置位置。

（3）二级泵等负荷侧各级泵应采用变速泵。

7. 循环水泵

除空调热水和空调冷水系统的流量和管网阻力特性及水泵工作特性相吻合的情况外，两管制空调水系统应分别设置冷水和热水循环泵。

8. 水系统补水

空调水系统的补水点，宜设置在循环水泵的吸入口处。当采用高位膨胀水箱定压时，应通过膨胀水箱直接向系统补水；采用其他定压方式时，如果补水压力低于补水点压力，应设置补水泵。

9. 空调管道补偿

当空调热水管道利用自然补偿不能满足要求时，应设置补偿器（伸缩器）。

10. 空调水系统排气泄水

空调水系统应设置排气和泄水装置。

（三）分散设置的空调装置或系统

符合下列情况之一时，宜采用分散设置的空调装置或系统：

（1）全年需要供冷、供暖运行时间较少，采用集中供冷、供暖系统不经济的建筑；

（2）需设空气调节的房间布置过于分散的建筑；

（3）设有集中供冷、供暖系统的建筑中，使用时间和要求不同的少数房间；

（4）需增设空调系统，而机房和管道难以设置的既有建筑；

（5）居住建筑。

例 14-9 （2008） 对于一般舒适性空气调节系统，不常用的冷热水参数限值是：

A 空气调节冷水供水温度：不宜低于5℃

B 空气调节冷水供回水温差：不应小于5℃

C 空气调节热水供水温度：不宜高于60℃

D 空气调节热水供回水温差：不宜小于2℃

解析： A、B选项，根据《民用建筑供暖通风与空气调节设计规范》GB 50736—2012第8.5.1条第1款，空调冷水、空调热水参数，采用冷水机组直接供冷时，空调冷水供水温度不宜低于5℃，空调冷水供回水温差不应小于5℃。A、B选项为常用参数。上条第6款，对于非预热盘管，供水温度宜采用50～60℃，C选项为常用参数。D选项温差太小、输送能耗太大，为不常用参数。

答案： D

例 14-10 （2004）对于空调定流量冷水系统，在末端装置冷却盘管处设何种阀门？

A 电动三通调节阀　　　　　　B 电动两通调节阀
C 手动两通调节阀　　　　　　D 自动式温控阀

解析：A 选项适用定流量水系统，正确；B 选项适用变流量冷水系统，错误；C 选项非自控装置，错误；D 选项适用变流量冷水系统，错误。

答案：A

例 14-11 （2009）舒适性空调采用全空气定风量空调系统时，夏季室内的温度控制宜采用以下哪种方式？

A 调节空调机组的冷水流量　　B 调节空调机组的热水流量
C 调节空调机组的送风压力　　D 调节空调机组的送风量

解析：全空气定风量空调系统不能调节风量，排除 D 选项；夏季温度控制与热水无关，排除 B 选项；调节空调机组的送风压力与温度控制无直接关系，排除 C 选项。A 选项符合题意。

答案：A

例 14-12 （2019）关于地埋管地源热泵系统的说法，错误的是：

A 是一种可再生能源利用形式
B 与地层只有热交换，不消耗地下水
C 换热器埋设于地下，不考虑占地空间
D 适合冬夏空调冷热负荷相差不大的建筑

解析：《民用建筑供暖通风与空气调节设计规范》GB 50736—2012 第 8.3.4 条："地埋管地源热泵系统设计时，应进行全年供暖空调动态负荷计算，最小计算周期为一年。计算周期内，地源热泵系统总释热量和总吸热量宜基本平衡"。条文指一年内总释热量和总吸热量基本平衡，不是冬夏空调冷热负荷基本平衡（或说相差不大）。热量是冬夏两季度冷热负荷累积值，负荷是冬夏两季度基本最大冷热负荷瞬时值，不是同一个概念。D 选项错误。

答案：D

第三节　机房主要设备及管道的空间要求

本节复习重点包括以下几方面内容。机房功能：锅炉房、制冷机房、空调机房、防排烟机房的功能；机房位置选择、疏散、防火、安全、环保、防水、隔声、减振等规定；机房面积估算；主要设备及管道的空间要求；各机房设备检修距离。

一、锅炉房、主要设备及管道的空间要求

（一）锅炉房位置选择

锅炉房宜为独立的建筑物。当锅炉房和其他建筑物相连或设置在其内部时，不应设置

在人员密集场所和重要部门的上一层、下一层、贴邻位置以及主要通道、疏散口的两旁，并应设置在首层或地下室一层靠建筑物外墙部位。

（二）锅炉房泄压、泄爆要求

1. 锅炉房泄压泄爆

锅炉房的外墙、楼地面或屋面应有相应的防爆措施，并应有相当于锅炉间占地面积10%的泄压面积，泄压方向不得朝向人员聚集的场所、房间和人行通道，泄压处也不得与这些地方相邻。地下锅炉房采用竖井泄爆方式时，竖井的净横断面积应满足泄压面积的要求。

2. 锅炉间开窗

锅炉间外墙的开窗面积应满足通风、泄压和采光的要求。

（三）锅炉房位置防火要求

（1）燃油、燃气锅炉房锅炉间与相邻的辅助间之间应设置防火隔墙，锅炉间与油箱间、油泵间和重油加热器间之间的防火隔墙，其耐火极限不应低于3.00h，隔墙上开设的门应为甲级防火门。

（2）锅炉间与调压间之间的防火隔墙，其耐火极限不应低于3.00h。

（3）锅炉间与其他辅助间之间的防火隔墙，其耐火极限不应低于2.00h，隔墙上开设的门应为甲级防火门。

（4）锅炉间通向室外的门应向室外开启，锅炉房内的辅助间或生活间直通锅炉间的门应向锅炉间内开启。

（四）主要设备与管道的空间要求

（1）锅炉操作地点和通道的净空高度不应小于2m。

（2）锅炉的空间要求，见表14-2。

锅炉空间要求 表14-2

单台锅炉容量		炉前（m）			锅炉两侧和后部通道（m）
蒸汽锅炉（t/h）	热水锅炉（MW）	链条锅炉	煤粉炉、循环流化床锅炉	燃气（油）锅炉	
1～4	0.7～2.8	3.00	2.50	2.50	0.80
6～20	4.2～14.0	4.00	3.00	3.00	1.50
≥35	≥29.0	5.00	4.00	4.00	1.80

（五）锅炉房、换热站面积估算

供暖空调用燃气锅炉房，按照所负担的总建筑面积的0.15%～0.3%计算面积；供暖空调用换热站，按照所负担的总建筑面积[①]的0.05%～0.10%计算面积。

二、制冷机房、主要设备及管道的空间要求

（一）制冷机房位置选择

（1）制冷机房宜设在空调负荷的中心。

（2）宜设置值班室或控制室，根据使用需求也可设置维修及工具间。

---

① 总建筑面积不包括地下车库、人防等面积。其他机房估算时采用的总面积同此。

(3) 机房内应有良好的通风设施。
(4) 地下机房应设置机械通风，必要时设置事故通风。
(5) 值班室或控制室的室内设计参数应满足工作要求。
(6) 机房应预留安装孔、洞及运输通道。
(7) 机组制冷剂安全阀泄压管应接至室外安全处。
(8) 机房内的地面和设备机座应采用易于清洗的面层。
(9) 机房内应设置给水与排水设施，满足水系统冲洗、排污要求。
(10) 当冬季机房内设备和管道中存水或不能保证完全放空时，机房内应采取供热措施，保证房间温度达到5℃以上。

(二) 燃气直燃型制冷机房泄压、泄爆要求
燃气直燃型制冷机组机房单层面积大于 $200m^2$ 时应符合以下规定。
(1) 机房应设直接对外的安全出口。
(2) 应设置泄压口，泄压口面积不应小于机房占地面积的10%（当通风管道或通风井直通室外时，其面积可计入机房的泄压面积）。
(3) 泄压口应避开人员密集场所和主要安全出口；不应设置吊顶。
(4) 烟道布置不应影响机组的燃烧效率及制冷效率。

(三) 主要设备与管道的空间要求
(1) 机组与墙之间的净距不小于 1m，与配电柜的距离不小于 1.5m。
(2) 机组与机组或其他设备之间的净距不小于 1.2m。
(3) 宜留有不小于蒸发器、冷凝器或低温发生器长度的维修距离。
(4) 机组与其上方管道、烟道或电缆桥架的净距不小于 1m。
(5) 机房主要通道的宽度不小于 1.5m。

(四) 制冷机房面积估算
集中制冷机房，按照中央空调系统负担的总建筑面积的 0.5%～1%计算。

三、空调通风机房、主要设备及管道的空间要求

(一) 空调通风机房位置选择
空调机宜安装在空调机房内。空调机房应符合下列规定。
(1) 邻近所服务的空调区。
(2) 机房面积和净高应根据机组尺寸确定，并保证风管的安装空间以及适当的机组操作、检修空间。
(3) 机房内应考虑排水和地面防水设施。
(4) 不应与噪声要求严格的房间贴邻。

(二) 主要设备与管道的空间要求
空调机、新风机留有 800mm 检修空间。

(三) 空调机房面积估算
(1) 无余热回收新风机房面积，按照其服务区域空调面积的 1%～1.5%计算。
(2) 有余热回收新风机房面积，按照其服务区域空调面积的 1.5%～2.5%计算。
(3) 全空气系统的空调机房面积，按照其服务区域空调面积的 4%～6%计算。

四、防排烟机房、主要设备及管道的空间要求

(一) 机房选择

(1) 防烟送风机应设置在专用机房内。
(2) 排烟风机应设置在专用机房内。

(二) 主要设备与管道的空间要求

风机两侧应有 600mm 以上空间。

例 14-13　(2006) 下列关于电动压缩式制冷机房的描述，哪项是错误的？
A　制冷机房宜设置在空调负荷中心
B　制冷机房宜设置在邻近配电机房处
C　制冷机房应设置自然通风窗井
D　制冷机房应设置地面排水设施

解析：制冷机房设置在空调负荷中心，可避免输送管路长短不一、难以平衡而造成的供冷（热）质量不良；也可避免过长的输送管路而造成输送能耗过大，A 选项正确。设置在邻近配电机房处电缆短、损失小，管理运行方便，B 选项正确。制冷机房需要通风但未规定应自然通风，可机械通风，C 选项错误。机房有水系统，需要设排水，D 选项正确。

答案：C

例 14-14　(2010) 设置于建筑物内的锅炉房不应与下列哪种房间贴邻？
A　地下车库　　　　　　　　　B　员工餐厅
C　生活水泵房　　　　　　　　D　制冷机房

解析：《建筑设计防火规范》GB 50016—2014（2018 年版）第 5.4.12 条："当锅炉房确需布置在民用建筑内时，不应设置在人员密集场所和重要部门的上一层、下一层或贴邻。"员工餐厅属于人员密集场所。

答案：B

例 14-15　(2019) 关于空调机房的做法，错误的是：
A　门向外开启　　　　　　　　B　靠近所服务的空调区
C　考虑搬运设备的出入口　　　D　采用石膏板轻质隔墙

解析：A、B、C 选项都正确，D 选项石膏板等轻质隔墙不利于空调机房隔声，重质材料利于隔声。

答案：D

第四节　通风系统、空调系统及其控制

本节复习重点包括以下几方面内容。通风系统及其控制：不同建筑、不同功能区通风规定；通风设备安全、节能控制要求；空调系统及其控制：不同空调方式适合不同建筑、

不同功能区；全空气空调、风机盘管加新风两种基本空调系统；全空气空调中一次回风、二次回风、直流式（全新风）等知识点，各类空调系统适合的建筑、功能区；各种空调方式的节能、安全控制；各种气流组织形式适合的净高、气候、功能、舒适性；各种送风口的不同规定、要求、适合场合。

一、通风系统及其控制

（一）一般功能房间通风系统

（1）当建筑物存在大量余热余湿及有害物质时，宜优先采用通风措施加以消除。

（2）应首先考虑采用自然通风消除建筑物余热、余湿和进行室内污染物浓度控制。

（3）下列情况应单独设置排风系统：

1）两种或两种以上的有害物质混合后能引起燃烧或爆炸时；

2）混合后能形成毒害更大或腐蚀性的混合物、化合物时；

3）混合后易使蒸汽凝结并聚积粉尘时；

4）散发剧毒物质的房间和设备；

5）建筑物内设有储存易燃易爆物质的单独房间或有防火防爆要求的单独房间；

6）有防疫的卫生要求时。

（4）采用机械通风时，重要房间或重要场所的通风系统应具备防止以空气传播为途径的疾病通过通风系统交叉感染的功能。

（5）自然通风

1）利用穿堂风进行自然通风的建筑，其迎风面与夏季最多风向宜成 60°～90°角，且不应小于 45°，同时应考虑可利用的春秋季风向以充分利用自然通风；

2）建筑群平面布置应重视有利自然通风因素，如优先考虑错列式、斜列式等布置形式。

（6）自然通风用的进风口

1）夏季自然通风用的进风口，其下缘距室内地面的高度不宜大于 1.2m。自然通风进风口应远离污染源 3m 以上。

2）冬季自然通风用的进风口，当其下缘距室内地面的高度小于 4m 时，宜采取防止冷风吹向人员活动区的措施。

（7）采用自然通风的生活、工作的房间的通风开口有效面积

不应小于该房间地板面积的 5%；厨房的通风开口有效面积不应小于该房间地板面积的 10%，并不得小于 0.60m²。

（8）机械送风系统进风口的位置

1）应设在室外空气较清洁的地点；

2）应避免进风、排风短路；

3）进风口的下缘距室外地坪不宜小于 2m，当设在绿化地带时，不宜小于 1m。

（9）建筑物全面排风系统吸风口的布置

1）位于房间上部区域的吸风口，除用于排除氢气与空气混合物时，吸风口上缘至顶棚平面或屋顶的距离不大于 0.4m；

2）用于排除氢气与空气混合物时，吸风口上缘至顶棚平面或屋顶的距离不大

于 0.1m；

3) 用于排出密度大于空气的有害气体时，位于房间下部区域的排风口，其下缘至地板距离不大于 0.3m；

4) 因建筑结构造成有爆炸危险气体排出的死角处，应设置导流设施。

（二）典型功能房间通风系统

1. 住宅通风系统设计

（1）自然通风不能满足室内卫生要求的住宅，应设置机械通风系统或自然通风与机械通风结合的复合通风系统。室外新风应先进入人员的主要活动区。

（2）厨房、无外窗卫生间应采用机械排风系统或预留机械排风系统开口，且应留有必要的进风面积。

（3）厨房和卫生间全面通风换气次数不宜小于 3 次/h。

（4）厨房、卫生间宜设竖向排风道，竖向排风道应具有防火、防倒灌及均匀排气的功能，并应采取防止支管回流和竖井泄漏的措施。顶部应设置防止室外风倒灌装置。

2. 公共厨房通风

（1）发热量大且散发大量油烟和蒸汽的厨房设备应设排气罩等局部机械排风设施；其他区域当自然通风达不到要求时，应设置机械通风。

（2）采用机械排风的区域，当自然补风满足不了要求时，应采用机械补风。厨房相对于其他区域应保持负压，补风量应与排风量相匹配，且宜为排风量的 80%~90%。严寒和寒冷地区宜对机械补风采取加热措施。

（3）产生油烟设备的排风应设置油烟净化设施，其油烟排放浓度及净化设备的最低去除效率不应低于国家现行相关标准的规定，排风口的位置应符合国家现行相关标准规定。

（4）厨房排油烟风道不应与防火排烟风道共用。

（5）排风罩、排油烟风道及排风机设置安装应便于油、水的收集和油污清理，且应采取防止油烟气味外溢的措施。

3. 公共卫生间和浴室通风

（1）公共卫生间应设置机械排风系统。公共浴室宜设气窗；无条件设气窗时，应设独立的机械排风系统。应采取措施保证浴室、卫生间对更衣室以及其他公共区域的负压。

（2）公共卫生间、浴室及附属房间采用机械通风时，其通风量宜按换气次数确定。

4. 汽车库通风

（1）自然通风时，车库内 CO 最高允许浓度大于 $30mg/m^3$ 时，应设机械通风系统。

（2）地下汽车库，宜设置独立的送风、排风系统；具备自然进风条件时，可采用自然进风、机械排风的方式。室外排风口应设于建筑下风向，且远离人员活动区并宜做消声处理。

（3）送排风量宜采用稀释浓度法计算，对于单层停放的汽车库可采用换气次数法计算，并应取两者较大值。送风量宜为排风量的 80%~90%。

（4）可采用风管通风或诱导通风方式，以保证室内不产生气流死角。

（5）车流量随时间变化较大的车库，风机宜采用多台并联方式或设置风机调速装置。

（6）严寒和寒冷地区，地下汽车库宜在坡道出入口处设热空气幕。
（7）车库内排风与排烟可共用一套系统，但应满足消防规范要求。

5. 事故通风

（1）可能突然放散大量有害气体或有爆炸危险气体的场所应设置事故通风。事故通风量宜根据放散物的种类、安全及卫生浓度要求，按全面排风计算确定，且换气次数不应小于 12 次/h。

（2）事故通风应根据放散物的种类，设置相应的检测报警及控制系统。事故通风的手动控制装置应在室内外便于操作的地点分别设置。

（3）放散有爆炸危险气体的场所应设置防爆通风设备。

（4）事故排风宜由经常使用的通风系统和事故通风系统共同保证，当事故通风量大于经常使用的通风系统所要求的风量时，宜设置双风机或变频调速风机；但在发生事故时，必须保证事故通风要求。

（5）事故排风系统室内吸风口和传感器位置应根据放散物的位置及密度合理设计。

（6）事故排风的室外排风口设置要求如下：

1）不应布置在人员经常停留或经常通行的地点以及邻近窗户、天窗、室门等设施的位置；

2）排风口与机械送风系统的进风口的水平距离不应小于 20m；当水平距离不足 20m 时，排风口应高出进风口，并不宜小于 6m；

3）当排气中含有可燃气体时，事故通风系统排风口应远离火源 30m 以上，距可能火花溅落地点应大于 20m；

4）排风口不应朝向室外空气动力阴影区，不宜朝向空气正压区。

例 14-16　（2012）下列哪类机房可以不设事故排风系统？
　A　燃气直燃机房　　　　　　　　B　氨制冷机房
　C　燃气锅炉房　　　　　　　　　D　柴油发电机房

解析： 根据《民用建筑供暖通风与空气调节设计规范》GB 50736—2012 第 6.3.9 条，可能突然放散大量有害气体或爆炸危险气体的场所应设置事故通风。燃气、氨泄漏时，若达到一定浓度有爆炸危险，应设事故排风系统。柴油燃点较高，危险较小。

答案： D

例 14-17　机械进风系统的室外新风口，其下缘距室外绿地的最小高度正确的是：
　A　1m　　　　　　　　　　　　　B　1.5m
　C　2m　　　　　　　　　　　　　D　2.5m

解析： 根据《民用建筑供暖通风与空气调节设计规范》GB 50736—2012 第 6.3.1 条，机械送风系统进风口的下缘距室外地坪不宜小于 2m、距室外绿地不宜小于 1m。

答案： A

二、空调系统及其控制

(一) 全空气定风量空调系统

下列空调区宜采用全空气定风量空调系统：
(1) 空间较大，人员较多；
(2) 温湿度允许波动范围小；
(3) 噪声或洁净度标准高。

(二) 全空气空调系统

全空气空调系统设计应符合下列规定：
(1) 宜采用单风管系统，为最常用的空调系统，见图 14-30。
(2) 允许采用较大送风温差时，应采用一次回风式系统；为舒适性空调最常用的空调系统，见图 14-31。
(3) 送风温差较小、相对湿度要求不严格时，可采用二次回风式系统；剧场座位送风、手术部等最常用的空调系统，见图 14-32。
(4) 除温、湿度波动范围要求严格的空调区外，同一个空气处理系统中，不应有同时加热和冷却过程。

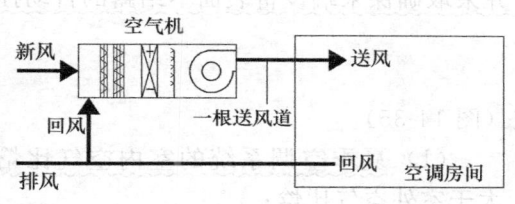

图 14-30 单风道空调系统

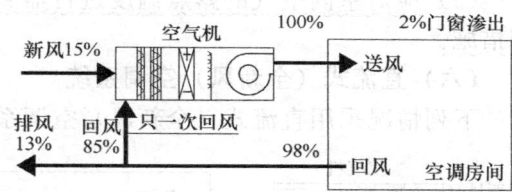

图 14-31 一次回风空调系统
注：参数仅作示例

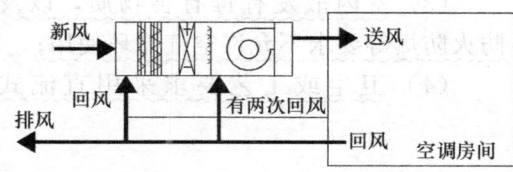

图 14-32 二次回风空调系统

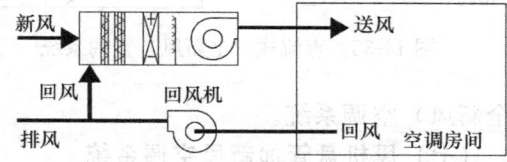

图 14-33 双风机空调系统

(三) 全空气空调系统设回风机

下列情况之一可设回风机（双风机），见图 14-33。
(1) 不同季节的新风量变化较大、其他排风措施不能适应风量的变化要求。
(2) 回风系统阻力较大，设置回风机经济合理。

(四) 全空气变风量空调系统

下列情况可采用全空气变风量空调系统：
(1) 服务于单个空调区，且部分负荷运行时间较长时，采用区域变风量空调系统。
(2) 服务于多个空调区，且各区负荷变化相差大、部分负荷运行时间较长并要求温度独立控制时，采用带末端装置的变风量空调系统（图 14-34）。

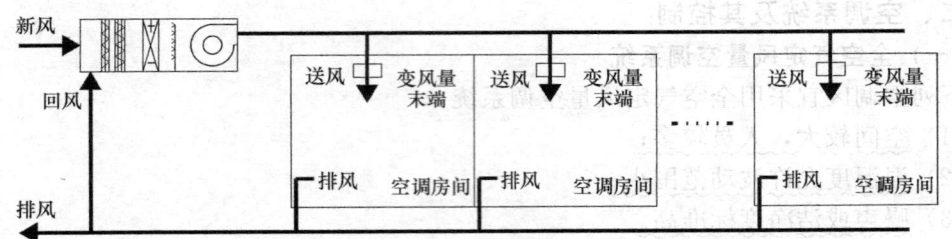

图 14-34　全空气变风量空调系统

（五）温度湿度独立控制空调系统

（1）温度控制系统，末端设备应负担空调区的全部显热负荷，并根据空调区的显热热源分布状况等，经技术经济比较确定。

（2）湿度控制系统中，新风应负担空调区的全部散湿量，其处理方式应根据夏季空调室外计算湿球温度和露点温度、新风送风状态点要求等，经技术经济比较确定。

（3）当采用冷却除湿处理新风时，新风再热不应采用热水、电加热等；采用转轮或溶液除湿处理新风时，转轮或溶液再生不应采用电加热。

（4）应对室内空气的露点温度进行监测，并采取确保末端设备表面不结露的自动控制措施。

（六）直流式（全新风）空调系统

下列情况采用直流式（全新风）空调系统（图 14-35）。

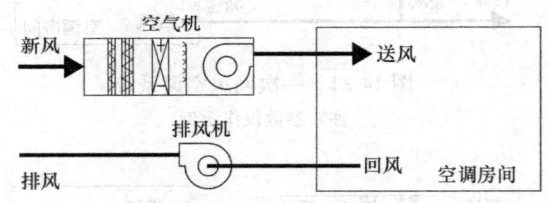

图 14-35　直流式（全新风）空调系统

（1）夏季空调系统的室内空气比焓大于室外空气比焓；

（2）系统所服务的各空调区排风量大于按负荷计算出的送风量；

（3）室内散发有毒有害物质，以及防火防爆等要求不允许空气循环使用；

（4）卫生或工艺要求采用直流式（全新风）空调系统。

（七）风机盘管加新风空调系统

空调区较多、建筑层高较低且各区温度要求独立控制时，宜采用风机盘管加新风空调系统（图 14-36）。

（八）多联机空调系统

振动较大、油污蒸汽较多以及产生电磁波或高频波等场所，不宜采用多联机空调系统。

（九）空气—空气能量回收装置

空气—空气能量回收装置是把排风的夏季冷量、冬季热量回收，夏季回收的冷量传给送进室内的室外新鲜热空气使其预冷、冬季回收的热量传给送进室内的室外新鲜冷空气使其预热，冬、夏季均节省能量。

设有集中排风的空调系统，且技术经济合理时，宜设置空气—空气能量回收装置（图 14-37）。

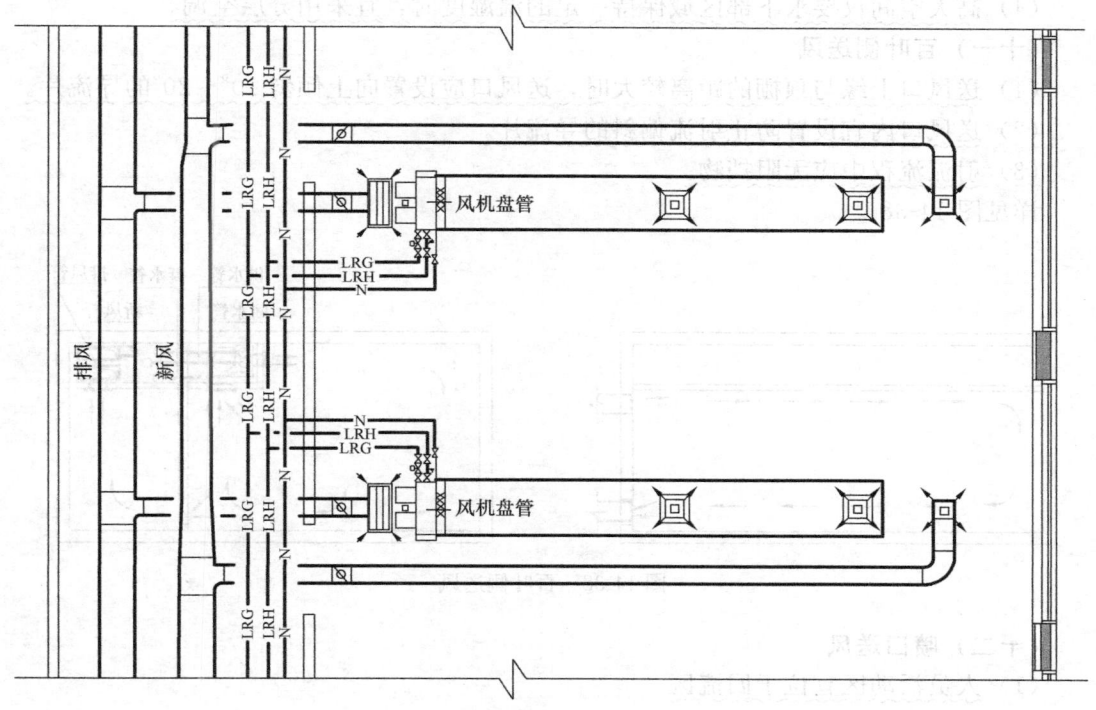

图 14-36 风机盘管加新风空调系统

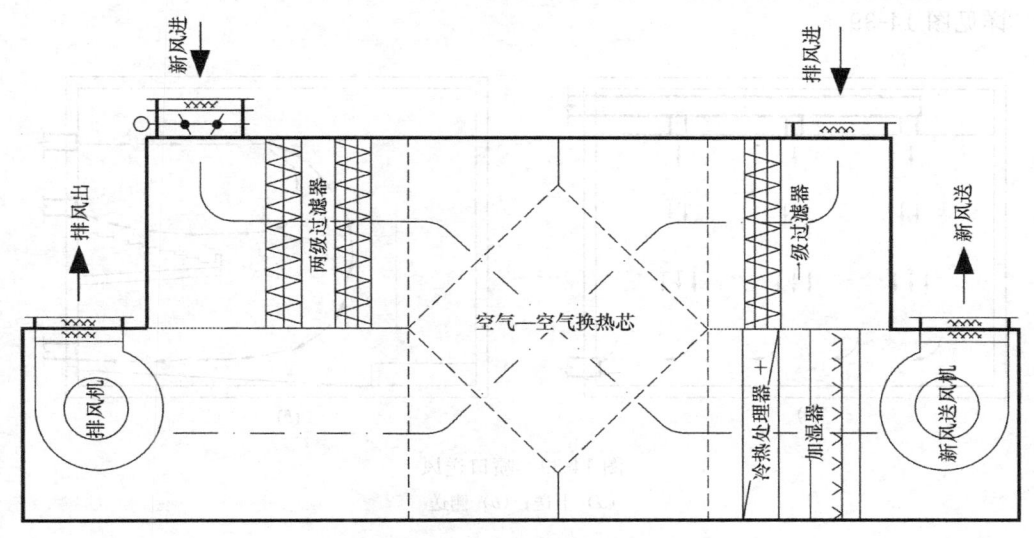

图 14-37 空气—空气能量回收装置

(十) 空调区的送风方式及送风口选型
(1) 侧送时宜采用百叶、条缝型等风口贴附。
(2) 设有吊顶时根据空调区的高度及对气流的要求，采用散流器。
(3) 高大空间宜采用喷口送风、旋流风口送风。

(4) 高大空间仅要求下部区域保持一定的温湿度时，宜采用分层空调。
（十一）百叶侧送风
(1) 送风口上缘与顶棚的距离较大时，送风口应设置向上倾斜10°～20°的导流片。
(2) 送风口内宜设置防止射流偏斜的导流片。
(3) 射流流程中应无阻挡物。
详见图14-38。

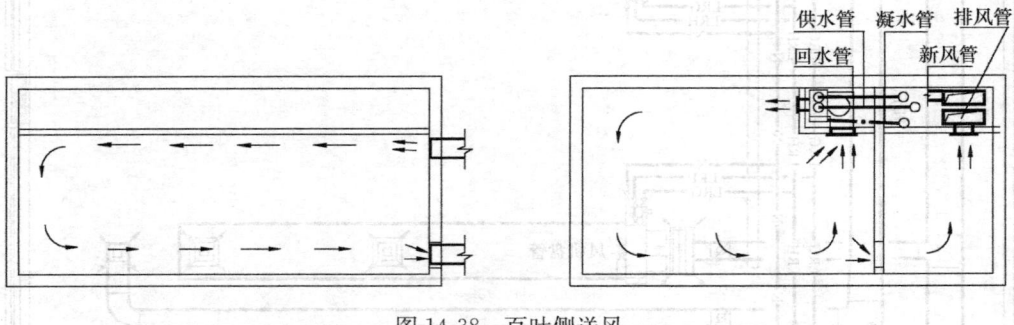

图14-38 百叶侧送风

（十二）喷口送风
(1) 人员活动区宜位于回流区。
(2) 喷口安装高度，应根据空调区的高度和回流区分布等确定。
(3) 兼作热风供暖时，宜具有改变射流出口角度的功能。
详见图14-39。

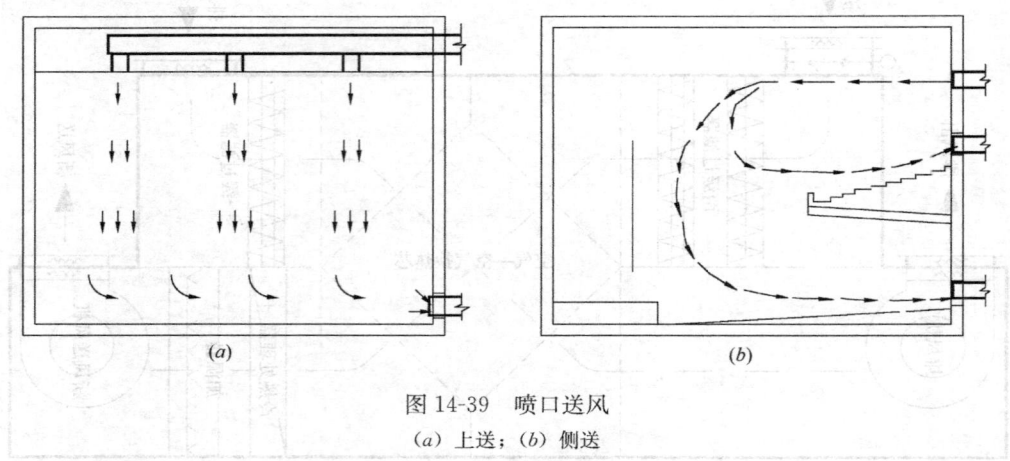

图14-39 喷口送风
(a) 上送；(b) 侧送

（十三）散流器送风
(1) 风口布置应有利于送风气流对周围空气的诱导，风口中心与侧墙的距离不宜小于1.0m。
(2) 采用平送方式时，贴附射流区无阻挡物。
(3) 兼作热风供暖，且风口安装高度较高时，宜具有改变射流出口角度的功能。
详见图14-40。

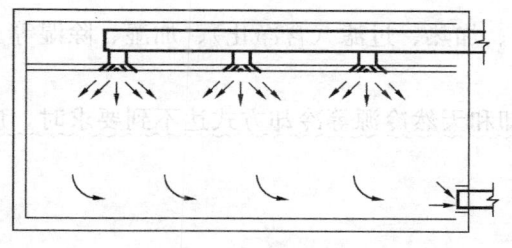
图 14-40 散流器送风

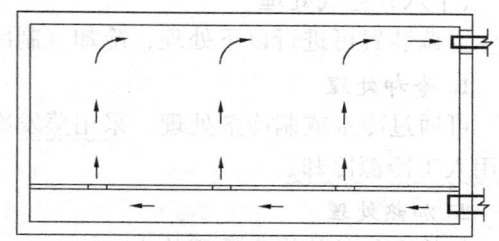
图 14-41 地板送风

（十四）地板送风
(1) 送风温度不宜低于 16℃。
(2) 热分层高度应在人员活动区上方。
(3) 静压箱应保持密闭，与非空调区之间有保温隔热处理。
(4) 空调区内不宜有其他气流组织。
详见图 14-41。

（十五）座位下送风
要求比较高、有固定座位的剧场类建筑，宜采用座位下送风（图 14-42）。

（十六）分层空调侧送风
高大空间仅要求下部区域保持一定的温湿度时，宜采用分层空调（图 14-43）。

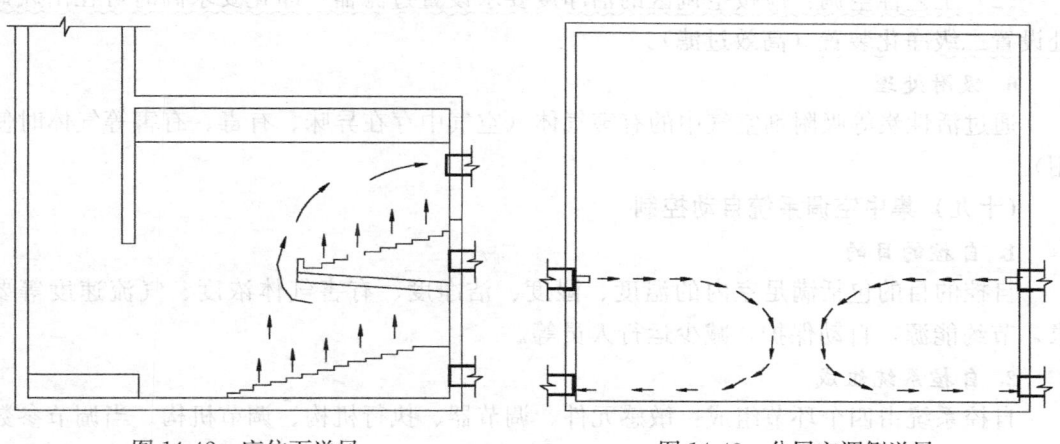
图 14-42 座位下送风　　　　图 14-43 分层空调侧送风

（十七）回风口
(1) 不应设在送风射流区内和人员长期停留的地点；采用侧送时，宜设在送风口的同侧下方。
(2) 兼作热风供暖、房间净高较高时，宜设在房间的下部。
(3) 条件允许时，宜采用集中回风或走廊回风，但走廊的断面风速不宜过大。
(4) 采用置换通风、地板送风时，应设在人员活动区的上方。

(十八) 空气处理

空调装置可进行以下处理：冷却（制冷）、加热、过滤（含净化）、加湿、除湿等。

1. 冷却处理

可通过冷水或制冷剂处理。采用蒸发冷却和天然冷源等冷却方式达不到要求时，应采用人工冷源冷却。

2. 加热处理

加热空气的热媒宜采用热水。

3. 去湿处理

可通过制冷或吸湿剂处理。

4. 加湿处理

冬季空调区湿度有要求时，宜设置加湿装置。加湿装置的类型，应根据加湿量、相对湿度允许波动范围要求等，经技术经济比较确定，并应符合下列规定：

(1) 有蒸汽源时，宜采用干蒸汽加湿器。
(2) 无蒸汽源，且空调区湿度控制精度要求严格时，宜采用电加湿器。
(3) 湿度要求不高时，可采用高压喷雾或湿膜等绝热加湿器。
(4) 加湿装置的供水水质应符合卫生要求。

5. 过滤处理

空调系统的新风和回风应经过滤处理。空气过滤器的设置，应符合下列规定。

(1) 舒适性空调：当采用粗效过滤器不能满足要求时，应设置中效过滤器。
(2) 工艺性空调：应按空调区的洁净度要求设置过滤器；净化要求高时可在出风口处设置二级净化装置（高效过滤）。

6. 吸附处理

通过活性炭等吸附剂空气中的有害气体（空气中存在异味、有毒、有害等气体时使用）。

(十九) 集中空调系统自动控制

1. 自控的目的

自控的目的包括满足室内的温度、湿度、洁净度、有害气体浓度、气流速度等要求，节约能源，自动保护，减少运行人员等。

2. 自控系统组成

自控系统由四个环节组成：敏感元件、调节器、执行机构、调节机构。当调节参数受到干扰时，敏感元件（如温度计）测得数据输送给调节器，调节器将此数据与给定值进行比较，给出调整偏差信号到执行机构（如电动机）执行机构操纵调节机构（如阀门）进行调节，以使参数达到规定的范围内。

3. 自控项目

(1) 检测：如温度、湿度、有害气体浓度、压力等。
(2) 显示：如上述参数显示、设备运行状态显示。
(3) 保护：如空调机、制冷机的防冻，加湿器与风机联锁等。
(4) 调节与控制：如温度、湿度、压力、新风量等。

4. 空调风管、水管常用调节阀

(1) 双位控制调节阀：一般用于小管径水管和风管。只有通和断两种状态。动力为电磁力。调节效果一般。

(2) 连续控制调节阀：一般用于较大水管径管和风管。有通、断和任意中间状态。动力为正反转电动机。调节效果较好。

例 14-18 (2009) 设有集中空调系统的酒店建筑，其客房宜选用以下哪种空调系统？
A 风机盘管加新风系统　　　　B 全空气定风量系统
C 恒温恒湿系统　　　　　　　D 全新风定风量系统

解析：根据《民用建筑供暖通风与空气调节设计规范》GB 50736—2012 第 7.3.9 条，房间较小且较多、需要单独调节温度，宜采用风机盘管加新风系统。

答案：A

例 14-19 (2012) 下列哪类房间不适合使用风机盘管空调系统？
A 开敞办公室　　　　　　　　B 小型会议室
C 酒店式公寓　　　　　　　　D 大型数据机房

解析：根据《民用建筑供暖通风与空气调节设计规范》第 7.3.9 条，空调区较多、建筑层高较低且各区温度要求独立控制时，宜采用风机盘管加新风。A 选项开敞办公室、B 选项小型会议室、C 选项酒店式公寓均为空调区较多、建筑层高较低且各区温度要求独立控制，适合采用风机盘管系统。D 选项大型数据机房发热量大，风机盘管送冷风，冷量不能满足要求。

答案：D

例 14-20 (2019) 下列舒适性供暖空调系统节能措施，错误的是：
A 高大空间采用分层空调
B 供暖系统采用分户热计算
C 空调水系统定压采用高位水箱
D 温和地区设置排风热回收装置

解析：《公共建筑节能设计标准》GB 50189—2015 第 4.3.25 条："设有集中排风的空调系统经技术经济比较合理时，宜设置空气—空气能量回收装置"。温和地区冬季、夏季室外空气温度分别与室内空气温度温差较小，回收效率低，回收成本高，经济比较不合理，不宜设置排风热回收装置。

答案：D

例 14-21 (2019) 建筑室内某区域空气中含有易燃易爆气体，应采用下列哪种空调系统？
A 风机盘管系统　　　　　　　B 多联式空调系统
C 一次回风全空气系统　　　　D 独立的全新风系统

> **解析：** 根据《民用建筑供暖通风与空气调节设计规范》GB 50736—2012 第 7.3.3 条，空气中含有易燃易爆或有毒有害物质的空调区，应独立设置空调系统。
> **答案：** D

第五节 建筑设计与暖通、空调系统运行节能的关系

本节复习重点包括以下几方面内容。建筑节能：被动节能、体形系数、窗墙面积比、围护结构保温、围护结构防热、围护结构防潮、自然通风、遮阳、舒适性空调与工艺性空调对围护结构要求；建筑设计与暖通、空调系统运行节能的关系：建筑节能优先考虑优化围护结构保温隔热能力，减少通过围护结构形成的建筑冷热负荷，降低暖通空调运行能耗需求。

建筑节能设计的目标是降低化石能源消耗量，这决定了建筑节能工作的两大技术途径：一是通过节能设计降低建筑自身用能需求，提高用能系统能效及合理使用余热废热；二是需要利用可再生能源替代化石能源。

建筑节能设计应根据场地和气候条件，在满足建筑功能和美观要求的前提下，通过优化建筑外形和内部空间布局，充分利用天然采光以减少建筑的人工照明需求，适时、合理地利用自然通风以消除建筑余热、余湿。在保证室内环境质量，满足人们对室内舒适度要求的前提下，优先考虑优化围护结构保温隔热能力，减少通过围护结构形成的建筑冷热负荷，降低建筑用能需求，继而考虑提高供暖、通风、空调等系统的能源利用效率，进一步降低能耗；在此基础上，通过合理利用可再生能源，实现降低化石能源消耗量的目标。

一、一般节能要求

1. 居住建筑体形系数限值（表 14-3）

居住建筑体形系数限值　　　　表 14-3

热工区划	建筑层数	
	≤3 层	>3 层
严寒地区	≤0.55	≤0.30
寒冷地区	≤0.57	≤0.33
夏热冬冷 A 区	≤0.60	≤0.40
温和 A 区	≤0.60	≤0.45

2. 严寒和寒冷地区公共建筑体形系数限值（表 14-4）

严寒和寒冷地区公共建筑体形系数限值　　　　表 14-4

单栋建筑面积 A（m²）	建筑体形系数
300<A≤800	≤0.05
A>800	≤0.40

3. 居住建筑的窗墙面积比（表 14-5）

居住建筑的窗墙面积比   表 14-5

朝向	窗墙面积比				
	严寒地区	寒冷地区	夏热冬冷地区	夏热冬暖地区	温和A区
北	≤0.25	≤0.30	≤0.40	≤0.40	≤0.40
东、西	≤0.30	≤0.35	≤0.35	≤0.30	≤0.35
南	≤0.45	≤0.50	≤0.45	≤0.40	≤0.50

4. 甲类公共建筑的屋面透光部分面积

甲类公共建筑的屋面透光部分面积不应大于屋面总面积的 20%。

5. 外窗的通风开口面积

（1）夏热冬暖、温和B区居住建筑外窗的通风开口面积不应小于房间地面面积的 10% 或外窗面积的 45%，夏热冬冷、温和A区居住建筑外窗的通风开口面积不应小于房间地面面积的 5%。

（2）公共建筑中主要功能房间的外窗（包括透光幕墙）应设置可开启窗扇或通风换气装置。

6. 建筑遮阳要求

（1）夏热冬暖、夏热冬冷地区，甲类公共建筑南、东、西向外窗和透光幕墙应采取遮阳措施。

（2）夏热冬暖地区，居住建筑的东、西向外窗的建筑遮阳系数不应大于 0.8。

7. 居住建筑外窗玻璃的可见光透射比

居住建筑外窗玻璃的可见光透射比不应小于 0.40。

8. 居住建筑窗地面积比

居住建筑的主要使用房间（卧室、书房、起居室等）的房间窗地面积比不应小于 1/7。

9. 建筑群的总体规划应考虑减轻热岛效应

建筑群的总体规划应考虑减轻热岛效应。建筑的总体规划和总平面设计应有利于自然通风和冬季日照。建筑的主朝向宜选择本地区最佳朝向或适宜朝向，且宜避开冬季主导风向。

10. 建筑设计应遵循被动节能措施优先的原则

建筑设计应遵循被动节能措施优先的原则，充分利用天然采光、自然通风，结合围护结构保温隔热和遮阳措施，降低建筑的用能需求。

11. 能源设备机房位置

建筑总平面设计及平面布置应合理确定能源设备机房的位置，缩短能源供应输送距离。同一公共建筑的冷热源机房宜位于或靠近冷热负荷中心位置集中设置。

12. 工艺性空调区

（1）工艺性空调区的外墙、外墙朝向及其所在层次，应符合表 14-6 的要求。

工艺性空调区的外墙、外墙朝向及其所在层次　　　　表14-6

室温允许波动范围（℃）	外墙	外墙朝向	层次
±0.1~0.2	不应有外墙	—	宜底层
±0.5	不宜有外墙	如有外墙，宜北向	宜底层
≥±1.0	宜减少外墙	宜北向	宜避免在顶层

(2) 工艺性空调区的外窗，应符合下列规定：
1) 室温波动范围大于等于±1.0℃时，外窗宜设置在北向；
2) 室温波动范围小于±1.0℃时，不应有东西向外窗；
3) 室温波动范围小于±0.5℃时，不宜有外窗，如有外窗应设置在北向。
(3) 工艺性空调区的门和门斗，应符合表14-7的要求。

工艺性空调区的门和门斗要求　　　　表14-7

室温波动范围（℃）	外门和门斗	内门和门斗
±0.1~0.2	不应设外门	内门不宜通向室温基数不同或室温允许波动范围大于±1.0℃的邻室
±0.5	不应设外门，必须设外门时，必须设门斗	门两侧温差大于3℃时，宜设门斗
≥±1.0	不宜设外门，如有经常开启的外门，应设门斗	门两侧温差大于7℃时，宜设门斗

13. 舒适性空调区
开启频繁的外门，宜设门斗、旋转门或弹簧门等，必要时宜设置空气幕。

14. 利用日照、风向
建筑物的总平面布置、平面和立面设计、门窗洞口设置应考虑冬季利用日照并避开冬季主导风向。

15. 建筑朝向
建筑物宜朝向南北或接近朝向南北，体形设计应减少外表面积，平、立面的凹凸不宜过多。

16. 建筑体形
建筑物宜朝向南北或接近朝向南北，体形设计应减少外表面积，平、立面的凹凸不宜过多。

17. 楼梯外廊
严寒地区和寒冷地区的建筑不应设开敞式楼梯间和开敞式外廊，夏热冬冷A区不宜设开敞式楼梯间和开敞式外廊。

18. 空气幕
严寒地区建筑出入口应设门斗或热风幕等避风设施，寒冷地区建筑出入口宜设门斗或热风幕等避风设施。

19. 外窗、透光幕墙、采光顶
外窗、透光幕墙、采光顶等透光外围护结构的面积不宜过大，应降低透光围护结构的传热系数值，提高透光部分的遮阳系数值，减少周边缝隙的长度。

20. 地面、地下室外墙

建筑的地面、地下室外墙应进行保温验算。

21. 防结露验算

围护结构中的热桥部位应进行表面结露验算，并应采取保温措施，确保热桥内表面温度高于房间空气露点温度。

22. 气密性

建筑及建筑构件应采取密闭措施，保证建筑气密性要求。

二、防热、防潮、自然通风、遮阳

（一）防热

1. 建筑外围护结

建筑外围护结构应具有抵御夏季室外气温和太阳辐射综合热作用的能力。自然通风房间的非透光围护结构内表面温度与室外累年日平均温度最高日的最高温度的差值，以及空调房间非透光围护结构内表面温度与室内空气温度的差值应控制在允许的范围内。

2. 防热要求

夏热冬暖和夏热冬冷地区建筑设计必须满足夏季防热要求，寒冷B区建筑设计宜考虑夏季防热要求。

3. 综合防热

建筑物防热应综合采取有利于防热的建筑总平面布置与形体设计、自然通风、建筑遮阳、围护结构隔热和散热、环境绿化、被动蒸发、淋水降温等措施。

4. 朝向

建筑朝向宜采用南北向或接近南北向，建筑平面、立面设计和门窗设置应有利于自然通风，避免主要房间受东、西向的日晒。

5. 外墙屋面

非透光围护结构（外墙、屋面）应进行隔热设计。

6. 围护结构外表面

建筑围护结构外表面宜采用浅色饰面材料，屋面宜采用绿化、涂刷隔热涂料、遮阳等隔热措施。

7. 外窗、透光幕墙、采光顶

透光围护结构（外窗、透光幕墙、采光顶）隔热设计应符合相关要求。

8. 外廊、阳台、挑檐

建筑设计应综合考虑外廊、阳台、挑檐等的遮阳作用。建筑物的向阳面，东、西向外窗（透光幕墙）应采取有效的遮阳措施。

9. 天窗和采光顶

房间天窗和采光顶应设置建筑遮阳，并宜采取通风和淋水降温措施。

10. 保温要求

严寒、寒冷地区建筑设计必须满足冬季保温要求，夏热冬冷地区、温和A区建筑设计应满足冬季保温要求，夏热冬暖A区、温和B区宜满足冬季保温要求。

(二) 防潮

1. 围护结构

建筑构造设计应防止水蒸气渗透进入围护结构内部,围护结构内部不应产生冷凝。

2. 围护结构内部冷凝验算

围护结构内部冷凝验算应符合要求。

3. 围护结构内表面

建筑设计时,应充分考虑建筑运行时的各种工况,采取有效措施确保建筑外围护结构内表面温度不低于室内空气露点温度。

4. 防潮设计原则

围护结构防潮设计应遵循下列基本原则。

(1) 室内空气湿度不宜过高。
(2) 地面、外墙表面温度不宜过低。
(3) 可在围护结构的高温侧设隔汽层。
(4) 可采用具有吸湿、解湿等调节空气湿度功能的围护结构材料。
(5) 应合理设置保温层,防止围护结构内部冷凝。
(6) 与室外雨水或土壤接触的围护结构应设置防水(潮)层。

5. 地域因素

夏热冬冷长江中下游地区、夏热冬暖沿海地区建筑的通风口、外窗应可以开启和关闭。室外或与室外连通的空间,其顶棚、墙面、地面应采取防止返潮的措施或采用易于清洗的材料。

(三) 自然通风

1. 建筑的总平面布置

建筑的总平面布置宜符合下列规定。

(1) 建筑宜朝向夏季、过渡季节主导风向。
(2) 建筑朝向与主导风向的夹角:条形建筑不宜大于 30°,点式建筑宜在 30°~60°之间。
(3) 建筑之间不宜相互遮挡,在主导风向上游的建筑底层宜架空。

2. 建筑进深

采用自然通风的建筑,进深应符合下列规定。

(1) 未设置通风系统的居住建筑,户型进深不应超过 12m。
(2) 公共建筑进深不宜超过 40m,进深超过 40m 时应设置通风中庭或天井。

3. 中庭、天井

通风中庭或天井宜设置在发热量大、人流量大的部位,在空间上应与外窗、外门以及主要功能空间相连通。通风中庭或天井的上部应设置启闭方便的排风窗(口)。

4. 进、排风口的设置

(1) 进风口的洞口平面与主导风向间的夹角不应小于 45°。无法满足时,宜设置引风装置。
(2) 进、排风口的平面布置应避免出现通风短路。
(3) 宜按照建筑室内发热量确定进风口总面积,排风口总面积不应小于进风口总面积。

(4) 室内发热量大，或产生废气、异味的房间，应布置在自然通风路径的下游。应将这类房间的外窗作为自然通风的排风口。

(5) 可利用天井作为排风口和竖向排风风道。

(6) 进、排风口应能方便地开启和关闭，并应在关闭时具有良好的气密性。

5. 当房间采用单侧通风

当房间采用单侧通风时，应采取下列措施增强自然通风效果：

(1) 通风窗与夏季或过渡季节典型风向之间的夹角应控制在 45°～60°之间。

(2) 宜增加可开启外窗窗扇的高度。

(3) 迎风面应有凹凸变化，尽量增大凹口深度。

(4) 可在迎风面设置凹阳台。

6. 室内通风路径

室内通风路径的设计应遵循布置均匀、阻力小的原则，应符合下列规定：

(1) 可将室内开敞空间、走道、室内房间的门窗、多层的共享空间或者中庭作为室内通风路径。在室内空间设计时宜组织好上述空间，使室内通风路径布置均匀，避免出现通风死角。

(2) 宜将人流密度大或发热量大的场所布置在主通风路径上；将人流密度大的场所布置在主通风路径的上游，将人流密度小但发热量大的场所布置在主通风路径的下游。

(3) 室内通风路径的总截面积应大于排风口面积。

（四）遮阳措施

(1) 北回归线以南地区，各朝向门窗洞口均宜设计建筑遮阳；北回归线以北的夏热冬暖、夏热冬冷地区，除北向外的门窗洞口宜设计建筑遮阳；寒冷B区东、西向和水平朝向门窗洞口宜设计建筑遮阳；严寒地区、寒冷A区、温和地区建筑可不考虑建筑遮阳。

(2) 遮阳宜优先选用活动式建筑遮阳。

(3) 当采用固定式建筑遮阳时，南向宜采用水平遮阳；东北、西北及北回归线以南地区的北向宜采用垂直遮阳；东南、西南朝向窗口宜采用组合遮阳；东、西朝向窗口宜采用挡板遮阳。

(4) 当为冬季有采暖需求房间的门窗设计建筑遮阳时，应采用活动式建筑遮阳、活动式中间遮阳，或采用遮阳系数冬季大、夏季小的固定式建筑遮阳。

(5) 建筑遮阳应与建筑立面、门窗洞口构造一体化设计。

(6) 组合遮阳的遮阳系数应为同时刻的水平遮阳与垂直遮阳建筑遮阳系数的乘积。

例 14-22 (2009) 某一朝向外窗的热工参数为：传热系数为 2.7W/(m^2·K)，玻璃遮阳系数为 0.8，设有外遮阳。假设外遮阳系数为 0.7，该朝向外窗的遮阳系数为：

  A 0.56   B 0.70   C 0.80   D 1.50

  解析： 根据《民用建筑热工设计规范》GB 50176—2016 第 9.1.2 条，组合遮阳的遮阳系数应为同时刻的水平遮阳与垂直遮阳建筑遮阳系数的乘积。

答案：A

例 14-23 （2010）室温允许波动范围±0.1～0.2℃的工艺空调区，以下设置哪项最合理？

A 设于顶层，不应临外墙　　　　　B 设于顶层，靠北向外墙
C 设于底层，不应临外墙　　　　　D 设于底层，靠北向外墙

解析： 根据《民用建筑供暖通风与空气调节设计规范》GB 50736—2012 第7.1.9条，室温允许波动范围±0.1～0.2℃的工艺性空调，宜设于底层，不应有外墙。

答案：C

例 14-24 （2011）公共建筑的地下室外墙的热阻阻值按从小到大排序，与其相应的地区顺序为：

A 严寒地区、寒冷地区、夏热冬冷地区、夏热冬暖地区
B 严寒地区、寒冷地区、夏热冬暖地区、夏热冬冷地区
C 夏热冬冷地区、夏热冬暖地区、寒冷地区、严寒地区
D 夏热冬暖地区、夏热冬冷地区、寒冷地区、严寒地区

解析： 室外气温越低要求外墙保温越好，要求外墙热阻越大。

答案：D

例 14-25 （2019）位于下列各气候区的建筑，冬季可不考虑围护结构保温的是：

A 寒冷地区　　　B 夏热冬暖地区　　　C 夏热冬冷地区　　　D 温和地区

解析：《公共建筑节能设计标准》GB 50189—2015 第 3.3.1 条、第 3.3.2 条，甲类公共建筑围护结构热工性能对温和地区 B 区不作要求，乙类公共建筑围护结构热工性能对温和地区无要求。

答案：D

第六节　暖通、空调系统的节能技术

本节复习重点包括以下几方面内容。冷热负荷计算准确、合理；高品位的电能直接转换为低品位的热能进行供暖、加湿在哪些情况加以限制；冷水机组、锅炉是重要耗能设备，通过哪些指标加以限定；水泵台数控制、变频调速控制变流量降低运行能耗；杜绝空调系统冷热抵消；热回收适用工程；热计量、自动控制对降低能耗作用。

一、节能限定
（一）电直接加热设备作为供暖热源的限定

对于严寒和寒冷地区居住建筑，只有当符合下列条件之一时，应允许采用电直接加热

设备作为供暖热源：

（1）无城市或区域集中供热，采用燃气、煤、油等燃料受到环保或消防限制，且无法利用热泵供暖的建筑。

（2）利用可再生能源发电，其发电量能满足自身电加热用电量需求的建筑。

（3）利用蓄热式电热设备在夜间低谷电进行供暖或蓄热，且不在用电高峰和平段时间启用的建筑。

（4）电力供应充足，且当地电力政策鼓励用电供暖时。

（二）电直接加热设备作为供暖热源限定

对于公共建筑，只有当符合下列条件之一时，应允许采用电直接加热设备作为供暖热源：

（1）无城市或区域集中供热，采用燃气、煤、油等燃料受到环保或消防限制，且无法利用热泵供暖的建筑。

（2）利用可再生能源发电，其发电量能满足自身电加热用电量需求的建筑。

（3）以供冷为主、供暖负荷非常小，且无法利用热泵或其他方式提供供暖热源的建筑。

（4）以供冷为主、供暖负荷小，无法利用热泵或其他方式提供供暖热源，但可以利用低谷电进行蓄热且电锅炉不在用电高峰和平段时间启用的空调系统。

（5）室内或工作区的温度控制精度小于 0.5℃，或相对湿度控制精度小于 5% 的工艺空调系统。

（6）电力供应充足，且当地电力政策鼓励用电供暖时。

（三）电直接加热设备作为空气加湿热源的限定

只有当符合下列条件之一时，应允许采用电直接加热设备作为空气加湿热源：

（1）冬季无加湿用蒸汽源，且冬季室内相对湿度控制精度要求高的建筑。

（2）利用可再生能源发电，且其发电量能满足自身加湿用电量需求的建筑。

（3）电力供应充足，且电力需求侧管理鼓励用电时。

（四）锅炉效率

锅炉的选型应与当地长期供应的燃料种类相适应。在名义工况和规定条件下，锅炉的设计热效率不应低于 90%（燃油）、92%（燃气）。

（五）户式燃气供暖热水炉效率

当设计采用户式燃气供暖热水炉作为供暖热源时，设计热效率不应低于 89%（额定热负荷）、85%（部分热负荷）。

（六）蒸汽锅炉作为空调热源限定

除下列情况外，民用建筑不应采用蒸汽锅炉作为热源。

（1）厨房、洗衣、高温消毒以及工艺性湿度控制等必须采用蒸汽的热负荷。

（2）蒸汽热负荷中的比例大于 70% 且总热负荷不大于 1.4MW。

（七）电动压缩式冷水机选型限定

电动压缩式冷水机组的总装机容量，应按规定计算的空调冷负荷值直接选定，不得另作附加。在设计条件下，当机组的规格不符合计算冷负荷的要求时，所选择机组的总装机容量与计算冷负荷的比值不得大于 1.1。

(八) 其他

(1) 制冷机性能系数、综合部分负荷性能系数、符合规定。
(2) 多联式空调（热泵）机组全年性能系数、综合部分负荷性能系数、性能系数符合规定。
(3) 风机效率通风机能效等级的 2 级。
(4) 循环水泵效率节能评价值 2 级。

二、节能技术

(1) 除温湿度波动范围要求严格的空调区外，在同一个全空气空调系统中，不应有同时加热和冷却过程。
(2) 直接与室外空气接触的楼板或与不供暖供冷房间相邻的地板作为供暖供冷辐射地面时，必须设置绝热层。
(3) 严寒和寒冷地区采用集中新风的空调系统时，除排风含有毒有害高污染成分的情况外，当系统设计最小总新风量大于或等于 40000m³/h 时，应设置集中排风能量热回收装置。
(4) 集中供热（冷）的室外管网应进行水力平衡计算，且应在热力站和建筑物热力入口处设置水力平衡或流量调节装置。
(5) 锅炉房和换热机房应设置供热量自动控制装置。
(6) 间接供热系统二次侧循环水泵应采用调速控制方式。
(7) 当冷源系统采用多台冷水机组和水泵时，应设置台数控制。
1) 对于多级泵系统，负荷侧各级泵应采用变频调速控制；
2) 变风量全空气空调系统应采用变频自动调节风机转速的方式；
3) 大型公共建筑空调系统应设置新风量按需求调节的措施。
(8) 供暖空调系统设有自动室温调控装置。
(9) 集中供暖系统热量计量应符合下列规定：
1) 锅炉房和换热机房供暖总管上，应设置计量总供热量的热量计量装置；
2) 建筑物热力入口处，必须设置热量表，作为该建筑物供热量结算点；
3) 居住建筑室内供暖系统应根据设备形式和使用条件设置热量调控和分配装置；
4) 用于热量结算的热量计量必须采用热量表。
(10) 锅炉房、换热机房和制冷机房应对下列内容进行计量：
1) 燃料的消耗量；
2) 供热系统的总供热量；
3) 制冷机（热泵）耗电量及制冷（热泵）系统总耗电量；
4) 制冷系统的总供冷量；
5) 补水量。
(11) 冷热水机
1) 冷热水机组设有供冷、热量自动控制装置；
2) 冷热水机组冷、热水循环水泵采用调速控制方式；
3) 冷热水机组、地源侧水泵、用户侧水泵均设置台数控制、变频调速控制；

4)水干管进行水力平衡计算,且在热泵机房和建筑物热力入口处均设置水力平衡或流量调节装置。

(12)热负荷、冷负荷计算

除乙类公共建筑外,集中供暖和集中空调系统的施工图设计,必须对设置供暖、空调装置的每一个房间进行热负荷和逐项逐时冷负荷计算。

> **例 14-26** 办公室全空气空调系统在过渡季增大新风量运行,主要是利用室外新风:
> A 降低人工冷源能耗　　　　　　B 降低室内 VOC 浓度
> C 降低室内二氧化碳浓度　　　　D 降低空调系统送风量
> 解析:过渡季新风比室内温度低,为天然冷源,增大新风量可降低人工冷源能耗。B、C 选项没有必要,不增大新风量已满足要求。D 选项不正确,增大新风量不能降低空调系统送风量。
> 答案:A

> **例 14-27** (2021)建筑空调系统方案中,占用空调机房和吊顶空间最大的是:
> A 多联机空调+新风系统　　　　B 全空气空调系统
> C 两管制风机盘管+新风系统　　D 四管制风机盘管+新风系统
> 解析:A、C、D 选项,均由水和新风共同担负室内负荷,水输送负荷流量小、占用净高小、新风量也小,占用空调机房和吊顶空间都小;B 选项,全空气空调系统由空气担负室内负荷,风量大、风管大,占用的空调机房和吊顶空间都大。
> 答案:B

第七节　建筑防火排烟

本节复习重点包括以下几方面内容。防烟:设置部位;建筑高度大于 100m 的建筑、建筑高度大于 50m 的公共建筑、工业建筑和建筑高度大于 100m 的住宅建筑、建筑高度不大于 50m 的公共建筑、工业建筑和建筑高度不大于 100m 的住宅建筑,防烟楼梯间及其前室(包括独立前室、共用前室、合用前室)可自然通风的条件,自然通风窗开启面积和位置;不能自然通风时机械加压送风防烟、加压送风口设置;机械加压送风防烟设固定窗、固定窗面积和位置。排烟:设置部位、防火分区、防烟分区、挡烟垂壁、最小清晰高度;自然排烟设施、自然排烟窗(口)设置场所、自然排烟窗(口)设在外墙高度、自然排烟窗(口)开启的有效面积、自然排烟窗(口)设在外墙开启形式;机械排烟设施、排烟口位置、补风。加压送风机、排烟机设在专用机房。

一、防排烟概念

防排烟是防烟和排烟的总称。

(一)防烟概述

防烟定义:疏散、避难等空间,通过自然通风防止火灾烟气积聚或通过机械加压送风

(机械加压送风包括送风井管道、送风口阀、送风机等)阻止火灾烟气侵入。

防烟对象:疏散、避难等空间。其中,疏散空间包括两类楼梯间、四类前室。两类楼梯间为封闭楼梯间、防烟楼梯间;四类前室包括独立前室(防烟楼梯间前室)、共用前室(剪刀楼梯间的两部楼梯共用一个前室)、合用前室(防烟楼梯间和消防电梯合用一个前室)、消防电梯前室。避难空间包括避难层、避难间。

防烟手段:自然通风、机械加压送风。

(二) 排烟概述

排烟定义:房间、走道等空间通过自然排烟或机械排烟将火灾烟气排至建筑物外。

排烟对象:房间、走道等空间。其中,房间包括设置在一至三层且房间建筑面积大于100m² 或设置在四层及以上及地下、半地下的歌舞娱乐放映游艺场所,中庭,公共建筑内地上部分建筑面积大于100m² 且经常有人停留、建筑面积大于300m² 且可燃物较多的房间。走道包括建筑内长度大于20m的疏散走道。

排烟手段:自然排烟、机械排烟。

(三) 自然通风、自然排烟概述

可开启外窗(口)位于防烟空间(即疏散、避难等空间),火灾时的作用是自然通风。

可开启外窗(口)位于排烟空间(即房间、走道等空间),火灾时的作用是自然排烟。

(四) 可开启外窗(口)、固定窗的规定

(1) 疏散、避难等空间(包括两类楼梯间、四类前室、两类避难场所)的自然通风时应设可开启外窗(口),其面积、位置、开启方式、开启装置等应满足标准要求。

(2) 疏散空间的封闭楼梯间、防烟楼梯间设机械加压送风时应设固定窗,其面积、位置、开启方式、开启装置等应满足标准要求。

(3) 房间、走道等空间(包括地上、地下、半地下房间及走道、中庭、回廊等)的自然排烟时应设可开启外窗(口),其面积、数量、位置、距离、高度、开启方式、开启装置应满足标准要求。

(4) 地上下列房间设机械排烟时应设固定窗,其面积、数量、位置、距离、高度应满足标准要求。任一层建筑面积大于2500m² 的丙类厂房或仓库,任一层建筑面积大于3000m² 的商店或展览或类似功能建筑、商店或展览或类似功能建筑中长度大于60m的走道、总建筑面积大于1000m² 的歌舞娱乐放映游艺场所、靠外墙或贯通至屋顶的中庭。

二、防烟设计

(一) 防烟一般规定

(1) 建筑高度大于50m的公共建筑、工业建筑和建筑高度大于100m的住宅建筑(大于可采用自然通风防烟的建筑高度),防烟楼梯间、独立前室、共用前室、合用前室、消防电梯前室应分别采用机械加压送风(不应设自然通风)。

建筑高度大于100m的建筑,其机械加压送风应竖向分段独立设置,且每段高度不应超过100m。

(2) 建筑高度不大于50m的公共建筑、工业建筑和建筑高度不大于100m的住宅建筑(不大于可采用自然通风防烟的建筑高度),防烟楼梯间、独立前室、共用前室、合用前室(除共用前室与消防电梯前室合用外)及消防电梯前室,满足自然通风条件时应采用自然通风，不满足自然通风条件时应采用机械加压送风。防烟系统选择尚应符合下列规定：

1) 独立前室、合用前室，采用全敞开的阳台、凹廊或设有两个及以上不同朝向可开启外窗且均满足自然通风条件（满足自然通风条件要求见自然通风设施条文），防烟楼梯间可不设防烟。

2) 两类楼梯间、四类前室有条件自然通风时应采用自然通风；当不满足自然通风条件时，应采用机械加压送风。

3) 防烟楼梯间满足自然通风条件，独立前室、共用前室、合用前室不满足自然通风条件设机械加压送风，当前室送风口设置在前室顶部或正对前室入口的墙面时，防烟楼梯间可采用自然通风；前室送风口不满足上述条件，防烟楼梯间应采用机械加压送风。

(3) 防烟楼梯间及其前室（包括独立前室、共用前室、合用前室）机械加压送风设置应符合下列规定：

1) 当采用合用前室时：防烟楼梯间、合用前室应分别独立设置机械加压送风。

2) 当采用剪刀楼梯时：其两个楼梯间及其前室应分别独立设置机械加压送风。

3) 当采用独立前室时：建筑高度不大于可采用自然通风防烟的建筑高度，当独立前室仅有一个门与走道或房间相通时，可仅在防烟楼梯间设置机械加压送风、前室不送风；独立前室不满足上述条件，防烟楼梯间、独立前室应分别独立设置机械加压送风。

(4) 地下、半地下建筑仅有一层，封闭楼梯间（仅有一层）可不设机械加压送风，但首层应设置有效面积不小于 $1.2m^2$ 的可开启外窗或直通室外的疏散门。

（二）自然通风设施

(1) 采用自然通风的封闭楼梯间、防烟楼梯间，应在最高部位设置面积不小于 $1.0m^2$ 的可开启外窗或开口；当建筑高度大于 10m 时，尚应在楼梯间外墙上每 5 层内设置总面积不小于 $2.0m^2$ 的可开启外窗或开口，且布置间隔不大于 3 层。

(2) 前室采用自然通风时，独立前室、消防电梯前室可开启外窗或开口面积不应小于 $2.0m^2$，共用前室、合用前室不应小于 $3m^2$。

(3) 采用自然通风的避难层、避难间设有不同朝向可开启外窗，其有效面积不应小于该避难层、避难间地面面积的 2%，且每个朝向面积不应小于 $2.0m^2$。

（三）机械加压送风设施

(1) 建筑高度不大于 50m 的建筑，当楼梯间设置加压送风井管道确有困难时，楼梯间可采用直灌式机械加压送风（无送风井管道，直接向楼梯间机械加压送风），并应符合下列规定：

1) 建筑高度大于 32m 时，应两点部位送风，间距不宜小于建筑高度的 1/2；

2) 送风量应比非直灌式机械加压送风量增加 20%；

3) 送风口不宜设在影响人员疏散的部位。

(2) 楼梯间地上、地下部分应分别设置机械加压送风。地下部分为汽车库或设备用房时，可共用机械加压送风系统，但送风量应地上、地下部分相加；采取措施满足地上、地下部分风量要求。

(3) 机械加压送风风机应符合下列规定：

进风口应直通室外且防止吸入烟气；进风口和风机宜设在机械加压送风系统下部；进风口与排烟出口不应设在同一平面上，当确有困难时，进风口与排烟出口应保持一定距离，竖向布置时进风口在下方、两者边缘最小垂直距离不应小于6m，水平布置时两者边缘最小水平距离不应小于20m。送风机应设在专用机房内。

(4) 机械加压送风口：楼梯间宜每隔2~3层设一个常开式百叶风口；前室应每层设一个常闭式风口并设手动开启装置；送风口风速不宜大于7m/s；送风口不宜被门遮挡。

(5) 机械加压送风管道：不应采用土建风道。应采用不燃材料且内壁光滑。内壁为金属时风速不应大于20m/s，内壁为非金属时风速不应大于15m/s。

(6) 机械加压送风管道的设置和耐火极限：竖向设置应独立设于管道井内，设置在其他部位时耐火极限不应低于1h；水平设置在吊顶内时，耐火极限不应低于0.5h，水平设置未在吊顶内时，耐火极限不应低于1.0h。

(7) 机械加压送风管道井隔墙耐火极限不应低于1.0h并独立，必须设门时应采用乙级防火门。

(8) 设置机械加压送风的疏散部位不宜设置可开启外窗。

(9) 设置机械加压送风的封闭楼梯间、防烟楼梯间尚应在其顶部设置不小于$1.0m^2$的固定窗。靠外墙的防烟楼梯间尚应在其外墙上每5层内设置总面积不小于$2.0m^2$的固定窗。

(10) 加压送风口层数要求：两类楼梯间每隔2~3层设一个常开式加压送风口；四类前室每层设一个常闭式加压送风口并设手动开启装置。

(11) 机械加压送风设置位置：

1) 建筑高度大于100m，楼梯间、前室均设机械加压送风防烟（图14-44）。

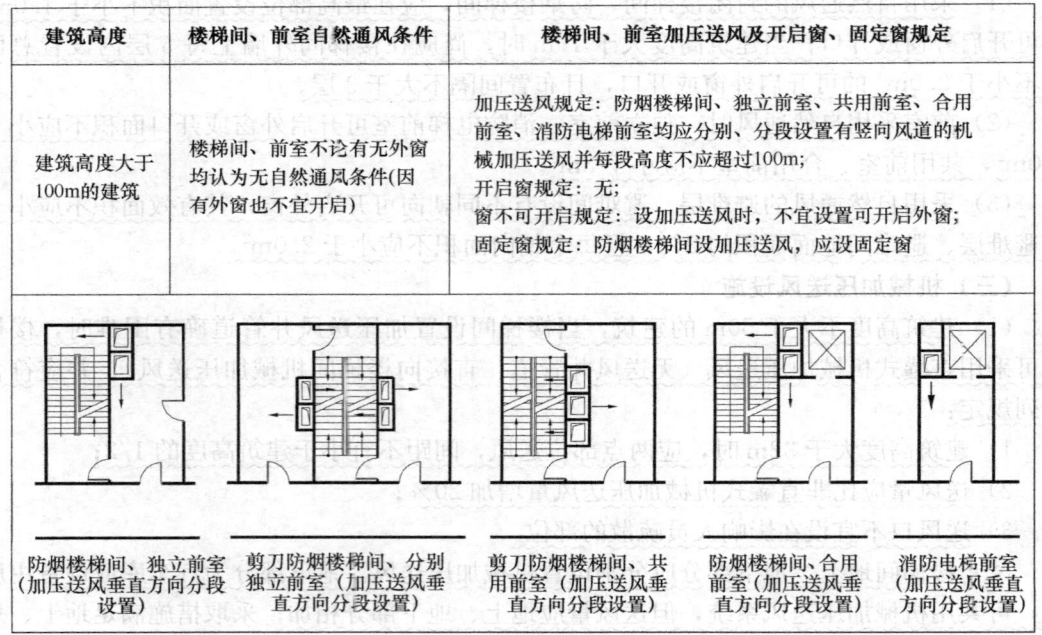

图14-44 机械加压送风设置（一）

2) 建筑高度大于50m的公共建筑、工业建筑和建筑高度大于100m的住宅建筑，楼梯间、前室均设机械加压送风（图14-45）。

建筑高度	楼梯间、前室自然通风条件	楼梯间、前室加压送风及开启窗、固定窗规定
建筑高度大于50m的公共建筑、工业建筑和建筑高度大于100m的住宅建筑	楼梯间、前室不论有无外窗均认为无自然通风条件(因有外窗也不宜开启)	加压送风规定：防烟楼梯间、独立前室、共用前室、合用前室、消防电梯前室均应分别设有竖向风道的机械加压送风； 开启窗规定：无； 窗不可开启规定：设加压送风时，不宜设置可开启外窗； 固定窗规定：防烟楼梯间设加压送风，应设固定窗

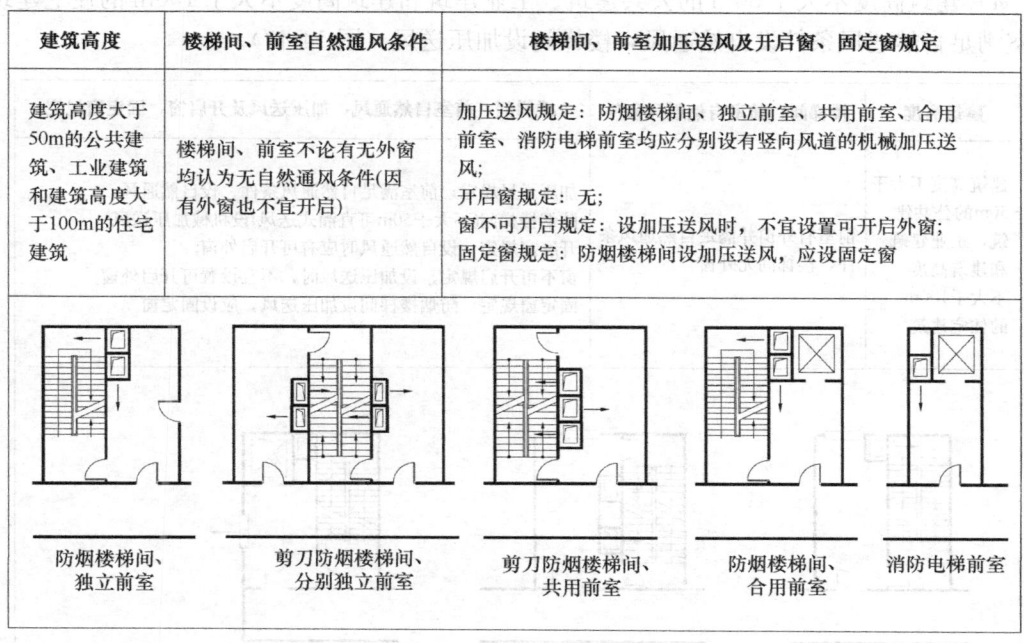

图 14-45　机械加压送风设置（二）

3）建筑高度不大于 50m 的公共建筑、工业建筑和建筑高度不大于 100m 的住宅建筑，楼梯间、前室满足自然通风条件，设自然通风（图 14-46）。

建筑高度	楼梯间、前室自然通风条件	楼梯间、前室自然通风、加压送风及开启窗、固定窗规定
建筑高度不大于50m的公共建筑、工业建筑和建筑高度不大于100m的住宅建筑	楼梯间、前室均有外窗并满足自然通风条件	加压送风规定：无； 开启窗规定：设自然通风应有可开启外窗； 窗不可开启规定：设加压送风时，不宜设置可开启外窗； 固定窗规定：防烟楼梯间设加压送风，应设固定窗

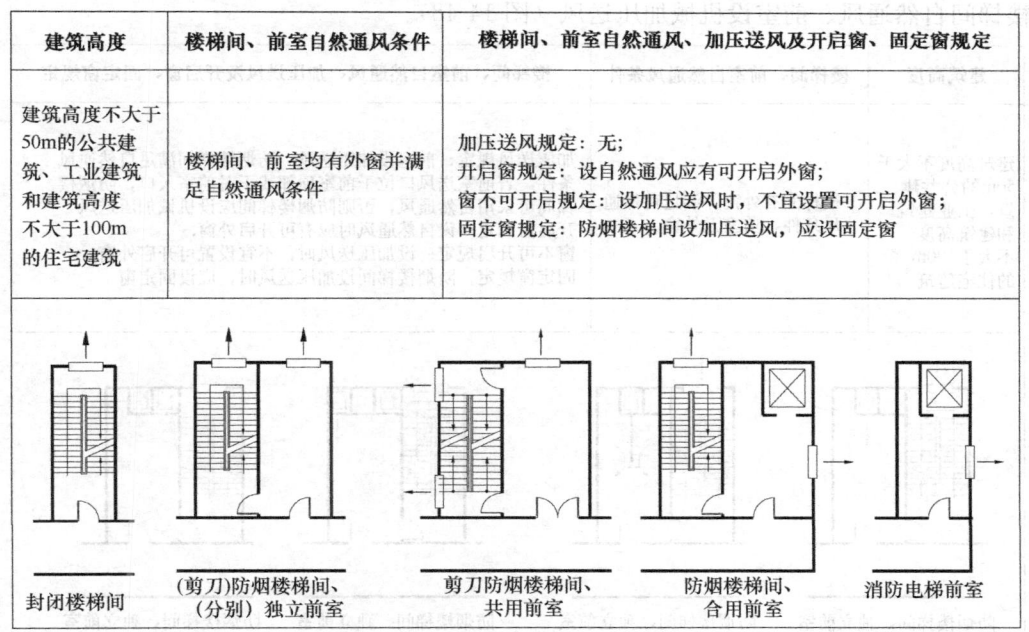

图 14-46　机械加压送风设置（三）

4）建筑高度不大于 50m 的公共建筑、工业建筑和建筑高度不大于 100m 的住宅建筑，前室满足自然通风条件设自然通风，楼梯间设加压送风（图 14-47）。

建筑高度	楼梯间、前室自然通风条件	楼梯间、前室自然通风、加压送风及开启窗、固定窗规定
建筑高度不大于50m的公共建筑、工业建筑和建筑高度不大于100m的住宅建筑	前室有外窗并满足自然通风条件、楼梯间无外窗	加压送风规定：前室满足自然通风条件，设自然通风。 防烟楼梯间(不大于50m可直灌式送风)设机械加压送风； 开启窗规定：设自然通风时应有可开启外窗； 窗不可开启规定：设加压送风时，不宜设置可开启外窗； 固定窗规定：防烟楼梯间设加压送风，应设固定窗

防烟楼梯间、独立前室　　剪刀防烟楼梯间、共用前室　　防烟楼梯间、合用前室

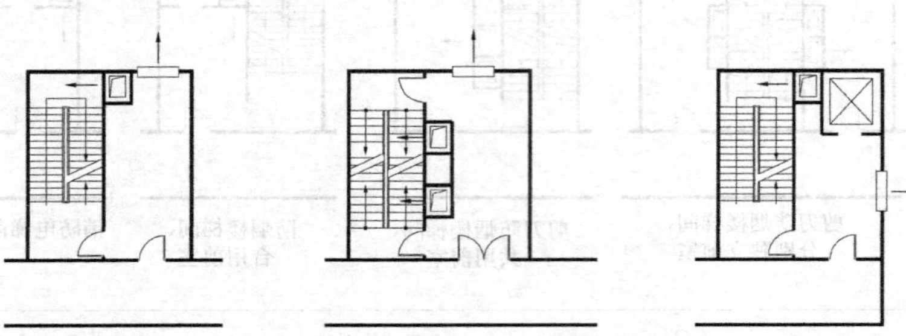

图 14-47　机械加压送风设置（四）

5）建筑高度不大于 50m 的公共建筑、工业建筑和建筑高度不大于 100m 的住宅建筑楼楼梯间自然通风、前室设机械加压送风（图 14-48）。

建筑高度	楼梯间、前室自然通风条件	楼梯间、前室自然通风、加压送风及开启窗、固定窗规定
建筑高度不大于50m的公共建筑、工业建筑和建筑高度不大于100m的住宅建筑	楼梯间有外窗并满足自然通风条件、前室无外窗	加压送风规定：前室设加压送风。防烟楼梯间满足自然通风条件。若前室送风口位于前室顶部或正对前室入口，防烟楼梯间可采用自然通风，否则防烟楼梯间应设机械加压送风。 开启窗规定：设自然通风时应有可开启外窗； 窗不可开启规定：设加压送风时，不宜设置可开启外窗； 固定窗规定：防烟楼梯间设加压送风时，应设固定窗

防烟楼梯间、独立前室（送风口正对前室门）　　防烟楼梯间、独立前室（送风口位于前室顶部）　　防烟楼梯间、独立前室（送风口未正对前室门）　　防烟楼梯间、独立前室（送风口未位于前室顶部）

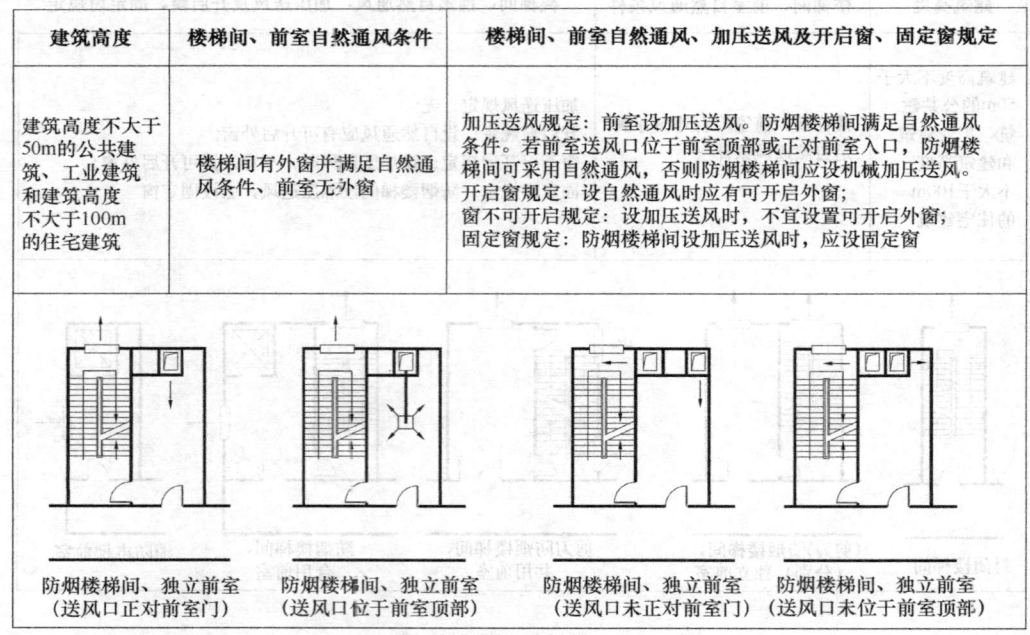

图 14-48　机械加压送风设置（五）

6）建筑高度不大于50m的建筑，楼梯间、前室均无外窗，均设机械加压送风（图14-49）。

建筑高度	楼梯间、前室自然通风条件	楼梯间、前室自然通风、加压送风及开启窗、固定窗规定
建筑高度不大于50m的公共建筑、工业建筑和建筑高度不大于100m的住宅建筑	防烟楼梯间、独立前室、共用前室、合用前室、消防电梯前室均无外窗或虽有外窗但不满足自然通风条件	加压送风规定：防烟楼梯间(不大于50m可直灌式送风)、独立前室、共用前室、合用前室、消防电梯前室均应设机械加压送风； 开启窗规定：无； 窗不可开启规定：设加压送风时，不宜设置可开启外窗； 固定窗规定：防烟楼梯间设加压送风，应设固定窗

| (剪刀)防烟楼梯间、(分别)独立前室(独立前室只有一个门) | (剪刀)防烟楼梯间、(分别)独立前室(独立前室多余一个门) | 剪刀防烟楼梯间、共用前室 | 防烟楼梯间、合用前室 | 消防电梯前室 |

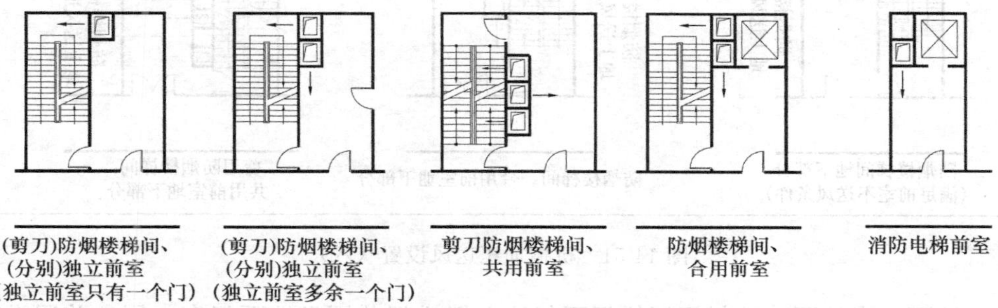

图14-49 机械加压送风设置（六）

7）建筑高度不大于50m的建筑，楼梯间、前室均无外窗，均设机械加压送风，楼梯间可直灌送风（图14-50）。

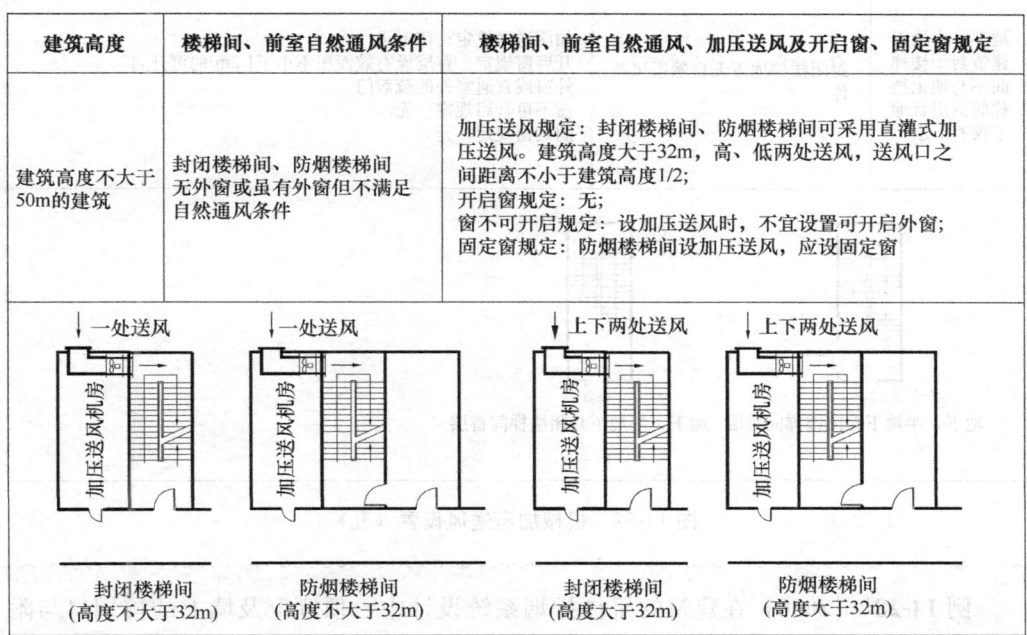

图14-50 机械加压送风设置（七）

8) 楼梯间地下部分, 地上、地下分别设防烟 (图14-51)。

建筑高度	楼梯间、前室自然通风条件	楼梯间、前室自然通风、加压送风及开启窗、固定窗规定
楼梯间地下部分	封闭楼梯间、防烟楼梯间无外窗	加压送风规定：封闭楼梯间及防烟楼梯间（不大于50m可直灌式送风）与地上部分分别设机械加压送风； 开启窗规定：无； 窗不可开启规定：无； 固定窗规定：防烟楼梯间设加压送风，应设固定窗

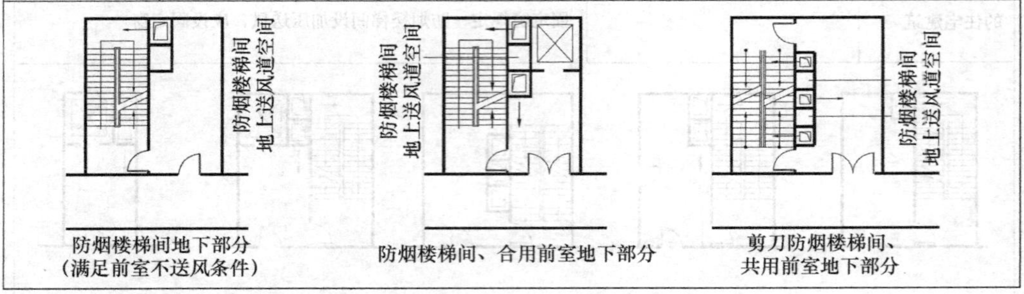

图14-51 机械加压送风设置（八）

9) 地下、半地下建筑封闭楼梯间不与地上楼梯间共用且地下仅有一层，首层设有效面积不小于1.2m² 的可开启外窗或直通室外的疏散门，可不设加压送风（图14-52）。

建筑高度	楼梯间、前室自然通风条件	楼梯间、前室自然通风、加压送风及开启窗、固定窗规定
地下、半地下建筑封闭楼梯间不与地上楼梯间共用且地下仅有一层	封闭楼梯地下无自然通风条件	加压送风规定：可不设； 开启窗规定：首层设有效面积不小于1.2m²的可开启外窗或直通室外的疏散门； 窗不可开启规定：无； 固定窗规定：无

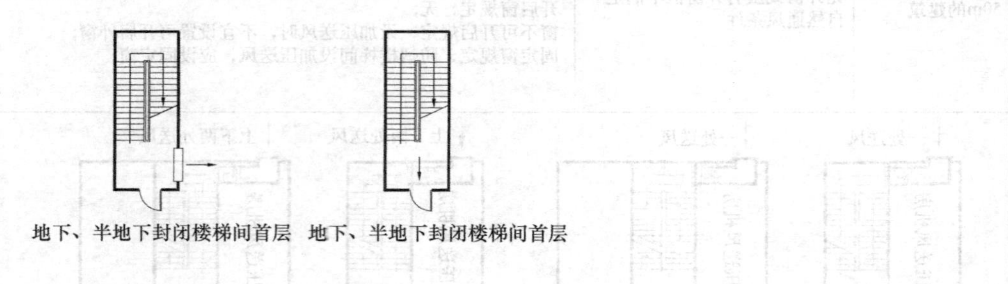

图14-52 机械加压送风设置（九）

例14-28 （2010）在建筑的机械排烟系统设计中，顶棚上及墙上的排烟口与附近安全出口的水平距离最小值为：

A 1.5m   B 3.0m   C 4.0m   D 5.0m

解析： 根据《建筑防烟排烟系统技术标准》GB 51251—2017 第4.4.12条第5款，排烟口的设置宜使烟流方向与人员疏散方向相反，排烟口与附近安全出口相邻边缘之间的水平距离不应小于1.5m。A选项正确。

答案： A

例 14-29 （2018）某建筑高度为29m的病房楼，下列区域可不设置机械防烟系统的是：
A 无自然通风条件的防烟楼梯间前室
B 无自然通风条件的封闭楼梯间
C 前室为敞开外廊的防烟楼梯间
D 封闭避难间

解析：《建筑防排烟系统技术标准》GB 51251—2017 第3.1.3条，建筑高度小于或等于50m的公共建筑，当独立前室或合用前室满足下列条件时楼梯间可不设置防烟系统：采用全敞开的阳台或凹廊。其他均应设置机械防烟系统。

答案： C

例 14-30 （2019）关于加压送风系统的设计要求，错误的是：
A 加压风机应直接从室外取风
B 加压风机进风口宜设于加压送风系统下部
C 加压送风不应采用土建风道
D 加压送风进风口与排烟系统出口水平布置时距离不小于10.0m

解析： 根据《建筑防烟排烟系统技术标准》GB 51251—2017 第3.3.5条，加压送风进风口与排烟系统出口水平布置时，两者边缘最小水平距离不应小于20.0m。

答案： D

三、排烟设计

（一）排烟一般规定

（1）优先采用自然排烟。
（2）同一防烟分区应采用同一种排烟方式。
（3）中庭、与中庭相连通的回廊及周围场所的排烟应符合下列规定。
1）中庭应设排烟。
2）周围场所按现行规范设排烟。
3）回廊排烟：当周围场所各房间均设排烟时，回廊可不设；但周围场所为商店时，回廊应设；当周围场所任一房间均未设排烟时，回廊应设。
4）当中庭与周围场所未封闭时，应设挡烟垂壁。

(4) 固定窗布置位置：
1) 非顶层区域的固定窗应布置在外墙上；
2) 顶层区域的固定窗应布置在屋顶或顶层外墙上，但未设置喷淋、钢结构屋顶、预应力混凝土屋面板时应布置在屋顶；
3) 固定窗宜按防烟分区布置，不应跨越防火分区。
(5) 固定窗有效面积：
1) 固定窗设在顶层，其有效面积不应小于楼面面积的2%。
2) 固定窗设在中庭，其有效面积不应小于楼面面积的5%。
3) 固定窗设在靠外墙且不位于顶层，单个窗有效面积不应小于$1.0m^2$且间距不宜大于20m，其下沿距室内地面不宜小于层高的1/2。供消防救援人员进入的窗口面积不计入固定窗面积但可组合布置。
4) 固定窗有效面积应按可破拆的玻璃面积计算。

（二）防烟分区、挡烟垂壁
(1) 防烟分区不应跨越防火分区。
(2) 防烟分区挡烟垂壁等挡烟分隔深度：
1) 当自然排烟时不应小于空间净高的20%且不应小于500mm；
2) 机械排烟时不应小于空间净高的10%且不应小于500mm；
同时底距地面应大于疏散所需的最小清晰高度。
(3) 最小清晰高度：
1) 净高不大于3m，不小于净高的1/2；
2) 净高大于3m，为1.6m+0.1倍层高。
(4) 设置排烟的建筑内，敞开楼梯、自动扶梯穿越楼板的开口部应设置挡烟垂壁等设施。
(5) 防烟分区最大面积、长边最大长度：
1) 空间净高为≤3m，最大面积为500m²，长边最大长度为24m；
2) 空间净高>3m、≤6m，最大面积为1000m²，长边最大长度为36m；
3) 空间净高>6m，最大面积为2000m²，长边最大长度为60m；
4) 空间净高>6m，最大面积为2000m²，自然对流时，长边最大长度为75m；
5) 空间净高≥9m，可不设挡烟垂壁；
6) 走道宽度≤2.5m，长边最大长度为60m；
7) 走道宽度≥2.5m，长边最大长度按1)～4)条。

（三）自然排烟设施

1. 自然排烟窗（口）设置场所
自然排烟场所应设置自然排烟窗（口）。

2. 自然排烟窗（口）设置面积
除中庭外一个防烟分区自然排烟窗（口）应符合下列要求：
(1) 房间排烟且净高≤6m时，自然排烟窗（口）有效面积≥该防烟分区建筑面积2%。
(2) 房间排烟且净高>6m时，自然排烟窗（口）有效面积应计算确定。

(3) 仅需在走道、回廊排烟时，两端自然排烟窗（口）有效面积均≥$2m^2$且自然排烟窗（口）距离不应小于走道长度的2/3。

(4) 房间、走道、回廊均排烟时，自然排烟窗（口）有效面积≥该走道、回廊建筑面积2%。

(5) 中庭排烟时（中庭周围场所设排烟），自然排烟窗（口）有效面积应计算确定且≥$59.5m^2$。

(6) 中庭排烟时（中庭周围场所不需设排烟，仅在回廊排烟），自然排烟窗（口）有效面积应计算确定且≥$27.8m^2$。

3. 自然排烟窗（口）位置

自然排烟窗（口）距防烟分区内任一点水平距离不应大于30m（此距离也适用于机械排烟），当净高≥6m且具有自然对流条件时不应大于37.5m（此距离不适用于机械排烟）。

4. 自然排烟窗（口）布置要求

自然排烟窗（口）宜分散均匀布置，每组长度不宜大于3.0m。

自然排烟窗（口）设在防火墙两侧时，最近边缘的水平距离不应小于2.0m。

5. 自然排烟窗（口）设在外墙高度

自然排烟窗（口）设在外墙时，应在储烟仓内，但走道和房间净高不大于3m的区域，可设在净高的1/2以上。

自然排烟时：储烟仓厚度不应小于空间净高的20%且不小于0.5m；

机械排烟时：储烟仓厚度不应小于空间净高的10%且不小于0.5m；

同时要求：储烟仓底部应大于最小清晰高度。

最小清晰高度：最小清晰高度为$1.6m+0.1H$，其中单层空间H取净高，多层空间H取层高，但走道和房间净高不大于3m区域取净高的1/2。

6. 自然排烟窗（口）设在外墙开启形式

自然排烟窗（口）的开启形式应有利于火灾烟气的排出（下悬外开，即下端为轴、上端在墙外），但房间面积不大于$200m^2$时开启方向可不限。

7. 自然排烟窗（口）开启的有效面积

(1) 悬窗：开启角度大于70°，按窗面积计算；不大于70°，按最大开启时水平投影面积计算。

(2) 平开窗：开启角度大于70°，按窗面积计算；不大于70°，按最大开启时竖向投影面积计算。

(3) 推拉窗：按最大开启时窗口面积计算。

(4) 平推窗：设在顶部时，按窗1/2周长与平推距离乘积计算且不应大于窗面积；设在外墙时，按窗1/4周长与平推距离乘积计算且不应大于窗面积。

8. 自然排烟窗（口）开启装置

高处不便于直接开启的外窗应在距地面1.3~1.5m处的位置设置手动开启装置。

净空高度大于9.0m的中庭、建筑面积大于$2000m^2$的营业厅、展览厅、多功能厅的场所，应设置集中手动开启装置和自动开启装置。

(四) 机械排烟设施

1. 机械排烟系统水平方向布置

当建筑的机械排烟系统沿水平方向布置时，每个防火分区机械排烟系统应独立。

2. 机械排烟系统竖直方向布置

建筑高度大于 50m 的公共建筑和建筑高度大于 100m 的住宅建筑，其排烟系统应竖向分段独立设置，且每段高度公共建筑不应大于 50m、住宅建筑不应大于 100m。

3. 排烟与通风空调合用

排烟与通风空调应分开设置，确有困难时可合用，但应符合排烟要求且排烟时需要联动关闭的通风空调控制阀门不应超过 10 个。

4. 排烟风机出口

宜设在系统最高处，烟气出口宜朝上并应高出机械加压送风和补风进风口。两者边缘最小垂直距离不应小于 6m，水平布置时两者边缘最小水平距离不应小于 20m。

5. 排烟风机房

宜设在专用机房内，排烟风机两侧应有 0.6m 以上空间。排烟与通风空调合用机房时应设自动喷水灭火装，不得设置机械加压送风机，排烟连接件应能在 280℃时连续 30min 保证结构完整性。

6. 排烟风机

应满足 280℃时连续工作 30min，排烟风机应与风机入口处排烟防火阀连锁，该阀关闭时联动排烟风机停止运行。

7. 排烟管道

机械排烟系统应采用管道排烟但不应采用土建风道。排烟管道应采用不燃材料制作并内壁光滑。排烟管道为金属时风速不应大于 20m/s，为非金属时风速不应大于 15m/s。排烟管道厚度见现行施工规范。

8. 排烟管道耐火极限

(1) 排烟管道及其连接件应能在 280℃时连续 30min 保证结构完整性。

(2) 排烟管道竖向设置时应设在独立的管道井内，耐火极限不应低于 0.5h。

(3) 排烟管道水平设置时应设在吊顶内，当设在走廊吊顶内时耐火极限不应低于 1.0h，当设在其他场所吊顶内时耐火极限不应低于 0.5h；确有困难时可设在室内，但耐火极限不应低于 1.0h。

(4) 排烟管道穿越防火分区时，耐火极限不应低于 1.0h。

(5) 排烟管道设在设备用房、汽车库时，耐火极限可不低于 0.5h。

9. 排烟管道井耐火极限

机械排烟管道井隔墙耐火极限不应低于 1.0h 并独立，必须设门时应采用乙级防火门。

10. 排烟管道隔热

排烟管道设在吊顶内且有可燃物时应采用不燃材料隔热并与可燃物保持不小于 0.15m 的距离。

11. 排烟口位置

(1) 排烟口距防烟分区内任一点水平距离不应大于 30m。

(2) 排烟口应设在储烟仓内，但走道和房间净高不大于 3m 的区域，可设在净高的

1/2以上（最小清晰高度以上）；当设在侧墙时，其最近边缘与吊顶距离不应大于0.5m。

(3) 排烟口宜设在顶棚或靠近顶棚的墙面上。

(4) 排烟口宜使烟流与人流方向相反，与附近安全出口相邻边缘的水平距离不应小于1.5m。

(五) 补风系统

1. 补风场所

除地上建筑的走道或建筑面积小于500m² 的房间外，设置排烟系统的场所应设置补风系统。

2. 补风量

补风应直接引入室外空气，且补风量不应小于排烟量的50%。

3. 补风设施

补风可采用疏散外门、开启外窗等自然进风或机械送风。

4. 补风机房

补风机应设在专用机房内。

5. 补风口位置

补风口与排烟口在同一防烟分区时，二者水平距离不应小于5m，且补风口应在储烟仓下沿以下。

6. 补风口风速

自然补风口风速不宜大于3m/s。

7. 补风管道耐火极限

补风管道耐火极限不应低于0.5h，跨越防火分区时耐火极限不应低于1.5h。

四、燃油燃气锅炉设置

燃油燃气锅炉不应布置在人员密集场所的上一层、下一层或贴邻。应布置在首层或地下一层靠外墙部位，但常（负）压锅炉可设在地下二层或屋顶上。设在屋顶时，距通向屋面的安全出口不应小于6m。燃油燃气锅炉房疏散门均应直通室外或安全出口。燃气锅炉房应设置爆炸泄压设施。

五、通风空调风管材质

(1) 通风空调风管材质应采用不燃材料。

(2) 设备和风管的绝热材料、加湿材料、消声和粘结材料，宜采用不燃材料，确有困难时可采用难燃材料。

六、防火阀

(1) 通风空调风管下列部位应设70℃熔断关闭：

1) 穿越防火分区处；

2) 穿越通风、空调机房隔墙和楼板处；

3) 穿越重要或火灾危险性大的隔墙和楼板处；

4) 穿越防火分隔处的变形缝两侧；

5) 竖向风管与每层水平风管交接处的水平管段上。

通风空调风管穿越下列部位设70℃防火阀，防火阀设置位置见图14-53。

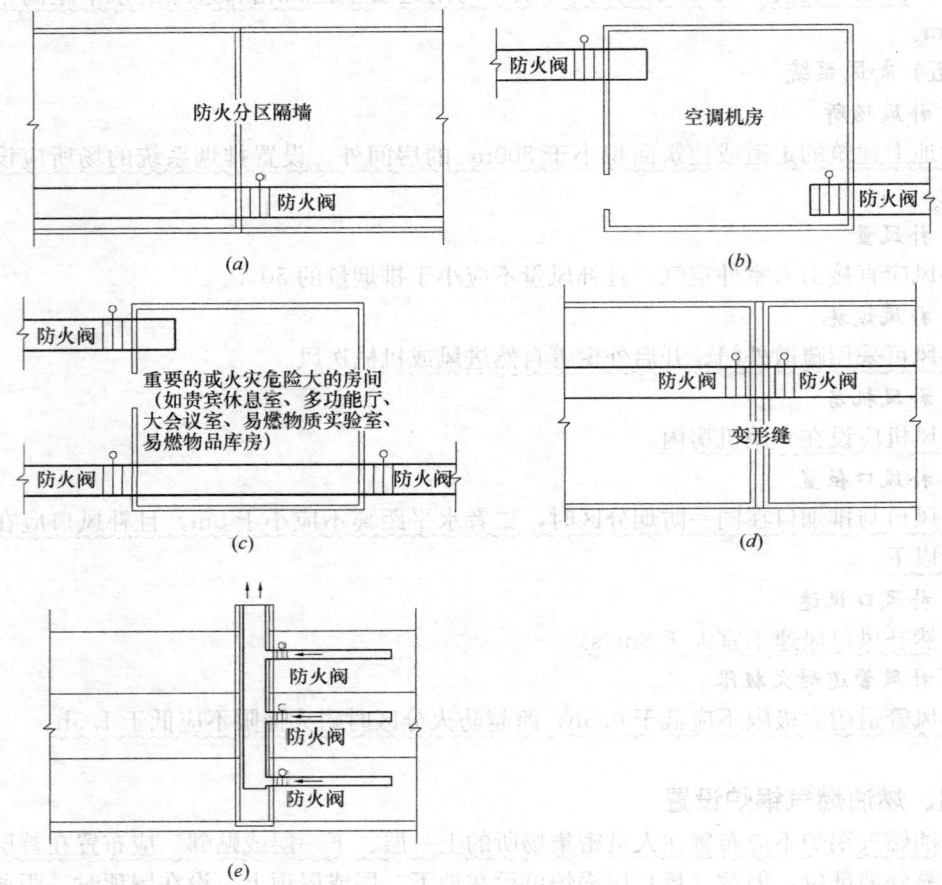

图14-53 防火阀设置位置

(a) 穿越防火分区处；(b) 穿越通风、空调机房隔墙和楼板处；
(c) 穿越重要或火灾危险性大的隔墙和楼板处；(d) 穿越防火分隔处的变形缝两侧；
(e) 竖向风管与每层水平风管交接处的水平管段上

(2) 排烟管道下列部位应设280℃熔断关闭排烟防火阀：

1) 垂直风管与每层水平风管交接处的水平管段上；
2) 一个排烟系统负担多个防烟分区的排烟支管上；
3) 排烟风机入口处；
4) 穿越防火分区处。

排烟管道穿越下列部位设280℃防火阀，排烟防火阀设置位置见图14-54。

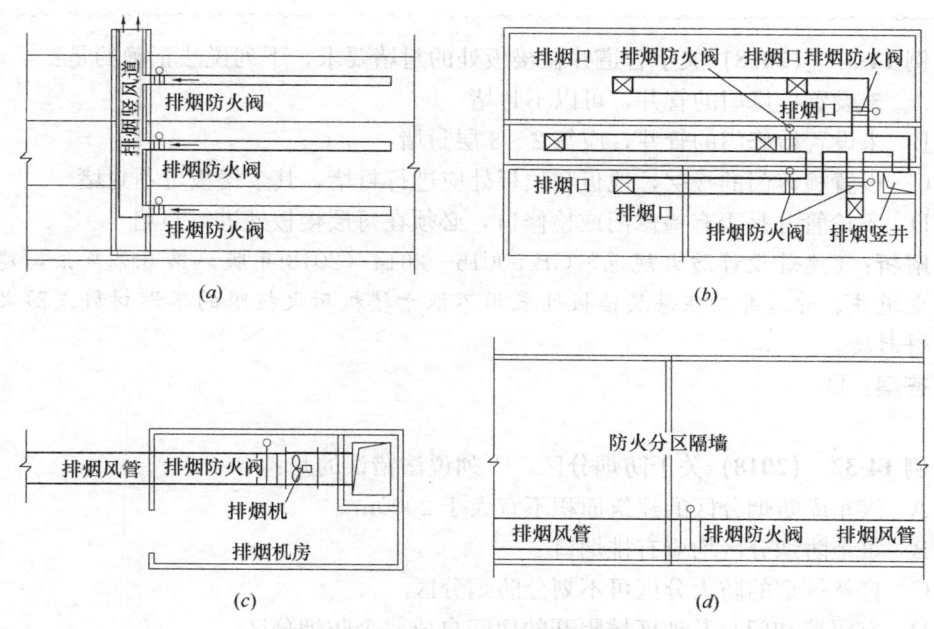

图 14-54 排烟防火阀设置位置
(a) 垂直风管与每层水平风管交接处的水平管段上；(b) 一个排烟系统负担多个防烟分区的排烟支管上；
(c) 排烟风机入口处；(d) 穿越防火分区处

七、通风空调系房间防火要求

（1）通风空调系统，横向应按每个防火分区设置，竖向不宜超过5层，当排风管道设有防止回流设施且各层设有自动喷水灭火系统时，其进风和排风管道可不受此限。垂直风管应设在管井内。

（2）电缆井、管道井、排烟道、排气道、垃圾道等竖向管道井，井壁上的检查门应为丙级防火门。建筑高度不超过100m的建筑，其电缆井、管道井每隔2～3层在楼板处作防火分隔；超过100m的建筑，应在每层楼板处作防火分隔。

（3）防火门：

1）通风、空气调节机房和变配电室开向建筑内的门应采用甲级防火门。

2）电缆井、管道井、排烟道、排气道、垃圾道等竖向井道，应分别独立设置。井壁的耐火极限不应低于1.00h，井壁上的检查门应采用丙级防火门。

（4）其他注意问题

1）排烟窗宜设置在上方，并应有方便开启的装置。

2）排烟口距最远点，水平距离不超过30m。

3）排烟口应设在顶棚或靠近顶棚的墙面上，且与附近安全出口沿走道方向相邻边缘之间的最小水平距离不应小于1.5m。设在顶棚上的排烟口，距可燃烧物构件或可燃物的距离不应小于1m。

4）机械排烟的风速采用金属风道时，不应大于20m/s；采用内表面光滑的混凝土等非金属风道时，不应大于15m/s。机械加压送风风口风速不宜大于7m/s，机械排烟口风速不宜大于10m/s。

例 14-31 （2018）关于管道井在楼板处的封堵要求，下列说法正确的是：
A　未设置检修门的管井，可以不封堵
B　未设置检修门的管井，应每 2~3 层封堵
C　设置检修门的楼层，地板和顶板处应进行封堵，其余楼板可不封堵
D　不论管井是否有检修门或检修口，必须在每层楼板处进行封堵

解析：《建筑设计防火规范》GB 50016—2014（2018 年版）第 6.2.9 条，建筑内的电缆井、管道井应在每层楼板处采用不低于楼板耐火极限的不燃材料或防火封堵材料封堵。

答案：D

例 14-32 （2018）关于防烟分区，下列说法错误的是：
A　汽车库防烟分区的建筑面积不宜大于 2000m²
B　每个防烟分区均应有排烟口
C　自然排烟的防火分区可不划分防烟分区
D　有隔墙和门与其他区域隔开的房间自成一个防烟分区

解析：《汽车库、修车库、停车场设计防火规范》GB 50067—2014 第 8.2.2 条规定"防烟分区的建筑面积不宜大于 2000m²"，A 选项正确。每个防烟分区均应有排烟口，B 选项正确。《建筑防排烟系统技术标准》GB 51251—2017 第 4.3.2 条，防烟分区内自然排烟窗（口）的面积、数量、位置应按规定计算确定，说明自然排烟的防火分区要划分防烟分区，C 选项错误。封闭空间是自然防烟分区，D 选项正确。

答案：C

例 14-33 （2019）关于民用建筑设有机械排烟系统时设置固定窗的说法，错误的是：
A　平时不可开启　　　　　　　　B　火灾时可人工破碎
C　可为内窗　　　　　　　　　　D　不可用于火灾初期自然排烟

解析：《建筑防烟排烟系统技术标准》GB 51251—2017 第 4.1.4 条，除地上特定建筑外，当设置机械排烟系统时，要求在外墙或屋顶设置固定窗。不能是内窗，C 选项错误。

答案：C

例 14-34 （2021）公共建筑防烟分区内自然排烟窗正确的是：
A　位于最小清晰高度以上
B　悬窗按 70% 计算有效面积
C　防火墙两侧窗间距 1m
D　防火分区内任意一点距离排烟口的距离小于等于 30m

解析：根据《建筑防烟排烟系统技术标准》GB 51251—2017 第 4.3.3 条第 1 款，自然排烟窗（口）应设置在排烟区域的顶部或外墙，并应符合下列规定：当设置在外墙上时，自排烟窗（口）应在储烟仓以内（即最小清晰高度以上）。A 选项正确。上述标准第 4.3.5 条第 1、2 款当采用开窗角大于 70°的悬窗时，其面积应按窗的面积计算；当开窗角小于或等于 70°时，其面积应按窗最大开启时的水平投影面积计算。一律按 70% 计算有效面积，B 选项错误。根据《建筑设计防火规范》GB 50016—2014（2018 年版）第 6.1.3 条，建筑外墙为不燃性墙体时，防火墙可不凸出墙的外表面，紧靠防火墙两侧的门、窗、洞口之间最近边缘的水平距离不应小于 2m。C 选项错误。根据《建筑防烟排烟系统技术标准》GB 51251—2017 第 4.3.2 条，防烟分区内任一点与最近的自然排烟窗（口）之间的水平距离不应大于 30。D 选项为防火分区，错误。

答案：A

第八节　暖通空调系统能源种类及安全措施

本节复习重点包括以下几方面内容。不可再生能源：燃煤、燃油、燃气等一次能源；由一次能源产生的蒸汽、热水、电力等二次能源；不可再生能源尽量少用的原因。可再生能源：太阳能、地源热泵、空气源热泵；有条件时尽量多用的原因。安全措施：燃油、燃气尤其是燃气，属于易爆能源，做好泄压、通风处理；电力制冷机房尤其是氨制冷机房注意防火、通风。

一、暖通空调系统能源种类

暖通空调系统能源分为不可再生能源、可再生能源。

不可再生能源（一次）：使用后不复存在的能源，如燃煤、燃油、燃气等化石能源。

由不可再生能源（一次）产生的二次能源：蒸汽、热水、电力。

可再生能源：在自然界中可以再生并重复利用的能源，如太阳能、地热能、地源热泵、空气源热泵。

（一）不可再生能源

1. 燃煤

燃煤为空调供暖热源能源。锅炉燃烧燃煤，产生热水或蒸汽通过换热器换取空调热水作空调热源。煤属于高污染且高碳排放能源，应尽量不用。

2. 燃油、燃气

燃油、燃气为空调冷、热源能源。锅炉燃烧燃油或燃气，产生热水或蒸汽，通过换热器换取空调热水作空调热源；或直燃型溴化锂吸收式冷热水机燃油或燃气，产生冷水、热水作空调冷、热源。燃油、燃气属于清洁但高碳排放能源，不提倡使用。

3. 蒸汽、热水

蒸汽、热水为空调冷、热源能源。锅炉产生蒸汽或热水通过溴化锂吸收式冷热水机制取冷水作空调冷源；热水或蒸汽通过换热器换取热水作空调热源。

4. 电力

电力为空调冷、热源能源。通过电动压缩式水冷或风冷制冷机制取冷水作空调冷源；风力、光伏、水力等绿电以及蓄热低谷电热也可以作空调热源。

（二）可再生能源

1. 太阳能

太阳能为空调热源（作空调冷源时系统复杂，只适用于特定工程，不适合一般工程）。太阳辐射加热水作空调供暖热源。在太阳辐射充足且时间长、有足够大太阳能辐射板、有备用热源、与生活热水综合利用的条件下，可用作中小型建筑空调热源。参见本章第一节供暖内容。

2. 地源热泵

地源热泵为空调冷、热源能源。地源热泵是把地下岩土体当作蓄热体，夏季通过热泵机和空调机把建筑内热量转移释放到地下岩土体蓄存起来，等到冬季通过热泵机和散热器再把热量转移吸收回来供建筑供暖。释放、吸收热量过程中消耗小部分电力做功，把低位能提升为高位能。

3. 空气源热泵

空气源热泵为空调冷、热源能源。空气源热泵把空气当作散热、吸热载体，夏季通过热泵机和空调机把建筑内热量转移释放到空气中，冬季通过热泵机和散热器从空气中吸收热量供建筑供暖。释放、吸收热量过程中消耗小部分电力做功，把低位能提升为高位能。

4. 地热能

地热能为空调热源。指在地下2000～3000m深、水温70～90℃处直接换热，高温段直接作供暖热源，水温降低后再用热泵提温后作供暖热源。

二、能源安全措施

（一）燃油、燃气锅炉房、直燃机房

(1) 燃油锅炉房室内油箱的总容量，重油不应超过$5m^3$，轻柴油不应超过$1m^3$。

(2) 不带安全阀的容积式供油泵，在其出口的阀门前靠近油泵处的管段上，必须装设安全阀。

(3) 室内油箱应采用闭式油箱；油箱上应装设直通室外的通气管，通气管上应设置阻火器和防雨设施；油箱上不应采用玻璃管式油位表。

(4) 燃用液化石油气的锅炉间和有液化石油气管道穿越的室内地面处，严禁设有能通向室外的管沟（井）或地道等设施。

(5) 燃油、燃气锅炉宜设置在建筑外的专用房间内；确需贴邻民用建筑布置时，应采用防火墙与所贴邻的建筑分隔，且不应贴邻人员密集场所，该专用房间的耐火等级不应低于二级；确需布置在民用建筑内时，不应布置在人员密集场所的上一层、下一层或贴邻。

(6) 燃油、燃气锅炉房应设置在首层或地下一层的靠外墙部位，但常（负）压燃油或

燃气锅炉可设置在地下二层或屋顶上。设置在屋顶上的常（负）压燃气锅炉，距离通向屋面的安全出口不应小于6m。

(7) 锅炉房的疏散门应直通室外或安全出口。

(8) 锅炉房与其他部位之间应采用耐火极限不低于2.00h的防火隔墙和1.50h的不燃性楼板分隔。在隔墙和楼板上不应开设洞口，确需在隔墙上设置门、窗时，应采用甲级防火门、窗。

(9) 锅炉房设置在首层：

1) 对采用燃油作燃料的，其正常换气次数每小时不应少于3次，事故换气次数每小时不应少于6次；

2) 对采用燃气作燃料的，其正常换气次数每小时不应少于6次，事故换气次数每小时不应少于12次。

(10) 锅炉房设置在半地下或半地下室：

1) 其正常换气次数每小时不应少于6次，事故换气次数每小时不应少于12次；

2) 锅炉房设置在地下或地下室时，其换气次数每小时不应少于12次。

(11) 直燃溴化锂制冷机房：

宜设置独立的送、排风系统。燃气直燃溴化锂制冷机房的通风量不应小于6次/h，事故通风量不应小于12次/h。燃油直燃溴化锂制冷机房的通风量不应小于3次/h，事故通风量不应小于6次/h。机房的送风量应为排风量与燃烧所需的空气量之和。

(12) 锅炉间与其他辅助间之间的防火隔墙，其耐火极限不应低于2.00h，隔墙上开设的门应为甲级防火门。

(13) 锅炉房的外墙、楼地面或屋面应有相应的防爆措施，并应有相当于锅炉间占地面积10%的泄压面积，泄压方向不得朝向人员聚集的场所、房间和人行通道，泄压处也不得与这些地方相邻。地下锅炉房采用竖井泄爆方式时，竖井的净横断面积应满足泄压面积的要求。

（二）电力

(1) 电动压缩式氨制冷机房：

1) 氨制冷机房单独设置且远离建筑群；

2) 机房内严禁采用明火供暖；

3) 机房应有良好的通风条件，同时应设置事故排风装置，换气次数每小时不少于12次，排风机应选用防爆型。

(2) 电动压缩式氟利昂替代品制冷机房、热泵机房：

1) 应分别计算通风量和事故通风量；

2) 当机房内设备放热量的数据不全时，通风量可取（4~6）次/h；

3) 事故通风量不应小于12次/h；

4) 事故排风口上沿距室内地坪的距离不应大于1.2m。

例 14-35 （2021）燃气锅炉用房及附属用房位于地下一层，锅炉间设事故排风，事故排风机设置位置正确的是：

> A 锅炉间内　　　　　　　　B 辅机间内
> C 地下一层排烟机房内　　　D 锅炉间正上方室外
>
> **解析：** 根据《民用建筑供暖通风与空气调节设计规范》GB 50736—2012 第 6.3.9 条第 2 款，事故通风的手动控制装置应在室内外便于操作的地点分别设置。排风机设于锅炉间内控制方便，A 选项正确。B 选项没有设在锅炉间控制方便，错误。根据《建筑防烟排烟系统技术标准》GB 51251—2017 第 4.4.5 条，排烟风机应设置在专用机房内。事故排风机不能设于排烟机房，C 选项错误。D 选项，没有设在锅炉间控制方便，不正确。
>
> **答案：** A

第九节　燃气的供应及安全应用

本节复习重点包括以下几方面内容。管道和调压设施：输配管道规定、调压设施要求、用户管道注意事项；燃具和用气设备：家庭用燃具和附件、商业燃具、用气设备和附件、烟气排除。

一、管道和调压设施

（一）输配管道

(1) 埋地输配管道应根据冻土层、路面荷载等条件确定其埋设深度。车行道下输配管道的最小直埋深度不应小于 0.9m，人行道及田地下输配管道的最小直埋深度不应小于 0.6m。

(2) 当输配管道架空敷设时，应采取防止车辆冲撞等外力损害的措施。

(3) 输配管道不应在排水管（沟）、供水管渠、热力管沟、电缆沟、城市交通隧道、城市轨道交通隧道和地下人行通道等地下构筑物内敷设。当确需穿过时，应采取有效的防护措施。

(4) 当输配管道穿越铁路、公路、河流和主要干道时，应采取不影响交通、水利设施并保证输配管道安全的防护措施。

(5) 埋地钢质输配管道埋设前，应对防腐层进行 100％外观检查，防腐层表面不得出现气泡、破损、裂纹、剥离等缺陷。不符合质量要求时，应返工处理直至合格。

(6) 输配管道的外防腐层应保持完好，并应定期检测。阴极保护系统在输配管道正常运行时不应间断。

（二）调压设施

(1) 进口压力为次高压及以上的区域调压装置应设置在室外独立的区域、单独的建筑物或箱体内。

(2) 独立设置的调压站或露天调压装置的最小保护范围和最小控制范围应符合表 14-8 的规定。

独立设置的调压站或露天调压装置的最小保护范围和最小控制范围　　　表 14-8

燃气入口压力	有围墙时		无围墙且设在调压室内时		无围墙且露天设置时	
	最小保护范围	最小控制范围	最小保护范围	最小控制范围	最小保护范围	最小控制范围
低压、中压	围墙内区域	围墙外 3.0m 区域	调压室 0.5m 范围内区域	调压室 0.5～5.0m 范围内区域	调压装置外缘 1.0m 范围内区域	调压装置外缘 1.0～6.0m 范围内区域
次高压	围墙内区域	围墙外 5.0m 区域	调压室 1.5m 范围内区域	调压室 1.5～10.0m 范围内区域	调压装置外缘 3.0m 范围内区域	调压装置外缘 3.0～15.0m 范围内区域
高压、高压以上	围墙内区域	围墙外 25.0m 区域	调压室 3.0m 范围内区域	调压室 3.0～30.0m 范围内区域	调压装置外缘 5.0m 范围内区域	调压装置外缘 5.0～50.0m 范围内区域

（三）用户管道

(1) 用户燃气管道及附件应结合建筑物的结构合理布置，并应设置在便于安装、检修的位置，不得设置在下列场所：

1) 卧室、客房等人员居住和休息的房间；
2) 建筑内的避难场所、电梯井和电梯前室、封闭楼梯间、防烟楼梯间及其前室；
3) 空调机房、通风机房、计算机房和变、配电室等设备房间；
4) 易燃或易爆品的仓库、有腐蚀性介质等场所；
5) 电线（缆）、供暖和污水等沟槽及烟道、进风道和垃圾道等地方。

(2) 燃气引入管、立管、水平干管不应设置在卫生间内。

(3) 使用管道供应燃气的用户应设置燃气计量器具。

二、燃具和用气设备

（一）家庭用燃具和附件

(1) 家庭用户应选用低压燃具。不应私自在燃具上安装出厂产品以外的可能影响燃具性能的装置或附件。

(2) 家庭用户的燃具应设置熄火保护装置。燃具铭牌上标示的燃气类别应与供应的燃气类别一致。使用场所应符合下列规定：

1) 应设置在通风良好、具有给排气条件、便于维护操作的厨房、阳台、专用房间等符合燃气安全使用条件的场所；
2) 不得设置在卧室和客房等人员居住和休息的房间及建筑的避难场所内；
3) 同一场所使用的燃具增加数量或由另一种燃料改用燃气时，应满足燃具安装场所的用气环境条件。

(3) 直排式燃气热水器不得设置在室内。燃气供暖热水炉和半密闭式热水器严禁设置在浴室、卫生间内。

(4) 与燃具贴邻的墙体、地面、台面等，应为不燃材料。燃具与可燃或难燃的墙壁、地板、家具之间应保持足够的间距或采取其他有效的防护措施。

(5) 高层建筑的家庭用户使用燃气时，应符合下列规定：
1) 应采用管道供气方式；
2) 建筑高度大于100m时，用气场所应设置燃气泄漏报警装置，并应在燃气引入管处设置紧急自动切断装置。
(6) 家庭用户不得使用燃气燃烧直接取暖的设备。

（二）商业燃具、用气设备和附件
(1) 商业燃具或用气设备应设置在通风良好、符合安全使用条件且便于维护操作的场所，并应设置燃气泄漏报警和切断等安全装置。
(2) 商业燃具或用气设备不得设置在下列场所：
1) 空调机房、通风机房、计算机房和变、配电室等设备房间；
2) 易燃或易爆品的仓库、有强烈腐蚀性介质等场所。
(3) 公共用餐区域、大中型商店建筑内的厨房不应设置液化天然气气瓶、压缩天然气气瓶及液化石油气气瓶。
(4) 商业建筑内的燃气管道阀门设置应符合下列规定：
1) 燃气表前应设置阀门；
2) 用气场所燃气进口和燃具前的管道上应单独设置阀门，并应有明显的启闭标记；
3) 当使用鼓风机进行预混燃烧时，应采取在用气设备前的燃气管道上加装止回阀等防止混合气体或火焰进入燃气管道的措施。

（三）烟气排除
(1) 燃具和用气设备燃气燃烧所产生的烟气应排出至室外，并应符合下列规定：
1) 设置直接排气式燃具的场所应安装机械排气装置；
2) 燃气热水器和采暖炉应设置专用烟道；
3) 燃气热水器的烟气不得排入灶具、吸油烟机的排气道；
4) 燃具的排烟不得与使用固体燃料的设备共用一套排烟设施。
(2) 烟气的排烟管、烟道及排烟管口的设置应符合下列规定：
1) 竖向烟道应有可靠的防倒烟、串烟措施，当多台设备合用竖向排烟道排放烟气时，应保证互不影响；
2) 排烟口应设置在利于烟气扩散、空气畅通的室外开放空间，并应采取措施防止燃烧的烟气回流入室内；
3) 燃具的排烟管应保持畅通，并应采取措施防止鸟、鼠、蛇等堵塞排烟口。
(3) 海拔高度高于500m的地区应计入海拔高度对烟气排气系统排气量的影响。

习 题

14-1 （2021）供暖管道穿越防火墙时，下面哪个措施错误？
　　A 预埋钢管　　　　　　　　　B 防火密封材料填塞
　　C 防火墙一侧设柔性连接　　　D 防火墙一侧设固定支架

14-2 （2021）二层卫生间（上下层均为卫生间）采用钢筋混凝土填充式地板辐射供暖系统，下列地面做法最合理的是：

A 上有防水下有防潮 B 上无防水下有防潮
C 上有防水下无防潮 D 防水防潮均无

14-3 (2021) 不需要设置独立的机械排风的房间是：
A 有防爆要求的房间 B 有非可燃粉尘的房间
C 甲乙不同防火分区 D 两种有害物质混合会燃烧的房间

14-4 (2021) 燃气锅炉用房及附属用房位于地下一层，锅炉间设事故排风，事故排风机设置位置正确的是？
A 锅炉间内 B 辅机间内
C 地下一层排烟机房内 D 锅炉间正上方室外

14-5 (2021) 有产生振动及电磁波设备的实验室，不宜采用下列哪类空调设备？
A 直接膨胀式空调机组 B 新风机组
C 多联空调机组 D 组合式空调机组

14-6 (2021) 某办公楼冷源采用冰蓄冷系统，对用户而言，优先：
A 节约制冷电耗 B 节约制冷电费
C 节约冷源设备初始投资 D 节约冷源机房占地面积

14-7 (2021) 建筑空调系统方案中，占用空调机房和吊顶空间最大的是：
A 多联机空调＋新风系统 B 全空气空调系统
C 两管制风机盘管＋新风系统 D 四管制风机盘管＋新风系统

14-8 (2021) 超高层办公建筑位于寒冷地带，针对冬季电梯门关闭困难，下列无效的措施是：
A 首层外门设空气幕 B 电梯厅设门
C 设置双层外门 D 冷却电梯井道

14-9 (2021) 室内管道水平敷设时，对坡度无要求的是：
A 排烟管 B 冷凝管
C 供暖水管 D 排油烟管

14-10 (2021) 设置在建筑地下一层的燃气锅炉房，对其锅炉间出入口的设置要求正确的是：
A 出入口不少于1个且应直通疏散口
B 出入口不少于1个且不需直通室外
C 出入口不少于2个，且应有1个直通室外
D 出入口不少于2个，且均应直通室外

14-11 (2021) 关于电制冷冷水机组与其机房的设计要求，下列何项是错误的？
A 机房应设泄压口
B 机房应设置排水设施
C 机房应尽量布置在空调负荷中心
D 机组制冷剂安全阀泄压管应接至室外安全处

14-12 (2021) 采用减小体形系数、加强外墙保温、争取良好日照的措施后，减少供暖空调能耗最有效的城市是：
A 深圳 B 武汉
C 天津 D 长春

14-13 (2021) 办公室全空气空调系统在过渡季增大新风量运行，主要是利用室外新风：
A 降低人工冷源能耗 B 降低室内 VOC 浓度
C 降低室内二氧化碳浓度 D 降低空调系统送风量

14-14 (2021) 进行围护结构中热桥部位的表面结露验算时，热桥内表面温度应高于下列哪个温度？
A 室外空气露点温度 B 室外空气最低温度

  C 室内空气温度   D 室内空气露点温度

14-15 (2021) 某公共建筑 35m 长走道且两侧均有可开启外窗的房间，下列说法正确的是：
  A 走道需要设置排烟，房间不需要
  B 走道和各房间需设置排烟窗
  C 走道和超过 100m² 的房间均需设置排烟窗
  D 走道和房间均不需要设置排烟窗

14-16 (2021) 公共建筑防烟分区内关于自然排烟窗的说法正确的是：
  A 位于最小清晰高度以上
  B 悬窗按 70％计算有效面积
  C 防火墙两侧窗间距 1m
  D 防火分区内任意一点距离排烟口的距离小于等于 30m

14-17 (2021) 地下室无窗燃气厨房需设置：
  A 泄爆窗井   B 事故排风
  C 气体灭火   D 灾后排烟

14-18 (2019) 某小区可选择下列几种供暖热源，应优先选择哪一项？
  A 区域热网   B 城市热网
  C 小区锅炉房   D 工业余热

14-19 (2019) 下列哪种建筑的散热器不应暗装？
  A 幼儿园   B 养老院
  C 办公楼   D 精神病院

14-20 (2019) 建筑内哪个位置不应设置散热器？
  A 内隔墙   B 楼梯间
  C 外玻璃幕墙   D 门斗

14-21 (2019) 下列事故排风口与其补风系统进风口的相对位置布置，哪一项是正确的？
  A 排风口高于进风口 6m，水平距离 8m
  B 排风口高于进风口 2m，水平距离 10m
  C 排风口与进风口高度相同，水平距离 15m
  D 排风口低于进风口 6m，水平距离 10m

14-22 (2019) 下列机械送风系统的室外进风口位置，哪项是错误的？
  A 排风口底部距离室外地坪 2m
  B 进风口底部距离室外绿化地带 1m
  C 排风口的下风侧
  D 室外空气较洁净的地方

14-23 (2019) 下列哪种空调系统在空调区没有漏水风险？
  A 定风量全空气系统   B 辐射供冷系统
  C 多联机加新风系统   D 风机盘管加新风系统

14-24 (2019) 下列哪个城市建筑空调系统适合使用蒸发冷却冷源？
  A 大连   B 乌鲁木齐
  C 南京   D 海口

14-25 (2019) 建筑室内某区域空气中含有易燃易爆气体，应采用下列哪种空调系统？
  A 风机盘管系统   B 多联式空调系统
  C 一次回风全空气系统   D 独立的全新风系统

14-26 (2019) 关于地埋管地源热泵系统的说法，错误的是：

A 是一种可再生能源利用形式
B 与地层只有热交换，不消耗地下水
C 换热器埋设于地下，不考虑占地空间
D 适合冬夏空调冷热负荷相差不大的建筑

14-27 (2019) 在高层建筑空调系统设计中，冷热源设备布置在哪个位置不利于降低冷热源设备的承压？
A 地下层　　　　　　　　　　　B 塔楼中间设备层
C 塔楼外裙房顶层　　　　　　　D 塔楼顶层

14-28 (2019) 关于制冷机房的要求，错误的是：
A 设置观察控制室　　　　　　　B 靠近冷负荷中心
C 机房净高不小于5.0m　　　　　D 预留最大设备运输通道

14-29 (2019) 关于高层建筑裙房屋顶上布置冷却塔的做法，哪一项是错误的？
A 放置在专用基础上　　　　　　B 远离厨房排油烟出口
C 周边预留检修通道和管道安装位置　D 尽量靠近塔楼，避免影响立面

14-30 (2019) 关于空调机房的做法，错误的是：
A 门向外开启　　　　　　　　　B 靠近所服务的空调区
C 考虑搬运设备的出入口　　　　D 采用石膏板轻质隔墙

14-31 (2019) 关于锅炉房的说法，错误的是：
A 锅炉房属于丁类生产厂房　　　B 油箱油泵同属于丙类生产厂房
C 可采用双层玻璃固定窗作为观察窗　D 可采用轻质屋顶泄压

14-32 (2019) 位于下列各气候区的建筑，冬季可不考虑围护结构保温的是：
A 寒冷地区　　　　　　　　　　B 夏热冬暖地区
C 夏热冬冷地区　　　　　　　　D 温和地区

14-33 (2019) 下列舒适性供暖空调系统节能措施，错误的是：
A 高大空间采用分层空调　　　　B 供暖系统采用分户热计算
C 空调水系统定压采用高位水箱　D 温和地区设置排风热回收装置

14-34 (2019) 下列哪项不属于绿色建筑评价标准？
A 自然通风效果　　　　　　　　B 防排烟风机效率
C 设备机房隔声　　　　　　　　D 围护结构热工性能

14-35 (2019) 关于民用建筑设有机械排烟系统时设置固定窗的说法，错误的是：
A 平时不可开启　　　　　　　　B 火灾时可人工破碎
C 可为内窗　　　　　　　　　　D 不可用于火灾初期自然排烟

14-36 (2019) 关于加压送风系统的设计要求，错误的是：
A 加压风机应直接从室外取风
B 加压风机进风口宜设于加压送风系统下部
C 加压送风不应采用土建风道
D 加压送风进风口与排烟系统出口水平布置时距离不小于10.0m

14-37 (2019) 公共建筑某区域净高为5.5m，采用自然排烟，设计烟层底部高度为最小清晰度高度，自然排烟窗下沿不应低于下列哪个高度？
A 4.40m　　　　　　　　　　　B 2.75m
C 2.15m　　　　　　　　　　　D 1.50m

14-38 (2019) 下列哪种情况下，建筑物顶层区域的固定窗可不布置在屋顶上？
A 琉璃瓦屋顶　　　　　　　　　B 钢结构屋顶

　　　　C 未设置自动喷水系统　　　　　　D 预应力钢筋混凝土屋面

14-39 (2019) 燃气引入管可敷设在建筑的哪个位置？
　　　A 烟道　　　　　　　　　　　　B 卫生间
　　　C 通风机房　　　　　　　　　　D 开敞阳台

14-40 (2018) 从供暖效果考虑，散热器安装方式最优的是：
　　　A 在装饰罩中　　　　　　　　　B 在内墙侧
　　　C 外墙窗台下　　　　　　　　　D 在外墙内侧

14-41 (2018) 热水地板辐射供暖系统中，下列地面构造由下而上的做法错误的是：
　　　A 大堂下层为无供暖车库时：绝热层、加热管、填充层、面层
　　　B 大堂下为土壤时：防潮层、绝热层、加热管、填充层、面层
　　　C 卫生间上下层均有供暖时：防潮层、绝热层、加热管、填充层、面层
　　　D 起居室上下层均为住宅起居室（有供暖）时：绝热层、加热层、填充层、面层

14-42 (2018) 题图所示项目处于严寒 B 区，散热器设置位置错误的是：

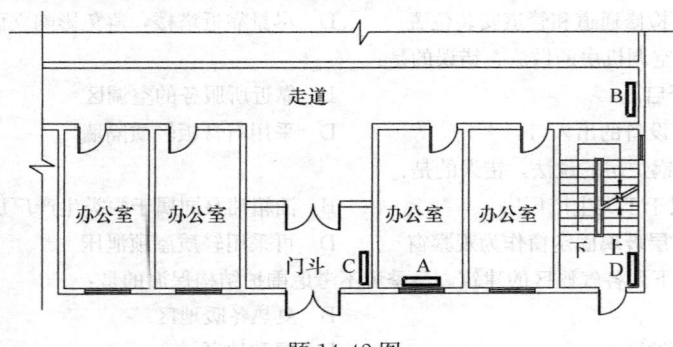

题 14-42 图

　　　A A 处　　　　B B 处　　　　C C 处　　　　D D 处

14-43 (2018) 要求矩形风管长短边之比不宜大于 4，最主要原因是：
　　　A 避免降低风管强度　　　　　　B 提高材料利用率
　　　C 防止风管阻力过大　　　　　　D 降低气流噪声

14-44 (2018) 关于排除有爆炸危险气体的排风系统，下列说法正确的是：
　　　A 排风管道应采用非金属管道
　　　B 排风设备不应设置在地下室内
　　　C 排风设备应设置在室外
　　　D 排风管道应暗设在竖井内

14-45 (2018) 下列建筑的空调冷热源设置，不合理的是：
　　　A 寒冷地区的宾馆建筑采用风冷热泵为过渡季供暖
　　　B 严寒地区的小型办公建筑采用多联空调系统供暖
　　　C 夏热冬暖地区的酒店建筑采用热回收型冷水机组供冷
　　　D 夏热冬冷地区的商业建筑采用多联空调系统提供冷热源

14-46 (2018) 多个空调区域，应分别设置空调系统的情况是：
　　　A 新风量标准不同时　　　　　　B 空气洁净度标准不同时
　　　C 人员密度不同时　　　　　　　D 排风量标准不同时

14-47 (2018) 不适合用于高大空间全空气空调系统送风的风口是：
　　　A 喷口　　　　　　　　　　　　B 旋流风口

C 散流器　　　　　　　　　D 地板送风口

14-48 (2018) 题图项目中，开式冷却塔位置最合适的是：

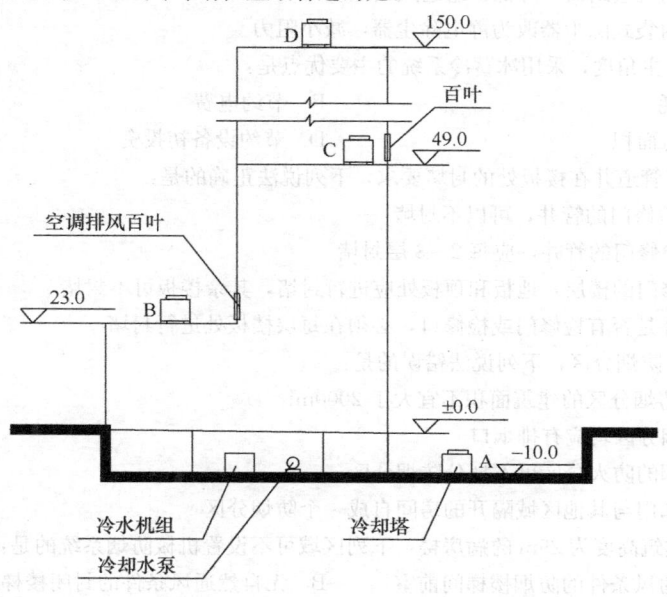

题 14-48 图

A A处　　　B B处　　　C C处　　　D D处

14-49 (2018) 应设置泄压措施的房间是：
A 地下氟制冷机房　　　　B 地下燃气厨房
C 地上燃气锅炉房　　　　D 地上燃气表间

14-50 (2018) 采用多联机空调系统时，下列限制条件中错误的是：
A 室外机和室内机之间有最大高差的限制
B 室外机和室内机之间有最远距离的限制
C 室外机和室内机之间有最近距离的限制
D 同一系统室内机之间有最大高差的限制

14-51 (2018) 下列冷源方式中冷却塔占地面积最大的是：
A 水冷电压缩式冷水机组　　　B 溴化锂吸收式机组
C 地埋管地源热泵机组　　　　D 污水源热泵机组

14-52 (2018) 关于围护结构的热工性能，下列说法正确的是：
A 非透光围护结构的热工性能以传热系数和太阳得热系数来衡量
B 围护结构热工限值中传热系数未特别注明时指主断面传热系数
C 考虑覆土保温隔热作用，地下室周边墙体不作热工性能要求
D 有外遮阳的外窗，其太阳得热系数不等于外窗本身的太阳得热系数

14-53 (2018) 下列哪一项不是确定围护结构最小传热热阻的影响因素？
A 内表面防结露　　　　　　B 室内人员基本热舒适
C 室外计算温度　　　　　　D 保温材料导热系数

14-54 (2018) 某空调风系统的单位风量耗功率 W_s 超过了限值。为满足 W_s 限值要求可以采用的措施是：
A 机组余压不变，减小风量

B 机组风量不变，增大送风管道断面
C 增大空调机组断面，降低机组迎风面速度
D 将机组内袋式除尘器改为静电除尘器，减小阻力

14-55 (2018) 从业主角度，采用冰蓄冷系统的主要优点是：
A 节约电耗 B 节约电费
C 节约机房面积 D 节约设备初投资

14-56 (2018) 关于管道井在楼板处的封堵要求，下列说法正确的是：
A 未设置检修门的管井，可以不封堵
B 未设置检修门的管井，应每2~3层封堵
C 设置检修门的楼层，地板和顶板处应进行封堵，其余楼板可不封堵
D 不论管井是否有检修门或检修口，必须在每层楼板处进行封堵

14-57 (2018) 关于防烟分区，下列说法错误的是：
A 汽车库防烟分区的建筑面积不宜大于2000m²
B 每个防烟分区均应有排烟口
C 自然排烟的防火分区可不划分防烟分区
D 有隔墙和门与其他区域隔开的房间自成一个防烟分区

14-58 (2018) 某建筑高度为29m的病房楼，下列区域可不设置机械防烟系统的是：
A 无自然通风条件的防烟楼梯间前室 B 无自然通风条件的封闭楼梯间
C 前室为敞开外廊的防烟楼梯间 D 封闭避难间

14-59 (2018) 关于可燃气体管道穿防火墙的做法，下列正确的是：
A 在穿防火墙处加套管
B 在防火墙两侧设置手动快速切断装置
C 在防火墙一侧设置紧急自动切断阀
D 可燃气体管道严禁穿越防火墙

14-60 有集中热源的住宅不宜采用哪种供暖方式？
A 热水散热器供暖 B 热水吊顶辐射板供暖
C 低温热水地板辐射供暖 D 低温热水顶棚辐射供暖

14-61 利用穿堂风进行自然通风的厂房，其迎风面与夏季最多风向成多少度角时为好？
A 20° B 30°
C 40° D 80°

14-62 关于机械送风系统的进风口位置的设置，以下哪个描述是错误的？
A 应直接设在室外空气较清洁的地点 B 应高于排风口
C 进风口下缘距室外地坪不宜小于2m D 进、排风口宜设于不同朝向

14-63 夏热冬冷地区进深很大的建筑，按内、外区分别设置空调系统的原因是：
A 内、外区对空调温度要求不同 B 内、外区对空调湿度要求不同
C 内、外区冷热负荷的性质不同 D 内、外区的空调新风量要求不同

14-64 下列哪项不是限定通风和空气调节系统风管内风速的目的？
A 减小系统阻力 B 控制系统噪声
C 降低风管承压 D 防止风管振动

14-65 防排烟系统设计中，哪一条是正确的？
A 建筑高度大于50m的公共建筑、工业建筑和住宅建筑，防烟楼梯间、独立前室、共用前室、合用前室、消防电梯前室应分别采用机械加压送风
B 建筑高度大于50m的公共建筑、工业建筑和建筑高度大于100m的住宅建筑，防烟楼梯间、

独立前室、共用前室、合用前室、消防电梯前室应分别采用机械加压送风

C 建筑高度不大于 100m 的公共建筑、工业建筑和住宅建筑，满足自然通风条件时应采用自然通风，不满足自然通风条件时应采用机械加压送风

D 建筑高度不大于 50m 的公共建筑、工业建筑和住宅建筑，满足自然通风条件时应采用自然通风，不满足自然通风条件时应采用机械加压送风

14-66 建筑高度不大于 50m 的公共建筑、工业建筑和建筑高度不大于 100m 的住宅建筑，防烟设施哪一条不正确？

A 防烟楼梯间、独立前室（只有一个门与走廊或房间相通）、共用前室、合用前室均满足自然通风条件均设自然通风

B 防烟楼梯间、独立前室（只有一个门与走廊或房间相通）、共用前室、合用前室均不满足自然通风条件，必须独立设机械加压送风

C 防烟楼梯间满足自然通风条件设自然通风，独立前室（只有一个门与走廊或房间相通）、共用前室、合用前室不满足自然通风条件设机械加压送风

D 独立前室（只有一个门与走廊或房间相通）、共用前室、合用前室不满足自然通风条件设机械加压送风，当前室送风口设置在前室顶部或正对前室入口的墙面时，防烟楼梯间可采用自然通风；前室送风口不满足上述条件，防烟楼梯间应采用机械加压送风

14-67 排烟管道下列部位应设排烟防火阀（280℃熔断关闭），哪一条不正确？

A 垂直风管与每层水平风管交接处的水平管段上

B 一个排烟系统负担多个防烟分区的排烟支管上

C 穿越排烟机房隔墙和楼板处

D 穿越防烟分区处

14-68 空调系统的节能运行工况，一年中新风量应如何变化？

A 冬、夏最小，过渡季最大   B 冬、夏、过渡季最小

C 冬、夏最大，过渡季最小   D 冬、夏、过渡季最大

14-69 确定酒店客房空气调节的新风量时，下列哪种说法是错误的？

A 新风量应满足人员所需的最小值

B 新风量应符合相关的卫生标准

C 新风量应负担新风负荷

D 新风量应小于客房内卫生间的排风量

14-70 居民生活使用的各类用气设备应采用以下何种燃气？

A 高压燃气   B 中压燃气

C 低压燃气   D 中压和低压燃气

14-71 下列哪项不是限定通风和空气调节系统风管内风速的目的？

A 减小系统阻力   B 控制系统噪声

C 降低风管承压   D 防止风管振动

14-72 下列室内燃气管道布置方式中，正确的是：

A 燃气立管可布置在用户厨房内

B 燃气立管可布置在有外窗的卫生间

C 燃气立管可穿越无人长时间停留的密闭储藏室

D 管径小于 DN50 的燃气立管与防火电缆可共沟敷设

14-73 设计燃气锅炉房时，其泄压面积应满足锅炉间占地面积的：

A 5%   B 10%

C 15%   D 20%

14-74 高层建筑消防电梯前室采用机械加压送风方式时，其送风口设置应：
A 每四层设一个　　　　　　　　B 每三层设一个
C 每两层设一个　　　　　　　　D 每层设一个

14-75 设有集中空调系统的酒店建筑，其客房宜选用以下哪种空调系统？
A 风机盘管加新风系统　　　　　B 全空气定风量系统
C 恒温恒湿系统　　　　　　　　D 全新风定风量系统

14-76 机械进风系统的室外新风口，其下缘距室外地坪的最小高度正确的是：
A 1m　　　　B 1.5m　　　　C 2m　　　　D 2.5m

14-77 室温允许波动范围±0.1～0.2℃的工艺性空调区，以下设置哪项最合理？
A 设于顶层，不应邻外墙　　　　B 设于顶层，靠北向外墙
C 设于底层，不应有外墙　　　　D 设于底层，靠北向外墙

14-78 下列直燃吸收式机组机房设计的规定，错误的是：
A 机房宜设置在建筑主体之外
B 不应设置吊顶
C 泄压面积不应小于机组占地面积的10%
D 机房单层面积大于200m² 时，应设置直接对外的安全出口

参考答案及解析

14-1 解析：根据《民用建筑供暖通风与空气调节设计规范》GB 50736—2012 第 5.9.8 条，当供暖管道必须穿越防火墙时，应预埋钢套管，并在穿墙处一侧设置固定支架，管道与套管之间的空隙应采用耐火材料封堵。A、B、D 选项正确；C 选项错误。
答案：C

14-2 解析：根据《民用建筑供暖通风与空气调节设计规范》GB 50736—2012 第 5.4.3 条第 3 款潮湿房间，填充层上或面层下应设置隔离层。A、C、D 选项错误；B 选项最合理。
答案：B

14-3 解析：根据《民用建筑供暖通风与空气调节设计规范》GB 50736—2012 第 6.1.6 条第 1、5 款，凡属下列情况之一时，应单独设置排风系统：两种或两种以上的有害物质混合后能引起燃烧或爆炸时；建筑物内设有储存易燃易爆物质的单独房间或有防火防爆要求的单独房间。A、D 选项均需要独立排风，错误。有非可燃粉尘的房间，不需要独立排风，B 选项正确。根据《建筑设计防火规范》GB 50016—2014（2018 年版）第 9.3.1 条，通风和空气调节系统，横向宜按防火分区设置。C 选项需要独立排风，错误。
答案：B

14-4 解析：根据《民用建筑供暖通风与空气调节设计规范》GB 50736—2012 第 6.3.9 条第 2 款，事故通风的手动控制装置应在室内外便于操作的地点分别设置。排风机设于锅炉间内控制方便，A 选项正确。B 选项没有设在锅炉间控制方便，错误。根据《建筑防烟排烟系统技术标准》GB 51251—2017 第 4.4.5 条，排烟风机应设置在专用机房内。事故排风机不能设于排烟机房，C 选项错误。D 选项没有设在锅炉间控制方便，错误。
答案：A

14-5 解析：根据《民用建筑供暖通风与空气调节设计规范》GB 50736—2012 第 7.3.11 条，空调区内振动较大、油污蒸汽较多以及产生电磁波或高频波等场所，不宜采用多联机空调系统；C 选项不宜采用，符合题意。
答案：C

14-6 解析：冰蓄冷是在电网用电低谷（夜间）时段（低价电时段）制冰，电网用电高峰时段（高价

电时段）融冰制成冷水供空调使用，B选项正确。机房面积、全年耗电量、设备投资均不减少，A、C、D选项错误。

答案：B

14-7　解析：A、C、D选项，均由水和新风共同担负室内负荷，水输送负荷流量小，占用净高小，新风量也小，占用空调机房和吊顶空间都小。全空气空调系统由空气担负室内负荷，风量大、风管大，占用空调机房和吊顶空间都大。B选项符合题意。

答案：B

14-8　解析：寒冷地带超高层建筑冬季电梯门关闭困难主要是"烟囱效应"引起压差变化，解决途径主要有两条：一是增加气密性，堵住进入电梯厅的空气；二是降低电梯井道底部与顶部温度差，冷却电梯竖井或提高电梯厅温度，减小电梯井道温度梯度；B、C、D选项均有效。A选项无效，符合题意。

答案：A

14-9　解析：排烟管无坡度要求，A选项正确。《民用建筑供暖通风与空气调节设计规范》GB 50736—2012 第 8.5.23 条第 2 款，冷凝水管道的设置应符合下列规定：冷凝水干管坡度不宜小于 0.005，不应小于 0.003，且不允许有积水部位。B选项错误。上述规范第 5.9.6 条，供暖系统水平管道的敷设应有一定的坡度，坡向应有利于排气和泄水。C选项错误。上述规范第 6.3.5 条第 5 款，公共厨房通风应符合下列规定：排风罩、排油烟风道及排风机设置安装应便于油、水的收集和油污清理，且应采取防止油烟气味外溢的措施，D选项对坡度有要求，错误。

答案：A

14-10　解析：《锅炉房设计标准》GB 50041—2020 第 4.3.7 条第 1~3 款，锅炉间出入口的设置应符合下列规定：出入口不应少于 2 个，但对独立锅炉房的锅炉间，当炉前走道总长度小于 12m，且总建筑面积小于 200m² 时，其出入口可设 1 个；锅炉间人员出入口应有 1 个直通室外。C选项正确。

答案：C

14-11　解析：《民用建筑供暖通风与空气调节设计规范》GB 50736—2012 第 8.10.1 条第 1、5、7 款，制冷机房设计时，应符合下列规定：制冷机房宜设在空调负荷的中心；机组制冷剂安全阀泄压管应接至室外安全处；机房内应设置给水与排水设施，满足水系统冲洗、排污要求。B、C、D选项均正确；A选项错误。

答案：A

14-12　解析：关于体形系数：《公共建筑节能设计标准》GB 50189—2015 第 3.2.1 条对严寒和寒冷地区公共建筑体形系数提出要求，对其他气候区未规定，说明天气越冷，体形系数对供暖空调能耗的影响越大。关于外墙保温：上述标准第 3.3.1 条对严寒、寒冷、夏热冬冷地区围护结构热工性能限值不同，说明天气越冷，外墙保温对供暖空调能耗的影响越大。关于良好日照：天气越冷外墙保温对供暖空调能耗的影响越大。D选项正确。

答案：D

14-13　解析：《民用建筑供暖通风与空气调节设计规范》GB 50736—2012 第 7.3.20 条，舒适性空调和条件允许的工艺性空调，可用新风作冷源时，应最大限度地使用新风；此条的条文说明明确，规定此条的目的是节约能源。A选项正确。最小新风量已满足 B、C 选项两方面要求，不需加大，均错误。D选项，无此说法，不正确。

答案：A

14-14　解析：根据《民用建筑热工设计规范》GB 50176—2016 第 4.2.11 条，围护结构中的热桥部位应进行表面结露验算，并应采取保温措施，确保热桥内表面温度高于房间空气露点温度。D选项正确。

答案：D

14-15 解析：根据《建筑设计防火规范》GB 50016—2014（2018 年版）第 8.5.3 条第 3、5 款，民用建筑的下列场所或部位应设置排烟设施：公共建筑内建筑面积大于 100m² 且经常有人停留的地上房间；建筑内长度大于 20m 的疏散走道。C 选项正确。

答案：C

14-16 解析：《建筑防烟排烟系统技术标准》GB 51251—2017 第 4.3.3 条第 1 款，自然排烟窗（口）应设置在排烟区域的顶部或外墙，并应符合下列规定：当设置在外墙上时，自排烟窗（口）应在储烟仓以内（即最小清晰高度以上）。A 选项正确。上述标准第 4.3.5 条第 1～2 款，当采用开窗角大于 70°的悬窗时，其面积应按窗的面积计算；当开窗角小于或等于 70°时，其面积应按窗最大开启时的水平投影面积计算。B 选项错误。《建筑设计防火规范》GB 50016—2014（2018 年版）第 6.1.3 条，建筑外墙为不燃性墙体时，防火墙可不凸出墙的外表面，紧靠防火墙两侧的门、窗、洞口之间最近边缘的水平距离不应小于 2m。C 选项错误。《建筑防烟排烟系统技术标准》GB 51251—2017 第 4.3.2 条，防烟分区内任一点与最近的自然排烟窗（口）之间的水平距离不应大于 30m。D 选项为防火分区，错误。

答案：A

14-17 解析：《城镇燃气设计规范》GB 50028—2006（2020 年版）第 10.5.3 条第 5 款，商业用气设备设置在地下室、半地下室（液化石油气除外）或地上密闭房间内时，应符合下列要求：应设置独立的机械送排风系统；通风量应满足正常工作时，换气次数不应小于 6 次/h；事故通风时，换气次数不应小于 12 次/h；不工作时换气次数不应小于 3 次/h。B 选项正确。

答案：B

14-18 解析：《民用建筑供暖通风与空气调节设计规范》GB 50736—2012 第 8.1.1 条："供暖空调冷源与热源应根据建筑物规模、用途、建设地点的能源条件、结构、价格以及国家节能减排和环保政策的相关规定等，通过综合论证确定，并应符合下列规定：有可供利用的废热或工业余热的区域，热源宜采用废热或工业余热"。

答案：D

14-19 解析：《民用建筑供暖通风与空气调节设计规范》GB 50736—2012 第 5.3.9 条："除幼儿园、老年人和特殊功能要求的建筑外，散热器应明装"。

答案：C

14-20 解析：《民用建筑供暖通风与空气调节设计规范》GB 50736—2012 第 5.3.7 条，布置散热器时，应符合下列规定：(2) 两道外门之间的门斗内，不应设置散热器。

答案：D

14-21 解析：《民用建筑供暖通风与空气调节设计规范》GB 50736—2012 第 6.3.9 条："事故排风的室外排风口应符合下列规定：(2) 排风口与机械送风系统的进风口的水平距离不应小于 20m；当水平距离不足 20m 时，排风口应高出进风口，并不宜小于 6m"。

答案：A

14-22 解析：《民用建筑供暖通风与空气调节设计规范》GB 50736—2012 第 6.3.1 条："机械送风系统进风口的位置，应符合下列规定：(1) 应设在室外空气较清洁的地点；(2) 应避免进风、排风短路；(3) 进风口的下缘距室外地坪不宜小于 2m，当设在绿化地带时，不宜小于 1m"。

答案：C

14-23 解析：B 选项辐射管中有空调冷水；C 选项多联机有冷凝水管；D 选项风机盘管有空调冷热水管、冷凝水管；A 选项空调冷热水管、冷凝水管都在空调机房。所以 A 选项没有漏水风险。

答案：A

14-24 解析：乌鲁木齐市属温带大陆性干旱气候区，夏季空调室外计算湿球温度低，室外空气干燥，便于利用蒸发冷却技术将室内热量散发到室外大气中。

答案：B

14-25 解析：《民用建筑供暖通风与空气调节设计规范》GB 50736—2012 第 7.3.3 条："空气中含有易燃易爆或有毒有害物质的空调区，应独立设置空调系统"。

答案：D

14-26 解析：《民用建筑供暖通风与空气调节设计规范》GB 50736—2012 第 8.3.4 条："地埋管地源热泵系统设计时，应进行全年供暖空调动态负荷计算，最小计算周期为一年。计算周期内，地源热泵系统总释热量和总吸热量宜基本平衡"。这里指一年内总释热量和总吸热量基本平衡，不是冬夏空调冷热负荷基本平衡（或说相差不大）。热量是冬夏两季度冷热负荷累积值，负荷是冬夏两季度基本最大冷热负荷瞬时值，不是同一个概念。

答案：D

14-27 解析：冷热源设备布置在地下层承压最高，不利于降低冷热源设备的承压。

答案：A

14-28 解析：解析：《民用建筑供暖通风与空气调节设计规范》GB 50736—2012 第 8.10.1 条："(1) 制冷机房宜设在空调负荷的中心；(2) 宜设置值班室或控制室；(4) 机房应预留安装孔、洞及运输通道"。制冷机有大有小，对机房净高没有不小于 5.0m 具体要求。

答案：C

14-29 解析：冷却塔运行有飘水、噪声、体积高大遮挡采光等问题，靠近塔楼会影响塔楼内环境。

答案：D

14-30 解析：石膏板等轻质隔墙不利于空调机房隔声，重质材料利于隔声。

答案：D

14-31 解析：根据《建筑设计防火规范》GB 50016—2014（2018 年版）第 3.1.1 条及条文说明：油品的闪点不同可分为甲类、乙类、丙类三类厂房，油箱油泵未提及闪点多少或哪一类油，本身无法判断属于哪类生产厂房。A、D 选项是正确的；C 选项未说明何处用的观察窗，如果是控制室观察窗，对玻璃层数、开启固定无要求。

答案：B

14-32 解析：根据《公共建筑节能设计标准》GB 50189—2015 第 3.3.1 条、第 3.3.2 条：甲类公共建筑围护结构热工性能对温和地区 B 区不作要求，乙类公共建筑围护结构热工性能对温和地区无要求。

答案：D

14-33 解析：《公共建筑节能设计标准》GB 50189—2015 第 4.3.25 条："设有集中排风的空调系统经技术经济比较合理时，宜设置空气－空气能量回收装置"。温和地区冬季、夏季室外空气温度分别与室内空气温度温差较小，回收效率低，回收成本高，经济比较不合理，不宜设排风热回收装置。

答案：D

14-34 解析：防排烟系统火灾时使用，不涉及绿色建筑评价标准。

答案：B

14-35 解析：《建筑防烟排烟系统技术标准》GB 51251—2017 第 4.1.4 条：除地上特定建筑外"当设置机械排烟系统时，要求在外墙或屋顶设置固定窗"。不能是内窗。

答案：C

14-36 解析：《建筑防烟排烟系统技术标准》GB 51251—2017 第 3.3.5 条："加压送风进风口与排烟系统出口水平布置时，两者边缘最小水平距离不应小于 20.0m"。

答案：D

14-37 解析：《建筑防烟排烟系统技术标准》GB 51251—2017 第 4.6.9 条："走道、室内空间净高不大于 3m 的区域，其最小清晰高度不宜小于净高的 1/2，其他区域最小清晰高度应按下式计算：1.6m＋净高的 1/10"。净高为 5.5m，最小清晰高度为：1.6m＋0.55m＝2.15m。

答案：C

14-38 解析：《建筑防烟排烟系统技术标准》GB 51251—2017 第 4.4.14 条："顶层区域的固定窗应布置在屋顶或顶层的外墙上，但未设置自动喷水灭火系统的以及钢结构屋顶或预应力钢筋混凝土屋面板的建筑应布置在屋顶"。

答案：A

14-39 解析：《城镇燃气设计规范》GB 50028—2006（2020 年版）第 10.2.14 条："燃气引入管不得敷设在卧室、卫生间、易燃或易爆品的仓库、有腐蚀性介质的房间、发电间、配电间、变电室、不使用燃气的空调机房、通风机房、计算机房、电缆沟、暖气沟、烟道和进风道、垃圾道等地方"。

答案：D

14-40 解析：《民用建筑供暖通风与空气调节设计规范》GB 50736—2012 第 5.3.7 条："散热器宜安装在外墙窗台下，当安装或布置有困难时，也可靠内墙安装"。散热器安装在外墙窗台下，上升的对流热气流阻止从玻璃下降的冷气流，使外窗附近的空气比较暖和，给人以舒适的感觉，所以最好安装在外墙窗台下。

答案：C

14-41 解析：《辐射供暖供冷技术规程》JGJ 142—2012 第 5.9.1 条："卫生间应做两层隔离层（防水层）"。本条条文说明附图如下：

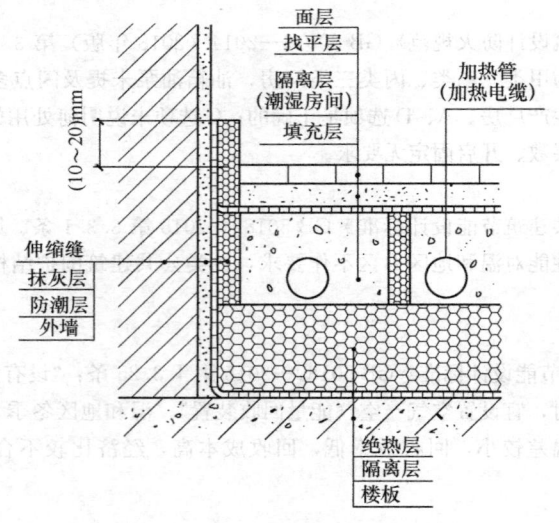

题 14-41 解图

答案：C

14-42 解析：《民用建筑供暖通风与空气调节设计规范》GB 50736—2012 第 5.3.7 条："两道外门之间的门斗内，不应设置散热器"。两道外门之间的门斗内冷风渗透比较明显，散热器易冻裂。

答案：C

14-43 解析：《民用建筑供暖通风与空气调节设计规范》GB 50736—2012 第 6.6.1 条："通风、空调系统的风管，宜采用圆形、扁圆形或长、短边之比不宜大于 4 的矩形截面"。相同的截面积，表面积越小与空气接触的越少，表面与空气接触越少阻力越小，从减小阻力来讲，风管选用顺序是圆形、扁圆形、正方形、矩形，矩形风管方便布置但不能太扁，长、短边之比不宜大于4，否则阻力太大。

答案：C

14-44 解析：《工业建筑供暖通风与空气调节设计规范》GB 50019—2015 第6.9.16条："用于厂房中有爆炸危险区域的排风设备不应布置在建筑物的地下室、半地下室，宜设置在生产厂房外或单独的通风机房中"。排风设备不应设置在地下室内，B选项不正确。上述规范第6.9.21条："排除有爆炸危险物质的排风管应采用金属风道，并应直接通到室外的安全处，不应暗设"。A选项"排风管道应采用非金属管道"、D选项"排风管道应暗设在竖井内"都不正确。故选C。

答案：C

14-45 解析：A选项风冷热泵供暖、B选项多联空调系统供暖都是从室外空气中提取热量，室外空气越低，从室外空气中提取热量越困难，效率越低甚至提取不出来；A选项是寒冷地区且只过渡季节使用，合理；B选项是严寒地区且冬季使用，不合理。C选项是夏热冬暖地区酒店，采用热回收型冷水机组供冷的同时回收部分热量供生活热水，合理。D选项夏热冬冷地区多联空调系统提供冷热源均为合理。

答案：B

14-46 解析：《民用建筑供暖通风与空气调节设计规范》GB 50736—2012 第7.3.2条："符合下列情况之一的空调区，宜分别设置空调风系统：(3) 空气洁净度标准要求不同"。

答案：B

14-47 解析：《民用建筑供暖通风与空气调节设计规范》GB 50736—2012 第7.4.2条："空调区的送风口选型，高大空间宜采用喷口送风、旋流风口送风或下部送风"。喷口送风、旋流风口送风，由于风口截面大，出口风速高，气流射程长，与室内空气强烈掺混，能在室内形成较大的回流区，达到布置少量风口可满足气流均布的要求。置换通风、地板送风的下部送风方式，使送入室内的空气先在地板上均匀分布，然后被热源（人员等）加热，形成热烟羽形式向上的对流气流，更有效地将热量排出人员活动区，节能效果明显，同时有利于改善通风效率和室内空气质量。

答案：C

14-48 解析：开式冷却塔冷却水与空气直接接触，下部设有开口水盘，水盘内冷却水靠重力流到冷却水回水管、冷却水泵。A处冷却塔放置地面与冷却水泵标高相同，冷却塔底盘水靠重力流回不到冷却水泵。C处冷却塔设于室内，散热效果不好，不满足《民用建筑供暖通风与空气调节设计规范》GB 50736—2012 第8.6.6条："冷却塔设置位置应保证通风良好、远离高温或有害气体，并避免飘水对周围环境的影响"。B处通风良好，附近空调排风对冷却塔算不上有害气体。D处超过100m，压力太高，水管、冷却水泵、制冷机不容易满足压力要求。

答案：B

14-49 解析：《锅炉房设计标准》GB 50041—2020 第15.1.2条："锅炉房的外墙、楼地面或屋面应有相应的防爆措施，并应有相当于锅炉间占地面积10%的泄压面积"。

答案：C

14-50 解析：《民用建筑供暖通风与空气调节设计规范》GB 50736—2012 第7.3.11条："多联机空调系统设计室内、外机以及室内机之间的最大管长和最大高差，应符合产品技术要求；当产品技术资料无法满足核算要求时，系统冷媒管等效长度不宜超过70m"。

答案：C

14-51 解析：C选项地埋管地源热泵机组利用地下岩土散热，不需要冷却塔；D选项污水源热泵机组利用污水散热，不需要冷却塔；A选项水冷电压缩式冷水机组利用冷却塔散热，由于采用高品位"电"作动力，效率高，室内冷负荷＋制冷机动力散热作为冷却塔散热，总量相对小，冷却塔相对小；B选项溴化锂吸收式机组利用冷却塔散热，由于采用低品位"热"作动力，效率低，室内冷负荷+制冷机动力散热作为冷却塔散热，总量相对大，冷却塔相对大。

答案：B

14-52 解析：A选项非透光围护结构的热工性能不以太阳得热系数来衡量；B选项围护结构热工限值中传热系数指平均传热系数；C选项供暖地下室周边墙体有防结露、节能热阻限值；D选项有外遮阳的外窗，其太阳得热系数乘以小于1的遮阳系数。

答案：D

14-53 解析：A选项内表面防结露，应计算维护结构最小传热热阻以避免内表面结露；B选项室内人员基本热舒适与围护结构内表面温度有关，围护结构内表面温度与最小传热热阻有关；C选项室外计算温度与室内温差最小传热热阻有关；D选项保温材料导热系数只表示保温性能，传热热阻不仅与保温材料导热系数有关，与厚度也有关。

答案：D

14-54 解析：《公共建筑节能设计标准》GB 50189—2015 第4.3.22条：

W_s 计算公式：$W_s = P/(3600 \times \eta_{CD} \times \eta_F)$

式中 W_s——风道系统单位风量耗功率[W/(m³/h)]；

P——空调机组的余压或通风系统风机的风压（Pa）；

η_{CD}——电机及传动效率（%），η_{CD}取0.855；

η_F——风机效率（%），按设计图中标注的效率选择。

A选项机组余压不变，减小风量；W_s 计算公式与风量无关。

B选项机组风量不变，增大送风管道断面，减小风管阻力，减小空调机余压。

C选项增大空调机组断面，降低机组迎风面速度，减小机组阻力，机组节能，也是节能措施，但本题考点是减小空调机余压。

D选项将机组内袋式除尘器改为静电除尘器，减小机组阻力，机组节能，也是节能措施，但本题考点是减小空调机余压。

答案：B

14-55 解析：冰蓄冷是在电网用电低谷（夜间）时段（低价电时段）制冰，电网用电高峰时段（高价电时段）融冰制成冷水供空调使用。机房面积、设备投资会增加，用电量略有增加。

答案：B

14-56 解析：《建筑设计防火规范》GB 50016—2014（2018版）第6.2.9条："建筑内的电缆井、管道井应在每层楼板处采用不低于楼板耐火极限的不燃材料或防火封堵材料封堵"。

答案：D

14-57 解析：A选项为《汽车库、修车库、停车场设计防火规范》GB 50067—2014 第8.2.2条规定："防烟分区的建筑面积不宜大于2000m²"。B选项中每个防烟分区均应有排烟口是必须的。C选项"自然排烟的防火分区可不划分防烟分区"是错误的，《建筑防烟排烟系统技术标准》GB 51251—2017 第4.3.2条："防烟分区内自然排烟窗（口）的面积、数量、位置应按规定计算确定"，说明自然排烟的防火分区要划分防烟分区。D选项封闭空间是自然防烟分区。

答案：C

14-58 解析：《建筑防烟排烟系统技术标准》GB 51251—2017 第3.1.3条："建筑高度小于或等于50m的公共建筑，当独立前室或合用前室满足下列条件时楼梯间可不设置防烟系统：采用全敞开的阳台或凹廊"。其他均应设置机械防烟系统。

答案：C

14-59 解析：《建筑设计防火规范》GB 50016—2014（2018版）第6.1.5条："可燃气体和甲、乙、丙类液体的管道严禁穿过防火墙"。

答案：D

14-60 解析：A选项散热器供暖，属于传统供暖方式，与辐射供暖方式比较，维修方便，不占用净高，不需要地面保温和辐射材料保护层，投资低。B选项热水吊顶辐射板供暖，热水吊顶辐射板为金属辐射板，常用于3~30m的建筑物全面供暖和局部区域或局部工作地点供暖，通常用于高大空间，如大型船坞、车船、飞机维修大厅等，一般为明装，不适合住宅采用。C选项低温热水地板辐射供暖，根据国内外资料和国内工程实例的实测，辐射供暖用于全面供暖时，在相同热舒适条件下的室内温度可比对流供暖时的室内温度低2~3℃，故规定辐射供暖的耗热量计算可按规范的有关规定进行，但室内设计温度取值可降低2℃，所以可以节省热能。D选项低温热水顶棚辐射供暖，低温热水顶棚辐射与低温热水地板辐射效果、节能等方面类似，单独供暖时略低于低温热水地板辐射。供冷时顶棚辐射供冷效果优于地板辐射。

答案：B

14-61 解析：利用自然通风的建筑，在设计时宜利用CFD数据模拟方法，对建筑周围微环境进行预测，使建筑物的平面设计有利于自然通风。建筑的朝向要求，应考虑建筑周围微环境条件，某些地区室外通风计算温度较高，因为室温的限制，热压作用就会有所减小，为此在确定该地区大空间高温建筑的朝向时，应考虑利用夏季最多风向来增加自然通风的风压作用或对建筑物形成穿堂风，因此要求建筑的迎风面与最多风向成60°~90°角。同时，因春秋季往往时间较长，应充分利用春秋季自然通风。有平面布置要求，错列式、斜列式平面布置形式相比行列式、周边式平面布置形式等更利于自然通风。

答案：B

14-62 解析：关于机械送风系统进风口位置的规定，是根据国内外有关资料，并结合国内的实践经验制定的。其基本点为，首先，为了使送入室内的空气免受外界环境的不良影响而保持清洁，因此规定把进风口布置在室外空气较清洁的地点。其次，为了防止排风对进风的污染，进、排风口的相对位置，应遵循避免短路的原则，进风口宜低于排风口3m以上，当进、排风口在同一高度时宜在不同方向设置，并且水平距离一般不宜小于10m。最后，为了防止进风口把附近的灰尘、碎屑等扬起并吸入，规定进风口下缘距室外地平不宜小于2m，同时还规定当布置在绿化地带时，不宜小于1m。

答案：B

14-63 解析：内、外区对空调温度要求基本相同，有一点差异就是冬季外区冷辐射的影响温度宜高一点。内、外区对空调湿度要求相同。夏季外区比内区冷负荷大，冬季外区比内区热负荷大，内、外区冷热负荷的性质不同。内、外区的空调新风量要求基本没有差别。

答案：C

14-64 解析：A选项：限定通风和空气调节系统风管内风速，可降低空气与管壁摩擦，从而减小阻力，减小风机压头，降低电机功率，减少运行费。B选项：通风和空气调节系统风管内风速超过一定限值，风管本身会产生噪声。C选项：风管压力对风管来说都不是很大，承压基本没有影响。D选项：通风和空气调节系统风管内风速超过一定限值时，空气流动不再是稳流，会产生湍流，严重时会产生振动。

答案：C

14-65 解析：A选项：《建筑防烟排烟系统技术标准》GB 51251—2017 第3.1.2条："建筑高度大于50m的公共建筑、工业建筑和建筑高度大于100m的住宅建筑，防烟楼梯间、独立前室、共用前室、合用前室、消防电梯前室应分别采用机械加压送风"。本条为建筑高度大于50m的住宅建筑，不应采用加压送风。B选项：符合上述标准规定，因为当建筑物发生火灾时，疏散楼梯间是建筑物内人员疏散的通道，前室、合用前室是消防队员进行火灾扑救的起始场所，因此，在火灾时首要的就是要控制烟气进入上述安全区域。对于高度较高的建筑，其自然通风效果受建筑本身的密闭性以及自然环境中风向、风压的影响较大，难以保证防烟效果，所以需要采用机械加压来保证防烟效果。C 选项：上述标准规定："建筑高度不大于 50m 的公共建筑、工业建筑和建筑高度不大于 100m 的住宅建筑满足自然通风条件时应采用自然通风，不满足自然通风条件时应采用机械加压送风"。本条为建筑高度不大于 100m 的公共建筑、工业建筑，不符合上述标准规定。D 选项：本条建筑高度不大于 50m 的住宅建筑，不符合上述标准规定。

答案：B

14-66 解析：《建筑防烟排烟系统技术标准》GB 51251—2017 第 3.1.3 条："建筑高度小于或等于 50m 的公共建筑、工业建筑和建筑高度小于或等于 100m 的住宅建筑，防烟楼梯间、独立前室、共用前室、合用前室（除共用前室与消防电梯前室合用外）及消防电梯前室，满足自然通风条件时应采用自然通风，不满足自然通风条件时应采用机械加压送风"。故 A、C 选项正确。上述标准第 3.1.5 条："建筑高度不大于 50m 的公共建筑、工业建筑和建筑高度不大于 100m 的住宅建筑，当独立前室仅有一个门与走道或房间相通时，可仅在防烟楼梯间设置机械加压送风、前室不送风"；独立前室不满足上述条件，防烟楼梯间、独立前室应分别设置机械加压送风。故 B 选项不正确。上述标准第 3.1.3 条："防烟楼梯间满足自然通风条件，独立前室、共用前室、合用前室不满足自然通风条件设机械加压送风，当前室送风口设置在前室顶部或正对前室入口的墙面时，防烟楼梯间可采用自然通风；前室送风口不满足上述条件，防烟楼梯间应采用机械加压送风"。故 D 选项正确。

答案：B

14-67 解析：A 选项：防止火灾通过垂直排烟风管蔓延到上部、下部区域，很有必要。B 选项：一个排烟系统负担多个排烟分区，主排烟管道与联通防烟分区排烟支管处应设置排烟防火阀，以防止火灾通过排烟管道蔓延到其他区域。C 选项：排烟机房是重点防护场所，排烟管道穿越排烟机房隔墙和楼板时设防火阀，以防止火灾通过排烟管道蔓延到机房、通过风管蔓延到其他区域。D 选项：《建筑防烟排烟系统技术标准》GB 51251—2017 第 4.4.10 条："排烟管道下列部位应设排烟防火阀（280℃熔断关闭）：垂直风管与每层水平风管交接处的水平管段上；一个排烟系统负担多个防烟分区的排烟支管上；排烟风机入口处；穿越防火分区处。"故 D 选项不正确。

答案：D

14-68 解析：冬季室外空气温度低于室内温度，新风送入室内前或送入室内后应加热，能耗较高；夏季室外空气温度高于室内温度，新风送入室内前或送入室内后应冷却，能耗也较高；在满足卫生要求的前提下应尽量减少新风量。过渡季室外空气温度略低于室内温度，可利用低温新风冷却室内人员、灯光、围护结构热量，为免费冷源。故冬、夏新风量最小，过渡季新风量最大最节能。A 选项正确。

答案：A

14-69 解析：A 选项正确：冬季室外空气温度低于室内温度，新风送入室内前或送入室内后应加热，能耗较高；夏季室外空气温度高于室内温度，新风送入室内前或送入室内后应冷却，能耗也较高；新风量满足人员所需的最小值有利于节能。B 选项正确：新风量符合相关的卫生标准是确定新风最小值的标准之一。C 选项正确：新风量负担新风负荷是必要的，也就是说新风送入房间之前先经过冷热处理，新风冬季加热、夏季冷却。D 选项错误：新风量小于客房内卫生间的排风量，排风时房间会形成负压，门窗会进入未经过滤的室外空气，室内洁净度会下降，满足不了卫生要求。

答案：D

14-70 解析：高压燃气，适合气田到用气区域间远距离输送；中压燃气，适合市区内中距离输送或燃气锅炉等大型设备使用；低压燃气，适合居民生活使用的各类用气设备使用。故本题选 C。

答案：C

14-71 解析：限定通风和空气调节系统风管内风速可降低空气与管壁摩擦，从而减小系统阻力、减小系统噪声、减小风管振动影响。通风和空气调节系统风管内风速对风管承压无影响（不包括非建筑通风系统）。

答案：C

14-72 解析：《城镇燃气设计规范》GB 50028—2006 第 10.2.14 条："燃气引入管不得敷设在卧室、卫生间、易燃或易爆品的仓库、有腐蚀性介质的房间、发电间、配电间、变电室、不使用燃气的空调机房、通风机房、计算机房、电缆沟、暖气沟、烟道和进风道、垃圾道等地方"。

答案：A

14-73 解析：《锅炉房设计标准》GB 50041—2020 第 5.1.2 条："锅炉房的外墙、楼地面或屋面应有相应的防爆措施，并应有相当于锅炉间占地面积 10% 的泄压面积"。

答案：B

14-74 解析：《建筑防烟排烟系统技术标准》GB 51251—2017 第 3.3.6 条："除直灌式送风方式外，楼梯间宜每隔 2～3 层设一个常开式送风口；前室每层设一个常闭式加压送风口并应设手动开启装置"。

答案：D

14-75 解析：《民用建筑供暖通风与空气调节设计规范》GB 50736—2012 第 7.3.9 条："空调区较多，建筑层高较低且各区温度要求独立控制时，需要单独调节温度，宜采用风机盘管加新风空调系统"。

答案：A

14-76 解析：《民用建筑供暖通风与空气调节设计规范》GB 50736—2012 第 6.3.1 条规定："机械送风系统进风口的下缘距室外地坪不宜小于 2m"。

答案：C

14-77 解析：《民用建筑供暖通风与空气调节设计规范》GB 50736—2012 第 7.1.9 条："工艺性空调区，室温允许波动范围±0.1～0.2℃，不应有外墙，宜底层"。

答案：C

14-78 解析：直燃吸收式机组机房与燃气锅炉房类似，套用《锅炉房设计标准》GB 50041—2020 第 15.1.2 条："锅炉房的外墙、楼地面或屋面应有相应的防爆措施，并应有相当于锅炉间占地面积 10% 的泄压面积"。泄压面积不应小于锅炉间占地面积的 10%，不是机组占地面积的 10%。

答案：C

第十五章 建 筑 电 气

本章考试大纲：了解建筑物供配电系统、智能化系统的基本概念；掌握变电所、柴油发电机房、智能化机房、电气和智能化竖井等的设置原则及空间要求；掌握照明配电设计的一般原则及节能要求；了解电气系统的安全防护、常用电气设备、建筑物防雷与接地的基本知识；了解电气线路的敷设要求；了解太阳能光伏发电等可再生能源技术的应用。

本章复习重点：①了解与电气设计相关的基础知识、常用电气设备的功能。②学习供配电系统中电能发送、传输、分配、使用的要求。③掌握建筑内电气设备用房的基本规定及变电所和自备电源的设计要求。这部分是考试内容的重点，也是高频点。包括对电气专业、建筑专业、土建专业、设备专业的相关设计要求。④掌握配电线路敷设要求；照明配电设计的一般原则及节能要求。⑤了解安全用电、建筑防雷与接地、等电位联结的基本要求。⑥了解智能化系统的组成、各组成分项的功能及设计的通用规范要求；了解火灾自动报警系统的设计要求及联动要求。⑦了解太阳能光伏发电及技术的应用。

第一节 供配电系统

一、电力系统

发电厂、电力网和电能用户三者组合成的一个整体称为电力系统。

（一）发电厂

发电厂是生产电能的工厂，根据所转换的一次能源的种类，可分为火力发电厂，其燃料是煤、石油或天然气；水力发电厂，其动力是水力；核电站，其一次能源是核能；此外，还有风力发电站、太阳能发电站等。

（二）电力网

输送和分配电能的设备称为电力网。包括：各种电压等级的电力线路及变电所、配电所。

1. 输电线路

输电线路的作用是把发电厂生产的电能，输送到远离发电厂的广大城市、工厂、农村。

输电线路的额定电压等级为：500kV、330kV、220kV、110kV、（63）35kV、10kV 和 220/380V。电力网电压在 1kV 以上的电压称为高压，1kV 及以下的电压称为低压。在民用建筑中常见的等级电压为 10kV。

2. 配电所与变电所

（1）配电所

配电所是接受电能和分配电能的场所。配电所由配电装置组成。

（2）变电所

变电所是接受电能、改变电能电压和分配电能的场所。变电所按功能分为升压变电所和降压变电所，升压变电所经常与发电厂合建在一起，我们一般说的变电所基本都是降压变电所。变电所由变压器和配电装置组成，通过变压器改变电能电压，通过配电装置分配电能。根据供电对象的不同，变电所分为区域变电所和用户变电所，区域变电所是为某一区域供电，属供电部门所有和管理，用户变电所是为某一用电单位供电，属用电单位所有和管理。

（三）电能用户

在电力系统中一切消耗电能的用电设备均称为电能用户。

用电设备按其用户可分为：

(1) 动力用电设备——把电能转换为机械能，例如水泵、风机、电梯等。

(2) 照明用电设备——把电能转换为光能，例如各种电光源。

(3) 电热用电设备——把电能转换为热能，例如电烤箱、电加热器。

(4) 工艺用电设备——把电能转换为化学能，例如电解、电镀。

二、供电的质量

供电质量指标是评价供电质量优劣的标准参数，指标包含电能质量和供电可靠性。

电能质量包括：电压、频率和波形的稳定，使之维持在额定值或允许的波动范围内，保证用户设备的正常运行。供电可靠性用供电可靠率衡量。

（一）电压

电压方面包含电压的偏差、电压的波动、电压的闪变等。

1. 电压偏差

电压偏差是指用电设备的实际端电压偏离其额定电压的百分数，用公式表示为：

$$\Delta U\% = \frac{U - U_N}{U_N} \times 100\% \tag{15-1}$$

式中 U_N——用电设备的额定电压，kV；

U——用电设备的实际端电压，kV。

产生电压偏差的主要原因是系统滞后的无功负荷所引起的系统电压损失。

正常运行情况下，用电设备端子处电压偏差允许值宜符合下列要求：

(1) 电动机为±5%额定电压。

(2) 照明：在一般工作场所为±5%额定电压；对于远离变电所的小面积一般工作场所，难以满足上述要求时，可为+5%、-10%额定电压；应急照明、道路照明和警卫照明等为+5%、-10%额定电压。

(3) 其他用电设备当无特殊规定时为±5%额定电压。

2. 电压波动

电压波动是由于用户负荷的剧烈变化引起的。电压波动直接影响系统中其他电气设备的运行。

电压波动是指电压在短时间内的快速变动情况，通常以电压幅度波动值和电压波动频率来衡量电压波动的程度。电压波动的幅值为：

$$\Delta U\% = \frac{U_{max} - U_{min}}{U_N} \times 100\% \tag{15-2}$$

式中 U_{max}——用电设备端电压的最大波动值，kV；

U_{min}——用电设备端电压的最小波动值，kV。

3. 电压闪变

电压波动造成灯光照度不稳定（灯光闪烁）的人眼视感反应称为闪变。换言之，闪变反映了电压波动引起的灯光闪烁对人视感产生的影响，电压闪变是电压波动引起的结果。

电压闪变与常见的电压波动不同：其一，电压闪变是指电压波形上一种快速的上升及下降，而波动指电压的有效值以低于工频的频率快速或连续变动；其二，闪变的特点是超高压、瞬时态及高频次。如果直观地从波形上理解，电压的波动可以造成波形的畸变、不对称、相邻峰值的变化等，但波形曲线是光滑连续的，而闪变更主要的是造成波形的毛刺及间断。

（二）频率偏差

频率偏差是指供电的实际频率与电网的标准频率的差值。

我国电网的标准频率为50Hz，又叫工频。当电网频率降低时，用户电动机的转速将降低，因而将影响工厂产品的产量和质量。频率变化对电力系统运行的稳定性造成很大的影响。

频率偏差一般不超过±0.25Hz。调整频率的办法是增大或减少电力系统发电机有功功率。

（三）电压波形

电压的波形质量，即三相电压波形的对称性和正弦波的畸变率，也就是谐波所占的比重。

三、电力负荷分级及供电要求

（一）负荷分级

（1）民用建筑主要用电负荷分级。用电负荷应根据对供电可靠性的要求及中断供电所造成的损失或影响程度分为特级、一级、二级和三级4个级别。民用建筑主要用电负荷的分级应符合表15-1的规定。

民用建筑主要用电负荷分级　　　　表15-1

用电负荷级别	用电负荷分级依据	适用建筑物示例	用电负荷名称
特级	1）中断供电将危害人身安全、造成人身重大伤亡； 2）中断供电将在经济上造成特别重大损失； 3）在建筑中具有特别重要作用及重要场所不允许中断供电的负荷	高度150m及以上的一类高层公共建筑	安全防范系统、航空障碍照明等
一级	1）中断供电将造成人身伤害； 2）中断供电将在经济上造成重大损失； 3）中断供电将影响重要用电单位的正常工作，或造成人员密集的公共场所秩序严重混乱	一类高层建筑	安全防范系统、航空障碍照明、值班照明、警卫照明、客梯、排水泵、生活给水泵等
二级	1）中断供电将在经济上造成较大损失； 2）中断供电将影响较重要用电单位的正常工作或造成公共场所秩序混乱	二类高层建筑	安全防范系统、客梯、排水泵、生活给水泵等
		一类和二类高层建筑	主要通道、走道及楼梯间照明等
三级	不属于特级、一级和二级的用电负荷	—	—

(2) 特级用电负荷应由 3 个电源供电，并应符合下列规定：
1) 3 个电源应由满足一级负荷要求的 2 个电源和 1 个应急电源组成；
2) 应急电源的容量应满足同时工作最大特级用电负荷的供电要求；
3) 应急电源的切换时间，应满足特级用电负荷中允许最短中断供电时间的要求；
4) 应急电源的供电时间，应满足特级用电负荷中最长持续运行时间的要求。
(3) 一级用电负荷应由 2 个电源供电，并应符合下列规定：
1) 当一个电源发生故障时，另一个电源不应同时受到损坏；
2) 每个电源的容量应满足全部一级、特级用电负荷的供电要求。
(4) 二级用电负荷应由双回线路供电或由一回 10kV 及以上专用的线路供电。
(5) 三级用电负荷由单回路供电。

(二) 供电电源及应急电源
(1) 应急电源应由符合下列条件之一的电源组成：
1) 独立于正常工作电源的，由专用馈电线路输送的城市电网电源；
2) 独立于正常工作电源的发电机组；
3) 蓄电池组，包括不间断电源装置（UPS）、应急电源装置（EPS）。
(2) 当符合下列条件之一时，用电单位应设置自备电源①
1) 特级负荷的应急电源不能满足"独立于正常工作电源的，由专用馈电线路输送的城市电网电源"的规定；
2) 提供的第二电源不能满足一级负荷要求；
3) 两个电源切换时间不能满足用电设备允许中断的供电时间要求。
(3) 建筑高度 150m 及以上的建筑应设置自备柴油发电机组。
(4) 用于应急供电的发电机组应处于自启动状态。当城市电网电源中断时，发电机组应能在规定的时间内启动，低压发电机组一般在 30s 内可供电，高压发电机组一般在 60s 内可供电。

(三) 民用建筑中各类建筑物的主要电负荷
民用建筑中各类建筑物的主要电负荷分级应符合《民用建筑电气设计标准》GB 51348—2019 中附录 A 的规定。以不同类别建筑为例：

1. 教育建筑的主要用电负荷分级 （表 15-2）
(1) 教育建筑中的消防负荷分级应符合国家现行有关标准的规定。安全技术防范系统和应急响应系统的负荷级别宜与该建筑的最高负荷级别相同。
(2) 高等学校信息机房用电负荷宜为一级，中等学校信息机房用电负荷不宜低于二级。

2. 商店建筑主要用电负荷的分级 （表 15-3）
(1) 商店建筑中消防用电的负荷等级应符合现行国家标准《供配电系统设计规范》GB 50052、《建筑设计防火规范》GB 50016 和《民用建筑电气设计标准》GB 51348 的有

---

① 自备电源包括备用电源和应急电源。备用电源（SPS）：正常电源供电中断后用以维持一般电气设备用电的自备电源，其中断供电不引起严重后果。应急电源（EPS）：正常电源供电中断后，在约定时间内维持重要安全设施或电气设备运行的自备电源，其中断供电会引起严重后果。这条标准是指备用应急电源。

关规定。

教育建筑的主要用电负荷分级　　　　　　　　　　　　　　表 15-2

序号	建筑物类别	用电负荷名称	负荷级别
1	教学楼	主要通道照明	二级
2	图书馆	藏书超过 100 万册的，其计算机检索系统及安全技术防范系统	一级
		藏书超过 100 万册的，阅览室及主要通道照明、珍善本书库照明及空调系统用电	二级
3	实验楼	四级生物安全实验室； 对供电连续性要求很高的国家重点实验室	一级负荷中特别重要的负荷
		三级生物安全实验室； 对供电连续性要求较高的国家重点实验室	一级
		对供电连续性要求较高的其他实验室； 主要通道照明	二级
4	风雨操场 （体育场馆）	乙、丙级体育场馆的主席台、贵宾室、新闻发布厅照明，计时记分装置、通信及网络机房，升旗系统、现场采集及回放系统等用电； 乙、丙级体育场馆的其他与比赛相关的用房，观众席及主要通道照明，生活水泵、污水泵等	二级
5	会堂	特大型会堂主要通道照明	一级
		大型会堂主要通道照明，乙等会堂舞台照明、电声设备	二级
6	学生宿舍	主要通道照明	二级
7	食堂	厨房主要设备用电，冷库，主要操作间、备餐间照明	二级
8	属一类高层的建筑	主要通道照明、值班照明，计算机系统用电，客梯、排水泵，生活水泵	一级
9	属二类高层的建筑	主要通道照明，值班照明，计算机系统用电，客梯、排水泵、生活水泵	二级

注：1. 除一、二级负荷以外的其他用电负荷为三级；
　　2. 教育建筑为高层建筑时，用电负荷级别应为表中的最高等级。

商店建筑主要用电负荷的分级　　　　　　　　　　　　　　表 15-3

商店建筑规模及名称	主要用电负荷名称	负荷等级
大型商店建筑	经营管理用计算机系统用电	一级负荷中特别重要负荷
	客梯，公共安全系统，信息网络系统、电子信息设备机房用电，走道照明，应急照明，值班照明，警卫照明	一级
	自动扶梯、货梯，经营用冷冻及冷藏系统，空调和锅炉房用电	二级
中型商店建筑	经营管理用计算机系统和应急照明	一级
	客梯，公共安全系统，信息网络系统、电子信息设备机房用电，主要通道及楼梯间照明，应急照明，值班照明，警卫照明	二级

续表

商店建筑规模及名称	主要用电负荷名称	负荷等级
小型商店建筑	经营管理用计算机系统用电、公共安全系统、信息网络系统，电子信息设备机房用电，应急照明，值班照明，警卫照明	二级
高档商品专业店	经营管理用计算机系统用电、公共安全系统、信息网络系统、电子信息设备机房用电，应急照明，值班照明，警卫照明	一级

（2）位于高层建筑内的商店，用电负荷级别应按其中高者确定。

（3）有特殊要求的用电负荷，应根据实际需求确定其负荷等级。

3. 医疗建筑用电负荷分级（表15-4）

医疗建筑用电负荷分级　　　　　　表15-4

医疗建筑名称	用电负荷名称	负荷等级
三级、二级医院	急诊抢救室、血液病房的净化室、产房、烧伤病房、重症监护室、早产儿室、血液透析室、手术室、术前准备室、术后复苏室、麻醉室、心血管造影检查室等场所中涉及患者生命安全的设备及其照明用电； 大型生化仪器、重症呼吸道感染区的通风系统	一级负荷中特别重要的负荷
三级、二级医院	急诊抢救室、血液病房的净化室、产房、烧伤病房、重症监护室、早产儿室、血液透析室、手术室、术前准备室、术后复苏室、麻醉室、心血管造影检查室等场所中的除一级负荷中特别重要负荷的其他用电设备； 下列场所的诊疗设备及照明用电：急诊诊室、急诊观察室及处置室、婴儿室、内镜检查室、影像科、放射治疗室、核医学室等； 高压氧舱、血库、培养箱、恒温箱； 病理科的取材室、制片室、镜检室的用电设备； 计算机网络系统用电； 门诊部、医技部及住院部30%的走道照明； 配电室照明用电	一级
三级、二级医院	电子显微镜、影像科诊断用电设备； 肢体伤残康复病房照明用电； 中心（消毒）供应室、空气净化机组； 贵重药品冷库、太平柜； 客梯、生活水泵、采暖锅炉及换热站等用电负荷	二级
一级医院	急诊室	
三级、二级、一级医院	一、二级负荷以外的其他负荷	三级

注：1. 其他医疗机构用电负荷可按本表进行分级；
　　2. 本表未包含的消防负荷分级按国家现行有关标准执行。

（1）医用气体供应系统中的真空泵、压缩机、制氧机等设备负荷等级及其控制与报警系统负荷等级应为一级。

（2）医学实验用动物屏蔽环境的照明及其净化空调系统负荷等级不应低于二级。

4. 会展建筑用电负荷的分级 （表 15-5）

会展建筑用电负荷的分级   表 15-5

会展建筑规模	主要用电负荷名称	负荷级别
特大型	应急响应系统	一级负荷中特别重要的负荷
	客梯、排污泵、生活水泵	一级
	展厅照明、主要展览用电、通风机、闸口机	二级
大型	客梯	一级
	展厅照明、主要展览用电、排污泵、生活水泵、通风机、闸口机	二级
中型	展厅照明、主要展览用电、客梯、排污泵、生活水泵、通风机、闸口机	二级
小型	主要展览用电、客梯、排污泵、生活水泵	二级

（1）甲等、乙等展厅备用照明应按一级负荷供电，丙等展厅备用照明应按二级负荷供电。

（2）会展建筑中会议系统用电负荷分级根据其举办会议的重要性确定。

（3）会展建筑中消防用电的负荷等级应符合国家现行标准《供配电系统设计规范》GB 50052、《建筑设计防火规范》GB 50016 和《民用建筑电气设计标准》GB 51348 的有关规定。

5. 体育建筑的负荷分级 （表 15-6）

（1）特级体育建筑中比赛厅（场）的 TV 应急照明负荷应为一级负荷中特别重要的负荷，其他场地照明负荷应为一级负荷；甲级体育建筑中的场地照明负荷应为一级负荷；乙级、丙级体育建筑中的场地照明负荷应为二级负荷。

（2）对于直接影响比赛的空调系统、泳池水处理系统、冰场制冰系统等用电负荷，特级体育建筑的应为一级负荷，甲级体育建筑的应为二级负荷。

（3）除特殊要求外，特级和甲级体育建筑中的广告用电负荷等级不应高于二级。

体育建筑负荷分级   表 15-6

| 体育建筑等级 | 负荷等级 | | | |
	一级负荷中特别重要的负荷	一级负荷	二级负荷	三级负荷
特级	A	B	C	D+其他
甲级	—	A	B	C+D+其他
乙级	—	—	A+B	C+D+其他
丙级	—	—	A+B	C+D+其他
其他	—	—	—	所有负荷

注：A—包括主席台、贵宾室及其接待室、新闻发布厅等照明负荷，应急照明负荷，计时记分、现场影像采集及回放、升旗控制等系统及其机房用电负荷，网络机房、固定通信机房、扩声及广播机房等用电负荷，电台和电视转播设备，消防和安防用电设备等；

B—包括临时医疗站、兴奋剂检查室、血样收集室等用电设备，VIP 办公室、奖牌储存室、运动员及裁判员用房、包厢、观众席等照明负荷，建筑设备管理系统、售检票系统等用电负荷，生活水泵、污水泵等设备；

C—包括普通办公用房、广场照明等用电负荷；

D—普通库房、景观等用电负荷。

6. 住宅建筑主要的用电负荷分级 （表15-7）

住宅建筑主要用电负荷的分级　　　　　　表15-7

建筑规模	主要用电负荷名称	负荷等级
建筑高度为100m或35层及以上的住宅建筑	消防用电负荷、应急照明、航空障碍照明、走道照明、值班照明、安防系统、电子信息设备机房、客梯、排污泵、生活水泵	一级
建筑高度为50～100m且19～34层的一类高层住宅建筑	消防用电负荷、应急照明、航空障碍照明、走道照明、值班照明、安防系统、客梯、排污泵、生活水泵	
10～18层的二类高层住宅建筑	消防用电负荷、应急照明、走道照明、值班照明、安防系统、客梯、排污泵、生活水泵	二级

（1）严寒和寒冷地区住宅建筑采用集中供暖系统时，热交换系统的用电负荷等级不宜低于二级。

（2）建筑高度为100m或35层及以上住宅建筑的消防用电负荷、应急照明、航空障碍照明、生活水泵宜设自备电源供电。

四、电压选择

用电单位的供电电压应根据用电容量、用电设备特性、供电距离、供电线路的回路数、当地公共电网现状及其发展规划等因素，经技术经济比较而确定。

（1）用电设备容量在250kW或需用变压器容量在160kVA以上者，应以高压方式供电；用电设备容量在250kW或需用变压器容量在160kVA以下者，应以低压方式供电，特殊情况也可以高压方式供电。

（2）多数大中型民用建筑以10kV、20kV电压供电，少数特大型民用建筑以35kV电压供电。

（3）由地区公共低压电网供电的220V负荷，线路电流不超过60A时，可用220V单相供电，否则应以220/380V三相四线制供电。

本节重点：供配电系统涉及电能发送、传输、分配、使用几个方面。供配电系统简单可分为：供和配两部分。我国称35kV以下的电网为配电网。前者指系统的供给侧，主要强调供电质量及电源稳定可靠，合理有效分配电力资源；后者指系统的分配侧，主要是用电设备的合理安排。供配电设计的核心是保障用户的负荷需求，关系到负荷等级、电源选择、供电电压选择等。学习中要注意：备用电源和应急电源都属于自备电源，使用是有区别的。

例15-1　评价电能质量主要根据哪一组技术指标？
　　A　电流、频率、波形　　　　　　B　电压、电流、频率
　　C　电压、频率、负载　　　　　　D　电压、频率、波形
解析：目前我国电能质量评价在国家标准中有8项指标，其中有关电压质量的5项，有关频率质量的1项，有关波形质量的2项。所以电压、频率、波形是评价电能质量的主要技术指标。
答案：D

例 15-2 特级体育建筑中直接影响比赛的空调系统的用电负荷等级是：
A 特级负荷　　　　　　　　　　B 一级负荷
C 二级负荷　　　　　　　　　　D 三级负荷

解析：思路1：当主体建筑中有特级负荷时，确保其正常运行的空调设备宜为一级负荷；当主体建筑中有大量一级负荷时，确保其正常运行的空调设备宜为二级负荷。特级体育建筑中比赛厅（场）的TV应急照明负荷应为特级负荷，确保其场地照明的空调设备应为一级负荷。

思路2：依据《体育建筑电气设计规范》JGJ 354—2014 第3.2.1条第3款对于直接影响比赛的空调系统、泳池水处理系统、冰场制冰系统等用电负荷，特级体育建筑的应为一级负荷，甲级体育建筑的应为二级负荷。

答案：B

例 15-3 下列哪一种情况下，建筑物应设自备应急柴油发电机？
A 为保证特级负荷用电
B 市电为2个电源，为保证一级负荷用电
C 市电为2个电源，为保证二级负荷用电
D 当外电源停电时，为保证自身用电

解析：依据《建筑电气与智能化通用规范》GB 55024—2022 第3.1.3条，特级用电负荷应由3个电源供电，其供电应符合除双重电源供电外，尚应增设应急电源供电。题中自备应急柴油发电机可作为特级负荷用电的应急电源。

答案：A

第二节　建筑电气设备用房

一、建筑电气设备用房组成

建筑内电气设备用房是指电气设备和智能化设备用房。包括变电所、柴油发电机房、蓄电池室、智能化系统机房、动力机房内设有配电柜和控制柜的用房、楼层低压配电间、控制室、电气竖井、智能化竖井等。

变电所一般包括高压配电室、变压器室、低压配电室等。

柴油发电机房一般包括发电机室、控制及配电室、储油间等。

蓄电池室为专门放置电池组进行充放电工作的场所。

智能化系统机房一般包括信息接入机房、有线电视前端机房、信息设施系统总配线机房、智能化总控室、信息网络机房、用户电话交换机房、消防控制室、安防监控中心、应急响应中心和智能化设备间（弱电间、电信间）等。

动力机房一般包括生活或消防水泵房、空调机房、锅炉房等。动力机房内设有配电柜和控制柜的用房。

《建筑电气与智能化通用规范》GB 55024—2022 第2.0.3条，对民用建筑电气设备和智能化设备用房的设置作出以下基本规定：
（1）不应设在卫生间、浴室等经常积水场所的直接下一层，当与其贴邻时，应采取防水措施；
（2）地面或门槛应高于本层楼地面，其标高差值不应小于0.10m，设在地下层时不应小于0.15m；
（3）无关的管道和线路不得穿越；
（4）电气设备的正上方不应设置水管道；
（5）变电所、柴油发电机房、智能化系统机房不应有变形缝穿越；
（6）楼地面应满足电气设备和智能化设备荷载的要求。

二、配变电设备

（1）变压器

按冷却方式不同分为油浸式、干式。干式分空气绝缘及环氧树脂浇注式、六氟化硫等。一类、二类高层建筑应选用干式（即气体绝缘）非可燃性液体绝缘的变压器。

（2）高压开关柜

柜式成套配电设备。作用：在变电所中控制电力变压器和电力线路，分固定式和手车式。

（3）低压开关柜

低压成套配电装置，用于小于500V的供电系统中，提供电力和照明配电，分固定式和抽屉式。

（4）静电电容器

分为油浸式、干式。高层建筑内应选用干式电容器。其作用是提供无功补偿。

（5）配电箱

配电箱是用户用电设备的供电和配电点，对室内线路起计量、控制、保护作用，属于小型成套电气设备，可分为照明配电箱、电力配电箱。

三、变电所位置及配电变压器的选择

1. 变电所位置

（1）深入或接近负荷中心。
（2）进出线方便。
（3）接近电源侧。
（4）设备吊装、运输方便。
（5）不应设在对防电磁辐射干扰有较高要求的场所。
（6）不宜设在多尘、水雾（如大型冷却塔）或有腐蚀性气体的场所，如无法远离时，不应设在污染源的下风侧。
（7）变电所为独立建筑时，不宜设在地势低洼和可能积水的场所。
（8）变电所可设置在建筑物的地下层，但不宜设置在最底层。变电所设置在建筑物地下层时，应根据环境要求降低湿度及增设机械通风等。当地下只有一层时，尚应采取预防洪水、消防水或积水从其他渠道浸泡变电所的措施。

（9）民用建筑宜按不同业态和功能分区设置变电所，当供电负荷较大、供电半径较长时，宜分散设置；超高层建筑的变电所宜分设在地下室、裙房、避难层、设备层及屋顶层等处。

2. 配电变压器选择

（1）设置在民用建筑物室外的变电所，当单台变压器油量为100kg及以上时，应有储油或挡油、排油等防火措施。

（2）变压器低压侧电压为0.4kV时，单台变压器容量不宜大于2000kVA，当仅有一台时，不宜大于1250kVA；预装式变电站变压器容量采用干式变压器时不宜大于800kVA，采用油浸式变压器时不宜大于630kVA。

四、变电所型式和布置

（1）变电所的型式应根据建筑物（群）分布、周围环境条件和用电负荷的密度综合确定，并应符合下列规定：

1）高层或大型公共建筑应设室内变电所；

2）小型分散的公共建筑群及住宅小区宜设户外预装式变电所，有条件时也可设置室内或外附式变电所。

（2）民用建筑内变电所，不应设置裸露带电导体或装置，不应设置带可燃性油的电气设备和变压器，其布置应符合下列规定：

1）35kV、20kV或10kV配电装置、低压配电装置和干式变压器等可设置在同一房间内；

2）20kV、10kV具有IP2X防护等级外壳的配电装置和干式变压器，可相互靠近布置。

（3）变电所设有裸露带电导体时，低压裸露带电导体距地面的高度不应低于2.5m；裸露带电导体上方不应装有用电设备、明敷的照明线路和电力线路或管线跨越。

（4）内设可燃性油浸变压器的室外独立变电所与其他建筑物之间的防火间距，应符合现行国家标准《建筑设计防火规范》GB 50016的要求，并应符合下列规定：

1）变压器应分别设置在单独的房间内，变电所宜为单层建筑，当为两层布置时，变压器应设置在底层；

2）可燃性油浸电力电容器应设置在单独房间内；

3）变压器门应向外开启；变压器室内可不考虑吊芯检修，但门前应有运输通道；

4）变压器室应设置储存变压器全部油量的事故储油设施。

（5）有人值班的变电所应设值班室。值班室应能直通或经过走道与配电装置室相通，且值班室应有直接通向室外或通向疏散走道的门。值班室也可与低压配电装置室合并，此时值班人员工作的一端，配电装置与墙的净距不应小于3m。

五、变电所对其他专业的要求及设备布置

1. 变电所对其他专业的要求

（1）可燃油油浸变压器室以及电压为35kV、20kV或10kV的配电装置室和电容器室的耐火等级不得低于二级。非燃或难燃介质的配电变压器室以及低压配电装置室和电容器

室的耐火等级不宜低于二级。

（2）民用建筑中变电所开向建筑内的门应采用甲级防火门，变电所直接通向室外的门应为丙级防火门。低压配电室与其他场所毗邻时，门的耐火等级应按两者中耐火等级高的确定。

（3）变电所的通风窗，应采用不燃材料制作。

（4）变压器室及配电装置室门的宽度宜按最大不可拆卸部件宽度加0.30m，高度宜按不可拆卸部件最大高度加0.5m。

（5）当配电装置室设在楼上时，应设吊装设备的吊装孔或吊装平台，吊装平台、门或吊装孔的尺寸，应能满足吊装最大设备的需要，吊钩与吊装孔的垂直距离应满足吊装最高设备的需要。

（6）当变电所与上、下或贴邻的居住、教室、办公房间仅有一层楼板或墙体相隔时，变电所内应采取屏蔽、降噪等措施。

（7）高压配电室和电容器室，宜设不能开启的自然采光窗，窗口下沿距室外地面高度不宜小于1.8m，临街的一面不宜开窗。

（8）变压器室、配电装置室、电容器室的门应向外开并装锁。相邻配电装置室之间设有防火隔墙时，隔墙上的门应为甲级防火门，并向低电压配电室开启，当隔墙仅为管理需求设置时，隔墙上的门应为双向开启的不燃材料制作的弹簧门。

（9）变压器室、配电装置室、电容器室等应设置防止雨、雪和小动物进入屋内的设施。

（10）长度大于7m的配电装置室，应设2个出口，并宜布置在配电室的两端；长度大于60m的配电装置室宜设3个出口，相邻安全出口的门间距离不应大于40m。独立式变电所采用双层布置时，位于楼上的配电装置室应至少设1个通向室外的平台或通道的出口。

（11）地上变电所内的变压器室宜采用自然通风，地下变电所的变压器室应设机械送排风系统，夏季的排风温度不宜高于45℃，进风和排风的温差不宜大于15℃。

（12）在供暖地区，控制室（值班室）应供暖，供暖计算温度为18℃。在严寒地区，当配电室内温度影响电气设备元件和仪表正常运行时，应设供暖装置。控制室和配电装置室内的供暖装置，应采取防止渗漏措施，不应有法兰、螺纹接头和阀门等。

（13）变电所的电缆夹层、电缆沟和电缆室应采取防水、排水措施。

（14）变压器室、电容器室、配电装置室、控制室内不应有与其无关的管道明敷线路通过。

（15）装有六氟化硫（SF6）设备的配电装置的房间，低位区应配备SF6泄漏报警仪及事故排风装置。

（16）值班室与高压配电室宜直通或经过通道相通，值班室应有门直接通向户外或通向通道。有人值班的变电所，宜设卫生间及上、下水设施。

2. 变电所设备布置

（1）配电装置各回路的相序排列应一致。硬导体的各相应涂色，色别应为：A相黄色，B相绿色，C相红色。绞线可只标明相别。

（2）高压配电装置距室内屋顶（除梁外）的距离不小于1.0m，距梁底不小于0.8m。

(3) 成排布置的低压配电屏，其长度超过 6m，屏后的通道应设两个出口，并宜布置在通道的两端，当两出口之间的距离超过 15m 时，其间尚应增加出口。

(4) 成排布置的低压配电屏，其屏前屏后的通道宽度，不应小于表 15-8 中所列数值。

成排布置的低压配电屏通道最小宽度（m） 表 15-8

配电屏种类		单排布置	屏后		双排面对面布置	屏后		双排背对背布置	屏后		多排同向布置	前、后排屏距墙		屏侧通道
		屏前	维护	操作	屏前	维护	操作	屏前	维护	操作	屏间	前排屏前	后排屏后	
固定式	不受限制时	1.5	1.0	1.2	2.0	1.0	1.2	1.5	1.5	2.0	2.0	1.5	1.0	1.0
	受限制时	1.3	0.8	1.2	1.8	0.8	1.2	1.3	1.3	2.0	1.8	1.3	0.8	0.8
抽屉式	不受限制时	1.8	1.0	1.2	2.3	1.0	1.2	1.8	1.0	2.0	2.3	1.8	1.0	1.0
	受限制时	1.6	0.8	1.2	2.1	0.8	1.2	1.6	0.8	2.0	2.1	1.6	0.8	0.8

注：1. 受限制时是指受到建筑平面的限制，通道内有柱等局部突出物的限制；
2. 屏后操作通道是指需在屏后操作运行中的开关设备的通道；
3. 背靠背布置时屏前通道宽可按本表中双排对背布置的屏前尺寸确定；
4. 控制屏、控制柜，落地式动力配电箱前后的通道最小宽度可按本表确定；
5. 挂墙式配电箱的箱前操作通道宽度不宜小于 1m。

(5) 配变电所中消防设施的设置：一类建筑的配变电所宜设火灾自动报警及固定式灭火装置，二类建筑的配变电所可设火灾自动报警及手提式灭火装置。

六、柴油发电机房及蓄电池室

1. 柴油发电机房

(1) 符合下列情况之一时，宜设自备应急柴油发电机组：
1) 为保证特级负荷的用电；
2) 有一级负荷，但从市电取得第二电源有困难或不经济合理时。

(2) 机房宜设有发电机间、控制及配电室、燃油准备及处理间、备品备件贮藏间等，可根据具体情况对上述房间进行取舍、合并或增添。

(3) 机组宜靠近一级负荷或配变电所设置，不宜设在大型民用建筑的主体内，机房可布置于坡屋、裙房的首层或附属建筑内，应采用耐火极限不低于 2.00h 的隔墙和 1.50h 的楼板与其他部位隔开，门应采用甲级防火门。当布置在地下层时，应处理好通风、排烟、消声和减振等问题。

(4) 民用建筑内的柴油发电机房应设火灾自动报警和自动灭火设施。

(5) 机房应有良好的采光和通风，在炎热地区，有条件时宜设天窗，有热带风暴地区天窗应加挡风防雨板或专用双层百叶窗。在北方及风沙较大的地区，应有防风沙侵入的措施。机房热出风口的面积不宜小于柴油机散热面积的 1.5 倍；进风口面积不宜小于柴油机散热面积的 1.6 倍。

(6) 发电机间、控制室长度大于 7m 时，应至少设两个出入口；门应为向外开启的甲级防火门；发电机间与控制室、配电室之间的门和观察窗应采取防火、隔声措施，门应为甲级防火门，并应开向发电机间。

（7）当燃油来源及运输不便或机房内机组较多、容量较大时，宜在建筑物主体外设置不大于15m³的储油罐。

机房内应设置储油间，总储存量不应超过8h的需求量，且日用油箱储油容积不应超过1m³，并应采取相应的防火措施；机房内储油间应采用防火墙与发电机间隔开；当必须在防火墙上开门时，应设置能自行关闭的甲级防火门。

（8）发电机间、贮油间宜做水泥压光地面，并应有防止油、水渗入地面的措施，控制室宜做水磨石地面。

（9）机房内的噪声应符合国家噪声标准规定，当机房噪声控制达不到要求时，应通过计算做消声、隔声处理。

（10）机组基础应采取减振措施，当机组设置在主体建筑内或地下层时，应防止与房屋产生共振现象。柴油机基础应采用防油浸的措施，可设置排油污的沟槽。

（11）机房内的管沟和电缆应有0.3％的坡度和排水、排油措施，沟边缘应做挡油处理。

（12）机房各工作间火灾危险性类别与耐火等级见表15-9。

机房各工作间火灾危险性类别与耐火等级　　　　　表 15-9

序号	名　　称	火灾危险性类别	耐　火　等　级
1	发电机间	丙	一级
2	控制与配电室	戊	二级
3	贮油间	丙	一级

（13）柴油发电机房应设置火灾报警装置，应设置灭火设施。当建筑内其他部位设置自动喷水灭火系统时，机房内应设置自动喷水灭火系统。

2. 蓄电池室

专用蓄电池室应采用防爆型灯具，室内不得装设普通型开关和电源插座。

本节重点：介绍《建筑电气与智能化通用规范》GB 55024—2022 中，对建筑内电气设备用房作出的基本规定及变电所和自备电源的设计要求。这部分是考试内容的重点，也是高频点。包括电气专业、土建专业、设备专业的相关设计要求，其目的是保证变电所、自备电源安全运行。

例 15-4　下列电气设备，哪个不应在高层建筑内的变电所装设？
　A　真空断路器　　　　　　　B　六氟化硫断路器
　C　环氧树脂浇注干式变压器　D　有可燃油的低压电容器
解析：《民用建筑电气设计标准》GB 51348—2019 第 4.5.2 条，民用建筑内变电所，不应设置裸露带电导体或装置，不应设置带可燃性油的电气设备和变压器。题目选项中，A、B、C 选项的变压器和电气设备都不带可燃油，可以设置在位于高层建筑内的变电所。D 选项中有可燃油的低压电容器，不可装设在建筑内变电所。
答案：D

例 15-5 变电所对建筑的要求，下列哪项是正确的？
A 变压器室的门应向内开
B 高压配电室可设能开启的自然采光窗
C 长度大于 10m 的配电室应设两个出口，并布置在配电室的两端
D 相邻配电室之间有门时，此门应能双向开启

解析：《民用建筑电气设计标准》GB 51348—2019 第 4.10.9 条，变压器室、配电装置室、电容器室的门应向外开，并应装锁。相邻配电装置室之间设有防火隔墙时，隔墙上的门应为甲级防火门，并向低电压配电室开启，当隔墙仅为管理需求设置时，隔墙上的门应为双向开启的不燃材料制作的弹簧门。

《20kV 及以下变电所设计规范》GB 50053—2013 第 6.2.1 条，高压配电室窗户的底边距室外地面的高度不应小于 1.8m，当高度小于 1.8m 时，窗户应采用不易破碎的透光材料或加装格栅；低压配电室可设能开启的采光窗。第 6.2.6 条，长度大于 7m 的配电室应设两个安全出口，并宜布置在配电室的两端。A、B、C 选项均有明显错误。

答案： D

例 15-6 10kV 变电所中，配电装置的长度大于多少米时，其柜（屏）后通道应设两个出口？
A 6m　　　　B 8m　　　　C 10m　　　　D 15m

解析： 根据《建筑电气与智能化通用规范》GB 55024—2022 第 3.2.1 条第 2 款当成排布置的配电柜长度大于 6m 时，电气装置后的通道应设置两个出口。当低压电气装置后面通道两个出口之间的距离大于 15m 时，尚应增加出口。

答案： A

第三节　民用建筑的配电系统

一、配电方式

民用建筑的配电方式有：放射式、树干式、双树干式、环行（环式）、链式及其他方式的组合。

（一）高压配电方式

1. 高压单回路放射式

此方式一般用于配电给二、三级负荷或专用设备，但对二级负荷供电时，尽量要有备用电源，如另有独立备用电源时，则可供电给一级负荷（图 15-1）。

2. 高压双回路放射式

此方式线路互为备用，用于配电给二级负荷，电源可靠时，可供给一级负荷（图 15-2）。

3. 树干式

（1）单回路树干式（图 15-3）

一般用于三级负荷，每条线路装接的变压器约 5 台以内，总容量不超过 2000kVA。

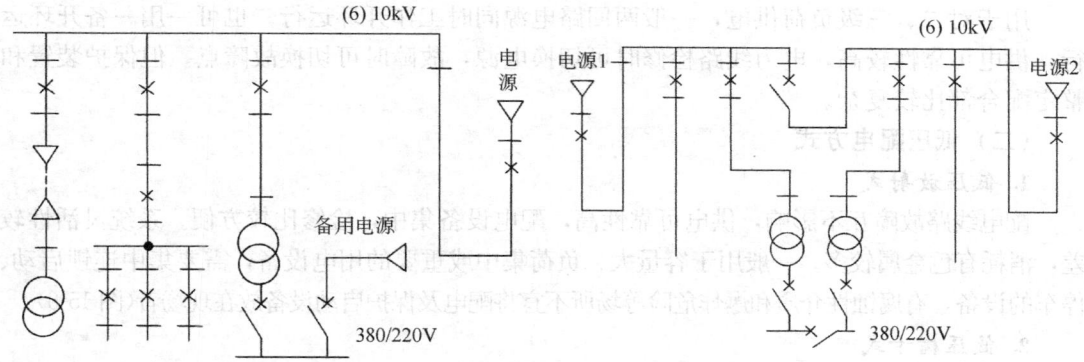

图 15-1　单回路放射式　　　　　　　图 15-2　双回路放射式

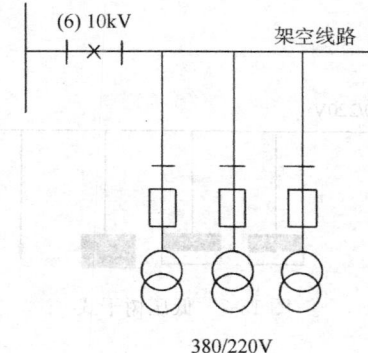
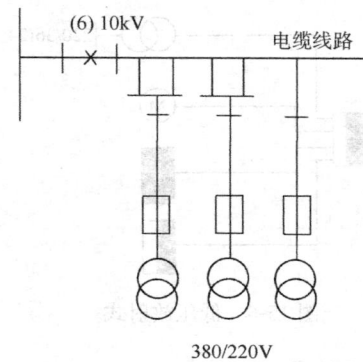

图 15-3　单回路树干式

（2）单侧供电双回路树干式（图 15-4）

供电可靠性稍低于双回路放射式，但投资少，一般用于二、三级负荷，当供电电源可靠时，也可供电给一级负荷。

4. 单侧供电环式（开环）

单侧供电环式如图 15-5 所示。

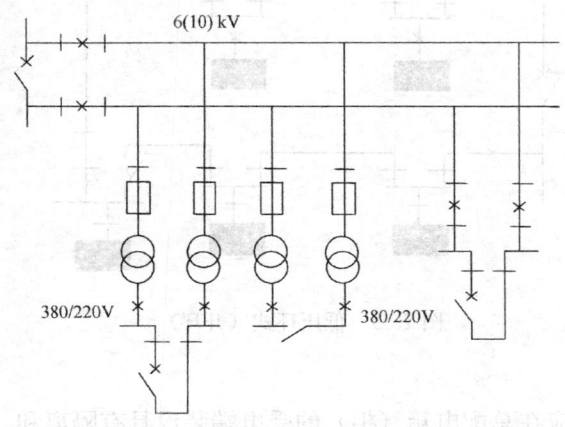
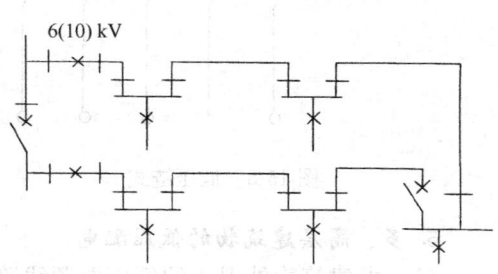

图 15-4　单侧供电双回路树干式　　　　图 15-5　单侧供电环式（开环）

用于对二、三级负荷供电，一般两回路电源同时工作开环运行，也可一用一备开环运行，供电可靠性较高，电力线路检修时可切换电源，故障时可切换故障点，但保护装置和整定配合都比较复杂。

（二）低压配电方式

1. 低压放射式

配电线路故障互不影响，供电可靠性高，配电设备集中，检修比较方便。系统灵活性较差，消耗有色金属较多。一般用于容量大、负荷集中或重要的用电设备，需要集中连锁启动、停车的设备，有腐蚀性介质和爆炸危险等场所不宜将配电及保护启动设备放在现场者（图15-6）。

2. 低压树干式

系统灵活性好，消耗有色金属较少，干线故障时影响范围大，一般用于用电设备布置比较均匀，容量不大，又无特殊要求的场所（图15-7）。

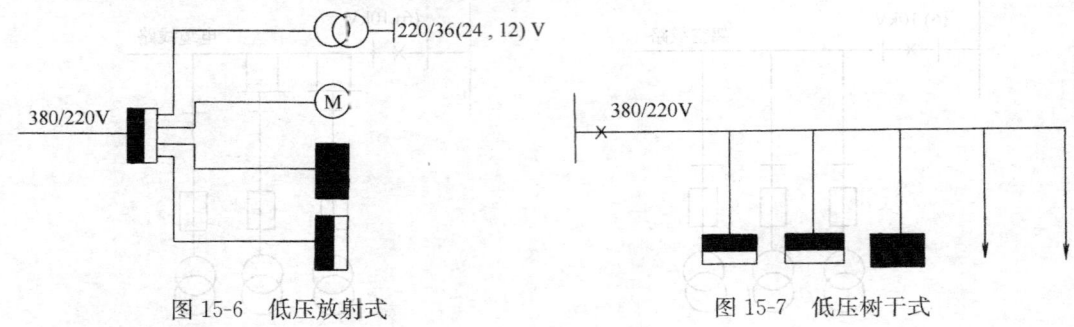

图15-6 低压放射式　　　　　图15-7 低压树干式

3. 低压链式

用于远离配电屏而彼此相距又较近的不重要的小容量用电设备。链接的设备一般不超过5台，总容量不超过10kW（图15-8）。

4. 低压环式

两回电源同时工作开环运行，供电可靠性较高，运行灵活，故障时可切除故障点（图15-9）。

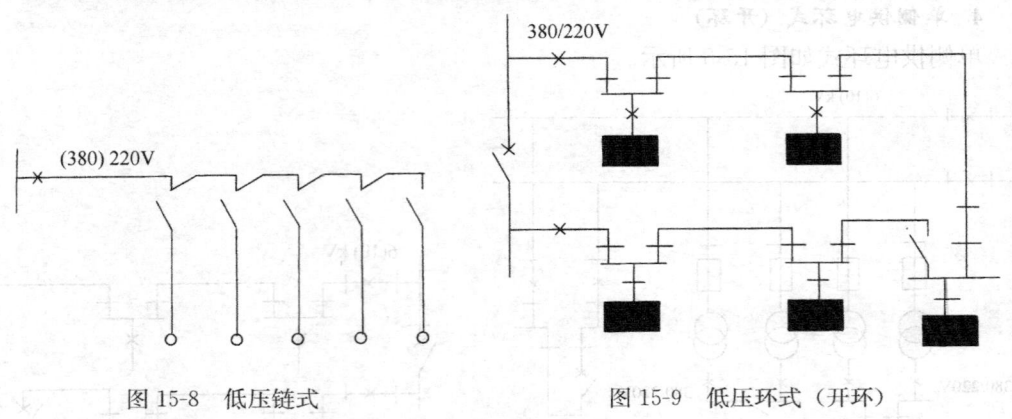

图15-8 低压链式　　　　　图15-9 低压环式（开环）

5. 多、高层建筑物的低压配电

(1) 由建筑物外引入的低压电源线路，应在总配电箱（柜）的受电端装设具有隔离和保护功能的电器。

(2) <u>在多层建筑物内，照明、电力、消防及其他防灾用电负荷，宜分别自成配电系</u>

统。由总配电箱至楼层配电箱宜采用树干式配电或分区树干式配电。对于容量较大的集中负荷或重要用电设备，应从配电室以放射式配电；楼层配电箱至用户配电箱应采用放射式配电。

(3) 在高层建筑物内，照明、电力、消防及其他防灾用电负荷应分别自成系统。向楼层各配电点供电时，宜采用分区树干式配电；由楼层配电间或竖井内配电箱至用户配电箱的配电，应采取放射式配电；对部分容量较大的集中负荷或重要用电设备，应从变电所低压配电室以放射式配电。如供避难场所使用的用电设备，应从变电所采用放射式专用线路配电。

（三）低压配电导体选择

(1) 电线、电缆及母线的材质可选用铜或铝合金。
(2) 消防负荷、导体截面积在 $10mm^2$ 及以下的线路应选用铜芯。
(3) 民用建筑的下列场所应选用铜芯导体：
1) 火灾时需要维持正常工作的场所；
2) 移动式用电设备或有剧烈振动的场所；
3) 对铝有腐蚀的场所；
4) 易燃、易爆场所；
5) 有特殊规定的其他场所。

二、配电系统

（一）高压配电系统

高压配电系统宜采用放射式，根据具体情况也可采用环式、树干式或双树干式。

(1) 一般按占地 $2km^2$ 或按总建筑面积 $4\times10^5 m^2$ 设置一个 10kV 配电所。当变电所在六个以上时，也可设置一个 10kV 配电所。变电所的设置要考虑 220/380V 低压供电半径不宜超过 300m。

(2) 大型民用建筑宜分散设置配电变压器，即分散设置变电所。
1) 单体建筑面积大或场地大，用电负荷分散；
2) 超高层建筑；
3) 大型建筑群。

（二）低压配电系统

1. 带电导体系统的型式

带电导体系统的型式，宜采用单相二线制、两相三线制、三相三线制、三相四线制，如图 15-10～图 15-12 所示。

2. 低压配电系统

住宅建筑每户用电负荷指标见表 15-10。

(1) 多层公共建筑及住宅
1) 照明、电力、消防及其他防灾用电负荷，应分别自成配电系统；
2) 电源可采用电缆埋地或架空进线，进线处应设置电源箱，箱内应设置总开关电器；

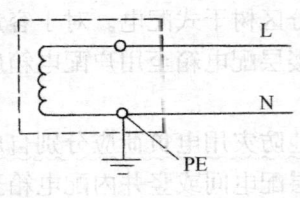
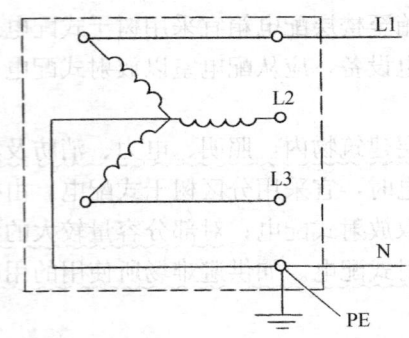

图 15-10　单相二线制

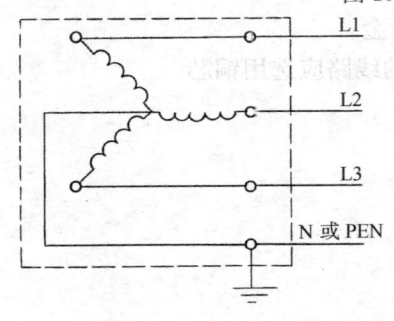
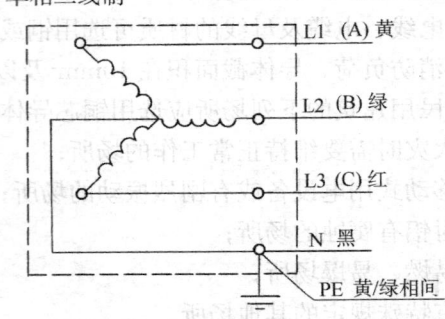

注：左图中去掉 N 线，即为三相三线制。

图 15-11　三相四线制

每套住宅用电负荷和电能表的选择　　　　　　　　　　　　表 15-10

套型	建筑面积 S (m²)	用电负荷 (kW)	电能表（单相）(A)
A	$S \leqslant 60$	3	5 (20)
B	$60 < S \leqslant 90$	4	10 (40)
C	$90 < S \leqslant 150$	6	10 (40)

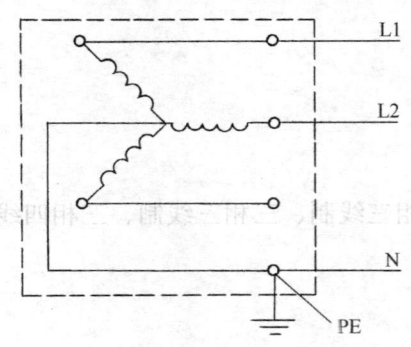

图 15-12　两相三线制

3）当用电负荷容量较大或用电负荷较重要时，应设置低压配电室，对容量较大和较重要的用电负荷宜从低压配电室以放射式配电；

4）由低压配电室至各层配电箱或分配电箱，宜采用树干式或放射与树干相结合的混合式配电；

5）多层住宅的垂直配电干线，宜采用三相配电系统。

（2）高层公共建筑及住宅

1）高层公共建筑的低压配电系统，应将照明、电力、消防及其他防灾用电负荷分别自成系统；

2）对于容量较大的用电负荷或重要用电负荷，宜从配电室以放射式配电；

3）高层公共建筑的垂直供电干线，可根据负荷重要程度、负荷大小及分布情况，采用封闭式母线槽供电的树干式配电、电缆干线供电的放射式或树干式配电、分区树干式配电等方式供电；

4）高层住宅的垂直配电干线，应采用三相配电系统。

3. 低压配电系统的接地型式

低压配电系统的接地型式，有以下三种：

（1）TN 系统：

1）TN-S 系统（图 15-13）；

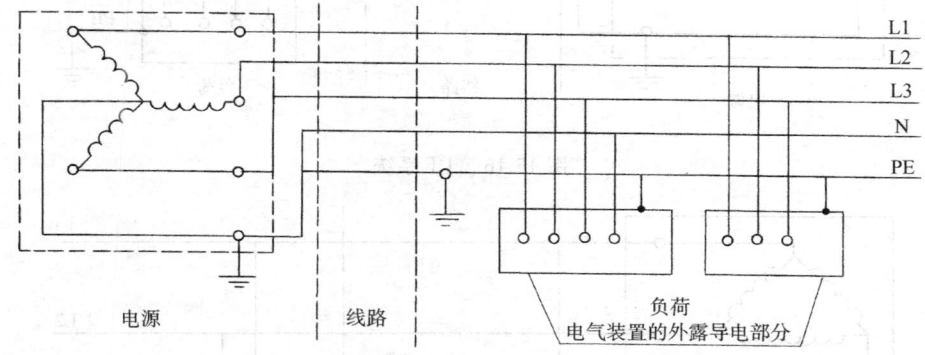

图 15-13　TN-S 系统：整个系统的中性线 N 和保护线 PE 是分开的

2）TN-C 系统（图 15-14）；

3）TN-C-S 系统（图 15-15）。

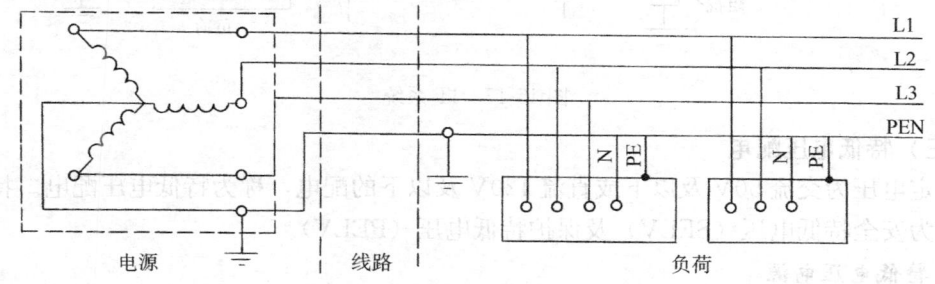

图 15-14　TN-C 系统：N 线和 PE 线是合在一起的

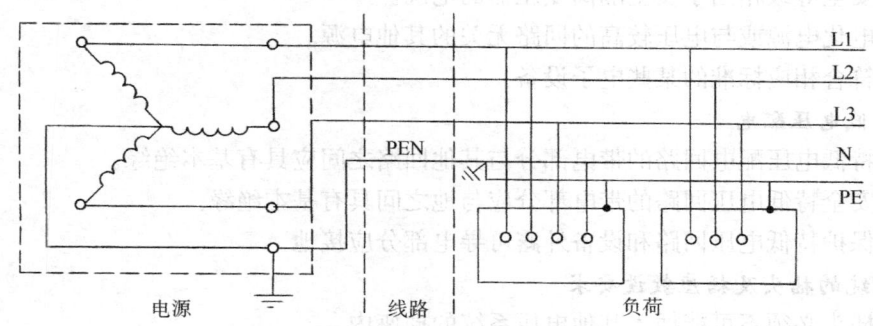

图 15-15　TN-C-S 系统：系统中有一部分 N 线和 PE 线是合一的

(2) TT 系统（图 15-16）。
(3) IT 系统（图 15-17）。

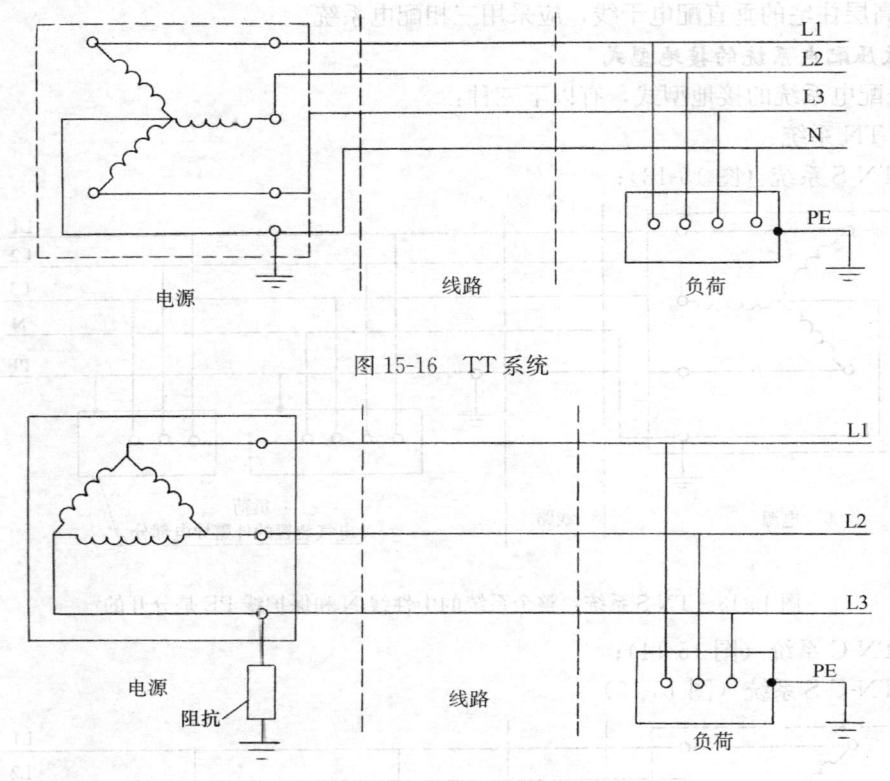

图 15-16　TT 系统

图 15-17　IT 系统

（三）特低电压配电

额定电压为交流 50V 及以下或直流 120V 及以下的配电，称为特低电压配电。特低电压可分为安全特低电压（SELV）及保护特低电压（PELV）。

1. 特低电压电源

(1) 安全隔离变压器。
(2) 安全等级相当于安全隔离变压器的电源。
(3) 电化电源或与电压较高的回路无关的其他电源。
(4) 符合相应标准的某些电子设备。

2. 特低电压配电

(1) 特低电压配电回路的带电部分与其他回路之间应具有基本绝缘。
(2) 安全特低电压回路的带电部分应与地之间具有基本绝缘。
(3) 保护特低电压回路和设备外露可导电部分应接地。

3. 系统的插头及插座敷设要求

(1) 插头必须不可能插入其他电压系统的插座内。
(2) 插座必须不可能被其他电压系统的插头插入。
(3) 安全特低电压系统的插头和插座不得设置保护导体触头。

4. 特低电压宜应用的场所及范围

（1）潮湿场所（如喷水池、游泳池）内的照明设备。

（2）狭窄的可导电场所。

（3）正常环境条件使用的移动式手持局部照明。

（4）电缆隧道内照明。

三、配电线路

10～35kV 的配电线路为高压配电线路（简称高压线路），1kV 及以下的配电线路称为低压配电线路（简称低压线路）。

（一）室外线路

1. 架空线路

高压线路的导线，应采用三角排列或水平排列；低压线路的导线，宜采用水平排列。高、低压线路宜沿道路平行架设，电杆距路边可为 0.5～1m。接户线在受电端的对地距离，高压接户线不应小于 4m，低压接户线不应小于 2.5m。线路跨越建筑物时，导线与建筑物的垂直距离，在最大计算弧垂的情况下，高压线路不应小于 3m，低压线路不应小于 2.5m。线路接近建筑物时，线路的边导线在最大计算风偏情况下，与建筑物的水平距离，高压不应小于 1.50m，低压不应小于 1m。导线与地面的距离，最大弧垂情况下，不应小于表 15-11 的规定。

室外架空线路导线与地面最小距离　　表 15-11

线 路 通 过 地 区	线　路　电　压	
	3～10kV	3kV 以下
居 民 区	6.50m	6.0m
非 居 民 区	5.50m	5.0m
交 通 困 难 地 区	4.50m	4.0m

民用建筑红线内的室外供配电线路不应采用架空线敷设方式。

2. 电缆线路

（1）埋地敷设。沿同一路径敷设，6 根及以下且现场有条件时，应埋设于冻土层以下，北京地区为 0.7m，其他非寒冷地区，敷设的深度不应小于 0.7m。

（2）电缆排管敷设。沿同一路径敷设，7～12 根时，宜采用电缆排管敷设。

（3）电缆沟敷设。沿同一路径敷设，13～21 根时，宜采用电缆沟敷设。

（4）电缆隧道敷设。沿同一路径敷设，多于 21 根时，宜采用电缆隧道敷设。

（5）电缆沟在进入建筑物处应设防火墙。电缆隧道进入建筑物及配变电所处，应设带门的防火墙，此门应为甲级防火门并应装锁；电缆沟和电缆隧道底部应做不小于 0.5% 的坡度坡向集水坑（井）；电缆隧道的净高不宜低于 1.9m，局部或与管道交叉处净高不宜小于 1.4m；隧道内应有通风设施，宜采取自然通风；电缆隧道应每隔不大于 75m 的距离设安全孔（人孔），安全孔距隧道的首、末端不宜超过 5m，安全孔的直径不得小于 0.7m；电缆隧道内应设照明，其电压不宜超过 36V，当照明电压超过 36V 时，应采取安全措施；在隧道、管廊、竖井、夹层等封闭式电缆通道中，不得布置热力管道和输送可燃气体或可燃液体管道。

(二) 室内线路

敷设方式可分为明敷设——导线直接或在管子、线槽等保护体内，敷设于墙壁、顶棚的表面及桁架、支架等处。暗敷设——导线在管子、线槽等保护体内，敷设于墙壁、顶棚、地坪及楼板等内部，或者在混凝土板孔内敷线。

明敷设用的塑料导管、槽盒、接线盒、分线盒应采用燃烧性能不低于 B_1 级的难燃制品。

布线用各种电缆、电缆桥架、金属线槽及封闭式母线在穿越防火分区楼板、隔墙时，其空隙应采用相当于建筑构件耐火极限的不燃烧材料填塞密实。

不同电压等级的电力线缆不应共用同一导管或电缆桥架布线；电力线缆和智能化线缆不应共用同一导管或电缆桥架布线。

1. 直敷布线

直敷布线可用于正常环境室内场所和挑檐下的室外场所。直敷布线应采用不低于 B_2 级阻燃护套绝缘电线，其截面不宜大于 $6mm^2$。

建筑物顶棚内、墙体及顶棚的抹灰层、保温层及装饰面板内，不得采用直敷布线。

在有可燃物闷顶和吊顶内敷设电力线缆时，应采用不燃材料的导管或电缆槽盒进行保护。

直敷布线在室内敷设时，电线水平敷设至地面的距离不应小于 2.5m，垂直敷设至地面低于 1.8m 部分应穿导管保护。

2. 金属导管布线

金属导管布线宜用于室内外场所，不宜用于对金属导管有严重腐蚀的场所。

穿导管的绝缘电线，其总截面积不应超过导管内截面积的 40%。

穿金属导管的交流线路，应将同一回路的所有相导体和中性导体和 PE 导体穿于同一根导管内。不同回路的线路能否共管敷设，应根据发生故障的危害性和相互之间在运行和维修时的影响决定。

3. 金属槽盒布线

金属槽盒布线宜用于正常环境的室内场所明敷，封闭式金属槽盒，可在建筑顶棚内敷设。有严重腐蚀的场所不宜采用金属槽盒。

同一配电回路的所有相导体和中性导体和 PE 导体，应敷设在同一金属槽盒内。

同一路径的不同回路可共槽敷设。槽盒内电线或电缆的总截面不应超过其截面的 40%，载流导体不宜超过 30 根。槽盒内非载流导体总截面不应超过其截面的 50%，电线或电缆根数不限。

4. 刚性塑料导管（槽）布线

用于室内场所和有酸碱腐蚀性介质的场所，在高温和易受机械损伤的场所不宜采用明敷设。塑料导管按其抗压、抗冲击及弯曲等性能分为重型、中型及轻型三种类型。

暗敷于墙内或混凝土内的刚性塑料导管应采用燃烧性能等级 B_2 级、壁厚 1.8mm 及以上的导管。明敷时应采用燃烧性能等级 B_1 级、壁厚 1.6mm 及以上的导管。

布线时，绝缘电线总截面积不应超过导管内截面积的 40%。同一路径的无电磁兼容要求的配电线路，可敷设于同一线槽内。线槽内电线或电缆的总截面积及根数同金属线槽布线的规定。不同回路的线路能否共管敷设，应根据发生故障的危害性和相互之间在运行和维修时的影响决定。

5. 室内电缆敷设

室内电缆敷设应包括电缆在室内沿墙及建筑构件明敷设、电缆穿金属导管埋地暗敷设。

无铠装的电缆在室内明敷时，水平敷设至地面的距离不宜小于 2.2m；垂直敷设至地面的距离不宜小于 1.8m。除明敷在电气专用房间外，当不能满足上述要求时，应有防止机械损伤的措施。

室内埋地暗敷，或通过墙、楼板穿管时，其穿管的内径不应小于电缆外径的 1.5 倍。

6. 电缆桥架布线

此种方法用于电缆数量较多，或较集中的场所。桥架水平敷设时，距地高度一般不宜低于 2.20m；垂直敷设时，距地 1.80m 以下应加金属盖板保护。架桥穿过防火墙及防火楼板时，应采取防火隔离措施。

(1) 电缆桥架多层敷设时，层间距离应满足敷设和维护需要，并符合下列规定：

1) 电力电缆的电缆桥架间距不应小于 0.3m；

2) 电信电缆与电力电缆的电缆桥架间距不宜小于 0.5m，当有屏蔽盖板时可减少到 0.3m；

3) 控制电缆的电缆桥架间距不应小于 0.2m；

4) 最上层的电缆桥架的上部距顶棚、楼板或梁等不宜小于 0.15m。

(2) 下列不同电压、不同用途的电缆，不宜敷设在同一层或同一个桥架内：

1) 1kV 以上和 1kV 以下的电缆；

2) 向同一负荷供电的两回路电源电缆；

3) 应急照明和其他照明的电缆；

4) 电力和电信电缆。

7. 封闭式母线布线

电流在 400A 至 2000A，采用封闭式母线布线。水平敷设时，至地面的距离不应低于 2.20m；垂直敷设时，距地面 1.80m，以下部分采取防止机械损伤的措施。封闭母线穿过防火墙及防火楼板时，应采取防火隔离措施。

8. 竖井布线

竖井布线一般适用于多层和高层建筑内强电及弱电垂直干线的敷设。

竖井的位置和数量应根据建筑物高度、系统要求、供电半径、建筑物的变形缝设置和防火分区等因素确定。选择竖井位置时，应考虑下列因素：

(1) 靠近用电负荷中心。

(2) 不得和电梯井、其他专业管道井共用同一竖井。

(3) 不应邻近烟道，热力管道及其他散热量大的场所。

(4) 在条件允许时宜避免与电梯井及楼梯间相邻。

(5) 竖井的井壁应是耐火极限不低于 1h 的非燃烧体，竖井在每层楼应设维护检修门并应开向公共走廊，其耐火等级不应低于丙级。楼层间应做防火密封隔离，电缆和绝缘线在楼层间穿钢管时，两端管口空隙应做密封隔离。

(6) 竖井大小除满足布线间隔及端子箱、配电箱布置所必需的尺寸外，并宜在箱体前留有不小于 0.8m 的操作、维护距离。竖井的进深不应小于 0.6m。

（7）竖井内高压、低压和应急电源的电气线路，相互之间应保持 0.3m 及以上的距离或采用隔离措施，且高压线设有明显标志。

（8）向电梯供电的电源线路，不应敷设在电梯井道内。除电梯的专用线路外，其他线路不得沿电梯井道敷设。

9. 地面内暗装金属槽盒布线

此方式适用于正常环境下大空间，且隔断变化多，用电设备移动性大或敷设有多种功能线路的场所，暗敷于现浇混凝土地面、楼板或楼板垫层内。

10. 消防布线

消防布线见本章第六节第十条。

本节重点：本节主要介绍建筑低压配电系统及低压配电线路的敷设要求。要确保系统中负荷的正常运行，除了电源保证之外，正确选择配电方式和低压配电线路的敷设也很重要。布线系统的选择和敷设方式的确定，主要取决于建筑物的结构、环境特征等条件和所选用电线、电缆的类型。特别注意，在民用建筑电气设计中，对于有可燃物的闷顶和封闭吊顶封闭空间内的电气布线，应采用金属导管或密闭式金属槽盒布线方式。

例 15-7 关于洁净手术部用电设计的说法错误的是：
A 应采用独立双路电源供电
B 室内的电源回路应设绝缘检测报警装置
C 手术室用电应与辅助用房用电分开
D 室内布线应采用环形布置

解析：根据《医院洁净手术部建筑技术规范》GB 50333—2013 第 11.1.2 条，洁净手术部应采用独立双路电源供电，A 选项正确。

第 11.1.9 条，洁净手术室内的电源回路应设绝缘检测报警装置，B 选项正确。

第 11.2.1 条，洁净手术室内布线不应采用环形布置，大型洁净手术部内配电应按功能分区控制，D 选项错误。

第 11.2.4 条，洁净手术室用电应与辅助用房用电分开，C 选项正确。

答案：D

例 15-8 关于电气竖井的位置，下面哪项要求错误？
A 不应和电梯井共用同一竖井
B 可与耐火、防水的其他管道共用同一竖井
C 电气竖井不应邻近烟道
D 电气竖井不应邻近潮湿的设施

解析：根据《建筑电气与智能化通用规范》GB 55024—2022 第 6.2.8 条，电气竖井的位置和数量，应根据用建筑物高度、建筑变形缝位置、防火分区、系统要求、供电回路半径等因素确定，并应符合下列规定：①不应与电梯井、其他专业管道井共用同一竖井；②不应贴邻烟道、热力管道及其他散热量大的场所。

答案：B

例 15-9 某幢住宅楼，采用 TN-C-S 三相供电，其供电电缆有几根导体？
A 三根相线，一根中性线
B 三根相线，一根中性线，一根保护线
C 一根相线，一根中性线，一根保护线
D 一根相线，一根中性线

解析：TN-C-S 方式供电系统在建筑施工临时供电中，如果前部分是 TN-C 方式供电，而施工规范规定施工现场必须采用 TN-S 方式供电系统，则可以在系统后部分现场总配电箱分出 PE 线。TN-C-S 系统的特点：供电电缆有四根导体，其中三根相线，一根中性线；总配电箱后设备用电有五根导线，其中三根相线，一根中性线，一根保护线。

答案：A

第四节 电 气 照 明

电气照明就是将电能转换为光能，用电气照明可创造一个良好的光环境，以满足建筑物的功能要求。

一、照明的基本概念

1. 光

光是一种电磁辐射能，它在空间以电磁波的形式传播。光波的频谱很宽，波长为 380～780nm（$1nm=10^{-9}m$）的光为可见光，作用于人的眼睛时能产生视觉。不同波长的光呈现不同的颜色，780～380nm 依次变化时会出现红、橙、黄、绿、青、蓝、紫七种不同的颜色。七种光混合在一起即为白色光。小于 380nm 的叫紫外线，大于 780nm 的叫红外线。

2. 光通量

光源在单位时间内向四周空间发射的、使人产生光感觉的能量，称为光通量，单位是流明（lm）。

3. 发光强度

光通量的空间密度，即单位立体角内的光通量，叫发光强度，称为光强，单位是坎德拉（cd），$1cd=1lm/sr$。

4. 亮度

发光（或反光）的物体单位面积上向视线方向发出的光通量，称为该物体的亮度，单位是坎德拉每平方米（cd/m^2）。

5. 照度

单位受光面积内的光通量，单位是勒克斯（lx），$1lx=1lm/m^2$。

6. 色温

光源发射的光的颜色与黑体在某一温度下的光色相同时，黑体的温度称为该光源的色温。符号以 T_c 表示，单位为开（K）。光线的运用无不与色温有关，色温低，红色成分多，色温高，蓝色成分多。当我们用色温来表明光源色时，它只是一种标志、符号，与实际温度无关。

7. 相关色温

黑体辐射的色度与所研究的光源色度最接近时，黑体的温度定义为该光源的相关色温。符号以 T_{cp} 表示，单位为开（K）。

8. 眩光

若视野内有亮度极高的物体或强烈的亮度对比，则可引起不舒适或造成视觉降低的现象，称为眩光。

9. 显色指数

在规定条件下，由光源照明的物体色与由标准光源照明时相比较，表示物体色在视觉上的变化程度的参数。

10. 明暗适应

当光的亮度不同时，对人的视觉器官感受性也不同，亮度有较大变化时，感受性也随着变化，这种感受性对光刺激的变化的顺应性称为适应。眼睛从暗到亮时亮度适应快，称为明适应；而从亮到暗时亮度适应慢，称为暗适应。

二、照度标准分级

0.5lx、1lx、2lx、3lx、5lx、10lx、15lx、20lx、30lx、50lx、75lx、100lx、150lx、200lx、300lx、500lx、750lx、1000lx、1500lx、2000lx、3000lx、5000lx，此标准值是指工作或生活场所，所参考平面上的维持平均照度值。当没有其他规定时，一般把室内照明的工作面假设为离地面0.75m高的水平面。

三、照明质量

良好的照明质量能最大限度地保护视力，提高工作效率，保证工作质量，为此必须处理好影响照明的几个因素。

1. 照明均匀度

它是规定工作面（参考面）上的最低照度与平均照度之比值，符号是 U_0。

（1）办公室、阅览室等工作房间，其值不应小于0.6。

（2）作业面邻近周围照度可低于作业面照度，但不低于表15-12的数值。

（3）作业面背景区域一般照明的照度不宜低于作业面邻近周围照度的1/3。

作业面区域、作业面邻近周围区域、作业面背景区域关系见图15-18。

作业面邻近周围照度　　　　表15-12

工作面照度（lx）	作业面邻近周围照度（lx）
≥750	500
500	300
300	200
≤200	与作业面照度相同

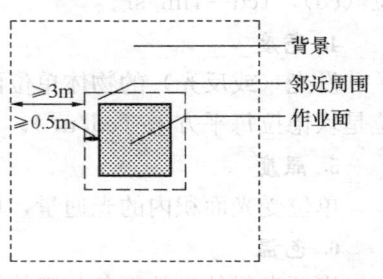

图15-18 作业面区域、邻近周围区域和背景区域之间的关系

2. 眩光限制

统一眩光值（UGR）是评价室内照明不舒适眩光的量化指标，它是度量处于视觉环境中的照明装置发出的光对人眼引起不舒适感主观反应的心理参量，UGR 值可分为 28、25、22、19、16、13、10 七档值。28 为刚刚不可忍受，25 为不舒适，22 为刚刚不舒适，19 为舒适与不舒适的界限，16 为刚刚可接受，13 为刚刚感觉到，10 为无眩光感觉。在《建筑照明设计标准》GB 50034 中多数采用 25、22、19 的 UGR 值。

眩光分为直接眩光和反射眩光。长期工作或停留的房间或场所，为限制视野内过高亮度或亮度对比引起的直接眩光，选用的直接型灯具的遮光角（图 15-19）不应小于表 15-13 的数值。

直接型灯具的遮光角 表 15-13

光源平均亮度（kcd/m²）	遮光角（°）
1～20	10
20～50	15
50～500	20
≥500	30

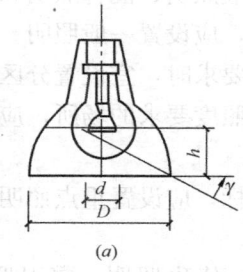 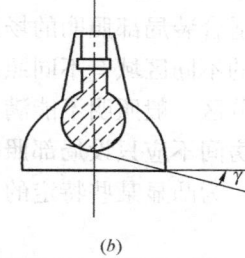 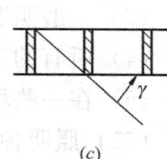

图 15-19 遮光角示意
(a) 透明玻璃壳灯泡；(b) 磨砂或乳白玻璃壳灯泡；(c) 格栅灯

3. 光源颜色

光源色表根据其相关色温分为三类，见表 15-14；光源的显色指数见表 15-15。

光源色表特征及适用场所 表 15-14

相关色温（K）	色表特征	适用场所
<3300	暖	客房、卧室、病房、酒吧……
3300～5300	中间	办公室、教室、阅览室、商场、诊室、检验室、实验室、控制室、机加工车间、仪表装配……
>5300	冷	热加工车间、高照度场所

光源的显色指数 表 15-15

显色指数分组	一般显色指数（R_a）	类属光源示例	适用场所
Ⅰ	$R_a \geq 80$	白炽灯、卤钨灯、三基色荧光灯	手术室、营业厅、多功能厅、科室、展厅、酒吧、办公室、教室、阅览室
Ⅱ	$60 \leq R_a < 80$	荧光灯、金属卤化物灯	自选商场、厨房
Ⅲ	$40 \leq R_a < 60$	荧光高压汞灯	库房、室外门廊
Ⅳ	$R_a < 40$	高压钠灯	室外道路照明

4. 反射比

限制反射比其目的在于使视野内的亮度分布控制在眼睛能适应的水平。

长时间工作的房间，作业面的反射比宜限制在 0.2～0.6。

长时间工作，工作房间内表面反射比宜按表 15-16 选取。

工作房间内表面反射比 表 15-16

表面名称	反射比
顶棚	0.6~0.9
墙面	0.3~0.8
地面	0.1~0.5

四、照明方式与种类

（一）照明方式

室内照明方式可分为一般照明、分区一般照明、混合照明和重点照明。

（1）不固定或不适合装局部照明的场所，应设置一般照明。

（2）同一场所内的不同区域有不同照度要求时，宜设置分区一般照明。

（3）一般照明或分区一般照明不能满足照度要求的场所，应增设局部照明。

（4）所有的工作房间不应只设局部照明。

（5）在一些场所，为凸显某些特定的目标，应设置重点照明。

（二）照明种类

照明种类可分为正常照明、应急照明、值班照明、警卫照明、景观照明和障碍照明等。

应急照明包括备用照明（供继续和暂时继续工作的照明）、安全照明和疏散照明。

（三）应急照明和照度

应急照明分为三类：备用照明、安全照明、疏散照明。

1. 备用照明

（1）应设置备用照明的场所：

1）正常照明失效可能造成重大财产损失和严重社会影响的场所；

2）正常照明失效妨碍灾害救援工作进行的场所，如消防控制室、消防水泵房、自备发电机房、配电室、防排烟机房以及发生火灾时仍需正常工作的消防设备房；

3）人员经常停留且无自然采光的场所；

4）正常照明失效将导致无法工作和活动的场所；

5）正常照明失效可能诱发非法行为的场所。

（2）当正常照明的负荷等级与备用照明负荷等级相等时可不另设备用照明。

（3）备用照明的照度标准值应符合下列规定：

1）供消防作业及救援人员在火灾时继续工作场所的备用照明，其作业面的最低照度不应低于正常照明的照度；

2）其他场所的备用照明照度标准值除另有规定外，应不低于该场所一般照明照度标准值的 10%。

（4）备用照明的设置应符合下列规定：

1）备用照明宜与正常照明统一布置；

2）当满足要求时应利用正常照明灯具的部分或全部作为备用照明；

3）独立设置备用照明灯具时，其照明方式宜与正常照明一致或相类似。

(5) 备用照明最少持续供电时间：
1) 避难疏散区域（避难层）≥180min；
2) 消防工作区域（消防控制室、电话机房、配电室、发电站、消防水泵房、防排烟机房）≥180min。

2. 安全照明
(1) 应设置安全照明的场所：
1) 人员处于非静止状态且周围存在潜在危险设施的场所；
2) 正常照明失效可能延误抢救工作的场所；
3) 人员密集且对环境陌生时，正常照明失效易引起恐慌骚乱的场所；
4) 与外界难以联系的封闭场所。
(2) 安全照明的照度标准值应符合下列规定：
1) 医院手术室、重症监护室应维持不低于一般照明照度标准值的30%；
2) 其他场所不应低于该场所一般照明照度标准值的10%，且不应低于15lx。
(3) 安全照明的设置应符合下列规定：
1) 应选用可靠、瞬时点燃的光源；
2) 应与正常照明的照射方向一致或相类似并避免眩光；
3) 当光源特性符合要求时，宜利用正常照明中的部分灯具作为安全照明；
4) 应保证人员活动区获得足够的照明需求，而无须考虑整个场所的均匀性。
当在一个场所同时存在备用照明和安全照明时，宜共用同一组照明设施并满足二者中较高负荷等级与指标的要求。

3. 疏散照明（含疏散照明灯和疏散指示标志灯）
(1) 应设置疏散照明的场所。
住宅、民用建筑、厂房和丙类仓库的下列部位，应设置疏散应急照明：
1) 开敞式疏散楼梯间、封闭楼梯间、防烟楼梯间及其前室、消防电梯间的前室或合用前室、避难走道、避难层（间）；
2) 观众厅、展览厅、多功能厅和建筑面积超过200m²的营业厅、餐厅、演播室等人员密集的场所；建筑面积超过406m²的办公场所、会议场所；
3) 建筑面积大于100m²的地下或半地下公共活动场所；
4) 公共建筑中的疏散走道；
5) 人员密集的厂房内的生产场所及疏散走道；
6) 歌舞娱乐、放映游艺厅等场所。
(2) 疏散照明的照度标准值应符合下列规定：
1) 对于疏散走道，有人值守的消防设备用房不应低于1.0lx；
2) 对于人员密集场所、避难层（间），不应低于3.0lx；
3) 对于楼梯间、前室或合用前室、避难走道，不应低于5.0lx；
4) 对于人员密集场所、老年人照料设施、病房楼或手术部内的楼梯间、前室或合用前室、避难走道、屋顶停机坪等不应低于10.0lx。
(3) 疏散照明的设置应符合下列规定：
1) 疏散照明灯应设置在墙面或顶棚上。

2）疏散指示标志灯在顶棚安装时，不应采用嵌入式安装方式。安全出口标志灯，应安装在疏散口的内侧上方，底边距地不宜低于 2.0m；疏散走道的方向标志灯具，应在走道及转角处离地面 1.0m 以下墙面上、柱上或地面上设置，采用顶装方式时，底边距地宜为 2.0~2.5m。

3）设在墙面上、柱上的疏散指示标志灯具间距在直行段为垂直视觉时不应大于 20m，侧向视觉时不应大于 10m；对于袋形走道，不应大于 10m。

4）交叉通道及转角处宜在正对疏散走道中心的垂直视觉范围内安装，在转角处安装时距角边不应大于 1m。

5）设在地面上的连续视觉方向标志灯具之间的间距不宜大于 3m。

（4）疏散照明和疏散指示标识连续供电时间：

1）建筑高度大于 100m 的民用建筑，不应小于 1.5h；

2）医疗建筑、老年人照料设施、总建筑面积大于 100000m^2 的公共建筑和总建筑面积大于 20000m^2 的地下、半地下建筑，不应少于 1.0h；

3）其他建筑，不应少于 0.5h。

（四）其他照明

1. 值班照明

可利用正常照明中能单独控制的一部分或备用照明的一部分或全部。

2. 警卫照明

有警戒任务的场所，应根据警戒范围的需要装设警卫照明。

3. 景观照明

灯光的设置应能表现建筑物或构筑物的特征，并能显示出建筑的立体感。景观照明通常采用泛光灯。一般可采用在建筑物自身或在相邻建筑物上设置灯具的布灯方式；或是将两种方式相结合。也可以将灯具设置在地面绿化带中。整个建筑物或构筑物受光面的上半部的平均亮度宜为下半部的 2~4 倍。

4. 障碍照明

航空障碍标志灯的装设应符合下列要求：

（1）航空障碍标志灯的水平安装间距不宜大于 52m；垂直安装自地面以上 45m 起，以不大于 52m 的等间距布置。

（2）应装设在建筑物或构筑物的最高部位。当制高点平面面积较大或为建筑群时，除在最高端装设障碍标志灯外，还应在其外侧转角的顶端分别设置。

（3）在烟囱顶上设置障碍标志灯时宜将其安装在低于烟囱口 1.5~3m 的部位并成三角水平排列。

5. 路灯照明

室外照明主要是路灯照明，光源宜采用高压汞灯、高压钠灯、节能灯等。路灯伸出路牙宜为 0.6~1.0m，路灯的水平线上的仰角宜为 5°，路面亮度不宜低于 1cd/m^2。路灯安装高度不宜低于 4.5m，路灯杆间距为 25~30m，进入弯道处的灯杆间距应适当减小。路灯的照度均匀度（最小照度与最大照度之比）宜为 1：10~1：15 之间。住宅区道路的平均照度为 1~2lx。

庭院灯的高度可按 0.6B（单侧布灯时）~12B（双侧对称布灯时）选取，但不宜高于 3.5m，庭院灯杆间距为 15~25m，其中，B 为道路宽度。

五、光源及灯具

（一）光源

照明常用的光源目前基本上有两大类，一类是热辐射光源，如白炽灯、卤钨灯；另一类是气体放电光源，如荧光灯、高压汞灯、钠灯、金属卤化物灯等。近年来半导体照明技术快速发展，由于产品尚未成熟，目前发光二极管灯还不是室内照明应用中的主流照明产品。

光源的确定，应根据使用场所的不同，合理地选择光源的光效、显色性、寿命、启燃时间和再启燃时间等光电特性指标，以及环境条件对光源光电参数的影响。

1. 白炽灯

白炽灯能迅速点燃，不需要启动时间，能频繁开关，显色指数高，$95<R_a<100$，有良好的调光性能，防止电磁波干扰，光效低（40W 的灯泡 8.81m/W），寿命短（平均 1000h）。主要用于对电磁干扰有严格要求且其他光源无法满足的特殊场所。

2. 荧光灯

广泛使用于工业和民用建筑照明设计中。

（1）普通荧光灯。光效比白炽灯高（40W 的灯管 50lm/W），显色性较好，$60<R_a<72$，寿命长（平均 5000h）。RR 型为日光色（色温为 6500K），RL 型为冷白色（色温 4000K），RN 型为暖白色（色温 3000K）。

（2）三基色荧光灯。光效高（100lm/W），显色性好，$R_a>80$，色温高（3200~5000K），寿命长（12000~15000h）。通常情况下，灯具安装高度低于 8m 的房间，宜采用细管直管形三基色荧光灯。

3. 金属卤化物灯

如日光色镝灯，光效高（72lm/W），显色性好，$65<R_a<90$，色温高（5000~7000K），寿命长（5000~10000h）。用于体育场(馆)、广场、街道、大型建筑物、展览馆等。

4. 钠灯

光效高（100~140lm/W），寿命长（12000~24000h），光色柔和，体积小，透雾性强，辨色能力差，$R_a=23/60/85$，色温低（2100K）。广泛使用于公路、街道、车站、住宅区、商业中心、货场、矿区等辨色要求不高的高大空间。

（二）灯具

<u>不包括光源在内的配照器及附件</u>。灯具的作用有以下几点：

（1）对光源发出的光通量进行再分配；

（2）保护和固定光源；

（3）装饰美化环境。

灯具可分为吸顶式灯、嵌入式灯、悬挂式灯、花灯、壁灯、防潮灯、防爆灯、水下灯等。

（三）灯具的选择

优先选用直射光通比例高、控光性能合理的高效灯具。

（1）室内用直管型荧光灯灯具，开敞式不低于 75%，有透明保护罩不低于 70%，装有遮光格栅时不低于 65%。室外灯具不应低于 40%，但室外投光灯灯具的效率不宜低于55%。

(2) 根据使用场所不同，采用控光合理的灯具，如多平面反光镜定向射灯、蝙蝠翼式配光灯具、块板式高效灯具等。

(3) 选用控光器变质速度慢、配光特性稳定、反射和透射系数高的灯具。

(4) 灯具的结构和材质应易于维护清洁和更换光源。

(5) 利用功率消耗低、性能稳定的灯具附件。

（四）照明节能

照明节能应该是在满足规定的照度和照明质量要求的前提下进行考核，采用一般照明的照明功率密度值（LPD）作为建筑节能评价指标，单位为 W/m^2。在《建筑照明设计标准》GB 50034 中规定了不同建筑中的不同房间或场所的照明功率密度限值。

1. 一般规定

(1) 应在满足规定的照度水平和照明质量要求的前提下，进行照明节能评价。

(2) 照明节能应采用一般照明的照明功率密度值（LPD）作为评价指标。

(3) 照明设计的房间或场所的照明功率密度应满足《建筑节能与可再生能源利用通用规范》GB 55015—2021 第 3.3.7 条规定的限值的要求。

2. 电气照明的节能设计

(1) 建筑照明应采用高光效光源、高效灯具和节能器材。

(2) 照明功率密度值（LPD）宜满足现行国家标准《建筑节能与可再生能源利用通用规范》GB 55015—2021 的规定，体育建筑中的场地照明宜满足现行行业标准《体育建筑电气设计规范》JGJ 354 的规定。

(3) 光源的选择应符合下列规定：

1) 民用建筑不应选用白炽灯和自镇流荧光高压汞灯，一般照明的场所不应选用荧光高压汞灯；

2) 一般照明在满足照度均匀度的前提下，宜选择单灯功率较大、光效较高的光源；在满足识别颜色要求的前提下，宜选择适宜色度参数的光源；

3) 高大空间和室外场所的光源选择应与其安装高度相适应：灯具安装高度不超过 8m 的场所，宜采用单灯功率较大的直管荧光灯，或采用陶瓷金属卤化物灯及 LED 灯；灯具安装高度超过 8m 的室内场所宜采用金属卤化物灯或 LED 灯；灯具安装高度超过 8m 的室外场所宜采用金属卤化物灯、高压钠灯或 LED 灯；

4) 走道、楼梯间、卫生间和车库等无人长期逗留的场所宜选用三基色直管荧光灯、单端荧光灯或 LED 灯；

5) 疏散指示标志灯应采用 LED 灯，其他应急照明、重点照明、夜景照明、商业及娱乐等场所的装饰照明等，宜选用 LED 灯；

6) 办公室、卧室、营业厅等有人长期停留的场所，当选用 LED 灯时，其相关色温不应高于 4000K。

(4) 气体放电灯应单灯采用就地无功补偿方式，补偿后功率因数不应低于 0.9。

(5) 灯具的选择应符合下列规定：

1) 在满足眩光限制和配光要求的条件下，应选用效率高的灯具，灯具效率不应低于现行国家标准《建筑照明设计标准》GB 50034 的相关规定，其中体育照明使用

的金属卤化物灯具的效率应符合现行行业标准《体育建筑电气设计规范》JGJ 354 的相关规定;

2) 除有装饰需要外,应选用直射光通比例高、控光性能合理的高效灯具。

(6) 照明设计所选用的光源应配置不降低光源光效和光源寿命的镇流器及相关附件。当气体放电灯选用单灯功率小于或等于 25W 的光源时,其镇流器应选用谐波含量低的产品。

(7) 照明控制应符合下列规定:

1) 应结合建筑使用情况及天然采光状况,进行分区、分组控制;
2) 天然采光良好的场所,宜按该场所照度要求、营运时间等自动开关灯或调光;
3) 旅馆客房应设置节电控制型总开关,门厅、电梯厅、大堂和客房层走廊等场所,除疏散照明外宜采用夜间降低照度的自动控制装置;
4) 功能性照明宜每盏灯具单独设置控制开关;当有困难时,每个开关所控的灯具数不宜多于 6 盏;
5) 走廊、楼梯间、门厅、电梯厅、卫生间、停车库等公共场所的照明,宜采用集中开关控制或自动控制;
6) 大空间室内场所照明,宜采用智能照明控制系统;
7) 道路照明、夜景照明应集中控制;
8) 设置电动遮阳的场所,宜设照度控制与其联动。

(8) 建筑景观照明应符合下列规定:

1) 建筑景观照明应至少有三种照明控制模式,平日应运行在节能模式;
2) 建筑景观照明应设置深夜减光或关灯的节能控制。

六、照度计算

照度计算的方法,通常有利用系数法、单位容量法和逐点法三种。在具体设计中,一般采用单位容量法或逐点法进行计算。单位容量计算法适用于均匀的一般照明计算;一般民用建筑和生活福利设施及环境反射条件较好的小型生产房间,可利用此法计算,生产厂房可利用此法估算。

七、电气照明系统

(1) 建筑物应设置照明供配电系统,照明配电终端回路应设短路保护、过负荷保护和接地故障保护。

(2) 严禁采用 0 类灯具,当采用 I 类灯具时,灯具的外露可导电部分应与保护接地导体可靠连接,连接处应设置接地标识。[①]

(3) 允许人员进入的水池,安装在水下的灯具应选用防触电等级为Ⅲ类的灯具,同时应

[①] 0 类灯具仅依靠基本绝缘来防护直接接触的电击,当绝缘失效使灯具外露可导电部分带电,会导致间接接触的电击。0 类灯具停止使用,就只能选用 I、Ⅱ和Ⅲ类灯具。Ⅱ类灯具是双重绝缘或加强绝缘,Ⅲ类灯具是采用安全特低电压(SELV)供电。实际应用最多的是 I 类灯具,I 类灯具除基本绝缘外,还要附加安全措施,即外露可导电部分应连接 PE 线以接地,这是防电击的有效措施。

采用安全特低电压（SELV）供电，其交流电压值不应大于12V，直流电压不应大于30V。

（4）当正常照明灯具安装高度在2.5m及以下，且灯具采用交流低压供电时，应设置剩余电流动作保护电器作为附加防护。疏散照明和疏散指示标志灯安装在2.5m及以下时，应采用安全特低电压供电。

（5）消防应急照明回路严禁接入消防应急照明系统以外的开关装置、电源插座及其他负载。

（6）设有消防控制室的公共建筑，消防疏散照明和疏散指示系统应能在消防控制室集中控制和状态监视。

（7）人员密集场所的公共大厅和主要走道的一般照明应采用感应控制；也可采用集中或区域集中控制，当集中或区域集中采用自动控制时，应具备手动控制功能。

本节重点：掌握照明配电设计的一般原则及节能要求，是2021年考试大纲提出的重点考试内容。照明的相关基础知识在以往考试是必考内容。为防止使用照明过程中的灼伤和电击事故发生，一定要了解本节第七条"电气照明系统"的各项要求。

例 15-10 关于医疗照明设计的说法错误的是：
A 医疗用房应采用高显色照明光源
B 护理单元应设夜间照明
C 病房照明应采用反射式照明
D 手术室应设防止误入的白色信号灯

解析：《综合医院建筑设计规范》GB 51039—2014 第8.6.2条，医疗用房应采用高显色照明光源，显色指数应大于或等于80，宜采用带电子镇流器的三基色荧光灯，A选项正确；第8.6.6条，护理单元走道和病房应设夜间照明，床头部位照度不应大于0.1lx，儿科病房不应大于1lx，B选项正确；第8.6.4条，病房照明宜采用间接型灯具或反射式照明，C选项正确；第8.6.7条，X线诊断室、加速器治疗室、核医学扫描室、γ照相机室和手术室等用房，应设防止误入的红色信号灯，D选项错误。

答案：D

例 15-11 下列民用建筑的场所应设置疏散照明的是：
A 180m² 的餐厅
B 180m² 的半地下公共活动场所
C 180m² 的营业厅
D 建筑高度为24m的多层住宅的楼梯间

解析：根据《建筑设计防火规范》GB 50016—2014（2018年版）第10.3.1条，除建筑高度小于27m的住宅建筑外，民用建筑、厂房和丙类仓库的下列部位应设置疏散照明：

（1）封闭楼梯间、防烟楼梯间及其前室、消防电梯间的前室或合用前室、避难走道、避难层（间）；

(2) 观众厅、展览厅、多功能厅和建筑面积大于200m²的营业厅、餐厅、演播室等人员密集的场所；
(3) 建筑面积大于100m²的地下或半地下公共活动场所；
(4) 公共建筑内的疏散走道；
(5) 人员密集的厂房内的生产场所及疏散走道。

解析：A、C选项面积不足200m²，D选项高度不足27m，三者均不需设置疏散照明。

答案：B

例15-12 照明的节能以下列哪个参数为主要依据？
A 光源的光效 B 灯具效率
C 照明的控制方式 D 照明功率密度值

解析：《建筑照明设计标准》GB 50034—2013 第6.1.2条，照明节能应采用照明功率密度值作为评价指标。

答案：D

第五节 电气安全和建筑物防雷

一、安全用电

低压配电系统遍及生活、生产的各个领域，人们随时都要与其接触。当由于某种原因其外露导电部分带电时，人们若与其接触，就有可能遭受电击，也就是常说的触电，危及人们的生命安全。为了保证电气设备上的安全，低压配电系统必须采取相应的防触电保护措施。

（一）人体触电造成的伤害程度与下列因素相关

1. 流经人体电流的大小

流经人体的电流，当交流在15~20mA以下或直流50mA以下的数值，对人身是安全的，因为对大多数人来说，可以不需要别人帮助而能自行摆脱带电体。但是，即使是这样大小的电流，如长时间流经人体，依旧是会有生命危险的。试验证明：100mA（0.1A）左右的电流流经人体时，毫无疑问是致命的。

2. 人体电阻

当人体皮肤处于干燥、洁净和无损伤的状态下，人体的电阻高达4万~10万Ω。若除去皮肤，人体电阻下降到600~800Ω。可是，人体的皮肤电阻并不是固定不变的，当皮肤处于潮湿状态，如出汗、受到损伤或带有导电性的粉尘时，则人体电阻降到1000Ω左右。当触电时，若皮肤触及带电体的面积愈大，接触愈紧密，也会使人体的电阻减小。

3. 作用于人体电压的高低

流经人体电流的大小，与作用于人体电压的高低并不成等比关系，这是因为随着电压的增高,人体表皮角质层有电解和类似介质击穿的现象发生,使人体电阻急剧下降,而导致电流迅速增大。如果人手是潮湿的,36V以上的电压就成为危险电压。

4. 电流流经人体的持续时间

即使是安全电流,若流经人体的时间过久,也会造成伤亡事故。因为随着电流在人体内持续时间的增长,人体发热出汗,人体电阻会逐渐减小,而电流随之逐渐增大。

5. 电流流经人体的途径

电流流经人体的途径,对于触电的伤害程度影响甚大,实验证明,电流从手到脚,从一只手到另一只手或流经心脏时,触电的伤害最为严重。

6. 电源的频率

频率50~60Hz的电流对人体触电伤害的程度最为严重。低于或高于这些频率时,它的伤害程度都会减轻。

7. 身心健康状态

患有心脏病、结核病、精神病、内分泌器官疾病或酒醉的人,触电引起的伤害更为严重。

8. 电流通过人体的效应

电流通过人体,会引起四肢有暖热感觉,肌肉收缩,脉搏和呼吸神经中枢急剧失调,血压升高,心室纤维性颤动,烧伤,眩晕等。

(二) 防触电保护

低压配电系统的防触电保护可分为:

1. 直接接触保护(正常工作时的电击保护)

(1) 将带电导体绝缘,以防止与带电部分有任何接触的可能。

(2) 采用遮拦和外护物的保护。

(3) 采用阻挡物进行保护,阻挡物必须防止如下两种情况之一的发生:

1) 身体无意识地接近带电部分;

2) 在正常工作中设备运行期间无意识地触及带电部分。

(4) 使设备置于伸臂范围以外的保护。

(5) 用漏电电流动作保护装置作后备保护。

2. 间接接触保护(故障情况下的电击保护)

(1) 用自动切断电源的保护(包括漏电电流动作保护),并辅以总等电位联结。

(2) 使工作人员不致同时触及两个不同电位点的保护(即非导电场所的保护)。

(3) 使用双重绝缘或加强绝缘的保护。

(4) 特低电压(SELV和PELV)。

(5) 采用电气隔离。

总等电位联结是在建筑物电源进线处,将保护干线、接地干线、总水管、采暖和空调管以及建筑物金属构件相互作电气联结。

辅助等电位联结是在某一范围内的等电位联结,包括固定式设备的所有可能同时触电的外露可导电部分和装置外可导电部分作等电位联结,可作为故障保护的附加保护措施。

3. 直接接触与间接接触兼顾的保护

宜采用安全超低压和功能超低压的保护方法来实现。

4. 特殊场所装置的安全保护

主要指澡盆、淋浴室、游泳池及其周围,由于人体电阻降低和身体接触地电位而增加电击危险的安全保护。

5. 设置剩余电流保护器

(1) 在交流系统中装设额定剩余电流不大于30mA的剩余电流保护器RCD,可用作基本保护失效和故障防护失效,以及用电不慎时的附加保护措施。

(2) 下列设备的配电线路应设置剩余电流保护器:

1) 手持式及移动式用电设备;
2) 人体可能无法及时摆脱的固定式设备;
3) 室外工作场所的用电设备;
4) 家用电器回路或插座回路;
5) 由TT系统供电的用电设备。

(3) 不能将装设RCD作为唯一的保护措施,不能为此而取消线路必需的其他保护措施。

6. 安装报警式漏电保护器

一旦切断电源,会造成事故或重大经济损失的电气装置或场所,应安装报警式漏电保护器:

(1) 公共场所的通道照明、应急照明;
(2) 消防用电梯及确保公共场所安全的设备;
(3) 用于消防设备的电源,如火灾报警装置、消防水泵、消防通道照明等;
(4) 用于防盗报警的电源;
(5) 其他不允许停电的特殊设备和场所。

7. 常见的几种插座接线

(1) 常见的几种插座接线见图15-20。

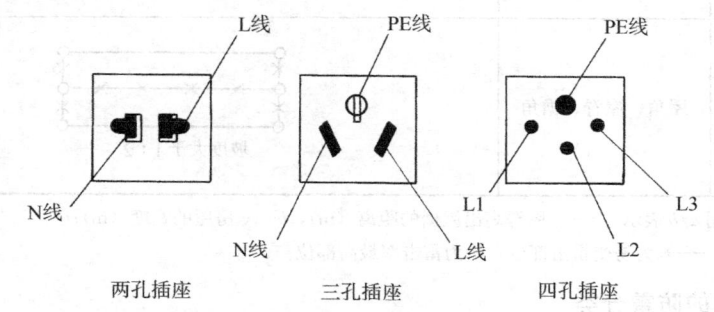

图15-20 插座接线图

(2) 为避免意外触电事故的发生,中小学、幼儿园的电源插座必须采用安全型。幼儿活动场所电源插座底边距地不应低于1.8m。

二、建筑物防雷

带负电荷的雷云在大地表面会感应出正电荷，这样雷云与大地间形成一个大的电容器，当电场强度超过大气被击穿的强度时，就发生了雷云与大地之间的放电，即常说的闪电，或者说是雷击。雷电流的幅值很大，有数千安到数百千安。而放电时间只有几十微秒。雷电流的大小与土壤电阻率、雷击点的散流电阻有关。

雷电的危害可分为三类：第一类是直击雷，即雷电直接击在建筑物、构筑物和设备上发生的电效应、机械效应和热效应；第二类是闪电感应，即雷电流产生的电磁效应和静电效应；第三类是闪电电涌侵入，即雷击中电气线路和管道，雷电流沿这些电气线路和管道引入建筑物内部。雷云的电位为1万～10万 kV。

建筑物应根据雷电防护的类别采取相应的防雷措施。

各类防雷建筑物应设防直击雷的外部防雷装置，即接闪器、引下线、接地装置，并应采取防闪电电涌侵入的措施。

建筑物易受雷击的部位，见表15-17。

建筑物易受雷击的部位　　　　　　　　　表15-17

建筑物屋面的坡度	易受雷击部位	示意图
平屋面或坡度不大于1/10的屋面	檐角、女儿墙、屋檐	平屋顶；坡度不大于1:10
坡度大于1/10，小于1/2的屋面	屋角、屋脊、檐角、屋檐	坡度大于1:10，小于1:2
坡度大于或等于1/2的屋面	屋角、屋脊、檐角	坡度大于1:2

注：1. 屋面坡度用 a/b 表示，a——屋脊高出屋檐的距离（m），b——房屋的宽度（m）；
   2. 示意图中：××为易受雷击部位，○为雷击率最高部位。

（一）建筑物的防雷分类

根据建筑物的重要性、使用性质，发生雷电事故的可能性及后果，按防雷要求分为三类。

1. 第一类防雷建筑物

在可能发生对地闪击的地区，遇到下列情况之一时，应划为第一类防雷建筑物：

（1）凡制造、使用或贮存炸药、起爆药、火工品等大量爆炸物质的建筑物，因电火花而引起爆炸，会造成巨大破坏和人身伤亡者。

(2) 具有 0 区或 20 区爆炸危险环境的建筑物。

(3) 具有 1 区或 21 区爆炸危险环境的建筑物，因电火花而引起爆炸，会造成巨大破坏和人身伤亡者。

2. 第二类防雷建筑物

(1) 高度超过 100m 的建筑物；

(2) 预计雷击次数大于 0.25 次/a 的建筑物。

3. 第三类防雷建筑物

(1) 高度超过 20m，且不高于 100m 的建筑物；

(2) 预计雷击次数大于或等于 0.05 次/a，且小于或等于 0.25 次/a 的建筑物；

(3) 在平均雷暴日大于 15d/a 的地区，高度在 15m 及以上的烟囱、水塔等孤立的高耸建筑物；在平均雷暴日小于或等于 15d/a 的地区，高度在 20m 及以上的烟囱、水塔等孤立的高耸建筑物。

(二) 建筑物的防雷保护措施

1. 第一类防雷建筑物的防雷措施

(1) 第一类防雷建筑物防直击雷的措施：①应装设独立接闪杆或架空接闪线（网）[①]；②排放爆炸危险气体、蒸汽或粉尘的放散管、呼吸阀、排风管等的管口外的空间应处于接闪器的保护范围内，等等。

(2) 第一类防雷建筑物防闪电感应的措施：建筑物内的设备、管道、构架、电缆金属外皮、钢屋架、钢窗等较大金属物和突出屋面的放散管、风管等金属物，均应接到防闪电感应的接地装置上，等等。

(3) 第一类防雷建筑物防闪电电涌侵入的措施：室外低压配电线路应全线采用电缆直接埋地敷设，在入户处应将电缆的金属外皮、钢管接到等电位连接带或防闪电感应的接地装置上，等等。

由于第一类防雷建筑物属于爆炸场所，此类建筑不属于民用建筑，考生对防雷措施简单了解即可，不再详细介绍。

2. 第二类、第三类建筑物防直击雷措施

宜采用装设在建筑物上的接闪网、接闪带或接闪杆，也可采用由接闪网、接闪带或接闪杆混合组成的接闪器。

高度超过 250m 或雷击次数大于 0.42 次/a 的第二类防雷建筑应高于第二类防雷建筑物防护措施。

(1) 当采用接闪网和接闪带保护时，接闪带应按表 15-17 装设在建筑物易受雷击的屋角、屋脊、女儿墙及屋檐等部位，接闪网格设置要求应符合下列规定：

1) 第二类防雷建筑（高度＞250m）的接闪网格不应大于 5m×5m 或 6m×4m；

2) 第二类防雷建筑的接闪网格不应大于 10m×10m 或 12m×8m；

3) 第三类防雷建筑的接闪网格不应大于 20m×20m 或 24m×16m。

(2) 当采用接闪杆保护时，接闪杆滚球法保护设置要求应符合下列规定：

[①] 外部防雷装置完全与被保护的建筑物脱离者称为独立的外部防雷装置，其接闪器称为独立接闪器。

1) 第二类防雷建筑（高度＞250m）的滚球法保护半径不应大于 30m；
2) 第二类防雷建筑的滚球法保护半径不应大于 45m；
3) 第三类防雷建筑的滚球法保护半径不应大于 60m。

(3) 引下线应设在建筑物易受雷击的部位，且应沿建筑物外轮廓均匀设置。建筑物应利用其结构钢筋或钢结构柱作为防雷装置的引下线，当无结构钢筋或钢筋柱不可利用时，应专设引下线，其根数不应少于两根。引下线间距应符合下列规定：
1) 第二类防雷建筑物（高度＞250m）专用及专设引下线的间距不应大于 12m；
2) 第二类防雷建筑物专用及专设引下线的间距不应大于 18m；
3) 第三类防雷建筑物专用及专设引下线的间距不应大于 25m。

(4) 防侧雷击措施
1) 第二类防雷建筑（高度＞250m），应将 30m 及以上外墙上的栏杆、门窗等较大金属物直接或通过预埋件与防雷装置相连，30m 及以上水平凸出的墙体应设置接闪器并与防雷装置相连。
2) 第二类防雷建筑物，应将 45m 及以上外墙上的栏杆、门窗等较大金属物直接或通过预埋件与防雷装置相连，45m 及以上水平凸出的墙体应设置接闪器并与防雷装置相连。
3) 第三类防雷建筑物，应将 60m 及以上外墙上的栏杆、门窗等较大金属物直接或通过预埋件与防雷装置相连，60m 及以上水平凸出的墙体应设置接闪器并与防雷装置相连。

3. 接闪器

(1) 接闪杆采用热镀锌圆钢或钢管制成时，其直径不应小于表 15-18 中数值。

接闪杆直径（mm） 表 15-18

条件	圆钢	钢管
杆长 1m 以下	12	20
杆长 1~2m	16	25
独立烟囱顶上的杆	20	40

(2) 接闪网和接闪带采用热镀锌圆钢或扁钢，优先采用圆钢。圆钢直径不应小于 8mm。扁钢截面不应小于 $50mm^2$，其厚度不应小于 2.5mm。

当独立烟囱上采用热镀锌接闪环时，其圆钢直径不应小于 12mm。扁钢截面不应小于 $100mm^2$，其厚度不应小于 4mm。

(3) 用铁板、铜板、铝板等做屋面的建筑物，常利用屋面做接闪器，当需要防金属板雷击穿孔时，其厚度不应小于下列数值：铁板为 4mm；铜板为 5mm；铝板为 7mm。

4. 引下线

引下线宜采用热镀锌圆钢或扁钢。圆钢直径不应小于 8mm，扁钢截面不应小于 $50mm^2$，其厚度不应小于 2.5mm。

独立烟囱上的引下线，圆钢直径不小于 12mm。扁钢截面不应小于 $100mm^2$，扁钢厚度不应小于 4mm。

5. 接地装置

民用建筑宜优先利用钢筋混凝土中的钢筋作为接地装置，当不具备条件时，宜采用热镀锌圆钢、钢管、角钢或扁钢等金属体作人工接地极。

防直击雷的人工接地体距建筑物出入口或人行道不应小于 3m。当小于 3m 时，应采取相应的保护措施。

三、接地系统

人们使用的各种电气装置和电气系统都需取某一点的电位作为参考电位，但人、装置和电力系统运行通常都离不开大地，因此一般以大地的电位为零电位，取其作为参考电位，为此需与大地作电气连接以取得大地电位，称作接地。电气装置的接地分为功能接地和保护接地。功能接地是给配电系统提供一个参考电位并使配电系统正常和安全运行。保护接地是为降低电气装置外露导电部分在故障时的对地电压或接触电压。因此电气装置的接地必须保证电力系统正常运行和用电安全。

常见接地形式包括：①工作接地，是为了保证电力系统正常运行所需要的接地。例如中性点直接接地系统中的变压器中性点接地，其作用是稳定电网对地电位，从而可使对地绝缘能力降低。②防雷接地，是针对防雷保护的需要而设置的接地。例如避雷针（线）、避雷器的接地，目的是使雷电流顺利导入大地，以利于降低雷过电压，故又称过电压保护接地。③保护接地，也称安全接地，是为了人身安全而设置的接地，即电气设备外壳（包括电缆皮）必须接地，以防外壳带电危及人身安全。

1. 一般规定

（1）交流电气装置的接地应能满足电力系统运行要求，并在故障时保证人身和电气装置的安全。

（2）除另有要求外，接地系统应采用共用接地装置，共用接地装置电阻值应满足各种接地的最小电阻值的要求。

2. 低压配电系统的接地形式

（1）低压配电系统的接地形式可分为 TN、TT、IT 三种类型，其中 TN 系统又可分为 TN-C、TN-S 与 TN-C-S 三种形式（见图 15-13～图 15-17）。

（2）下列金属部分不应作为保护接地导体（PE）：

1）民用建筑中电气设备的外界可导电部分不得作为保护接地导体（PE）；除国家现行产品标准允许外，电气设备外露可导电部分不得用作保护接地导体（PE）；

2）金属水管；

3）含有气体、液体、粉末等物质的金属管道；

4）柔性或可弯曲的金属导管；

5）柔性的金属部件；

6）支撑线、电缆桥架、金属保护导管。

（3）单独敷设的保护接地导体（PE）最小截面面积应符合：

1）在有机械损伤保护时，铜导体不应小于 $2.5mm^2$；

2）无机械损伤保护时，铜导体不应小于 $4mm^2$，铝导体不应小于 $16mm^2$。

3. 智能化系统的接地

（1）当智能化系统由 TN 交流配电系统供电时，应采用 TN-S 或 TN-C-S 接地系统。

（2）智能化系统及机房内的电气设备和智能化设备的外露可导电部分、外界可导电部分、建筑物金属结构应等电位联结并接地。

(3) 智能化系统单独设置的接地线应采用截面面积不小于 25mm² 的铜材。

4. 接地装置

接地装置是指埋设在地下的接地电极与由该接地电极到设备之间的连接导线的总称。

(1) 接地极应利用自然接地体，并应采用不少于两根导体在不同地点连接。当自然接地体不满足设计要求时，应补做人工接地极。

(2) 不得利用输送可燃液体、可燃气体或爆炸性气体的金属管道作为电气设备的保护接地导体（PE）和接地极。

(3) 接地装置中采用不同材料时，应考虑电化学腐蚀的影响。

(4) 铝导体不应作为埋设于土壤中的接地极、接地导体和连接导体。

四、等电位联结

1. 等电位联结作用

工程中通过总等电位联结端子板将进线配电箱的 PE 母排、公共设施的金属管道、建筑物的金属结构及人工接地的接地引线等互相连通，以达到降低建筑物间接接触电击的接触电压和不同金属部件间的电位差，并消除来自建筑物外经电气线路和各种金属管道引入的危险故障电压的危害，减少保护电器动作不可靠带来的危险，有利于避免外界电磁干扰和改善装置的电磁兼容性。等电位联结是保护操作及维护人员人身安全的重要措施之一。

2. 等电位联结

建筑物内的接地导体、总接地端子和下列可导电部分应实施保护等电位联结：

(1) 进出建筑物外墙处的金属管线；

(2) 便于利用的钢结构户的钢构件及钢筋混凝土结构中的钢筋。

3. 辅助等电位联结

辅助等电位的联结导体应与区域内的下列可导电部分相连接：

(1) 人员能同时触及的固定电气设备[①]的外露可导电部分和外界可导电部分；

(2) 保护接地导体；

(3) 安装非安全特低电压供电的电动阀门的金属管道。

本节重点：建筑防雷与接地内容是考试大纲要求考生了解的电气专业基本知识。根据建筑物雷电防护类别采取相应的防雷措施，是建筑物安全运行的基本保障。接地系统通常分为：工作接地、系统接地、防雷接地、保护接地等，应根据各种不同场所及电气设备用电要求，合理设置接地装置，以确保用电安全。等电位联结，在故障情况下可有效地降低接触电压值和不同金属物体间电位差，减少电击危险。

例 15-13 确定建筑物防雷分类可不考虑的因素为：

A 建筑物的使用性质

B 建筑物的空间分隔形式

---

① 固定电气设备包括电气装置，金属电动门，电热干、湿桑拿室设备，机械式停车设备等。

C 建筑物所在地点
D 建筑物的高度

解析： 依据《民用建筑电气设计标准》GB 51348—2019 第 11.2.1 条，建筑物应根据其重要性、使用性质、发生雷电事故的可能性及后果，按防雷要求进行分类。A 选项符合上述情况；同时建筑物的所在地点及建筑高度也是防雷等级分类的考虑因素，如高度超过 100m 的建筑物应划为第二类防雷建筑物；在平均雷暴日大于 15d/a 的地区，高度大于或等于 15m 的烟囱、水塔等孤立的高耸构筑物应划为第三类防雷建筑物。C、D 选项正确。

答案： B

例 15-14 哪一类埋地的金属构件可作为接地极？
A 燃气管　　　　　　　　B 供暖管
C 自来水管　　　　　　　D 钢筋混凝土基础的钢筋

解析： 接地极对埋地的金属构件有稳定性和可靠性的要求。《民用建筑电气设计标准》GB 51348—2019 第 11.8.1 条，用建筑宜优先利用钢筋混凝土基础中的钢筋作为防雷接地网。《建筑电气与智能化通用规范》GB 55024—2022 第 7.2.8 条第 3 款，不得利用输送可燃液体、可燃气体或爆炸性气体的金属管道作为电气设备的保护接地导体（PE）和接地极。

答案： D

例 15-15 浴室内哪一部分不包括在辅助保护等电位联结的范围？
A 电气装置的保护线（PE 线）
B 电气装置中性线（N 线）
C 各种金属管道
D 用电设备的金属外壳

解析： 辅助等电位联结应包括所有可同时触及的固定式设备的外露可导电部分和外部可导电部分的相互连接，仅在故障时才通过电流。电气装置中性线（N 线）是通过正常工作时的电流。

答案： B

第六节　火灾自动报警系统

火灾自动报警系统是火灾探测与消防联动控制系统的简称，是以实现火灾早期探测和报警、向各类消防设备发出控制信号并接收、显示设备反馈信号，进而实现预定消防功能为基本任务的一种自动消防设施。

一、火灾自动报警系统的组成及设置场所

1. 系统组成

火灾自动报警系统由火灾探测报警系统、消防联动控制系统、可燃气体探测报警系统及电气火灾监控系统组成。火灾自动报警系统的组成如图15-21所示。

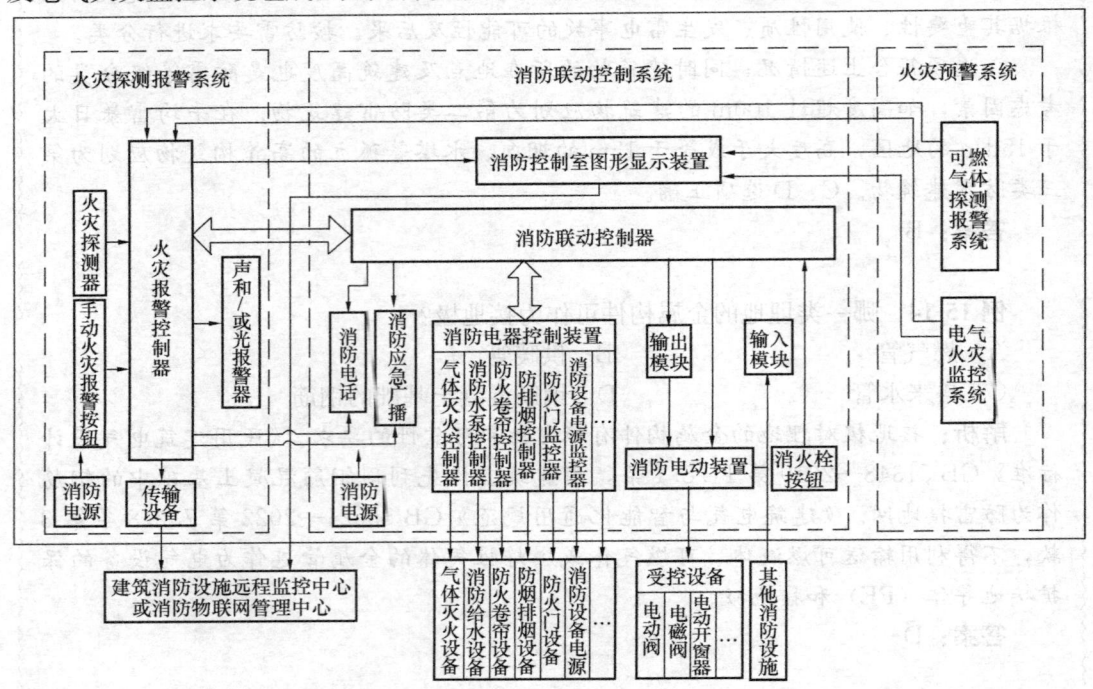

图15-21 火灾自动报警系统的组成

（1）火灾探测报警系统

火灾探测报警系统是实现火灾早期探测并发出火灾报警信号的系统，一般由火灾触发器件（火灾探测器、手动火灾报警按钮）、声和/或光警报器、火灾报警控制器等组成。

（2）消防联动控制系统

消防联动控制系统是火灾自动报警系统中，接收火灾报警控制器发出的火灾报警信号，按预设逻辑完成各项消防功能的控制系统。由消防联动控制器、消防控制室图形显示装置、消防电气控制装置（防火卷帘控制器、气体灭火控制器等）、消防电动装置、消防联动模块、消火栓按钮、消防应急广播设备、消防电话等设备和组件组成。

（3）可燃气体探测报警系统

可燃气体探测报警系统是火灾自动报警系统的独立子系统，属于火灾预警系统，由可燃气体报警控制器、可燃气体探测器和火灾声光警报器组成。

（4）电气火灾监控系统

电气火灾监控系统是火灾自动报警系统的独立子系统，属于火灾预警系统，由电气火灾监控器、电气火灾监控检测器和火灾声光警报器组成。

2. 系统设置场所

（1）下列建筑或场所应设置火灾自动报警系统：

1) 任一层建筑面积大于 1500m² 或总建筑面积大于 3000m² 的制鞋、制衣、玩具、电子等类似用途的厂房；老年人照料设施、幼儿园的儿童用房等场所；

2) 每座占地面积大于 1000m² 的棉、毛、丝、麻、化纤及其制品的仓库，占地面积大于 500m² 或总建筑面积大于 1000m² 的卷烟仓库；

3) 任一层建筑面积大于 1500m² 或总建筑面积大于 3000m² 的商店、展览、财贸金融、客运和货运等类似用途的建筑，总建筑面积大于 500m² 的地下或半地下商店；

4) 图书或文物的珍藏库，每座藏书超过 50 万册的图书馆，重要的档案馆；

5) 地市级及以上广播电视建筑、邮政建筑、电信建筑，城市或区域性电力、交通和防灾等指挥调度建筑；

6) 特等、甲等剧场，座位数超过 1500 个的其他等级的剧场或电影院，座位数超过 2000 个的会堂或礼堂，座位数超过 3000 个的体育馆；单层主体建筑超过 24m 的体育馆；

7) 大、中型幼儿园的儿童用房等场所，老年人建筑，任一层建筑面积大于 1500m² 或总建筑面积大于 3000m² 的疗养院的病房楼、旅馆建筑和其他儿童活动场所，不少于 200 床位的医院门诊楼、病房楼和手术部等；

8) 歌舞娱乐放映游艺场所；

9) 净高大于 2.6m 且可燃物较多的技术夹层，净高大于 0.8m 且有可燃物的闷顶或吊顶内；

10) 电子信息系统的主机房及其控制室、记录介质库，特殊贵重或火灾危险性大的机器、仪表、仪器设备室、贵重物品库房；

11) 二类高层公共建筑内建筑面积大于 50m² 的可燃物品库房和建筑面积大于 500m² 的营业厅；

12) 其他一类高层公共建筑；

13) 设置机械排烟、防烟系统，雨淋或预作用自动喷水灭火系统，固定消防水炮灭火系统、气体灭火系统等需与火灾自动报警系统联锁动作的场所或部位。

（2）建筑高度大于 100m 的住宅建筑，应设置火灾自动报警系统。

建筑高度大于 54m 但不大于 100m 的住宅建筑，其公共部位应设置火灾自动报警系统，套内宜设置火灾探测器。

建筑高度不大于 54m 的高层住宅建筑，其公共部位宜设置火灾自动报警系统。当设置需联动控制的消防设施时，公共部位应设置火灾自动报警系统。

高层住宅建筑的公共部位应设置具有语音功能的火灾声警报装置或应急广播。

（3）建筑内可能散发可燃气体、可燃蒸汽的场所应设置可燃气体报警装置。

火灾自动报警系统应设有自动和手动两种触发装置。

二、系统形式的选择

火灾自动报警系统根据保护对象及设立的消防安全目标不同，分为区域报警系统、集中报警系统和控制中心报警系统三种形式。

（1）仅需要报警，不需要联动自动消防设备的保护对象宜采用区域报警系统。

（2）不仅需要报警，同时需要联动自动消防设备，且只设置一台具有集中控制功能的火灾报警控制器和消防联动控制器的保护对象，应采用集中报警系统，并应设置一个消防控制室。

（3）设置两个及以上消防控制室的保护对象，或已设置两个及以上集中报警系统的保护对象，应采用控制中心报警系统。

控制中心报警系统一般适用于建筑群或体量很大的保护对象，这些保护对象中可能设置几个消防控制室，也可能由于分期建设而采用不同企业的产品或同一企业不同系列的产品，或由于系统容量限制而设置了多个起集中作用的火灾报警控制器等情况，这些情况下均应选择控制中心报警系统。

三、报警区域和探测区域的划分

1. 报警区域、探测区域的概念

报警区域：将火灾自动报警系统的警戒范围按防火分区或楼层等划分的单元。

探测区域：将报警区域按探测火灾的部位划分的单元。

2. 报警区域的划分

报警区域应根据防火分区或楼层划分；可将一个防火分区或一个楼层划分为一个报警区域，也可将发生火灾时需要同时联动消防设备的相邻机构防火分区或楼层划分为一个报警区域。

3. 探测区域的划分

（1）探测区域应按独立房（套）间划分。一个探测区域的面积不宜超过 $500m^2$；从主要入口能看清其内部且面积不超过 $1000m^2$ 的房间，也可划为一个探测区域。

（2）红外光束感烟火灾探测器和缆式线型感温火灾探测器的探测区域的长度，不宜超过100m；空气管差温火灾探测器的探测区域长度宜为20～100m。

4. 应单独划分探测区域的场所

（1）敞开或封闭楼梯间、防烟楼梯间。

（2）防烟楼梯间前室、消防电梯前室、消防电梯与防烟楼梯合用的前室、走道、坡道。

（3）电气管道井、通信管道井、电缆隧道。

（4）建筑物闷顶、夹层。

四、消防控制室

（1）具有消防联动功能的火灾自动报警系统的保护对象中应设置消防控制室。

消防控制室内设置的消防设备应包括火灾报警控制器、消防联动控制器、消防控制室图形显示装置、消防专用电话总机、消防应急广播控制装置、消防应急照明和疏散指示系统控制装置、消防电源监控器等设备，或具有相应功能的组合设备等。

（2）严禁与消防控制室无关的电气线路和管路穿过。

（3）消防控制室应有相应的竣工图纸、各分系统控制逻辑关系说明、设备使用说明书、系统操作规程、应急预案、值班制度、维护保养制度及值班记录等文件资料。

（4）消防控制室的设置应符合下列规定：

1）单独建造的消防控制室，其耐火等级不应低于二级；

2) 附设在建筑内的消防控制室，宜设置在建筑内首层或地下一层，并宜布置在靠外墙部位；

3) 不应设置在电磁场干扰较强及其他可能影响消防控制设备正常工作的房间附近；

4) 疏散门应直通室外或安全出口；

5) 消防控制室内的设备构成及其对建筑消防设施的控制与显示功能以及向远程监控系统传输相关信息的功能，应符合现行国家标准《火灾自动报警系统设计规范》GB 50116和《消防控制室通用技术要求》GB 25506的规定。

五、消防联动控制

（一）消防联动控制输出供电要求

（1）电压控制输出应采用直流24V。

（2）电源容量应满足受控消防设备同时启动且维持工作的控制容量要求。

（3）供电应满足传输线径要求，线路压降超过5%时，应采用现场设置的消防设备直流电源供电。

（4）消防联动控制器宜能控制现场设置的消防设备直流电源供电。

（二）消防设备有效动作要求

消防水泵、防烟和排烟风机的控制设备，除了采用联动控制方式外，还应在消防控制室设置手动直接控制装置。

（三）消防联动控制对象

1. 灭火设施

（1）消火栓系统

① 消火栓泵的联锁控制，应由消火栓泵出口干管的压力开关与高位水箱出口流量开关的动作信号"或"逻辑直接联锁启动消防泵，同时向消防控制室报警时，应选择带两对触点的压力开关和流量开关；否则，控制信号与报警信号之间应采取隔离措施；作用在压力开关和流量开关上的电压应采用24V安全电压；

② 消火栓泵的联动控制应由消火栓按钮的动作信号启动消火栓泵；

③ 消火栓泵手动控制，应将消火栓泵控制箱的启动、停止按钮直接连接至消防控制室手动控制盘上。

（2）自动喷水灭火系统

1）湿式自动喷水灭火系统的控制应符合下列要求：

① 湿式自动喷水灭火系统的连锁控制，应由喷淋消防泵出口干管的湿式报警阀压力开关信号作为触发信号，作用在压力开关上的电压应采用24V安全电压，并直接接于喷淋消防泵控制回路，当压力开关同时向消防控制室报警时，控制信号与报警信号之间应采取隔离措施；

② 喷淋消防泵的联动控制，应由湿式报警阀压力开关信号与一个火灾探测器或一个手动报警按钮的报警信号的"与"逻辑信号启动喷淋消防泵；

③ 喷淋消防泵手动控制，应将喷淋消防泵控制箱的启动、停止按钮直接连接至消防控制室手动控制盘上。

2）预作用自动喷水灭火系统的控制应符合下列要求：

① 预作用自动喷水灭火系统的联动控制，应由同一报警区域内两只烟感火灾探测器或一只烟感火灾探测器和一个手动报警按钮的"与"逻辑控制信号作为预作用阀组开启的触发信号，由消防联动控制器控制预作用阀组的开启，压力开关动作启动喷淋消防泵，系统由干式转变为湿式；当系统设有快速排气阀和压缩空气机时，应联动开启快速排气阀和关闭压缩空气机；

② 预作用自动喷水灭火系统的手动控制，将预作用阀组控制箱手动控制按钮、压缩空气机控制箱启停按钮和喷淋消防泵控制箱的启停按钮采用耐火控制电缆直接引至消防控制室手动控制盘上。

2. 防排烟系统

（1）防烟系统

1）加压送风机的启动应符合下列规定：

① 现场手动启动；

② 通过火灾自动报警系统自动启动；

③ 消防控制室手动启动；

④ 系统中任一常闭加压送风口开启时，加压送风机应能自动启动。

2）当防火分区内火灾确认后，应能在15s内联动开启常闭加压送风口和加压送风机，并应符合下列规定：

① 应开启该防火分区楼梯间的全部加压送风机；

② 应开启该防火分区内着火层及其相邻上下层前室及合用前室的常闭送风口，同时开启加压送风机。

（2）排烟系统

排烟风机、补风机的控制方式应符合下列规定：

① 现场手动启动；

② 火灾自动报警系统自动启动；

③ 消防控制室手动启动；

④ 系统中任一排烟阀或排烟口开启时，排烟风机、补风机自动启动；

⑤ 排烟防火阀在280℃时应自行关闭，并应连锁关闭排烟风机和补风机。

机械排烟系统中的常闭排烟阀或排烟口应具有火灾自动报警自动开启、消防控制室手动开启和现场手动开启功能，其开启信号应与排烟风机联动。当火灾确认后，火灾自动报警系统应在15s内联动开启相应防烟分区的全部排烟阀、排烟口、排烟风机和补风设施，并应在30s内自动关闭与排烟无关的通风、空调系统。

3. 防火门及防火卷帘系统

（1）疏散通道上设置的防火卷帘的联动控制设计，应符合下列规定：

1）自动控制方式。防火分区内任两只独立的感烟火灾探测器或任一只专门用于联动防火卷帘的感烟火灾探测器的报警信号联动控制防火卷帘下降至距楼板面1.8m处；任一只专门用于联动防火卷帘的感温火灾探测器的报警信号联动控制防火卷帘下降到楼板面；在卷帘的任一侧距卷帘纵深0.5~5m内应设置不少于2只专门用于联动防火卷帘的感温火灾探测器。

2）手动控制方式。由防火卷帘两侧设置的手动控制按钮控制防火卷帘的升降。

(2) 非疏散通道上设置的防火卷帘的联动控制设计，应符合下列规定：
1) 自动控制方式。由防火卷帘所在防火分区内任两只独立的火灾探测器的报警信号，作为防火卷帘下降的联动触发信号，由防火卷帘控制器联动控制防火卷帘直接下降到楼板面。
2) 手动控制方式。由防火卷帘两侧设置的手动控制按钮控制防火卷帘的升降，并应能在消防控制室内的消防联动控制器上手动控制防火卷帘的降落。

4. 电梯的联动控制

(1) 消防联动控制器应具有发出联动控制信号强制所有电梯停于首层或电梯转换层的功能。
(2) 电梯运行状态信息和停于首层或转换层的反馈信号应传送给消防控制室，轿厢内应设置能直接与消防控制室通话的专用电话。

5. 火灾警报和消防应急广播系统

(1) 火灾自动报警系统应设置火灾声光警报器，并在确认火灾后启动建筑内的所有火灾声光警报器。
(2) 未设置消防联动控制器的火灾自动报警系统，火灾声光警报器应由火灾报警控制器控制；设置消防联动控制器的火灾自动报警系统，火灾声光警报器应由火灾报警控制器或消防联动控制器控制。
(3) 火灾声光警报器单次发出火灾警报时间宜在 8～20s 之间；同时设有消防应急广播时，火灾声光警报应与消防应急广播交替循环播放。
(4) 消防应急广播系统的联动控制信号应由消防联动控制器发出。当确认火灾后，应同时向全楼进行广播。

6. 消防应急照明和疏散指示系统

(1) 集中控制型消防应急照明和疏散指示系统，应由火灾报警控制器或消防联动控制器启动应急照明控制器实现。
(2) 集中电源非集中控制型消防应急照明和疏散指示系统，应由消防联动控制器联动应急照明集中电源和应急照明分配电装置实现。
(3) 自带电源非集中控制型消防应急照明和疏散指示系统，应由消防联动控制器联动消防应急照明配电箱实现。
(4) 当确认火灾后，由发生火灾的报警区域开始，顺序启动全楼疏散通道的消防应急照明和疏散指示系统，系统全部投入应急状态的启动时间不应大于 5s。

7. 相关联动控制

(1) 消防联动控制器应具有切断火灾区域及相关区域的非消防电源的功能，当需要切断正常照明时，宜在自动喷淋系统、消火栓系统动作前切断。
(2) 火灾时可立即切断的非消防电源有：普通动力负荷、自动扶梯、排污泵、空调用电、康乐设施、厨房设施等。
(3) 火灾时不应立即切掉的非消防电源有：正常照明、生活给水泵、安全防范系统设施、地下室排水泵、客梯和 Ⅰ～Ⅲ 类汽车库作为车辆疏散口的提升机。

六、火灾探测器的选择

1. 火灾探测器的分类

火灾探测器根据其探测火灾特征参数的不同,分为以下 5 种基本类型:
(1) 感烟火灾探测器;
(2) 感温火灾探测器;
(3) 感光火灾探测器;
(4) 气体火灾探测器;
(5) 复合火灾探测器。

2. 火灾探测器的选择规定

(1) 对火灾初期有阴燃阶段,产生大量的烟和少量的热,很少或没有火焰辐射的场所,应选择感烟火灾探测器。

(2) 对火灾发展迅速,可产生大量热、烟和火焰辐射的场所,可选择感温火灾探测器、感烟火灾探测器、火焰探测器或其组合。

(3) 对火灾发展迅速,有强烈的火焰辐射和少量的烟、热的场所,应选择火焰探测器。

(4) 对火灾初期有阴燃阶段且需要早期探测的场所,宜增设一氧化碳火灾探测器。

(5) 对使用、生产或聚集可燃气体或可燃蒸气的场所,应选择可燃气体探测器。

(6) 根据保护场所可能发生火灾的部位和燃烧材料的分析,选择相应的火灾探测器(包括火灾探测器的类型、灵敏度和响应时间等),对火灾形成特征不可预料的场所,可根据模拟试验的结果选择火灾探测器。

(7) 同一探测区域内设置多个火灾探测器时,可选择具有复合判断火灾功能的火灾探测器和火灾报警控制器,提高报警时间和报警准确率的要求。

3. 点型火灾探测器的选型原则

点型感温火灾探测器的分类见表 15-19。

点型感温火灾探测器分类表　　　　　表 15-19

探测器类别	典型应用温度(℃)	最高应用温度(℃)	动作温度下限值(℃)	动作温度上限值(℃)
A1	25	50	54	65
A2	25	50	54	70
B	40	65	69	85
C	55	80	84	100
D	70	95	99	115
E	85	110	114	130
F	100	125	129	145
G	15	140	144	160

(1) 对不同高度的房间,可按表 15-20 选择点型火灾探测器。

(2) 下列场所宜选择点型感烟火灾探测器:

1) 饭店、旅馆、教学楼、办公楼的厅堂、卧室、办公室、商场、列车载客车厢等;

2) 计算机房、通信机房、电影或电视放映室等;

3) 楼梯、走道、电梯机房、车库等；

4) 书库、档案库等。

对不同高度的房间点型火灾探测器的选择　　　　表 15-20

房间高度 h (m)	点型感烟火灾探测器	感温探测器		火焰探测器
		A1	A2、B、C、D、E、F、G	
12<h≤20	不适合	不适合	不适合	适合
8<h≤12	适合	不适合	不适合	适合
6<h≤8	适合	适合	不适合	适合
h≤6	适合	适合	适合	适合

(3) 符合下列条件之一的场所，不宜选择点型离子感烟火灾探测器：

1) 相对湿度经常大于95%；

2) 气流速度大于5m/s；

3) 有大量粉尘、水雾滞留；

4) 可能产生腐蚀性气体；

5) 在正常情况下有烟滞留；

6) 产生醇类、醚类、酮类等有机物质。

(4) 符合下列条件之一的场所，不宜选择点型光电感烟火灾探测器：

1) 有大量粉尘、水雾滞留；

2) 可能产生蒸汽和油雾；

3) 高海拔地区；

4) 在正常情况下有烟滞留。

(5) 符合下列条件之一的场所，宜选择点型感温火灾探测器；且应根据使用场所的典型应用温度和最高应用温度选择适当类别的感温火灾探测器：

1) 相对湿度经常大于95%；

2) 无烟火灾；

3) 有大量粉尘；

4) 吸烟室等在正常情况下有烟或蒸汽滞留的场所；

5) 厨房、锅炉房、发电机房、烘干车间等不宜安装感烟火灾探测器的场所；

6) 需要联动熄灭"安全出口"标志灯的安全出口内侧；

7) 其他无人滞留且不适合安装感烟火灾探测器，但发生火灾时需要及时报警的场所。

(6) 可能产生阴燃火或发生火灾不及时报警将造成重大损失的场所，不宜选择点型感温火灾探测器；温度在0℃以下的场所，不宜选择定温探测器；温度变化较大的场所，不宜选择具有差温特性的探测器。

(7) 符合下列条件之一的场所，宜选择点型火焰探测器或图像型火焰探测器：

1) 火灾时有强烈的火焰辐射；

2) 液体燃烧等无阴燃阶段的火灾；

3) 需要对火焰做出快速反应。

(8) 符合下列条件之一的场所，不宜选择点型火焰探测器和图像型火焰探测器：

1) 在火焰出现前有浓烟扩散；
2) 探测器的镜头易被污染；
3) 探测器的"视线"易被油雾、烟雾、水雾和冰雪遮挡；
4) 探测区域内的可燃物是金属和无机物；
5) 探测器易受阳光、白炽灯等光源直接或间接照射；
6) 探测区域内正常情况下有高温物体的场所，不宜选择单波段红外火焰探测器；
7) 正常情况下有阳光、明火作业，探测器易受 X 射线、弧光和闪电等影响的场所，不宜选择紫外火焰探测器。

（9）下列场所宜选择可燃气体探测器：
1) 使用可燃气体的场所；
2) 燃气站和燃气表房以及存储液化石油气罐的场所；
3) 其他散发可燃气体和可燃蒸气的场所。

（10）在火灾初期产生一氧化碳的下列场所可选择点型一氧化碳火灾探测器：
1) 烟不容易对流或顶棚下方有热屏障的场所；
2) 在棚顶上无法安装其他点型火灾探测器的场所；
3) 需要多信号复合报警的场所。

（11）污物较多且必须安装感烟火灾探测器的场所，应选择间断吸气的点型采样吸气式感烟火灾探测器或具有过滤网和管路自清洗功能的管路采样吸气式感烟火灾探测器。

4. 线型火灾探测器的选择

（1）无遮挡的大空间或有特殊要求的房间，宜选择线型光束感烟火灾探测器。

（2）符合下列条件之一的场所，不宜选择线型光束感烟火灾探测器：
1) 有大量粉尘、水雾滞留；
2) 可能产生蒸汽和油雾；
3) 在正常情况下有烟滞留；
4) 固定探测器的建筑结构由于振动等原因会产生较大位移的场所。

（3）下列场所或部位，宜选择缆式线型感温火灾探测器：
1) 电缆隧道、电缆竖井、电缆夹层、电缆桥架；
2) 不易安装点型探测器的夹层、闷顶；
3) 各种皮带输送装置；
4) 其他环境恶劣不适合点型探测器安装的场所。

（4）下列场所或部位，宜选择线型光纤感温火灾探测器：
1) 除液化石油气外的石油储罐；
2) 需要设置线型感温火灾探测器的易燃易爆场所；
3) 需要监测环境温度的地下空间等场所宜设置具有实时温度监测功能的线型光纤感温火灾探测器；
4) 公路隧道、敷设动力电缆的铁路隧道和城市地铁隧道等。

（5）线型定温火灾探测器的选择，应保证其不动作温度高于设置场所的最高环境温度。

5. 吸气式感烟火灾探测器的选择

（1）下列场所宜选择吸气式感烟火灾探测器：

1) 具有高速气流的场所；
2) 点型感烟、感温火灾探测器不适宜的大空间、舞台上方、建筑高度超过12m或有特殊要求的场所；
3) 低温场所；
4) 需要进行隐蔽探测的场所；
5) 需要进行火灾早期探测的重要场所；
6) 人员不宜进入的场所。

（2）灰尘比较大的场所，不应选择没有过滤网和管路自清洗功能的管路采样式吸气感烟火灾探测器。

七、系统设备的设置

（一）探测器的具体设置部位

（1）财贸金融楼的办公室、营业厅、票证库；

（2）电信楼、邮政楼的机房和办公室；

（3）商业楼、商住楼的营业厅、展览楼的展览厅和办公室；

（4）旅馆的客房和公共活动用房；

（5）电力调度楼、防灾指挥调度楼等的微波机房、计算机房、控制机房、动力机房和办公室；

（6）广播电视楼的演播室、播音室、录音室、办公室、节目播出技术用房、道具布景房；

（7）图书馆的书库、阅览室、办公室；

（8）档案楼的档案库、阅览室、办公室；

（9）办公楼的办公室、会议室、档案室；

（10）医院病房楼的病房、办公室、医疗设备室、病历档案室、药品库；

（11）科研楼的办公室、资料室、贵重设备室、可燃物较多和火灾危险性较大的实验室；

（12）教学楼的电化教室、理化演示和实验室、贵重设备和仪器室；

（13）公寓（宿舍、住宅）的卧室、书房、起居室（前厅）、厨房；

（14）甲、乙类生产厂房及其控制室；

（15）甲、乙、丙类物品库房；

（16）设在地下室的丙、丁类生产车间和物品库房；

（17）堆场、堆垛、油罐等；

（18）地下铁道的地铁站厅、行人通道和设备间，列车车厢；

（19）体育馆、影剧院、会堂、礼堂的舞台、化妆室、道具室、放映室、观众厅、休息厅及其附设的一切娱乐场所；

（20）陈列室、展览室、营业厅、商业餐厅、观众厅等公共活动用房；

（21）消防电梯、防烟楼梯的前室及合用前室、走道、门厅、楼梯间；

（22）可燃物品库房、空调机房、配电室（间）、变压器室、自备发电机房、电梯机房；

（23）净高超过2.6m且可燃物较多的技术夹层；

（24）敷设具有可延燃绝缘层和外护层电缆的电缆竖井、电缆夹层、电缆隧道、电缆配线桥架；

（25）贵重设备间和火灾危险性较大的房间；

（26）电子计算机的主机房、控制室、纸库、光或磁记录材料库；

（27）经常有人停留或可燃物较多的地下室；

（28）歌舞娱乐场所中经常有人滞留的房间和可燃物较多的房间；

（29）高层汽车库，Ⅰ类汽车库，Ⅰ、Ⅱ类地下汽车库，机械立体汽车库，复式汽车库，采用升降梯作汽车疏散出口的汽车库（敞开车库可不设）；

（30）污衣道前室、垃圾道前室、净高超过0.8m的具有可燃物的闷顶、商业用或公共厨房；

（31）以可燃气为燃料的商业和企事业单位的公共厨房及燃气表房；

（32）其他经常有人停留的场所、可燃物较多的场所或燃烧后产生重大污染的场所；

（33）需要设置火灾探测器的其他场所。

（二）点型火灾探测器的设置要求

（1）探测区域的每个房间至少应设置一只火灾探测器。

（2）感烟火灾探测器和A1、A2、B型感温火灾探测器的保护面积和保护半径，应按表15-14确定；C、D、E、F、G型感温火灾探测器的保护面积和保护半径应根据生产企业的设计说明书确定，但不应超过表15-21的规定。

感烟火灾探测器和A1、A2、B型感温火灾探测器的保护面积和保护半径　　表15-21

火灾探测器的种类	地面面积 S（m²）	房间高度 h（m）	一只探测器的保护面积 A 和保护半径 R					
			屋顶坡度 θ					
			$\theta \leqslant 15°$		$15° < \theta \leqslant 30°$		$\theta > 30°$	
			A（m²）	R（m）	A（m²）	R（m）	A（m²）	R（m）
感烟火灾探测器	$S \leqslant 80$	$h \leqslant 12$	80	6.7	80	7.2	80	8.0
	$S > 80$	$6 < h \leqslant 12$	80	6.7	100	8.0	120	9.9
		$h \leqslant 6$	60	5.8	80	7.2	100	9.0
感温火灾探测器	$S \leqslant 30$	$h \leqslant 8$	30	4.4	30	4.9	30	5.5
	$S > 30$	$h \leqslant 8$	20	3.6	30	4.9	40	6.3

注：建筑高度不超过14m的封闭探测空间且火灾初期会产生大量的烟时，可设置点型感烟火灾探测器。

（3）一个探测区域内所需设置的探测器数量，不应小于式（15-3）的计算值：

$$N = \frac{S}{K \cdot A} \tag{15-3}$$

式中　N——探测器数量，只，N应取整数；

　　　S——该探测区域面积，m²；

　　　A——探测器的保护面积，m²；

K——修正系数,容纳人数超过 1 万人的公共场所宜取 $0.7\sim0.8$;容纳人数为 $2000\sim1$ 万人的公共场所宜取 $0.8\sim0.9$,容纳人数为 $500\sim2000$ 人的公共场所宜取 $0.9\sim1.0$,其他场所可取 1.0。

(4) 在有梁的顶棚上设置点型感烟火灾探测器、感温火灾探测器时,应符合下列规定:

1) 当梁突出顶棚的高度小于 200mm 时,可不计梁对探测器保护面积的影响;

2) 当梁突出顶棚的高度为 $200\sim600$mm 时,应据现行国家标准《火灾自动报警系统设计规范》GB 50116 中附录 F、附录 G 确定梁对探测器保护面积的影响和一只探测器能够保护的梁间区域的数量;

3) 当梁突出顶棚的高度超过 600mm 时,被梁隔断的每个梁间区域至少应设置一只探测器;

4) 当被梁隔断的区域面积超过一只探测器的保护面积时,被隔断的区域应按式 22-3 计算探测器的设置数量;

5) 当梁间净距小于 1m 时,可不计梁对探测器保护面积的影响。

(5) 在宽度小于 3m 的内走道顶棚上设置点型探测器时,宜居中布置。感温火灾探测器的安装间距不应超过 10m;感烟火灾探测器的安装间距不应超过 15m;探测器至端墙的距离不应大于探测器安装间距的一半。

(6) 点型探测器至墙壁、梁边的水平距离不应小于 0.5m。

(7) 点型探测器周围 0.5m 内不应有遮挡物。

(8) 房间被书架、设备或隔断等分隔,其顶部至顶棚或梁的距离小于房间净高的 5% 时,每个被隔开的部分至少应安装一只点型探测器。

(9) 点型探测器至空调送风口边的水平距离不应小于 1.5m,并宜接近回风口安装。探测器至多孔送风顶棚孔口的水平距离不应小于 0.5m。

(10) 当屋顶有热屏障时,点型感烟火灾探测器下表面至顶棚或屋顶的距离,应符合表 15-22 的规定。

点型感烟火灾探测器下表面至顶棚或屋顶的距离 表 15-22

探测器的安装高度 h (m)	点型感烟火灾探测器下表面至顶棚或屋顶的距离 d (mm)					
	顶棚或屋顶坡度 θ					
	$\theta \leq 15°$		$15° < \theta \leq 30°$		$\theta > 30°$	
	最小	最大	最小	最大	最小	最大
$h \leq 6$	30	200	200	300	300	500
$6 < h \leq 8$	70	250	250	400	400	600
$8 < h \leq 10$	100	300	300	500	500	700
$10 < h \leq 12$	150	350	350	600	600	800

(11) 锯齿形屋顶和坡度大于 15° 的人字形屋顶,应在每个屋脊处设置一排点型探测器,探测器下表面至屋顶最高处的距离,应符合表 15-22 的规定。

(12) 点型探测器宜水平安装。当倾斜安装时,倾斜角不应大于 45°。

(13) 在电梯井、升降机井设置点型探测器时，其位置宜在井道上方的机房顶棚上。

(14) 一氧化碳火灾探测器可设置在气体可以扩散到的任何部位。

(15) 火焰探测器和图像型火灾探测器的设置应符合下列规定：

1) 应考虑探测器的探测视角及最大探测距离，避免出现探测死角，可以通过选择探测距离长、火灾报警响应时间短的火焰探测器，提高保护面积和报警时间要求；

2) 探测器的探测视角内不应存在遮挡物；

3) 应避免光源直接照射在探测器的探测窗口；

4) 单波段的火焰探测器不应设置在平时有阳光、白炽灯等光源直接或间接照射的场所。

(16) 线型光束感烟火灾探测器的设置应符合下列规定：

1) 探测器的光束轴线至顶棚的垂直距离宜为0.3～1.0m，距地高度不宜超过20m；

2) 相邻两组探测器的水平距离不应大于14m，探测器至侧墙水平距离不应大于7m且不应小于0.5m，探测器的发射器和接收器之间的距离不宜超过100m；

3) 探测器应设置在固定结构上；

4) 探测器的设置应保证其接收端避开日光和人工光源直接照射；

5) 选择反射式探测器时，应保证在反射板与探测器间任何部位进行模拟试验时，探测器均能正确响应。

(17) 线型感温火灾探测器的设置应符合下列规定：

1) 探测器在保护电缆、堆垛等类似保护对象时，应采用接触式布置；在各种皮带输送装置上设置时，宜设置在装置的过热点附近；

2) 设置在顶棚下方的线型感温火灾探测器，至顶棚的距离宜为0.1m。探测器的保护半径应符合点型感温火灾探测器的保护半径要求；探测器至墙壁的距离宜为1～1.5m；

3) 光栅光纤感温火灾探测器每个光栅的保护面积和保护半径应符合点型感温火灾探测器的保护面积和保护半径要求；

4) 设置线型感温火灾探测器的场所有联动要求时，宜采用两只不同火灾探测器的报警信号组合；

5) 与线型感温火灾探测器连接的模块不宜设置在长期潮湿或温度变化较大的场所。

(18) 管路采样式吸气感烟火灾探测器的设置应符合下列规定：

1) 非高灵敏型探测器的采样管网安装高度不应超过16m；高灵敏型探测器的采样管网安装高度可以超过16m；采样管网安装高度超过16m时，灵敏度可调的探测器必须设置为高灵敏度，且应减小采样管长度，减少采样孔数量；

2) 探测器的每个采样孔的保护面积、保护半径应符合点型感烟火灾探测器的保护面积、保护半径的要求；

3) 一个探测单元的采样管总长不宜超过200m，单管长度不宜超过100m，同一根采样管不应穿越防火分区。采样孔总数不宜超过100，单管上的采样孔数量不宜超过25；

4) 当采样管道采用毛细管布置方式时，毛细管长度不宜超过4m；

5) 吸气管路和采样孔应有明显的火灾探测器标识；

6) 有过梁、空间支架的建筑中，采样管路应固定在过梁、空间支架上；

7)当采样管道布置形式为垂直采样时,每2℃温差间隔或3m间隔(取最小者)应设置一个采样孔,采样孔不应背对气流方向;

8)采样管网应按经过确认的设计软件或方法进行设计;

9)探测器的火灾报警信号、故障信号等信息应传给火灾报警控制器;涉及消防联动控制时,探测器的火灾报警信号还应传给消防联动控制器。

(19)感烟火灾探测器在隔栅吊顶场所的设置应符合下列规定:

1)镂空面积与总面积的比例不大于15%时,探测器应设置在吊顶下方;

2)镂空面积与总面积的比例大于30%时,探测器应设置在吊顶上方;

3)镂空面积与总面积的比例在15%~30%范围时,探测器的设置部位应根据实际试验结果确定;

4)探测器设置在吊顶上方且火警确认灯无法观察时,应在吊顶下方设置火警确认灯;

5)地铁站台等有活塞风影响的场所,镂空面积与总面积的比例在30%~70%范围内时,探测器宜同时设置在吊顶上方和下方。

(三)手动火灾报警按钮的设置

(1)每个防火分区应至少设置一只手动火灾报警按钮。从一个防火分区内的任何位置到最邻近的手动火灾报警按钮的步行距离不应大于30m。手动火灾报警按钮宜设置在疏散通道或出入口处。列车上设置的手动火灾报警按钮,应设置在每节车厢的出入口和中间部位。

(2)手动火灾报警按钮应设置在明显和便于操作的部位。当安装在墙上时,其底边距地高度宜为1.3~1.5m,且应有明显的标志。

(四)区域显示器的设置

(1)每个报警区域宜设置一台区域显示器(火灾显示盘);宾馆、饭店等场所应在每个报警区域设置一台区域显示器。当一个报警区域包括多个楼层时,宜在每个楼层设置一台仅显示本楼层的区域显示器。

(2)区域显示器应设置在出入口等明显和便于操作的部位。当安装在墙上时,其底边距地高度宜为1.3~1.5m。

(五)火灾警报器的设置

(1)火灾警报器应设置在每个楼层的楼梯口、消防电梯前室、建筑内部拐角等处的明显部位,且不宜与安全出口指示标志灯具设置在同一面墙上。

(2)每个报警区域内应均匀设置火灾警报器,其声压级不应小于60dB;在环境噪声大于60dB的场所,其声压级应高于背景噪声15dB。

(3)火灾警报器设置在墙上时,其底边距地面高度应大于2.2m。

(六)消防应急广播的设置

(1)消防应急广播扬声器的设置,应符合下列规定:

1)民用建筑内扬声器应设置在电梯前室、疏散楼梯间内、走道和大厅等公共场所;每个扬声器的额定功率不应小于3W,其数量应能保证从一个防火分区内的任何部位到最近一个扬声器的直线距离不大于25m,走道末端距最近的扬声器距离不应大于12.5m;

2)在环境噪声大于60dB的场所设置的扬声器,在其播放范围内最远点的播放声压级应高于背景噪声15dB;

3) 客房设置专用扬声器时，其功率不宜小于1.0W。
(2) 壁挂扬声器的底边距地面高度应大于2.2m。

(七) 消防专用电话的设置
(1) 消防专用电话网络应为独立的消防通信系统。
(2) 消防控制室应设置消防专用电话总机。
(3) 多线制消防专用电话系统中的每个电话分机应与总机单独连接。
(4) 电话分机或电话插孔的设置，应符合下列规定：

1) 消防水泵房、发电机房、配变电室、计算机网络机房、主要通风和空调机房、防排烟机房、灭火控制系统操作装置处或控制室、企业消防站、消防值班室、总调度室、消防电梯机房及其他与消防联动控制有关的且经常有人值班的机房应设置消防专用电话分机；消防专用电话分机应固定安装在明显且便于使用的部位，应有区别于普通电话的标识；

2) 设有手动火灾报警按钮或消火栓按钮等处宜设置电话插孔，并宜选择带有电话插孔的手动火灾报警按钮；

3) 各避难层应每隔20m设置一个消防专用电话分机或电话插孔；

4) 电话插孔在墙上安装时，其底边距地面高度宜为1.3~1.5m。

(5) 消防控制室、消防值班室或企业消防站等处，应设置可直接报警的外线电话。

八、住宅建筑火灾报警系统

1. 住宅建筑火灾报警系统分类

住宅建筑火灾报警系统可根据实际应用过程中保护对象的具体情况分为A、B、C、D四类系统，其中：

A类系统由火灾报警控制器和火灾探测器、手动火灾报警按钮、家用火灾探测器、火灾声光警报器等设备组成；

B类系统由控制中心监控设备、家用火灾报警控制器、家用火灾探测器、火灾声光警报器等设备组成；

C类系统由家用火灾报警控制器、家用火灾探测器、火灾声光警报器等设备组成；

D类系统由独立式火灾探测报警器、火灾声光警报器等设备组成。

2. 住宅建筑火灾报警系统的选择
(1) 有物业集中监控管理且设有需联动控制的消防设施的住宅建筑应选用A类系统。
(2) 仅有物业集中监控管理的住宅建筑宜选用A类或B类系统。
(3) 没有物业集中监控管理的住宅建筑宜选用C类系统。
(4) 别墅式住宅和已经投入使用的住宅建筑可选用D类系统。

3. 家用火灾探测器的设置
(1) 每间卧室、起居室内应至少设置一只感烟火灾探测器。
(2) 可燃气体探测器在厨房设置时，应符合下列规定：

1) 使用天然气的用户应选择甲烷探测器，使用液化气的用户应选择丙烷探测器，使用煤制气的用户应选择一氧化碳探测器；

2) 连接燃气灶具的软管及接头在橱柜内部时，探测器宜设置在橱柜内部；

3）甲烷探测器应设置在厨房顶部，丙烷探测器应设置在厨房下部，一氧化碳探测器可设置在厨房下部，也可设置在其他部位；
4）可燃气体探测器不宜设置在灶具正上方；
5）宜采用具有联动燃气关断阀功能的可燃气体探测器；
6）探测器联动的燃气关断阀宜为用户可以自己复位的关断阀，且宜有胶管脱落自动关断功能。

4. 家用火灾报警控制器的设置
（1）家用火灾报警控制器应独立设置在每户内且应设置在明显和便于操作的部位。当安装在墙上时，其底边距地高度宜为 1.3~1.5m。
（2）具有可视对讲功能的家用火灾报警控制器宜设置在进户门附近。

九、系统供电

（一）一般规定
（1）火灾自动报警系统，应由主电源和直流备用电源供电。当系统的负荷等级为一级或二级负荷供电时，主电源应由消防双电源配电箱引来，直流备用电源宜采用火灾报警控制器的专用蓄电池组或集中设置的蓄电池组。当直流备用电源为集中设置的蓄电池时，火灾报警控制器应采用单独的供电回路，并应保证在消防系统处于最大负载状态下不影响报警控制器的正常工作。
（2）消防联动控制设备的直流电源电压，应采用 24V 安全电压。
（3）建筑物（群）的消防末端配电箱应设置在消防水泵房、消防电梯机房、消防控制室和各防火分区的配电小间内；各防火分区内的防排烟风机、消防排水泵、防火卷帘等可分别由配电小间内的双电源切换箱放射式、树干式供电。
（4）消防水泵、消防电梯、消防控制室等的两个供电回路，应由变电所或总配电室放射式供电。

（二）系统接地
（1）火灾自动报警系统接地装置的接地电阻值应符合下列规定：
1）采用共用接地装置时，接地电阻值不应大于 1Ω；
2）采用专用接地装置时，接地电阻值不应大于 4Ω。
（2）消防控制室内的电气和电子设备的金属外壳、机柜、机架、金属管、槽等应采用等电位连接。
（3）由消防控制室接地板引至各消防电子设备的专用接地线应选用铜芯绝缘导线，其线芯截面面积不应小于 $4mm^2$。
（4）消防控制室接地板与建筑接地体之间应采用线芯截面面积不小于 $25mm^2$ 的铜芯绝缘导线连接。

十、布线
（1）火灾自动报警系统的传输线路和 50V 以下供电的控制线路，应采用电压等级不低于交流 300/500V 的铜芯绝缘导线或铜芯电缆。采用交流 220/380V 的供电和控制线路应采用电压等级不低于交流 450/750V 的铜芯绝缘导线或铜芯电缆。

(2) 火灾自动报警系统的供电线路、消防联动控制线路应采用耐火铜芯电线电缆,报警总线、消防应急广播和消防专用电话等传输线路应采用阻燃或阻燃耐火电线电缆。

(3) 消防线路暗敷设时,应采用金属管、可挠(金属)电气导管或 B_1 级以上的刚性塑料管保护,并应敷设在不燃烧体的结构层内,且保护层厚度不宜小于 30mm;线路明敷设时,应采用金属管、可挠(金属)电气导管或金属封闭线槽保护。矿物绝缘类不燃性电缆可直接明敷。

十一、高度大于 12m 的空间场所的火灾自动报警系统

(1) 高度大于 12m 的空间场所宜同时选择两种以上火灾参数的火灾探测器。

(2) 火灾初期产生大量烟的场所,应选择线型光束感烟火灾探测器、管路吸气式感烟火灾探测器或图像型感烟火灾探测器。

(3) 线型光束感烟火灾探测器的设置应符合下列要求:
1) 探测器应设置在建筑顶部;
2) 探测器宜采用分层组网的探测方式;
3) 建筑高度不超过 16m 时,宜在 6~7m 增设一层探测器;
4) 建筑高度超过 16m 但不超过 26m 时,宜在 6~7m 和 11~12m 处各增设一层探测器;
5) 由开窗或通风空调形成的对流层在 7~13m 时,可将增设的一层探测器设置在对流层下面 1m 处;
6) 分层设置的探测器保护面积可按常规计算,并宜与下层探测器交错布置。

本节重点:了解火灾自动报警系统的组成、工作原理及消防联动控制对象。应注重"消"和"防"。"消"意指发生火灾之后,要保障消防设备可靠工作,进行灭火,主要内容包括消防电源的可靠性(接线方式)、消防配电线路选择与敷设、消防配电箱和控制箱的安装及消防用电设备的选择;"防"意指非消防负荷配电线路的选择与敷设,应保证自身不易发生火灾,一旦建筑物发生火灾,非消防负荷配电线路被燃烧时,应产生少量烟气和毒性以保证人员疏散,同时防止火灾蔓延、火势扩大。

例 15-16 在火灾发生时,下列消防用电设备中需要在消防控制室进行手动直接控制的是:

A 消防电梯   B 防火卷帘门
C 应急照明   D 防烟排烟机房

解析:《火灾自动报警系统设计规范》GB 50116—2013 第 4.5.3 条,防烟系统、排烟系统的手动控制方式,应能在消防控制室内的消防联动控制器上手动控制送风口、电动挡烟垂壁、排烟口、排烟窗、排烟阀的开启或关闭及防烟风机、排烟风机等设备的启动或停止;防烟、排烟风机的启动、停止按钮应采用专用线路直接连接至设置在消防控制室内的消防联动控制器的手动控制盘,并应直接手动控制防烟、排烟机的启动、停止。

此条规定了在消防控制室防排烟系统的手动控制方式的联动设计要求。

答案:D

例 15-17 在下列关于消防用电的叙述中哪个是错误的?

A 一类高层建筑消防用电设备的供电,应在最末一级配电箱处设置自动切换装置

B 一类高层建筑的自备发电设备,应设有自动启动装置,并能在 60s 内供电

C 消防用电设备应采用专用的供电回路

D 消防用电设备的配电回路和控制回路宜按防火分区划分

解析: 根据《建筑电气与智能化通用规范》GB 55024—2022 第 3.1.1 条,表 3.1.1 规定,一类高层建筑的消防负荷为一级负荷。《民用建筑电气设计标准》GB 51348—2019 第 13.7.4 条第 3 款 消防用电负荷等级为一级负荷时,应由双重电源的两个低压回路或一路市电和一路自备应急电源的两个低压回路在最末一级配电箱自动转换供电。A 选项正确。第 6.1.8 条,发电机组的自启动与并列运行应符合下列规定:用于应急供电的发电机组平时应处于自启动状态。当市电中断时,低压发电机组应在 30s 内供电,高压发电机组应在 60s 内供电。B 选项错误。第 13.7.10 条,消防用电设备配电系统的分支干线宜按防火分区划分,分支线路不宜跨越防火分区。D 选项正确。《建筑设计防火规范》GB 50016—2014(2018 年版)第 10.1.6 条,消防用电设备应采用专用的供电回路。C 选项正确。

答案: B

例 15-18 当高层建筑内的客梯兼作消防电梯时,应符合防灾设置标准,下列哪项措施不符合要求?

A 发现灾情后,客梯应能迅速停落在最近的楼层

B 客梯应具有防灾时工作程序的转换装置

C 正常电源转换为防灾系统电源对,消防电梯应能及时投入

D 电梯轿厢内应设置与消防控制室的直通电话

解析:《民用建筑电气设计标准》GB 51348—2019 第 9.3.7 条,当二类高层住宅中的客梯兼作消防电梯时,应符合消防装置设置标准,并应采用下列相应的应急操作。①客梯应具有消防工作程序的转换装置;②正常电源转换为消防电源时,消防电梯应能及时投入;③发现灾情后,客梯应能迅速停落至首层或事先规定的楼层。第 9.3.9 条,消防电梯应设置与消防控制室的直通电话。因此,选项 A 是错误的,其他三个选项正确。

答案: A

第七节 建筑智能化系统

一、系统组成及功能要求

建筑智能化系统应根据工程类型、规模、使用需要等,由下列一个或多个系统组成。

1. **信息化应用系统**

包括公共服务系统、智能卡系统、物业管理系统、信息设施运行管理系统、信息安全管理系统、通用业务系统、专业业务系统、满足相关应用功能的其他信息化应用系统等。

信息化应用系统应具有满足建筑物信息化管理的需要，提供建筑业务运营支撑和保障的功能。

2. **智能化集成系统**

包括智能化信息集成（平台）系统、集成信息应用系统。

智能化集成系统具有系统运行、物业运营及管理等采用智能化信息资源共享的功能。

3. **信息设施系统**

系统组成分项包括信息接入系统、布线系统、移动通信室内信号覆盖系统、卫星通信系统、用户电话交换系统、无线对讲系统、信息网络系统、有线电视系统、卫星电视接收系统、公共广播系统、会议系统、信息导引及发布系统、时钟系统、满足需要的其他信息设施系统等。

信息设施系统具有对建筑内外相关的语音、数据、图像和多媒体等形式的信息予以接受、交换、传输、处理、存储、检索和显示等功能。

4. **建筑设备管理系统**

包括建筑设备监控系统、建筑能效监管系统等。

建筑设备管理系统具有建筑设备运行监控信息互为关联和共享的功能，应实现对节约资源、优化环境质量管理的功能。

5. **公共安全系统**

包括火灾自动报警系统、安全防范系统［入侵报警系统、视频安防监控系统、出入口控制系统、电子巡视系统、访客对讲系统、停车库（场）管理系统、安全防范综合管理（平台）］、应急响应系统、其他特殊要求的技术防范系统等。

公共安全系统具有对建筑内发生危害人们生命和财产安全的各种突发事件，建立应急及长效的技术防范保障体系的功能。突发事件包括火灾、非法入侵、自然灾害、重大安全事故等。

6. **机房工程**

智能化系统机房包括信息接入机房、有线电视前端机房、信息设施系统总配线机房、智能化总控室、信息网络机房、用户电话交换机房、消防控制室、安防监控中心、应急响应中心和智能化设备间（弱电间）、其他所需的智能化设备机房等。

机房设计包括建筑（含室内装饰）、结构、通风和空调、配电、照明、接地、防静电、安全、机房综合管理系统等，这些基础条件应当安全、可靠、高效运行，并且便于维护，才能保证各智能化系统的正常运行。

机房工程为各智能化系统设备及装置提供安全、可靠和高效运行及便于维护的基础条件设施。

上述智能化系统，有些是根据国家规范要求设置的，如火灾自动报警系统等；有些是根据建设者需求设置的，如智能化集成系统等；所以建筑智能化系统的建设除国家规范规定必须设置的系统外，其他系统的建设可按建设者需求设置。

二、智能化系统设计

1. 信息设施系统

（1）信息接入系统设计应符合下列规定：

1) 信息接入系统应具有将建筑物内所需的公共信息网及专用信息接入的功能,通信网、有线电视网接入有需求的建筑物内,并合理配置信息接入设施用房。

2) 在公用电信网络已实现光纤传输的地区,信息设施工程必须采用光纤到用户或光纤到用户单元的方式建设。

（2）建筑物应设置信息网络系统。信息网络系统应满足建筑使用功能、业务需求及信息传输的要求,并应配置信息安全保障设备及网络安全管理系统。

（3）通信系统设计应符合下列规定：

1) 公共建筑应配套建设与通信规划相适应的公共通信设施；

2) 公共移动信号应覆盖至建筑物的地下公共空间、客梯轿厢内。

（4）有线电视系统设计应符合下列规定：

1) 自设前端的用户应设置节目源监控设施；

2) 有线电视系统终端输出电平应满足用户接收设备对输入电平的要求。

（5）公共广播系统设计应符合下列规定：

1) 公共广播系统应具有实时发布语音广播的功能,当公共广播系统有多种语言广播用途时,应有一个广播传声器处于最高广播优先级。

2) 紧急广播应具有最高级别的优先权。紧急广播备用电源的连续供电时间应与消防疏散指示标识照明备用电源的连续供电时间一致。

3) 公共广播系统应能在手动或警报信号触发的 10s 内,向相关广播区播放警示信号（含警笛）、警报语音或实时指挥语声。

4) 以现场环境噪声为基准,紧急广播的信噪比应等于或大于 12dB。

（6）厅堂扩声系统设计应符合下列规定：

1) 厅堂扩声系统对服务区以外有人员活动区域不应造成环境噪声污染；

2) 扬声器系统,必须有可靠的安全保障措施,且不应产生机械噪声。

（7）会议讨论系统和会议同声传译系统应具备火灾自动报警联动功能。

2. 建筑设备管理系统

（1）建筑设备管理系统设计应符合下列规定：

1) 应支持开放式系统技术；

2) 应具备系统自诊断和故障部件自动隔离、自动唤醒、故障报警功能及自动监控功能；

3) 应具备参数超限报警和执行保护动作的功能,并反馈其动作信号；

4) 建筑设备管理系统与其他建筑智能化系统关联时,应配置与其他建筑智能化系统的通信接口。

（2）设有建筑设备管理系统的地下管理车库应设置与排风设备联动的一氧化碳浓度监测装置。

（3）当通风空调系统采用电加热器时,建筑设备管理系统应具有对电加热器与送风机连锁,电加热器设无风断电、超温断电保护及报警装置的监控功能；并具有对相应风机系统延时运行后再停机的监控功能。

（4）建筑能效监管系统的设置不应影响用能系统与设备的功能，不应降低用能系统与设备的技术指标。

（5）建筑设备管理系统应建立信息数据库，并应具备根据需要形成运行记录的功能。

3. 公共安全系统

（1）消防水泵、防烟和排烟风机应采用联动/连锁控制方式，还应在消防控制室设置手动控制消防水泵启动装置。

（2）消防控制室应预留向上级消防控制中心报警的通信接口。

（3）安防监控中心应具有防止非正常进入的安全防护措施及对外的通信功能，且应预留向上级接处警中心报警的通信接口。

（4）安防监控中心应采用专用回路供电，安全防范系统应按其负荷等级供电。

（5）安全防范系统应具有防破坏的报警功能；安全防范系统的线缆应敷设在导管或电缆槽盒内。

（6）出入口控制系统、停车库（场）管理系统应能接收消防联动控制信号，并应具有解除门禁控制的功能。

（7）视频监测摄像机的探测灵敏度应与监控区域的环境最低照度相适应。

（8）公共建筑自动扶梯上下端口处，应设视频监控摄像机。

本节重点： 了解智能化系统的基本概念，是2021年考试大纲的新增内容。在这一节中，介绍了智能化系统的组成、各组成分项的功能及设计的通用规范要求。公共安全系统包括火灾自动报警系统、安全防范系统、应急响应系统、其他特殊要求的技术防范系统等。其中火灾自动报警系统、安全防范系统的设计及应用，是一项政策性很强、技术性复杂，同时涉及人身和财产安全的工作。考生应该熟悉《火灾自动报警系统设计规范》GB 50116、《建筑设计防火规范》GB 50016等各种类型的单项建筑设计规范的规定。

智能系统机房工程设计通用要求与强电的设备机房一致，但要注意，由于强电对弱电的电磁干扰，强、弱电机房不应靠得太近。

例15-19 高度为150m的一类高层公共建筑，其安全防范系统负荷供电要求是：

A 三个独立电源　　　　　　B 两个独立电源
C 两个回路　　　　　　　　D 单回路

解析： 依据民用建筑主要用电负荷分级标准，安全防范系统负荷在高度为150m及以上的一类高层公共建筑、一类高层建筑、二类高层建筑中负荷等级分别为特级、一级和二级。本题负荷等级为特级，需要三个独立电源供电。

答案： A

例15-20 下面哪项规定不符合对于安全防范监控中心的要求？

A 不应与消防、建筑设备监控系统合用控制室
B 宜设在建筑物一层
C 应设置紧急报警装置

D 应配置用于进行内外联络的通信手段

解析:《建筑电气与智能化通用规范》GB 55024—2022 第 5.3.3 条,安防监控中心应具有防止非正常进入的安全防护措施及对外的通信功能,且应预留向上级接处警中心报警的通信接口。第 5.3.5 条,安全防范系统应具有防破坏的报警功能。C、D 选项正确。《民用建筑电气设计标准》GB 51348—2019 第 23.2.7 条 安防监控中心宜设于建筑物的首层或有多层地下室的地下一层,其使用面积不宜小于 $20m^2$;第 14.9.2 条,安防监控中心与消防控制室或智能化总控室合用时,其专用工作区面积不宜小于 $12m^2$。B 选项正确。

答案:A

例 15-21 下列智能系统机房对土建专业的要求中哪项不正确?
A 应满足机房的智能化设备荷载的要求
B 信息网络机房的室内净高不应小于 2.5m
C 弱电间地面宜抬高 80mm
D 弱电间预留楼板洞布线后应采用与楼板相同耐火等级的防火堵料封堵

解析:《建筑电气与智能化通用规范》GB 55024—2022 第 2.0.3 条第 6 款,楼地面应满足电气设备和智能化设备荷载的要求。

《民用建筑电气设计标准》GB 51348—2019 第 23.4.2 条第 3 款,弱电间预留楼板洞应上下对齐,楼板洞尺寸和数量应为发展留有余地,布线后应采用与楼板相同耐火等级的防火堵料封堵;第 4 款,弱电间地面宜抬高 150mm,当抬高地面有困难时,门口应设置不低于 150mm 高的挡水门槛;表 23.4.3 各类机房对电气、暖通专业的要求中,信息网络机房的室内净高≥2.5m。

答案:C

第八节 综合布线

一、综合布线系统

在智能建筑中,综合布线系统是必不可少的,它是建筑群内部之间的传输网络。它能使建筑或建筑群内部的语音、数据通信设备、信息交换设备、物业管理及自动化管理设备等系统之间彼此相连。综合布线系统包括建筑物到外部网络或电话局线路上的连接点与工作区的语音或数据终端之间的所有电缆及相关的布线部件。《综合布线系统工程设计规范》GB 50311—2016 中要求综合布线系统应与信息设施系统、信息化应用系统、公共安全系统、建筑设备管理系统等统筹规划,相互协调,并按照各系统信息的传输要求优化设计。

二、综合布线系统的组成

综合布线系统应为开放式网络拓扑结构,应能支持语音、数据、图像、多媒体业务等信息的传递。

综合布线系统工程宜按下列 7 个部分进行设计：

（1）工作区：一个独立的需要设置终端设备（TE）的区域宜划分为一个工作区。工作区应由配线子系统的信息插座模块（TO）延伸到终端设备处的连接缆线及适配器组成。

（2）配线子系统：配线子系统应由工作区的信息插座模块、信息插座模块至电信间配线设备（FD）的配线电缆和光缆、电信间的配线设备及设备缆线和跳线等组成。

（3）干线子系统：干线子系统应由设备间至电信间的干线电缆和光缆，安装在设备间的建筑物配线设备（BD）及设备缆线和跳线组成。

（4）建筑群子系统：建筑群子系统应由连接多个建筑物之间的主干电缆和光缆、建筑群配线设备（CD）及设备缆线和跳线组成。

（5）设备间：设备间是在每幢建筑物的适当地点进行网络管理和信息交换的场地。对于综合布线系统工程设计，设备间主要安装建筑物配线设备。电话交换机、计算机主机设备及入口设施也可与配线设备安装在一起。

（6）进线间：进线间是建筑物外部通信和信息管线的入口部位，并可作为入口设施和建筑群配线设备的安装场地。

（7）管理：管理应对工作区、电信间、设备间、进线间的配线设备、缆线、信息插座模块等设施按一定的模式进行标识和记录。

综合布线系统基本构成应符合图 15-22 要求。

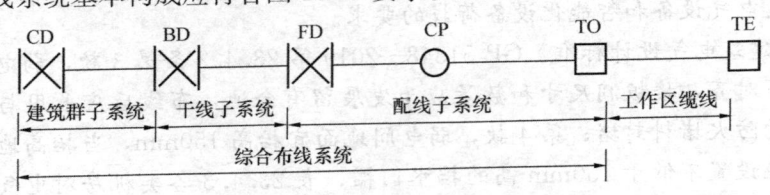

图 15-22　综合布线系统基本构成

注：配线子系统中可以设置集合点（CP 点），也可不设置集合点。

三、综合布线电气防护、接地及防火

（1）综合布线电缆与附近可能产生高电平电磁干扰的电动机、电力变压器、射频应用设备等电器设备之间应保持必要的间距，并应符合下列规定：综合布线电缆与电力电缆的间距应符合表 15-23 的规定。

（2）墙上敷设的综合布线缆线及管线与其他管线的间距应符合表 15-24 的规定。当墙壁电缆敷设高度超过 6000mm 时，与避雷引下线的交叉间距应按下式计算：

综合布线电缆与电力电缆的间距　　表 15-23

类　别	与综合布线接近状况	最小间距（mm）
380V 电力电缆＜2kVA	与缆线平行敷设	130
	有一方在接地的金属线槽或钢管中	70
	双方都在接地的金属线槽或钢管中②	10①
380V 电力电缆 2～5kVA	与缆线平行敷设	300
	有一方在接地的金属线槽或钢管中	150
	双方都在接地的金属线槽或钢管中②	80

续表

类 别	与综合布线接近状况	最小间距（mm）
380V电力电缆>5kVA	与缆线平行敷设	600
	有一方在接地的金属线槽或钢管中	300
	双方都在接地的金属线槽或钢管中②	150

注：1. 当380V电力电缆<2kVA，双方都在接地的线槽中，且平行长度≤10m时，最小间距可为10mm；
2. 双方都在接地的线槽中，系指两个不同的线槽，也可在同一线槽中用金属板隔开。

$$S \geqslant 0.05L \tag{15-4}$$

式中 S——交叉间距，mm；
L——交叉处避雷引下线距地面的高度，mm。

综合布线缆线及管线与其他管线的间距　　　　表15-24

其他管线	平行净距（mm）	垂直交叉净距（mm）
避雷引下线	1000	300
保护地线	50	20
给水管	150	20
压缩空气管	150	20
热力管（不包封）	500	500
热力管（包封）	300	300
煤气管	300	20

（3）综合布线系统应根据环境条件选用相应的缆线和配线设备，或采取防护措施，并应符合下列规定：

1）当综合布线区域内存在的电磁干扰场强低于3V/m时，宜采用非屏蔽电缆和非屏蔽配线设备。

2）当综合布线区域内存在的电磁干扰场强高于3V/m时，或用户对电磁兼容性有较高要求时，可采用屏蔽布线系统和光缆布线系统。

3）当综合布线路由上存在干扰源，且不能满足最小净距要求时，宜采用金属管线进行屏蔽，或采用屏蔽布线系统及光缆布线系统。

（4）在电信间、设备间及进线间应设置楼层或局部等电位接地端子板。

（5）综合布线系统应采用共用接地的接地系统，如单独设置接地体时，接地电阻不应大于4Ω。如布线系统的接地系统中存在两个不同的接地体时，其接地电位差不应大于1Vr.m.s。

（6）楼层安装的各个配线柜（架、箱）应采用适当截面的绝缘铜导线单独布线至就近的等电位接地装置，也可采用竖井内等电位接地铜排引到建筑物共用接地装置，铜导线的截面应符合设计要求。

（7）缆线在雷电防护区交界处，屏蔽电缆屏蔽层的两端应做等电位连接并接地。

（8）综合布线的电缆采用金属线槽或钢管敷设时，线槽或钢管应保持连续的电气连接,并应有不少于两点的良好接地。

(9) 当缆线从建筑物外面进入建筑物时,电缆和光缆的金属护套或金属件应在入口处就近与等电位接地端子板连接。

(10) 当电缆从建筑物外面进入建筑物时,应选用适配的信号线路浪涌保护器,信号线路浪涌保护器应符合设计要求。

(11) 根据建筑物的防火等级和对材料的耐火要求,综合布线系统的缆线选用和布放方式及安装的场地应采取相应的措施。综合布线工程设计选用的电缆、光缆应从建筑物的高度、面积、功能、重要性等方面加以综合考虑,选用相应等级的防火缆线。

四、综合布线的系统配置设计

应按上述 7 个部分进行设计,本教材只介绍工作区、设备间及进线间的相关内容。

(1) 工作区适配器的选用宜符合下列规定:

1) 设备的连接插座应与连接电缆的插头匹配,不同的插座与插头之间应加装适配器;

2) 在连接使用信号的数模转换、光、电转换,数据传输速率转换等相应的装置时,采用适配器;

3) 对于网络规程的兼容,采用协议转换适配器;

4) 各种不同的终端设备或适配器均安装在工作区的适当位置,并应考虑现场的电源与接地。

(2) 每个工作区的服务面积,应按不同的应用功能确定。

(3) 在设备间内安装的 BD 配线设备干线侧容量应与主干缆线的容量相一致。设备侧的容量应与设备端口容量相一致或与干线侧配线设备容量相同。

(4) BD 配线设备与电话交换机及计算机网络设备的连接方式亦应符合现行国家标准《综合布线系统工程设计规范》GB 50311 的相关规定。

(5) 建筑群主干电缆和光缆、公用网和专用网电缆、光缆及天线馈线等室外缆线进入建筑物时,应在进线间成端转换成室内电缆、光缆,并在缆线的终端处可由多家电信业务经营者设置入口设施,入口设施中的配线设备应按引入的电、光缆容量配置。

(6) 电信业务经营者在进线间设置安装的入口配线设备应与 BD 或 CD 之间敷设相应的连接电缆、光缆,实现路由互通。缆线类型与容量应与配线设备相一致。

(7) 在进线间缆线入口处的管孔数量应满足建筑物之间、外部接入业务及多家电信业务经营者缆线接入的需求,并应留有 2~4 孔的余量。

五、综合布线的安装工艺要求

1. 工作区

工作区是包括办公室、机房、会议室、工作间等需要电话、计算机终端等设施的区域和相应设备的统称。因为建筑物用户性质、功能要求和实际需求不同,信息点数量不能仅按办公楼的模式确定,尤其是对于专用建筑如电信、金融、体育场馆、博物馆等更应加强需求分析,做出合理的配置。

(1) 工作区信息插座的安装宜符合下列规定:

1) 暗装在地面上的信息插座,应满足防水和抗压要求;
2) 墙面或柱子上的信息插座底边距地面的高度宜为 0.3m;
3) 设置工作台的场所,信息插座宜安装在工作台面以上。
(2) 信息插座模块宜采用标准 86 系列面板,光纤模块安装底盒深度不应小于 60mm。
(3) 集合点(CP)箱、多用户信息插座箱、用户单元信息配线箱应设置在建筑物的固定位置,安装在墙面或柱上时底边距地面的高度不宜小于 0.5m。
(4) 每一个工作区至少应配置 2 个 220V/10A 带保护接地的单相交流电源插座。

2. 设备间及电信间

(1) 设备间:设备间是进行配线管理、网络管理和信息交换的场地,通常安装建筑物配线设备、建筑群配线设备、以太网交换机、电话交换机、计算机网络设备、入口设施等等。设备间应根据主干线缆的传输距离、敷设路由和数量,设置在靠近用户密度中心和主干线缆竖井位置。每栋建筑内应至少设置一个设备间。

设备间内应有足够的设备安装空间,且使用面积不应小于 $10m^2$,设备间的宽度不宜小于 2.5m。设备间使用面积的计算宜符合下列规定:

1) 当系统信息插座大于 6000 个时,应根据工程的具体情况每增加 1000 个信息点,宜增加 $2m^2$;
2) 设备间安装程控用户交换机、信息网络设备或光纤到用户单元通信设施机柜时相应增加面积;
3) 光纤到用户单元通信设施工程使用的设备间,当采用 800mm 宽机柜时,设备间面积不应小于 $15m^2$。

(2) 电信间:电信间是主要为楼层安装配线设备(机柜、机架、机箱等)和楼层计算机以太网交换机的场地,并可考虑在该场地内设置线缆竖井、等电位接地体、电源插座、UPS 配电箱等设施。在场地面积满足的情况下,也可设置光纤到用户单元配线箱、无线信号覆盖等系统的电缆管槽、功能模块及配线箱的安装。

电信间的使用面积不应小于 $5m^2$,电信间的数量应按所服务楼层范围及工作区面积来确定。当该层信息点数量不大于 400 个,最长水平电缆长度小于或等于 90m 时,宜设置 1 个电信间;最长水平线缆长度大于 90m 时,宜设 2 个或多个电信间;每层的信息点数量较少,最长水平线缆长度不大于 90m 的情况下,宜几个楼层合设一个电信间。

(3) 设备安装宜符合下列规定:

1) 设备间应设置在靠近用户密度中心和主干线缆竖井位置。
2) 机柜单排安装时,前面净空不应小于 1.0m,后面及侧面净空不应小于 0.8m;多排安装时,列间距不应小于 1.2m;
3) 设备间和电信间内壁挂式配线设备底部离地面的高度不宜小于 0.5m;
4) 公共场所安装配线箱时,暗装箱体底边距地不宜小于 0.5m,明装式箱体底面距地不宜小于 1.8m。

(4) 设备间及电信间应采用外开丙级防火门,地面应高出本层地面 0.1m 及以上或设置防水门槛。

3. 进线间

进线间是建筑物外部通信和信息管线的引入场地,也可作为入口设施的安装空间。设计应符合下列规定：
　　1）建筑群主干电缆和光缆，公用网和专用网电缆、光缆等室外线缆进入建筑物时，应在进线间由器件成端转换成室内电缆、光缆。
　　2）电信业务经营者在进线间设置安装的入口配线设备应与 BD 或 CD 之间敷设相应的连接电缆、光缆，路由应互通。
　　3）进线间应满足室外引入线缆的敷设与成端位置及数量、线缆的盘长空间和线缆的弯曲半径等要求，并应提供不少于 3 家电信业务经营者安装入口设施使用的空间与面积，且不应小于 10m²。
　　4）在进线间线路入口处的管孔数量应满足建筑物之间、外部接入各类通信业务、多家电信业务经营者线缆接入的需求，并应留有不少于 4 孔的余量。
　　5）进线间宜靠近外墙和地下设置，以便线缆引入，且要求：
　　① 进线间应防止渗水，宜设有抽排水装置；
　　② 进线间应与布线系统垂直竖井沟通；
　　③ 进线间应采用相应防火级别的防火门，门向外开，宽度不小于 1000mm；
　　④ 进线间应设置防有害气体措施和通风装置，排风量按每小时不小于 5 次容积计算。
　　6）与进线间无关的管道不宜通过。
　　7）进线间入口管道口所有布放缆线和空闲的管孔应采取防火材料封堵，做好防火处理。

4. 缆线布放

（1）配线子系统缆线宜采用在吊顶、墙体内穿管或设置金属密封线槽及开放式（电缆桥架、吊挂环等）敷设，当缆线在地面布放时，应根据环境条件选用地板下线槽、网络地板、高架（活动）地板布线等安装方式。

（2）干线子系统垂直通道穿过楼板时宜采用电缆竖井方式。也可采用电缆孔、管槽的方式，电缆竖井的位置应上、下对齐。

（3）建筑群之间的缆线宜采用地下管道或电缆沟敷设方式，并应符合相关规范的规定。

（4）缆线应远离高温和电磁干扰的场地。

（5）管线的弯曲半径应符合表 15-25 的要求。

管线敷设弯曲半径　　　　　　　　　　　　　　表 15-25

缆线类型	弯曲半径（mm 或倍）
2 芯或 4 芯水平光缆	>25mm
其他芯数和主干光缆	不小于光缆外径的 10 倍
4 对非屏蔽电缆	不小于电缆外径的 4 倍
4 对屏蔽电缆	不小于电缆外径的 8 倍
大对数主干电缆	不小于电缆外径的 10 倍
室外光缆、电缆	不小于缆线外径的 10 倍

注：当缆线采用电缆桥架布放时，桥架内侧的弯曲半径不应小于 300mm。

(6) 缆线布放在管与线槽内的管径与截面利用率，应根据不同类型的缆线做不同的选择。管内穿放大对数电缆或 4 芯以上光缆时，直线管路的管径利用率应为 50%～60%，弯管路的管径利用率应为 40%～50%。管内穿放 4 对对绞电缆或 4 芯光缆时，截面利用率应为 25%～30%。布放缆线在线槽内的截面利用率应为 30%～50%。

本节重点：建筑物内综合布线系统的使用现在已不单单是在传统电话通信、信息通信等网络上使用，同时还广泛运用在建筑物内其他职能和子系统中。综合布线系统是智慧型城市、智慧型城市综合体建筑中的基础设施，是网连千家信息网络的基础链路。这一节要了解：综合布线系统组成、功能、线缆敷设在建筑中的占空关系及防火等设计要求。

例 15-22　4 层的学生宿舍，长 36m，宽 18m，关于电信间的设置正确的是：
A　可以两层设置一个电信间　　　　　B　开门 0.7m
C　梁下净高 2.2m　　　　　　　　　　D　使用面积 $2m^2$

解析：《民用建筑电气设计标准》GB 51348—2019 第 21.5.3 条，电信间的使用面积不应小于 $5m^2$，电信间的数量应按所服务楼层范围及工作区面积来确定。当该层信息点数量不大于 400 个，最长水平电缆长度小于或等于 90m 时，宜设置 1 个电信间；最长水平线缆长度大于 90m 时，宜设 2 个或多个电信间；每层的信息点数量较少，最长水平线缆长度不大于 90m 的情况下，宜几个楼层合设 1 个电信间。D 选项错误，A 选项正确。《综合布线系统工程设计规范》GB 50311—2016 第 7.2.8 条，电信间应采用外开防火门，房门的防火等级应按建筑物等级类别设定。房门的高度不应小于 2.0m，净宽不应小于 0.9m。第 7.2.9 条，电信间内梁下净高不应小于 2.5m。B、C 选项错误。

答案：A

例 15-23　关于综合布线设备间的布置，机架（柜）前面的净空不应小于下列哪一个尺寸？
A　800mm　　　B　1000mm　　　C　1200mm　　　D　500mm

解析：根据《民用建筑电气设计标准》GB 51348—2019 第 21.5.4 条第 2 款机柜单排安装时，前面净空不应小于 1.0m，后面及侧面净空不应小于 0.8m；多排安装时，列间距不应小于 1.2m。

答案：B

例 15-24　办公楼综合布线系统信息插座的数量，基本配置标准的要求是：
A　每两个工作区设 1 个　　　　　　B　每个工作区设 1 个
C　每个工作区设不少于 2 个　　　　D　每个办公室设 1～2 个

解析：根据《综合布线系统工程设计规范》GB 50311—2016 第 5.2.4 条，每一个工作区信息插座模块数量不宜少于 2 个，并应满足各种业务的需求。

答案：C

第九节 电气设计基础

一、单相正弦交流电

大小和方向随时间按正弦规律作周期性变化,并且在一个周期内的平均值为零的电动势、电压和电流,统称为交流电。一般表达式为:

$$x = X_m \cdot \sin(\omega t + \varphi_0) \tag{15-5}$$

式中 x——正弦量的瞬时值。

当时间 t 连续变化时,正弦量的值在 X_m 和 $-X_m$ 之间变化。因此 X_m 为正弦量的幅值,如电压和电流的幅值为 U_m、I_m。正弦函数是周期函数。

$(\omega t + \varphi_0)$ 是角度。在一个周期 T 内,$(\omega t + \varphi_0)$ 变化 2π 弧度。由于周期和频率互为倒数,即:

$$f = \frac{1}{T} \tag{15-6}$$

周期的单位为 s(秒),频率的单位为 Hz(赫兹)。我国和世界上大多数国家使用的工业频率为 50Hz,周期为 0.02s,也有些国家使用的是 60Hz。

二、三相交流电路

(一)三相电源的连接

1. 星形连接(Y 连接)

若将发电机的三相定子绕组末端 U_2、V_2、W_2 连接在一起,分别由三个首端 U_1、V_1、W_1 引出三条输电线,称为星形连接。这三条输电线称为相线,俗称火线,用 A、B、C 表示;U_2、V_2、W_2 的联结点称为中性点。由三条输电线向用户供电,称为三相三线制供电方式。在低压系统中,一般采用三相四线制,即由中性点再引出一条称为中性线的线路与三条相线一同向用户供电。星形连接的三相四线制电源如图 15-23 所示。

三相电源的每一相线与中线构成一相,其间的电压称为相电压(即每相绕组上的电压),常用 U_A、U_B、U_C 表示。每两条相线之间的电压称为线电压,如果三个相电压大小相等,相位互差 120°,则为对称的三相电源。对称三相电源星形连接时,三个线电压也是对称的。线电压的值为相电压的 $\sqrt{3}$ 倍。

三相四线制电源给用户提供相、线两种电压。我国的低压系统使用的三相四线制电源额定电压为 220/380V,即相电压 220V,线电压为 380V。三相三线制只提供 380V 的线电压。

2. 三角形连接(△连接)

电源的三相绕组还可以将一相的末端与另一相的首端依次连成三角形,并由三角形的三个顶点引出三条相线 A、B、C 给用户供电,如图 15-24 所示。因此,三角形接法的电源只能采用三相三线制供电方式,且相电压等于线电压。

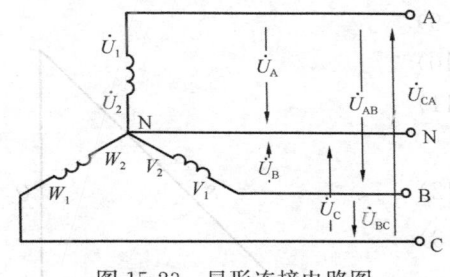
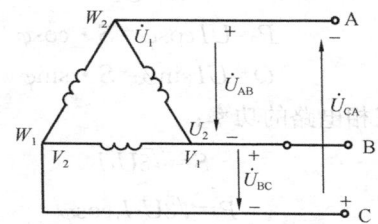

图 15-23 星形连接电路图　　　　图 15-24 三角形连接电路图

（二）负载的连接

交流用电设备分为单相和三相两大类。一些小功率的用电设备（例如电灯、家用电器等）为使用方便都制成单相的，用单相交流电供电，称为单相负载。

三相用电设备内部结构有相同的三部分，根据要求可接成 Y 形或 △ 形，用对称三相电源供电，称为三相负载，例如三相异步电动机等。

负载接入电源时应遵守两个原则：一是加于负载的电压必须等于负载的额定电压；二是应尽可能使电源的各相负荷均匀、对称，从而使三相电源趋于平衡。

根据以上两个原则，单相负载应平均分接于电源的三个相电压或线电压上。在 220/380V 三相四线制供电系统中，额定电压为 220V 的单相负载，如白炽灯、荧光灯等分接于各相线与中性线之间，如图 15-25（a）所示，从总体看，负载连接成星形；380V 的单相负载应均匀分接于各相线之间，从总体看，负载连接成三角形，如图 15-25（b）所示。

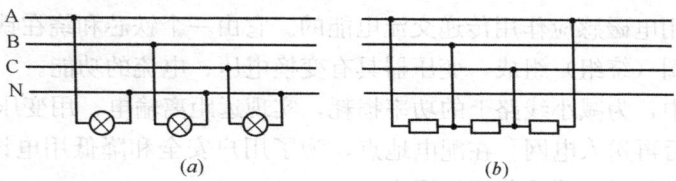

图 15-25　负载接入电源的接法
(a) 负载连接成星形；(b) 负载连接成三角形

三相负载本身为对称负载，额定电压和相应接法同时在铭牌上给出。三相负载的额定电压如不特别指明系指线电压。例如，三相异步电动机额定电压为 380/220V，连接方式为 Y/△，指当电源线电压为 380V 时，此电动机的三相对称绕组接成 Y 形，当电源线电压为 220V 时，则接成 △ 形。

三、电功率的概念

在交流电路中，由于电感、电容对交流电路的影响作用，使得电路中电压、电流的大小和相位关系以及能量转换等问题不同于直流电路。

我国电路负载多为感性负载，即电路呈电感性，电压超前电流 φ 角，功率三角形如图 15-26 所示。

$$S=\sqrt{P^2+Q^2} \tag{15-7}$$

$$\cos\varphi=\frac{P}{S} \tag{15-8}$$

$$S=UI \quad (15\text{-}9)$$
$$P=UI\cos\varphi=S\cdot\cos\varphi \quad (15\text{-}10)$$
$$Q=UI\sin\varphi=S\cdot\sin\varphi \quad (15\text{-}11)$$

三相电路的功率：
$$S=\sqrt{3}U_1I_1 \quad (15\text{-}12)$$
$$P=\sqrt{3}U_1I_1\cos\varphi \quad (15\text{-}13)$$
$$Q=\sqrt{3}U_1I_1\sin\varphi \quad (15\text{-}14)$$

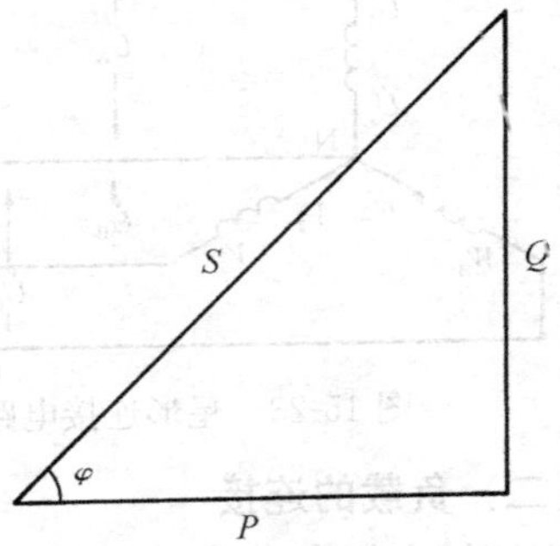

式中 U_1——线电压，V（伏），kV（千伏），$1\text{kV}=10^3\text{V}$；

I_1——线电流，A（安），kA（千安），$1\text{kA}=10^3\text{A}$；

P——有功功率，W（瓦），kW（千瓦），$1\text{kW}=10^3\text{W}$；

Q——无功功率，Var（乏），kVar（千乏），$1\text{kVar}=10^3\text{Var}$；

S——视在功率，VA（伏安），kVA（千伏安），$1\text{kVA}=10^3\text{VA}$；

$\cos\varphi$——功率因数（亦称力率）。

图 15-26 功率三角函数

四、变压器与电动机

(一) 变压器

变压器是利用电磁感应作用传递交流电能的。它由一个铁芯和绕在铁芯上的两个或多个匝数不等的线圈（绕组）组成，变压器具有变换电压、电流的功能。

在电力系统中，为减小线路上的功率损耗，实现远距离输电，用变压器将发电机发出的电源电压升高后再送入电网。在配电地点，为了用户安全和降低用电设备的制造成本，先用变压器将电压降低，然后分配给用户。

在电子技术中，测量和控制也广泛使用变压器，有用于整流、传递信号和实现阻抗匹配的整流变压器、耦合变压器和输出变压器。这些变压器的容量都较小，效率不是主要的性能指标。除此之外，尚有自耦变压器、仪用互感器及用作金属热加工的电焊变压器、电炉变压器等。

变压器在运行时因有铜损和铁损而发热，使绕组和铁芯的温度升高。为了防止变压器因温度过高而烧坏，必须采取冷却散热措施。常用的冷却介质有两种，即空气和变压器油。用空气作为介质的变压器称为干式变压器，用油作为介质的变压器称为油浸式变压器。小型变压器的热量由铁芯和绕组直接散发到空气中，这种冷却方式称为空气自冷式，即在空气中自然冷却。油浸式又分为油浸自冷式、油浸风冷式和强迫循环式三种。容量较大的变压器多采用油冷式，即把变压器的铁芯和绕组全部浸在油箱中。油箱中的变压器油（矿物油）除了使变压器冷却外，它还是很好的绝缘材料。相对于油浸式变压器，干式变压器因没有油，也就没有火灾、爆炸、污染等问题，故电气规范、规程等均不要求干式变压器置于单独房间内。特别是新的系列，损耗和噪声降到了新的水平，更为变压器与低压屏置于同一配电室内创造了条件。

目前国内使用变压器种类较多，各类变压器性能比较见表 15-26 所列。

各类变压器性能比较　　　　　　　　　　　　　　　　　　　　　　　表 15-26

类　别	矿油变压器	硅油变压器	六氟化硫变压器	干式变压器	环氧树脂浇注变压器
价格	低	中	高	高	较高
安装面积	中	中	中	大	小
体积	中	中	中	大	小
爆炸性	有可能	可能性小	不爆	不爆	不爆
燃烧性	可燃	难燃	不燃	难燃	难燃
噪声	低	低	低	高	低
耐湿性	良好	良好	良好	弱（无电压时）	优
耐尘性	良好	良好	良好	弱	良好
损失	大	大	稍小	大	小
绝缘等级	A	A 或 H	E	B 或 H	B 或 F
重量	重	较重	中	重	轻

变压器选择应考虑以下因素：

（1）变电所的位置。

（2）建筑物的防火等级。

（3）建筑物的使用功能及对供电的要求。

（4）当地供电部门对主变压器的管理体制。

在额定功率时，变压器的输出功率和输入功率的比值，叫作变压器的效率，即：

$$\eta = \frac{P_2}{P_1} \times 100\% \tag{15-15}$$

式中　η——变压器的效率，%；

　　　P_1——输入功率，W(瓦)；

　　　P_2——输出功率，W(瓦)。

当变压器的输出功率 P_2 等于输入功率 P_1 时，效率 η 等于 100%，变压器将不产生任何损耗。但实际上这种变压器是没有的。变压器传输电能时总要产生损耗，这种损耗主要有铜损和铁损。

铜损是指变压器线圈电阻所引起的损耗，当电流通过线圈电阻发热时，一部分电能就转变为热能而损耗。由于线圈一般都由带绝缘的铜线缠绕而成，因此称为铜损。

变压器的铁损包括两个方面：一是磁滞损耗，当交流电流通过变压器时，通过变压器硅钢片的磁力线其方向和大小随之变化，使得硅钢片内部分子相互摩擦，放出热能，从而损耗了一部分电能，这便是磁滞损耗。另一是涡流损耗，当变压器工作时，铁芯中有磁力线穿过，在与磁力线垂直的平面上就会产生感应电流，由于此电流自成闭合回路，形成环流，且成旋涡状，故称为涡流。涡流的存在使铁芯发热，消耗能量，这种损耗称为涡流损耗。

变压器的效率与变压器的功率等级有密切关系，通常功率越大，损耗与输出功率就越小，效率也就越高。反之，功率越小，效率也就越低。

（二）电动机

电能是现代最主要的能源之一。电机是与电能的生产、输送和使用有关的能量转换机械。它不仅是工业、农业和交通运输的重要设备，而且在日常生活中的应用也越来越广泛。

旋转电机的分类方法很多，按功能大致可分为：
(1) 发电机，是一种把机械能转换成电能的旋转机械。
(2) 电动机，是一种把电能转换成机械能的旋转机械。
(3) 控制电机，是控制系统中应用的一种电器。

人们通常按产生或耗用电能种类的不同，把旋转电机分为直流电机和交流电机。交流电机又按它的转子转速与旋转磁场转速的关系不同，分为同步电机和异步电机。异步电机按转子结构的不同，还可分为绕线式异步电机和鼠笼式异步电机。这种分类法可以归纳如图 15-27 所示。

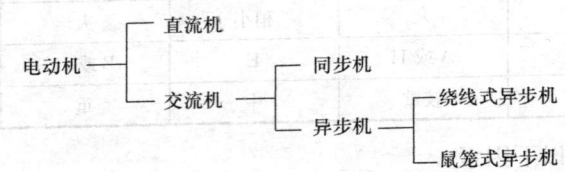

图 15-27 电动机的分类

应该指出，不论是动力电机的能量转换，还是控制电机的信号变换，它们的工作原理都依赖于电磁感应定律。

工农业生产和日常生活中应用得最广泛的是鼠笼式异步电动机。

读者应了解三相异步电动机的启动、反转、调速和制动方法。

五、电梯、自动扶梯和自动人行道

(1) 负荷分级

电梯、自动扶梯和自动人行道的负荷分级，应符合《民用建筑电气设计标准》GB 51348—2019 附录 A 民用建筑各类建筑物的主要用电负荷分级的规定。

(2) 客梯的供电要求应符合下列规定：

1) 一级负荷的客梯，应由双重电源的两个低压回路在末端配电箱处切换供电；

2) 二级负荷的客梯，宜由低压双回线路在末端配电箱处切换供电，至少其中一个回路应为专用回路；

3) 自动扶梯和自动人行道应为二级及以上负荷；

4) 无人乘坐的杂物梯、食梯、运货平台可为三级负荷；

5) 三级负荷的客梯，应由建筑物低压配电柜中一路专用回路供电。

(3) 客梯及客货兼用的电梯均应具有断电就近自动平层开门功能。

(4) 当二类高层住宅中的客梯兼作消防电梯时，应符合消防装置设置标准，并应采用下列相应的应急操作。

1) 客梯应具有消防工作程序的转换装置；

2) 正常电源转换为消防电源时，消防电梯应能及时投入；

3) 发现灾情后，客梯应能迅速停落至首层或事先规定的楼层。

（5）客梯及客货兼用电梯的轿厢内宜设置与安防控制室、值班室的直通电话；消防电梯应设置与消防控制室的直通电话。

六、低压配电线路保护电器

低压配电线路应根据不同故障类别和具体工程要求装设短路保护、过负荷保护、过电压及欠电压保护、电弧故障保护、接地故障保护，当配电线路发生故障时，保护装置应切断供电电源或发出报警信号，或将状态及故障信息上传。

1. 短路保护

短路：是由电源通向用电设备的导线不经过负载（或负载为零）而相互直接连接的状态。

短路的原因：电气线路会因机械损伤、外部热源、内部热源等因素影响，使绝缘受到损害而发生短路。机械损伤是线路受到外力作用使绝缘损坏；外部热源因素是线路与热源接触、受到热源辐射使绝缘损坏；而内部热源因素则是线路本身过负荷导致过热使绝缘损坏。

短路保护要求：在短路故障产生后的极短时间内切断电源。常用方法是在线路中串接熔断器或低压断路器。

2. 过负荷保护

过负荷：电气设备或线路消耗或传输的功率或电流超过额定值或规定的允许值，它是设备或线路的一种运行状态。

过负荷的危害：配电线路短时间的过负荷是难免的，它并不一定会对线路造成损害。长时间的过负荷将对线路的绝缘、接头、端子或导体周围的介质造成损害。绝缘因长期超过允许温升会加速老化而缩短线路使用寿命。严重的过负荷将使绝缘介质在短时间内软化变形，介质损耗增大，耐压水平下降，最后导致短路，引起火灾和触电事故，过负荷保护的目的在于防止此种情况的发生。

过负荷保护要求：正常情况下电气设备或线路的保护装置，在选型得当、整定值正确时，能够将过负荷设备或线路从电源切除，设备和线路不会过热、而导致温度升高，就不会引发火灾危险。快速熔断器、直流快速断路器、过电流继电器是较为常用的保护器。

3. 过电压及欠电压保护

过电压、欠电压：通常情况下，当加载在电气设备上的电压超过额定值的10%，且持续时间大于60s时，视为过电压，此时电气设备会因承受的电压超出额定值而损坏；当电压低于额定值的10%，且持续时间大于60s时，视为欠电压，此时控制电路部分会异常工作，电气设备的使用年限也会因而缩短。因此对输入电源的上限和下限要有所限制，为此采用过电压、欠电压保护以提高电气设备的可靠性和安全性。

过欠电压保护：过欠电压保护器为当线路中过电压和欠电压超过规定值时能自动断开，并能自动检测线路电压，当线路中电压恢复正常时能自动闭合的装置。主要在（单相AC230V，三相四线AC415V）线路中作为过电压、欠电压、断相、断零线的保护使用。

4. 电弧故障保护

线路短路有金属性短路和电弧性短路两种情况。

金属性短路即导体间直接接触短路，特点是接触阻抗很小，可忽略不计，短路电流非常大，两导体间接触点往往被高温熔焊，如果保护电器不能有效切断短路电流，会造成严重的危害。电弧性短路即导体间相互接触短路但未能完全熔焊在一起而建立电弧，或线路导体因绝缘劣化被雷电瞬态过电压、电网故障暂时过电压击穿而建立电弧，特点是故障回路具有很大的阻抗和电压降，短路电流较小，若短路电流持续存在，极易引发火灾。带电导体对地短路及带电导体间的间隙爬电，也是以电弧为通路的电弧性短路。

电弧故障保护器：金属性短路可采用短路保护器切断电路，而电弧性短路因短路电流小，短路保护器很难有效切断电路，可采用电弧故障保护器。区别于传统的断路器只对过流、短路起保护作用，电弧故障保护器有检测并区别电器启停或开关时产生的正常电弧和故障电弧的能力，在发现故障电弧时及时切断电源。

5. 接地故障保护

接地故障：是指导体与大地的意外连接。

接地故障保护：线路所设置的过电流保护兼作接地故障保护；利用零序电流来实现接地故障保护；利用剩余电流实现接地故障保护。

接地故障保护器：安装在低压电网中的剩余电流动作保护器，是防止人身触电、电气火灾及电气设备损坏的一种有效的防护措施。其功能是：检测供电回路的剩余电流，将其与基准值相比较，当剩余电流超过该基准值时，分断被保护电路。

本节重点：了解常用电气设备是 2021 年考试大纲的要求。特别是电梯、自动扶梯和自动人行道的供电要求。客梯兼作消防电梯时，设计应符合消防装置设置标准及相应的应急操作。

例 15-25 下列哪种调速方法是交流笼型电动机的调速方法？
A 电枢回路串电阻　　　　B 改变励磁调速
C 变频调速　　　　　　　D 串级调速

解析：电枢回路串电阻是绕线式异步电机的调速方法；改变励磁调速是直流电机的调速方法；变频调速是交流鼠笼异步电动机的调速方法；串级调速是交流绕线式异步电动机的调速方法。

答案：C

例 15-26 关于配电变压器的选择，下面哪项表述是正确的？
A 变压器满负荷时效率最高
B 变压器满负荷时的效率不一定最高
C 电力和照明负荷通常不共用变压器供电
D 电力和照明负荷需分开计量时，则电力和照明负荷只能分别专设变压器

解析：选择变压器应首先考虑绝缘介质、设备重量和安装空间，以及效率、安全性和可靠性等因素。根据变压器工作特性曲线，变压器负荷在 50%～70% 时的效率最高。

答案：B

例 15-27 客梯断电后，应具有下列哪项功能？
A 就近自动平层开门　　　　　　B 转换层开门
C 首层平层开门　　　　　　　　D 就近关门停止运行

解析：《民用建筑电气设计标准》GB 51348—2019 第 9.3.2 条，客梯及客货兼用的电梯均应具有断电就近自动平层开门功能。

答案： A

第十节 太阳能光伏发电

一、太阳能光伏系统

1. 定义

光伏，即光伏发电系统，是利用半导体材料的光伏效应，将太阳辐射能转化为电能的一种发电系统。光伏发电系统的能量来源于取之不尽、用之不竭的太阳能，是一种清洁、安全和可再生的能源。光伏发电过程不污染环境，不破坏生态。

2. 分类

太阳能光伏发电系统按与电力系统的关系可分为独立光伏发电系统、并网光伏发电系统和分布式光伏发电系统。

并网光伏发电系统直接与电网相连接，因而光伏阵列的电量盈余与并联电网可以实行互补，省去了独立光伏发电系统中必需的蓄电池等储能元件，不仅降低了系统成本，而且保证了系统的可靠性。分布式光伏发电特指在用户场地附近建设，运行方式以用户侧自发自用、多余电量上网，且在配电系统平衡调节为特征的光伏发电设施。

3. 系统结构及原理

太阳能光伏发电系统的结构如图 15-28 所示。

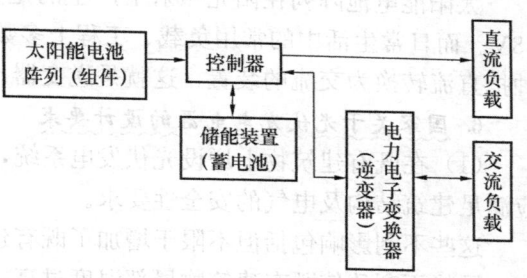

图 15-28 太阳能光伏发电系统的构成

该系统中的能量能进行双向传输。在有太阳能辐射时，由太阳能电池阵列向负载提供能量；当无太阳能辐射或太阳能电池阵列提供的能量不够时，由蓄电池向系统负载提供能量。该系统可为交流负载提供能量，也可为直流负载提供能量；当太阳能电池阵列能量过剩时，可以将过剩能量存储起来或把过剩能量送入电网。该系统功能全面，但是系统过于复杂，成本高，仅在大型的太阳能光伏发电系统中才使用这种结构，并具有上述全面的功能；而一般使用的中小型太阳能光伏发电系统仅具有该系统的部分功能。

4. 太阳能光伏发电系统的优点

(1) 没有转动部件，不产生噪声；

(2) 没有空气污染，不排放废水；

(3) 没有燃烧过程，不需要燃料；

(4) 维修保养简单，维护费用低；
(5) 运行可靠性、稳定性好；
(6) 作为关键部件的太阳能电池使用寿命长，晶体硅太阳能电池寿命可达到 25 年以上；
(7) 根据需要很容易扩大发电规模。

5. 太阳能光伏发电系统的组成

(1) 太阳能电池阵列

在光伏发电系统中，需要将太阳能电池单体进行串联、并联和封装，形成太阳能电池组件，是太阳能发电系统中价值最高的部分。其作用是将太阳的辐射能力转换为电能，或送往蓄电池中存储起来，或推动负载工作。

(2) 太阳能控制器

作用是控制整个系统的工作状态，并对蓄电池起到过充电保护、过放电保护的作用。在温差较大的地方，合格的控制器还应具备温度补偿的功能。其他附加功能如光控开关、时控开关都应当是控制器的可选项。

(3) 太阳能蓄电池

独立光伏发电系统是依靠蓄电池来储存多余的电能，因此蓄电池在独立光伏发电系统中占有重要地位。目前光伏系统中常用的蓄电池种类很多，国内现阶段使用最多的蓄电池为铅酸免维护蓄电池，它的免维护特性使得其维护保养简单方便、性能可靠，对环境污染较少，适合用于对性能可靠性要求很高的太阳能发电系统，如无人值守的工作站等场合。

(4) 电力电子变换器（逆变器）

太阳能电池阵列在阳光照射下产生的是直流电，直接输出一般都是直流 12V、24V、48V。而日常生活中的常用负载、工程上多数动力机械都是以交流电源供电，因此需要一种把直流转换为交流的装置，这就是逆变器。

6. 国家关于光伏发电电源的设计要求

(1) 在既有建筑物上增设光伏发电系统，必须进行建筑物结构和电气的安全复核，并应满足建筑结构及电气的安全性要求。

这些不利影响包括但不限于增加了既有建筑物的荷载，对既有建筑物的结构造成了破坏，导热不利致使既有建筑物局部温度过高，防雷接地性能不足等。

(2) 安装于室外的光伏组件应设置雷电防护安全措施。

雷电防护是室外安装光伏组件的基本安全防护设施措施，是必须具有的。

(3) 光伏发电系统应具有相应的继电保护功能。

定光伏发电站应具有相应的继电保护功能，能在出现短路故障或异常时及时断开与电网的连接，以保证设备和人身安全。同时为了能快速准确地切除被保护设备和线路，限制事故影响，提高系统稳定性，减轻故障设备和线路的损坏程度，继电保护尚应满足可靠性、选择性、灵敏性和速动性的要求。

(4) 与市政电网并网的光伏发电系统应具有相应的并网保护及隔离功能。

需要与市政电网并网的光伏发电系统应具有相应的并网保护功能，一旦电网或光伏发电系统故障时能够及时受到保护；且并网光伏系统与市政电网之间应设隔离装置，以保证两个电源之间独立运行或维护时能够有效隔离，确保安全。

(5) 光伏系统在并网处应设置并网低压开关箱（柜），并应设置专用标识和提示性文字符号。

光伏系统在并网后，一旦市政电网或光伏系统本身出现异常或处于检修状态时，两并网系统间应可靠脱离，通过专用并网装置及时切断两者之间的联系。另外还需通过醒目的专用标识提示光伏系统可能会危害人身安全。

(6) 在安装光伏组件的部位应采取安全防护措施。在人员有可能接触或接近光伏发电系统的位置，应设置隔离防护及防触电警示标识。其目的是出于对于人员安全防护上的考虑。有时会出现这种情况：即使当光伏发电系统从交流侧断开后，直流侧的设备仍有可能带电，因此，对光伏发电系统应设置触电警示和防止触电的安全措施。

二、太阳能光伏应用

1. 光伏应用场景

除了传统思维中的太阳能电厂和分布式屋顶光伏，光伏还可以应用于多种多样的场景，比如建筑、农业、渔业、公共设施、景观建设等。使得光伏建设项目在清洁发电的同时能够兼顾经济发展、生态保护和高效利用土地资源。

(1) 光伏＋土地生态修复

据《联合国防治荒漠化公约》统计，全球处于超干旱以及干旱的土地面积为 25500km^2，占全球陆地表面的 17%。荒漠上的太阳能面板不仅可以供电，还可以减少地面受到的日照辐射和水分蒸发量。荒漠上的太阳能电站能促进土壤的碳固定、恢复土壤活性，进而利于蓄水保土、阻风固沙、调节气候、改善生态环境等。巴基斯坦、埃及等国，中国内蒙古、山西、青海、宁夏等地都有这样的"光伏＋土地生态修复"的项目。

(2) 光伏＋建筑

欧洲最大的能源消费来自建筑行业，消耗了约 40% 的能源，并排放了约 36% 的温室气体。目前，欧盟几乎 75% 的建筑物是低能效建筑，如对现有建筑物进行能源改造可以节省大量能源，有望使欧盟的总能耗降低 5%～6%，并将二氧化碳排放降低 5%。

(3) 光伏＋农业

光伏＋农业，即在同一片土地同时开展支架型光伏发电与农业生产活动。以宁夏黄河东岸的农光互补光伏电站为例，因光伏组件减少了辐射强度，"光伏＋农业"使得枸杞的开花季比当地同类枸杞长了 5 个星期，产量增加了 29%。

(4) 光伏＋渔业

光伏＋渔业，是指建设基台在水面的光伏电站，发电的同时在光伏板下发展渔业。江苏渔光一体项目数据显示，渔光一体草鱼池塘亩产量达到 35550～39705kg/hm^2，远高于当地常规池塘平均水平（18750kg/hm^2）。339 亩养殖水面安装 50%～75% 光伏组件，建立 10MW 渔光一体池塘，一年共发电 1300 万 kWh，年亩发电 3.83 万 kWh，平均月亩发电 3196kWh。

(5) 光伏＋公路

路侧光伏，是利用高速公路及铁路两侧土地建设光伏电站的一种光伏建设形式。德国地面光伏电站中 12% 是位于公路和铁路两侧 110m 内的地带。图林根州 500km 高速公路 110m 沿线上的太阳能安装潜力总计可达 1.8GW（吉瓦）。

(6) 光伏建筑一体化

以光伏建筑一体化为核心的光伏并网发电应用占据了目前大部分的光伏市场份额。光伏建筑一体化优点：不需要另占土地；能省去光伏系统的支撑结构，省去输电费用；光伏阵列可代替常规建筑材料，节省材料费用；安装与建筑施工结合，节省安装成本；分散发电，避免传输和分电损失（5%～10%），降低输电、分电投资和维修成本。此外，在经常为断电而烦恼的地方，建筑物的光电系统可以成为一个可靠的电源。联合国能源机构的调查报告显示，光伏建筑一体化将成为重要的新兴产业之一。

2. 对环境的不良影响

废弃的光伏电池及其电池组件有可能渗漏汞、铅、镉，对环境造成危害。光伏电池中含有的重金属（如镉）回收不当，容易造成严重的环境问题。

本节重点：介绍太阳能光伏发电系统的构成、工作原理、光伏发电电源设计要求、光伏发电应用及发展前景。

习　题

15-1 (2018)电器产品受海拔高度影响，下列哪种说法是错误的？
　　A 一般电气产品均规定其使用的海拔高度
　　B 低气压会提高空气介电强度和冷却作用
　　C 低气压会使以空气为冷却介质的电气装置的温升升高
　　D 低气压会使以空气为冷却介质的开关灭弧发生困难

15-2 下列属于特级负荷的是：
　　A 药品冷库　　　　　　　　　　　　B 门诊部
　　C 重症呼吸道感染区的通风系统　　　D 血库

15-3 (2019)展览建筑中展览用电负荷的等级是：
　　A 一级负荷中特别重要负荷　　　　　B 一级负荷
　　C 二级负荷　　　　　　　　　　　　D 三级负荷

15-4 (2018)下列哪种情况下，用户需要设置自备电源？
　　A 有两回线路供电，除二、三级负荷外还有一级负荷
　　B 有两回线路供电，除三级负荷外还有二级负荷
　　C 有二级负荷，但地区供电条件困难，只有1回10kV专用的架空线路供电
　　D 有二级负荷，但负荷较小，只有1回10kV专用的架空线路供电

15-5 电源设置说法正确的是：
　　A 从邻近1个开闭站引入两条380V电源
　　B 从邻近1个开闭站引入10kV双回路电源
　　C 从邻近2个开闭站分别引入两条380V电源
　　D 从邻近2个开闭站引入10kV双重电源

15-6 (2018)我国常用的低压配电系统采用以下哪种电压等级？
　　A 110/220V　　　　　　　　　　　　B 127/220V
　　C 220/380V　　　　　　　　　　　　D 240/415V

15-7 不采取隔振和屏蔽措施的前提下，变配电室设置在哪个位置合适？
　　A 设置在一层，厨房正下方　　　　　B 设置在办公正下方
　　C 设置在地下一层，智能化控制室正上方　D 设置在二层，一层为厨具展厅

15-8 (2019)有多层地下室的高层建筑物，其变电所的设置位置，错误的是：
   A 屋顶层   B 最底层
   C 避难层   D 设备层

15-9 (2019)关于配变电所门的设置，说法错误的是：
   A 相邻配电室之间设门时，门应向低压配电室开启
   B 长度大于7m的配电室应设2个出口
   C 当配变电所采用双层布置时，位于楼上的配电室可不设置通向外部通道的出口
   D 附设在建筑内二层及以上楼层的配变电所开向建筑内其他相邻房间的门应采用甲级防火门

15-10 (2018)在民用建筑内设置油浸变压器，下列说法错误的是：
   A 确需设置时，不应布置在人员密集场所的上一层、下一层或贴邻
   B 确需设置时，其总容量不应大于1250kVA，单台容量不应大于630kVA
   C 油浸变压器下面应设置能储存变压器全部油量的事故储油设施
   D 民用建筑内严禁设置油浸变压器

15-11 (2018)有人值班的配变所应设单独的值班室，下列说法错误的是：
   A 值班室可以和高压配电装置室合并
   B 值班室可经过走道与配电装置室相通
   C 值班室可以和低压配电装置室合并
   D 值班室的门应直通室外或走道

15-12 (2019)下列对柴油发电机组安装设计的要求，错误的是：
   A 应设置震动隔离装置
   B 机组与外部管道应采用刚性连接
   C 设备与基础之间的地脚螺栓应能承受水平地震力和垂直地震力
   D 设备与减震装置的地脚螺栓应能承受水平地震力和垂直地震力

15-13 (2018)电气竖井位置和数量的确定，与建筑规模、用电性质等因素有关，与下列哪个因素无关？
   A 防烟分区   B 防火分区
   C 建筑物变形缝位置   D 供电半径

15-14 关于线路敷设，以下正确的是：
   A 电缆直接埋设在冻土区地下时，应敷设在冻土线以上
   B 电缆沟应有良好的排水条件，应在沟内设置不少于0.5%的纵坡
   C 电缆隧道埋设时当遇到其他交叉管道时可适当避让降低高度，但应保证不小于1.9m净高
   D 消防电缆线在建筑内暗敷时，需要埋在保护层不少于20mm的不燃烧结构层内

15-15 (2018)电缆桥架多层敷设时，电力电缆桥架间距离不应小于：
   A 0.4m   B 0.3m
   C 0.2m   D 0.1m

15-16 关于民用建筑电气设备的说法，正确的是：
   A NMR-CT机扫描室的电气线缆应穿铁管明敷设
   B 安装在室内外的充电桩，可不考虑防水防尘要求
   C 不同温度要求的房间，采用一根发热电缆供暖
   D 电视转播设备的电源不应直接接在可控硅调光的舞台照明变压器上

15-17 (2019、2018)除另有规定外，下列电气装置的外露可导电部分可不接地的是：
   A 配电设备的金属框架
   B 手持式及移动式电器
   C 干燥场所的直流额定电压110V及以下的电气装置

893

D 类照明灯具的金属外壳

15-18 下列公共建筑的场所应设置疏散照明的是：
A 150m² 的餐厅
B 150m² 的演播室
C 150m² 的营业厅
D 150m² 的地下公共活动场所

15-19 关于洁净手术部设计的说法错误的是：
A 应采用独立双路电源供电
B 室内的电源回路应设绝缘检测报警装置
C 手术室用电应与辅助用房用电分开
D 室内布线应采用环形布置

15-20 (2019)关于消防配电线路敷设的说法，错误的是：
A 采用矿物绝缘类不燃性电缆时，可直接明敷
B 采用铝芯阻燃电缆明管敷设
C 可与其他配电线路分开敷设在不同电缆井内
D 穿管暗敷在保护层厚度不小于30mm 的不燃结构层内

15-21 (2019)选择火灾自动报警系统的供电线路，正确的是：
A 阻燃铝芯电缆
B 耐火铝芯电缆
C 阻燃铜芯电缆
D 耐火铜芯电缆

15-22 (2019)不可选用感应式自动控制灯具的是：
A 旅馆走廊
B 居住建筑楼梯间
C 舞台
D 地下车库行车道

15-23 (2018)当高层建筑内的客梯兼作消防电梯时，应符合防灾设置标准，下列哪项措施不符合要求？
A 发现灾情后，客梯应能迅速停落在就近楼层
B 客梯应具有防灾时工作程序的转换装置
C 正常电源转换为防灾系统电源时，消防电梯应能及时投入
D 电梯轿厢内应设置与消防控制室的直通电话

15-24 (2019)下列场所和设备设置的剩余电流（漏电）动作保护，在发生接地故障时，只报警而不切断电源的是：
A 手持式用电设备
B 潮湿场所的用电设备
C 住宅内的插座回路
D 医院用于维持生命的电气设备回路

15-25 (2019)保护接地导体应连接到用电设备的哪个部位？
A 电源保护开关
B 带电部分
C 金属外壳
D 有洗浴设备的卫生间

15-26 (2018)对于允许人进入的喷水池，应采用安全特低电压供电，交流电压不应大于：
A 6V
B 12V
C 24V
D 36V

15-27 (2019)下列场所中，灯具电源电压可大于36V 的是：
A 乐池内谱架灯
B 化妆室台灯
C 观众席座位排灯
D 舞台面光灯

15-28 (2019)下列旅馆建筑物场所中，不需设置等电位联结的是：
A 浴室
B 喷水池
C 健身房
D 游泳池

15-29 (2018)下列场所的照明适合用节能自熄开关的是：
A 住宅建筑共用部位
B 消防控制室

  C 酒店大堂   D 宴会厅前厅

15-30 (2018)下列哪种光源不能作为应急照明的光源？
  A 卤钨灯   B LED灯
  C 金属卤化物灯   D 紧凑型荧光灯

15-31 (2018)建筑物的防雷等级分为第一类、第二类、第三类，在确定防雷等级时，下列哪项因素可不考虑？
  A 建筑物的使用性质   B 建筑物的结构形式
  C 建筑物的地点   D 建筑物的长、宽、高

15-32 (2018)在高土壤电阻率的场地，降低防直击雷冲击接地电阻不应采用以下哪种形式？
  A 接地体埋于较深的低电阻率土壤中 B 换土
  C 建筑物场地周围地下增设裸铝导体 D 采用降阻剂

15-33 (2019)下列场所中，不应选择点型感烟火灾探测器的是：
  A 厨房   B 电影放映室
  C 办公楼厅堂   D 电梯机房

15-34 (2019)下列采用应急照明的场所，设置正确的是：
  A 150m² 的展览厅   B 150m² 的餐厅
  C 高层住宅的楼梯间   D 150m² 的会议室

15-35 (2018)关于消防控制室的说法下列哪项不正确？
  A 设有火灾自动报警系统的保护对象必须设置消防控制室
  B 消防控制室应设有用于火灾报警的外线电话
  C 消防控制室严禁穿过与消防设施无关的电气线路及管路
  D 消防控制室送、回风管的穿墙处应设防火阀

15-36 (2019)火灾应急广播输出分路，应按疏散顺序控制，播放疏散指令的楼层控制程序，以下哪项正确？
  A 同时播放给所有楼层
  B 先接通地下各层
  C 二层及二层以上楼层发生火灾，宜先接通火灾层及其相邻的上、下层
  D 首层发生火灾，宜先接通本层、二层及地下一层

15-37 (2018)当确认火灾后，关于疏散通道的消防应急照明和疏散指示系统，下列说法正确的是：
  A 只启动发生火灾的报警区域
  B 启动发生火灾的报警区域和所有疏散楼梯区域
  C 由发生火灾的报警区域开始，顺序启动全楼疏散通道区域
  D 由发生火灾的报警区域开始，顺序启动疏散楼梯和首层疏散通道区域

15-38 (2018)综合布线系统中信息点（如电脑信息插口）与楼层配线设备之间的水平缆线不应大于：
  A 70m   B 80m
  C 90m   D 100m

15-39 (2019)4层办公建筑，程控用户交换机机房不能设于：
  A 一层   B 二层
  C 三层   D 四层

15-40 公共建筑视频监控摄像机设置位置错误的是：
  A 直接朝向停车库车辆出入口
  B 电梯轿厢
  C 直接朝向涉密设施

  D　直接朝向公共建筑地面车库出入口

15-41　(2019) 通用办公建筑，不属于信息化应用系统的是：
  A　出入口控制　　　　　　　　　B　智能卡应用
  C　物业管理　　　　　　　　　　D　公共服务系统

15-42　(2018) 关于电子信息设备机房的选址，下列哪项不符合要求？
  A　靠近电信间，方便各种线路进出
  B　不应设置在变压器室的楼上、楼下或隔壁场所
  C　不应设置在浴厕或其他潮湿、积水场所的正下方，但可以贴邻
  D　设备吊装、运输方便

参考答案及解析

15-1　解析：一般电器产品均规定其使用的海拔高度，A 选项正确。题目选项中主要涉及空气压力或空气密度降低对电器的影响。①对绝缘介质强度的影响：空气压力或空气密度的降低，引起外绝缘强度的降低；B 选项错误。②对开关电器灭弧性能的影响：空气压力或空气密度的降低使空气介质灭弧的开关电器灭弧性能降低；通断能力下降和电寿命缩短；D 选项正确。③对介质冷却效应，即产品温升的影响：空气压力或空气密度的降低引起空气介质冷却效应的降低；对于以自然对流、强迫通风或空气散热器为主要散热方式的电工产品，由于散热能力的下降，温升增大；C 选项正确。
  答案：B

15-2　解析：根据《民用建筑电气设计标准》GB 51348—2019 附录 A，三级、二级医院的重症呼吸道感染区通风系统的用电，属于一级负荷中特别重要的负荷。根据《建筑电气与智能化通用规范》GB 55024—2022 第 3.1.1 条中表 3.1.1，将一级负荷中特别重要的负荷定义为特级负荷。
  答案：C

15-3　解析：根据《民用建筑电气设计标准》GB 51348—2019 附录 A：特大型、大型、中型及小型会展建筑的主要展览用电为二级负荷。
  答案：C

15-4　解析：电力负荷分级的意义在于正确地反映它对供电可靠性要求的界限，并根据负荷等级采取相应的供电方式。
  （1）一级负荷应由双重电源供电，当一个电源发生故障时，另一个电源不应同时受到损坏；
  （2）二级负荷由双回线路供电；当负荷较小或地区供电条件困难时，二级负荷可由一回 35kV、20kV 或 10kV 专用的架空线路供电；
  （3）三级负荷可采用单电源单回路供电。
  题目中 B、C、D 选项均符合供电要求，A 选项中有一级负荷，须由双重电源供电，而两回线路出自一个电源，需要增设自备电源以满足供电需求。
  答案：A

15-5　解析：中压电网中的开闭站一般用于 10kV 电力的接受与分配，不具备变压功能，主要起转输作用。开闭站设有中压配电进出线，是对功率进行再分配的配电装置。A、C 选项中为 380V 出线，错误。从邻近 1 个开闭站引出两条 10kV 配出回路供电，可作为双回路电源，B 选项错误。从邻近 2 个开闭站分别各引出 1 条 10kV 配出回路供电，可作为双重电源。
  答案：D

15-6　解析：我国将交流、工频 1000V 及以下的电压称为低电压。民用建筑常用的低压配电带电导体系统型式为三相四线制或三相三线制，采用标准电压为 220/380V、380/660V、1000V。
  答案：C

15-7 解析：《民用建筑电气设计标准》GB 51348—2019 第4.2.1条第4款，变电所不应设在对防电磁辐射干扰有较高要求的场所；C选项错误。第4.2.1条6款，变电所不应设在厕所、浴室、厨房或其他经常有水并可能漏水场所的正下方，且不宜与上述场所贴邻；如果贴邻，相邻隔墙应作无渗漏、无结露等防水处理；A选项错误。第4.10.7条，当变电所与上、下或贴邻的居住、教室、办公房间仅有一层楼板或墙体相隔时，变电所内应采取屏蔽、降噪等措施；B选项错误。

答案：D

15-8 解析：根据《民用建筑电气设计标准》GB 51348—2019 第4.2.2条"变电所可以放在地下层，但不宜放在最底层"的要求，可以防止变电所遭水淹渍、散热不良的现象发生；当地下只有一层时，应抬高变电所的地面。

答案：B

15-9 解析：根据《民用建筑电气设计标准》GB 51348—2019 第4.10.3条第2款，"变电所位于多层建筑物的二层或更高层时，通向其他相邻房间的门应为甲级防火门，通向过道的门应为乙级防火门"。D选项正确。第4.10.9条："变压器室、配电装置室、电容器室的门应向外开，并应装锁。相邻配电装置室之间设有防火隔墙时，隔墙上的门应为甲级防火门，并向低电压配电室开启"。A选项正确。第4.10.11条："长度大于7m的配电装置室，应设2个出口，并宜布置在配电室的两端；长度大于60m的配电装置室宜设3个出口，相邻安全出口的门间距离不应大于40m。独立式变电所采用双层布置时，位于楼上的配电装置室应至少设一个通向室外的平台或通道的出口"。B选项正确，C选项错误。

答案：C

15-10 解析：根据《建筑电气与智能化利用通用规范》GB 55024—2022 第3.2.2条，民用建筑内设置的变电所，不应设置带可燃油的变压器和电气设备。D选项正确。根据《民用建筑电气设计标准》GB 51348—2019 第4.3.7条："当仅有一台时，不宜大于1250kVA……采用油浸式变压器时不宜大于630kVA"。标准规定是"不宜"，不是"不应"。B选项错误。第4.5.36条："变压器室应设置储存变压器全部油量的事故储油设施"。C选项正确。

答案：B

15-11 解析：根据《民用建筑电气设计标准》GB 51348—2019 第4.5.8条："有人值班的变电所应设值班室。值班室应能直通或经过走道与配电装置室相通，且值班室应有直接通向室外或通向疏散走道的门。值班室也可与低压配电装置室合并，此时值班人员工作的一端，配电装置与墙的净距不应小于3m"。

答案：A

15-12 解析：排烟噪声在柴油机总噪声中属于最强烈的一种噪声，其频谱是连续的，排烟噪声的强度最高可达110~130dB，对机房和周围环境有较大的影响。所以应设消声器，以减少噪声。排烟管的热膨胀可由弯头或来回弯补偿，也可设补偿器、波纹管、套筒伸缩节补偿。所以排烟管与柴油机排烟口连接处应装设弹性连接，而不是机组与外部管道采用刚性连接。

答案：B

15-13 解析：电气竖井的位置和数量应根据建筑物规模、各支线供电半径、建筑物的变形缝位置和防火分区等因素确定。

答案：A

15-14 解析：根据《民用建筑电气设计标准》GB 51348—2019 第8.7.2条，电缆室外埋地敷设应符合：在寒冷地区，电缆宜埋设于冻土层以下；A选项错误。第8.7.3条第7款，电缆沟和电缆隧道应采取防水措施，其底部应做不小于0.5%的坡度坡向集水坑（井）；B选项正确。第8.7.3条第12款 电缆隧道的净高不宜低于1.9m，局部或与管道交叉处净高不宜小于1.4m；C选项错误。第13.8.5条第5款，火灾自动报警系统线路暗敷时，应采用穿金属导管或B$_1$级阻燃刚性塑料管保护并应敷设在不燃性结构内且保护层厚度不应小于 30mm；D 选项错误。

答案：B

15-15 解析：根据《民用建筑电气设计标准》GB 51348—2019 第 8.5.5 条，电缆桥架多层敷设时，层间距离应满足敷设和维护需要，并符合下列规定：

(1) 电力电缆的电缆桥架间距不应小于 0.3m；
(2) 电信电缆与电力电缆的电缆桥架间距不宜小于 0.5m，当有屏蔽盖板时可减少到 0.3m；
(3) 控制电缆的电缆桥架间距不应小于 0.2m；
(4) 最上层的电缆桥架的上部距顶棚、楼板或梁等不宜小于 0.15m。

答案：B

15-16 解析：根据《民用建筑电气设计标准》GB 51348—2019 第 9.6.7 条，NMR-CT 机扫描室的电气管线、器具及其支持构件不得使用铁磁物质或铁磁制品。进入室内的电源电线、电缆必须进行滤波；A 选项错误。第 9.7.1 条，安装在室外的充电桩的防水防尘等级不应低于 IP65；B 选项错误；电热辐射供暖系统，每个房间宜独立安装一根发热电缆，不同温度要求的房间不宜共用一根发热电缆；每个房间宜通过发热电缆温控器单独控制温度；C 选项错误。可控硅一般是由两晶闸管反向连接而成，由于晶闸管调光装置在工作过程中产生谐波干扰，妨碍声像设备正常工作，因此必须抑制。第 9.5.7 条第 2 款，电声、电视转播设备的电源不应直接接在可控硅调光的舞台照明变压器上。

答案：D

15-17 解析：电气装置的外露可导电部分接地是一种故障防护措施，为了保证可触及的可导电部分（如金属外壳）在正常情况下或在单一故障情况下不带危险电位。干燥场所的直流额定电压 110V 及以下的电气装置，有爆炸危险的场所除外，外露可导电部分可不做接地。

答案：C

15-18 解析：应设置疏散照明的场所：根据《建筑设计防火规范》第 10.3.1 条第 2 款，观众厅、展览厅、多功能厅和建筑面积大于 200 m² 的营业厅、餐厅、演播室等人员密集的场所；第 3 款，建筑面积大于 100m² 的地下或半地下公共活动场所。

答案：D

15-19 解析：根据《医院洁净手术部建筑技术规范》GB 50333—2013 第 11.1.2 条，洁净手术部应采用独立双路电源供电；第 11.1.9 条，洁净手术室内的电源回路应设绝缘检测报警装置；第 11.2.1 条，洁净手术室内布线不应采用环形布置；大型洁净手术部内配电应按功能分区控制；第 11.2.4 条，洁净手术室用电应与辅助用房用电分开。

答案：D

15-20 解析：根据《火灾自动报警系统设计规范》GB 50116—2013 第 11.2.2 条："火灾自动报警系统的供电线路、消防联动控制线路应采用耐火铜芯电线电缆，报警总结、消防应急广播和消防专用电话等传输线路应采用阻燃或阻燃耐火电线电缆"。B 选项错误。第 11.2.3 条："线路暗敷设时，应采用金属管、可挠（金属）电气导管或 B₁ 级以上的刚性塑料管保护，并应敷设在不燃烧体的结构层内，且保护层厚度不宜小于 30mm；线路明敷设时，应采用金属管、可挠（金属）电气导管或金属封闭线槽保护。矿物绝缘类不燃性电缆可直接明敷"。A、D 选项正确。第 11.2.4 条："火灾自动报警系统用的电缆竖井，宜与电力、照明用的低压配电线路电缆竖井分别设置。受条件限制必须合用时，应将火灾自动报警系统用的电缆和电力、照明用的低压配电线路电缆分别布置在竖井的两侧"。C 选项正确。

答案：B

15-21 解析：根据《火灾自动报警系统设计规范》GB 50116—2013 第 11.2.2 条："火灾自动报警系统的供电线路、消防联动控制线路应采用耐火铜芯电线电缆"。

答案：D

15-22 解析：舞台灯光需要调光控制，不是感应式自动控制。
答案：C

15-23 解析：客梯兼作消防电梯时，应符合消防装置设置标准，并应采用下列相应的应急操作：
(1) 客梯应具有消防工作程序的转换装置；
(2) 正常电源转换为消防电源时，消防电梯应能及时投入；
(3) 发现灾情后，客梯应能迅速停落至首层或事先规定的楼层。
答案：A

15-24 解析：对一旦发生切断电源时，会造成事故或重大经济损失的电气装置或场所，应安装报警式漏电保护器。如：
(1) 公共场所的通道照明、应急照明；
(2) 消防用电梯及确保公共场所安全的设备；
(3) 用于消防设备的电源，如火灾报警装置、消防水泵、消防通道照明等；
(4) 用于防盗报警的电源；
(5) 其他不允许停电的特殊设备和场所。
答案：D

15-25 解析：保护接地的做法是将电气设备故障情况下可能呈现危险电压的金属部位经接地线、接地体同大地紧密地连接起来，是防止间接接触电击的安全技术措施。
答案：C

15-26 解析：允许人进入的喷水池供电类似于游泳池，水下或与水接触的灯具应符合现行国家标准《灯具 第2-18部分：特殊要求 游泳池和类似场所用灯具》GB 7000.218 的规定。灯具应为防触电保护的Ⅲ类灯具，其外部和内部线路的工作电压应不超过12V。所以，应采用安全特低压供电，交流电压不应大于12V。
答案：B

15-27 解析：根据《民用建筑电气设计标准》GB 51348—2019 第9.5.4条："乐池内谱架灯和观众厅座位牌号灯宜采用24V及以下电压供电，光源可采用24V的半导体发光照明装置（LED），当采用220V供电时，供电回路应增设剩余电流动作保护器。"B选项中灯具电源离人较近，应采用安全电压。
答案：D

15-28 解析：保护性的等电位联结是将人体可同时触及的可导电部分连通的联结，是用来消除或尽可能地降低不同电位部分的电位差，进而防止引起电击危险。总接地端子和进入建筑物的供应设施的金属管道导电部分和常使用时可触及的电气装置外可导电部分等应实施保护等电位联结。健身房无金属管道，无需设置等电位联结。
答案：C

15-29 解析：《住宅设计规范》GB 50096—2011 第8.7.5条："共用部位应设置人工照明，应采用高效节能的照明装置和节能控制设施。当应急照明采用节能自熄开关时，必须采用消防时应急点亮的措施"。
答案：A

15-30 解析：金属卤化物光源启燃和再启燃时间较长，不适宜作为应急照明的光源。
答案：C

15-31 解析：依据《民用建筑电气设计标准》GB 51348—2019 第11.2.1条，建筑物应根据其重要性、使用性质、发生雷电事故的可能性及后果，按防雷要求进行分类。A、C选项符合上述情况。同时建筑高度也是防雷等级分类的考虑因素，如高度超过100m的建筑物应划为第二类防雷建筑物。与建筑物的结构形式无关。

答案：B

15-32 解析：根据《建筑物防雷设计规范》GB 50057—2010 第 5.4.6 条，在高土壤电阻率地区，宜采用下列方法降低防雷接地网的接地电阻：

(1) 采用多支线外引接地装置，外引长度不应大于有效长度（m）；

(2) 接地体埋于较深的低电阻率土壤中；

(3) 换土；

(4) 采用降阻剂。

答案：C

15-33 解析：厨房运行时有大量烟雾存在，不适宜选择点型感烟火灾探测器。

答案：A

15-34 解析：《建筑设计防火规范》GB 50016—2014 第 10.3.1 条："除建筑高度小于 27m 的住宅建筑外，民用建筑、厂房和丙类仓库的下列部位应设置疏散照明：

(1) 封闭楼梯间、防烟楼梯间及其前室、消防电梯间的前室或合用前室、避难走道、避难层（间）；

(2) 观众厅、展览厅、多功能厅和建筑面积>200m² 的营业厅、餐厅、演播室等人员密集的场所……"。

答案：C

15-35 解析：火灾自动报警系统有三种形式。①区域报警系统：仅需要报警，不需要联动自动消防设备的保护对象的系统。②集中报警系统：不仅需要报警，同时需要联动自动消防设备且只设置一台具有集中控制功能的火灾报警控制器和消防联动控制器的保护对象的系统。③控制中心报警系统：设置两个及以上消防控制室的保护对象，或已设置两个及以上集中报警系统的保护对象的系统。区域报警系统的火灾报警控制器设置在有人值班的场所，即消防值班室。

答案：A

15-36 解析：《火灾自动报警系统设计规范》GB 50116—2013 第 4.8.8 条："消防应急广播系统的联动控制信号应由消防联动控制器发出。当确认火灾后，应同时向全楼进行广播"。

答案：A

15-37 解析：当确认火灾后，由发生火灾的报警区域开始，顺序启动全楼疏散通道的消防应急照明和疏散指示系统，系统全部投入应急状态的启动时间不应大于 5s。

答案：C

15-38 解析：即信息点到楼层电信间的最大距离。当该层信息点数量不大于 400 个最长水平电缆长度小于或等于 90m 时，宜设置 1 个电信间；最长水平线缆长度大于 90m 时，宜设 2 个或多个电信间。

答案：C

15-39 解析：根据《民用建筑电气设计标准》GB 51348—2019 第 20.3.6 条，用户电话交换系统机房的选址与设置要求：单体建筑的机房宜设置在裙房或地下一层（建筑物有多地下层时），同时宜靠近信息接入机房、弱电间或电信间，并方便各类管线进出的位置；不应设置在建筑物的顶层。

答案：D

15-40 解析：依据《民用建筑电气设计标准》GB 51348—2019 第 14.1.3 条第 6 款，民用建筑场所设置的视频监控设备，不得直接朝向涉密和敏感的有关设施。

答案：C

15-41 解析：根据《智能建筑设计标准》GB 50314—2015 表 6.2.1，通用办公建筑智能化系统规定配置中，不含出入口控制的内容。

答案： A

15-42 解析： 机房位置选择应符合下列规定：

　　(1) 机房宜设在建筑物首层及以上各层，当有多层地下层时，也可设在地下一层；

　　(2) 机房不应设置在厕所、浴室或其他潮湿、易积水场所的正下方或与其贴邻；

　　(3) 机房应远离强振动源和强噪声源的场所，当不能避免时，应采取有效的隔振、消声和隔声措施；

　　(4) 机房应远离强电磁场干扰场所，当不能避免时，应采取有效的电磁屏蔽措施。

　　答案： C

中国建筑出版传媒有限公司（原中国建筑工业出版社）成立于1954年，作为隶属于住房和城乡建设部的中央一级科技出版单位，中国建筑工业出版社始终秉承"团结、敬业、诚信、创新"的社风，始终坚持正确的出版导向，把社会效益放在首位，服务中国特色住房和城乡建设事业高质量发展，大力推进出版业务提质增效，不断加强营销创新，积极践行出版"走出去"战略，推动出版融合发展转型升级形成了图书、期刊、音像制品、电子出版物和网络等多媒体融合的立体化出版格局。中国建筑工业出版社累计出版了近4万种出版物，培育了结构合理、素质优良的专业出版人才队伍，已经成为建设行业科技出版的主力军和品牌强社，并连续四届获评我国出版业最高荣誉"中国出版政府奖"先进出版单位，拥有"国家出版融合发展（建工）重点实验室"和"新闻出版业科技与标准重点实验室"两个国家级重点实验室，先后荣获"优秀图书出版单位""全国优秀出版社""全国百佳图书出版单位""数字出版转型示范单位""国家数字复合出版系统工程应用试点单位"等荣誉和称号。

中国城市出版社有限公司（原中国城市出版社）成立于1987年，出版方向立足于城市，集中为城市建设与城市发展服务，为我国广大城市管理与建设者奉献了大量优秀精品图书，以期为加速我国城市化进程，为构建和谐社会、建设可持续发展和创新型城市提供服务。

建知（北京）数字传媒有限公司是中国建筑出版传媒有限公司根据集团化发展战略和数字化出版转型战略成立的全资子公司，负责运营中国建筑出版在线、中国建筑数字图书馆、建标知网®等多个专业数字内容平台，是一家专业的新媒体内容生产集成和运营机构。成立以来，开发了多种形态的数字产品，获得优秀创新项目、数字出版创新作品、创新技术奖、数字出版平台十强等多项荣誉。

建知（北京）数字传媒有限公司主要业务范围包括：电子、音像出版物出版；数字出版重大项目和产品运营；国家级重点实验室建设与管理；广播电视节目制作与经营；出版物批发；互联网信息服务；软件开发；技术服务；广告业务；教育咨询。

建知（北京）数字传媒有限公司于2020年获批国家高新技术企业称号，于2021年获批中关村高新技术企业称号，为公司的高速发展创造了良好的环境。公司将进一步加强数字技术研发投入和知识产权积累，加强数字产品策划和运营，大力加强企业品牌建设和产业化经营，推进中国建筑出版传媒有限公司数字化转型升级和高质量融合发展。

   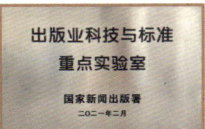

一级造价工程师VIP至尊无忧课
陪学陪练 小灶不断
VIP至尊助学服务，一造上岸无忧方案

扫描二维码，了解详情

双师陪学（助教）
入学测评，建立档案，全程记录陪学
小群管理，1v1发布和跟踪学习进度
电话跟踪，学习难题专线解决
每月总结分析，优化学习计划和进度

双师陪学（老师）
老师制定学习计划，全程指导陪学
精炼核心考点，每月老师小灶直播
考前一个月，老师每天开启考点总结

定制陪练
每日每科一道必会题+视频解析
每日每科一个必备重要考点+视频解析
每周作业周末答疑，点拨思路和技巧
考前100、60、30、10天小灶模考+直播解析

全程服务
考前报名、准考证打印、估分、查分、审核、领证等内容全程提醒、服务
考前小灶直播，传授应试技巧
复习小工具、小技巧、注意事项指导点拨
学习压力全程跟踪，考前心理疏导

四大阶段体系，每科50小时录播+93小时直播，层层突破，全方位无死角

中国建筑出版传媒有限公司
中国建筑工业出版社
China Architecture Publishing & Media Co.,Ltd

中国城市出版社有限公司
China City Press Co.,Ltd.

建工人 Advanced Plan A
进阶A计划
多一证，多一份保障！

注册城乡规划师 热门新宠
考前集中小灶
大咖带你一步到位

大咖老师一路带学，匠心护航全程高效

荣玥芳

注册城乡规划师，北京建筑大学教授、城乡规划系主任，研究生导师，教育部全国专业学位水平评估专家，中国城市规划学会理事

魏鹏

一级注册建筑师，曾在多家设计企业任职，著有《从气泡图到方案图》等多本著作，从事注册建筑师考试职业教育多年

卞长志

注册城乡规划师，中国城市规划设计研究院城市交通分院轨道交通所所长，正高级工程师

董淑秋

北京清华同衡规划设计研究院副总规划师，教授级高工，长期从事市政规划设计工作

于洋

博士，中国人民大学公共管理学院城市规划与管理系，副教授，副系主任。中国城市规划学会规划实施学委会副秘书长

刘贵利

注册城乡规划师，北京联合大学教师，博士，研究员，主要从事国土空间规划、生态规划等方面研究

栾景亮

注册城乡规划师，高级工程师，从事规划管理工作多年

王雪梅

注册城乡规划师，高级工程师，博士，从事规划管理工作多年

- 门槛降低，报考人数预计突破10万
- 知识点多，考试难度大
- 自学没方法，复习效率低

趁现在
再不行动
就晚了！

扫描二维码，了解详情

二级注册建筑师一站式学习
梯度进阶，强势领学

一站式资料补给
所有课件均提供电子版，购买课程赠送配套练习题，数量多，质量好，按考题思维出题

全阶段课程体系
课程内容丰富，覆盖建筑基础知识到考试各个方面，考试能用，工作也能用

全考期答疑服务
提供平台答疑和私聊答疑两种服务，有问题随时沟通，答疑响应速度快，不留问题过夜，陪伴式学习直到考试结束

全过程免费畅学
当年万一没考过，第二年免费学新课，赠送全套电子学习资料，无二次收费

魏鹏
一级注册建筑师，曾在多家设计企业任职，著有《从气泡图到方案图》等多本著作，从事注册建筑师考试职业教育多年

王一
注册城乡规划师，高级工程师，中国中建设计研究院有限公司研发工程师

陈洁
一级注册建筑师，注册城乡规划师，高级建筑师，大型央企、国际知名外企供职多年，从事城市规划、建筑方案设计等百余项设计工作

郭庆生
一级注册结构工程师，一级注册建造师，工学博士，教授级高工，有多年国内外结构设计施工工作经验，曾参建鸟巢、水立方等大型项目

周国辉
一级注册建筑师，长期工作于设计一线，授课思路清晰重点突出，精简解题逻辑便于掌握

马珂
原央企设计院建筑设计师，多年建筑设计经验，5年建筑行业教研及教学经验，授课风格风趣幽默

每节课程都精心打磨，提升看得见

紧追最新命题特点 制定教学计划

提供有锻炼价值的模拟题及冲刺课

总结答题技巧 分享高分诀窍

抓住考前冲刺节点 整理热门题型

扫描二维码，了解详情

一级注册建筑师考试科目

《建筑设计》《建筑材料与构造》《建筑经济、施工与设计业务管理》《建筑结构、建筑物理与设备》《设计前期与场地设计》《建筑方案设计》（作图题）。

一级注册建筑师报考条件（1）

（1）取得建筑学硕士以上学位或者相近专业工学博士学位，并从事建筑设计或者相关业务2年以上的。

（2）取得建筑学学士学位或者相近专业工学硕士学位，并从事建筑设计或者相关业务3年以上的。

一级注册建筑师报考条件（2）

（3）具有建筑学专业大学本科毕业学历并从事建筑设计或者相关业务5年以上的，或者具有建筑学相近专业大学本科毕业学历并从事建筑设计或者相关业务7年以上的。

Date: / /

二级注册建筑师考试科目

《场地与建筑方案设计》《建筑设计、建筑材料与构造》《建筑结构、建筑物理与设备》《建筑经济、施工与设计业务管理》。

二级注册建筑师报考条件（1）

（1）具有建筑学或者相近专业大学本科毕业以上学历，从事建筑设计或者相关业务2年以上的。

（2）具有建筑设计技术专业或者相近专业大专毕业以上学历，并从事建筑设计或者相关业务3年以上的。

二级注册建筑师报考条件（2）

（3）具有建筑设计技术专业4年制中专毕业学历，并从事建筑设计或者相关业务5年以上的。
（4）具有建筑设计技术相近专业中专毕业学历，并从事建筑设计或者相关业务7年以上的。
（5）取得助理工程师以上技术职称，并从事建筑设计或者相关业务3年以上的。

注册城乡规划师考试介绍

注册城乡规划师前身是注册城市规划师,2017年正式更名,是指通过全国统一考试,取得注册城市规划师执业资格证书,并经注册登记后从事城市规划业务工作的专业技术人员。
全国统一大纲、统一命题、统一组织的考试制度。原则上每年举行一次考试。

注册城乡规划师报考条件（1）

（1）取得城乡规划专业大学专科学历，从事城乡规划业务工作满4年。
（2）取得城乡规划专业大学本科学历或学位，或取得建筑学学士学位（专业学），从事城乡规划业务工作满3年。
（3）取得通过专业评估（认证）的城乡规划专业大学本科学历或学位，从事城乡规划业务工作满2年。

注册城乡规划师报考条件（2）

（4）取得城乡规划专业硕士学位或建筑学硕士学位（专业学位），从事城乡规划业务工作满1年。

（5）取得通过专业评估（认证）的城乡规划专业硕士学位或城市规划硕士学位（专业学位），从事城乡规划业务工作满1年。

（6）取得城乡规划专业博士学位。

Date: /   /

注册结构工程师考试介绍

注册结构工程师分一级注册结构工程师和二级注册结构工程师。注册结构工程师是指经全国统一考试合格，依法登记注册，取得中华人民共和国注册结构工程师执业资格证书和注册证书，从事房屋结构、桥梁结构及塔架结构等工程设计及相关业务的专业技术人员。

Date:　　/　　/

注册结构工程师报考条件

本专业或相近专业大学专科学历,累计从事结构工作专业设计工作满1年。其他工科专业大学本科及以上学历或学位,累计从事结构工工作专业设计工作满1年(更多报考条件请扫码咨询建工社老师)。

Date: / /

注册道路工程师考试介绍

注册道路工程师即勘察设计注册土木工程师（道路工程），是从事道路（包括公路、城市道路、林区、厂矿及其他专用道路）工程专业设计及相关业务的专业技术人员，其从业范围主要包括：道路工程勘察设计；道路工程技术咨询；道路工程招标、采购咨询；道路工程的技术调查和鉴定；道路工程的项目管理业务，等等。

Date: / /

注册道路工程师报考条件（基础考试）

（1）取得本专业（指土木工程，下同）或相近专业（指港口与航道工程、勘查技术与工程等专业，下同）大学本科及以上学历或学位。
（2）取得本专业或相近专业大学专科学历，累计从事道路工程专业设计工作满1年。
（3）取得其他专业大学本科及以上学历或学位，累计从事道路工程专业设计工作满1年（更多报考条件请扫码咨询建工社老师）。

Date: /   /

一级造价工程师考试介绍

造价工程师,是指通过全国统一考试取得中华人民共和国造价工程师职业资格证书,并经注册后从事建设工程造价工作的专业人员。国家对造价工程师实行准入类职业资格制度,纳入国家职业资格目录。凡从事工程建设活动的建设、设计、施工、造价咨询等单位,必须在建设工程造价工作岗位配备造价工程师。

一级造价工程师报名条件

凡遵守中华人民共和国宪法、法律、法规，具有良好的业务素质和道德品行，具备下列条件之一者，可以申请参加一级造价工程师职业资格考试：
（1）具有工程造价专业大学专科（或高等职业教育）学历，从事工程造价、工程管理业务工作满4年；
具有土木建筑、水利、装备制造、交通运输、电子信息、财经商贸大类大学专科（或高等职业教育）学历，从事工程造价、工程管理业务工作满5年(更多报考条件请扫码咨询建工社老师)。

Date: / /

房地产经纪人/协理考试介绍

房地产经纪人,是指通过全国房地产经纪人资格考试或者资格互认,依法取得房地产经纪人资格,并经过注册,从事房地产经纪活动的专业人员。
房地产经纪人协理,是指通过房地产经纪人协理职业资格考试,取得房地产经纪人职业资格证书的人员。

房地产估价师考试介绍

房地产估价师执业资格实行全国统一考试制度。原则上每年举行一次。建设部和人事部共同负责全国房地产估价师执业资格制度的政策制定、组织协调、考试、注册和监督管理工作。房地产估价师执业资格考试合格者，由人事部或其授权的部门颁发人事部统一印制，人事部和建设部用印的房地产估价师《执业资格证书》，经注册后全国范围有效。

房地产估价师考试科目

所有考试科目均采用闭卷、纸笔考试。其中,《房地产制度法规政策》《房地产估价原理与方法》2个科目均为客观题,以填涂答题卡的方式作答;《房地产估价基础与实务》《土地估价基础与实务》2个科目为主客观题相结合,以填涂答题卡和在答题卡上书写的方式作答。

注册土木工程师（道路工程）
《VIP旗舰课》
6大实用优势，全程为你保驾护航

扫描二维码，了解详情

6大实用优势，全程为你保驾护航

4大阶段 层层突破
让你将重难点一网打尽

专业辅导 在线答疑
让你复习"不留死角"

核心资料 科学搭配
让你省心轻松复习

2年保障 不过重学
让你无后顾之忧

大咖老师 保驾护航
让你复习不走弯路

紧跟考纲 全新升级
让你过关更有把握

专业考试超强师资阵容，大咖一路带飞

张蕊 北京建筑大学教授，北京交通工程学会副秘书长，《交通工程》杂志副主编

张新天 北京建筑大学土木与交通工程学院教授，中国公路学会理事

张志清 博士、教授、博士生导师，北京工业大学名师奖获得者，兼任中国公路学会养护与管理分会理事

焦驰宇 北京建筑大学桥梁与隧道工程学科方向教授、博士生导师

周晨静 交通运输规划与管理专业博士学位，北京建筑大学交通工程系副教授

屈小磊 北京建筑大学副教授、硕士研究生导师

金珊珊 北京建筑大学副教授，北京建筑大学土木与交通工程学院道桥系主任

注册结构工程师《VIP旗舰课》
结构人的第一选择

超强师资组合
汇聚行业精英师资
多年授课经验和项目经历
全程为你保驾护航

专人督学答疑
问题不过夜
当堂消化,有问必答
海量题库等你来刷

硬核复习资料
报名即送
全套学习资料
更多高效得分诀窍等你来

赵赤云
工学博士,副教授,长期从事土木工程方面的教学和科研。有多年注册结构工程师教学经验

邓思华
工学博士,副教授,致力于混凝土结构与砌体结构领域的教学科研和设计工作

张晋元
一级注册结构工程师,工学博士,天津大学教授,教学、设计经验丰富

张寒
一级注册结构工程师、注册土木工程师(岩土),高级工程师

吴寒亮
副研究员,博士,长期致力于公路桥梁结构安全性能领域的研究与实践工作

学术与实战
兼备
大咖一路带飞

这门课适合哪些学员?

时间少 工作、生活太忙,想缩短复习战线,只学干货
基础弱 专业基础相对薄弱,学习看书头疼吃力,没思路
效率低 自驱力较弱,自学能力不够,知识体系混乱

扫描二维码,了解详情

中国建筑出版传媒有限公司　中国建筑工业出版社　中国城市出版社有限公司　建工人 进阶A计划 Advanced Plan A 多一证，多一份保障！

为什么大家都在考
房地产估价师
不限专业、不限年限，考到即赚到！

执业范围广
房地产投资、开发、转让、租赁、抵押、税费征收、拆迁补偿、股份制改造、企业清产核资等

对应经济师职称
取得房地产估价师职业资格证书可以直接认定经济师职称，含金量很高

成绩滚动周期长
实行4年为一个周期的滚动管理办法，在连续的4个考试年度内通过全部4个考试科目即可

门槛低前景好
具有大专以上学历就可以报考，房地产估价师缺口大，很受企业追捧

实力师资团队保驾护航，让你更加轻松！

王竹梅
全国房地产估价师，有近20年房地产开发公司、评估公司、投资公司、工程造价咨询公司的专业工作经历

张洁函
全国房地产估价师、房地产经纪人，高校教师，拥有多年教学经验

张子俊
高校教师，拥有多年教学经验，从事工程经济及项目管理领域相关研究，对于房地产相关课程有自己独到的见解

郝继东
全国房地产估价师、房地产经纪人、咨询工程师，高级经济师，监理工程师，物业管理师，有多年教学经验

点题强化系统课
系统规划 科学学习 一次四科 轻松百倍

扫描二维码，了解详情

一级建造师VIP至尊无忧课
让一建上岸更容易！
陪学陪练，小灶不断，一建至尊无忧方案

扫描二维码，了解详情

01 核心资料
6大豪华礼包，一次送全
让你不用再买任何资料

优享服务 02
陪学陪练，小灶不断，至尊服务喂到嘴边
让你真正备考无忧

03 双师搭配
直播录播，双师教学
"学""习"结合，效率翻倍

全新升级 04
全新3D课件，互动式课堂，考试消息提醒
课程视频下载，APP移动学习

纸质资料（包邮到家）
考点清单（25页左右），考前核心资料（3-5页）
考前小灶3套卷

电子资料
备考指导，重难点手册，名师讲义，思维导图
案例突破，专题专练手册

电子题库
历年真题库，全国模考卷，考前冲刺抢分卷
章节精编习题

双师陪学服务　　定制陪练服务　　全程陪考服务　　即时答疑服务

建筑-龙炎飞　公路-安慧　法规-刘丹　管理-赵长歌　经济-邱磊　机电-朱培浩　水利-吴长春

市政-颜海　铁路-马涛　矿业-赵景满　通信-杨鹏　民航-谷永生　港口-陈冬铭

13位超一线名师齐聚建工社　让你备考少走很多弯路

一级注册建筑师
建筑方案设计(作图题)专项突破

范永盛 FAN

科目 《建筑方案设计》（作图题）

国家一级注册建筑师，深圳大学建筑学硕士，深圳市欧博工程设计顾问有限公司室设计总监
一级注册建筑师系列复习教材《建筑方案设计（作图题）》副主编
一级注册建筑师系列复习教材《设计前期与场地设计（知识题）》副主编
考研状元、从事建筑学考研教育多年。一注考试首年通过8门科目，建筑方案设计（作图题）高分通过。从事一级注册建筑师建筑方案设计（作图题）教育多年

建筑方案设计(作图题)专项课

① 针对新大纲
- 23年新大纲施行
- 加入场地作图和技术作图考点
- 我们在课程中加入相应内容
- 紧随新大纲脚步，备考不走弯路

② 专项强突破
- 试题概述与读题思考
- 概念设计专项
- 深化设计专项
- 图面表达专项
- 设计总结专项

③ 考前有预测
- 根据命题特点，精研模拟习题
- 严谨题干描述，吻合命题方向
- 辅助讲解最新应试技巧
- 考前直播预测事半功倍

建筑方案设计(作图题)1V1评图

① 近10年真题推演全过程
- 真题哪里查
- 真题怎么审
- 真题如何解
- 来建工社，全过程推演
- 你只需专心复习

② 1V1专属直播评图
- 大设计如何突破
- 作图题从哪下手
- 失分点原因在哪
- 来建工社，专属1V1评图
- 你只需专心复习

③ 全程督学，答疑直到考试结束
- 备考无思路
- 学习有疑问
- 考情不清楚
- 来建工社，全程在线答疑
- 你只需专心复习

扫描二维码
了解详情
<<<

扫描二维码
了解详情
>>>